科学出版社普通高等教育案例版医学规划教材

供药学、药物制剂、药物分析、药物化学、临床药学、中药学、
制药工程、医药营销等专业使用

案例版

分析化学

第3版

主　编　胡　琴　王玉记

副主编　彭金咏　李云兰　郭春燕　杨春娟　于春梅　周　丹

编　委（按姓氏笔画排序）

于春梅	南通大学	马云苏	徐州医科大学
王玉记	首都医科大学	韦国兵	江西中医药大学
毛　俐	成都医学院	尹计秋	大连医科大学
刘运美	南华大学	李云兰	山西医科大学
李改茹	新疆医科大学	杨　铭	黑河学院
杨春娟	哈尔滨医科大学	陈志琼	重庆医科大学
周　丹	海南医科大学	胡　琴	南京医科大学
郭春燕	河北北方学院	黄丽英	福建医科大学
彭金咏	大连医科大学	童珊珊	江苏大学
魏芳弟	南京医科大学		

科学出版社

北　京

图书在版编目（CIP）数据

分析化学/胡琴，王玉记主编 . —3 版 . —北京：科学出版社，2025.1

科学出版社普通高等教育案例版医学规划教材

ISBN 978-7-03-077278-7

Ⅰ . ①分…　Ⅱ . ①胡…　②王…　Ⅲ . ①分析化学–高等学校–教材　Ⅳ . ① O65

中国国家版本馆 CIP 数据核字（2023）第 250777 号

责任编辑：王锞韫/责任校对：宁辉彩

责任印制：张　伟/封面设计：陈　敬

科学出版社 出版

北京东黄城根北街 16 号

邮政编码：100717

http://www.sciencep.com

北京建宏印刷有限公司印刷

科学出版社发行　各地新华书店经销

*

2009 年 12 月第　一　版　开本：787×1092　1/16

2025 年 1 月第　三　版　印张：30

2025 年 1 月第十七次印刷　字数：880 000

定价：128.00 元

（如有印装质量问题，我社负责调换）

前　　言

药学案例版教材是科学出版社在充分调研的基础上，首创案例与教学内容相结合的编写模式，组织编写的国内首套案例版教材。本教材自第 1 版 2009 年问世以来，经全国 20 多所医药院校的多年使用，在药学各专业及相关专业的教学中发挥了积极作用，得到了广大师生的一致好评，是一本比较理想的教材。现结合各校教学实践，取众校之长，补原教材之短，修订出第 3 版。

本次修订不打破原有的学科体系，课程名称及教学核心内容均不改变。继续突出案例版教材的特点，重点对案例进行了修改，每章内容都由案例引出，所编写案例与分析检测内容相关，并根据案例提出有关问题，将本章节的教学重点在问题中提出，这是本套教材有别于其他教材的特点。案例在坚持科学性、实用性和先进性的同时，突出生动性和趣味性。为了适应分析化学的飞速发展，对各章内容做了不同程度的修改，对附录中有关数据进行了更新。为了便于学生的学习，每章后面的习题答案可通过扫描二维码获得，每章内容配套 ppt 可扫描二维码阅读。

此外，本教材采用知识窗形式介绍相关科学知识或世界著名科学家，引导学生对科学研究的兴趣，这是本教材的另外一个特点。

第 2 版教材为本次编写提供了基础，我们对其所有编者表示衷心感谢。在第 3 版的编写中，获得了编写单位有关教师的大力支持，在此致以诚挚谢意。

本教材包含内容较多，书中存在不当之处在所难免，恳请读者提出宝贵意见。

编　者

2024 年 1 月

前言

目　录

第一章 绪 论

学习目标

1. 掌握 分析化学的定义及其分类。
2. 熟悉 分析化学的作用。
3. 了解 分析化学的发展和展望。

案例 1-1

1990 年，由美国牵头，包括中国在内的 6 个国家共同参与开展了人类基因组计划，其与阿波罗计划和曼哈顿计划并称自然科学史上的“三计划”。该计划当时预计于 2005 年完成，以纪念 DNA 双螺旋结构发现 50 周年。人类基因组计划首先要对基因进行测序，而一个人的基因组含有大约 30 亿个碱基对，因此对人类基因组测序需要完成海量的工作，以当时的分析技术，不可能如期完成。但是，由于分析化学的理论和技术的发展，此计划最终于 2003 年宣布提前完成，被公认为是分析化学家拯救了人类基因组计划。

问题：什么是分析化学？

案例 1-1 分析

分析化学是研究物质的组成和结构，确定物质在不同状态和演变过程中化学成分、含量和时空分布的量测科学。

第一节 分析化学的定义、任务和作用

何谓分析化学（analytical chemistry）？随着各类学科和科学技术的发展，分析化学的定义也不断变化。一般而言，分析化学是关于研究物质的组成、含量、结构和形态等化学信息的分析方法及相关理论的一门科学。欧洲化学联合会的分析化学部将分析化学定义为“建立和应用各种方法、仪器和策略获取关于物质在空间和时间方面的组成和性质信息的科学”。

分析化学的主要任务是采用各种方法和手段，获取分析数据，确定物质体系的化学组成，测定其中有关成分的含量和鉴定体系中物质的结构与形态，解决关于物质体系构成及其性质的问题。通俗地说，分析化学是回答样品里“有什么”（定性分析）、“有多少”（定量分析）和“长啥样”（结构和形态分析）的问题。

分析化学有极高的实用价值，对人类的物质文明作出了重要贡献，在科学技术、国民经济建设和社会发展等各方面，包括药学事业的发展都曾起过重要作用，也正发挥着越来越大的作用。

药品作为一种特殊商品，其质量直接影响用药的有效性和安全性，关系到人类的生命安全和健康水平。因而世界各国政府对药品的研究开发、生产、储存、运输和使用等整个环节，都有严格的法律法规和管理体制，通过颁布国家药品标准等方式对药物质量进行全面监督管理。而药品标准所用的各种方法就是以药物为分析对象的分析技术，分析化学为药物的分析检测提供了理论、方法和手段。

在药学专业教育中，分析化学是一门重要的专业基础课，其理论知识和实验技能是药物分析学、药物化学、天然药物化学、药剂学、药理学和中药学等各个学科的必备基础。因此，分析化学课程的学习要求学生系统地掌握分析化学的基本理论、基本概念、实验仪器和实验技能，了解分析化学学科在生命科学前沿的发展热点，为后续专业课的学习打下良好的基础。

第二节　分析化学的方法分类

分析化学的方法可根据分析任务（目的）、分析对象、测定原理、样品用量和被测组分含量高低的不同进行分类。

一、定性分析、定量分析、结构分析和形态分析

按照分析任务可将分析化学分为定性分析、定量分析、结构分析和形态分析。定性分析（qualitative analysis）的任务是鉴定样品由哪些元素、离子、基团或化合物组成，即确定物质的组成；定量分析（quantitative analysis）的任务是测定样品中某一或某些组分的量，有时是测定所有组分，即全分析（full analysis）；结构分析（structural analysis）的任务是研究物质的分子结构或晶体结构；形态分析（speciation analysis）的任务是研究物质的价态、晶态、结合态等存在状态及其含量。

一般情况下，需先进行定性分析，弄清样品是什么，而后进行定量分析。在样品的成分已知时，可以直接进行定量分析。对于结构未知的化合物，首先进行结构分析，确定化合物的分子结构。随着现代分析技术尤其是联用技术和计算机、信息学的发展，常可同时进行定性、定量和结构分析。

二、无机分析和有机分析

按照分析对象可将分析化学分为无机分析和有机分析。无机分析（inorganic analysis）的对象是无机物，由于组成无机物的元素多种多样，因此在无机分析中要求鉴定样品是由哪些元素、离子、原子团或化合物组成的，以及各组分的相对含量。有机分析（organic analysis）的对象是有机物。虽然组成有机物的元素种类并不多，主要是碳、氢、氧、氮、硫和卤素等，但有机物的化学结构却很复杂，化合物的种类有数百万之多，因此，有机分析不仅需要进行元素分析（elemental analysis），更重要的是进行基团分析和结构分析。

三、化学分析和仪器分析

按照分析化学的测定原理可将分析化学分为化学分析和仪器分析，这也是分析化学最常用的分类方法。

1. 化学分析（chemical analysis） 是利用物质的化学反应及其计量关系确定被测物质的组成与含量的分析方法。化学分析法历史悠久，是分析化学的基础，又称为经典分析法。被分析的物质称为试样或样品（sample），与样品起反应的物质称为试剂（reagent）。试剂与样品所发生的化学变化称为分析化学反应。根据分析化学反应的现象和特征鉴定物质的化学成分，称为化学定性分析；根据分析化学反应中样品和试剂的用量，测定物质中各组分的相对含量，称为化学定量分析。化学定量分析又分为滴定分析（titrimetric analysis，又称容量分析，volumetric analysis）和重量分析（gravimetric analysis）。化学分析所用仪器简单，结果准确，因而应用范围广泛。但化学分析因其灵敏度较低，所以只适合于常量组分的分析。

2. 仪器分析（instrumental analysis） 是使用较特殊仪器进行分析的方法，是以物质的物理或物理化学性质为基础的分析方法。根据物质的某种物理性质，如相对密度、相变温度、折射率、旋光度及光谱特征等，不经化学反应，直接进行定性、定量、结构和形态分析的方法，称为物理分析法（physical analysis），如光谱分析法等。根据物质在化学变化中的某种物理性质，进行定性分析或定量分析的方法称为物理化学分析法（physicochemical analysis），如电位分析法等。仪器分析法具有灵敏、快速的特点，适用于微量或痕量组分的分析。仪器分析发展很快，应用很广，主要包括电化学分析法（electrochemical analysis）、光学分析法（optical analysis）、质谱分析法（mass spectrometry）、色谱分析法（chromatography）、放射化学分析法（radiochemical analysis）等。

四、常量分析、半微量分析、微量分析和超微量分析

案例 1-2

著名的化学家弗里茨·普瑞格发明了对有机化合物进行微量分析的方法，大大促进了有机化学的发展，从而在科学界享有很高的声誉。曾轰动一时的雄性激素分离及结构测定足以说明微量分析法的重要性。从 1500 L 尿中提取得到 15 mg 的激素，运用微量分析法，不仅可以对它进行定量分析，还可以阐明其结构。微量分析法对现代的科学事业也有着深远的影响，如对原子量的若干精确研究，就离不开这种方法。

正是由于普瑞格的这一杰出贡献，他荣获了 1923 年度的诺贝尔化学奖。

问题：

（1）常量分析、半微量分析、微量分析和超微量分析的依据是什么？该分类方法是如何按样品用量来分类的？

（2）结合上例，说明微量分析的用途。

案例 1-2 分析

①常量分析、半微量分析、微量分析和超微量分析的依据是试样用量的多少。该分类方法按试样用量来分类，具体见表 1-1。

②有机化合物各种元素的常量分析法在 20 世纪初期已发展成熟，但随着有机化学的发展，迫切需要一种微量分析法，能对少量的天然有机物质进行研究。普瑞格研究尿液中蛋白质的时候正处于第一次世界大战期间，由于战争导致物资极端匮乏，在此情况下，普瑞格只能得到极少量的物质做实验。要保证实验结果的准确性，必须发明一种新的分析方法。1912 年，在战云笼罩下，普瑞格硬是凭着钻劲和韧劲，发明了有机化合物的微量定量方法，为化学分析填补了一项空白。普瑞格利用所发明的微量分析方法，对从 1500 L 尿液中提取得到 15 mg 的雄性激素进行了分析，首次阐明了雄性激素的结构。

因此可以看出，微量分析的用途是使用少量的试验材料、试剂，提高实验室工作的速度和降低其费用。

根据样品用量的多少可将分析化学分为常量分析（macro analysis）、半微量分析（semi micro analysis）、微量分析（micro analysis）和超微量分析（ultramicro analysis）。四种分析方法所需样品质量列于表 1-1。无机分析一般为半微量分析；化学定量分析一般为常量分析；进行微量分析及超微量分析时，常采用仪器分析方法。

表 1-1 分析方法按样品用量分类

分析方法	样品质量	试液体积
常量分析法	＞0.1 g	＞10 mL
半微量分析法	0.01～0.1 g	1～10 mL
微量分析法	0.1～10 mg	0.01～1 mL
超微量分析法	＜0.1 mg	＜0.01 mL

五、常量组分分析、微量组分分析和痕量组分分析

根据样品中被测组分的含量高低可将分析化学分为常量组分分析（macro component analysis）、微量组分分析（micro component analysis）和痕量组分分析（trace component analysis）。

这三种方法被测组分在样品中的含量范围列于表 1-2。

表 1-2 分析方法按被测组分的含量分类

分析方法	被测组分在样品中的含量
常量组分分析	＞1%
微量组分分析	0.01%～1%
痕量组分分析	＜0.01%

注意：微量组分分析不一定是微量分析。对于痕量组分分析的表示，习惯上还常用非法定计量单位：ppm、ppb 和 ppt。

第三节 样品分析的基本程序

根据分析任务采用不同的分析程序。定量分析的任务是测定样品中某种或某些组分的含量。要完成定量分析工作，通常包括以下几个步骤：明确分析任务和制订计划、取样、分析试液的制备、分析测定、分析结果的计算与评价等。关于含量测定的方法及分析数据的处理等问题将在后面各章中介绍。

一、明确分析任务和制订计划

首先要明确所需解决的问题，即任务。根据任务制订一个初步的研究计划，包括采用的方法、准确度、精密度要求等，还包括所需实验条件如仪器设备、试剂等。为此要先了解样品的来源、测定的对象、测定的样品数、可能存在的影响因素等。

二、取　　样

根据分析对象是气体、液体还是固体，采用不同的取样方法。在取样过程中，最重要的一点是要使分析样品具有代表性，否则分析工作将毫无意义，甚至可能导致错误的结论。因此，必须采用科学取样法，从分析的总样品或送到实验室的总样品中取出有代表性的样品进行分析。例如，固体样品的取样常采用四分法，即将样品混匀，堆为锥形后压为圆饼状，通过中心分为四等份，弃去对角的两份，如此反复进行直至符合分析工作的要求为止。

三、分析试液的制备

样品制备的目的是使其适合于选择的分析方法，消除可能的干扰。化学定量分析一般采用湿法分析，根据样品性质的不同，样品制备可能包括干燥、粉碎、研磨、溶解、过滤、提取、分离和富集（浓缩）等步骤，最终成为待测溶液。

四、分析测定

根据待测组分的性质、含量高低和对分析结果准确度的要求，选择合适的分析方法。因为每个样品的分析结果都是由“测定”来完成的，熟悉各种方法的特点，根据它们在灵敏度、选择性及适用范围等方面的差别来正确选择适合不同样品的分析方法。另外，还应根据样品制备方法进行空白试验或回收试验等来估计样品制备过程可能给测定结果带来的误差。

五、分析结果的计算与评价

根据分析过程中有关计量关系及分析测量所得数据，计算样品中待测组分的含量。对测定结果及其误差分布情况，应用统计学方法进行评价，如平均值、标准差（或相对标准偏差，RSD）、测量次数和置信水平等。

第四节 分析化学的发展和展望

一、分析化学的起源和发展

分析化学是一门古老的学科，它的起源可以追溯到古代炼金术。拉瓦锡（Lavoisier）在由汞和氧形成氧化汞的实验中引入了定量测定，从而诞生了分析化学。分析化学随着化学和其他相关学科的发展而不断发展，20 世纪以来，其发展大致经历了三次巨大的变革。

第一次变革是在 20 世纪初到 30 年代，物理化学中溶液理论的发展，为分析化学提供了理论基础。溶液四大平衡理论的建立，使化学反应过程中各种平衡的状态、各成分的浓度变化和反应的完全程度有了较高的预见性，化学分析法迅速发展成为系统理论和方法并得以完善，使分析化学真正发展成为一门科学。

第二次变革是在 20 世纪 40～60 年代，物理学与电子学的发展促进了分析化学中物理和物理化学分析方法的建立与发展。出现了以光谱分析、极谱分析为代表的简便、快速的各种仪器分析方法，同时丰富了这些分析方法的理论体系，分析化学从以化学分析为主的经典分析化学，发展成以仪器分析为主的现代分析化学。

第三次变革是在 20 世纪 70 年代末至今。生命科学、环境科学、材料科学等学科及人们生产活动和社会的发展，尤其是基因组学（genomics）、蛋白质组学（proteomics）、代谢组学（metabonomics）、糖组学（glycomics）和脂质代谢组学（lipid metabolomics）等研究的出现，向分析化学提出了更高更严峻的挑战。现代分析化学不能只限于测定物质的组成和含量，而是要对物质的形态（如价态、配位态、晶形等）、结构（空间分布）进行分析，要实现微区、薄层和无损分析，要对化学活性物质和生物活性物质等进行瞬时跟踪监测和过程控制等。要由解析型分析策略转变为整体型分析策略，综合分析完整的生物体内的基因、蛋白质、代谢物、通道等各类生物元素随时间、空间的变化和相互关联（网络）。在这一变革时期，其他学科的现代理论和技术的发展，尤其是以计算机为代表的新技术的迅速发展，又为分析化学建立高灵敏性、高选择性、高准确性、自动化或智能化的新方法创造了良好条件，丰富了分析化学的内容，使分析化学有了飞速的发展。具有专家系统的智能色谱仪和具有光谱解析功能的智能光谱仪的出现，使实验条件优化及分析数据处理或分析结果解析的速度和正确性都大为提高；仪器分析的发展及化学计量学的广泛应用，使当今分析化学发展为“以计算机为基础的分析化学”；分析化学领域的化学计量学，包括分析信息理论、采样理论、分析试验设计、误差理论、化学数据库（database）等内容都在不断充实和完善；色谱与质谱及各种光谱联用技术正日益完善和发展，成为对复杂体系中各组分进行同时定性、定量分析的最有力工具；为实现分析的超微型化和集成化，“芯片实验室”（lab-on-a-chip）的研究方兴未艾，其将分析的流路系统、检测元件等刻划、组装在一块芯片上，集样品采集、处理、分离、测定等于一体，故又称微全分析系统（miniaturized total analysis system，μ-TAS），被广泛应用于药学甚至整个生命科学领域；生物传感器（biosensor）等生物分析技术（bioanalysis）也得到迅速发展。总之，在三四十年内，光谱分析、色谱分析、电化学分析、联用（hyphenated）技术、微型分析等领域都有了长足的进展。

二、分析化学的展望

现代分析化学已成为使用和依赖于生物学、信息学、计算机学、物理学和数学等学科的一门“交叉学科”，这些学科新成就地继续引入，将使分析化学进入一个更新的发展阶段。分析化学将继续朝着提高分析方法的选择性、灵敏度和智能化水平的方向发展，以便最大可能地获取复杂体系的时空多维综合信息。作为生命科学一个重要分支的医药领域中的分析化学，其发展趋势正在由单纯的化学模式逐渐转向化学-生物模式。

21 世纪的分析化学必将进一步突破纯化学领域，将化学与数学、物理学、计算机学及生物学紧密结合，作为综合性学科为科技发展、人类进步做出更大的贡献。

第五节　分析化学的学习方法

分析化学是药学类专业的重要专业基础课之一，是一门工具学科。因此学好分析化学将有助于药学类各门专业课及其他几门化学课的理论学习和实验技能操作。

本教材主要介绍分析化学的基本理论、基本概念、基本计算和分析化学的新进展。目的是使有关专业的大学本科生初步掌握现代分析化学领域中的基本理论知识和科学实验技术。在学习本课程时，应注意以下几点。

1. 做好课前预习、课后复习　课前预习可以使学生对课程内容做到提前了解，以便上课时有目的地听讲。上课时集中精神，尽量理解教师讲授的内容，掌握讲授内容的主线。课后注重复习和练习。

2. 掌握良好的学习方法，形成良好的学习习惯　本课程涉及不少公式，应记住最基本的公式，同时掌握重要的推导方法，注重不同公式的适用条件，这是提高学习效率的有效方法。多做习题有助于概念和理论的掌握。做习题重在解题思路。

3. 多想、多问、多看　由于“分析化学原理”涉及整个化学领域的基础理论、涉及面广，而本教材介绍的是分析化学的基础理论，有许多内容仅是浅尝辄止，学生若想深入学习，需要多多思考，最好对书中的话多问一个为什么，并阅读相关的书籍和文献，多向任课教师请教并交流。

4. 注重实验技能操作　分析化学的目的是解决实际问题，它是一门实践性很强的学科。在学好基础理论知识的同时，只有经过严格的实验技能训练，从而掌握了各种分析技术的基本操作技能，学生才算真正学好了分析化学。在实验中要做到如下几点。

（1）严格执行基本操作规程，注意实验中的注意事项。

（2）注重实验细节，仔细观察实验现象，认真做好实验记录。注意实验结果的计算与评价。

（3）培养严谨的科学态度。

（4）通过实验操作加深对理论内容的理解，力争将理论与实验内容很好地衔接。

分析化学及其应用涉及广泛的领域，而且其发展飞速，本教材的学习只是使学生具有必要的基础。在今后的学习和工作中，学生应该时刻关注分析化学前沿领域的发展趋势，及时了解分析化学新技术和新方法的应用。

知识窗　**分析化学之父——波义耳**

罗伯特·波义耳（Robert Boyle，1627—1691），17 世纪英国著名的物理学家和化学家。他活跃于许多研究领域，特别是今天应用广泛的分析化学领域，他第一个引入并使用“化学分析”一词。1661 年，波义耳在《怀疑的化学家》及以后的著作中，正式使用“化学分析”“分析”等术语。他最早发明酸碱指示剂，首先为“酸碱”下了明确的定义；创立了许多定性检测盐类的方法；测定了不少固体和液体的比重。他是第一位真正的临床分析化学家，最早发现血液中存在氯化钠和铁；对磷光、生物发光、化学发光和荧光现象进行广泛的研究，是 17 世纪发光现象研究领域里最出色的实验家之一。他提出检出极限的概念。总之，波义耳被称为“分析化学之父”，显然是当之无愧的。

（胡　琴）

第二章　误差和分析数据处理

学习目标

1. 掌握　误差产生的原因和减免方法；准确度和精密度的表示方法及两者之间的关系；有效数字的计算和修约规则。

2. 熟悉　偶然误差的 t 分布，置信区间的含义及表示方法，显著性检验的方法及可疑数字的取舍方法。

3. 了解　误差传递规律；正态分布；相关与回归分析。

案例 2-1

药品的生产也存在误差，药典对各类药品含量的误差提出相应规定。《中华人民共和国药典》（简称《中国药典》）（2020 年版）要求二甲双胍格列本脲片（Ⅰ）含盐酸二甲双胍（$C_4H_{11}N_5 \cdot HCl$）应为标示量的 95.0%～105.0%，含格列本脲（$C_{23}H_{28}ClN_3O_5S$）应为标示量的 90.0%～110.0%；收载其含量检测方法为紫外-可见分光光度法。取供试品溶液与对照品溶液，在 225nm 的波长处分别测定吸光度，计算其含量。

问题：

药品的生产流程极其规范和严格，为什么仍然会产生误差？怎样才能为药品质控提供准确可靠的分析数据？如何提高分析结果的准确度？

案例 2-1 分析

在药品的生产过程中，设备、人员、材料、环境等各种因素都会引起制品与标准规定之间的差异，是无法完全避免的。因此，药典以严格的要求对药品含量的测定方法进行规定，控制误差在允许范围内，以确保药品质量。同时，也要在定量分析时设法减免分析过程中带来的各种误差，以提高分析结果的准确度。

定量分析的任务是准确测定样品组分的含量，因此必须使分析结果具有一定的准确度。不准确的分析结果可以导致生产上的损失、资源的浪费、科学上的错误结论。但在实际工作中，由于受分析方法、测量仪器、所用试剂和分析工作者主观条件等方面的限制，测得的结果不可能和真实含量完全一致；即使是技术很熟练的分析工作者，用最完善的分析方法和最精密的仪器，对同一样品进行多次测定，其结果也不会完全一样。我们把测量值和真实值之间的差异称为误差（error）。

误差在定量分析中是客观存在的，为了提高分析结果的准确度，本章将讨论定量分析中误差的来源和减免方法，以及如何将误差在分析结果中客观而又科学地表达出来。

第一节　测量值的准确度和精密度

一、误　　差

误差按其来源和性质的不同，可分为系统误差和偶然误差两类。

（一）系统误差

系统误差（systematic error）也称为可定误差（determinate error），是由某种确定原因造成的误差。根据其来源，系统误差又分为方法误差、仪器或试剂误差及操作误差三类。

1. 方法误差 由实验设计或选择方法不当所引起的误差称为方法误差，通常会使测定结果总是偏高或偏低，影响较大。例如，滴定分析中由于实验条件控制不当导致副反应发生，或所选择的指示剂不合适；重量分析时由于实验设计不当，使沉淀的溶解度较大或有共沉淀现象发生等。

2. 仪器或试剂误差 由实验仪器未校正或试剂不纯所引起的误差称为仪器或试剂误差。例如，精密称定时，天平未校准；配制标准溶液时，容量瓶刻度不准确；实验所用试剂或蒸馏水含有微量杂质等。

3. 操作误差 由于操作者的主观原因在实验过程中所引起的误差称为操作误差。例如，滴定分析时终点颜色和容量仪器体积读数的判断；为提高实验数据精密度而产生的主观判断倾向等，均可导致此种误差。

系统误差由于是由确定原因所引起的，一般具有固定的方向（正或负）和大小，并且重复测定时会重复出现，因此可采用加校正值的方法予以消除。

（二）偶然误差

偶然误差（accidental error）也称为随机误差，是由偶然因素引起的误差。偶然误差常由实验室温度、湿度、电压、仪器性能等的偶然变化及操作者对平行样品处理的微小差异等因素引起。偶然误差的特点是方向（正或负）和大小都是不固定的，故不能用加校正值的方法避免。

经过多次的重复测定，偶然误差的出现服从统计规律，即大偶然误差出现的概率小，小偶然误差出现的概率大；绝对值相等的正、负误差出现的概率大体相等；随着测量次数的增加，偶然误差的算术平均值趋于零。因此，可通过适当增加平行测定次数和取平均值表示测定结果的方法，减少偶然误差。由此可见，在消除系统误差的前提下，平行测量的次数越多，则测量值的算术平均值越接近真值。

除上述两类误差外，还有一类是由于操作者技术不够熟练或违反操作规定导致的“过失误差”，实际是错误，必须避免。一旦产生过失数据，应该舍弃重新测量；若无法做出准确判断，也可采用统计检验法进行判断。

二、准确度和精密度

（一）准确度与误差

准确度（accuracy）是指测量值与真值（真实值）的接近程度。测量值与真值越接近，测量越准确，即准确度越高。准确度的高低用误差大小来衡量，有绝对误差和相对误差两种表示方法。

1. 绝对误差（absolute error） 测量值与真值之差称为绝对误差。若以 x 代表测量值，以 μ 代表真值，则绝对误差 E 为

$$E = x - \mu \tag{2-1}$$

绝对误差以测量值的单位为单位，其值可正可负。正误差表示测量值大于真值，负误差表示测量值小于真值。误差的绝对值越小，说明测量值越接近于真值，测量的准确度越高。

2. 相对误差（relative error，RE） 绝对误差 E 与真值 μ 的比值称为相对误差，相对误差用下式表示：

$$\mathrm{RE} = \frac{E}{\mu} \times 100\% \tag{2-2}$$

如果不知道真值 μ，但知道测量值的绝对误差，则相对误差也可以测量值 x 代替 μ 计算。相对误差表示误差在测量结果中所占的比例，因此没有单位，但同样可正可负。在分析工作中，常用相对误差衡量分析结果的准确度，相对误差的大小也是正确选择分析方法的依据。

例 2-1 用分析天平称量两样品的质量分别为 1.6380 g 和 0.1638 g，已知：两个测量值的绝对误差都是 0.0001 g，试计算其相对误差。

解：第一个测量值的相对误差 $RE=\frac{E}{\mu}\times100\%=\frac{0.0001}{1.6380}\times100\%=0.006\%$

同理，第二个测量值的相对误差 $RE=\frac{0.0001}{0.1638}\times100\%=0.06\%$

由此可见，在绝对误差相同的情况下，测定值越大，相对误差越小，准确度越高；反之，则相对误差越大，准确度越低，即测定组分的量影响分析结果的准确度。因此常量分析的相对误差应要求小些，而微量分析的相对误差可以大些。例如，用滴定分析法或重量分析法进行常量分析时，允许的相对误差仅为千分之几；而光谱法、色谱法等仪器分析法进行微量分析时，允许的相对误差则为百分之几甚至更高。

另外，在实际工作中由于任何测量都存在误差，因此不可能得到真值，只是尽可能地接近真值。在分析化学工作中，常用的真值为理论真值或标准值。理论真值，如三角形的内角和为 180° 等。标准值，即采用可靠的分析方法，在不同实验室，由不同分析人员对同一样品进行反复多次测定，然后将大量测定数据用数理统计方法处理而求得的测量值。在分析试验中，测定结果的准确度常用标准值来衡量。

（二）精密度与偏差

精密度（precision）是平行测量的各测量值之间互相接近的程度。各测量值越接近，测量的精密度越高。一般用偏差的大小来衡量数据精密度的高低，表示数据的离散程度。偏差越大，数据越分散，精密度越低；偏差越小，数据越集中，精密度越高。偏差常用以下几种方法表示。

1. 偏差（deviation，d） 单个测量值（x_i）与测量平均值（$\bar{x}$）之差称为偏差，其值可正可负，计算公式如下：

$$d=x_i-\bar{x} \tag{2-3}$$

2. 平均偏差（average deviation） 单个偏差绝对值的平均值称为平均偏差，其值均为正值，以 $\bar{d}$ 表示，式中 n 表示测量次数：

$$\bar{d}=\frac{\sum_{i=1}^{n}\left|x_i-\bar{x}\right|}{n} \tag{2-4}$$

3. 相对平均偏差（relative average deviation，$R\bar{d}$） 平均偏差与测量平均值的比值，定义式如下：

$$R\bar{d}=\frac{\bar{d}}{\bar{x}}\times100\% \tag{2-5}$$

4. 标准偏差（standard deviation，s） 标准偏差能够突出较大偏差对测定结果重复性的影响。对少量测定值（$n\leqslant20$）而言，其标准偏差的定义式如下：

$$s=\sqrt{\frac{\sum_{i=1}^{n}\left(x_i-\bar{x}\right)^2}{n-1}}=\sqrt{\frac{\sum_{i=1}^{n}x_i^2-\left(\sum_{i=1}^{n}\left(x_i\right)\right)^2/n}{n-1}} \tag{2-6}$$

5. 相对标准偏差（relative standard deviation，RSD） 即标准偏差与测量平均值的比值，也曾称为变异系数（coefficient of variation，CV），定义式如下：

$$RSD=\frac{s}{\bar{x}}\times100\%=\frac{\sqrt{\frac{\sum_{i=1}^{n}\left(x_i-\bar{x}\right)^2}{n-1}}}{\bar{x}}\times100\% \tag{2-7}$$

在实际工作中多用 RSD 表示分析结果的精密度。

例 2-2 现有甲、乙两人对同一样品采用相同分析方法测量所得的两组测定数据，甲组为 2.9、2.9、3.0、3.1、3.1，乙组为 2.8、3.0、3.0、3.0、3.2。试判断其精密度的差异。

解：计算如表 2-1 所示。

表 2-1 例 2-2 计算结果

	$\bar{x}$	$\bar{d}$	s	RSD
甲组	3.0	0.08	0.10	3.3
乙组	3.0	0.08	0.14	4.7

甲组的 s 和 RSD 均小于乙组，所以甲组数据的精密度更高。

由此可见，平均偏差相等时，标准偏差不一定相等，两组数据的精密度不同；在一般情况下，对测定数据应标示出标准偏差。

6. 重复性（repeatability）、中间精密度（intermediate precision）及重现性（reproducibility） 三者均反映了测定结果的精密度，但各自具有不同的概念。重复性系指在相同操作条件下，在较短时间间隔内，由同一分析人员对同一样品测定所得结果的接近程度；中间精密度系指在同一实验室内，由于某些试验条件（如时间、分析人员、仪器设备等）改变，对同一样品测定结果的接近程度；重现性系指在不同实验室，由不同分析人员测定同一样品所得结果的接近程度。

（三）准确度与精密度的关系

准确度与精密度从不同侧面反映了分析结果的可靠性。准确度表示测量结果的正确性，而精密度表示测量结果的重复性或重现性。

图 2-1 表示甲、乙、丙、丁四人同时测定样品中某组分的含量，每人平行测定 5 次，样品的真实含量为 37.4。由图可见，甲的测定值精密度和准确度均高，结果可靠；乙的精密度很高，但准确度较低，可能存在系统误差；丙的精密度和准确度都不高；丁的精密度很差，均值接近真值是大的正负误差相互抵消的结果，纯属偶然。由此可见，精密度是保证准确度的先决条件，但高的精密度不一定能保证高的准确度；只有精密度和准确度都高的测量值才是可靠的。

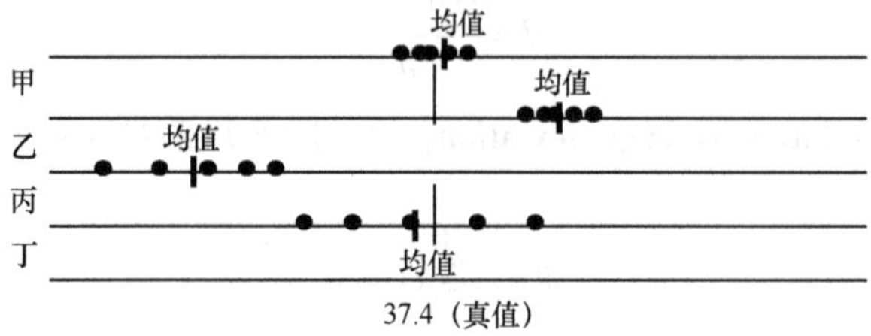

图 2-1 准确度和精密度的关系

在消除系统误差的前提下，高的精密度才能确保高的准确度。在实际工作中，通常真值是未知的，如果消除或校正了系统误差，精密度高的有限次测量的平均值就接近于真值。此时，可用测定值的精密度来衡量测定结果是否可靠。

三、误差传递

定量分析往往通过许多步测量获得数据，最后将数据代入公式计算得出结果。其中每一个测量步骤可能引入的误差都会影响分析结果的准确度，即误差会传递到最终结果中。因此，必须了解测量误差对分析结果的影响，这便是误差传递（propagation of error）规律，下面分别介绍系统误差和偶然误差的传递规律。

（一）系统误差的传递

系统误差的传递规律如表 2-2 的第二列所示。其规律可概括如下：①和、差的绝对误差等于各测量值绝对误差的和、差；②积、商的相对误差等于各测量值相对误差的和、差。

表 2-2　测量误差对计算结果的影响

运算式	系统误差	偶然误差	
		极值误差法	标准偏差法
加减 $R=x+y-z$	$\delta R=\delta x+\delta y-\delta z$	$\Delta R=\|\Delta x\|+\|\Delta y\|+\|\Delta z\|$	$s_R^2=s_x^2+s_y^2+s_z^2$
乘除 $R=xy/z$	$\frac{\delta R}{R}=\frac{\delta x}{x}+\frac{\delta y}{y}-\frac{\delta z}{z}$	$\frac{\Delta R}{R}=\|\frac{\Delta x}{x}\|+\|\frac{\Delta y}{y}\|+\|\frac{\Delta z}{z}\|$	$\left(\frac{s_R}{R}\right)^2=\left(\frac{s_x}{x}\right)^2+\left(\frac{s_y}{y}\right)^2+\left(\frac{s_z}{z}\right)^2$

（二）偶然误差的传递

通常情况下，各测量的误差是不可定的，无从知道它的正负和确切值，从而无法知道它们对计算结果的确切影响，但可用极值误差法或标准偏差法对其影响进行推断和估计。

1. 极值误差法　即假设一个测量结果中各步骤测量值的误差既是最大的又是叠加的，故而所得结果的误差也是最大的，其计算方法如表 2-2 中第三列所示。例如，滴定分析中需两次读取滴定管中液体体积，测量结果的最大误差是±0.02 mL。又如，用滴定分析法测定某药品有效成分的含量，其百分质量分数（%）的计算公式为

$$w(\%)=\frac{TVF}{m}\times 100\% \tag{2-8}$$

式中，T是标准溶液对药物有效成分的滴定度（详见第三章），可以认为没有误差；V是所消耗标准溶液的体积（mL），F是标准溶液的校正因数，m是药品的质量，则 w 的极值相对误差为

$$\frac{\Delta w}{w}=\left|\frac{\Delta V}{V}\right|+\left|\frac{\Delta F}{F}\right|+\left|\frac{\Delta m}{m}\right| \tag{2-9}$$

如果测量 V、F 和 m 的最大相对误差都是±0.2%，则此药物有效成分含量的极值相对误差应是0.6%。

2. 标准偏差法　虽然测量值中偶然误差的确切值无法确定，但它们的出现（大小、方向等）符合统计学规律。因此可以利用偶然误差的统计学传递规律估计测量结果的偶然误差，这种估计方法称为标准偏差法。其计算法则如表 2-2 第四列所示。只要测量次数足够多，即可用本法算出测量值的标准偏差，其规律可概括如下。

（1）和、差结果的标准偏差的平方等于各测量值的标准偏差的平方和。

（2）积、商结果的相对标准偏差的平方等于各测量值相对标准偏差的平方和。

在定量分析中，各步测量的系统误差和偶然误差多是混在一起的，因而这两部分的误差均包含于计算结果的误差中。而标准偏差法只是处理偶然误差的传递问题，因此在用标准偏差法计算结果误差时，须将系统误差消除后才有意义。

四、提高分析准确度的方法

导致分析结果准确度不高的主要原因是误差，必须设法减免分析测量过程中引入的各种误差，才能得到准确的分析结果。下面介绍提高分析结果准确度的方法。

（一）消除系统误差

1. 根据分析任务选择合适的分析方法　不同的分析方法具有不同的灵敏度和准确度。化学分

析法的灵敏度不高，对常量组分的测定能获得比较准确的分析结果（相对误差≤0.2%），但是无法准确测定微量或痕量组分。仪器分析法灵敏度高、绝对误差小，能满足微量或痕量组分测定准确度的要求，但是其相对误差较大，不适合于常量组分的测定。另外，选择分析方法时还应考虑共存物质的干扰。因此，应根据分析对象、样品情况及对分析结果的要求选择恰当的分析方法。

2. 与经典方法进行比较 将所使用的方法与公认经典方法对同一样品进行测量，通过比较，判断方法的可行性。若所使用的方法不够完善，应进一步优化或测出校正值以消除方法误差。此种比较方法在新方法研究中经常采用。

3. 对照试验 对照试验是检查分析过程中有无系统误差的有效方法。即用已知含量的标准样品，按所选的测定方法，以同样的条件进行实验分析，求得测定方法的校正值（标准样品的标准值与标准样品实验分析结果的比值），用以评价所选方法的准确性（有无系统误差），或直接对实验中引入的系统误差进行校正：

$$\text{试样中某组分含量}=\text{试样中某组分测得含量}\times\frac{\text{标准试样中某组分已知含量}}{\text{标准试样中某组分测得含量}} \quad (2\text{-}10)$$

4. 回收试验 当选用方法测出样品中某组分含量后，可在几份相同样品（$n\geqslant5$）中加入适当待测组分的纯品，在相同条件下测定，并按下式计算回收率（recovery）。

$$\text{回收率}\ (\%)=\frac{\text{加入纯品后的测得量}-\text{加入前测得量}}{\text{纯品加入量}}\times100\% \quad (2\text{-}11)$$

回收率越接近100%，说明系统误差越小，方法准确度越高。回收试验常用于微量组分分析测定中。

5. 空白试验 空白试验即在不加入样品的情况下，按照样品分析步骤和条件进行的分析实验，所得结果称为空白值。用空白值校正分析结果可以消除由试剂、蒸馏水及实验器皿等引入的杂质所造成的系统误差。空白值不宜过大，否则应通过提纯试剂、使用合格的蒸馏水或改用其他器皿等方法减小空白值。

（二）减小偶然误差的影响

根据偶然误差的分布规律，在消除系统误差的前提下，平行测量次数越多，平均值越接近于真值。但测量次数的增加与结果可靠性的增加不成正比，过多地增加测量次数并不能使准确度显著提高，反而费时费力。因此，适当增加平行测定次数，可以减小偶然误差对分析结果的影响。

（三）减小测量误差

为了保证分析结果的准确度，必须尽量减小各步的测量误差。例如，25 mL滴定管每次读数产生±0.01 mL的误差，一次滴定需两次读数，因此可能产生的最大误差值为±0.02 mL。为了使滴定的相对误差≤0.1%，可采用增加滴定液体积的方法，则消耗滴定液的体积需要≥20 mL。此外，测量的准确度只要与方法的准确度相适应就够了。例如，滴定分析和重量分析法测定常量组分，要求相对误差≤0.2%；仪器分析法测定微量组分，相对误差可至3%。

案例 2-2

药品质量标准主要包括来源、性状、鉴别、检查、含量测定、制剂等。《中国药典》（2020年版）收载了葡萄糖酸钙口服溶液含量测定标准方法：精密量取本品5 mL，置锥形瓶中，用水稀释使成100 mL，加氢氧化钠试液15 mL与钙紫红素指示剂0.1 g，用乙二胺四乙酸二钠（EDTA-2Na）滴定液（0.05 mol/L）滴定至溶液自紫色转变为纯蓝色。质检人员用此法对某品牌葡萄糖酸钙口服溶液（规格：以Ca计9 mg/mL）进行了含量测定，测得结果如表2-3（已知$c_{EDTA\text{-}2Na}$=0.05052 mol/L）：

表 2-3　案例 2-2 含量测定结果

测定次数	1	2	3	4	5
供试品（mL）	5.00	5.00	5.00	5.00	5.00
滴定液（mL）	23.12	23.20	23.18	23.21	23.17
c_{Ca} (mg/mL）	9.36	9.38	9.37	9.38	9.36
平均值 (mg/mL）			9.37		
RSD（%）			0.11		

问题：

在本案例中，为什么 5 次平行测定的实验结果并不完全相等？为何要多次（n=5）平行测定？如何评价该实验结果的准确度？

案例 2-2 分析

一个定量分析并不只是一次简单的测量，往往需要经过一列步骤，每步测量产生的偶然误差都是不确定的，因此案例 2-2 中 5 次平行测定结果并不完全相等，也更进一步证实了误差客观存在的事实。但偶然误差在多次平行测定取均值时常能部分或完全抵消，因此，若定量分析方法无系统误差，可通过增加平行测定次数减小偶然误差，以提高分析结果的准确度。另外，在药品实际含量测定中不可能得到确切无误的真实值，而需要对测量结果做出相对准确的估计。因此，如何得到最佳的估计值并判断其可靠性是本节内容的要点。

第二节　有效数字及其运算法则

在定量分析中有两类数字，一类是常数，如测定次数、反应中的化学计量关系、计算中的倍数等，这类数字不存在准确度问题；另一类是测量所得数字，其位数多少应与测量所用仪器的精度相适应。下面讨论第二类数字的读取、意义、记录和运算。

案例 2-3

《中国药典》规定取样量的准确度和精度如下："精密称定"系指称取重量应准确至所取重量的千分之一；"称定"系指称取重量应准确至所取重量的百分之一；"精密量取"系指量取体积的准确度应符合国家标准中对该体积移液管的精密度要求；"量取"系指可用量筒或按照量取体积的有效数位选用量具。取用量为"约"若干时，系指取用量不得超过规定量的 ±10%。

问题：

1. 什么是有效数字？其意义何在？

2. 在定量分析中，如何根据要求选择合适的测量工具并记录有效数字？

3. 定量分析结果通常是由多个测量数据进行运算获得，那么结果应保留几位有效数字？

案例 2-3 分析

1. 有效数字是在检测时用各种工具或仪器实际读出或测到的数值。有效数字的意义是能反映出所用测量器具的精度，可以据此按需要来选择合适的测量器具。

2. 不同测量工具的精度不同，测量所得数据准确度不同。例如，不同天平称量的灵敏度值是不一样的，因此应根据称量要求选择适当的天平。"精密称定"系指称取重量应准确至所取重量的千分之一，需要万分之一的分析天平；而"称定"系指称取重量应准确至所取重量的百分之一，千分之一的天平即可。同理，"精密量取"要用符合国家标准的移液器；"量取"可用量筒或相当于量筒有效数位的量具。由此可见，根据具体需要选用不同的测量工具，可以得到不同的有效数字位数，以确保测量结果的精密度和准确性。记录有效数字的原则是只能保留一位可疑值。

3. 当多个测量数据进行运算获得分析结果时，最终结果保留有效数字位数的原则：在加减法运算中以绝对误差最大的数据为依据，在乘除法运算中以相对误差最大的数据为依据。

一、有效数字

有效数字（significant figure）是指在分析工作中实际上能够测量到的数字。有效数字不仅能表示数值的大小，还能反映测量的精确程度。因此，有效数字位数的记录要严格遵循分析方法和仪器精确度，只允许保留一位可疑数字（欠准值），即数据的末位数是可疑的，其误差是末位数的±1 个单位。

有效数字的位数反映了测量结果的准确程度，绝不能随意增加和减少。例如，量取溶液的体积记作 20 mL，表示该溶液体积是由量筒量取的；而滴定管液体体积读数应记作 22.00 mL。这是因为滴定管可精确读取 0.1 mL，小数点后面第二位虽然没有刻度，不甚准确，有±0.01 mL 误差，但该数字并非臆造，记录时应予以保留。同理，用万分之一分析天平称量某样品的重量，应记录为 0.5421 g，即有效数字应记录至小数点后第四位。因为万分之一的分析天平可以准确称量至0.001 g，小数点后第四位有±1 的误差，为可疑值，但记录时仍应保留。记录有效数字应注意以下几个特殊方面。

（1）数据中的“0”的双重意义。当 0 位于其他数字之前，表示数量级，用于定位，如在数据 0.0213 g 中的前两个 0，不是有效数字；当 0 位于其他数字之间或最末位，作为普通数字使用，如在数据 2.0230 g 中第二位和末位的 0，均为有效数字。其中末位的 0 除表示数量值外，还表示该数量值的准确程度。

（2）单位的变换不应改变有效数字的位数。当单位变换，需采用 0 尾部补位时，为了避免混淆，应尽量使用科学计数法表示数据，且确保有效数字位数不变。例如，271.2 m，用 mm 作单位时，为 2.712×10^5 mm。

（3）首位有效数字≥8，其有效数字的位数可多计一位。这是从数据的相对误差考虑。例如，9.62，其相对误差为

$$\frac{\pm0.01}{9.62}\times100\%=\pm0.01\%$$

与四位有效数字的相对误差相当，故可按照四位有效数字对待。

（4）pH、pM 和 pK 等对数值，其有效数字位数仅取决于小数部分数字的位数，而其整数部分的数字只代表原值的幂次。

（5）使用计算器计算时，应特别注意最后结果中有效数字的位数保留。若多保留有效数字的位数，则会导致分析结果的准确度虚假偏高。常量分析法所允许的误差一般在±0.2% 以内，结果一般要求保留四位有效数字。

二、有效数字的修约规则

在定量分析数据处理过程中，计算结果可能保留了过多的位数，但最后分析结果的表示必须是与准确度相适应的有效数字。计算的位数不在于多，而在于是否实际可靠。所以对计算结果，确定有效数字的位数后，要舍弃多余的尾数，称为“数字修约”，基本规则如下。

1. 采用“四舍六入五留双”的规则进行修约 当多余尾数的首位≤4 时，舍去；多余尾数的首位≥6 时，进位；多余尾数的首位为 5 时，若 5 后数字不为 0，则进位；若 5 后数字皆为 0，则视 5 前数字是奇数还是偶数，采用“奇进偶舍”的方式进行修约，使被保留数据的末位为偶数。

例 2-3 将下列数据修约为四位有效数字。

0.10234→0.1023，0.10236→0.1024，0.102350→0.1024，0.102450→0.1024，0.102451→0.1025。

2. 禁止分次修约 进行数字修约时，只允许对原测量值一次修约至所需位数。例如，将数据4.3457修约为两位有效数字，应4.3457→4.3；若分次修约4.3457→4.346→4.35→4.4就不对了。

3. 可多保留一位有效数字进行运算 在大量数据运算中，为了提高运算速度，而又不使修约误差迅速累积，对参加运算的所有数据可先多保留一位有效数字，运算后，再将结果修约成与最大误差数据相当的位数。

4. 修约标准偏差 对标准偏差的修约，其结果应使精密度降低，一般不遵从"四舍六入五留双规则"。例如，某计算结果的标准偏差为0.232，若取两位有效数字，应修约成0.24。在进行统计检验时，标准偏差可多保留1～2位数参加运算。表示标准偏差和RSD时，一般取两位有效数字。

5. 与标准限度值比较时不应修约 在分析工作中常将测定值与标准限度值进行比较，以确定检测品是否合格。若无特别注明，一般应采用全数值进行比较而不对测量值进行修约。例如，某药物中杂质限量规定为≤0.06%合格，若获得的测定值为0.062%，则应判定为该药物杂质含量不合格。

三、有效数字的运算规则

根据误差传递原理，计算定量分析结果时，每个测量值的误差都会传递到分析结果中去。因此，必须运用有效数字的运算规则，做到合理取舍，运算过程中不改变测量的准确度。特别是使用计算器计算分析结果时，显示位数较多，尤其要注意结果的有效数字位数。

1. 加减法 当几个数据相加或相减时，它们的和或差的有效数字保留，应以绝对误差最大（小数点后位数最少）的数据为依据。

例 2-4 0.01021 + 25.64 + 1.057 = 26.70721，应修约为26.71。最终结果有效数字的位数应由绝对误差最大的第二个数据决定，即应保留两位小数。

2. 乘除法 几个数据相乘除时，积或商有效数字的保留，以参加运算的数据中相对误差最大（有效数字位数最少）的那个数据为准。

例 2-5 （0.0325×5.103×60.06）/139.8 = 0.07125，应修约为0.0712。其中相对误差最大的数据是0.0325，所以结果应以此数据为准，保留三位有效数字。

3. 乘方和开方运算 原数据有几位有效数字，计算结果就保留几位有效数字。

4. 对数运算 所取对数位数应与真数有效数字位数相等。

例 2-6 若 $[H^+] = 6.3\times10^{-11}\text{mol/L}$，换算成pH = 10.20，两位有效数字。

5. 分析结果百分数的表示 对于高含量组分（≥10%），一般保留4位有效数字；对于含量在1%～10%的组分，保留三位有效数字；而对含量＜1%的组分，则保留两位有效数字即可。

第三节 有限量测量数据的统计处理

一、偶然误差的正态分布

对同一样品在相同条件下进行 n 次测量，当 n 为无限多次时，测量值产生的偶然误差服从正态分布规律。正态分布的概率密度函数式为

$$y = f(x) = \frac{1}{\sigma\sqrt{2\pi}} e^{-\frac{(x-\mu)^2}{2\sigma^2}} \tag{2-12}$$

式中，y 为测量值出现的频率，即概率密度；x 为测量值；μ 和 σ 为正态分布的两个参数，分别代表总体平均值和总体标准偏差，影响着正态分布（normal distribution）曲线的位置和形状。σ 小，曲线高、陡峭，精密度高；σ 大，曲线低、平坦，精密度低（图 2-2）。

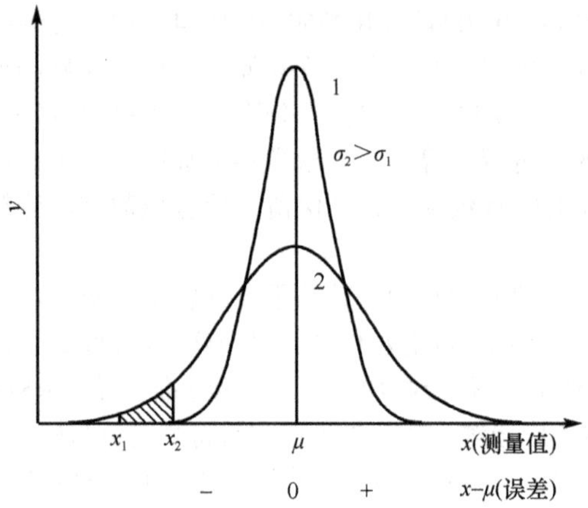

图 2-2　测量值（或误差）正态分布曲线

正态分布曲线与横坐标所夹的总面积为所有测量值出现的概率总和，在某范围（如 x_1～x_2）内，测量值出现的概率为阴影部分面积与总面积的比值。$x-\mu$ 为偶然误差。若以 $x-\mu$ 为横坐标，则曲线顶点所对应的横坐标为 0。此时曲线为偶然误差的正态分布曲线，并可清楚地反映偶然误差的规律性：小误差出现的概率大，大误差出现的概率小；绝对值相等的正误差和负误差出现的概率相等。

二、t 分布

一般情况下，实际平行测定的次数（n）较少，称为小样本（即总体中的微小部分）试验，因而无法得到总体标准偏差 σ 值。此时可用样本标准偏差 s 替代正态分布的 σ 以估计测量数据的分散情况，即采用 t 分布（t distribution）——少量数据平均值的概率误差分布，对有限测量数据进行统计处理。t 分布曲线（图 2-3）与正态分布曲线相似，纵坐标仍是概率密度，但横坐标变为统计量 t，统计量 t 可按下式计算：

$$t=\frac{x-\mu}{s} \tag{2-13}$$

式中，t 是以样本标准差 s 为单位的（$x-\mu$）值。由于测量次数少，数据的集中程度较小，分散程度较大，t 分布曲线的形状将变得矮而钝。t 分布曲线随自由度 f（$f=n-1$）而改变，当 f 趋近∞时，t 分布就趋近正态分布。t 分布曲线下面一定范围内的面积，就是该范围内测定值 x 出现的概率。对于 t 分布曲线，即使 t 一定，f 不同时，相应曲线所包括的面积会随之变化，概率也就不同。

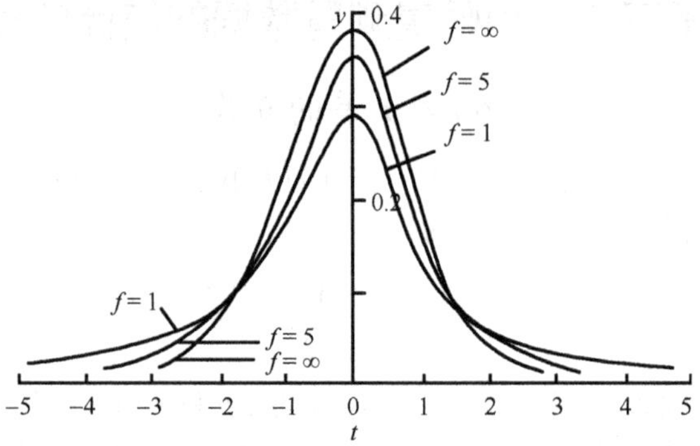

图 2-3　t 分布曲线

在统计分析中，常用 P 表示置信水平（confidence level），也称置信度或置信概率，它表示在某一 t 值时，测量值落在 $\mu\pm ts$ 范围内的概率；测量值落在 $\mu\pm ts$ 范围之外的概率为（$1-P$），称为显著性水平（significance level），用 α 表示。由于 t 与 α 和 f 有关，故引用时需加脚注，即用 $t_{\alpha,f}$ 表示。不同 α 和 f 下的 t 值如表 2-4 所示。

表 2-4　t 检验临界值（$t_{\alpha,f}$）表

双侧检验	α=0.10	0.05	0.01	双侧检验	α=0.10	0.05	0.01
单侧检验	α=0.05	0.025	0.005	单侧检验	α=0.05	0.025	0.005
f=1	6.314	12.706	63.657	f=12	1.782	2.179	3.055
2	2.920	4.303	9.925	13	1.771	2.160	3.012
3	2.353	3.182	5.841	14	1.761	2.145	2.977
4	2.132	2.776	4.604	15	1.753	2.131	2.947
5	2.015	2.571	4.032	20	1.725	2.086	2.845
6	1.943	2.447	3.707	25	1.708	2.060	2.787
7	1.895	2.365	3.499	30	1.697	2.042	2.750
8	1.860	2.306	3.355	40	1.684	2.021	2.704
9	1.833	2.262	3.250	60	1.671	2.000	2.660
10	1.812	2.228	3.169	∞	1.645	1.960	2.576
11	1.796	2.201	3.106		(μ)	(μ)	(μ)

三、平均值的置信区间

由于误差是客观存在的，对于有限次测量，只能以样本均值 $\bar{x}$ 估计真值 μ，利用统计量作出统计学意义上的推断，判断在某个区间（范围）内包含 μ 的概率是多少，而不是 μ 落在该范围内的概率是多少。即在置信水平为 90% 时，说明 100 次测定有 90 次是正确的。我们把在一定置信水平时，以测定结果为中心，包括样本均值 $\bar{x}$ 在内的可信范围称为置信区间（confidence interval），表示如下：

$$\mu = \bar{x} \pm \frac{ts}{\sqrt{n}} \tag{2-14}$$

从公式可知，只要选定置信水平 P，根据 P（或 a）与 f，即可从表中查出 $t_{\alpha,f}$，从测定的 $\bar{x}$、s、n 值就可以求出相应的置信区间。其中，上限值为 $\bar{x}+\frac{ts}{\sqrt{n}}$，下限值为 $\bar{x}-\frac{ts}{\sqrt{n}}$，$\frac{ts}{\sqrt{n}}$ 称为置信限（confidence limit）。

四、可疑数据的取舍

在实际分析工作中，有时会出现一组平行测定的数据中有个别数据过大或过小，这种数据称为可疑数据或离群值（outlier），对测定结果的精密度和准确度有很大影响。可疑数据可能是偶然误差波动性的极度表现，也可能由过失误差（如配制溶液时溶液的溅失、滴定读数错误）引起。

案例 2-4

卡尔·费歇尔（Karl Fischer）法的原理是在吡啶和甲醇溶液中利用 I_2 氧化 SO_2 时需要定量的水参与反应，对药物中微量水分进行测定的标准方法之一，广泛用于无机物或有机物中水分的测定。某实验室采用气相色谱法（GC）测定试样无水乙醇中的微量水分，并与标准的 Karl Fischer 法比较，测定结果如下：

Karl Fischer 法：0.345%、0.347%、0.351%、0.362%、0.352%、0.347%。

气相色谱法：0.354%、0.355%、0.361%、0.354%、0.347%、0.352%。

问题：

1. Karl Fischer 法中测量值 0.362% 和气相色谱法中 0.347% 是否是可疑数据？
2. 这两种方法用于无水乙醇中微量水分的测定是否存在显著差异？
3. 能否用气相色谱法取代 Karl Fischer 法测定无水乙醇中的微量水分？

案例 2-4 分析

标准的改进引领产品质量的提升，随着科学技术的发展，涌现出了很多新型的分析方法，那么这些新的分析方法能不能取代经典的标准方法？需要统计处理两种方法对同一样品获得的两组分析数据，其步骤：先采用格鲁布斯检验法（Grubbs test method，简称 *G* 检验）进行可疑数据的取舍，再进行 *F* 检验，最后进行 *t* 检验。

1. 计算统计量

（1）Karl Fischer 滴定法：$n_1=6$，$\overline{x_1}=0.351\%$，$s_1=6.2\times10^{-3}\%$。

（2）GC 法：$n_2=6$，$\overline{x_2}=0.354\%$，$s_2=4.5\times10^{-3}\%$。

2. *G* 检验：可疑数据取舍

（1）Karl Fischer 滴定法：可疑值为 0.362%，$G=\dfrac{|0.362-0.351|}{6.2\times10^{-3}}=1.77$，查表 2-5 得 $G_{0.05,6}=1.89$。$G<G_{0.05,6}$，所以 0.362% 应保留。

（2）GC 法：可疑值为 0.347%，$G=\dfrac{|0.347-0.354|}{4.5\times10^{-3}}=1.56$，查表 2-5 得 $G_{0.05,6}=1.89$。$G<G_{0.05,6}$，所以 0.347% 应保留。

3. *F* 检验：精密度检验

$F=\dfrac{\left(6.2\times10^{-3}\right)^2}{\left(4.5\times10^{-3}\right)^2}=1.90$，查表 2-6 得 $F_{0.05,5,5}=5.05$。$F<F_{0.05,5,5}$，说明两种方法精密度相当。

4. *t* 检验：准确度检验

$$s_R=\sqrt{\frac{(6-1)\left(6.2\times10^{-3}\right)^2+(6-1)\left(4.5\times10^{-3}\right)^2}{6+6-2}}=5.4\times10^{-3}\ (\%)$$

$$t=\frac{|0.351-0.354|}{5.4\times10^{-3}}\cdot\sqrt{\frac{6\times6}{6+6}}=0.96$$

查表 2-4 双侧检验得 $t_{0.05,10}=2.228$。$t<t_{0.05,10}$，说明两种方法测得的均值准确度相当。

综上分析，说明这两种分析方法在测定无水乙醇中微量水分时，精密度和准确度无显著性差异，且不存在系统误差。因此，GC 法可以替代 Karl Fischer 滴定法测定无水乙醇中的微量水分。

判断平行测定的某个数据是否为可疑数据，首先应检查该数据是否记错，实验中是否有明显的不正常现象发生等。如果找到原因，确实是由过失造成的，就舍弃该数据。否则，需用统计检验的方法进行取舍。本教材只介绍采用 *G* 检验法检验可疑数据的方法。*G* 检验法步骤如下：①算出包括可疑值在内的平均值 $\overline{x}$；②计算可疑值 x_q 与平均值之差的绝对值；③算出包括可疑值在内的标准偏差 s；④按式（2-15）计算 *G*：

$$G=\frac{\left|x_q-\bar{x}\right|}{s} \tag{2-15}$$

⑤从表 2-5 中查出 G 的临界值 $G_{\alpha,n}$，若计算出的 G 大于临界值，则该可疑值应当舍弃，否则应保留。

表 2-5　G 检验临界值（$G_{\alpha,n}$）表

项目	数据 n													
	3	4	5	6	7	8	9	10	11	12	13	14	15	20
α=0.10	1.15	1.46	1.67	1.82	1.94	2.03	2.11	2.18	2.23	2.29	2.33	2.37	2.41	2.56
α=0.05	1.15	1.48	1.71	1.89	2.02	2.13	2.21	2.29	2.36	2.41	2.45	2.51	2.55	2.71
α=0.01	1.15	1.50	1.76	1.97	2.14	2.27	2.39	2.48	2.56	2.64	2.70	2.76	2.81	3.00

五、显著性检验

在定量分析中，即使是熟练的分析工作者，也很难做到测得的平均值与真值完全相等；或采用两种不同方法对同一样品测得的两个平均值完全一致。这种差异在排除过失误差的影响后，可能是由系统误差或偶然误差所引起的，但是直观上难以分辨。因此，需要用统计检验的方法判断其分析结果的准确度和精密度间是否存在显著性差异。常用的有 F 检验与 t 检验，分别用于检验是否存在显著的偶然误差与系统误差等。

（一）t 检验

t 检验（t test）主要用于样本均值与标准值的比较或两组有限量测量数据的样本均值的比较，考查是否存在统计学上的显著性差异。

1. 样本均值与标准值的比较　先将所得数据 $\bar{x}$、μ、s 及 n 代入式（2-16），求出统计量 t：

$$t=\frac{\left|\bar{x}-\mu\right|}{s}\sqrt{n} \tag{2-16}$$

然后与由表 2-4 查得的 t 临界值 $t_{\alpha,f}$ 相比较。若算出的 $t \geqslant t_{\alpha,f}$，说明 $\bar{x}$ 与 μ 之间存在着显著性差异；反之，则说明两者间不存在显著性差异。由此可判断所得分析结果是否准确，或所采用的方法是否可靠。

例 2-7　已知某药物中有效成分的质量分数为 42.63%，经 5 次检测后测得其平均值为 42.36%，标准偏差为 0.25%。请问在 95% 置信水平上，此次测量结果是否准确？

解：按式（2-16）计算

$$t=\frac{\left|42.36\%-42.63\%\right|}{0.25\%}\times\sqrt{5}=2.415$$

查表 2-4 双侧检验，得 $t_{\alpha,f}=2.776$。说明测量结果的平均值与标准值之间无显著性差别，此次测量结果是准确的。

2. 两个样本均值间的检验　两组数据的样本均值间的检验通常存在下面两种情况：同一个样品由不同分析人员或同一分析人员采用不同方法、不同仪器或在不同分析时间，分析所得两组数据均值间的显著性检验；两个样品含有同一成分，用相同检测方法所测得两组数据均值间的显著性检验。先用下式求出统计量 t：

$$t=\frac{\left|\bar{x}_1-\bar{x}_2\right|}{s_{\mathrm{R}}}\cdot\sqrt{\frac{n_1\times n_2}{n_1+n_2}} \tag{2-17}$$

式中，n_1 和 n_2 分别为两组数据的测定次数，两者可以不等，但不能相差悬殊；s_{R} 称为合并标准偏差或组合标准差（pooled standard deviation），可按式（2-18）由两组数据各自的标准偏差求算得出。

$$s_R=\sqrt{\frac{(n_1-1)s_1^2+(n_2-1)s_2^2}{n_1+n_2-2}} \tag{2-18}$$

按式（2-17），求出统计量 t，并与表 2-4 查得的 t 临界值相比较。同理，若算出的 $t \geq t_{\alpha,f}$，说明 $\overline{x_1}$ 与 $\overline{x_2}$ 之间存在着显著性差异，其中某一组数据可能存在系统误差；反之，则说明两者间不存在显著性差异。

（二）F 检验

F 检验（F test）是通过比较两组数据的方差 s^2，来确定它们的精密度是否存在显著性差异。

F 检验的步骤是先分别计算出两个样本的方差 S_1^2 和 S_2^2，然后按式（2-19）计算方差比：

$$F=\frac{s_1^2}{s_2^2}(s_1>s_2) \tag{2-19}$$

求出的 F 与方差比的单侧临界值（F_{α,f_1,f_2}）进行比较，若 $F<F_{\alpha,f_1,f_2}$，说明两组数据的精密度不存在显著性差异；反之，则说明两组数据的精密度存在着显著性差异。表 2-6 是在 95% 置信水平及不同自由度时的部分 F_{α,f_1,f_2}，使用该表时必须注意：f_1 为大方差数据的自由度，f_2 为小方差数据的自由度。

表 2-6　95% 置信水平时 F 检验（单侧）临界值表

f_2/f_1	2	3	4	5	6	7	8	9	10	20	∞
2	19.00	19.16	19.25	19.30	19.33	19.36	19.37	19.38	19.39	19.40	19.50
3	9.55	9.28	9.12	9.01	8.94	8.88	8.84	8.81	8.78	8.66	8.53
4	6.94	6.59	6.39	6.26	6.16	6.09	6.04	6.00	5.96	5.80	5.63
5	5.79	5.41	5.19	5.05	4.95	4.88	4.82	4.78	4.74	4.56	4.36
6	5.14	4.76	4.53	4.39	4.28	4.21	4.15	4.10	4.06	3.87	3.67
7	4.74	4.35	4.12	3.97	3.87	3.79	3.73	3.68	3.63	3.44	3.23
8	4.46	4.07	3.84	3.69	3.58	3.50	3.44	3.39	3.34	3.15	2.93
9	4.26	3.86	3.63	3.48	3.37	3.29	3.23	3.10	3.13	2.94	2.71
10	4.10	3.71	3.48	3.33	3.22	3.14	3.07	3.02	2.97	2.77	2.54
20	3.49	3.10	2.87	2.71	2.60	2.51	2.45	2.39	2.35	2.12	1.84
∞	3.00	2.60	2.37	2.21	2.10	2.01	1.94	1.88	1.83	1.57	1.00

（三）使用显著性检验的几点注意事项

1. 先 *F* 检验后 *t* 检验　两组数据的显著性检验的顺序是先进行 F 检验而后进行 t 检验，先由 F 检验确认两组数据的精密度（或偶然误差）无显著性差异后，才能用 t 检验进行两组数据的均值是否存在系统误差的比较。因为，只有两组数据在精密度相当时，再去判断准确度是否有显著性差异才有意义。

2. 单侧检验与双侧检验　检验两个分析结果是否存在显著性差异时，用双侧检验；若检验某分析结果是否明显高于（或低于）某值，则用单侧检验。

3. 置信区间 *P* 或显著性水平 *α* 的选择　由于 t 与 F 的临界值随 α 的不同而不同，因此 α 的选择必须适当。α 选择过小，则放宽对差别要求的限度，容易把本来有差别的情况判断为没有差别；

α选择过大，则提高对差别要求的限度，容易把本来没有差别的情况判定为有差别。在分析化学中，通常以 $\alpha=0.05$ 或 $P=95\%$ 作为判断差别是否显著的标准。

六、相关与回归

相关与回归（correlation and regression）都是研究和处理变量之间相互关系的一种数理统计方法。常用一元回归方程评价两个变量间的线性关系，用相关系数评价变量间线性相关的程度。

（一）相关分析

在实际分析测量中，由于各种测量误差的存在，两个变量之间一般不存在确定的函数关系，只是相关关系。在进行两个变量间的相关分析（correlation analysis）时，最直观的方法是建立直角坐标系，两个变量各占一个坐标轴，每个数据在坐标系中为一个点，并将点连接成一条直线或曲线以显示变量间的相关关系。如果各点的排布接近一条直线，则表明两个变量的线性相关性较好；如各点排布杂乱无章，则表明两个变量的相关性较差。

在统计学中用相关系数 r 对两个变量的相关性进行定量的描述。设两个变量 x 和 y 的 n 次测量值为（x_1, y_1）、（x_2, y_2）、（x_3, y_3）、…、（x_n, y_n），可按下式计算相关系数 r：

$$r=\frac{\sum_{i=1}^{n}(x_i-\bar{x})(y_i-\bar{y})}{\sqrt{\sum_{i=1}^{n}(x_i-\bar{x})^2\sum_{i=1}^{n}(y_i-\bar{y})^2}} \tag{2-20}$$

相关系数 r 是一个介于 ±1 的数值：当 $r=+1$ 或 -1 时，表示点（x_1, y_1）、（x_2, y_2）、（x_3, y_3）、…、（x_n, y_n）处于一条直线上，此时认为 x 和 y 完全线性相关；当 $r=0$ 时，表示点（x_1, y_1）、（x_2, y_2）、（x_3, y_3）、…、（x_n, y_n）排列杂乱无章；当 $r>0$ 时，两个变量呈正相关；当 $r<0$ 时，两个变量呈负相关。可见，相关系数 r 的大小反映了 x 与 y 两个变量间相关的密切程度，其越接近于±1，变量间的相关性越好。

（二）回归分析

设 x 为自变量，y 为因变量。某一 x, y 的多次测量值可能有波动，但总是服从一定的分布规律。回归分析就是要找出 y 的平均值与 x 之间的关系。通过相关系数的计算，如果发现了 $\bar{y}$ 与 x 呈线性函数关系，即可简化为线性回归，并用最小二乘法解出回归系数 a（截距）与 b（斜率），即

$$a=\frac{\sum_{i=1}^{n}y_i-b\sum_{i=1}^{n}x_i}{n} \tag{2-21}$$

$$b=\frac{n\sum_{i=1}^{n}x_iy_i-\sum_{i=1}^{n}x_i\cdot\sum_{i=1}^{n}y_i}{n\sum_{i=1}^{n}x_i^2-\left(\sum_{i=1}^{n}x_i\right)^2} \tag{2-22}$$

将样本所测的数据代入式（2-21）和式（2-22），求算出回归系数 a 与 b，以确定回归方程式：

$$\bar{y}=a+bx \tag{2-23}$$

目前，许多数据处理软件（如 Excel 和 Origin 等）及科学计算器均可用于数据的相关与回归分析，将各实验数据对输入，很快就统计出 a、b 及 r，无须繁复的运算，十分方便。通常，$0.90<r<0.95$ 表示一条平滑的直线，$0.95<r<0.99$ 表示一条线性关系良好的直线，$r>0.99$ 表示线性关系很好。有关 r 的临界值，也可以通过数学手册或数理统计书籍查阅获得。

例 2-8 用邻二氮菲（1,10-邻二氮杂菲）显色法测定水样中微铁。测得不同浓度 Fe^{2+} 标准溶液的吸光度（A）如下：

c（μg/mL）	1.00	2.00	4.00	6.00	8.00
A	0.112	0.223	0.446	0.651	0.809

解：将数据输入计算器或数据处理软件，求得 $a = 0.0246$，$b = 0.1008$，$r = 0.9978$。得回归方程式：$A = 0.0246 + 0.1008c$。因为相关系数接近于 1，说明在该测量范围内，吸光度 A 与浓度 c 呈良好的线性关系。

知识窗 **药品质量——诚信至上、生命至上**

药典（pharmacopoeia）是一个国家记载药品标准、规格的法典。药品标准是药品现代化生产和质量管理的重要组成部分，是药品生产、供应、使用和监督管理部门共同遵循的法定依据。1949 年中华人民共和国成立后至今，我国已编订了十一个版次《中国药典》。从第一版《中国药典》收载药品 531 种，到现在 2020 版的 5911 种，这是质的飞跃。《中国药典》的丰富与实施，保障了药品质量至上的原则，保障了人民生命至上的原则。药品质量安全关乎人身健康和社会稳定，作为生产企业，必须要严格秉承“诚信至上、生命至上”的理念，才能将企业做大做强；作为分析检验工作者，不仅要有过硬的专业技能，更重要的是要有严谨的工作态度和实事求是的工作作风。随着分析方法和手段的不断进步，我们可以做到在最大程度上减免误差，所以必须要树立良好的职业道德和高度的社会责任感，在自己的工作岗位上认真负责，要以严格的标准，把好药品质量关，因为一个很小的误差极有可能会带来不可估量的损失。

思考题与习题

1. 如何评价分析结果的准确度和精密度？
2. 说明准确度与精密度的区别与联系。
3. 简述如何提高分析结果的准确度。
4. 下列各数据含有几位有效数字？

① 0.1023 mol/L；② 98.9%；③ 0.032%；④ 21.32 mL；⑤ pH =10.20。

5. 进行下述运算，并给出适当位数的有效数字。

① $212.64 + 4.1 + 0.3244$　② $\dfrac{3.01 \times 20.45 \times 5.1}{0.0192}$　③ $\dfrac{2.28 \times (3.141 + 2.10) - 20.52}{3.778}$

④ $[H^+] = 0.012$ mol/L，求 pH。

6. 两人测定同一标准试样，各得一组数据的偏差如下：

（1）	0.1	0.2	0.3	0.2	0.4	–0.4	0.0	–0.3	0.2	0.1
（2）	0.1	0.3	–0.6	0.0	–0.1	–0.3	0.2	–0.1	–0.3	0.2

①求两组数据的平均偏差和标准偏差。

②为什么两组数据计算出的平均偏差相等，而标准偏差不等？

③哪组数据的精密度更高？

7. 某实验室分别采用酸碱滴定法和高效液相色谱（HPLC）法测定同一复方阿司匹林片剂中阿司匹林的含量，测得的标示量含量如下。HPLC：97.2%、97.9%、99.2%、99.6%、98.9%、98.1%。酸碱滴定法：97.8%、97.5%、98.1%、96.9%、97.3%。问：①两种方法分析结果的精密度与平均值是否存在显著性差别？②在该项分析中 HPLC 法可否代替化学法？

（李政茹）

第三章　滴定分析法概论

学习目标

1. 掌握　滴定分析法的常用术语，如化学计量点、滴定终点、滴定终点误差、标准溶液、基准物质、滴定度；滴定分析法对化学反应的要求；标准溶液的配制方法及其浓度的表示方法；滴定分析的有关计算。

2. 熟悉　滴定分析中常用的滴定方式。

3. 了解　滴定分析法的分类。

第一节　概　　述

一、滴定分析法

滴定分析法（titrimetric analysis）是将一种已知准确浓度的试剂溶液滴加到被测物质溶液中，直至所加试剂与被测物质按化学计量关系刚好反应完全，根据所加试剂的浓度和消耗的体积计算被测物质含量的分析方法。

滴定分析中，已知准确浓度的试剂溶液称为标准溶液（standard solution），常用作滴定剂（titrant）。将标准溶液通过滴定管（burette）滴加到被测物质溶液中的操作过程称为滴定（titration）（图 3-1）。当滴加的标准溶液与被测物质按照化学计量关系刚好反应完全时，称反应到达了化学计量点（stoichiometric point，sp，简称计量点）。在化学计量点时大部分溶液没有明显的外部特征变化。因此滴定时常加入一种试剂，可以借助这种试剂的颜色变化来指示计量点的到达，这种试剂称为指示剂（indicator）。滴定过程中，当指示剂刚好发生颜色改变时停止滴定，此时称为滴定终点（titration end point，ep）。滴定终点与化学计量点往往不完全一致，由此引起的误差称为终点误差（titration error，TE）。终点误差是滴定分析法误差的主要来源之一，其大小取决于化学反应的完全程度和指示剂的选择是否恰当，这些内容将在后续章节中讨论。

图 3-1　滴定示意图

滴定分析法适用于常量组分分析。分析结果准确度高，相对误差不高于 0.2%；操作简便、快速，是目前生产实践和科学研究中广泛使用的定量分析方法。

二、滴定分析法的分类

根据标准溶液与被测物质发生的化学反应类型的不同，滴定分析法可分为酸碱滴定法（acid-base titration）、配位滴定法（complexometric titration）、氧化还原滴定法（oxidation-reduction titration method）和沉淀滴定法（precipitation titration）四类。

1. 酸碱滴定法　酸碱滴定法是以酸碱质子转移反应为基础的滴定分析方法。酸碱滴定法是应用最广泛的滴定分析方法之一，可用碱标准溶液测定酸性物质，也可用酸标准溶液测定碱性物质。滴定反应为

强碱（酸）滴定强酸（碱）：$H^+ + OH^- \rightleftharpoons H_2O$

强碱滴定弱酸：$HA + OH^- \rightleftharpoons H_2O + A^-$

强酸滴定弱碱：$BOH + H^+ \rightleftharpoons H_2O + B^+$

2. 配位滴定法　配位滴定法是以配位反应和配位平衡为基础的滴定分析方法。配位滴定法以配位剂为标准溶液测定金属离子。目前广泛使用的配位剂为乙二胺四乙酸（EDTA，用 Y 表示）。

滴定反应为

$$M+Y \rightleftharpoons MY$$

3. 氧化还原滴定法 氧化还原滴定法是以氧化还原反应为基础的滴定分析方法。氧化还原滴定法可以氧化剂为标准溶液测定还原性物质，也可以还原剂为标准溶液测定氧化性物质。根据所用滴定剂的不同，氧化还原滴定法可分为高锰酸钾法、碘量法、亚硝酸钠法、重铬酸钾法等。例如，高锰酸钾法测定过氧化氢的滴定反应为

$$2MnO_4^-+5H_2O_2+6H^+ = 2Mn^{2+}+5O_2\uparrow+8H_2O$$

4. 沉淀滴定法 沉淀滴定法是以沉淀反应为基础的滴定分析方法。银量法是最常用的沉淀滴定法，可用于测定 Cl^-、Br^-、I^-、CN^-、Ag^+ 等，也可以测定经处理后定量转化为这些离子的有机物。滴定反应为

$$Ag^++X^- \rightleftharpoons AgX^- \text{（}X^-\text{为}Cl^-\text{、}Br^-\text{、}I^-\text{、}CN^-\text{）}$$

三、滴定分析法对化学反应的要求

滴定分析法是以化学反应为基础的分析方法，但并不是所有的化学反应都能用于滴定分析。适合滴定分析的化学反应须满足以下条件。

1. 反应必须定量完成。标准溶液与被测物质之间的反应必须按确定的化学计量关系进行，无副反应发生。反应完全程度应达到 99.9% 以上，这是定量计算的基础。

2. 反应必须快速完成。滴定反应要求在瞬间完成。对于速率较慢的反应，可采取加热或加入催化剂等措施提高反应速率。

3. 必须有适宜的方法确定滴定终点。

四、滴定方式

滴定分析的滴定方式分为直接滴定法（direct titration）、返滴定法（back titration）、置换滴定法（replacement titration）和间接滴定法（indirect titration）。

1. 直接滴定法 直接滴定法是用标准溶液直接测定被测物质的方法，是最常用和最基本的滴定方式。适用于直接滴定法的化学反应均满足上述滴定分析法对化学反应的要求，如案例 3-1 中，用 NaOH 标准溶液直接滴定 HAc 溶液。

如果标准溶液与被测物质之间的反应不能完全符合上述滴定分析法对化学反应的要求时，可采用返滴定法、置换滴定法或间接滴定法等其他几种滴定方式进行。

2. 返滴定法 又称为剩余滴定法或回滴法。返滴定法是指先加入定量过量的标准溶液，待被测物质反应完全后，再用另一标准溶液滴定剩余的标准溶液的方法。返滴定法适用于反应速度较慢或被测物质是不溶性固体，或没有合适的指示剂的反应。例如，$CaCO_3$ 的测定和 Al^{3+} 的测定。

案例 3-1

《中国药典》（2020 年版）规定，抗酸药氢氧化铝含量测定方法如下：取本品约 0.6 g，精密称定，加盐酸与水各 10 mL，煮沸溶解后，放冷，定量转移至 250 mL 容量瓶中，用水稀释至刻度，摇匀；精密量取 25 mL，加氨试液中和至恰析出沉淀，再滴加稀盐酸至沉淀恰溶解为止，加乙酸-乙酸铵缓冲溶液（pH 6.0）10 mL，再精密加 EDTA 标准溶液（0.05 mol/L）25 mL，煮沸 3～5 min，放冷，加二甲酚橙指示剂 1 mL，用锌标准溶液（0.05 mol/L）滴定至溶液自黄色转变为红色，并将滴定的结果用空白试验校正。

问题：

（1）试分析 HAc 的含量测定、抗酸药氢氧化铝的含量测定分别属于何种滴定分析方法？

（2）若从滴定方式分析，以上两种测定过程分别属于何种滴定方式？

案例 3-1 分析

（1）HAc 的含量测定：滴定反应式如下

$$HAc+NaOH = H_2O+NaAc$$

因此，HAc 和 NaOH 属于酸碱反应，故 HAc 的含量测定方法属于酸碱滴定法。该反应符合定量、完全、快速、有合适的指示剂指示终点，属于直接滴定法，即直接用 NaOH 标准溶液测定 HAc 的含量。

（2）抗酸药氢氧化铝含量测定：氢氧化铝的测定是基于 Al^{3+} 与 EDTA 的配位反应而进行的，因此属于配位滴定法。

但是，由于 Al^{3+} 与 EDTA 的配位反应速度较慢，且 Al^{3+} 对铬黑 T、二甲酚橙等指示剂有封闭作用，所以不能采用直接滴定法。抗酸药氢氧化铝含量测定采用返滴定法测定。氢氧化铝样品经样品预处理转为 Al^{3+}，加入定量过量的 EDTA 标准溶液，煮沸 3～5 min，使 Al^{3+} 与 EDTA 的配位反应完全，因而 Al^{3+} 不再对指示剂有封闭作用。再用锌标准溶液滴定过量的 EDTA（图 3-2）。

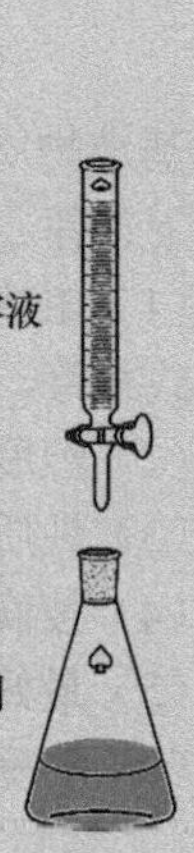

图 3-2　氢氧化铝含量测定

3. 置换滴定法　当标准溶液与被测物质之间的化学反应没有确定的化学计量关系，或伴有副反应时，不能用直接滴定法测定，可采用置换滴定法测定，即先用适当的试剂与被测物质反应，定量置换出另一种适合直接滴定的物质，再用标准溶液滴定该物质。

例如，$Na_2S_2O_3$ 不能直接滴定 $K_2Cr_2O_7$。因为 $K_2Cr_2O_7$ 将 $Na_2S_2O_3$ 氧化为 $Na_2S_4O_6$ 和 Na_2SO_4 等的混合物，反应没有确定的化学计量关系。测定时，可在酸性 $K_2Cr_2O_7$ 溶液中先加入过量的 KI 溶液，$K_2Cr_2O_7$ 和 KI 反应定量生成 I_2，再用 $Na_2S_2O_3$ 标准溶液滴定生成的 I_2。反应方程式如下：

$$Cr_2O_7^{2-}+6I^-+14H^+ = 2Cr^{3+}+3I_2+7H_2O$$

$$2S_2O_3^{2-}+I_2 = 2I^-+S_4O_6^{2-}$$

4. 间接滴定法　当被测物质不能与滴定剂直接反应，可通过其他的化学反应间接测定，即先将被测物质转化为适合直接滴定的物质，再用标准溶液滴定。例如，Ca^{2+} 不能用高锰酸钾法直接滴定。可先将 Ca^{2+} 与 $C_2O_4^{2-}$ 反应形成 CaC_2O_4 沉淀，过滤洗涤后将 CaC_2O_4 沉淀溶解于稀硫酸，形成 $C_2O_4^{2-}$，再用 $KMnO_4$ 标准溶液滴定 $C_2O_4^{2-}$，间接计算 Ca^{2+} 的含量。

知识窗　**滴定分析法的历史与发展**

滴定分析法最早出现在 18 世纪。1729 年，法国化学家日夫鲁瓦首先把中和反应应用于分析，他为测定乙酸的相对浓度，以碳酸钾为基准物质。1750 年，法国化学家韦内用硫酸滴定矿泉水中的碱，以紫罗兰指示滴定终点。1806 年之后，滴定分析法被广泛采用。18 世纪 80 年代，沉淀反应开始应用于滴定分析法。19 世纪 30～50 年代，滴定分析法的发展达到了极盛时期。盖-吕萨克的银量法使这种方法的准确度空前提高。同一时期，滴定法中广泛采用了氧化还原反应，碘量法、高锰酸钾法、铈量法也纷纷建立。19 世纪 50 年代后，滴定分析法中采用了人工染料指示剂，又突破了滴定分析法发展中的指示剂这一大障碍。1875 年，德国人隆格合成了甲基橙。1877 年，德国科学家卢克合成了酚酞。到 1893 年，已有 14 种人工合成的酸碱指示剂。1894 年，德国物理化学家奥斯特瓦尔德以电离平衡理论为基础，对滴定分析法的原理和指示剂的变色机制作出了理论上的全面阐述。

滴定分析法作为化学分析法的一大分支，经历了上百年的发展，仍是仪器分析法的基础，经久不衰。

滴定分析法的历史与发展说明，成功不是一蹴而就的，需要沉淀上百年乃至更长时间，也需要在前人基础上不断累积，寻求突破。

第二节 标准溶液

一、基准物质

基准物质（primary standard）是用于直接配制或标定标准溶液浓度的物质。基准物质必须具备以下条件。

（1）组成与化学式完全相同。若含有结晶水（如 $Na_2B_4O_7 \cdot 10H_2O$），其结晶水的含量也应与化学式相符。

（2）纯度足够高。主成分含量在 99.9% 以上，且所含杂质不影响滴定反应的准确度。

（3）性质稳定，如不易被空气中的 O_2 氧化，不吸收空气中的水分和 CO_2 等。

（4）按滴定反应式定量进行，且没有副反应。

（5）最好有较大的摩尔质量，可减小称量时的相对误差。

常用的基准物质有纯金属和纯化合物，如表 3-1 所示。

表 3-1 常用基准物质及其干燥条件、应用范围

基准物质		干燥后的组成	干燥条件	标定对象
名称	化学式			
碳酸钠	$Na_2CO_3 \cdot 10H_2O$	Na_2CO_3	270～300℃	酸
硼砂	$Na_2B_4O_7 \cdot 10H_2O$	$Na_2B_4O_7$	装有氯化钠和蔗糖饱和溶液的干燥器	酸
草酸	$H_2C_2O_4 \cdot 2H_2O$	$H_2C_2O_4$	室温、空气干燥	碱、$KMnO_4$
邻苯二甲酸氢钾	$KHC_8H_4O_4$(KHP)	$KHC_8H_4O_4$	110～120℃	碱、$HClO_4$
苯甲酸	$C_7H_6O_2$	$C_7H_6O_2$	硫酸、真空干燥器	CH_3ONa
锌	Zn	Zn	室温、干燥器中	EDTA
碳酸钙	$CaCO_3$	$CaCO_3$	110℃	EDTA
氧化锌	ZnO	ZnO	800℃	EDTA
三氧化二砷	As_2O_3	As_2O_3	室温、干燥器	氧化剂
重铬酸钾	$K_2Cr_2O_7$	$K_2Cr_2O_7$	140～150℃	还原剂
草酸钠	$Na_2C_2O_4$	$Na_2C_2O_4$	130℃	$KMnO_4$
对氨基苯磺酸	$C_6H_7O_3NS$	$C_6H_7O_3NS$	120℃	$NaNO_2$
氯化钠	NaCl	NaCl	500～600℃	$AgNO_3$

二、标准溶液的配制方法

标准溶液是已知准确浓度的试剂溶液，在滴定分析中常用作滴定剂。在各种滴定分析方法中，都需要使用标准溶液。标准溶液的配制方法有直接法和标定法两种。

1. 直接法 准确称取一定质量的基准物质，溶解后定量转移至容量瓶中，稀释至刻度，摇匀。根据基准物质的质量和溶液的体积，计算标准溶液的准确浓度。

例 3-1 直接法配制 Na_2CO_3 标准溶液

准确称取 0.5108 g 基准物质无水碳酸钠，用水溶解后转移至 100 mL 容量瓶中，定容、混匀，即得 0.04819 mol/L Na_2CO_3 标准溶液。操作如图 3-4 所示。

2. 标定法 有很多物质不符合基准物质的要求（如固体氢氧化钠在称量时易吸收空气中的水分和 CO_2，浓盐酸易挥发，高锰酸钾见光易分解），不能用直接法配制，只能采用标定法（或间接法）配制。先配制成近似浓度的溶液，再用基准物质测定其准确浓度，此操作过程称为标定（standardization）。

图 3-3　直接法配制标准溶液

案例 3-2

食醋中含有 HAc、乳酸等有机酸。食醋中总酸度的测定结果常以 HAc 的质量浓度表示。同时，HAc 也常作为药用辅料、pH 调节剂和缓冲剂等，广泛应用于临床。《中国药典》（2020 年版）规定，HAc 的含量测定方法使用滴定分析法，具体内容如下：取本品约 4 mL，精密称定，置锥形瓶中，加新煮沸放冷的蒸馏水 40 mL，加酚酞指示剂 3 滴，用 NaOH 标准溶液（1 mol/L）滴定。每 1 mL NaOH 标准溶液（1 mol/L）相当于 60.05 mg 的 $C_2H_4O_2$。

问题：

（1）如何配制 NaOH 标准溶液？

（2）什么是滴定度？

（3）NaOH 标准溶液浓度如何计算？

案例 3-2 分析（问题 1）

标定法配制 NaOH 标准溶液

案例 3-2 中，以 NaOH 标准溶液测定 HAc 的含量。

由于 NaOH 性质不稳定，称量时易吸收空气中的水分和 CO_2，因此，NaOH 标准溶液应采用标定法配制。

500 mL 0.1000 mol/L NaOH 标准溶液的配制方法如下。①近似浓度为 0.1 mol/L 的 NaOH 溶液的配制：称取 2.0 g 固体 NaOH 配制成 500 mL 溶液。②标定：分析天平称取一定质量的基准物质邻苯二甲酸氢钾标定 NaOH 标准溶液，或者用已知准确浓度的盐酸标准溶液标定。

标定时可用基准物质，也可用另一种已知准确浓度的标准溶液（比较法）。但由于后者所用标准溶液的准确性直接影响待标定溶液浓度的准确性，因此，标定时应尽量采用基准物质标定。

无论采用上述哪一种方法标定，一般要求平行测定 3～4 次，相对平均偏差不大于 0.2%。标定好的标准溶液应妥善保存。性质稳定的标准溶液，放置一段时间后，应先摇匀后再使用；若性质不够稳定的标准溶液（如高锰酸钾标准溶液），应定期标定。

三、标准溶液浓度的表示方法

1. 物质的量浓度　物质的量浓度（molarity）是指单位体积溶液中所含物质 B 的物质的量，简称浓度。用符号 c_B 表示，单位为 mol/L。定义公式为

$$c_B=\frac{n_B}{V} \tag{3-1}$$

物质的量的定义公式为

$$n_B=\frac{m_B}{M_B} \tag{3-2}$$

将式（3-2）代入式（3-1），得

$$c_B = \frac{m_B}{M_B V} \tag{3-3}$$

式（3-1）中，n_B 表示溶液中溶质 B 的物质的量，单位为 mol；V为溶液的体积，单位为 L。
式（3-2）中，m_B 为溶质 B 的质量，单位为 g；M_B 为溶质 B 的摩尔质量，单位为 g/mol。

例 3-2 准确称取 140～150℃干燥至恒重的基准物质重铬酸钾 2.9320 g，溶解后定容于 100 mL 容量瓶中，试计算该重铬酸钾标准溶液的浓度。（$M_{K_2Cr_2O_7}$ =294.18 g/mol）

解：已知 $M_{K_2Cr_2O_7}$ =294.18 g/mol，根据式（3-3），得

$$c_{K_2Cr_2O_7} = \frac{m_{K_2Cr_2O_2}}{M_{K_2Cr_2O_7} V} = \frac{2.9320}{294.18 \times 0.100} = 0.09967(\text{mol/ L})$$

2. 滴定度 在生产单位的例行分析中，常使用同一标准溶液测定同一组分的含量。为了简化计算，常用滴定度（titer）表示标准溶液的浓度。滴定度是指每毫升标准溶液（或滴定剂）T 相当于被测物质 B 的质量，用 $T_{T/B}$ 表示，单位为 g/mL。定义公式为

$$T_{T/B} = \frac{m_B}{V_T} \tag{3-4}$$

式（3-4）中，下标 T 表示标准溶液或滴定剂，B 表示被测物质。m_B 为被测物质 B 的质量，单位为 g；V_T 为标准溶液 T的体积，单位为 mL。

由式（3-4），得

$$m_B = T_{T/B} \cdot V_T \tag{3-5}$$

案例 3-2 分析（问题 2）

案例 3-1 中，已知每 1 mL NaOH 标准溶液（1 mol/L）相当于 60.05 mg 的 $C_2H_4O_2$。

若消耗 NaOH 标准溶液 20.15 mL，则样品中被测组分 HAc 的质量为

$$m_{HAc} = T_{NaOH/HAc} \cdot V_{NaOH} = 0.060\,05 \times 20.15 = 1.210(\text{g})$$

在工厂等生产单位的常规分析中，使用滴定度可以省去复杂的计算，快速获得分析结果，因此应用广泛。

第三节 滴定分析中的计算

一、定量分析结果的表示方法

（一）被测组分的表示形式

定量分析中，被测组分常有以下四种表示形式。

1. 以实际存在的形体表示 电解质溶液的分析结果常以实际存在的离子表示。例如，沉淀滴定法中测定可溶性氯化物样品，其测定结果以 Cl^- 的含量表示。

2. 以元素形式表示 金属材料和有机分析的结果常以元素形式表示。例如，凯氏定氮法测定含氮有机化合物的氮的含量，其测定结果用元素氮（N）的含量表示。

3. 以化合物的形式表示 化工厂产品的规格分析，简单的有机盐或无机盐的分析结果常以化合物的形式表示。例如，双氧水中过氧化氢（H_2O_2）的含量测定。

4. 以氧化物的形式表示 矿石或土壤的分析结果常以氧化物的形式表示。例如，重量分析法中测定硅酸盐中二氧化硅（SiO_2）的含量。

（二）被测组分含量的表示方法

1. 固体样品 固体样品中被测组分的含量常以质量分数 ω_B 表示。定义公式为

$$\omega_B = \frac{m_B}{m_s} \quad (3\text{-}6)$$

式（3-6）中，m_B 为被测组分的体积，单位为 g；m_s 为样品的质量，单位为 g。质量分数 ω_B 的单位为 1。在药物分析中 ω_B 的数值也可用百分数（%）表示。

2. 液体样品 液体样品的结果常以物质的量浓度 c_B、质量浓度 ρ_B、体积分数 φ_B 等表示。质量浓度 ρ_B、体积分数 φ_B 定义式分别为

$$\rho_B = \frac{m_B}{V} \quad (3\text{-}7)$$

$$\varphi_B = \frac{V_B}{\sum V_i} \quad (3\text{-}8)$$

式（3-7）中，V 为样品的体积，单位为 L；质量浓度 ρ_B 的单位为 g/L。

式（3-8）中，V_B 为被测组分为纯物质时的体积，单位为 L；$\sum V_i$ 为各物质均为纯物质时的体积之和，单位为 L。体积分数 φ_B 的单位为 1，也可用百分数（%）表示。

二、滴定分析法的计算依据

滴定分析中，标准溶液 T 与被测物质 B 之间的化学反应可表示为

$$t\text{T} + b\text{B} = c\text{C} + d\text{D}$$

达到化学计量点时，t mol 的 T 物质与 b mol 的 B 物质恰好完全反应，生成了 c mol 的 C 物质和 d mol 的 D 物质。标准溶液 T 的物质的量 n_T 与被测物质 B 的物质的量 n_B 的化学计量关系为

$$n_T : n_B = t : b \quad (3\text{-}9)$$

即

$$n_T = \frac{t}{b} n_B \text{或} n_B = \frac{b}{t} n_T \quad (3\text{-}10)$$

式（3-9）中，t 和 b 分别为标准溶液 T、被测物质 B 的化学计量数。

式（3-9）是滴定分析定量计算的依据。根据实际情况，利用各计算公式计算被测组分的含量。

三、滴定分析法的有关计算

滴定分析法的计算包括标准溶液浓度的计算（直接法、标定法）、物质的量浓度和滴定度之间的换算、测定结果的计算等。

（一）标准溶液浓度的计算

1. 直接法 直接法配制标准溶液，可用式（3-3）计算标准溶液的浓度，见例 3-2。

2. 标定法 可以用基准物质标定标准溶液，也可以用已标定过的另一种标准溶液标定（比较法）。

（1）以基准物质标定：用基准物质 B 标定标准溶液 T，由式（3-10）和式（3-3）可推导出标准溶液 T 的浓度 c_T 为

$$c_T = \frac{t}{b} \times \frac{m_B}{M_B V_T} \quad (3\text{-}11)$$

式（3-11）中，$\frac{t}{b}$ 为标准溶液 T 与基准物质 B 的化学计量数之比，m_B 为基准物质 B 的质量，单位为 g；M_B 为基准物质 B 的摩尔质量，单位为 g/mol；V_T 为标准溶液 T 的体积，单位为 L。

（2）比较法标定：用已知准确浓度为 c_T 的标准溶液标定物质 B 的溶液，由式（3-10）、式（3-1）可推导出标准溶液 T 的浓度 c_B 为

$$c_B = \frac{b}{t} \times \frac{c_T V_T}{V_B} \tag{3-12}$$

式（3-12）中，$\frac{b}{t}$为被测物质 B 与标准溶液的溶质 T 的化学计量数之比。

案例 3-2 分析（问题 3）

NaOH 标准溶液浓度的计算

案例 3-1 中，NaOH 标准溶液采用标定法配制。可用基准物质邻苯二甲酸氢钾或用已知准确浓度的 HCl 标准溶液标定 NaOH 标准溶液的浓度。

（1）用基准物质邻苯二甲酸氢钾标定 NaOH 标准溶液。

例 3-3 准确称取 0.4265 g 邻苯二甲酸氢钾（$KHC_8H_4O_4$，KHP）置于锥形瓶中，加入约 20 mL 蒸馏水使之溶解，加入 2 滴酚酞指示剂，用 NaOH 标准溶液滴定。用当溶液颜色由无色变为淡红色时，记录消耗 NaOH 标准溶液的体积为 21.03 mL。求 NaOH 标准溶液的准确浓度。

解：已知 $M_{KHC_8H_4O_4}$ =204.22 g/mol。邻苯二甲酸氢钾与 NaOH 的滴定反应式为

$$KHC_8H_4O_4 + NaOH = KNaC_8H_4O_4 + H_2O$$

$$n_{NaOH} = n_{KHC_8H_4O_4}$$

根据式（3-10），NaOH 标准溶液的浓度为

$$c_{NaOH} = \frac{m_{KHC_8H_4O_4}}{M_{KHC_8H_4O_4} V_{NaOH}} = \frac{0.4265}{204.22 \times 21.03 \times 10^{-3}} = 0.09931(\text{mol/ L})$$

（2）用已知准确浓度的 HCl 标准溶液标定 NaOH 标准溶液。

例 3-4 准确移取 0.096 08 mol/L HCl 标准溶液 20.00 mL 于锥形瓶中，加入 2 滴酚酞指示剂，用 NaOH 标准溶液滴定。用当溶液颜色由无色变为淡红色时，记录消耗 NaOH 标准溶液的体积为 19.35 mL。求 NaOH 标准溶液的准确浓度。

解：HCl 与 NaOH 的滴定反应式为

$$HCl + NaOH = NaCl + H_2O$$

$$n_{NaOH} = n_{HCl}$$

根据式（3-12），NaOH 标准溶液的浓度为

$$c_{NaOH} = \frac{c_{HCl} V_{HCl}}{V_{NaOH}} = \frac{0.096\ 08 \times 20.00 \times 10^{-3}}{19.35 \times 10^{-3}} = 0.09931(\text{mol/ L})$$

由以上分析可知，用基准物质或用比较法标定 NaOH 标准溶液，结果不变。

3. 溶液的稀释（或增浓） 根据稀释定律，溶液稀释（或增浓）前后溶质的物质的量或质量不变。即

$$c_1 V_1 = c_2 V_2 \tag{3-13}$$

式（3-13）中，下标 1 表示稀释（或增浓）前，下标 2 表示稀释（或增浓）后。

例 3-5 已知浓盐酸的密度 ρ 为 1.19 g/mL，质量分数 ω_{HCl} 为 37%。试计算：

（1）浓盐酸的浓度为多少？

（2）现需配制 0.10 mol/L HCl 溶液 500 mL，应量取浓盐酸的体积为多少？

解：已知 M_{HCl}=36.46 g/mol。

（1）设浓盐酸体积为 V（L）。根据式（3-3）、式（3-6），浓盐酸的浓度 c_{HCl} 为

$$c_{HCl} = \frac{m_{HCl}}{M_{HCl} V} = \frac{\rho_{HCl} V \times 10^3 \cdot \omega_{HCl}}{M_{HCl} V} = \frac{1.19 \times 10^3 \times 37\%}{36.46} = 12(\text{mol/ L})$$

（2）设应量取浓盐酸体积为 V_1，其浓度 c_1=12 mol/L，稀释后溶液的浓度 c_2=0.10 mol/L，体积 V_2=0.50 L。

根据式（3-13），应量取浓盐酸的体积 V_1 为

$$V_1=\frac{c_2V_2}{c_1}=\frac{0.10\times0.50}{12}=0.0042(\text{L})=4.2(\text{mL})$$

（二）物质的量浓度与滴定度的相互换算

设滴定剂 T 与被测物质 B 定量反应，根据物质的量浓度和滴定度的定义，将式（3-1）代入式（3-10）中，整理得

$$n_{\text{B}}=\frac{b}{t}n_{\text{T}}=\frac{b}{t}c_{\text{T}}V_{\text{T}} \qquad (3\text{-}14)$$

根据式（3-2），被测物质的质量 m_{B} 为

$$m_{\text{B}}=n_{\text{B}}M_{\text{B}}=\frac{b}{t}c_{\text{T}}V_{\text{T}}M_{\text{B}} \qquad (3\text{-}15)$$

若体积 V_{T} 的单位为毫升，式（3-15）可写为

$$m_{\text{B}}=\frac{b}{t}c_{\text{T}}V_{\text{T}}M_{\text{B}}\times10^{-3} \qquad (3\text{-}16)$$

根据滴定度定义式（3-4），设 V_{T}=1 mL，则滴定度 $T_{\text{T/B}}$ 为

$$T_{\text{T/B}}=\frac{m_{\text{B}}}{V_{\text{T}}}=\frac{b}{t}c_{\text{T}}M_{\text{B}}\times10^{-3} \qquad (3\text{-}17)$$

滴定剂的浓度 c_{T} 为

$$c_{\text{T}}=\frac{t}{b}\frac{T_{\text{T/B}}\times10^{3}}{M_{\text{B}}} \qquad (3\text{-}18)$$

例 3-6　试计算 0.1000 mol/L NaOH 标准溶液对邻苯二甲酸氢钾（$M_{KHC_8H_4O_4}$=204.22 g/mol）的滴定度。

解：邻苯二甲酸氢钾与 NaOH 的滴定反应为

$$KHC_8H_4O_4+NaOH = KNaC_8H_4O_4+H_2O$$

$$n_{\text{NaOH}}=n_{KHC_8H_4O_4}$$

根据式（3-17），滴定度 $T_{NaOH/KHC_8H_4O_4}$ 为

$$T_{NaOH/KHC_8H_4O_4}=c_{\text{NaOH}}M_{KHC_8H_4O_4}\times10^{-3}=0.1000\times204.22\times10^{-3}=0.02042(\text{g/mL})$$

答：0.1000 mol/L NaOH 标准溶液对邻苯二甲酸氢钾（$KHC_8H_4O_4$）的滴定度为 0.02042g/mL。

例 3-7　已知 $T_{HCl/Na_2CO_3}=0.005\,300$ g/mL，试计算 HCl 标准溶液的浓度（$M_{Na_2CO_3}$ =105.99g/mol）。

解：以甲基橙为指示剂时，Na_2CO_3 与 HCl 的滴定反应为

$$Na_2CO_3+2HCl = 2NaCl+CO_2\uparrow+H_2O$$

$$n_{\text{HCl}}=2n_{Na_2CO_3}$$

根据式（3-18），HCl 标准溶液的浓度 c_{HCl} 为

$$c_{\text{HCl}}=2\times\frac{T_{HCl/Na_2CO_3}\times10^{3}}{M_{Na_2CO_3}}=2\times\frac{0.005\,300\times10^{3}}{105.99}=0.1000(\text{mol/L})$$

（三）被测组分含量的有关计算

若用浓度为 c_T 的标准溶液 T 滴定样品 S 中的被测物质 B，滴定反应式如下：

$$tT + bB = cC + dD$$

1. 固体样品 固体样品中被测组分的含量常以质量分数 ω_B 表示。若消耗滴定剂的体积为 V_T，则由式（3-15）可知，被测物质 B 的质量 m_B 为

$$m_B = \frac{b}{t} \times c_T V_T M_B$$

如果固体样品的质量为 m_s，将式（3-15）代入式（3-6），则固体样品中被测组分 B 的质量分数 ω_B 为

$$\omega_B = \frac{m_B}{m_s} = \frac{b}{t} \times \frac{c_T V_T M_B}{m_s} \tag{3-19}$$

2. 液体样品 液体样品中被测组分的含量常以质量浓度 ρ_B 表示。

如果液体样品的体积为 V_s L，将式（3-15）代入式（3-7），则液体样品中被测组分 B 的质量浓度 ρ_B 为

$$\rho_B = \frac{m_B}{V_s} = \frac{b}{t} \times \frac{c_T V_T M_B}{V_s} \tag{3-20}$$

3. 利用滴定度计算被测组分的含量 上述反应中，如果已知滴定度为 $T_{T/B}$，将式（3-5）代入式（3-6），则固体样品中被测组分 B 的质量分数 ω_B 为

$$\omega_B = \frac{m_B}{m_s} = \frac{T_{T/B} V_T}{m_s} \tag{3-21}$$

液体样品中被测组分 B 的质量浓度 ρ_B 为

$$\rho_B = \frac{m_B}{V_s} = \frac{T_{T/B} V_T}{V_s} \tag{3-22}$$

案例 3-3

维生素 C（又称抗坏血酸）是一种重要的水溶性维生素，具有多种特异性和一系列生理功能，对人体健康和食物营养价值具有较大的影响。《中国药典》（2020 年版）规定，维生素 C 属于维生素类药物，常用于治疗坏血病及各种急慢性传染性疾病、紫癜等的辅助治疗。常见药物制剂有维生素 C 片、维生素 C 泡腾片、维生素 C 注射液、维生素 C 颗粒等。其中，含 $C_6H_8O_6$ 不得少于 99.0%。

维生素 C 片的含量测定方法如下：取本品约 0.2g，精密称定，加新沸过的冷水 100 mL 与稀乙酸 10 mL 使溶解，加淀粉指示剂 1 mL，立即用碘滴定液（0.05 mol/L）滴定至溶液显蓝色并在 30 s 内不褪。消耗碘滴定液 22.14 mL。

维生素 C 注射液的含量测定方法如下：精密量取本品（约相当于维生素 C 0.2g），加水 15 mL 与丙酮 2 mL，摇匀，放置 5 min，加稀乙酸 4 mL 与淀粉指示剂 1 mL，用碘滴定液（0.05 mol/L）滴定至溶液显蓝色并持续 30 s 不褪。

问题：

（1）如何表示维生素 C 片中维生素 C 的含量？若准确称量维生素 C 片样品 m_s=0.1988 g，滴定至终点时消耗碘滴定液（0.05 mol/L）22.41 mL，试求维生素 C 片中维生素 C 的含量为多少？

（2）如何表示维生素 C 注射液中维生素 C 的含量？若准确吸取维生素 C 注射液样品 V_s=2.00 mL（约相当于维生素 C 0.25g），滴定至终点时消耗碘滴定液（0.05 mol/L）22.41 mL，试求维生素 C 注射液中维生素 C 的含量为多少？

（3）若每 1 mL 碘滴定液（0.05 mol/L）相当于 8.806 mg 的 $C_6H_8O_6$，试用滴定度分别求算维生素 C 片、维生素 C 注射液中维生素 C 的含量。

案例 3-3 分析

碘滴定液与维生素 C（$C_6H_8O_6$）的滴定反应式为

$$C_6H_8O_6 + I_2 = C_6H_6O_6 + 2HI$$

（1）维生素 C 片为固体样品，故其结果应以维生素 C 的质量分数 $\omega_{C_6H_8O_6}$ 表示。

根据式（3-19），维生素 C 片中维生素 C 的质量分数 $\omega_{C_6H_8O_6}$ 为

$$\omega_{C_6H_8O_6} = \frac{c_{I_2}V_{I_2}M_{C_6H_8O_6}}{m_s} = \frac{0.05 \times 22.41 \times 10^{-3} \times 176.12}{0.1988} = 0.9927$$

（2）维生素 C 注射液为液体样品，故其结果应以维生素 C 的质量浓度 $\rho_{C_6H_8O_6}$ 表示。

根据式（3-20），维生素 C 注射液中维生素 C 的质量浓度 $\rho_{C_6H_8O_6}$ 为

$$\rho_{C_6H_8O_6} = \frac{c_{I_2}V_{I_2}M_{C_6H_8O_6}}{V_s} = \frac{0.05 \times 22.41 \times 10^{-3} \times 176.12}{2.00 \times 10^{-3}} = 98.67(\text{g/L})$$

（3）由题意可知，$T_{I_2/C_6H_8O_6} = 8.806 \times 10^{-3}$ g/mL。根据式（3-21），维生素 C 片中维生素 C 的质量分数 $\omega_{C_6H_8O_6}$ 为

$$\omega_{C_6H_8O_6} = \frac{T_{I_2/C_6H_8O_6}V_{I_2}}{m_s} = \frac{8.806 \times 10^{-3} \times 22.41}{0.1988} = 0.9927$$

根据式（3-22），维生素 C 注射液中维生素 C 的质量浓度 $\rho_{C_6H_8O_6}$ 为

$$\rho_{C_6H_8O_6} = \frac{T_{I_2/C_6H_8O_6}V_{I_2}}{V_s} = \frac{8.806 \times 10^{-3} \times 22.41}{2.00 \times 10^{-3}} = 98.67(\text{g/ L})$$

例 3-8　称取铁矿石样品 0.3669 g，用 HCl 溶液溶解后，经预处理使铁矿石中各种价态的铁转化为 Fe^{2+}，用 0.020 00 mol/L $K_2Cr_2O_7$ 标准溶液滴定，消耗 $K_2Cr_2O_7$ 标准溶液 28.62 mL，计算铁矿石中 Fe_2O_3 的质量分数（$M_{Fe_2O_3}$ =159.69 g/mol）。

解：Fe^{2+} 与 $K_2Cr_2O_7$ 标准溶液的滴定反应式为

$$Cr_2O_7^{2-} + 6Fe^{2+} + 14H^+ = 2Cr^{3+} + 6Fe^{3+} + 7H_2O$$

$$n_{Fe^{2+}} = 6n_{K_2Cr_2O_7}$$

铁矿石中 Fe_2O_3 的铁转化为 Fe^{2+}，因此

$$n_{Fe_2O_3} = \frac{1}{2}n_{Fe^{2+}}$$

所以，$n_{Fe_2O_3} = 3n_{K_2Cr_2O_7}$

$$\omega_{Fe_2O_3} = \frac{3c_{K_2Cr_2O_7}V_{K_2Cr_2O_7}M_{Fe_2O_3}}{m_s} = \frac{3 \times 0.020\,00 \times 28.62 \times 10^{-3} \times 159.69}{0.3669} = 0.7474$$

例 3-9　称取含铝样品 0.5300 g，溶解后定容至 100 mL。准确吸取 20.00 mL 于锥形瓶中，加入 0.050 12 mol/L EDTA 标准溶液 20.00 mL，控制条件，使 Al^{3+} 与 EDTA 的配位反应完全。再用 0.050 35 mol/L $ZnSO_4$ 标准溶液返滴定，消耗 $ZnSO_4$ 标准溶液 15.20 mL，求样品中 Al_2O_3 的含量（已知 $M_{Al_2O_3}$ =101.96 g/mol）。

解：反应方程式为

$$Al + Y \longrightarrow AlY$$

$$n_{Al} = n_{EDTA}$$

$$m_{Al} = n_{EDTA} M_{Al^{3+}}$$

过量的 EDTA 标准溶液用 $ZnSO_4$ 标准溶液返滴定，滴定反应式为

$$Y_{(过)} + Zn \longrightarrow ZnY$$

过量的 EDTA 的物质的量为

$$n_{EDTA(过)} = n_{Zn^{2+}} = c_{Zn^{2+}} V_{Zn^{2+}}$$

与被测组分 Al^{3+} 反应的 EDTA 的物质的量为

$$n_{EDTA} = c_{EDTA} V_{EDTA} - c_{Zn^{2+}} V_{Zn^{2+}}$$

因此，样品中 Al_2O_3 的质量分数为

$$\omega_{Al_2O_3} = \frac{\frac{2}{1} n_{EDTA} M_{Al_2O_3}}{m_s \times \frac{20.00}{100.00}} = \frac{\frac{2}{1}\left(c_{EDTA} V_{EDTA} - c_{Zn^{2+}} V_{Zn^{2+}}\right) M_{Al_2O_3}}{m_s \times \frac{20.00}{100.00}}$$

$$= \frac{\frac{2}{1}(0.050\,12 \times 20.00 - 0.050\,35 \times 15.20) \times 10^{-3} \times 101.96}{0.5300 \times \frac{20.00}{100.00}} = 0.4561$$

（四）样品质量及标准溶液消耗体积的估算

1. 样品用量的估算 在滴定分析中，一般万分之一分析天平的绝对误差为±0.0001 g。为了使称量的相对误差≤0.1%，则称取样品的质量应≥0.2 g。

2. 标准溶液消耗体积的估算 在滴定分析中，一般滴定管的绝对误差为±0.01 mL。为了使滴定的相对误差≤0.1%，则消耗标准溶液的体积应≥20 mL。若使用 25 mL 的滴定管，则消耗标准溶液的体积应为 20～25 mL。

例 3-10 用基准物质硼砂（$M_{Na_2B_4O_7 \cdot 10H_2O}$ =381.36 g/mol）标定浓度约为 0.10 mol/L 的 HCl 标准溶液，应称取硼砂多少克？

解：HCl 标准溶液与硼砂的滴定反应式为

$$Na_2B_4O_7 + 2HCl + 5H_2O \longrightarrow 2NaCl + 4H_3BO_3$$

根据式（3-15），硼砂的质量为

$$m_{Na_2B_4O_7 \cdot 10H_2O} = \frac{1}{2} \times c_{HCl} V_{HCl} M_{Na_2B_4O_7 \cdot 10H_2O}$$

为了使滴定的相对误差≤0.1%，消耗的 HCl 标准溶液体积 V_{HCl} 应为 20～25 mL。

（1）当 V_{HCl}=20 mL 时，

$$m_{Na_2B_4O_7 \cdot 10H_2O} = \frac{1}{2} \times 0.10 \times 20 \times 10^{-3} \times 381.36 = 0.38(g)$$

（2）当 V_{HCl}=25 mL 时，

$$m_{Na_2B_4O_7 \cdot 10H_2O} = \frac{1}{2} \times 0.10 \times 25 \times 10^{-3} \times 381.36 = 0.48(g)$$

答：应称取硼砂 0.38～0.48 g。

知识窗 **滴定分析法误差要求**

为了保证得到准确的分析结果（相对误差≤0.2%），必须尽量减少实验各环节的测量误差。根据实验数据计算分析结果时，要遵循有效数字的运算规则，注意结果的有效数字位数。牢固树立“量”的概念，严谨求实、精益求精。

思考题与习题

1. 名词解释：①滴定分析法；②化学计量点；③滴定终点；④终点误差；⑤基准物质；⑥标准溶液；⑦标定。

2. 基准物质需具备哪些条件？

3. 滴定度 $T_{T/B}$ 的含义是什么？滴定度与物质的量浓度间如何换算？

4. 标定 HCl 溶液时，下列情况对 HCl 标准溶液的浓度有无影响（偏高、偏低，无影响）？为什么？

（1）用吸潮的 Na_2CO_3 标定 HCl 标准溶液。

（2）硼砂（$Na_2B_4O_7 \cdot 10H_2O$）因保存不当而部分风化。

（3）称取 Na_2CO_3 时，实际质量为 0.1248 g，误记为 0.1230 g。

（4）将 HCl 标准溶液装入滴定管前，没有用 HCl 标准溶液润洗滴定管。

（5）用无水碳酸钠标定 HCl 标准溶液时，滴定速度太快，附着在滴定管上的 HCl 标准溶液来不及流下就读取滴定体积。

（6）以甲基橙为指示剂，用含有少量 $NaHCO_3$ 的 Na_2CO_3 标定 HCl 标准溶液。

5. 已知 H_2SO_4 溶液质量分数为 96%，相对密度为 1.84 g/mL，欲配制 0.50 L 0.10 mol/L 的 H_2SO_4 溶液，试计算需 H_2SO_4 多少毫升？（已知 $M_{H_2SO_4}$ =98.08 g/mol）

6. 为标定 HCl 标准溶液的浓度，称取硼砂（$Na_2B_4O_7 \cdot 10H_2O$）0.4710 g，用 HCl 标准溶液滴定至化学计量点，消耗 HCl 标准溶液 25.20 mL。求 HCl 标准溶液的浓度。（$M_{Na_2B_4O_7 \cdot 10H_2O}$ =381.36 g/mol）

7. 20.00 mL $H_2C_2O_4$ 溶液需要 20.00 mL 0.1000 mol/L NaOH 溶液完全中和，而同体积的该 $H_2C_2O_4$ 溶液在酸性介质中恰好能与 20.00 mL $KMnO_4$ 溶液完全反应，求 $KMnO_4$ 溶液的浓度。

8. 试计算 0.1000 mol/L NaOH 标准溶液对 $H_2C_2O_4 \cdot 2H_2O$ 的滴定度。（$M_{H_2C_2O_4 \cdot 2H_2O}$ =126.07 g/mol）

9. 测定药用 Na_2CO_3 的含量。称取样品 0.1259 g，溶解后用浓度为 0.1006 mol/L HCl 标准溶液滴定，终点时消耗该 HCl 标准溶液 23.50 mL，求样品中 Na_2CO_3 的质量分数（$M_{Na_2CO_3}$ =105.99 g/mol）。

10. 称取 $CaCO_3$ 样品 0.2500 g，溶解于 25.00 mL 0.2006 mol/L HCl 标准溶液中，过量的 HCl 标准溶液用 0.2050 mol/L NaOH 标准溶液返滴定，消耗 15.50mL，求此样品中 $CaCO_3$ 的质量分数。（已知 M_{CaCO_3} =100.09 g/mol）。

11. 用基准物质无水碳酸钠（$M_{Na_2CO_3}$ =105.99 g/mol）标定浓度约为 0.20 mol/L 的 HCl 溶液，应称取无水碳酸钠多少克？

（周　丹）

第四章 酸碱滴定法

学习目标

1. 掌握 质子条件式；各类酸碱溶液中 pH 的计算方法；滴定曲线、滴定突跃及影响因素；指示剂选择原则；弱酸（碱）准确滴定的判定条件。

2. 熟悉 酸碱的离解平衡及平衡常数；分布系数及其计算；共轭酸碱对；酸碱指示剂的变色原理、变色范围及应用；溶剂分类及选择原则；滴定终点误差的计算。

3. 了解 酸碱质子理论；物料平衡和电荷平衡；标准溶液的配制、标定及应用；非水溶液中酸碱滴定法的原理。

案例 4-1

药品在疾病的预防、治疗和诊断等方面发挥着极其重要的作用，药品质量的优劣会直接影响其临床疗效。为了保证药品的高质、安全、有效，在研制、生产、经营及临床使用过程中，都需要利用各种分析方法作为“眼睛”来进行质量控制。例如，在药品生产过程中，常常要使用酸性或碱性试剂，若洗涤不够，在成品中就会引入酸性或碱性杂质。因此许多药品，在进行质量控制时需要进行酸度的检查和酸性或碱性杂质含量的测定。

问题：

（1）什么是酸度？

（2）药品的酸度应该怎样检查？

（3）如何用滴定分析方法测定药品中酸（碱）性物质的含量？

案例 4-1 分析

（1）在分析化学中，水溶液中 H^+ 的平衡浓度（$[H^+]$）为酸度，可用 pH 来表示。

（2）要确定待测样品溶液的酸度，就需要测定溶液中的 $[H^+]$，可采用酸度计（《中国药典》通则 6031）或酸碱滴定法进行测量。

（3）利用滴定分析方法测定药品中酸（碱）性物质的含量，要以酸碱反应为基础建立起计量关系，根据标准溶液的消耗量计算酸（碱）性物质的含量，这种滴定分析方法称为酸碱滴定法。

酸碱滴定法（acid-base titration）是以酸碱反应为基础的滴定分析方法，而酸碱反应的实质是质子转移，因此上述概念也可以表述为，酸碱滴定法是以质子转移反应为基础的滴定分析方法。酸碱反应是各类化学反应的基础，从蛋白质的生物合成到生物活性物质在生命体内的代谢，均与酸碱反应密切相关。酸碱滴定法简便、快速，是目前广泛应用的重要化学分析方法。

酸碱滴定法的核心问题是如何确定滴定终点，要解决这个问题，必须了解酸碱滴定过程中溶液 pH 的变化规律，以便选择合适的指示剂，或其他指示终点的方法，准确确定滴定终点。酸碱平衡决定酸碱滴定反应进行的程度，是酸碱滴定法的理论基础。因此，本章以酸碱质子理论为基础，讨论水溶液中酸碱平衡，酸度对弱酸（碱）存在型体分布的影响，各类酸碱溶液中 H^+ 浓度的计算方法；酸碱滴定过程中溶液 H^+ 浓度的变化规律，指示剂的变色原理及选择原则等酸碱滴定法的相关理论及应用。

第一节　水溶液中的酸碱平衡

一、酸碱质子理论

（一）质子理论的酸碱定义

根据酸碱质子理论（acid-base proton theory），凡是能给出质子（H^+）的物质是酸，如HAc、NH_4^+、H_2CO_3、H_3PO_4等；凡是能接受质子的物质是碱，如Ac^-、NH_3、CO_3^{2-}、PO_4^{3-}等。酸（HA）失去质子后转化为其共轭碱（A^-），碱（A^-）得到质子后转化为其共轭酸（HA），这种相互依存又相互转化的一对酸碱构成共轭酸碱对。酸碱关系式如下：

$$HA \rightleftharpoons H^+ + A^-$$

例如

$$HAc \rightleftharpoons H^+ + Ac^-$$

$$NH_4^+ \rightleftharpoons H^+ + NH_3$$

$$H_2CO_3 \rightleftharpoons H^+ + HCO_3^-$$

$$HCO_3^- \rightleftharpoons H^+ + CO_3^{2-}$$

$$HPO_4^{2-} \rightleftharpoons H^+ + PO_4^{3-}$$

$$H_2PO_4^- \rightleftharpoons H^+ + HPO_4^{2-}$$

$$H_2O \rightleftharpoons H^+ + OH^-$$

$$H_3O^+ \rightleftharpoons H^+ + H_2O$$

可见，①酸、碱可以是阳离子或阴离子，也可以是中性分子；②酸、碱是相对的，同种物质在某些环境（介质或溶剂）下是酸，而在另一些环境下是碱，其原因是共存物质彼此间给出质子能力相对强弱不同，因此同一物质在不同的环境中，常会引起其酸碱性的改变；③共轭酸碱对是指仅相差一个质子的酸和碱，如H_2CO_3与CO_3^{2-}不是共轭酸碱对；④能够给出或接受多个质子的物质（如H_2CO_3、CO_3^{2-}）称为多元酸或多元碱，既能给出质子，又能接受质子的物质（如HCO_3^-、HPO_4^{2-}、H_2O）称为两性物质。

酸碱质子理论认为，酸碱反应的实质是质子的转移或传递，其反应涉及两对共轭酸碱对，可以写成通式如下：

$$酸_1 + 碱_2 \rightleftharpoons 碱_1 + 酸_2$$

由于质子半径很小，电荷密度高，游离质子在溶液中不能单独存在，常与极性溶剂结合成溶剂合质子，溶剂再将质子传递给碱，发生酸碱反应。例如，HAc与NH_3在水中的酸碱反应，首先是HAc离解出H^+与溶剂H_2O形成水合质子H_3O^+，这个酸碱半反应式可表示为

$$HAc + H_2O \rightleftharpoons H_3O^+ + Ac^-$$

水合质子再把质子转移给NH_3，质子从水合质子转移到NH_3，这个酸碱半反应式表示为

$$H_3O^+ + NH_3 \rightleftharpoons NH_4^+ + H_2O$$

酸碱反应表示为

$$HAc+NH_3 \rightleftharpoons NH_4^+ + Ac^-$$

水合质子H_3O^+是质子H^+在溶剂水（H_2O）中的存在形式。为书写方便，通常将水合质子H_3O^+简写为H^+，但这并不表示质子能单独存在。

酸碱反应是两个共轭酸碱对共同作用的结果，反应总是由较强酸、碱向生成较弱碱、酸的方向进行。一个共轭酸碱对的酸失去质子，转变成其共轭碱；另一个共轭酸碱对的碱得到质子，转变成其共轭酸，溶剂合质子起着质子转移的媒介作用。

（二）水的质子自递反应

H_2O是两性物质，既能作为酸给出质子，又能作为碱接受质子，生成自身的共轭酸（H_3O^+）和共轭碱（OH^-）：

$$H_2O+H_2O \rightleftharpoons H_3O^+ + OH^-$$

这种只发生在溶剂分子之间的质子转移反应，称为溶剂的质子自递反应（autoprotolysis reaction），其反应的平衡常数称为溶剂的质子自递常数，用K_S表示。水的质子自递常数又称为水的离子积，用K_W表示：

$$K_S^{H_2O} = K_W = [H_3O^+][OH^-] = 1.0\times10^{-14} \text{（25℃）} \quad (4\text{-}1)$$

即

$$pK_W = pH + pOH = 14.00 \quad (4\text{-}2)$$

（三）共轭酸碱对的 K_a 与 K_b 及其相互关系

在水溶液中，酸、碱强度取决于酸将质子给予水分子或碱从水分子中夺取质子的能力。酸（碱）在水溶液中给出（接受）质子的反应进行程度可用其平衡常数K_a（K_b）表示，K_a称为酸的离解常数，又称酸度常数，K_b称为碱的离解常数，又称碱度常数。K_a越大，酸性越强；K_b越大，碱性越强，如HAc的酸度常数和Ac^-的碱度常数：

$$HAc+H_2O \rightleftharpoons H_3O^+ + Ac^- \quad K_a = \frac{[H_3O^+][Ac^-]}{[HAc]}$$

$$Ac^- + H_2O \rightleftharpoons HAc + OH^- \quad K_b = \frac{[HAc][OH^-]}{[Ac^-]}$$

不难看出，共轭酸碱对的离解常数K_a和K_b之间存在着一定的关系，即

$$K_a \cdot K_b = \frac{[H_3O^+][Ac^-]}{[HAc]} \times \frac{[HAc][OH^-]}{[Ac^-]} = [H_3O^+][OH^-] = K_S^{H_2O} = K_W \quad (4\text{-}3)$$

$$pK_a + pK_b = 14.00 \text{（25℃）} \quad (4\text{-}4)$$

可见，酸越强（pK_a越小），其共轭碱越弱（pK_b越大）。反之，碱越强，其共轭酸越弱。只要已知某酸（碱）的离解常数，即可计算其共轭碱（酸）的离解常数。例如，25℃时，HAc在水中的离解常数K_a=1.8×10^{-5}，则其共轭碱Ac^-的离解常数K_b为

$$K_b = \frac{K_W}{K_{a(HAc)}} = \frac{1.0\times10^{-14}}{1.8\times10^{-5}} = 5.6\times10^{-10}$$

$$\text{或}\ pK_b = 14.00 - pK_a = 14.00 - 4.74 = 9.26, K_b = 5.5\times10^{-10}$$

多元酸（碱）在水中逐级离解，存在各级离解常数，情况较复杂。以三元酸H_3PO_4为例，

$$H_3PO_4 + H_2O \rightleftharpoons H_3O^+ + H_2PO_4^- \quad K_{a_1} = \frac{[H_3O^+][H_2PO_4^-]}{[H_3PO_4]}$$

$$H_2PO_4^- + H_2O \rightleftharpoons H_3O^+ + HPO_4^{2-} \quad K_{a_2} = \frac{[H_3O^+][HPO_4^{2-}]}{[H_2PO_4^-]}$$

$$HPO_4^{2-} + H_2O \rightleftharpoons H_3O^+ + PO_4^{3-} \quad K_{a_3} = \frac{[H_3O^+][PO_4^{3-}]}{[HPO_4^{2-}]}$$

作为碱，PO_4^{3-} 逐级接受质子（H^+）：

$$PO_4^{3-} + H_2O \rightleftharpoons OH^- + HPO_4^{2-} \quad K_{b_1} = \frac{[OH^-][HPO_4^{2-}]}{[PO_4^{3-}]}$$

$$HPO_4^{2-} + H_2O \rightleftharpoons OH^- + H_2PO_4^- \quad K_{b_2} = \frac{[OH^-][H_2PO_4^-]}{[HPO_4^{2-}]}$$

$$H_2PO_4^- + H_2O \rightleftharpoons OH^- + H_3PO_4 \quad K_{b_3} = \frac{[OH^-][H_3PO_4]}{[H_2PO_4^-]}$$

由各对共轭酸碱离解常数关系可看出：

$$K_{a_1} \cdot K_{b_3} = K_{a_2} \cdot K_{b_2} = K_{a_3} \cdot K_{b_1} = K_W \tag{4-5}$$

对于二元酸，同样可以得到：

$$K_{a_1} \cdot K_{b_2} = K_{a_2} \cdot K_{b_1} = K_W \tag{4-6}$$

例 4-1　查得 H_2CO_3 的 K_{a_1} =4.3×10^{-7}，K_{a_2} =5.6×10^{-11}，试计算 HCO_3^- 的碱离解常数。

分析：HCO_3^- 的碱离解过程对应 CO_3^{2-} 的第 2 级碱离解，

$$CO_3^{2-} + H_2O \rightleftharpoons OH^- + HCO_3^-$$

$$HCO_3^- + H_2O \rightleftharpoons OH^- + H_2CO_3$$

因此 HCO_3^- 的碱离解常数对应 CO_3^{2-} 的 K_{b_2}：

$$K_{b_2} = \frac{K_W}{K_{a_1}} = \frac{1.0\times10^{-14}}{4.3\times10^{-7}} = 2.3\times10^{-8}$$

二、分析浓度和平衡浓度

分析浓度（analytical concentration）是指溶液中某溶质各种型体平衡浓度的总和，用符号 c 表示，单位为 mol/L。平衡浓度（equilibrium concentration）是指在平衡状态时，溶液中溶质某型体的浓度，以符号 [ ] 表示。例如，浓度均为 0.10 mol/L NaCl 和 HAc 溶液，溶液的总浓度即分析浓度 c_{NaCl} 和 c_{HAc} 均为 0.10 mol/L。NaCl 完全离解，故 $[Cl^-]=[Na^+]=0.10$mol/L；而 HAc 是弱酸，只发生部分离解，溶液中有两种型体存在，即 HAc 和 Ac^-，平衡浓度可分别表示为 [HAc] 和 $[Ac^-]$，两者之和为分析浓度，即 $c_{HAc}=[HAc]+[Ac^-]=0.10$mol/L。注意，酸的浓度和酸度是两个不同的概念。酸的浓度是指酸的分析浓度，用 c 表示。酸度（acidity）是指溶液中 H^+ 的平衡浓度，常用 pH 表示。同样，碱的浓度和碱度在概念上也是不同的，碱度常用 pOH 表示。

三、溶液中酸碱平衡的处理方法

化学平衡是化学分析法的理论基础，化学分析法中常见的化学平衡包括酸碱平衡、配位平衡、氧化还原平衡、沉淀溶解平衡等。在酸碱滴定中的化学平衡主要是水溶液中的酸碱平衡，而质量平衡、电荷平衡、质子平衡是处理溶液中酸碱平衡的依据。

（一）质量平衡

质量平衡（mass balance）又称为物料平衡（material balance），指在平衡状态下某一组分的分析浓度等于该组分各种型体的平衡浓度之和，其数学表达式称为质量平衡式（mass balance equation），简写为 MBE。

例如，c（mol/L）HAc 溶液的质量平衡式为

$$[HAc]+[Ac^-]=c$$

又如，c（mol/L）H_3PO_4 溶液的质量平衡式为

$$[H_3PO_4]+[H_2PO_4^-]+[HPO_4^{2-}]+[PO_4^{3-}]=c$$

（二）电荷平衡

水溶液总是电中性的。因此，处于平衡状态时，电解质溶液中各种阳离子所带正电荷的量等于各种阴离子所带负电荷的量。这一规律称为电荷平衡（charge balance），其数学表达式称为电荷平衡式（charge balance equation），简写为 CBE。

例如，c（mol/L）KH_2PO_4 溶液中，阳离子所带正电荷的量为（$[H^+]+[K^+]$），阴离子所带负电荷的量为（$[OH^-]+[H_2PO_4^-]+2[HPO_4^{2-}]+3[PO_4^{3-}]$），由于溶液呈电中性，所以 c（mol/L）KH_2PO_4 溶液的电荷平衡式为

$$[H^+]+[K^+]=[OH^-]+[H_2PO_4^-]+2[HPO_4^{2-}]+3[PO_4^{3-}]$$

注意，各离子平衡浓度前的系数等于它所带的电荷数，中性分子不写入电荷平衡式中。

（三）质子平衡

酸碱反应的实质是质子的转移。酸碱反应达到平衡时，酸所失去的质子数与碱得到的质子数相等，这种关系称为质子平衡（proton balance），其数学表达式称为质子条件式，又称质子平衡式（proton balance equation），简写为 PBE。

质子条件式可通过两种方法书写，一是由物料平衡式和电荷平衡式导出；二是参考水准法（又称零水准法）。

例 4-2 写出 c（mol/L）Na_2CO_3 水溶液的质子条件式。

方法一：

质量平衡式：$[Na^+]=2c$

$$[H_2CO_3]+[HCO_3^-]+[CO_3^{2-}]=c$$

电荷平衡式：$[H^+]+[Na^+]=[HCO_3^-]+2[CO_3^{2-}]+[OH^-]$

将质量平衡代入电荷平衡式，整理得到质子条件式：

$$[H^+]+2[H_2CO_3]+[HCO_3^-]=[OH^-]$$

方法二：

以溶液中大量存在并参与质子转移的物质作为零水准，将失质子产物写在一侧，将得质子产物写在另一侧，并根据得、失质子数相等原则列出质子条件式。

得质子产物		零水准		失质子产物
HCO_3^-	$\xleftarrow{+H^+}$	CO_3^{2-}		
H_2CO_3	$\xleftarrow{+2H^+}$	CO_3^{2-}		
H_3O^+	$\xleftarrow{+H^+}$	H_2O	$\xrightarrow{-H^+}$	OH^-

由得失质子数相等的原则，可得到质子条件式：

$$[H^+]+2[H_2CO_3]+[HCO_3^-]=[OH^-]$$

比较上述两种方法，可见使用参考水准法（零水准法）书写质子条件式更为简单快速，其方法要点如下。

（1）选择参考水准。参考水准是溶液中原始的、大量存在的、直接参与质子转移的物质。对于水溶液，H_2O 为必选的参考水准。

（2）与参考水准比较，判断得失质子的产物及其得失质子的数量，绘出“得失质子示意图”。

（3）根据得失质子数相等的原则，将所有得质子产物的浓度相加写在等式的一边，所有失质子产物的浓度相加写在等式的另一边，即可得到质子条件式。

注意：①质子条件式中不能出现参考水准和与质子转移无关的组分；②对于同一物质，只能选择其中一种型体作为参考水准；③质子条件式中各型体的系数为该型体与参考水准比较时得失质子的个数。

例 4-3　采用参考水准法，写出 $Na(NH_4)HPO_4$ 的质子条件式。

分析：选择溶液中大量存在并参与质子转移的 NH_4^+、HPO_4^{2-} 和 H_2O 作为参考水准，写出溶液中得失质子的产物和数量，如下所示

得质子产物		零水准		失质子产物
$H_2PO_4^-$	$\xleftarrow{+H^+}$	HPO_4^{2-}	$\xrightarrow{-H^+}$	PO_4^{3-}
H_3PO_4	$\xleftarrow{+2H^+}$	HPO_4^{2-}		
H_3O^+	$\xleftarrow{+H^+}$	H_2O	$\xrightarrow{-H^+}$	OH^-
		NH_4^+	$\xrightarrow{-H^+}$	NH_3

由得失质子数相等，可得到质子条件式：

$$[H_2PO_4^-]+2[H_3PO_4]+[H^+]=[PO_4^{3-}]+[OH^-]+[NH_3]$$

四、溶液中酸碱组分的分布

已达到平衡的酸碱溶液中，溶质组分往往存在多种型体，某型体的平衡浓度与分析浓度的比值称为该型体的分布系数（distribution coefficient），以 δ_i 表示（i 表示某一型体），即 $\delta_i=\frac{[i]}{c}$。分布系数的大小能定量说明溶液中某种型体的分布情况，并可由此求出溶液某酸碱组分的平衡浓度，对掌握与控制滴定分析条件有重要意义。

例如，设 HAc 溶液的分析浓度为 c，在溶液中存在下列平衡

$$HAc+H_2O \rightleftharpoons H_3O^+ + Ac^-$$

因此对于溶质 HAc 来说，其水溶液中有 HAc 和 Ac^- 两种型体存在，它们的平衡浓度分别为 [HAc] 和 $[Ac^-]$，则分析浓度 $c=[HAc]+[Ac^-]$。HAc 的分布系数 δ_{HAc} 和 Ac^- 的分布系数 δ_{Ac^-} 分别为

$$\delta_{HAc}=\frac{[HAc]}{c} \quad \delta_{Ac^-}=\frac{[Ac^-]}{c} \tag{4-7}$$

显然 $\delta_{HAc}+\delta_{Ac^-}=1$，同一物质各型体的分布系数之和为 1。

由 HAc 的平衡关系，将 $K_a=\frac{[H_3O^+][Ac^-]}{[HAc]}$ 和 $c=[HAc]+[Ac^-]$ 代入式（4-7）中，可得

$$\delta_{HAc}=\frac{[H^+]}{[H^+]+K_a}\quad \delta_{Ac^-}=\frac{K_a}{[H^+]+K_a} \tag{4-8}$$

根据分析浓度和分布系数，可计算某一酸度溶液中，一元弱酸存在的两种型体的平衡浓度。

例 4-4 计算 pH=4.00 时，0.10 mol/L HAc 溶液中各型体的分布系数和平衡浓度。

分析：查附录五可知 $K_{a(HAc)}=1.8\times10^{-5}$

$$pH=4.00,\ [H^+]=1.0\times10^{-4}\,mol/L$$

$HAc+H_2O \rightleftharpoons H_3O^++Ac^-$，存在 HAc 和 Ac^- 两种型体，

$$\delta_{HAc}=\frac{[H^+]}{[H^+]+K_a}=\frac{1.0\times10^{-4}}{1.0\times10^{-4}+1.8\times10^{-5}}=0.85$$

$$[HAc]=\delta_{HAc}\cdot c=0.85\times0.10=0.085(mol/L)$$

$$\delta_{Ac^-}=1-\delta_{HAc}=1-0.85=0.15$$

$$[Ac^-]=\delta_{Ac^-}\cdot c=0.15\times0.10=0.015(mol/L)$$

从式（4-8）可以看出，在平衡状态下，一元弱酸各型体的分布系数的大小与酸的强弱（K_a 的大小）和溶液的酸度有关；对于某一种特定的酸而言，在一定温度下其 K_a 是一定的，所以各型体的分布系数是 $[H^+]$ 的函数。

如果将酸碱各型体分布系数对溶液的 pH 作图，可以看出在不同 pH 条件下，酸或碱的主要存在型体不同，见图 4-1。

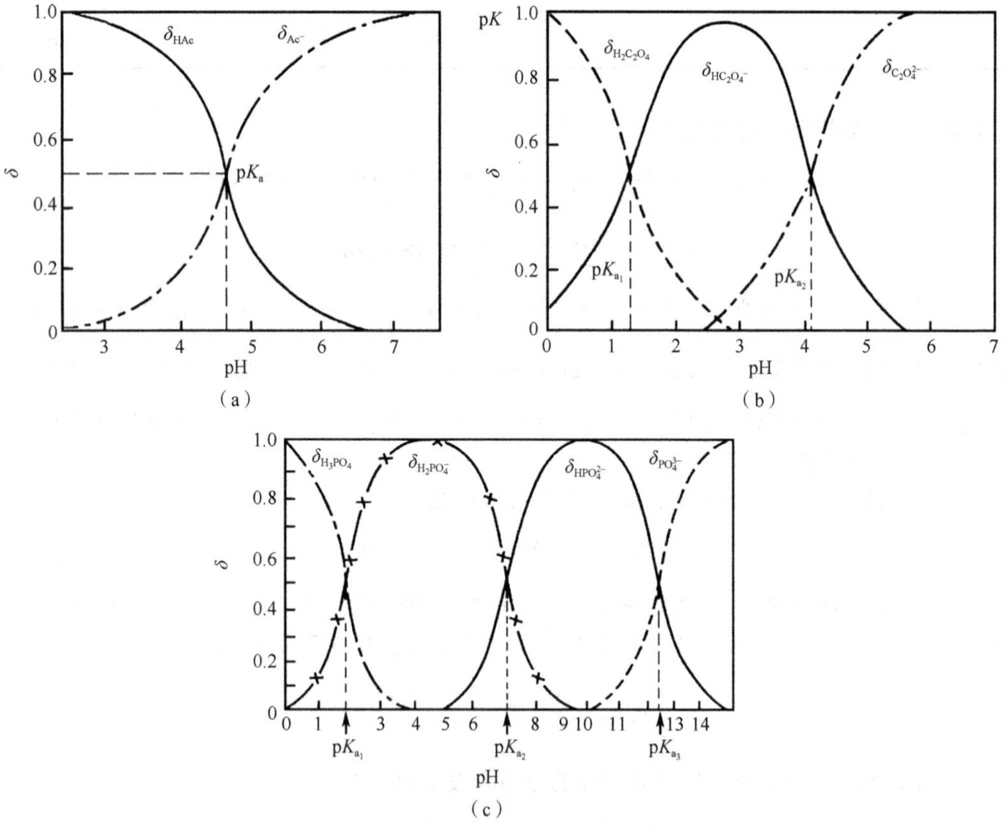

图 4-1 三种酸溶液中各种型体的分布系数与 pH 关系图

（a）HAc；（b）草酸；（c）磷酸

由图 4-1（a）可以看到，δ_{HAc} 随 pH 的增高而减小，δ_{Ac^-} 随 pH 的增高而增大。当 $pH = pK_a = 4.74$ 时，两曲线相交，此时 $\delta_{HAc} = \delta_{Ac^-} = 0.5$，即溶液中 HAc 与 Ac^- 两种型体各占 50%，此时 [HAc]=[Ac^-]；当 pH＜pK_a 时，$\delta_{HAc} > \delta_{Ac^-}$，溶液中 HAc 为主要存在型体；当 pH＞$pK_a$ 时，$\delta_{HAc} < \delta_{Ac^-}$，即溶液中 Ac^- 为主要的存在型体。当 pH＜pK_a−2 时，δ_{HAc} 趋近于 1，δ_{Ac^-} 趋近于零；而当 pH＞pK_a+2 时，则 δ_{Ac^-} 趋近于 1。

由图 4-1（b）可知，当 pH＜pK_{a_1} 时，$\delta_{H_2C_2O_4} > \delta_{HC_2O_4^-}$，溶液中 $H_2C_2O_4$ 为主要的存在型体；当 pH=pK_{a_1} 时，$\delta_{H_2C_2O_4} = \delta_{HC_2O_4^-}$；当 pK_{a_1}＜pH＜pK_{a_2} 时，三种型体共存，溶液中 $HC_2O_4^-$ 为主要的存在型体；pH＞pK_{a_2} 时，溶液中 $C_2O_4^{2-}$ 为主要的存在型体。

对于三元酸（如磷酸），也同样可以找到类似的分布系数分布规律，如图 4-1（c）所示。由此可见，通过控制溶液的 pH，可以控制酸碱物质的存在型体，进而达到控制滴定反应条件的目的。

第二节　酸碱溶液中氢离子浓度的计算

酸碱反应的实质是质子的转移，在酸碱平衡溶液中，可根据质子得失相等的原则列出质子条件式，将有关酸碱平衡常数代入，即可求算酸碱溶液中 H^+ 浓度的精确计算式。在运算过程中再根据具体情况进行合理的近似处理，得到近似式或最简式。在以下讨论中，为简化起见，H_3O^+ 以 H^+ 表示。

一、一元酸（碱）溶液中氢离子浓度的计算

（一）强酸（碱）溶液中氢离子浓度的计算

强酸（碱）在水中全部离解，[H^+] 计算较简单。

1. 一元强酸溶液中 [H^+] 的计算　以 HCl（浓度为 c mol/L）为例，其质子条件式为

$$[H^+]=[Cl^-]+[OH^-]$$

由于 HCl 在水溶液中完全电离，故

$$[H^+]=c+[OH^-]$$

（1）当 HCl 的浓度不很低时，即 $c \geqslant 20[OH^-]$（分析化学中平衡计算要求相对误差不大于 5%）可忽略 [OH^-]，一般只要 $c \geqslant 10^{-6}$ mol/L，即可近似求解。

$$[H^+] \approx c \text{或} pH = -\lg[H^+] = -\lg c \tag{4-9}$$

（2）若 c 较小时（$c < 10^{-6}$ mol/L），则 [OH^-] 不可忽略。

$$[H^+]=c+[OH^-]=c+\frac{K_W}{[H^+]} \tag{4-10}$$

$$[H^+]^2-c[H^+]-K_W=0 \tag{4-11}$$

$$[H^+]=\frac{c+\sqrt{c^2+4K_W}}{2} \tag{4-12}$$

2. 一元强碱溶液中 [H^+] 的计算　以 NaOH（浓度为 c）为例：

当 $c \geqslant 10^{-6}$ mol/L 时

$$[OH^-]=c \text{或} pOH=-\lg[OH^-]=-\lg c \tag{4-13}$$

当 $c < 10^{-6}$ mol/L 时

$$[OH^-]=\frac{c+\sqrt{c^2+4K_W}}{2} \tag{4-14}$$

（二）一元弱酸（碱）溶液中 $[H^+]$ 的计算

1. 一元弱酸溶液中 $[H^+]$ 的计算 以弱酸 HA（浓度为 c mol/L）为例，其溶液的质子条件式为

$$[H^+]=[A^-]+[OH^-]=\frac{cK_a}{[H^+]+K_a}+\frac{K_W}{[H^+]} \tag{4-15}$$

在实际工作中，常常不需要精确计算，对式（4-15）可根据具体情况进行近似处理。

（1）当 $cK_a \geqslant 20K_W$，$c/K_a<500$ 时，水的离解（K_W）可忽略，但酸的离解不能忽略，可得一元弱酸溶液 $[H^+]$ 计算的近似式 1

$$[H^+]=\frac{cK_a}{[H^+]+K_a} \Rightarrow [H^+]^2+K_a[H^+]-cK_a=0 \tag{4-16}$$

求解，得到

$$[H^+]=\frac{-K_a+\sqrt{K_a^2+4cK_a}}{2} \tag{4-17}$$

（2）当 $cK_a<20K_W$，$c/K_a \geqslant 500$ 时，水的离解不能忽略，但酸的离解可忽略，可得一元弱酸溶液 $[H^+]$ 计算的近似式 2

$$[H^+]=\sqrt{cK_a+K_W} \tag{4-18}$$

（3）当 $cK_a \geqslant 20K_W$，$c/K_a \geqslant 500$ 时，水的离解和酸的离解皆可忽略，可得一元弱酸溶液 $[H^+]$ 计算的最简式：

$$[H^+]=\sqrt{K_a c} \tag{4-19}$$

例 4-5 计算 0.20 mol/L HAc 水溶液的 pH。

解：查附录五可知 $K_{a(HAc)}=1.8\times10^{-5}$，判断：$cK_a \geqslant 20K_W$，$c/K_a \geqslant 500$；可以应用最简式计算：

$$[H^+]=\sqrt{K_a c}=\sqrt{1.8\times10^{-5}\times0.20}=1.9\times10^{-3}\ \text{(mol/L)}$$

$$pH=-\lg[H^+]=2.72$$

2. 一元弱碱溶液中 $[H^+]$ 的计算 以弱碱 B^-（浓度为 c mol/L）为例，其溶液的质子条件式为

$$[HB]+[H^+]=[OH^-]$$

采用处理一元弱酸相似的方法可得到相对应的一组公式

（1）当 $cK_b \geqslant 20K_W$，$c/K_b<500$ 时，水的离解项（K_W）可忽略，但碱的离解不能忽略，可得一元弱碱溶液 $[OH^-]$ 计算的近似式 1

$$[OH^-]=\frac{-K_b+\sqrt{K_b^2+4cK_b}}{2} \tag{4-20}$$

（2）当 $cK_b<20K_W$，$c/K_b \geqslant 500$ 时，水的离解不能忽略，但碱的离解可忽略，可得一元弱碱溶液 $[OH^-]$ 计算的近似式 2

$$[OH^-]=\sqrt{cK_b+K_W} \tag{4-21}$$

（3）当 $cK_b \geqslant 20K_W$，$c/K_b \geqslant 500$ 时，水的离解和碱的离解皆可忽略，可得一元弱碱溶液 $[OH^-]$ 计算的最简式：

$$[OH^-]=\sqrt{cK_b} \tag{4-22}$$

例 4-6 计算计算 0.20 mol/L NaAc 水溶液的 pH。

解：此为一元弱碱的水溶液，查附录五可知，$K_{a(HAc)}=1.8\times10^{-5}$

$$K_{b(Ac^-)}=\frac{K_W}{K_{a(HAc)}}=5.6\times10^{-10}$$

判断：$cK_b\geqslant20K_W$，$c/K_b\geqslant500$；可以应用最简式计算：

$$[OH^-]=\sqrt{cK_b}=\sqrt{0.20\times5.6\times10^{-10}}=1.1\times10^{-5}\text{（mol/L）}$$

$$pOH=4.96,\ pH=pK_W-pOH=9.04$$

注意：计算各类酸（碱）水溶液的 pH 时，首先要判断是酸溶液还是碱溶液，若是酸溶液，要计算 $[H^+]$，若是碱溶液，则要计算 $[OH^-]$，再计算 pH；其次要用条件式判断，再选择相应的公式计算。

二、多元酸（碱）溶液中氢离子浓度的计算

（一）多元弱酸溶液中氢离子浓度的计算

以 H_2A（浓度为 c mol/L）为例，其溶液的质子条件式为

$$[H^+]=[HA^-]+2[A^{2-}]+[OH^-]$$

代入平衡常数，得

$$[H^+]=\frac{K_{a_1}[H_2A]}{[H^+]}+\frac{2K_{a_2}[HA^-]}{[H^+]}+\frac{K_W}{[H^+]} \tag{4-23}$$

整理得到精确计算式

$$[H^+]=\sqrt{K_{a_1}[H_2A](1+\frac{2K_{a_2}}{[H^+]})+K_W} \tag{4-24}$$

当 $K_{a_1}\gg K_{a_2}Z$ 时，即 $\frac{2K_{a_2}}{[H^+]}\approx\frac{2K_{a_2}}{\sqrt{K_{a_1}c}}\leqslant0.05$，则 H_2A 第二步离解的 $[H^+]$ 可忽略，此时，可将二元弱酸按一元弱酸进一步近似处理：

（1）当 $\frac{2K_{a_2}}{\sqrt{K_{a_1}c}}\leqslant0.05$，$cK_{a_1}\geqslant20K_w$，$c/K_{a_1}<500$ 时，得到近似式 1

$$[H^+]=\frac{-K_{a_1}+\sqrt{K_{a_1}^2+4cK_{a_1}}}{2} \tag{4-25}$$

（2）当 $\frac{2K_{a_2}}{\sqrt{K_{a_1}c}}\leqslant0.05$，$cK_{a_1}<20K_w$，$c/K_{a_1}\geqslant500$ 时，得到近似式 2

$$[H^+]=\sqrt{cK_{a_1}+K_W} \tag{4-26}$$

（3）当 $\frac{2K_{a_2}}{\sqrt{K_{a_1}c}}\leqslant0.05$，$cK_{a_1}\geqslant20K_w$，$c/K_{a_1}\geqslant500$ 时，得到最简式：

$$[H^+]=\sqrt{K_{a_1}c} \tag{4-27}$$

例 4-7 计算 0.20 mol/L 维生素 C 水溶液的 pH。

解：查附录五可知，维生素 C 的 $K_{a_1}=9.1\times10^{-5}$，$K_{a_2}=2.0\times10^{-12}$。

因为 $\dfrac{2K_{a_2}}{\sqrt{K_{a_1}c}}\leqslant0.05$，$cK_{a_1}\geqslant20K_w$，$c/K_{a_1}\geqslant500$，可用最简式计算：

$$[H^+]=\sqrt{K_{a_1}c}=\sqrt{9.1\times10^{-5}\times0.20}=4.3\times10^{-3}\text{（mol/L）}$$

$$pH=2.37$$

（二）多元弱碱溶液中氢离子浓度的计算

与多元弱酸处理方法相同，若二元弱碱的 $K_{b_1}\gg K_{b_2}$，则可按一元弱碱近似处理，得到相对应的一组公式，即

（1）当 $\dfrac{2K_{b_2}}{\sqrt{K_{b_1}c}}\leqslant0.05$，$cK_{b_1}\geqslant20K_w$，$c/K_{b_1}<500$，得到近似式 1

$$[OH^-]=\frac{-K_{b_1}+\sqrt{K_{b_1}^{\ 2}+4cK_{b_1}}}{2} \tag{4-28}$$

（2）当 $\dfrac{2K_{b_2}}{\sqrt{K_{b_1}c}}\leqslant0.05$，当 $cK_{b_1}<20K_w$，$c/K_{b_1}\geqslant500$，得到近似式 2

$$[OH^-]=\sqrt{cK_{b_1}+K_w} \tag{4-29}$$

（3）当 $\dfrac{2K_{b_2}}{\sqrt{K_{b_1}c}}\leqslant0.05$，$cK_{b_1}\geqslant20K_w$，$c/K_{b_1}\geqslant500$ 时，得到最简式：

$$[OH^-]=\sqrt{cK_{b_1}} \tag{4-30}$$

例 4-8 计算 0.20 mol/L 的 $Na_2C_2O_4$ 水溶液的 pH。

解：查附录五可知，$Na_2C_2O_4$ 的 $K_{b_1}=\dfrac{1.0\times10^{-14}}{5.4\times10^{-5}}=1.9\times10^{-10}$，$K_{b_2}=\dfrac{1.0\times10^{-14}}{5.6\times10^{-2}}=1.8\times10^{-13}$。

因为 $\dfrac{2K_{b_2}}{\sqrt{K_{b_1}c}}\leqslant0.05$，$cK_{b_1}\geqslant20K_w$，$c/K_{b_1}\geqslant500$，可用最简式计算：

$$[OH^-]=\sqrt{K_{b_1}c}=\sqrt{1.9\times10^{-10}\times0.20}=6.2\times10^{-6}(\text{mol/L})$$

$$pOH=5.21\quad pH=14.00-5.21=8.79$$

三、两性物质溶液中氢离子浓度的计算

既能给出质子又能接受质子的物质是两性物质。多元酸的酸式盐、弱酸弱碱盐、氨基酸、蛋白质等都是两性物质。两性物质酸碱平衡较为复杂。在计算 $[H^+]$ 时需要从具体情况出发，做合理简化处理，便于运算。

（一）多元酸的酸式盐溶液

以 NaHA 水溶液（浓度为 c mol/L）为例，计算 $[H^+]$ 浓度。

其质子条件式：$[H^+]+[H_2A]=[OH^-]+[A^{2-}]$

分别将 K_{a_1}、K_{a_2} 和 K_W 的表达式代入上式，得

$$[H^+]+\frac{[H^+][HA^-]}{K_{a_1}}=\frac{K_W}{[H^+]}+\frac{K_{a_2}[HA^-]}{[H^+]} \quad (4\text{-}31)$$

整理可得
$$[H^+]=\sqrt{\frac{K_{a_1}(K_{a_2}[HA^-]+K_W)}{K_{a_1}+[HA^-]}} \quad (4\text{-}32)$$

上式为两性物质溶液中计算 $[H^+]$ 的精确式。

（1）一般情况下，HA^- 给出和接受质子的能力都比较弱，因此 $[HA^-]\approx c$，可得到近似式 1

$$[H^+]=\sqrt{\frac{K_{a_1}(K_{a_2}c+K_W)}{K_{a_1}+c}} \quad (4\text{-}33)$$

（2）当 $cK_{a_2}\geqslant 20K_W$ 时，水的离解项可忽略，可得到近似式 2

$$[H^+]=\sqrt{\frac{K_{a_1}K_{a_2}c}{K_{a_1}+c}} \quad (4\text{-}34)$$

（3）若同时 $c\geqslant 20K_{a_1}$，则 $K_{a_1}+c\approx c$，可得到最简式：

$$[H^+]=\sqrt{K_{a_1}K_{a_2}} + pH=1/2\left(pK_{a_1}+pK_{a_2}\right) \quad (4\text{-}35)$$

例 4-9 计算 0.20 mol/L $NaHCO_3$ 水溶液的 pH。

解：查附录五可知，H_2CO_3 的 $K_{a_1}=4.3\times10^{-7}$，$K_{a_2}=5.6\times10^{-11}$。

因为 $cK_{a_2}\geqslant 20K_W$，$c\geqslant 20K_{a_1}$，可用最简式计算：

$$[H^+]=\sqrt{K_{a_1}K_{a_2}}=\sqrt{4.3\times10^{-7}\times5.6\times10^{-11}}=4.9\times10^{-9}\ (\text{mol/L})$$

$$pH=8.31$$

或
$$pH=1/2\left(pK_{a_1}+pK_{a_2}\right)-(6.37+10.25)/2=8.31$$

（二）弱酸弱碱盐溶液

以弱酸弱碱盐 NH_4CN 水溶液（浓度为 c mol/L）为例。

能给出 H^+ 的组分为弱酸 NH_4^+，离解常数为 K_a，而可接收 H^+ 的组分为弱碱 CN^-，其共轭酸 HCN 的离解常数为 K_a'，可推导出近似式 1

$$[H^+]=\sqrt{\frac{K_a(K_a'c+K_W)}{K_a+c}} \quad (4\text{-}36)$$

当 $K_a'c\geqslant 20K_W$ 时，水的离解项可忽略，可得到近似式 2

$$[H^+]=\sqrt{\frac{K_aK_a'c}{K_a+c}} \quad (4\text{-}37)$$

当 $K_a'c\geqslant 20K_W$，同时 $c\geqslant 20K_a$，可得到最简式：

$$[H^+]=\sqrt{K_aK_a'} \quad (4\text{-}38)$$

例 4-10 计算 0.20 mol/L NH_4Ac 溶液的 pH。

解：查附录五可知弱酸 NH_4^+ 的 $K_a=5.7\times10^{-10}$，弱碱 Ac^- 的共轭酸 HAc 的 $K_a'=1.8\times10^{-5}$。

用条件式判断：$K_a'c\geqslant 20K_W$，$c\geqslant 20K_a$，可用最简式计算：

$$[H^+]=\sqrt{K_aK_a'}=\sqrt{5.7\times10^{-10}\times1.8\times10^{-5}}=1.0\times10^{-7}\ (mol/L)$$

$$pH=7.00$$

四、缓冲溶液氢离子浓度的计算

缓冲溶液是一种能对溶液的酸度起稳定作用的溶液。将缓冲溶液稍加稀释，或在溶液中增加少量酸或碱，溶液的酸度不发生显著变化。缓冲溶液通常是由弱酸及其共轭碱、弱碱及其共轭酸、高浓度的强酸或强碱、两性物质等组成。标准缓冲溶液的 pH 可由精确的实验测定。作为一般控制酸度用的缓冲溶液，因为缓冲剂本身的浓度较大，对计算结果也不要求十分准确，可以采用近似方法进行计算。

现以弱酸 HA（浓度为 c_a mol/L）及其共轭碱 A^-（浓度为 c_b mol/L）组成的缓冲溶液为例，说明其 $[H^+]$ 的计算过程。溶液的质子条件式为

$$[H^+]=[OH^-]+[A^-]-c_b\text{或}[H^+]=c_a+[OH^-]-[HA]$$

将上式代入弱酸 HA 的 K_a 表达式，可得

$$[H^+]=\frac{K_a[HA]}{[A^-]}=K_a\frac{c_a-[H^+]+[OH^-]}{c_b+[H^+]-[OH^-]} \tag{4-39}$$

（1）当溶液呈酸性（pH<6）时，可忽略 $[OH^-]$，上式可简化为近似式：

$$[H^+]=K_a\frac{c_a-[H^+]}{c_b+[H^+]} \tag{4-40}$$

（2）当溶液中缓冲剂的浓度较大（$c_a\geqslant20[H^+]$，$c_b\geqslant20[H^+]$）时，可忽略离解部分做近似处理，得到最简式：

$$[H^+]=K_a\frac{c_a}{c_b}\text{或}pH=pK_a+\lg\frac{c_b}{c_a} \tag{4-41}$$

同理，当溶液呈碱性（pH>8）时，可忽略 $[H^+]$；若 $c_a\geqslant20[OH^-]$，$c_b\geqslant20[OH^-]$ 时，也可得到最简式式（4-41）。

通常在配制缓冲溶液时，所用的 c_a、c_b 相对较大，远大于 $[H^+]$ 和 $[OH^-]$，故可忽略 $[H^+]$ 及 $[OH^-]$，应用最简式计算 $[H^+]$。

例 4-11 将 0.40 mol/L NH_3 溶液与 0.60 mol/L NH_4Cl 溶液等体积混合配制缓冲溶液，试计算该缓冲溶液的 pH。

解：查附录五可知，NH_4^+ 的 $K_a=5.7\times10^{-10}$，等体积混合后，$c_{NH_3}=0.20$ mol/L，$c_{NH_4^+}=0.30$ mol/L，由于 c_{NH_3} 和 $c_{NH_4^+}$ 均较大，故用最简式式（4-41）计算。

$$pH=pK_a+\lg\frac{c_b}{c_a}=9.24+\lg\frac{0.20}{0.30}=9.06$$

第三节　酸碱指示剂

在酸碱滴定分析中，通常不发生外观上的变化，常借助酸碱指示剂颜色的改变来指示滴定终点的到达。

一、酸碱指示剂的变色原理

酸碱指示剂（acid-base indicator）一般是有机弱酸或弱碱，它们的共轭酸碱对具有不同结构，因而呈现不同颜色。当溶液的 pH 改变时，指示剂得到或失去质子，成为酸式或碱式结构，从而

引起溶液颜色的变化。

若以 HIn 表示指示剂的酸式型体，其颜色称为酸式色；In^- 表示指示剂的碱式型体，其颜色称为碱式色，则指示剂在溶液中有下列平衡。

$$\underset{\text{酸式色}}{HIn} \rightleftharpoons H^+ + \underset{\text{碱式色}}{In^-}$$

其离解常数又称为指示剂常数，

$$K_{HIn} = \frac{[H^+][In^-]}{[HIn]} \tag{4-42}$$

或可改写成

$$\frac{K_{HIn}}{[H^+]} = \frac{[In^-]}{[HIn]} \tag{4-43}$$

溶液的颜色取决于碱式型体与酸式型体浓度的比值（$[In^-]/[HIn]$）。在一定温度下，指示剂的 K_{HIn} 为常数，因此溶液中碱式型体与酸式型体浓度的比值（$[In^-]/[HIn]$）只与 $[H^+]$ 有关。

例如，甲基橙（methyl orange，MO）是一种双色指示剂，本身为有机弱碱，在溶液中的离解平衡式如下：

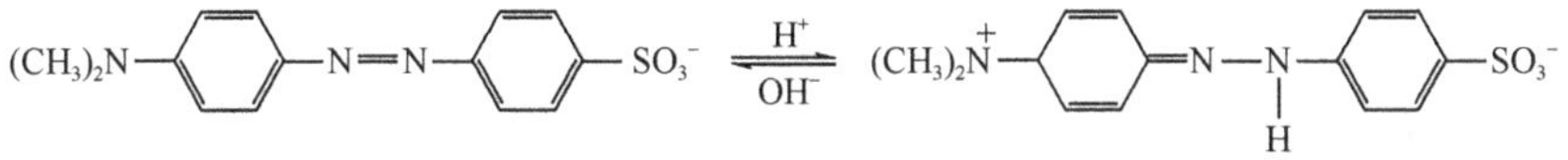

偶氮式（黄色）　　　　醌式（红色）

由离解平衡式可以看出，当溶液中 $[H^+]$ 增大时，平衡向右移动，甲基橙主要以醌式结构存在，溶液呈红色；而当溶液中的 $[H^+]$ 降低时，平衡向左移动，甲基橙主要以偶氮式结构存在，溶液呈黄色。

又如，酚酞（phenolphthalein，PP）是一种单色指示剂，本身为有机弱酸，在溶液中的离解平衡式如下：

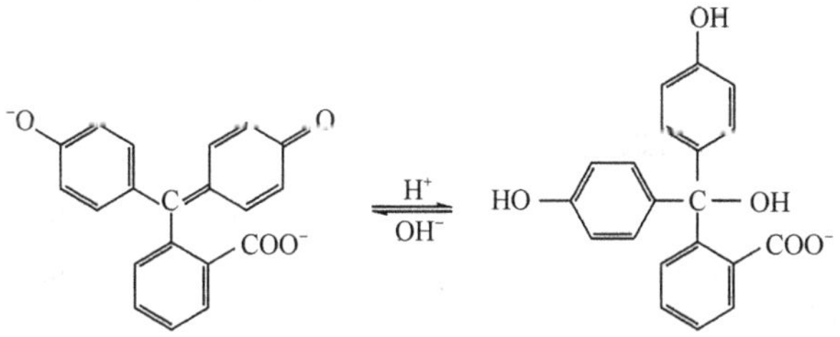

碱式色（黄色）　　　　酸式色（红色）

在酸性溶液中，酚酞主要以酸式结构存在，无色；在碱性溶液中，酚酞由酸式结构转变为共轭碱式结构（醌式），呈红色。但在较浓的强碱性溶液时，又会进一步变为羧酸盐式结构，无色。

二、酸碱指示剂的变色范围及其影响因素

（一）指示剂的变色范围

酸碱指示剂的颜色是随溶液 pH 的改变而变化的。但是人的视觉对颜色的辨别能力有局限性，在一般情况下，当两种型体的浓度之比在 10 或 10 以上时，我们看到的是浓度较大型体的颜色。

当 $[In^-]/[HIn] \geqslant 10$ 时，即 $pH \geqslant pK_{HIn}+1$ 时，看到碱式色（$[In^-]$ 的颜色）；当 $[In^-]/[HIn] \leqslant \frac{1}{10}$，即 $pH \leqslant pK_{HIn}-1$ 时，看到酸式色（[HIn] 的颜色）；当 $[In^-]/[HIn]=1$ 时，In^- 和 HIn 两种型体各占 50%，溶液呈现指示剂的中间过渡色，此时 $pH = pK_{HIn}$，这一点称为指示剂的理论变色点。

当溶液的 pH 从 $pK_{HIn}-1$ 改变到 $pK_{HIn}+1$ 时，能明显看到指示剂由酸式色变到碱式色，故

pH=pK_{HIn}±1 称为指示剂的理论变色范围（theoretical color change interval）。由指示剂理论变色范围可知，在 pK_{HIn} 附近两个 pH 单位内指示剂变色，不同的指示剂 pK_{HIn} 不同，所以它们的变色范围也各不相同。

根据理论上推算，指示剂的理论变色范围是两个 pH 单位，但由于人的眼睛对不同颜色的敏感度不同，加上两种颜色相互掩盖，所以实际观察结果与理论结果有差别。例如，甲基橙 pK_{HIn}=3.4，理论变色范围是 2.4～4.4，但实际变色范围是 3.1～4.4，这是由于人眼对红色比对黄色更为敏感的缘故，即酸式色（红色）的浓度只要大于碱式色（黄色）的两倍（pH = 3.1 时，$[In^-]/[HIn]=1/2$）就能观察到酸式色（红色）。

指示剂的变色范围越窄越好，这样在化学计量点附近，pH 稍有改变，指示剂立即从一种颜色变成另一种颜色，即指示剂变色敏锐。常用的酸碱指示剂及其变色范围列于表 4-1。

表 4-1 常用的酸碱指示剂及其变色范围

指示剂	变色范围 pH	颜色		pK_{HIn}	浓度（溶剂）	用量（滴/10 mL）
		酸式色	碱式色			
百里酚兰	1.2～2.8	红	黄	1.7	0.1%（20% 乙醇溶液）	1～2
甲基黄	2.9～4.0	红	黄	3.3	0.1%（90% 乙醇溶液）	1
甲基橙	3.1～4.4	红	黄	3.4	0.05%（水）	1
溴酚蓝	3.1～4.6	黄	紫	4.1	0.1%（20% 乙醇溶液或其钠盐水溶液）	1
溴甲酚绿	3.8～5.4	黄	蓝	4.9	0.1%（乙醇溶液）	1
甲基红	4.4～6.2	红	黄	5.0	0.1%（60% 乙醇溶液或其钠盐水溶液）	1
溴百里酚蓝	6.2～7.6	黄	蓝	7.3	0.1%（20% 乙醇溶液或其钠盐水溶液）	1
中性红	6.8～8.0	红	黄橙	7.4	0.1%（60% 乙醇溶液或其钠盐水溶液）	1
酚红	6.4～8.2	黄	红	8.0	0.1%（60% 乙醇溶液或其钠盐水溶液）	1
酚酞	8.0～9.6	无	红	9.1	0.1%（90% 乙醇溶液）	1～3
百里酚酞	9.4～10.6	无	蓝	10.0	0.1%（20% 乙醇溶液）	1～2

（二）影响指示剂变色范围的因素

影响指示剂变色范围的因素主要有两方面：一是影响指示剂常数 K_{HIn} 的数值，因而移动了变色范围的区间，如温度、溶剂的极性等，其中以温度的影响较大；二是对变色范围宽度的影响，如指示剂的用量、滴定程序等，现分别讨论如下。

1. 温度 指示剂的变色范围和 K_{HIn} 有关，而 K_{HIn} 与温度有关，故温度改变，指示剂的变色范围也随之改变。例如，在 18℃时，甲基橙的变色范围为 3.1～4.4，而 100℃时，则为 2.5～3.7。

2. 溶剂 指示剂在不同溶剂中 pK_{HIn} 不同。因此指示剂在不同溶剂中的变色范围不同。例如，甲基橙在水溶液中 pK_{HIn}=3.4，而在甲醇中 pK_{HIn}=3.8。

3. 指示剂的用量 指示剂的用量（或浓度）是一个重要因素，如果溶液中指示剂的浓度小，则在单位体积中 HIn 的量不多，加入少量标准溶液即可使之几乎完全变为 In^-，因此颜色变化灵敏。反之，指示剂浓度大时，发生同样的颜色变化所需要的标准溶液的量也较多，致使终点时颜色变化不敏锐，而且指示剂本身也会多消耗一些滴定剂而带来误差。这种影响对单色指示剂或双色指示剂是相同的，因此指示剂用量少一点为佳。对单色指示剂来说，指示剂的用量还会影响指示剂的变色区间范围。例如，酚酞指示剂，它的酸式色为无色，碱式色为红色。设人眼观察碱式色红色的最低浓度为 a，可认为它是一个固定值。设溶液中指示剂的总浓度为 c，由指示剂的离解平衡式：

$$\frac{K_{HIn}}{[H^+]}=\frac{[In^-]}{[HIn]}=\frac{a}{c-a} \tag{4-44}$$

整理可得

$$[H^+] = K_{HIn}\frac{c-a}{a} \tag{4-45}$$

式中，K_{HIn}、a 均是定值，如果 c 增大了，则 $[H^+]$ 会相应增大，酚酞指示剂将在较低 pH 时变色，即变色点酸移。例如，在 50～100 mL 溶液中加入 2～3 滴 0.1% 酚酞溶液，在 pH≈9 时出现微红色；而在同样条件下，如加入 10～15 滴 0.1% 酚酞溶液，在 pH≈8 时就会出现微红色。因此，对单色指示剂须严格控制指示剂用量。

4. 滴定程序 当溶液由浅色转变为深色时，人眼容易辨别，所以滴定程序宜为滴定终点颜色由浅色变化到深色。例如，用碱滴定酸时，以酚酞为指示剂，终点时溶液由无色变到红色，颜色变化明显，易于辨别；反之则不明显，滴定剂易滴过量。同样，甲基橙由黄色变红色，比由红色变黄色易于辨别。因此，当用碱滴定酸时，一般用酚酞作指示剂；用酸滴定碱时，一般用甲基橙作指示剂。

三、混合指示剂

在某些酸碱滴定中，pH 突跃范围很窄，单一指示剂的变色范围约两个 pH 单位，难以达到要求。此时可使用混合指示剂（mixed indicator），它能利用颜色互补的原理缩小指示剂的变色范围，使终点颜色变化更敏锐。

混合指示剂有两种配制方法。一是在某种指示剂中加入惰性染料，利用颜色互补使颜色变化敏锐，易于辨别，但变色范围不变。例如，甲基橙和靛蓝组成的混合指示剂，靛蓝在滴定过程中不变色，只作甲基橙变色的背景，它与甲基橙的酸式色（红色）的混合色为紫色，与甲基橙的碱式色（黄色）的混合色为绿色。在滴定过程中，溶液随 H^+ 浓度变化而发生如下变化：

溶液的酸度	甲基橙的颜色	甲基橙+靛蓝的颜色
pH≥1.4	黄色	绿色
pH=4.0	橙色	浅灰色
pH≤3.1	红色	紫色

可见，单一甲基橙变色过程中有过渡的橙色较难辨别；而混合指示剂由绿（紫）变到紫（绿），不仅中间色几乎是无色的浅灰色，而且绿色与紫色明显不同，所以变色敏锐，易于辨别。

另一种配制方法是用两种或两种以上的指示剂混合而成，因颜色互补使变色范围变窄，颜色变化敏锐。例如，甲酚红（pH=7.2～8.8，黄 → 紫）和百里酚蓝（pH＝8.0～9.6，黄 → 蓝）按 1∶3 混合后变色范围为 pH=8.2～8.1，黄 → 紫。表 4-2 列出一些常用的酸碱混合指示剂。

表 4-2 常用的酸碱混合指示剂

指示剂	变色点 pH	颜色变化		备注
		酸式色	碱式色	
一份 0.1% 的甲基黄乙醇溶液 一份 0.1% 的亚甲蓝乙醇溶液	3.25	蓝紫	绿	pH 3.4 为绿色，pH 3.2 为蓝紫色
一份 0.1% 的甲基橙水溶液 一份 0.25% 的靛蓝二磺酸钠水溶液	4.1	紫	黄绿	pH 4.1 为灰色
三份 0.1% 的溴甲酚绿乙醇溶液 一份 0.2% 的甲基红乙醇溶液	5.1	酒红	绿	变色明显
一份 0.1% 溴甲酚绿钠盐水溶液 一份 0.1% 氯酚红钠盐水溶液	6.1	黄绿	蓝紫	pH 5.4 为蓝绿色，pH 5.8 为蓝色，pH 6.0 为蓝带紫，pH 6.2 为蓝紫
一份 0.1% 的中性红乙醇溶液 一份 0.1% 的亚甲蓝乙醇溶液	7.0	蓝紫	绿	pH 7.0 为蓝紫
一份 0.1% 的甲酚红钠盐水溶液 三份 0.1% 的百里酚蓝钠盐水溶液	8.3	黄	紫	pH 8.2 为玫瑰色，pH 8.4 为紫色

第四节 酸碱滴定法的基本原理

案例 4-2

盐酸含 HCl 量为 36.0%～38.0%（g/g），为无色发烟的澄清液体，有强烈的刺激性气味。盐酸作为一种酸化剂，被广泛用于各种食品和药物制剂中。它可被稀释成各种浓度的稀酸，稀盐酸除了作为药用辅料外还有治疗作用，静脉注射可治疗代谢性碱中毒，口服治疗胃酸缺乏等。在实际应用中，无论是作为药用辅料还是作为治疗剂，都对所用 HCl 的含量或浓度有具体的、明确的、严格的要求。

问题：如何准确测定 HCl 的质量百分含量？

案例 4-2 分析

HCl 为一元强酸，可使用酸碱滴定法测定其质量百分含量。根据《中国药典》（2020 年版），具体滴定步骤如下：取本品约 3 mL，置储有水约 20 mL 并已精密称定重量的具塞锥形瓶中，精密称定，加水 25 mL 与甲基红指示剂 2 滴，用 NaOH 标准溶液（1 mol/L）滴定。每 1 mL NaOH 标准溶液（1 mol/L）相当于 36.46 mg 的 HCl。最后，由 NaOH 标准溶液的消耗体积计算 HCl 的质量，再除以样品质量可得 HCl 质量百分含量。

$$\mathrm{HCl}\% = \frac{36.46\times10^{-3}\times V_{\mathrm{NaOH}}}{m_{\mathrm{s}}}\times100\%$$

在酸碱滴定过程中最为重要的是选择合适的指示剂确定终点，并使滴定终点尽可能接近化学计量点，从而获得准确的测定结果。我们已经知道酸碱指示剂的颜色变化与溶液 pH 有关，本节介绍几类酸碱滴定过程中 pH 的变化规律，绘出滴定曲线，进一步讨论被测物质的酸（碱）度常数、浓度等因素对滴定突跃范围的影响和指示剂的选择原则。

一、强酸（碱）的滴定

（一）滴定曲线

强酸与强碱滴定的基本反应为 $H^{+}+OH^{-} \rightleftharpoons H_2O$

现以 NaOH 溶液（0.1000 mol/L）滴定 20.00 mL HCl 溶液（0.1000 mol/L）为例，讨论滴定过程中溶液 pH 的变化规律。滴定过程可分为如下四个阶段。

1. 滴定开始前 溶液中仅有 HCl 存在，HCl 是强酸，完全离解，因此

$$[\mathrm{H^{+}}]=0.1000(\mathrm{mol/L})\quad \mathrm{pH}=1.00$$

2. 滴定开始至化学计量点前 由于滴入 NaOH，部分 HCl 发生反应生成 NaCl，溶液组成为 HCl ＋ NaCl，溶液 pH 取决于剩余 HCl 的浓度。

$$[\mathrm{H^{+}}]=\frac{c_{\mathrm{HCl}}V_{\mathrm{HCl}}-c_{\mathrm{NaOH}}V_{\mathrm{NaOH}}}{V_{\mathrm{HCl}}+V_{\mathrm{NaOH}}}$$

当滴入 NaOH 溶液 18.00 mL 时：

$$[\mathrm{H^{+}}]=\frac{0.1000\times20.00-0.1000\times18.00}{20.00+18.00}=5.3\times10^{-3}\ (\mathrm{mol/L})$$

$$\mathrm{pH}=2.28$$

当滴入 NaOH 溶液 19.98 mL（化学计量点前 0.1%）时：

$$[\mathrm{H^{+}}]=\frac{0.1000\times20.00-0.1000\times19.98}{20.00+19.98}=5.0\times10^{-5}\ (\mathrm{mol/L})$$

$$pH=4.30$$

3. 化学计量点时 当滴入 NaOH 溶液 20.00 mL 时，HCl 与 NaOH 完全反应，溶液组成为 NaCl，溶液呈中性

$$[H^+] = [OH^-] = 1.0\times10^{-7}\ (mol/L)$$

$$pH=7.00$$

4. 化学计量点后 化学计量点后，再加入 NaOH 溶液，溶液组成为 NaOH + NaCl，其 pH 取决于过量的 NaOH 浓度。

$$[OH^-] = \frac{c_{NaOH}V_{NaOH} - c_{HCl}V_{HCl}}{V_{HCl}+V_{NaOH}}$$

当滴入 NaOH 溶液 20.02 mL（化学计量点后 0.1%）时，

$$[OH^-] = \frac{0.1000\times20.02-0.1000\times20.00}{20.00+20.02} = 5.0\times10^{-5}\ (mol/L)$$

$$pOH=4.30$$

$$pH=14.00-4.30=9.70$$

如此逐一计算滴定过程中各点的 pH，结果列于表 4-3 中。

表 4-3 0.1000 mol/L NaOH 溶液滴定 20.00 mL 0.1000 mol/L HCl 溶液的 pH 变化（25℃）

加入 NaOH 溶液（mL）	HCl 被滴定的百分数	剩余的 HCl 溶液（mL）	过量的 NaOH 溶液（mL）	$[H^+]$（mol/L）	pH
0.00	0.00	20.00		1.0×10^{-1}	1.00
18.00	90.00	2.00		5.3×10^{-3}	2.28
19.80	99.00	0.20		5.0×10^{-4}	3.30
19.98	99.90	0.02		5.0×10^{-5}	4.30
20.00	100.00	0.00		1.0×10^{-7}	7.00
20.02	100.10		0.02	2.0×10^{-10}	9.70
20.20	101.00		0.20	2.0×10^{-11}	10.70
22.00	110.00		2.00	2.1×10^{-12}	11.68
40.00	200.00		20.00	5.0×10^{-13}	12.52

以滴入 NaOH 溶液的体积（或滴定百分数）为横坐标，以溶液的 pH 为纵坐标作图，绘制出强碱滴定强酸的滴定曲线（titration curve），见图 4-2a。如果上述滴定反过来进行，即用 0.1000 mol/L HCl 溶液滴定 0.1000 mol/L NaOH 溶液 20.00 mL 时，将得到一条与上述滴定曲线的形状相同，但变化方向相反的滴定曲线，如图 4-2b 所示。

由表 4-3 和图 4-2 可以看出，整个滴定过程中溶液的 pH 变化是不均匀的，从滴定开始到加入 NaOH 溶液 19.98 mL 时，溶液 pH 仅改变 3.30 个 pH 单位，pH 变化缓慢。但在化学计量点附近加入 NaOH 溶液从 19.98 mL 至 20.02 mL 时（大约 1 滴），溶液的 pH 由 4.30 急剧改变为 9.70，增大了 5.40 个 pH 单位，溶液由酸性突变到碱性，滴定曲线出现一段近乎垂直的变化。这种计量点附近 pH 的突变称为滴定突跃（abrupt change in titration curve），滴定突跃所在的 pH 范围称为滴定突跃范围。此后再继续滴加 NaOH 溶液，溶液的 pH 变化又越来越小，曲线趋于平缓。滴定突跃范围有重要的实际意义，它是选择指示剂的依据。

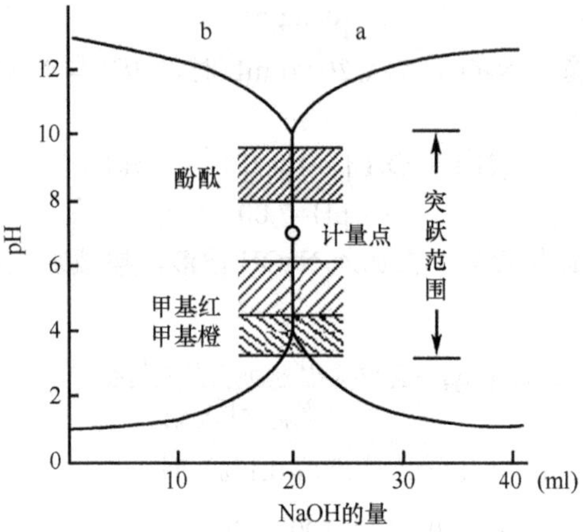

图 4-2 强酸和强碱的滴定曲线

a. 0.1000 mol/L NaOH 溶液滴定 0.1000 mol/L HCl 溶液（20.00 mL）；b. 0.1000 mol/L HCl 溶液滴定 0.1000 mol/L NaOH 溶液（20.00 mL）

课程思政　　滴定突跃——从量变到质变

由强酸和强碱的滴定曲线可以看到，从滴定开始到化学计量点前 0.1%，反应溶液中 pH 变化较为平坦；而从化学计量点前 0.1% 到计量点后 0.1%，仅仅是 0.04 mL 的滴定液就导致反应溶液 pH 急剧变化，形成了滴定突跃。这是一个从量变到质变的过程，反应溶液在呈现出突跃的同时，也彻底改变了其酸碱性。知识的积累同样是一个从量变到质变的过程，只有坚持学、日日学，才能完成从量变到质变的飞跃。“积土成山，风雨兴焉；积水成渊，蛟龙生焉”，你若盛开，清风自来。

（二）指示剂的选择

理想的指示剂应恰好在化学计量点变色，但实际上这样的指示剂很难找到，而且也没有必要。因为只要在突跃范围内能发生颜色变化的指示剂，都能满足分析结果所要求的准确度。因此，选择指示剂的原则：指示剂的变色范围应全部或部分落在滴定突跃范围内。从图 4-2 可以看出，由于浓度为 0.1000 mol/L 强酸强碱滴定的突跃范围为 pH 4.30～9.70，所以甲基橙（3.1～4.4）、甲基红（4.4～6.2）、酚酞（8.0～9.6）都可选作这类滴定的指示剂。

在实际工作中选择指示剂时，还应考虑人眼对不同颜色变化的敏感性。在用强碱滴定强酸时，虽然有多种指示剂可选择，但常选用酚酞，因为在滴定突跃范围内，溶液由无色变为红色，极易观察。如果用强酸滴定强碱，选甲基橙较适宜。

（三）突跃范围与酸（碱）浓度的关系

若用 0.01000 mol/L、0.1000 mol/L、1.000 mol/L 三种浓度的 NaOH 标准溶液分别滴定相同浓度的 HCl 溶液，滴定突跃的 pH 范围分别为 5.30～8.70，4.30～9.70，3.30～10.70，如图 4-3 所示。

可见强酸强碱的滴定，其突跃范围的大小与浓度有关，酸碱的浓度增大 10 倍，突跃范围增加 2 个 pH 单位。由图 4-3 可见，浓度越大，突跃范围越大，可供选择的指示剂越多；浓度越小，突跃范围越小，指示剂的选择就受到限制。例如，用 0.01000 mol/L NaOH 滴定相同浓度的 HCl 溶液，由于其突跃范围减小到 pH 5.30～8.70，不能选择甲基橙为指示剂。因此，在一般滴定中，不使用浓度过小的标准溶液，样品溶液的浓度也不能太小。但也不能使用太浓的溶液，否则会使滴定误差增大。在实际工作中，常用的酸碱标准溶液的浓度为 0.1～0.5 mol/L。

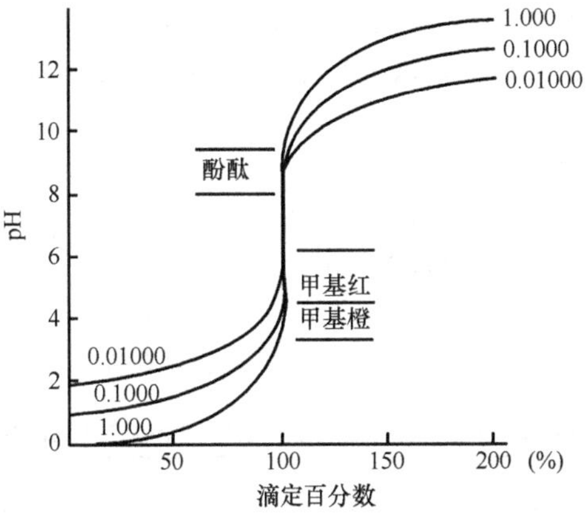

图 4-3 不同浓度的 NaOH 标准溶液滴定 HCl 溶液的滴定曲线

二、一元弱酸（碱）的滴定

（一）滴定曲线

现以 NaOH 溶液（0.1000 mol/L）滴定 20.00 mL HAc 溶液（0.1000 mol/L）为例，讨论强碱滴定一元弱酸的 pH 变化。滴定反应为

$$HAc+OH^- \rightleftharpoons Ac^-+H_2O$$

滴定过程可分四个阶段。

1. 滴定开始前 溶液中仅有 HAc 存在，由于 $cK_a>20K_W$，$c/K_a>500$，按计算一元弱酸溶液 $[H^+]$ 的最简式计算，即可求得 $[H^+]$ 及与其相应的 pH。

$$[H^+]=\sqrt{K_a c}=\sqrt{1.8\times10^{-5}\times0.1000}=1.3\times10^{-3}\ (\text{mol/L})$$

$$pH=2.89$$

2. 滴定开始至化学计量点前 溶液有剩余的 HAc 和生成的产物 NaAc，组成 HAc-NaAc 缓冲体系，其 pH 可按缓冲溶液计算.

$$pH=pK_a+\lg\frac{[Ac^-]}{[HAc]}$$

当加入 NaOH 溶液 19.98 mL（滴定百分数为 99.9%，化学计量点前 0.1%）时，

$$[HAc]=\frac{0.1000\times(20.00-19.98)}{20.00+19.98}=5.0\times10^{-5}\ (\text{mol/L})$$

$$[Ac^-]=\frac{0.1000\times19.98}{20.00+19.98}=5.0\times10^{-2}\ (\text{mol/L})$$

$$pH=pK_a+\lg\frac{[Ac^-]}{[HAc]}=4.76+\lg\frac{5.0\times10^{-2}}{5.0\times10^{-5}}=7.76$$

3. 化学计量点时 当加入 20.00 mLNaOH 溶液时，HAc 与 NaOH 完全反应。此时，溶液组成为 NaAc。Ac^- 的浓度：0.1000/2 = 0.05000（mol/L），由于 $cK_b>20K_W$，$c/K_b>500$，按计算一元弱碱溶液 $[OH^-]$ 的最简式计算。

$$[OH^-]=\sqrt{K_b c}=\sqrt{c\frac{K_w}{K_a}}=\sqrt{\frac{1.0\times10^{-14}}{1.8\times10^{-5}}\times0.05000}=5.3\times10^{-6}\ (\text{mol/L})$$

$$pOH=5.28\quad pH=8.72$$

4. 化学计量点后 过了化学计量点，再滴加入 NaOH 溶液，溶液组成为 NaOH ＋ NaAc，此时由于 NaOH 过量抑制了 Ac^- 离解，溶液 pH 取决于过量的 NaOH 浓度，计算方法与强碱滴定强酸相同。

当滴入 20.02 mL NaOH 溶液（滴定百分数 100.1%，化学计量点后 0.1%）时，

$$[OH^-]=\frac{0.1000\times 0.02}{20.00+20.02}=5.0\times 10^{-5}\ \text{(mol/L)}$$

$$pOH=4.30\quad pH=9.70$$

如此逐一计算滴定过程中的 pH 列于表 4-4 中，滴定曲线如图 4-4 所示。

表 4-4 0.1000 mol/L NaOH 溶液滴定 20.00 mL 0.1000 mol/L HAc 溶液的 pH 变化（25℃）

加入 NaOH（mL）	HAc 被滴定的百分数（%）	溶液组成	计算公式	pH
0.00	0.00	HAc	$[H^+]=\sqrt{K_a c_a}$	2.89
10.00	50.00	HAc+NaAc	$[H^+]=K_a\frac{[HAc]}{[Ac^-]}$	4.76
18.00	90.00			5.71
19.80	99.00			6.75
19.98	99.90			7.76
20.00	100.0	NaAc	$[OH^-]=\sqrt{K_b c_b}$	8.72
20.02	100.1	NaOH+NaAc	过量 NaOH 浓度	9.70
20.20	101.0			10.70
22.00	110.0			11.68
40.00	200.0			12.52

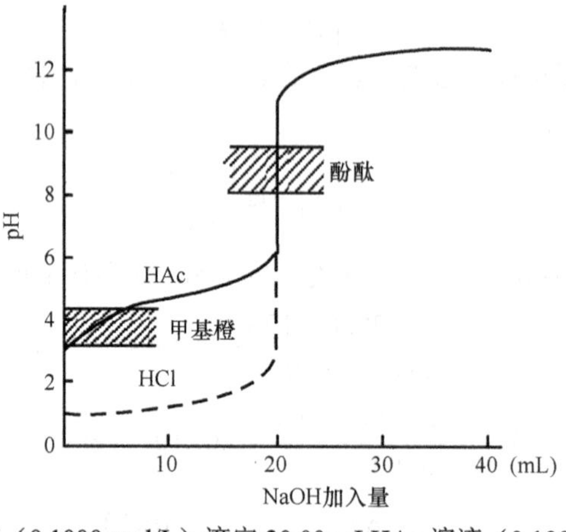

图 4-4 用 NaOH 溶液（0.1000 mol/L）滴定 20.00 mLHAc 溶液（0.1000 mol/L）的滴定曲线

从表 4-4 和图 4-4，可以看出强碱滴定一元弱酸有如下特点。

（1）滴定曲线起点 pH 高。起点时 pH=2.89，这是因为 HAc 是弱酸，不像强酸 HCl 那样全部离解，所以滴定起点的 $[H^+]$ 低，pH 高。

（2）滴定开始至化学计量点前的曲线变化复杂。这一阶段溶液组成均为 HAc+NaAc，属缓冲溶液体系，但曲线两端的缓冲容量小，因此溶液的 pH 随 NaOH 溶液的加入变化大，曲线斜率大；而曲线中段，由于缓冲比接近于 1，缓冲容量大，曲线变化平缓。

（3）化学计量点的 pH 大于 7.00，pH=8.72。这是由于在化学计量点时，HAc 已经全部与

NaOH 反应生成 NaAc，而 NaAc 是弱碱，所以溶液呈弱碱性而不是中性。计量点后，溶液 pH 的变化与强碱滴定强酸相同。

（4）滴定突跃小。其突跃范围为 pH 7.76～9.70，与浓度相同的强酸强碱滴定的突跃范围（pH 4.30～9.70）相比小得多。此类滴定应选择在碱性区域变色的指示剂，如酚酞、百里酚兰。在酸性区域变色的指示剂（如甲基橙、甲基红）则完全不适用。

强酸滴定一元弱碱时，pH 的变化情况可采用类似方法处理。如用 HCl 溶液（0.1000 mol/L）滴定 20.00 mL $NH_3 \cdot H_2O$ 溶液（0.1000 mol/L），其滴定曲线如图 4-5 所示。滴定曲线与强碱滴定一元弱酸相似，所不同的是溶液的 pH 变化方向相反，滴定曲线的形状刚好相反。在化学计量点时，因 NH_4^+ 显酸性，所以 pH 也不在 7.00，而在偏酸性区域（pH=5.23），滴定突跃为 6.34～4.30。因此，只能选用酸性区域变色的指示剂，如甲基橙、甲基红等指示滴定终点。

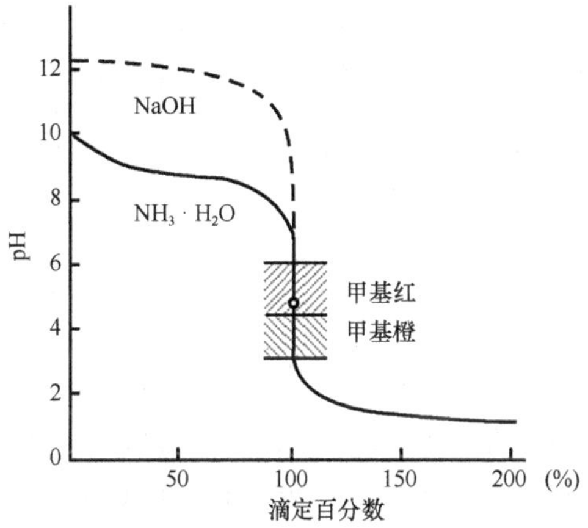

图 4-5 HCl 溶液（0.1000 mol/L）滴定 20.00 mL $NH_3 \cdot H_2O$ 溶液（0.1000 mol/L）的滴定曲线

（二）影响滴定突跃范围的因素和准确滴定的判断

与强酸强碱的滴定类似，用强碱滴定弱酸的滴定突跃范围大小与浓度有关，当一元弱酸的强度（K_a）一定时，浓度越大，滴定突跃范围越大，反之，则突跃范围越小。

除了浓度影响滴定突跃范围以外，弱酸的强度也影响滴定突跃范围的大小。用 NaOH 溶液（0.1000 mol/L）滴定不同强度的一元弱酸溶液（0.1000 mol/L）的滴定曲线，如图 4-6 所示。

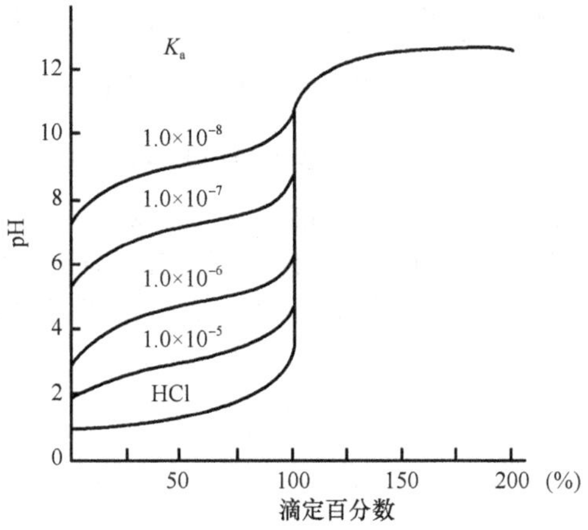

图 4-6 NaOH 溶液（0.1000 mol/L）滴定不同强度一元弱酸溶液（0.1000 mol/L）的滴定曲线

由图可见，浓度相同而强度不同的一元弱酸，K_a 越大，即酸越强，滴定突跃范闹越大；反之，K_a 越小，酸越弱，突跃范围越小。当弱酸的 c=0.1000 mol/L 且 $K_a < 10^{-7}$ 时，其滴定突跃已不

明显，用指示剂难以确定滴定终点。因此，用强碱准确滴定一元弱酸是有条件的，只有当弱酸的$cK_a \geqslant 10^{-8}$时，才能用强碱准确滴定该弱酸。

同理，当弱碱的$cK_b \geqslant 10^{-8}$时，才能用强酸准确滴定该弱碱。

三、多元酸（碱）的滴定

（一）多元酸的滴定

由于多元酸在溶液中分步离解，用强碱滴定时，既可能被一次滴定，也可能被分步滴定。在滴定中涉及两个问题，即多元酸中所有H^+能否被准确滴定？若能准确滴定，能否分步滴定？应选择何种指示剂？

以二元酸H_2A为例，讨论如下。

1\. 首先用$cK_a \geqslant 10^{-8}$判断各级H^+能否被直接准确滴定。

若$cK_{a_1} \geqslant 10^{-8}$，$cK_{a_2} \geqslant 10^{-8}$时，则此二元酸两步离解出来的$H^+$均可被直接准确滴定。

若$cK_{a_1} \geqslant 10^{-8}$，而$cK_{a_2} < 10^{-8}$，则第一步离解出来的$H^+$可以被直接准确滴定，第二步离解出来的$H^+$不能被直接准确滴定。

2\. 其次根据$K_{a_1}/K_{a_2} \geqslant 10^4$，判断能否分步滴定。

当相邻的两级K_{a_1}相差较大，满足$K_{a_1}/K_{a_2} \geqslant 10^4$，并且$cK_{a_1} \geqslant 10^{-8}$，则两级滴定可以分开，形成第一个突跃，若同时满足$cK_{a_2} \geqslant 10^{-8}$，则形成第二个突跃，相邻两级可以分步滴定。如果$K_{a_1}/K_{a_2} < 10^4$，滴定时两个突跃将合并在一起，形成一个突跃，此时相邻两级不能分步滴定。

例如，用NaOH溶液（0.1000 mol/L）滴定20.00 mL H_3PO_4溶液（0.1000 mol/L）。由于H_3PO_4是三元酸，分三步离解如下：

$$H_3PO_4 \rightleftharpoons H^+ + H_2PO_4^- \quad K_{a_1}=7.5\times10^{-3}$$

$$H_2PO_4^- \rightleftharpoons H^+ + HPO_4^{2-} \quad K_{a_2}=6.2\times10^{-8}$$

$$HPO_4^{2-} \rightleftharpoons H^+ + PO_4^{3-} \quad K_{a_3}=2.2\times10^{-13}$$

由于K_{a_3}太小，$cK_{a_3} < 10^{-8}$，无法用NaOH准确滴定HPO_4^{2-}所离解出来的H^+。但由于H_3PO_4的$cK_{a_1} \geqslant 10^{-8}$，$cK_{a_2} \approx 10^{-8}$，并且$K_{a_1}/K_{a_2} \geqslant 10^4$，因此可以将$H_3PO_4$分步滴定到$HPO_4^{2-}$，滴定反应为

$$H_3PO_4 + NaOH \rightleftharpoons H_2O + NaH_2PO_4$$

$$NaH_2PO_4 + NaOH \rightleftharpoons H_2O + Na_2HPO_4$$

在滴定曲线上有两个突跃，见图4-7。多元酸的滴定曲线计算起来比较复杂，实际工作中，为了选择指示剂通常只需计算化学计量点时的pH，然后选择在此pH附近变色的指示剂指示滴定终点。

上例中，第一化学计量点时，滴定产物是NaH_2PO_4，为两性物质，其溶液pH可用最简式近似计算。

$$[H^+] = \sqrt{K_{a_1}K_{a_2}}$$

$$pH = 1/2\left(pK_{a_1} + pK_{a_2}\right) = (2.12 + 7.21)/2 = 4.66$$

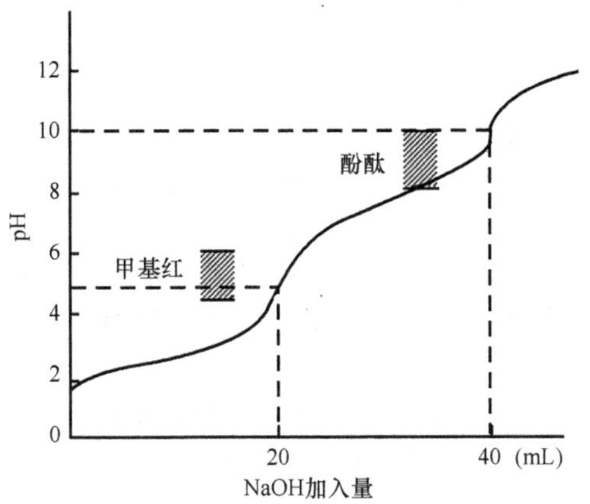

图 4-7　NaOH 溶液（0.1000 mol/L）滴定 20.00 mL H_3PO_4 溶液（0.1000 mol/L）的滴定曲线

可选甲基红作指示剂。

第二化学计量点时，滴定产物是 Na_2HPO_4，溶液 pH 可用下式近似计算。

$$[H^+]=\sqrt{K_{a_2}K_{a_3}}$$

$$pH=1/2\left(pK_{a_1}+pK_{a_2}\right)=\left(7.21+12.66\right)/2=9.94$$

可选用酚酞作指示剂。

上述两个计量点由于突跃范围比较小，可分别选用溴甲酚绿和甲基橙（变色点 pH =4.3）混合指示剂，酚酞和百里酚酞（变色点 pH = 9.9）混合指示剂，滴定终点变色更明显。

再比较两个二元弱酸顺式丁烯二酸和丙二酸的滴定情况。顺式丁烯二酸的 $K_{a_1}=1.2\times10^{-2}$，$K_{a_2}=4.7\times10^{-7}$；丙二酸的 $K_{a_1}=1.4\times10^{-3}$，$K_{a_2}=2.0\times10^{-6}$。用 NaOH 溶液（0.1000 mol/L）滴定顺式丁烯二酸溶液（0.1000 mol/L）和丙二酸溶液（0.1000 mol/L）的滴定曲线见图 4-8。

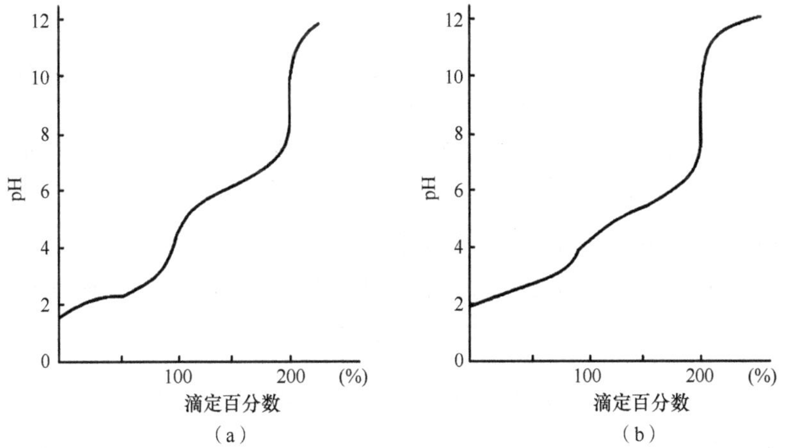

图 4-8　NaOH 溶液（0.1000 mol/L）滴定顺式丁烯二酸溶液（0.1000 mol/L）和丙二酸溶液（0.1000 mol/L）的滴定曲线

（a）顺式丁烯二酸溶液；（b）丙二酸溶液

从两个二元酸的滴定曲线可以看出，顺式丁烯二酸的 $K_{a_1}/K_{a_2}\geqslant10^4$，有两个滴定突跃，可以准确进行分步滴定。而丙二酸的 $K_{a_1}/K_{a_2}<10^4$，在第一化学计量点看不出滴定突跃，只在第二化学计量点附近有较大突跃，故不能准确进行分步滴定，只能一步滴定到第二化学计量点。

案例 4-3

苹果酸，又名2-羟基丁二酸，在大自然中，有三种存在形式，即*D*-苹果酸、*L*-苹果酸和其混合物*DL*-苹果酸，其中最常见的是左旋体——*L*-苹果酸，存在于不成熟的山楂、苹果和葡萄果实的浆汁中。*L*-苹果酸易溶于水和乙醇，具有令人愉快的酸味，常配入各种片剂、糖浆中使之呈现水果味，并有利于药物在体内吸收、扩散。*L*-苹果酸还常配入复合氨基酸注射液中，以提高氨基酸的利用率。此外，*L*-苹果酸还可以促进氨代谢，降低血氨浓度，对肝有保护作用，可以用于治疗肝功能不全、肝衰竭、肝癌，尤其对肝功能障碍导致的高氨血症疗效较好。

问题：

（1）*L*-苹果酸能否采用酸碱滴定法准确滴定？会产生几个突跃？

（2）在实际生产中，如何测定*L*-苹果酸的质量百分含量？

案例 4-3 分析

（1）由于*L*-苹果酸 ($C_4H_6O_5$) 中含有两个羧酸基团，是一种二元弱酸（$K_{a_1}=4.0\times10^{-4}$，$K_{a_2}=7.8\times10^{-6}$），因此可考虑使用酸碱滴定法测定其质量百分含量。若*L*-苹果酸样品测试液浓度不太低，则能满足 $cK_{a_2}\geqslant10^{-8}$，能够被准确滴定，又因其 $K_{a_1}/K_{a_2}\times10^4$，故只形成一个滴定突跃。

（2）根据《中国药典》（2020年版），具体滴定步骤如下：取本品约1.0 g，精密称定，置250 mL容量瓶中，加水溶解并稀释至刻度，摇匀，精密量取25 mL，置锥形瓶中，加酚酞指示剂2滴，用NaOH标准溶液（0.1 mol/L）滴定至显微红色并保持30 s内不褪色。每1 mL NaOH标准溶液（0.1 mol/L）相当于6.704 mg的 $C_4H_6O_5$。最后，由NaOH标准溶液的消耗体积计算纯*L*-苹果酸的质量，再除以样品质量可得*L*-苹果酸的质量百分含量。

$$L\text{-苹果酸}\% = \frac{6.704\times10^{-3}\times V_{\text{NaOH}}}{m_s}\times100\%$$

（二）多元碱的滴定

与滴定多元酸的处理方法类似，首先用 $cK_b\geqslant10^{-8}$ 这一标准判断能否准确滴定，能滴定到哪一步；再根据 $K_{b(n)}/K_{b(n+1)}\geqslant10^4$，判断能否分步滴定。

现以HCl标准溶液（0.1000 mol/L）滴定20.00 mL Na_2CO_3 溶液（0.1000 mol/L）为例进行讨论。Na_2CO_3 是二元弱碱，$K_{b_1}=K_W/K_{a_2}=1.8\times10^{-4}$，$K_{b_2}=K_W/K_{a_1}=2.3\times10^{-8}$。$cK_{b_1}\geqslant10^{-8}$，$cK_{b_2}\approx10^{-8}$，且 $K_{b_1}/K_{b_2}\geqslant10^4$，因此这个二元碱可分步滴定。

第一化学计量点时，滴定产物是 $NaHCO_3$，为两性物质，溶液pH可按最简式近似计算。

$$[H^+]=\sqrt{K_{a_1}K_{a_2}}$$

$$pH=1/2\left(pK_{a_1}+pK_{a_2}\right)=(6.37+10.25)/2=8.31$$

可选择酚酞做指示剂，但由于突跃不太明显，若选用甲酚红和百里酚酞的混合指示剂，可获得较好结果。

第二化学计量点时，滴定产物是 H_2CO_3，为饱和 CO_2 水溶液，溶液pH可由 H_2CO_3 的离解平衡计算。因 $K_{a_1}\gg K_{a_2}$，只需考虑其一级离解即可，常温常压下 CO_2 的饱和浓度约为0.04 mol/L。

$$[H^+]=\sqrt{cK_{a_1}}=\sqrt{0.04\times4.3\times10^{-7}}=1.3\times10^{-4}\text{（mol/L）}$$

$$pH=3.89$$

可选甲基橙作指示剂，滴定曲线见图 4-9。

应注意，由于接近第二计量点时容易形成 CO_2 过饱和溶液，而使溶液酸度稍稍增大，终点稍有提前，因此接近终点时应剧烈振摇溶液或将溶液煮沸以除去 CO_2，冷却后再滴定。

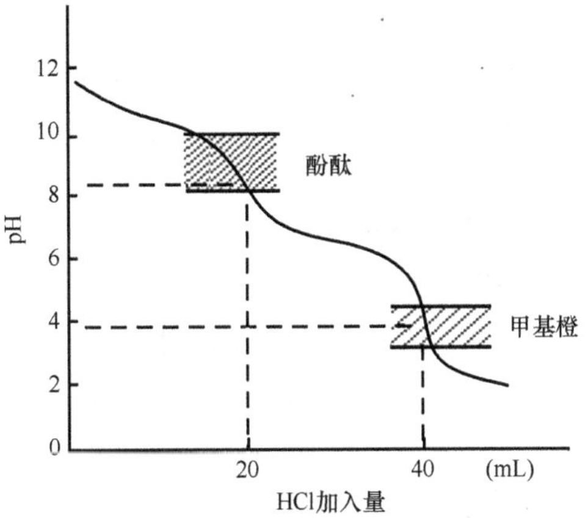

图 4-9　HCl 标准溶液（0.1000 mol/L）滴定 20.00 mL Na_2CO_3 溶液（0.1000 mol/L）的滴定曲线

四、酸碱标准溶液的配制和标定

酸碱滴定法中最常用的酸标准溶液是 HCl 标准溶液，碱标准溶液是 NaOH 标准溶液。也可用其他强酸标准溶液和强碱标准溶液，如 H_2SO_4 标准溶液、KOH 标准溶液等。这些标准溶液通常都不是直接法配制，而是用标定法得到。

（一）酸标准溶液

用来配制酸标准溶液的强酸有 HCl 和 H_2SO_4，HCl 最为常用，因用 HCl 溶液滴定时，生成的氯化物大都易溶于水。由于浓盐酸具有挥发性，一般先配制成近似所需浓度的溶液，再用基准物质标定其准确浓度。

用来标定 HCl 标准溶液的基准物质有无水碳酸钠（Na_2CO_3）及硼砂（$Na_2B_2O_7 \cdot 10H_2O$）。无水碳酸钠易得纯品，价廉，但有吸湿性，所以用前必须在 270～300℃干燥至恒重，置于干燥器中备用。硼砂的摩尔质量大，可以减小称量误差，但因含有结晶水，需要保存在含有饱和 NaCl 和蔗糖溶液的密闭恒湿容器中。

用 Na_2CO_3 标定 HCl 溶液的反应为

$$Na_2CO_3 + 2HCl \xlongequal{} 2NaCl + H_2O + CO_2$$

化学计量点时的 pH≈3.9，可选用甲基橙作指示剂。由于在计量点附近易形成 CO_2 过饱和溶液而使溶液的酸度增大，终点过早出现，因此滴定至终点附近时应用力摇动或加热溶液以使 CO_2 逸出。

用硼砂标定 HCl 溶液的反应为

$$Na_2B_4O_7 + 2HCl + 5H_2O \xlongequal{} 4H_3BO_3 + 2NaCl$$

化学计量点时的 pH≈5.2，可选用甲基红作指示剂。

（二）碱标准溶液

碱标准溶液最常用的是 NaOH，NaOH 易吸潮，也易吸收空气中的 CO_2，以致常含有 Na_2CO_3。为了除去 Na_2CO_3，一般先配成 NaOH 饱和溶液，Na_2CO_3 在此溶液中溶解度很小而沉淀下来，取上清液稀释成近似所需浓度溶液，再用基准物质标定其准确浓度。

标定 NaOH 标准溶液的基准物质主要有邻苯二甲酸氢钾（$KHC_8H_4O_4$）、草酸（$H_2C_2O_4 \cdot H_2O$）等。邻苯二甲酸氢钾易制得纯品，溶于水，摩尔质量大，不潮解，加热至 135℃不分解，是一种

很好的标定碱标准溶液的基准物质。邻苯二甲酸氢钾与 NaOH 的反应为

化学计量点时 pH ≈ 9.2，可用酚酞作指示剂。

草酸稳定，相对湿度在 5%～95% 时不会风化失水，可保存在密闭容器中备用。草酸虽然是二元酸，但由于两个酸离解常数 K_{a_1}、K_{a_2} 相差不够大，用它来标定 NaOH 时只有一个突跃，其反应式为

$$H_2C_2O_4 + 2NaOH = Na_2C_2O_4 + 2H_2O$$

化学计量点时 pH ≈ 9.0，可选用酚酞作指示剂。

五、应用示例

酸碱滴定法能测定一般的酸碱及能与酸碱起反应的物质，因而应用范围非常广泛。

（一）直接滴定法

凡 $cK \geqslant 10^{-8}$ 的酸或碱都可以用直接滴定法测定。下面举几个实例说明。

1. 阿司匹林（乙酰水杨酸）的测定 阿司匹林是一种解热镇痛药，在水溶液中可离解出 H^+（pK_a=3.49），故可用 NaOH 直接滴定，以酚酞指示终点，其滴定反应为

阿司匹林的质量分数可按下式计算

$$w_{C_9H_8O_4}(\%)=\frac{c_{NaOH}V_{NaOH}\times\frac{M_{C_9H_8O_4}}{1000}}{m_s}\times 100\% \tag{4-46}$$

为了防止阿司匹林分子中酯键水解而使结果偏高，滴定应在中性稀乙醇中进行，并注意滴定的温度不宜太高，在振摇下快速滴定。

2. 药用 NaOH 的测定 NaOH 易吸收空气中的 CO_2，使部分 NaOH 变成 Na_2CO_3，形成 NaOH 和 Na_2CO_3 的混合碱，欲测定各组分的含量有如下两种方法。

（1）双指示剂滴定法（double indicator titration）：准确称取一定量样品溶解后，以酚酞为指示剂，用 HCl 标准溶液滴定至红色消失，记录消耗 HCl 的体积为 V_1 mL。此时，NaOH 反应完全，而 Na_2CO_3 被滴定至 $NaHCO_3$，再向溶液中加入甲基橙指示剂，继续用 HCl 滴至溶液颜色由黄色变为橙色，消耗 HCl 的体积为 V_2 mL。显然，V_2 是滴定 $NaHCO_3$ 所消耗的体积。滴定过程中的反应为

酚酞变色时：

$$NaOH + HCl = NaCl + H_2O$$

$$Na_2CO_3 + HCl = NaCl + NaHCO_3$$

甲基橙变色时：

$$NaHCO_3 + HCl = NaCl + CO_2\uparrow + H_2O$$

由于 Na_2CO_3 被滴定至 $NaHCO_3$，与 $NaHCO_3$ 被滴定至终点所消耗的 HCl 的物质的量相等，所以

$$w_{Na_2CO_3}(\%)=\frac{c_{HCl}V_2\times\frac{M_{Na_2CO_3}}{1000}}{m_s}\times 100\% \tag{4-47}$$

与 NaOH 反应所消耗的 HCl 体积为 $V_1 - V_2$，所以

$$w_{NaOH}(\%)=\frac{c_{HCl}(V_1-V_2)\times\frac{M_{NaOH}}{1000}}{m_s}\times 100\% \tag{4-48}$$

（2）氯化钡法：准确称取一定量样品溶解后，分成两等份。一份以甲基橙为指示剂，用 HCl 标准溶液滴至橙色。此时，NaOH 和 Na_2CO_3 都被滴定，记录消耗 HCl 体积为 V_1 mL。于另一份样品溶液加入 $BaCl_2$，使 Na_2CO_3 生成 $BaCO_3$ 沉淀析出，然后以酚酞为指示剂，用 HCl 标准溶液滴定至红色褪去，记录消耗 HCl 体积为 V_2 mL，V_2 为滴定混合物中 NaOH 所消耗的 HCl。滴定过程中的反应为

甲基橙为指示剂时：

$$NaOH + HCl = NaCl + H_2O$$

$$Na_2CO_3 + 2HCl = 2NaCl + CO_2\uparrow + H_2O$$

酚酞为指示剂时：

$$Na_2CO_3 + BaCl_2 = 2NaCl + BaCO_3\downarrow$$

$$NaOH + HCl = NaCl + H_2O$$

$$w_{NaOH}(\%)=\frac{c_{HCl}V_2\times\frac{M_{NaOH}}{1000}}{m_s}\times 100\% \tag{4-49}$$

$$w_{Na_2CO_3}(\%)=\frac{\frac{1}{2}c_{HCl}(V_1-V_2)\times\frac{M_{Na_2CO_3}}{1000}}{m_s}\times 100\% \tag{4-50}$$

用酸碱滴定法可以测定很多药物中的有效成分，如乌梅和山楂中的总有机酸、制川乌中总生物碱、薄荷素油中乙酸薄荷脂、硼砂等。

（二）返滴定法与间接滴定法

有些物质虽具有酸（碱）性，但难溶于水，不能用强碱（酸）直接滴定，而需用返滴定法测定，如中药钟乳石中主要成分 $CaCO_3$ 的含量测定。有些物质的酸碱性很弱，也不能直接滴定，需要强化或转化后，用间接滴定法测定。

1. 硼酸的测定　硼酸（H_3BO_3）可视为一元弱酸（$K_{a_1}=5.8\times10^{-10}$），因 $cK_{a_1}<10^{-8}$，故不能用 NaOH 标准溶液直接准确滴定。但硼酸与多元醇生成配位酸后，会使酸的强度增加，如硼酸与甘油生成的甘油硼酸（配位酸）的 pK_a= 4.26，故可用 NaOH 标准溶液直接滴定。

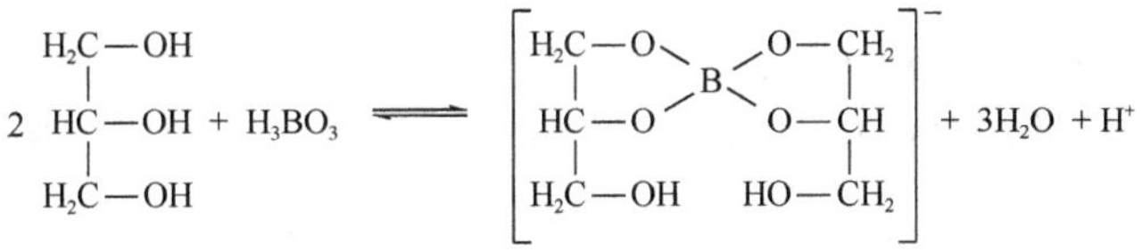

硼酸的质量百分含量计算式为

$$w_{H_3BO_3}(\%)=\frac{c_{NaOH}V_{NaOH}\times\frac{M_{H_3BO_3}}{1000}}{m_s}\times 100\% \tag{4-51}$$

2. 铵盐和有机氮测定

（1）铵盐中氮的测定：由于 NH_4^+ 是弱酸（$K_a=5.7\times10^{-10}$），如 NH_4Cl、$(NH_4)_2SO_4$ 等无机铵盐不能用碱标准溶液直接滴定，常用下述两种方法测定其含氮量。

1）蒸馏法：在铵盐溶液中加入过量的浓 NaOH 溶液后，加热煮沸，将 NH_3 蒸出后用 H_2SO_4 或 HCl 标准溶液吸收，再以甲基橙或甲基红作指示剂，用 NaOH 标准溶液返滴过量的酸，测定过程的反应式如下：

$$NH_4^+ + OH^- \overset{\triangle}{\rightleftharpoons} NH_3\uparrow + H_2O$$

$$NH_3 + HCl \rightleftharpoons NH_4Cl$$

$$NaOH + HCl（剩余）\rightleftharpoons NaCl + H_2O$$

也可将 NH_3 用 2% H_3BO_3 溶液吸收，生成的 $H_2BO_3^-$ 是较强的碱，可以用 HCl 标准溶液滴定。终点产物是 NH_4^+ 和 H_3BO_3（$pH \approx 5.0$），可选用甲基红作指示剂，也可以用甲基红和溴甲酚绿混合指示剂指示终点。其反应过程为

$$NH_3 + H_3BO_3 \rightleftharpoons NH_4H_2BO_3$$

$$NH_4H_2BO_3 + HCl \rightleftharpoons NH_4Cl + H_3BO_3$$

H_3BO_3 起到固定氮的作用，由于 H_3BO_3 是极弱酸，它的存在不干扰滴定。氮的质量百分含量计算公式如下：

$$w_N(\%) = \frac{c_{HCl}V_{HCl}\frac{M_N}{1000}}{m_s} \times 100\% \tag{4-52}$$

用 H_3BO_3 吸收只需准备一种标准溶液，目前使用较多。

2）甲醛法：铵盐与甲醛作用，生成相应的酸（质子化六次甲基四铵和 H^+）。

生成的酸可用 NaOH 标准溶液滴定，化学计量点时溶液中存在六次甲基四胺，这种极弱的有机碱使溶液呈碱性，可选酚酞作指示剂。

$$4NH_4^+ + 6HCHO \rightleftharpoons (CH_2)_6N_4H^+ + 3H^+ + 6H_2O$$

按下式计算氮的质量百分含量

$$w_N(\%) = \frac{c_{NaOH}V_{NaOH}\frac{M_N}{1000}}{m_s} \times 100\% \tag{4-53}$$

为了提高测定的准确性，也可以加入定量过量的碱标准溶液，再用酸标准溶液返滴定。

（2）含氮有机物中氮的测定：食品、药品中的蛋白质、氨基酸、生物碱等都是含氮有机物，含量常由测得的氮含量换算得到。常用凯氏（Kjeldahl）定氮法测定含氮有机物的氮含量。测定时常加入 $CuSO_4$ 作催化剂，加入 K_2SO_4 提高沸点，以促进消化分解过程，将样品与浓硫酸共煮，使有机化合物中的 C 和 H 转化为 CO_2 和 H_2O 并逸出，其中的氮转变为铵盐 $(NH_4)_2SO_4$。

$$有机C，H，N \xrightarrow[CuSO_4]{H_2SO_4 \blacklozenge K_2SO_4} NH_4^+ + CO_2 + H_2O$$

然后用上述蒸馏法测定氮的含量。

第五节　酸碱滴定法的滴定终点误差

在酸碱滴定中，通常利用指示剂来确定滴定终点。滴定终点误差是由于滴定终点与化学计量点不一致所引起的相对误差，通常以百分数（TE%）表示。滴定终点误差属于方法误差，其大小由溶液中剩余酸（碱）或多加碱（酸）的物质的量所决定，可表示为

$$TE(\%) = \frac{n_{过量或不足的滴定剂}}{n_{被测酸（碱）}} \times 100\% \tag{4-54}$$

一、强酸（碱）的滴定终点误差

现以 NaOH 滴定 HC1 为例进行讨论。设用浓度为 c 的 NaOH 标准溶液滴定浓度为 c_0、体积为 V_0 的 HCl 溶液，化学计量点时溶液的总体积应为 V_{sp}，滴定到终点时溶液的总体积为 V_{ep}。若指示剂变色点与计量点不一致，引起的终点误差应为

$$TE(\%) = \frac{n_{过量或不足的NaOH}}{n_{HCl}} \times 100\% \tag{4-55}$$

若滴定终点在化学计量点之前，溶液中存在以下两个离解平衡：

$$HCl \rightleftharpoons H^+ + Cl^-$$

$$c_0' \qquad c_0'$$

$$H_2O \rightleftharpoons H^+ + OH^-$$

c_0' 为未被中和的 HCl 的浓度，即 NaOH 不足的浓度，终点时溶液的 $[H^+]_{ep}$ 来自两个方面：一是未被中和的 HCl（c_0'）；二是水离解产生的 $[H^+]$，其浓度应与终点时的 $[OH^-]_{ep}$ 相等，则溶液中的质子条件式为

$$[H^+]_{ep} = [OH^-]_{ep} + c_0'$$

即

$$c_0' = [H^+]_{ep} - [OH^-]_{ep}$$

因为滴定终点在化学计量点前，终点误差为负，所以有

$$TE（\%）= -\frac{c_0'V_{ep}}{c_0V_0} = -\frac{([H^+]_{ep} - [OH^-]_{ep}) \cdot V_{ep}}{c_0V_0} \times 100\% \tag{4-56}$$

整理得

$$TE（\%）= \frac{[OH^-]_{ep} - [H^+]_{ep}}{c_{ep}} \times 100\% \tag{4-57}$$

式中，$c_{ep} = \dfrac{c_0V_0}{V_{ep}}$ 为终点时被滴定酸的分析浓度。由于 $V_{sp} \approx V_{ep}$，因此 $c_{ep} \approx \dfrac{c_0V_0}{V_{sp}}$。

若滴定终点在化学计量点之后，则 NaOH 过量，误差为正，其终点误差计算式与式（4-57）相同。

例 4-12　计算用 NaOH（0.1000 mol/L）滴定 HCl（0.1000 mol/L）至 pH 4.0（以甲基橙作指示剂）和 pH 9.0（以酚酞作指示剂）时的终点误差。

解：（1）滴定终点为 pH 4.0，则 NaOH 用量不足，误差为负。

此时

$$[H^+]_{ep} = 1.0 \times 10^{-4}（mol/L）$$

$$[OH^-]_{ep} = 1.0 \times 10^{-10}（mol/L）$$

$$c_{ep} \approx 0.1000/2 = 0.05000（mol/L）$$

$$TE（\%）= \frac{[OH^-]_{ep} - [H^+]_{ep}}{c_{ep}} \times 100\% = -0.20\%$$

（2）滴定终点为 pH 9.00，则 NaOH 已过量，误差为正。

此时

$$[H^+]_{ep} = 1.0 \times 10^{-9}（mol/L）$$

$$[OH^-]_{ep} = 1.0 \times 10^{-5}（mol/L）$$

$$c_{ep} \approx 0.1000/2 = 0.05000（mol/L）$$

$$\text{TE}（\%）=\frac{[OH^-]_{ep}-[H^+]_{ep}}{c_{ep}}\times 100\%=0.020\%$$

通过计算，说明 NaOH 滴定 HCl 时，以酚酞为指示剂比以甲基橙为指示剂的滴定终点误差小。

二、弱酸（碱）的滴定终点误差

现以 NaOH 滴定一元弱酸 HA 为例进行讨论。设用浓度为 c 的 NaOH 标准溶液滴定浓度为 c_0、体积为 V_0 的 HA 溶液，化学计量点时溶液的总体积为 V_{sp}，滴定到终点时溶液的总体积为 V_{ep}。若指示剂变色点与计量点不一致，终点误差为

$$\text{TE}（\%）=\frac{n_{过量或不足的NaOH}}{n_{HA}}\times 100\% \tag{4-58}$$

若滴定终点在化学计量点之前，误差为负。溶液中尚有一部分 HA 未被中和，其浓度为 c_0'。终点时溶液的 $[HA]_{ep}$ 来自两个方面：一是未被中和的 HA；另一是 $[A^-]$ 水解产生的 HA，其浓度为 $[HA]'$。

根据反应式

$$A^- + H_2O \rightleftharpoons HA + OH^-$$

$$[HA]' = [OH^-]$$

则未被中和的 HA 浓度为

$$c_0' = [HA]_{ep} - [OH^-]_{ep}$$

$$\text{TE}（\%）=-\frac{c_0'V_{ep}}{c_0V_0}=-\frac{([HA]_{ep}-[OH^-]_{ep})\cdot V_{ep}}{c_0V_0}\times 100\% \tag{4-59}$$

整理得

$$\text{TE}（\%）=\frac{[OH^-]_{ep}-[HA]_{ep}}{c_{ep}}\times 100\% \tag{4-60}$$

上式中

$$[HA]_{ep}=\delta_{HA}c_{ep}=\frac{[H^+]}{K_a+[H^+]}\cdot c_{ep}$$

$$c_{ep}\approx\frac{c_0V_0}{V_{sp}}$$

若滴定终点在化学计量点之后，NaOH 过量，误差为正，其终点误差计算式与式（4-60）相同。

例 4-13 用 NaOH 标准溶液（0.1000 mol/L）滴定 HAc 溶液（0.1000 mol/L），终点时 pH 较计量点时的 pH 高 0.6 或低 0.6，分别计算滴定的终点误差。

解：滴定到化学计量点时，生成 NaAc，溶液 pOH=5.28，pH=8.72（表 4-4）。

（1）化学计量点前 0.6，即终点 pH=8.12（$[H^+]=7.6\times10^{-9}$），溶液中尚有未中和的 HAc。

$$[OH^-]_{ep}=K_W/7.6\times10^{-9}=1.3\times10^{-6}(mol/L)$$

$$[HAc]_{ep}=\frac{7.6\times10^{-9}}{1.8\times10^{-5}+7.6\times10^{-9}}\times 0.050\,00=2.1\times10^{-5}\ (mol/L)$$

$$\text{TE}（\%）=\frac{[OH^-]_{ep}-[HAc]_{ep}}{c_{ep}}\times 100\%=\frac{1.3\times10^{-6}-2.1\times10^{-5}}{0.050\,00}\times 100\%=-0.039\%$$

（2）化学计量点后 0.6，即终点 pH=9.32（$[H^+]=4.8\times10^{-10}$），超过了化学计量点。

$$[OH^-]_{ep}=K_W/4.8\times10^{-10}=2.1\times10^{-5}(mol/L)$$

$$[HAc]_{ep}=\frac{4.8\times10^{-10}}{1.8\times10^{-5}+4.8\times10^{-10}}\times0.050\,00=1.3\times10^{-6}\ (mol/L)$$

$$TE\ (\%)=\frac{[OH^-]_{ep}-[HAc]_{ep}}{c_{ep}}\times100\%=\frac{2.1\times10^{-5}-1.3\times10^{-6}}{0.050\,00}\times100\%=0.039\%$$

计算结果表明，终点 pH 较计量点 pH 高 0.6 或低 0.6 时的终点误差相当，因此，用 NaOH 滴定 HAc 时，以酚酞（变色范围 8.0～9.6）为指示剂，只要指示剂从无色刚刚变成红色就停止滴定，终点误差约为 0.04%。

第六节 非水溶液中的酸碱滴定法

案例 4-4

苯甲酸是一种芳香酸类有机化合物，也是最简单的芳香酸，化学式为 C_6H_5COOH，在乙醇、三氯甲烷或乙醚中易溶，室温下在水中微溶。它是重要的酸型食品防腐剂，在酸性条件下，对霉菌、酵母和细菌均有良好的抑制作用。此外，苯甲酸与水杨酸联合，可以治疗成人皮肤真菌病，浅部真菌感染如体癣、手癣及足癣等疾病。

问题：

（1）苯甲酸是几元酸？能否在水溶剂中准确滴定？

（2）在实际生产和应用中，应如何确定苯甲酸的质量百分含量？

案例 4-4 分析

（1）苯甲酸分子中含有一个羧酸基团，是一种一元弱酸（K_a=6.3×10^{-5}），可以达到准确滴定条件（$cK_a\geqslant10^{-8}$），因此可考虑使用酸碱滴定法测定其含量。但是，由于苯甲酸在水中微溶，所以无法在水中直接准确滴定。

（2）根据《中国药典》（2020 年版），可将苯甲酸样品溶解于中性乙醇中，再利用酸碱滴定法测定其含量，具体步骤如下：取本品约 0.25 g，精密称定，加中性稀乙醇（对酚酞指示剂显中性）25 mL 溶解后，加酚酞指示剂 3 滴，用 NaOH 标准溶液（0.1 mol/L）滴定。每 1 mL NaOH 标准溶液（0.1 mol/L）相当于 12.21 mg 的 C_6H_5COOH，其质量百分含量计算公式为

$$w_{C_6H_5COOH}(\%)=\frac{12.21\times10^{-3}\times V_{NaOH}}{m_s}\times100\%$$

酸碱滴定一般在水溶液中进行，但是以水为介质进行酸碱滴定有一定的局限性，如一些在水中 $cK<10^{-8}$ 的弱酸或弱碱，由于没有明显的滴定突跃而不能准确滴定；许多有机酸、碱在水中溶解度小，也使滴定产生困难。 此外，一些多元酸或碱、混合酸或碱由于 K_a（K_b）较接近，不能分步或分别滴定。如果采用非水溶液作为滴定介质，可以克服上述困难，从而扩大滴定分析的应用范围。

在非水溶液中进行的滴定分析方法称为非水滴定法（non-aqueous titration），在非水溶液中进行的酸碱滴定法称为非水酸碱滴定法（non-aqueous acid-base titration）。非水溶液指不含水的无机溶剂和有机溶剂，采用非水溶液作为滴定介质，不仅能增大有机化合物的溶解度，而且能改变物质的化学性质（如酸碱性和强度），可以使水中进行不完全的反应进行完全。非水滴定除溶剂较特殊外，具有一般滴定分析所具有的准确、快速、设备简单的优点，为各国药典和其他常规分析所采用。在药物分析中，以非水酸碱滴定法应用最广泛，本节对非水酸碱滴定法做简单介绍。

一、基本原理

（一）非水溶液的分类

根据酸碱质子理论，非水溶液可分为两大类。

1. 质子性溶剂（protonic solvent） 是指既能接受质子，又能给出质子的溶剂。其特点是在溶剂分子间有质子的转移，能发生质子自递反应。根据它们接受和给出质子能力的强弱，又可分为如下三类。

（1）两性溶剂（amphoteric solvent）：既能接受质子又能给出质子的溶剂，又称为中性溶剂，酸碱性与水相近，如大多数醇（甲醇、乙醇和异丙醇）。两性溶剂适用于不太弱的酸（碱）的滴定介质。

乙醇的质子自递反应为

$$CH_3CH_2OH + CH_3CH_2OH \rightleftharpoons CH_3CH_2OH_2^{+} + CH_3CH_2O^{-}$$

（乙醇合质子）（乙醇阴离子）

（2）酸性溶剂（acid solvent）：是给出质子能力较强的溶剂，其酸性明显大于水，如丙酸、冰醋酸等。酸性溶剂适用于作为弱碱性物质的滴定介质。冰醋酸的质子自递反应为

$$HAc + HAc \rightleftharpoons H_2Ac^{+} + Ac^{-}$$

（乙酸合质子）

（3）碱性溶剂（basic solvent）：是接受质子能力较强的溶剂，其碱性明显大于水，如乙二胺、丁胺、乙醇胺、液氨等。碱性溶剂适用于作为弱酸性物质的滴定介质。乙二胺的质子自递反应为

$$H_2NCH_2CH_2NH_2 + H_2NCH_2CH_2NH_2 \rightleftharpoons H_2NCH_2CH_2NH_3^{+} + H_2NCH_2CH_2NH^{-}$$

（乙二胺合质子）

2. 无质子溶剂（aprotic solvent） 指没有给出质子能力的溶剂。其特点是溶剂分子间不发生质子自递反应，可分为两类。

（1）偶极亲质子溶剂：分子中无可转移的质子，但却有较弱的接受质子和形成氢键能力的溶剂，如酰胺类、酮类、腈类、二甲亚砜、吡啶等。

（2）惰性溶剂：没有接受质子和形成氢键能力的溶剂，如苯、二氯甲烷、四氯化碳等。为改善样品溶解性，增大滴定突跃，并使终点指示剂变色敏锐，经常将质子性溶剂和惰性溶剂混合使用，如苯-甲醇、苯-冰乙酸、甲醇-丙酮等混合溶剂。

（二）非水溶液的性质

1. 溶剂的酸碱性 根据酸碱质子理论，一种物质在某种溶剂中表现出来的酸的强度，取决于这种物质将质子给予溶剂分子的能力；一种物质在某种溶剂中表现出来的碱的强度，取决于这种物质从溶剂分子中夺取质子的能力。因此，物质的酸碱性不仅与此物质的本质有关，还与溶剂的酸碱性质有关。

如酸 HA 在质子性溶剂 SH 中，发生下列质子转移反应

$$HA + SH \rightleftharpoons SH_2^{+} + A^{-}$$

溶剂的碱性越强，反应向右进行得越完全，HA 在这种溶剂中显示的酸性越强。

如碱 B 在质子性溶剂 SH 中发生下列质子转移反应

$$B + SH \rightleftharpoons BH^+ + S^-$$

溶剂的酸性越强，反应向右进行得越完全，B 在这种溶剂中显示的碱性越强。

由以上讨论可知，对于弱碱性物质的滴定，应选择酸性溶剂，使物质的碱性增强；对于弱酸性物质，应选择碱性溶剂使物质的酸性增强。

2. 溶剂的离解性　除惰性溶剂外，非水溶液均有不同程度的离解，存在下列平衡。

$$SH \rightleftharpoons S^- + H^+ \quad K_a^{SH} = \frac{[H^+][S^-]}{[SH]}$$

$$SH + H^+ \rightleftharpoons SH_2^+ \quad K_b^{SH} = \frac{[SH_2^+]}{[H^+][SH]}$$

K_a^{SH} 和 K_b^{SH} 为溶剂的固有酸度常数和固有碱度常数，K_a^{SH} 可用于衡量溶剂给出质子的能力；K_b^{SH} 可用于衡量溶剂接受质子的能力。

溶剂的质子自递反应为

$$SH + SH \rightleftharpoons SH_2^+ \quad + \quad S^-$$

（溶剂合质子）（溶剂阴离子）

质子自递反应平衡常数为

$$K = \frac{[SH_2^+][S^-]}{[SH]^2} = K_a^{SH} \cdot K_b^{SH} \qquad (4\text{-}61)$$

由于溶剂自身离解极少，且溶剂是大量的，故 [SH] 可看作定值，于是定义

$$K_S = [SH_2^+][S^-] = K_a^{SH} \cdot K_b^{SH} \cdot [SH]^2 \qquad (4\text{-}62)$$

K_S 称为溶剂的质了自递常数，对于 II_2O 来说，就是水的离子积。在一定温度下，不同溶剂的质子自递常数不同，表 4-5 中列出常用溶剂的 pK_S。

表 4-5　常用溶剂的 pK_S 及介电常数（25℃）

溶剂	pK_S	ε	溶剂	pK_S	ε
水	14.00	78.5	乙酸酐	14.5	20.5
甲醇	16.7	31.5	甲基异丁酮	＞30	13.1
甲酸	6.22	58.5（16℃）	苯	—	2.3
乙醇	19.1	24.0	三氯甲烷	—	4.81
乙腈	28.5	36.6	吡啶	—	12.3
乙二胺	15.3	14.2	二甲基甲酰胺	—	36.7
冰醋酸	14.45	6.13	二氧六环	—	2.21

溶剂的 K_S 对酸碱滴定的突跃范围有一定的影响。现将水和乙醇两种溶剂进行比较。在水溶液中，若以 NaOH 标准溶液（0.1000 mol/L）滴定相同浓度的一元强酸，在第四节中已经计算过，当滴定到化学计量点前 0. 1% 时，pH=4.30；继续滴定到化学计量点后 0.1% 时，pOH=4.30，所以 pH=14.00–4.30=9.70。滴定的 pH 突跃范围为 4.30～9.70，即有 5.4 个 pH 单位的变化。

在乙醇中，$C_2H_5OH_2^+$ 相当于 H_3O^+，$C_2H_5O^-$ 相当于 OH^-，若同样以 C_2H_5ONa 标准溶液（0.1000 mol/L）滴定相同浓度的一元强酸。滴定至化学计量点前 0.1% 时，pH^*=4.30（pH^* 代表

$pC_2H_5OH_2$）；滴定至化学计量点后 0.1% 时，$pC_2H_5O=4.30$，所以 $pH^*=19.10-4.30=14.80$，滴定的 pH^* 突跃范围为 4.30～14.80，有 10.5 个 pH 单位的变化，比在水中滴定的突跃范围大得多。

由以上讨论可知，溶剂的 pK_S 越大，滴定突跃范围越大。因此，在水中不能被准确滴定的酸（碱），在 pK_S 大的溶剂中就有可能被准确滴定。

3. 溶剂的极性 溶剂的极性与其介电常数 ε 有关，极性强的溶剂介电常数较大，极性弱的溶剂介电常数较小，根据库仑定律，溶剂中两个带相反电荷的离子间的静电吸引力 f 与溶剂的介电常数 ε 成反比，即

$$f=\frac{e_+e_-}{\varepsilon\gamma^2} \tag{4-63}$$

式中，e_+ 和 e_- 是正负电荷，γ 为两电荷中心之间的距离。所以，在介电常数大的溶剂中有利于溶质离解。溶质酸（碱）在非水溶液中的离解分两步进行，首先溶质与溶剂分子发生质子转移，借助静电引力形成离子对，离子对再部分离解，形成溶剂合质子和溶质阴离子。同一溶质在不同介电常数的溶剂中离解难易不同。例如，

$$HAc+SH \xrightleftharpoons{\text{电离}} [SH_2^+\cdot Ac^-] \xrightleftharpoons{\text{电离}} SH_2^+ + Ac^-$$

因水的介电常数比乙醇大，所以 HAc 分子在水中较易离解，故 HAc 在水中的酸度比在乙醇中大。常用溶剂的介电常数见表 4-5。

4. 均化效应和区分效应 在水溶液中，$HClO_4$、H_2SO_4、HCl 和 HNO_3 的酸强度几乎相等。因为它们溶于水后，几乎全部离解，生成水合质子 H_3O^+。

$$HClO_4+H_2O \rightleftharpoons H_3O^+ + ClO_4^-$$

$$H_2SO_4+H_2O \rightleftharpoons H_3O^+ + HSO_4^-$$

$$HCl+H_2O \rightleftharpoons H_3O^+ + Cl^-$$

$$HNO_3+H_2O \rightleftharpoons H_3O^+ + NO_3^-$$

水中能够存在的最强酸是 H_3O^+，以上各种不同强度的酸在水溶液中都被均化到 H_3O^+ 的强度水平。这种能将各种不同强度的酸（碱）均化到溶剂合质子（或溶剂阴离子）水平的效应称均化效应（leveling effect）。具有均化效应的溶剂称为均化性溶剂（leveling solvent）。在均化性溶剂 SH 中，溶剂合质子 SH_2^+ 是溶液中能够存在的最强酸，共存酸都被均化到溶剂合质子的强度水平。同理，溶剂阴离子 S^- 是溶液中能够存在的最强碱，共存碱都被均化到溶剂阴离子的强度水平。

在冰醋酸溶液中，由于乙酸的碱性比水弱，这四种酸就不能将其质子全部转移给 HAc 分子，在离解程度上就存在着一定差别，由四种酸的 K_a 可以看出酸的强弱。

$$HClO_4+HAc \rightleftharpoons H_2Ac^+ + ClO_4^- \qquad K_a=1.6\times10^{-6}$$

$$H_2SO_4+HAc \rightleftharpoons H_2Ac^+ + HSO_4^- \qquad K_a=6.3\times10^{-9}$$

$$HCl+HAc \rightleftharpoons H_2Ac^+ + Cl^- \qquad K_a=1.6\times10^{-9}$$

$$HNO_3+HAc \rightleftharpoons H_2Ac^+ + NO_3^- \qquad K_a=4.2\times10^{-10}$$

这种能区分酸（碱）强弱的效应称为区分效应（differentiating effect），具有区分效应的溶剂为区分性溶剂（differentiating solvent），冰醋酸就是上述四种酸的区分性溶剂。

溶剂的均化效应及区分效应与溶质和溶剂的酸碱相对强度有关。例如，水是 $HClO_4$ 和 HCl 的均化性溶剂，但不能均化 HCl 和 HAc，这是由于乙酸酸性比较弱，在水中质子转移反应不完全，

这里水是 HCl 和 HAc 的区分性溶剂。在碱性比水强的液氨中，由于 NH_3 接受质子的能力较强，HAc 也表现为强酸，HCl 和 HAc 都被均化到 NH_4^+ 的水平，即 NH_3 是 HCl 和 HAc 的均化性溶剂。

一般来说，碱性溶剂是碱的区分性溶剂，是酸的均化性溶剂；酸性溶剂是酸的区分性溶剂，是碱的均化性溶剂。在非水滴定中，往往利用均化效应测定混合酸（碱）的总量，利用区分效应测定混合酸（碱）中各组分的含量。

无质子溶剂本身不参与质子转移反应，没有明显的酸碱性，因此没有均化效应，是一种很好的区分性溶剂。例如，$HClO_4$、HCl、水杨酸、HAc、苯酚五种酸的区分滴定，常以甲基异丁酮为溶剂，用氢氧化四丁基铵的异丙醇溶液做滴定剂，以电位法确定终点，在滴定曲线上五个转折点能明显地区分开来，如图 4-10 所示。

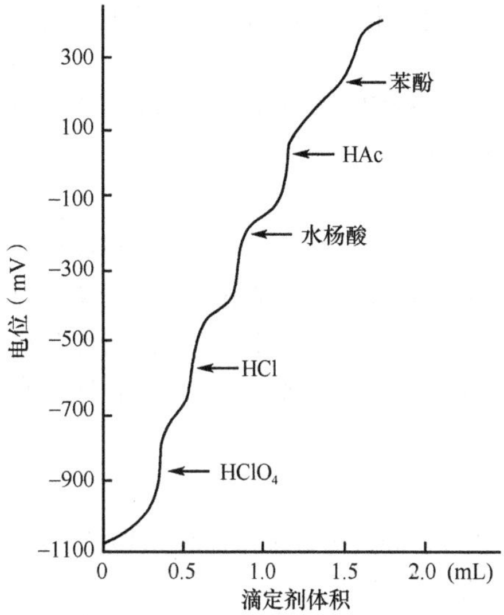

图 4-10　五种混合酸的区分滴定曲线

二、碱的滴定

（一）溶剂

滴定弱碱应选择酸性溶剂，使弱碱的强度均化到溶剂阴离子水平，即增强弱碱的强度，使滴定突跃更加明显，冰醋酸是最常用的酸性溶剂，市售冰醋酸含有少量水分，为避免水分存在对滴定产生影响，一般需要加入一定量的乙酸酐，使水与其反应转变为冰醋酸，反应如下：

$$(CH_3CO)_2O + H_2O \rightleftharpoons 2CH_3COOH$$

（二）标准溶液与基准物质

滴定碱的标准溶液常采用 $HClO_4$ 的冰醋酸溶液，这是因为 $HClO_4$ 在冰醋酸中有较强的酸性，且绝大多数有机碱的高氯酸盐易溶于有机溶剂，对滴定反应有利。

例 4-14　市售高氯酸为含 $HClO_4$ 70.0%～72.0% 的水溶液。若用 70.0% 的市售高氯酸（相对密度为 1.75）配制 $HClO_4$（0.1 mol/L）的冰醋酸溶液 500 mL，所用的冰醋酸的含量为 98.8%，相对密度为 1.05。则应加入含量为 97.0%，相对密度为 1.08 的乙酸酐多少毫升才能完全除去其中的水分？

解：已知 M_{HClO_4}=100.46g/mol，M_{H_2O}=18.02g/mol，$M_{乙酸酐}$=102.09g/mol。

配制所需浓度的 $HClO_4$ 溶液需要 70.0% 市售高氯酸的体积为

$$V_{HClO_4}=\frac{0.5\times0.1\times100.46}{1.75\times70.0\%}=4.1\text{（mL）}$$

$$\text{需要冰醋酸的体积：}V_{HAc}=500-4.1=495.9\text{（mL）}$$

除去 4.1 mL 市售高氯酸中的水分所需乙酸酐的体积为

$$V_1=\frac{102.09\times4.1\times1.75\times(1-70.0\%)}{18.02\times1.08\times97.0\%}=11.6\text{（mL）}$$

除去 495.9 mL 冰醋酸中的水分所需乙酸酐的体积为

$$V_2=\frac{102.09\times495.9\times1.05\times(1-98.8\%)}{18.02\times1.08\times97.0\%}=33.8\text{（mL）}$$

由以上讨论可知，除去溶液中的水分，所需乙酸酐的体积

$$V=V_1+V_2=45.4\ (\text{mL})$$

1. 标定 标定 $HClO_4$ 标准溶液的浓度常以邻苯二甲酸氢钾为基准物质，结晶紫为指示剂，其滴定反应如下：

2. 校正 多数有机溶剂的体积膨胀系数较大，如冰醋酸的体积膨胀系数为 1.1×10^{-3}/℃，是水的 5 倍，即温度改变 1℃，体积就有 0.11% 的变化。所以 $HClO_4$ 的冰醋酸溶液滴定样品时，若温度和标定时有显著差别，应重新标定或按下式进行校正：

$$c_1=\frac{c_0}{1+0.0011(t_1-t_0)} \tag{4-64}$$

式中，0.0011 为冰醋酸的体积膨胀系数；t_0 为标定时的温度，t_1 为测定时的温度；c_0 为标定时的浓度；c_1 为测定时的浓度。

（三）指示剂

1. 结晶紫（crystal violet） 是在冰醋酸中用 $HClO_4$ 滴定碱时最常用的指示剂。结晶紫分子中的氮原子能键合多个质子而表现为多元碱。在滴定中，随着溶液酸度的增加，结晶紫由碱式色（紫色）变至蓝紫、蓝、蓝绿、绿、黄绿，最后转变为酸式色（黄色）。

在滴定不同强度的碱时，其终点颜色变化不同。滴定较强碱时，应以蓝色或蓝绿色为终点，滴定极弱碱时应以蓝绿色或绿色为终点，最好以电位法作对照，以确定终点的颜色，并作空白实验以减少滴定误差。

2. *α*-萘酚苯甲醇（*α*-naphthalphenol benzyl alcohol） 适用于在冰醋酸-四氯化碳、冰醋酸-乙酸酐等溶剂中使用，常用 0.5% 的冰醋酸溶液，其酸式色为绿色，碱式色为黄色。

3. 喹哪啶红（quinaldine red） 适用于在冰醋酸中滴定大多数胺类化合物，常用 0.1% 的甲醇溶液，其酸式色为无色，碱式色为红色。

（四）应用和示例

具有碱性基团的化合物，如胺类、氨基酸类、含氮杂环化合物、某些有机碱的盐及弱酸盐等，大都可用 $HClO_4$ 标准溶液进行滴定。

1. 有机弱碱 有机弱碱，如胺类、生物碱类等，只要其在水溶液中的 $K_b>10^{-10}$ 都能在冰醋酸介质中用 $HClO_4$ 标准溶液进行定量测定。对突跃 $K_b<10^{-12}$ 的极弱碱，需以冰醋酸-乙酸酐的混合溶液为介质，且随着乙酸酐用量的增加，滴定范围显著增大。例如，咖啡因（$K_b=4.0\times10^{-14}$）在不同比例的冰醋酸-乙酸酐中进行滴定，其滴定突跃随着乙酸酐含量的增加而加大，如图 4-11 所示。这是由于乙酸酐离解生成的 $(CH_3CO)_2^+O$ 比冰醋酸中的 $CH_3COOH_2^+$ 酸性更强，因而有机弱碱在乙酸酐中有更明显的滴定突跃。

2. 有机酸的碱金属盐 由于有机酸的酸性较弱，其共轭碱在冰醋酸中显较强的碱性，故有机酸的碱金属盐，如水杨酸钠、乳酸钠、枸橼酸钠等，可用 $HClO_4$ 的冰醋酸溶液滴定。若以 NaA 代表有机酸的碱金属盐，其滴定反应可表示如下：

$$HClO_4+HAc \rightleftharpoons H_2Ac^++ClO_4^-$$

$$NaA+HAc \rightleftharpoons HA+Ac^-+Na^+$$

$$H_2Ac^++Ac^- \rightleftharpoons 2HAc$$

总式：$HClO_4+NaA \rightleftharpoons HA+ClO_4^-+Na^+$

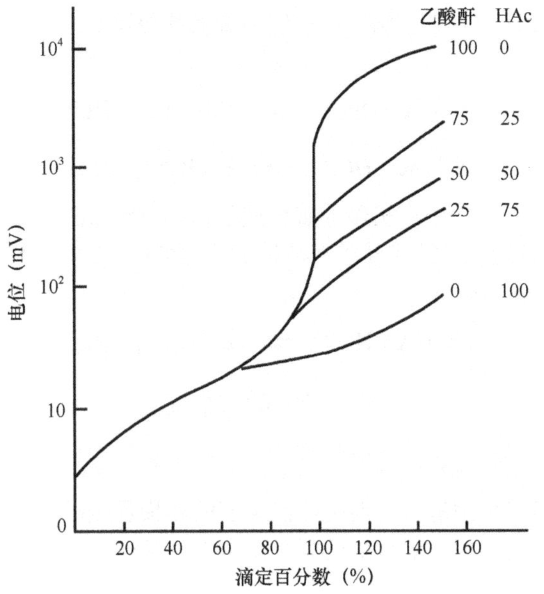

图 4-11　咖啡因在不同比例的冰醋酸-乙酸酐中的滴定曲线

案例 4-5

枸橼酸钠又称为柠檬酸钠，有机物命名为 2-羟基丙烷-1，2，3-三羧酸钠二水合物（$C_6H_5Na_3O_7 \cdot 2H_2O$），加热至 150℃时失去结晶水，易溶于水，不溶于乙醇。枸橼酸钠作为风味剂和稳定剂被广泛应用在食品工业中。在医药方面，由于枸橼酸根与钙离子能形成不易离解的可溶性络合物，能缓解钙离子促使血液凝固的作用，因此可作为抗凝血剂和输血剂使用；还可用于矫正血液、体液及尿液的酸度，作为利尿剂和化痰剂使用。

问题：

（1）能否利用酸碱滴定法在水溶剂中准确测定枸橼酸钠？

（2）在实际应用中，如何测定枸橼酸钠的质量百分含量？

案例 4-5 分析

（1）枸橼酸钠为强碱弱酸盐，由枸橼酸的离解常数（$K_{a_1}=7.4\times10^{-4}$，$K_{a_2}=1.7\times10^{-5}$，$K_{a_3}=4.0\times10^{-7}$）可得到其共轭碱（枸橼酸根）的离解常数（$K_{b_1}=2.5\times10^{-8}$，$K_{b_2}=5.9\times10^{-10}$，$K_{b_3}=1.4\times10^{-11}$），由于碱性较弱，故不能在水中准确滴定。

（2）使用冰醋酸为溶剂后，可以明显增强其碱性，再用 $HClO_4$ 的冰醋酸标准溶液进行滴定。《中国药典》（2020 年版）规定，枸橼酸钠的含量测定步骤：取干燥后的枸橼酸钠样品约 80 mg，精密称定，加冰醋酸 30 mL，加热溶解后，放冷，加乙酸酐 10 mL，照电位滴定法，用 $HClO_4$ 标准溶液（0.1 mol/L）滴定，并将滴定的结果用空白试验校正。每 1 mL $HClO_4$ 标准溶液（0.1 mol/L）相当于 8.602 mg 的 $C_6H_5Na_3O_7$。枸橼酸钠的质量百分含量计算公式为

$$w_{C_6H_5Na_3O_7}(\%)=\frac{8.602\times10^{-3}\times V_{HClO_4}}{m_s}\times100\%$$

3. 有机碱的氢卤酸盐　大多数有机碱难溶于水，常与氢卤酸成盐后药用。可以 B · HX 代表其通式，如氢溴酸东莨菪碱、盐酸麻黄碱等。由于氢卤酸的酸性较强，因此当 B · HX 溶于冰醋酸时，必须消除 HX 的干扰。常加入过量的乙酸汞-冰醋酸溶液，使之形成难电离的卤化汞，而有

机碱转变成乙酸盐，可用 $HClO_4$ 进行滴定，用结晶紫或其他适宜的指示剂指示终点。反应式可表示如下：

$$2B \cdot HX + Hg(Ac)_2 \rightleftharpoons 2B \cdot HAc + HgX_2$$

$$B \cdot HAc + HClO_4 \rightleftharpoons B \cdot HClO_4 + HAc$$

4. 有机碱的有机酸盐 药物中有机碱的有机酸盐，如重酒石酸去甲肾上腺素、马来酸氯苯那敏等，可以 B · HA 代表其通式。这类盐可在冰醋酸或冰醋酸-乙酸酐中用 $HClO_4$ 滴定，以结晶紫指示终点。其滴定反应可表示如下：

$$B \cdot HA + HClO_4 \rightleftharpoons B \cdot HClO_4 + HA$$

三、酸的滴定

（一）溶剂

滴定不太弱的羧酸时，可用醇类作溶剂；滴定弱酸和极弱酸时则以碱性溶剂乙二胺或偶极亲质子溶剂二甲基甲酰胺较为常用；混合酸的区分滴定以甲基异丁酮为区分性溶剂。另外，混合溶剂甲醇-苯、甲醇-丙酮也经常使用。

（二）标准溶液与基准物质

常用的标准溶液为甲醇钠的苯-甲醇溶液。甲醇钠由甲醇与金属钠反应制得，反应式为

$$2CH_3OH + 2Na \rightleftharpoons 2CH_3ONa + H_2\uparrow$$

标定甲醇钠标准溶液常用的基准物质为苯甲酸，其反应式为

$$CH_3ONa \rightleftharpoons CH_3O^- + Na^+$$

$$CH_3O^- + CH_3OH_2^+ \rightleftharpoons 2CH_3OH$$

总式：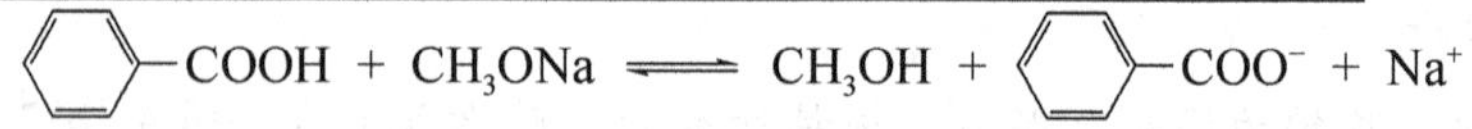

（三）指示剂

1. 百里酚蓝（thymol blue） 适用于在苯、丁胺、二甲基甲酰胺、吡啶、叔丁醇中滴定中等强度的酸，变色敏锐，其碱式色为蓝色，酸式色为黄色。

2. 偶氮紫（azo violet） 适用于在碱性溶剂或偶极亲质子性溶剂中滴定较弱的酸，其碱式色为蓝色，酸式色为红色。

3. 溴酚蓝（bromophenol blue） 适用于在甲醇、苯、氯仿等溶剂中滴定羧酸、磺胺类、巴比妥类等样品，其碱式色为蓝色，酸式色为红色。

（四）应用和示例

1. 羧酸类 羧酸在水中的 pK_a 为 4～5，在水溶液中用 NaOH 滴定即可，对较弱的酸可在醇中以酚酞作指示剂，用 KOH 滴定；对更弱的羧酸可以二甲基甲酰胺为溶剂，以百里酚蓝为指示剂，用甲醇钠标准溶液滴定。滴定反应如下：

$$RCOOH + CH_3OH \rightleftharpoons CH_3OH_2^+ + RCOO^-$$

$$CH_3ONa \rightleftharpoons CH_3O^- + Na^+$$

$$CH_3OH_2^+ + CH_3O^- \rightleftharpoons 2CH_3OH$$

$$\text{总式：}RCOOH + CH_3ONa \rightleftharpoons CH_3OH + RCOONa$$

2. 酚类　酚的酸性比羧酸弱，如苯甲酸的 pK_a 为 4.20，而苯酚的 pK_a 为 9.96。若以水为溶剂，两者的滴定曲线如图 4-12 所示。从滴定曲线不难看出，苯酚无明显的滴定突跃。若以乙二胺为溶剂，用氨基乙醇钠（$NH_2CH_2CH_2ONa$）作标准溶液滴定苯酚，可获得明显的滴定突跃，如图 4-13 所示。在乙二胺中，苯甲酸和苯酚的滴定突跃均明显增大。当酚的邻位和对位有—NO_2、—CHO、—Cl、—Br 等取代基时，酸的强度有所增大，可在二甲基甲酰胺中以偶氮紫作指示剂，用甲醇钠滴定。

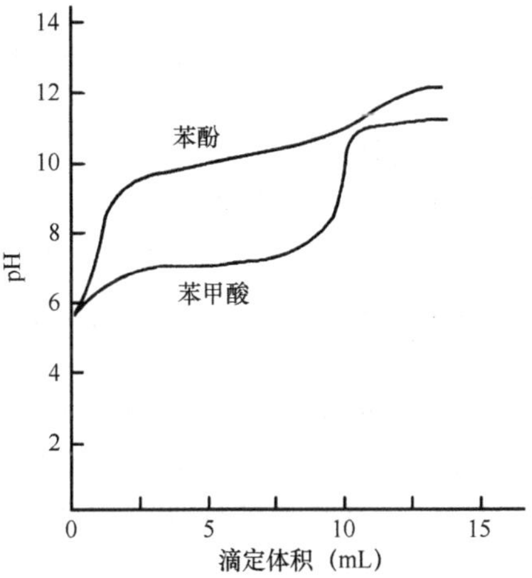

图 4-12　在水中以 NaOH 滴定苯酚和苯甲酸的滴定曲线

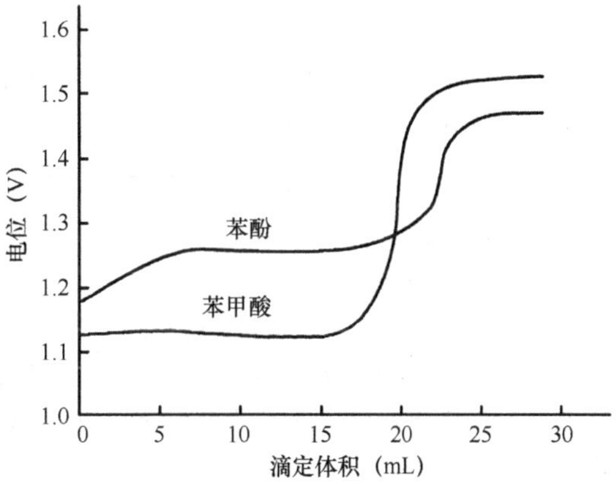

图 4-13　在乙二胺中以氨基乙醇钠滴定苯酚和苯甲酸的滴定曲线

3. 磺酰胺类　磺酰胺类化合物分子中具有酸性的磺酰胺基（—SO_2NHR）和碱性的氨基（—NH_2），在适当的溶剂中可用酸滴定，也可用碱滴定。

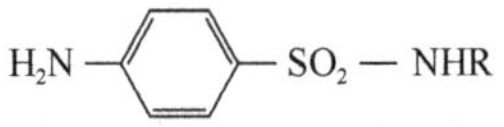

磺酰胺类药物通式

这类化合物的酸性强弱与 R 基团有关，如 R 为脂肪烃基则酸性较弱，而 R 为芳香烃基或杂环基则酸性较强。例如，磺胺嘧啶的酸性较强，可用甲醇-苯作溶剂，用甲醇钠标准溶液滴定，以百里酚蓝为指示剂。又如磺胺的酸性较弱，可在碱性溶剂，如丁胺中，以偶氮紫为指示剂，用碱标准溶液进行滴定。

另外，氨基酸、巴比妥酸及某些铵盐也可在碱性溶液中滴定。

思考题与习题

1. 酸的浓度和酸度有什么不同？

2. 酸碱质子理论中如何定义酸碱？请指出下列物质中哪些是酸？哪些是碱？哪些是两性物质？
CN^-；HF；Ac^-；NH_4^+；HCO_3^-；CO_3^{2-}；$H_2C_2O_4$；$HC_2O_4^-$；H_3PO_4；$H_2PO_4^-$。

3. 酸碱指示剂的变色原理是什么？指示剂的变色范围是根据什么确定的？影响指示剂的变色范围有哪些因素？指示剂的选择原则是什么？

4. 何为酸碱滴定的突跃范围？其大小受哪些因素影响？

5. 酸碱滴定中，滴定终点一定在化学计量点之后吗？试举例说明。

6. 简述混合指示剂的一般组成及优点。

7. 何为均化效应和均化性溶剂？何为区分效应和区分性溶剂？

8. 写出下列各物质水溶液应选择的零水准及质子条件式。

① NH_4HCO_3；② NH_4Ac；③ KH_2PO_4；④ NaOH（c_b）+NaAc

9. 已知下列各种酸的 pK_a：

	H_2CO_3	H_2S	H_3PO_4
pK_{a_1}	6.37	7.02	2.12
pK_{a_2}	10.25	13.9	7.21
pK_{a_3}			12.66

试比较下列各物质：Na_2CO_3，$NaHCO_3$，Na_2S，NaHS，Na_3PO_4，Na_2HPO_4，NaH_2PO_4 的碱性强弱。

10. 将下列强电解质溶液按等体积混合，试计算混合溶液的 pH。

① pH 1.00+pH 2.00；② pH 1.00+pH 3.00；③ pH 1.00+pH 5.00；④ pH 5.00+pH 9.00。

11. 丁二酸，又名琥珀酸，为二元弱酸（简单以 H_2A 表示），$pK_{a_1}=4.21$，$pK_{a_2}=5.64$，试计算①在 pH 为 5.00 时的 δ_{H_2A}、δ_{HA^-}和 $\delta_{A^{2-}}$；②若丁二酸的分析浓度为 0.10 mol/L，求 pH 为 5.00 时其三种型体的平衡浓度。

12. 一瓶碱性样品溶液，其组成可能是 NaOH、Na_2CO_3、$NaHCO_3$ 中的一种或它们的混合物。取两份相同体积的样品溶液，分别用 HCl 标准溶液进行滴定，一份以酚酞为指示剂，耗去 HCl 标准溶液 V_1 mL；另一份以甲基橙为指示剂，耗去 HCl 标准溶液 V_2 mL；试由 V_1 与 V_2 的关系判断碱性样品溶液的组成。

①当 $V_1>0$，$V_2>0$，且 $V_1=V_2$ 时；②当 $V_1>0$，$V_2>0$，且 $2V_1=V_2$ 时；③当 $V_1>0$，$V_2>0$，且 $V_2>2V_1$ 时；④当 $V_1>0$，$V_2>0$，且 $V_1<V_2<2V_1$ 时；⑤当 $V_1=0$，$V_2>0$ 时。

13. 精密称取某一元弱酸（HB）纯品 0.7542 g，置于锥形瓶中，加入 50 mL 蒸馏水使之完全溶解，用 NaOH 标准溶液（0.1000 mol/L）滴定至化学计量点，消耗 36.24 mL。若在滴定过程中，当 NaOH 标准溶液滴加到 7.83 mL 时，溶液的 pH 为 4.30。请计算：① HB 的摩尔质量；② HB 的 K_a；③化学计量点的 pH。

14. 用 0.10 mol/L NaOH 溶液滴定 20.00 mL 同浓度 HA 溶液（pK_a=6.00），①计算化学计量点时的 pH；②若以酚酞为指示剂，滴定到 pH=8.85 时为终点，请计算滴定终点误差。

15. 利用凯氏定氮法测定样品中蛋白质的含量。称取样品 1.0260 g，在有催化剂的条件下，用浓硫酸消化样品，将有机氮都转变成无机铵盐，然后在碱性条件下将铵盐转化为 NH_3，产生的 NH_3 随水蒸气蒸馏出来用 2% H_3BO_3 溶液吸收，以甲基红为指示剂，用 0.1002 mol/L HCl 标准溶液滴定，消耗 HCl 标准溶液 22.85 mL，求样品中蛋白质的质量百分含量。（M_N = 14.01 g/mol，氮的质量换算成蛋白质的换算因子为 6.25。）

16. 精密称取盐酸麻黄碱样品 0.1491 g，加入冰醋酸 10 mL，微热溶解后，再加入乙酸汞 4 mL，滴入结晶紫指示剂 1 滴，用 $HClO_4$ 标准溶液（0.05004 mol/L）滴定至翠绿色，消耗 14.76 mL；另取同量空白溶液进行滴定，消耗 $HClO_4$ 标准溶液 0.17 mL，请计算盐酸麻黄碱的质量百分含量。（$M_{盐酸麻黄碱}$=201.70 g/mol）

（杨　铭）

第五章 配位滴定法

学习目标

1. 掌握 EDTA 配位化合物的特点；副反应系数与条件稳定常数的关系，条件稳定常数的含义及计算方法；配位滴定的基本原理；配位滴定中常用的标准溶液及标定；常用金属指示剂的作用原理及使用条件。

2. 熟悉 滴定金属离子的酸度条件控制，提高配位滴定选择性的方法。

3. 了解 配位滴定终点误差的计算，配位滴定的滴定方式及实际应用。

案例 5-1

水硬度通常是指溶解于水中钙盐和镁盐的含量。水中钙盐和镁盐含量越高，水的硬度越大。水硬度是衡量水质的一个重要指标。

水硬度高低与人类生活密切相关，硬度过高的水会有苦涩味，会使人胃肠功能紊乱，出现暂时的腹胀、排气多、腹泻等现象，因此世界各国制定的饮用水质量标准中，都对硬度作了明确规定。

此外，水硬度与工业生产密切相关。水硬度是形成锅垢和影响一些产品质量的主要因素。因此，水硬度的测定结果是确定用水质量和进行水处理的重要依据。

问题：

（1）配位滴定法的主要用途是什么？

（2）配位滴定法中最常使用的配位剂是什么？为什么？

（3）如何利用配位滴定法测定水的硬度？

案例 5-1 分析

1. 配位滴定法是以配位反应为基础的滴定分析方法，主要用于金属离子的测定。多种滴定方式的应用，可扩大配位滴定的应用范围，使其用于部分非金属离子的测定。

2. 氨羧配位剂。氨羧配位剂是乙二胺四乙酸（EDTA），其与金属离子配位反应具有广泛性，并且绝大多数 EDTA 配合物的结构稳定，定量反应完全，因此在配位滴定中得到广泛应用。

3. 测定水的硬度，通常是测定水中钙、镁离子的总量。测定时取一定量水样，用氨性缓冲溶液调节 pH 约为 10，加三乙醇胺和 Na_2S 分别掩蔽 Fe^{3+}、Al^{3+} 和 Cu^{2+}、Zn^{2+}、Pb^{2+} 等干扰离子，EBT 作指示剂，用 EDTA 标准溶液滴定，当溶液由酒红色变为纯蓝色时，即到达滴定终点。根据 EDTA 标准溶液的浓度及滴定到达终点所用体积可以计算水的硬度。

配位滴定法（complexometric titration）是以配位反应为基础的滴定分析方法。

配位反应在分析化学中应用广泛，除用作滴定分析外，有许多显色、萃取、沉淀、掩蔽反应等都是配位反应。

配位反应的发生很常见，金属离子在溶液中大多是以不同形式的配位化合物存在，但由于金属离子与无机配位剂形成的配位化合物多数不稳定（除个别反应，如 Ag^+ 与 CN^-，Hg^{2+} 与 Cl^- 等反应外），因此大多数无机配位剂不能用于滴定分析。到 20 世纪中叶，发现以氨羧配位剂为代表的有机配位剂与金属离子形成的络合物稳定性高，可以用于滴定分析，使配位滴定迅速发展，成为广泛应用的滴定分析方法之一。

氨羧配位剂是以氨基二乙酸 [$-N(CH_2COOH)_2$] 为活性基团的配位剂，以 N、O 为配位原子，与金属离子形成具有环状结构的螯合物。目前最常用的氨羧配位剂是乙二胺四乙酸（ethylene diamine tetraacetic acid, EDTA)，用 EDTA 标准溶液可以直接、间接滴定几十种离子。由于 EDTA 配位反应的广泛性，除了用于配位滴定外，还被用于工业生产、食品和化妆品的添加剂。

EDTA 是四元酸，常用 H_4Y 表示，分子中两个羧基上的 H 可以转移到 N 原子上，形成双偶极离子，结构如下：

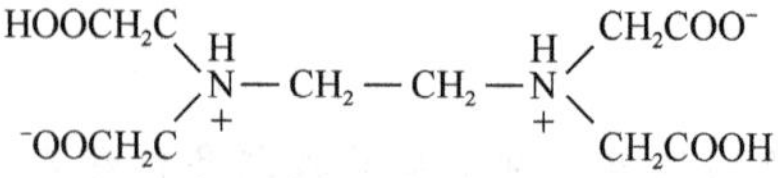

在酸度较高的溶液中，EDTA 两个羧酸根可以再接受两个 H^+，形成 H_6Y^{2+}，所以 EDTA 相当于六元酸。

EDTA 一个分子中同时有六个配位原子与同一金属离子键合，可以形成多个五元环的络合物，又称螯合物，金属离子 M-EDTA 螯合物的立体构型见图 5-1。因为形成这种多环螯合物结构，绝大多数 EDTA 络合物的结构相当稳定。EDTA 螯合物的这种稳定性，使配位滴定测定多种元素成为可能。

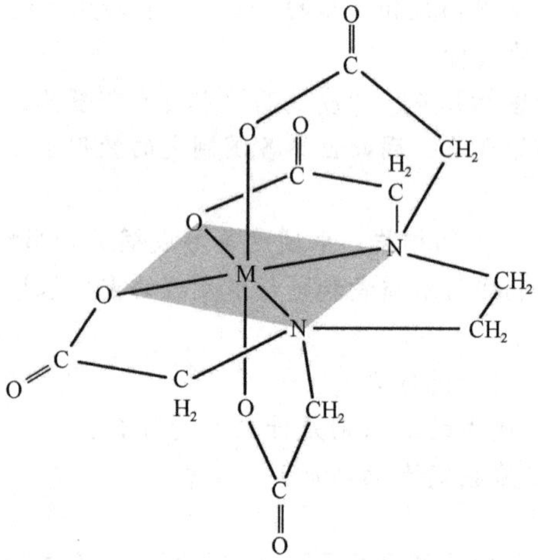

图 5-1 M-EDTA 螯合物的立体结构

在配位滴定中，大多数金属离子与 EDTA 的配位比都是 1∶1。通常 EDTA 与无色的金属离子生成无色的络合物，与有色的金属离子一般生成颜色更深的络合物，如

NiY^{2-}	CuY^{2-}	CoY^{2-}	MnY^{2-}	CrY^{-}	FeY^{-}
蓝绿	深蓝	玫瑰红	紫红	深紫	黄

第一节 配位滴定法的基本原理

一、配位平衡

（一）EDTA 络合物的稳定常数

EDTA 与金属离子的配位反应可用通式表示（为讨论方便，省去电荷）：

$$M+Y \rightleftharpoons MY$$

反应达到平衡时，反应的平衡常数，即络合物的稳定常数（stability constant）K_{MY} 可用下式表示：

$$K_{MY}=\frac{[MY]}{[M][Y]} \tag{5-1}$$

K_{MY} 越大，络合物越稳定。部分金属离子与 EDTA 络合物的 $\lg K_{MY}$ 值见表 5-1。

表 5-1 金属离子-EDTA 络合物的 $\lg K_{MY}$

金属离子	$\lg K_{MY}$	金属离子	$\lg K_{MY}$	金属离子	$\lg K_{MY}$
Na^{+}	1.66	Fe^{2+}	14.32	Ti^{3+}	21.3
Li^{+}	2.79	Ce^{3+}	15.98	Hg^{2+}	21.7
Ag^{+}	7.32	Al^{3+}	16.30	Sn^{2+}	22.11
Ba^{2+}	7. 86	Co^{2+}	16.31	Th^{4+}	23.2
Sr^{2+}	8.73	Cd^{2+}	16.46	Cr^{3+}	23.4
Mg^{2+}	8.79	Zn^{2+}	16.50	Fe^{3+}	25.10
Be^{2+}	9.20	Pb^{2+}	18.04	Bi^{3+}	27.94
Ca^{2+}	10.69	Ni^{2+}	18.62	Sn^{4+}	34.5
Mn^{2+}	13.87	Cu^{2+}	18.80	Co^{3+}	36.0

从表中可以看出，EDTA 与三、四价金属离子及 Hg^{2+}、Sn^{2+} 等形成的络合物最稳定，$\lg K_{MY}>20$；与二价过渡金属及 Al^{3+} 等形成的络合物比较稳定，$\lg K_{MY}$ 为 14～19；与碱土金属离子形成的络合物稳定性稍差，$\lg K_{MY}$ 为 8～11，在适当的条件下也可以滴定；与碱金属离子形成的络合物稳定性差，$\lg K_{MY}<8$，一般不能直接进行配位滴定。

（二）EDTA 配位反应的副反应和副反应系数

配位滴定中，除了被测金属离子 M 与滴定剂 Y 之间的主反应外，由于溶液中缓冲剂、掩蔽剂及其他金属离子的存在，还会发生各种副反应。总的平衡关系用通式表示如下：

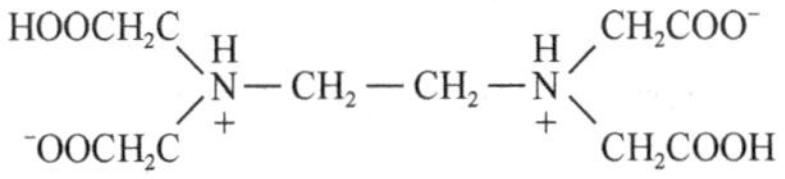

这些副反应的发生将对主反应产生影响。反应物 M 和 Y 发生副反应不利于主反应进行，而生成物 MY 的副反应则有利于主反应进行。

在一定条件下，各副反应发生的程度大小，可以由各个副反应的副反应系数 α（side reaction coefficient）反映出来。

1. 配位剂 Y 的副反应和副反应系数

（1）酸效应：当 M 与 Y 进行配位反应时，溶液中 H^{+} 会与 Y 结合，形成一元乃至六元酸。这种由于 H^{+} 与配位剂 Y 发生副反应，从而影响主反应进行的现象，称为配位剂的酸效应。酸效应发生程度的大小用酸效应系数衡量。EDTA 的酸效应系数用符号 $\alpha_{Y(H)}$ 表示。

$$\alpha_{Y(H)}=\frac{[Y']}{[Y]} \tag{5-2}$$

式中，[Y] 表示溶液中反应达到平衡时 EDTA 以 Y 型体存在的浓度，[Y′] 是在平衡体系中除了参加主反应之外，剩余 EDTA 的总浓度，即 $[Y']=[Y]+[HY]+[H_2Y]+[H_3Y]+\cdots+[H_6Y]$。

当没有酸效应发生时 [Y′]=[Y]，则 $\alpha_{Y(H)}=1$。有酸效应发生时，[Y′]＞[Y]，$\alpha_{Y(H)}>1$。$\alpha_{Y(H)}$ 越大，酸效应发生的程度越大。

$$\alpha_{Y(H)}=\frac{[Y']}{[Y]}=\frac{[Y]+[HY]+[H_2Y]+[H_3Y]+[H_4Y]+[H_5Y]+[H_6Y]}{[Y]} \tag{5-3}$$

EDTA 的酸效应系数，实际上是在此条件下 Y 型体分布系数 δ_Y 的倒数，即

$$\alpha_{Y(H)}=\frac{[Y']}{[Y]}=\frac{1}{\delta_Y} \tag{5-4}$$

而 $\delta_Y=\dfrac{K_{a_1}K_{a_2}K_{a_3}K_{a_4}K_{a_5}K_{a_6}}{[H^+]^6+[H^+]^5K_{a_1}+\cdots+K_{a_1}K_{a_2}K_{a_3}K_{a_4}K_{a_5}K_{a_6}}$

所以

$$\alpha_{Y(H)}=\frac{[H^+]^6+[H^+]^5K_{a_1}+\cdots+K_{a_1}K_{a_2}K_{a_3}K_{a_4}K_{a_5}K_{a_6}}{K_{a_1}K_{a_2}K_{a_3}K_{a_4}K_{a_5}K_{a_6}}$$

$$=1+\frac{[H^+]}{K_{a_6}}+\frac{[H^+]^2}{K_{a_6}K_{a_5}}+\frac{[H^+]^3}{K_{a_6}K_{a_5}K_{a_4}}+\frac{[H^+]^4}{K_{a_6}K_{a_5}K_{a_4}K_{a_3}} \tag{5-5}$$

$$+\frac{[H^+]^5}{K_{a_6}K_{a_5}K_{a_4}K_{a_3}K_{a_2}}+\frac{[H^+]^6}{K_{a_6}K_{a_5}K_{a_4}K_{a_3}K_{a_2}K_{a_1}}$$

从上式可知，由于 EDTA 的 K_a 是常数，所以 $\alpha_{Y(H)}$ 是 $[H^+]$ 的函数，溶液酸度越高，$\alpha_{Y(H)}$ 越大。当 $[H^+]$ 确定，由式（5-5）可计算出 $\alpha_{Y(H)}$。

例 5-1 酸效应发生程度由溶液酸度（$[H^+]$）决定。pH=5.0 时，EDTA 的酸效应系数多大？

解：

$$\alpha_{Y(H)}=1+\frac{10^{-5}}{10^{-10.26}}+\frac{10^{-10}}{10^{-10.26-6.16}}+\frac{10^{-15}}{10^{-10.26-6.16-2.67}}+\frac{10^{-20}}{10^{-10.26-6.16-2.67-2.0}}$$

$$+\frac{10^{-25}}{10^{-10.26-6.16-2.67-2.0-1.6}}+\frac{10^{-30}}{10^{-10.26-6.16-2.67-2.0-1.6-0.9}}$$

$$=1+10^{5.26}+10^{6.42}+10^{4.09}+10^{1.09}+10^{-2.31}+10^{-6.41}=10^{6.45}$$

溶液酸度不同，则酸效应系数不同。为了便于应用，现将不同 pH 条件下计算出来的 $\lg\alpha_{Y(H)}$ 列于表 5-2 中。

表 5-2 EDTA 在不同 pH 时的 $\lg\alpha_{Y(H)}$

pH	$\lg\alpha_{Y(H)}$	pH	$\lg\alpha_{Y(H)}$	pH	$\lg\alpha_{Y(H)}$	pH	$\lg\alpha_{Y(H)}$	pH	$\lg\alpha_{Y(H)}$
0.0	23.64	2.2	12.84	4.4	7.64	6.6	3.79	8.8	1.48
0.2	22.47	2.4	12.19	4.6	7.24	6.8	3.55	9.0	1.28
0.4	21.32	2.6	11.62	4.8	6.84	7.0	3.32	9.2	1.10
0.6	20.18	2.8	11.09	5.0	6.45	7.2	3.10	9.4	0.92
0.8	19.08	3.0	10.60	5.2	6.07	7.4	2.88	9.6	0.75
1.0	18.01	3.2	10.14	5.4	5.69	7.6	2.68	9.8	0.59
1.2	16.18	3.4	9.70	5.6	5.33	7.8	2.47	10.0	0.45
1.4	16.02	3.6	9.27	5.8	4.98	8.0	2.27	10.5	0.20
1.6	15.11	3.8	8.85	6.0	4.65	8.2	2.07	11.0	0.07
1.8	14.27	4.0	8.44	6.2	4.34	8.4	1.87	11.5	0.02
2.0	13.51	4.2	8.04	6.4	4.06	8.6	1.67	12.0	0.01

（2）共存离子效应：当滴定金属离子 M 时，若溶液中同时存在其他金属离子 N，此时 N 与 Y 生成络合物而发生的副反应称为共存离子效应，此种副反应发生程度大小用共存离子效应系数 $\alpha_{Y(N)}$ 衡量。

$$\alpha_{Y(N)}=\frac{[Y']}{[Y]}=\frac{[Y]+[NY]}{[Y]}$$

由 $N+Y \rightleftharpoons NY$，则有 $K_{NY}=\frac{[NY]}{[N][Y]}$，代入上式得式（5-6）

$$\alpha_{Y(N)}=1+K_{NY}[N] \tag{5-6}$$

由式（5-6）可知，共存离子效应发生程度大小，取决于干扰离子 N 的浓度和 K_{NY} 的大小。

（3）配位剂总的副反应系数：当配位滴定中既有共存离子 N，又有酸效应影响时，Y 的总副反应系数用 α_Y 表示。

$$\alpha_Y=\frac{[Y']}{[Y]}=\frac{[H_6Y]+[H_5Y]+\cdots+[Y]+[NY]}{[Y]}$$

$$=\frac{[H_6Y]+[H_5Y]+\cdots+[Y]}{[Y]}+\frac{[NY]+[Y]}{[Y]}-\frac{[Y]}{[Y]}$$

$$\alpha_Y=\alpha_{Y(H)}+\alpha_{Y(N)}-1 \tag{5-7}$$

2. 金属离子的副反应和副反应系数

（1）配位效应：在实际滴定分析中，为了达到适宜的滴定条件可能需要加入缓冲剂、掩蔽剂、辅助配位剂等，其中有些成分可能与 M 发生配位反应，此种副反应称为金属离子的配位效应。配位效应的大小用配位效应系数 $\alpha_{M(L)}$ 来衡量。

$$\alpha_{M(L)}=\frac{[M']}{[M]} \tag{5-8}$$

式中，[M] 是反应达到平衡时金属离子的浓度，[M′] 是平衡体系中没有与 Y 配位的金属离子总浓度。

若 M 与 L 发生 n 级配位时，则 $[M']=[M]+[ML_1]+[ML_2]+\cdots+[ML_n]$，其相应的配位反应与稳定常数为

$$M\xrightarrow{K_1}ML\xrightarrow{K_2}ML_2\rightarrow\cdots\xrightarrow{K_n}ML_n$$

其中 K_1、K_2、…、K_n 分别为各级稳定常数，将各级稳定常数依次相乘，则得到各级累积稳定常数 β_1、β_2、…、β_n。

$$\beta_1=K_1=\frac{[ML]}{[M][L]}$$

$$\beta_2=K_1K_2=\frac{[ML_2]}{[M][L]^2}$$

……

$$\beta_n=K_1K_2\cdots K_n=\frac{[ML_n]}{[M][L]^n}$$

故 $[ML]=\beta_1[M][L]$

$[ML_2]=\beta_2[M][L]^2$

……

$[ML_n]=\beta_n[M][L]^n$

所以 $\alpha_{M(L)}=\frac{[M]+[ML]+\cdots+[ML_n]}{[M]}=1+\frac{[ML]}{[M]}+\cdots+\frac{[ML_n]}{[M]}$

$$\alpha_{M(L)} = 1 + \beta_1[L] + \beta_2[L]^2 + \cdots + \beta_n[L]^n \tag{5-9}$$

其中 L 可以是缓冲剂、辅助配位剂、掩蔽剂、OH^- 等。

（2）金属离子的总副反应系数若 M 同时与两种配位剂 L、A 发生副反应

$$\alpha_M = \frac{[M']}{[M]} = \frac{[M]+[ML]+\cdots+[ML_n]+[MA]+\cdots+[MA_m]}{[M]}$$

$$= \frac{[M]+[ML]+\cdots+[ML_n]+[M]+[MA]+\cdots+[MA_m]}{[M]} - \frac{[M]}{[M]}$$

$$\alpha_M = \alpha_{M(L)} + \alpha_{M(A)} - 1 \tag{5-10}$$

同理，若有 P 种配位剂同时与 M 发生副反应，则

$$\alpha_M = \alpha_{M(L_1)} + \alpha_{M(L_2)} + \cdots + \alpha_{M(L_P)} + (1-P) \tag{5-11}$$

例 5-2 副反应发生的程度由引起副反应的物质（如 NH_3、OH^-）的浓度决定。pH=10.0，$[NH_3]$ =0.10 mol/L 时 α_{Zn} 是多少？

解：查表得 $Zn(NH_3)_4^{2+}$ 的 $\lg\beta_1$～$\lg\beta_4$ 分别是 2.37、4.81、7.31、9.46

$$\alpha_{Zn(NH_3)} = 1 + \beta_1[NH_3] + \beta_2[NH_3]^2 + \beta_3[NH_3]^3 + \beta_4[NH_3]^4$$

$$= 1 + 10^{2.37} \times 10^{-1.00} + 10^{4.81} \times 10^{-2.00} + 10^{7.31} \times 10^{-3.00} + 10^{9.46} \times 10^{-4.00}$$

$$= 10^{5.49}$$

$$\alpha_{Zn} = \alpha_{Zn(NH_3)} + \alpha_{Zn(OH)} - 1 = 10^{5.49} + 10^{2.4} - 1 \approx 10^{5.49}$$

3. 络合物的副反应和副反应系数 络合物 MY 在酸度较高溶液中可与 H^+ 生成酸式络合物 MHY，在碱度较高溶液中可与 OH^- 生成碱式络合物 M(OH)Y，但 MY 的酸式或碱式络合物多数不稳定，对配位滴定平衡计算的影响很小，一般都忽略不计。

（三）EDTA 络合物的条件稳定常数

当 M 与 EDTA 发生配位反应时，可用络合物的稳定常数 K_{MY} 来衡量该反应进行的完全程度。

但配位滴定中，副反应的发生对主反应的进行程度要产生影响，反应达到平衡时，平衡常数应该表示为

$$K'_{MY} = \frac{[MY']}{[M'][Y']} \tag{5-12}$$

K'_{MY} 称为条件稳定常数（conditional stability constant），表示在一定条件下，有副反应发生时主反应的进行程度。

由于 $[M']=\alpha_M[M]$，$[Y']=\alpha_Y[Y]$，$[MY']=\alpha_{MY}[MY]$。

通常络合物 MY 的副反应可忽略，即 $\alpha_{MY}=1$，$[MY']=[MY]$

所以
$$K'_{MY} = \frac{[MY]}{\alpha_M[M] \cdot \alpha_Y[Y]} = \frac{K_{MY}}{\alpha_M \alpha_Y}$$

两边取对数
$$\lg K'_{MY} = \lg K_{MY} - \lg\alpha_M - \lg\alpha_Y \tag{5-13}$$

在一定条件下，α_M、α_Y 确定，溶液条件改变时，α_M、α_Y 改变，K'_{MY} 也发生变化，所以条件稳定常数 K'_{MY} 是根据实际溶液条件对稳定常数 K_{MY} 进行校正的结果，是有副反应存在时主反应进行程度的标志。

例 5-3 溶液条件是否适宜，对配位滴定能否准确进行具有很大影响，是定量分析的前提条件。

（1）pH=3.0 和 pH=10.0 时，Zn^{2+} 和 EDTA 配位反应的条件稳定常数分别是多少？

（2）若pH=10.0，溶液中$[NH_3]$=0.10 mol/L时，Zn^{2+}和EDTA配位反应的条件稳定常数又是多少？

解：（1）查表 $\lg K_{ZnY}=16.50$。

pH=3.0 时，$\lg\alpha_{Y(H)}=10.60$，$\lg\alpha_{Zn(OH)}=0$，pH=10.0 时，$\lg\alpha_{Y(H)}=0.45$，$\lg\alpha_{Zn(OH)}=2.4$

所以 pH=3.0 时，$\lg K'_{ZnY}=\lg K_{ZnY}-\lg\alpha_{Y(H)}$

$=16.50-10.60=5.90$

pH=10.0 时，$\lg K'_{ZnY}=\lg K_{ZnY}-\lg\alpha_{Y(H)}-\lg\alpha_{Zn(OH)}$

$=16.50-0.45-2.4=13.65$

（2）由例 5-2 计算可知，$\lg\alpha_{Zn}=5.49$

所以 pH=10.0 时，$\lg K'_{ZnY}=\lg K_{ZnY}-\lg\alpha_{Y(H)}-\lg\alpha_{Zn}$

$=16.50-0.45-5.49=10.56$

计算结果表明，pH=3.0 时，酸效应系数很大，条件稳定常数太小，生成的络合物不够稳定，不能达到定量分析的要求，难以准确滴定 Zn^{2+}；pH=10.0 时，酸度降低，$\lg K'_{ZnY}$ 为 13.65，形成络合物稳定，可以进行滴定。当溶液中存在其他配位剂发生副反应时，条件稳定常数又降低。因此，应注意各种副反应对条件稳定常数是如何影响的。

二、配位滴定曲线

在配位滴定中，用 EDTA 滴定金属离子，随着滴定剂 EDTA 的逐渐加入，金属离子浓度逐渐减少。滴定曲线中，在化学计量点附近，溶液的 pM′（$-\lg[M']$）发生突跃，可根据滴定突跃选择适宜的指示剂。

案例 5-2

以 0.010 00 mol/L EDTA 标准溶液滴定 20.00 mL 0.010 00 mol/L Ca^{2+} 溶液为例，讨论滴定过程中 pCa 的变化和滴定突跃。假定用缓冲溶液调节 pH 为 10.0，缓冲溶液不与 Ca^{2+} 发生配位反应。

（1）滴定开始前：$[Ca^{2+}]$=0.010 00 mol/L　pCa=2.00

（2）滴定开始至化学计量点前：在此阶段溶液中有剩余 Ca^{2+}，pCa 为剩余 Ca^{2+} 的浓度。

加入 EDTA 标准溶液 18.00 mL 时（滴定百分数 90%），

$$[Ca^{2+}]=(0.010\,00\times\frac{20.00-18.00}{20.00+18.00})=5.3\times10^{-4}(mol/L)\qquad pCa=3.28$$

加入 EDTA 标准溶液 19.98 mL 时（滴定百分数 99.9%），

$$[Ca^{2+}]=(0.010\,00\times\frac{20.00-19.98}{20.00+19.98})=5.0\times10^{-6}(mol/L)\qquad pCa=5.30$$

（3）化学计量点：在计量点时 $c_{Ca(sp)}$=1/2×0.010 00 = 0.005 000（mol/L），pH=10.0 时，$\lg\alpha_{Y(H)}=0.45$，$\lg K'_{CaY}=\lg K_{CaY}-\lg\alpha_{Y(H)}=10.69-0.45=10.24$

$$pCa_{sp}=\frac{1}{2}(pc_{Ca(sp)}+\lg K'_{CaY})=\frac{1}{2}[-\lg(5.0\times10^{-3})+10.24]=6.27$$

（4）化学计量点后：溶液中加入过量 EDTA，从平衡关系式计算 Ca^{2+} 的浓度。

加入 EDTA 标准溶液 20.02 mL 时（滴定百分数 100.1%），

$$[CaY]=(0.010\,00\times\frac{20.00}{20.00+20.02})=5.0\times10^{-3}(mol/L)$$

$$[Y']=(0.010\,00\times\frac{20.02-20.00}{20.00+20.02})=5.0\times10^{-6}(mol/L)$$

$$[Ca^{2+}]=\frac{[CaY]}{K'_{CaY}[Y']}=(\frac{5.0\times10^{-3}}{10^{10.24}\times5.0\times10^{-6}})=5.8\times10^{-8}(mol/L) \qquad pCa=7.24$$

滴定曲线在计量点处产生明显的 pCa 的突跃，突跃区间 pCa 为 5.30～7.24。

问题：

（1）在配位滴定中影响滴定突跃的因素有哪些？

（2）配位滴定计量点 pM′ 如何计算？

案例 5-2 分析

1. 影响配位滴定滴定突跃的因素主要有如下两个。

（1）配合物的条件稳定常数 K'_{MY} 是影响滴定突跃的重要因素。K'_{MY} 越大，滴定突跃范围越大；K'_{MY} 越小，滴定突跃范围越小。

（2）金属离子浓度对滴定突跃的影响，c_M 越大，滴定曲线的起点越低，滴定突跃范围越大，反之则相反。

2. 化学计量点时 $[M']=[Y']$，如果配位滴定中形成的配合物比较稳定，则有 $[MY]\approx c_{M(sp)}$。

（一）滴定曲线的计算

若待测金属离子 M 的初始浓度为 c_M，体积为 V_M，EDTA 标准溶液的浓度为 c_Y，在滴定过程中加入 EDTA 的体积为 V_Y。则在滴定过程中，根据溶液中 M 和 Y 的总浓度及条件稳定常数，可得以下方程组：

$$[M']+[MY']=\frac{V_M}{V_M+V_Y}\cdot c_M$$

$$[Y']+[MY']=\frac{V_Y}{V_M+V_Y}\cdot c_Y$$

$$K'_{MY}=\frac{[MY']}{[M'][Y']}$$

解方程组得

$$K'_{MY}[M']^2+\left(\frac{V_Yc_Y-V_Mc_M}{V_M+V_Y}\cdot K'_{MY}+1\right)\cdot[M']-\frac{V_M}{V_M+V_Y}\cdot c_M=0 \tag{5-14}$$

在滴定的任一阶段，K'_{MY}、c_M、c_Y、V_M、V_Y 均为已知，故 $[M']$ 可从方程求得，从而求得 pM′ 值。

图 5-2 和图 5-3 分别为不同 K'_{MY} 和不同 c_M 时的滴定曲线。由图可见，影响配位滴定滴定突跃的因素主要有如下两个。

1. K'_{MY} 对滴定突跃的影响 由图 5-2 所示，K'_{MY} 是影响滴定突跃的重要因素。而 K'_{MY} 取决于 K_{MY}、α_M 和 α_Y。

（1）K_{MY} 越大，K'_{MY} 也越大，滴定突跃范围越大。

（2）若有其他配位剂与金属离子 M 配位时，其他配位剂的浓度越大，α_M 越大，K'_{MY} 越小，滴定突跃范围越小。

（3）滴定体系的酸度越大，pH 越小，$\alpha_{Y(H)}$ 越大，则 K'_{MY} 越小，滴定突跃范围越小。

2. 金属离子浓度对滴定突跃的影响 由图 5-3 可以看出，c_M 越大，滴定曲线的起点越低，滴定突跃范围越大。

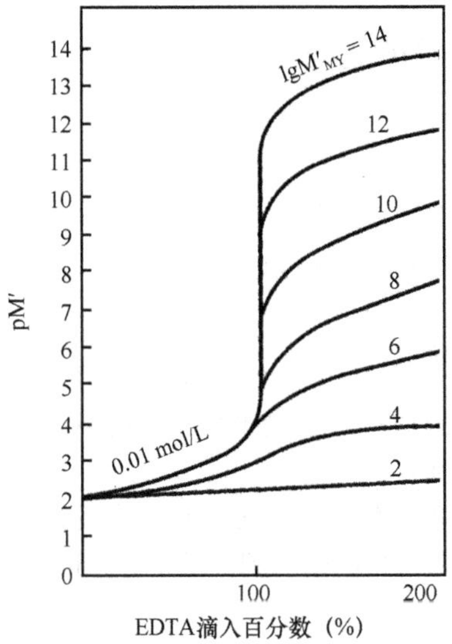

图 5-2 不同 $\lg K'_{MY}$ 的滴定曲线

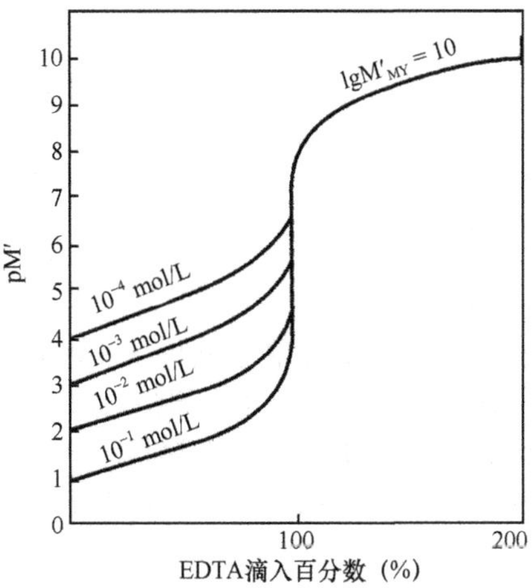

图 5-3 EDTA 滴定不同浓度金属离子的滴定曲线

（二）化学计量点 pM′的计算

配位滴定中，化学计量点的 pM′ 是选择指示剂和计算滴定终点误差的主要依据，计算方法推导如下：

达到配位平衡时，$K'_{MY}=\dfrac{[MY']}{[M'][Y']}$

络合物 MY 的副反应可以忽略，即 [MY′]=[MY]。

化学计量点时，[M′]=[Y′]。

如果金属离子的起始浓度为 c_M，配位滴定中形成的络合物比较稳定，则有 $[MY]=c_{M(sp)}-[M']\approx c_{M(sp)}$。式中，下标 sp 表示化学计量点，$c_{M(sp)}$ 表示化学计量点时金属离子的总浓度。

故 $K'_{MY}=\dfrac{c_{M(sp)}}{[M']^2}$，则有 $[M']_{sp}=\sqrt{\dfrac{c_{M(sp)}}{K'_{MY}}}$

所以
$$pM_{sp}'=\frac{1}{2}\left(pc_{M(sp)}+\lg K'_{MY}\right) \tag{5-15}$$

若滴定剂 Y 与被测金属离子 M 浓度相等，则 $c_{M(sp)}=\dfrac{1}{2}c_M$。

例 5-4 在 pH=10.0，$[NH_3]$=0.020 mol/L 时，用 0.02000 mol/L EDTA 标准溶液滴定 0.02000 mol/L Cu^{2+} 溶液，计算滴定到达计量点时的 pCu_{sp}' 和 pCu_{sp}。

解：在计量点时 $c_{Cu(sp)}$=1/2×0.02000=0.01000（mol/L），

$[NH_3]_{sp}$=1/2×0.020=0.010（mol/L），

$$\alpha_{Cu(NH_3)}=1+\beta_1[NH_3]+\beta_2[NH_3]^2+\beta_3[NH_3]^3+\beta_4[NH_3]^4$$

$$=1+10^{4.31}\times0.010+10^{7.98}\times0.010^2+10^{11.02}\times0.010^3+10^{13.32}\times0.010^4$$

$$=1+10^{2.31}+10^{3.98}+10^{5.02}+10^{5.32}\approx10^{5.51}$$

pH=10.0 时，$\lg\alpha_{Y(H)}=0.45$，$\lg\alpha_{Cu(OH)}=1.2$，$\alpha_{Cu}=\alpha_{Cu(NH_3)}+\alpha_{Cu(OH)}-1=10^{5.51}+10^{1.2}-1\approx10^{5.51}$

$$\lg K'_{CuY}=\lg K_{CuY}-\lg\alpha_{Cu(NH_3)}-\lg\alpha_{Y(H)}=18.80-5.51-0.45=12.84$$

$$pCu_{sp}' = \frac{1}{2}\ (pc_{Cu(sp)} + \lg K'_{CuY}) = \frac{1}{2}\ (2.00+12.84) = 7.42$$

$$[Cu]_{sp} = \frac{[Cu']_{sp}}{\alpha_{Cu(NH_3)}}$$

$$pCu_{sp} = pCu_{sp}' + \lg\alpha_{Cu(NH_3)} = 7.42+5.51=12.93$$

三、金属指示剂

在配位滴定中，通常利用能与金属离子生成有色络合物的显色剂来指示滴定终点，这种显色剂称为金属离子指示剂，简称金属指示剂（metal indicator）。

1. 金属指示剂作用原理 金属指示剂本身是一种弱的配位剂，也是一种多元酸碱。在一定条件下，指示剂先与金属离子配位形成具有一定稳定性的络合物，指示剂离子本身和指示剂与M形成的络合物具有显著不同的颜色。

配位滴定时，滴定前在待测金属离子溶液中加入金属指示剂，先发生下列变化：

$$M + In \rightleftharpoons MIn$$

A色　　B色

滴定过程中EDTA与游离的金属离子配位形成稳定络合物，当到达计量点时，滴加的EDTA夺取金属离子与指示剂络合物MIn中的金属离子，将指示剂从其络合物中置换出来，发生颜色变化，指示滴定终点到达。

$$MIn + Y \rightleftharpoons MY + In$$

B色　　　　　　A色

例如，常用金属指示剂铬黑T（eriochrome black T，EBT），属偶氮类染料，在水溶液中，存在以下平衡：

$$pK_{a_1} = 6.3 \quad pK_{a_2} = 11.6$$

$$H_2In^- \rightleftharpoons HIn^{2-} \rightleftharpoons In^{3-}$$

紫红　　　纯蓝　　　橙

在pH＜6.3的溶液中，呈紫红色；在pH＞11.6的溶液中，显橙色；在pH为6.3～11.6时，呈纯蓝色。EBT与金属离子络合物呈酒红色，因此在pH＜6.3或pH＞11.6的溶液中，由于颜色变化不明显，不宜用EBT作指示剂；在pH 6.3～11.6时，终点颜色从酒红色变为纯蓝色，颜色变化明显，故此pH范围较为适宜，在实际滴定分析时最常使用的范围是pH=7～11。

能与金属离子生成有色络合物的试剂较多，但能在配位滴定中用作指示剂，应该具备下列条件：①在适宜滴定的pH范围内，指示剂离子的颜色和金属离子与指示剂络合物的颜色应有明显的差别，颜色变化敏锐、有可逆性。②金属离子与指示剂络合物MIn的稳定性要比金属离子与EDTA络合物MY的稳定性低。通常要求$K'_{MY}/K'_{MIn} > 100$，并且$K'_{MIn} > 10^4$，这样络合物MIn有足够的稳定性，既不会过早出现终点，当滴定到达计量点时，指示剂又能被EDTA置换出来而显示颜色变化。

有时当滴定到达计量点时，虽滴入足量的EDTA，也不能将指示剂从金属离子与指示剂的络合物MIn中置换出来，不产生颜色变化，这种现象称为指示剂的封闭。指示剂出现封闭现象的原因：一是指示剂与溶液中某些金属离子形成的络合物比EDTA与这些金属离子的络合物更稳定，即$K'_{MIn} > K'_{MY}$，所以虽滴入足量EDTA，亦不能置换出指示剂而显示颜色变化；二是某些有色络合物 MIn 的颜色变化不可逆，即虽然 $K'_{MIn}<K'_{MY}$，但因这些络合物的离解速度很慢，指示剂不能被很快置换出来。

封闭现象如果由被滴定离子本身引起，可采用返滴定法避免；若是其他金属离子引起的，则需要根据不同情况，加入适当掩蔽剂掩蔽干扰离子，消除对指示剂的封闭现象。

如果金属指示剂与金属离子的络合物形成胶体或沉淀，滴定到达计量点时，EDTA 置换指示剂的作用缓慢，引起终点拖长，这种现象称为指示剂僵化。这时可加入有机溶剂增大溶解度，或将溶液适当加热以加快 EDTA 置换指示剂的速度，或在滴定接近终点时放慢滴定速度并剧烈振荡，以此来消除指示剂的僵化现象。

2. 指示剂变色点 pM_t 的计算 金属指示剂是多元酸碱，在溶液中存在酸效应，与金属离子形成络合物的条件稳定常数为

$$K'_{MIn}=\frac{[MIn]}{[M][In']}=\frac{[MIn]}{[M]\alpha_{In(H)}[In]}=\frac{K_{MIn}}{\alpha_{In(H)}}$$

$$\lg K'_{MIn}=pM+\lg\frac{[MIn]}{[In']}=\lg K_{MIn}-\lg\alpha_{In(H)}$$

当 $[MIn]=[In']$ 时，是指示剂的变色点，此时的 pM 以 pM_t 表示，则有

$$pM_t=\lg K'_{MIn}=\lg K_{MIn}-\lg\alpha_{In(H)} \tag{5-16}$$

另外，如果金属离子 M 有副反应时，pM_t 的计算还应减去 $\lg\alpha_M$。

即

$$pM_t=\lg K'_{MIn}=\lg K_{MIn}-\lg\alpha_{In(H)}-\lg\alpha_M \tag{5-17}$$

上式说明，金属指示剂的变色点 pM_t 是随着溶液 pH 的改变和滴定分析时的副反应发生情况而变化的。因此，金属指示剂不会像酸碱指示剂那样有一个确定的变色点。

例 5-5 金属指示剂的变色点与滴定时的溶液条件有关。EBT 与 Ca^{2+} 络合物的 $\lg K_{CaIn}=5.4$，EBT 作为弱酸的二级离解常数分别为 $K_{a_1}=10^{-6.3}$，$K_{a_2}=10^{-11.6}$，计算 pH=10.0 时的 pCa_t。

解：

$$\alpha_{In(H)}=1+\frac{[H^+]}{K_{a_2}}+\frac{[H^+]^2}{K_{a_2}K_{a_1}}$$

$$=1+10^{-10+11.6}+10^{-20+11.6+6.3}\approx 10^{1.6}$$

$$pCa_t=\lg K_{CaIn}-\lg\alpha_{In(H)}=5.4-1.6=3.8$$

3. 常用金属指示剂 配位滴定常用的金属指示剂列于表 5-3 中。其他指示剂的结构、性质和应用，可在有关资料中查到。

表 5-3 常用的金属指示剂

指示剂	使用 pH 范围	颜色变化		直接滴定的离子	干扰离子	掩蔽剂
		MIn	In			
铬黑 T (eriochrome black T)	7～11	红	蓝	Mg^{2+}、Zn^{2+}、Cd^{2+}、Pb^{2+}、Mn^{2+}、稀土	Al^{3+}，Fe^{3+} Cu^{2+}、Co^{2+}、Ni^{2+}	三乙醇胺 NH_4F
二甲酚橙 (xylenol orange)	<6	紫红	亮黄	pH<1 ZrO^{2+} pH 1～3 Bi^{3+}、Th^{4+} pH 5～6 Zn^{2+}、Pb^{2+}、Cd^{2+}、Hg^{2+}、稀土	Fe^{3+} Al^{3+}、Ti^{4+} Cu^{2+}、Co^{2+}、Ni^{2+}	维生素 C NH_4F 邻二氮菲
PAN [1-(2-pyridylazo)-2-naphthol]	2～12	红	黄	pH 2～3 Bi^{3+}、Th^{4+} pH 4～6 Cu^{2+}、Ni^{2+}、Cd^{2+}、Zn^{2+}		
钙指示剂 (calconcarboxylic acid)	10～13	红	蓝	Ca^{2+}		
酸性铬蓝 K (acid chrome bluc K)	8～13	红	蓝	pH 10 Mg^{2+}、Zn^{2+} pH 13 Ca^{2+}		

案例 5-3

大多数无机盐中金属离子的含量可以用 EDTA 配位滴定法测定（碱金属除外），明矾和氢氧化铝凝胶中的 Al^{3+} 对指示剂有封闭作用可通过 EDTA 返滴定法测定，此外芒硝中的 SO_4^{2-} 的含量还可以通过EDTA间接滴定法测定。以EDTA为滴定剂的配位滴定法在化学分析中应用最为广泛。

问题：

（1）EDTA 标准溶液如何配制？

（2）标定 EDTA 的基准物质有哪些？如何选择？

四、标准溶液的配制和标定

1. 标准溶液 EDTA 在水中溶解度小（22 ℃时为 0.02 g/100 mL），所以常用其二钠盐（$Na_2H_2Y \cdot 2H_2O$，也称 EDTA-2Na，22℃时溶解度为 11.1 g/100 mL，约 0.3 mol/L）配制标准溶液。通常使用的EDTA标准溶液，其浓度为0.01～0.05 mol/L。由于使用的蒸馏水中常含有杂质，因此，一般常采用间接法配制。配制的标准溶液应储存在聚乙烯瓶或硬质玻璃瓶中，待准确标定后使用。

2. 标准溶液的标定 标定 EDTA 标准溶液的基准物质较多，如金属锌、铜、铋及 ZnO、$CaCO_3$、$MgSO_4 \cdot 7H_2O$、$ZnSO_4 \cdot 7H_2O$ 等。金属锌的纯度高、稳定，Zn^{2+} 和 ZnY 均无色，既可以在 pH 为 5～6 时以二甲酚橙为指示剂进行滴定，也可以在 pH 为 9～10 的氨性溶液中以 EBT 为指示剂进行滴定，终点都很敏锐，因此一般多用纯锌标定 EDTA 标准溶液。

若以 ZnO、$CaCO_3$ 为基准物质标定 EDTA，ZnO 需在 800 ℃灼烧至恒重，$CaCO_3$ 要在 110℃烘干。标定 EDTA 标准溶液的标定条件（如基准物质、酸度、指示剂等）应尽可能与以后使用此标准溶液测定样品时的条件接近，这样由于杂质或酸度等各种因素造成的误差就可以抵消，以提高分析结果的准确度。

第二节 配位滴定条件的选择

一、配位滴定的滴定终点误差

配位滴定中，滴定终点（ep）与化学计量点（sp）不一致引起的误差称为终点误差或滴定误差（titration error, TE）。

$$TE\% = \frac{[Y']_{ep} - [M']_{ep}}{c_{M(sp)}} \times 100\% \tag{5-18}$$

如果用 $\Delta pM'$ 代表滴定终点 pM'_{ep} 与计量点 pM'_{sp} 的差值，

则 $\Delta pM' = pM'_{ep} - pM'_{sp}$， $-\Delta pM' = \lg\frac{[M']_{ep}}{[M']_{sp}}$。

所以 $[M']_{ep} = [M']_{sp} \cdot 10^{-\Delta pM'}$

同理 $[Y']_{ep} = [Y']_{sp} \cdot 10^{-\Delta pY'}$

则
$$TE\% = \frac{[Y']_{sp} \cdot 10^{-\Delta pY'} - [M']_{sp} \cdot 10^{-\Delta pM'}}{c_{M(sp)}} \times 100\% \tag{5-19}$$

化学计量点时，$K'_{MY} = \frac{[MY]_{sp}}{[M']_{sp} \cdot [Y']_{sp}}$

滴定终点时，$K'_{MY} = \frac{[MY]_{ep}}{[M']_{ep} \cdot [Y']_{ep}}$

即 $pM'_{sp} + pY'_{sp} = \lg K'_{MY} - \lg[MY]_{sp}$

$pM'_{ep} + pY'_{ep} = \lg K'_{MY} - \lg[MY]_{ep}$

若终点与计量点接近时，$[MY]_{ep} \approx [MY]_{sp}$

将上面两式相减，得 $\Delta pM' + \Delta pY' = 0$

即
$$\Delta pM' = -\Delta pY' \qquad (5\text{-}20)$$

化学计量点时，$K'_{MY} = \dfrac{[MY]_{sp}}{[M']_{sp} \cdot [Y']_{sp}}$，$[MY]_{sp} \approx c_{M(sp)}$

所以
$$[M']_{sp} = [Y']_{sp} = \sqrt{\frac{c_{M(sp)}}{K'_{MY}}} \qquad (5\text{-}21)$$

将式（5-20）、式（5-21）代入式（5-19）中，整理得

$$TE\% = \frac{10^{\Delta pM'} - 10^{-\Delta pM'}}{\sqrt{c_{M(sp)} K'_{MY}}} \times 100\% \qquad (5\text{-}22)$$

式（5-22）是计算终点误差的重要公式，称为林邦（Ringbom）误差公式。从公式可见，终点误差与 K'_{MY} 和 $c_{M(sp)}$ 有关，K'_{MY} 和 $c_{M(sp)}$ 越大，终点误差越小。另外，终点与化学计量点越接近（$\Delta pM'$ 越小），终点误差越小。

在配位滴定中，用指示剂指示滴定终点时，指示剂的变色点与化学计量点不能完全一致。即使相近，由于人的眼睛要辨别出颜色的变化，仍然可能使 $\Delta pM'$ 有±0.2～±0.5 的误差。假设 $\Delta pM' = \pm 0.2$，若允许 TE% 为 0.1%，根据林邦误差公式，则 $\lg c_{M(sp)} \cdot K'_{MY} \geqslant 6$（当 $c_{M(sp)}$ 在 0.01 mol/L 左右时，$\lg K'_{MY} \geqslant 8$）。因此，通常将 $\lg c_{M(sp)} \cdot K'_{MY} \geqslant 6$，或 $\lg K'_{MY} \geqslant 8$，作为配位滴定能否准确进行的判断条件。

然对终点误差的要求不同，判别式的条件也不同，如果要求 TE≤1.0%，则 $\lg c_{M(sp)} \cdot K'_{MY} \geqslant 4$ 或 $\lg K'_{MY} \geqslant 6$ 即可。

二、配位滴定中酸度的选择和控制

（一）单一金属离子滴定的适宜酸度范围

在配位滴定中酸度对金属离子、EDTA 和指示剂都有影响，在满足一定准确度条件的情况下，滴定每种金属离子，都有一个适宜的酸度范围，即都有一个允许的最高酸度（最低 pH）和最低酸度（最高 pH），若超出这一酸度范围，将引起较大的误差，所以酸度的选择和控制在配位滴定中十分重要。

1. 滴定允许的最低 pH　在配位滴定中，若只有 EDTA 的酸效应，没有其他副反应，为使滴定准确进行，应满足 $\lg K'_{MY} \geqslant 8$（$c_{M(sp)}$=0.01 mol/L），即

$$\lg K'_{MY} = \lg K_{MY} - \lg \alpha_{Y(H)} \geqslant 8$$

所以应有
$$\lg \alpha_{Y(H)} \leqslant \lg K_{MY} - 8 \qquad (5\text{-}23)$$

对于某一确定金属离子，$\lg K_{MY}$ 是常数，从上式可以求出 $\lg \alpha_{Y(H)}$ 的最大值，查 pH-$\lg \alpha_{Y(H)}$ 表，其对应的 pH 就是滴定某一离子的最低 pH（最高酸度），如果低于此值，$\lg K'_{MY} < 8$，将不能准确滴定。

例 5-6　为什么用 EDTA 溶液滴定 Ca^{2+} 时，可以在 pH=10.0，而不能在 pH=5.0 的溶液中进行，但滴定 Zn^{2+} 时，则可在 pH=5.0 时进行？

解：已知：$\lg K_{ZnY}=16.50$，$\lg K_{CaY}=10.69$；

pH=5.0 时，$\lg \alpha_{Y(H)}=6.45$，pH=10.0 时，$\lg \alpha_{Y(H)}=0.45$。

pH=5.0 时，$\lg K'_{ZnY}=\lg K_{ZnY} - \lg \alpha_{Y(H)}=16.50-6.45=10.05>8$

$\lg K'_{CaY}=\lg K_{CaY} - \lg \alpha_{Y(H)}=10.69-6.45=4.24<8$

所以 pH=5.0 时，可以准确滴定 Zn^{2+}，不能准确滴定 Ca^{2+}。

pH=10.0 时，$\lg K'_{ZnY}=16.50-0.45=16.05>8$

$\lg K'_{CaY}=10.69-0.45=10.24>8$

所以 pH=10.0 时，Zn^{2+}、Ca^{2+} 都可被准确滴定。

不同金属离子的 $\lg K_{MY}$ 不同，所以滴定不同金属离子的最低 pH 也不相同，根据式（5-23）可以计算出滴定各种金属离子的最低 pH。

若以 $\lg K_{MY}$ 对相应的最低 pH 作图，可以绘制出 pH-$\lg K_{MY}$ 曲线，称林邦曲线，从曲线上可以查出滴定某一金属离子的最低 pH。

此曲线和 EDTA 酸效应曲线形状完全相同，只是 $\lg K_{MY}$ 和 $\lg\alpha_{Y(H)}$ 横坐标相差 8 个单位（图 5-4）。但需要注意的是，林邦曲线适用的条件为 c_M=0.02 mol/L，TE≤0.10%、金属离子无副反应、指示剂适当（ΔpM=±0.2）。若条件不同，则应根据具体条件作相应调整。

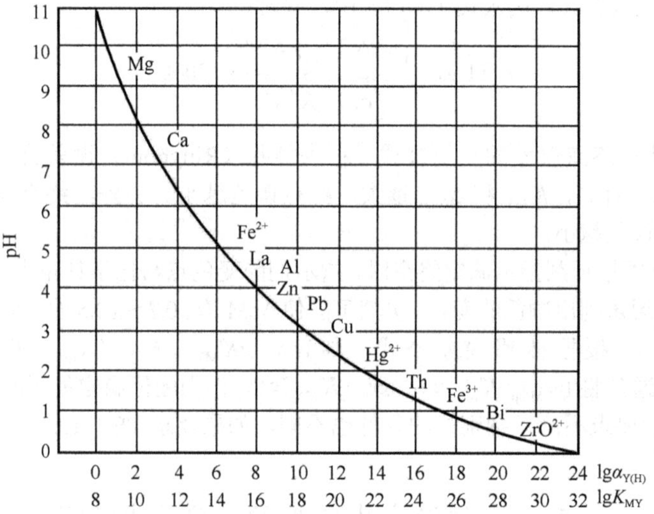

图 5-4 EDTA 的酸效应曲线和 EDTA 滴定金属离子的最低 pH

2. 滴定允许的最高 pH 过高的 pH 会引起金属离子水解，生成多羟基络合物，以至生成氢氧化物沉淀，降低金属离子的配位能力。所以滴定的最高 pH，是这种离子开始水解析出沉淀时的 pH，可以从其氢氧化物的溶度积计算出来。

如果 $M(OH)_n$ 的溶度积为 K_{sp}，为了防止滴定开始时形成沉淀，应使 $[OH^-]\leqslant\sqrt[n]{K_{sp}/c_M}$ 。

例 5-7 用 0.02 mol/L EDTA 溶液滴定 0.02 mol/L Fe^{3+} 溶液的适宜酸度范围是多少？

解：滴定的最低 pH：$\lg\alpha_{Y(H)}=\lg K_{FeY}-8=25.1-8=17.1$

查表 5-2 知，当 $\lg\alpha_{Y(H)}\leqslant17.1$ 时，pH≥1.2，即滴定 Fe^{3+} 的最低 pH 为 1.2。

滴定的最高 pH：当 $[Fe^{3+}][OH^-]^3=K_{sp,Fe(OH)_3}$ 时，Fe^{3+} 开始水解析出沉淀，此时

$$[OH^-]=\sqrt[3]{\frac{K_{sp,Fe(OH)_3}}{[Fe^{3+}]}}=\sqrt[3]{\frac{2.79\times10^{-39}}{0.02}}=10^{-12.3}$$

pOH=12.3，pH=1.7

即滴定 Fe^{3+} 适宜酸度范围为 pH 为 1.2～1.7。

（二）指示剂使用时的最佳酸度

在配位滴定中，金属指示剂也存在酸效应，指示剂的变色点 $pM_t=\lg K_{MIn}-\lg\alpha_{In(H)}$，$pM_t$ 是随着溶液 pH 的改变而变化的。为了减小滴定误差，pM_t 与 pM'_{sp} 应尽量接近，而 $pM'_{sp}=\frac{1}{2}$（$pc_{M(sp)}+\lg K'_{MY}$），公式中 $\lg K'_{MY}$ 与酸度有关，所以 pM'_{sp} 同样受酸度影响。因此，可以通过计算找到 pM_t 与

pM'_{sp} 尽量接近而使滴定误差较小的酸度范围。

（三）配位滴定中酸度的控制

从上述讨论可知，滴定不同的金属离子有各自适宜的酸度范围，并且不同金属指示剂的使用也需要在合适的酸度范围。因此，在配位滴定中，控制适当酸度成为分析工作中的必要步骤。

另外，在用 EDTA 进行滴定的过程中，要发生下面反应：

$$M^{2+}+H_2Y \rightleftharpoons MY+2H^+$$

随着反应的进行，H^+ 浓度增加，溶液的酸度增大，如果不控制酸度，溶液偏离了滴定金属离子和使用指示剂的适宜酸度范围，将产生较大误差。因此，在配位滴定过程中要对溶液酸度进行适当控制。

由于上述原因，在配位滴定中通常要加入缓冲溶液来控制溶液的pH。在滴定不同金属离子时，可根据具体情况，选择合适的缓冲溶液。例如，若控制溶液在弱酸性范围（pH=5～6）时，可用乙酸-乙酸盐缓冲溶液，若需控制溶液在弱碱性条件（pH=9～10）时，常用氨性缓冲溶液等。另外，缓冲剂的选择除了考虑其有效 pH 范围外，还应考虑是否会引起副反应等。

三、提高配位滴定的选择性

在实际工作中，经常会遇到多种金属离子共存于同一溶液中，而 EDTA 可以与很多金属离子形成稳定的络合物。因此，如何进行选择性滴定或分别滴定在配位滴定中具有实际意义。

（一）选择性滴定的可能性判断

现设溶液中含有 M、N 两种金属离子，都能与 EDTA 形成络合物，浓度分别为 c_M 和 c_N，则它们在化学计量点时的分析浓度分别为 $c_{M(sp)}$ 和 $c_{N(sp)}$。若要在此条件下，准确地选择性滴定 M 而 N 不干扰，考虑到混合离子选择滴定的允许误差可以稍大，所以，设 $\Delta pM'=0.2$，TE=0.3%，代入林邦误差公式可得

$$\lg(c_{M(sp)}K'_{MY}) \geqslant 5$$

若金属离子 M 无副反应，则

$$\begin{aligned}\lg(c_{M(sp)}K'_{MY}) &= \lg(c_{M(sp)}K_{MY}) - \lg\alpha_Y \\ &= \lg(c_{M(sp)}K_{MY}) - \lg(\alpha_{Y(H)}+\alpha_{Y(N)})\end{aligned}$$

在滴定金属离子 M 的适宜酸度条件下，$\alpha_{Y(H)}$ 的大小不会对滴定误差产生明显影响，所以只有当 $\alpha_{Y(N)} \gg \alpha_{Y(H)}$ 时，N 才会有明显干扰。这时应当有 $\alpha_{Y(H)}+\alpha_{Y(N)} \approx \alpha_{Y(N)}$。又 $\alpha_{Y(N)}=1+c_{N(sp)}K_{NY} \approx c_{N(sp)}K_{NY}$。将两式代入上式，得 $\lg(c_{M(sp)}K'_{MY}) = \lg c_{M(sp)}K_{MY} - \lg c_{N(sp)}K_{NY} \geqslant 5$。

在滴定中 M 和 N 在同一溶液中同时被稀释，故有 $\dfrac{c_{M(sp)}}{c_{N(sp)}}=\dfrac{c_M}{c_N}$，代入上式得

$$\lg(c_{M(sp)}K'_{MY}) = \lg\left[\frac{c_{M(sp)}K_{MY}}{c_{N(sp)}K_{NY}}\right] = \lg\left[\frac{c_M K_{MY}}{c_N K_{NY}}\right] = \lg c_M K_{MY} - \lg c_N K_{NY} \geqslant 5$$

将判别式 $\lg(c_{M(sp)}K'_{MY}) = \lg c_M K_{MY} - \lg c_N K_{NY} \geqslant 5$ 简写成

$$\Delta \lg cK \geqslant 5 \tag{5-24}$$

式（5-24）可作为选择性滴定可能性的判别式。即当上式成立时，共存离子不影响待测离子 M 的准确滴定。

当 M 和 N 的初始浓度相等时，则 $\Delta\lg K = \lg K_{MY} - \lg K_{NY} \geqslant 5$ 即可选择滴定 M。

注意判别式的成立条件：在滴定离子 M 的适宜酸度范围内，且 M 没有副反应发生，有合适指示剂（$\Delta pM'=\pm0.2$），终点误差 TE ≤0.3%。

（二）提高配位滴定选择性的方法

1. 应用掩蔽的方法提高配位滴定的选择性 在滴定分析中，若待测离子M和干扰离子N共存，且不满足$\Delta \lg cK \geq 5$的选择性滴定条件。如果要选择滴定M，可先加入适当试剂与N反应，使N的浓度降低，达到$\Delta \lg cK \geq 5$的条件后，则离子N的干扰被消除。

这种加入适当试剂降低干扰离子浓度，以提高测定选择性的方法称为掩蔽（masking），所加入与干扰离子发生反应的试剂称为掩蔽剂。

根据掩蔽反应的类型，掩蔽法分为配位掩蔽法、沉淀掩蔽法和氧化还原掩蔽法，其中以配位掩蔽法应用较多。

（1）配位掩蔽法：加入某种配位剂与干扰离子形成稳定的络合物，从而降低溶液中干扰离子浓度，达到选择性滴定M的目的，这种掩蔽方法称为配位掩蔽法。例如，在$A1^{3+}$、Zn^{2+}两种离子共存的溶液中，若要单独滴定Zn^{2+}，可在溶液中加入NH_4F，F^-和$A1^{3+}$生成稳定的$A1F_6^{3-}$配离子而不再干扰滴定，这时可以用EDTA选择性滴定Zn^{2+}。

（2）沉淀掩蔽法：加入某种沉淀剂，使干扰离子生成沉淀，以降低其浓度，这种方法称为沉淀掩蔽法。例如，在Ca^{2+}、Mg^{2+}共存的溶液中，用EDTA滴定Ca^{2+}，可先加入NaOH使溶液pH＞12，使Mg^{2+}生成$Mg(OH)_2$沉淀，从而消除Mg^{2+}的干扰。

沉淀掩蔽法实际应用并不广泛，主要由于沉淀不完全、有共沉淀现象、沉淀有时吸附指示剂等原因。

（3）氧化还原掩蔽法：加入某种氧化剂或还原剂与干扰离子发生氧化还原反应，从而降低干扰离子浓度，达到选择性滴定的目的，这种掩蔽方法称为氧化还原掩蔽法。例如，Fe^{3+}存在时，对Bi^{3+}、ZrO^{2+}、Th^{4+}等离子的测定有干扰，可加入维生素C或盐酸羟胺等还原剂，将Fe^{3+}还原成Fe^{2+}以消除干扰。

2. 应用其他配位剂提高配位滴定的选择性 在配位滴定中，除EDTA外，还可以使用其他氨羧配位剂，如乙二醇二乙醚二胺四乙酸（EGTA）、乙二胺四丙酸（EDTP）、环己二胺四乙酸（DCTA）等。由于它们与金属离子形成络合物的稳定性与EDTA互有差别。因此，当用EDTA滴定M不能消除N的干扰时，可以选用其他配位剂进行配位滴定，使$\Delta \lg cK \geq 5$，从而消除干扰，提高配位滴定的选择性。

（1）EGTA：EGTA和EDTA与Mg^{2+}、Ca^{2+}、Sr^{2+}、Ba^{2+}络合物的$\lg K$比较如下：

	Mg^{2+}	Ca^{2+}	Sr^{2+}	Ba^{2+}
$\lg K_{M\text{-}EGTA}$	5.21	10.97	8.50	8.41
$\lg K_{M\text{-}EDTA}$	8.70	10.69	8.73	7.86

可以看出，在Mg^{2+}存在下滴定Ca^{2+}，采用EDTA滴定时，Mg^{2+}的干扰严重，若用EGTA，则$\Delta \lg K=10.97-5.21=5.76>5$，可以选择性滴定。

（2）EDTP：EDTP和EDTA与Cu^{2+}、Zn^{2+}、Cd^{2+}、Mn^{2+}络合物的$\lg K$值比较如下：

	Cu^{2+}	Zn^{2+}	Cd^{2+}	Mn^{2+}
$\lg K_{M\text{-}EDTP}$	15.40	7.80	6.00	4.70
$\lg K_{M\text{-}EDTA}$	18.80	16.50	16.46	13.87

用EDTA滴定Cu^{2+}时，Zn^{2+}、Cd^{2+}、Mn^{2+}都会产生干扰，若用EDTP滴定，则可以在这些离子共存的条件下准确滴定Cu^{2+}。

四、配位滴定方式

滴定分析中的四种滴定方式，即直接滴定法、返滴定法、置换滴定法和间接滴定法都可以应用于配位滴定中。多种滴定方式的应用，不但扩大了配位滴定的应用范围，使之可以滴定几乎所有的金属离子和一部分非金属离子，同时也提高了配位滴定的选择性。

1. 直接滴定法 直接滴定法是将样品处理成溶液后直接用EDTA标准溶液滴定。直接滴定法具有快速、方便的优点，引入的误差较少，是配位滴定的基本方式，应用也最广。只要条件能符合滴定分析的要求，应尽可能采用直接滴定法。

直接滴定时通常要在滴定前加入合适的缓冲溶液，以控制溶液酸度在适宜范围。若有干扰离子存在，需加入合适的掩蔽剂，有时还需加入适当的辅助配位剂，避免金属离子水解或沉淀。

例如，水的硬度测定。水的硬度是指溶解在水中的钙盐和镁盐含量，水中钙盐和镁盐含量越高，水的硬度越大。测定水的硬度，通常是测定水中 Ca^{2+}、Mg^{2+} 总量。

测定时，取一定量水样，用氨性缓冲溶液调节 pH 约为 10，加三乙醇胺和 Na_2S 分别掩蔽 Fe^{3+}、Al^{3+}、Cu^{2+}、Zn^{2+}、Pb^{2+} 等干扰离子，以 EBT 作指示剂，用 EDTA 标准溶液滴定，当溶液由酒红色变为纯蓝色时，即到达滴定终点。根据 EDTA 标准溶液的浓度及滴定到达终点所消耗体积可以计算水的硬度。

分别测定 Ca^{2+}、Mg^{2+} 含量时，一般是先在 pH 约为 10 的氨性缓冲溶液中，以 EBT 为指示剂，用 EDTA 标准溶液滴定 Ca^{2+}、Mg^{2+} 总量，然后另取一定试液，加入 NaOH 溶液至 pH＞12，这时 Mg^{2+} 沉淀为 $Mg(OH)_2$ 被掩蔽，用钙指示剂，EDTA 标准溶液滴定 Ca^{2+} 含量，从 Ca^{2+}、Mg^{2+} 总量中减去 Ca^{2+} 的量，可以求得 Mg^{2+} 的含量。

2. 返滴定法 返滴定法是在待测溶液中加入定量过量的 EDTA 标准溶液，使被测定金属离子与 EDTA 完全配位，过量的 EDTA 再用另一种金属离子的标准溶液滴定，根据两种标准溶液的浓度和用量，计算出被测金属离子含量。

返滴定法主要用于：直接滴定时没有合适的指示剂，或被测离子对指示剂有封闭作用；被测定金属离子在滴定 pH 条件下发生水解且找不到合适的辅助配位剂等情况。例如，用配位滴定法测定 Al^{3+} 时，因 Al^{3+} 对二甲酚橙有封闭作用；Al^{3+} 与 EDTA 配位缓慢；在酸度不高时 Al^{3+} 易水解形成多核羟基络合物，因此不能直接滴定而采用返滴定法。滴定时，先在 Al^{3+} 溶液中加入定量过量的 EDTA 标准溶液，调节 pH 约为 3.5，将溶液加热煮沸，此时溶液酸度较高，并有过量 EDTA 存在，所以不会形成多核羟基络合物，且煮沸可加快 EDTA 与 Al^{3+} 的配位反应。冷却后调节溶液 pH 为 5～6，加二甲酚橙指示剂，此时 Al^{3+} 已形成稳定的 AlY 络合物，不再封闭指示剂，用 Zn^{2+} 标准溶液返滴定过量的 EDTA，即可测得 Al^{3+} 含量。

3. 置换滴定法 置换滴定法是利用置换反应，置换出等物质的量的另一金属离子或 EDTA，然后再滴定。

（1）置换出金属离子：例如，Ag^+ 与 EDTA 的络合物不稳定（$\lg K_{AgY}=7.32$），不能直接滴定，可将要测定的 Ag^+ 溶液加入过量的 $[Ni(CN)_4]^{2-}$ 溶液中，反应如下：

$$2Ag^{+}+[Ni(CN)_4]^{2-} \rightleftharpoons 2[Ag(CN)_2]^{-}+Ni^{2+}$$

然后在 pH=10 的氨性缓冲溶液中，以紫脲酸胺作指示剂，用 EDTA 滴定置换出的 Ni^{2+}，即可求得 Ag^+ 含量。

（2）置换出 EDTA：测定 Al^{3+} 时若同时有 Cu^{2+}、Zn^{2+}，可先加入过量 EDTA 并加热，使 Al^{3+}、Cu^{2+}、Zn^{2+} 与 EDTA 形成稳定络合物；然后在 pH 5～6，以二甲酚橙为指示剂，用 Zn^{2+} 标准溶液滴定过量的 EDTA；加入 NH_4F，F^- 将 AlY 中的 Al^{3+} 夺取出来，形成更稳定的络合物 AlF_6^{3-}，释放出与 Al^{3+} 等物质的量的 EDTA，再用 Zn^{2+} 标准溶液滴定释放出的 EDTA，即可求得 Al^{3+} 含量。

利用置换法还可以改善指示剂变色的敏锐性。例如，EBT 指示剂与 Ca^{2+} 显色不灵敏，但与 Mg^{2+} 显色很敏锐。在 pH=10 的氨性缓冲溶液中，以 EBT 作指示剂测定 Ca^{2+} 时，可先加少量 MgY，发生置换反应：

$$MgY+EBT+Ca^{2+} \rightleftharpoons CaY+Mg\text{-}EBT\text{（酒红色）}$$

终点时

$$Mg\text{-}EBT+Y \rightleftharpoons MgY+EBT\text{（纯蓝色）}$$

利用这样的置换反应提高了 EBT 在测 Ca^{2+} 时的变色敏锐性。

4. 间接滴定法 某些不与EDTA配位或与EDTA生成的络合物不稳定的金属或非金属离子，可以采用间接滴定法测定。例如，$C_2O_4^{2-}$不与EDTA反应，可先加入过量Ca^{2+}，使$C_2O_4^{2-}$沉淀完全，然后将沉淀过滤、洗涤、溶解，调节溶液pH，用EDTA滴定Ca^{2+}，由此测得$C_2O_4^{2-}$含量。又如，Na^+与EDTA的络合物不稳定，不能用EDTA直接滴定。欲测定Na^+，可先将Na^+沉淀为$NaAc \cdot Zn(Ac)_2 \cdot 3UO_2(Ac)_2 \cdot 9H_2O$，将沉淀分离、洗净，然后溶解，用EDTA滴定其中$Zn^{2+}$，即可间接测得$Na^+$含量。

间接滴定操作复杂，虽然引入误差机会较多，但有时却是测定某种金属离子唯一的方法。

知识窗　Bi^{3+}和Pb^{2+}的连续滴定——统筹全局，抓主要矛盾

在Bi^{3+}和Pb^{2+}的连续滴定实验中，以EDTA标准溶液为滴定剂，以二甲酚橙为指示剂，对混合溶液进行滴定。在Bi^{3+}和Pb^{2+}共存混合溶液中，Bi^{3+}和Pb^{2+}均能与EDTA形成稳定的络合物（$\lg K_{BiY}=27.94$，$\lg K_{PbY}=18.04$），Bi^{3+}与EDTA的络合物远比Pb^{2+}与ETDA的络合物稳定。

在滴定过程中，首先把$Bi + Y = BiY$作为主要反应（即主要矛盾），$Pb + Y = PbY$作为副反应（即次要矛盾）考虑。先调节溶液$pH \approx 1$，用EDTA溶液对Bi^{3+}进行滴定。滴定到指示剂变色时，溶液中的Bi^{3+}被滴定完全；再用六次甲基四胺调节溶液pH=5～6，用EDTA溶液继续滴定Pb^{2+}，则此时$Pb + Y = PbY$则转变为主反应（即主要矛盾）。

在复杂体系的滴定中，通过pH的控制调控副反应和条件稳定常数，实现Bi^{3+}和Pb^{2+}的连续滴定，主要矛盾和次要矛盾相互转化。在面对科研难题和生活困境时，分清主要矛盾和次要矛盾，弄清楚矛盾的转化，通过自身努力，并利用各种外部条件解决矛盾，引导事物向着期望的方向发展。

思考题与习题

1. 为什么氨羧配位剂特别是EDTA能在配位滴定中得到广泛应用？

2. EDTA与金属离子络合物的稳定常数与条件稳定常数有什么不同？影响条件稳定常数大小的因素有哪些？

3. 影响配位滴定突跃范围大小的因素有哪些？是怎样影响的？

4. 金属指示剂的作用原理是什么？应当具备的主要条件是什么？

5. 指示剂为什么会被封闭？如何消除？

6. 为什么大多数配位滴定需要在一定的缓冲溶液中进行？

7. 用纯锌标定EDTA标准溶液，称取纯锌0.3406 g，溶解后，用容量瓶配成250 mL溶液，移取25.00 mL，在pH为5～6时，二甲酚橙作指示剂，用EDTA标准溶液滴定，用去25.46 mL，计算EDTA标准溶液的浓度。

8. 溶液的pH=10.0，用0.020 00 mol/L EDTA溶液滴定相同浓度的Ca^{2+}，判断此条件下Ca^{2+}能否被准确滴定？若能准确滴定，请计算pCa_{sp}。

9. 计算以0.020 mol/L EDTA溶液滴定同浓度Pb^{2+}的适宜酸度范围。

10. 欲用0.02 mol/L的EDTA测定溶液中的Zn^{2+}，溶液pH=5.6，若溶液中Zn^{2+}与Mg^{2+}的浓度分别为0.02 mol/L和0.05 mol/L，计算说明Mg^{2+}对滴定Zn^{2+}有无干扰？并计算计量点时溶液中Zn^{2+}的浓度。

11. 在pH=10.0的氨性缓冲溶液（终点时游离氨浓度为0.010 mol/L）中，用0.020 mol/L EDTA滴定同浓度Cu^{2+}，若用PAN为指示剂，计算终点误差。

12. 临床检验可用配位滴定法测定血清中Ca^{2+}含量。取血清1.00 mL，加10 mL 0.2 mol/L NaOH调节溶液pH＞12，再加钙指示剂，然后用浓度为0.002500 mol/L EDTA标准溶液滴定，当溶液由红色变蓝色时，用去EDTA标准溶液1.08 mL，求血清中Ca^{2+}含量（mg/L）。

（尹计秋）

第六章　氧化还原滴定法

学习目标

1. 掌握　条件电极电位的概念及计算；氧化还原反应进行的程度及相关滴定分析要求；碘量法、高锰酸钾法、亚硝酸钠法的基本原理、测定条件、指示剂、标准溶液配制和标定；氧化还原滴定结果计算。

2. 熟悉　影响条件电极电位及氧化还原反应速度的因素；氧化还原滴定曲线及影响滴定突跃范围的因素。

3. 了解　滴定前的样品预处理；溴酸钾法、溴量法、重铬酸钾法、铈量法及高碘酸钾法的基本反应及测定条件。

案例 6-1

国标方法中，《食品安全国家标准 食品中碘的测定》（GB 5009.267—2020）、《制盐工业通用试验方法 碘的测定》（GB/T 13025.7—2012）和《食品安全国家标准 食用盐碘含量测定》（GB 26878—2011）都将氧化还原滴定法用于食盐、藻类食品中碘的测定。

问题：

（1）什么是氧化还原滴定法？

（2）氧化还原滴定法的主要分类有哪些？

案例 6-1 分析

（1）氧化还原滴定法（oxidation-reduction titration method）是以氧化还原反应为基础的一类滴定分析方法。氧化还原反应涉及电子转移，反应机制及过程较复杂，通常反应速率较慢，常伴有副反应，介质对反应过程影响较大。因此，在进行氧化还原滴定分析时，需严格控制反应条件，才能保证反应定量、快速地进行。

（2）许多氧化还原反应已成功地用于药物、食品、卫生检验等滴定分析。根据所用滴定剂不同，氧化还原滴定法可分为碘量法（iodimetry）、高锰酸钾法（potassium permanganate method）、亚硝酸钠法（sodium nitrite method）、重铬酸钾法（potassium dichromate method）、溴量法（bromometry）、铈量法（cerimetry）等，学习时应注意区分各种方法的特点和适用范围。

氧化还原滴定法不仅能直接测定具有氧化还原性质的物质，也能间接测定本身不具有氧化还原性质但能与氧化剂或还原剂定量发生反应的物质，是应用广泛的重要滴定分析方法之一。

第一节　氧化还原反应

一、条件电极电位及其影响因素

（一）条件电极电位

不同的氧化剂和还原剂，其氧化还原能力各不相同。氧化还原能力的大小，可用相关氧化还原电对（redox electric couple）的电极电位（electrode potential）来衡量。电对的电极电位越高，其氧化态（oxidized state，Ox）的氧化能力越强；电对的电极电位越低，其还原态（reduced state，Red）的还原能力越强。氧化还原反应自发进行的方向，总是电极电位高的电对中氧化态物质氧化电极电位低的电对中还原态物质。一个氧化还原反应进行的完全程度由相关反应电对的电极电位差决定。因此，电对的电极电位是讨论氧化还原反应的重要参数。

对于任何一个可逆氧化还原电对

$$a\,\mathrm{Ox} + n\,\mathrm{e} \rightleftharpoons b\,\mathrm{Red}$$

当达平衡时，其电极电位与氧化态、还原态之间的关系遵循能斯特（Nernst）方程式。

$$\varphi_{\mathrm{Ox/Red}} = \varphi^{\ominus}_{\mathrm{Ox/Red}} + \frac{RT}{nF}\ln\frac{\alpha^{a}_{\mathrm{Ox}}}{\alpha^{b}_{\mathrm{Red}}}$$

$$\varphi_{\mathrm{Ox/Red}} = \varphi^{\ominus}_{\mathrm{Ox/Red}} + \frac{0.059}{n}\lg\frac{\alpha^{a}_{\mathrm{Ox}}}{\alpha^{b}_{\mathrm{Red}}} \quad （25℃） \tag{6-1}$$

式中，$\varphi^{\ominus}_{\mathrm{Ox/Red}}$为电对的标准电极电位；$\alpha_{\mathrm{Ox}}$和$\alpha_{\mathrm{Red}}$分别为电对中氧化态和还原态的活度；$R$为摩尔气体常数 [8.314 J/(K · mol)]；T为绝对温度（K）；F为法拉第常数（96 485 C/mol）；n为电极反应中转移的电子数。

实际应用中，通常知道的是物质在溶液中的浓度，而不是其活度。为简化起见，常忽略溶液中离子强度的影响，用浓度代替活度进行计算，但这种处理方法仅在溶液浓度极稀时才适用。当浓度较大，尤其是高价离子参与电极反应或有其他强电解质存在时，计算结果就会与实际测定值发生较大偏差。因此，若以浓度代替活度，必须引入相应的活度系数γ_{Ox}及γ_{Red}，即$\alpha_{\mathrm{Ox}}=\gamma_{\mathrm{Ox}}[\mathrm{Ox}]$；$\alpha_{\mathrm{Red}}=\gamma_{\mathrm{Red}}[\mathrm{Red}]$。

此外，当溶液中介质不同时，氧化态、还原态还会发生某些副反应，如酸效应、沉淀反应、配位效应等，都将引起氧化态和还原态浓度的变化，从而影响电极电位，所以必须考虑这些副反应的发生，引入相应的副反应系数。

则

$$\alpha_{\mathrm{Ox}} = \gamma_{\mathrm{Ox}}[\mathrm{Ox}] = \gamma_{\mathrm{Ox}}\frac{c_{\mathrm{Ox}}}{\alpha_{\mathrm{Ox}}} \tag{6-2}$$

$$\alpha_{\mathrm{Red}} = \gamma_{\mathrm{Red}}[\mathrm{Red}] = \gamma_{\mathrm{Red}}\frac{c_{\mathrm{Red}}}{\alpha_{\mathrm{Red}}} \tag{6-3}$$

为方便讨论，将上述半电池反应式中各物质的系数视为 1，将式（6-2）、式（6-3）代入式（6-1），得

$$\varphi_{\mathrm{Ox/Red}} = \varphi^{\ominus}_{\mathrm{Ox/Red}} + \frac{0.059}{n}\lg\frac{\gamma_{\mathrm{Ox}}c_{\mathrm{Ox}}}{\alpha_{\mathrm{Ox}}}\cdot\frac{\alpha_{\mathrm{Red}}}{\gamma_{\mathrm{Red}}c_{\mathrm{Red}}}$$

$$= \left(\varphi^{\ominus}_{\mathrm{Ox/Red}} + \frac{0.059}{n}\lg\frac{\gamma_{\mathrm{Ox}}\alpha_{\mathrm{Red}}}{\gamma_{\mathrm{Red}}\alpha_{\mathrm{Ox}}}\right) + \frac{0.059}{n}\lg\frac{c_{\mathrm{Ox}}}{c_{\mathrm{Red}}} \tag{6-4}$$

$$= \varphi^{\ominus'}_{\mathrm{Ox/Red}} + \frac{0.059}{n}\lg\frac{c_{\mathrm{Ox}}}{c_{\mathrm{Red}}}$$

$$\varphi^{\ominus'}_{\mathrm{Ox/Red}} = \varphi^{\ominus}_{\mathrm{Ox/Red}} + \frac{0.059}{n}\lg\frac{\gamma_{\mathrm{Ox}}\alpha_{\mathrm{Red}}}{\gamma_{\mathrm{Red}}\alpha_{\mathrm{Ox}}} \tag{6-5}$$

式中，$\varphi^{\ominus'}_{\mathrm{Ox/Red}}$称为条件电极电位（conditional electrode potential or formal electrode potential），它是在一定的介质条件下，氧化态和还原态的分析浓度均为 1 mol/L 时或它们的浓度比为 1 时的实际电极电位。其电位值只有在一定条件下，才是一个常数，故称为条件电极电位。

条件电极电位反映了离子强度和各种副反应影响的总结果，因此是校正了各种外界因素后得到的实际电极电位，更符合实际情况。例如，Fe^{3+}/Fe^{2+}电对的$\varphi^{\ominus}$ =0.771 V，而其条件电极电位$\varphi^{\ominus}$在不同无机酸介质中则有不同的数值，如表 6-1 所示。

表 6-1　Fe^{3+}/Fe^{2+} 电对在不同无机酸介质中的条件电极电位

	介质				
	$HClO_4$	HCl	HCl	H_2SO_4	H_3PO_4
浓度（mol/L）	1	0.5	1	0.5	2
$\varphi^{\ominus}$（V）	0.767	0.71	0.70	0.68	0.46

在进行氧化还原反应的电极电位计算时，应尽量采用与给定介质条件相同的条件电极电位；若缺乏相应条件的 $\varphi^{\ominus'}$，则可采用介质条件相近的 $\varphi^{\ominus'}$，对于没有相应或近似 $\varphi^{\ominus'}$ 的氧化还原电对，则采用标准电极电位。

（二）影响条件电极电位的因素

影响条件电极电位的主要因素有离子强度和各种副反应（包括在溶液中可能发生的沉淀效应、配位效应、酸效应等各种副反应）。

1. 离子强度的影响　在氧化还原反应中，溶液的离子强度一般较大，氧化态和还原态的价态通常较高，离子强度对电极电位有一定影响。但一般情况下，不易得到离子活度系数的精确值，离子强度的影响难以校正。此外，各种副反应对电极电位的影响通常远比离子强度的影响大，在此情况下，估算条件电极电位时可忽略离子强度的影响（即假定离子活度系数 $\gamma=1$），式（6-1）、式（6-5）可分别简化如下（为方便讨论，上述半电池反应式中各物质的系数视为 1）。

$$\varphi_{Ox/Red}=\varphi^{\ominus}_{Ox/Red}+\frac{0.059}{n}\lg\frac{[Ox]}{[Red]}\ (25℃) \tag{6-6}$$

$$\varphi^{\ominus'}_{Ox/Red}=\varphi^{\ominus}_{Ox/Red}+\frac{0.059}{n}\lg\frac{\alpha_{Red}}{\alpha_{Ox}} \tag{6-7}$$

上述两式是忽略了离子强度后得到的电极电位及条件电极电位的近似表达式。在可以忽略离子强度的情况下，使用它们讨论问题将非常方便。

2. 沉淀效应的影响　在氧化还原反应中，当加入一种可与氧化态或还原态生成沉淀的沉淀剂时，就会改变电对的条件电极电位。氧化态生成沉淀使条件电极电位降低，还原态生成沉淀则使条件电极电位增高。

例 6-1　中药胆矾 $CuSO_4$ 的含量测定通常用间接碘量法。有关电对反应如下。

$$Cu^{2+}+e \rightleftharpoons Cu^{+} \qquad \varphi^{\ominus}_{Cu^{2+}/Cu^{+}}=0.159V$$

$$I_2+2e \rightleftharpoons 2I^{-} \qquad \varphi^{\ominus}_{I_2/I^{-}}=0.5345V$$

试计算 $[I^-]$=1 mol/L 时，电对 Cu^{2+}/Cu^{+} 的条件电极电位（忽略离子强度影响），$K_{sp,\ CuI}=1.0\times10^{-12}$。

解：因溶液中有 CuI 生成，即 $Cu^{+}+I^{-} \rightleftharpoons CuI\downarrow$，故 $[Cu^{+}]=\dfrac{K_{sp,CuI}}{[I^{-}]}$，根据式（6-6）得

$$\varphi_{Cu^{2+}/Cu^{+}}=\varphi^{\ominus}_{Cu^{2+}/Cu^{+}}+0.059\lg\frac{[Cu^{2+}]}{[Cu^{+}]}=\varphi^{\ominus}_{Cu^{2+}/Cu^{+}}+0.059\lg\frac{[Cu^{2+}][I^{-}]}{K_{sp,\ CuI}}$$

若考虑副反应的影响，则有

$$[Cu^{2+}]=\frac{c_{Cu^{2+}}}{\alpha_{Cu^{2+}}}$$

$$\varphi_{Cu^{2+}/Cu^{+}}=\varphi^{\ominus}_{Cu^{2+}/Cu^{+}}+0.059\lg\frac{[I^{-}]}{\alpha_{Cu^{2+}}K_{sp,\,CuI}}+0.059\lg c_{Cu^{2+}}=\varphi^{\ominus'}_{Cu^{2+}/Cu^{+}}+0.059\lg c_{Cu^{2+}}$$

因在实验条件下 Cu^{2+} 不发生明显的副反应，即 $\alpha_{Cu^{2+}}\approx 1$

$$\varphi^{\ominus'}_{Cu^{2+}/Cu^{+}}=0.159+0.059\lg\frac{1}{1.0\times10^{-12}\times1}=0.87\text{（V）}$$

由此可知，因为反应过程中还原态 Cu^{+} 生成了溶解度很小的 CuI 沉淀，溶液中 Cu^{+} 浓度大大降低，电对 Cu^{2+}/Cu^{+} 的条件电极电位由+0.159 V 增高至+0.87 V，明显高于 $\varphi^{\ominus'}_{I_2/I^-}$，所以 Cu^{2+} 可以氧化 I^-，且反应进行得很完全。

3. 配位效应的影响 若电对中金属离子的氧化态或还原态与溶液中的配位剂发生配位反应，也会引起条件电极电位的改变。若氧化态形成稳定的络合物（或氧化态和还原态均形成稳定的络合物，但氧化态络合物较还原态络合物更稳定），条件电极电位降低；相反，还原态形成稳定的络合物（或形成的还原态络合物较氧化态络合物更稳定），则条件电极电位升高。

例 6-2 如果胆矾中含有铁，在间接碘量法测定 Cu^{2+} 时涉及的反应有

$$Cu^{2+}+e \rightleftharpoons Cu^{+} \qquad \varphi^{\ominus}_{Cu^{2+}/Cu^{+}}=0.159\text{ V}$$

$$I_2+2e \rightleftharpoons 2I^{-} \qquad \varphi^{\ominus}_{I_2/I^{-}}=0.5345\text{ V}$$

$$Fe^{3+}+e \rightleftharpoons Fe^{2+} \qquad \varphi^{\ominus}_{Fe^{3+}/Fe^{2+}}=0.771\text{ V}$$

（1）间接碘量法测定 Cu^{2+} 含量时，溶液中含 Fe^{3+} 会影响 Cu^{2+} 测定吗？为什么？

（2）溶液中加入 1 mol/L 的 F^- 时，可以消除 Fe^{3+} 对 Cu^{2+} 测定的影响吗？（已知 $[F^-]$=1 mol/L，忽略离子强度的影响，FeF_3 的累积稳定常数 $\lg\beta_1$、$\lg\beta_2$、$\lg\beta_3$ 分别为 5.2、9.2、11.9）

解：（1）间接碘量法测定 Cu^{2+} 时，若溶液中含有 Fe^{3+}，因 $\varphi^{\ominus}_{Fe^{3+}/Fe^{2+}}>\varphi^{\ominus}_{I_2/I^-}$，$Fe^{3+}$ 可将溶液中的 I^- 氧化成 I_2（即 $2Fe^{3+}+2I^- \rightleftharpoons 2Fe^{2+}+I_2$），将严重干扰 Cu^{2+} 含量的测定。若事先在试液中加入 F^-，可与 Fe^{3+} 生成非常稳定的 FeF_3 络合物，从而使 Fe^{3+} 浓度大大降低，$\varphi^{\ominus'}_{Fe^{3+}/Fe^{2+}}$ 随之降低，若能使 $\varphi^{\ominus}_{Fe^{3+}/Fe^{2+}}<\varphi^{\ominus}_{I_2/I^-}$，$Fe^{3+}$ 将失去氧化 I^- 的能力，不再干扰 Cu^{2+} 测定。

（2）当 $[F^-]$=1 mol/L 时，电对 Fe^{3+}/Fe^{2+} 的条件电极电位为

$$\varphi^{\ominus'}_{Fe^{3+}/Fe^{2+}}=\varphi^{\ominus}_{Fe^{3+}/Fe^{2+}}+\frac{0.059}{n}\lg\frac{\alpha_{Fe^{2+}}}{\alpha_{Fe^{3+}}}$$

因溶液中 Fe^{3+} 与 F^- 形成稳定的 FeF_3 络合物，故

$$\begin{aligned}\alpha_{Fe^{3+}(F)}&=1+\beta_1[F^-]+\beta_2[F^-]^2+\beta_3[F^-]^3\\&=1+10^{5.2}\times1+10^{9.2}\times1^2+10^{11.9}\times1^3\\&=10^{11.9}\end{aligned}$$

因 Fe^{2+} 不与 F^- 形成稳定的络合物，故 $\alpha_{Fe^{3+}(F)}\approx 1$

$$\varphi^{\ominus'}_{Fe^{3+}/Fe^{2+}} = 0.771 + \frac{0.059}{1}\lg\frac{1}{10^{11.9}} = 0.0689(V) < \varphi^{\ominus}_{I_2/I^-} = 0.5345\ V$$

所以，此时 Fe^{3+} 失去氧化 I^- 的能力，不再干扰 Cu^{2+} 测定。

4. 酸效应的影响　电对的电极半反应中若有 H^+ 或 OH^- 参加，酸度改变将直接引起条件电极电位的改变；此外，电对的氧化态或还原态若是弱酸或弱碱，溶液酸度改变还会影响其存在形式，从而引起条件电极电位的变化。

案例 6-2

《中国药典》（2020 年版）中，提出砷盐检查法（0822），标准砷溶液的制备；氢化物法测定砷（2321）自“加 25% 碘化钾溶液（临用前配制）1 mL”起，依法测定。从标准曲线上读出供试品溶液中砷（As）的含量。

H^+ 对砷测定的影响是什么？氢化物法测砷的基本原理是什么？

案例 6-2 分析

氢化物法测砷涉及下列半电池反应：

$$H_3AsO_4 + 2H^+ + 2e \rightleftharpoons HAsO_2 + 2H_2O \qquad \varphi^{\ominus}_{H_3AsO_4/HAsO_2} = 0.560\ V$$

$$I_2 + 2e \rightleftharpoons 2I^- \qquad \varphi^{\ominus}_{I_2/I^-} = 0.5345\ V$$

因为 $\varphi^{\ominus}_{H_3AsO_4/HAsO_2} > \varphi^{\ominus}_{I_2/I^-}$，所以在标准状态下，自发进行反应：$H_3AsO_4 + 2H^+ + 2I^- \rightleftharpoons HAsO_2 + 2H_2O + I_2$，但当改变 pH 值时，可改变反应方向。

$$\varphi_{H_3AsO_4/HAsO_2} = \varphi^{\ominus}_{H_3AsO_4/HAsO_2} + \frac{0.059}{2}\lg\frac{[H_3AsO_4][H^+]^2}{[HAsO_2]}$$

$$= \varphi^{\ominus}_{H_3AsO_4/HAsO_2} + \frac{0.059}{2}\lg\frac{c_{H_3AsO_4}\alpha_{HAsO_2}[H^+]^2}{c_{HAsO_2}\alpha_{H_3AsO_4}}$$

$$= \varphi^{\ominus'}_{H_3AsO_4/HAsO_2} + \frac{0.059}{2}\lg\frac{c_{H_3AsO_4}}{c_{HAsO_2}}$$

$$\varphi^{\ominus'}_{H_3AsO_4/HAsO_2} = \varphi^{\ominus}_{H_3AsO_4/HAsO_2} + \frac{0.059}{2}\lg\frac{\alpha_{HAsO_2}[H^+]^2}{\alpha_{H_3AsO_4}}$$

式中的酸效应系数 $\alpha = \frac{1}{\delta_0}$，$\delta_0$ 为酸的不带电荷质点的分布系数（见第四章第一节）。按第四章第一节相关公式进行计算：

$$pH=4.0\ 时，\alpha_{H_3AsO_4} = 56.1，\quad \alpha_{HAsO_2} = 1.0$$

将其代入上式得

$$\varphi^{\ominus'}_{H_3AsO_4/HAsO_2} = 0.560 + \frac{0.059}{2}\lg\frac{1.0\times(10^{-4})^2}{56.1} = 0.27(V)$$

此时 $\varphi^{\ominus}_{H_3AsO_4/HAsO_2} < \varphi^{\ominus}_{I_2/I^-}$，自发进行的反应为

$$HAsO_2 + 2H_2O + I_2 \rightleftharpoons H_3AsO_4 + 2H^+ + 2I^-$$

酸度对反应方向的影响，在两个电对 φ（或 φ'）相差很小时才能实现。如上述反应中，两电对标准电极电位差值仅为 0.0255 V，所以只要改变溶液的 pH 就可以改变反应进行的方向。

二、氧化还原反应进行的程度

氧化还原滴定要求氧化还原反应进行得越完全越好。氧化还原反应进行的程度可用条件平衡常数（condition equilibrium constant，K'）衡量，K' 越大，反应进行得越完全。根据 Nernst 方程式，从有关电对的条件电极电位即可求出 K'，如氧化还原反应：

$$n_2\text{Ox}_1 + n_1\text{Red}_2 \rightleftharpoons n_2\text{Red}_1 + n_1\text{Ox}_2$$

电对的电极半反应及电极电位分别为

$$\text{Ox}_1 + n_1\text{e} \rightleftharpoons \text{Red}_1 \qquad \varphi_1 = \varphi_1^{\ominus'} + \frac{0.059}{n_1}\lg\frac{c_{\text{Ox}_1}}{c_{\text{Red}_1}}$$

$$\text{Ox}_2 + n_2\text{e} \rightleftharpoons \text{Red}_2 \qquad \varphi_2 = \varphi_2^{\ominus'} + \frac{0.059}{n_2}\lg\frac{c_{\text{Ox}_2}}{c_{\text{Red}_2}}$$

反应达到平衡时，$\varphi_1=\varphi_2$，即

$$\varphi_1^{\ominus'} + \frac{0.059}{n_1}\lg\frac{c_{\text{Ox}_1}}{c_{\text{Red}_1}} = \varphi_2^{\ominus'} + \frac{0.059}{n_2}\lg\frac{c_{\text{Ox}_2}}{c_{\text{Red}_2}}$$

两边同时乘以 n_1n_2，整理后得到

$$\lg\frac{c_{\text{Ox}_2}^{n_1}c_{\text{Red}_1}^{n_2}}{c_{\text{Ox}_1}^{n_2}c_{\text{Red}_2}^{n_1}} = \frac{n_1n_2(\varphi_1^{\ominus'}-\varphi_2^{\ominus'})}{0.059} = \frac{n_1n_2\Delta\varphi^{\ominus'}}{0.059}$$

即

$$\lg K' = \lg\frac{c_{\text{Ox}_2}^{n_1}c_{\text{Red}_1}^{n_2}}{c_{\text{Ox}_1}^{n_2}c_{\text{Red}_2}^{n_1}} = \frac{n_1n_2\Delta\varphi^{\ominus'}}{0.059} \tag{6-8}$$

式中，K' 是以反应物分析浓度表示的平衡常数，称为条件平衡常数。

例 6-3 氧化还原滴定分析中，参与反应的两电对条件电极电位差 $\Delta\varphi^{\ominus'}$ 越大，反应过程得失电子数越多，K' 就越大，反应向右进行得就越完全。通常 $\Delta\varphi^{\ominus'}$ 要多大时，反应才能满足滴定分析的要求？

解：根据滴定分析误差要求，一般要求反应完全程度达 99.9% 以上，即未反应物应小于 0.1%，代入式（6-8）中。

$$\lg K' = \lg\frac{c_{\text{Ox}_2}^{n_1}c_{\text{Red}_2}^{n_2}}{c_{\text{Ox}_1}^{n_2}c_{\text{Red}_2}^{n_1}} = \lg\frac{(99.9\%)^{n_1}(99.9\%)^{n_2}}{(0.1\%)^{n_2}(0.1\%)^{n_1}} \approx 3(n_1+n_2)$$

$$\Delta\varphi^{\ominus'} = \frac{0.059}{n_1n_2}\lg K' = \frac{0.059\times3\times(n_1+n_2)}{n_1n_2}$$

因此，用于氧化还原滴定分析的氧化还原反应必须满足的条件是 $\lg K' \geqslant 3(n_1+n_2)$ 或 $\Delta\varphi^{\ominus'} \geqslant 0.059\times3(n_1+n_2)/n_1n_2$。

例 6-4 计算在 1 mol/L $HClO_4$ 溶液中，Ce^{4+} 与 Fe^{2+} 反应的条件平衡常数，并判断反应能否进行完全。（已知：$\varphi^{\ominus'}_{Ce^{4+}/Ce^{3+}}=1.74\text{ V}$，$\varphi^{\ominus'}_{Fe^{3+}/Fe^{2+}}=0.767\text{ V}$）

解：Ce^{4+} 与 Fe^{2+} 的反应为

$$Ce^{4+} + Fe^{2+} \rightleftharpoons Ce^{3+} + Fe^{3+} (n_1=n_2=1)$$

$$\Delta\varphi^{\ominus'} = \left(\varphi^{\ominus'}_{Ce^{4+}/Ce^{3+}} - \varphi^{\ominus'}_{Fe^{3+}/Fe^{2+}}\right) = 1.74-0.767 = 0.97(\text{V})$$

$$\lg K' = \frac{n_1 n_2 \Delta\varphi^{\ominus'}}{0.059} = \frac{1\times1\times0.97}{0.059} = 16.44$$

$$K' = 2.8\times10^{16}$$

若仅考虑条件平衡常数，上述反应相当完全，能够用于氧化还原滴定。

三、氧化还原反应的速度

在滴定分析中，若反应速度慢，反应就不能直接用于滴定，因此总是希望滴定反应能快速进行。氧化还原反应的条件平衡常数可以判断反应的方向和完全程度，但无法说明反应的速度。某些氧化还原反应的条件平衡常数足够大，但因反应速度慢，仍无法满足滴定分析的要求，因此反应速度是氧化还原滴定中必须考虑的另一关键问题。氧化还原反应的速度除与反应物的本质有关外，还受以下因素的影响。

1. 反应物浓度对反应速度的影响　许多氧化还原反应是分步进行的，整个反应速度由最慢的一步决定。因此不能从总的氧化还原反应方程式来判断反应物浓度对反应速度的影响。但一般来说，增加反应物的浓度就能加快反应速度。例如，$Cr_2O_7^{2-}$ 在酸性介质中与 I^- 的反应为

$$Cr_2O_7^{2-} + 6I^- + 14H^+ \rightleftharpoons 2Cr^{3+} + 3I_2 + 7H_2O$$

此反应速度较慢，但增大 I^- 与 H^+ 浓度，均可加快反应速度。实验证明，在 H^+ 浓度为 0.4 mol/L，KI 过量约 5 倍时，放置 5 min，反应即可进行完全。

2. 催化剂对反应速度的影响　催化剂的使用是改变反应速度的有效方法。能加快反应速度的催化剂称为正催化剂；能减慢反应速度的催化剂称为负催化剂。例如，Ce^{4+} 氧化 AsO_2^- 的反应速度很慢，但如果加入少量的催化剂 I^-，反应便可迅速进行。又如，MnO_4^- 与 $C_2O_4^{2-}$ 反应的速度较慢，若加入催化剂 Mn^{2+} 则能加速反应，也可利用 MnO_4^- 与 $C_2O_4^{2-}$ 发生反应后生成的微量 Mn^{2+} 作催化剂来加速反应。这种由生成物本身起催化作用的反应，称为自动催化反应（autocatalysis reaction）。这类反应有一个特点，就是开始时反应速度较慢，随着生成物逐渐增多，反应速度就逐渐加快，经一个最高点后，由于反应物的浓度越来越低，反应速度又逐渐降低。

3. 温度对反应速度的影响　升高温度不但增加了反应物之间的碰撞概率，同时也增加了活化分子或离子的数目，从而提高了反应速度，因此对大多数反应来说，升高温度可加快反应速度。通常温度每升高 10℃，反应速度可提高 2～3 倍。例如，在酸性溶液中，MnO_4^- 与 $C_2O_4^{2-}$ 的反应：

$$2MnO_4^- + 5C_2O_4^{2-} + 16H^+ \rightleftharpoons 2Mn^{2+} + 10CO_2\uparrow + 8H_2O$$

室温下此反应速度缓慢，如果将溶液加热至 75～85℃，反应速度大大加快，滴定便可以顺利进行。但应注意，草酸溶液加热的温度不能超过 90℃，否则草酸易分解，使滴定结果产生误差。

但是，$K_2Cr_2O_7$ 与 KI 的反应不能用加热的方法来加快反应速度，因为生成的 I_2 会挥发而引起损失；有些还原性物质，如 Fe^{2+}、Sn^{2+} 等也会因加热而更容易被空气中的 O_2 氧化。因此，对那些加热易挥发，或加热易被空气中 O_2 氧化的反应不能用提高温度来加速反应，而必须寻求其他方法来提高反应速度。

第二节　氧化还原滴定的基本原理

一、滴定曲线

在氧化还原滴定过程中，随着滴定剂的加入和反应的进行，溶液中反应物和生成物的浓度不断改变，有关电对的电位也随之改变。以滴定剂加入的体积或滴定百分数为横坐标，以电对的电位为纵坐标作图，所得曲线即为氧化还原滴定曲线（redox titration curve）。

例 6-5 滴定过程中各点的电极电位可用实验方法测得，对于可以得到条件电极电位的简单滴定体系，也可根据 Nernst 方程进行计算。以 0.1000 mol/L $Ce(SO_4)_2$ 溶液，在 1 mol/L $HClO_4$ 溶液中滴定 20.00 mL 0.1000 mol/L 的 $FeSO_4$ 溶液，其滴定曲线的绘制可采用何种方法？

解：Ce^{4+} 滴定 Fe^{2+} 的体系中（1 mol/L $HClO_4$ 溶液中），相关条件电极电位均可查到，其滴定曲线上各点电极电位可用 Nernst 方程计算而得。

滴定反应为 $Ce^{4+} + Fe^{2+} \rightleftharpoons Ce^{3+} + Fe^{3+}$

反应电对为 $Ce^{4+} + e \rightleftharpoons Ce^{3+}$　　$\varphi^{\ominus'}_{Ce^{4+}/Ce^{3+}} = 1.74\ V$

$Fe^{3+} + e \rightleftharpoons Fe^{2+}$　　$\varphi^{\ominus'}_{Fe^{3+}/Fe^{2+}} = 0.767\ V$

由例 6-5 可知该反应的条件平衡常数很大（$K'=2.8\times10^{16}$），滴定反应进行得非常完全。滴定开始后，溶液中存在两个电对，它们的电极电位分别为

$$\varphi_{Fe^{3+}/Fe^{2+}} = \varphi^{\ominus'}_{Fe^{3+}/Fe^{2+}} + 0.059\lg\frac{c_{Fe^{3+}}}{c_{Fe^{2+}}}$$

$$\varphi_{Ce^{4+}/Ce^{3+}} = \varphi^{\ominus'}_{Ce^{4+}/Ce^{3+}} + 0.059\lg\frac{c_{Ce^{4+}}}{c_{Ce^{3+}}}$$

反应达平衡时，$\varphi_{Fe^{3+}/Fe^{2+}} = \varphi_{Ce^{4+}/Ce^{3+}}$，因此溶液的电位可根据任一电对的电位公式来计算。滴定过程中电位变化的四个阶段可计算如下。

1. 滴定开始前　$FeSO_4$ 溶液中可能有痕量的 Fe^{2+} 被空气或介质氧化成 Fe^{3+}，组成 Fe^{3+}/Fe^{2+} 电对，但 $c_{Fe^{3+}}$ 未知，故难以计算滴定开始前溶液的电位。

2. 滴定开始至化学计量点前　因加入的 Ce^{4+} 几乎全部被 Fe^{2+} 还原为 Ce^{3+}，到达平衡时 $c_{Ce^{4+}}$ 很小且不易直接求得，故无法计算电对 $c_{Ce^{4+}}/c_{Ce^{3+}}$ 的电位；但若能根据加入 Ce^{4+} 滴定剂的百分数，求出 $c_{Fe^{3+}}/c_{Fe^{2+}}$，即可利用电对 Fe^{3+}/Fe^{2+} 求出电位。例如，当滴入 Ce^{4+} 标准溶液 19.98 mL，即有 99.9% 的 Fe^{2+} 被氧化成 Fe^{3+}，此时电位为

$$\varphi = \varphi_{Fe^{3+}/Fe^{2+}} = \varphi^{\ominus'}_{Fe^{3+}/Fe^{2+}} + 0.059\lg\frac{c_{Fe^{3+}}}{c_{Fe^{2+}}} = 0.767 + 0.059\lg\frac{99.9}{0.1} = 0.944(V)$$

3. 化学计量点　Ce^{4+} 和 Fe^{2+} 分别定量地转变为 Ce^{3+} 和 Fe^{3+}，未反应的 Ce^{4+} 和 Fe^{2+} 浓度很小，不易直接求得，但此时 $c_{Ce^{4+}}=c_{Fe^{2+}}$，$c_{Ce^{3+}}=c_{Fe^{3+}}$，化学计量点的电位 φ_{sp} 为

$$\varphi_{sp} = \varphi^{\ominus'}_{Fe^{3+}/Fe^{2+}} + 0.059\lg\frac{c_{Fe^{3+}}}{c_{Fe^{2+}}}$$

$$\varphi_{sp} = \varphi^{\ominus'}_{Ce^{4+}/Ce^{3+}} + 0.059\lg\frac{c_{Ce^{4+}}}{c_{Ce^{3+}}}$$

两式相加得 $2\varphi_{sp} = \varphi^{\ominus'}_{Fe^{3+}/Fe^{2+}} + \varphi^{\ominus'}_{Ce^{4+}/Ce^{3+}} + 0.059\lg\frac{c_{Fe^{3+}}c_{Ce^{4+}}}{c_{Fe^{2+}}c_{Ce^{3+}}}$

$$\varphi_{sp} = \frac{\varphi^{\ominus'}_{Fe^{3+}/Fe^{2+}} + \varphi^{\ominus'}_{Ce^{4+}/Ce^{3+}}}{2} = \frac{0.767 + 1.74}{2} = 1.25(V)$$

4. 化学计量点后　Fe^{2+} 几乎全部被 Ce^{4+} 氧化为 Fe^{3+}，$c_{Fe^{2+}}$ 很小且不易直接求得，但只要知道加入过量 Ce^{4+} 的百分数，便可用 $c_{Ce^{4+}}/c_{Ce^{3+}}$ 计算电位值。例如，当滴入 Ce^{4+} 标准溶液 20.02 mL，

即加入过量 0.1% 的 Ce^{4+} 滴定剂时，其电位为

$$\varphi = \varphi_{Ce^{4+}/Ce^{3+}} = \varphi^{\ominus'}_{Ce^{4+}/Ce^{3+}} + 0.059\lg\frac{c_{Ce^{4+}}}{c_{Ce^{3+}}} = 1.74 + 0.059\lg\frac{0.1}{100} = 1.56(V)$$

用相同方法可以计算滴定过程中任意一点的电位值（表 6-2），并绘制滴定曲线如图 6-1 所示。

表 6-2　在 1 mol/L $HClO_4$ 溶液中 Ce^{4+} 标准溶液滴定 Fe^{2+} 溶液的电位变化

滴入 Ce^{4+} 溶液的体积 (mL)	Fe^{2+} 被滴定的百分率（%）	电极电位 φ（V）	滴入 Ce^{4+} 溶液的体积（mL）	Fe^{2+} 被滴定的百分率（%）	电极电位 φ（V）
1.00	5.0	0.692	19.80	99.0	0.885
2.00	10.0	0.711	19.98	99.9	0.944 ┐突跃范围
4.00	20.0	0.731	20.00	100.0	1.25
8.00	40.0	0.757	20.02	100.1	1.56 ┘
10.00	50.0	0.767	22.00	110.0	1.68
12.00	60.0	0.777	30.00	150.0	1.72
18.00	90.0	0.823	40.00	200.0	1.74

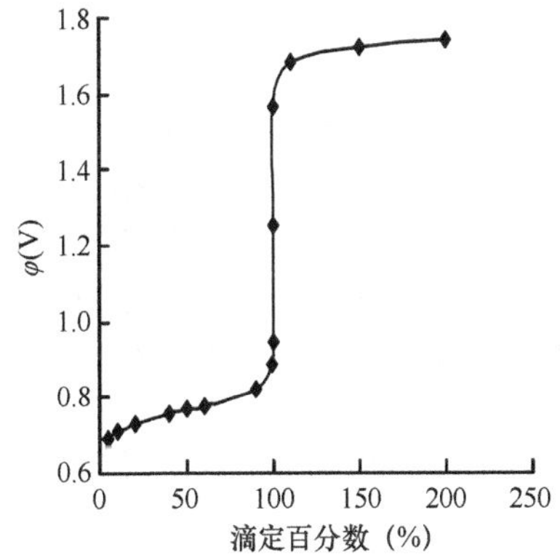

图 6-1　Ce^{4+} 滴定 Fe^{2+} 的滴定曲线（1 mol/L $HClO_4$ 中）

根据以上计算及讨论可见：化学计量点附近（前后 0.1%），体系电位值由 0.944 V 突然上升到 1.56 V（$\Delta\varphi = 0.62$ V），有明显突变，称为滴定突跃。

对于氧化还原反应：

$$n_2Ox_1 + n_1Red_2 \rightleftharpoons n_2Red_1 + n_1Ox_2$$

化学计量点的电位值（φ_{sp}）的计算通式为

$$\varphi_{sp} = \frac{n_1\varphi_1^{\ominus'} + n_2\varphi_2^{\ominus'}}{n_1 + n_2} \tag{6-9}$$

滴定突跃范围为

$$\varphi_2^{\ominus'} + \frac{0.059\times 3}{n_2}(V) \sim \varphi_1^{\ominus'} - \frac{0.059\times 3}{n_1}(V)$$

由此可见（图 6-2），两电对的条件电位差（$\Delta\varphi^{\ominus'}$）越大，滴定突跃范围越大，越便于选择指示剂，滴定结果就越准确。

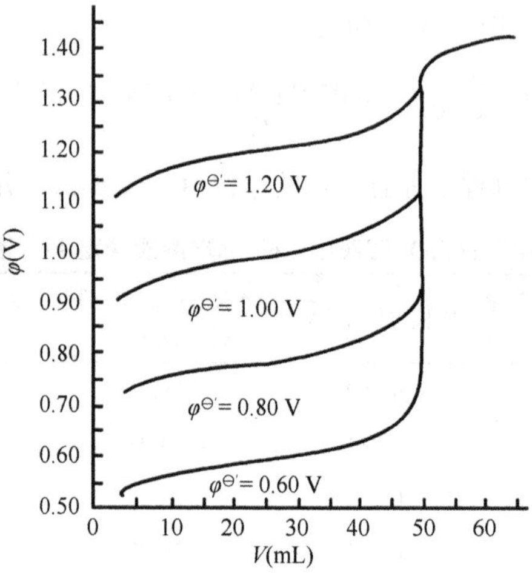

图 6-2　Ce^{4+} 滴定 4 种不同还原剂的滴定曲线

二、指　示　剂

氧化还原滴定中常用的指示剂有以下几类。

（一）氧化还原指示剂

这类指示剂本身是弱氧化剂或弱还原剂，其氧化态（In_{Ox}）和还原态（In_{Red}）具有不同的颜色，在滴定过程中被氧化或被还原后颜色发生变化，从而指示滴定终点，故称为氧化还原指示剂（oxidation-reduction indicator）。例如，用 $K_2Cr_2O_7$ 滴定 Fe^{2+} 时，常用二苯胺磺酸钠为指示剂。二苯胺磺酸钠的还原态为无色，氧化态为紫红色，当滴定至化学计量点时，稍过量的 $K_2Cr_2O_7$ 使二苯胺磺酸钠由还原态转变为氧化态，溶液由无色变为紫红色，指示滴定终点的到达。

氧化还原指示剂的氧化还原半反应和 Nernst 方程式如下。

$$In_{Ox} + ne \rightleftharpoons In_{Red}$$

$$\varphi_{In_{Ox}/In_{Red}} = \varphi^{\ominus'}_{In_{Ox}/In_{Red}} + \frac{0.059}{n}\lg\frac{c_{In_{Ox}}}{c_{In_{Red}}}$$

显然，随着滴定过程中溶液电极电位值的改变，$c_{In_{Ox}}/c_{In_{Red}}$ 在改变，溶液颜色也随之变化。与酸碱指示剂在一定 pH 范围内发生颜色转变一样，我们也只能在一定电位范围内看到这种颜色变化，即 $c_{In_{Ox}}/c_{In_{Red}}$ 从 10/1 变到 1/10 时，指示剂将从氧化态颜色变到还原态颜色，因此指示剂变色的电位范围为

$$\varphi^{\ominus'}_{In_{Ox}/In_{Red}} \pm \frac{0.059}{n}$$

当 $c_{In_{Ox}}/c_{In_{Red}} = 1$ 时，$\varphi_{In_{Ox}/In_{Red}} = \varphi^{\ominus'}_{In_{Ox}/In_{Red}}$，该点称为氧化还原指示剂的变色点，此时溶液显指示剂氧化态颜色和还原态颜色的混合色。若两种颜色强度相差较大，变色点的电位将偏离 $\varphi^{\ominus'}_{In_{Ox}/In_{Red}}$。指示剂不同，$\varphi^{\ominus'}_{In_{Ox}/In_{Red}}$ 不同，表 6-3 列出了部分常用的氧化还原指示剂。

氧化还原指示剂是氧化还原滴定的通用指示剂。选择这类指示剂的基本原则：指示剂变色的电位范围应在滴定突跃范围之内，并尽量使 $\varphi^{\ominus'}_{In_{Ox}/In_{Red}}$ 与滴定反应的 φ_{sp} 一致。例如，在 1 mol/L $HClO_4$ 溶液中用 Ce^{4+} 滴定 Fe^{2+}，滴定突跃范围是 0.944～1.56 V，φ_{sp} 为 1.25 V，显然，5-硝基邻二氮菲亚铁非常适合作为该滴定的指示剂。

表 6-3　常用的氧化还原指示剂的 $\varphi^{\ominus'}_{In_{Ox}/In_{Red}}$ 及颜色变化

指示剂	$\varphi^{\ominus'}_{In_{Ox}/In_{Red}}$（V）	颜色变化	
	pH=0	还原态颜色	氧化态颜色
亚甲蓝（methylene blue）	0.36	无色	蓝绿色
二苯胺磺酸钠（diphenylamine sodium sulfonate）	0.84	无色	紫红色
羊毛罂红（erioglaucine）	1.00	绿色	红色
邻二氮菲亚铁（1,10-phenathroline ferrous complex）	1.06	红色	浅蓝色
5-硝基邻二氮菲亚铁（5-nitro-1, 10-phenanthroline ferrous complex）	1.25	紫红色	浅蓝色

还应注意的是，氧化还原滴定中，滴定剂及被滴定物质常是有色的，反应前后观察到的颜色变化是离子颜色和指示剂所示颜色的混合色，故选择指示剂时应注意终点颜色变化是否明显。例如，用 $K_2Cr_2O_7$ 滴定 Fe^{2+} 时，常选用二苯胺磺酸钠作指示剂，滴定至终点时，溶液由亮绿色（Cr^{3+}）变为紫红色，颜色变化十分明显。

（二）自身指示剂

有些滴定剂或被滴定物本身具有很深的颜色，而滴定产物无色或颜色很浅，此时滴定可不必另加指示剂，滴定剂或被滴定物本身颜色的变化就可起着指示剂的作用，称为自身指示剂（self indicator）。例如，$KMnO_4$ 本身显紫红色，用它来滴定无色的还原剂（Fe^{2+}、$C_2O_4^{2-}$、H_2O_2）溶液时，在化学计量点后，稍过量的 MnO_4^- 就能使溶液呈现淡红色，指示滴定终点的到达。

（三）特殊指示剂

这种指示剂本身并不具有氧化还原性，但能与滴定剂或被测定物质发生可逆的显色反应以指示滴定终点，称为特殊指示剂（specific indicator）或专用指示剂。例如，可溶性淀粉溶液与 I_2（I_3^-）反应生成深蓝色络合物，该反应可逆，故当 I_2 被还原为 I^- 时，蓝色立即褪去。碘量法中常用淀粉这种特殊指示剂，根据蓝色的出现或消失即可指示终点。

此外，KSCN 也可作为特殊指示剂用于 Fe^{3+} 对 Sn^{2+} 的滴定中，当溶液出现红色（Fe^{3+} 与 SCN^- 形成的络合物的颜色）即为终点。

应该指出，指示剂本身会消耗滴定剂。例如，0.1 mL 二苯胺磺酸钠（0.2%）溶液会消耗 0.1 mL $K_2Cr_2O_7$ 溶液（0.017 mol/L），因此若 $K_2Cr_2O_7$ 溶液的浓度是 0.01 mol/L 或更稀，则应作指示剂的空白校正。

三、滴定前的样品预处理

在利用氧化还原滴定法分析某些具体样品时，往往需要将待测组分预先处理成特定的适合于滴定的价态。例如，测定铁矿中总铁量时，Fe^{2+} 与 Fe^{3+} 共存，需预先将 Fe^{3+} 还原为 Fe^{2+}，再用 $K_2Cr_2O_7$ 或 $KMnO_4$ 滴定；测定 Mn^{2+} 或 Cr^{3+} 时，因很难找到合适的强氧化剂直接滴定，可先用 $(NH_4)_2S_2O_8$ 将它们氧化成 MnO_4^- 或 $Cr_2O_7^{2-}$ 再选用合适的还原剂（如 $FeSO_4$ 溶液）进行滴定；又如 Sn^{4+} 的测定，要找一个强还原剂直接滴定是不可能的，须将 Sn^{4+} 预还原成 Sn^{2+}，然后选用合适的氧化剂（如碘溶液）来滴定。这种测定前的氧化还原步骤，称为氧化还原预处理。

预处理时所选用的氧化剂或还原剂必须满足如下条件。

（1）能将待测组分定量且完全地氧化（或还原）为指定的价态。

（2）加入的过剩的氧化剂或还原剂必须易于完全除去。

（3）反应的选择性要好，只能定量地与氧化或还原待测组分反应，而不与试剂中其他组分发生反应。

（4）反应速度要足够快，与被处理组分的反应速度应满足滴定分析的要求。

第三节 碘 量 法

一、基本原理

碘量法（iodimetry）是利用 I_2 的氧化性和 I^- 的还原性来进行氧化还原滴定的方法，其半反应为

$$I_2 + 2e \rightleftharpoons 2I^- \qquad \varphi^{\ominus'}_{I_2/I^-} = 0.5345\ V \tag{6-10}$$

固体 I_2 在水中溶解度很小且易于挥发，为增大其溶解度并减少其挥发，通常将 I_2 溶解于 KI 溶液中，此时它以 I_3^- 配离子形式存在，其半反应为

$$I_3^- + 2e \rightleftharpoons 3I^- \qquad \varphi^{\ominus'}_{I_2/I^-} = 0.5355\ V \tag{6-11}$$

碘的氧化还原特性用式（6-10）表示更为准确，但由于式（6-10）与式（6-11）的 $\varphi^{\ominus'}$ 相差很小，为了简便并突出计算关系，通常仍使用式（6-10）。$\varphi^{\ominus'}_{I_2/I^-}$ 大小适中，可以看出 I_2 是较弱的氧化剂，能与较强的还原剂作用；I^- 是中等强度的还原剂，能与许多氧化剂作用，因此碘量法可用直接或间接两种方式进行，既可测定还原性物质，又可测定氧化性物质。

（一）直接碘量法

I_2 标准溶液可以直接测定电极电位值比 $\varphi^{\ominus'}_{I_2/I^-}$ 小的还原性物质，如 S^{2-}、SO_3^{2-}、Sn^{2+}、As（Ⅲ）、维生素 C 等，这种碘量法称为直接碘量法，又叫碘滴定法（iodimetric titration）。直接碘量法只能在酸性、中性或弱碱性溶液中进行，如果溶液的 pH＞9，则会发生下列副反应。

$$3I_2 + 6OH^- \rightleftharpoons IO_3^- + 5I^- + 3H_2O$$

（二）间接碘量法

电极电位值比 $\varphi^{\ominus'}_{I_2/I^-}$ 高的氧化性物质，可在一定条件下用 I^- 还原，定量置换出 I_2，然后用 $Na_2S_2O_3$ 标准溶液滴定置换出的 I_2，这种滴定方式称为间接碘量法，又称滴定碘法（iodometry）。

间接碘量法的基本反应为

$$2I^- - 2e \rightleftharpoons I_2$$

$$I_2 + 2S_2O_3^{2-} \rightleftharpoons S_4O_6^{2-} + 2I^-$$

间接碘量法多在中性或弱酸性溶液中进行，因为在碱性溶液中 I_2 与 $S_2O_3^{2-}$ 将发生如下反应。

$$S_2O_3^{2-} + 4I_2 + 10OH^- \rightleftharpoons 2SO_4^{2-} + 8I^- + 5H_2O$$

同时，I_2 在碱性溶液中还会发生歧化反应。

$$3I_2 + 6OH^- \rightleftharpoons IO_3^- + 5I^- + 3H_2O$$

在强酸性溶液中，$S_2O_3^{2-}$ 易分解，I^- 也易被空气中的 O_2 氧化。

$$S_2O_3^{2-} + 2H^+ \rightleftharpoons SO_2 + S\downarrow + H_2O$$

$$4I^- + 4H^+ + O_2 \rightleftharpoons 2I_2 + 2H_2O$$

间接碘量法的误差主要来源于 I_2 的挥发和 I^- 被空气中的 O_2 氧化。为减小滴定误差，可采取以下措施。

防止 I_2 挥发的方法：①加入过量的 KI（理论值的 2～3 倍），使 I_2 生成 I_3^-，增大 I_2 溶解度的同时，

减小 I_2 的挥发；②室温下进行，温度升高会加速 I_2 的挥发；③使用碘量瓶，快滴慢摇。

防止 I^- 被空气中 O_2 氧化的方法：①控制溶液酸度，酸度增大会加快 I^- 被氧化速度；②除去对该反应有催化作用的物质，如 Cu^{2+}、NO_3^- 等；③密闭、避光放置，待 I_2 完全析出后立即滴定，快滴慢摇。

利用这一方法可以测定很多氧化性物质，如 Cu^{2+}、$Cr_2O_7^{2-}$、IO_3^-、BrO_3^-、AsO_4^{3-}、ClO^-、NO_2^-、H_2O_2、MnO_4^- 和 Fe^{3+} 等。

另外，某些还原性物质，如甲醛、葡萄糖、焦亚硫酸钠等，与 I^- 的反应速度较慢或可溶性差，则可先与定量且过量的 I_2 标准溶液反应，待反应完全后，再用 $Na_2S_2O_3$ 标准溶液滴定剩余的 I_2，这种滴定方式称为剩余碘量法或回滴碘量法，也属于间接碘量法的范畴。还有些物质可与 I_2 定量地生成难溶性沉淀（如咖啡因）或发生取代反应（如酚酞），也可用剩余碘量法进行测定。

（三）碘量法应用实例

1. 维生素 C 的含量测定　维生素 C 又称抗坏血酸（$C_6H_8O_6$，摩尔质量为 176.12 g/mol）。由于维生素 C 分子中的烯二醇基具有还原性，所以它能被 I_2 定量地氧化成二酮基，其反应为

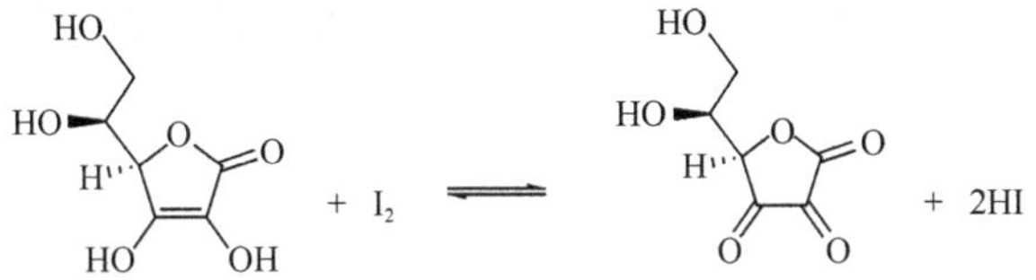

从上式看，碱性条件将有利于反应向右进行，但因维生素 C 的还原性很强，在空气中极易被氧化，尤其在碱性介质中更甚，所以滴定常在 HAc 溶液（弱酸性）中进行，以减少维生素 C 的副反应。

维生素 C 含量的测定方法：准确称取含维生素 C 样品，溶解在新煮沸且冷却的蒸馏水中，以 HAc 酸化，加入淀粉指示剂，迅速用 I_2 标准溶液滴定至溶液显蓝色并在 30s 内不褪色。维生素 C 在空气中易被氧化，所以在 HAc 酸化后应立即滴定。由于蒸馏水中存在溶解氧，因此蒸馏水必须事先煮沸，否则会使测定结果偏低。如果样品中有能被 I_2 直接氧化的物质存在，则对测定有干扰。

2. 药物中微量水分的测定——卡尔 · 费歇尔滴定法　卡尔 · 费歇尔滴定法（Karl Fischer titration），是测定物质水分的各类化学分析方法中，对水最为专一、最为准确的方法。它既可测定无机物中的微量水，也可测定有机物中的微量水，是药物中微量水分测定的标准方法之一。

案例 6-3

《中国药典》（2020 年版）规定药物中的微量水分使用卡尔 · 费歇尔滴定法，操作步骤如下：

精密称取待测样品适量于干燥碘量瓶中，加溶剂 2～5 mL（除另有规定外，溶剂均为无水甲醇），在不断振摇（或搅拌）下用卡尔 · 费歇尔试剂（简称卡氏试剂）滴定至溶液由浅黄色变为红棕色，根据所消耗卡氏试剂的体积与浓度即可计算出样品中的水分含量。同时作空白滴定进行校正。

（1）卡尔 · 费歇尔滴定法的化学反应原理是什么？

（2）卡尔 · 费歇尔滴定法中吡啶的作用是什么？

案例 6-3 分析

（1）卡尔 · 费歇尔滴定法是碘量法在非水滴定中的一种应用，其化学反应原理是利用 I_2 氧化 SO_2 时，需要一定量的水参加反应：

$$I_2 + SO_2 + 2H_2O \rightleftharpoons 2HI + H_2SO_4$$

上述反应是可逆的。为了使反应向正方向移动并定量进行，须加入碱性物质。

（2）实验证明，吡啶是最适宜的碱性试剂，同时吡啶还具有可与 I_2 和 SO_2 结合以降低两者蒸气压的作用。另外，试剂中还须加入另一种含活泼羟基（—OH）的溶剂（如甲醇），使硫酸酐吡啶转变成稳定的甲基硫酸氢吡啶。这种由 I_2、SO_2 和吡啶按一定比例溶于无水甲醇的混合溶液称为卡氏试剂，是卡尔·费歇尔滴定法的滴定剂。卡氏试剂与水的总反应可表示为

$$I_2 + SO_2 + 3C_5H_5N + CH_3OH + H_2O = 2C_2H_5NH\text{-}I + C_2H_5NH\text{-}SO_4CH_3$$

滴定终点可用 I_2 自身的颜色变化进行指示，也可用永停滴定法进行指示。

凡能与卡氏试剂中所含组分产生反应的物质，如氧化剂、还原剂、碱性氧化物、氢氧化物等均干扰测定。

3. 制剂中咖啡因的含量测定 咖啡因（caffeine）又名咖啡碱，具有提神醒脑等刺激中枢神经作用，但易上瘾。酸性条件下，咖啡因（$C_8H_{10}N_4O_2$）可与过量的 I_2 反应生成沉淀。

$$C_8H_{10}N_4O_2 + 2I_2 + I^- + H^+ \rightleftharpoons C_8H_{10}N_4O_2 \cdot HI \cdot I_4 \downarrow$$

用 $Na_2S_2O_3$ 标准溶液回滴剩余的 I_2，根据咖啡因所消耗的 I_2 量即可计算出咖啡因的含量。

4. 漂白粉中有效氯的测定 漂白粉的主要成分是 CaCl(OCl)，它在酸性条件下可释放出氯气。

$$CaCl(OCl) + 2H^+ \rightleftharpoons Ca^{2+} + HClO + HCl$$

$$HClO + HCl \rightleftharpoons Cl_2 + H_2O$$

有效氯是指含氯化合物中所含的氧化态氯，可用置换碘量法进行测定。因 Cl_2 可与 KI 反应置换出 I_2，用 $Na_2S_2O_3$ 标准溶液滴定生成的 I_2 即可间接计算出有效氯的百分含量（Cl%）。相关反应如下。

$$Cl_2 + 2KI \rightleftharpoons I_2 + 2KCl$$

$$I_2 + 2S_2O_3^{2-} \rightleftharpoons 2I^- + S_4O_6^{2-}$$

操作步骤：取漂白粉样品 5 g，研细后配成 500 mL 溶液。精密吸取该溶液 50 mL 置 250 mL 碘量瓶中，加 2 g KI 及 15 mL 稀硫酸，用 $Na_2S_2O_3$ 标准溶液（0.1 mol/L）滴定，近终点时加入 2 mL 淀粉指示剂，继续滴定至蓝色消失。

5. 水体中溶解氧含量的测定 水体中溶解氧含量的多少，可直接反映水体受污染程度。清洁的地面水在正常情况下，所含溶解氧接近饱和状态。当水体受到污染时，污染物质被氧化需要消耗 O_2，水体中所含的溶解氧就会减少。溶解氧的含量用 1 L 水中溶解的 O_2 量（mg/L）表示。

水中溶解氧含量的测定可采用间接碘量法。其原理：在水样中加入硫酸锰和碱性 KI 溶液，使生成 $Mn(OH)_2$ 沉淀。$Mn(OH)_2$ 性质极不稳定，迅速与水中溶解氧化合生成棕色锰酸锰沉淀。

$$2MnSO_4 + 4NaOH \rightleftharpoons 2Mn(OH)_2 + 2Na_2SO_4$$

$$2Mn(OH)_2 + O_2 \rightleftharpoons 2H_2MnO_3 \downarrow$$

$$H_2MnO_3 + Mn(OH)_2 \rightleftharpoons MnMnO_3 \downarrow + 2H_2O$$

加入硫酸酸化，使已经化合的溶解氧与溶液中所加入的 I^- 反应，析出与溶解氧相当量的 I_2。溶解氧越多，析出的碘越多，溶液颜色越深。

$$MnMnO_3 + 6H^+ + 2I^- \rightleftharpoons 2Mn^{2+} + I_2 + 3H_2O$$

最后取出一定量反应完毕的水样，以淀粉为指示剂，用 $Na_2S_2O_3$ 标准溶液滴定至终点。

若水样有色、含有氧化性或还原性物质、含有藻类或悬浮物时将干扰测定，此时须采用叠氮化钠修正的碘量法等其他方法进行测定。

6. 安乃近的含量测定　安乃近属于解热镇痛及非甾体抗炎镇痛药，用于高热时的解热，也可用于头痛、偏头痛、肌肉痛、关节痛、痛经等。《中国药典》（2020 年版）对其含量测定采用了直接碘量法。操作如下：取安乃近约 0.3 g，精密称定，加入乙醇与 0.01 mo1/L HCl 溶液各 10 mL 溶解后，立即用 I_2 标准溶液（0.05 mol/L）滴定（控制滴定速度为每分钟 3～5 mL），直至溶液所显的浅黄色在 30 s 内不褪色即达到滴定终点。每 1 mL I_2 标准溶液（0.05 mol/L）相当于 16.67 mg 的安乃近。

二、指　示　剂

碘量法中最常用的指示剂是淀粉指示剂。在 I^- 存在下，I_2 与淀粉呈现深蓝色，反应灵敏且可逆，I_2 浓度为 10^{-6}～10^{-5} mol/L 时，即能观察到溶液中的蓝色。其显色灵敏度除与 I_2 的浓度有关外，还与淀粉性质、加入时间、温度及反应介质等条件有关。因此使用淀粉指示剂时应注意以下几点。

1. 所用淀粉必须是可溶性直链淀粉　支链淀粉只能较松地吸附 I_2 形成一种红紫色产物，不能用作碘量法的指示剂。另外，淀粉指示剂久置易腐败、失效，应临用时配制。

2. 淀粉指示剂加入的时间　直接碘量法应在滴定开始前加入。终点时，溶液由无色突变为蓝色；间接碘量法则应在近终点时加入。终点时溶液蓝色消失。此时淀粉指示剂若过早加入，溶液中大量的 I_2 易被淀粉表面牢固吸附，终点时蓝色褪去迟钝而产生误差。

3. 应在常温下使用　因 I^- 与淀粉结合形成的蓝色在热溶液中会消失，使指示剂灵敏度下降。

4. 应在弱酸性条件下使用　因 I_3^- 与淀粉的反应在此条件下灵敏度最高。若溶液 pH<2，淀粉易水解成糊精，与 I_3^- 作用显红色；若 pH＞9，则 I_3^- 转变为 IO_3^-，与淀粉不显蓝色。

5. 淀粉指示剂的用量　一般 2～5 mL（5 g/L 淀粉指示剂）。

三、标准溶液的配制和标定

碘量法中需要配制和标定两种标准溶液：I_2 和 $Na_2S_2O_3$ 标准溶液。

（一）I_2 标准溶液的配制与标定

升华法虽可制得纯碘，但因 I_2 具有挥发性与腐蚀性，不宜用分析天平直接准确称量，故通常采用间接法配制 I_2 标准溶液。配制时需注意：①加入适量的 KI，配制时将 I_2、KI 与少量水一起研磨后再用水稀释，这样既能助溶，又能降低 I_2 的挥发；②加入少量盐酸，可消除 I_2 中微量碘酸盐杂质的影响；③储于棕色试剂瓶中，密塞避光保存。

I_2 标准溶液可用基准物质 As_2O_3 标定。由于 As_2O_3 为剧毒物质，一般用已知浓度的 $Na_2S_2O_3$ 标准溶液标定 I_2 标准溶液。

（二）$Na_2S_2O_3$ 标准溶液的配制与标定

市售硫代硫酸钠结晶（$Na_2S_2O_3 \cdot 5H_2O$）一般都含有少量杂质（S、S^{2-}、SO_3^{2-}、Cl^-、CO_3^{2-} 等），易风化潮解，因此只能采用间接法配制 $Na_2S_2O_3$ 标准溶液。

配制好的 $Na_2S_2O_3$ 标准溶液在空气中不稳定，容易分解，这是由于在水中微生物、CO_2 和 O_2 作用下，会发生下列反应。

$$S_2O_3^{2-} \rightleftharpoons SO_3^{2-} + S\downarrow$$

$$S_2O_3^{2-} + CO_2 + H_2O \rightleftharpoons HSO_3^- + HCO_3^- + S\downarrow$$

$$2S_2O_3^{2-} + O_2 \rightleftharpoons 2SO_4^{2-} + 2S\downarrow$$

因此配制 $Na_2S_2O_3$ 标准溶液时，应使用新煮沸并放冷的蒸馏水，以除去水中微生物、CO_2 和 O_2；加入少量 Na_2CO_3 使溶液呈弱碱性（pH 9～10），抑制细菌生长及 $Na_2S_2O_3$ 分解；配制

好的 $Na_2S_2O_3$ 标准溶液储于棕色瓶中，于暗处放置一周左右，待浓度稳定后，过滤去沉，再进行标定；标定后的 $Na_2S_2O_3$ 标准溶液在储存过程中如发现变浑浊，应过滤后重新标定或弃去重配。

标定 $Na_2S_2O_3$ 标准溶液的基准物质有 $K_2Cr_2O_7$、KIO_3、$KBrO_3$ 等，其中 $K_2Cr_2O_7$ 最常用。先准确称取一定量的 $K_2Cr_2O_7$，使其在酸性溶液中与 KI 作用，置换出来的 I_2 用待标定的 $Na_2S_2O_3$ 标准溶液滴定。根据称取 $K_2Cr_2O_7$ 的质量和滴定时消耗 $Na_2S_2O_3$ 标准溶液的体积，可计算出 $Na_2S_2O_3$ 标准溶液的浓度。反应如下。

$$Cr_2O_7^{2-} + 6I^- + 14H^+ \rightleftharpoons 2Cr^{3+} + 3I_2 + 7H_2O$$

$$I_2 + 2S_2O_3^{2-} \rightleftharpoons 2I^- + S_4O_6^{2-}$$

用 $K_2Cr_2O_7$ 标定 $Na_2S_2O_3$ 溶液时应注意：① $Cr_2O_7^{2-}$ 与 I^- 反应较慢，为加速反应，须加入过量的 KI 并提高酸度，不过酸度过高会加速空气氧化 I^-，因此一般控制酸度为 0.8～1 mol/L；②加过量 KI 于碘量瓶后，应在暗处放置 10 min，以保证反应完全；③滴定前应稀释溶液，既可降低酸度，减慢 I^- 被空气氧化的速度，又可降低 Cr^{3+} 浓度，使其亮绿色变浅，便于观察终点；④为防止 I_2 的挥发，滴定时应快滴轻摇。

第四节　高锰酸钾法

一、基本原理

高锰酸钾法（potassium permanganate method）是以 $KMnO_4$ 为标准溶液的一种氧化还原滴定分析方法。$KMnO_4$ 是一种强氧化剂，它的氧化能力和还原产物与溶液的酸度有关。在强酸性溶液中，$KMnO_4$ 与还原剂作用被还原为 Mn^{2+}。

$$MnO_4^- + 8H^+ + 5e \rightleftharpoons Mn^{2+} + 4H_2O \qquad \varphi^{\ominus}_{MnO_4^-/Mn^{2+}} = 1.51\ V$$

在弱酸性、中性或碱性溶液中，$KMnO_4$ 被还原为 MnO_2。

$$MnO_4^- + 2H_2O + 3e \rightleftharpoons MnO_2 + 4OH^- \qquad \varphi^{\ominus}_{MnO_4^-/MnO_2} = 0.588\ V$$

由于反应产物为棕色的 MnO_2 沉淀，妨碍终点观察，所以很少使用。

因此高锰酸钾法常在强酸性条件下进行，注意调节溶液酸度时常用 H_2SO_4，而避免用 HCl 与 HNO_3，因 HCl 具有还原性，可被 $KMnO_4$ 氧化；HNO_3 具有氧化性，易与待测的还原性物质发生副反应。酸度一般控制在 0.5～1 mol/L。酸度过高，$KMnO_4$ 会分解；酸度过低，反应速度慢，而且会产生 MnO_2 沉淀，妨碍终点观察。

二、标准溶液的配制和标定

市售 $KMnO_4$ 试剂常含有少量 MnO_2 及其他杂质，使用的蒸馏水中也常含有少量还原性物质。这些物质都能还原 MnO_4^- 生成 MnO_2，而 MnO_2 又可促使 MnO_4^- 进一步分解，因此 $KMnO_4$ 标准溶液不能用直接法而必须用间接法配制，配制时需注意：①配制时需煮沸溶液，使其中的还原性杂质与 MnO_4^- 充分反应，避免储存过程中溶液浓度改变；②配制好的溶液需储于密闭棕色瓶中，放置一周左右待浓度稳定后，滤去沉淀方可进行标定。

标定 $KMnO_4$ 标准溶液的基准物质很多，如 $H_2C_2O_4 \cdot 2H_2O$、$(NH_4)_2Fe(SO_4)_2 \cdot 6H_2O$、$Na_2C_2O_4$ 和纯铁丝等。其中最常用的是 $Na_2C_2O_4$，因其易提纯且性质稳定，不含结晶水，在 130℃烘至恒重即可使用。

MnO_4^- 与 $C_2O_4^{2-}$ 的标定反应在 H_2SO_4 介质中进行，其反应如下。

$$2MnO_4^- + 5C_2O_4^{2-} + 16H^+ \rightleftharpoons 2Mn^{2+} + 10CO_2\uparrow + 8H_2O$$

为了使标定反应能定量地较快进行，标定时应注意以下滴定条件。

1. 温度　此反应在常温下速度缓慢，常将 $Na_2C_2O_4$ 溶液加热至 70～85℃再进行滴定，并保持滴定过程中溶液温度不低于 60℃。注意加热温度不能超过 90℃，否则 $Na_2C_2O_4$ 分解，导致标定结果偏高。

$$H_2C_2O_4 \xrightarrow{\geq 90℃} H_2O + CO_2\uparrow + CO\uparrow$$

2. 酸度　溶液应保持足够大的酸度，因酸度不足，易生成 MnO_2 沉淀；但酸度也不宜过高，否则会促使 $H_2C_2O_4$ 分解。一般使用 H_2SO_4 控制滴定开始前的酸度为 0.5～1 mol/L。

3. 滴定速度　MnO_4^- 与 $C_2O_4^{2-}$ 的反应开始时速度很慢，当有 Mn^{2+} 生成之后，反应速度逐渐加快。因此，开始滴定时，应该等第一滴 $KMnO_4$ 标准溶液褪色后，再加第二滴。此后，因反应生成的 Mn^{2+} 有自动催化作用而加快了反应速度，随之可加快滴定速度，但不能过快，否则加入的 $KMnO_4$ 标准溶液会因来不及与 $C_2O_4^{2-}$ 反应，就在热的酸性溶液中分解，导致标定结果偏低。

$$4MnO_4^- + 12H^+ \rightleftharpoons 4Mn^{2+} + 6H_2O + 5O_2\uparrow$$

若滴定前加入少量的 $MnSO_4$ 为催化剂，则在滴定的最初阶段就可以较快的速度进行。

4. 滴定终点　用 $KMnO_4$ 标准溶液滴定至溶液呈淡粉红色 30 s 不褪色即为终点。放置时间过长，空气中还原性物质能使 $KMnO_4$ 还原而褪色。

三、应用实例

（一）H_2O_2 的测定

在酸性溶液中 H_2O_2 被 MnO_4^- 定量氧化，反应式如下。

$$2MnO_4^- + 5H_2O_2 + 6H^+ \rightleftharpoons 2Mn^{2+} + 5O_2\uparrow + 8H_2O$$

此反应在室温下即可顺利进行。滴定开始时反应较慢，随着 Mn^{2+} 生成而加速，也可先加入少量 Mn^{2+} 为催化剂。若 H_2O_2 中含有机物质，后者会消耗 $KMnO_4$，使测定结果偏高。这时，应改用碘量法或铈量法测定 H_2O_2。

（二）葡萄糖酸钙中钙含量的测定

葡萄糖酸钙中的 Ca^{2+} 在溶液中没有可变价态，但也可用高锰酸钾间接滴定法进行测定，具体步骤：先将 Ca^{2+} 沉淀为 CaC_2O_4，过滤、洗涤后将沉淀溶于热的稀硫酸溶液中，再用 $KMnO_4$ 标准溶液滴定 $C_2O_4^{2-}$。根据所消耗的 $KMnO_4$ 的量，间接求得 Ca^{2+} 的含量。

为了保证 Ca^{2+} 与 $C_2O_4^{2-}$ 间 1∶1 的反应计量关系，并获得颗粒较大的 CaC_2O_4 沉淀便于过滤和洗涤，测定时必须注意：①在酸性试液中先加入过量 $(NH_4)_2C_2O_4$，然后，用稀氨水慢慢中和试液至甲基橙显黄色，使沉淀缓慢地生成；②沉淀完全后须放置陈化一段时间；③用尽可能少的冷水洗去沉淀表面吸附的 $C_2O_4^{2-}$。

第五节　亚硝酸钠法

一、基本原理

亚硝酸钠法（sodium nitrite method）是以亚硝酸钠标准溶液为滴定剂的氧化还原滴定分析方法。它又分为重氮化滴定法（diazotization titration）和亚硝基化滴定法（nitrosation titration）。

（一）重氮化滴定法

芳伯胺类化合物在酸性介质中，能定量地与 $NaNO_2$ 发生重氮化反应（diazotization reaction），有关反应式如下。

$$Ar\text{-}NH_2 + NaNO_2 + 2HCl \rightleftharpoons [Ar\text{-}N\equiv N]^+Cl^- + NaCl + 2H_2O$$

因此根据所消耗的 $NaNO_2$ 标准溶液的浓度和体积，即可计算芳伯胺类化合物的含量。这种用 $NaNO_2$ 标准溶液滴定芳伯胺类化合物的方法称为重氮化滴定法。为得到准确的测定结果，重氮化滴定时需注意以下几点。

1. 酸的种类及浓度对滴定速度的影响

（1）重氮化反应速度与酸的种类有关。反应在 HBr 中最快，在 HCl 中次之，在 HNO_3 或 H_2SO_4 中最慢，但因 HBr 的价格较贵，且芳伯胺类盐酸盐有较大的溶解度，故常用 HCl。

（2）重氮化反应的速度与酸的浓度有关，酸度高时反应速度快，且易进行完全，还可增加重氮盐的稳定性，因此酸度一般控制为 1～2 mol/L。如果酸度过低，则已生成的重氮盐能与尚未反应的芳伯胺偶合，生成重氮氨基化合物，使测定结果偏低。有关反应式如下。

$$[Ar\text{-}N\equiv N]^+Cl^- + Ar\text{-}NH_2 \rightleftharpoons Ar\text{-}N{=}N\text{-}NH\text{-}Ar + HCl$$

当然，酸的浓度也不可过高，否则将阻碍芳伯胺的游离，反而影响重氮化反应的速度。

2. 反应温度对滴定速度的影响 重氮化反应速度随温度升高而加快，但温度过高会加速生成的重氮盐分解，同时也会促使 HNO_2 分解逸失，导致测定结果偏高。有关反应如下。

$$3HNO_2 \rightleftharpoons HNO_3 + H_2O + 2NO$$

$$[Ar\text{-}N\equiv N]^+Cl^- + H_2O \rightleftharpoons Ar\text{-}OH + N_2\uparrow + HCl$$

一般规定滴定反应在 15℃以下进行，此时反应速度虽然稍慢，但测定结果却较准确。《中国药典》（2020 年版）规定，该滴定反应可在室温（10～30℃）下采用“快速滴定法”进行，操作步骤如下：将滴定管尖插入液面约 2/3 处，一次性将大部分 $NaNO_2$ 标准溶液在搅拌条件下迅速加入（事先计算出所需 $NaNO_2$ 标准溶液的大概体积），此时在液面下生成的 HNO_2 可迅速扩散并立即与芳伯胺反应，来不及逸失与分解即可反应完全。最后将滴定管尖提出液面，用少量水淋洗管尖，继续缓慢滴定至终点，尤其是在近终点时，因尚未反应的芳伯胺类药物的浓度极稀，须在最后一滴加入后，搅拌 1～5 min，再确定终点是否真正到达。“快速滴定法”既可缩短滴定时间，也不影响滴定结果。

3. 苯环上取代基团对滴定速度的影响 苯胺环上，特别是在氨基的对位上，有吸电子基团（如—NO_2、—SO_3H、—COOH、—X 等）会加速反应；有斥电子基团（如—CH_3、—OH、—OR 等）则会减慢反应速度；对于慢的重氮化反应一般可加入适量催化剂 KBr 以加速反应。

（二）亚硝基化滴定法

芳仲胺类化合物，也可用 $NaNO_2$ 标准溶液滴定，但所起反应并不是重氮化反应，而是亚硝基化反应（nitrosation reaction）。

$$ArNHR + NaNO_2 + HCl \rightleftharpoons Ar\text{—}\underset{\displaystyle NO}{\underset{|}{N}}\text{—}R + NaCl + H_2O$$

反应量的关系仍然是 1∶1。习惯上把这种测定方法称为亚硝基化滴定法，以别于重氮化滴定法。

芳伯胺类化合物（如磺胺类药物）的重氮化反应快，能定量进行，可用重氮化滴定法测定含量。某些芳仲胺类化合物（如磷酸伯氨喹、盐酸丁卡因），能产生亚硝基化反应，因此可用亚硝基化滴定法测定含量。此外，某些经化学处理可以转化为芳伯胺的化合物，如芳香族硝基化合物、芳酰胺化合物等，也可用重氮化间接滴定法进行测定。

二、指　示　剂

在亚硝酸钠法中，根据指示剂是否加入反应溶液体系中，分为外指示剂和内指示剂。

案例 6-4

对乙酰氨基酚有效成分的含量测定。取样品 0.5 g 置平底烧瓶中，加入稀硫酸 50 mL，加装回流冷凝管，小火加热 1 h，冷却。加蒸馏水 50 mL、KBr 3～4 g。在 15～20℃条件下，用 0.1 mol/L $NaNO_2$ 标准溶液按快速滴定法滴定，至用细玻璃棒蘸取试液少许，点在碘化钾–淀粉试纸上立即出现蓝色斑点时，停止滴定。5 min 后再蘸再试，如仍立即呈现斑点，即达滴定终点。平行测定三次。

因对乙酰氨基酚中常含有少量的对氨基苯酚杂质。该杂质亦与 $NaNO_2$ 发生重氮化反应。为消除其对对乙酰氨基酚有效成分测定的影响，应在进行样品分析的同时，另取一份样品，不经水解按分析样品同样的步骤，测定对氨基苯酚的含量，再从样品有效成分测定结果中扣除此值。

（1）对乙酰氨基酚有效成分测定的化学反应原理是什么？

（2）试分析内外指示剂法优缺点。

案例 6-4 分析

（1）对乙酰氨基酚是对乙酰苯胺类解热镇痛药。该有效成分测定的化学反应原理是芳伯胺类药物在酸性溶液中与 $NaNO_2$ 定量反应，生成重氮盐，加入适量 KBr 加速重氮化反应，稍过量的 $NaNO_2$ 可氧化 KI 生成 I_2，以碘单质指示剂指示反应终点。

$$2NO_2^- + 2I^- + 4H^+ \rightleftharpoons I_2 + 2NO\uparrow + 2H_2O$$

（2）内外指示剂法优缺点

1）外指示剂：因亚硝酸钠法测定时滴入的 $NaNO_2$ 将优先与 KI 作用生成 I_2，I_2 与淀粉作用显蓝色，而无法指示终点，所以滴定时不能把这种指示剂加到滴定液中，只能在临近终点，用玻璃棒蘸出少许被滴定溶液，在外面（如碘化钾–淀粉糊或碘化钾–淀粉试纸）与指示剂接触，根据是否立即出现蓝色以确定滴定终点。以这种方式使用的指示剂称为外指示剂（external indicator 或 outside indicator）。使用外指示剂确定滴定终点，手续较烦琐，显色不明显，终点不易掌握，且又消耗滴定剂，影响分析结果的准确性。

2）内指示剂：鉴于外指示剂的局限性，近年趋向利用常规的内指示剂（internal indicator 或 insidc indicator）指示终点。其中，以橙黄 N 亚甲蓝用得较多，中性红、二苯胺、亮甲酚蓝也有应用。

内指示剂虽能克服外指示剂的消耗滴定剂等部分缺点，但有时终点变色不敏锐，且当测定物或其产物有色时终点颜色的改变也不相同，因此常采用永停滴定法确定终点，药典多用此法指示终点。

三、标准溶液的配制与标定

（一）$NaNO_2$ 标准溶液的配制

$NaNO_2$ 标准溶液常用间接法配制。$NaNO_2$ 水溶液不稳定，为保持放置过程中 $NaNO_2$ 溶液浓度的稳定性，应注意：①配制时加入少量 Na_2CO_3 作稳定剂，使溶液呈弱碱性（pH ≈ 10）；②储于玻璃塞的棕色瓶中，密闭保存；如此 $NaNO_2$ 标准溶液浓度在三个月内可保持几乎不变。

（二）$NaNO_2$ 标准溶液的标定

标定 $NaNO_2$ 标准溶液，可采用对氨基苯磺酸作基准物，标定反应为

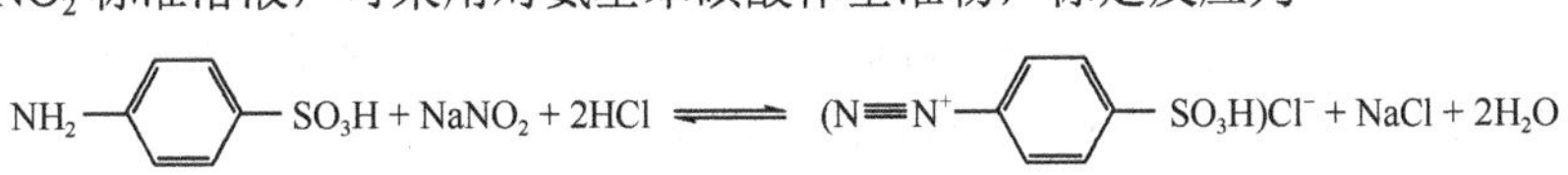

第六节 其他氧化还原滴定法

一、溴酸钾法和溴量法

（一）溴酸钾法

溴酸钾法（potassium bromate method）是以 $KBrO_3$ 为标准溶液的氧化还原滴定法。$KBrO_3$ 在酸性介质中为强氧化剂，可直接滴定某些可被 $KBrO_3$ 氧化的还原性物质。常用的酸性介质为 HCl 溶液，$KBrO_3$ 的半电池反应为

$$BrO_3^- + 6H^+ + 6e \rightleftharpoons Br^- + 3H_2O \qquad \varphi^{\ominus} = 1.44\ V$$

常选用甲基红或甲基橙等含氮酸碱指示剂指示终点。化学计量点前指示剂呈酸式色，计量点后，稍过量的 BrO_3^- 便与反应生成的 Br^- 作用生成 Br_2，生成的 Br_2 氧化破坏指示剂的呈色结构，发生不可逆的褪色反应，从而指示滴定终点。因此需注意近终点时方可加入指示剂，若指示剂加入过早，其结构在滴定中可因 $KBrO_3$ 局部过浓而过早遭到破坏，无法正确指示终点。

$KBrO_3$ 易于纯化且性质稳定，常采用直接法配制标准溶液；若需标定 $KBrO_3$ 标准溶液，可用 As_2O_3 为基准物，标定反应为

$$BrO_3^- + 3HAsO_2 + 3H_2O \rightleftharpoons Br^- + 3H_3AsO_4$$

溴酸钾法可直接测定亚砷酸盐、亚锑酸盐、亚锡盐、亚铜盐、亚铁盐、碘化物和亚胺类等还原性物质。

（二）溴量法

溴量法（bromometry 或 bromine method）是以溴液为标准溶液、以溴的氧化作用和溴代作用为基础的滴定分析方法。在酸性介质中 Br_2 被还原生成 Br^-，其半电池反应为

$$Br_2 + 2e \rightleftharpoons 2Br^- \qquad \varphi^{\ominus} = 1.065\ V$$

由于 Br_2 易挥发，其溶液浓度不稳定，又具有腐蚀性，不适合配制标准溶液。故常配制 $KBrO_3$ 与 KBr 的混合溶液（亦称溴液）代替溴溶液进行分析测定。滴定时先将上述混合液加到含被测物的酸性试液中，$KBrO_3$ 与 KBr 在酸性溶液中立即反应生成 Br_2，反应式为

$$BrO_3^- + 5Br^- + 6H^+ \rightleftharpoons 3Br_2 + 3H_2O$$

生成的 Br_2 相当于即时加入的 Br_2 标准溶液。$KBrO_3$-KBr（质量比为 1∶5）标准溶液非常稳定，只有在酸化时才会发生上述反应。

滴定时，Br_2 与被测物反应完成后，加入过量 KI 与剩余的 Br_2 作用

$$Br_2 + 2I^- \rightleftharpoons I_2 + 2Br^-$$

定量析出的 I_2 用 $Na_2S_2O_3$ 标准溶液滴定，根据 Br_2 加入量和 $Na_2S_2O_3$ 标准溶液用量即可计算出被测物的含量。

利用 Br_2 的氧化作用，可以测定 H_2S、SO_2、亚硫酸盐及羟胺等还原性物质的含量；利用 Br_2 和某些有机物的定量溴代反应，可以直接测定酚类及芳胺类化合物的含量；另外，利用金属离子与 8-羟基喹啉生成难溶化合物的反应，还可用溴量法间接测定 Al^{3+}、Mg^{2+}、Fe^{3+} 等金属离子。

二、重铬酸钾法

重铬酸钾法（potassium dichromate method）是一种以 $K_2Cr_2O_7$ 溶液为标准溶液的氧化还原滴定分析方法。$K_2Cr_2O_7$ 在酸性介质中具有较强的氧化性，其电极反应为

$$Cr_2O_7^{2-} + 14H^+ + 6e \rightleftharpoons 2Cr^{3+} + 7H_2O \qquad \varphi^{\ominus}_{Cr_2O_7^{2-}/Cr^{3+}} = 1.33\ V$$

$K_2Cr_2O_7$ 的滴定还原产物是 Cr^{3+}，呈绿色，滴定时须用指示剂指示滴定终点。常用的指示剂为二苯胺磺酸钠。利用重铬酸钾法还可测定某些还原性物质（如铁矿石中全铁含量的测定），也可测定某些氧化性物质（如 Ti^{3+}），还可测定一些非氧化还原性物质（如 Pb^{2+}、Ba^{2+}）。

案例 6-5

国内纪国梁先生自 1980 年即开始化学耗氧量（COD）快速分析方法及相关分析仪器的研究开发。2007 年，COD 快速测定方法正式被纳入环保行业标准。GB/T 22597—2008 再生水中化学耗氧量的测定；GB/T 14420—2014 锅炉用水和冷却水分析方法化学耗氧量的测定（重铬酸钾快速法）提出，测定污染严重的生活污水和工业废水的 COD 可用重铬酸钾法，用该法测定的化学耗氧量用 $COD_{Cr}(O_2, mg/L)$ 表示。COD_{Cr} 是衡量污水被污染程度的重要指标。其测定原理如下：水样中加入一定量的 $K_2Cr_2O_7$ 标准溶液，在强酸性 (H_2SO_4) 条件下，以 Ag_2SO_4 为催化剂，加热回流 2 h，使 $K_2Cr_2O_7$ 与有机及无机还原性物质充分作用。过量的 $K_2Cr_2O_7$ 以亚铁灵为指示剂，用硫酸亚铁铵标准溶液返滴定，其滴定反应为

$$Cr_2O_7^{2-} + 6Fe^{2+} + 14H^+ \rightleftharpoons 2Cr^{3+} + 6Fe^{3+} + 7H_2O$$

由所消耗的硫酸亚铁铵标准溶液的量及加入水样中的 $K_2Cr_2O_7$ 标准溶液的量，便可计算出水样中还原性物质消耗氧的量，即 COD_{Cr}。

（1）对比 COD 测定中以 $K_2Cr_2O_7$ 和 $KMnO_4$ 为氧化剂的优劣。

（2）思考仪器分析方法研发在科技强国中的重要性。

案例 6-5 分析

（1）COD 测定中以 $K_2Cr_2O_7$ 和 $KMnO_4$ 为氧化剂的优劣：$K_2Cr_2O_7$ 的氧化能力比 $KMnO_4$ 弱，因此重铬酸钾法的适用范围不如高锰酸钾法广，但与高锰酸钾法相比，它有自己的优点。① $K_2Cr_2O_7$ 易提纯，可以制成基准物质，在 140～150℃干燥 2 h 后，直接称量配制标准溶液；若用分析纯 $K_2Cr_2O_7$ 试剂配制标准溶液，则可用间接碘量法进行标定；② $K_2Cr_2O_7$ 标准溶液稳定，保存在密闭容器中，浓度可长期保持不变；③选择性高，室温下 $K_2Cr_2O_7$ 滴定还原剂不受 Cl^- 影响，因此滴定可在 HCl 介质中进行。

（2）仪器分析方法研发在科技强国中的重要性：现代科技发展实践表明，科研仪器是科学研究不可或缺的工具和手段，谁在科研仪器上率先突破，谁就能占据科学研究的先发优势。要想成为科研强国，必须首先成为仪器强国。高端科研仪器的创新、制造和应用水平，也是一个国家科技实力和工业实力的重要标志，对于支撑创新活动乃至经济社会发展都有较大的作用。虽然我国的仪器技术研究与产品开发工作已取得较大进展，然而在高端科研仪器领域，除核磁共振波谱仪外，常用的高分辨质谱仪等大型分析仪器、大部分的生命科学仪器如磁共振成像仪、超分辨荧光成像仪、冷冻透射电镜等还大量依靠进口。在国际上，全球科研仪器市场也基本由少数几个国家的大型企业主导。美国化学会旗下《化学与工程新闻》杂志公布的 2018 年度全球仪器公司 TOP20 排位榜中，有 8 家是美国公司，7 家来自欧洲，5 家位于日本。国产高端科研仪器研发还需跨越关键部件、关键技术、基础软件等障碍，只有携手攻坚、持续努力，高端科研仪器国产化才值得期待。

三、铈 量 法

铈量法（cerimetry）是一种以 Ce^{4+} 为标准溶液的氧化还原滴定法。Ce^{4+} 在酸性介质中与还原剂作用被还原为 Ce^{3+}，其电极半反应为

$$Ce^{4+} + e \rightleftharpoons Ce^{3+} \qquad \varphi^{\ominus} = 1.45\ V$$

Ce^{4+} 标准溶液可用硫酸铈 $[Ce(SO_4)_2]$、硫酸铈铵 $[(NH_4)_2Ce(SO_4)_3]$ 或硝酸铈铵 $[(NH_4)_2Ce(NO_3)_6]$ 配制。硫酸铈铵易于提纯，常用直接法配制标准溶液，故铈量法也常被称为硫酸铈量法（cerium sulphate method）。

案例 6-6

铈量法对制剂中还原性成分测定，不受制剂中糖类的干扰，因此特别适合片剂、糖浆剂等制剂的测定。《中国药典》（2020 年版）采用铈量法测定的药物有硫酸亚铁片及硫酸亚铁缓释片、葡萄糖酸亚铁及其制剂、富马酸亚铁及其制剂等。铈量法可直接测定一些金属的低价化合物、H_2O_2 及某些有机还原性物质，如甘油、酒石酸、硫酸亚铁片、硫酸亚铁糖浆等药物。

（1）铈量法化学反应酸碱性条件是什么？

（2）铈量法优点有哪些？

案例 6-6 分析

（1）铈量法化学反应酸碱性条件：Ce^{4+} 易水解，应在酸性介质中进行，滴定应避免在中性及碱性介质中进行。若需标定 Ce^{4+} 标准溶液，可采用 As_2O_3、草酸钠、硫酸亚铁铵或纯铁丝等作基准物，标定常在 H_2SO_4 介质中进行。Ce^{4+} 为黄色，Ce^{3+} 为无色。因此，用不太稀的 Ce^{4+} 标准溶液滴定无色样品溶液时，可利用 Ce^{4+} 本身黄色出现指示终点。但灵敏度不高，通常多选用邻二氮菲-Fe（Ⅱ）为终点指示剂。

（2）铈量法优点：对比高锰酸钾法，铈量法有许多优点：①硫酸铈标准溶液可用直接法配制，且十分稳定，长时间放置、光照、加热都不引起浓度的变化；②选择性高，可在 HCl 溶液中直接滴定一些还原剂，而 Cl^- 及大多数有机物并无干扰；③反应机制简单，副作用少，Ce^{4+} 还原为 Ce^{3+}，只有一个电子转移，无中间价态的产物形成；④采用邻二氮菲-Fe（Ⅱ）为指示剂，终点敏锐。由于上述诸多优点，铈量法比高锰酸钾法更为分析工作者所乐用。

四、高碘酸钾法

高碘酸钾法（potassium periodate method）是以高碘酸盐为标准溶液的氧化还原滴定分析方法。它可测定一些能被高碘酸钾氧化的还原性物质。因高碘酸钾在酸性介质中能与有机化合物的某些官能团产生选择性很高的反应，故常用于有机物的测定。

高碘酸（periodic acid，H_5IO_6）是中等强度的二元酸。

$$H_5IO_6 \rightleftharpoons H^+ + H_4IO_6^- \qquad K_{a_1} = 2.3\times10^{-2}$$

$$H_4IO_6^- \rightleftharpoons H^+ + H_3IO_6^{2-} \qquad K_{a_2} = 4.4\times10^{-9}$$

第一步电离产物 $H_4IO_6^-$ 能够脱水，形成偏高碘酸离子。

$$H_4IO_6^- \rightleftharpoons IO_4^- + 2H_2O \qquad K_a = 40$$

故高碘酸盐（periodate）在酸性介质中的主要存在形式为 H_5IO_6 和 IO_4^-，溶液的 pH 越低，H_5IO_6 占的比例越大。

在酸性介质中，高碘酸盐是一个很强的氧化剂，其半反应为

$$H_5IO_6 + H^+ + 2e \rightleftharpoons IO_3^- + 3H_2O \qquad \varphi^{\ominus}_{H_5IO_6/IO_3^-} = 1.60\ V$$

高碘酸盐标准溶液可选用 H_5IO_6、KIO_4 或 $NaIO_4$ 配制。其中，高碘酸钠溶解度大，易于纯制，最为常用。通常无须对高碘酸盐标准溶液的浓度进行标定。只要在测定样品的同时进行空白溶液滴定，由样品滴定与空白滴定消耗 $Na_2S_2O_3$ 标准溶液的体积差，即可求出氧化样品消耗的高碘酸

盐的数量，进而算出测定结果。如需标定，可准确量出一定体积的高碘酸盐标准溶液，加到含过量 KI 的酸性溶液中，高碘酸盐按下式氧化生成 I_2，析出的 I_2 用已知浓度的 $Na_2S_2O_3$ 标准溶液滴定。

$$IO_4^- + 7I^- + 8H^+ \rightleftharpoons 4I_2 + 4H_2O$$

高碘酸盐法在酸性溶液中可用于测定 α-羟基醇、α-羰基醇、α-氨基醇和多羟基醇，如甘油、甘露醇、二羟丙茶碱等。由于高碘酸盐与有机物反应速率慢，也可以先在酸性溶液中进行氧化，然后在弱碱性溶液中将剩余的高碘酸盐用过量的 KI 还原成碘酸盐及 I_2，再用亚砷酸盐标准溶液滴定生成的 I_2（在中性及弱碱性溶液中，IO_3^- 不与 I^- 作用）；或者用稍过量的亚砷酸盐标准溶液将高碘酸盐还原成碘酸盐，过量的亚砷酸盐用 I_2 标准溶液回滴。

知识窗

瓦尔特·赫尔曼·能斯特 (Walther Hermann Nernst，1864～1941 年）德国物理化学家，1864 年 6 月 25 日生于西普鲁士的布利森。能斯特进入莱比锡大学后，在奥斯特瓦尔德指导下学习和工作，于 1887 年获博士学位，1891 年任哥丁根大学物理化学教授，1905 年任柏林大学物理化学教授，1924 年起担任柏林大学实验物理研究所所长（1924～1934 年），1932 年被选为伦敦皇家学会会员。由于纳粹政权的迫害，其于 1933 年退职，在农村度过了他的晚年，1941 年 11 月 18 日在柏林逝世。

1889 年，25 岁的青年能斯特在物理化学领域崭露头角，他将热力学原理应用到了电池上。这是自伏特在将近 1 个世纪以前发明电池以来，第一次有人能对电池产生电动势作出合理解释。他推导出一个简单公式，即电化学中著名的 Nernst 方程。这个方程将电池的电动势同溶液浓度联系起来，沿用至今。1889 年能斯特引入溶度积这个重要概念，用来解释沉淀反应。他用量子理论的观点研究低温下固体的比热；提出光化学的“原子链式反应”理论。1903 年，能期特提出了缓冲溶液概念。1906 年，他的主要工作是在热力学方面，他根据对低温现象的研究，得出了热力学第三定律，这个定律有效地解决了计算平衡常数问题和许多工业生产难题。由于他在热力学方面的工作，能斯特获得了 1920 年诺贝尔化学奖。此外，他还研制出含氧化锆及其他氧化物发光剂的白炽电灯；设计出用指示剂测定介电常数、离子水化度和酸碱度的方法；发展了分解和接触电势、钯电极性状和神经刺激理论，在氧化还原电化学领域作出了很多贡献。

思考题与习题

1. 什么是条件电位？它与标准电极电位有何异同？影响条件电位的因素有哪些？

2. 如何衡量氧化还原反应的完全程度？一个氧化还原反应，是否其反应越完全，反应速度就越快？为什么？

3. 氧化还原滴定中采用的指示剂有哪些类型？如何为一个氧化还原滴定分析选择合适的指示剂？

4. 药典规定的测定 $CuSO_4 \cdot 5H_2O$ 含量的方法：准确称取样本 0.5 g，置碘量瓶中，加蒸馏水 50 mL 溶解后，加 HAc 溶液 4 mL、KI 2 g，用 $Na_2S_2O_3$ 溶液（0.1 mol/L）滴定。接近终点时加入淀粉指示剂 2 mL，继续滴定至蓝色消失即达终点。

（1）为什么取 0.5 g 左右的样品？

（2）50 mL H_2O、4 mL HAc、2 g KI 用何种器皿量取或称取？

（3）为什么在接近终点时才加入淀粉指示剂？

5. 计算在 1 mol/L HCl 溶液中，用 Fe^{3+} 标准溶液滴定 Sn^{2+} 时，化学计量点的电势，并计算滴定到 99.9% 和 100.1% 时的电势。说明为什么化学计量点前后，同样改变 0.01%，电势的变化不相同。若用电位滴定法判断终点，与计算所得化学计量点电势一致吗？（$\varphi^{\ominus'}_{Fe^{3+}/Fe^{2+}} = 0.771\ V$，

$\varphi^{\ominus'}_{SnCl_6^{2-}/SnCl_4^{2-}} = 0.151\ V$)

6. 用碘量法测定钢中的硫时，使硫燃烧成 SO_2，SO_2 被含有淀粉的水溶液吸收，再用 I_2 标准溶液滴定。若称取含硫 0.051% 的标准钢样和被测钢样各 500 mg，滴定标准钢样中的硫用去 I_2 标准溶液 11.60 mL，滴定被测钢样中的硫用去 I_2 标准溶液 7.00 mL。试用滴定度表示 I_2 标准溶液的浓度，并计算被测钢样中硫的质量分数。

7. 精密称取盐酸普鲁卡因 0.5930 g，加水 40 mL 与 HCl 溶液（1→2）15 mL，置电磁搅拌器上，搅拌使溶解，再加 KBr 2 g，将滴定管尖端插入液面下约 2/3 处，用亚硝酸钠标准溶液（0.1050 mol/L）迅速滴定，边滴边搅拌，至近终点时将滴定管尖端提出液面，用少量水淋洗，加入中性红指示剂（0.5% 水溶液）1 滴，继续缓缓滴定，至溶液显淡蓝色即为终点，此时消耗亚硝酸钠标准溶液 20.10 mL。《中国药典》（2020 年版）规定：每 1 mL 亚硝酸钠标准溶液（0.1 mol/L）相当于 27.28 mg 的 $C_{13}H_{20}N_2O_2 \cdot HCl$。本品按干燥品计算，含 $C_{13}H_{20}N_2O_2 \cdot HCl$ 不得少于 99.0%。请问该样品含量是否合格？

8. 以 $K_2Cr_2O_7$ 溶于水后加酸酸化，随后加入足够量的 KI，用 $Na_2S_2O_3$ 标准溶液滴定，用去 33.61 mL，计算 $Na_2S_2O_3$ 标准溶液的浓度。

9. 称取某样品 1.0000 g，将其中的铵盐在催化剂存在下氧化为 NO，NO 再氧化为 NO_2，NO_2 溶于水后形成 HNO_3。此 HNO_3 用 0.010 00 mol/L NaOH 溶液滴定，用去 20.00 mL。求样品中 NH_3 的质量分数。（提示：NO_2 溶于水时，发生歧化反应 $3NO_2+H_2O = 2HNO_3+NO\uparrow$）

10. 称取苯酚样品 0.4184 g，用 NaOH 溶液溶解后，置 250 mL 容量瓶中，用水稀释至刻度。移取 25.00 mL 于碘瓶中，加溴液（$KBrO_3$+KBr）25.00 mL，HCl 溶液，KI。定量析出的 I_2 用 $Na_2S_2O_3$ 标准溶液（0.1100 mol/L）滴定，用去 20.02 mL。另取溴液 25.00 mL 进行空白试验，用去 $Na_2S_2O_3$ 标准溶液 40.20 mL。计算样品中苯酚的百分含量（$M_{C_6H_5OH}$=94.11 g/mol）。

11. 某硅酸盐样品 1.0000 g，用重量法测得（$Fe_2O_3+Al_2O_3$）的总量为 0.5000 g。将沉淀溶解在酸性溶液中，并将 Fe^{3+} 还原为 Fe^{2+}，然后用 25.00 mL 0.030 00 mol/L $K_2Cr_2O_7$ 溶液滴定。计算样品中 FeO 和 Al_2O_3 的质量分数。

12. 精密称取盐酸小檗碱（$C_{10}H_{18}ClNO_4 \cdot 2H_2O$）0.5580 g，置烧杯中，加沸水 150 mL 溶解，放冷，移至 250 mL 容量瓶中，加入 $K_2Cr_2O_7$ 标准溶液（0.01600 mol/L）50 mL，加水稀释至刻度，振摇 5 min，用干燥滤纸滤过，精密量取滤液 100 mL，置 250 mL 碘量瓶中，加入过量 KI 和 HCl 溶液（1→2）10 mL，密封，摇匀，在暗处放置 10 min 后，用 $Na_2S_2O_3$ 标准溶液（0.1002 mol/L）滴定至终点，用去 11.26 mL。求干燥品盐酸小檗碱的质量分数。已知每 1 mL $K_2Cr_2O_7$ 标准溶液（0.01667 mol/L）相当于 12.39 mg 的盐酸小檗碱。

（毛　俐）

第七章 沉淀滴定法和重量分析法

学习目标

1. 掌握 银量法的基本原理，三种常用确定滴定终点方法，每种方法指示终点的原理、滴定条件、应用范围；重量分析法中的沉淀法，沉淀溶解度及其影响因素，沉淀的完全程度及其影响因素，溶度积与溶解度，条件溶度积及其计算；重量分析结果的计算。

2. 熟悉 银量法滴定曲线、标准溶液的配制和标定；沉淀重量分析法对沉淀形式和称量形式的要求，晶形沉淀和无定形沉淀的沉淀条件。

3. 了解 沉淀的形态和形成过程，沉淀重量分析法的操作过程；挥发法及干燥失重。

案例 7-1

18 世纪，瑞典化学家，无机化合物定性、定量分析的奠基人贝格曼最先提出：金属元素除金属态外，还可以其他形式供分离和称量，特别是以在水中难溶的形式析出分离，进行称量，这是重量分析中湿法的起源。随后德国化学家克拉普罗特改进了金属元素重量分析的步骤，准确地测定了近 200 种金属和非金属物质成分。分析化学的另一位代表人物贝采利乌斯引入了一些新试剂和一些新技巧，并使用无灰滤纸、低灰分滤纸和洗涤瓶，进一步提高了重量分析法的准确度和精密度。同时贝采利乌斯使测定对象从无机物扩展到有机物，利用重量分析法测定了组成有机物元素的百分比，为有机化合物的元素分析奠定了基础，从此重量分析法得到了普及和发展，为重量分析在分析化学中的地位奠定了基础。同一世纪，滴定分析的先驱玻意耳用 NaCl 滴定 $AgNO_3$ 奠定了沉淀滴定法基础。从而建立了以沉淀反应为基础的重量分析法和滴定分析法。

问题：

（1）什么是重量分析法？

（2）什么是沉淀滴定法？

沉淀滴定法和重量分析法都是以沉淀平衡为基础的分析方法。沉淀完全程度、沉淀的纯净及选择合适的方法确定终点是沉淀滴定法和重量分析法准确定量测定的关键。

第一节 沉淀滴定法

沉淀滴定法（precipitation titration）又称容量沉淀法，是基于沉淀反应的滴定分析法。沉淀反应很多，但能用于沉淀滴定的沉淀反应并不多，主要原因是很多沉淀的组成不恒定，或溶解度大，或容易形成过饱和溶液，或达到平衡的速度慢，或共沉淀和后沉淀现象严重，或缺少适当的方法指示反应终点等。

案例 7-2

中华医学会调查资料显示，我国睡眠障碍患病率达 42.7%，约有 3 亿中年人患有睡眠障碍。异戊巴比妥是一种巴比妥类药物，是常见的催眠镇静药，有抑制中枢神经的作用。通常使用较小剂量时产生镇静作用，较大剂量时产生催眠作用，大剂量时则产生麻醉、抗惊厥作用；过量则会导致死亡。由于此药有抑制中枢神经作用，常被不法分子用作“迷药”。因此，对此药物的用量需严格控制，其制剂及原料药的含量测定则需准确可信。对于异戊巴比妥片的含量测定，《中国药典》（2020 年版）规定：取本品 20 片，精密称定，研细，精密称取适量（约相当于异戊巴比妥 0.2g），加甲醇 40 mL 使异戊巴比妥溶解后，再加新制 3% 无水碳酸钠溶液 15 mL，照电位滴定法（通则 0701），用 $AgNO_3$ 标准溶液（0.1 mol/L）滴定。每 1 mL $AgNO_3$ 标准溶液（0.1 mol/L）相当于 22.63mg 的 $C_{11}H_{18}N_2O_3$。

问题：

（1）什么是银量法？其基本原理是什么？

（2）如何确定沉淀滴定时反应终点？

（3）如何提高沉淀滴定法的准确度、灵敏度？

目前，比较有实际意义的沉淀反应是生成难溶性银盐的反应，此类反应应用较多。以银盐沉淀反应为基础的沉淀滴定法称为银量法（argentimentry），此法主要用于测定 Cl^-、Br^-、I^-、CN^- 及 SCN^-、Ag^+ 等，也可以测定经处理后定量转化为这些离子的有机物。其原理：

$$Ag^+ + X^- \rightleftharpoons AgX\downarrow$$

X^-: Cl^-、Br^-、I^-、CN^-、SCN^- 等。

此外，某些汞盐（如 HgS），铅盐（如 $PbSO_4$）、钡盐（如 $BaSO_4$）、锌盐（如 $K_2Zn_3[Fe(CN)_6]_2$）等形成沉淀的反应也可用于沉淀滴定分析。本节主要讨论银量法的基本原理及其应用。

一、银量法的基本原理

（一）滴定曲线

沉淀滴定过程中，溶液中离子浓度的变化情况与酸碱滴定法相似，可用滴定曲线表示。

以 $AgNO_3$ 溶液（0.1000 mol/L）滴定 20.00 mL NaCl 溶液（0.1000 mol/L）为例，计算滴定过程中离子浓度（或其负对数）的变化，绘制滴定曲线。

（1）滴定开始前，溶液中 Cl^- 浓度等于 NaCl 的分析浓度（初始浓度）。

$$[Cl^-] = 0.1000\ \text{mol/L} \qquad pCl^- = -\lg 0.1000 = 1.00$$

（2）滴定至化学计量点前，溶液中 Cl^- 浓度，取决于剩余 NaCl 的浓度。

例如，当滴入 $AgNO_3$ 溶液 18.00 mL，即滴定到 90.0% 时：

$$[Cl^-] = \frac{0.1000 \times 2.00}{20.00 + 18.00} = 5.26 \times 10^{-3} \qquad pCl = 2.28$$

而 Ag^+ 浓度，根据 AgCl 的 K_{sp} 可知：

$$K_{sp} = [Ag^+] \cdot [Cl^-] = 1.8 \times 10^{-10}$$

$$pAg = -\lg K_{sp} - pCl = 9.74 - 2.28 = 7.46$$

同理，当滴定到 99.9% 时，即加入 $AgNO_3$ 溶液 19.98 mL 时，溶液中剩余 Cl^- 浓度为

$$[Cl^-] = 5.0 \times 10^{-5}\ \text{mol/L} \qquad pCl = 4.30 \qquad pAg = 5.44$$

（3）化学计量点时，溶液是 AgCl 的饱和溶液。

$$[Ag^+] = [Cl^-] = \sqrt{K_{sp}} = \sqrt{1.8 \times 10^{-10}} = 1.34 \times 10^{-5}\ \text{(mol/L)}$$

即 $pAg = pCl = \frac{1}{2}pK_{sp} = 4.87$

（4）化学计量点后，溶液中 Ag^+ 浓度由过量的 $AgNO_3$ 浓度决定。当滴定到 100.1% 时，即滴入 $AgNO_3$ 溶液 20.02mL 时，则 $[Ag^+] = 5.0 \times 10^{-5}$ mol/L

$$pAg = 4.30 \qquad pCl = 9.74 - 4.30 = 5.44$$

在接近化学计量点前后，若考虑 AgCl 沉淀溶解对溶液中离子浓度的影响，则计算如下：

当 Ag^+ 过量 2.0×10^{-5} mol/L 时，设溶解部分 $[Ag^+]_{溶解} = [Cl^-] = x$（mol/L）

$$[Ag^+] = x + 2.0 \times 10^{-5}\ \text{(mol/L)}$$

$$K_{sp} = [Ag^+][Cl^-] = x \cdot (x + 2.0 \times 10^{-5}) = 1.8 \times 10^{-10}$$

$x = 6.7\times10^{-6}$（mol/L）　　pCl =5.17

$[Ag^+] = 2.7\times10^{-5}$（mol/L）　　pAg = 4.57

计算结果与不考虑 AgCl 溶解时略有不同，但变化趋势相同。表 7-1 列出了不同滴定时刻的 pCl、pBr、pI 及 pAg 数据，据此绘制滴定曲线见图 7-1。

表 7-1　以 0.1000 mol/L $AgNO_3$ 溶液滴定 20.00mL 0.1000 mol/L Cl^-、Br^-、I^- 溶液时化学计量点前后 pX 与 pAg 的变化

$AgNO_3$ 加入量		滴定 Cl^- 时		滴定 Br^- 时		滴定 I^- 时	
V_{AgNO_3}（mL）	$AgNO_3$%	pCl	pAg	pBr	pAg	pI	pAg
0.00	0.00	1.00		1.00		1.00	
18.00	90.00	2.28	7.46	2.28	10.02	2.28	13.80
19.80	99.00	3.30	6.44	3.30	9.00	3.30	12.78
19.98	99.90	4.30	5.44	4.30	8.00	4.30	11.78
20.00	100.0	4.87	4.87	6.15	6.15	8.04	8.04
20.02	100.1	5.44	4.30	8.00	4.30	11.78	4.30
20.20	101.0	6.44	3.30	9.00	3.30	12.78	3.30
22.00	110.0	7.42	2.32	10.00	2.30	13.78	2.30
40.00	200.0	8.26	1.48	10.82	1.48	14.60	1.48

银量法滴定曲线有以下特点。

（1）滴定曲线化学计量点为中心前后对称，即随滴定的进行，溶液中 Ag^+ 浓度增加时，X^- 浓度以相同的比例减少，而化学计量点时，两种离子浓度相等，即两条曲线在化学计量点相交。

（2）与酸碱滴定曲线相似，滴定开始时溶液中 X^- 浓度较大，滴入 Ag^+ 所引起的 X^- 浓度改变不大，曲线比较平坦；近化学计量点时，溶液中 X^- 浓度已经很小，滴入少量的 Ag^+，即会引起 X^- 浓度发生较大的变化，从而形成滴定突越。

（3）突越范围的大小，取决于被滴定离子浓度及沉淀的溶度积常数 K_{sp}。K_{sp} 越小，突越范围越大；如相同浓度的 Cl^-、Br^-、I^- 与 Ag^+ 的滴定曲线上，ΔpI 最大，ΔpCl 最小，见图 7-1。若对于同一种离子（即 K_{sp} 一定），其浓度越小，则突越范围越小，这与酸碱滴定相同。

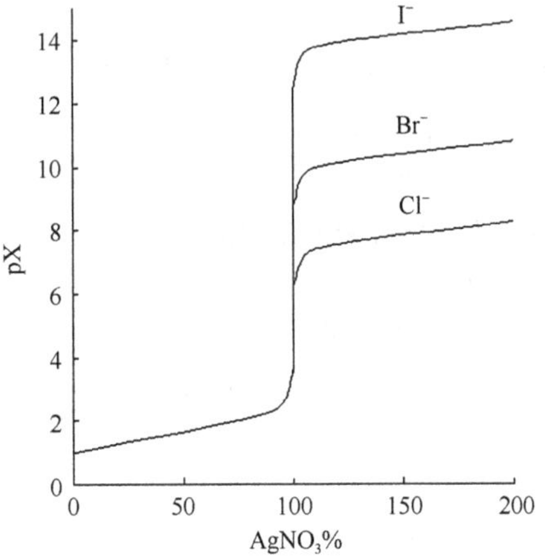

图 7-1　$AgNO_3$ 滴定 Cl^-、Br^-、I^- 的滴定曲线

（二）分步滴定

由滴定曲线可知，相同浓度的Cl^-、Br^-、I^-共存时，用$AgNO_3$标准溶液滴定可出现三个不同的滴定突越。溶度积小的I^-最先被滴定，溶度积大的Cl^-最后被滴定。利用分步滴定可对Cl^-、Br^-、I^-进行分别测定。但由于卤化银沉淀的吸附和生成混晶等因素的影响，实际结果并不理想，故工作中很少用。

二、银量法指示终点的方法

根据确定终点所用指示剂不同，将银量法分为以下三种：铬酸钾指示剂法（莫尔法，Mohr method）、铁铵矾指示剂法（福尔哈德法，Volhard method）和吸附指示剂法（法扬斯法，Fajans method）。

（一）莫尔法

用铬酸钾作指示剂的银量法称为莫尔法。

1. 原理 在中性或弱碱性的介质中，以K_2CrO_4为指示剂，用$AgNO_3$标准溶液直接滴定Cl^-（或Br^-），其滴定反应为

终点前 $Ag^+ + Cl^- \rightleftharpoons AgCl\downarrow$（白色） $K_{sp} = 1.8\times10^{-10}$

终点时 $2Ag^+ + CrO_4^{2-} \rightleftharpoons Ag_2CrO_4\downarrow$（砖红色） $K_{sp} = 1.2\times10^{-12}$

由此可见，K_2CrO_4指示终点，一是因为Ag_2CrO_4沉淀具有砖红色，易于观察；二是Ag_2CrO_4的溶解度大于AgCl的溶解度，使得刚过化学计量点，即Ag^+稍有过量立刻产生Ag_2CrO_4砖红色沉淀，从而指示出滴定终点。

2. 滴定条件 莫尔法中指示剂的用量和溶液的酸度是影响滴定结果准确度的两个主要因素。

（1）指示剂的用量：为了使滴定终点尽可能接近化学计量点，即终点时滴定剂不能过量太多，则要求指示剂K_2CrO_4溶液应有合适的浓度。指示剂的浓度过高，不仅终点提前，CrO_4^{2-}本身的黄色也会影响终点的观察；但CrO_4^{2-}的浓度过低，终点滞后。

例 7-1 滴定终点时溶液总体积约 50 mL，所消耗$AgNO_3$溶液（0.10 mol/L）约 20 mL，若允许有 0.05% 的滴定剂过量，求此时溶液中所需指示剂的浓度。

解：终点时，过量Ag^+的浓度

$$[Ag^+] = \frac{0.1\times0.01}{50} = 2.0\times10^{-5}\ (\text{mol/L})$$

又 $$K_{sp(Ag_2CrO_4)} = [Ag^+]^2\cdot[CrO_4^{2-}] = 1.2\times10^{-12}$$

则有 $$[CrO_4^{2-}] = \frac{1.2\times10^{-12}}{(2.0\times10^{-5})^2} = 3.0\times10^{-3}\ (\text{mol/L})$$

实际滴定时，一般在总体积为 50～100 mL 的溶液中加入 5% K_2CrO_4指示剂 1～2 mL，则可使$[CrO_4^{2-}]$达到2.6×10^{-3}～5.2×10^{-3} mol/L。

以上计算，未计入终点时由于AgX沉淀的溶解所产生的Ag^+。对于溶度积较小的AgX（如AgBr）此部分确可忽略不计。但滴定氯化物时，若Ag^+浓度达到2.0×10^{-5} mol/L 时，实际上约有40% 的Ag^+来自AgCl沉淀的溶解，故所需滴定剂的量比计算量少一些，即终点与化学计量点更接近。

应注意滴定过程中，滴定剂的总消耗体积应适量。总消耗体积太小或浓度过低，都会因为终点的过量使测定结果的相对误差较大。因此，须作指示剂的“空白校正”。方法：将 1 mL 指示剂加到 50 mL 水中，或加到无Cl^-、含少许$CaCO_3$的混悬液中，用滴定剂滴定至溶液的颜色与被滴定样品溶液的颜色相同，从样品滴定所消耗的滴定剂$AgNO_3$溶液的体积中扣除空白消

耗的体积。

（2）溶液的酸度：用 K_2CrO_4 作指示剂时，不能在酸性溶液中滴定。溶液的酸度过高，CrO_4^{2-} 生成弱电解质 H_2CrO_4 或 $Cr_2O_7^{2-}$，致使 CrO_4^{2-} 浓度降低，Ag_2CrO_4 沉淀推迟，甚至不产生沉淀；但若溶液的碱性太强，则有 Ag_2O 沉淀析出。通常，莫尔法要求溶液的 pH 范围为 6.5～10.5，若试液中有铵盐或其他能与 Ag^+ 生成络合物的物质存在时，要求溶液的酸度范围更窄，pH 为 6.5～7.2 内。

（3）滴定时应剧烈振摇：剧烈振摇可释放出被 AgCl 或 AgBr 沉淀吸附的 Cl^- 或 Br^-，防止终点提前。

（4）干扰及消除

1）凡能与 Ag^+ 生成微溶化合物或络合物的阴离子，都干扰测定，如 PO_4^{3-}、AsO_4^{3-}、SO_3^{2-}、S^{2-}、CO_3^{2-}、CrO_4^{2-} 等。其中 S^{2-} 可在酸性中加热除去，SO_3^{2-} 氧化成 SO_4^{2-} 后，不再干扰测定。

2）与 CrO_4^{2-} 生成沉淀的其他阳离子，如 Ba^{2+}、Pb^{2+}，亦可干扰测定。加入过量 Na_2SO_4 可消去 Ba^{2+} 的干扰。

3）大量有色离子，如 Cu^{2+}、Co^{2+}、Ni^{2+} 等，会影响终点的观察。

4）高价金属离子，如 Al^{3+}、Fe^{3+}、Bi^{3+}、Sn^{4+} 等在中性或弱碱性溶液中发生水解，故也不可存在，应预先分离。

3. 应用范围　本法多用于 Cl^-、Br^- 和 CN^- 的测定，不适用于 I^- 和 SCN^- 的测定。由于 AgI 与 AgSCN 沉淀具有强烈的吸附作用，使终点变色不明显，误差较大。此法亦不适用于以 NaCl 标准溶液直接滴定 Ag^+，因为试液中加入 K_2CrO_4 指示剂后，会立即析出 Ag_2CrO_4 沉淀，而滴定过程中，Ag_2CrO_4 转化为 AgCl 的速度较慢，因此会使终点推迟，滴定误差较大。若要用此法测定 Ag^+，则要在试液中加入一定量过量的 NaCl 标准溶液，然后用 $AgNO_3$ 标准溶液滴定过量的 Cl^-，即利用返滴定法。

（二）福尔哈德法

以铁铵矾 $[NH_4Fe(SO_4)_2 \cdot 12H_2O]$ 为指示剂的银量法，称福尔哈德法，分直接滴定法和返滴定法。

1. 直接滴定法测定 Ag^+　在含 Ag^+ 的酸性溶液中，以铁铵矾作指示剂，用 NH_4SCN 或 KSCN 标准溶液测定 Ag^+ 的含量。

滴定反应：$Ag^+ + SCN^- \rightleftharpoons AgSCN\downarrow$（白色）

指示剂反应：$Fe^{3+} + SCN^- \rightleftharpoons [Fe(SCN)]^{2+}$（红色）

直接滴定法应注意如下方面。

（1）溶液的酸度：一般控制在 0.1～1 mol/L HNO_3 介质中，酸度过低，Fe^{3+} 发生水解，生成颜色较深的 $[Fe(H_2O)_5OH]^{2+}$ 或 $[Fe_2(H_2O)_4(OH)_2]^{4+}$ 等，影响终点观察。酸度更低，甚至会析出水合氧化物沉淀。

（2）Fe^{3+} 的浓度：终点刚好能观察到 $[Fe(SCN)]^{2+}$ 的明显红色，所需 $[Fe(SCN)]^{2+}$ 的最低浓度为 6×10^{-6} mol/L。为了维持 $[Fe(SCN)]^{2+}$ 的配位平衡，且 Fe^{3+} 的颜色不影响终点观察，需使终点的 Fe^{3+} 的浓度控制在 0.015 mol/L。

（3）滴定过程中，由于 AgSCN 具有强烈的吸附作用，部分 Ag^+ 被吸附于其表面上，使终点出现过早，结果偏低。故滴定时须充分摇动溶液，使吸附降到最低。

2. 返滴定法测定卤素离子　测定 X^- 时，加入定量过量的 $AgNO_3$ 标准溶液，以铁铵矾作指示剂，用 NH_4SCN 标准溶液返滴定过量的 Ag^+（此操作过程即为返滴定法）。反应如下：

滴定反应：$Ag^+_{（定量，过量）} + X^- \rightleftharpoons AgX\downarrow$

$Ag^+_{（剩余）} + SCN^- \rightleftharpoons AgSCN\downarrow$（白色）

终点反应：$SCN^- + Fe^{3+} \rightleftharpoons [Fe(SCN)]^{2+}$（红色）

返滴定法应注意如下方面。

（1）溶液的酸度：应控制在 0.1～1 mol/L HNO_3 介质中。

（2）返滴定法测定 Cl^- 时，由于 AgCl 的溶解度比 AgSCN 大，故过量的 SCN^- 将与 AgCl 发生沉淀转化，使 AgCl 溶解。反应如下：

$$AgCl\downarrow + SCN^- \rightleftharpoons AgSCN\downarrow + Cl^-$$

沉淀的转化作用是慢慢进行的，所以溶液中出现了红色之后，随着摇动溶液，又会逐渐消失，故得不到正确的终点。要想得到持久的红色，须继续滴入 NH_4SCN，直至 Cl^- 与 SCN^- 之间建立以下平衡关系为止：

$$\frac{[Cl^-]}{[SCN^-]} = \frac{K_{sp(AgCl)}}{K_{sp(AgSCN)}} = \frac{1.8\times10^{-10}}{1.1\times10^{-12}} = 164$$

这时将引起很大的误差。为避免上述沉淀转化反应的发生，通常采用下列措施。①试液中加入一定量的 $AgNO_3$ 标准溶液之后，将已生成的 AgCl 过滤并洗涤，再用 NH_4SCN 标准溶液滴定滤液中的 Ag^+。此法操作较烦琐。②在用 NH_4SCN 返滴剩余的 Ag^+ 之前，在试液中加入 1～2 mL 硝基苯或 1，2-二氯乙烷，强烈振摇，使沉淀表面覆盖一层有机溶剂，避免沉淀与外液接触，有效阻止 SCN^- 与 AgCl 沉淀发生转化，但此法毒性较大。③利用高浓度 Fe^{3+} 作指示剂，减小终点时 SCN^- 的浓度，可减小误差。

（3）返滴定测定 I^- 时，指示剂必须在加入过量的 $AgNO_3$ 标准溶液后才能加入，否则 Fe^{3+} 将氧化 I^- 为 I_2，影响分析结果的准确性。

福尔哈德法的最大优点是可以在酸性溶液中进行。许多弱酸根离子（如 PO_4^{3-}、AsO_4^{3-}、CrO_4^{2-} 等）不干扰滴定，因而方法选择性高。但强氧化剂、氮的低价氧化物及铜盐、汞盐等能与 SCN^- 发生作用，干扰测定，需预先除去。

（三）法扬斯法

以吸附剂为指示剂的银量法，称法扬斯法。

吸附指示剂是一类有机染料，当它被吸附在胶粒表面之后，由于形成某种化合物而结构发生变化，引起颜色变化即可指示滴定终点。

荧光黄（K_a=10^{-7}），是一种有机弱酸，用 HFI 表示。在溶液中可离解为荧光黄阴离子 FI^-（呈黄绿色）和 H^+。$AgNO_3$ 标准溶液滴定 Cl^- 时，可用荧光黄作指示剂。滴定过程中反应如下：

$$HFI \rightleftharpoons H^+ + FI^-\text{（黄绿色）}$$

终点前：Cl^- 过量　　　$AgCl\cdot Cl^- + FI^-$

终点后：Ag^+ 稍过量　　$AgCl\cdot Ag^+$

沉淀带正电荷吸附 FI^-，即

$$\underset{\text{黄绿色}}{AgCl\cdot Ag^+ + FI^-} \rightleftharpoons \underset{\text{淡红色}}{AgCl\cdot Ag^+\cdot FI^-}$$

可见，终点后稍过量的 $AgNO_3$，即可显示溶液颜色变化。

若用 Cl^- 滴定 Ag^+，以荧光黄为指示剂，颜色的变化正好相反，也可采用甲基紫作指示剂。

采用吸附指示剂，应考虑下面几个因素。

（1）由于颜色变化发生在沉淀的表面上，应尽量使沉淀的比表面积大一些，即沉淀的颗粒要小一些。所以滴定过程中应设法防止卤化银凝聚。通常可加入糊精作为保护胶体。

（2）溶液的浓度不能太稀。溶液太稀，沉淀很少，终点观察困难。

（3）避免在强的阳光下进行滴定，因卤化银沉淀对光敏感，很快会转变为灰黑色，影响终点观察。

（4）指示剂的吸附能力要适当，不要过大或过小。胶体颗粒对指示剂的吸附力，应略小于对被测离子的吸附力，即滴定稍过化学计量点就立即吸附指示剂离子而变色。否则吸附力太强会使终点提前，吸附力太弱则终点推迟。

卤化银对卤离子和几种常用吸附指示剂的吸附能力大小次序如下：

$$I^- > \text{二甲基二碘荧光黄} > Br^- > \text{曙红} > Cl^- > \text{荧光黄}$$

因此，测定 Cl^- 时只能用荧光黄，测定 Br^- 选用曙红作指示剂。

（5）溶液的 pH 应适当，有利于指示剂显色型体的存在。吸附指示剂分两类：一类是酸性有机染料，如荧光黄及其衍生物，它们是有机弱酸，离解出指示剂阴离子；另一类是碱性染料，如甲基紫、罗丹明 6G 等，是有机弱碱，离解出指示剂阳离子。常见吸附指示剂及其适用范围如表 7-2 所示。

表 7-2　常用吸附指示剂

指示剂名称	待测离子	滴定剂	适用酸度范围
荧光黄	Cl^-	Ag^+	pH 7～10
二氯荧光黄	Cl^-	Ag^+	pH 4～10
曙红	Br^-、I^-、SCN^-	Ag^+	pH 2～10
溴甲酚绿	SCN^-	Ag^+	pH 4～5
甲基紫	Ag^+、SO_4^{2-}	Cl^-、Ba^{2+}	pH 1.5～3.5
罗丹明 6G	Ag^+	Br^-	酸性
钍试剂	SO_4^{2-}	Ba^{2+}	pH 1.5～3.5
橙黄素Ⅳ氨基苯磺酸溴酚蓝	Cl^-、I^- 混合液及生物碱	Ag^+	微酸性
二甲基二碘荧光黄	I^-	Ag^+	中性

三、基准物质和标准溶液

（一）基准物质

银量法常用基准物质是 $AgNO_3$ 和 NaCl。

（1）$AgNO_3$ 基准物质：市售 $AgNO_3$ 若纯度不够，可在稀硝酸中重结晶精制。精制过程应避光和避免有机物（如滤纸纤维），以免被还原。所得结晶于 100℃下干燥除去表面水，在 220～250℃干燥 15 min 除去包埋水，避光密闭保存。

（2）NaCl 基准物质：可选用市售基准品试剂，也可用一般试剂级 NaCl 再精制。NaCl 极易吸潮，应在干燥器中保存。

（二）标准溶液

银量法常用标准溶液是 $AgNO_3$ 标准溶液、NH_4SCN（或 KSCN）标准溶液。

（1）$AgNO_3$ 标准溶液：①用基准物质 $AgNO_3$ 直接配制。②用间接法配制，先用分析纯 $AgNO_3$ 配制成近似浓度，再用基准物质 NaCl 标定。标定方法最好与样品测定方法相同，以消除方法误差。$AgNO_3$ 见光易分解，标准溶液应置于棕色瓶中避光保存。放置一段时间后应重新标定。

（2）NH_4SCN（或 KSCN）标准溶液：采用间接法配制。以铁铵矾为指示剂，用 $AgNO_3$ 标准溶液标定。

第二节　重量分析法

案例 7-3

维生素 B_1（vitamin B_1，thiamine），又称硫胺素：广泛存在于植物性食物，在糙米、麦麸、酵母、豆类中含量较多。维生素 B_1 缺乏不仅可引发脚气病，还可引起神经炎并累及心脏，使人脾气暴躁，困倦乏力，神经过敏，喜怒无常。复合维生素 B 片、五维 B 颗粒、盐酸呋喃硫胺、复方胱氨酸片等均可用于维生素 B_1 缺乏症。其中维生素 B_1 的含量测定，均采用硅钨酸重量法。例如，五维 B 颗粒中维生素 B_1 的含量测定，国家药品标准 [标准编号：WS-10001-(HD-0407)—2002] 规定：取本品 60 包的内容物，混合均匀，研细，精密称取适量（约相当于维生素 B_1 25 mg），置 100 mL 容量瓶中，加 HCl 溶液（1→25）60 mL，振摇使维生素 B_1 溶解，再用 HCl 溶液（1→25）稀释至刻度，摇匀，用干燥滤纸滤过，精密量取续滤液 50 mL，煮沸，立即滴加硅钨酸试液 2 mL，继续煮沸 2 min，用在 80℃干燥至恒重的 4 号垂熔玻璃漏斗滤过，滤渣用煮沸的 HCl 溶液（1→25）20 mL 分次洗涤，再用水 10 mL 洗涤 1 次，最后用丙酮洗涤 2 次，每次 5 mL，80℃干燥至恒重，将所得沉淀的重量乘以 0.1939，即得供试量中含 $C_{12}H_{17}ClN_4OS \cdot HCl$ 的重量。

问题：

（1）什么是重量分析法？重量分析法分为哪几种？其方法包括哪两个过程？

（2）什么是沉淀重量法？

（3）影响沉淀重量法准确度的因素有哪些？

（4）沉淀重量法中影响沉淀完全的因素有哪些？

（5）如何计算沉淀重量法结果？

一、重量分析法概述

以质量为测量值的定量分析方法，习惯上称为重量分析法（gravimetric analysis method）。在重量分析中，一般是先将被测组分与样品中的其他组分分离，转化为一定的称量形式，然后用称量方法测定该组分的含量。

重量分析法是直接用分析天平称量而获取分析结果。一般不需要与标准样品或基准物质进行比较，也没有由于容量器皿引入的数据误差。称量误差一般很小，对于常量组分的测定，常可得到准确的分析结果，相对误差为 0.1%～0.2%。但操作较烦琐，耗时较长，对微量或痕量组分的测定误差较大。

目前，重量分析法常用于常量元素（如硅、硫、磷、钨、钼、镍、锆、铪、铌和钽等）、药物的水分、灰分和挥发物等的含量测定。

重量分析法包括分离和称量两个过程。根据分离方法不同，重量分析法又可分为沉淀重量法、挥发重量法、萃取法。沉淀、挥发和萃取是分析化学中重要分离方法，广泛应用于其他分析方法中，也是生产中进行分离和富集的重要手段。重量分析法中以沉淀法应用最广，因此本节主要讨论挥发重量法、沉淀重量法。

二、沉淀重量法

沉淀重量法是利用沉淀反应，将被测物转化为沉淀形式从溶液中分离出来，经过滤、洗涤、烘干或灼烧成称量形式，对称量形式进行称量，计算被测组分含量的方法。

（一）沉淀形式和称量形式及其要求

沉淀重量法中，沉淀的化学组成称为沉淀形式（precipitation of form）。经处理后，供最后称量的化学组成称为称量形式（weighing of form）。两者可以相同，也可以不同，如沉淀重量法测定 SO_4^{2-}、Ca^{2+}。

$$SO_4^{2-}+Ba^{2+} \rightleftharpoons BaSO_4\downarrow \xrightarrow{\text{过滤 洗涤 灼烧}} BaSO_4$$

$$Ca^{2+}+C_2O_4^{2-} \rightleftharpoons CaC_2O_4\downarrow \xrightarrow{\text{过滤 洗涤 灼烧}} CaO$$

沉淀形式　　　　　　　　称量形式

为了操作简便并保证测定结果的准确度，沉淀重量法对沉淀形式与称量形式有如下要求。

1. 对沉淀形式的要求　①溶解度必须很小。由沉淀溶解所造成的损失量应不超出分析天平的称量误差范围（±0.2 mg）。②必须纯净，避免杂质污染。③便于滤过和洗涤。为此，应尽量获得粗大的晶形沉淀或致密的无定形沉淀。④具有固定组成或易转化为具有固定组成的称量形式。

2. 对称量形式的要求　①应具有确定的化学组成。②必须稳定，不受空气中水分、CO_2 和 O_2 等影响。③摩尔质量要大，这样可减少称量误差，提高分析结果的准确度，如沉淀重量法测定 Al^{3+}：

$$Al^{3+} \xrightarrow{NH_3 \cdot H_2O} Al(OH)_3 \xrightarrow{\text{灼烧}} Al_2O_3$$

$$Al^{3+} \xrightarrow{\text{8-羟基喹啉}} (C_9H_6NO)_3Al \xrightarrow{\text{灼烧}} (C_9H_6NO)_3Al$$

0.1000 g Al^{3+} 可获得 0.1888 g Al_2O_3 或 1.7040 g $(C_9H_6NO)_3Al$。分析天平的称量误差一般为± 0.2 mg。由于上述两种称量形式的摩尔质量不同，称量引起的相对误差分别为

$$Al_2O_3:\ \frac{\pm 0.0002}{0.1888}\times 100\% = \pm 0.1\%$$

$$(C_9H_6NO)_3Al:\ \frac{\pm 0.0002}{1.7040}\times 100\% = \pm 0.01\%$$

显然，8-羟基喹啉重量法测定 Al^{3+} 的准确度更高。

（二）沉淀的形态和形成

1. 沉淀的形态　根据沉淀的物理性质，大体分两大类：晶形沉淀（crystalline precipitate）和无定形沉淀（amorphous precipitate）或非晶形沉淀。$BaSO_4$ 是晶形沉淀，$Fe_2O_3 \cdot nH_2O$ 是无定形沉淀。AgCl 是凝乳状沉淀，按其性质，介于两者之间。从 X 射线检查，三种沉淀内部结构都是结晶，其固体粒子内部离子有规则排列。它们主要的差别是沉淀颗粒大小的不同。晶形沉淀的颗粒直径为 0.1～1 μm，无定形颗粒直径一般小于 0.02 μm，凝乳状沉淀颗粒大小，介于两者之间。

晶形沉淀颗粒较大，排列致密，易于过滤、洗涤；无定形沉淀颗粒小，排列疏松，不易过滤、洗涤。

生成的沉淀属于哪种形态，与沉淀的性质、形成条件及沉淀后的处理有密切关系。因此了解沉淀的过程和性质，控制沉淀的条件，以获得满意的沉淀形式对沉淀重量分析很重要。

2. 沉淀的形成　沉淀的形成是一个比较复杂的过程，目前尚缺乏这方面成熟的理论，现在讨论的仅是这个过程的定性解释或经验公式的描述。一般认为沉淀的形成过程，大致可经过晶核的形成和晶核长大两个过程，即

构晶离子 $\xrightarrow{\text{成核作用}}$ 晶核 $\xrightarrow{\text{长大过程}}$ 沉淀颗粒 —— $\xrightarrow{\text{凝聚}}$ 无定型沉淀；$\xrightarrow{\text{定向排列}}$ 晶型沉淀

（1）晶核的形成：晶核的形成有两种情况，一种是均相成核作用，一种是异相成核作用。所谓均相成核作用，是指构晶离子在过饱和溶液中，通过静电作用而缔合，自发地形成晶核。溶液的相对过饱和度越大，均相成核的数目越多。所谓异相成核作用，是指在沉淀过程中，溶液中混

有固体微粒，这些微粒起着晶核的作用，诱导构晶离子形成晶核的过程。固体微粒越多，异相成核数目就越多。溶液中总会不可避免地混有不同数量的固体微粒，故在进行沉淀反应时异相成核作用总是存在的。

（2）晶核的成长：溶液中有了晶核以后，溶液中的构晶离子向晶核表面扩散，并沉积在晶核上，使晶核逐渐长大，到一定程度时成为沉淀颗粒。这种沉淀颗粒有聚集为更大聚集体的趋势，同时构晶离子又具有按一定的晶格排列而形成大晶粒的倾向。前者是聚集过程，后者是定向排列过程。两过程相对速度大小决定形成沉淀的类型。聚集速度慢，定向速度快，则得到晶形沉淀；聚集速度快，定向速度慢，则得到无定形沉淀。

聚集速度（或称形成沉淀的初始速度），主要由沉淀时的条件所决定，其中最主要是由溶液的过饱和度决定。冯韦曼（von Weimarn）曾用经验公式描述了沉淀生成的聚集速度 v 与溶液相对饱和度的关系：

$$v = K \cdot \frac{Q-S}{S} \tag{7-1}$$

式中，Q 为加沉淀剂时瞬间沉淀物的总浓度；S 为沉淀的溶解度；$Q-S$ 为溶液的过饱和度；$\frac{Q-S}{S}$ 为相对过饱和度；K 为比例常数，它与沉淀的性质、温度、介质等因素有关。

从式（7-1）可看出，相对过饱和度越小，聚集速度就越小，则可形成晶形沉淀。反之则得到无定形沉淀。例如，沉淀 $BaSO_4$ 时，常在稀盐酸中进行，目的是利用稀溶液和酸效应降低生成沉淀物质的总浓度，增大 $BaSO_4$ 的溶解度，以减小溶液的相对过饱和度，得到颗粒较大的晶形沉淀。在浓溶液（0.75～3 mol/L）中，则形成胶状沉淀。但是高价金属离子的氢氧化物，如 $Fe(OH)_3$、$Al(OH)_3$ 等，溶解度太小，获得的总是无定形沉淀。

定向速度决定于沉淀物质的性质，一般极性强的盐，如 $BaSO_4$、CaC_2O_4 等，具有较大的定向排列速度，易生成晶形沉淀。高价金属离子的氢氧化物一般溶解度小，沉淀时溶液的相对过饱和度大，聚集速度大，定向速度小，加入沉淀剂瞬间形成大量晶核，进而聚集形成疏松、含有大量水分子的无定形沉淀或胶状沉淀。二价金属离子的氢氧化物，如 $Mg(OH)_2$、$Zn(OH)_2$ 等，如条件适当，可使定向速度大于聚集速度而得到晶形沉淀。同一金属离子的硫化物，一般比它的氢氧化物溶解度小，因此金属的硫化物大多数是非晶形沉淀或胶状沉淀。

（三）沉淀的完全程度及其影响因素

沉淀的完全程度直接影响沉淀分析法的准确度。沉淀重量法要求被测组分尽可能完全转变为沉淀。通常要求被测组分在溶液中的残留量不超过 0.0001 g，即小于分析天平的允许误差。但很多沉淀不能满足这个要求。沉淀反应是否完全，可根据反应达平衡后溶液中未被沉淀的被测组分的含量来衡量，即根据沉淀溶解度的大小来衡量。溶解度小，沉淀完全；溶解度大，沉淀不完全。因此，我们必须了解沉淀溶解度及其影响因素，利用积极因素，消除或减少消极因素，使沉淀完全，提高分析的准确度。

1. 溶度积与溶解度 沉淀在水中溶解，有两步平衡。水中微溶化合物 MA，溶解并达到饱和状态后，有下列平衡关系：

$$\text{MA（固）} \rightleftharpoons \text{MA（水）} \rightleftharpoons M^+ + A^-$$

其中 MA（水）可以是分子状态，也可以是 $M^+ \cdot A^-$ 离子对化合物。

例如，AgCl 溶于水中：

$$\text{AgCl（固）} \rightleftharpoons \text{AgCl（水）} \rightleftharpoons Ag^+ + Cl^-$$

$CaSO_4$ 溶于水中：

$$CaSO_4（固）\rightleftharpoons Ca^{2+}\cdot SO_4^{2-}(水)\rightleftharpoons Ca^{2+}+SO_4^{2-}$$

第一步平衡：$\dfrac{a_{MA(水)}}{a_{MA(固)}}=S^0$（平衡常数）

因纯固体物质的活度等于 1，即 $a_{MA（固）}=1$，故

$$a_{MA（水）}=S^0 \tag{7-2}$$

所以溶液中分子状态或离子对化合物的活度为一个常数 S^0，S^0 称为该物质的固有溶解度（intrinsic solubility）。其意义：一定温度下，固相与其液相共存时，溶液中以分子（或离子对）状态存在的活度为一常数。

第二步平衡：

$$\frac{a_{M^+}\cdot a_{A^-}}{a_{MA(水)}}=K（平衡常数） \tag{7-3}$$

将 S^0 代入得

$$a_{M^+}\cdot a_{A^-}=S^0\cdot K=K_{ap}$$

式中，K_{ap} 为离子活度积常数或活度积（activity product）。又因活度与浓度的关系为

$$a_{M^+}\cdot a_{A^-}=\gamma_{M^+}\cdot[M^+]\cdot\gamma_{A^-}\cdot[A^-]=K_{ap}$$

$$[M^+]\cdot[A^-]=\frac{K_{ap}}{\gamma_{M^+}\cdot\gamma_{A^-}}=K_{sp}$$

对于 M_mA_n 型难溶盐：$K_{sp}=[M^{n+}]^m\cdot[A^{m-}]^n$
式中，K_{sp} 称为微溶化合物的溶度积常数，简称溶度积。

K_{ap}、K_{sp} 相差大小取决于溶液中离子强度大小，若溶液中离子强度较大，则 K_{sp} 和 K_{ap} 相差较大，但微溶化合物的溶解度一般都很小，溶液中离子强度不大，其影响常可忽略，故 K_{sp}、K_{ap} 相差不大，常不加区别。

溶解度（solubility）是在平衡状态下所溶解的 MA 的总浓度，若不考虑溶液中其他平衡，则固体 MA 的溶解度 S 应为固有溶解度 S^0 和构晶离子 M^+ 或 A^- 的浓度之和，即

$$S=S^0+[M^+]=S^0+[A^-]$$

固有溶解度不易测得，且一般占总溶解度的 0.1%～1%，甚至更小，常将固有溶解度忽略不计，故

$$S=[M^+]=[A^-]=\sqrt{K_{sp}}$$

而对于 M_mA_n 型难溶盐溶解度的计算则为

$$S=\frac{[M^{n+}]}{m}=\frac{[A^{m-}]}{n}=\sqrt[m+n]{\frac{K_{sp}}{m^m\cdot n^n}}$$

例 7-2　Ag_2CrO_4 的 $K_{sp}=1.1\times10^{-12}$，不考虑水解，求 Ag_2CrO_4 的溶解度 S。

解：$Ag_2CrO_4 \rightleftharpoons 2Ag^+ + CrO_4^{2-}$

$2S$　　S

$$K_{sp}=[Ag^+]^2\cdot[CrO_4^{2-}]=(2S)^2\cdot S=4S^3$$

$$\therefore S=\sqrt[3]{\frac{K_{sp}}{4}}=\sqrt[3]{\frac{1.1\times10^{-12}}{4}}=6.5\times10^{-5}\,(mol/L)$$

2. 条件溶度积　溶液中被测离子除了与沉淀剂形成沉淀，还存在许多副反应。副反应的强弱

用副反应系数 α_M、α_A 来描述。此时：

$$K_{sp}=[M]\cdot[A]=\frac{[M']\cdot[A']}{\alpha_M\cdot\alpha_A}=\frac{K'_{sp}}{\alpha_M\cdot\alpha_A}$$

即

$$K'_{sp}=[M']\cdot[A']=K_{sp}\cdot\alpha_M\cdot\alpha_A \tag{7-4}$$

式中，K'_{sp} 称为条件溶度积（conditional solubility product）。由于副反应的存在，条件溶度积 $K'_{sp}>K_{sp}$，使沉淀溶解度增大。此时溶解度为

$$S=[M']=[A']=\sqrt{K'_{sp}} \tag{7-5}$$

对于 M_mA_n 型沉淀溶解度为

$$S=\sqrt[m+n]{\frac{K'_{sp}}{m^m\cdot n^n}} \tag{7-6}$$

同一种沉淀的条件溶度积 K'_{sp} 随沉淀条件的变化而改变。K'_{sp} 能真实客观地反映沉淀的溶解度及其影响因素。

3. 沉淀溶解度的影响因素 影响沉淀溶解度的因素较多，如同离子效应、盐效应、酸效应、配位效应等。此外温度、介质、颗粒大小、水解反应等也对溶解度有影响，现分别讨论。

（1）同离子效应：沉淀反应达到平衡后，向溶液中加入含有某一构晶离子的试剂或溶液，则沉淀的溶解度减小，使沉淀完全，即为同离子效应。沉淀重量分析中，常加入过量的沉淀剂，使沉淀完全。

例 7-3 用重量法测 SO_4^{2-}，25℃时，①加入等量 $BaCl_2$；②加入过量的 $BaCl_2$，使平衡时 $[Ba^{2+}]$=0.01 mol/L 时，求 $BaSO_4$ 的溶解度及在 200 mL 溶液沉淀过程中 $BaSO_4$ 溶解损失量。已知 $K_{sp(BaSO_4)}=1.1\times10^{-10}$，$M_{BaSO_4}=233.4$ g/mol。

解：①加入等量的 $BaCl_2$ 时，

$$S=[Ba^{2+}]=[SO_4^{2-}]=\sqrt{K_{sp}}=\sqrt{1.1\times10^{-10}}=1.0\times10^{-5}\text{（mol/L）}$$

溶解的损失量：$1.0\times10^{-5}\times200\times233.4=0.47$（mg）

②平衡时 $[Ba^{2+}]$=0.01 mol/L 时，

$$S=[SO_4^{2-}]=\frac{K_{sp}}{\left[Ba^{2+}\right]}=\frac{1.1\times10^{-10}}{0.01}=1.1\times10^{-8}\text{（mol/L）}$$

溶解损失量：$1.1\times10^{-8}\times200\times233.4=5.1\times10^{-4}$（mg）

结果可知，前者溶解损失量超出分析天平允许误差，而后者则没有。可见利用同离子效应可以降低沉淀的溶解度，使沉淀完全，分析结果准确。

但应注意，不能片面地理解为沉淀剂加得越多越好。太多可能引起盐效应、酸效应及配位效应等副反应，反而使溶解度增大。一般情况下，沉淀剂过量 50%～100% 是合适的，如沉淀剂不易挥发，则以过量 20%～30% 为宜。

（2）酸效应：溶液酸度对沉淀溶解度的影响，称为酸效应（acid effect）。酸度对沉淀溶解度的影响是比较复杂的，发生酸效应的原因主要是溶液中 H^+ 对难溶盐离解平衡的影响。对不同类型的沉淀，其影响情况不一样。通常，对于强酸盐沉淀，如 AgCl 等，溶液的酸度对沉淀的溶解度影响不大。但对于硫酸盐沉淀，溶液的酸度太高时，沉淀的溶解度也随之增大，其中还伴随有盐效应的影响，例如，用 H_2SO_4 沉淀 Pb^{2+} 时，就出现这种情况。溶液酸度对 $PbSO_4$ 溶解度的影响如表 7-3 所示。

表 7-3　$PbSO_4$ 在不同浓度的 H_2SO_4 溶液中的溶解度（25℃）

项目	H_2SO_4（mol/L）					
	1×10^{-8}	2.5×10^{-2}	0.55	1～4.5	7	18
$PbSO_4$ 溶解度（mg/L）	8.0	2.5	1.6	1.2	11.5	40

由表 7-3 可知，溶液中 H_2SO_4 的浓度大于 4.5 mol/L 后，$PbSO_4$ 的溶解度迅速增大，是由于酸效应的影响。H_2SO_4 的 K_{a_2} 不大，当溶液的酸度太高时，由于形成 HSO_4^- 而使沉淀溶解。在酸度较高的溶液中，$BaSO_4$ 的溶解度增大，也是由于这个原因。

例 7-4　$C_2O_4^{2-}$ 与 Ca^{2+} 生成 CaC_2O_4 沉淀，计算 pH 2.0 和 pH 4.0 的溶液中 CaC_2O_4 的溶解度。已知，CaC_2O_4 的 $K_{sp}=2.0\times10^{-9}$，$H_2C_2O_4$ 的 $K_{a_1}=5.9\times10^{-2}$，$K_{a_2}=6.4\times10^{-5}$。

解：（1）pH 2.0 的强酸溶液：

$$\alpha_H=1+\frac{[H^+]}{K_{a_2}}+\frac{[H^+]^2}{K_{a_1}\cdot K_{a_2}}=1+\frac{10^{-2}}{6.4\times10^{-5}}+\frac{(10^{-2})^2}{5.9\times10^{-2}\times6.4\times10^{-5}}\approx1.8\times10^2$$

$$S=\sqrt{K'_{sp}}=\sqrt{K_{sp}\cdot\alpha_H}=\sqrt{2.0\times10^{-9}\times1.8\times10^2}=6.1\times10^{-4}\text{（mol/L）}$$

（2）pH 4.0 的溶液

$$\alpha_H=1+\frac{[H^+]}{K_{a_2}}+\frac{[H^+]^2}{K_{a_1}\cdot K_{a_2}}=1+\frac{10^{-4}}{6.4\times10^{-5}}+\frac{(10^{-4})^2}{5.9\times10^{-2}\times6.4\times10^{-5}}=2.6$$

$$S=\sqrt{K'_{sp}}=\sqrt{K_{sp}\cdot\alpha_H}=\sqrt{2.0\times10^{-9}\times2.6}=7.2\times10^{-5}\text{（mol/L）}$$

可见，CaC_2O_4 在 pH 2.0 的溶液中溶解度比在 pH 4.0 的溶液中的溶解度约大 10 倍。前者溶解度已超过重量分析要求，若要符合允许误差范围，沉淀应在 pH 4.0～6.0 的溶液中进行。

（3）盐效应：加入强电解质（如 KNO_3、$NaNO_3$ 等）而增大沉淀溶解度的现象，称为盐效应。发生盐效应的原因，是溶液的离子强度增大而使离子的活度系数减小。

$$[M^+]\cdot[A^-]=\frac{K_{ap}}{\gamma_{M^+}\cdot\gamma_{A^-}}=K_{sp}\qquad(7\text{-}7)$$

从上式可以看出，当温度一定时，K_{ap} 为一个常数，活度系数与 K_{sp} 成反比，活度系数 γ_{M^+}、γ_{A^-} 减小，K_{sp} 增大，溶解度必然增大。构晶离子的电荷越高，影响越严重。这是因为高价离子的活度系数受离子强度的影响较大的缘故。一般来说，只有当沉淀的溶解度比较大，同时溶液中的离子强度又很高时，才考虑盐效应。若沉淀溶解度很小，如水合氧化物和某些金属络合物沉淀，则盐效应的影响非常小，常可忽略。

（4）配位效应：若溶液中存在能与构晶离子生成可溶性络合物的配位剂，则会使沉淀的溶解度增大，影响沉淀完全程度，甚至不产生沉淀，这种现象称配位效应。例如，用 Cl^- 沉淀 Ag^+ 时，若溶液中有 NH_3 存在，则能形成 $[Ag(NH_3)_2]^+$，此时 AgCl 溶解度就远大于在纯水中的溶解度。

例 7-5　计算 AgCl 沉淀在①纯水；② $[NH_3]=0.01$ mol/L 溶液中的溶解度。已知：构晶离子活度系数为 1，$K_{sp(AgCl)}=1.8\times10^{-10}$，$[Ag(NH_3)_2]^+$ 的 $\lg\beta_1$、$\lg\beta_2$ 分别为 3.40 和 7.40。

解：（1）AgCl 在纯水中的溶解度：

$$S=\sqrt{K_{sp}}=\sqrt{1.8\times10^{-10}}=1.3\times10^{-5}\text{（mol/L）}$$

（2）AgCl 在 $[NH_3]=0.01$ mol/L 的溶液中：

$$S=\sqrt{K'_{sp}}=\sqrt{K_{sp}\cdot\alpha_{Ag(NH_3)}}$$

$$=\sqrt{K_{sp}\left(1+\beta_1[NH_3]+\beta_2[NH_3]^2\right)}$$

$$=\sqrt{1.8\times10^{-10}\left(1+10^{3.40}\times10^{-2}+10^{7.40}\times10^{-4}\right)}$$

$$=6.8\times10^{-4}(\text{mol/L})$$

可见，AgCl 在氨溶液中的溶解度是在纯水中溶解度的 50 倍。主要原因是形成 $[Ag(NH_3)_2]^+$。

进行沉淀反应时，有时沉淀剂本身就是配位剂，则反应中既有同离子效应降低沉淀的溶解度，又有配位效应增大沉淀的溶解度。若沉淀剂适当过量，同离子效应起主导作用，沉淀的溶解度降低；若沉淀剂过量太多，则配位效应起主导作用，沉淀的溶解度反而增大。因此，对于这种情况必须避免加入过量太多的沉淀剂。表 7-4 列出 AgCl 沉淀在不同浓度的 NaCl 溶液中的溶解度。

表 7-4　AgCl 沉淀在不同浓度 NaCl 溶液中的溶解度

过量 Cl^- 浓度（mol/L）	AgCl 溶解度（mol/L）	过量 Cl^- 浓度（mol/L）	AgCl 溶解度（mol/L）
3.9×10^{-3}	7.2×10^{-7}	8.8×10^{-2}	3.6×10^{-6}
1.2×10^{-3}	9.1×10^{-7}	3.5×10^{-1}	1.7×10^{-5}
3.6×10^{-2}	1.9×10^{-6}	5.0×10^{-1}	2.8×10^{-5}

由表可见，用 Cl^- 沉淀 Ag^+ 时，必须严格控制 Cl^- 浓度。

（5）其他影响因素

1）温度：沉淀的溶解大多是吸热过程。因此，沉淀的溶解度一般随温度的升高而增大，对于一些在热溶液中溶解度较大的沉淀，如 $MgNH_4PO_4$ 等，为避免因沉淀溶解太多而引起损失，过滤、洗涤等操作在室温下进行。但对于无定形沉淀，如 $Fe_2O_3\cdot nH_2O$、$Al_2O_3\cdot nH_2O$ 等。由于它们的溶解度很小，且易产生胶溶作用，一般都趁热过滤并用热洗涤液洗涤。

2）溶剂：无机物沉淀大部分是离子型晶体，其溶解度受溶剂极性的影响较大。它们大部分在水中的溶解度比在有机溶剂中大一些。对于在水中溶解度较大的沉淀，加入适量互溶的有机溶剂，可降低溶剂极性使沉淀溶解度减少，如 $PbSO_4$ 在 30% 乙醇溶液中溶解度比在水中小约 20 倍。

3）颗粒大小与形态：晶体内部的分子或离子都处于静电平衡状态，彼此间吸引力大。处于表面上的分子或离子，尤其是晶体的棱上或角上的分子或离子，受内部的吸引力小，同时（相对于内部分子或离子）受到溶剂分子的作用大，易进入溶液使溶解度增大。同一种沉淀，在相同重量时，颗粒越小，表面积越大，因此具有更多的棱和角，所以小颗粒沉淀比大颗粒沉淀溶解度大。

此外，有些沉淀，初生成时是一种亚稳态晶形，有较大的溶解度，需转化成为稳定结构，才有较小的溶解度。例如，CoS 沉淀初生成时为 α 型，$K_{sp}=4\times10^{-20}$，放置后能转化为 β 型，$K_{sp}=7.9\times10^{-24}$。

4）形成胶体溶液的影响：沉淀反应时，特别是对于无定形沉淀的沉淀反应，若条件控制不当，极易形成胶体溶液，甚至使已经凝聚的胶状沉淀因“胶溶”作用而重新分散在溶液中。胶体微粒很小，极易透过滤纸而引起损失。因此应防止形成胶体溶液。加热或加入大量电解质，对破坏胶体和促进胶凝作用甚为有效。

此外，沉淀构晶离子发生水解反应，也能使难溶性盐溶解度增大。

（四）影响沉淀纯度的因素

沉淀重量法要求得到纯净的沉淀。但事实上，沉淀过程中，共沉淀、后沉淀等现象总会使溶液中的其他组分或多或少地夹杂在沉淀中，污染沉淀。因此必须了解影响沉淀纯净的因素，从而找出减少污染的方法，以获得符合重量分析要求的沉淀。

1. 共沉淀　当沉淀从溶液中析出时，溶液中共存的某些可溶性的杂质也会夹杂在沉淀中沉淀下来，这种现象称为共沉淀。应指出，共沉淀不是指两种或多种组分在反应条件都应该析出沉淀的情况。共沉淀是重量分析中误差的重要来源之一。共沉淀现象主要有以下三种。

（1）表面吸附引起的共沉淀：沉淀中，构晶离子是按一定规律排列的。处于内部的离子被异电荷离子所包围，整个沉淀内部处于静电平衡状态，而沉淀表面上，构晶离子至少有一面没有被包围。由于静电引力，暴露表面具有吸引异电荷离子的能力。沉淀颗粒越小，表面积越大，吸附沉淀中异电荷越多。表面吸附作用有选择性，一般遵循以下规律。①凡能与构晶离子生成溶解度很小的化合物的离子，优先吸附。例如，溶液中 SO_4^{2-} 过量时，$BaSO_4$ 沉淀表面吸附的 SO_4^{2-}，形成第一层，沉淀表面带负电荷。若此时溶液中存在 Ca^{2+}、Hg^{2+}，则会优先吸附 Ca^{2+}，构成中性双电层。因为 $CaSO_4$ 的溶解度较 $HgSO_4$ 的溶解度小。如果 Ba^{2+} 过量，$BaSO_4$ 沉淀表面吸附的是 Ba^{2+}，此时若溶液中存在 Cl^-、NO_3^-，则会优先吸附 NO_3^-，因为 $Ba(NO_3)_2$ 的溶解度比 $BaCl_2$ 的溶解度小。②离子浓度相同时，高价离子因静电引力强先被吸附；电荷相同的离子，浓度大的先被吸附。

（2）生成混晶或固溶体引起的共沉淀：杂质离子与构晶离子的半径相似，电荷相同，形成晶格结构相同，杂质离子可以进入晶格排列中，形成混晶，称同型混晶，如钡、镭的硫酸盐、溴化物、硝酸盐等易形成混晶。有些混晶，杂质离子或原子并不位于正常晶格的位置上，而是位于晶格空隙中，称异型混晶，如 $MnSO_4 \cdot 5H_2O$-$FeSO_4 \cdot 7H_2O$、$BaSO_4$-$PbSO_4$、$BaSO_4$-$KMnO_4$、$KClO_4$-KBF_4、$BaCrO_4$-$RaCrO_4$。若沉淀时加入沉淀剂的速度慢，可以减少异型混晶产生。另外，陈化也有可能除去异型混晶。所谓陈化，即沉淀析出后，使初生的沉淀和母液放置一段时间，这个过程称陈化也称熟化。其目的是使小晶粒逐渐溶解，大晶粒逐渐长大。在陈化的过程中，随着小晶粒的溶解，被吸附、吸留和包藏在沉淀内部的杂质重新进入溶液，可提高沉淀的纯度。

（3）吸留和包埋引起的共沉淀：沉淀形成太快，则表面吸附的杂质离子或母液来不及离开沉淀表面就被沉积上来的离子所覆盖，这样杂质就被包埋在沉淀内部，引起共沉淀的现象，称为吸留。晶体成长过程中，由于晶面缺陷和晶面生长的各向不均性，也可将母液包埋在晶体内部的小孔穴中而共沉淀。重结晶或陈化可减少或消除包埋共沉淀。

2. 后沉淀　溶液中析出沉淀之后，溶液中原来不能析出沉淀的组分，在沉淀表面上继续析出沉淀的现象，称为后沉淀。后沉淀大多数发生于该组分的过饱和溶液中。例如，在含有 Cu^{2+}、Zn^{2+} 的酸性溶液中通入 H_2S，最初得到的 CuS 沉淀中并不夹杂 ZnS。但放置一段时间后，由于表面吸附作用，使沉淀表面的 S^{2-} 浓度增大，导致 $[S^{2-}] \cdot [Zn^{2+}]$ 大于 ZnS 的 K_{sp}，在 CuS 表面析出 ZnS。沉淀在溶液中放置时间越长，后沉淀现象越严重。因此缩短陈化时间可减少或消除后沉淀现象。

后沉淀现象与前述三种共沉淀现象的区别：①后沉淀引入杂质的量随沉淀陈化时间的增长而增多；②不论杂质在沉淀之前就存在，还是沉淀后加入，后沉淀引入杂质的量基本一致；③温度高，后沉淀更严重；④后沉淀引入杂质的量，较共沉淀引入杂质多，有时可能达到与被测组分差不多。

重量分析中，共沉淀和后沉淀是一种消极因素，但人们利用共沉淀现象，可将溶液中的痕量组分富集于某一沉淀之中，这就是共沉淀分离法。

（五）沉淀条件的选择

在重量分析中，为了获得准确的分析结果，要求沉淀完全、纯净，而且易于过滤。为此，必须根据不同沉淀的类型，选择不同的沉淀条件，以获得合乎重量分析要求的沉淀。

1. 晶形沉淀的沉淀条件

（1）应在适当稀的溶液中进行，这样溶液的相对过饱和度不大，均相成核作用不显著，有利于减小成核数量，使构晶离子聚集速度小于定向排列速度，容易得到大颗粒晶形沉淀，易于过滤洗涤。同时晶粒大，比表面小，表面吸附作用小，杂质吸附小，共沉淀现象少，沉淀更纯净。但对溶解度大的沉淀，必须考虑溶解损失。

（2）应该在不断搅拌下，慢慢加入沉淀剂。这样可防止“局部过浓”现象，降低沉淀剂离子在全部或局部溶液中的过饱和度，得到颗粒大而纯净的沉淀。由于局部过浓，导致部分溶液相对过饱和度变大，导致产生严重的均相成核作用，形成大量的晶核，以至获得颗粒小、纯度差的沉淀。

（3）应在热溶液中进行沉淀。一般而言，沉淀的溶解度随温度的升高而增大，沉淀吸附杂质的量随温度升高而减少。因此，在热溶液中进行沉淀，一方面可增大沉淀的溶解度，从而降低溶液的相对过饱和度，以便获得大的晶粒；另一方面，又能减少杂质的吸附量，有利于得到纯净的沉淀。此外，升高溶液的温度，可以增加构晶离子的扩散速度，从而加快晶体的成长，有利于获得大的晶粒。但应注意的是，对于溶解度较大的沉淀，在热溶液中析出沉淀后，宜冷却至室温后再过滤，以减小沉淀溶解的损失。

（4）陈化：沉淀完全后，让初生的沉淀与母液一起放置一段时间，这个过程称为陈化。在陈化过程中，小晶粒逐渐溶解，大晶粒进一步长大。因为在同样条件下，小晶粒的溶解比大晶粒大。在同一溶液中，对大晶粒是饱和的，对于小晶粒则为未饱和。因此，小晶粒溶解到一定程度后，溶液对小晶粒为饱和溶液，对大晶粒则为过饱和，溶液中构晶离子就在大晶粒上沉积。沉积到一定程度后，溶液对大晶粒为饱和溶液，对小晶粒又未饱和，小晶粒又要溶解。如此反复进行，陈化的结果是小晶粒逐渐消失，大晶粒不断长大，最后得到纯净的晶形沉淀。加热和搅拌可增加小颗粒的溶解速度和离子在溶液中的扩散速度，缩短陈化时间。

2. 无定形沉淀的沉淀条件 无定形沉淀如 $Fe_2O_3 \cdot nH_2O$ 及 $Al_2O_3 \cdot nH_2O$ 等，溶解度一般很小，生成沉淀时溶液的相对过饱和度相当大，很难通过减小溶液的相对过饱和度来改变沉淀的物理性质。无定形沉淀是由许多沉淀颗粒聚集而成的，沉淀的颗粒小，比表面积大，吸附杂质多，又容易胶溶，且沉淀的结构疏松，体积大，含水量大，不易过滤和洗涤。所以对无定形沉淀主要是设法破坏胶体，防止胶溶，加速沉淀的凝聚。

（1）在较浓的热溶液中沉淀。较浓的热溶液可降低离子的水化程度，有利于得到含水量少，结构紧密的沉淀，方便过滤。同时可促进沉淀颗粒的凝聚，防止形成胶体溶液，还可减少沉淀表面对杂质的吸附，有利于提高沉淀的纯度。

（2）沉淀时加入大量电解质或某些能引起沉淀颗粒凝聚的胶体。电解质能中和胶体微粒的电荷，降低其水化程度，有利于胶体微粒的凝聚，达到防止胶体溶液形成的目的。用易挥发的电解质，如 HCl 溶液、氨水、铵盐溶液等洗涤沉淀，可防止胶溶，又可将吸附层中难挥发的杂质交换出来，同时可避免电解质混入沉淀中而引起重量分析的误差。

（3）沉淀时应不断搅拌。沉淀剂的加入可稍快，这样有利于生成致密的沉淀，易于过滤。但吸附杂质的机会增多，故沉淀完毕后，应加入热水（约 100 mL）稀释并搅拌，减少吸附在沉淀表面的杂质。

（4）不必陈化。沉淀完毕后，趁热过滤，不要陈化。否则无定形沉淀因放置后，将逐渐失去水分而聚集得更紧密，使吸附的杂质难以洗去。

3. 均匀沉淀法 一般的沉淀方法中，沉淀剂是由外部加入溶液中的。尽管是在不断搅拌的条件下缓慢加入的，但沉淀剂在溶液中局部过浓的现象仍难避免。为避免局部过浓现象，可采用均匀沉淀法。均匀沉淀法是利用化学反应使溶液中缓慢地产生所需的沉淀剂，待达到一定浓度时即开始沉淀。这样，沉淀剂均匀地分布于溶液中，使溶液中局部过浓现象降到最小，溶液中过饱和程度很小，且又较长时间维持溶液过饱和度。因此可得到颗粒大、结构紧密、纯净而且易于过滤洗涤的沉淀，如均匀沉淀法沉淀 Ca^{2+}。在 Ca^{2+} 的酸性溶液中加入草酸铵，然后加入尿素，加热煮沸。尿素逐渐水解：$(NH_2)_2CO + H_2O \rightleftharpoons 2NH_3 + CO_2$，生成 NH_3 中和溶液中的 H^+，使 $C_2O_4^{2-}$ 缓慢生成，最后 pH 达到 4～4.5，CaC_2O_4 沉淀完全，且晶体颗粒大、纯净。

此外利用酯类和其他有机化合物的水解、络合物的分解、氧化还原反应等能缓慢地产生所需的沉淀剂的方式，均可进行均匀沉淀。

（六）沉淀的过滤、干燥、洗涤、烘干或灼烧、恒重

1. 沉淀的过滤　过滤沉淀时，对于需要高温炽灼得到称量形式的沉淀，常用定量滤纸（每张滤纸灰分不超过 0.2 mg）过滤。根据沉淀性状不同选择紧密程度不同的滤纸。①无定形沉淀适用疏松滤纸。②粗粒的晶形沉淀选用较紧密的滤纸，较细粒的沉淀，应用较紧密的滤纸。过滤时滤纸应紧贴漏斗，应采用倾泻法过滤。若沉淀的溶解度随温度升高增大甚少，可采用趁热过滤。

2. 沉淀的洗涤　过滤后，沉淀表面会吸附一定量的杂质，母液也有可能混杂在沉淀中，故对沉淀进行洗涤。洗涤时选择合适的洗液，尽量减少沉淀的溶解损失和防止胶溶。①溶解度小而不易形成胶体的沉淀可选用蒸馏水洗。②溶解度大的晶形沉淀可用稀沉淀剂洗涤，但沉淀剂应是能在烘干或灼烧中除去。③对易胶溶无定形沉淀，用易挥发的电解质稀溶液洗涤。用倾泻法洗涤，洗涤时采用少量多次的原则。洗涤次数的确定与萃取法原理相同。实际洗涤的次数，要比按理论上计算出来的次数多几次，洗涤完全与否可用灵敏的化学反应检查。

3. 沉淀的干燥、灼烧、恒重　为除去沉淀中的水分和挥发性物质，同时使沉淀组分固定为称量形式，沉淀需进行干燥。干燥温度和时间随沉淀性质决定，一般 110～120℃ 烘 40～60 min，放冷称量至恒重。所谓恒重，即指经烘干或灼烧的坩埚或沉淀，前后两次称重之差不得超过一定的允许误差（《中国药典》（2020 年版）规定为 0.3 mg）。

为了除去沉淀中水分和挥发性物质，有时还为了使沉淀在较高温度分解为组成固定的称量形式，加热温度高达 800℃以上，称为灼烧，如 $MgNH_4PO_4 \cdot 6H_2O$ 沉淀在 1100℃灼烧成 $Mg_2P_2O_7$ 的称量形式，冷却称量至恒重。

（七）沉淀重量法结果计算

换算因数：重量分析中，通常按下式计算被测组分的百分含量：

$$x\% = \frac{W}{G} \times 100\% \tag{7-8}$$

式中，$x\%$ 为被测组分的百分含量；W 为被测组分的质量；G 为样品的质量。

若最后得到的称量形式就是被测组分的形式，则分析结果按上式计算。

但多数情况下，沉淀的称量形式与被测组分的形式不一样，此时结果的计算需引入换算因数（或重量因数）F。

$$W = F \cdot W' \tag{7-9}$$

$$x\% = \frac{FW'}{G} \times 100\% \tag{7-10}$$

式中，W' 为称量形式的质量。

F 的计算可根据有关的化学式求得。部分被测组分与称量形式之间的换算因数如表 7-5 所示。

表 7-5　部分被测组分与其称量形式之间的换算因数

被测组分	称量形式	换算因数 F
Fe	Fe_2O_3	$\frac{2M_{Fe}}{M_{Fe_2O_3}}$
Fe_3O_4	Fe_2O_3	$\frac{2M_{Fe_3O_4}}{3M_{Fe_2O_3}}$
Cl^-	AgCl	$\frac{M_{Cl}}{M_{AgCl}}$

续表

被测组分	称量形式	换算因数 F
Na_2SO_4	$BaSO_4$	$\frac{M_{Na_2SO_4}}{M_{BaSO_4}}$
MgO	$Mg_2P_2O_7$	$\frac{2M_{MgO}}{M_{Mg_2P_2O_7}}$
P_2O_5	$Mg_2P_2O_7$	$\frac{M_{P_2O_5}}{M_{Mg_2P_2O_7}}$
S	$BaSO_4$	$\frac{M_S}{M_{BaSO_4}}$
$K_2SO_4 \cdot Al_2(SO_4)_3 \cdot 24H_2O$	$BaSO_4$	$\frac{M_{K_2SO_4 \cdot Al_2(SO_4)_3 \cdot 24H_2O}}{4M_{BaSO_4}}$

例 7-6 称取某样品 0.3621 g，用 $MgNH_4PO_4$ 重量法测定其中镁的含量，得 $Mg_2P_2O_7$ 0.6300g，求 MgO%。

解：

$$MgO\% = \frac{FW'}{G} \times 100\% \qquad F = \frac{2M_{MgO}}{M_{Mg_2P_2O_7}}$$

$$MgO\% = \frac{\frac{2 \times 40.30}{222.6} \times 0.6300}{0.3621} \times 100\%$$

$$= 63.00\%$$

三、挥发法

挥发法（volatilization method）是利用被测组分具有挥发性，或将其转化为挥发性物质进行含量测定的方法。挥发法分为直接挥发法和间接挥发法。

（一）直接挥发法

直接挥发法是利用加热等方法将样品中挥发性组分逸出，用适宜的吸收剂将其全部吸收，根据吸收剂重量的增加来计算该组分含量的方法。例如，将一定量带有结晶水的固体样品，加热至适当温度，用高氯酸镁吸收逸出的水分，则高氯酸镁增加的重量就是固体样品中结晶水的重量。又如，碳酸盐的测定，加酸使之放出 CO_2，再用碱液吸收，根据吸收液的增重可间接测定碳酸盐的含量。在直接法测定中，若几种挥发性物质并存，应选适当的吸收剂，分别定量地吸收被测物质。例如，在有机物的元素分析中，有机化合物在封闭管道中高温通氧炽灼后，其中的氢和碳分别生成 H_2O、CO_2，用高氯酸镁吸收 H_2O，用碱石棉吸收 CO_2，最后分别测定其增加的重量，即可求得样品的含氢量和含碳量。此外，药典中常用此法检测炽灼残渣的限量，以控制某些药品的质量。

（二）间接挥发法

利用加热等方法使样品中某挥发性组分挥发后，称量其残渣，根据挥发前后样品质量的差值计算挥发组分的含量，称为间接挥发法。

例如，测定氯化钡晶体（$BaCl_2 \cdot 2H_2O$）中结晶水的含量，可将一定质量的 $BaCl_2 \cdot 2H_2O$ 样品加热，使水分挥去，样品减少的质量即为结晶水的含量，这是测定药物或其他固体物质中水分的干燥法。干燥能除去样品中水分和其他可挥发性物质，使样品或沉淀的组分固定为称量形式。干燥的温度和时间随样品或沉淀不同而异。

1. 固体物质中水分含量，常用间接法测定。此时样品中必须不含其他挥发性物质，并且在干燥过程中不发生化学变化。测定水分的方法因固体物中水的存在状态而异。样品中水的存在状态分为如下几种。

1）引湿水（water of hydroscopicity）：又称湿存水、吸湿水，是固体表面吸附的水分。一定温度下随物质的性质、表面积大小及空气的湿度而定。物质的吸水性越强，表面积越大，空气的湿度越大，则引湿水含量越高。所有固体在空气中都会或多或少含有引湿水，且一般情况下，引湿水在不太高的温度下即可失水。

2）包埋水（occluded water）：又称包藏水，是指沉淀从水溶液中析出时，晶体空穴内包藏或夹杂的水分。包埋水可通过将颗粒研细或用高温灼烧除去。

3）吸入水（water of imbibition）：具有亲水性胶体性质的物质，如硅胶、纤维素、淀粉和明胶等，其内表面吸收的水分称为吸入水。一般在 100～110℃下难除尽，常需用 70～100℃真空干燥。

4）结晶水（water of crystallization）：是含水盐（如 $CuSO_4 \cdot 5H_2O$，$CaC_2O_4 \cdot H_2O$ 等）含有的水分。100℃以上常会使结晶水失去。

5）组成水（water of composition）：是物质受热分解释放出的水分，如 $NaHSO_4$、$NaHCO_3$、Na_2HPO_4 等。

2. 药典中有些药物要求干燥失重，它是代表样品中能在该干燥温度下挥发组分的含量。若是 105℃干燥，失去的重量就包括水分和其他能在 105℃下挥发的物质。

根据样品的耐热性及水分挥发的难易，干燥失重常用的方式如下。

（1）常压下加热干燥：采用电热干燥箱，以 105～110℃加热样品。该法适用于性质稳定，受热不易挥发、氧化或分解变质的样品。对于水分不易挥发的样品，可提高温度或延长时间。干燥箱中温度达 80℃以上，样品中水的蒸气压高于环境中水的蒸气压，样品中的水就向外界挥发，温度越高，效果越显著。

某些含结晶水的化合物熔点较低，在加热干燥时未达到干燥温度就呈熔融状态，不利于水分的挥发。测定此类物质的水分时，应先低温或用干燥剂除去一部分或大部分结晶水以后，再提高干燥温度。例如，$NaH_2PO_4 \cdot 2H_2O$（60℃时熔融），在干燥时应先低于 60℃干燥 1 h，待失去 1 分子水成为 $NaH_2PO_4 \cdot H_2O$（受热不熔）时，105℃干燥至恒重。

（2）减压加热干燥：常使用减压电热干燥箱（真空干燥箱）。箱内气压越低，相对湿度越低，适当地提高温度以增大样品中水的蒸气压，则更有利于水分挥发，能获得高于常压下加热干燥的效率。该法适用于高温易变质、熔点低或水分难挥发的样品。

（3）干燥剂干燥：能升华、受热不稳定、容易变质的物质常采用该法测定。干燥剂是一些与水分有强结合力、相对蒸气压低的脱水化合物，如 $CaCl_2$、硅胶等。在密闭容器中，干燥剂吸收空气中水分，使空气的相对湿度降低，促使样品中水分挥发，并能保持容器内较低的相对湿度，从而使样品继续失水，直至达到平衡。此法平衡时间长，且不易达到完全干燥的目的，较少用。

在重量分析法中，常用盛有干燥剂的密闭容器（干燥器）短时间存放刚从烘箱或高温炉中取出的热的干燥器皿或样品。目的是在低湿度的环境中冷却，减少吸水，以便称量。但这些十分干燥的样品不宜在干燥器中长时间放置，尤其是很细的粉末，由于表面吸附作用，它可吸收一些水分。使用干燥剂时应注意干燥剂的性质，及时检查干燥剂是否失效。表 7-6 列出了常见干燥剂及其干燥效率。

表 7-6 常见干燥剂及其干燥效率

干燥剂	每升空气中残留水分的质量（mg）	干燥剂	每升空气中残留水分的质量（mg）
$CaCl_2$（无水粒状）	1.5	$CaSO_4$（无水）	3×10^{-3}
NaOH	0.8	H_2SO_4（浓）	3×10^{-3}

续表

干燥剂	每升空气中残留水分的质量（mg）	干燥剂	每升空气中残留水分的质量（mg）
硅胶	3×10^{-2}	CaO	2×10^{-3}
KOH（熔融）	2×10^{-3}	$Mg(ClO_4)_2$（无水）	5×10^{-4}
Al_2O_3	5×10^{-3}	P_2O_5	2×10^{-5}

思考题与习题

1. 什么是沉淀滴定法？所用的沉淀反应必须具备哪些条件？

2. 写出莫尔法、福尔哈德法和法扬斯法测定 Cl^- 的主要反应，并指出各种方法选用的指示剂和酸度条件。

3. 用银量法测定下列样品：① $BaCl_2$；② KCl；③ NH_4Cl；④ KSCN；⑤ Na_2CO_3+NaCl；⑥ NaBr，各应选用何种方法确定终点？为什么？

4. 在下列情况下，测定结果是偏高、偏低，还是无影响？并说明其原因。

（1）在 pH=4 的条件下，用莫尔法测定 Cl^-。

（2）用福尔哈德法测定 Cl^-，既没有将 AgCl 沉淀滤去或加热促其凝聚，又没有加有机溶剂。

（3）在与（2）相同的条件下测定 Br^-。

（4）用法扬斯法测定 Cl^-，曙红作指示剂。

（5）用法扬斯法测定 I^-，曙红作指示剂。

5. 重量分析对沉淀的要求是什么？

6. 解释下列名词：沉淀形式、称量形式、固有溶解度、同离子效应、盐效应、酸效应、配位效应、聚集速度、定向速度、共沉淀现象、后沉淀、陈化、均匀沉淀法、换算因数。

7. 活度积、溶度积、条件溶度积有何区别？

8. 影响沉淀溶解度的因素有哪些？

9. 简述沉淀形成过程，形成沉淀的类型与哪些因素有关？

10. 影响沉淀纯度的因素有哪些？如何提高沉淀的纯度？说明沉淀表面吸附的选择性规律，如何减少表面吸附的杂质？

11. 取 NaCl 试液样 20.00 mL，加入 K_2CrO_4 指示剂，用 0.1023 mol/L $AgNO_3$ 标准溶液滴定，用去 27.00 mL，求溶液中 NaCl 的浓度？

12. 称取可溶性氯化物样品 0.2266 g 用水溶解后，加入 0.1121 mol/L $AgNO_3$ 标准溶液 30.00 mL。过量的 Ag^+ 用 0.1185 mol/L NH_4SCN 标准溶液滴定，用去 6.50 mL，计算样品中氯的质量分数。

13. 取 0.1000 mol/L NaCl 溶液 30.00 mL，加入 0.1000 mol/L $AgNO_3$ 溶液 50.00 mL，以铁铵矾作指示剂，用 0.1000 mol/L NH_4SCN 溶液滴定过量的 Ag^+，在终点时 Fe^{3+} 的浓度为 0.015 mol/L。因为没有采取防止 AgCl 转化成 AgSCN 的措施，滴定至稳定的红色不再消失作为终点，此时 $[Fe(SCN)]^{2+}$ 的浓度为 6.4×10^{-6} mol/L。计算滴定误差（已知 $[Fe(SCN)]^{2+}$ 的稳定常数 $K=138$）。

14. 计算 $BaSO_4$ 的溶解度。①在纯水中；②考虑同离子效应，在 0.10 mol/L $BaCl_2$ 溶液中；③考虑盐效应，在 0.10 mol/L NaCl 溶液中；④考虑酸效应，在 2.0 mol/L HCl 溶液中；⑤考虑配位效应，在 pH = 8.0 的 0.010 mol/L EDTA 溶液中。

15. 计算在 pH 2.00 时 CaF_2 的溶解度。

16. 测定硅酸盐中 SiO_2 的含量，称取样品 0.5000 g，得到不纯的 SiO_2 0.2835 g。将不纯的 SiO_2 用 HF 和 H_2SO_4 处理，使 SiO_2 以 SiF_4 的形式逸出，残渣经灼烧后为 0.0015 g，计算样品中 SiO_2 的质量分数。若不用 HF 及 H_2SO_4 处理，测定结果的相对误差为多大？

（刘运美）

第八章　电位法和永停滴定法

学习目标

1. 掌握　电位法基本原理（常用指示电极和参比电极的结构、电极反应及电极电位表达式；化学电池和电池电动势）、直接电位法测定的原理及定量方法；电位滴定法的原理及其确定化学计量点的方法和应用；永停滴定法的原理、确定终点的三种情况。

2. 熟悉　离子选择电极的分类、测量方法及测量误差。

3. 了解　电化学生物传感器。

案例 8-1

1836 年，英国物理学家约翰·丹尼尔（John Daniell，1790～1845 年）发明了一种由两个电解质溶液单元组成的全新电池。该电池是将金属铜片置于 $CuSO_4$ 溶液和金属锌片置于 $ZnSO_4$ 溶液中，两个单元通过盐桥连接，两极用导线连接，并在导线中间接一个灵敏电流计。这样就构成了丹尼尔电池（锌铜原电池），见图 8-1。

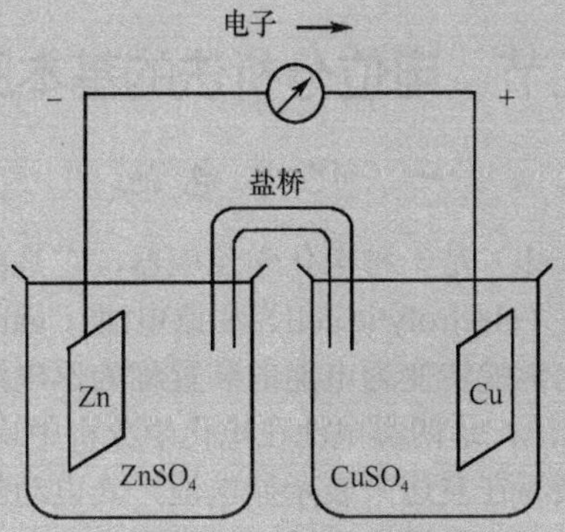

图 8-1　丹尼尔电池示意图

问题：

（1）在铜电极和锌电极上分别发生了什么反应？

（2）该电池的电动势如何计算？

案例 8-1 分析

（1）在该原电池中，Zn 失电子，作负极；Cu 得电子，作正极。两个电极的电极反应（半电池反应）为

铜电极：$Cu^{2+} + 2e \rightleftharpoons Cu$（还原反应）　　$\varphi(+) = +0.342\ V$

锌电极：$Zn - 2e \rightleftharpoons Zn^{2+}$（氧化反应）　　$\varphi(-) = -0.762\ V$

电池反应：$Zn + Cu^{2+} \rightleftharpoons Cu + Zn^{2+}$

电池表达式：$(-)\ Zn \mid Zn^{2+}(1\ mol/L) \parallel Cu^{2+}\ (1\ mol/L) \mid Cu(+)$

（2）电动势：$E = \varphi(+) - \varphi(-) = 0.342 - (-0.762) = 1.10(V)$

第一节 电化学分析法概述

电化学分析（electrochemical analysis）是仪器分析的重要组成部分之一，与光学分析、色谱分析一起构成了现代仪器分析的三大重要支柱。电化学分析是应用电化学的基本原理和实验技术，依据物质电化学性质来测定物质组成及含量的分析方法。电化学分析的种类很多，习惯上按分析过程中所测量的电化学参数的类型进行分类，如电导分析法、电位分析法、电解分析法、伏安分析法等，本章将重点介绍电位分析法与永停滴定法。

电位分析法是将化学信号转变为电化学信号的有力手段，是最重要的电化学分析方法之一，是化学传感器中最为庞大、最为活跃的一支。它具有灵敏度高、检测限低、取样量少、选择性好、仪器价格较低及易于实现自动分析等特点。电位分析法主要应用于各种样品中的无机离子、有机电活性物质及溶液 pH 的测定，近年来，在医药、化工、环境等领域中广泛应用于在线分析、自动决策检测和自动报警等方面，有着十分广阔的发展前景。

电位分析法（potentiometry）是利用测定原电池的电动势来测定待测离子活度（浓度）和利用电动势的突变来确定滴定反应的化学计量点。它包括直接电位法（direct potentiometry）和电位滴定法（potentiometric titration）两种。电位滴定法适用于各种滴定分析法，尤其对没有合适指示剂、深色溶液或浑浊溶液等难以用指示剂来判断滴定终点的分析法特别有利，比一般容量分析更为准确。

第二节 电位分析法的基本原理

一、化学电池

化学电池（electrochemical cell）是一种电化学反应器，它是由一对电极插入适当的电解质溶液中组成。化学电池分为电解池（electrolytic cell）和原电池（ galvanic cell）两类。将电能转变为化学能的装置称为电解池；将化学能转变为电能的装置称为原电池；视实验条件不同，有时同一电池既可作电解池，又可作原电池，这两类电池在电化学分析中均有应用。本章主要讨论原电池。

通常将正极写在右边，负极写在左边来表示原电池，其电动势为正极减去负极，为正值。在电化学电池中，阳极和阴极的区分可根据电极反应的类型来确定，如电极上进行氧化反应则为阳极，在电极上进行还原反应则为阴极。正极和负极的区分则是根据电极电位的正负程度来确定，电位较正的电极为正极，电位较负的电极为负极。

二、指示电极

指示电极（indicator electrode）是在化学电池中发生所需电化学反应或响应激发讯号的电极，借以反映待测离子浓度，即电极电位随溶液中被测离子浓度的变化而变化的电极。

电位法所用的指示电极有很多种，一般可分为两大类：金属基电极和离子选择电极。

1. 金属基电极 以金属为基体的电极。这类电极的共同特点是电极电位的建立基于电子转移反应，是电位法中最早使用的电极。按其组成及作用不同可分为下述几种。

（1）金属-金属离子电极：能够发生氧化还原反应的金属浸在含有该种金属离子的溶液中达到平衡后构成的电极为金属-金属离子电极。可用通式 $M \mid M^{n+}$ 表示。例如，银与 Ag^+ 组成的电极（$Ag \mid Ag^+$），电极反应和电极电位：

$$Ag^+ + e \rightleftharpoons Ag$$

$$\varphi = \varphi^{\ominus}_{Ag^+/Ag} + \frac{2.303RT}{nF}\lg\alpha_{Ag^+} = \varphi^{\ominus'}_{Ag^+/Ag} + \frac{2.303RT}{nF}\lg c_{Ag^+} = \varphi^{\ominus'}_{Ag^+/Ag} + 0.059\lg c_{Ag^+} \ (25℃)$$

从上式可以看到，银电极的电极电位与溶液中 Ag^+ 浓度的对数值成直线关系。组成这种电极的金属还有铜、锌、汞、铅等。

（2）金属-金属难溶盐电极：由表面涂有同一种金属难溶盐的金属插入含有该难溶盐的阴离子溶液中达到平衡后构成的电极，可用通式 $M \mid M_mX_n \mid X^{m-}$ 表示，如甘汞电极、银-氯化银电极都属于这类电极。例如，银-氯化银电极可作测定 Cl^- 浓度时的指示电极，电极反应和电极电位为

$$AgCl + e \rightleftharpoons Ag + Cl^-$$

$$\varphi = \varphi^{\ominus}_{Ag^+/Ag} + 0.059\lg\alpha_{Ag^+} = \varphi^{\ominus}_{Ag^+/Ag} + 0.059\lg\frac{K_{ap(AgCl)}}{\alpha_{Cl^-}}$$

$$\varphi = \varphi^{\ominus}_{AgCl/Ag} - 0.059\lg\alpha_{Cl^-} \text{或} \varphi = \varphi^{\ominus'}_{AgCl/Ag} - 0.059\lg c_{Cl^-} \ (25℃)$$

因这类电极的电极电位与难溶盐的阴离子浓度的对数呈线性关系，因此可用于测定难溶盐的阴离子浓度。

（3）零类电极（惰性金属电极）：由惰性材料（铂、金等）做成片状或棒状，浸入含有能发生氧化还原反应的氧化态和还原态物质的均匀溶液中所组成电极，也称为氧化还原电极。在溶液中惰性金属本身不参加氧化还原反应，仅作为导体起传导电子的作用，是物质的氧化型和还原型交换电子的场所。其电极电位取决于溶液中氧化型和还原型浓度的比值。例如，将铂丝插入 Fe^{3+}、Fe^{2+} 混合液中组成的电极，电极反应和电极电位为

$$Fe^{3+} + e \rightleftharpoons Fe^{2+}$$

$$\varphi = \varphi^{\ominus}_{Fe^{3+}/Fe^{2+}} + 0.059\lg\frac{\alpha_{Fe^{3+}}}{\alpha_{Fe^{2+}}} = \varphi^{\ominus'}_{Fe^{3+}/Fe^{2+}} + 0.059\lg\frac{c_{Fe^{3+}}}{c_{Fe^{2+}}} \ (25℃)$$

2. 离子选择电极　这类电极也称为膜电极，是目前应用广泛且发展迅速的一类电极。其特点是仅对溶液中特定离子有选择性响应。离子选择电极是一大类电极的总称，特别是新型电极还在不断出现，且每种电极的响应机制也不尽相同。这类电极将在第三节作进一步讨论。

三、参比电极

在恒温恒压条件下，电极电位不随溶液中被测离子浓度的变化而变化，具有基本恒定电位数值的电极称为参比电极（reference electrode）。

1. 标准氢电极（normal hydrogen electrode，SHE）　标准氢电极是最早使用的参比电极，作为测量其他电极电位的基准，国际上规定它的电极电位在任何温度下都是零。但这种电极装配麻烦，在日常工作中很少应用。通常用饱和甘汞电极或银-氯化银电极等作为参比电极，它们的电极电位已经与标准氢电极比较，并精密地测定过。

2. 饱和甘汞电极（saturated calomel electrode，SCE）　甘汞电极一般由汞、甘汞（Hg_2Cl_2）糊及 KCl 溶液组成，见图 8-2。电极由两个玻璃套管组成，内管中封接一根铂丝，铂丝下部插入汞层（厚度为 0.5～1 cm）中，汞层下面放一层甘汞和甘汞糊；外玻璃管中装入 KCl 溶液，电极下端与被测溶液接触的部分装有熔结瓷芯或玻璃砂芯等多孔性物质。

电极表示：$Hg \mid Hg_2Cl_2(s) \mid KCl$ 溶液（Xmol/L）

电极反应：$Hg_2Cl_2 + 2e \rightleftharpoons 2Hg + 2Cl^-$

电极电位：$\varphi = \varphi^{\ominus}_{Hg_2Cl_2,Hg} - 0.059\lg\alpha_{Cl^-}$ 或 $\varphi = \varphi^{\ominus'}_{Hg_2Cl_2,Hg} - 0.059\lg c_{Cl^-}$ (25℃)

由上式可知，甘汞电极的电位决定于溶液中 Cl^- 的浓度，它随着 Cl^- 溶液浓度的增大而减小。当溶液中 Cl^- 浓度一定时，甘汞电极的电位为一定值。例如，在 25℃时，当 KCl 溶液浓度分别为 0.1 mol/L、1 mol/L 和饱和溶液时，其电极的电位值分别为 0.3337 V、0.2081 V 和 0.2412 V。其中

饱和甘汞电极由于结构简单、电极电位稳定、制造容易、使用方便，故在电位法测定中最为常用。

3. 银-氯化银电极（silver-silver chloride electrode） 银-氯化银电极由覆上一层氯化银的银丝浸入氯化钾溶液所组成，如图 8-3 所示。其作用原理与甘汞电极相同，25℃时，0.1 mol/L、1 mol/L 和饱和 KCl 溶液的银-氯化银电极电位分别为 0.2881 V、0.223 V 和 0.1988 V。

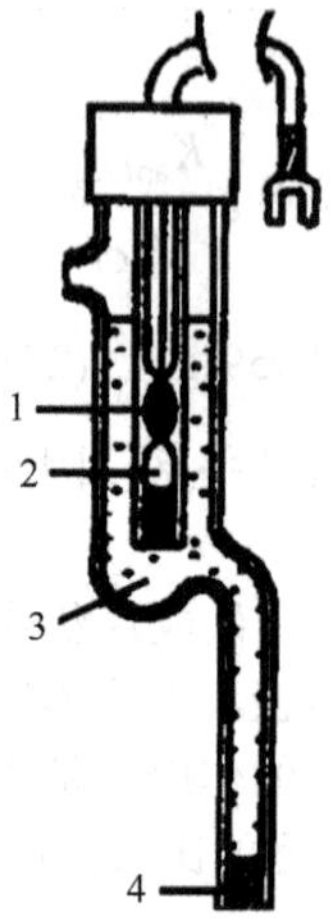

图 8-2 甘汞电极

1. 汞；2. 甘汞糊；3. KCl 溶液，4. 多孔性物质

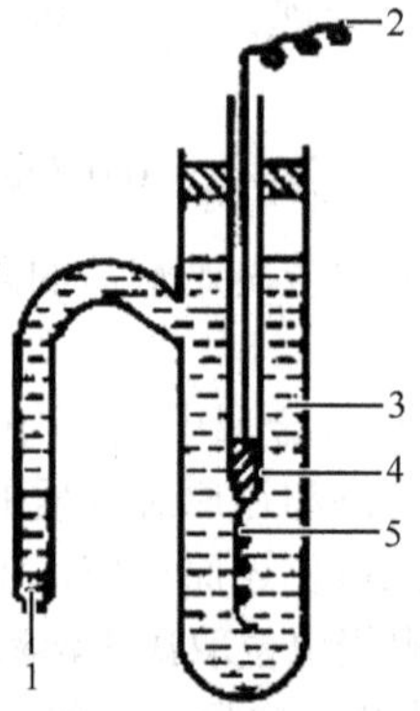

图 8-3 银-氯化银电极

1. 多孔物质；2. 导线；3. KCl 溶液；4. Hg；5. 镀 AgCl 的 Ag 丝

参比电极应符合下列基本要求。

（1）可逆性好，即测量电动势过程中，当有微弱电流通过时，电极电位保持不变。

（2）重现性好，电极能依照 Nernst 方程响应而对温度或浓度的改变无滞后现象。

（3）稳定性好，使用寿命长。

（4）装置简单，电流密度小，温度系数小。

应该指出，某一种电极作参比电极还是指示电极，不是固定不变的。例如，银-氯化银电极通常作参比电极，但它又可作测定 Cl^- 的指示电极。pH 玻璃电极通常是 H^+ 的指示电极，但它又可作测定 Cl^-、I^- 时的参比电极。

第三节 直接电位法

直接电位法（direct potentiometry）是根据电池电动势与有关离子浓度之间的函数关系，直接测出有关离子的浓度的方法。常用于溶液 pH 的测定和其他离子浓度的测定。

一、溶液 pH 的测定

（一）溶液 pH 的测定原理

电位法测定溶液的 pH 是直接电位法的一个典型例子。pH 测定目前都采用玻璃电极为指示电极，饱和甘汞电极为参比电极。

1. pH 玻璃电极的构造 如图 8-4 所示。它是在一支玻璃管下端接上一个特殊材质的玻璃球形薄膜，膜内盛一定 pH 的缓冲溶液，并含有一定浓度的 KCl 溶液，溶液中浸入一支银-氯化银电极（内参比电极）。

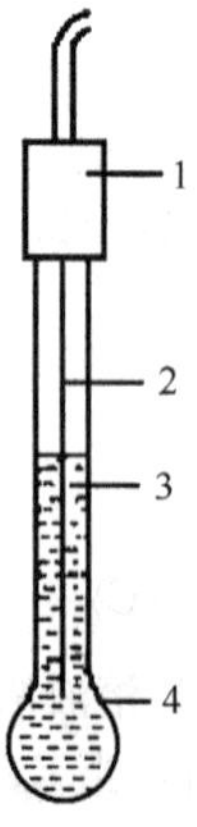

图 8-4 玻璃电极

1. 绝缘套；2. 银-氯化银电极；3. 内部缓冲溶液；4. 玻璃膜

2. pH 玻璃电极的原理 当玻璃电极的玻璃薄膜的内外表面浸泡在水溶液中后，玻璃膜表面吸收

水分，形成很薄的一层水化凝胶层，其厚度为 10^{-5}～10^{-4} mm，使凝胶层内外表面上 Na^+ 的位点几乎全部被 H^+ 所占据，越深入该层内部，交换的数量越少，达到干玻璃处则无交换。由于溶液中 H^+ 浓度不同，H^+ 将从浓度高的一侧向浓度低的一侧扩散。若 H^+ 由溶液向凝胶层方向扩散，而阴离子却被凝胶层中带负电荷的硅胶骨架所排斥，溶液中过剩的阴离子，改变了两相界面的电荷分布，因而在两相界面上形成双电层，产生电位差。产生的电位差继续抑制 H^+ 扩散，当达到动态平衡时，电位差达到一个稳定值，这个电位差值即相界电位，见图 8-5。

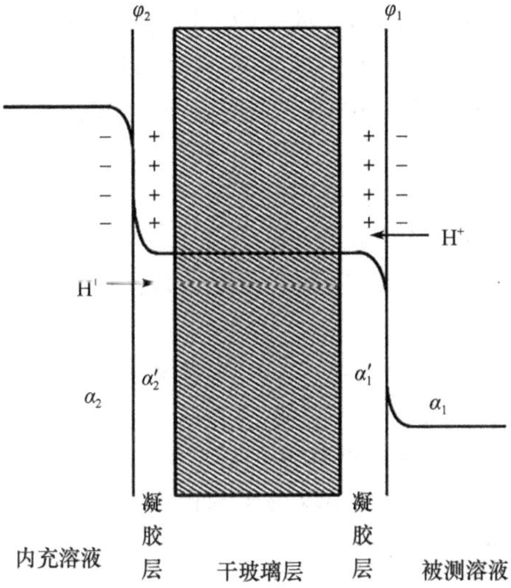

图 8-5　膜电位产生示意图

由于 pH 玻璃膜有两个界面，设膜外侧凝胶层与外部溶液的相界电位为 φ_1，膜内侧凝胶层与内部溶液的相界电位为 φ_2，根据 Nernst 方程式：

$$\varphi_1 = K_1 + \frac{2.303RT}{F}\lg\frac{\alpha_1}{\alpha_1'} \qquad \varphi_2 = K_2 + \frac{2.303RT}{F}\lg\frac{\alpha_2}{\alpha_2'}$$

式中，α_1、α_2 分别为外部、内部溶液中 H^+ 活度；α'_1，α'_2 分别为外部、内部凝胶层中 H^+ 活度。

如果玻璃膜内外两个表面的物理性能相同，则 $K_1 = K_2$，$\alpha'_1 = \alpha'_2$，因此，膜内侧与膜外侧之间的电位差（膜电位）为

$$\varphi_m = \varphi_1 - \varphi_2 = \left(K_1 + \frac{2.303RT}{F}\lg\frac{\alpha_1}{\alpha_1'}\right) - \left(K_2 + \frac{2.303RT}{F}\lg\frac{\alpha_2}{\alpha_2'}\right) = \frac{2.303RT}{F}\lg\frac{\alpha_1}{\alpha_2}$$

因为 α_2 是一个定值，所以上式可写成

$$\varphi_m = b + \frac{2.303RT}{F}\lg\alpha_1 \left(b = -\frac{2.303RT}{F} y\alpha_2\right)$$

整个玻璃电极的电位 φ_{GE} 为

$$\begin{aligned}\varphi_{GE} &= \varphi_{Ag/AgCl} + \varphi_m = \varphi_{Ag/AgCl} + \left(b + \frac{2.303RT}{F}\lg\alpha_1\right) \\ &= \varphi_{Ag/AgCl} + b - \frac{2.303RT}{F}\text{pH} = b' - \frac{2.303RT}{F}\text{pH}\left(b' = \varphi_{Ag/AgCl} + b\right)\end{aligned} \tag{8-1}$$

式中，b' 称电极常数，它取决于玻璃电极本身性能。式（8-1）表明，在一定温度下，玻璃电极的电位 φ 与待测溶液的 pH 呈线性关系，符合 Nernst 方程，这是玻璃电极能作为测定溶液 pH 指示电极的理论依据。

案例 8-2

土壤的酸碱度是指土壤的 pH。酸碱度的量程为 0～14，pH 为 7 时则表示土壤呈中性，小于 7 为酸性，而大于 7 则为碱性。我国土壤 pH 大多在 4.5～8.5 内，由南向北 pH 递增。土壤过酸或过碱作物都无法健康生长。因此土壤酸碱度相当重要。常用的测定土壤酸碱度的方法是直接电位法。

该方法原理：采用直接电位法测定土壤的酸碱度，以 pH 玻璃电极为指示电极，饱和甘汞电极为参比电极。操作步骤：称量 10 g 风干的土壤通过 1 mm 的筛子，置于 50 mL 烧杯中。加入事先除去 CO_2 的蒸馏水 25 mL（此时土壤和水的比例为 1∶2.5，含有机物质的土壤改为 1∶5），间歇搅拌或摇匀 30 min，静置 30 min 后用 pH 计测定。

问题：

（1）为什么要加除去 CO_2 的蒸馏水？

（2）pH 玻璃电极在使用前要做什么处理？

（3）pH 玻璃电极测定土壤悬浮液 pH 的原理是什么？

案例 8-2 分析

（1）水中溶解的 CO_2 会影响溶液的酸度，因此需要事先除去。

（2）玻璃电极在使用前，需要在水中浸泡 24 h 以上。

（3）当把 pH 玻璃电极和饱和甘汞电极插入到测试溶液中时，两者之间产生电位差。由于参比电极的电位是固定的，电位差的大小取决于测试溶液的 H^+ 活度。因此，电动势可以用电位计测量，然后将其转化为 pH。

3. pH 玻璃电极的性能

（1）转换系数及线性范围：当溶液的 pH 变化 1 单位时，引起玻璃电极电位的变化称为电极斜率，用 S 表示。

$$S=-\frac{\Delta\varphi}{\Delta \mathrm{pH}} \tag{8-2}$$

S 理论值为 $2.303RT/F$，又称为 Nernst 斜率，随着玻璃电极的老化，S 低于 52 mV/pH 时就不宜使用了。

（2）不对称电位：当玻璃膜两侧溶液的 pH 相等时，膜两侧的电位差应等于零。实际上，总存在 1～3 mV 的电位差，这一电位值称为不对称电位（asymmetry potential）。它是由于表面张力、表面污染、机械或化学侵蚀等原因使膜两个表面性能不完全一样造成的。每支玻璃电极的不对称电位值不完全相同，并随时间变化而缓慢变化。在短期内，不对称电位值可视为定值，并入电极公式的 b' 项中。玻璃电极在水中浸泡后，不对称电位变小，并逐渐变得稳定，因此玻璃电极在使用前应充分浸泡（一般 24 h 左右）。

（3）碱差（钠误差）：pH 玻璃电极的 φ-pH 的关系曲线只在一定的范围内成直线，在此范围内可以按直线关系准确地进行测定。普通 pH 玻璃电极的膜材料为 Na_2O、CaO、SiO_2，它的测定范围为 pH 1～9，当用此电极测定 pH＞9 或 Na^+ 浓度较高的溶液时，测得的 pH 比实际值低，产生负误差。产生钠误差的原因是溶液中 H^+ 浓度很低，Na^+ 浓度很大，凝胶层表面的位点没有全部被 H^+ 所占据，而 Na^+ 进入硅胶层占据部分位点，代替 H^+ 产生电极响应，使 H^+ 表观浓度变大，pH 测定值偏低。

（4）酸差：在 pH＜1 的强酸溶液中，测得值较实际值高，产生正误差，这种误差就是酸差。产生酸差的原因目前尚未完全清楚，可能由于水分子与 H^+ 结合，水分子浓度降低。

（5）内阻：pH 玻璃电极具有很高内阻，为 50～500 MΩ，必须使用输入电流很小（或者说输入阻抗很大）的电子管或晶体管电位计，以免引起误差。

（6）使用温度：一般 pH 玻璃电极的使用温度为 0～50℃。在较低温度使用时，内阻增大，测定困难；温度过高，使用寿命下降。

pH 玻璃电极测定 pH 的优点是对 H^+ 很敏感，达平衡快，体积小，可用于连续测定，无电子交换，不受氧化剂、还原剂的干扰，不污染被测溶液，能在胶体溶液和有色溶液中应用。玻璃电极不仅可用于溶液 pH 的测定，在适当改变玻璃膜的组成后，可制作成 pNa、pK、pAg 等玻璃电极，可用于 Na^+、K^+、Ag^+ 等离子的浓度测定。但玻璃膜很薄，容易损坏，且不能用于含 F^- 的酸性溶液。

（二）定量方法及计算

1. 电位法测定 pH 的原理　用玻璃电极（GE）为指示电极，饱和甘汞电极（SCE）为参比电极，浸入被测溶液，组成原电池，此电池可用下式表示。

（–）Ag，AgCl | 内充溶液 | 玻璃膜 | 被测溶液 | KCl（饱和）| Hg_2Cl_2，Hg（+）

则所组成电池的电动势：

$$E_x = \varphi_{SCE} - \varphi_{GE} = \varphi_{SCE} - \left(b' - \frac{2.303RT}{F}\mathrm{pH}_x\right) = b'' + \frac{2.303RT}{F}\mathrm{pH}_x \tag{8-3}$$

式（8-3）表明，只要 b'' 已知且固定不变，测得电动势 E_x 后，便可求得被测溶液的 pH_x。电池的电动势与溶液的 pH 之间呈线性关系，其斜率为 $\frac{2.303RT}{nF}$，即溶液 pH 变化一个单位时，电池电动势变化 $\frac{2.303RT}{F}$ 伏。$\frac{2.303RT}{F}$ 中除 T 以外都是常数，即此值随电池系统的温度而变，当溶液的温度不同时，溶液 pH 变化一个单位引起电池电动势的变化也不同。但实际上 b'' 随溶液的组成、电极类型和使用时间长短等的不同而发生变动，而变动值又不易准确测定，故实际工作中常采用相对测量法，即采用两次测量法测定溶液的 pH。

两次测量法，即先测量已知 pH 的标准缓冲溶液所组成电池的电动势 E_s，然后在相同条件下再测量被测溶液所组成电池的电动势 E_x，则

$$E_s = b'' + \frac{2.303RT}{F}\mathrm{pH}_s \qquad E_x = b'' + \frac{2.303RT}{F}\mathrm{pH}_x$$

上两式相减，并移项即得

$$\mathrm{pH}_x = \mathrm{pH}_s + \frac{E_x - E_s}{2.303RT/F} \tag{8-4}$$

两次测量法测定溶液 pH 时，只要使用同一对玻璃电极和饱和甘汞电极，在温度相同的条件下，无须知道 b''，因此可以消除 b'' 不确定性产生的误差。注意，饱和甘汞电极在标准缓冲溶液中及被测溶液中产生的液接电位未必相同，由此会引起误差。若两者的值极为接近（$\Delta\mathrm{pH} < 3$），则液接电位不同引起的误差可忽略。所以，测量选用标准缓冲溶液的 pH_s 应尽量接近样品溶液的 pH_x。当然，在测定 pH 时，必须准备好标准缓冲溶液，它们在一定温度下各有特定的 pH。附录六列出了不同温度下常用标准缓冲溶液的 pH，以供选用时参考。

2. 酸度计（pH meter）　是专为应用玻璃电极测定 pH 而设计的电子电位计，由测量电池和主机两部分组成。玻璃电极、饱和甘汞电极和被测溶液组成测量电池，将被测溶液的 pH 转换成为电动势，然后主机将其电动势直接转换成 pH，直接显示出来。

酸度计直接以 pH 表示，每一 pH 间隔相当于 $2.303RT/F$ 伏，此值随温度的改变而改变，故酸度计上均装有温度补偿器（可变电阻）。测定前，将温度补偿器调至被测溶液的温度，这样可使每一 pH 间隔的电动势改变正好抵消在该温度下应有的变动值。由于不对称电位对测定有影响，因此酸度计上均装有定位调节器，即用标准缓冲溶液校准仪器时，调节电位调节器，使仪器上标示的 pH 读数正好与标准缓冲溶液的 pH 一致，以消除不对称电位的影响。为使测定结果可靠，用一

种与被测溶液接近的标准缓冲溶液校准仪器后，应再用与此标准缓冲溶液相差3个pH单位的另一标准缓冲溶液核对，两者之差不应超过±0.1个pH单位，否则电极或主机有问题。

3. 应用 溶液pH的测定，在药学领域中具有很重要的意义，如合成或分析反应条件的控制，注射液、眼药水或其他药剂的配制等，经常需要测定pH。用pH试纸或比色法测定溶液的pH是一种简便的方法，但准确度较差（一般能测准到0.1～0.3个pH单位）。用电位法测定溶液的pH则较精密，可以测准到0.01个pH单位。目前多采用复合pH电极来测定。复合pH电极是将玻璃电极和甘汞电极组合在一起，构成单一电极体，具有体积小、使用方便、坚固耐用、被测试液用量少和可用于狭小容器中测试等优点。

二、其他离子浓度的测定

电位法测定其他阴、阳离子浓度，最常用的指示电极是离子选择电极（ion selective electrode，ISE）。离子选择电极属于膜电极，它对溶液中特定离子有选择性响应。

（一）离子选择电极

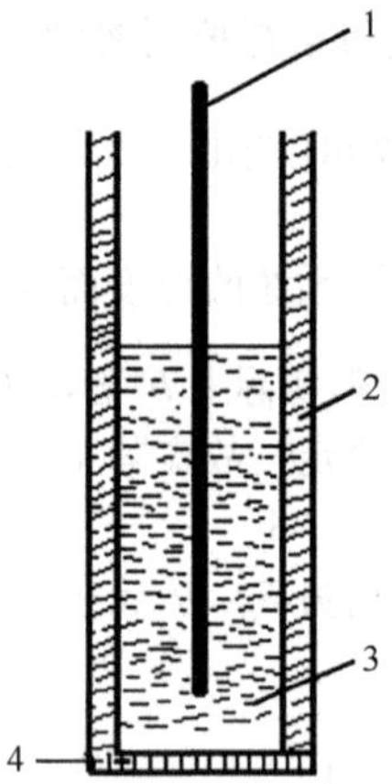

图8-6 离子选择电极的基本结构

1. 内参比电极；2. 电极管；3. 内充溶液；4. 电极膜

离子选择电极是通过电极的敏感膜选择性地对某一特定的离子具有能斯特响应的一类电极。无论哪种离子选择电极都具有一个敏感膜，又称为膜电极。这类电极的共同特点是电极电位的建立是基于离子的扩散和交换反应，并不失去或得到电子，即电极无电子的转移。一般包括电极膜、电极管、内充溶液和内参比电极四个部分。基本构造如图8-6所示。

1. 离子选择电极的测量原理 离子选择电极的电极膜和内参比溶液中均含有与待测离子相同的离子，其膜电位的产生如同pH玻璃电极一样，因此离子选择电极的电极电位只随待测离子的浓度不同而变化，符合Nernst方程。电极电位的表达式如下所示。

$$\varphi = K \pm \frac{2.303RT}{nF}\lg\alpha_i = K' \pm \frac{2.303RT}{nF}\lg c_i \tag{8-5}$$

式中，K和K'为电极常数；n为响应离子的电荷数；响应离子为阳离子时取“+”，为阴离子时取“−”。

2. 离子选择电极的分类 根据国际纯粹和应用化学联合会（IUPAC）推荐，离子选择电极可分为以下几种类型。

- 离子选择性电极
  - 基本电极
    - 晶体膜电极
      - 均相膜电极
      - 非均相膜电极
    - 非晶体膜电极
      - 刚性基质电极
      - 非刚性基质电极
  - 敏化电极
    - 气敏电极
    - 酶电极

（二）基本电极

基本电极为直接测定有关离子活（浓）度的离子选择电极。它可分为晶体膜电极和非晶体膜电极。

1. 晶体膜电极 电极膜是由电活性物质难溶盐晶体制成的电极。电极膜由难溶盐单晶、多晶或混晶化合物均匀混合制成的为均相膜电极。例如，氟电极的电极膜由氟化镧的单晶片切制而成，见图8-7。氯电极的电极膜由氯化银多晶粉末用压片机压制而成。电极膜由难溶盐均匀分布在憎水惰性材料中制成的为非均相膜电极。例如，铜电极的电极膜由 Ag_2S-CuS 掺入聚氯乙烯中混制而成。

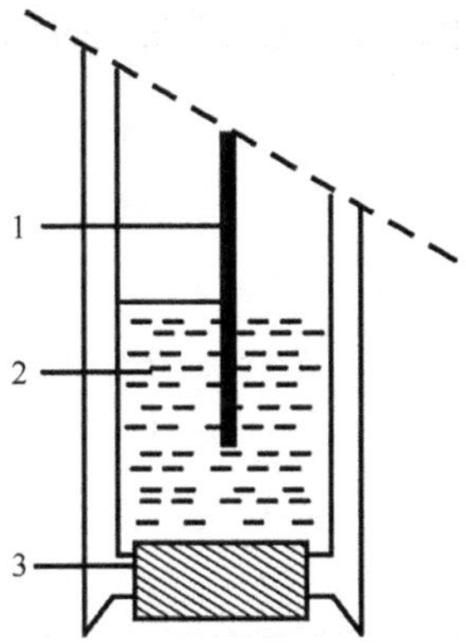

图 8-7　氟离子选择电极

1. 银-氯化银内参比电极；2. 内参比溶液（NaF-NaCl）；3. 氟化镧单晶膜

2. 非晶体膜电极　电极膜由电活性化合物均匀分布在惰性支持物中制成的电极。其中，电极膜是由玻璃吹制而成的为刚性基质电极（玻璃电极）。例如，钠电极的玻璃膜由 11% Na_2O、18% Al_2O_3 和 71% SiO_2 组成；电极膜（液膜）由惰性微孔支持体浸有液体离子交换剂或者中性配位剂的有机溶剂的载体制成的为流动载体电极（液膜电极），见图 8-8。例如，钙电极的液膜为荷正电的二癸基磷酸钙的苯基磷酸二辛酯溶液，钾电极的液膜为电中性的缬氨霉素的硝基苯溶液。

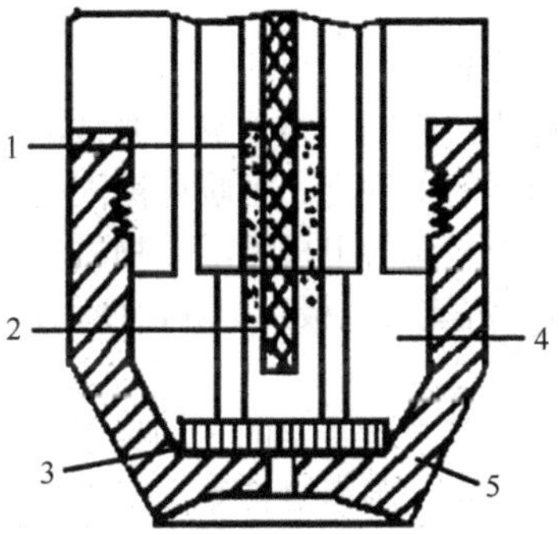

图 8-8　液膜离子选择电极

1. 内参比溶液；2. 银-氯化银内参比电极；3. 多孔薄膜；4. 离子交换剂储存室；5. 液体离子交换层

（三）敏化电极

敏化电极是通过化学反应或生物化学反应使离子选择电极的响应得到敏化，间接测定有关离子浓度的离子选择电极。此类电极包括气敏电极和酶电极等。

1. 气敏电极　是由基本电极、参比电极、内电解液和透气膜组成的复合电极，见图 8-9。在某种离子选择电极的表面上覆盖一层憎水的透气膜于所选用的某种离子选择电极之间，充以中间电解质溶液并插一个外参比电极，实际是构成了一个化学电池。透气膜不允许溶液中的离子通过，而只允许被测定的气体通过，直到透气膜内外两边该气体的分压相等。进入透气膜的气体与中间溶液起反应，从而使中间溶液某一可为选择电极响应的物质的量发生变化，并通过选择电极电位反映出来，达到间接表征被测气体含量的目的。例如，氨气敏电极是以 pH 玻璃电极为指示电极，银-氯化银电极为参比电极，NH_4Cl 等为电解质溶液和聚偏氟乙烯微孔薄膜为透气膜制成的复合电极。样品产生的氨气通过透气膜，发生界面反应并在玻璃电极上产生响应。

2. 酶电极　与气敏电极相似，在离子选择电极的表面覆盖一个涂层，内储一种具有特殊生物活性、催化反应选择性强、催化效率高的酶，见图 8-10。例如，尿素酶电极，就是把脲酶固定在 NH_3 气敏电极或 CO_2 气敏电极的表面，在脲酶的催化作用下尿素发生分解反应：

$$CO(NH_2)_2 + H_2O \xrightleftharpoons{\text{脲酶}} 2NH_3 + CO_2$$

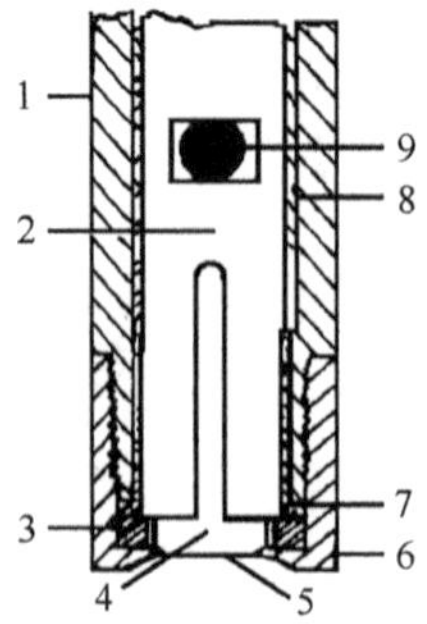

图 8-9　气敏电极

1. 电极外壳体；2. 电极内壳体；3. 垫圈；4. 离子电极敏感膜；5. 透气膜；6. 底帽；7.“O”形环；8. 中间电解质溶液；9. 外参比电极

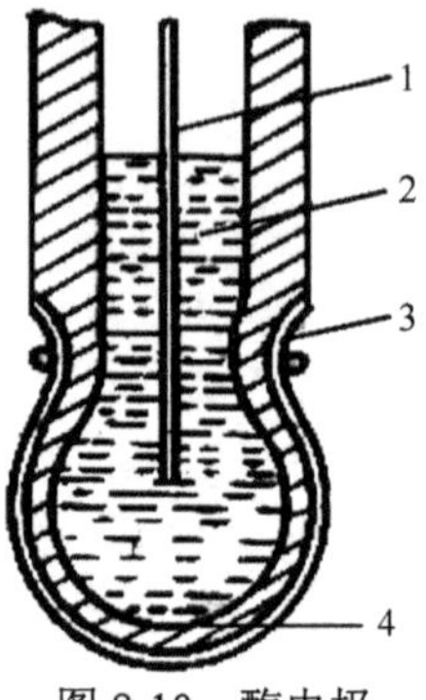

图 8-10　酶电极

1. 内参比电极；2. 内参比溶液；3. 电极壳体；4. 酶层

（四）离子选择电极的性能

1. 与 Nernst 方程的符合性　多数离子选择电极的电极电位与被测离子浓度之间符合 Nernst 方程，其斜率为 $\frac{2.303RT}{nF}$。但也有些电极与 Nernst 方程之间有一定偏离，E-lg$c$ 曲线斜率小于理论值，在测定中应予注意，以免引入误差。

2. 检测限　是电极灵敏度的标志，表明电极能够检测被测离子的最低浓度。离子选择电极的检测限取决于组成电极膜的活性物质的溶解度。影响检测限的因素很多，除了与溶液组成、搅拌速度、电极预处理条件等因素有关外，还与电极膜活性物质性质有关。实际上，电极的检测限比上述的理论值还要大些。例如，AgI 沉淀膜电极，根据溶度积计算，测定 I^- 理论下限为 10^{-8} mol/L 左右，但实际却很少能低于 10^{-7} mol/L。

3. 选择性　理想的离子选择电极是只对特定的一种离子产生电位响应，但实际上由于其他离子也能在电极膜上进行不同程度的交换，因而对待测离子以外的其他离子也有响应。因此，在有其他离子存在时，应该用 Nernst 方程的修正式来描述离子电极的性能。

$$\varphi = K \pm \frac{2.303RT}{nF}\lg\left(\alpha_A + K_{AB}\alpha_B^{n/z} + \cdots\right) \tag{8-6}$$

式中，K_{AB} 是干扰离子 B 对待测离子 A 的选择性系数（selectivity coefficient）。选择性系数是判断一种离子选择电极在已知杂质存在时的干扰程度的一个有用指标。K_{AB} 越小，说明 B 对 A 的干扰越小，或者说电极对 A 比对 B 有越高的选择性。例如，某种 Na^+ 敏感的玻璃电极，K_{Na^+,H^+} 为 1/30，则说明 H^+ 产生的电位响应为同浓度 Na^+ 产生的电位响应的 1/30。这种电极测定 Na^+ 时 H^+ 的干扰是很大的，因此常用 $Ba(OH)_2$ 等把溶液调成碱性后再进行测定。必须着重指出，选择性系数没有严格的定量意义，不宜用它来校正测量数值。

4. 响应速度　一般离子选择电极的响应速度是很快的，可用于化学工业流程控制或动力学研究等方面。但也有某些情况，响应时间慢到数分钟。测定稀浓度时，响应时间也常是较慢的，测定时应予以注意。

5. 准确性　根据 Nernst 方程可以导出

$$\frac{\Delta c}{c} = \frac{nF}{RT}\Delta E \approx 39n\Delta E \tag{8-7}$$

由式（8-7）可知，电位的绝对误差决定浓度的相对误差。在整个电位测定范围内，由于具有相同的精度（绝对误差），因此浓度的相对误差也是固定的，说明在测定低浓度时与测定高浓度时有同样的准确度，所以用离子选择电极有利于低浓度溶液的测定。另外，若电位实际测量时有 1 mV 的误差，对一价离子可引起浓度相对误差约 4%，二价离子测定相对误差约为 8%，三价离子约为 12%，说明测定低价离子的误差较小。

由于温度对电池电动势的影响，参比电极电位、液接电位及活度系数等方面的影响，测量电位时 1 mV 甚至微毫伏的误差是难免的，因此直接电位法的误差还是比较大的。

（五）测量方法

以待测离子的选择电极为指示电极，SCE 为参比电极，浸入待测溶液中组成原电池，进行测定。

1. 标准曲线法　在离子选择电极的线性范围内，测量从稀到浓不同浓度标准溶液所组成电池的电动势，并作 E-lgc_i 或 E-pc_i 标准曲线，然后在相同条件下测量样品溶液的 E_x，最后从标准曲线上查出相应的 lgc_x 或 pc_x，这种方法称为标准曲线法。

标准曲线法测定浓度范围较广，特别适合批量样品的分析，但它要求标准溶液的组成与样品溶液的组成相近，液温相同。因此，除了组成极简单的样品外，都必须在系列标准溶液和样品溶液中加入等量的总离子强度调节剂（total ionic strength adjustment buffer，TISAB），使其离子强度较高且近于一致，即各溶液的活度系数基本相同后再测量。TISAB 是一种不含被测离子、不与被测离子反应、不污染或损害电极膜的浓电解质溶液。它一般由保持液接电位稳定作用的离子强度调节剂（惰性电解质）、起 pH 调节作用的缓冲溶液和起掩蔽干扰离子作用的掩蔽剂三部分组成。

2. 标准比较法　若标准曲线线性好，则可用标准比较法进行测定，即在标准溶液和样品溶液中分别加入 TISAB，再分别测定 E_x 和 E_s，则

$$E_s = b \mp \frac{0.059}{n}\lg c_s \qquad E_x = b \mp \frac{0.059}{n}\lg c_x \text{（25℃）}$$

将上两式相减，并整理后可得

$$\lg c_x = \lg c_s \mp \frac{n\left(E_x - E_s\right)}{0.059} \tag{8-8}$$

式中，待测离子为阳离子时取“–”，阴离子时取“+”。

此法操作简单，但 ΔE 不能太大，否则会产生较大误差。

3. 标准加入法　若样品溶液离子强度很大，TISAB 不能起作用，或样品溶液基质复杂且变动性较大时，则可用标准加入法进行。即先测定样品溶液（浓度为 c_x，体积为 V_x）的电动势 E_1，然后于该液中加入浓度为 c_s（约 10c_x）、体积为 V_s（约 V_x/10）的标准溶液，再测定混合溶液的电动势 E_2，则

$$E_1 = b \mp \frac{0.059}{n}\lg c_x \quad E_2 = b \mp \frac{0.059}{n}\lg \frac{c_x V_x + c_s V_s}{V_x + V_s} \text{（25℃）}$$

设 $\Delta E = E_2 - E_1$

则　$\Delta E = \mp \frac{0.059}{n}\lg \frac{c_x V_x + c_s V_s}{\left(V_x + V_s\right)c_x}$

即　$10^{\mp\frac{n\Delta E}{0.059}} = \frac{c_x V_x + c_s V_s}{\left(V_x + V_s\right)c_x} = \frac{V_x}{V_x + V_s} + \frac{c_s V_s}{\left(V_x + V_s\right)c_x}$

故 $$c_x = \frac{c_s V_s}{\left(10^{\mp\frac{n\Delta E}{0.059}} - \frac{V_x}{V_x + V_s}\right)(V_x + V_s)}$$

因 $V_x \gg V_s$，$V_x + V_s \approx V_x$，故

$$c_x = \frac{c_s V_s}{\left(10^{\mp\frac{n\Delta E}{0.059}} - 1\right)V_x} \tag{8-9}$$

待测离子为阳离子时取“−”，阴离子时取“+”。

在标准加入法中，不须加入 TISAB，只需添加的标准溶液浓度较大、体积较小。此法操作简单快速，准确度较高。

用离子选择电极直接电位法测定离子浓度具有设备简单、操作简便、快速等优点，它不破坏样品，不受样品溶液颜色、浑浊的影响，样品用量少，在低浓度测定方面更有优势。不仅可测定 Na^+、K^+、Ag^+、Ca^{2+}、Cu^{2+}、NH_4^+、F^-、Cl^-、Br^-、I^-、S^{2-} 和 NO_3^- 等无机离子，还可以测定氨基酸、尿素、青霉素等有机物。

案例 8-3 **氟离子选择电极的应用**

氟是人体内重要的微量元素之一，适量的氟能维持正常的钙磷代谢，促进机体生长发育，预防龋齿。但过多的氟进入机体内，可能影响体内氟、磷、钙的正常比例，形成大量氟化钙沉积在骨骼中，使机体产生以氟骨症为主要临床表现的毒性作用。该病多由于长期饮食含氟量高的水或食物而引起的慢性骨骼氟中毒所致。临床症状轻重不一，轻度者表现为四肢软弱无力，食欲下降，贫血，骨痛及腰腿痛；中度者疼痛加重，肢体麻木，影响劳动；严重者四肢变形，运动受限，脊柱呈骨性强直，出现圆驼背畸形，有神经根压迫或刺激症状，或造成椎管狭窄，压迫脊髓，引起截瘫。多数患者同时有氟斑牙，门齿最明显，牙釉质表面粗糙，无光泽，呈黄褐色。尿氟检查高于 3 mg/L。

中华人民共和国卫生行业标准《尿中氟化物测定 离子选择电极法》（WS/T 89—2015）规定尿中氟化物的测定采用直接电位法。其测定原理是将氟离子复合电极（氟离子选择电极为指示电极，饱和甘汞电极为参比电极）插入被测溶液中组成原电池，其电池电动势与 F^- 活度有关，利用电动势与 F^- 活度的线性关系，可直接求出样品中 F^- 浓度。通常采用标准曲线法。

配制不同浓度的 F^- 标准溶液，分别吸取各浓度标准溶液 5.00 mL 于 25 mL 烧杯中，分别加入 5.00 mL TISAB 后，插入电极，读取平衡电位值（30 s 内变动小于 0.1 mV），绘制标准曲线；准确量取尿液 5.00 mL 于 25 mL 烧杯中，再加入 5.00 mL TISAB。按上述测定方法测定电位值，查氟化物标准曲线后计算尿样中氟化物的含量（mg/L）。

问题：

（1）试液中加入 TISAB 的作用是什么？

（2）氟离子选择电极法的优点有哪些？对于某些样品，可以用于现场快速分析吗？

案例 8-3 分析

（1）TISAB 是一种用于保持溶液具有较高的离子强度的缓冲溶液。主要由离子强度调节剂（常用的惰性电解质包括 KNO_3、NaCl、$KClO_4$ 等）、缓冲剂（最常用的是乙酸-乙酸钠缓冲对）、掩蔽剂（常见的掩蔽剂主要是络合剂，在 TISAB 中应用较多的包括 EDTA、柠檬酸钾等）组成。

（2）氟离子选择电极法具有快速、灵敏、适用范围宽、方法简便、准确、选择性好等优点。对于某些体系简单的样品，可以用于现场快速分析。

三、电化学生物传感器简介

电化学生物传感器（electrochemical biosensor）是指由生物体成分（酶、抗原、抗体、激素等）或生物体本身（细胞、细胞器、组织等）作为敏感元件，电化学电极（如氧电极、pH 玻璃电极、二氧化碳电极、氨气敏电极等）和粒子敏感场效应晶体管作为转换元件，以电动势或电流为特征检测信号的传感器。由于使用生物材料作为传感器的敏感元件，所以电化学生物传感器具有高度选择性，是快速、直接获取复杂体系组成信息的理想分析工具，可实现连续、无损检测，操作简便，价格低廉，在生物技术、食品工业、临床检测、医药工业、生物医学、环境分析等领域得到广泛重视，发展极为迅速。

根据选用的敏感元件所用生物材料的不同，电化学生物传感器分为酶电极传感器、微生物电极传感器、电化学免疫传感器、组织电极传感器与细胞器电极传感器、电化学 DNA 传感器、微电极等。

1. 酶电极传感器 由固定化酶膜与电化学转换器组成。酶是具有催化活性的一类蛋白质，又称为生物催化剂，酶的催化效率高，专一性强，很适宜做生物传感器的元件。酶传感器工作时，将酶对底物特异催化反应的化学信号转变成电信号，由电化学转换器输出。电信号的大小与酶可催化的底物含量有关。

例如，脲酶能催化脲分解产生氨或 NH_4^+，其反应如下。

$$CO(NH_2)_2 + H_2O \xrightarrow{\text{脲酶}} 2NH_3 + CO_2$$

或

$$CO(NH_2)_2 + H_2O + H_3O^+ \xrightarrow{\text{脲酶}} 2NH_4^+ + HCO_3^-$$

可用氨气敏电极或铵离子选择电极检测生成的氨或 NH_4^+，即测得脲的含量。

例如，葡萄糖氧化酶电极测定葡萄糖，其反应如下。

$$\text{葡萄糖} + O_2 + H_2O \xrightarrow{\text{葡萄糖氧化酶}} \text{葡萄糖酸} + H_2O_2$$

酶电极的酶层中氧含量与葡萄糖浓度呈负相关，采用氧电极检测样品中氧含量的变化，间接测定求出葡萄糖的含量。

2. 微生物电极传感器 是以微生物细菌作为传感器的敏感材料，它具有成本低、活性长等优点。根据工作原理不同，可分为呼吸活性测定型微生物电极传感器和代谢物质测定型微生物电极传感器两大类。其中呼吸活性测定型微生物电极传感器是将氧化型微生物固定化膜装在隔膜式氧电极上，测定时，它在同化被测有机物的同时，呼吸性增强，因此扩散到氧探头上的氧量就减少，通过测定氧电流的降低测出被测物浓度。代谢物质测定型微生物电极传感器是厌氧性微生物摄取有机物后，产生某些代谢产物，以代谢产物中某物质作为电极的敏感物质，以此电极作为信号转换器，与固定化微生物膜组成微生物电极传感器，测定原底物的浓度。目前微生物电极传感器已有几十种，如微生物 Hansenula 固定在醋酸纤维素上，与氢离子电极配合测定乳酸。

3. 电化学免疫传感器 是利用抗原（或抗体）对抗体（或抗原）的识别能力和亲和力，以免疫反应为基础的一类生物传感器。电化学免疫传感器分为标记型免疫传感器和非标记型免疫传感器两大类。标记型免疫传感器是将某些电活性物质（如酶、荧光物质、自由基、金属、红细胞、脂质体等）标记成抗原或抗体，未标记的抗原（被测物）和标记抗原与膜上的抗体发生竞争反应，根据底物或自身氧化还原电流与被测物浓度的关系进行检测。非标记型免疫传感器是将抗原（或抗体）固定在膜上或金属电极上，被固定的抗原（或抗体）可与被测的抗体（或抗原）特异结合，发生免疫反应使膜电位发生变化。通过膜电位的变化，求出被测的抗体（或抗原）含量。据报道，已问世的电化学免疫传感器有胰岛素免疫传感器、人绒毛膜促性腺激素免疫传感器和茶碱免疫传感器等。

4. 组织电极传感器 是直接采用动植物组织内天然存在的某种生物酶来催化反应，并制备成敏感元件，其优点是酶活性及其稳定性均比离析酶高，材料易于获取，制备简单，使用寿命长等。例如，香蕉与碳糊制成的香蕉电极可测定多巴胺。但在选择性、灵敏度、响应时间等方面还存在不足。

5. 细胞器电极传感器 是利用动植物细胞器作为敏感元件的传感器。细胞器是指存在于细胞内的被膜包围起来的微小“器官”，如线粒体、微粒体、溶酶体、过氧化氢体、叶绿体、氢化酶颗粒和磁粒体等。

6. 电化学 DNA 传感器 是近几年迅速发展起来的一种全新思想的生物传感器，它将成为生物电化学的一个非常有生命力的前沿领域。其工作原理是利用固定在电极表面的某一特定序列的单链 DNA（ssDNA）与溶液中的同源序列的特异识别作用（分子杂交）形成双链 DNA（dsDNA）（电极表面性质改变），同时借助能识别 ssDNA 和 dsDNA 的杂交指示剂的电流响应信号的改变来达到检测基因的目的。其用途是检测基因及一些能与 DNA 发生特殊相互作用的物质。电化学 DNA 传感器是利用 ssDNA 或基因探针作为敏感元件固定在固体电极表面，加上识别杂交信息的电活性指示剂（称为杂交指示剂）共同构成的检测特定基因的装置。

7. 微电极（microelectrode） 是指大小为微米级或更小的电极。用于测定微小体积中物质的浓度，亦可作为液相色谱仪的检测器。微电极有半球形、圆盘形、圆柱体形、环形和带状等。其中以离子选择性微电极（ion-selective microelectrode，ISM）应用最为广泛，属膜电极。ISM 可对某特定离子产生选择性响应，用电位法测定，根据 Nernst 方程求出待测离子的浓度。目前，比较成熟的 ISM 主要有玻璃微电极与液膜微电极。

玻璃微电极的结构与普通玻璃电极相似，内参比电极为银-氯化银电极，玻璃膜带负电性，因玻璃膜组成不同，交换的阳离子种类各异，分别有 pH、pK、pNa 玻璃微电极。有些 pH 玻璃微电极可以测量到 0.001 μL 的液体样品，直接用于体内脏器中 pH 的测定，还可用于细胞内的 pH 测定，以进行临床医学研究。

液膜微电极的电极膜的敏感材料，是憎水性的液态离子交换剂或中性载体（大分子配位剂），可与微环境中某离子进行交换反应或配位反应，从而测定该离子浓度。目前，使用较多的是将标准电极与液态离子交换剂型微电极合并制成的双管微电极。中性载体微电极有 H^+、Na^+、K^+、Li^+ 等多种，用于微环境中无机离子的测定。

知识窗 **柔性可穿戴生物传感器——具有未来感的新技术**

随着生物科学技术的飞速发展，越来越多的智能生物传感器开始出现在医疗领域中，并具有良好的检测效果。柔性可穿戴生物传感器具有轻薄便携、电学性能优异和集成度高等特点，在人体健康监测方面发挥着至关重要的作用，成为最受关注的电化学传感器之一，具有广阔的市场前景。

另外，科研界通过数十年的研究，逐渐达成共识——我们的汗水具有很高的价值，它包含了很多“健康密码”。汗液中检测到的健康指标，与我们在医院做血液检测得到的指标几乎同样丰富。汗液由外分泌汗腺发源，由真皮管通过表皮输送到皮肤表面，每一滴汗水之中都有 0.2%～1% 的溶质。这些溶质包含了各种离子、氨基酸、激素、蛋白质和多肽等分泌物，人们可以从中监测电解质失衡程度、乳酸指数、汗液葡萄糖水平、脱水状况及卡路里燃烧值。加利福尼亚大学洛杉矶分校团队研发了一种新型可穿戴生物传感器，首次直接在人体汗液中实时检测到压力激素皮质醇，对汗液中皮质醇的原位分析，以及将所获取的健康信息实时显示在手表、手机终端、可供读取的云端等。

随着智能终端的普及，可穿戴生物传感器是未来的发展趋势，人们可通过可穿戴式智能设备，随时随地进行汗液检测，得到如血液检测一般丰富有用的健康数据，全天候检测健康状况。可穿戴生物传感器被广泛认为是下一代健康监护技术的核心解决方案，监护设备不断地感知、获取、分析和存储大量人体日常活动中的生理数据，为人体的健康状况提供必要、准确、长期的评估和反馈。

第四节　电位滴定法

一、电位滴定法的原理和特点

电位滴定法（potentiometric titration）是利用滴定过程中电极电位的突跃代替指示剂颜色的变化来确定滴定终点的一种滴定分析方法。

当滴定反应平衡常数较小时，滴定突跃不明显，或试液有色、浑浊，用指示剂确定滴定终点有困难时，可以采用电位滴定法测定。

进行电位滴定时，在滴定液中插入指示电极和参比电极，组成一个原电池。随着滴定液的加入，由于发生化学反应，被测离子或与被测组分有计量关系的离子的浓度不断变化，指示电极的电位也相应地发生变化。在化学计量点附近离子浓度急剧变化，引起指示电极电位发生突变。因此，测量电池电动势的变化就能确定滴定终点，习惯上称为电位滴定法。基本仪器装置如图 8-11 所示。由此可见，电位滴定法与直接电位法不同，它是以测量电位情况的变化为基础的方法，不是以某一确定的电位值为计量依据。因此，在一定测定条件下，许多因素对电位测量结果的影响可以相对抵消。它比直接电位法的准确度和精密度更高。

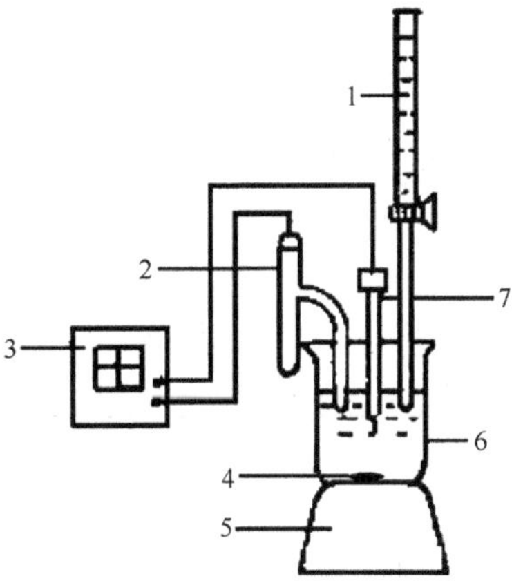

图 8-11　电位滴定的装置简图

1. 滴定管；2. 参比电极；3. 电位计；4. 搅拌子；5. 电磁搅拌器；6. 滴定池；7. 指示电极

二、确定滴定终点的方法

测量滴定过程中电池电动势的变化来确定滴定终点，关键是测得每加入一定量滴定液后，所对应的电池电动势的数值。在滴定开始时可测一次数据，在滴定过程中，可逐渐减少加入滴定液的量，使测定数据点逐渐增多。滴定终点附近每加入一小份滴定液时，记录一次数据，以便更准确地确定终点。每一小份体积最好一致，这样处理数据较为方便，准确。

现以 $AgNO_3$ 标准溶液（0.1000 mol/L）滴定 NaCl 溶液的电位滴定为例，介绍几种常用的确定滴定终点的方法。表 8-1 是电位滴定计量点附近数据记录和数据处理表。

表 8-1　$AgNO_3$ 标准溶液（0.1000 mol/L）滴定 NaCl 溶液的部分电位滴定数据

① V（mL）	② E（V）	③ ΔE（V）	④ ΔV（mL）	⑤ $\Delta E/\Delta V$（V/mL）	⑥ $\bar{V}$（mL）	⑦ $\Delta(\Delta E/\Delta V)$（V/mL）	⑧ $\Delta\bar{V}$（mL）	⑨ $\Delta^2E/\Delta V^2$（V^2/mL^2）	⑩ $\bar{V}$（mL）
22.00	0.123								
		0.015	1.00	0.015	22.50				
23.00	0.138					0.021	1.00	0.021	23.00
		0.036	1.00	0.036	23.50				
24.00	0.174					0.054	0.55	0.098	23.73
		0.009	0.10	0.09	24.05				
24.10	0.183					0.02	0.10	0.2	24.00
		0.011	0.1	0.11	24.15				
24.20	0.194					0.28	0.10	2.8	24.20
		0.039	0.10	0.39	24.25				

续表

① V（mL）	② E（V）	③ ΔE（V）	④ ΔV（mL）	⑤ $\Delta E/\Delta V$（V/mL）	⑥ $\bar{V}$（mL）	⑦ Δ（$\Delta E/\Delta V$）（V/mL）	⑧ $\Delta\bar{V}$（mL）	⑨ $\Delta^2E/\Delta V^2$（V^2/mL^2）	⑩ $\bar{V}$（mL）
24.30	0.233					0.44	0.10	4.4	24.30
		0.083	0.10	0.83	24.35				
24.40	0.316					–0.59	0.10	–5.9	24.40
		0.024	0.10	0.24	24.45				
24.50	0.340					–0.13	0.10	–1.3	24.50
		0.011	0.10	0.11	24.55				
24.60	0.351					–0.05	0.25	–0.2	24.68
		0.024	0.40	0.06	24.80				
25.00	0.375								

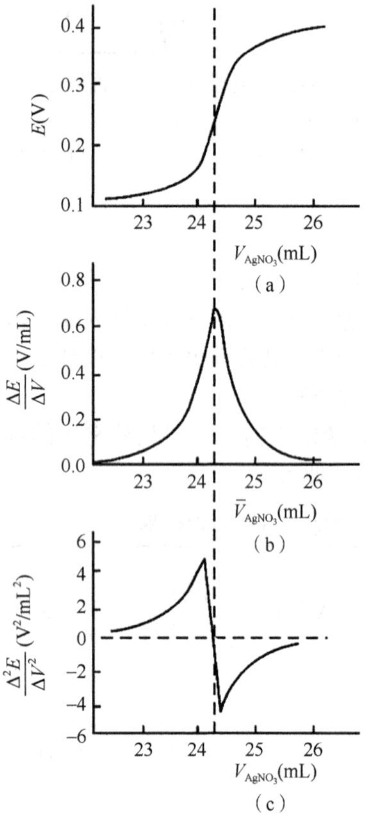

图 8-12 电位滴定法终点的确定

（a）E-V 曲线；（b）$\Delta E/\Delta V$-$\bar{V}$ 曲线；（c）$\Delta^2E/\Delta V^2$-V 曲线

1. E-V 曲线法 以加入标准溶液体积（V）为横坐标，电位计读数（E）为纵坐标，用表 8-1 中①②栏的数据绘制 E-V 曲线，如图 8-12（a）所示。曲线上的转折点（拐点）所对应的体积即为滴定终点的体积。本法比较简单，适用于滴定突跃电动势（电位）变化明显的滴定曲线，否则应采用下列方法确定滴定终点。

2. $\Delta E/\Delta V$-$\bar{V}$ 曲线法 又称一级微商法。以 $\Delta E/\Delta V$（即相邻两次电动势的差值和相应的标准溶液体积的差值之比）为纵坐标，标准溶液平均体积（$\bar{V}$）为横坐标，用表 8-1 中⑤⑥栏的数据绘制 $\Delta E/\Delta V$-$\bar{V}$ 曲线，如图 8-12（b）所示。曲线的最高点（极大值）所相应的体积即为滴定终点的体积。曲线的最高点也可用外延法决定。从表 8-1 的数据可知，在化学计量点附近 $\Delta E/\Delta V$ 比 E 的变化率大得多，故本法较上法准确。

3. $\Delta^2E/\Delta V^2$-V 曲线法 此法又称二级微商法。以 $\Delta^2E/\Delta V^2$ 为纵坐标，用加入标准溶液体积（V）作横坐标。用表 8-1 中栏⑨①数据绘制 $\Delta^2E/\Delta V^2$-V 曲线，如图 8-12（c）所示。曲线与纵坐标 0 线交点所对应的体积即为滴定终点。

在滴定终点附近时，滴定曲线近似直线段，故在实际工作中常不作图，而是用内插法计算滴定终点时标准溶液的体积。此法更为准确、方便，其计算公式可推导如下。

$$\begin{array}{ccc} E_{上} & 0 & E_{下} \\ \hline V_{上} & V_{sp} & V_{下} \end{array}$$

$$(V_{下}-V_{上}):(V_{sp}-V_{上})=(E_{下}-E_{上}):(0-E_{上})$$

故

$$V_{sp}=V_{上}+\left[\frac{0-E_{上}}{E_{下}-E_{上}}\right]\times(V_{下}-V_{上}) \tag{8-10}$$

式中，V_{sp} 为滴定终点时的体积；$E_{上}$为滴定终点前的（$\Delta^2E/\Delta V^2$）$_{上}$；$E_{下}$为滴定终点后的（$\Delta^2E/\Delta V^2$）$_{下}$；0 为滴定终点时的（$\Delta^2E/\Delta V^2$）；$V_{上}$为与（$\Delta^2E/\Delta V^2$）$_{上}$对应的体积；$V_{下}$为与（$\Delta^2E/\Delta V^2$）$_{下}$对应的体积。

根据表 8-1 和式（8-10）得

$$V_{sp}=24.30+[\frac{0-4.4}{-5.9-4.4}\times(24.40-24.30)]=24.34\text{（mL）}$$

除上述确定滴定终点的方法外，还有一种变通而又简便的方法，即在化学计量点附近时逐滴地加入滴定剂，并观察电位计，看到一滴滴定剂引起该数变化最大的一点即为滴定的终点。用这种方法滴定，不必逐一记录电位计读数，也不必处理数据，可以大大提高工作效率，颇为方便。但对于滴定突跃不明显的滴定则不宜用此方法。

三、电位滴定法的应用

案例 8-4

水的硬度是指水中的 Ca^{2+} 和 Mg^{2+} 的含量（以 mg/L 表示），这两种离子的含量越高，水的硬度就越大。总体上看，地下水硬度高于地表水，深层地下水硬度高于浅层地下水。一般情况下，地表水硬度低于 150 mg/L（以 $CaCO_3$ 计），为软水；地下水硬度高于 150 mg/L（以 $CaCO_3$ 计），为硬水。从人体健康角度考虑，理想的饮用水硬度为 150 ～ 300 mg/L。生活饮用水中总硬度的测定通常采用的方法是 EDTA 配位滴定法 [《生活饮用水卫生标准》(GBT5749—2022)]，有研究者采用电位滴定法测定水中总硬度，并对电位滴定法和普通滴定法测定水中总硬度值进行比对研究。

电位滴定法：精密量取 50.00 mL 样品于 250 mL 烧杯中，加 4 mL NH_3-NH_4Cl 缓冲溶液，将烧杯瓶放入自动样品盘中，进入自动电位滴定仪的样品操作系统，选用钙复合电极，用 EDTA 标准溶液滴定，记录 EDTA 标准溶液的用量。

普通滴定法：精密量取 50.00 mL 样品于 250 mL 锥形瓶中，加 4 mL 缓冲溶液和 50～100 mg 铬黑 T 指示剂干粉，立即在不断振摇下，用 EDTA 标准溶液滴定至终点。

结果表明：两种滴定方法测定实际样品效果相当，都有很高的准确度和精密度，其中电位滴定法的精密度优于普通滴定法。电位滴定法不受水样浊度和色度的影响，不需要指示剂，避免了普通滴定总硬度的以下缺点：①由于配位反应较慢，滴定速度不宜太快，接近终点时更要缓慢滴定并充分摇动，否则很容易滴定过量；②普通滴定时，如果水样中含有微量的 Cu^{2+} 时，指示剂终点变色不清楚，需要加掩蔽剂。应用电位滴定法，既加快了实验室总硬度的分析速度，又解放了测定总硬度实验人员的劳动强度，是值得推广的方法。

问题：

（1）电位滴定法和传统滴定法操作有何不同？

（2）电位滴定法与传统滴定法相比有何优势？

（3）如水样有颜色或浑浊，用哪种滴定法分析结果更准确？

案例 8-4 分析

（1）电位滴定法不需要加指示剂。与传统的化学滴定相比，电位滴定以电动势的变化确定终点。

（2）在电位滴定中确定终点的方法，较之用指示剂指示终点的方法更客观，不存在终点的观测误差。同时，不受滴定液有色或浑浊的影响。当某些滴定反应没有适当的指示剂可选用时，以及具有荧光的溶液和某些离子的连续滴定，某些非水滴定等，都可以用电位滴定法来测定。对于不同类型的滴定反应可选用不同的指示电极和参比电极。随着离子选择电极的迅速发展，可供选择的电极越来越多，电位滴定法在药物分析中的应用范围也将越来越广泛。

（3）如水样有颜色或浑浊，用电位滴定法分析结果更准确。

第五节　永停滴定法

一、基本原理

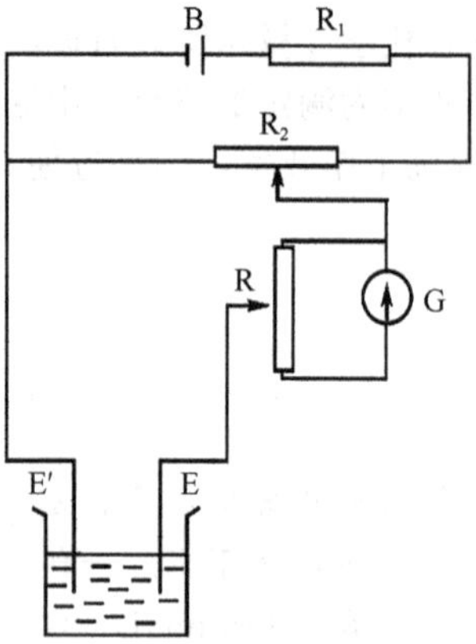

图 8-13　永停滴定仪装置

永停滴定法（dead-stop titration）是将两个相同的铂电极（或其他金属电极）插入被测溶液中，在两个电极间外加一个小电压，并联一支电流计，观察滴定过程中通过两个电极间的电流变化情况来确定滴定终点的方法。永停滴定法装置简单，确定滴定终点方法简便、准确度高，见图 8-13。

图中 B 为 1.5 V 的干电池，R_2 为 60 ～ 70 Ω 的固定电阻，R_1 为 2000 Ω 的线绕电位器，通过调节可得到适当的外加电压，G 为电流计（灵敏度为 10^{-9}～10^{-7} A/分度），R 为电流计的分流电阻，用于调节电流计灵敏度，其电阻值与电流计的临界阻尼电阻值近似，E 和 E′为两个铂电极，可用铂丝或铂片熔封于玻璃管中制成，滴定过程中用电磁搅拌器搅动溶液。

二、滴定曲线类型及终点判断

根据滴定过程中电流变化情况，永停滴定法常分为三种不同类型。

1. 标准溶液为不可逆电对，样品溶液为可逆电对　以 $Na_2S_2O_3$ 标准溶液滴定 I_2 溶液为例。将 I_2 溶液置于烧杯中，插入两支铂电极，外加一个小电压，用灵敏电流计测量通过两极间的电流。化学计量点前，因溶液存在 I^2 和 I^- 可逆电对，其电解反应为

阳极：$2I^- \rightleftharpoons I_2 + 2e$

阴极：$I_2 + 2e \rightleftharpoons 2I^-$

此时电极间即有电流通过，电流计指针发生偏转。当滴定达化学计量点时，I_2 与加入的 $Na_2S_2O_3$ 完全反应，溶液中只有 $S_4O_6^{2-}$ 和 I^-，无可逆电对，电解反应停止，电流计指针回到零点。化学计量点后，再加入过量的 $Na_2S_2O_3$ 标准溶液，溶液中只有不可逆电对 $S_4O_6^{2-}/S_2O_3^{2-}$ 和 I^-，电流计指针仍停在零点，不再变动，故称永停滴定法。其化学计量点附近的滴定曲线见图 8-14（a）。

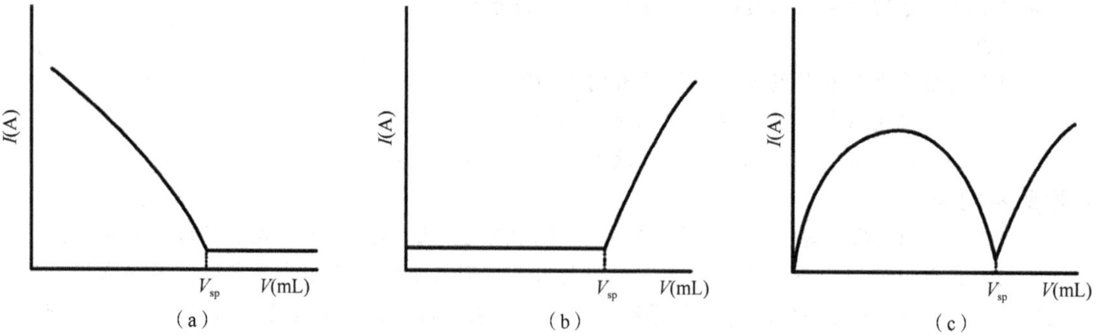

图 8-14　永停滴定法的 *I-V* 滴定曲线示意图

（a）$Na_2S_2O_3$ 滴定 I_2；（b）I_2 滴定 $Na_2S_2O_3$；（c）Ce^{4+} 滴定 Fe^{2+}

2. 标准溶液为可逆电对，样品溶液为不可逆电对　以 I_2 标准溶液滴定 $Na_2S_2O_3$ 溶液为例。化学计量点前，因溶液只有 I^- 和不可逆电对 $S_4O_6^{2-}/S_2O_3^{2-}$，电极间无电流通过，电流计指针停在零点，直到化学计量点时。化学计量点后，I_2 略有过剩，溶液中出现了可逆电对 I_2/I^-，电极间即有电流通过，电流计指针突然偏转，再加入过量 I_2 标准溶液，电流计指针偏转角度更大。其化学计量点

附近的滴定曲线见图 8-14（b）。

3. 标准溶液和样品溶液均为可逆电对　以硫酸铈标准溶液滴定硫酸亚铁钠溶液为例。化学计量点前，因溶液只有 Ce^{3+} 和可逆电对 Fe^{3+}/Fe^{2+}，电极间有电流通过，电流计指针偏离零点，直到化学计量点时溶液中只有 Ce^{3+} 和 Fe^{3+}，无可逆电对，电流计指针停在零点。化学计量点后，硫酸铈略有过剩，溶液中有 Fe^{3+} 和可逆电对 Ce^{4+}/Ce^{3+}，电流计指针又远离零点，其滴定曲线见图 8-14（c）。此类滴定判断化学计量点较困难，故实际工作中很少用。

用作重氮化滴定法的终点指示时，因电极反应可逆性较差，需要的外加电压较高（十几毫伏至几十毫伏）。

案例 8-5　**永停滴定法的应用**

盐酸普鲁卡因（$C_{13}H_{20}N_2O_2 \cdot HCl$，分子量为 272.77）作用于外周神经产生传导阻滞作用，依靠浓度梯度以弥散方式穿透神经细胞膜，在内侧阻断钠通道，使神经细胞兴奋阈值升高，丧失兴奋性和传导性，信息传递被阻断，具有良好的局部麻醉作用，用于浸润麻醉、阻滞麻醉、腰椎麻醉、硬膜外麻醉及封闭疗法等，可用永停滴定法测定。

测定方法：取盐酸普鲁卡因约 0.6 g，精密称定，按照永停滴定法，在 15～25℃，用 $NaNO_2$ 滴定液（0.1 mol/L）滴定。每 1 ml $NaNO_2$ 滴定液相当于 27.28 mg $C_{13}H_{20}N_2O_2 \cdot HCl$。

问题：

（1）在化学计量点后，当 $NaNO_2$ 滴定液稍过量时，两个电极上发生什么反应？

（2）写出电极反应。

（3）盐酸普鲁卡因含量测定中如何指示终点？

案例 8-5 分析

（1）溶液中 HNO_2 及其微量分解产物作为可逆电对，发生电解反应。

（2）电极反应如下。

阳极：$NO + H_2O \longrightarrow HNO_2 + H^+ + e$

阴极：$HNO_2 + H^+ + e \longrightarrow NO + H_2O$

（3）电极间有电流通过，电流计指针突然偏转并不再回复，即为滴定终点。

知识窗　**查全性——我国现代电化学奠基者之一**

查全性（1925～2019 年），江苏南京人，电化学家，中国科学院院士，武汉大学教授。

查全性教授主要从事电极过程动力学研究，他是中华人民共和国成立后这一学科发展的主要领军带头人之一，同时也是第一届“中国电化学成就奖”的获得者。他的科研方向包括电极/溶液界面上的吸附、电化学催化、半导体电化学和光电化学、生物电化学等。他参与编写的《电极过程动力学导论》一书，自 1976 年出版以来，一直都被当作我国研究生使用的主要教材和参考书，而且被誉为我国的电化学界的“圣经”。查教授从小就树立了为科学奋斗的志向。在实验条件十分艰苦的情况下，查教授克服重重困难，以极大的热情进行电化学研究和人才培养工作，为我国电化学研究事业作出了重大贡献。

查教授不仅是我国现代电化学重要奠基人之一，他在电化学教育和研究领域辛勤耕耘数十载，不断开拓，锐意进取，乐于奉献，追求卓越，为武汉大学化学学科的发展奠定了坚实的基础，把毕生奉献给了中国的科技和高教事业，为中国化学学科特别是电化学的发展作出了不可磨灭的贡献。他潜心学问，严谨治学，甘当人梯，扶持后学，他对事业执着追求和甘于奉献的精神，体现了一位模范共产党员的优秀品格，展现了一代优秀中国知识分子的精神风貌。

思考题与习题

1. 何谓指示电极和参比电极？它们在电位法中的作用是什么？

2. 简述直接电位法的理论依据。采用此法测定溶液 pH 时，为何必须使用标准 pH 缓冲溶液？

3. TISAB 有什么作用？举例说明。

4. 电位滴定法和永停滴定法有何区别？

5. 电位滴定法基本原理是什么？有哪些确定滴定终点的方法？

6. 用氟离子选择电极测定天然水中的氟，取水样 50.00 mL 于 100 mL 容量瓶中，加 TISAB 5 mL，测得其电位值为–192 mV（vs. SCE）；再加入 0.01 mol/L 的标准氟溶液 1.00 mL，测得其电位值为–150 mV（vs.SCE），氟电极的响应斜率 s 为 59.0/n mV，计算水样中 F^- 的浓度。

（于春梅）

第九章 光谱分析法概论

学习目标

1. 掌握 电磁辐射的能量、波长、波数及频率之间的相互关系；光谱法的分类。

2. 熟悉 电磁波谱的分区；电磁辐射与物质的相互作用；光谱分析仪器的主要部件。

3. 了解 光谱分析法的发展概况。

案例 9-1

罗伯特·威廉·本生（Robert Wilhelm Bunsen，1811～1899 年），化学家和物理学家。古斯塔夫·罗伯特·基尔霍夫（Gustav Rober Kirehhoff，1824～1887 年），物理学家。他们两位都是德国人，也是科学史上有名的好朋友。1859 年，他们合作设计了世界上第一台光谱仪，将一架直筒望远镜和三棱镜连在一起，设法让光线通过狭缝进入三棱镜分光。利用这台光谱仪，他们系统地研究了各种物质产生的光谱，并率先发现了稀有元素铯和铷。最令人惊奇的是，他们创造的方法可以研究太阳及其他恒星的化学成分，为以后天体化学的研究奠定了坚实的基础。后来，化学家们采用光谱分析法相继发现了铊、铟、镓、钪、锗及多种镧系元素。因此，光谱分析法被称为"化学家的神奇眼睛"。

问题：

（1）利用光与物质的相互作用，能够产生哪些有效的光学分析方法？

（2）新药研发过程中，光谱分析技术能够应用于哪些环节？

（3）如何根据分析对象，选择合适的光谱分析技术？

光学分析法（optical analysis）是根据物质发射的电磁辐射或电磁辐射与物质相互作用所产生的信号或信号的变化而建立起来的一类仪器分析方法。光学分析法包含 3 个主要过程：①能源提供能量；②能量与被测物质之间相互作用；③产生被检测信号。光学分析法分为光谱分析法和非光谱分析法两大类，本章主要介绍光谱分析法。

随着光学、电子学、数学和计算机等技术的发展，光谱分析法已越来越多地应用于化学、生命科学及医药卫生等各个领域，特别是在物质组成和结构的研究方面，这类方法已成为分析化学的主要组成部分。本章将对电磁辐射的基本性质及其与物质的相互作用、光谱分析法的分类和仪器部件等方面加以介绍。

案例 9-1 分析

（1）根据电磁辐射与物质相互作用方式的不同，常用的光学分析法包括原子发射光谱法、原子吸收光谱法、原子荧光光谱法、分子荧光光谱法、紫外 - 可见光谱法、红外吸收光谱法、核磁共振波谱法等光谱分析法，以及反射、衍射、干涉、折射等非光谱分析法。

（2）光谱分析技术是一种在新药研发过程中广泛应用的分析手段，可用于药物合成、药物配方、药物稳定性、药物代谢和药效学研究等环节。

（3）选择合适的光谱分析技术，需要考虑分析任务（目的）、样品来源、分析对象的性质、分析结果的准确性、仪器成本等因素。

第一节　电磁辐射及其与物质的相互作用

一、电磁辐射和电磁波谱

（一）光的性质

光是一种电磁辐射（electromagnetic radiation），是一种以极大的速度通过空间而不需要任何物质作为传播媒介的光（量）子流。光具有波粒二象性（wave-particle duality），即波动性和粒子性。

光的波动性（wave property）表现为在传播过程中出现的反射、折射、衍射、干涉等现象，常用波长 λ、波数 σ、频率 ν 和速度 c 等参数来描述。波长（wave length）是指波在一个振动周期内传播的距离，也就是沿着波的传播方向，相邻两个振动位相差 2π 的点之间的距离，单位为 nm。波数（wave number）是指波传播的方向上单位长度内的波周数目，是波长的倒数，单位为 cm^{-1}。频率（frequency）为电磁波每秒钟波动的次数，单位为 Hz。速度（velocity）是波在一秒钟内通过的距离。不同波长的电磁辐射在真空中的传播速度均相同，其数值为 2.9979×10^8 m/s。在真空中，波长、波数和频率的关系为

$$\nu=\frac{c}{\lambda} \tag{9-1}$$

$$\sigma=\frac{1}{\lambda}=\frac{\nu}{c} \tag{9-2}$$

在其他透明介质中，由于电磁辐射与介质的作用，传播速度比在真空中稍小一些。但因在空气和真空中的传播速度相差不大，也常用上述两式表示空气中三者的关系。

光的粒子性（corpuscular property）主要体现在光电效应、光的吸收和发射等现象，即将光看作不连续的并具有能量的粒子流，这种粒子称为光子或光量子。它与频率、波长和波数有如下关系：

$$E=h\nu=h\frac{c}{\lambda}=hc\sigma \tag{9-3}$$

式中，h 是普朗克常数（Planck constant），其值等于 6.6260×10^{-34} J · s。能量 E 的单位常用焦耳 J 及电子伏特 eV 表示，1 eV=1.6022×10^{-19} J。

（二）电磁波谱

将电磁辐射按照波长顺序排列组成电磁波谱（electromagenetic spectrum）。按波长范围不同，它可分为不同区域。由于电磁辐射的产生或吸收是物质内部运动变化的一种客观反映，所以电磁波谱内的所有波谱区都可用于物质的分析测定。表 9-1 列出了电磁波谱区的名称、光子能量大小、波长范围、相对应的跃迁类型及产生的波谱类型。

表 9-1　电磁波谱及其在光谱分析中的应用

电磁波谱区	光子能量（eV）	波长范围	跃迁类型	波谱类型
γ 线	8.9×10^4～2.5×10^6	5×10^{-4}～0.014 nm	核能级	γ 线发射光谱、穆斯堡尔光谱
X 线	1.2×10^2～8.9×10^4	0.014～10 nm	内层电子	X 线的吸收、发射即荧光光谱
远紫外区	6.2～1.2×10^2	10～200 nm	外层电子	紫外与可见吸收光谱；原子吸收与原子发射光谱；分子与原子荧光光谱；分子磷光光谱
近紫外区	3.1～6.2	200～400 nm		
可见区	1.6～3.1	400～760 nm		
近红外区	0.50～1.6	0.76～2.5 μm	振动能级	近红外光谱
中红外区	0.025～0.50	2.5～50 μm		红外光谱、拉曼光谱
远红外区	1.2×10^{-3}～0.025	50～1000 μm	转动能级	远红外光谱
微波区	1.2×10^{-6}～1.2×10^{-3}	0.1～100 cm	电子自旋	电子顺磁共振波谱
射频区	1.2×10^{-9}～1.2×10^{-6}	1～1000 m	核自旋	核磁共振波谱

注：不同文献资料对各光谱区的波长划分有差异

二、电磁辐射与物质的相互作用

电磁辐射与物质能发生多种作用。物质具有能量，是诱电体。物质与电磁辐射的作用可看作光子对能量的授受。这种作用伴随着复杂的物理现象，包括涉及物质内能变化的吸收、荧光和磷光的产生及拉曼散射等，也包括不涉及物质内能变化的透射、折射、非拉曼散射、衍射及旋光等。常见的电磁辐射与物质相互作用的术语如下。

吸收（absorption）：电磁辐射的吸收是指辐射通过某些透明介质（固体、液体或气体）时，某些频率被选择性吸收而使辐射强度减弱的过程。吸收的实质是电磁辐射的能量被转移到物质的原子或分子上，而使这些粒子由基态跃迁至激发态（激发态的寿命很短，约 10^{-8} s）。

发射（emission）：电磁辐射的发射是处于激发态的粒子返回低能级或基态时，以电磁辐射的形式释放出多余能量。

散射（scattering）：电磁辐射与物质发生相互作用后，部分辐射偏离原入射方向而分散传播的现象，称为散射。

当光子与介质分子之间发生了弹性碰撞，碰撞时没有能量交换，光频率也没有变化，但光子的运动方向发生改变，称为瑞利散射（Rayleigh scattering）。当光子与介质分子之间发生了非弹性碰撞，不仅使光子的运动方向发生改变，还存在能量交换，光频率也随之改变，称为拉曼散射（Raman scattering）。

反射和折射（reflection and refraction）：当电磁辐射从介质 1 照射到介质 2 的界面时，一部分电磁辐射在界面上改变方向而返回介质 1，这种现象称为反射；另一部分电磁辐射则改变方向，以一定的角度进入介质 2，这种现象称为折射。

干涉和衍射（interference and diffraction）：在一定的条件下，电磁波会发生相互作用，当其叠加时，将产生一个强度视各电磁波的相位而定的加强或减弱的合成波，这种现象称为干涉；当电磁波绕过障碍物或通过狭缝时，以约 180° 的角度向外辐射，波前进的方向发生弯曲，这种现象称为衍射。

第二节　光学分析法的分类

不同能量的电磁辐射，与物质之间的相互作用机制不同，所产生的物理现象也不同，由此可以建立多种不同的光学分析方法，可从不同的角度对其进行分类（图 9-1）。

- 光学分析法
  - 光谱分析法
    - 辐射的吸收
      - 分子吸收光谱法（紫外、可见、红外、X射线吸收光谱法）
      - 原子吸收光谱法
      - 核磁共振波谱法
      - 电子自旋共振波谱法
      - 比色法
    - 辐射的发射
      - 原子发射光谱法
      - 荧光光谱法（分子荧光光谱法、原子荧光光谱法）
      - 分子磷光光谱法
      - 火焰光度法
      - 放射化学法
    - 辐射的散射
      - 拉曼光谱法
      - 散射浊度法
  - 非光谱分析法
    - 辐射的折射
      - 折射法
      - 干涉法
    - 辐射的衍射
      - X射线衍射法
      - 电子衍射法
    - 辐射的旋转
      - 偏振法
      - 旋光法
      - 圆二色谱法

图 9-1　光学分析方法的分类

一、光谱分析法和非光谱分析法

光学分析法可分为光谱分析法和非光谱分析法两大类（图 9-1）。当物质与辐射能相互作用将其吸收时，如果伴随着物质内部的能级跃迁，记录由能级跃迁所产生的辐射能吸收或发射的强度随波长（或相应单位）的变化，所得的谱图称为光谱（spectrum）。利用物质的光谱进行定性、定量和结构分析的方法称为光谱分析法，简称光谱法（spectroscopy）。

如果物质与辐射相互作用时没有发生能级之间的跃迁，仅通过测量电磁辐射的某些基本性质（如反射、折射、干涉、衍射和偏振）的变化的分析方法，属于非光谱法（non-spectroscopy）。这类方法主要有折射法、X 射线衍射法、旋光法和圆二色谱法等。

二、原子光谱法和分子光谱法

根据被辐射作用物质的微粒不同，光谱法可分为原子光谱法和分子光谱法。

原子光谱法（atomic spectroscopy）是以测量气态原子、离子外层电子或内层电子能级跃迁所产生的光谱为基础的分析方法。原子光谱是由一条条明锐的彼此分立的谱线组成的线状光谱（图 9-2），每一条光谱线对应于一定的波长，这种线状光谱只与原子或离子的性质有关，而与原子或离子来源的分子状态无关，因此利用原子光谱可以确定被测样品中物质的元素组成及含量，但无法提供物质分子的结构信息。由于谱线尖锐，同一样品中不同元素的光谱间很少有重叠现象，所以原子光谱具有较高的选择性。原子光谱法包括原子吸收光谱法、原子发射光谱法和原子荧光光谱法等。

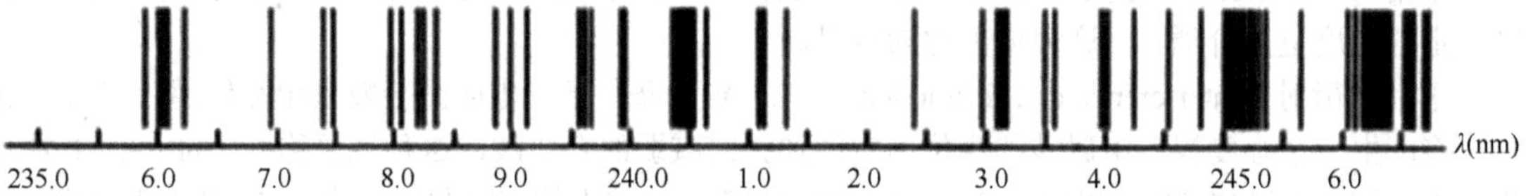

图 9-2　铁的原子光谱

分子光谱法（molecular spectroscopy）是基于物质分子与电磁辐射作用时，测量分子内部能级间的跃迁产生的光谱为基础的分析方法，主要包括紫外-可见光谱法、红外光谱法、分子荧光和磷光光谱法等。在物质分子中，除了有电子的运动之外，还有组成分子的各原子之间的振动和分子作为整体的转动。三种运动对应三种能级，分别为电子能级（n）、振动能级（v）和转动能级（J）。电子能级间距最大，在每一种电子能级上有若干间距较小的振动能级，而在每一振动能级上又有若干间隔更小的转动能级，这些能级均是不连续的，即量子化的（图 9-3）。

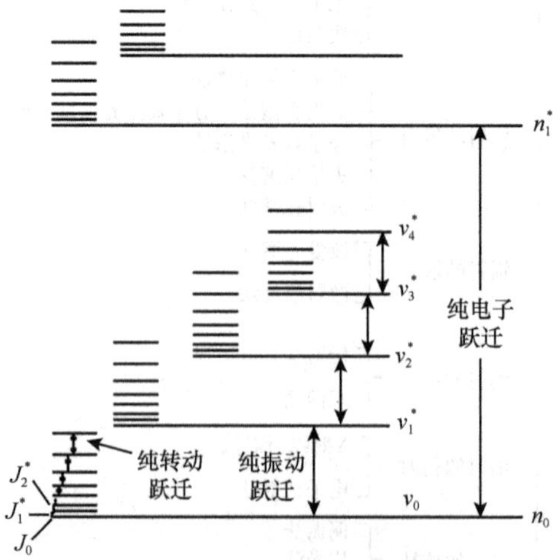

图 9-3　分子能级图及分子光谱的产生

n_0、n_1^*-不同电子能级；v_0、v_1^*、v_2^*、v_3^*、v_4^*-不同振动能级；J_0、J_1^*、J_2^*-不同转动能级

对分子光谱有意义的能级跃迁包括吸收外来的辐射和把吸收的能量再以电磁辐射的形式发射出去而回到基态两个过程。当分子吸收一定能量的电磁辐射时，分子由较低的能级 E_0 跃迁至较高能级 E_1，低能级吸收辐射的能量与分子的两个能级差相等，其中电子能级间的能量差 ΔE_e、振动能级间的能量差 ΔE_v 和转动能级间的能量差 ΔE_J，相对应的波段见表 9-2。除转动光谱外，其他类型的分子光谱都表现为带状或有一定宽度的谱线。

表 9-2　分子中各能级变化对应的波谱区及分析方法

能级	波长范围（μm）	波谱区	分析方法
ΔE_e	0.06～1.25	紫外、可见区	电子光谱（紫外-可见光谱）
ΔE_v	1.25～25	近红外、中红外区	振动光谱（红外光谱）
ΔE_J	25～250	远红外、微波区	转动光谱

案例 9-2

内因和外因是唯物辩证法关于事物发展原因与动力的一对基本范畴。外因是变化的条件，内因是变化的根据，外因通过内因而起作用。图 9-4 是四氮杂苯的紫外-可见光谱图，其在不同条件下呈现不同的光谱形状，试分析其原因。

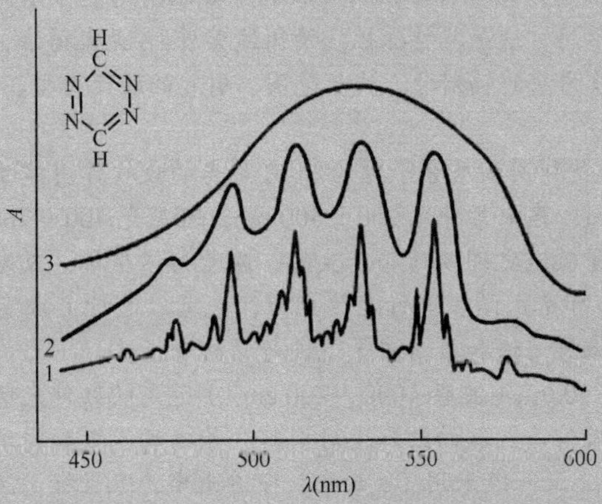

图 9-4　四氮杂苯的紫外-可见光谱图

1. 四氮杂苯蒸气；2. 四氮杂苯环己烷溶液；3. 四氮杂苯水溶液

案例 9-2 分析

紫外-可见光谱是分子中的价电子在不同分子轨道之间跃迁而产生的。但是，在同一电子能级上还有许多间隔较小的振动能级和间隔更小的转动能级，当紫外-可见光照射时，不仅会发生电子能级的跃迁，同时还伴随着振动能级和转动能级的跃迁。因此在电子能级间发生跃迁时，得到的是很多光谱带，这些光谱带对应于同一 E_e 值，但是包含有许多不同的 E_v 和 E_J 值，故形成一个光谱带系。此是内因。

但是，随着外部条件的改变，分子间相互作用力会发生改变，因而呈现不同的光谱形状。在蒸气状态中分子间彼此作用小，反映出孤立的分子振动、转动能级的跃迁，四氮杂苯蒸气的光谱呈现出明显的振动和转动精细结构。在非极性溶剂环己烷中，分子间作用加大，转动消失仅出现部分振动跃迁，谱带较宽。在极性溶剂水中，分子间作用加大更大，振动消失仅出现电子跃迁，呈现出宽的谱带包封。

三、吸收光谱法和发射光谱法

按物质和辐射能的能级跃迁方向，光谱法可分为吸收光谱法和发射光谱法两大类。

1. 吸收光谱法（absorption spectroscopy） 吸收光谱是物质吸收相应的辐射能而产生的光谱，其产生的必要条件是辐射源所提供的能量恰好能够满足该吸收物质在两能级间跃迁所需的能量。根据吸收光谱进行定性、定量及结构分析的方法，称为吸收光谱法。根据物质对不同波长辐射能的吸收，建立了各种吸收光谱法。常见的分子吸收光谱法有紫外-可见光谱法和红外光谱法。当原子蒸气吸收紫外-可见光区中一定光子的能量时，外层电子发生跃迁，产生的光谱称原子吸收光谱。此外，还有磁共振波谱法（包括核磁共振波谱法和顺磁共振波谱法）等。

2. 发射光谱法（emission spectroscopy） 发射光谱是指构成物质的原子、离子或分子受到辐射源的激发跃迁到激发态后，由激发态回到低能级或基态时以辐射的方式释放能量而产生的光谱。根据发射光谱对物质进行定性、定量分析的方法称为发射光谱法。常见的发射光谱法有原子发射光谱法、原子荧光光谱法、分子荧光光谱法和磷光光谱法等。

案例 9-3

普遍性和特殊性相统一的原理：在吸收光谱法中，每一种方法都是物质对电磁辐射的吸收过程，这是其普遍性，但是，每一种方法所吸收的电磁辐射的能量不同，引起物质内部能级的变化不同，产生的信号不同，这是其特殊性。请简述紫外-可见光谱法、红外吸收光谱法、原子吸收光谱法和核磁共振波谱法的辐射源、波长范围、引起的跃迁类型、检测信号及其应用。

案例 9-3 分析

紫外-可见光谱法就是利用物质分子对紫外-可见光的吸收作用建立的分析方法，吸收波长范围一般为 200～760 nm，其中紫外光 200～400 nm，可见光 400～760 nm。紫外-可见光谱是分子中价电子在不同分子轨道之间跃迁而产生的，波长为横坐标，吸光度为纵坐标。在分析化学中，主要是利用紫外-可见光谱法进行定量分析，也可以进行定性鉴别和纯度检查，还可配合红外光谱法、核磁共振波谱法和质谱法等，进行结构分析。

物质分子吸收 2.5～50 μm（波数 4000～200 cm^{-1}）范围的红外光所得到的吸收光谱称为红外光谱。由于物质分子吸收该区域的红外光后引起分子振动能级和转动能级的跃迁，故红外光谱也称振-转光谱。红外光谱一般采用 T-σ 曲线，即透光率为纵坐标，波数为横坐标。红外光谱主要用于分子结构的基础研究及化学组成的分析，即结构分析。

原子吸收光谱法是基于物质所产生的原子蒸气对特征谱线的吸收作用来进行定量分析的一种方法。原子吸收光谱的波长范围是 200～760 nm，引起电子从基态跃迁至第一激发态，通过测定吸光度就可以求出待测元素的含量。

核磁共振现象的产生主要是因为处于在强磁场中的磁性原子核发生能级分裂，产生能级差，当用射频（无线电波 1～1000 m）电磁辐射照射时，低能态的核将吸收能量引起磁性原子核的共振跃迁，从而产生核磁共振信号。核磁共振波谱以化学位移 δ 为横坐标，以核磁共振信号的强度为纵坐标。核磁共振波谱法是鉴定有机化合物结构及研究化学动力学等的极为重要的方法。

第三节 光谱分析仪器

用于研究吸收或发射的电磁辐射的强度和波长之间关系的仪器称为光谱仪或分光光度计（spectrophotometer）。这类仪器一般包括五个基本单元：光源、分光系统、样品池、检测器、数据处理和仪器控制系统，以下介绍光源、分光系统和检测器。

一、光　源

理想的光源应具有足够的输出功率和稳定性。光源辐射功率的波动与电源功率的变化呈指数关系，必须要有稳定的电源才能保证光源的输出有足够的稳定性，所以分光光度计都有良好的稳压或稳流装置。在光谱分析中，常用的光源有连续光源和线光源两种。

1. 连续光源　连续光源是指在较宽的波长范围内发射强度平稳的具有连续光谱的光源。紫外-可见光谱法主要采用氘灯或氢灯（紫外区）和钨灯或卤钨灯（可见区），分子荧光光谱法主要采用氙灯，而红外光谱法则主要采用能斯特灯和硅碳棒。

2. 线光源　线光源是提供特定波长的光源。空心阴极灯和无极放电灯是重要的线光源，是原子吸收和原子荧光光谱中常用的最重要的光源。激光光源是一种新型的线光源，具有单色性好、方向性强、亮度高和相干性好等特点，使光谱分析的灵敏度和分辨率都大大提高，在拉曼光谱、发射光谱和傅里叶变换红外光谱等领域极受重视。

二、分光系统

分光系统（wavelength selector）的作用是将光源产生的复合光分解成单色光或有一定波长范围的谱带。分光系统分为滤光器（filter）和单色器（monochrometer）。滤光器是最简单的分光系统，它只能分离出一个波长带或只能保证消除给定波长以上或以下的所有辐射。如果需要较高纯度的谱带，必须使用单色器。单色器不仅可以产生谱带宽度很窄的单色光，而且单色光的波长可以在一个很宽的范围内任意选择。单色器由入射狭缝、出射狭缝、透镜系统和色散元件（棱镜或光栅）组成，其中色散元件是关键部件，它的作用是将复合光分解成单色光。图 9-5 是分光系统光路示意图。

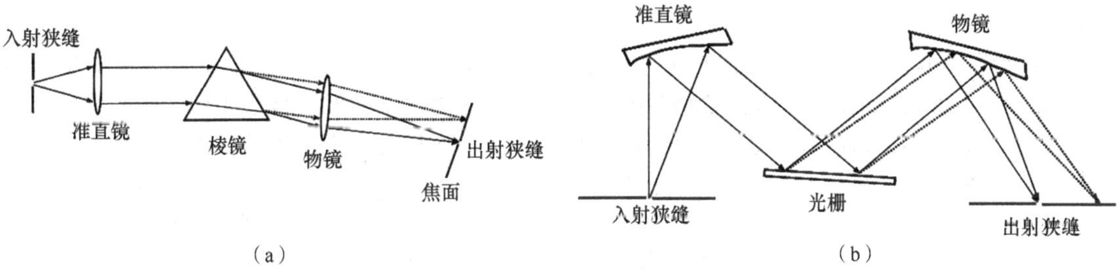

图 9-5　分光系统光路示意图

（a）棱镜；（b）光栅

1. 狭缝（slit）　狭缝是分光光度计的主要部件之一，它由两片经过精密加工的、具有锐利边缘的金属片组成。两片金属片处于同一平面，并相互平行。狭缝宽度会直接影响分光质量。若狭缝过宽，会导致单色光不纯；反之，则光通量变小，灵敏度降低。因此狭缝宽度一定要适当，既要有足够的光通过，也要保证单色光的纯度。狭缝宽度的单位为微米（μm），最大宽度为 2 mm。现代光谱分析仪中狭缝与光栅的转动耦合在一起，可自动调节。常用的单色器有入射、出射两个狭缝，摄谱仪仅有入射狭缝，多色仪有多个出射狭缝。

2. 透镜系统（lens system）　分光光度计中的透镜系统有双重作用，既可以利用透镜或反射镜使入射光成为平行光束后进入色散元件，也可以将分光后所得单色光聚焦至出射狭缝。

3. 色散元件（dispersion elements）　色散元件是在光谱仪器中将复合光色散为谱线或单色光的元件，起分光作用。色散元件有两大类：棱镜和光栅。

（1）棱镜（prism）：棱镜色散作用的原理是不同波长的光从一种介质进入另一种介质后，由于折射率不同而引起偏向角不同，见图 9-5（a）。常用的棱镜形状有等边三角形、30° 直角三角形等。所用材料有石英和玻璃两种。玻璃棱镜较石英棱镜色散率大，但玻璃吸收紫外光，因而只能用于可见光区。石英棱镜则可以用于紫外及可见光区。棱镜的色散效果较好，但缺点是色散波长的非线性分布，即得到的光谱按波长排列是疏密不均的，长波区密而短波区疏。

（2）光栅（grating）：光栅是现代分析仪器中最为常用的色散元件，可以用于紫外、可见及近红外范围内的色散。如图 9-5（b）所示，它是由许多等宽、等间距的平行条痕狭缝所组成的光学元件，是基于光的衍射和干涉原理工作的，使不同波长的光有不同的投射方向而起到色散作用。光栅色散后的光谱与棱镜不同，从短波到长波，各谱线间的距离相等，是均匀分布的连续光谱。光栅分为透射光栅和反射光栅。透射光栅是在一块玻璃上或其他透明材料上刻一系列平行并紧紧相靠的凹槽。反射光栅则是在抛光的玻璃表面或金属表面镀铝，在铝表面上刻划一系列平行、等距且紧密相靠的凹槽。光栅的刻线越多，分辨率越高。每单位长度的刻线越多，色散就越大。光栅的主要缺点是有次级光谱干扰分析，且杂散光的影响比棱镜更大，故常另配滤光片来去除杂散光。

三、检　测　器

早期的光学仪器采用肉眼观察或拍照的方法进行辐射的检测。在现代仪器中，多采用光电转换器，即利用光电效应将光信号变成可测的电信号。光电转换器一般分为两类，一类是量子化检测器即光子检测器，包括单道光子检测器和多道光子检测器。单道光子检测器如光电池、光电管、光电倍增管等；多道光子检测器如光二极管阵列检测器和电荷转移元件阵列检测器等。另一类是热检测器，如真空热电偶、热电检测器等。由于红外区辐射的能量比较低，很难引起光电子反应，采用热检测器可根据辐射吸收引起的热效应来测定入射辐射的功率。

第四节　光谱分析法的发展概况

在各种分析方法中，光谱分析是研究最多和应用最广的分析技术之一，也是分析化学领域最富有活力的角色之一。

20 世纪 40 年代中期，光电倍增管的出现，推动了紫外-可见光谱、原子发射光谱及 X-射线荧光光谱等一系列光谱法的发展。20 世纪 50 年代，原子物理学的发展促进了原子吸收光谱、原子荧光光谱及圆二色谱的兴起。20 世纪 60 年代，傅里叶变换与激光技术的引入，使微弱信号检测技术得到提高，诞生了电感耦合等离子体原子发射光谱和激光拉曼光谱；20 世纪 70 年代激光拉曼针及 80 年代显微镜技术在傅里叶变换光谱仪的应用，使微区成分分析和测量变得简单。激光、微电子学、自动化和人工智能等各种技术的应用，提高了分析仪器的性能，扩展了分析范围，改善了自动化和智能化，同时提高了运行可靠性和样品的非破坏性。

随着各种先进的分析仪器的不断出现和更新，波谱技术也得到了迅速的发展。超导、高频率的核磁共振仪的出现，使核间高级耦合的复杂光谱可以变为一级耦合的简单光谱；二维核磁共振技术（H-H 与 C-H 相关谱等）的出现使得核磁共振谱的解析及分子结构的测定更加容易，更加快速；利用三维荧光光谱的特征参数量化方法，通过提取特征性的光谱参数，能够在一张三维谱图上同时获得定性与定量信息，解决了多种物质同时分析中的光谱混叠的问题，因而显著提高了分析效率。多种分析手段的联用技术，可以大大提高分析效率，改善分析性能，因而逐渐成为分析化学发展的趋势。近年来不断发展成熟的各种色谱与光谱联用技术，如气相色谱-傅里叶变换红外光谱联用（GC-FTIR）、高效液相色谱-核磁共振联用（HPLC-NMR）和高效液相色谱-质谱联用（HPLC-MS）等，不仅具有较快的分析速度，更是兼具了色谱的高效分离与光谱的精确鉴定的特点，在新药研发、药物代谢产物的结构鉴定等方面均得到了很好的应用。

知识窗　　**原子荧光光谱仪——自主研发、自强不息**

原子荧光光谱仪是我国目前唯一自主研发的光谱分析仪器，其制造技术和应用水平均在国际上遥遥领先。

20世纪70年代末期，我国地矿部需要进行大范围的地质普查，西北有色地质研究院的郭小伟研究小组接受了研制一种能够快速准确地测定砷、锑、铋、汞等元素的仪器的任务。1979年郭小伟小组成功研制出用溴化物无极放电灯做激发光源的光谱仪，80年代初期，他们与北京地质仪器厂合作，共同研制生产出我国第一台原子荧光光谱仪。自此，中国的原子荧光行业飞速发展，空心阴极灯替代无极放电灯、流动注射进样、氩氢火焰低温点燃装置、火焰法原子荧光、连续流动进样、便携式荧光光谱仪、直接进样汞镉测试仪、高效液相色谱-原子荧光光谱联用仪……改革创新的脚步从未停止，新型仪器不断推出。

思考题与习题

1. 按能量递增顺序，下列电磁辐射排列正确的是（　　）

A. 无线电波＜微波＜红外光＜可见光＜紫外光＜γ射线＜X射线

B. 微波＜无线电波＜红外光＜可见光＜紫外光＜X射线＜γ射线

C. 无线电波＜微波＜红外光＜可见光＜紫外光＜X射线＜γ射线

D. 无线电波＜微波＜红外光＜紫外光＜可见光＜X射线＜γ射线

2. 分子吸收光谱呈带状光谱，其原因是（　　）

A. 分子中价电子的离域性质

B. 分子电子能级的跃迁伴随着振动能级和转动能级的跃迁

C. 分子内各原子内外层电子的跃迁

D. 分子中价电子能级的相互作用

3. 以下哪种光谱是线状光谱（　　）

A. 钙的吸收光谱

B. 水的红外光谱

C. 苯的紫外-可见光谱

D. 萘的荧光光谱

4. 按物质与辐射能的转化方向，下列哪种方法不同于其他方法（　　）

A. 紫外-可见光谱法

B. 红外光谱法

C. 核磁共振波谱法

D. 荧光分析法

5. 光学分析法有哪些类型？

6. 分光光度计主要由哪些部分组成？简述各部分的作用。

7. Fe 271.903 nm线对应的频率（Hz）、波数（cm^{-1}）和能量（eV）分别为多少？

（魏芳弟）

第十章 紫外-可见光谱法

学习目标

1. 掌握 紫外-可见光谱产生的原因及特征；电子跃迁类型，吸收带的类型、特点及影响因素；朗伯-比尔定律的使用条件、影响因素及有关计算；紫外-可见光谱法单组分定量分析的方法及其应用。

2. 熟悉 紫外-可见分光光度计的主要部件和工作原理；紫外-可见光谱法对化合物进行定性及纯度检查的方法。

3. 了解 同时测定多组分的定量方法；紫外光谱与有机物分子结构的关系。

案例 10-1

《中国药典》(2020 年版) 四部通则指出：紫外-可见光谱法是用于药物鉴别、杂质检查、溶出度和定量测定的方法。例如，左旋多巴、甲苯磺丁脲、地塞米松和左奥硝唑等品种，均在性状项下测定其吸光系数；二甲双胍格列本脲片、棕榈氯霉素、硝西泮和维生素 B_{12} 等品种，均采用紫外-可见光谱法进行鉴别；地塞米松磷酸钠中的磷、葡萄糖氯化钠注射液中的 5-羟基糠醛、盐酸苯海索中的哌啶苯丙酮，均在检查项下测定吸光度来控制杂质限量；氯噻酮片、奥沙西泮片、硫酸阿托品片和对乙酰氨基酚片等，在含量测定项和溶出度项下都通过测定吸光度进行相应检测。

问题：

(1) 紫外-可见光谱法的基本原理是什么?

(2) 紫外-可见光谱法适用于哪些物质的分析测定?

(3) 紫外-可见光谱法在药物分析中有哪些应用?

案例 10-1 分析

(1) 紫外 - 可见分光光度法是根据物质对紫外 - 可见光的选择性吸收而对其进行定性和定量分析的方法。

(2) 绝大多数的无机离子或有机化合物都可采用紫外 - 可见分光光度法进行直接或间接的分析测定。

(3) 在药物分析中，紫外 - 可见分光光度法可用于药物的鉴别、杂质检查和定量测定，尤其在药物制剂的定量检查，如片剂的含量均匀度、溶出度检查中获得广泛应用。

紫外-可见光谱法（ultraviolet-visible spectrophotometry，UV-vis）是基于物质分子对紫外-可见光的选择性吸收而建立起来的定性、定量和结构分析的方法，也称为紫外-可见分光光度法。吸收光波长范围一般为 200～760 nm。

作为常用的检测方法，紫外-可见光谱法具有如下特点。

1. 灵敏度高 紫外-可见光谱法具有高灵敏度，测定物质的检出限一般可达 10^{-7}～10^{-4} g/mL。随着相关学科的不断发展，更多新的显色剂被开发出来，测定的灵敏度得到更大幅度的提高。特别是多元络合物和各种表面活性剂的应用研究，使许多物质的摩尔吸光系数从几万提高到几十万。

2. 准确度高 测定的相对误差一般在 0.5%，高精密度的仪器可使相对误差低至 0.2%。

3. 成本低 仪器设备简单，价格低廉，易于普及，操作简便，测定快速。

4. 适用浓度范围广 适用于从常量（＞1%）到痕量（＜0.01%）组分的分析。

5. 应用广泛 绝大多数的无机离子或有机化合物，都可以直接或间接地用紫外-可见光谱法进行测定。目前能用直接法或间接法测定的金属和非金属元素达到七十多种。它还可作为红外光谱、核磁共振波谱、质谱等方法的辅助手段，广泛应用于药物分析、医药检验、生物化学、环境保护、食品分析和工农业生产等领域。该方法在药品质量标准和标准物质的研究中已被制订成为标准方法。

第一节 紫外-可见光谱法的基本原理和概念

一、紫外-可见光与紫外-可见光谱

紫外光包括波长在 10～200 nm 的远紫外光和 200～400 nm 的近紫外光。由于空气中的二氧化碳、水蒸气等对远紫外光有吸收，要研究物质对远紫外光的吸收必须在真空条件下进行，鉴于真空紫外光谱仪价格昂贵，远紫外光的应用受到限制，因此通常所说的紫外光一般就是近紫外光。可见光是电磁波谱中人眼可以感知的部分，一般人的眼睛可以感知的电磁波波长在 400～760 nm，但是有一些人能够感知到波长 380～780 nm 的电磁波，因此可见光谱没有精确的范围。正常视力的人眼对波长约为 555 nm 的电磁波最为敏感，这种电磁波处于光学频谱的绿光区域。故我们所说的紫外-可见光谱实际上是指近紫外-可见光谱（200～760 nm）。图 10-1 是各种颜色光的大致波长范围。

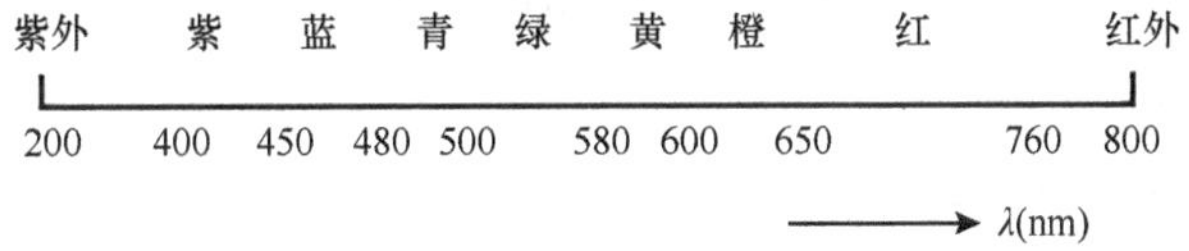

图 10-1 各种颜色光的波长范围

含有同一波长的光称为单色光（monochromatic light），含有两种或两种以上波长的光称为复合光（polychromatic light）。阳光是由七种颜色的光组成的复合光。实际上若把两种适当颜色的光按一定强度比例混合可以得到白光，人们称这两种颜色的光为互补光，颜色为互补色。表 10-1 就是物质呈现颜色与其主要吸收光颜色的关系。

表 10-1 物质颜色与其吸收光颜色的关系

物质颜色	吸收光颜色	吸收光波长范围（nm）	物质颜色	吸收光颜色	吸收光波长范围（nm）
黄绿	紫	400～425	紫红	绿	500～530
黄	深蓝	425～450	紫	黄绿	530～560
橙黄	蓝	450～480	深蓝	橙黄	560～600
橙	绿蓝	480～490	绿蓝	橙	600～640
红	蓝绿	490～500	蓝绿	红	640～760

透明物体只允许透过与其颜色相同的色光，其他色光被吸收。例如，白光照射到重铬酸钾水溶液上，只允许透过橙色光，其他色光被溶液吸收，所以进入人眼的是橙色光，人看到的是橙色溶液；非透明物体只反射与其颜色相同的色光，其他不同的色光被吸收。例如，白光照射到硫酸铜固体上，只反射蓝色光，其他色光被固体吸收。所以反射进入人眼的是蓝光，人看到的是蓝色硫酸铜固体。

案例 10-2

高锰酸钾是一种常见的强氧化剂，遇有机物即可释放出新生态氧，有杀灭细菌的作用，由于释放氧的速度缓慢，浸泡时间一定要达到 5 min 才能杀死细菌。在医学上可用于消毒、洗胃等。临床上常用浓度为 0.02%～0.05% 的溶液冲洗皮肤创伤、溃疡、鹅口疮及脓肿等；0.1% 的溶液可用于食材、饮食器具和水果等的消毒；0.1%～0.2% 的溶液用于洗胃；0.5% 的溶液用于漱口。特别值得注意的是，该溶液的浓度一定要掌握准确，过高的浓度会造成局部腐蚀溃烂。高锰酸钾溶液具有特征的颜色，随浓度增加其颜色变化过程为浅红色→浅紫色→紫红色，其吸收光谱如图 10-2 所示。

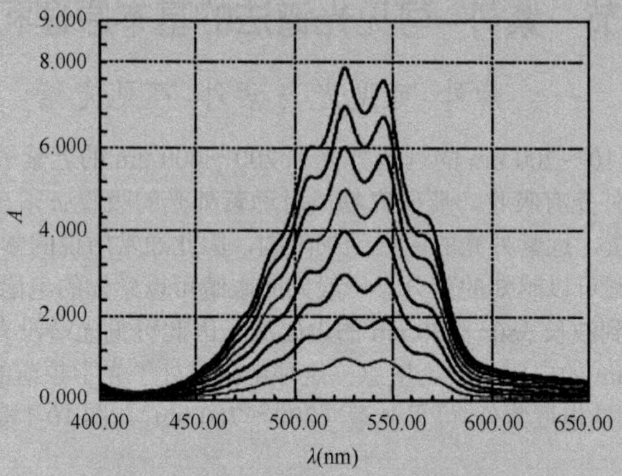

图 10-2　不同浓度高锰酸钾溶液的吸收光谱

问题：

（1）高锰酸钾溶液为什么呈现紫红色？

（2）通过以上高锰酸钾的吸收光谱图分析浓度对吸收光谱的影响。

案例 10-2 分析

根据高锰酸钾的吸收光谱可以看到其吸收光的范围在 500～560 nm，该区间是绿或黄绿色光，因此高锰酸钾溶液呈现其补色即紫红色。通过吸收光谱图可以看到，浓度对吸收光谱形状无影响，但吸收峰的高度与浓度有关。

二、电子跃迁类型

紫外-可见光谱是分子中价电子在不同分子轨道之间跃迁而产生的。电子围绕分子或原子运动的概率分布称为轨道。轨道不同，电子所具有的能量也不同。两原子靠近而结合形成分子时，其原子轨道以线性组合生成两个分子轨道，其中一个能量较低称为成键轨道，另一个能量较高称为反键轨道。有机化合物分子中的价电子包括形成单键的 σ 电子、双键的 π 电子和非成键的 n 电子（亦称 p 电子），它们都处在各自的运动轨道上。分子的空轨道包括 σ 反键轨道（σ^*）和 π 反键轨道（π^*）。

由于分子中不同轨道的价电子具有不同的能量，处于低能级的价电子吸收一定能量后，就会跃迁到较高能级。在紫外-可见光谱区内，有机化合物的吸收带主要是由 $\sigma\rightarrow\sigma^*$、$\pi\rightarrow\pi^*$、$n\rightarrow\sigma^*$、$n\rightarrow\pi^*$ 及电荷跃迁产生。无机化合物的吸收带主要由电荷迁移和配位场跃迁（即 *d*- *d* 跃迁和 *f*- *f* 跃迁）产生。分子中价电子能级及跃迁类型如图 10-3 所示。

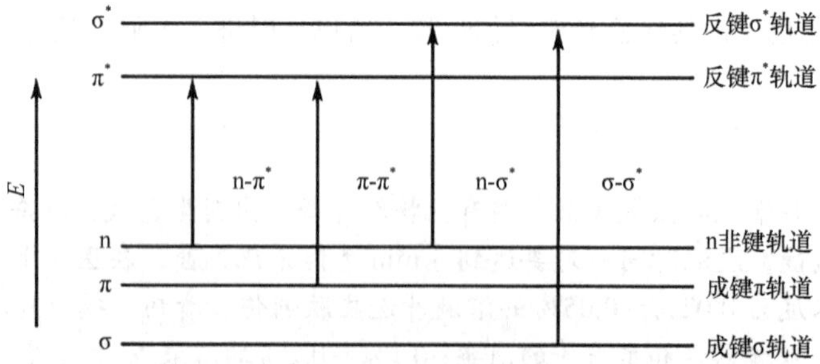

图 10-3　分子中价电子能级及跃迁示意图

1. $\sigma\rightarrow\sigma^*$ 跃迁　饱和烃中的 C—C 键属于这类跃迁，它需要的能量较高，一般在远紫外区有吸收，但在紫外-可见光区内没有吸收，如乙烷的最大吸收波长 λ_{max} 为 135 nm。

2. $n\rightarrow\sigma^*$ 跃迁　含—OH、—NH_2、—X、—S 等基团的化合物，其杂原子中孤对电子的跃迁。一般吸收波长在 200 nm 左右，如 CH_3OH 和 CH_3NH_2 的 $n\rightarrow\sigma^*$ 的跃迁波长分别为 183 nm 和 213 nm。

3. $\pi\rightarrow\pi^*$ 跃迁　该跃迁的吸收峰在 200 nm 左右，其特征是摩尔吸光系数大，一般 $\varepsilon_{max}\geqslant10^4$，为强吸收带，如乙烯（蒸气）的最大吸收波长 λ_{max} 为 162 nm，丁二烯的 λ_{max} 为 217 nm（共轭双键的 $\pi\rightarrow\pi^*$ 跃迁所需能量低），它们的 ε_{max} 均大于 10^4。

4. $n\rightarrow\pi^*$ 跃迁　该跃迁是含有杂原子的不饱和官能团如 >C=O、>C=S、—N=N—等中的杂原子的孤对电子的跃迁，其特点是谱带强度弱，摩尔吸光系数小，通常小于 100，属于禁阻跃迁。

5. 电荷迁移跃迁　该跃迁是指化合物在电磁辐射照射时，电子从给予体向与接受体相联系的轨道上跃迁。电荷迁移跃迁的实质是内氧化-还原过程，其吸收光谱称为电荷迁移吸收光谱。某些有机化合物（如取代芳烃）可产生这种分子内的电荷迁移吸收。许多无机络合物也有电荷迁移吸收光谱，不少过渡金属离子与含生色团的试剂反应所生成的络合物及许多水合无机离了均可产生电荷迁移跃迁。电荷迁移吸收带具有谱带较宽、吸收强度较大的特点，摩尔吸光系数 ε_{max} 一般大于 10^4，定量分析的灵敏度高。

6. 配位场跃迁　在配体存在下，过渡元素能量相等的 d 轨道或 f 轨道在配位场的作用下分裂成几组不同能级的 d 轨道或 f 轨道，吸收光能后，低能态电子可跃迁至高能态，这就是配位场跃迁。配位场跃迁吸收较弱，摩尔吸光系数 ε_{max} 一般小于 10^2，位于可见光区。

六种主要跃迁类型在光谱区中的位置和大致强弱见图 10-4。

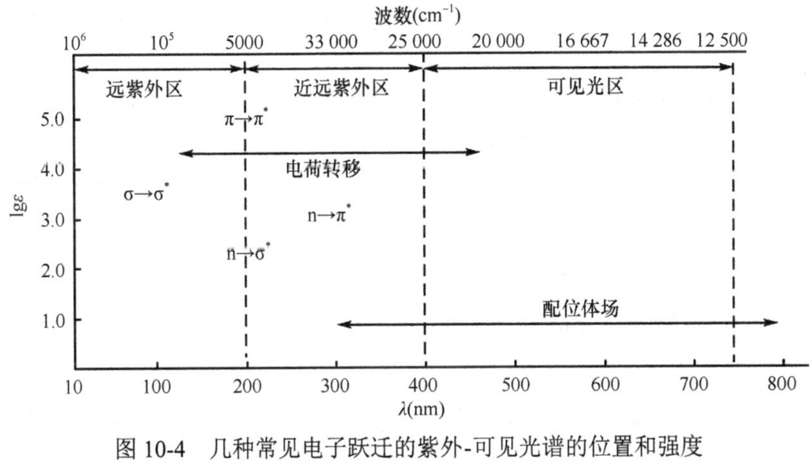

图 10-4　几种常见电子跃迁的紫外-可见光谱的位置和强度

三、紫外-可见光谱的常用概念

1. 吸收光谱（absorption spectrum）　又称吸收曲线，是以波长为横坐标，吸光度为纵坐标所绘制的曲线，如图 10-5。

2. 吸收峰（absorption peak）　吸收曲线上吸光度最大的地方称为吸收峰，该处的波长称为最大吸收波长（λ_{max}）。

3. 吸收谷（absorption valley）　吸收峰与峰之间的吸光度最小的部位称为吸收谷，所对应的波长称为最小吸收波长（λ_{min}）。

4. 肩峰（shoulder peak）　在吸收峰旁边的一个曲折。

5. 末端吸收（end absorption）　在短波长一端，呈现强吸收却不成峰形的部分。

6. 生色团（chromophore）　能吸收紫外-可见光，产生 $\pi\rightarrow\pi^*$ 或 $n\rightarrow\pi^*$ 电子跃迁的基团或结构

系统，如有机化合物中含有的 >C═O、>C═S、—N═N—、—NO_2 等基团。

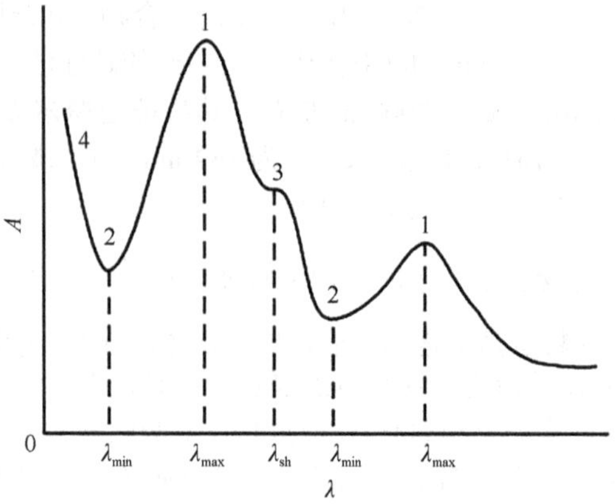

图 10-5　吸收光谱示意图

1. 吸收峰；2. 吸收谷；3. 肩峰；4. 末端吸收

7. 助色团（auxochrome） 助色团是指带有非键电子对的饱和基团（不能吸收大于 200 nm 的光），如—OH、—OR、—NHR、—SH、—Cl、—Br、—I 等，当它们与生色团相连时，使该生色团或饱和烃的吸收峰向长波方向移动（红移），且其吸收光强度会增加。

8. 红移（red shift）或蓝移（blue shift） 由于有机物结构发生改变或溶剂效应等引起的吸收峰波长变化。如发生了共轭作用、引入了助色团或改变溶剂极性等因素，使化合物吸收峰向长波方向移动，该现象称为红移，亦称长移。若化合物受影响其吸收峰向短波方向移动则称为蓝移（紫移），亦称短移。

9. 增色效应（hyperchromic effect）和减色效应（hypochromic effect） 由于化合物结构改变或其他原因，使化合物吸收强度增加或减弱的效应。

10. 强带（strong band）和弱带（weak band） 在紫外-可见光谱中，化合物的摩尔吸光系数 $\varepsilon_{max} > 10^4$ 的吸收峰称为强带，$\varepsilon_{max} < 10^2$ 的吸收峰称为弱带。

四、吸收带及其与分子结构的关系

吸收带（absorption band）是说明吸收峰在紫外-可见光谱中的位置。根据电子和轨道种类，可把吸收带分为六种类型。

1. R 吸收带 从德文 radical（基团）得名，是含杂原子的不饱和基团，如 >C═O、—NO、—NO_2、—N=N—等的 $n \rightarrow \pi^*$ 跃迁的吸收带。这类跃迁发生在近紫外光区和可见光区。其特点是吸收峰处于较长波长区（250～500 nm），吸收强度较弱（$\varepsilon < 100$）。

2. K 吸收带 从德文 konjugation（共轭作用）得名，相当于共轭双键中的 $\pi \rightarrow \pi^*$ 跃迁引起的吸收带。吸收峰出现在 200 nm 以上，吸收强度大（$\varepsilon > 10^4$）。随着共轭双键的增加，吸收峰红移，吸收强度有所增加，如丁二烯的 λ_{max} 为 217 nm。

3. B 吸收带 从 benzenoid（苯类的）得名，是芳香族及杂芳香族化合物的特征谱带。通常出现在 230～270 nm，重心在 256 nm，ε_{max} 约为 220。苯蒸气在 230～270 nm 处出现精细结构的吸收光谱，称苯的多重吸收带，由于蒸气状态下分子间相互作用力弱，反映了孤立分子振动、转动能级的跃迁；苯在非极性溶剂中，因分子间相互作用力增强，转动跃迁消失，仅出现部分振动跃迁，所以谱带较宽。但在极性溶剂中，溶剂与溶质之间的相互作用更强，振动跃迁消失，使苯的精细结构消失而形成一个宽峰，但其重心仍在 256 nm 附近（图 10-6）。

4. E 吸收带 也是芳香族化合物的特征谱带之一。由苯环结构中三个乙烯的环状共轭体系的

$\pi \rightarrow \pi^*$ 跃迁而产生，分为 E_1 带和 E_2 带（图 10-7）。吸收强度大，ε_{max} 为 2000～14 000。

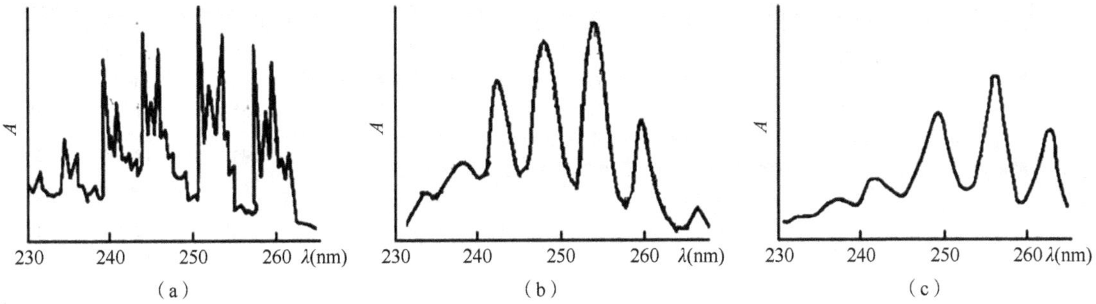

图 10-6　苯的 B 吸收带

（a）苯蒸气；（b）环己烷溶剂中的苯；（c）乙醇溶剂中的苯

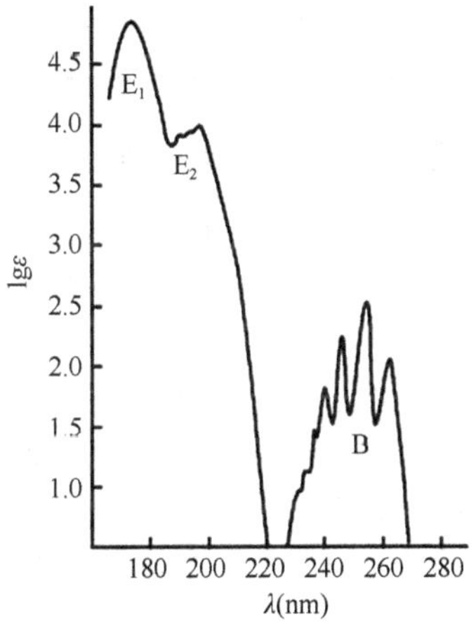

图 10-7　异辛烷溶剂中苯的紫外吸收光谱

5. 电荷迁移吸收带　是指许多无机化合物（如金属卤化物）和某些有机物混合而得的分子络合物，它们在外来的辐射激发下会强烈地吸收紫外光或可见光，从而获得紫外或可见吸收带。例如，在乙醇介质中，将醌与氢醌混合，可获得暗绿色的醌氢醌结晶物，其吸收峰在可见光区。

6. 配位场吸收带　该吸收带是由过渡金属水合离子或过渡金属离子与显色剂（通常是有机化合物）所形成的络合物吸收适当波长的紫外光或可见光而形成的。

一些化合物的电子结构、跃迁类型和吸收带的关系如表 10-2 所示。

表 10-2　一些化合物的电子结构、跃迁类型和吸收带

电子结构	实例	跃迁	λ_{max}（nm）	ε_{max}	吸收带
σ	CH_3CH_3	$\sigma \rightarrow \sigma^*$	135	10 000	
n	$CH_3(CH_2)_4CH_2SH$	$n \rightarrow \sigma^*$	224	120	
	$CH_3(CH_2)_2CH_2I$	$n \rightarrow \sigma^*$	257	486	
π	$CH_2{=}CH_2$	$\pi \rightarrow \pi^*$	165	10 000	
	$CH{\equiv}CH$	$\pi \rightarrow \pi^*$	173	6000	
π 和 n	$CH_3\overset{\overset{O}{\|}}{C}CH_3$	$\pi \rightarrow \pi^*$	160		
		$n \rightarrow \sigma^*$	194	9000	
		$n \rightarrow \pi^*$	279	15	R
π-π	$CH_2{=}CHCH{=}CH_2$	$\pi \rightarrow \pi^*$	217	21 000	K
	$CH_2{=}CHCH{=}CHCH{=}CH_2$	$\pi \rightarrow \pi^*$	258	35 000	K
π-π 和 n	$CH_2{=}CHCHO$	$\pi \rightarrow \pi^*$	210	11 500	K
		$n \rightarrow \pi^*$	315	14	R

续表

电子结构	实例	跃迁	λ_{max}（nm）	ε_{max}	吸收带
芳香族 π		芳香族 π→π* 芳香族 π→π* 芳香族 π→π*	180 200 255	60 000 8000 215	E_1 E_2 B
芳香族 π-π	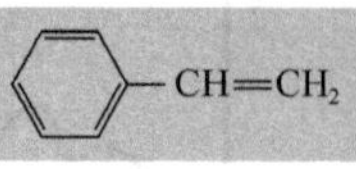	芳香族 π→π* 芳香族 π→π*	244 282	12 000 450	K B
芳香族 π-σ	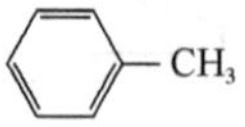	芳香族 π→π* 芳香族 π→π*	208 262	2460 174	E_2 B
芳香族 π-π* 和 n	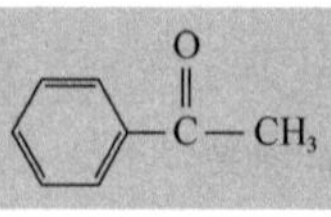	芳香族 π→π* 芳香族 π→π* n→π*	240 278 319	13 000 1110 50	K B R
芳香族 π 和 n	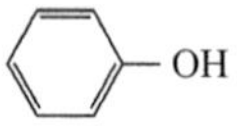	芳香族 π→π* 芳香族 π→π*	210 270	6200 1450	E_2 B

五、影响吸收带的因素

紫外-可见光谱属于分子光谱，吸收带的位置主要取决于分子中价电子的能级跃迁，但分子的内部结构和外部环境等各种因素对吸收带也有影响，主要表现为谱带位移、谱带强度的变化、谱带精细结构的出现或消失等。

1. 位阻的影响（steric hindrance effect） 化合物中有两个发色团产生共轭效应，可使吸收带红移，但若两个发色团由于立体位阻而妨碍它们处于同一平面上，则影响共轭效应。例如，二苯乙烯的 K 带，反式结构比顺式的明显红移，并且具有更大的吸收系数（图 10-8）。这是因为顺式结构存在立体位阻，苯环与乙烯双键不能共平面，不易产生共轭。

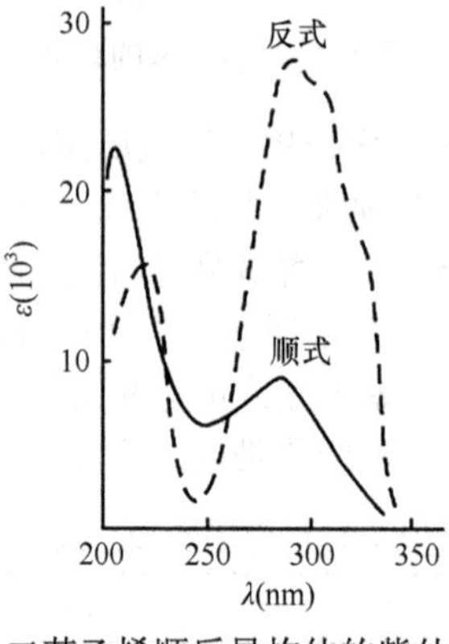

图 10-8　二苯乙烯顺反异构体的紫外吸收光谱

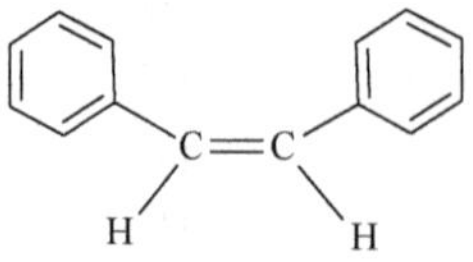

顺式二苯乙烯（λ_{max}为280 nm, ε_{max}为10 500）

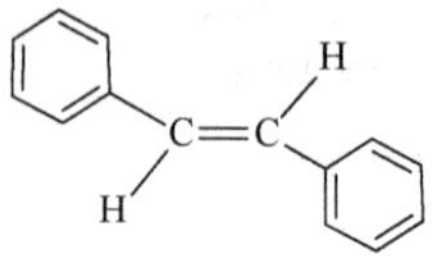

反式二苯乙烯（λ_{max}为295.5 nm, ε_{max}为29 000）

2. 跨环效应（transannular effect） 在一些化合物中，两个发色团虽不共轭，但由于合适的空间排列，使它们的电子云能相互影响，致使 λ_{max} 和 ε_{max} 改变。如图 10-9 中，化合物Ⅱ中的双键和羰基间隔一个碳原子，两者不共轭，但其环状结构使 C═C 双键中的 π 电子能与羰基氧中的孤对电子 n 发生相互作用，与分子中没有 C═C 双键的化合物 I 相比，羰基的 n→π* 跃迁的 R 吸收带长移，吸收强度也增加约一倍。

此外，当C═O基团的π轨道与一个杂原子的p轨道能有效重叠时，也会出现跨环效应。如化合物Ⅲ中的羰基π电子云与硫原子上的p电子云交盖，在238 nm处出现了异常的吸收带。这种π电子在环中越位发生作用的现象称为跨环效应。

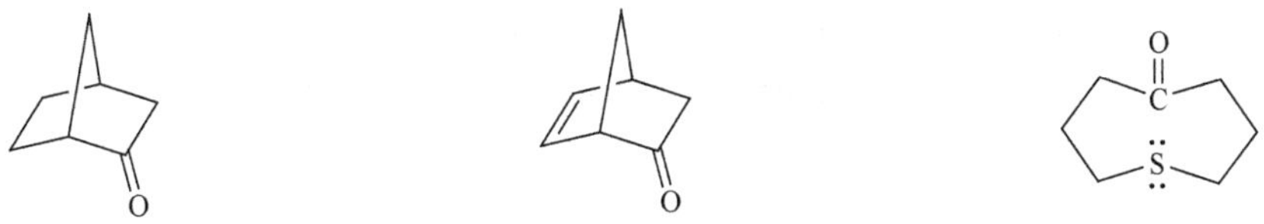

化合物Ⅰ（λ_{max}为280 nm, ε_{max}为150）　化合物Ⅱ（λ_{max}为293.5 nm, ε_{max}为292）　化合物Ⅲ（λ_{max}为238 nm, ε_{max}为2535）

图 10-9　跨环效应示意图

3. 溶剂效应（solvent effect） 化合物在溶液中的紫外-可见光谱受溶剂的影响较大，溶剂不仅影响吸收峰的位置，还影响吸收强度和光谱形状。因此在测定紫外-可见光谱时应注明在何种溶剂中测定，特别是与文献化合物的紫外-可见光谱作对照时，也应注明所用溶剂是否相同。溶剂的极性增强，一般使$\pi\rightarrow\pi^*$跃迁吸收峰红移；而$n\rightarrow\pi^*$跃迁吸收峰蓝移，且后者的移动比前者的大。表10-3是异丙叉丙酮[$CH_3COCH═C(CH_3)_2$]的两种跃迁吸收峰受溶剂的影响情况。

表 10-3　溶剂极性对异丙叉丙酮两种跃迁吸收峰的影响

电子跃迁类型	λ_{max}（nm）			
	正己烷	$CHCl_3$	CH_3OH	H_2O
$\pi\rightarrow\pi^*$	230	238	237	243
$n\rightarrow\pi^*$	329	315	309	305

图10-10表示溶剂极性对两种跃迁类型能量差的影响。发生$n\rightarrow\pi^*$跃迁时，基态的极性强于激发态，非键电子（n电子）易于与极性溶剂之间产生较强的氢键，使基态能量降低较多，因此跃迁能量增加，使λ_{max}蓝移。而发生$\pi\rightarrow\pi^*$跃迁时，激发态的极性强于基态，极性溶剂与激发态之间的静电引力强于基态，使激发态的能量降低得更多，因此使跃迁波长红移。

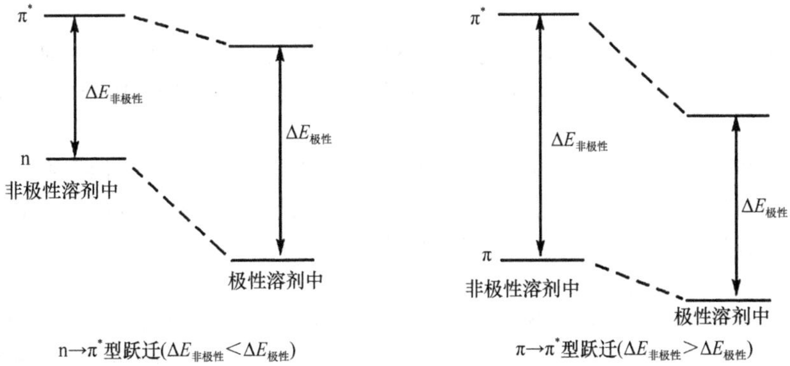

图 10-10　溶剂极性对两种跃迁能级差的影响

溶剂除影响溶质的吸收情况外，它自身也会产生吸收，如果与溶质的吸收带重叠，将妨碍对溶质吸收的测量，因此选择溶剂时一定要注意。表10-4列出紫外-可见光谱中常用溶剂的截止波长（指用此溶剂时的最低波长限度，即低于此波长，溶剂将有吸收）。

表 10-4 常用于紫外-可见光谱测定溶剂的截止波长

溶剂	截止波长（nm）	溶剂	截止波长（nm）	溶剂	截止波长（nm）
水	200	二硫化碳	385	乙醇	215
乙腈	190	甲醇	205	甲酸甲酯	260
正己烷	220	二氯甲烷	235	乙酸乙酯	260
环己烷	200	三氯甲烷	245	苯	260
乙醚	215	四氯化碳	260	甲苯	285
正丁醇	210	甘油	230	丙酮	330
异丙醇	210	1, 4-二氧六环	215	三甲氧磷酸酯	215

4. 体系 pH 的影响 体系的 pH 对紫外-可见光谱的影响是比较普遍的。无论是对酸性、碱性或中性样品都有明显的影响。例如，酚类化合物由于体系的 pH 不同，其离解情况不同而产生不同的吸收光谱。

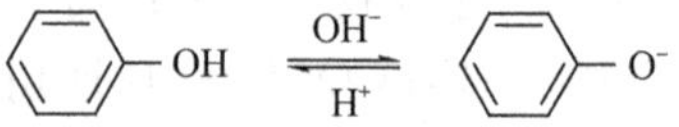

λ_{max} (210.5 nm, 270 nm)　　λ_{max} (235 nm, 287 nm)

又如苯胺，随着 pH 的降低，谱带会发生蓝移。

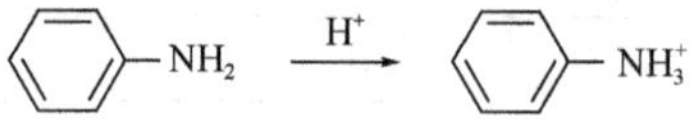

λ_{max} (230 nm, 280 nm)　　λ_{max} (203 nm, 254 nm)

另外，酸度的变化还会影响到配位平衡，从而造成有色络合物的组成发生变化，而使吸收带发生位移，如 Fe（Ⅲ）与磺基水杨酸的络合物，在不同 pH 时会形成不同的配位比，从而产生紫红色、橙红色、黄色等不同颜色的络合物。

第二节 紫外-可见光谱法

一、朗伯-比尔定律

朗伯（Lambert）和比尔（Beer）分别于 1760 年和 1852 年研究得出了光的吸收与溶液的液层厚度和溶液浓度之间的定量关系，两者结合后称为朗伯-比尔（Lambert-Beer）定律，也称光的吸收定律。

当一束平行的单色光（入射光）通过含有均匀吸光物质（气体、液体或固体）的吸收池时，光的一部分被物质吸收，一部分透过，一部分被吸收池表面反射。设 I_0 为入射光强度；I_a 为吸收光强度；I_r 为反射光强度；I_t 为透过光强度。则它们的关系应为

$$I_0 = I_a + I_r + I_t \tag{10-1}$$

在进行吸收光谱分析时，被测溶液和参比溶液是分别放在同样材料及厚度的两个吸收池中，让强度同为 I_0 的单色光分别通过两个吸收池，用参比池调节仪器的零吸收点，再测量被测溶液的透射光强度。所以反射光的影响可以从参比溶液中消除，则上式可简写为

$$I_0 = I_a + I_t \tag{10-2}$$

因测定过程中，入射光强度可以固定，透射光强度可以测定，故常用两者之比间接表示溶液对光的吸收情况。透过光强度 I_t 与入射光强度 I_0 之比称为透光率（transmittance），又称透射比或透过率，用 T 表示：

$$T = \frac{I_t}{I_0} \tag{10-3}$$

透光率越大，溶液对光的吸收越小；反之，溶液对光的吸收越多。

透光率（常用百分数表示）的负对数称为吸光度（absorbance），用符号 A 表示。A 越大，溶液对光的吸收就越多。

$$A = -\lg T = \lg \frac{I_0}{I_t} \tag{10-4}$$

Lambert 定律可表示为当一束适当波长的单色光通过某一浓度一定的溶液（气相或均相固体等均匀介质）时，其吸光度与光通过的液层厚度成正比，即

$$A = k_1 \cdot l \tag{10-5}$$

式中，l 为液层厚度，k_1 为比例系数，它与被测物质性质、入射光波长、溶剂、溶液温度和浓度有关。

Beer 定律可表示为当一束适当波长的单色光通过溶液时，若液层厚度一定，则吸光度与溶液浓度成正比，即

$$A = k_2 \cdot c \tag{10-6}$$

式中，c 为物质的量浓度（或质量浓度），k_2 为比例系数，它是与吸光物质种类、溶剂、入射光波长、液层厚度和溶液温度有关的常数。

Lambert 定律和 Beer 定律仅适用于单色光。

将式（10-5）和式（10-6）合并为

$$A = E \cdot l \cdot c \tag{10-7}$$

式（10-7）表明吸光度与物质的浓度和厚度成正比，其中 E 是比例常数，又称吸光系数（absorptivity）。吸光系数的物理意义是吸光物质在单位浓度和单位厚度时的吸光度。在给定的单色光、溶剂和温度等条件下，吸光系数是物质的特性常数，表示物质对某一特定波长光的吸收能力。不同物质对同一波长的单色光有不同的吸光系数，吸光系数越大，表明物质的吸光能力越强，灵敏度越高，所以吸光系数是定性和定量的依据。

吸光系数有如下两种表示方式。

1. 摩尔吸光系数（molar absorptivity） 在一定波长时，吸光物质溶液浓度为 1 mol/L、厚度为 1 cm 的吸光度，用 ε 表示，单位为 L/（mol · cm）。

2. 百分吸光系数（percentage absorptivity）或称比吸光系数（specific absorptivity） 在一定波长时，100 mL 吸光物质溶液中含被测物质 1 g、厚度为 1 cm 时的吸光度，用 $E_{1\,\mathrm{cm}}^{1\%}$ 表示，单位为 100 mL/（g · cm）。

3. 两种吸光系数之间的关系 同一物质在同一波长时，ε 与 $E_{1\,\mathrm{cm}}^{1\%}$ 可按下式进行换算。

$$\varepsilon = \frac{M_B}{10} \cdot E_{1\,\mathrm{cm}}^{1\%} \tag{10-8}$$

式中，M_B 为吸光物质 B 的摩尔质量。

摩尔吸光系数一般不超过 5 个数量级，通常 ε 在 $10^4 \sim 10^5$ 为强吸收，在 $10^2 \sim 10^4$ 为中强吸收，小于 10^2 为弱吸收。ε（或 $E_{1\,\mathrm{cm}}^{1\%}$）不能直接测得，而是通过测定已知准确浓度稀溶液的吸光度，再经换算而得。一般 ε 大于 10^3 即可进行分光光度法定量测定。

例 10-1 氯霉素可作用于细菌核糖核蛋白体的 50S 亚基而阻挠蛋白质的合成，是一种非常稳定的抑菌性广谱抗生素。氯霉素是治疗伤寒，副伤寒的首选药，治疗厌氧菌感染的特效药物之一，其次用于敏感微生物所致的各种感染性疾病的治疗。但由于不良反应严重，现用得越来越少。已知氯霉素的分子量为 323.15，将其用乙醇作溶剂配成 100 mL 含有 2.00 mg 的溶液，在 278 nm 波

长处用 1.00 cm 吸收池测得透光率为 24.3%，求氯霉素在 278 nm 处的 ε 和 $E_{1\,\text{cm}}^{1\%}$。

解：已知溶液的浓度为 2.00 mg/100 mL，即 2.00×10^{-3} g/100 mL，液层厚度 l 为 1.00 cm，$T=0.243$。

$$A=-\lg T=E_{1\,\text{cm}}^{1\%}\cdot l\cdot c$$

由 Lambert–Beer 定律可得

$$E_{1\,\text{cm}}^{1\%}=\frac{-\lg T}{l\cdot c}=\frac{-\lg 0.243}{1.00\times2.00\times10^{-3}}=307[100\text{ mL}/(\text{g}\cdot\text{cm})]$$

由式（10-8）得

$$\varepsilon=\frac{M_\text{B}}{10}\cdot E_{1\,\text{cm}}^{1\%}=\frac{323.15}{10}\times307=9921[\text{L}/(\text{mol}\cdot\text{cm})]$$

如果溶液中同时存在两种或两种以上对光有吸收的物质，在同一波长下只要共存物质不互相影响，即不因共存物的存在而改变本身的吸光系数，则总吸光度等于各共存物吸光度总和，即

$$A=A_\text{a}+A_\text{b}+A_\text{c}+\cdots \tag{10-9}$$

式中，A 为总吸光度，A_a、A_b、A_c、…为溶液中共存物质各组分 a、b、c、…的吸光度。而各组分的吸光度由各自的浓度和吸光系数决定。吸光度的这种加和性是分光光度法中分析测定混合物中各组分的依据。

例 10-2 酶是一类生物催化剂，它们支配着生物的新陈代谢、营养和能量转换等许多催化过程，与生命过程关系密切的反应大多是酶催化反应。借助血、尿或体液内酶的活性测定，可以了解或判定某些疾病的发生和发展；酶疗法已逐渐被人们所认识，各种酶制剂在临床上的应用越来越普遍。腺苷酸（AMP）是生物体内的能量传递物质。测试酶与腺苷酸体系的吸光度如下：$A_{280\,\text{nm}}=0.460$，$A_{260\,\text{nm}}=0.580$，吸收池厚度为 1.00 cm。试计算每一组分的浓度。

已知：酶的 $\varepsilon_{280\,\text{nm}}=2.96\times10^4$ L/(mol · cm)，$\varepsilon_{260\,\text{nm}}=1.52\times10^4$ L/(mol · cm)；

腺苷酸（AMP）的 $\varepsilon_{280\,\text{nm}}=2.40\times10^3$ L/(mol · cm)，$\varepsilon_{260\,\text{nm}}=1.50\times10^4$ L/(mol · cm)。

解：根据吸光度的加和性：

$\lambda_{260\,\text{nm}}$：$0.580=1.52\times10^4\times1.00\,c_{酶}+1.50\times10^4\times1.00\,c_\text{AMP}$

$\lambda_{280\,\text{nm}}$：$0.460=2.96\times10^4\times1.00\,c_{酶}+2.40\times10^3\times1.00\,c_\text{AMP}$

联立解方程组得到两组分的浓度分别为

$c_{酶}=1.35\times10^{-5}$ (mol/L)，$c_\text{AMP}=2.50\times10^{-5}$ (mol/L)。

二、定性分析

利用紫外-可见光谱的形状、吸收峰数目、各吸收峰的波长位置和相应的吸光系数等，可对部分有机化合物进行定性分析。但由于紫外-可见光谱仅与分子结构中生色团、助色团等可产生吸收的官能团有关，不能表征分子的整体结构，光谱较简单，特征性不强，即使吸收光谱完全相同也不一定为相同的化合物。因此，这种方法的应用有较大的局限性。但是它适用于不饱和有机化合物，尤其是共轭体系的鉴定，以此推断未知物的骨架结构。此外，它配合红外光谱法、核磁共振波谱法和质谱法等，对化合物进行定性鉴定和结构分析，是一种有用的辅助方法。

紫外-可见光谱法定性分析一般采用对比法。

1. 对比吸收光谱的特征数据 吸收峰 λ_max 及相应的 ε_max 或 $E_{1\,\text{cm}}^{1\%}$ 是常用于鉴别的光谱特征数据。因为具有不同或相同吸收基团的不同化合物，可能有相同的 λ_max，但它们的摩尔质量一般是难以相同的，因此它们的 ε_max 或 $E_{1\,\text{cm}}^{1\%}$ 常有明显差异。

2. 对比吸光度（或吸光系数）比值 若化合物有两个以上的吸收峰，可根据不同吸收峰（或谷）处吸光度比值鉴别。因为用的是同一浓度的溶液和同一吸收池，其吸光度比值也就是吸光系数比值，可消去浓度与厚度的影响，有时可将光谱特征数据和吸光度比值相结合以提高可靠性。

案例 10-3

维生素 B_{12} 又称钴胺素，可促进蛋白质的生物合成，一般被称为造血维生素，参与制造骨髓红细胞，防止恶性贫血，是神经系统功能健全不可缺少的维生素，防止大脑神经受到破坏。它还可保护叶酸在细胞内的转移和储存。维生素 B_{12} 是唯一含金属元素的维生素，也是唯一的一种需要一种肠道分泌物（内源因子）帮助才能被吸收的维生素。高等动植物不能制造维生素 B_{12}，自然界中的维生素 B_{12} 都是微生物合成的。人体维生素 B_{12} 需要量极少，只要饮食正常，就不会缺乏。缺乏时可影响婴幼儿的生长发育，也可引起贫血、食欲缺乏、消化不良、精神抑郁等症状。

问题：

（1）《中国药典》（2020 年版）中，如何用紫外-可见光谱法鉴别维生素 B_{12}？

（2）该鉴别方法的原理是什么？

案例 10-3 分析

（1）紫外-可见光谱法鉴别维生素 B_{12} 的方法：取维生素 B_{12} 适量，精密称定，加水溶解并定量稀释制成每 1 mL 中约含 25 μg 的溶液，然后测定在 278 nm、361 nm 和 550 nm 的吸光度，计算 A_{361}/A_{278} 和 A_{361}/A_{550}，若比值分别落在 1.70～1.88 和 3.15～3.45，就可判定该物质就是维生素 B_{12}。

（2）该鉴别方法的原理是利用对比吸光度比值实现化合物的定性鉴定。

3. 对比吸收光谱的一致性　用以上几个光谱数据作鉴别，不能发现吸收光谱曲线中其他部分的差异。必要时，需将样品与已知标准品配制成相同浓度的溶液，在同一条件下测定，比较未知物与已知标准品的吸收光谱，如果两者的光谱完全一致，则可以初步认为它们可能是同一化合物。为了能使分析结果更准确可靠，需注意测定时尽量保持光谱的精细结构。

另外，也可利用文献所载的标准图谱进行核对，只有在光谱曲线完全一致的情况下才有可能是同一物质，若光谱曲线有差异，则可认为样品与标准品并非同一物质。

三、纯度检查

1. 杂质检查　如果化合物在紫外-可见光区没有明显吸收，而所含杂质在此波长处有较强的吸收，那么含有的少量杂质就可用光谱检查出来。例如，乙醇和环己烷中若有少量的杂质苯，苯在 256 nm 处有吸收峰，而乙醇和环己烷在此波长处无吸收，即使在乙醇和环己烷中含苯 0.001% 也能从光谱中检出来。

有机化合物的纯度还可以用吸光系数来检查。例如，采用某法精制菲，其沸点为 340℃，熔点为 100℃，表观很纯，但在强吸收 296 nm 处测得其 $\lg\varepsilon$ 比标准值 4.0 低，则表示可能有蒽和咔唑等杂质存在。

若化合物有较强的吸收峰，而所含杂质在此波长处无吸收或吸收很弱，杂质的存在将使测得的化合物吸光系数值低于标准值；若杂质在此吸收峰处有比化合物更强的吸收，则将使测得吸光系数值高于标准值；有吸收的杂质也可能使化合物的吸收光谱变形；这些都可以用作检查杂质是否存在的方法。但是，被检查的化合物必须经鉴别确证之后，方能认为光谱数据或形状的改变是由杂质存在所致。

2. 杂质的限量检测　药物中的杂质，常需要制订一个允许其存在的限量。若杂质在某一波长处有最大吸收，而药物在此波长处无吸收，可以通过控制供试品溶液杂质的特征吸收波长处的吸光度来控制杂质的限量。

有时用吸收峰和谷吸光度的比值控制杂质的限量。例如，碘解磷定有很多杂质，包括顺式异构体和中间体等，在碘解磷定的最大吸收波长 294 nm 处，这些杂质几乎没有吸收，但在碘解磷定的吸收谷 262 nm 处有一些吸收，因此就可利用碘解磷定的吸收峰和谷吸光度之比作为杂质的限量检查指标。已知纯品碘解磷定的 $\frac{A_{294\ \text{nm}}}{A_{262\ \text{nm}}}=3.39$，如果含有杂质，则在 262 nm 处吸光度增加，使峰和谷的吸光度之比小于 3.39。为了限制杂质的含量，可规定一个吸收峰和谷吸光度之比的最小允许值。

案例 10-4

肾上腺素是一种激素和神经传送体，由肾上腺释放。肾上腺素会使心脏收缩力上升，使心脏、肝、筋骨的血管扩张和皮肤、黏膜的血管收缩，是拯救濒死的人或动物的必备品。药用肾上腺素可从家畜肾上腺提取，或人工合成。肾上腺酮是在肾上腺素人工合成中可能引入的杂质，它的存在将显著影响肾上腺素的药用疗效。因此，肾上腺酮的含量必须在规定的某一限量之下。《中国药典》（2020 年版）对肾上腺酮的限量检查方法：取肾上腺素加 HCl 溶液（9→2000）制成每 1 mL 中含 2.0 mg 的溶液，照紫外-可见光谱法（通则 0401），在 310 nm 的波长处测定，规定吸光度不得超过 0.05，相当于肾上腺酮含量不得超过 0.06%。

问题：肾上腺酮杂质限量检查的依据是什么？

案例 10-4 分析

在 HCl 溶液中，肾上腺素和肾上腺酮的紫外吸收光谱如图 10-11 所示：

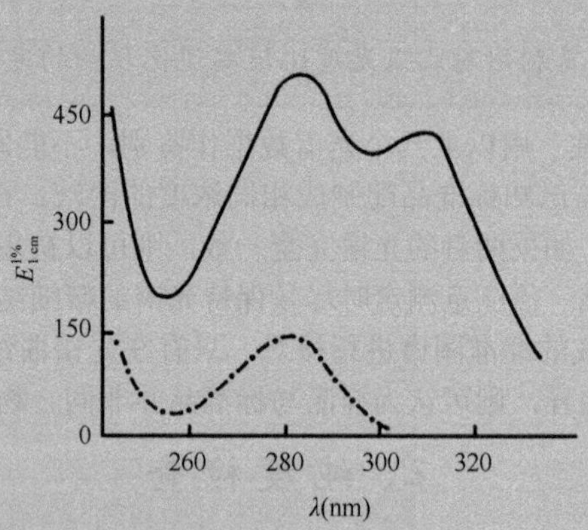

图 10-11 肾上腺素（·—·）和肾上腺酮（—）的紫外吸收光谱

两者的有明显不同，在 310 nm 处肾上腺酮有吸收峰，而肾上腺素几乎没有吸收，因此利用 310 nm 处的吸收，根据 Lambert-Beer 定律可检测肾上腺酮的限量。$E_{1\text{cm}}^{1\%}$（310 nm）= 435，即

$$A=E_{1\text{cm}}^{1\%}\cdot l\cdot c$$

$$c=\frac{A}{E_{1\text{cm}}^{1\%}\cdot l}=\frac{0.05}{435\times1.00}=1.1\times10^{-4}\ (\text{g/100 mL})=1.1\times10^{-3}(\text{mg/mL})$$

$$\text{肾上腺酮\%}=\frac{1.1\times10^{-3}}{2}\times100=0.06\%$$

四、定量分析

紫外-可见光谱法定量分析的依据是 Lambert-Beer 定律，即物质在一定波长处的吸光度与其浓度成正比。因此通过测定溶液对一定波长入射光的吸光度，即可求出溶液的浓度和含量。通常测定波长应选择被测物质吸收光谱中的吸收峰处波长，以提高灵敏度并减小测定误差。被测物质如有几个吸收峰，可选其他物质无干扰且峰值较高的吸收峰处波长，一般不选择靠近短波长末端的吸收峰处波长。

（一）单组分的定量方法

在一个样品中只要求测定一种组分，且在选定的测定波长下，样品中其他组分对该组分不干扰，则为单组分样品，其定量分析较简单，可采用吸光系数法、标准曲线法和标准对照法。

1. 吸光系数法　根据 Lambert-Beer 定律，若已知液层厚度 l 和物质的吸光系数 $E_{1\,\text{cm}}^{1\%}$ 或 ε，即可根据测得的 A 求出被测物的浓度和含量。

$$c=\frac{A}{E\cdot l} \tag{10-10}$$

通常吸光系数可以从手册或文献中查到。应注意的是按上式计算，如采用 $E_{1\,\text{cm}}^{1\%}$，则所得浓度为 100 mL 溶液中溶质的质量（g）；若采用 ε，则计算所得浓度为 1 L 溶液中所含溶质的物质的量（mol）。

另外，也可根据样品的浓度和测得的吸光度 A，计算出样品的百分吸光系数 $E_{1\,\text{cm},样}^{1\%}$，再通过计算 $E_{1\,\text{cm},样}^{1\%}$ 与标准物质 $E_{1\,\text{cm},标}^{1\%}$ 的比值来求被测物质的含量，即 $w\%=\dfrac{E_{1\,\text{cm},样}^{1\%}}{E_{1\,\text{cm},标}^{1\%}}\times100$。

例 10-3　呋喃妥因是一种优良的抗菌药物，抗菌谱较广，主要用于对其敏感的大肠埃希菌、肠球菌属、葡萄球菌属及克雷伯菌属、肠杆菌属等细菌所致的急性单纯性下尿路感染，也可用于尿路感染的预防。已知标准品呋喃妥因（$M=238.16$ g/mol）的 $E_{1\,\text{cm},标}^{1\%}=766$。取呋喃妥因样品 0.500 mg 配制成 100 mL 溶液，以 1.00 cm 厚度的吸收池在 367 nm 处测得 $A=0.370$，求该样品中呋喃妥因的百分含量。

解：根据 Lambert-Beer 定律

$$A=E_{1\,\text{cm}}^{1\%}\cdot l\cdot c$$

$$E_{1\,\text{cm},\,样}^{1\%}=\frac{A}{l\cdot c}=\frac{0.370}{1.00\times5.00\times10^{-4}}=740$$

则该样品中呋喃妥因的百分含量为

$$呋喃妥因\%=\frac{E_{1\,\text{cm},样}^{1\%}}{E_{1\,\text{cm},标}^{1\%}}\times100=\frac{740}{766}\times100=96.6\%$$

2. 标准曲线法　这是实际工作中最常用的方法。根据 Beer 定律，在一定条件下吸光度与浓度呈线性关系，可借此进行定量分析。先配制一系列不同浓度的标准溶液，以不含有被测组分的空白溶液作参比，测定标准系列溶液的吸光度，绘制吸光度-浓度曲线，称为标准曲线（也称校正曲线），或根据两者的数值求出回归方程。在相同条件下测定样品溶液的吸光度，从标准曲线上找出与之对应的被测组分的浓度，或从回归方程中求出被测组分的浓度，如图 10-12 所示。

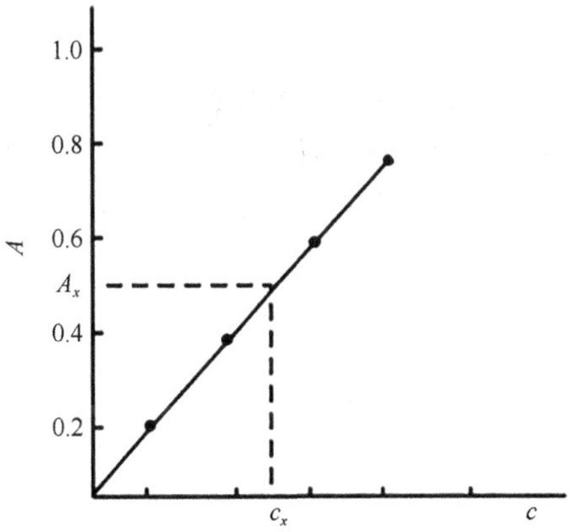

图 10-12　标准曲线

常用的空白溶液有如下三种。①溶剂空白：直接用溶剂作空白溶液。②试剂空白：不添加样品，仅用配制样品的其他试剂溶液作空白溶液。③样品空白：样品基体溶液在测定波长处有吸收，显色剂自身无色，则不加入显色剂按与显色反应相同的条件处理样品作空白溶液。

该方法在仪器分析中广泛使用，简便易行，而且对仪器的精度要求不高，但不适合组成复杂的样品分析。

3. 标准对照法 在相同条件下，配制一个与被测溶液浓度 $c_{样}$ 相近的标准溶液（其浓度用 $c_{标}$ 表示），在选定波长处分别测定吸光度 $A_{标}$ 和 $A_{样}$，因标准溶液与待测溶液是同一物质、同一台仪器、同一波长、同一厚度吸收池中测定，故 l 和 E 均相等，则样品溶液浓度 $c_{样}$ 可按下式求得

$$c_{样} = \frac{A_{样}}{A_{标}} \times c_{标} \tag{10-11}$$

此方法适用于标准曲线通过原点，$c_{样}$ 与 $c_{标}$ 接近，且在线性范围内。

（二）同时测定多组分的定量方法

两种或多组分共存时，可根据样品中各组分吸收光谱相互重叠的程度分别选择测定方法，最简单的多组分就是两组分，它们的光谱可存在以下三种情况。

1. 吸收光谱不重叠 最简单的情况是一组分的吸收峰所在波长处，另一组分没有吸收，如图 10-13（a）所示。此时可按单组分的测定方法分别在 λ_1 处测定 A 组分的浓度，在 λ_2 处测定 B 组分的浓度。

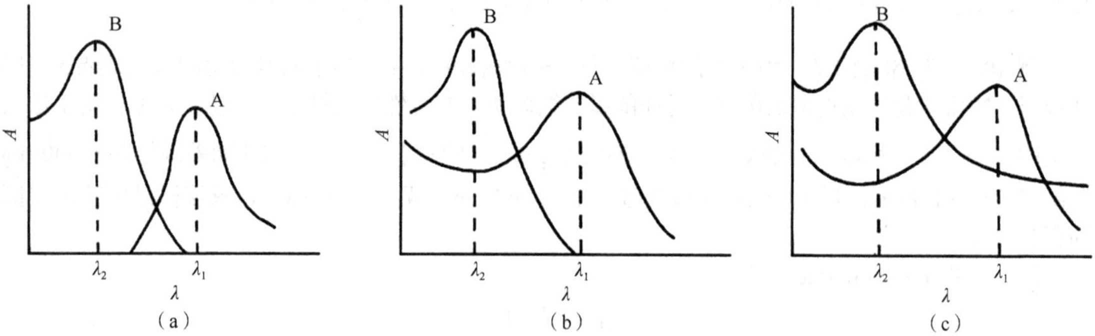

图 10-13 混合组分吸收光谱的三种互相干扰情况示意图

2. 吸收光谱部分重叠 如果 A、B 两组分的吸收光谱有部分重叠，如图 10-13（b）所示，在 A 组分的吸收峰 λ_1 处 B 组分没有吸收，而在 B 组分的吸收峰 λ_2 处 A 组分有吸收，此时可先在 λ_1 处按单组分测定法测得混合样品中 A 组分的浓度，再在 λ_2 处测得混合物的吸光度 $A_{\lambda_2}^{A+B}$，然后根据吸光度的加和性计算出 B 组分的浓度。

$$A_{\lambda_2}^{A+B} = \varepsilon_{\lambda_2}^{A} \cdot l \cdot c_A + \varepsilon_{\lambda_2}^{B} \cdot l \cdot c_B$$

$$c_B = \frac{A_{\lambda_2}^{A+B} - \varepsilon_{\lambda_2}^{A} \cdot l \cdot c_A}{\varepsilon_{\lambda_2}^{B} \cdot l} \tag{10-12}$$

3. 吸收光谱相互重叠 在混合物测定中，更多遇到的情况是各组分的吸收光谱相互都有干扰，如图 10-13（c）所示。此时，可采用的测定方法有线性方程组法、双波长法和导数光谱法等。

（1）线性方程组法：如图 10-14 所示，两组分的吸收光谱相互干扰，此时，在 λ_1、λ_2 处分别测定溶液的吸光度 $A_{\lambda_1}^{A+B}$ 及 $A_{\lambda_2}^{A+B}$，而且同时测定 A、B 纯物质的 $\varepsilon_{\lambda_1}^{A}$、$\varepsilon_{\lambda_1}^{B}$ 及 $\varepsilon_{\lambda_2}^{A}$、$\varepsilon_{\lambda_2}^{B}$。

根据吸光度的加和性可得出：

$$A_{\lambda_1}^{A+B} = A_{\lambda_1}^{A} + A_{\lambda_1}^{B} = \varepsilon_{\lambda_1}^{A} \cdot l \cdot c_A + \varepsilon_{\lambda_1}^{B} \cdot l \cdot c_B$$

$$A_{\lambda_2}^{A+B} = A_{\lambda_2}^{A} + A_{\lambda_2}^{B} = \varepsilon_{\lambda_2}^{A} \cdot l \cdot c_A + \varepsilon_{\lambda_2}^{B} \cdot l \cdot c_B$$

解方程组得

$$c_{\mathrm{A}}=\frac{A_{\lambda_1}^{\mathrm{A+B}}\varepsilon_{\lambda_2}^{\mathrm{B}}-A_{\lambda_2}^{\mathrm{A+B}}\varepsilon_{\lambda_1}^{\mathrm{B}}}{\varepsilon_{\lambda_1}^{\mathrm{A}}\varepsilon_{\lambda_2}^{\mathrm{B}}-\varepsilon_{\lambda_2}^{\mathrm{A}}\varepsilon_{\lambda_1}^{\mathrm{B}}} \tag{10-13}$$

$$c_{\mathrm{B}}=\frac{A_{\lambda_1}^{\mathrm{A+B}}\varepsilon_{\lambda_1}^{\mathrm{A}}-A_{\lambda_2}^{\mathrm{A+B}}\varepsilon_{\lambda_2}^{\mathrm{A}}}{\varepsilon_{\lambda_1}^{\mathrm{A}}\varepsilon_{\lambda_2}^{\mathrm{B}}-\varepsilon_{\lambda_2}^{\mathrm{A}}\varepsilon_{\lambda_1}^{\mathrm{B}}} \tag{10-14}$$

如有 n 个组分的吸收光谱互相干扰，可选择在 n 个波长处分别测定吸光度的加和值，然后建立 n 元一次方程求解。

（2）双波长法：该法可以在某一组分干扰下，对另一组分含量进行测定，也可以同时测定两组分的浓度。根据混合组分吸收光谱重叠程度和形状不同，双波长法又分为等吸收波长法和系数倍率法。

1）等吸收波长法：适用于干扰组分的吸收光谱中至少有一个吸收峰或吸收谷的混合物的测定方法。如图 10-15 所示，若要消除 B 组分的干扰，可从 B 的吸收光谱上选择两个吸光度相等的波长 λ_1 和 λ_2，测定混合物的吸光度差值 ΔA，然后根据 ΔA 来计算 A 组分的含量。

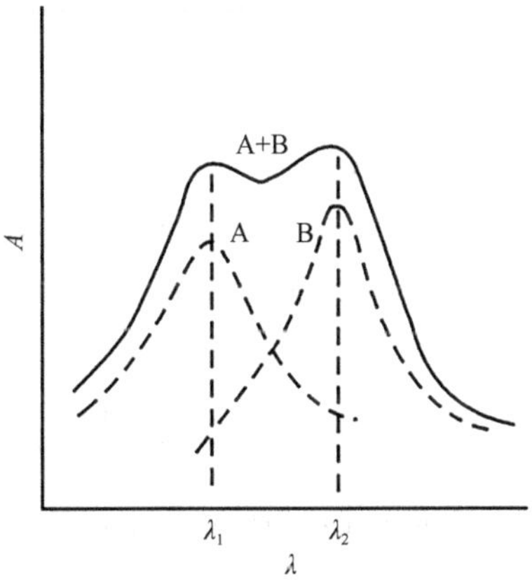

图 10-14　两组分互相干扰的吸收曲线

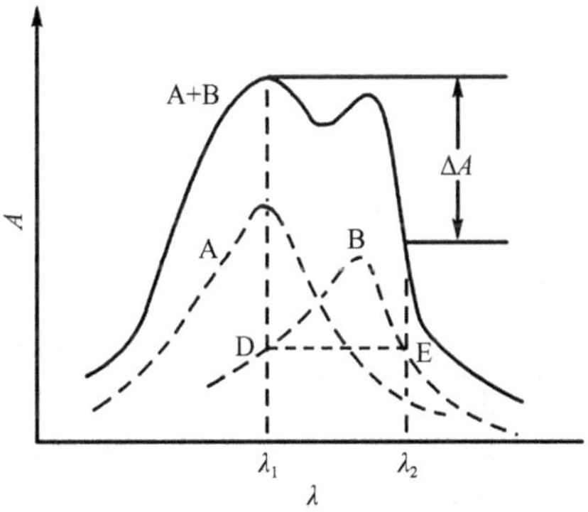

图 10-15　等吸收波长法示意图

首先选择待测组分 A 的最大吸收波长 λ_1 为测量波长，在 λ_1 处交于组分 B 吸收光谱的一点 D，再从 D 点作一条平行于波长轴的直线，交于组分 B 吸收曲线的另一点 E，此处对应的波长 λ_2 为参比波长，组分 B 在 λ_1 和 λ_2 处是等吸收点，$A_{\lambda_1}^{\mathrm{B}}=A_{\lambda_2}^{\mathrm{B}}$。

则混合样品的 $\Delta A=A_{\lambda_1}^{\mathrm{A+B}}-A_{\lambda_2}^{\mathrm{A+B}}=(A_{\lambda_1}^{\mathrm{A}}+A_{\lambda_1}^{\mathrm{B}})-(A_{\lambda_2}^{\mathrm{A}}+A_{\lambda_2}^{\mathrm{B}})=A_{\lambda_1}^{\mathrm{A}}-A_{\lambda_2}^{\mathrm{A}}$

$$c_{\mathrm{A}}=\frac{\Delta A}{(\varepsilon_{\lambda_1}^{\mathrm{A}}-\varepsilon_{\lambda_2}^{\mathrm{A}})\cdot l} \tag{10-15}$$

由此，仪器的输出讯号 ΔA 与干扰 B 无关，它只正比于待测组分 A 的浓度，即消除了组分 B 的干扰，而且组分 A 在两波长处的 ΔA 越大，越有利于测定。同样的方法，可消去组分 A 的干扰，测定组分 B 的浓度。

2）系数倍率法：适用于干扰组分的吸收光谱中找不到等吸收波长点的混合组分的测定。如图 10-16 所示，设干扰组分 B 在选定两波长 λ_1 和 λ_2 处测得的吸光度的比值为 k，即 $\dfrac{A_{\lambda_1}^{\mathrm{B}}}{A_{\lambda_2}^{\mathrm{B}}}=\dfrac{\varepsilon_{\lambda_1}^{\mathrm{B}}}{\varepsilon_{\lambda_2}^{\mathrm{B}}}=k$。如将组分 B 在 λ_2 处测得的吸光度乘以 k，则组分 B 在两波长处的 $\Delta A^{\mathrm{B}}=kA_{\lambda_2}^{\mathrm{B}}-A_{\lambda_1}^{\mathrm{B}}=0$；将混合组分在 λ_2 处测得的吸光度 $A_{\lambda_2}^{\mathrm{A+B}}$ 乘以 k 后与 λ_1 处测得的吸光度 $A_{\lambda_1}^{\mathrm{A+B}}$ 相减，即有

$$\Delta A = kA_{\lambda_2}^{A+B} - A_{\lambda_1}^{A+B} = (kA_{\lambda_2}^{A} + kA_{\lambda_2}^{B}) - (A_{\lambda_1}^{A} + A_{\lambda_1}^{B})$$

$$= kA_{\lambda_2}^{A} - A_{\lambda_1}^{A} = (k\varepsilon_{\lambda_2}^{A} - \varepsilon_{\lambda_1}^{A}) \cdot l \cdot c_A$$

$$c_A = \frac{\Delta A}{(k\varepsilon_{\lambda_2}^{A} - \varepsilon_{\lambda_1}^{A}) \cdot l} \tag{10-16}$$

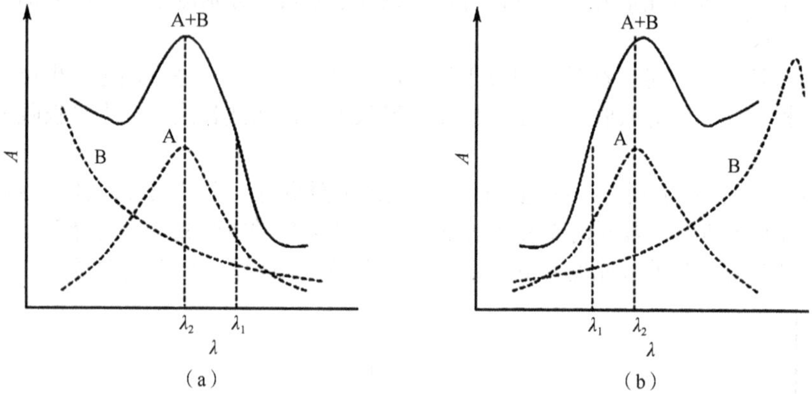

图 10-16 应用系数倍率法的吸收光谱示意图

（3）导数光谱法：该方法是解决干扰物质与被测物质的吸收光谱重叠的测定，消除胶体、悬浮物散射的影响和背景吸收，提高光谱分辨率的一种技术。根据 Lambert-Beer 定律可得到吸光度 A 与波长 λ 的多阶导数：

一阶导数：$\frac{dA}{d\lambda} = \frac{d\varepsilon}{d\lambda} \cdot l \cdot c$；二阶导数：$\frac{d^2A}{d\lambda^2} = \frac{d\varepsilon^2}{d\lambda^2} \cdot l \cdot c$；三阶导数：$\frac{d^3A}{d\lambda^3} = \frac{d\varepsilon^3}{d\lambda^3} \cdot l \cdot c$；…

可见，经 n 次求导后，其吸光度 A 的导数值仍与浓度成正比，借此可用于定量分析。导数曲线的斜率越大，灵敏度越高。

在用导数光谱进行定量分析时，需要对扫描出的导数光谱进行测量以获得导数值。常用的方法有基线法、峰谷法和峰零法，如图 10-17 所示。

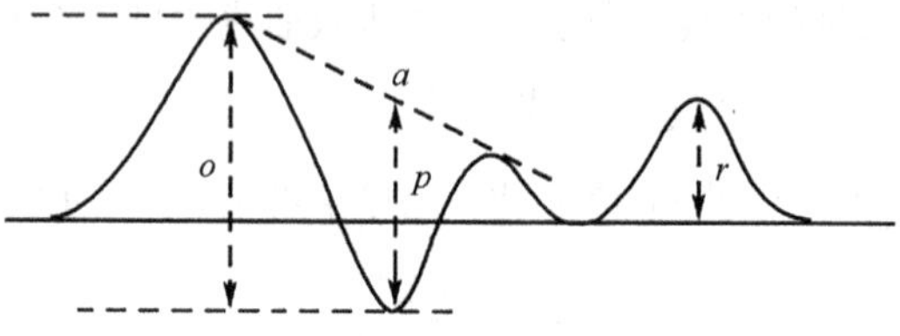

图 10-17 导数光谱的求导

p. 基线法；*o.* 峰谷法；*r.* 峰零法

1）基线法：又称切线法，在相邻两极大（峰）或极小（谷）处作公切线，再由谷或峰引一条平行于纵坐标的直线相交于 a 点，然后测量距离 p 的大小。

2）峰谷法：测量相邻峰和谷的极大和极小之间的距离 o，此方法较常用。

3）峰零法：测量吸收峰至基线的垂直距离 r，此法只适用于导数光谱曲线对称于横坐标的高阶导数光谱。

导数光谱对波长、谱带宽度、吸光度等数值的变异较灵敏的，尤其是对高阶导数光谱。所以，导数光谱上的数值与浓度之间的比值，不能像吸光系数那样求出一个能通用的常数，随时用来计算浓度。用导数光谱进行定量，需用标准对比的方法。测定前需用对照品在选定的条件下，求得测量值与浓度之间的关系（标准曲线或线性回归直线方程），而后在相同条件下测定样品。该方法对仪器的要求较高，需配置有存储和数据处理系统，价格昂贵。

五、紫外吸收与分子结构分析

有机化合物的紫外吸收光谱特征主要决定于分子中生色团和助色团及它们的共轭程度，因此紫外吸收光谱在研究有机化合物的结构中，可以推断分子的骨架、判断生色团之间的共轭关系和估计共轭体系中的取代基种类、位置、数目及构型和构象。但由于紫外-可见光谱较为简单，光谱信息少，特征性不强，而且不少简单官能团在近紫外及可见光区没有吸收或吸收很弱，因此，它可配合红外光谱法、核磁共振波谱法和质谱法等常用的结构分析法对未知物进行定性鉴定和结构分析。

（一）有机化合物的紫外吸收光谱

1. 饱和碳氢化合物　饱和碳氢化合物只有 σ 电子，因此只能产生 $\sigma\rightarrow\sigma^*$ 跃迁，所需能量很大，其吸收峰在真空紫外区，这类化合物在 200～400 nm 没有吸收，在紫外吸收光谱中常用作溶剂。

2. 饱和烃的取代衍生物　饱和烃的取代衍生物（如卤代烃的卤素原子）上存在 n 电子，可产生 $n\rightarrow\sigma^*$ 跃迁。由于 $n\rightarrow\sigma^*$ 跃迁所需能量低于 $\sigma\rightarrow\sigma^*$ 跃迁，相应的吸收波长发生红移，如 CH_3Cl、CH_3Br 和 CH_3I 的 λ_{max} 分别为 173 nm、204 nm 和 258 nm。常见含杂原子的饱和化合物的紫外吸收峰见表 10-5。

表 10-5　常见含杂原子的饱和化合物的紫外吸收峰

助色团	化合物	溶剂	λ_{max}（nm）	ε_{max}
	CH_4	气态	＜150	—
—Cl	CH_3Cl	正己烷	173	200
—Br	CH_3Br	正己烷	204	300
—I	CH_3I	正己烷	258	400
—OH	CH_3OH	正己烷	177	200
—SH	CH_3SH	乙醇	195	1400
$—NH_2$	CH_3NH_2	乙醇	215	600

3. 不饱和烃　在不饱和烃类的分子中，含有 σ 键和 π 键，可以产生 $\sigma\rightarrow\sigma^*$ 和 $\pi\rightarrow\pi^*$ 两种跃迁。$\pi\rightarrow\pi^*$ 跃迁的能量小于 $\sigma\rightarrow\sigma^*$ 跃迁，所以吸收波长发生红移。例如，乙烯分子中，$\pi\rightarrow\pi^*$ 跃迁的 λ_{max} 为 180 nm。

4. 共轭烯烃　在同一分子中，若两个双键有两个以上的次甲基隔开，则它们的吸收峰位置与只含有一个双键的吸收峰位置相同，只是吸收强度增加一倍。若分子中两个双键之间只隔一个单键则成为共轭系统，形成大 π 键，使 π 与 π^* 间能级差减小，吸收峰长移，ε_{max} 增大。随着共轭系统的延长，$\pi\rightarrow\pi^*$ 跃迁的吸收带将明显红移，吸收强度也随之增强，ε_{max} 一般大于 10^4。

5. 羰基化合物　羰基化合物分子中，含有 $\rangle C=O$ 基团的醛、酮、羧酸及羧酸等衍生物，如酯、酰胺、酰胺等均含有羰基。$\rangle C=O$ 基团主要可产生 $\pi\rightarrow\pi^*$、$n\rightarrow\sigma^*$、$n\rightarrow\pi^*$ 三个吸收带。

羧酸及羧酸的衍生物虽然也有 $n\rightarrow\pi^*$ 吸收带，但其羰基上的碳原子直接连接含未共用电子对的助色团，如—OH、—Cl、—OR 等，这些助色团上的 n 电子与羰基双键的 π 电子产生 n-π 共轭，虽然这种共轭作用并不能改变 n 轨道的能级，但 π^* 轨道的能级有所提高，因此 $n\rightarrow\pi^*$ 跃迁所需要的能量变大，使 $n\rightarrow\pi^*$ 吸收带蓝移至 210 nm 左右。一些孤立生色团的最大吸收峰及跃迁类型见表 10-6。

表 10-6 一些孤立生色团的最大吸收峰及跃迁类型

生色团	化合物	溶剂	λ_{max}（nm）	ε_{max}	跃迁类型
$>C=C<$	$C_6H_{13}CH=CH_2$	正庚烷	177	13 000	$\pi\rightarrow\pi^*$
$—C\equiv C—$	$C_5H_{11}C\equiv CCH_3$	正庚烷	178	10 000	$\pi\rightarrow\pi^*$
	CH_3CHO	气态	150	20 000	$\pi\rightarrow\pi^*$
$>C=O$			182	10 000	$n\rightarrow\sigma^*$
			289	12.5	$n\rightarrow\pi^*$
	CH_3COCH_3	气态	156	15 000	$\pi\rightarrow\pi^*$
		正己烷	194	9000	$n\rightarrow\sigma^*$
		正己烷	279	15	$n\rightarrow\pi^*$
—COOH	CH_3COOH	水	204	40	$n\rightarrow\pi^*$
—COOR	$CH_3COOC_2H_5$	水	204	60	$n\rightarrow\pi^*$
$—CONH_2$	CH_3CONH_2	甲醇	205	150	$n\rightarrow\pi^*$
$—NO_2$	CH_3NO_2	乙醇	271	18.6	$n\rightarrow\pi^*$
—COCl	CH_3COCl	正庚烷	240	34	$n\rightarrow\pi^*$
—N═N—	$CH_3N=NCH_3$	二氧六环	347	4.51	$n\rightarrow\pi^*$
$—O—NO_2$	$C_2H_5ONO_2$	二氧六环	270	12	$n\rightarrow\pi^*$

6. α,β-不饱和醛、酮、酸和酯 若双键和羰基未形成共轭化合物，其紫外光谱分别呈现C═C和C═O双键的$\pi\rightarrow\pi^*$跃迁，约在200 nm附近有两个强吸收峰，另外在约280 nm处有羰基的$n\rightarrow\pi^*$吸收峰。但在α,β-不饱和醛、酮中，由于C═C和C═O共轭，使$\pi\rightarrow\pi^*$跃迁长移至200～260 nm，ε_{max}约为10^4。而$n\rightarrow\pi^*$跃迁吸收峰长移至310～350 nm，ε_{max}小于100，溶剂对不饱和醛、酮的紫外吸收有显著的影响，一般溶剂极性增加使$\pi\rightarrow\pi^*$带红移，而使$n\rightarrow\pi^*$带蓝移。羧酸和酯都含有羰基，有$\pi\rightarrow\pi^*$和$n\rightarrow\pi^*$跃迁。但它们羰基上的碳原子直接连有含未共用电子对的助色团（—OH、—OR）。这些助色团上的n电子与羰基双键的π电子产生共轭，使成键的π轨道和反键的π^*轨道的能级提高，而成键的π轨道能量提高得更多，这样使$\pi\rightarrow\pi^*$距离变小，跃迁吸收峰长移。然而未共用电子对的n轨道的能量未变，但π^*轨道能级已提高，所以$n\rightarrow\pi^*$跃迁所需能量增大，$n\rightarrow\pi^*$跃迁的吸收峰短移。因此羧酸和酯的$\pi\rightarrow\pi^*$跃迁吸收峰比相应的醛酮的吸收峰波长更长，而$n\rightarrow\pi^*$跃迁吸收峰比相应的醛酮的吸收峰波长更短。

7. 苯及其衍生物 苯具有环状共轭体系，有E_1、E_2和B三个特征吸收带，它们都是由$\pi\rightarrow\pi^*$跃迁引起的。E_1带出现在180 nm（$\varepsilon_{max}=60\ 000$）；$E_2$带出现在204 nm（$\varepsilon_{max}=8000$）；B带出现在256 nm（$\varepsilon_{max}=200$）。在气态或非极性溶剂中，苯及其许多同系物的B谱带有较多的精细结构，这是由于振动跃迁在基态电子跃迁上的叠加而引起。在极性溶剂中，这些精细结构消失。

当苯环上有取代基时，苯的三个特征谱带都会长移，ε_{max}也增大，B带的精细结构因取代基而变得简单，各种取代基红移效应的强弱次序大致如下。

（1）供电子取代基：$—CH_3<—Cl<—Br<—OH<—OCH_3<—NH_2<—O<—NHCOCH_3<—NCH_3$

（2）吸电子取代基：$—NH_3^+<—SO_2NH_2<—COO^-\leqslant—CN^-<—COOH<—CHO<—NO_2$

（3）助色团取代：烷基取代对苯的光谱形状影响不大，仍保持B带的精细结构，每个吸收带微有长移，吸收强度略有增加，当苯环有孤对电子杂原子取代基时，由于产生n-π共轭，E_2和B带明显长移，ε_{max}值也明显增大。苯环上有助色团取代时，随着溶剂极性不同，其精细结构变简单或消失。如图 10-18 中，苯酚的吸收光谱随着溶剂极性的增加，其精细结构变简单或消失；苯酚变成酚盐时，由于孤对电子的增加，使 n-π 共轭增强，E_2 带和 B 带长移，ε_{max} 值也增大。

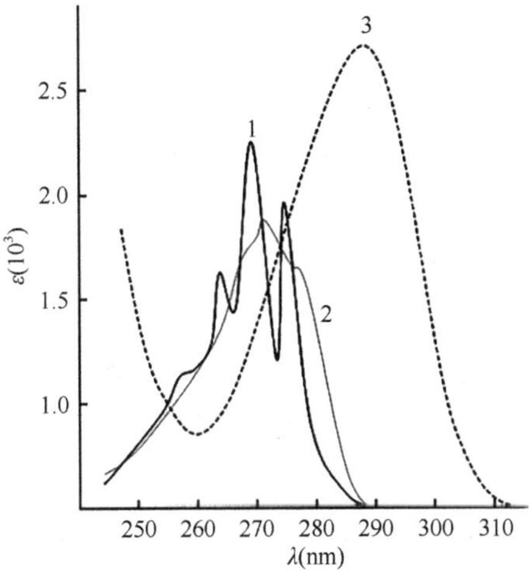

图 10-18　不同溶剂对苯酚吸收光谱的影响

1. 以环己烷为溶剂；2. 以乙醇为溶剂；3. 在 0.1 mol/L NaOH 溶液中

（4）生色团取代：生色团取代时，在 200～250 nm 处出现 K 带，ε_{max} 大于 10^4，B 带长移也增大。有的有机物如苯甲醛和乙酰苯等有 K 带、B 带及 R 带，有些化合物的 B 带可被 K 带掩盖。如果在极性溶剂中测定含羰基化合物，其 R 带有时被 B 带掩盖。

8. 稠环芳烃及杂环化合物　稠环芳烃如萘、蒽和芘等，均显示苯的三个吸收带，但与苯自身相比较，这三个吸收带均发生红移，且吸收强度增加。随着苯环数目的增多，吸收峰波长红移越多，吸收强度也相应增加。当芳环上的—CH 基团被 N 原子取代后，相应的氮杂环化合物（如吡啶、喹啉）的吸收光谱与相应的碳化合物十分相似，如吡啶与苯、喹啉与萘相似。由于引入含有 n 电子的 N 原子，这类杂环化合物还可能产生 n→π* 吸收带。

（二）有机化合物结构的研究

根据有机化合物的紫外光谱，可以大致地推断该化合物的主要生色团及其取代基的种类和位置，以及该化合物的共轭体系的数目和位置，这些就是紫外吸收光谱在定性和结构分析中最重要的应用。

对于有机化合物的分析与鉴定，通常采用的方法是与有机化合物的标准图谱对照。由于具有相同生色团及助色团的有机化合物的紫外光谱大致上是相同的，因此仅根据紫外吸收光谱只能知道该有机化合物是否存在某些基团，若要完全确定其结构，还必须与其他分析方法结合起来，才能进行结构分析。但是根据共轭效应对紫外光谱影响较大这一特点，紫外光谱可以用来进行同分异构体的判别，这是紫外光谱的一个特点。

1. 某些特征基团的判别　有机物的不少基团（生色团），如羰基、苯环、硝基和共轭体系等，都有其特征的紫外或可见吸收带，在判别这些基团时，紫外-可见光谱法是十分有用的。例如，在 210～250 nm 有吸收峰，ε 较大，说明可能存在两个共轭双键；在 260～300 nm 有吸收峰，且 ε 较大，可能存在 3～5 个共轭双键；在 250～300 nm 有吸收峰，但 ε 较小，且增加溶剂极性会蓝移，说明可能有羰基存在；在 250～300 nm 有中等强度吸收峰，伴有振动精细结构，说明有苯环存在等。

2. 共轭体系的判断　共轭体系会产生很强的 K 吸收带，通过扫描吸收光谱，可以判断化合物是否存在共轭体系或共轭的程度。如果化合物在 210 nm 以上无强吸收带，可以认为该化合物不具备共轭体系；若在 215～250 nm 区域有强吸收带，则该化合物可能有 2～3 个双键的共轭体系，如 1,3-丁二烯，λ_{max} 为 217 nm，ε_{max} 为 21 000；若在 260～350 nm 区域有很强的吸收带，则可能含有 3～5 个双键的共轭体系，如癸五烯有 5 个共轭双键，λ_{max} 为 335 nm，ε_{max} 为 118 000。

3. 顺反异构及互变异构的判断

（1）顺反异构体的判断：生色团和助色团处在同一平面上时，可产生最大的共轭效应。由于反式异构体的空间位阻效应小，分子的平面性能较好，共轭效应强。因此反式异构体的 λ_{max} 及 ε_{max} 都比顺式异构体大。例如，肉桂酸的顺反式异构体的吸收参数如下。

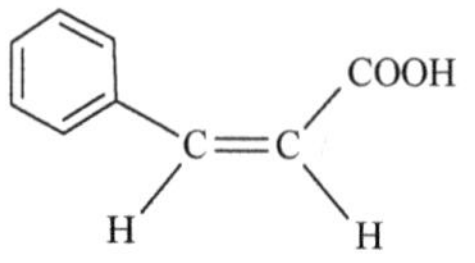

λ_{max} = 280 nm, ε_{max} = 13 500

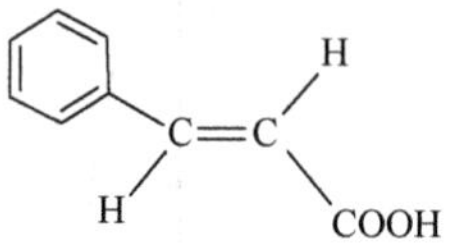

λ_{max} = 295 nm, ε_{max} = 27 000

（2）互变异构体的判断：以乙酰乙酸乙酯的酮式和烯醇式两种互变异构体为例：

酮式异构体在近紫外光区的 λ_{max} 为 272 nm，ε_{max} 为 16，属于 $n\rightarrow\pi^*$ 跃迁产生的 R 吸收带。烯醇式异构体的 λ_{max} 为 240 nm，ε_{max} 为 16 000，属于共轭体系 $\pi\rightarrow\pi^*$ 跃迁产生的 K 吸收带。

两种异构体的互变平衡与溶剂有密切关系，在极性溶剂中，由于 >C=O 可能与 H_2O 形成氢键而降低能量以达到稳定状态，所以酮式异构体占优势。

而在非极性溶剂中，由于形成分子内氢键，且形成共轭体系，使能量降低达到稳定状态，所以烯醇式异构体比率上升。

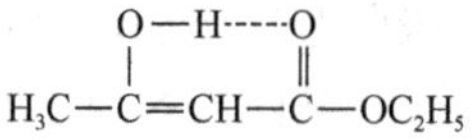

此外，紫外-可见光谱法还可以用来判断某些化合物的构象及旋光异构体等。

4. 有机化合物骨架的推定 未知化合物与已知化合物的紫外吸收光谱一致时，可以认为两者有同样的生色团，根据这个原理可以推断一些未知化合物的骨架。

例如，维生素 K_1(Ⅰ) 有如下吸收带：λ_{max} 249 nm（$\lg\varepsilon$= 4.28）；λ_{max} 260 nm（$\lg\varepsilon$= 4.26）；λ_{max} 325 nm（$\lg\varepsilon$= 3.28）。与 1，4-萘醌的吸收带相似：λ_{max} 250 nm（$\lg\varepsilon$= 4.6）；λ_{max} 330 nm（$\lg\varepsilon$= 3.8），将维生素 K_1 与几种 1，4-萘醌的烷基化合物（Ⅱ）的吸收光谱相比较，它们的吸收带很接近，这样就初步推定了维生素 K_1 的骨架。

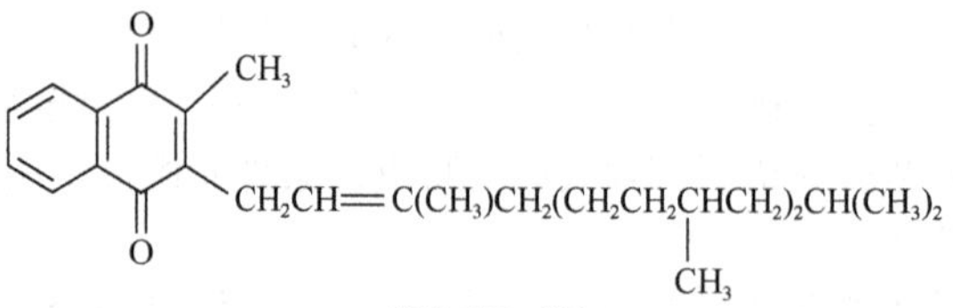

维生素K_1（Ⅰ）

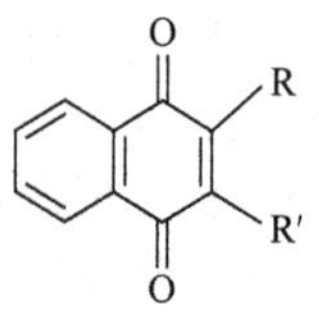

2,3-二烷基-1,4-萘醌（Ⅱ）

六、可见分光光度法

对于能吸收可见光的有色物质溶液的测定方法称为可见分光光度法，也称比色法。由于有许多无色或浅色物质可通过显色反应生成有色物质，使之能够在可见光范围内测定，不仅扩大了测定方法的应用范围，而且提高了测定的灵敏度和选择性。

有色物质溶液可直接采用前述的定量分析方法进行测定，对于无色或浅色物质溶液，则可通过配位反应、氧化还原反应、缩合反应等生成有色物质后进行可见分光光度法测定。其中应用最广的是配位反应。

（一）显色反应及其条件

1. 对显色反应的要求　①被测物质与所生成的有色物质之间，必须有确定的化学计量关系，方能使反应产物的吸光度准确地反映被测物质的含量。②反应产物必须有足够的稳定性，以保证测得的吸光度有一定的重现性。③如试剂本身有色，则反应产物的颜色与试剂颜色须有明显的差别，即产物与试剂对光的最大吸收波长应有较大差异，才能分辨产物的吸收和试剂的吸收。④反应产物的摩尔吸光系数 ε_{max} 足够大（10^3～10^5），才能有足够的灵敏度。⑤显色反应须有较好的选择性，才能避免干扰因素。对于萃取比色法，应有足够大的分配比，以保证萃取完全。

2. 显色反应条件的选择　显色反应能否达到上述要求，与反应条件有很大的关系。对显色反应影响较大的因素主要有显色试剂与溶剂、酸碱度、反应时间和温度等。一般需要加入适当过量的显色剂以保证有色产物的组成稳定，有时要严格控制好显色剂的用量；需要通过实验确定溶液酸度的适宜范围、温度及显色时间，另外还要确定显色产物吸光度稳定的时间范围；如有干扰组分与显色剂发生显色干扰，应将干扰物掩蔽或分离来消除干扰。

3. 显色反应条件的控制　对于已经制订的比色方法，不应随意更改条件。需要改变条件或新建方法时，要考察某一条件对显色的影响，可通过实验绘制吸光度-条件曲线，或不同条件下的吸光度-浓度曲线，从中选定适宜的条件。例如，考察显色时间，可在显色后每隔一定时间测一次吸光度，测量多次，从所得的吸光度-时间曲线上找到显色稳定的时间范围，从而确定最适宜的显色时间。又如，考察试剂用量与灵敏度和准确度的关系时，需要固定其他条件，改变试剂用量即可。其他条件如酸碱度、温度等，均可如此进行研究。

（二）测定方法

有色溶液的测定可用后续各种类型的紫外-可见分光光度计和相应的测定方法。一般情况下，通过实验条件的探索和改进，大都可以得到一种比较满意的操作方法，使吸光度与浓度在一定的浓度范围内有较好的直线关系。

第三节　紫外-可见分光光度计

一、分光光度计的主要部件

紫外-可见分光光度计是将 200～760 nm 波长的光源经单色器分光后，任意选择某波长的单色光测定物质吸光度的仪器，其基本结构由五个部分组成，即光源、单色器、吸收池、检测器和信号显示系统。光路可用方框图示意，如图 10-19 所示：

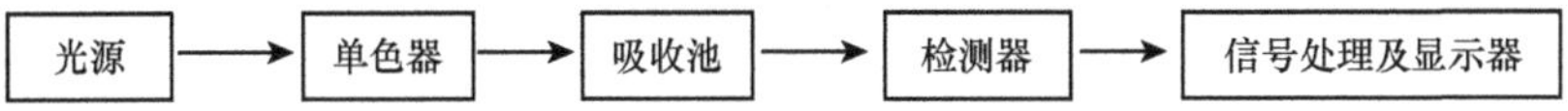

图 10-19　紫外-可见分光光度计的光路示意图

1. 光源（light source）　光源应在光谱区内发射连续辐射，有足够的强度和良好的稳定性，选择波长时辐射能量变化不大。

可见分光光度计的光源一般采用钨灯或卤钨灯（热辐射光源）。钨灯或碘钨灯可使用的波长范围为 340～2500 nm，波长覆盖较宽，最适宜的波长范围为 360～1000 nm。这类光源的辐射能量与施加的外加电压有关，因此必须严格控制灯丝电压，仪器必须配有稳压装置。

紫外区通常采用的光源为氢灯或氘灯。氢灯或氘灯可在 160～375 nm 内产生连续光谱。氘灯的灯管内充有氢的同位素氘，其光谱分布与氢灯类似，但光强度比同等功率的氢灯要大 3～5 倍，因此氘灯是紫外区应用最广泛的一种光源。

2. 单色器（monochromator）　单色器的作用是将光源发射的复合光按波长顺序分散，从中可获得所需波长的单色光。

单色器一般由入射和出射狭缝、准光器（透镜或凹面反射镜使入射光成平行光）、色散元件和聚焦装置等组成，其核心是色散元件，起分光的作用，有棱镜和光栅两种，早期的仪器多用棱镜，目前多用光栅，近年采用的全息光栅具有分辨本领高、易于制备和质量好等优点。单色器的性能直接影响入射光的单色性，从而也影响到测定的灵敏度、选择性及校准曲线的线性关系等。

3. 吸收池（absorption cell） 吸收池又称比色皿，是用于盛放分析样品溶液的容器。因需要保持入射光的通透性，故需用玻璃或石英材料制成。用光学玻璃制成的吸收池，只能用于可见光区。用石英（二氧化硅）制成的吸收池，适用于紫外光区，也可用于可见区。用于快速定量分析时，通常使用数只规格品质相同的吸收池，但精确分析（尤其是紫外区）时最好使用同一只吸收池。入射光束方向必须垂直于吸收池的光学面，且光学面不能损蚀和污染。一般有液层厚度为0.5 cm、1 cm、2 cm 等吸收池供选用，常使用厚度为 1 cm。

4. 检测器（detector） 检测器的功能是将入射光透过被测溶液以后所剩的光强度转换成电信号。常用的检测器有光电池、光电管、光电倍增管和光二极管阵列检测器等。

硒光电池对 300～800 nm 波长范围的光适用，其中 500～600 nm 最灵敏，其特点是能产生可直接推动微安表或检流计的光电流，但容易出现疲劳效应而只能用于低挡的分光光度计。

光电管在紫外-可见分光光度计上应用较为广泛，光电管是用一个阳极和一个对光敏感的材料制成的阴极所组成的真空二极管，当光照射到阴极时，表面金属发射电子，流向电势较高的阳极而产生电流。光越强，阴极表面发射的电子越多，产生的光电流也越大。光电倍增管比光电管更灵敏，而且本身有放大作用，现在的分光光度计多采用光电倍增管作检测器。

光二极管阵列是在晶体硅上紧密排列一系列光二极管，每一个二极管相当于一个单色仪的出口狭缝。两个二极管中心距离的波长单位称为采样间隔，因此二极管的数目越多，分辨率越高。

5. 信号处理及显示器（display device） 光电管输出的信号很弱，须经过放大才能将测量结果显示出来，信号处理过程往往还包含一些数学运算，如对数函数、浓度运算及微积分处理等。显示器的功能可通过电表指示、数字显示、荧光屏显示、结果打印及曲线扫描等实现。现代高级分光光度计配有电脑操作系统，对分光光度计进行操作控制的同时进行数据处理。

二、紫外-可见分光光度计的类型

紫外-可见分光光度计的型号很多，但根据其光路系统可分类如下。

1. 单光束分光光度计 单光束分光光度计是将单色器分光后的一束平行光，轮流通过参比溶液和样品溶液，以进行吸光度的测定。仪器的结构比较简单，对光源发光强度的稳定性要求较高。其光路原理如图 10-20 所示。

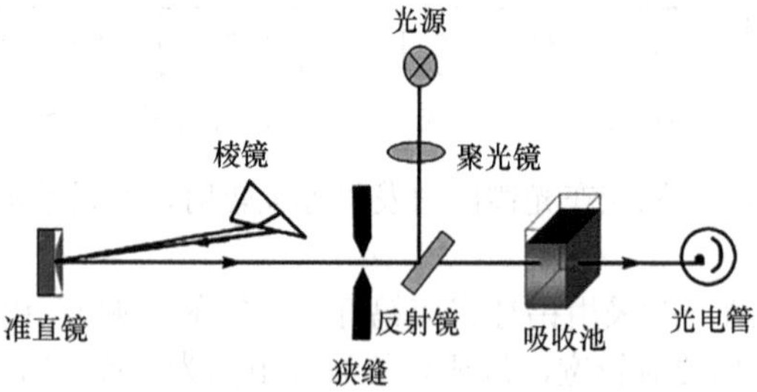

图 10-20　单光束分光光度计的光学系统示意图

2. 双光束分光光度计 双光束分光光度计中，单色器分光后经反射镜分解为强度相等的两束光，一束通过参比吸收池，另一束通过样品吸收池。光度计能自动比较两束光的强度，此比值即为样品的透光率，经对数变换将它转换为吸光度。双光束分光光度计一般都能自动记录吸收光谱曲线。由于两束光同时分别通过参比池和样品池，还能自动消除光源强度变化所引起的误差。其光路原理如图 10-21 所示。

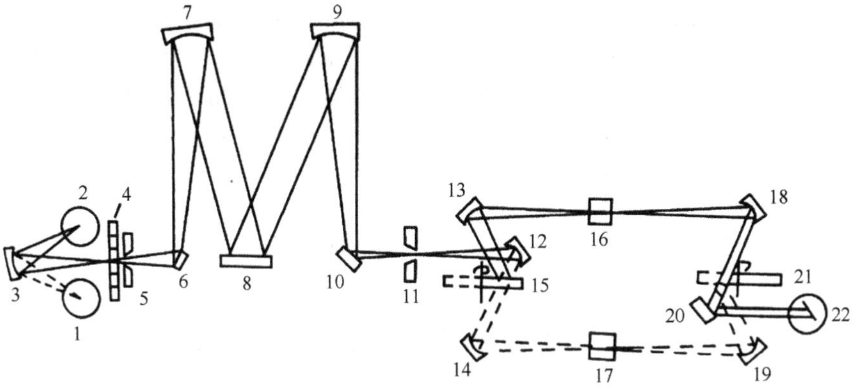

图 10-21　双光束分光光度计光路示意图

1. 钨灯；2. 氘灯；3，12，13，14，18，19. 凹面镜；4. 滤色片；5. 入射狭缝；6，10，20. 平面镜；7，9. 准直镜；8. 光栅；11. 出射狭缝；15，21. 扇面镜；16. 参比池；17. 样品池；22. 光电倍增管

3. 双波长分光光度计　由同一光源发出的光被分成两束，分别经过两个单色器，得到两束不同波长（λ_1 和 λ_2）的单色光；利用切光器使两束光以一定的频率交替照射同一吸收池，然后经过电子控制系统，最后显示出两个波长处吸光度的差值 ΔA（$\Delta A = A_{\lambda_1} - A_{\lambda_2}$）。对于多组分混合物、浑浊样品（如生物组织液）分析，以及存在背景干扰或共存组分吸收干扰的情况下，利用双波长分光光度法，往往能提高方法的灵敏度和选择性。

4. 光多道二极管阵列检测的分光光度计　是一种具有全新光路系统的仪器，其光路原理如图 10-22 所示。由光源发出的光经消色差聚光镜聚焦后通过吸收池，再聚焦于多色仪的入射狭缝上。透过光经全息光栅表面色散并投射到二极管阵列检测器上。二极管阵列检测器的电子系统在 0.1 s 的极短时间内获得 190～820 nm 的全光光谱。

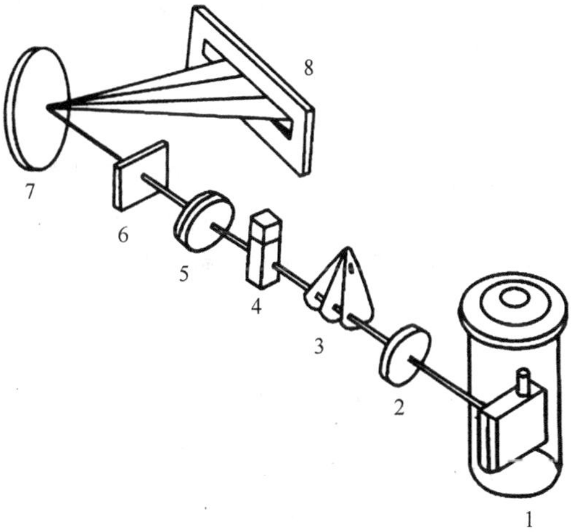

图 10-22　二极管阵列分光光度计光路图

1. 光源（钨灯或氘灯）；2，5. 消色差聚光镜；3. 光闸；4. 吸收池；6. 入射狭缝；7. 全息光栅；8. 二极管阵列检测器

5. 光纤探头式分光光度计　光纤探头的特点是直接插入样品溶液检测，无需吸收池，不受外界光线的影响，安装简易，操作灵活，常用于生产过程中质量监控和环境监测。

第四节　偏离比尔定律的因素及减少测量误差的方法

一、溶液偏离比尔定律的因素

溶液偏离 Beer 定律时，*A*-*c* 曲线的线性较差，常出现弯曲。导致偏离主要有化学和光学两方面的因素。

1. 化学因素　溶液中吸光物质不稳定，因浓度改变而发生离解、缔合、溶剂化等现象致使溶液的吸光度改变，因此测定时，应使溶液在测定时间内保持一定的稳定性。例如，进行光度分析时，采用的显色反应须注意条件的选择，包括显色剂的用量、显色时间、溶液的酸度及温度的控制等。

2. 光学因素　Beer 定律仅适用于单色光，而实际上经分光光度计的单色器得到的是一个狭小波长范围的复合光，由于物质对各波长的光的吸收能力不同，便可引起溶液对 Beer 定律的偏离，吸光系数差值越大，偏离越多。在实际工作中，应尽量选择吸收光谱中物质的 λ_{max} 处的单色光作为入射光，这是由于单色光由一定宽度的狭缝控制，实际上入射光的谱带波长范围一般为 2～4 nm（用于药物检验的紫外-可见分光光度计要求小于 2 nm），因此，在 λ_{max} 处溶液的吸光系数最大且变化小，测量误差较小，而在光谱弯曲处溶液的吸光系数变化大，引起的测量误差较大，如图 10-23 所示。

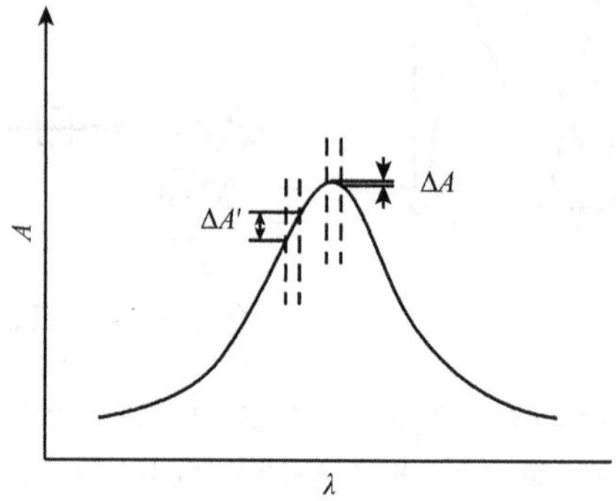

图 10-23　不同波长处的入射光谱带宽与吸光度误差关系示意图

此外，仪器的杂散光、溶液对入射光的散射、反射和吸收池对光路的垂直程度等都会对测定结果产生一定的影响。

二、仪器测定引起的误差

仪器测定误差是由光电管的灵敏性差、光电流测量不准、光源不稳定及读数不准等因素引起的。它使测得的透光率 T 与真实值相差 ΔT，从而引起浓度误差 Δc。由 Beer 定律推导得出浓度的相对误差与溶液透光率的关系式为

$$\mathrm{RE}=\frac{\Delta c}{c}=\frac{0.434\Delta T}{T\lg T} \tag{10-17}$$

分光光度计的透光率测量误差 ΔT 一般为±0.01～±0.02。若 $\Delta T=0.01$，则将不同的 T 值代入式（10-17），可得到相应的浓度相对误差 $\frac{\Delta c}{c}$。以 $T\times100$ 为横坐标，$\frac{\Delta c}{c}$ 为纵坐标作图，得如图 10-24 所示的曲线。

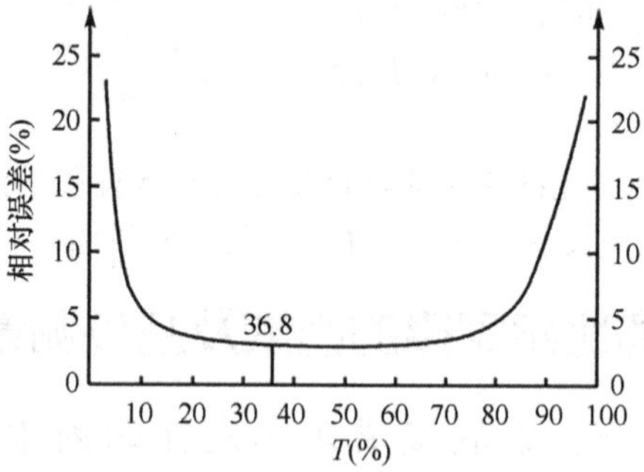

图 10-24　测量误差和透光率的关系

由图 10-24 可见，溶液透光率很大或很小时，所产生的浓度相对误差都较大，只有在中间一段透光率 T 为 20%～70% 时，所产生的浓度相对误差较小，溶液透光率 T 为 36.8%（$A=0.434$）时所产生的浓度相对误差最小。在实际工作中，常通过调节溶液浓度或液层厚度，使溶液透光率 T 控制在 20%～70% 内，即吸光度在 0.2～0.7 内，以获取较准确的测定结果。

三、分光光度计的校正

分光光度计在应用时产生的系统误差往往来源于机械部分的变动。由于温度变化对机械部分

的影响，除应定期对所用的仪器进行全面校正检定外，还应对波长、吸光度和吸收池进行检验与校正。

1. 波长的校正 常用汞灯中的较强谱线237.83 nm、253.65 nm、275.28 nm、296.73 nm、313.16 nm、334.15 nm、365.02 nm、404.66 nm、435.83 nm、546.07 nm 与 576.96 nm，或用仪器中钴灯的486.02 nm 与 656.10 nm 谱线进行校正，钬玻璃在 279.4 nm、287.5 nm、333.7 nm、360.9 nm、418.5 nm、460.0 nm、484.5 nm、536.2 nm 与 637.5 nm 波长处有尖锐吸收峰，也可作波长校正用，但因来源不同会有微小的差别，使用时应注意。

2. 吸光度的校正 吸光度的准确度可用重铬酸钾的硫酸溶液检定。精密称定在 120℃干燥至恒重的基准物重铬酸钾 60 mg，用 0.005 mol/L 硫酸溶液溶解并稀释至 1000 mL，按表 10-7 规定的波长处测定并计算其吸收系数，与表中规定的吸收系数比较，相对偏差可在±1% 以内。

表 10-7 仪器吸光度的校正吸收系数

项目	波长（nm）			
	235（λ_{min}）	257（λ_{max}）	313（λ_{min}）	350（λ_{max}）
吸收系数$E_{1cm}^{1\%}$	124.5	144.0	48.62	106.6

3. 杂散光的检查 杂散光是分光光度法的主要误差来源，按表 10-8 的试剂盒浓度，配制成水溶液，置 1.00 cm 石英吸收池中，在下表规定的波长处测定透光率，测得的透光率应符合表中规定。

表 10-8 仪器的透光率检查

试剂	浓度（g/mL）	测定波长（nm）	透光率（%）
碘化钠	1.00	220	＜0.8
亚硝酸钠	5.00	380	＜0.8

紫外-可见分光光度计必须经常检查仪器的主要技术指标，以保证仪器工作在最佳状态。

知识窗

牛顿出生于1643年，是享誉世界的物理学家、数学家、天文学家和自然哲学家，被誉为“近代物理学之父”。1666年初，牛顿让一束太阳光通过三棱镜，结果阳光被分解成了红、橙、黄、绿、青、蓝、紫七种不同颜色的光；他再通过凸透镜将七色光又合成了白光。由此证明普通的白光是由七色光组成的。他还进一步测量了不同颜色光的折射率，精确地说明了色散现象，由此揭开了物质的颜色之谜，从此我们就可以解释为什么天空是蓝色的，因为光线通过具有小微粒的透明悬浮液时，光波较短的蓝色光线比红色光线具有更强的散射现象。而在日落时，太阳光线在大气中长距离传播而损失掉了大部分的蓝色散射光线而呈现剩余的红或黄色，这就是落日往往是红色的原因。1672年，牛顿的第一篇论文就是将其对光的研究成果公开发表在《皇家学会哲学杂志》上。

由于物质结构不同，存在的电子类型不同，其电子跃迁需要的能量就不同，对光的吸收波长范围也就不同，从而使物质产生不同的颜色。当物质对光全部吸收就呈现黑色，而让光全部透过则呈无色，而一部分被吸收，一部分被透过则使物质呈现其特征的颜色。

牛顿对光的研究实践启示科研的着眼点往往源于普通而简单的现象，透过现象去寻找光的本质，既可以是自成一体纯粹单一的白光，也可以是丰富多彩的七色光，正所谓实践出真知，伟大的发现往往来自于细微处的质疑和实践推敲。对自然界、人类社会和科学知识时常保有一份好奇心和求知欲，做真理的崇尚者、信奉者、传播者甚至是发现者。

思考题与习题

1. 常见的电子跃迁有哪些类型？

2. 简述 Lambert-Beer 定律及其数学表达式，各物理量的意义。

3. 偏离 Beer 定律的原因有哪些？

4. 简述摩尔吸光系数、百分吸光系数的概念。二者如何相互换算？

5. 试述紫外-可见分光光度计的主要部件及其基本性能。常见的紫外-可见分光光度计类型有哪些？

6. 在分光光度法中，入射光波长的选择原则是什么？

7. 某化合物的摩尔吸光系数为 13 000 L/(mol · cm)，该化合物的水溶液在 1.00 cm 吸收池中的吸光度为 0.525，试计算该溶液的浓度。

8. 某试液用 2.00 cm 的吸收池测量时，透光率 T 为 60%，若用 1.00 cm、3.00 cm 和 4.00 cm 吸收池测定时，透光率各是多少？

9. 某物质是从中药中提取分离纯化制得的有效成分，浓度为 11.6 μg/mL，用 1.00 cm 的吸收池，在最大吸收波长 238 nm 处测得其吸光度为 0.436，试计算其 $E_{1\,\mathrm{cm}}^{1\%}$。

10. 以邻二氮菲分光光度法测定 Fe（Ⅱ），称取样品 0.5000 g，处理成溶液后，加入显色剂和辅助剂，最后稀释至 50 mL。用 1.00 cm 厚度的吸收池，在 510 nm 波长下测得吸光度 $A = 0.430$，计算样品中铁的百分含量。当溶液稀释 1 倍后，其百分透光率是多少？［已知 510 nm 波长处的 $\varepsilon = 1.10 \times 10^4$ L/(mol · cm)]

11. 用丁二酮肟分光光度法测定镍，当镍的丁二酮肟络合物的浓度为 1.70×10^{-5} mol/L 时，用 2.00 cm 吸收池在 470 nm 波长下测得透光率为 30.0%。计算该络合物在此波长下的摩尔吸光系数。

12. 已知维生素 C 的 $E_{1\,\mathrm{cm}}^{1\%}$（245 nm）= 560[100 mL/(g · cm)]，称取维生素 C 的样品 0.0500 g 溶于 100 mL 的 5.00×10^{-3} mol/L 乙酸溶液中，再准确量取此溶液 2.00 mL 稀释至 100 mL，取此溶液于 1.00 cm 吸收池中，在 245 nm 处测得 A 为 0.551，求样品中维生素 C 的百分含量。

13. 用 1.00 cm 的吸收池，测得 1.00×10^{-3} mol/L 的 $K_2Cr_2O_7$ 溶液和 1.00×10^{-4} mol/L 的 $KMnO_4$ 溶液在 450 nm 波长处的吸光度分别为 0.200 及 0.150，而在 530 nm 波长处的吸光度分别为 0.050 及 0.420。现测得两者混合溶液在 450 nm 和 530 nm 波长处的吸光度为 0.380 和 0.710。试计算混合溶液中 $K_2Cr_2O_7$ 和 $KMnO_4$ 的浓度。

（陈志琼）

第十一章 荧光分析法

学习目标

1. 掌握 荧光分析法的基本原理，包括分子荧光的发生过程，激发光谱和发射光谱，分子结构与荧光的关系，影响荧光强度的外部因素等。

2. 熟悉 荧光定量分析方法。

3. 了解 荧光分光光度计，荧光分析新技术与应用。

案例 11-1

荧光材料在我们的生活中随处可见，如人民币纸币的荧光防伪标记、学习工具的荧光笔、黑暗中能够发光的荧光棒、高速公路上的荧光地线、荧光指示牌和大自然中水母的荧光现象。2008 年，美国伍兹霍尔海洋生物学实验室高级研究员下村修（出生于日本）、美国哥伦比亚大学马丁·沙尔菲教授和美国加利福尼亚大学圣地亚哥分校美籍华人钱永健教授因研究水母荧光发光原理，获得了当年的诺贝尔化学奖。2014 年诺贝尔化学奖联合授予埃里克·白兹格（Eric Betzig）、斯蒂芬·黑尔（Stefan Hell）和威廉·莫尔纳（Willam Moerner）以表彰他们在超分辨率荧光显微技术领域取得的卓越成就。他们的发明可以使我们利用荧光分子观察细胞中更精细的结构和细节，巧妙地克服了光学显微镜分辨率低的限制。

问题：

（1）什么是荧光？

（2）哪些物质能够产生荧光？

（3）生活中还有哪些发光现象？它们是否都属于荧光？

荧光（fluorescence）是光致发光（物质吸收某种波长的光后，发射出比原吸收光波长更长的光）的一种。在分子或者原子吸收光被激发后，从激发态的最低振动能级返回基态时以光的形式辐射能量称为荧光。荧光分为原子荧光和分子荧光。本章主要介绍分子荧光。利用物质分子发射的荧光波长及其强度而进行鉴定和含量测定的方法，称为荧光分析法（fluorometry）。荧光分析法的主要优点是测定灵敏度高和选择性好。一般紫外-可见光谱法的检出限约为 10^{-7} g/mL，而荧光分析法的检出限可达到 10^{-10} g/mL，甚至可达 10^{-12} g/mL。虽然能发射荧光的物质数量不多，但许多重要的生化物质、药物及致癌物质（如稠环芳烃）都有荧光现象，而且目前已有多种新技术，如使用荧光衍生化试剂，能使本身不产生荧光的物质发射荧光，扩大了荧光分析法的应用范围。荧光分析法已经在药物含量测定、DNA 检测及酶活性测定等方面得到了广泛的应用，在医药和临床分析中有特殊的重要性。

案例 11-1 分析

（1）在分子或者原子吸收光被激发后，再以光的形式辐射能量的过程中，如果发光最初的状态与发光结束时的状态的电子多重度相同，则称为荧光。

（2）水母发光是生物体利用化学反应产生光能的现象。水母体内有一种被称为荧光蛋白的物质，它能与另一种被称为萤光素酶的酶结合，当水母受到刺激时，萤光素酶会催化荧光蛋白与氧气反应，释放出能量和光子，从而使水母发出不同颜色的光。

（3）钙离子可以激活水母蛋白发光，水母蛋白的发现与改造为体内钙离子浓度的测定带来重大的技术突破。另外，利用绿色荧光蛋白对一些观察困难的细胞、亚细胞器或蛋白进行活体成像分析。

第一节　荧光分析法的基本原理

根据机制不同，荧光分析法分为原子荧光光谱法（atomic fluorescence spectrometry，AFS）、X 射线荧光光谱法（X-ray fluorescence spectrometry）和分子荧光分析法（molecular fluorometry）等。通过测量元素原子蒸气在辐射能激发下所发射的原子荧光强度进行元素定量分析的仪器分析方法称为原子荧光光谱分析法。基于 X 射线荧光光谱的波长和强度测定化学成分及其含量的分析方法称为 X 射线荧光光谱分析法。直接或间接利用分子的荧光强度、荧光光谱等特性进行物质定性、定量分析的方法称为分子荧光分析法。本章仅介绍在生命科学中应用较多的分子荧光分析法。

一、分子荧光

（一）电子能级与分子的激发态

大多数有机物分子含有偶数个电子。在基态时，电子成对地填充在能量最低的各个原子或分子轨道中。根据泡利（Pauli）不相容原理，在基态时，这些电子成对地存在于各个原子或分子轨道中，一个给定轨道中的两个电子，成对自旋，方向相反，即自旋量子数 S 分别为 $\frac{1}{2}$ 和 $-\frac{1}{2}$。其总自旋量子数 S=0。分子中电子有多重性，用 $2S$+1 表示（S 为电子的总自旋量子数，其值为 0 或 1）。如果一个分子中所有的电子自旋均成对，则基态的多重性为 $2S$+1=1，整个分子没有净电子自旋，可忽略自旋能级的作用，如图 11-1（a）中基态的电子分布。

当分子受到光辐射、吸收能量后发生电子能级的跃迁，若在跃迁过程中不发生自旋方向的改变，两个电子的自旋方向仍相反，总自旋量子数 S 仍等于 0，多重性为 $2S$+1=1，则分子处于激发单重态，如图 11-1（b）所示；如果电子在跃迁的过程中还伴随着自旋方向的改变，则分子具有两个自旋不配对的电子，即两个电子自旋方向平行，两个电子的自旋量子数都为 $\frac{1}{2}$，总自旋量子数 S=1，此时分子的多重性为 $2S$+1=3，处于激发三重态，如图 11-1（c）所示。

激发单重态与相应的三重态的区别在于电子自旋方向不同及三重态的能级稍低一些（图 11-1）。单重态至三重态跃迁所需的能量较单重态至单重态的跃迁能小。而且因为这种跃迁是禁阻的，所以单重态至三重态跃迁的摩尔吸光系数常很小。

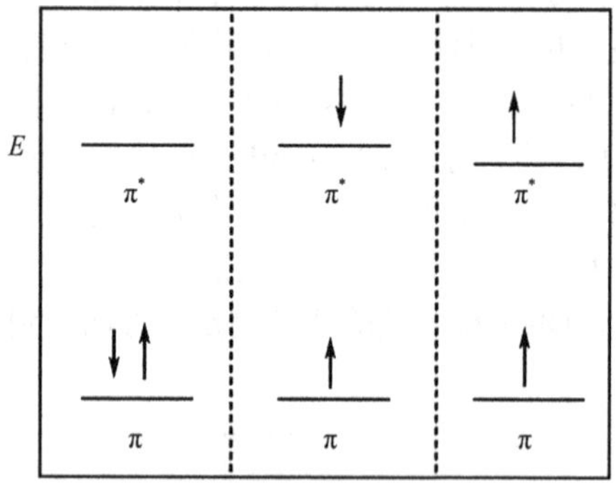

图 11-1　基态和激发态的电子分布

（a）基态；（b）激发单重态；（c）激发三重态

（二）荧光的产生

吸收光能后处于激发态的分子不稳定，可能通过辐射跃迁或非辐射跃迁等分子内的去活化过程释放多余的能量而返回基态。辐射跃迁主要涉及荧光、延迟荧光或磷光；无辐射跃迁是指以热的形式释放其多余的能量，包括振动弛豫、内转换、系间跨越及能量外转换等，如图 11-2。各种跃迁方式发生的可能性及程度与荧光物质本身的结构及激发时的物理和化学环境有关。这些途径如下所述：

1. 振动弛豫（vibrational relaxation） 激发态分子在很短的时间内（10^{-13}～10^{-11} s）由于与溶剂分子的相互碰撞而将部分能量传递给溶剂分子，以热的形式损失掉部分振动能量，其电子返回同一电子激发态的最低振动能级的过程称为振动弛豫。如图 11-2（b）所示，振动弛豫只能发生在同一电子能级内。由于能量不能以光的辐射形式放出而以热的形式损失掉，因此振动弛豫属于无辐射跃迁。图中 S_0、S_1^* 和 S_2^* 分别表示分子的基态、第一和第二电子激发的单重态，T_1^* 表示第一电子激发的三重态。

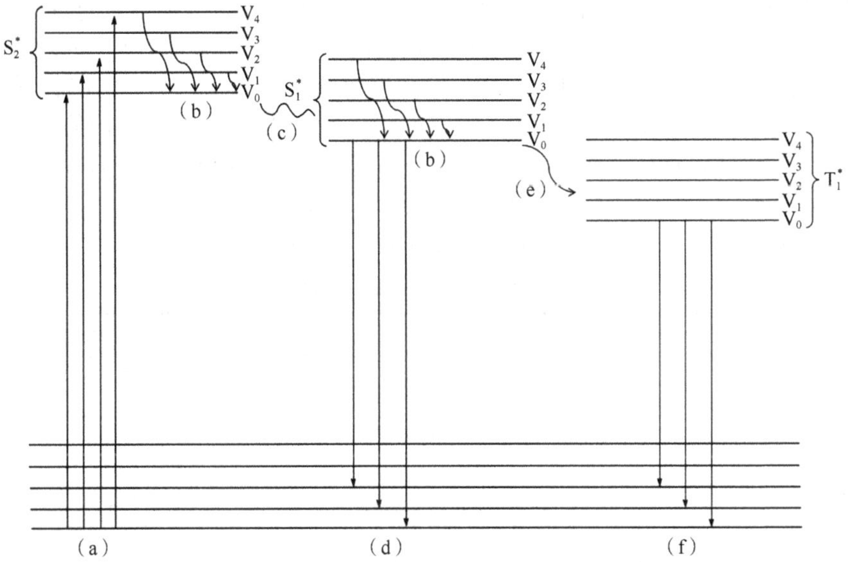

图 11-2 荧光和磷光产生的示意图

(a) 吸收；(b) 振动弛豫；(c) 内转换；(d) 荧光；(e) 系间跨越；(f) 磷光

2. 内转换（internal conversion） 分子体系中能量相差较小以致振动能级有重叠时，受激分子在高低电子能级之间的无辐射跃迁称为内转换过程，见图 11-2（c）。

内转换的速度很大程度上取决于此过程所包含的能级之间的相对能量差。单重激发态与基态之间的能量差较大，内转换过程的效率很低，而在两个单重激发态之间发生内转换的可能性要大得多。内转换是当两个电子激发态之间的能量相差较小，以致其振动能级间有重叠时，受激分子常由高电子能级以无辐射方式转移至低电子能级的过程，见图 11-2（c），图中 S_1^* 的较高振动能级与 S_2^* 的较低振动能级的势能非常接近，内转换过程 $S_1^* \rightarrow S_2^*$ 很容易发生。

3. 荧光发射（fluorescence emission） 当激发态分子经内转换或振动弛豫到达第一电子激发单重态的最低振动能级后，以辐射的形式发射光量子回到基态，这一过程称为荧光发射，发射的光量子即为荧光，如图 11-2（d）。由于内转换或振动弛豫损失掉部分能量，因此发射光量子的总能量小于激发能量，即荧光波长总比吸收波长更长。发射荧光的过程一般为 10^{-9}～10^{-7} s，这个时间与单重态的平均寿命一致，也代表荧光的寿命。由于电子回到基态时可以停留在任一振动能级上，因此得到的荧光光谱有时出现几个靠近的峰，通过进一步的振动弛豫再回到最低振动能级。

4. 能量外转换（external conversion of energy） 激发态分子与溶剂分子或其他溶质分子的相互作用及能量转移，使荧光强度减弱甚至消失，这些过程统称为能量外转换，简称外转换。这一现象可降低荧光强度，也称为荧光熄灭或荧光猝灭。外转换是一种热平衡过程，常发生在第一激发单重态或第一激发三重态的最低振动能级向基态转换的过程中。

5. 系间跨越（intersystem crossing） 处于激发态分子的电子发生自旋翻转而使分子的多重性

发生变化的过程，称为系间跨越。它是不同多重态间的无辐射跃迁。和内转换一样，若两电子能态的振动能级重叠，将会使这一跃迁概率增大。图 11-2（e）中 $S_1^* \rightarrow T_1^*$ 的跃迁即为系间跨越，又称体系间交叉跃迁。激发单重态的最低振动能级与激发三重态的较高振动能级重叠，因而容易发生体系间跨越。含有重原子（如碘、溴等）的分子中，系间跨越最为常见。在溶液中存在氧分子等顺磁性物质也能增加系间跨越的发生，从而使荧光减弱。

6. 磷光发射（phosphorescence emission） 经过系间跨越的分子再通过振动弛豫降至激发三重态的最低振动能级，分子在激发三重态的最低振动能级可以存活一段时间，然后跃迁至基态的各个振动能级，同时辐射发出光，这种光辐射称为磷光。由于激发三重态的最低振动能级比激发单重态的最低振动能级能量低，所以磷光辐射的能量比荧光更小，亦即磷光的波长比荧光更长。另外，分子在三重态的最低振动能级可以存活一段时间，所以分子激发三重态的寿命较长。因此从紫外光照射到发射荧光的时间为 10^{-9}～10^{-7} s，而发射磷光则更迟一些，在照射后的 10^{-4}～10 s 或更长的时间，由于分子间相互碰撞及分子与溶剂间相互作用等各种猝灭效应的影响，使三重态易于以非辐射过程失活转移至基态，因此在室温下溶液很少呈现磷光，一般只有在冷冻或固定化条件下才能检测到磷光，所以磷光法不如荧光分析法应用普遍。

综上所述，荧光与磷光在成因及性质上是有区别的，见表 11-1。

表 11-1 荧光与磷光的成因及性质比较

项目	荧光	磷光
成因	激发单重态 → 基态单重态	激发三重态 → 基态单重态
能量 E	$E_{激发} \geqslant E_{荧光} > E_{磷光}$	$E_{磷光} < E_{荧光} \leqslant E_{激发}$
波长 λ	$\lambda_{激发} \leqslant \lambda_{荧光} < \lambda_{磷光}$	$\lambda_{磷光} > \lambda_{荧光} \geqslant \lambda_{激发}$
寿命	10^{-9}～10^{-7} s	10^{-4}～10 s

（三）荧光的激发光谱和发射光谱

1. 激发光谱与发射光谱 由于荧光是被激发后的发射光谱，因此它有两个特征光谱，即激发光谱和发射光谱。

（1）激发光谱（excitation spectrum）：不同激发波长的辐射引起物质发射某一波长荧光所得的光谱，称为激发光谱。它表示不同激发波长的辐射引起物质发射某一波长荧光的相对效率。绘制激发光谱曲线时，固定发射单色器在某一波长，通过激发单色器以不同波长的入射光激发荧光物质，记录荧光强度（F）对激发波长（λ_{ex}）的关系曲线，即得到激发光谱。荧光物质的激发光谱与其紫外吸收光谱相似，这是因为荧光物质吸收了这种波长的紫外线才能发射荧光。吸收越强，发射荧光也越强。但紫外吸收光谱是测定物质对紫外光的吸光度，而荧光激发光谱是测定物质吸收紫外光后所发射的荧光强度，因此两种光谱不可能完全重叠。

（2）发射光谱（emission spectrum）：处于激发态的分子回到基态时所产生的荧光光谱，称为发射光谱，又称荧光光谱。它表示在组分分子发射的荧光中，各种波长下荧光的相对强度。绘制发射光谱时，固定激发光波长和强度，扫描组分分子发射的荧光波长，以荧光强度（F）为纵坐标，荧光波长（λ_{em}）为横坐标作图，即得到荧光光谱。分子由激发光激发后，电子从激发态的最低振动能级开始跃迁而发射荧光。由于电子可以回到基态的任一振动能级，再经进一步振动弛豫，各自很快地回到最低振动基态，因此得到的荧光不是单一波长的光，而是一种混合波长的荧光。哪一波长的荧光强度最强，需要通过实验才能得到。

荧光物质的最大激发波长 $\lambda_{ex,\ max}$ 和最大荧光波长 $\lambda_{em,\ max}$ 是鉴定物质的依据，也是定量测定时最灵敏的光谱条件。

2. 荧光光谱的特征

（1）荧光光谱形状与激发波长无关：物质分子受激发后可以从基态跃迁至第一电子激发态 S_1^*

或第二电子激发态 S_2^*，所以吸收光谱可能含有几个吸收带，但是不管用哪一个峰的波长作激发光，荧光的发生总是从 S_1^* 的最低振动能级开始，即使是分子被激发到 S_2^* 的高能级，一般情况下依然会通过内转换和振动弛豫而下降至 S_1^* 的最低振动能级再开始发射荧光。所以荧光的发射光谱只出现一个峰，其形状通常与激发光的波长无关。基于上述原理，图 11-3（a）中硫酸奎宁的激发光谱虽然有两个峰，但不论用哪一个峰的波长作为激发光源，电子都是从第一电子激发态的最低振动能级跃迁到基态的各个振动能级，因此，如图 11-3（b），所得到的荧光光谱的形状和峰的位置都是相同的。

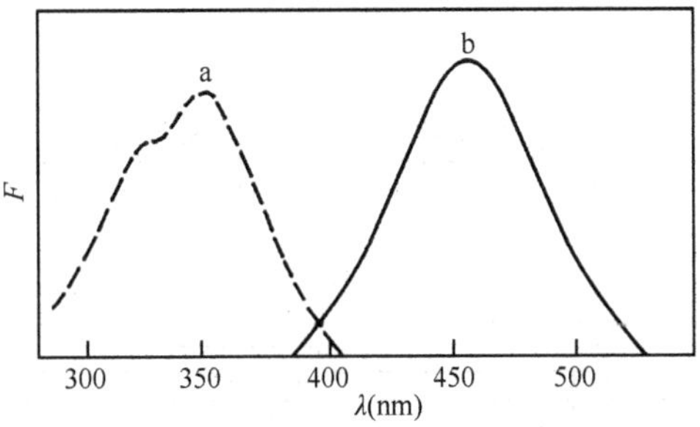

图 11-3 硫酸奎宁（稀硫酸溶液）的激发光谱（a）和荧光光谱（b）

（2）斯托克斯位移（Stokes shift）：在溶液荧光光谱中，所观察到的荧光波长总是大于激发波长，这种荧光称为斯托克斯荧光。斯托克斯于 1852 年首次观察到这种波长移动的现象，因而被称为斯托克斯位移。造成斯托克斯位移的主要原因是激发与发射之间存在着一定的能量损失，激发态分子由于内转换或振动弛豫而迅速衰变到第一激发单重态的最低振动能级 S_1^* 的结果。其次，荧光发射后也可能只使得激发态分子返回到基态 S_0 的其他能级，然后进一步通过无辐射方式损失振动能量，这也会造成斯托克斯位移。此外，溶剂和激发态分子所发生的反应，如质子化作用等，也会加大位移。

与斯托克斯荧光相对应的还有共振荧光和反斯托克斯荧光。荧光发射的波长与激发波长相同时，这种荧光称为共振荧光，原子荧光多为共振荧光。若发射的荧光波长比激发光波长短，称为反斯托克斯荧光，反斯托克斯荧光只有在高温的稀薄气体或特殊材料中才能观察到。

（3）荧光光谱与激发光谱的镜像关系：在高分辨的荧光谱图上可以观察到，多数荧光物质的第一电子激发态的激发光谱与荧光光谱具有“镜像关系”，即各大小峰都基本对称。图 11-4a 中蒽的激发光谱同荧光光谱大致成镜像对称，a 峰为蒽分子由 S_0 跃迁至 S_2^* 的某一振动能级时所产生的吸收峰。还可以看到在 350 nm 波长附近的 b 峰由一些明显的小峰 b_0、b_1、b_2、b_3、b_4 组成，它们分别由蒽分子吸收光能后，从基态 S_0 跃迁至第一电子激发态 S_1^* 的各个不同振动能级而形成，b_0 峰（图 11-4a）相当于 b_0 跃迁线（图 11-4b），b_1 峰相当于 b_1 跃迁线，依次类推。蒽的荧光光谱同样包含 c_0、c_1、c_2、c_3 和 c_4 等一组小峰。它们分别由分子从第一电子激发态 S_1^* 的最低振动能级跃迁至基态 S_0 的各个不同振动能级而发出光辐射所形成，c_0 峰（图 11-4a）相当于 c_0 跃迁线（图 11-4b），c_1 峰相当于 c_1 跃迁线，依次类推。各小峰的高度与跃迁概率有关。如图 11-4b 所示，在激发光谱中，跃迁能量最小的波长与荧光光谱中发射能量最大的波长一致，这种与激发波长相同的荧光称为共振荧光。同时，跃迁能量最大的激发波长与荧光光谱中发射能量最小的波长相对应，这样就出现了荧光光谱的形状和激发光谱的形状不但相似，而且形成镜像关系。

（四）荧光效率和荧光寿命

1. 荧光效率 φ_f（fluorescence efficiency） 荧光分子不会将吸收的光能都转变成荧光，或多或少以其他形式释放。荧光效率 φ_f 是指荧光分子将吸收的光能转变成荧光的百分率，即激发态分子中发射荧光的量子数目占分子吸收激发光的量子总数的比例，与发射荧光光量子的数值成正比。

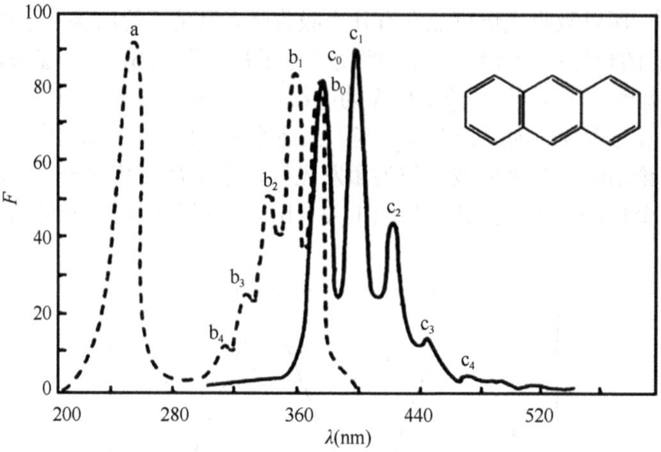

（a）

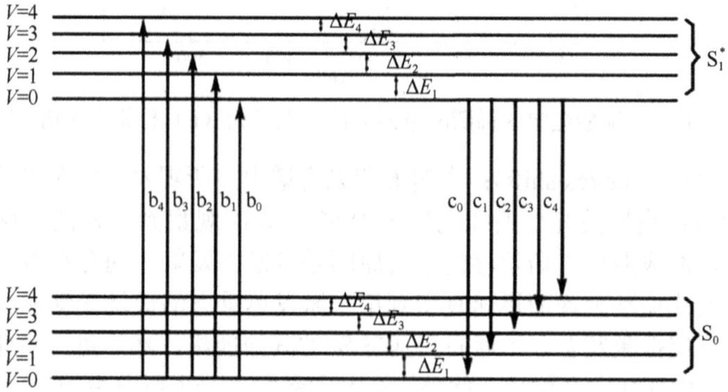

（b）

图 11-4　蒽的光谱图及能级跃迁图

（a）蒽的激发光谱（虚线）及荧光光谱图（实线）；（b）蒽的能级跃迁图

$$\varphi_f=\frac{\text{发射荧光的量子数(荧光强度)}}{\text{吸收激发光的量子数(激发光强度)}} \tag{11-1}$$

它的数值介于 0～1。例如，菲在乙醇中 φ_f=0.10，蒽在乙醇中 φ_f=0.30，罗丹明 B 在乙醇中 φ_f=0.97。荧光素在水中 φ_f=0.65 等。

2. 荧光寿命 τ_f（fluorescence life time） 是指当除去激发光源后，分子的荧光强度下降到最大荧光强度 F_0 的 1/e 时所需要的时间。当荧光物质受到一个极其短暂的光脉冲激发后，它从激发态返回到基态的变化可表示为

$$F_t=F_0e^{-Kt} \tag{11-2}$$

式中，F_0 和 F_t 分别为激发时 $t=0$ 和激发后 $t>0$ 时的荧光强度，K 为衰减常数，根据荧光寿命的定义，$t=\tau_f$ 时，$F_t=F_0\frac{1}{e}$。则据式（11-2）

$$\frac{F_0}{e}=F_0e^{-K\tau_f} \tag{11-3}$$

即 $K\tau_f=1$，$K=\frac{1}{\tau_f}$

由式（11-1）和式（11-2）可以得出 $\frac{F_0}{F_t}=e^{Kt}$，得 $\ln\frac{F_0}{F_t}=\frac{t}{\tau_f}$

因此，以 $\ln\frac{F_0}{F_t}$ 对 t 作图，直线斜率即为 $\frac{1}{\tau_f}$，由此可以计算荧光寿命。利用荧光寿命之间的差异，可以进行荧光混合物质的分析。

案例 11-2

荧光的发生及其强度与物质结构及其外部环境密不可分。例如，荧光黄（亦称荧光素）呈平面构型，是强荧光物质，它在 0.1 mol/L NaOH 溶液中的荧光效率为 0.92，而酚酞没有氧桥，其分子不易保持平面，不是荧光物质；萘和维生素 A 都具有 5 个共轭 π 键，然而萘的荧光强度为维生素 A 的 5 倍；偶氮苯不发荧光，而杂氮菲会发荧光。苯胺的分子具有蓝色荧光，而苯胺的阳离子和阴离子都没有荧光。

Ga^{3+} 与 2，2′-二羟基偶氮苯在 pH 3～4 溶液中生成 1∶1 的络合物，它能发射荧光；而在 pH 6～7 溶液中则生成 1∶2 的络合物，却不发射荧光。

问题：

（1）萘的荧光强度为什么明显强于维生素 A?

（2）利用荧光强度进行物质定量分析时，应该注意哪些实验条件?

二、荧光与分子结构

物质分子结构与荧光的发生及其强度紧密相关，可根据物质的分子结构判断该物质的荧光特性。能够发射荧光的物质应同时具备两个条件，即物质分子必须具有与辐射频率相应的荧光结构；吸收特征频率的光后，具有一定量子效率的荧光。能发射强荧光的有机化合物通常具有以下的结构特征。

（一）跃迁类型

大多数能发荧光的化合物都是由 $\pi\to\pi^*$ 或 $n\to\pi^*$ 跃迁激发，然后经过无辐射跃迁，再发生 $\pi^*\to\pi$ 或 $\pi^*\to n$ 跃迁而产生荧光。但 $n\to\pi^*$ 跃迁引起的 R 带是弱带，电子跃迁概率小，由此产生的荧光极弱。所以实际上只有分子结构中存在共轭 $\pi\to\pi^*$ 跃迁，也就是 K 带强吸收时才可能发生荧光。这是因为吸收时 $\pi\to\pi^*$ 跃迁的摩尔吸光系数比 $n\to\pi^*$ 跃迁的大 10^2～10^3 倍，$\pi\to\pi^*$ 跃迁的寿命（10^{-9}～10^{-7} s）比 $n\to\pi^*$ 跃迁的寿命（10^{-7}～10^{-5} s）短，因此荧光发射的效率高，$\pi^*\to\pi$ 跃迁发射荧光的强度大。

（二）共轭效应

发生荧光的物质，其分子都是含有共轭双键（π 键）的结构体系。共轭体系越大，电子的离域性越大，越容易被激发，荧光也就越容易发生，且荧光光谱向长波移动。大部分荧光物质都具有芳环或杂环，芳环越大，其荧光峰越向长波移动，且荧光强度往往也较强。相同共轭环数的芳族化合物，线性环结构者的荧光波长比非线性者要长。

下面四种化合物中，苯、萘及蒽三者的共轭双键数依次增大，萘的荧光位于紫外区，蒽位于蓝光区域。蒽和菲两者共轭环数相同，前者为线性环结构，后者为“角”形结构，因此前者共轭程度大于后者，荧光强度（荧光效率）也较大，蒽的 λ_{em} 为 404 nm，菲的 λ_{em} 为 350 nm。

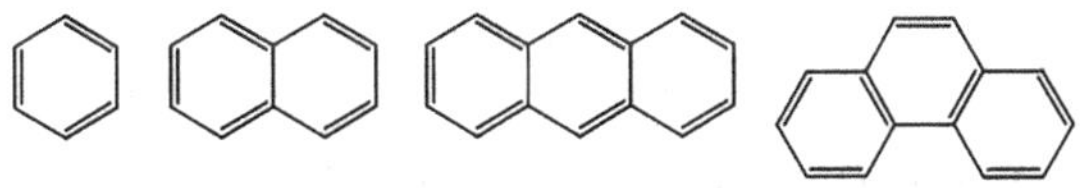

	苯	萘	蒽	菲
λ_{ex}	205 nm	286 nm	356 nm	265 nm
λ_{em}	278 nm	321 nm	404 nm	350 nm
φ_f	0.11	0.29	0.36	0.10

（三）刚性结构和共平面效应

多数具有刚性平面结构的有机化合物分子具有强烈的荧光，因为这种结构可以减少分子的振动，使分子与溶剂或其他溶质分子之间的相互作用减少，即可减少能量外部转移的损失，有利于荧光的发射。而且平面结构可以增大分子的吸光截面，增大摩尔吸光系数，增强荧光强度。

荧光黄与酚酞的结构十分相近，只是由于荧光黄分子中的氧桥使其具有刚性平面结构，因而在溶液中呈现强烈的荧光，在 0.1 mol/L NaOH 溶液中，荧光效率达 0.92；而酚酞没有氧桥，其分子不易保持平面，故没有荧光。萘与维生素 A 虽然都具有 5 个共轭 π 键，但前者为平面结构，后者为非刚性结构，因而前者的荧光强度为后者的数倍。

荧光黄

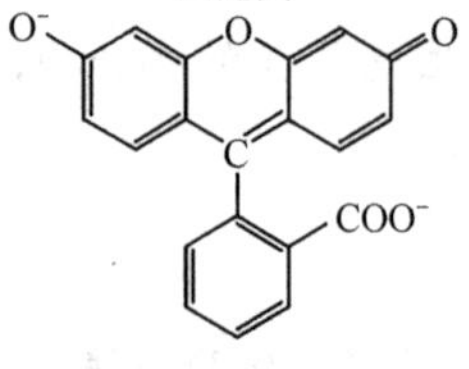

酚酞

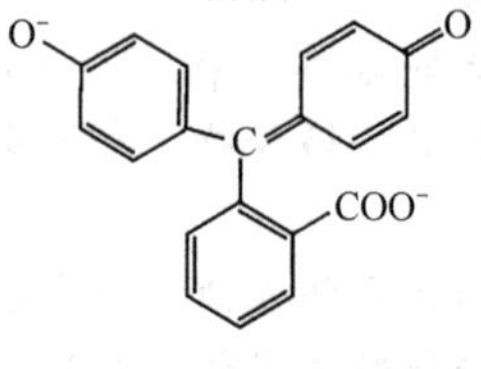

萘

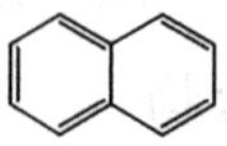

维生素A

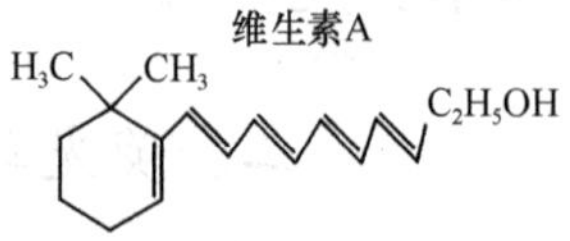

一般来说，长共轭分子具有 $\pi \rightarrow \pi^*$ 跃迁的 K 带紫外吸收，刚性平面结构分子具有较高的荧光效率。

（四）取代基效应

取代基的性质（尤其是生色基团）对荧光物质的荧光特性和强度均有强烈的影响。芳烃及杂环化合物的荧光激发光谱、发射光谱及荧光效率常随取代基的不同而异。按照影响规律不同可以分为以下三类。第一类为给电子基团，使荧光增强。属于这类基团的有—NH_2、—NHR、—NR_2、—OH、—OR、—CN 等。由于这些基团上的 n 电子云几乎与芳环上的 π 电子轨道平行，因而实际上它们共享共轭 π 电子，形成 p-π 共轭，扩大了共轭体系，因此，这类化合物的荧光强度增强。第二类为吸电子基团，使荧光减弱。属于这类基团的有—COOH、—CHO、—NO、—SH、—$NHCOCH_3$、—X（X 代表 F、Cl、Br、I）等。这类基团都会发生 $n \rightarrow \pi^*$ 跃迁，属于禁阻跃迁，所以摩尔吸光系数小，荧光发射减弱。第三类取代基对 π 电子共轭作用较小，如—R、—SO_3H、—NH_3^+（氨基质子化）等，对荧光强度的影响不明显。

取代基的位置对分子的荧光光谱和荧光强度也会产生很大的影响。对于芳烃荧光的影响：邻位、对位取代者荧光增强，间位取代者荧光抑制（—CN 取代基例外）。取代基的空间阻碍对荧光也有明显的影响。下面两化合物分别在萘环的 7 位和 8 位引入—SO_3^- 基，后者由于空间阻碍使—NR_2 与萘之间的键扭转而减弱了平面构型，影响了 p-π 共轭，导致荧光减弱。

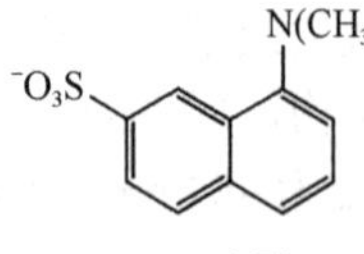

$\varphi_f = 0.75$

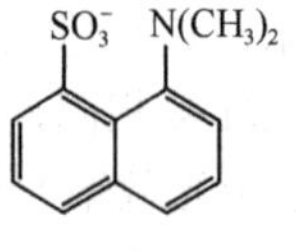

$\varphi_f = 0.03$

三、影响荧光强度的外部因素

影响荧光强度的因素除了荧光物质的本身结构及其浓度以外，环境也是一个很重要的因素，主要是溶剂、温度、酸度、氢键的形成及其他因素。了解和利用这些因素的影响，可以提高荧光分析的灵敏度和选择性。

1. 溶剂的影响 同一物质在不同溶剂中，荧光光谱的位置和强度都有差别。一般情况下，荧光波长随着溶剂极性的增大而长移，荧光强度也有增强。这是因为在极性溶剂中 $\pi\rightarrow\pi^*$ 跃迁所需的能量差 ΔE 小，跃迁概率增加，使紫外吸收和荧光波长均向长移，强度也增强。

溶剂黏度减小时，可以增加分子间的碰撞机会，使无辐射跃迁增加而荧光减弱。故荧光强度随溶剂黏度的减小而减弱。

2. 温度的影响 溶液不存在猝灭剂时，随着温度的升高，溶液中荧光物质的荧光效率和荧光强度降低。这是因为随着溶液温度的升高，介质黏度降低，分子运动速率变大，从而使荧光分子与溶剂分子或其他分子的碰撞概率增加，外部能量转移速率变大。另一个主要原因是温度升高后分子间碰撞次数增加，消耗分子的内部能量。

3. 溶液酸度的影响 当荧光物质本身为弱酸或弱碱时，溶液的 pH 改变对溶液荧光强度产生较大影响，这是因为在不同酸度的介质中，荧光物质的存在型体不同，不同的型体（分子与其离子）在电子构型上有所不同，而且基态和激发态所表现出来的酸、碱性也有所差别。因此不同酸度下，荧光光谱和荧光强度都可能发生变化。所以在荧光分析中一般都要严格控制溶液的 pH。

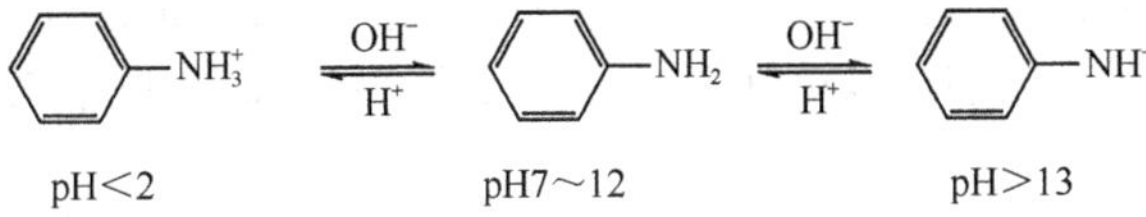

苯胺的分子在 pH 7～12 的溶液中呈现蓝色荧光，但是其阳离子和阴离子均无荧光，因此在 pH＜2 和 pH＞13 的溶液中观察不到荧光。

利用金属离子与有机试剂反应生成络合物而进行荧光测定时，也受到溶液 pH 的影响。一方面 pH 会影响络合物的生成和稳定性；另一方面还可能影响络合物的组成，因而影响它们的荧光特性。例如，Ga^{3+} 与 2,2′-二羟基偶氮苯在 pH 3～4 溶液中生成 1∶1 的络合物，它能发射荧光；而在 pH 6～7 溶液中则生成 1∶2 的络合物，不发射荧光。

4. 氢键的影响 荧光物质与溶剂分子或其他溶质分子所形成的分子间氢键可能有以下两种情况。一种是在激发之前荧光体的基态所形成的氢键，这种情况一般使摩尔吸光系数 ε 增大，即吸收增强，因此荧光强度增大。同时也可能发生分子极性及共轭程度的变化，因此荧光激发光谱及发射光谱都可能发生变化。另一种情况是激发之后荧光物质的激发态所形成的氢键，激发光谱不受影响，而发射光谱会发生变化。

5. 散射光的影响 当一束平行单色光照射在液体上时，大部分光线透过溶液，小部分光线由于光子和物质分子相碰撞，使光子的运动方向发生改变而向不同角度散射，这种光称为散射光（scattering light）。在荧光测定中，常常遇到散射光的影响，主要是瑞利散射光（Rayleigh scattering light）和拉曼散射光（Raman scattering light）两种。

光子与物质分子发生弹性碰撞时，不发生能量交换，仅仅是光子运动方向发生了改变，这种光称为瑞利散射光，其波长与入射波长相同。

光子与物质分子发生非弹性碰撞时，在光子运动方向发生改变的同时，光子与物质分子发生能量交换，光子把部分能量转移给物质分子或从物质分子获得部分能量，从而发射出比入射光稍长或稍短的光，这种光称为拉曼散射光。

散射光对荧光测试有干扰，特别是波长比入射波长更长的拉曼散射光，因其波长与荧光波长接近，对荧光的干扰更大，必须采取措施消除。消除方法：选用适当波长的激发光或用截止滤光法加以控制，还可以对纯溶剂的拉曼峰进行测定，然后在荧光光谱中进行校正或差示光谱。

6. 荧光猝灭的影响 荧光物质分子与溶剂分子或溶质分子的相互作用引起荧光强度降低或荧光强度与浓度不呈线性关系的现象，称为荧光的猝灭。引起荧光强度下降的物质，称为荧光猝灭剂或荧光熄灭剂。常见的荧光猝灭剂有卤素离子、重金属离子、氧分子、硝基化合物、重氮化合物及羰基化合物等。

猝灭剂分子和荧光物质分子间的相互作用是有选择性的。例如，卤素离子对奎宁的荧光有显著的猝灭作用，但对某些物质的荧光并不具备猝灭作用。引起溶液中荧光猝灭的原因很多，机制也很复杂，主要形式：①荧光物质与猝灭剂分子碰撞而损失能量；②荧光分子与猝灭剂分子作用生成了本身不发光的络合物；③在荧光物质的分子中引入溴或碘后易发生系间跨越而转变至三重态；④溶解氧的存在，使荧光物质氧化，或是由于氧分子的顺磁性，促进了系间跨越，使激发态的荧光分子转成三重态；⑤当荧光物质的浓度超过 1 g/L 时，由于荧光物质分子间碰撞的概率增加，产生荧光自灭现象。溶液浓度越高，这种现象越严重。

如果一种荧光物质中加入某种猝灭剂后，荧光强度的减小和荧光猝灭剂的浓度呈线性关系，即 Stern-Volmer 方程 $\frac{F_0}{F}=1+K_{sv}[Q]$，式中 K_{sv} 是猝灭常数，[Q] 为猝灭剂的浓度，利用此性质可以测定荧光猝灭剂的含量。这种方法称为荧光猝灭法或荧光熄灭法（fluorescence quenching method）。

了解荧光发射的强度和化学结构及外部因素的关系，可使分析工作者预测哪些分子会发生荧光，在哪些条件下荧光强度增大或减小，从而便于建立合适的荧光分析方法以测定物质的含量。由于荧光与分子结构有关，人们可以根据荧光光谱及荧光峰的波长位置来推断有机化合物的某些结构。

案例 11-2 分析

（1）一般来讲，具有刚性平面结构的有机化合物分子具有强烈的荧光，如图，萘与维生素 A 都具有 5 个共轭 π 键，但萘为刚性平面结构，而维生素 A 为非刚性结构，因而萘的荧光强度为维生素 A 的数倍。

（2）由于影响荧光强度的因素除了荧光物质的本身结构以外，还与实验条件有关，因此，利用荧光强度进行物质含量分析时，还应当注意浓度、温度、酸度、溶剂、氢键、光照强度等条件。

案例 11-3

分子结构上具有 p-p 共轭双键的分子能发射较强的荧光，p 电子共轭程度越大，荧光强度就越大，大多数含芳香环、杂环的化合物能发出荧光。中药作为我国的瑰宝，在预防和治疗疾病方面有着独特的作用。中药中的许多有效成分，不少是属于芳香性结构的大分子杂环类，都能产生荧光，可用荧光分析法作初步鉴别及含量测定。荧光分析法的灵敏度高，选择性较好，取样量少，方法快速，已成为医药学、生物学、农业和工业等领域进行科学研究工作的重要手段之一。

问题：

（1）荧光定量分析的依据是什么？

（2）荧光分析用于中药定性和定量的依据是什么？

第二节 荧光定量分析方法

一、荧光强度与物质浓度的关系

荧光物质吸收光能后被激发而发射荧光，因此，溶液的荧光强度与该溶液中荧光物质吸收光能的强度和荧光效率有关。由于入射光 I_0 与透射光 I 是在同一个方向的，即光量子在透过被测溶液前的方向与透过溶液后光量子运动的方向是一致的。而溶液经入射光（I_0）激发后所产生的荧光在溶液的各个方向都可以观察到，为了避免入射光的干扰，一般在与激发光源垂直的方向上观测，如图 11-5 所示。

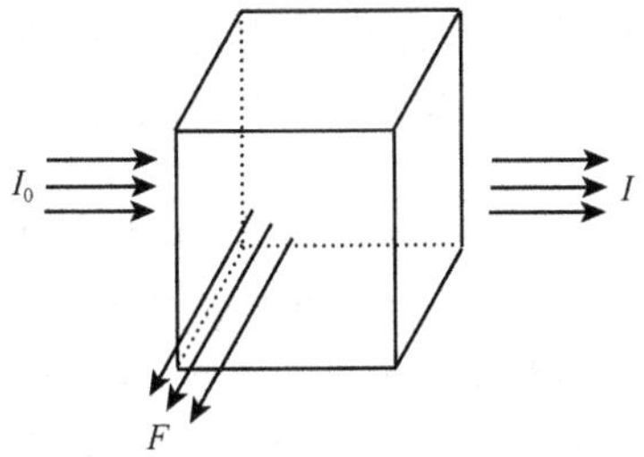

图 11-5　溶液的荧光测定

设溶液中荧光物质的浓度为 c，液层厚度为 l 时，由于荧光强度 F 正比于被荧光物质吸收的光强度，即 $F \propto (I_0 - I)$。用线性方程表示为

$$F = K'(I_0 - I) \tag{11-4}$$

式中，K' 为常数，其值取决于一定条件下荧光过程的荧光效率。

根据 Beer 定律，$\dfrac{I}{I_0} = 10^{-Ecl}$　　（11-5）

将式（11-5）带入式（11-4）得

$$F = K'I_0(1 - 10^{-Ecl}) = K'I_0(1 - e^{-2.3Ecl}) \tag{11-6}$$

即

$$F = K'I_0\left\{1 - \left[1 + \frac{-2.3Ecl}{1!} + \frac{(-2.3Ecl)^2}{2!} + \frac{(-2.3Ecl)^3}{3!} + \cdots\right]\right\}$$
$$= K'I_0\left[2.3Ecl - \frac{(-2.3Ecl)^2}{2!} - \frac{(-2.3Ecl)^3}{3!}\right] \tag{11-7}$$

当浓度 c 很小时，Ecl 也很小，当 $Ecl \leqslant 0.05$ 时，式（11-7）中的第二项及以后各项可以忽略，则

$$F = 2.3K'I_0Ecl = Kc \tag{11-8}$$

式（11-8）说明，在低浓度时，溶液的荧光强度与溶液中荧光物质的浓度呈线性关系，当 $Ecl > 0.05$ 时，式（11-7）中第二项及以后各项的数值不能忽略，此时，荧光强度与溶液浓度不再呈线性关系。

荧光分析法定量的依据是荧光强度与荧光物质浓度的线性关系，所测定的是荧光强度，而测定的灵敏度取决于检测器的灵敏度和激发光的强度。所以改进检测器的光电倍增管和放大系统，使极微弱的荧光也能被检测到，就可以测定很稀溶液的浓度。同时，增加入射光的强度，荧光的强度也会相应增大。而在紫外光谱法中，定量的依据是浓度与吸光度 A 呈线性关系，所测得的是透过光强度和入射光强度的比值，当增加光强度信号时，透射光强度与入射光强度均被放大，但比值不变，对于提高检测灵敏度不起作用，因此，荧光分析法的灵敏度比紫外光谱法高。

二、定量分析方法

1. 标准曲线法　标准曲线法是荧光分析中最常用的分析方法，即用已知量的标准物质经过和样品相同的处理之后，配成一系列对照品溶液。测定这些溶液的荧光强度 F，以荧光强度为纵坐标，对照品溶液的浓度为横坐标绘制 F-c 标准曲线。然后在同样条件下测定样品溶液的荧光强度，从标准曲线即可求出样品中荧光物质的含量。

与紫外-可见光谱法不同的是，在绘制标准曲线时，常采用系列对照品溶液中的某一溶液作为基准，将空白溶液的荧光强度读数调至零，再将该对照品溶液的荧光强度读数调至一定值，然后测定系列对照品溶液中其他各个对照品溶液的荧光强度。在实际工作中，当仪器调零后，先测定

空白溶液的荧光强度 F_0，再测定对照品溶液的荧光强度，后者减去前者，即为对照品溶液本身的荧光强度。为了使不同时间绘制的标准曲线一致，在每次绘制标准曲线时均采用同一对照品溶液对仪器进行校正。

2. 比例法 当荧光物质的标准曲线经过原点时，可在其线性范围内，用比例法进行直接测定。方法：配制一对照品溶液，并使其浓度（c_s）在线性范围之内，测定荧光强度（F_s）；在同样条件下测定待测样品的荧光强度（F_x）。按照比例关系计算样品中荧光物质的含量（c_x）。利用比例法进行计算时，应注意使待测样品的荧光强度控制在线性范围所对应的荧光强度范围之内。

$$\frac{F_s}{F_x}=\frac{c_s}{c_x} \quad c_x=\frac{F_x}{F_s}c_s$$

当空白溶液的荧光强度调不到 0 时，必须从 F_s 和 F_x 中扣除空白溶液的荧光强度 F_0，然后再利用比例法进行计算。

$$F_s-F_0=Kc_s$$
$$F_x-F_0=Kc_x$$

对于同一种荧光物质，常数 K 一致，则

$$\frac{F_s-F_0}{F_x-F_0}=\frac{c_s}{c_x} \quad c_x=\frac{F_x-F_0}{F_s-F_0}c_s$$

案例 11-3 分析

（1）荧光定量分析的依据是在低浓度时，荧光强度与荧光物质浓度呈线性关系，据此可以采用标准曲线法或比例法进行定量分析。

（2）由于中药中所含成分的化学结构(如具有苯环、双键共轭体系等)不同，所吸收的紫外光波长不同，在返回基态时，所发射的荧光波长也不同，利用这个性质进行中药的定性分析。对于同种成分的溶液，其荧光强度与浓度呈线性关系，利用这个性质可进行中药的定量分析。

第三节 荧光分光光度计和荧光分析新技术

一、荧光分光光度计

（一）荧光分光光度计的主要部件

荧光分光光度计的种类很多，主要由光源、激发和发射单色器、样品池及检测器构成，结构如图 11-6 所示。

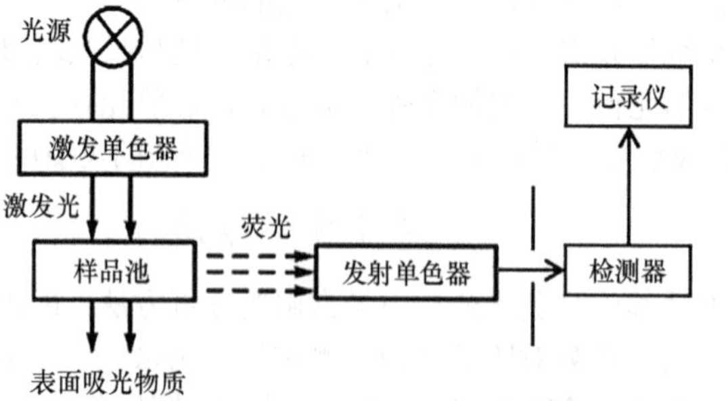

图 11-6 荧光分光光度计的结构示意图

荧光分光光度计一般采用氙灯作光源，发射波长范围在 230～720 nm 的连续光谱，谱线强度大，且在波长 300～400 nm 的谱线强度几乎相等。激发光通过入射狭缝，经激发单色器分光后照射到样品池，发射的荧光再经发射单色器分光后用光电倍增管检测，并经信号放大系统放大后记录。

（二）仪器的校正

1. 灵敏度校正 荧光分光光度计的灵敏度不仅与光源强度、单色器（包括透镜、反射镜等）的性能、放大系统的特征和光电倍增管的灵敏度有关，还与所选用的测定波长、狭缝宽度及溶剂的拉曼散射、激发光等有关。由于影响荧光仪器灵敏度的因素很多，同一型号的仪器，甚至同一台仪器在不同时间操作，所测得的结果也不尽相同。因而每次测定时，在选定波长及狭缝宽度的条件下，均须进行灵敏度校正，为使仪器灵敏度定标准确，避免因激发光多次照射而影响荧光强度，可选择一种激发光和发射光波长与供试品近似而对光稳定的物质配成适当浓度的溶液，作为基准溶液，如蓝色荧光可用硫酸奎宁的稀硫酸溶液，黄绿色荧光可用荧光素钠水溶液，红色荧光可用罗丹明 B 水溶液等。在测定供试品溶液时选择适当的基准溶液代替对照品溶液校正仪器的灵敏度。蓝色荧光最常用的校正仪器的溶液是 1 μg/mL 硫酸奎宁对照品溶液（0.05 g/L 的硫酸溶液中）。

2. 波长校正 荧光分光光度计的波长在出厂前都已经过校正，但若仪器的光学系统和检测器有所变动，或在使用较长时间之后，或在重要部件更换之后，有必要用汞灯的标准谱线对单色器波长刻度重新校正，特别是在要求较高的测定工作中尤为重要。

3. 激发光谱和荧光光谱的校正 用荧光分光光度计所测得的激发光谱或荧光光谱往往是表观的，与实际光谱有一定差别。其原因有单色器的波长刻度不够准确，拉曼散射光的影响及狭缝宽度较大等，这些因素可予以消除或校正。由于光源的强度随波长而变，每个检测器（如光电倍增管）对不同波长光的接受敏感程度不同及检测器的感应与波长不呈线性，因此如果在用单光束荧光分光光度计测定激发或发射光谱时，如果不用参比溶液作相对校正，会有较大的系统误差。尤其是当峰的波长处在检测器灵敏度曲线的陡坡时，误差尤为显著。因此，先用仪器上的校正装置将每一波长的光源强度调整到一致，然后根据表观光谱上每一波长的强度除以检测器对每一波长的感应强度进行校正，以消除这种误差，如采用双光束光路的荧光分光光度计，则可用参比光束自动消除光学误差。

二、荧光分析新技术简介

随着物理学、材料科学、计算机等学科的发展，荧光分析技术和仪器也得到了很大发展。这些新技术具有灵敏度高、选择性好、取样量少、方法快速简便等优点，已成为多种研究领域中进行痕量和超痕量甚至分子水平上分析的一种重要工具。现介绍几种目前应用较多的方法。

1. 时间分辨荧光分析（time-resolved fluorometry） 是利用不同物质的荧光寿命不同，在激发和检测之间延缓的时间不同，以实现分别检测的目的。时间分辨荧光分析采用脉冲激光作为光源。如果选择合适的延缓时间，可测定被测组分的荧光而不受其他组分、杂质的荧光及噪声的干扰。目前将时间分辨荧光法已应用于免疫分析，发展成为时间分辨荧光免疫分析法。

2. 激光荧光分析（laser fluorometry） 激光荧光法与一般荧光法的主要区别在于使用了单色性极好、强度更大的激光作为光源，可以克服小功率氙灯无显著紫外线输出、稳定性和热效应差等缺点，因而大大提高了荧光分析法的灵敏度和选择性，特别是将可调谐激光器用于分子荧光具有很突出的优点。另外，普通分光光度计一般需用两个单色器，而以激光作为光源仅仅需用一个单色器即可。激光荧光分析法是分析超低浓度物质的灵敏而有效的方法。

3. 同步荧光分析（synchronous fluorometry） 同步荧光分析是同时扫描激发光和发射光波长而绘制的光谱，由测定的荧光强度信号与对应的激发波长（或发射波长）构成光谱图。荧光物质浓度与同步荧光峰峰高呈线性关系，因此可以用于定量分析。同步荧光光谱的信号 $F_{sp}(\lambda_{ex,em})$ 与激发光信号 F_{ex} 及荧光发射信号 F_{em} 之间的关系为

$$F_{sp}(\lambda_{ex,em}) = KcF_{ex}F_{em} \tag{11-9}$$

式中，K 为常数。当物质浓度 c 一定时，同步荧光信号与所用激发波长信号及发射波长信号的乘积成正比，因此此方法灵敏度较高。

根据激发单色器和发射单色器同时扫描方式的不同，同步荧光测定法还分为以下三种类型。第一种，在同时扫描过程中使激发波长（λ_{ex}）和发射波长（λ_{em}）保持固定的波长间隔（即 $\lambda_{ex}-\lambda_{em}=$常数），这种方法是最早提出的同步扫描技术，称为“固定波长同步扫描荧光测定法”，即习惯上讲的同步荧光法；第二种，以能量代替波长关系，在两个单色器同时扫描过程中，使激发波长和发射波长之间保持固定的能量差（即频率或波数差），这种方法称为“固定能量同步扫描荧光测定法”；第三种，使激发和发射单色器以不同的速率同时扫描（即 $\lambda_{ex}-\lambda_{em}\neq$ 常数），而是时间的线性函数，这种方法称为“可变角同步扫描荧光测定法”。同步荧光法具有光谱简单、光谱窄化、减少光谱重叠、减少散射光影响和提高选择性等优点。

知识窗　　守正创新 开启荧光磷光新时代

我国科技工作者聚焦国家重大需求，守正创新，潜心探索，将荧光化学和磷光化学应用于多学科领域。

传统荧光材料只有在溶液中才能较好地发光，一旦聚集或成为固态，荧光即消失，即发生“聚集导致荧光猝灭”（ACQ）。然而，唐本忠院士研究团队发现不发荧光的 1-甲基-1,2,3,4,5-五苯基噻咯在薄层色板层析后，竟发出荧光，据此唐院士提出“聚集诱导发光”（AIE）的概念，由此开启了发光材料应用的新时代。

室温下溶液很少呈现磷光，一般只有在冷冻或固定化条件下才能检测到磷光。然而，我国科学家探索出一条利用重原子阴离子-π 相互作用的新途径，实现室温磷光发射。不仅如此，科学家们还实现了控制条件实现磷光和荧光的转化，在固态时，含有重卤素离子（I^-、Br^-）的有机磷光材料呈现长寿命的磷光，而不含重卤素离子的化合物仅呈现出荧光。

思考题与习题

1. 分析荧光与磷光的区别。
2. 分析激发光谱与荧光光谱。
3. 区分荧光寿命和荧光效率。
4. 区分时间分辨荧光分析、激光荧光分析和同步荧光分析。
5. 试解释为什么荧光分析法的灵敏度比紫外-可见光谱法的灵敏度高？
6. 写出荧光强度与荧光物质浓度之间的线性关系式，并指出该式应用的前提是什么。
7. 今有化合物 SPQ，其分子结构式如下图所示。该分子可作为选择性的细胞内氯离子荧光探针，因为 Cl^- 可碰撞猝灭 SPQ 荧光。已知没有猝灭剂存在下 SPQ 的寿命为 26.3 ns。

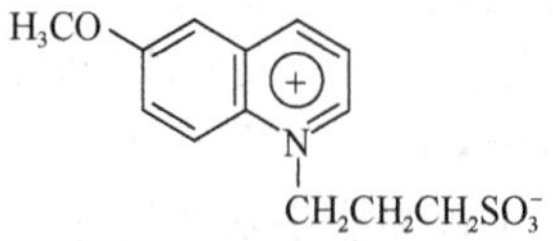

现有实验数据测定如下：

项目	$[Cl^-]$（mmol/L）			
	0	5	15	50
发光强度 F	1.0	0.6	0.34	0.15

（1）根据斯顿-优尔莫（Stern-Volmer）方程，利用表中的数据确定 Cl^- 的猝灭常数。

（2）假设血清中细胞内的 Cl^- 平均浓度为 103 mmol/L，则该血清中 SPQ 的荧光寿命和荧光相对强度各是多少？

（3）如果 Cl^- 浓度降低到 75 mmol/L，SPQ 的荧光寿命和荧光相对强度又是多少？

（郭春燕）

第十二章　红外光谱法

学习目标

1. 掌握　基频峰，特征峰，特征区和指纹区等基本概念；红外吸收峰产生的条件；吸收峰位置的分布规律及影响峰位的因素；红外光谱的解析步骤与方法。

2. 熟悉　常见的几种振动形式，振动能级和振动频率；振动自由度。

3. 了解　红外光谱仪的主要部件及其工作原理，样品的制备方法。

案例 12-1

2006 年 4 月下旬，某药厂生产的亮菌甲素注射液导致多名患者因肾衰竭而死亡。事故调查结果显示，问题出现在误把二甘醇当作丙二醇。丙二醇是一种药用溶剂，而二甘醇则是工业用溶剂，有很强的毒性。如何区别丙二醇和二甘醇呢？《中国药典》上规定用红外光谱法来鉴定丙二醇。

此外，自《中国药典》（2015 年版）起还增加了药用辅料红外鉴别光谱图，并扩大红外光谱在药物制剂鉴别中的应用。

问题：

（1）什么是红外光谱？红外光谱是怎样产生的？

（2）如何利用红外吸收光谱区别丙二醇和二甘醇？

红外线（infrared ray）是指波长为 0.76～500 μm（或 1000 μm）的电磁辐射。

红外线常按波长分为三个区域。这三个区域的红外线可引起 3 种不同的能级跃迁（表 12-1）。

表 12-1　红外线的区划与跃迁类型

区域	波长 λ（μm）	波数 σ（cm^{-1}）	能级跃迁类型
近红外区	0.76～2.5	13158～4000	—OH、—NH 及—CH 键的倍频吸收区
中红外区	2.5～50	4000～200	振动，伴随着转动（基本振动区）
远红外区	50～500（或 1000）	200～20（或 10）	纯转动

一般将物质分子吸收 2.5～50 μm 内的红外线所得到的吸收光谱（absorption spectroscopy）称为中红外光谱，亦称红外吸收光谱（infrared absorption spectroscopy，IR），简称红外光谱（infrared spectrum）。由于物质分子吸收该区域的红外光后引起分子振动能级之间跃迁，并伴随分子的转动能级的跃迁，故红外光谱又称振-转光谱。利用样品的红外光谱进行定性、定量分析及测定分子结构的方法称为红外光谱法。中红外区是红外光谱法中应用最多的光谱法，本章主要介绍这方面的内容。近年来，近红外光谱技术因其方便、快速、高效、准确和成本较低，不破坏样品，不消耗化学试剂，不污染环境等优点，引起人们广泛的关注，并取得了令人瞩目的成绩。在本章的最后将简要介绍近红外光谱技术。

案例 12-1 分析

（1）红外吸收光谱是一种研究分子结构和组成的光谱技术。它涉及分子在特定波长的红外线照射下发生选择性吸收，导致分子内振动能级和（或）转动能级的跃迁。这些跃迁可以通过检测红外线被吸收的情况来观察到，从而获得物质的红外吸收光谱。

（2）丙二醇（$HOCH_2CH_2CH_2OH$）和二甘醇（$HOCH_2CH_2OCH_2CH_2OH$）的红外光谱图如图 12-1 和图 12-2 所示。

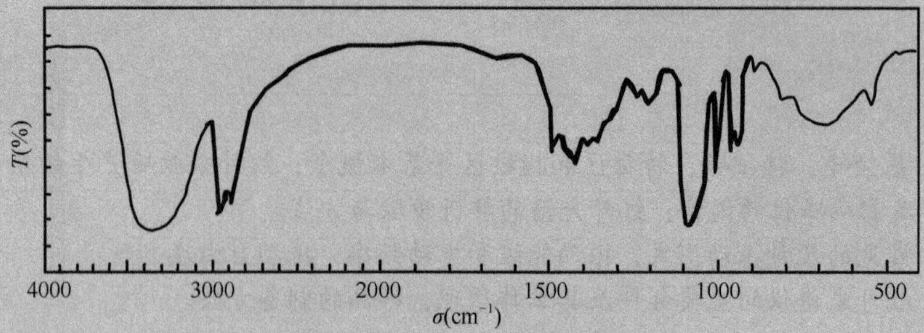

图 12-1　丙二醇的红外光谱图

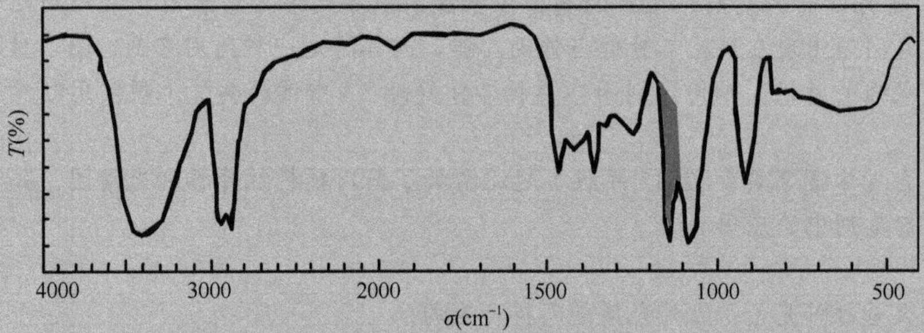

图 12-2　二甘醇的红外光谱图

由于分子结构中都有—OH，则在～3400 cm^{-1} 处均有一宽峰，在 1080 cm^{-1} 处有 ν_{C-O} 峰；由于二甘醇中有 C—O—C 基团，丙二醇中没有。所以二甘醇图中 1150 cm^{-1} 处有 C—O—C 的 ν_{as} 峰是区别丙二醇和二甘醇的特征峰。

红外光谱的表示方法与紫外吸收光谱有所不同，早期棱镜红外光谱用 *T*-*λ* 曲线，现一般用 *T*-*σ* 曲线，*T*-*σ* 曲线的“谷”是红外光谱上的吸收峰，如图 12-3 所示。由于在高波数区的吸收峰数相对较少，为了防止 *T*-*σ* 曲线在高波数（短波长）区过分扩张，通常使用两种比例尺，多以 2000 cm^{-1}（5 μm）为界。

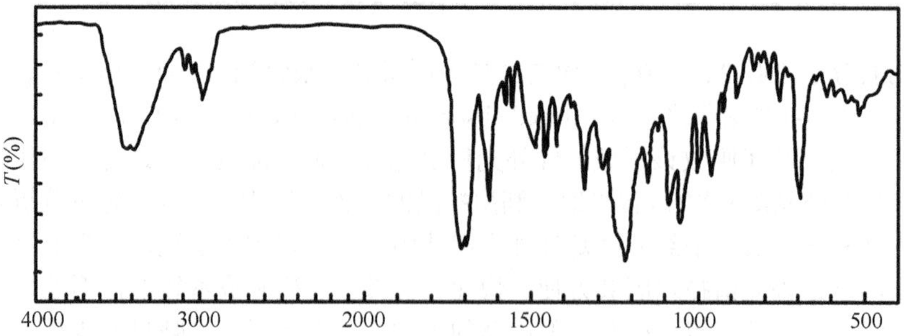

图 12-3　紫杉醇的红外光谱图

红外光谱与紫外吸收光谱的区别除上述光谱的表示方法不同外，主要表现为以下三个方面。

1. 起源不同　紫外吸收光谱是由电子能级跃迁引起的，波长短，光子能量大，光谱简单；红外光谱是由振动能级伴随转动能级跃迁引起的，波长较长，能量比紫外线小，光谱较为复杂。

2. 特征性不同　红外光谱的特征性比紫外光谱强，除了极个别化合物外，每个化合物都有其特征红外光谱，是有机化合物定性鉴别的有力手段。《中国药典》由 1977 年版开始，规定了一些药物需用红外光谱法来鉴别。

3. 用途不同　紫外光谱法主要用于定量分析及某些化合物类别的鉴定；红外光谱法的应用可概括为定性鉴别、结构分析及定量分析。红外光谱法在定性鉴别上，依据的是每个化合物都有独特的红外光谱；在结构分析上，红外光谱可提供化合物具有什么官能团、所属类别、结构异构及氢键等信息；在定量分析方面，由于在红外光谱上可供选择的吸收峰较多，能对单一组分或混合组分进行分析。

第一节　红外光谱法的基本原理

一、分子振动能级和振动形式

（一）分子振动能级

原子（atom）与原子之间通过化学键连接组成分子（molecule）。分子中存在有振动能级和转动能级，由于分子的振动能级差（0.05～1.0 eV）大于转动能级差（0.0001～0.025 eV），所以发生分子振动能级跃迁时不可避免地伴随着转动能级的跃迁，因此无法测得纯振动光谱。为了学习上的方便，先讨论双原子分子的纯振动光谱。我们把不同原子组成的双原子分子的振动模拟为不同质量小球组成的谐振子振动，把双原子之间的化学键看成质量可以忽略不计的弹簧，两个原子间的伸缩振动则看成是各自在其平衡位置附近作伸缩振动的小球，如图 12-4 所示。其振动位能（U）与原子间的距离 r 及平衡距离 r_e 间关系如式（12-1）所述。

$$U = \frac{1}{2}K\left(r - r_e\right)^2 \tag{12-1}$$

式（12-1）中 K 为化学键力常数，当 $r = r_e$ 时，U=0；当 $r > r_e$ 或 $r < r_e$ 时，$U > 0$。振动过程位能的变化，可用位能曲线描述（图 12-5）。振动过程分子的总能量 $E_V = U + T$。T 为动能。在 $r = r_e$ 时，U=0，$E_V = T$。在 A、B 两原子距平衡位置最远时，T=0，$E_V = U$。此时，可用式（12-2）表示分子的振动能 E_V。

$$E_V = U = \left(V + \frac{1}{2}\right)hv \tag{12-2}$$

式中，v 为分子的振动频率，V 为振动量子数（V=1，2，3，⋯），h 为普朗克常数。分子处于基态时，V=0，E_V =1/2hv，此时的振动能称为零点能（图 12-5），其振幅很小，为 $f' - r_e$ 或 $r_e - f$。

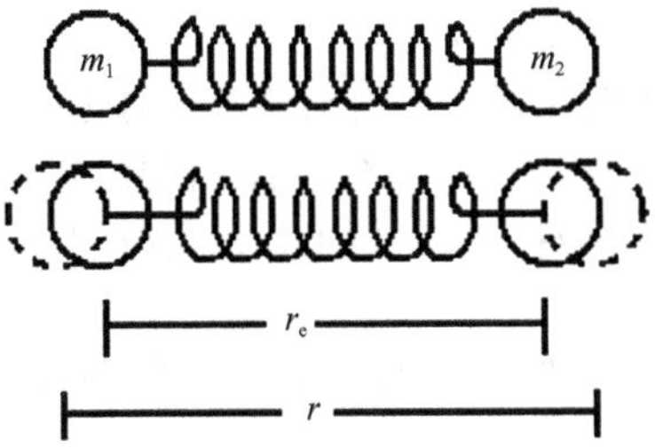

图 12-4　双原子分子伸缩振动示意图

r_e，平衡位置原子间距离；r，振动某瞬间原子间距离

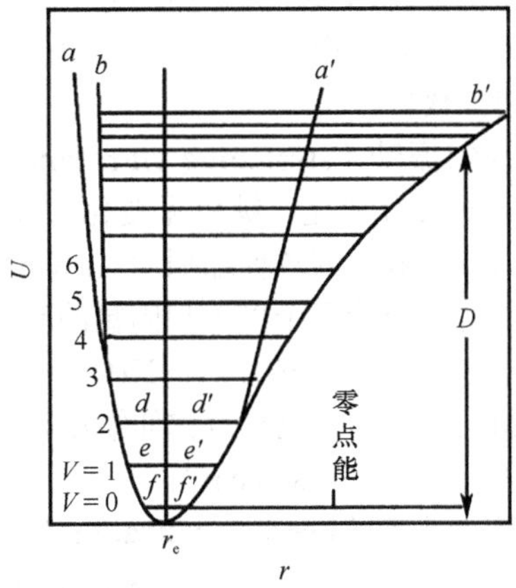

图 12-5　双原子分子振动位能曲线

由位能曲线可知如下。

（1）振动能是原子间距离的函数，振幅越大、振动能则越大。

（2）振幅越大，位能曲线的能级差就越小。

（3）在常态下，处于较低振动能级的分子与谐振子振动模型极为相似。只有当 $V \geqslant 3$ 时，分子振动位能曲线才显著偏离谐振子势能曲线。

（4）实际上红外光谱主要研究的是 $V=0$ 跃迁到 $V=1$ 时产生的吸收峰。所以，可以用谐振子振动来讨论分子的振动。

若振动由基态（$V=0$）跃迁至第一激发态（$V=1$）时，$\Delta V=1$，则 $\nu_L=\nu$，此时所产生的吸收峰称为基频峰（fundamental band）。

（5）振幅超过一定数值时，化学键会发生断裂，分子离解，此时的能量等于离解能，位能曲线趋于一条水平线。

案例 12-2

最简单的双原子分子 HF 分子的振动，其振动频率为 $1.241\times10^{14}\ s^{-1}$（$4138\ cm^{-1}$）。也就是说 HF 分子吸收频率为 $1.241\times10^{14}\ s^{-1}$ 的红外线后，发生了振动能级跃迁，这一跃迁是由 $V=0$ 向 $V=1$ 跃迁所产生的结果，形成峰位为 $4138\ cm^{-1}$ 的吸收峰，该吸收峰为基频峰。

问题：

（1）为什么双原子分子只有一个基频峰，而多原子分子则有多个基频峰？

（2）基频峰的数目与哪些因素有关？

（3）分子的振动形式有哪些？

案例 12-2 分析

（1）多原子分子的振动是很复杂的，不仅包括双原子分子沿其核—核轴的伸缩振动，还有键角参加的各种可能的弯曲振动及它们之间的耦合振动。

（2）理论上，一个多原子分子的红外光区可能产生的基频峰的数目取决于它的振动自由度。

（3）分子的振动形式分为伸缩振动（对称伸缩振动和不对称伸缩振动）和弯曲振动（面内弯曲振动、面外弯曲振动和变形振动）。

（二）分子振动形式

双原子分子只有一种振动形式（mode of vibration）——伸缩振动（stretching vibration），而多原子分子的振动形式除伸缩振动外，还存在弯曲振动。讨论振动形式可以帮助我们了解吸收峰的起源，即吸收峰是由什么振动形式的能级跃迁所引起。讨论有多少个振动形式有助于了解基频峰存在的可能数目。

1. 伸缩振动（stretching vibration，ν） 是化学键两端的原子沿键轴方向作规律性的伸缩运动，即键长有变化，键角无变化。伸缩振动形式又分为对称伸缩振动（symmetrical stretching vibration，ν_s）和不对称伸缩振动（asymmetrical stretching vibration，ν_{as}）。

凡含有两个或两个以上相同键的基团（AX_2 基团、AX_3 基团）都有对称及不对称两种伸缩振动形式，如—CH_3、—CH_2、—NH_2、—NO_2 及—SO_2 基团等，如图 12-6 所示。化合物中含有两个相邻的相同官能团，也有对称伸缩振动和不对称伸缩振动两种形式。例如，乙酸酐的两个羰基的 ν_s～$1760\ cm^{-1}$，ν_{as}～$1800\ cm^{-1}$。

2. 弯曲振动（bending vibration） 使键角发生周期性变化的振动称为弯曲振动（bending vibration）或称变形振动（deformation vibration），具体分以下几种。

（1）面内弯曲振动（in-plane bending vibration，β）：在由几个原子所构成的平面内进行的弯曲振动，称为面内弯曲振动。

面内弯曲振动又分为如下两种。①剪式振动：在振动过程中键角的变化类似剪刀的“开”“闭”

的振动，用 δ 表示。②面内摇摆振动：基团作为一个整体，在平面内摇摆，用 ρ 表示。组成为 AX_2 的基团或分子易发生此类振动，如—CH_2 及—NH_2 等。

（2）面外弯曲振动（out-of-plane bending vibration，γ）：在垂直于由几个原子所组成的平面外进行的弯曲振动称为面外弯曲振动。

面外弯曲振动又分为两种。①面外摇摆振动：两个 X 原子同时向面上（+）或向面下（－）的振动，用 ω 表示。②扭曲振动：一个 X 原子向面上（+），另一个 X 原子向面下（－）的振动，用 τ 表示。

（3）变形振动（deformation vibration）：AX_3 基团或分子的弯曲振动分为对称变形振动和不对称变形振动两种。①对称变形振动：在振动过程中，三个 AX 键与轴线组成的夹角 α 对称地缩小或增大，形如花瓣开、闭的振动。②不对称变形振动：在振动过程中，两个 α 角缩小，一个 α 角增大，或相反地振动。

对称变形振动和不对称变形振动，只有含有两个以上相同键的基团（如 AX_3 基团）才存在。以 AX_2 和 AX_3 为例来说明各种振动形式，详见图 12-6。

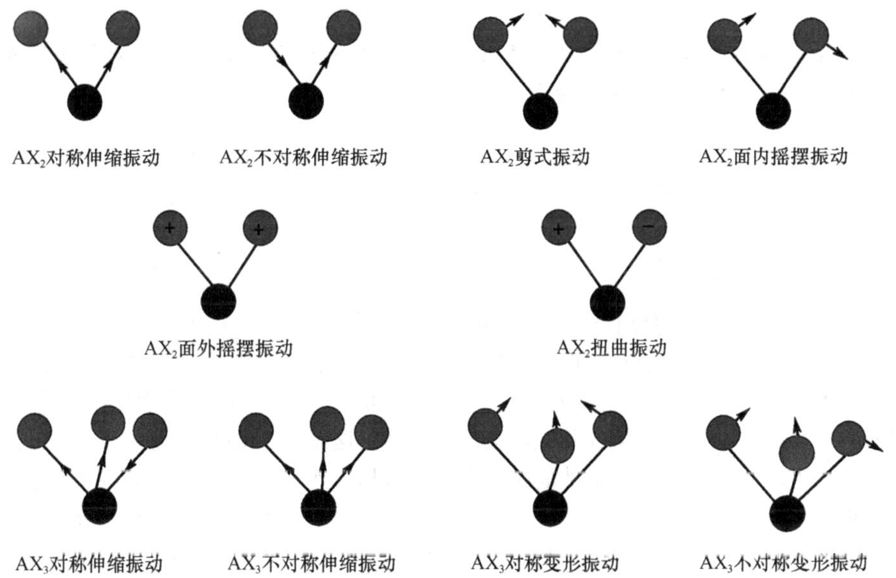

图 12-6　分子的振动形式

+表示由纸面向外；–表示由纸面向内。

（三）振动自由度与基频峰的数目

分子的基本振动的数目称为振动自由度（vibration degree of freedom），即分子的独立振动数。用它可估计基频峰的可能数目。

中红外区的光子能量较小，不足以引起分子中的电子能级跃迁，故只需考虑分子中平动（平移）、振动与转动的能量变化。通常情况下分子平动能量的改变不产生光谱；分子转动能级跃迁产生的光谱在远红外区，超出了中红外光谱的研究范围，因此在红外光谱中不考虑平动与转动能级跃迁两种形式，只考虑分子的振动能级跃迁。即振动自由度=分子的总自由度–平动自由度–转动自由度。

确定一个原子在三维空间的位置需要用 x、y、z 三个坐标表示，即每个原子有三个自由度，对于含有 N 个原子的分子来说，分子自由度的总数应为 $3N$ 个。这 $3N$ 个自由度为平动自由度、转动自由度和振动自由度的总和。由于分子在空间的位置由三个坐标决定，所以有 3 个平动自由度；分子的转动自由度只有当分子转动时原子在空间的位置发生变化时才能产生。

（1）线性分子：在三维空间中，线性分子以化学键为轴的方式转动时原子的空间位置不发生变化，因而线性分子只有 2 个转动自由度，即线性分子的振动自由度=$3N-3-2=3N-5$。

（2）非线性分子：在三维空间中，以任一种方式转动，原子的空间位置均发生变化，因而非线性分子的转动自由度为3，即非线性分子的振动自由度=3*N*–3–3=3*N*–6。

案例 12-3

请以线性分子 CO_2 和 H_2O 为例，分别分析其振动形式，红外图谱上可以看到的峰数是多少？

案例 12-3 分析

以线性分子 CO_2 为例。振动自由度=3×3–5=4，说明 CO_2 有四种基本振动形式。在红外谱图上可看到的峰数为2。

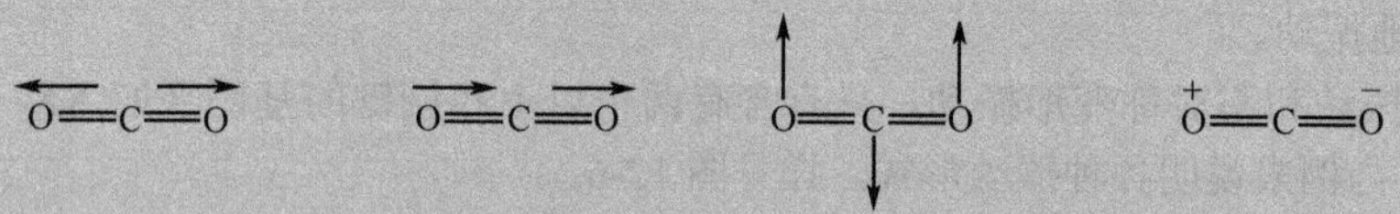

ν_s 1388 cm^{-1}　　ν_{as} 2349 cm^{-1}　　β 665 cm^{-1}　　γ 665 cm^{-1}

非线性分子以水分子 H_2O 为例。振动自由度=3×3–6=3。说明水分子有三种基本振动形式。在红外谱图上可看到的峰数为3。

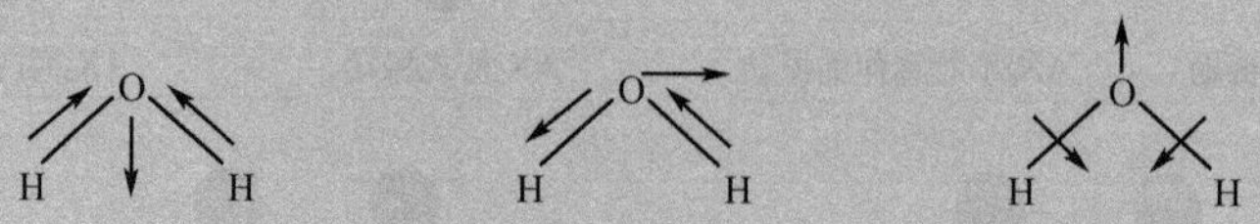

ν_s 3652 cm^{-1}　　ν_{as} 3756 cm^{-1}　　δ 1595 cm^{-1}

理论上讲，每个振动自由度代表一个独立的振动，每个独立的振动在红外光谱区将产生一个吸收峰，事实上，峰数往往少于基本振动的数目。原因如下：①当振动过程中分子的瞬间偶极矩不发生变化时，不产生红外光的吸收，所以没有吸收峰。例如，CO_2 的对称伸缩振动，其振动频率为 $\nu_{s(C=O)}$1388 cm^{-1}，虽确有此振动，但红外光谱上却无此峰。这是由于 CO_2 是线性分子，虽然两个键的偶极矩都不等于零，但分子的偶极矩是键偶极矩的矢量和。当 CO_2 分子处于振动平衡位置时，偶极矩 μ=0。在对称伸缩振动过程中，正、负电荷重心仍然重合，偶极矩没有变化，$\Delta\mu$=0。②虽然振动形式不同，但频率完全相同的振动，在红外光谱中同处一位置，即发生重叠，这种现象称为简并。例如，CO_2，虽然 $\beta_{C=O}$ 与 $\gamma_{C=O}$ 的振动形式不同，但振动频率相同，吸收红外线的频率相同，所以只能观测到一个吸收峰。③弱的吸收峰往往被强的吸收峰所掩盖，观察不到或检测不到。④有的振动频率落在中红外区以外的区域。⑤仪器的分辨率不够，对一些频率很接近的吸收峰分辨不开。

二、红外光谱产生的条件和吸收峰强度

（一）红外光谱产生的条件

当用红外线照射时，分子吸收适宜频率的红外线而跃迁至激发态。由于振动能级是量子化的，则所吸收光子的能量 $h\nu_L$ 必须恰等于振动能级的能量差，即 $h\nu_L=\Delta E$，将式（12-2）代入得

$$\nu_L=\nu\Delta V \tag{12-3}$$

式（12-3）说明，若把双原子分子视为谐振子，吸收红外线而发生能级跃迁时所吸收的红外线频率（ν_L），只能是谐振子振动频率（ν）的 ΔV 倍。

若振动由基态（V=0）跃迁到第一激发态（V=1），ΔV=1，则 $\nu_L=\nu$，此时吸收的红外光频率恰好等于分子的化学键振动的频率，所产生的吸收称为基频峰。

除了满足上述条件外，只有分子在振动过程中发生瞬间偶极矩变化，这种振动才能够吸收红外光，即 $\Delta\mu \neq 0$。同质量的双原子分子，如 H_2、Cl_2 和 O_2 等，因它们只有伸缩振动，在振动中偶极矩并不发生变化，所以没有红外吸收。我们把不产生红外吸收的振动称为红外非活性振动，反之称为红外活性振动。

此外，分子或基团的振动是近似的简谐振动，因而也遵守非谐振子的选择定则。非谐振子的选择定则不只局限于 $\Delta V=\pm1$，即不局限于相邻振动能级之间的跃迁。ΔV 可以等于任何其他整数值，即允许 $\Delta V=\pm1, \pm2, \pm3, \cdots$ 的跃迁，而分子或基团的振动也可由基态跃迁到 V=1，2，3，…任何激发态。

由此，在红外光谱中，可观测到除基频峰以外的倍频峰，即振动能级由基态（V=0）跃迁至第二振动激发态（V=2）、第三激发态（V=3）……所产生的吸收峰称为倍频峰。由于分子的非谐振性质，位能曲线中的能级差并非等距，V 越大，间距越小。因此倍频峰的频率并不是基频峰的整数倍，而是略小一些。

除倍频峰以外，尚有合频峰 $\nu_1+\nu_2$，$2\nu_1+\nu_2$，…，差频峰 $\nu_1-\nu_2$，$2\nu_1-\nu$，…。倍频峰、合频峰及差频峰统称为泛频峰。

综上所述，红外光谱的产生必须满足两个条件。

（1）$\nu_L=\nu\Delta V$ 即分子吸收红外光的频率刚好等于分子振动能级发生跃迁所需要的能量。

（2）$\Delta\mu\neq0$ 即分子在振动过程中其偶极矩必须发生变化才能产生红外吸收。

两个条件缺一不可。

（二）吸收峰的强度

1. 吸收峰强度的划分　物质对红外光的吸收仍符合吸收定律——Lambert-Beer 定律。峰的强度亦按照摩尔吸收系数 ε 的大小来划分，在红外光谱中，通常 ε＞100 时，为很强吸收（very strong absorption，vs）；ε=20～100 时，为强吸收（strong absorption，s）；ε=10～20 时，为中强吸收（middle absorption，m）；ε=1～10 时，为弱吸收（weak absorption，w）；ε＜1 时，为很弱吸收（very weak absorption，vw）。

2. 影响吸收峰强度的因素　红外吸收谱带的强度取决于以下两个因素。

（1）分子振动时偶极矩的变化，而偶极矩与分子结构的对称性有关。分子的对称性越高，振动中分子偶极矩变化越小，谱带强度也就越弱。通常，极性较强的基团（如 C═O，C═X 等），在振动过程中偶极矩变化较大，吸收红外光的能力越强，产生的吸收峰度就越大；极性较弱的基团（如 C═C、C—C、N═N 等）在振动过程中偶极矩变化较小，所以吸收较弱。

（2）跃迁概率的大小。跃迁概率是指处于基态的分子中很少一部分，吸收某一频率的光后，产生振动能级跃迁处于激发态，当达到平衡时，处于激发态的分子占总分子的百分数。跃迁概率越大，吸收峰的强度越大。而跃迁概率又与偶极矩变化（$\Delta\mu$）有关，$\Delta\mu$ 越大，跃迁概率越大。

另外，电负性越大的取代基团、分子的对称性越差、费米共振、氢键的形成等均可增加 $\Delta\mu$，使吸收增强。

三、吸收峰的位置

（一）基本振动频率

若把化学键连接的两原子看作谐振子，其振动频率符合虎克（Hooke）定律。

$$v=\frac{1}{2\pi}\sqrt{K/u} \tag{12-4}$$

式中，K 为化学键力常数，与键能和键长有关，单键、双键、三键的 K 分别为 5 N/cm、10 N/cm、15 N/cm；为两个小球的折合质量 $u=m_1m_2/(m_1+m_2)$。任意两个相邻的能级间的能量差为

$$\Delta E=hv=\frac{h}{2\pi}\sqrt{K/u} \tag{12-5}$$

所以振动频率（用波数 σ 表示）为

$$\sigma=\frac{1}{\lambda}=\frac{1}{2\pi}\sqrt{K/u}=1302\sqrt{K/u'} \tag{12-6}$$

式中，u'为两个原子的摩尔折合质量，$u'=m_A m_B/（m_A+m_B）$；m_A、m_B为A、B的摩尔质量；σ为波数，单位是cm^{-1}。

案例 12-4

按式（12-6）计算：C≡C，C=C，C—C，C—H的基本振动频率。

案例 12-4 分析

（1）$\nu_{C\equiv C}$：$K\approx 15$ N/cm；$u'=12\times12/(12+12)=6$，代入式（12-6）计算得$\sigma\approx2058\ cm^{-1}$。

同法计算下述各键的基本振动频率。

（2）$\nu_{C=C}$：$K\approx 10$ N/cm，$u'=6$，$\sigma\approx 1680\ cm^{-1}$。

（3）ν_{C-C}：$K\approx 5$ N/cm，$u'=6$，$\sigma\approx 1190\ cm^{-1}$。

（4）ν_{C-H}：$K\approx 5$ N/cm，$u'=12\times1/(12+1)\approx1$，$\sigma\approx 2910\ cm^{-1}$。

由上述计算，可以得出如下规律。

（1）折合质量越小，伸缩频率越高。因此含氢官能团的伸缩振动能级跃迁产生的基频峰出现在中红外光谱的高频区。

（2）折合质量相同的基团，伸缩力常数越大，伸缩振动基频峰的频率越高，如$\nu_{C\equiv C}>\nu_{C=C}>\nu_{C-C}$；$\nu_{C\equiv N}>\nu_{C=N}>\nu_{C-N}$等。

（3）折合质量相同时，通常$\nu>\beta>\gamma$，因为它们的力常数依次减小。

由式（12-6）可以计算基频峰的位置，而且大多计算值与实测值都很接近，如甲烷的ν_{CH}基频峰计算值为2910 cm^{-1}，实测为2915 cm^{-1}。这是因为甲烷分子简单，与谐振子差别不大的缘故。事实上，在一个比较复杂的分子中，基团间经常存在着较大的影响，可使峰位产生10～10^2 cm^{-1}的位移。可见，基频峰的峰位不仅与力常数及折合质量有关，还要受内部和外部因素的影响。

（二）影响吸收峰位置的因素

分子中各基团不是孤立的，它要受到邻近基团和整个分子结构的影响，即同一基团在不同的化合物中，因化学环境的不同，所吸收光的频率亦不同。因此，了解基团峰位的影响因素有利于对分子结构的准确判定。

1. 内部因素

（1）诱导效应：由于吸电子基团的取代，使羰基上的孤电子对向双键转移，使羰基的双键性增强，力常数增大，伸缩振动频率向高频方向移动，如$\nu_{C=O}$。

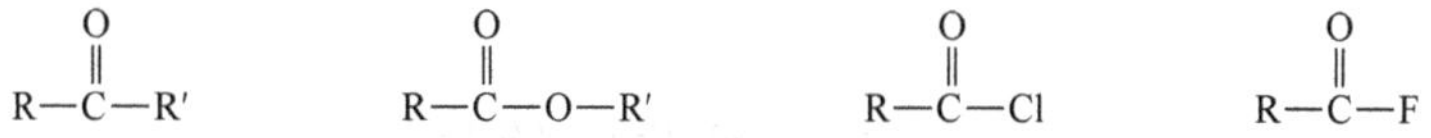

$\nu_{C=O}$　1715 cm^{-1}　1735 cm^{-1}　1780 cm^{-1}　1800 cm^{-1}

（2）共轭效应：在α，β-不饱和羰基化合物中，由于p-π共轭效应使共轭原子上的电子云密度平均化，羰基C=O的双键性降低，力常数减少，吸收峰向低波数区移动，如$\nu_{C=O}$。

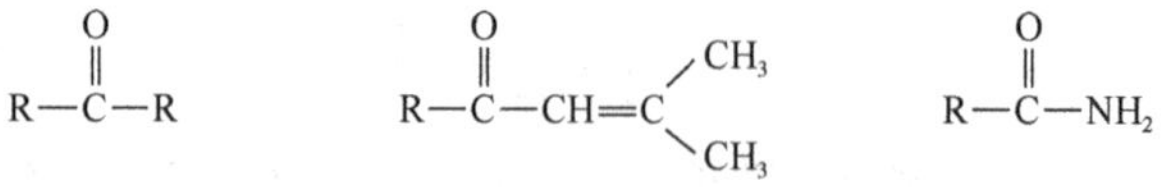

$\nu_{C=O}$　1715 cm^{-1}　1690 cm^{-1}　1680 cm^{-1}

芳酮的羰基振动频率降低的原因同样可以解释，如苯乙酮的$\nu_{C=O}$ 1685 cm^{-1}。

（3）空间效应：是指由于空间作用的影响，使基团电子云密度发生变化，从而引起振动频率发生变化的现象。常见的有场效应和空间位阻效应，如2-溴环己酮$\nu_{C=O}$ 1716 cm^{-1}，2-溴-4，4-二甲基环己酮$\nu_{C=O}$ 1728 cm^{-1}（结构如下）。这是由于2-溴环己酮无空间障碍的Br处在直立键位，$\nu_{C=O}$出现在正常位置；而2-溴-4，4-二甲基环己酮在4位上多了两个—CH_3，由于空间位置的影响，使Br处在平伏键位，使C—Br与C=O靠得较近，导致Br与O电负性减小，C=O的双键性增加，

$\nu_{C=O}$增高。又如1-乙酰环己烯$\nu_{C=O}$ 1663 cm^{-1}，1-乙酰-2-甲基-6，6-二甲基环己烯$\nu_{C=O}$ 1715 cm^{-1}（结构如下），后者立体障碍大，共轭受到限制，致使$\nu_{C=O}$出现在高波数区。

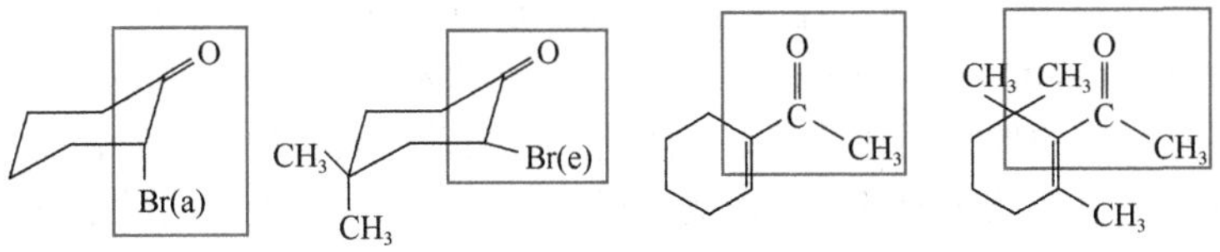

$\nu_{C=O}$ 1716 cm^{-1}　　1728 cm^{-1}　　1663 cm^{-1}　　1715 cm^{-1}

（4）环张力效应：通常情况下由于环张力的影响，环状化合物吸收频率比同类链状化合物吸收频率高；而环状化合物随着环张力增加，环外双键振动频率增加，环内双键振动频率降低。

$\nu_{C=C}$ 1651 cm^{-1}　　1657 cm^{-1}　　1678 cm^{-1}　　1780 cm^{-1}

$\nu_{C=C}$ 1650 cm^{-1}　1646 cm^{-1}　　1611cm^{-1}　　1566 cm^{-1}　　1641 cm^{-1}

（5）氢键效应：氢键的形成，可使形成氢键基团的吸收带明显地向低频方向移动。分子内氢键与浓度无关，而分子间氢键受浓度影响较大，在极稀的溶液（醇或酚）中呈游离的状态，随着浓度的增加，分子间形成氢键的可能性增大，ν_{OH}逐渐向低频方向移动，在羧酸中，不仅ν_{OH}向低频方向移动，同时$\nu_{C=O}$也向低频方向移动。因此，观测稀释过程峰位是否变化，有利于判断是分子间氢键还是分子内氢键。

（6）振动偶合效应：是指分子中两个或两个以上相同的基团靠得很近时，相同基团之间发生偶合，使其相应特征吸收峰发生分裂。振动偶合常出现在一些二羰基化合物中。例如，在酸酐中，由于两个羰基的振动偶合，使$\nu_{C=O}$的吸收峰分裂成两个峰，分别出现在1820 cm^{-1}和1760 cm^{-1}。

（7）费米共振（Fermi resonance）效应：当泛频峰位于某强的基频吸收峰附近时，它们的吸收峰强度常随之增加，或发生谱峰分裂。这种泛频与基频之间的振动偶合，称为费米振动。例如，在正丁基乙烯基醚（C_4H_9—O—C=CH_2）中，烯基$\omega_{=CH}$ 810 cm^{-1}的倍频（约在1600 cm^{-1}）与烯基的$\nu_{C=C}$发生费米共振，结果在1640 cm^{-1}和1613 cm^{-1}出现两个强的谱带。

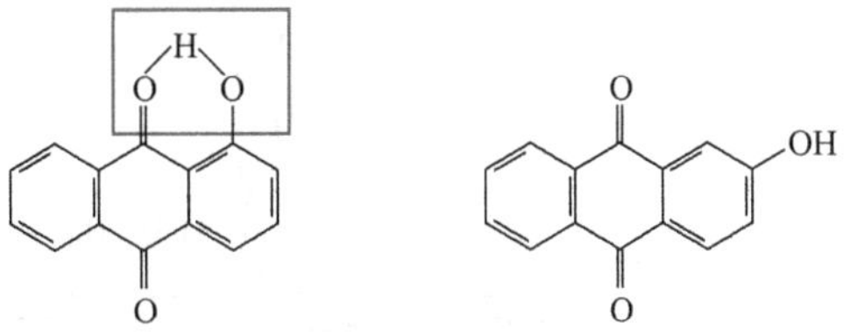

$\nu_{C=O}$(缔合)1622 cm^{-1},(游离)1675 cm^{-1}　　$\nu_{C=O}$(游离)1776 cm^{-1}

ν_{OH} (缔合)2843 cm^{-1}　　ν_{OH} (缔合)3610 cm^{-1}

2. 外部因素

（1）样品物理状态的影响：气态下测定红外光谱，可以提供游离分子的吸收峰的情况；液态和固态样品，由于分子间的缔合和氢键的形成，峰位常向低频方向移动，如羧酸中$\nu_{C=O}$气态1780 cm^{-1}，液态1760 cm^{-1}。

（2）溶剂影响：极性基团的伸缩振动频率常随溶剂极性的增加而降低，如羧酸中$\nu_{C=O}$的伸缩振动在非极性溶剂、乙醚、乙醇和碱中的振动频率分别为1760 cm^{-1}、1735 cm^{-1}、1720 cm^{-1}和1610 cm^{-1}。在实际测定红外光谱时，被测物质应尽量在非极性稀溶液中测定。

（三）特征区和指纹区

1. 特征区　习惯上4000～1300 cm^{-1}（2.5～8.0 μm）称为特征频率区，简称特征区（characteristic region）。特征区的吸收峰数目较少、容易辨认，是化学键和基团的特征振动频率区，一般可用于鉴定官能团的存在。此区间主要包括含有氢原子的单键、双键和叁键的伸缩振动的基频峰。其中 2500～1600 cm^{-1} 称为不饱和区，是辨认 C≡N、C≡C、C═O、C═C 等基团的特征区，由于 C≡N 和 C═O 很少与其他峰重叠，且谱带强度大，是最易识别的吸收峰。

2. 指纹区 1300～400 cm^{-1}（8.0～25 μm）的低频区称为指纹区（fingerprint region）。所出现的谱带起源于各种单键的伸缩振动及多数基团的弯曲振动。因各种单键的强度大体相同，单键间的相互作用，使得这个区域内的吸收光谱变得很复杂，并且对分子结构微小变化（如同系物、同分异构体等）高度敏感。因而在此区域的谱带一般较密集，故把此区称为指纹区。两个结构相近的化合物只要其化学结构上存在微小的差别，指纹区一般就有较明显的不同。

四、特征峰和相关峰

（一）特征峰（特征频率）

对多原子分子的各种振动进行详细的理论分析并不容易。人们对于吸收峰的识别主要是对比了大量光谱而总结出一些规律，进而从理论上得到了证明。

案例 12-5

通过对比下列正癸烷、正癸烯及正癸腈的红外光谱图，如图 12-7 所示，找出 CH═CH_2 及 C≡N 的特征。

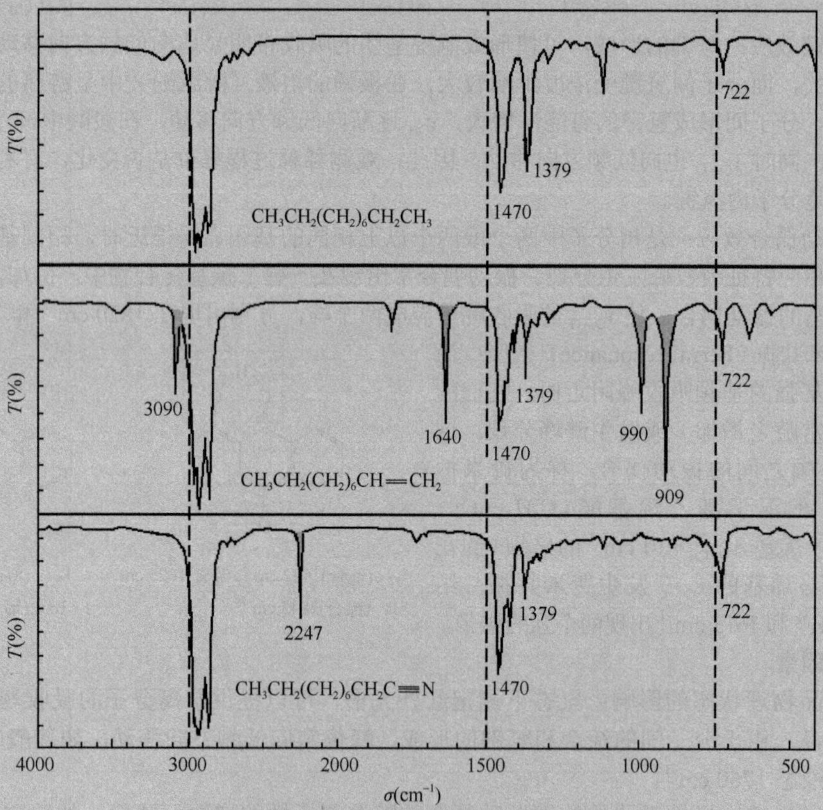

图 12-7 正癸烷、正癸烯及正癸腈的红外光谱图

案例 12-5 分析

（1）正癸烷与正癸烯的光谱对比，后者比前者多了 3090 cm^{-1}、1640 cm^{-1}、990 cm^{-1}、909 cm^{-1} 四个吸收峰，它们均由结构中 CH═CH_2 基团引起的，可分别归属于 $\nu_{as(═CH)}$、$\nu_{C═C}$、γ_{CH} 及 $\gamma_{═CH_2}$，为—CH═CH_2 基团的特征峰。

（2）正癸烷与正癸腈的光谱对比，后者在 2247 cm^{-1} 处多出一个吸收峰，其他峰基本一致。因此 2247 cm^{-1} 的吸收峰一定是由 C≡N 的伸缩振动所引起的基频峰，可记为 $\nu_{C\equiv N}$ 的特征峰。

案例 12-5 说明，官能团（基团）的存在与吸收峰相对应。凡是可用于鉴别官能团存在的吸收峰，称为特征吸收峰（characteristic absorption band），简称特征峰或特征频率（characteristic frequency）。各种基团特征振动区域如表 12-2 所示。

表 12-2　红外光谱的九个重要区段

波数（cm^{-1}）	波长（μm）	振动类型
3750～3200	2.7～3.3	ν_{OH}、ν_{NH}
3300～3000	3.0～3.4	$\nu_{\equiv CH} < \nu_{=CH} \approx \nu_{ArH}$
3000～2700	3.3～3.7	ν_{CH}（—CH_3，饱和 CH_2 及 CH，—CHO）
2400～2100	4.2～4.9	$\nu_{C\equiv C}$、$\nu_{C\equiv N}$
1900～1650	5.3～6.1	$\nu_{C=O}$（酸酐、酰氯、酯、醛、酮、羧酸、酰胺）
1675～1500	5.9～6.2	$\nu_{C=C}$、$\nu_{=CN}$
1475～1300	6.8～7.7	δ_{CH}（各种面内弯曲振动）
1300～1000	7.7～10.0	ν_{C-O}（酚、醇、醚、酯、羧酸）
1000～650	10.0～15.4	$\gamma_{=CH}$（不饱和碳-氢面外弯曲振动）

（二）相关峰

案例 12-5 已经说明，在正癸烯的红外光谱中，由于有—CH═CH_2 基的存在，能明显地观测到四个特征峰。因此，由一个官能团，所产生的一组相互依存的特征峰，可称为相关吸收峰，简称相关峰，以区别于非依存的其他特征峰。相关峰的数目与基团的活性振动数及光谱的波数范围有关。

在中红外光谱区，多数基团都有一组相关吸收峰，如羧基的相关峰包括：ν_{OH}、$\nu_{C=O}$、ν_{C-O}、β_{OH} 及 γ_{OH} 五个特征峰。用一组相关吸收峰确定一个官能团的存在，是光谱解析的一条重要原则。部分常见官能团的相关峰见本教材附录十。

第二节　有机化合物的典型光谱

一、脂 肪 烃 类

（一）烷烃类化合物

烷烃类化合物用于结构鉴定的吸收峰主要有碳-氢伸缩振动（ν_{CH}）和面内弯曲振动（δ_{CH}）吸收峰。

1. ν_{CH}　3000～2845 cm^{-1} 出现强的多重峰。

—CH_3：$\nu_{as(CH)}$2970～2940 cm^{-1}（s），$\nu_{s(CH)}$2875～2865 cm^{-1}（m）。甲氧基中的甲基，由于氧原子的影响，ν_{CH} 一般在 2830 cm^{-1} 附近出现尖锐而中等强度的吸收峰。

—CH_2—：$\nu_{as(CH)}$ 2932～2920 cm^{-1}（s），$\nu_{s(CH)}$ 2855～2850 cm^{-1}（s），环烷烃、与卤素等相连接的—CH_2，ν_{CH} 向高频区移动。

—CH—：在 2890 cm^{-1} 附近，但通常被—CH_3 和—CH_2—的伸缩振动所掩盖。

2. δ_{CH} 面内弯曲和甲基的变形振动均出现在 1490～1350 cm^{-1}。

（1）$—CH_3$：$\delta_{as(CH)}$～1450 cm^{-1}（m），$\delta_{s(CH)}$～1380 cm^{-1}（s），$\delta_{s(CH)}$ 峰的出现是化合物中存在甲基的证明。当化合物中存在有$—CH(CH_3)_2$ 或$—C(CH_3)_3$ 时，由于振动偶合，1380 cm^{-1} 峰发生分裂，出现双峰。

（2）$—CH_2—$：δ_{CH}～1465 cm^{-1}（m）。

3. ρ_{CH_2} 在有$—(CH_2)_n—$直链结构的化合物中，$—CH_2—$的面内摇摆（ρ_{CH_2}）在 810～720 cm^{-1} 内变化，n 越大，ρ_{CH_2} 越小，当 $n>4$ 时，$—CH_2—$的 ρ_{CH_2} 在 720 cm^{-1}。

（二）烯烃类化合物

烯烃类化合物用于结构鉴定的吸收峰主要有碳-氢伸缩振动（$\nu_{=CH}$）、碳-碳伸缩振动（$\nu_{C=C}$）和碳-氢面外弯曲振动（$\gamma_{=CH}$）吸收峰。

1. $\nu_{=CH}$ 出现在 3100～3010 cm^{-1}，强度都很弱。

2. $\nu_{C=C}$ 非共轭 $\nu_{C=C}$ 发生在 1680～1620 cm^{-1}，强度较弱；共轭 $\nu_{C=C}$ 向低频方向移动，发生在 1600 cm^{-1} 附近，强度增大。

3. $\gamma_{=CH}$ 出现在 990～690 cm^{-1}，强度较强，它可以用来判断双键上的取代个数、取代位置、类型及顺反异构，是烯烃类化合物结构确定最有价值的振动形式。不同取代类型的 $\gamma_{=CH}$ 如表 12-3 所示。

表 12-3 不同取代类型的 $\gamma_{=CH}$

取代类型	振动频率（cm^{-1}）	吸收峰强度
$RCH=CH_2$	990 和 910	s
$R_2C=CH_2$	890	m～s
$RCH=CR'H$（顺）	690	m～s
$RCH=CR'H$（反）	970	m～s
$R_2C=CRH$	840～790	m～s

在环状烯烃中，随着环元素的减少，环张力增加，环外双键振动频率增加；而环内双键振动频率减小，环丁烯达最小，环元素继续减少，振动频率反而增加。

（三）炔烃类化合物

炔烃类化合物用于结构鉴定的吸收峰主要有 $\nu_{\equiv CH}$ 和 $\nu_{C\equiv C}$ 吸收峰。

1. $\nu_{\equiv CH}$ 发生在 3360～3300 cm^{-1}，吸收峰强且尖锐，含有该基团的化合物为端炔。

2. $\nu_{C\equiv C}$ 发生在 2260～2100 cm^{-1}；$RC\equiv CH$ 型炔烃中 $\nu_{C\equiv C}$ 在 2140～2100 cm^{-1}；$R'C\equiv CR$：$\nu_{C\equiv C}$ 在 2260～2190 cm^{-1}。

与$—CH_3$ 和 $C=CH$ 相比，炔烃的特征峰较少，如正辛烷、1-辛烯、1-辛炔的红外光谱图如图 12-8 所示。

二、芳香烃类

芳香族化合物用于结构鉴定的吸收峰主要有 $\nu_{=\Phi H}$、$\nu_{C=C}$、泛频区、$\delta_{=\Phi H}$ 和 $\gamma_{=\Phi H}$。

1. $\nu_{=\Phi H}$ 苯环的$=CH$ 伸缩振动通常发生在 3030 cm^{-1}，中等强度。

2. 苯环的骨架振动（$\nu_{C=C}$） 1650～1450 cm^{-1} 内出现多个吸收，其中～1600 cm^{-1}（～代表约）和～1500 cm^{-1} 的两吸收最为重要。未与取代基共轭，$\nu_{C=C}$ ～1600 cm^{-1} 和 ～1500 cm^{-1}；共轭后 $\nu_{C=C}$ 除 1600 和～1500 cm^{-1} 外，又出现一个～1580 cm^{-1} 吸收。当分子对称时，～1600 cm^{-1} 谱峰很

弱不易识别。

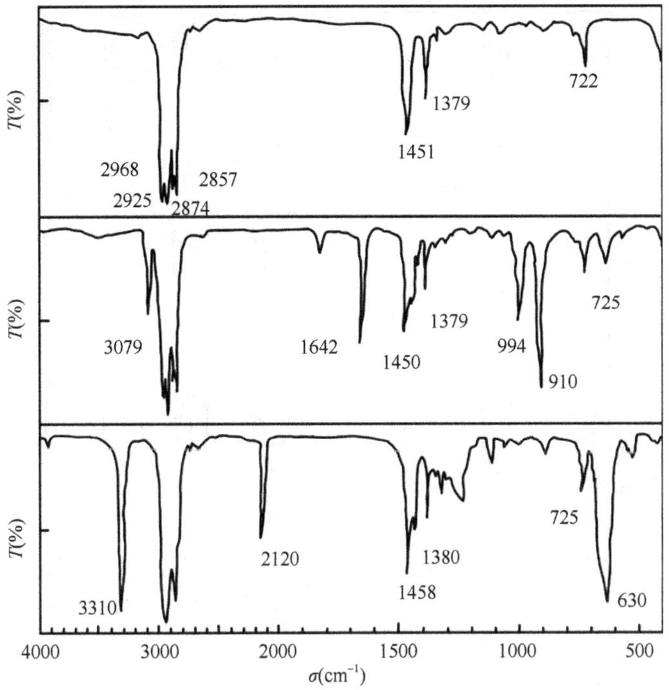

图 12-8 正辛烷、1-辛烯、1-辛炔的红外光谱

3. 泛频区 芳香族化合物面外弯曲振动的泛频峰出现在 2000～1660 cm^{-1}，强度很弱，这一范围内的吸收峰的形状和数目，可以提供芳香族化合物取代类型的重要信息。

4. $\delta_{=\Phi H}$ 出现在 1225～955 cm^{-1}，特征性较差，不易识别。

5. $\gamma_{=\Phi H}$ 芳香环的碳氢面外弯曲振动在 900～650 cm^{-1} 出现强的吸收峰，该吸收峰的位置、个数和形状可用来鉴定苯环上取代基个数和类型（图 12-9），具体数据见附录十。

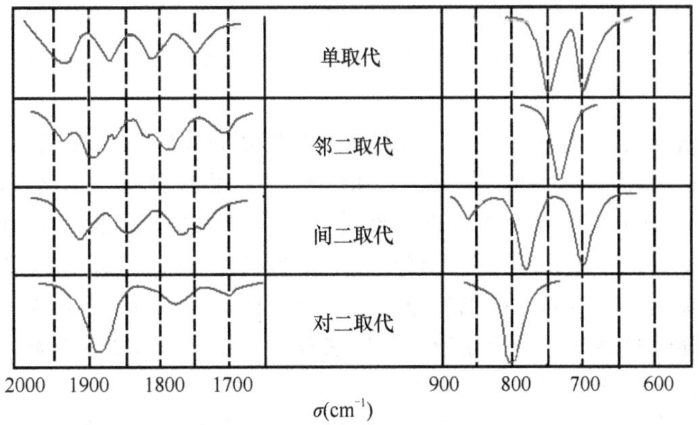

图 12-9 取代苯泛频峰和 C—H、C═C 面外弯曲振动

案例 12-6

甲苯、邻二甲苯、间二甲苯、对二甲苯由于取代基数量和位置不同，在 $\nu_{=\Phi H}$、$\nu_{C=C}$、泛频区、$\delta_{=\Phi H}$ 和 $\gamma_{=\Phi H}$ 有所差异，其红外光谱图如图 12-10 所示。

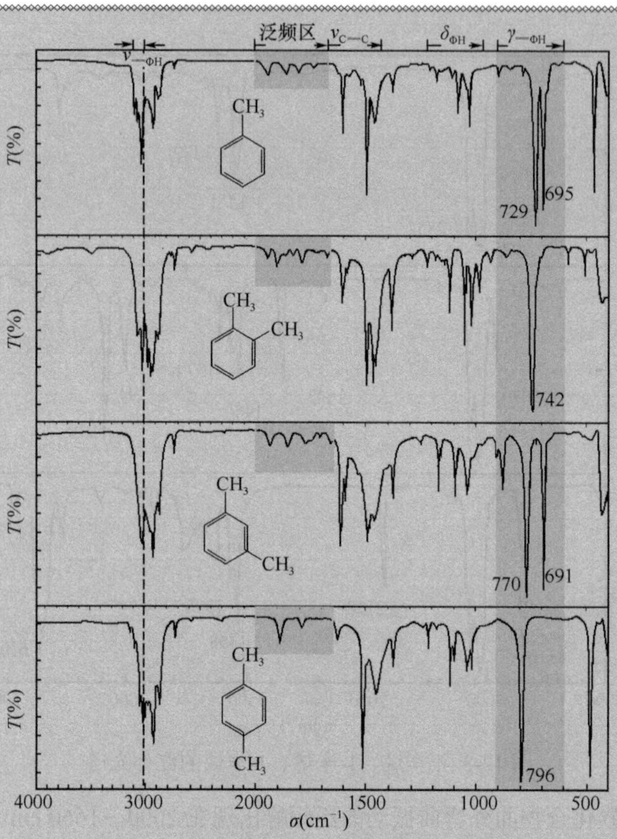

图 12-10　甲苯、邻二甲苯、间二甲苯、对二甲苯的红外光谱

问题：

（1）如果利用苯酚的亲电加成反应合成硝基苯酚时，如何来鉴定两种合成产物哪个是邻位硝基苯酚，哪个是对位硝基苯酚？

（2）红外光谱可否用于同分异构体的鉴别？

（3）苯环上的氢与 CH_3 和 CH_2 上的氢的伸缩振动频率有何不同？

案例 12-6 分析

（1）可以通过苯环取代的特征吸收来判断。如果是邻位取代，在 779～735 cm^{-1} 附近会出现一个强峰。如果是对位取代，在 860～800 cm^{-1} 附近出现强峰。由此可以判断取代类型。

（2）可以，比如正丁烷和异丁烷在近红外光谱上通常会显示出明显的区别。这是因为它们的分子结构不同，导致在近红外光谱中表现出不同的吸收特征。对于正丁烷和异丁烷来说，由于它们的碳链排列不同，它们的分子振动模式也有所不同，导致在近红外光谱上表现出明显的差异。通过观察近红外光谱图上的峰值位置、强度和形状等参数，可以清晰地区分正丁烷和异丁烷，从而进行它们的鉴定和分析。

（3）苯环上的氢原子与 CH_2 和 CH_3 上的氢原子之间的伸缩振动频率存在一定差异。这种差异主要源于它们所处的化学环境不同。在苯环上，由于π-电子的存在及共轭作用，相邻碳原子之间的键长可能会有所不同，导致其中的氢原子在振动时相对刚度不同。另外，在 CH_2 和 CH_3 基团中，氢原子周围的化学环境不同，因此其振动频率也会有所差异。总体而言，苯环上的氢原子振动频率可能更接近于其他芳香烃环上的氢原子振动频率，而 CH_2 和 CH_3 上的氢原子振动频率则可能更接近于典型的脂肪族碳氢化合物中的氢原子振动频率。

三、醇、酚和醚类

（一）醇和酚类化合物

醇类和酚类化合物用于结构鉴定的吸收峰主要有 ν_{OH}、ν_{C-O} 和 δ_{CH}，如图 12-11 所示。

1. ν_{OH}　游离的醇或酚 ν_{OH} 位于 3650～3600 cm^{-1}，峰比较尖锐。形成氢键后，ν_{OH} 向低频区移动，在 3500～3200 cm^{-1} 内产生一个强的宽峰。

2. ν_{C-O}　伯醇 1050 cm^{-1}，仲醇 1100 cm^{-1}，叔醇 1150 cm^{-1}，酚 1220 cm^{-1}。ν_{C-O} 可用于区别伯、仲、叔醇及区别醇或酚。

3. δ_{CH}　波数位于 1400～1200 cm^{-1}，与其他峰相互干扰，应用受到限制。

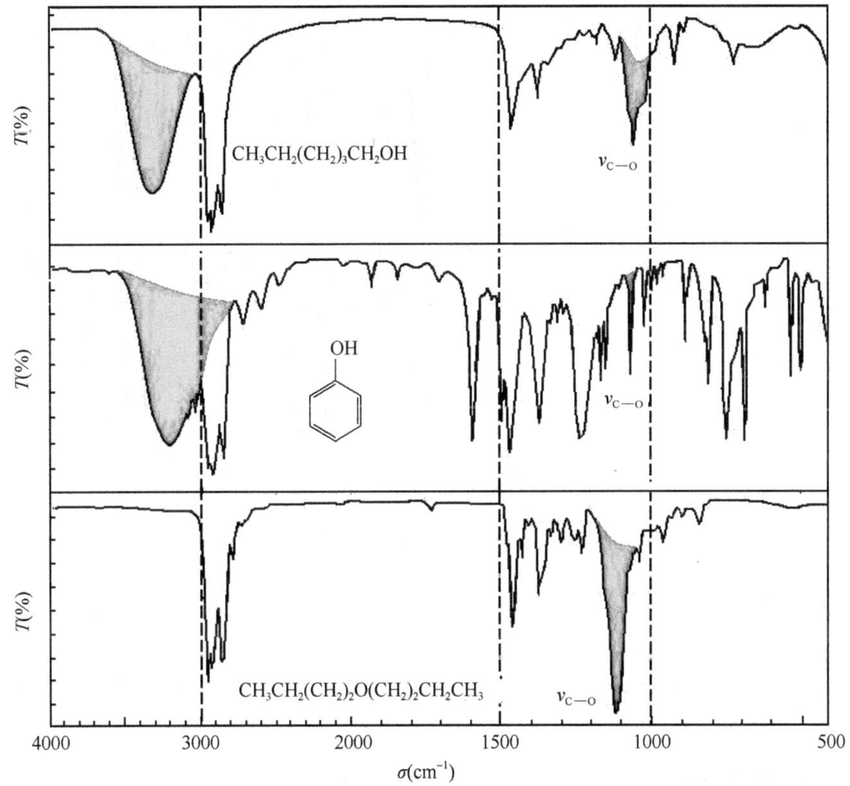

图 12-11　正己醇、苯酚、丁醚的红外光谱

（二）醚与醇

对比图 12-9 中的醚与醇的红外光谱可发现，它们都有 ν_{C-O} 峰，醚的 ν_{C-O} 峰出现在 1270～1010 cm^{-1}，醇的 ν_{C-O} 峰出现在 1150～1050 cm^{-1} 内。醚与醇类的主要区别是醚不具有 ν_{OH} 峰，虽然醚键（C—O—C）具有不对称与对称伸缩两种振动形式，但开链醚的取代基对称或基本对称时，只能看到位于 1150～1050 cm^{-1} 的 ν_{as} 强吸收峰，而 ν_s 峰消失或很弱。醚基氧与苯环或烯基相连时，C—O—C 不对称伸缩振动频率增加（可用共振效应解释），对称伸缩峰强度增大。例如，苯甲醚 C—O—C 的 ν_{as} 1250 cm^{-1}（s）；ν_s 1040 cm^{-1}。

四、羰基化合物

羰基化合物中 $\nu_{C=O}$ 偶极矩变化大，其吸收峰强很少与其他峰重叠，是鉴定羰基化合物的特征吸收。不同羰基化合物 $\nu_{C=O}$ 吸收波数如表 12-4 所示。

表 12-4　羰基化合物 $\nu_{C=O}$ 吸收波数（cm^{-1}）

酸酐Ⅰ	酰氯	酸酐Ⅱ	酯	醛	酮	羧酸	酰胺
1810	1800	1760	1735	1725	1715	1710	1690

（一）醛类化合物

醛类化合物用于结构鉴定的吸收峰主要有 $\nu_{C=O}$、ν_{C-H}。

非共轭醛的羰基伸缩振动 $\nu_{C=O}$ 发生在 1725 cm^{-1} 附近，共轭时吸收峰向低频方向移动。醛类化合物羰基的 C—H 伸缩振动（ν_{C-H}），一般在～2820 cm^{-1} 和～2720 cm^{-1} 处出现两个强度大致相等的吸收峰，是鉴别醛类化合物的特征吸收（图 12-12）。

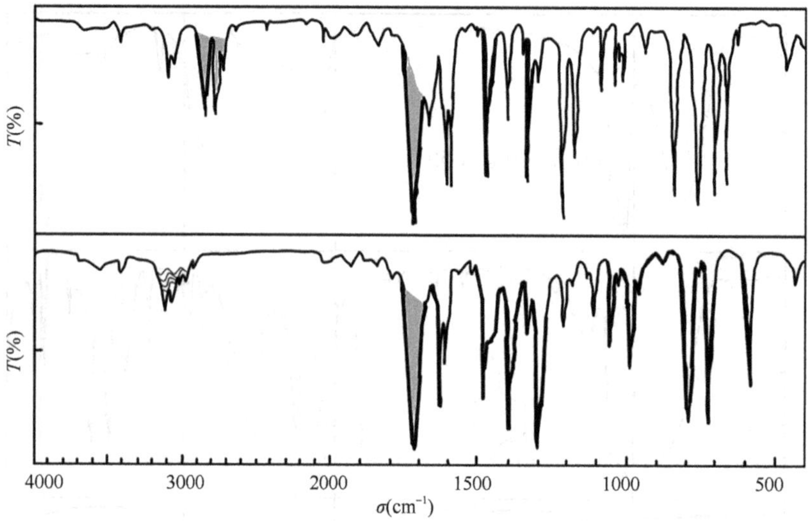

图 12-12　苯甲醛，苯乙酮的红外光谱

（二）酮类化合物

酮类化合物用于结构鉴定的吸收峰主要有 $\nu_{C=O}$。

非共轭酮的羰基伸缩振动 $\nu_{C=O}$ 发生在 1715 cm^{-1} 附近，如图 12-12 所示，共轭使吸收峰向低频方向移动。环酮随着环张力的增大，吸收向高频方向移动。

（三）羧酸及其羧酸盐

羧酸类化合物用于结构鉴定的吸收峰主要有 ν_{OH}、$\nu_{C=O}$、ν_{C-O} 和 γ_{OH}，见图 12-13。

1. ν_{OH}　游离 OH 的 ν_{OH} 一般发生在～3550 cm^{-1}，峰形尖锐。缔合 OH 的 ν_{OH}，发生在 3000～2500 cm^{-1}，峰比较宽、钝且强。

2. $\nu_{C=O}$　游离 C═O 的 $\nu_{C=O}$ 一般发生在～1760 cm^{-1}。缔合 C═O 的 $\nu_{C=O}$，一般出现在 1725～1705 cm^{-1}，峰宽且强。发生共轭时，$\nu_{C=O}$ 向低频方向移动。

3. γ_{OH}　在 950～900 cm^{-1}（920 cm^{-1}）产生一谱带，强度变化很大。

4. 羧酸盐离子（COO^-）　有对称的伸缩振动～1400 cm^{-1} 和不对称的伸缩振动 1610～1550 cm^{-1}，吸收峰都比较强，非常具有特征性。

（四）酯类化合物

酯类化合物用于结构鉴定的吸收峰主要有 $\nu_{C=O}$、ν_{C-O-C}。

1. $\nu_{C=O}$　非共轭酯 $\nu_{C=O}$ 出现在 1740～1725 cm^{-1}；共轭酯羰基吸收峰向低频方向移动。环内酯由于环张力，$\nu_{C=O}$ 向高波数位移，如 γ-丁内酯 $\nu_{C=O}$ 1760 cm^{-1}。

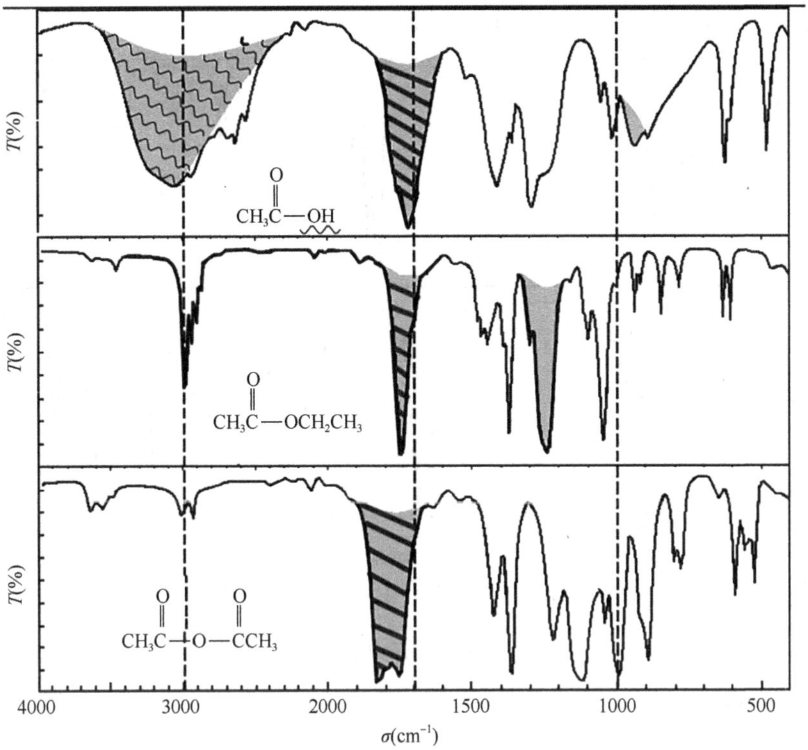

图 12-13　乙酸、乙酸乙酯、乙酸酐的红外光谱

2. ν_{C-O-C}　位于 1300～1050 cm^{-1}，表现出了 ν_{as} 和 ν_s，其中 ν_{as} 在 1300～1150 cm^{-1}，强度大且宽，在酯类化合物结构分析中较为重要。

（五）羧酸酐类化合物

羧酸酐类化合物用于结构鉴定的吸收峰主要有 C═O 的 ν_{as} 和 ν_s。

酸酐的两个羰基由于振动偶合，$\nu_{C=O}$ 在 1860～1800 cm^{-1}（ν_{as}）和 1775～1740 cm^{-1}（ν_s）出现两个强的羰基吸收峰。

（六）酰胺类化合物

酰胺类化合物用于结构鉴定的吸收峰主要有 ν_{NH}、$\nu_{C=O}$、δ_{NH} 和 ν_{C-N}。

1. ν_{NH}　伸缩振动位于 3500～3100 cm^{-1}。伯酰胺在游离状态时 ν_{NH} 在～3500 cm^{-1} 和～3400 cm^{-1} 处出现强度大至相等的双峰，缔合状态时此二峰向低频方向移动，位于～3300 cm^{-1} 和～3180 cm^{-1} 处。仲酰胺在游离状态时，ν_{NH} 在 3500～3400 cm^{-1} 内出现一个峰，缔合状态位于 3330～3060 cm^{-1} 内。N—H 伸缩振动的峰比 O—H 伸缩振动峰弱而尖锐。

2. $\nu_{C=O}$　伯酰胺：游离态 $\nu_{C=O}$ 在～1690 cm^{-1}，缔合态～1650 cm^{-1}。仲酰胺：游离态～1680 cm^{-1}，缔合态～1640 cm^{-1}。叔酰胺：～1650 cm^{-1}。

3. δ_{NH}　伯酰胺 δ_{NH} 出现在 1640～1600 cm^{-1}；仲酰胺出现在 1570～1510 cm^{-1}。游离态在高波数区，缔合态在低波数区，非常特征，可用于区分伯、仲酰胺。

4. ν_{C-N}　伯酰胺出现在～1400 cm^{-1}，仲酰胺出现在～1300 cm^{-1}，峰很强。

（七）酰卤类化合物

酰卤类化合物用于结构鉴定的吸收峰主要有 $\nu_{C=O}$、ν_{C-X}。

脂肪酰卤的 $\nu_{C=O}$ 位于～1800 cm^{-1}，酰卤的 C═O 与双键共轭时，$\nu_{C=O}$ 位于 1850～1765 cm^{-1}。ν_{C-X} 吸收在 1250～910 cm^{-1}，峰较宽。

苯甲酰胺、丙酰氯的红外光谱如图 12-14 所示。

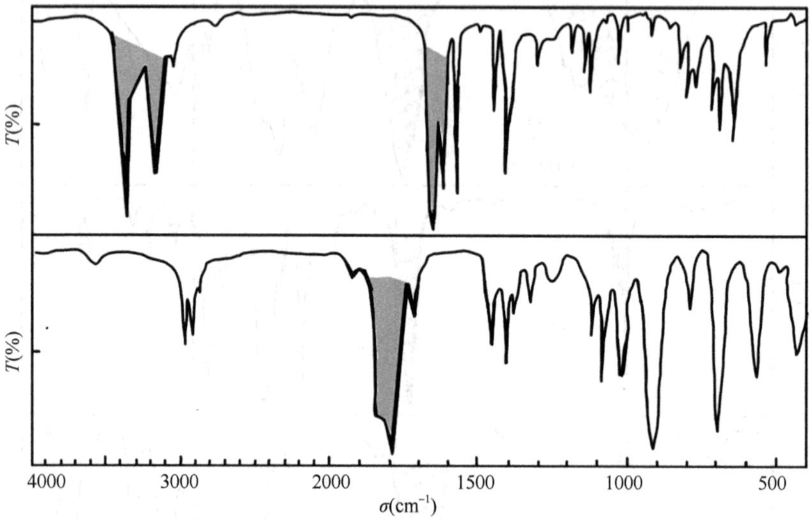

图 12-14 苯甲酰胺（上）、丙酰氯（下）的红外光谱

五、含氮有机化合物

（一）胺类化合物

胺类化合物用于结构鉴定的吸收峰主要有 ν_{NH}、δ_{NH} 和 ν_{C-N}。

1. ν_{NH} 伸缩振动位于 3500～3300 cm^{-1}。伯胺（游离）～3490 cm^{-1}、～3400 cm^{-1} 出现双峰；仲胺（游离）在 3500～3400 cm^{-1} 出现单峰。缔合后向低频方向移动。脂肪仲胺的强度弱，芳香仲胺的强度则很强。

2. δ_{NH} 伯胺 δ_{NH} 出现在 1650～1570 cm^{-1}。仲胺出现在～1500 cm^{-1}。

3. ν_{C-N} 脂肪族胺出现在 1250～1020 cm^{-1}。芳香族胺出现在 1380～1250 cm^{-1}。正丁胺、二丁胺、三丁胺红外光谱如图 12-15 所示。

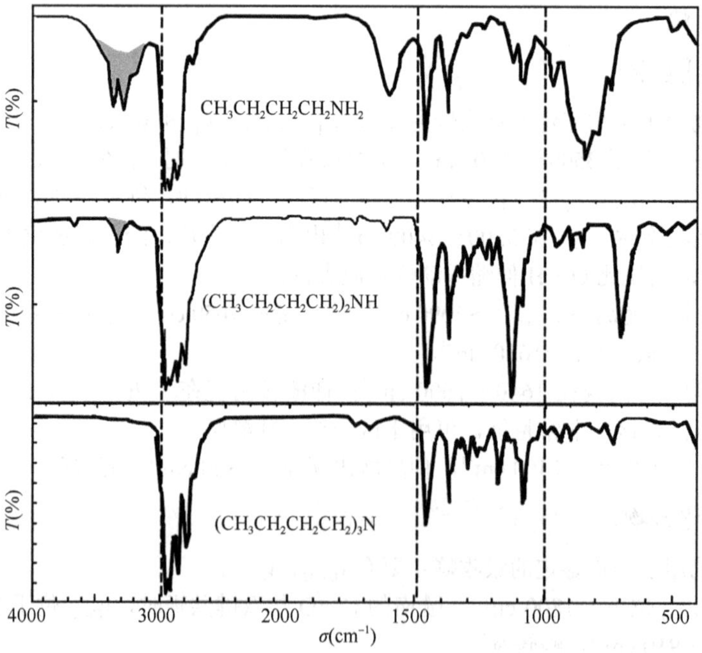

图 12-15 正丁胺、二丁胺、三丁胺红外光谱

（二）硝基类化合物

硝基类化合物用于结构鉴定的吸收峰主要有 $\nu_{N=O}$ 和 ν_{C-N}。

1. $\nu_{N=O}$　1600～1500 cm^{-1}（ν_{as}）和 1390～1300 cm^{-1}（ν_s）出现两个吸收。

2. ν_{C-N}　出现 920～800 cm^{-1}。

（三）氰类化合物

氰类化合物用于结构鉴定的吸收峰主要有 $\nu_{C\equiv N}$。$\nu_{C\equiv N}$ 在 2260～2215 cm^{-1} 出现中等强度的尖峰，容易辨认。

知识窗　　**红外光谱解析口诀**

红外可分远中近，中红特征指纹区，1300 来分界。
解析先看羰基峰，羰基伸展一千七，2720 定醛基；
一七一五为中心，吸电效应波数高，共轭低频移。
识图再看酚羟基，醇酚羟基易缔合，3300 有强峰；
C—O 伸展吸收大，伯仲叔醇位不同，1050 伯醇显；
一一零零仲醇峰，一一五零是叔醇，1230 才是酚。
识图再看饱和烃，三千以下看峰形，2960、2870 是甲基，2930、2850 亚甲峰；
烯氢伸展过三千，排除卤烷环丙烷；炔氢伸缩 3300，摇摆振动 680，三键伸缩 2200。
芳烃吸收很特征，1600～1450，1660～2000，取代方式区分明。
二千五到三千三，羧酸氢键峰形宽，酸酐千八来偶合，双峰 60 严相隔。
N—H 伸展三千三，叔胺无峰仲胺单，伯胺双峰小而尖。
红外识谱不算难，勤学苦练多实践。

第三节　红外光谱仪

常见的红外分光光度计的波数范围为 4000～400 cm^{-1}。仪器的发展大体经历三个阶段，主要区别是单色器。第一代仪器为棱镜红外分光光度计，这类仪器因岩盐棱镜易吸潮损坏及分辨率低等缺点，已被淘汰。20 世纪 60 年代出现了光栅红外分光光度计（第二代仪器），不但分辨率超过了棱镜仪器，而且具有对安装环境要求不高及价格便宜等优点。光栅仪器很快取代了棱镜仪器，是 20 世纪 90 年代前应用较多的一类仪器，但其缺点是扫描速度较慢。20 世纪 70 年代出现了干涉调频分光傅里叶变换红外分光光度计（第三代仪器，缩写 FT-IR）。这类仪器的分光器多用迈克耳孙（Michelson）干涉仪，具有很高的分辨率和极快的扫描速度（一次全程扫描时间小于 10^{-1} s）。

一、光栅型红外光谱仪

红外分光光度计的组成部件与紫外-可见分光光度计的组成部件大体相同，但也有所不同，不同之处有两个方面。①每一个部件的结构、所用的材料及性能都与紫外-可见分光光度计有所不同。②每一部分的排列顺序也不同，红外分光光度计的样品是放在光源和单色器之间，而紫外-可见分光光度计是放在单色器之后。

（一）主要部件

红外分光光度计的主要部件：光源、吸收池、单色器、检测器、放大器和处理器，主要介绍前 4 个。

1. 光源　常用的有能斯特灯和硅碳棒

（1）能斯特灯是用氧化锆、氧化钇和氧化钍烧结而成的中空棒和实心棒。工作温度约为

1700°C，在此高温下导电并发射红外线。但在室温下是非导体，因此，在工作之前要预热。它的特点是发射强度高，使用寿命长，稳定性较好。缺点是价格比硅碳棒贵，机械强度较差，操作不如硅碳棒方便。

（2）硅碳棒是由碳化硅烧结而成的中间细两端粗的实心棒，中间为发光部分，长约 5 cm，直径 5 mm，两端连导线。工作温度为 1200～1500°C。

2. 吸收池 要求可透过红外光。一般用 NaCl、KBr、CsI、KRS-5（TlI 58%，TlBr 42%）等材料制成窗片。使用时需注意防潮。固体样品常与纯 KBr 混匀压片，然后直接进行测定。

3. 单色器 单色器由色散元件、准直镜和狭缝构成。色散元件常用复制的闪耀光栅。由于闪耀光栅存在次级光谱的干扰，获得强度大的单色一级光谱，需要将光栅和用来分离次光谱的滤光器或前置棱镜结合起来使用。

4. 检测器 常用的红外检测器有高真空热电偶、热释电检测器和硫镉汞检测器。高真空热电偶是利用不同导体构成回路时的温差电现象，将温差转变为电位差。

（二）仪器工作原理

光栅型红外光谱仪的光源发出的红外光，由切光器分成两束强度相等的平行光，交替通过样品池和参比池，在光路中有楔形光学衰减器，用来平衡两个光路带有样品信息的光再由切光器交换进入单色器，经单色器色散后通过检测器检测，信号再经放大后，即可得到红外光谱图。光栅型红外分光光度计的光路图如图 12-16 所示。

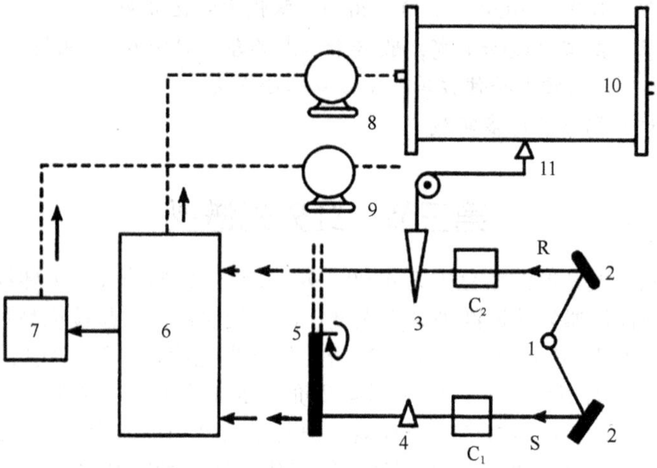

图 12-16 光栅型红外分光光度计的光路图

1. 光源；2. 反光镜；3. 光楔；4. T% 调节钮；5. 切光器；6. 单色器；7. 检测器；8. 记录伺服马达；9. 笔伺服马达；10. 记录纸鼓；11. 记录笔；R. 参考光束；S. 样品光束；C_1. 样品池；C_2. 空白池

二、傅里叶变换红外光谱仪

傅里叶变换红外光谱仪没有色散元件，主要由光源（硅碳棒、高压汞灯）、Michelson 干涉仪（相当于单色器）、检测、计算机和记录仪组成。核心部分为 Michelson 干涉仪，它将光源来的信号以干涉图的形式送往计算机进行傅里叶变换的数学处理，最后将干涉图还原成光谱图。它与色散型红外光度计的主要区别在于干涉仪和电子计算机两部分。其工作原理如图 12-17 所示。

由光源发出的红外辐射，通过 Michelson 干涉仪产生干涉图，透过样品后，样品吸收部分光后，得到带有样品信息的干涉图，经放大滤光等处理，用计算机解出此干涉图函数的傅里叶余弦变换，就得到了样品的红外光谱。

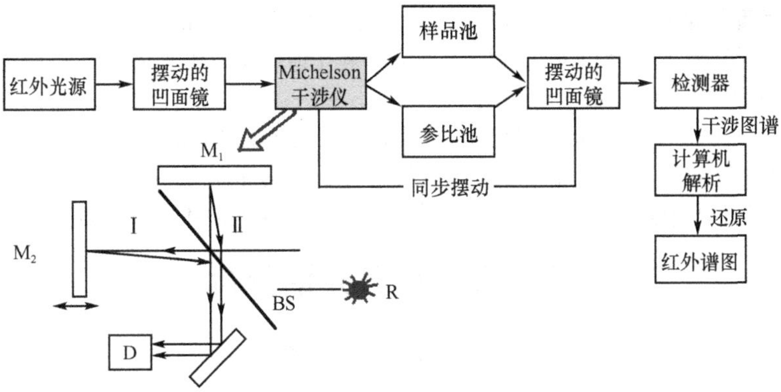

图 12-17　FT-1R 工作原理示意图

R. 光源；M_1. 定镜；M_2. 动镜；BS. 光束分裂器；D. 检测器

知识窗　　**Michelson 干涉仪的工作原理**

Michelson 干涉仪由固定镜（M_1）和动镜（M_2）及光束分裂器（BS）组成，如图 12-17 所示。M_2 可沿图示所示方向移动。在 M_1 和 M_2 之间放置成 45° 的半透明光束分裂器 BS，BS 可使 50% 的入射光透过，余下的 50% 反射。当由光源 S 发出的光进入干涉仪后被分裂为透过光Ⅰ与反射光Ⅱ。两束光分别被动镜与固定镜反射，形成相干的光。因动镜移动，可改变两束光的光程差，当光程差是波长的整数倍时（$n\lambda$），则落在检测器上的相干光相互增强，光亮度最大，当光程差是半波长（$\lambda/2$）的奇数倍时，则落在检测器上的相干光相互抵消，产生暗线，光亮度最小。由于多色光的干涉图等于所有各单色光干涉图的加合，故得到的是具有中心极大，并向两边迅速衰减的对称干涉图。干涉图包含光源的全部频率和与该频率相对应的强度信息，所以如有一个有红外吸收的样品放在干涉仪的光路中，由于样品能吸收特征波数的能量，结果所得到的干涉图强度曲线就会相应地产生一些变化。包括每个频率强度信息的干涉图，可借数学上的傅里叶变换，从而得到吸收强度或透过率和波数变化的普通光谱图。

傅里叶变换红外光谱仪的特点如下。①扫描速度极快。傅里叶变换仪器是在整扫描时间内同时测定所有频率的信息，一般只要 1 s 左右即可。因此，它可用于测定不稳定物质的红外光谱。而色散型红外光谱仪，在任何一瞬间只能观测一个很窄的频率范围，一次完整扫描通常需要 8 s、15 s、30 s 等。②具有很高的分辨率。通常傅里叶变换红外光谱仪分辨率达 0.1～0.005 cm^{-1}，而一般棱镜型的仪器分辨率在 1000 cm^{-1} 处有 3 cm^{-1}，光栅型红外光谱仪分辨率也只有 0.2 cm^{-1}。③灵敏度高。因傅里叶变换红外光谱仪不用狭缝和单色器，反射镜面又大，故能量损失小，到达检测器的能量大，可检测 10^{-8} g 数量级的样品。除此之外，还有光谱范围宽（1000～10 cm^{-1}），测量精度高，重复性可达 0.1%，杂散光干扰小，样品不受因红外聚焦而产生的热效应的影响等特点，特别适合于与气相色谱联机并用于研究化学反应机制等。

三、红外光谱仪的性能

红外光谱仪的性能指标：分辨率、波数的准确度与重复性、吸光度或者透过率的准确度与重复性、I_0（100%）线的平直度、检测器的满度能量输出、狭缝线性及杂散光等项。但分辨率、波数的准确度与重复性为红外光谱仪的主要性能指标。

1. 分辨率　红外光谱仪的分辨率是指在某波数处恰能分开两个吸收峰的相对波数差（$\Delta\sigma/\sigma$）。通常用某一样品在某一波数区间所能分辨出的峰数或一定波数处相邻峰的分离深度表示。

在《中国药典》(2020 年版）中规定：符合要求的红外光谱仪应在 3110～2850 cm^{-1} 内能清晰地分辨出 7 个峰，其中峰 2851 cm^{-1} 与谷 2870 cm^{-1} 之间的分辨深度不小于 18% 透过率；峰 1583 cm^{-1} 与谷 1589 cm^{-1} 之间的分辨深度不小于 12% 透过率。仪器的标准分辨率应不低于 2 cm^{-1}。

2. 波数准确度与重复性 波数准确度是指仪器对某一吸收峰的测得波数与真实波数的误差。波数准确度关系到测得光谱峰位的正确性，直接影响光谱解析。而波数重复性是指多次重复测量同一样品的同一吸收峰波数的最大值与最小值之差。

《中国药典》（2020 年版）要求用聚苯乙烯薄膜（厚约 0.04 mm）绘制的红外光谱校正仪器，用 3027 cm^{-1}、2851 cm^{-1}、1601 cm^{-1}、1028 cm^{-1}、907 cm^{-1} 处的波数进行校正。FT-IR 在 3000 cm^{-1} 附近的波数误差应不大于±5cm^{-1}，在 1000 cm^{-1} 附近的波数误差应不大于±1cm^{-1}。

第四节 红外光谱分析

一、样品的制备

无论气、液及固态样品皆可用于红外光谱的测定，测试简便快捷，且基本不破坏样品结构。

对测定红外的样品的要求如下：①样品的纯度＞98%；②样品应不含水分；③选择符合所测光谱波段要求的溶剂配制溶液；④样品浓度和厚度要适当。

1. 固体样品

（1）压片法：是测定固体样品应用最广的一种方法。取供试品与干燥 KBr（KCl）粉末混合（样品与 KBr 比例约为 1∶200），置玛瑙乳钵中研磨均匀，装入压片模具中制备供试品 KBr(KCl) 片。以空白 KBr(KCl) 片为参比，放入光路，测定供试品的红外光谱。KBr(KCl) 应为干燥的光谱纯试剂。

（2）糊法：取适量供试品，置玛瑙研钵中，然后滴入几滴液状石蜡或其他适宜溶剂，研磨成均匀糊剂。取适量的供试品糊剂夹于两块空白 KBr 片中，以空白 KBr 片为参比，放入光路，测定供试品的红外光谱。

（3）膜法：取固体供试品用易挥发的溶剂溶解，然后将溶液涂于空白 KBr 片或其他适宜的窗片上，待溶剂完全挥发后，测定供试品红外光谱。测毕用溶剂冲洗窗片以除去薄膜，吹干，储存在干燥器内备用。

2. 液体样品 在测定红外光谱时，液体样品则选用具有在测定波段区间无强吸收的溶剂，通常 4000～1350 cm^{-1} 无强吸收可选用 CCl_4 为溶剂，在 1350～600 cm^{-1} 无强吸收可选用 CS_2，它们具有对溶质的溶解度大、红外透过性好、不腐蚀窗片等特点。将供试品溶解在适当溶剂中，制成浓度为 1%～10% 的溶液，置于装有岩盐窗片的液体池中，并以溶剂作空白，测定红外光谱。另外液体样品也可用夹片法和涂片法测定红外光谱。

二、红外光谱解析方法

（一）结构分析的一般步骤

1. 了解样品的来源、性质、纯度、分子式及其他相关分析数据 了解样品的这些性质对化合物光谱解析有很大的帮助，特别是化合物的分子式，可确定不饱和度，对分子结构的确定非常重要。不饱和度反映了分子中含环及不饱和键的总数，其计算公式如下。

$$U=(2+2n_4+n_3-n_1)/2 \tag{12-7}$$

式中，n_4 为四价元素（C）的原子个数；n_3 为三价元素（N）的原子个数；n_1 为一价元素（H、X）的原子个数。当 U=0 时分子为链状饱和结构。

例 12-1

计算正丁烯（C_4H_8）的不饱和度

解：$U=(2+2\times4-8)/2=1$

正丁烯分子中只有一个双键，所以不饱和度为 1。

例 12-2

计算苯甲酰胺（C_7H_7NO）的不饱和度

解：$U=(2+2\times7+1-7)/2=5$

苯环相当于己烷缺四对氢（三个双键，一个环），所以苯环用去四个不饱和单位。一个羰基用去一个不饱和单位，因此化合物的不饱和度 U=5。

综上可归纳为如下规律。

（1）U=0 为链状饱和脂肪族化合物。

（2）一个双键或脂环的不饱和度是 1。

（3）一个三键的不饱和度是 2。

（4）一个苯环的不饱和度是 4。

2. 检查红外光谱图是否符合分析要求 有无 H_2O 的吸收（3400 cm^{-1}，1640 cm^{-1}，650 cm^{-1}）、CO_2 的吸收（2349 cm^{-1}，667 cm^{-1}）、重结晶溶剂峰、平头峰。基线的透光率是否满足要求等。

3. 解析谱图确定化合物的可能结构 首先通过对红外光谱中特征吸收的位置、强度及峰形的逐一解析，找出与结构有关的信息，确定化合物所含的基团及化学键的类型。再结合其他相关分析数据例如核磁图谱等，确定化合物的可能结构。

4. 与标准图谱比较分析确定化合物的结构 确定化合物的可能结构后，再与该化合物标准图谱进行比较，最后确定化合物的真正结构。常用的标准图谱有 Sadtler 红外图谱集，由美国 Sadtler 实验室于 1947 年开始编制出版，现已收集包括棱镜、光栅和傅里叶变换的光谱图 10 万余张，是一套收集图谱最全、数量最多的红外图谱集。另外，中国国家药典委员会于 1985 年开始编制出版《药品红外光谱集》，作为药品鉴别用红外对照图谱。凡在《中国药典》收载红外鉴别或检查的品种，此光谱集均有相应收载。

（二）红外光谱解析步骤

红外光谱的一般解析顺序是根据“先特征，后指纹，先最强峰，后次强峰；先粗查，后细找；先否定，后肯定，一抓一组相关峰”的步骤进行图谱解析（见例题）。在解析过程中，采用“先否定，后肯定”方法，以缩小未知物结构的范围，因为吸收峰的不存在否定官能团的存在要比吸收峰的存在肯定一个官能团的存在要容易得多。“抓住”一组相关峰，互为佐证提高图谱解析的可信度，避免孤立解析造成的错误。

对于复杂化合物或新化合物，红外光谱解析困难时要结合紫外光谱、磁共振光谱和质谱等手段进行综合光谱解析，结论要与标准光谱对照。

（三）光谱解析示例

案例 12-7

经元素分析仪可知，某未知化合物由 C、H、O 组成，其中 C 占 85.7%，分子量为 98.1，沸点为 93.6 ℃。其红外光谱如图 12-18 所示，试通过红外光谱解析，判断该化合物的结构。

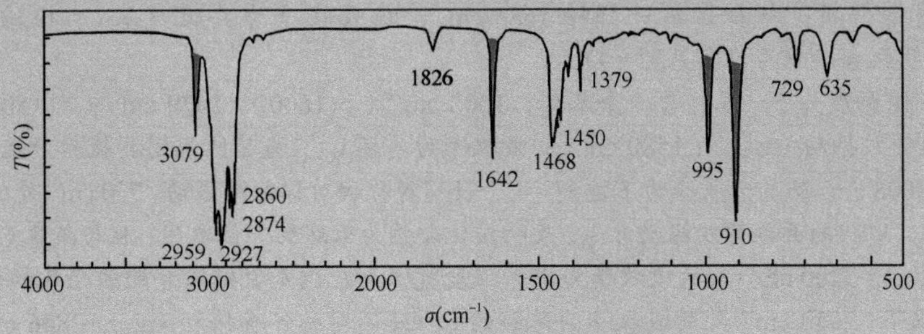

图 12-18 未知化合物的红外光谱图

案例 12-7 分析

（1）确定化学组成，由化合物的分子量 98.1，C 占 85.7%，又只有 C、H 组成，可推断分子式为 C_7H_{14}。

（2）求不饱和度。不饱和度为：$U=(2\times7+2-14)/2=1$，可能含有一个双键或一个环。

（3）特征区的第一强峰 1642 cm^{-1}，经粗查（表 12-2 红外光谱的九个重要区段）为烯烃的 $\nu_{C=C}$ 特征吸收，可确定是烯烃类化合物。用于鉴定烯烃类化合物的吸收峰有 $\nu_{=CH}$、$\nu_{C=C}$ 和 $\gamma_{=CH}$。图谱上还发现（附录十主要基团的红外特征吸收峰）：① $\nu_{=CH}$ 3079 cm^{-1} 强度较弱；②非共轭 $\nu_{C=C}$ 发生在 1642 cm^{-1}，强度中等；③ $\gamma_{=CH}$ 出现在 910 cm^{-1}，强度较强，为同碳双取代结构，该化合物为端基烯。

（4）特征区的第二强峰 1468 cm^{-1}，为饱和烃的 δ_{as}，用于鉴定烷烃类化合物的吸收峰有 $\nu_{—CH}$、$\delta_{as(CH)}$、$\delta_{s(CH)}$：① $\nu_{—CH}$ 2959 cm^{-1}、2927 cm^{-1}、2874 cm^{-1}、2860 cm^{-1} 强度较强。② $\delta_{as(CH)}$ 1468 cm^{-1}，$\delta_{s(CH)}$1379 cm^{-1}，说明有端甲基，此峰未发生分裂，证明端基只有一个甲基。ρ_{CH_2} 729 cm^{-1}，该化合物中有直链—$(CH_2)_n$—结构。所以化合物结构为 $CH_2=CH(CH_2)_4CH_3$。

红外吸收峰归属：$\nu_{=CH}$ 3079 cm^{-1}，ν_{CH} 2959 cm^{-1}、2927 cm^{-1}、2874 cm^{-1}、2860 cm^{-1}，$\nu_{C=C}$ 1642 cm^{-1}，$\delta_{as(CH)}$ 1468 cm^{-1}，$\delta_{s(CH)}$ 1379 cm^{-1}，$\delta_{—CH_2—}$ 1450 cm^{-1}，$\gamma_{=CH}$ 993 cm^{-1}、910 cm^{-1}，ρ_{CH_2} 740 cm^{-1}。

经标准图谱核对，并对照沸点等数据，证明结论是正确的。

案例 12-8

某小分子原料药的分子式为 $C_8H_8O_3$，其红外光谱图如图 12-19 所示，推测其结构。

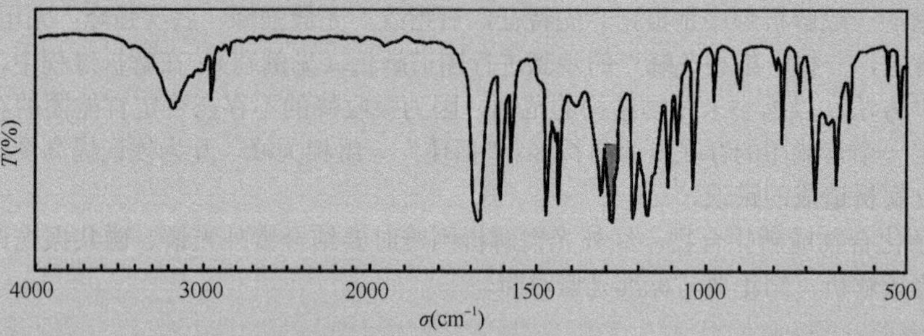

图 12-19 未知原料药的红外光谱图

案例 12-8 分析

（1）计算不饱和度，$U=(2+2\times8-8)/2=5$。

不饱和度为 5，结构式可能含一个苯环和一个双键或者环。

（2）图谱解析：特征区第一强峰 1685 cm^{-1}，该吸收峰为共轭羰基 C═O 的伸缩振动（$\nu_{C=O}$），说明化合物中存在羰基 C═O。

根据不饱和度为 5，可能含一个苯环，1608 cm^{-1}（～1600）、1479 cm^{-1}（～1500）均有吸收为芳环的骨架振动（$\nu_{C=C}$）；1580 cm^{-1} 的吸收峰为苯环 $\nu_{C=C}$ 与其他基团共轭后产生的。细找：3035 cm^{-1}、3008 cm^{-1} 处的吸收峰为不饱和═C—H 不对称和对称伸缩振动。770 cm^{-1} 处的吸收峰为芳环的邻位二取代的面外弯曲振动 $\gamma_{C—H}$，表明该化合物为苯环的邻位取代，且与羰基 C═O 共轭。

3000 以上：3200 cm^{-1} 处的吸收峰为中等强度宽峰，应该是氢键缔合的酚羟基的伸缩振动。

3000 以下：2950 cm^{-1} 处的吸收峰为饱和的 C—H 不对称伸缩振动（ν_{as}），2846 cm^{-1} 处吸收峰为对称伸缩振动（ν_s），表明化合物中存在甲基。

1435 cm^{-1} 处的吸收峰为甲基的 C—H 的面内弯曲振动（δ_{CH_3}），且与一电负性较大的基团相连，进一步说明该甲基为甲氧基。1280 cm^{-1}、1128 cm^{-1} 处的吸收峰为 C—O—C 的不对称和对称伸缩振动（$\nu_{C—O—C}$）。1280 cm^{-1} 强度大，且宽是酯的重要吸收峰。

综合上述可推测，未知物的结构可能为邻苯二甲酸二甲酯，结构为

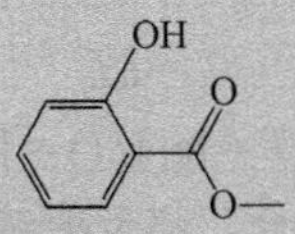

验证不饱和度为 5，再查标准光谱《药品红外光谱集》也完全一致。

第五节　近红外光谱分析技术

近红外光谱（near infrared spectrum，NIRS）是指波长范围在 0.76～2.5 μm 的电磁波，它又可分为近红外短波（0.76～1.1 μm）和近红外长波（1.1～2.5 μm）。近红外分析技术是通过测定物质在近红外光谱区的特征光谱并利用化学计量学方法提取相关信息，对物质进行定性、定量分析的一种光谱分析技术。近红外光谱的波数是 13158～4000 cm^{-1}，只有有机物质中能量较高的化学键（主要是 OH、CH、SH 和 NH）在中红外光谱区基频吸收的倍频、合频和差频吸收带叠加在该区域。由于近红外谱区光谱的严重重叠，与成分含量相关的红外光谱信息很难直接提取出来进行解析，而需要对测得的光谱数据进行数学处理后，才能进行定性、定量分析。随着光学技术、电子技术、硬件技术和计算机软件技术的不断发展，近红外光谱分析仪器的性能也有了极大的提高，近红外光谱法在农业、工业和制药业等方面的应用日益广泛，特别是在大量样品的快速鉴别和水分测定方面。

一、近红外光谱的特点

1. 分析速度快　近红外光谱分析技术通过建立定标的校正模型后即可迅速完成待测样品多个组分的同步测量。

2. 无化学污染，分析成本低　近红外光谱分析技术在测定过程中不消耗样品，不使用化学试剂，而且对环境无污染，是一种绿色的分析技术。

3. 仪器高度自动化对操作者的技能要求较低　通过软件设计可以实现极为简单的操作要求，可减小在整个测量过程中引入的人为误差。

4. 测量重现性好，分析结果准确　近红外光谱测量的稳定性好，样品不用预处理，减少了实验误差，重现性好，分析结果更为可靠。

二、近红外光谱的测定模式

近红外光谱分析中常采用透射或反射测量模式。

（一）反射模式

反射模式（又称漫反射模式）用于分析固体样品，待测样品置于适宜的装置中，光源发出的作用光投射到物体后，一部分光被样品的倍频及合频振动所吸收，未被吸收的近红外光由样品中反射后进入检测器。分别测定从样品漫反射回的光强度（I）与从参比反射表面反射回光强度（I_r），其比值为反射率（R）。lg（$1/R$）与波长或波数的函数为近红外光谱。

$$R=I/I_r \tag{12-8}$$

$$A=\lg(1/R)=\lg(I_r/I) \tag{12-9}$$

固体样品的颗粒大小、形状、紧密程度及其他物理性质均会引起光谱基线的漂移，因此不是所有的固体混合物均符合 Beer 定律。可用数学方法减弱或消除粒度的影响。最常用的数学方法为对光谱进行导数处理。当样品量足够大时，也可用多元散射校正法处理数据。

（二）透射模式

透射模式主要用于分析液体样品。近红外光穿过样品，透射光强度（I）与波长或波数的函数

为近红外光谱。测定样品时样品置于光源与检测器之间的光路上，结果直接以透光率（T）或吸光度（A）表示。

$$T = I/I_0 \tag{12-10}$$

$$A = -\lg T = \lg(1/T) = \lg(I_0/I) \tag{12-11}$$

透射-反射模式为透射与反射模式的结合，将反射镜置样品的后部，光源与检测器在样品的同侧，近红外光穿过样品后经反射镜返回，因此光程增加为两倍。

三、影响近红外光谱的主要因素

环境温度、样品的光学性质、多晶形、样品的含水量和溶剂残留量、样品厚度、硬度、光洁度及样品的储存时间等，均对样品的近红外光谱有影响。液体样品对环境温度最敏感，不同晶形的样品通常具有不同的近红外光谱。

四、近红外光谱法的应用

物质的化学成分不同，物质的性质就会改变，同时物质的近红外光谱也会发生相应变化。物质的化学成分差异越大，图谱的特征性差异就越强。近红外光谱分析通过对样品的成分变化与其对应的近红外光谱变化的关联，建立两者之间的定量或定性关系。近红外光谱技术不是通过直接观察样品谱图特征或测量样品参数进行定性或定量，而是先测定样品校正集的光谱、组成或性质数据，再用化学计量学方法建立校正模型，再通过建立的校正模型与待测样品进行比较进行定性或定量。

（一）定性分析

利用近红外光谱法进行定性分析的主要步骤如下。

收集代表性样品，测定光谱，选择化学计量学方法对图谱进行预处理和降维处理，建立定性分析模型，对模型进行验证。

1. 代表性样品的选择 选择适宜的代表性样品（如不同的生产工艺、物理形态、粒度分布等）建立定性分析模型。模型中各类样品的性质决定了模型的适用范围。

2. 图谱预处理和降维处理 为有效地提取有用信息，排除无效信息，在建立分类或校正模型时需要对谱图进行数学预处理。归一化处理常用于消除或减弱由位置或光程变化所导致的基线平移或强度变化；导数处理可以提高谱图的分辨率，但导数处理的同时扩大了噪声，因此常辅以平滑处理来消除噪声；对固体样品，采用多元散射校正（MSC）或标准正态变量变换（SNV）校正可以消除或减弱光散射引入的基线偏移。多元近红外光谱数据包含大量的相关变量（共线性），建模时需要减少变量，即用一组新的不相关但包含相应信息的变量来代表所有数据的变化建立模型。常用的减少变量的方法是主成分分析（PCA）法。

3. 建立定性分析模型 就是将样品的性质与光谱的变化相关联，用光谱的差异程度来区分样品的性质。定性分析中常采用模式识别的方法对具有相似特征的样品进行分组。模式识别方法包括判别分析和聚类分析，判别分析要求对样本的类别特征有明确的定义，并按定义区分样本；而聚类分析适用于仅需要对样本进行分组而不需要预先知道这些样品彼此间的确切关系。

4. 模型的验证 对定性分析模型，至少应进行模型的专属性和重现性两方面的验证。

（1）专属性：模型的专属性通常用对已知样品的鉴别正确率表示。不仅需要验证真品的鉴别正确率，还需要用化学结构或性质上与模型中物质相近的样品进行挑战性验证，证明模型能区分出这些物质。

（2）耐用性：模型的耐用性系指在不改变模型参数的情况下，考察正常操作中的微小变化对模型预测结果的影响。

通常包括：①不同操作者的影响；②环境条件（如实验室中的温度、湿度变化）的影响；③操作（如样品在光学窗口的位置、液体探头的测量深度、包装状况）的影响；④仪器部件的更换。

（二）定量分析

利用近红外光谱法进行定量分析主要步骤如下。

收集样品并进行检验，选择代表性样品，测定光谱，选择化学计量学方法对图谱进行预处理和降维处理，建立定量分析模型，对模型进行验证。

1. 代表性样品的选择 根据样品的收集及检验情况，选择能包括全部样品理化性质差异的适宜数量的样品作为建模样品。建模样本的含量范围应该宽于测样品的范围，必要时可以通过加速实验或特殊制备的方式获得。

2. 图谱预处理和降维处理 参见“定性分析”。

3. 建立定量分析模型 近红外光谱测量时一般不需要对样品进行预处理，但测量时可受多种因素的影响，利用单波长光谱数据很难获得准确的定量分析结果。现代近红外光谱定量分析均利用多波长光谱数据，采用多元校正的方法，如多元线回归（MLR）、主成分回归（PCR）、偏最小二乘回归（PLSR）和人工神经网（ANN）等建立分析模型。

4. 方法学验证 近红外光谱法定量分析的方法学验证与其他分析方法的要求相似。每个被验证参数可被接受的限度范围与该方法的应用目的有关，通常应考虑专属性、线性、准确度、精密度和重现性。

思考题与习题

1. 红外光谱法与紫外吸收光谱法有何区别？

2. 红外光谱产生的条件是什么？什么是红外非活性振动？

3. 在红外光谱中影响吸收峰强度的主要因素是什么？它的大小又与哪些因素有关（举例说明）？

4. CO_2 有几种振动形式？在红外光谱上能看到几个吸收峰？为什么？

5. 有一个只含碳、氢、氧的未知有机化合物的红外光谱如图 12-20 所示，根据其红外光谱图指出该化合物为哪一类？（　　）

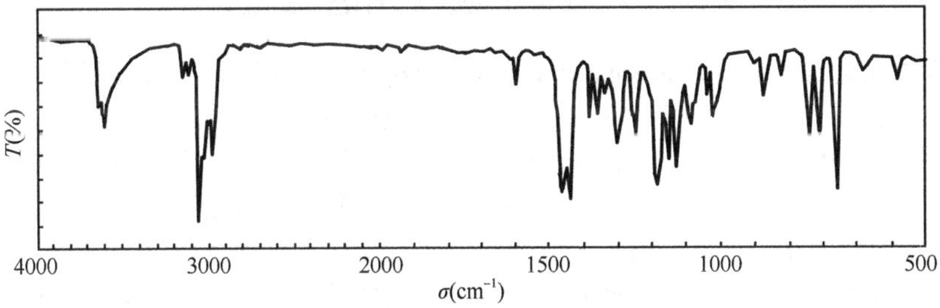

图 12-20　未知有机化合物的红外光谱图

A. 酚；B. 含羰基；C. 醇；D. 烷烃

6. 未知有机化合物的分子式为 $C_8H_8O_3$，红外光谱图如图 12-21 所示，试推测其分子结构。

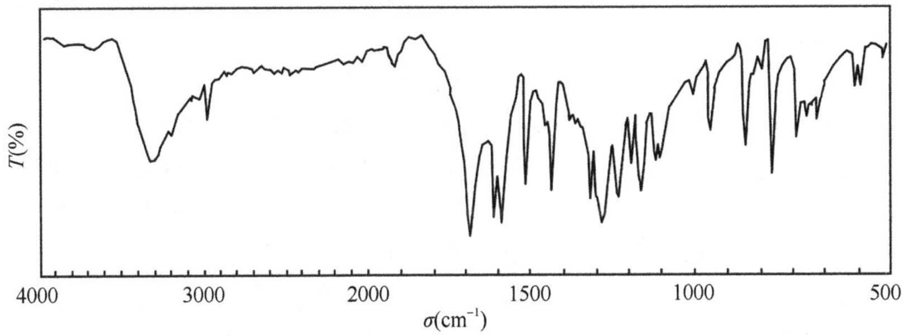

图 12-21　未知化合物 $C_8H_8O_3$ 的红外光谱图

（王玉记）

第十三章 原子吸收光谱法

学习目标

1. 掌握 共振吸收线、半宽度、原子吸收曲线、积分吸收、峰值吸收等概念；原子吸收光谱法的基本原理、原子吸收分光光度计的结构组成和定量分析方法。

2. 熟悉 实验条件的选择及消除干扰的方法；灵敏度、特征浓度；吸收线致宽的原因。

3. 了解 原子吸收光谱法的特点及原子吸收分光光度计的类型。

案例 13-1

原子吸收光谱分析法广泛应用于环境科学、食品科学、生命科学和医学研究中等领域，特别在分析与人体健康和疾病有着密切联系的微量元素的工作中发挥了重要的作用。

（1）原子吸收光谱法为什么有着比原子发射光谱法更高的灵敏度?

（2）原子吸收光谱法为什么不能取代原子发射光谱法?

案例 13-1 分析

（1）在原子吸收法的实验条件下，原子蒸气中基态原子数比激发态原子数多得多，测定的是大部分原子。因此原子吸收光谱法的灵敏度高于原子发射光谱分析法。

（2）原子吸收光谱法使用不方便，大多数仪器每测一种元素就要使用一个相应的空心阴极灯，而且一次只能检测一个元素，主要用于微量单元素的分析。而电感耦合等离子体发射光谱法可以同时对多种元素进行定量和定性分析。

第一节 原子吸收光谱法概述

1. 原子吸收光谱法（atomic absorption spectroscopy，AAS） 又称原子吸收光谱分析法，是基于蒸气中的基态原子对特征电磁辐射的吸收建立起来的元素分析法。早在 1802 年，沃拉斯顿（Wollaston）等就发现在太阳连续光谱中存在着一些暗线条，并证明这些暗线条是太阳大气圈中的某些金属原子（如钠元素等）对太阳光中同一元素原子辐射吸收的结果。以后又证实同一种原子只能吸收特定波长的光，但仅局限于天体物理研究和应用。直到 1955 年澳大利亚科学家沃尔什（Walsh）把原子吸收光谱应用到分析领域，发表了著名的论文“原子吸收光谱在化学分析中的应用”，奠定了原子吸收光谱法的理论基础，该分析技术才得到迅速发展。

原子吸收光谱法和紫外-可见光度法都是吸收光谱分析法，但两者吸光的物质粒子状态不同，吸收光谱特性不同，使用的光源也不同。前者是基态原子蒸气对光的吸收，是原子吸收光谱，为线状光谱，使用的是锐线光源；后者是溶液中分子或离子对光的吸收，是分子吸收光谱，为带状光谱，用的是连续光源。

原子吸收光谱法已成为痕量金属元素分析的主要方法之一，具有以下特点。①灵敏度高，检出限低，可达 10^{-13}～10^{-11} g。该法比原子发射光谱高几个数量级，因为原子发射光谱测定的是占原子总数不到 1% 的激发态原子，而原子吸收光谱测定的是占原子总数 99% 以上的基态原子。②选择性好，干扰少；由于分析不同元素时选用不同的元素的空心阴极灯作为辐射源，采用特定的锐线光源，光源辐射的光谱较纯，避免了其他谱线的干扰。③精密度高，在一般低含量测定中，RSD 为 1%～3%。如采用高精度的测量方法，RSD＜1%。④应用范围广；目前可采用原子吸收光谱法进行测定的元素已达 70 多种，几乎包括所有的金属元素和一些类金属元素（如 As、Sc、Sb 等），还可以用间接法测定某些非金属元素和有机化合物。原子吸收光谱法的主要局限性：①标准曲线的线性范围窄，一般为一个数量级范围；②使用不方便，大多数仪器每测一种元素就要使用一个相应的空心阴极灯，而且一次只能检测一个元素，主要用于微量单元素的分析；③某些元素检出能力差，一些易形成稳定化合物的元素（如 W、Ni、Ta、Zr、Hf、稀土等）及非金属元素，由于原子化效率低，化学干扰比较严重，检测结果不能令人满意。

近二十年来，使用连续光源和中阶梯光谱，结合用光导摄像管、二极管阵列的多元素分析检测器，设计出微机控制的原子吸收分光光度计，实现了多元素的同时测定。与现代分离技术的联用，使得原子吸收光谱法的应用前景更为广阔。其被广泛应用于材料科学、环境科学、生命科学和医学研究中。特别在分析与人体健康和疾病有着密切联系的微量元素的工作中发挥了重要的作用。

案例 13-2

各元素的原子结构和外层电子排布不同，不同元素的原子从基态激发至第一激发态时，吸收的能量也不同，因此共振线是各元素的特征谱线。

（1）理论上共振线可作为元素定性分析的依据。但为什么原子吸收光谱法只能进行定量分析，而不能对未知的元素进行定性分析？

（2）在定量分析时，为什么常选择共振线作为分析线？

案例 13-2 分析

（1）原子吸收分析要用锐线光源，即必须是含有待测元素的空心阴极灯，不知道测定什么元素，就无法选择空心阴极灯，其只能确定物质的元素组成与含量，不能给出物质分子及其结构的信息，所以原子吸收不能用于定性分析。

（2）由于从基态到第一激发态的跃迁最容易发生，产生的谱线最强，其是元素最灵敏谱线，因此在实际测定中，大多利用共振线作为分析线进行分析，因此共振线也称为分析线。

第二节　原子吸收光谱法的基本原理

一、共振发射线与共振吸收线

物质是由各种元素的原子组成，原子有结构紧密的原子核，核外围绕着不断运动的电子。原子核外的电子按一定规律分布在各能级上，每个电子的能量由它所处的能级决定。不同能级间的能量差不同，而且是量子化。一般情况下，核外电子分层排布在能量较低的能级轨道上，这时原子处于能量最低状态，称为基态，能量为 E_0。当原子受外界能量（如光能）激发时，其最外层电子可能跃迁到能量较高的不同能级，使其处于能量较高的状态，称为激发态。处于激发态的电子很不稳定，在极短的时间内便会跃回基态或是能量较低的激发态，此时，原子以电磁波的形式放出能量。

当电子从基态跃迁到能量最低的激发态时（即第一激发态，能量为 E_1）吸收一定频率的光；当它跃回基态时，则发射出同样频率的光（谱线），所发射的谱线称为共振发射线。当电子从基态跃迁到能量最低的激发态（即第一激发态）时所产生的吸收谱线称为共振吸收线，如图 13-1 所示。共振发射线和共振吸收线，二者统称为元素共振线（resonance line）。

各元素的原子结构和外层电子排布不同，不同元素的原子从基态激发至第一激发态时，吸收的能量也不同，因此，共振线是各元素的特征谱线，理论上可作为元素定性分析的依据。由于从基态到第一激发态的跃迁最容易发生，产生的谱线最强，其是元素最灵敏谱线，因此在实际测定中，大多利用共振线进行分析，因此共振线也称为分析线。例如，589.0 nm 和 589.6 nm 是钠原子的两条灵敏谱线。

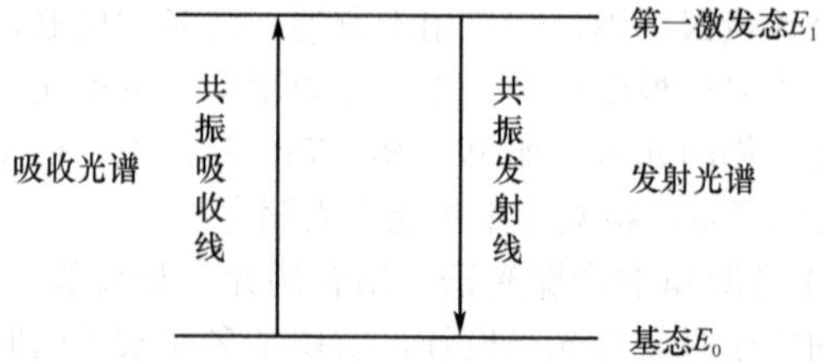

图 13-1 共振发射线和共振吸收线

二、谱线轮廓和谱线致宽

（一）谱线轮廓

原子吸收只发生电子能级的跃迁，基态原子蒸气仅对某一单一波长的辐射产生吸收，从理论上讲，原子吸收光谱中应是一条光谱线，即线状光谱。但是由于受到多种因素的影响，实际测定的原子吸收光谱线并不是一条严格的几何线，而是具有一定宽度（或频率范围，或波长范围）的峰形图，即谱线的强度随频率或波长不同而改变，称为谱线轮廓。

当一束不同频率、强度为I_0的平行光照射厚度为l（cm）的原子蒸气时（图 13-2），一部分光被吸收，透过光的强度为I_ν，与紫外-可见光谱法中一样，I_0与I_ν服从 Lambert 定律，即

$$\frac{I_\nu}{I_0}=e^{-K_\nu l} \tag{13-1}$$

或

$$A=-\lg\frac{I_\nu}{I_0}=0.434K_\nu l \tag{13-2}$$

式中，K_ν为原子蒸气对频率为ν的辐射吸收系数，它与入射光的频率、基态原子浓度及原子化温度等有关。

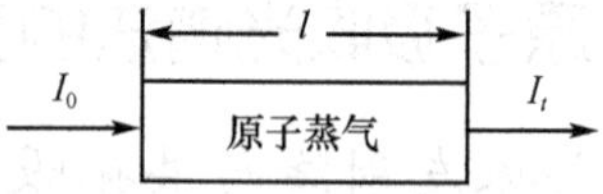

图 13-2 原子吸收示意图

原子吸收谱线的轮廓有多种表示方法。若用透过光强度（I_ν）对频率ν（或波长）作图，得原子吸收谱线的轮廓如图 13-3（a）所示。ν_0称为中心频率，中心频率由原子能级决定。由图 13-3（a）可见，在ν_0处透过光强度最小，即吸收最大，实际为元素共振线，由原子的能级分布特征决定。将吸收系数K_ν对频率ν作图，得原子吸收谱线的轮廓如图 13-3（b）所示。在中心频率（ν_0）处，有一极大值称为峰值吸收系数（K_0）。吸收线宽度用半宽度（half width；$\Delta\nu$）表示，是中心频率（或中心波长）的吸收系数一半（$K_0/2$）处所对应的谱线轮廓上两点间的频率差（或波长差），$\Delta\nu$值为 0.001～0.005 nm，比分子吸收带的峰宽要小得多。同样，处于激发态的原子返回基态时所发射的谱线，存在类似的现象，只不过发射谱线的宽度要比吸收线窄得多，半宽度（$\Delta\nu$）为 0.0005～0.001 nm，同种原子的吸收线轮廓与发射线轮廓的中心频率（ν_0）完全相同，但吸收线轮廓与发射线轮廓有差异。

原子吸收光谱特征可用吸收线的中心频率（ν_0）、吸收线的半宽度（$\Delta\nu$）和强度（由两能级之间的跃迁概率决定）来表征。中心频率（ν_0）由原子能级分布特征决定，吸收线的半宽度（ν_0）本身具有自然宽度外，还受多种因素的影响，下面讨论主要影响因素。

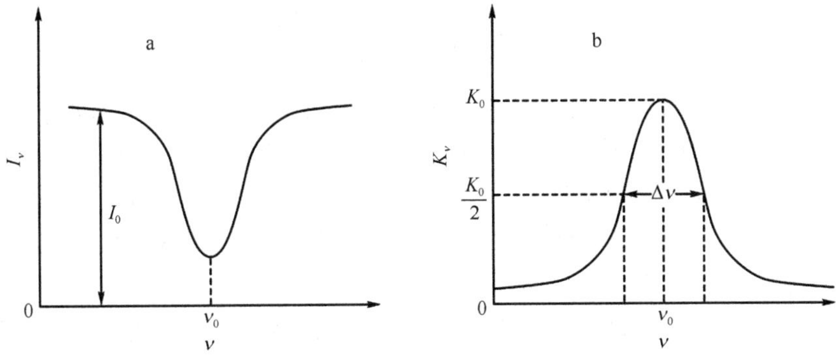

图 13-3　原子吸收线的谱线轮廓

（二）谱线致宽的因素

1. 自然宽度（$\Delta\nu_N$） 是由原子本身性质引起。在无外界条件影响时谱线仍有一定的宽度，称为自然宽度（natural width），用 $\Delta\nu_N$ 表示。它与原子发生能级间跃迁的激发态原子的有限寿命（平均为 10^{-8} s）有关，不同谱线有不同的自然宽度。激发态原子的寿命越短，吸收线的自然宽度越宽。多数情况下，$\Delta\nu_N$ 约为 10^{-5} nm 数量级。与谱线的其他致宽的宽度相比，$\Delta\nu_N$ 可以忽略不计。

2. 多普勒增宽（$\Delta\nu_D$） 多普勒增宽（Doppler broadening）是由原子在空间作无规则热运动引起，所以又称为热致宽，用 $\Delta\nu_D$ 表示。通常 $\Delta\nu_D$ 为 10^{-3} nm 数量，比自然致宽大 1～2 个数量级，是谱线致宽的主要因素。

在原子吸收分析中，基态原子处于高温环境下，呈现出无规则随机运动。当一些粒子向着仪器的检测器运动时，呈现出比原来更高的频率或更短的波长；反之，则呈现出比原来更低的频率或更长的波长，这就是物理学的多普勒效应。因此对检测器而言，接收到的是各种频率或波长略有不同的光，因而表现出吸收线的致宽。测定温度越高，被测元素的原子质量越小，原子的相对热运动越剧烈，热致宽越大。当气态原子处于热力学平衡状态时，热致宽由式（13-3）决定：

$$\Delta\nu_D = 7.16\times10^{-7}\nu_0\sqrt{\frac{T}{A}} \tag{13-3}$$

式中，ν_0 为谱线的中心频率，T 为热力学温度，A 为待测元素的原子量。$\Delta\nu_D$ 与被测元素谱线的中心频率（ν_0）和 $\sqrt{T}$ 成正比，与 $\sqrt{A}$ 成反比。对某一定元素，其 ν_0 和 A 一定，则 $\Delta\nu_D$ 只与 T 有关；温度越高，$\Delta\nu_D$ 越大，即吸收线致宽越严重。

3. 压致增宽 压致增宽（pressure broadening）是由于在一定压力蒸气下吸光原子与蒸气中其他粒子（分子、原子、离子和电子）间相互碰撞而引起能级的微小变化，从而导致谱线致宽。这种致宽与吸收区气体压力有关，压力升高时，粒子间相互碰撞概率增大，谱线致宽严重。其致宽数值约为 10^{-3} nm 数量级。根据与其碰撞粒子的不同，压致增宽又可分为两类：

（1）霍尔兹马克变宽（$\Delta\nu_R$）：霍尔兹马克变宽（Holtsmark broadening）又称共振致宽，是被测元素激发态原子与基态原子间碰撞引起的谱线致宽，它随样品原子蒸气浓度增加而增加。在通常原子吸收光谱法测定条件下，金属原子蒸气压在 0.133 Pa 以下时，即测定元素的浓度较低，共振致宽可忽略不计。而当蒸气压力达到 13.3 Pa 时，即测定元素的浓度较高时才有影响，共振致宽效应则明显地表现出来。

（2）劳伦兹增宽（$\Delta\nu_L$）：劳伦兹增宽（Lorentz broadening）是被测元素原子与其他粒子（原子、分子、离子、电子）相互碰撞而引起的谱线致宽。其可用式（13-4）表示。

$$\Delta\nu_{\mathrm{L}} = 2N_{\mathrm{A}}\sigma^2 P\sqrt{\frac{2}{\pi RT}\left(\frac{1}{A}-\frac{1}{M}\right)} \tag{13-4}$$

式中，N_{A} 为阿伏福伽德罗常数，σ^2 为原子和其他粒子碰撞的有效截面积，P 为外界气体压力，A 为待测元素的相对原子量，M 为外界气体的分子量，T 为热力学温度，R 为气体常数［8.31 J/（mol·K）］。

由上式可知，$\Delta\nu_{\mathrm{L}}$ 大小随原子化区内气体压力增大而增大，压力越大，粒子空间密度越大，碰撞可能性就越高，谱带致宽越严重。外界气体的分子量不同，对谱线展宽产生影响也不同。其数量级与 $\Delta\nu_{\mathrm{D}}$ 相同，因此压致增宽主要是洛伦兹增宽。

除上述因素外，影响谱线致宽的还有电场致宽、磁场致宽、自吸致宽等。但在通常的原子吸收分析实验条件下，吸收线致宽主要受热致宽与劳伦兹增宽的影响。在 2000～3000 K 内，原子吸收线的宽度为 10^{-3}～10^{-2} nm。在分析测定中，谱线致宽往往会导致原子吸收分析的灵敏度下降。

三、积分吸收和峰值吸收

（一）积分吸收

分子吸收光谱宽带上的任意点是与不同的能级跃迁（主要是振转能级不同）相联系的。而原子吸收线轮廓是同种基态原子在吸收其共振辐射时被展宽了的吸收带，原子吸收线轮廓上的任意各点都与相同的能级跃迁相联系。所谓积分吸收（integrated absorption）指在原子吸收分析中，基态原子蒸气所吸收的全部能量，即图 13-3（b）吸收线轮廓所包括的面积。根据经典色散理论，积分吸收与基态原子数的关系表达式为

$$\int K_\nu \mathrm{d}\nu = \frac{\pi e^2}{mc} N_0 f \tag{13-5}$$

式中，c 是光速；m、e 分别为电子的质量和电荷；f 是振子强度，表示每个原子中能够吸收或发射特定频率光的平均电子数，在一定条件下，对于给定的元素，f 为定值。N_0 是单位体积内能够吸收频率为 $\nu_0 \pm \Delta\nu$ 内辐射的基态原子数目，因激发态原子数目所占比例非常小，$N_0 \approx N$（N 为基态原子总数）。在一定条件下，对于给定的元素，f 可为定值，式中 π、e、m、c 为常数，用 K 表示。式（13-5）表明，积分吸收与被测元素原子的单位体积内基态原子数目呈简单的线性关系。若能测得积分吸收值，便可计算出待测元素的原子密度。但由于大多数元素的吸收线的半宽度为 10^{-3} nm 左右，测定如此窄的积分吸收值要求单色器的分辨率达 50 万以上，而目前的单色器难以满足这样的要求。因此采用低分辨率的色散仪，以峰值吸收测量法代替积分吸收法就能进行定量分析。

（二）峰值吸收

1955 年，澳大利亚科学家瓦尔什（Walsh）提出了用峰值吸收系数 K_0 代替积分吸收，成功解决了原子吸收分光光度分析法的实际测定问题。峰值吸收法（peak absorption）是直接测量吸收线轮廓的中心频率或中心波长所对应的峰值吸收系数 K_0，来确定蒸气中的原子浓度。为了实现峰值吸收，必须满足：①光源发射线的半宽度必须小于吸收线的半宽度（锐线光源），一般为吸收线半宽度的 1/10～1/5；②光源发射线的中心波长或频率与吸收线中心波长或频率一致，如图 13-4 所示。这就需要在测定时必须使用与待测元素相同的元素制成的锐线光源。

在只考虑多普勒展宽的条件下，峰值吸收系数 K_0 与吸收线的半宽度 $\Delta\nu$ 成反比，根据经典理论，其数学表达式为

$$K_0 = \frac{2}{\Delta\nu}\sqrt{\frac{\ln 2}{\pi}} \cdot \int K_\nu \mathrm{d}\nu \tag{13-6}$$

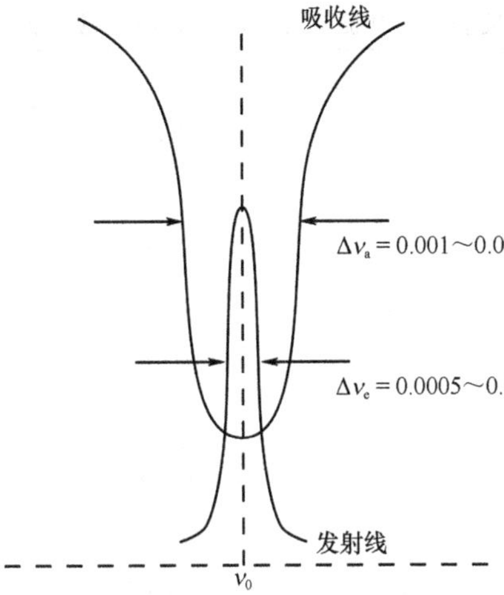

图 13-4　峰值吸收测量示意图

将式（13-5）代入式（13-6）得

$$K_0 = \frac{2}{\Delta\nu}\sqrt{\frac{\ln 2}{\pi}} \cdot \frac{\pi e^2}{mc} N_0 f = \frac{2}{\Delta\nu}\sqrt{\frac{\ln 2}{\pi}} \cdot KN \tag{13-7}$$

由上式可知，峰值吸收系数正比于吸收辐射基态原子总数 N。因此可用峰值吸收系数（中心吸收系数）K_0 代替 K_ν，即可用峰值吸收测量代替积分吸收测量。

四、基态原子数与原子吸收定量基础

原子吸收光谱法以基态原子蒸气对特征谱线的吸收为基础。因此，样品中能产生一定浓度的被测元素的基态原子，是原子吸收分析中的一个关键问题。在原子化过程中，大多数化合物均发生离解并使元素转变成原子状态，其中包括基态原子和激发态原子。在一定温度下的热力学平衡体系中，激发态原子数 N_j 与基态原子数 N_0 之间遵循玻尔兹曼（Boltzmann）分布定律，即

$$\frac{N_j}{N_0} = \frac{g_j}{g_0} e^{-\frac{E_j - E_0}{KT}} \tag{13-8}$$

式中，g_j、g_0 分别为激发态和基态的统计权重，表示能级的简并度，即相同能级的数目；E_j 和 E_0 分别为激发态和基态能量，$E_j - E_0$ 为激发态和基态的能量差；K 为 Boltzmann 常数，其值为 1.38×10^{-23} J/K；T 为绝对温度（激发温度）。

在原子光谱中，根据元素谱线的波长，可知道对应的 g_j/g_0、$E_j - E_0$，因此用式（13-8）可计算一定温度下的 N_j/N_0 值。表 13-1 列出了几种元素的第一激发态与基态原子数之比 N_j/N_0。从式（13-8）和表 13-1 可知：①温度 T 越高，N_j/N_0 比值越大，即激发态原子数随温度升高而增加，而且按指数关系变大；②在相同温度下，电子跃迁能级差（$E_j - E_0$）即激发能越小，吸收波长越长，N_j/N_0 值越大。

在采用火焰光源的原子吸收光谱法中，原子化温度一般小于 3000 K，而大多数元素的激发能为 2～10 eV，最强共振线都低于 600 nm，所以，N_j/N_0 一般均小于 10^{-3}，即激发态的原子数 N_j 还不到基态原子数 N_0 的 0.1%，甚至更少。因此，基态原子数 N_0 近似地等于被测元素的总原子数 N。也可以认为，所有的吸收都是在基态进行的，这就大大地减少了可以用于原子吸收的吸收线的数目，每种元素仅有 3～4 个有用的光谱线，这是原子吸收光谱法灵敏度高、抗干扰能力强的一个重要原因。

表 13-1　某些元素共振激发态与基态原子数之比 N_j/N_0

共振线（nm）	g_j/g_0	激发能 ΔE_j（eV）	N_j/N_0		
			$T=2000K$	$T=2500K$	$T=3000K$
Cs 852.1	2	1.455	4.31×10^{-4}	2.33×10^{-3}	7.19×10^{-3}
Na 589.0	2	2.104	9.86×10^{-6}	1.14×10^{-4}	5.83×10^{-4}
K 766.5	2	1.617	1.68×10^{-4}	1.10×10^{-3}	3.84×10^{-3}
Ca 422.7	3	2.932	1.22×10^{-7}	3.67×10^{-6}	3.55×10^{-5}
Fe 372.0	—	3.332	2.29×10^{-9}	1.04×10^{-7}	1.31×10^{-6}
Ag 328.1	2	3.778	6.03×10^{-10}	4.84×10^{-8}	8.99×10^{-7}
Cu 324.7	2	3.817	4.82×10^{-10}	4.04×10^{-8}	6.65×10^{-7}
Mg 285.2	3	4.346	3.35×10^{-11}	5.20×10^{-9}	1.50×10^{-7}
Pb 283.3	3	4.375	3.83×10^{-11}	4.55×10^{-9}	1.34×10^{-7}
Zn 213.9	3	5.795	7.45×10^{-15}	6.22×10^{-12}	5.50×10^{-10}

实验分析要求测定的是样品中待测元素的浓度，而此浓度是与待测元素吸收辐射的原子成正比的，可用峰值吸收系数（中心吸收系数）K_0 代替 K_ν，将其代入式（13-2），吸光度可表示为

$$A=0.434\cdot\frac{2}{\Delta\nu}\sqrt{\frac{\ln 2}{\pi}}\cdot KNl \tag{13-9}$$

测定条件一定时，$\Delta\nu$为常数，厚度 l 一定，与其他常数合并到 K' 中，N 与待测元素的浓度 c 成一定的比例，吸光度与被测元素在样品中的浓度关系可表示为

$$A=K'c \tag{13-10}$$

即在一定条件下，峰值吸收处测得的吸光度与样品中待测元素的浓度呈线性关系，这就是原子吸收光谱法的定量分析基础。

案例 13-3

由于原子吸收光谱法具有测定灵敏度高、检出限低、干扰少、操作简单等优点，因此在测定生物样品中元素含量有较强的适应性。请拟一个简单方案，应用原子吸收光谱法分析血清中铅含量。

案例 13-3 分析

抽取患者的血样，离心分离后将血清置于聚乙烯管中，储于–20℃冰箱中备用。检测时解冻血清并取一定量的血清样本，加入改进剂。用石墨炉原子化、适当方法扣除背景，测定波长：283.3nm，通过实验优化检测条件，包括灯电流、狭缝宽度、载气流量等。选择标准曲线法或标准加入法进行定量。

第三节　原子吸收分光光度计

一、原子吸收分光光度计的结构组成

原子吸收分光光度计与普通的紫外-可见分光光度计的结构基本相同，只是用锐线光源代替了连续光源，用原子化器代替了吸收池。两者结构比较如图 13-5 所示。

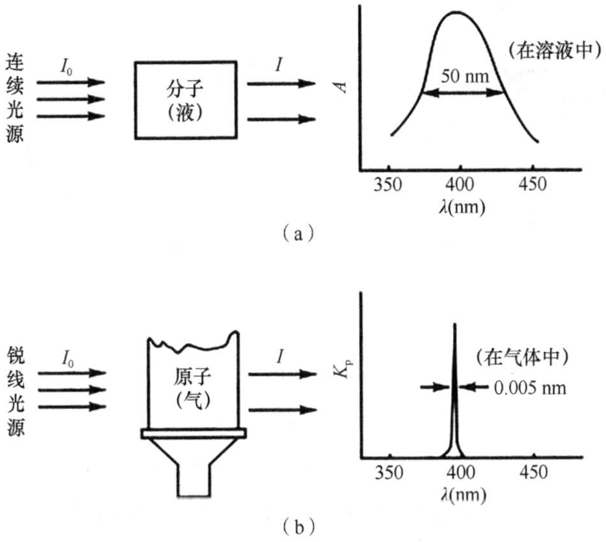

图 13-5　紫外-可见光谱（a）和原子吸收光谱（b）产生的示意图

原子吸收光谱仪主要由四大部分组成：锐线光源、原子化器、分光系统和检测系统，另有附属装置背景校正系统和自动进样系统。原子吸收的过程及原子吸收光谱分析的仪器装置如图 13-6 所示。样品经适当的预处理成为试液，试液在原子化器中雾化为细雾，与燃气混合后送至燃烧器，试液中被测元素在高温中转化为基态原子，并吸收从光源发射出的与被测元素对应的特征波长辐射，透过光再经单色器分光后，由光电倍增管接收，并经放大，从读数装置中显示出吸光度值或光谱图。

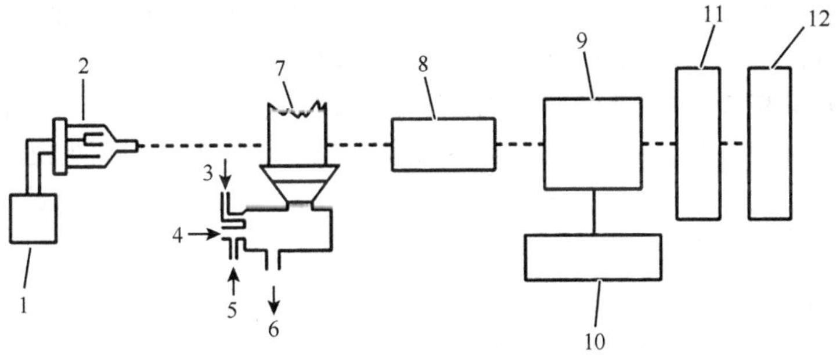

图 13-6　原子吸收分光光度计示意图

1. 稳压电源；2. 光源（空心阴极灯）；3. 燃气；4. 试液；5. 助燃气；6. 废液；7. 原子化系统；8. 单色器；9. 检测器；10. 高压电源；11. 放大器；12. 读数器

（一）光源

光源的作用是发射被测元素基态原子所吸收的特征共振线，故称为锐线光源（narrow-line source）。对光源的基本要求：①发射辐射波长的半宽度要明显小于吸收线的半宽度；②辐射强度足够大；③稳定性好，背景信号低（低于共振辐射强度的 1%），使用寿命长等。蒸气放电灯、无极放电灯和空心阴极灯都符合上述要求，但最常用的锐线光源是被测元素材料作为阴极的空心阴极灯。

1. 空心阴极灯　空心阴极灯（hollow cathode lamp，HCL）是一种低压气体放电管。包括一个阳极（绕有钽丝或钛丝的钨或锆棒）和一个空心圆筒形阴极（由被测元素的金属或合金化合物构成）。阴极和阳极密封在带有光学窗口（石英窗口或玻璃窗口）的玻璃管内，内充低压（几百帕）的惰性气体（氖气或氩气），其构造见图 13-7。

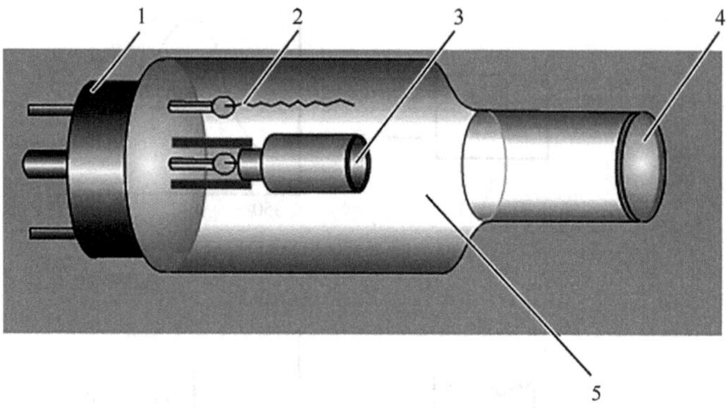

图 13-7　空心阴极灯构造

1. 灯座；2. 阳极；3. 空心阴极；4. 石英窗口；5. 内充惰性气体

空心阴极灯的工作原理：当两极间施加适当的电压（300～500 V），在高压电场作用下，便开始辉光放电，这时电子由阴极高速射向阳极并与载气原子碰撞而使之电离，带正电荷的惰性气体离子在电场作用下，猛烈轰击阴极表面，使阴极表面的金属原子溅射。溅射出来的金属原子与其他粒子（电子、惰性气体原子及离子）碰撞而被激发，激发态的原子在返回基态时，发射出相应元素特征共振线。

空心阴极灯所发射的谱线强度及宽度与灯的工作电流有关，一般工作电流控制在 1～20 mA。因此，阴极温度和气体放电温度都不很高，谱线的多普勒致宽可控制得很小，灯内的气体压力很低，劳伦兹致宽也可忽略。因此，测试所得谱线较窄，灵敏度较高。在正常工作条件下，空心阴极灯是一种实用、理想的锐线光源。

空心阴极灯发射的光谱主要是阴极元素的光谱，因此用不同的被测元素材料作阴极，可制成各种被测元素的空心阴极灯。单元素空心阴极灯只能提供某单一被测元素的共振线，谱线简单，使用寿命长，缺点是每测一种元素就要换一个灯，使用不方便。

2. 多元素空心阴极灯　将多种金属粉末按一定的比例混合并压制和烧结，作为阴极，可制得多元素空心阴极灯。最多可达 7 种元素，如 Al-Ca-Cu-Fe-Mg-Si-Zn。只要更换波长，就能在一个灯上同时进行几种元素的测定。缺点是辐射强度、灵敏度、寿命都不如单元素灯。组合越多，光谱特性越差，谱线干扰也越大。

（二）原子化器

原子化器（atomizer）的作用是提供能量，使样品干燥、蒸发并使被测元素转化为气态的基态原子。由于原子化器的性能将直接影响测定的灵敏度和测定的重复性，因此要求它具有较高的原子化效率、较小的记忆效应和较低的噪声。使样品原子化的方法有火焰原子化（flame atomization）和非火焰原子化法（flameless atomization），原子化器主要有四种类型：火焰原子化器（flame atomizer）、石墨炉原子化器（graphite furnace atomizer）、氢化物发生原子化器（hydrogen generation atomizer）、冷蒸气原子化器（cold atom atomizer）。

1. 火焰原子化法　由各种化学火焰提供能量，使样品中被测元素原子化。火焰原子化构造如图 13-8 所示，其包括雾化器、雾化室和燃烧器三部分组成。燃烧器有两种类型：预混合型和全消耗型。全消耗型燃烧器（total consumption burner），是将试液直接喷入火焰中；预混合型燃烧器（premix burner）是用雾化器将试液雾化，在雾化室内将较大的雾滴除去，使试液雾滴均匀化，然后再喷入火焰。两种燃烧器各有优缺点，但以后一类型应用较为广泛。

（1）雾化器：其作用是将试液变成高度分散的雾状。雾滴越小、越细，在火焰中越有利于基态原子的生成。目前采用是气动同轴型雾化器，雾化效率一般在 10% 左右，它是影响火焰原子化灵敏度和检出限的主要因素。利用高压助燃气（空气、氧气、氧化亚氮等）高速流过喷嘴处产生

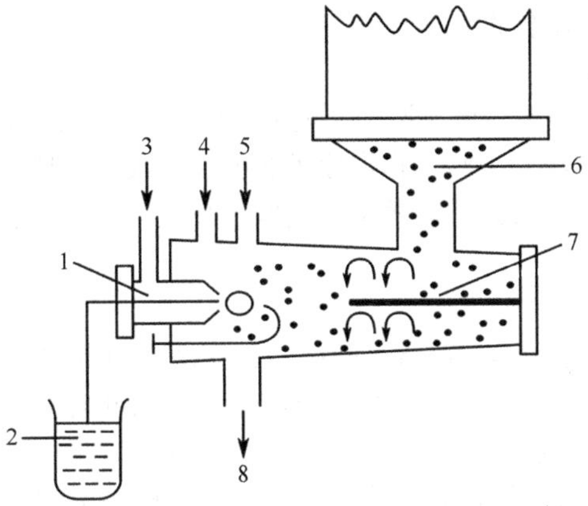

图 13-8　预混合型火焰原子化器

1. 雾化器；2. 试液；3. 空气；4. 乙炔；5. 助燃气；6. 燃烧器；7. 扰流器；8. 废液

负压区，将试液沿毛细管吸入并被高速气流分散成小雾滴。雾化效率的高低受到雾化器的结构影响外，还受试液的黏度、助燃气的压力、温度等影响。

（2）雾化室：试液经雾化器雾化后，还含有一定数量的大雾滴。雾化室的作用：一是使较大雾粒沉降、凝聚从废液口排出；二是使雾粒与燃气、助燃气均匀混合形成气溶胶，再进入火焰原子化区；三是起缓冲稳定混合气气压的作用，使燃烧器产生稳定的火焰。

（3）燃烧器：其作用是产生火焰，将被测物质分解为基态原子。样品溶液经雾化后进入燃烧器，经火焰干燥、熔化、蒸发、离解、激发和化合等复杂过程，在此过程中，除产生大量的基态原子外，还产生极少量的激发态原子、离子和分子等其他粒子。燃烧器由金属钛或不锈钢等耐高温、耐腐蚀的材料制成。燃烧器所用的喷灯有“孔型”和“长缝型”，常用是吸收光程较长的长缝型（单缝）。长缝型燃烧器有单缝和三缝两种，其中单缝燃烧器的应用最广。为了适应不同组成的火焰，燃烧器的规格不同。一种是缝长 10～11 cm，缝宽 0.5～0.6 mm，适用于空气-乙炔火焰；另一种是缝长 5 cm，缝宽 0.46 mm，适用于氧化亚氮-乙炔火焰。

燃气和助燃气在雾化室中预混合后，在燃烧器缝口点燃形成火焰。燃烧的火焰由不同种类的气体混合产生，火焰的组成将直接关系到测定的灵敏度、稳定性和干扰等。因此对不同的元素，应选择不同的火焰。燃气和助燃气种类、流量不同，火焰的最高温度也不同（表 13-2）。常用的是乙炔-空气和乙炔-氧化亚氮火焰，前者火焰的最高温度在 2300℃左右，它能为 35 种以上元素充分原子化提供最适宜的温度；后者火焰的最高温度为 2955℃左右，可用于火焰中生成耐热（难熔）金属氧化物的元素，如铝、硅、硼等的测定。

表 13-2　几种类型的火焰及温度

燃气-助燃气	化学反应式	最高温度（℃）
丙烷-空气	$C_3H_8+5O_2 = 3CO_2+4H_2O$	1925
氢气-空气	$2H_2+O_2 = 2H_2O$	2050
乙炔-空气	$2C_2H_2+5O_2 = 4CO_2+2H_2O$	2300
乙炔-氧化亚氮	$C_2H_2+5N_2O = 2CO_2+H_2O+5N_2$	2955

根据燃气和助燃气比可将火焰分为化学计量性火焰、贫燃性和富燃性火焰。燃助比基本按化学反应计量关系构成的火焰为化学计量性火焰，空气-乙炔之比为 4∶1，其火焰温度高、稳定性好、噪声小、背景低，故最常用。贫燃性火焰指燃助比小于化学反应计量值关系的火焰，其空气-乙炔之比为（4～6）∶1，它氧化性较强，温度较高，适用于不易氧化的元素如 Ag、Cu、Ni、Co、Pd 等的测定。富燃性火焰指燃助比大于化学反应计量值关系的火焰，空气-乙炔之比为 1∶（1.2～2.5）

或更大，由于燃烧不完全，火焰呈强的还原性气氛，温度较贫燃性火焰低，适用于易形成难熔氧化物元素如 Mo、Cr、稀土。

火焰原子化器具有操作简单、重现性好、灵敏度较高等特点，但它的主要缺点是原子化效率（atomization efficiency）低，约为 10%，自由原子在吸收区域停留时间短，限制了测定灵敏度的提高。无火焰原子化装置可以提高原子化效率，使原子吸收光谱法分析灵敏度提高 10～20 倍，因而得到广泛应用。

2. 非火焰原子化

（1）石墨炉原子化器（graphite furnace atomizer）：是一种电加热器。利用电能加热盛放样品的石墨管，使之达到高温以实现样品原子化。石墨管原子化器的结构如图 13-9 所示。主要由炉体、石墨管和电、水、气供给系统组成。石墨管外径为 6 mm，内径为 4 mm，长度为 28～50 mm，管两端用铜电极夹住。管上有一进样孔，孔径 1～2 mm，样品用微量注射器直接由进样孔注入石墨管中，通过铜电极向石墨管供电。石墨管作为电阻发热体，通电后可达到 2000～3000℃高温，以蒸发样品和使样品原子化。铜电极周围用水箱冷却，盖板盖上后，构成保护气室，室内通以惰性气体氩或氮，以有效地除去在干燥和挥发过程中的溶剂、基体蒸气，同时也可保护已原子化的原子不再被氧化。

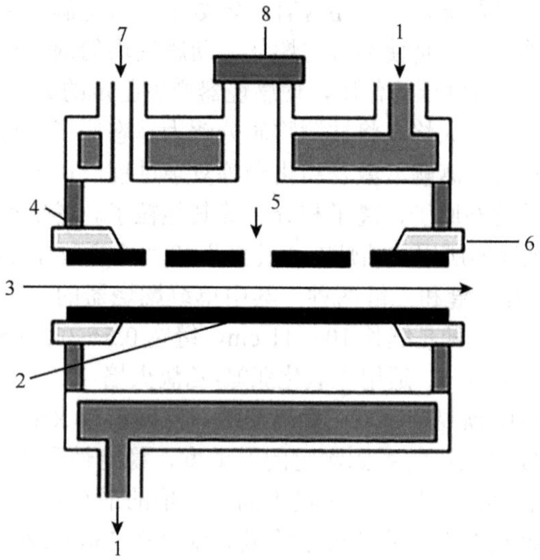

图 13-9　高温石墨管原子化器

1. 水；2. 石墨管；3. 光束；4. 绝缘材料；5. 样品；6. 电接头；7. 惰性气体；8. 可卸式窗

石墨炉原子化升温过程分为干燥、灰化（去除基体）、原子化、净化（去除残渣）四个阶段。通常整个过程需要 1～2 min。干燥目的是在低温（一般仅 110℃左右）下蒸发除去溶剂，或样品中挥发性较大的组分；灰化的目的是在不损失被测元素的前提下，在较高的温度（350～1200℃）下进一步除去有机物或低沸点无机物，将沸点较高的基体蒸发除去，或是对脂肪和油等基体物质进行热解；原子化是施加大功率于石墨炉上，待测元素在高温（2400～3000℃）下进行原子化，其保持时间在保证元素完全原子化的前提下越短越好，一般为 5～10 s；净化的作用是将温度升至最大允许值（约 3500℃），除去残留在管内的残渣，消除记忆效应。

石墨炉原子化法的优点：①原子化在充有惰性保护气的气室内，在强还原性石墨介质中进行，有利于难熔氧化物的原子化；②可不经过前处理，直接进行分析，适合生物样品的分析；③取样量少，固体样品为 20～40 μg，液体样品为 5～100 μL；④原子化效率高，达 90% 以上，所以灵敏度提高几个数量级，比火焰法增加 10～20 倍。但也存在不足，如重现性较差、基体效应大等。石墨炉原子化法与火焰原子化法的比较见表 13-3。

表 13-3 火焰原子化法与石墨炉原子化法的比较

方法	火焰原子化法	石墨炉原子化法
原子化热源	化学火焰能	电热能
原子化温度	相对较低（一般＜3000℃）	相对较高（可达 3000℃）
原子化效率	较低（＜30%）	高（＞90%）
进样体积	较多（1～5 mL）	较少（5～100 μL）
讯号形状	平顶形	尖峰状
灵敏度	低	高
检出限	高 Cd：0.5 ng/mL Al：20 ng/mL	低 Cd：0.002 ng/mL Al：1.0 ng/mL
重现性	较好，RSD 为 0.5%～1%	较差，RSD 为 1.5%～5%
基体效应	较小	较大

（2）低温原子化法：又称化学原子化法，对于砷、硒、汞及其他一些特殊元素，可以利用某些化学反应使其原子化。常用氢化物法和汞低温原子化法。

1）氢化物法：氢化物发生原子化器由氢化物发生器和原子化装置两部分组成，属于低温原子化技术。有一些元素（如 Hg、Ge、Sn、Pb、As、Sb、Bi、Se 和 Te 等）采取液体进样时，无论是火焰原子化或石墨炉原子化均不能得到较好的灵敏度。但这些元素易生成共价的氢化物，其在常温常压下为气态，因此易从母液中分离出来。在一定酸度下，用强还原剂 KBH_4 或 $NaBH_4$ 将这些元素还原成极易挥发、易受热分解的氢化物，载气将这些氢化物送入原子化装置（石英管）后，在低温下即可进行原子化。以测定砷为例，其反应如下：

$$H_3AsO_3 + NaBH_4 + H^+ \rightleftharpoons AsH_3\uparrow + H_2\uparrow + H_3BO_3 + Na^+$$

通过氢化反应将砷转变成气态 AsH_3，使待测元素与基体分离，因而可以消除和降低干扰。然后将其由载气送入原子化系统，在较低温度下（700～900℃）下原子化。该法由于还原转化为氢化物时的效率高，该法具有设备简单、选择性好、基体干扰少和分离富集作用等优点，其检出限比火焰法低 1～3 个数量级。

2）汞低温原子化法：也称为冷原子化法，专门用于汞的测定。其是由冷蒸气发生器原子化器和原子吸收池组成。在酸性溶液中，用 $SnCl_2$ 或盐酸羟胺将样品中无机汞化合物还原为金属汞，汞在常温常压下有较大的蒸气压，易形成汞原子蒸气。用载气（Ar 或 N_2，也可用空气）将汞蒸气导入石英吸收管中直接进行测定，不须加热石英管分解样品，因此也称为冷原子吸收法。对于有机汞化合物，必须先经过适当的化学预处理，一般用 $KMnO_4$ 和 H_2SO_4 的混合物分解有机汞化合物，再用 $SnCl_2$ 还原为汞原子，逸出液相，然后由载气将汞原子蒸气送入吸收池内进行测定。本法灵敏度和准确度都很高（可检出 0.01 μg 汞），是测定汞的好方法。

（三）分光系统

分光系统主要由色散元件（光栅等）、反射镜和狭缝等组成。由于原子吸收谱线本身比较简单，光源采用锐线光源，吸收值测量采用峰值吸收测定法，因而对单色器分辨率的要求不是很高。单色器的作用是将所需的共振吸收线与邻近干扰线分离。然后通过对出口狭缝的调节使非分析线被阻隔，只有被测元素的共振线通过出口狭缝，进入检测器。为了防止原子化时产生的其他辐射不加选择地都进入检测器，并避免光电倍增管的疲劳，单色器通常放置在原子化器后（这是与分子吸收的分光光度计主要不同点之一）。单色器中的关键部件是色散元件，现多用光栅。以多个元素灯组合的复合光源，配以中阶梯光栅与棱镜组合的分光系统，基本可以满足多元素同时测定的要求。

（四）检测系统

检测系统主要由检测器、放大器、数据处理系统和显示系统组成。检测器的作用是将单色器分出的光信号转换成电信号，常用光电倍增管。将光电倍增管的电信号放大后，由读数装置显示或记录仪记录，也可用计算机自动处理系统输出结果。现代原子吸收检测器采用了电荷耦合器件（CCD）和电荷注入器件（CID），特别适合弱光的检测。光电二极管阵列（photodiode array，PDA）及其他类型的固体探器（solid state detector，SSD），能同时获得多个波长下的光谱信息，适用于多元素的同时测定。

由检测器转换后的电信号须经信号测量和显示系统处理，转变为易于理解并处理的信息，这一过程是由信号测量和读出系统完成，现代仪器均配备了微机程序控制、自动数据处理等系统。

背景校正装置是原子吸收分光光度计不可缺少的附属装置，常用的有氘灯背景校正装置、塞曼效应背景校正装置和自吸效应背景校正装置。

案例 13-4

锌是人体必需的微量元素，其对人体的作用表现在促进生长发育、增强免疫系统、改善消化功能。特别锌能促进儿童智力发育，锌缺乏的儿童智力发育不良。现临床上需诊断小孩体内是否缺锌。

问题：

（1）请查文献资料检材可选择体内哪些生物样本？

（2）选用原子吸收光谱法测定，选择何光谱线作为分析线？若存在光谱干扰，分析线如何选择？

案例 13-4 分析

（1）检材可以是末梢血或采集静脉血，或枕部发际离头皮 1～1.5 cm 头发。

（2）锌的分析线是 206.20 nm，若有干扰，选择无干扰的次灵敏线的波长作为吸收波长。

二、原子吸收分光光度计的类型

目前，常用的原子吸收分光光度计按光束分为单光束和双光束两种类型。此外按波道又有单道、双道和多道之分。常用的有单道单光束吸收分光光度计，以及双波道和多波道原子吸收分光光度计，多波道型原子吸收分光光度计可同时测定多元素。

1. 单光束原子吸收分光光度计 单道单光束型仪器只有一个空心阴极灯，外光路只有一束光，一个单色器和一个检测器。其基本结构类似于紫外-可见分光光度计，不同之处在于其光源采用空心阴极灯，是锐线光源，吸收池是由原子化器代替，单色器置于原子化器之后。这类仪器结构简单，共振线在传播过程中辐射能损失较少，单色器能获得较大亮度，故有较高的灵敏度，价格低廉，便于维护。其缺点是由于光源辐射不稳定，会引起基线漂移。为获得较稳定的光束，空心阴极灯往往要充分预热 20～30 min，在测量过程中还需注意校正基线，以免引起系统误差。

2. 单道双光束原子吸收分光光度计 双光束仪器对光学系统进行了改进，克服单光束仪器因光源波动而引起基线漂移。

图 13-10 是典型的双光束仪器。由光源发射的共振线被斩光器分成两束强度相等、波长相同的光束，一束测量光 S 通过原子化器，另一束光 R 作为参比不通过原子化器，两束光交替进入单色器，然后进行检测。由于两束光均由同一光源发出，检测系统输出的信号是这两光束的信号差。因此，参比光束的作用可以消除光源和检测器不稳定带来的影响。其缺点是仍不能消除原子化系统的不稳定和背景吸收的影响，而且仪器结构复杂，价格较贵。

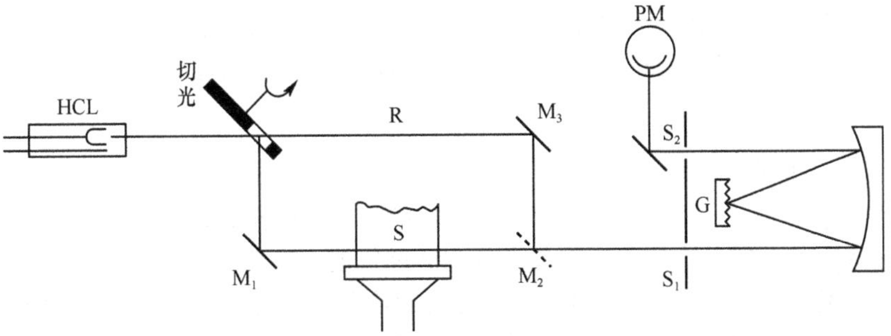

图 13-10　单道双光束原子吸收分光光度计结构示意图

M_1、M_2、M_3. 反光镜；S_1、S_2. 狭缝；G. 光栅

3. 双光束或多波道原子吸收分光光度计　其使用两种或多种空心阴极灯，使光辐射同时通过原子蒸气而被吸收，然后再分别进入不同分光系统和检测系统，测定各元素的吸光度值。该类仪器准确度高，可采用内标法定量，并且能够同时测定两种以上元素，实现多元素的同时测定。但仪器装置复杂，价格昂贵。

第四节　实验方法和定量分析方法

一、测定条件的选择

（一）分析线的选择

通常选择主共振线作为分析线（analytical line），因为共振线一般也是最灵敏的吸收线。但是，并不是在任何情况下都一定要选用共振线作为分析线。例如，Hg、As、Se 等的主共振线位于远紫外区，火焰组分对其有明显吸收，故用火焰法测定这些元素时就不宜选择其主共振线作分析线。又如，在分析较高浓度的样品时，有时宁愿选取灵敏度较低的其他谱线作为分析线，以便得到合适的吸收值来改善标准曲线的线性范围。而对于微量或痕量元素的测定，就必须选用最强的共振线。

另外，当被测元素的共振线与其他共存杂质元素的发射或吸收线重叠时，将对测量结果造成干扰，应加以注意。最适宜的分析线，视具体情况由实验决定。实验的方法：首先扫描空心阴极灯的发射光谱，了解有哪几条可供选择的谱线；然后喷入试液，查看这些谱线的吸收情况，选择不受干扰而吸收值适宜的谱线作为分析线。

（二）狭缝宽度

原子吸收光谱法中，由于吸收线的数目比发射线的数目少得多，谱线重叠的概率大大减少。因此，可使用较宽的狭缝，以增加灵敏度，提高信噪比和降低检出限。对于谱线简单的元素（如碱金属、碱土金属）通常可选用较大的狭缝宽度；对于多谱线的元素（如过渡金属、稀土金属）要选择较小的狭缝，以减少干扰，改善线性范围。

狭缝宽度与下列因素有关，首先与单色器的分辨能力有关。若单色器分辨能力大时，可以使用较宽的狭缝。若采用火焰原子化法当火焰背景发射很强，吸收线附近有干扰线与非吸收光存在时，应使用较窄的狭缝。合适的狭缝宽度可由实验方法确定，即将试液喷入火焰中，调节狭缝宽度，并观察相应的吸光度变化，吸光度大且平稳时的最大狭缝宽度即为最适宜狭缝宽度。

（三）工作电流的选择

空心阴极灯的工作电流与辐射强度和灯的使用寿命有关。灯电流过低，放电不稳定，谱线输出强度低，吸收信号弱，信噪比较小，测定精密度较差；灯电流过高，发射谱线致宽，灵敏度下降，灯的寿命使用缩短。一般说来，在保证放电稳定和足够光强的条件下，尽量选用低的工作电流，以延长灯的使用寿命。一般商品空心阴极灯均标有最大工作电流和使用电流范围，通常选用最大电流的 1/2～2/3 为工作电流。在实际工作中，可以通过实验，即通过绘制吸光度-灯电流曲线选择最佳灯电流。

（四）原子化条件的选择

样品的原子化是整个原子吸收光谱法的关键步骤。在火焰原子化法中，火焰的选择和调节是保证原子化效率的关键。火焰的类型与燃气和助燃气混合物的流速是影响原子化效率的主要因素。不同火焰的类型，其温度、氧化还原性、燃烧速度和对辐射的透射性等基本特性不同，因而，应根据被测元素的电离电位高低、原子化难易和氧化还原性质来选择火焰的类型。对于分析线在 200 nm 以下的短波区的元素如 Se、P、As 等，由于烃类火焰有明显吸收，不易使用乙炔火焰，宜选用氢火焰。对于易电离元素如碱金属和碱土金属，不宜采用高温乙炔火焰，应采用温度稍低的丙烷-空气或氢气-空气火焰，以防止电离的干扰。反之，对于易形成难离解氧化物的元素如 B、Be、Al、Zr、稀土等，则应采用高温火焰，最好使用富燃火焰。此外，雾化状态、燃气和助燃气比率、燃烧器的高度等均会影响火焰区内基态原子的有效寿命，而直接影响测定的灵敏度。

石墨炉原子化法中，原子化程序要经过干燥、灰化、原子化和净化四个阶段，各阶段的温度与持续时间均要通过实验选择。干燥是一个低温除去溶剂的过程，应在稍低于溶剂沸点的温度下进行，以防止样品飞溅。热解、灰化的目的是破坏和蒸发除去样品基体，在保证被测元素没有明显损失的前提下，将样品加热到尽可能高的温度。原子化温度应选择吸收信号最大时的最低温度。原子化阶段停止载气通过，可以降低基态原子逸出的速度，提高基态原子在石墨管中的停留时间和密度，有利于提高分析方法的灵敏度和改善检出限。各阶段的加热时间，依不同样品而不同，需由实验来确定。常用保护气体 Ar，流速在 1～5 L/min 内。

二、干扰及其消除方法

原子吸收光谱法具有干扰少、选择性好的特点，但在某些情况下干扰问题仍不容忽视。干扰效应主要有光谱干扰、电离干扰、物理干扰和化学干扰。

（一）光谱干扰

光谱干扰（optical interference）是指原子光谱对分析线的干扰，主要来自于光源和原子化器。

1. 与光源有关的光谱干扰 主要包括谱线重叠干扰和非吸收线干扰。谱线重叠干扰是指在所选光谱通带内，样品中共存元素的吸收线与被测元素的分析线相近，甚至吸收线重叠，对光源发射的谱线产生吸收而产生的干扰。这种干扰使吸光度增加，使分析结果偏高。表 13-4 列举了谱线重叠干扰实例。消除办法另选灵敏度较高而干扰少谱线为分析线。例如，测定 Fe 选用共振线 271.903 nm 时，Pt 271.904 nm 吸收线与此有重叠干扰。分析时另选灵敏度较高而干扰少 Fe 248.33 nm 为分析线，可消除 Pt 的干扰，或用化学方法分离干扰元素。

表 13-4 谱线重叠干扰实例

被测元素共振线（nm）	干扰元素共振线（nm）	火焰类型
Cu 324.754	Eu 324.753	乙炔-氧化亚氮
Fe 271.903	Pt 271.904	同上
Si 250.689	V 250.690	同上
Al 308.215	V 308.211	同上
Mn 403.307	Ga 403.298	同上
Hg 253.652	Co 253.649	乙炔-空气
Ga 403.298	Mn 403.307	乙炔-空气

非吸收线干扰也是与光源有关的光谱干扰，空心阴极灯除了发射待测元素的共振线外，还发射与其邻近的非吸收线。它是指检测器所检测待测元素特征吸收以外的所有吸收信号。这种情况多见于多谱线元素（如 Fe、Co、Ni 等）。例如，镍的空心阴极灯，在共振线（232.0 nm）附近还有多条镍的发射线，当单色器不能将其分开时，由于这些谱线又不被待测元素镍吸收，将导致测定灵敏度下降。消除办法：减小狭缝的宽度来改善或消除这种干扰。

2. 与原子化器有关的干扰 这类干扰主要来源于背景吸收（background absorption）。背景吸收干扰是来自原子化器的一种光谱干扰，在原子化过程中生成的气体分子、氧化物、盐类等对共振线的吸收及微小固体颗粒使光产生散射而引起的干扰，即包括原子化过程中出现的分子吸收和光的散射及折射。它是一种宽带吸收，干扰比较严重。例如，NaCl、KCl、$NaNO_3$ 等在紫外区有很强的分子吸收带；在波长＜250 nm 时，H_2SO_4 和 H_3PO_4 等有很强的吸收，而 HNO_3 和 HCl 的吸收较小。因此原子吸收法中常用 HNO_3 与 HCl 的混合液作为样品的预处理试剂。

为了方便校正背景吸收，现代仪器都附有背景校正器。背景吸收校正方法：主要有邻近线校正法、氘灯校正法、塞曼（Zeeman）效应校正法等。邻近线背景校正法是用分析线测量原子吸收与背景吸收的总吸光度，再选一条与分析线相近的非吸收线，测得背景吸收。两次测量的吸光度相减，即为扣除背景后原子吸收的吸光度值。氘灯校正法与锐线光源，采用双光束外光路，斩光器使入射强度相等的两灯发出的光辐射交替地通过原子化器，用锐线光源测定的吸光度值为原子吸收和背景吸收的总吸光度，而用氘灯测定的吸光度仅为背景吸收，两者之差即是经过背景校正后的被测定元素的吸光度值。塞曼效应校正背景是利用在磁场作用下简并的谱线发生裂分的现象进行的。磁场将吸收线分裂为具有不同偏振方向的组分，利用这些分裂的偏振成分来区别被测元素吸收和背景吸收。

（二）电离干扰

电离干扰（ionization interference）是由于被测元素在高温原子化过程中发生电离，使参与吸收的基态原子数减少而造成吸光度下降的现象。电离电位越低（如碱金属和碱土金属），火焰温度越高，则电离干扰越严重。加入高浓度的消电离剂（易电离元素），可以有效地抑制和消除电离干扰效应。消电离剂是比待测元素更易电离的元素，它在火焰中首先电离，产生大量的自由电子，从而抑制了待测元素的电离。常用的消电离剂是碱金属元素的盐（如 K、Na、Cs 等元素），如 CsCl、KCl 和 NaCl。例如，测定 Ca 时加入一定量的 KCl 或 NaCl 作为消电离剂，可以消除 Ca 的电离干扰。

（三）物理干扰

物理干扰亦称为基体干扰。是指样品在处理、转移、蒸发和原子化过程中，由于样品物理性质（黏度、表面张力和相对密度）的变化引起吸光度下降的现象。在火焰原子化法中，试液的黏度、表面张力、溶剂的蒸气压、雾化气体压力、取样管的直径和长度等将影响吸光度。例如，试液的黏度，影响试液喷入火焰的速度；表面张力，影响雾滴的大小及分布；溶剂的蒸气压，影响蒸发速度和凝聚损失等。上述这些因素，最终都影响进入火焰中待测元素的原子数量，因而影响吸光度值大小。在石墨炉原子化法中，进样量大小、保护气的流速等均影响吸光度。

物理干扰是非选择性干扰，对样品中各元素的影响基本上是相似的。配制与被测样品组成相近的对照品或采用标准加入法，是消除物理干扰最常用的方法。若待测元素的含量较高，可适当地稀释，以减少干扰。此外，采用标准加入法和加入基体改进剂来消除基体干扰也是行之有效的方法。

（四）化学干扰

化学干扰（chemical interference）是指在溶液或气相中，由于被测元素与其他共存组分之间发生化学反应，生成难离解或难挥发的化合物，从而影响被测元素化合物的离解和降低原子化效率。通常情况下，使测定结果偏低。化学干扰是原子吸收分析的主要干扰来源，其具有选择性，消除化学干扰的方法要视情况而定。消除化学干扰常用的有效方法如下。

1. 加入释放剂 释放剂与干扰组分生成比被测元素更稳定或更难挥发的化合物，使被测元素从其与干扰物质形成的化合物中释放出来。例如，磷酸盐干扰 Ca 的测定，当加入 La 或 Sr 之后，La 和 Sr 同磷酸根结合而将 Ca 释放出来，从而消除了磷酸盐对钙的干扰。

2. 加入保护剂 保护剂与被测元素形成稳定、易挥发、易分解和易于原子化的化合物，以防止被测定元素和干扰元素之间的结合，从而消除干扰。例如，磷酸盐干扰 Ca、Mg 的测定，加入 EDTA，它与被测元素 Ca、Mg 形成螯合物，而且螯合物在火焰中易于原子化，从而抑制了磷酸根对 Mg、Ca 的干扰。同样，在铅盐中加入 EDTA，可以消除碳酸盐、硫酸盐、F^-、I^- 对测定铅的干扰。加入氟化物，使 Ti、Zr、Hf 和 Ta 转化为含氟化合物，比氧化物更有效原子化，从而提高这些元素测定的灵敏度。一般情况下，使用有机配位剂是有利的，因为有机配位剂在火焰中易于破坏，使与之结合的金属元素能有效原子化。

3. 适当提高火焰温度 适当提高火焰温度，可以抑制或避免某些化学干扰。例如，采用高温氧化亚氮-乙炔火焰，使某些难挥发、难离解的金属盐类、氧化物、氢氧化物原子化效率提高，如以上测定钙的例子。对于在低温火焰中易生成难离解的氧化物的元素，可改用还原性富燃火焰，消除测定镁时铝的干扰。

如上述方法仍然达不到效果，则需考虑采取预先分离的方法来消除干扰，如采用沉淀法、离子交换法、溶剂萃取等分离方法，将干扰组分与待测物分离。

三、灵敏度和检出限

在微量、痕量甚至超痕量分析中，灵敏度与检出限是评价分析方法与仪器性能的重要指标。

（一）灵敏度

灵敏度 S 为测量值的增量（吸光度）与相应的被测元素浓度（或质量）的增量之比。它表示被测元素浓度或质量改变一个单位时所引起的测量信号吸光值的变化量。由此可见，灵敏度就是标准曲线的斜率，表明吸光度对浓度的变化率，变化率越大，S 越大，方法的灵敏度越高。

$$S=\frac{\mathrm{d}A}{\mathrm{d}c}=\frac{\mathrm{d}A}{\mathrm{d}m} \tag{13-11}$$

在原子吸收分光光度分析中，更习惯用 1% 吸收灵敏度表示，也称特征灵敏度（characteristic sensitivity）。其定义为能产生 1% 吸收（或吸光度为 0.0044）信号时，所对应的被测元素的浓度或被测元素的质量。1% 吸收灵敏度越小，方法灵敏度越高。

1. 特征浓度（characteristic concentration） 在火焰原子化法中，常采用特征浓度表示灵敏度。其定义为，产生 0.0044 吸光度时所对应的被测元素的浓度（μg/mL）。计算公式：

$$S_c=\frac{0.0044\times c_{\mathrm{x}}}{A} \tag{13-12}$$

式中，c_{x} 为被测元素 x 的浓度（μg/mL 或 μg/g），A 为多次测得吸光度的平均值。

例如，1.0 μg/g 镁溶液，测得吸光度为 0.550，则镁的特征浓度为

$$S_c=\frac{0.0044\times1.0}{0.550}=0.0080(\mu\mathrm{g/mL})=8.0(\mathrm{ng/mL})$$

2. 特征质量（characteristic mass） 在石墨炉原子吸收法中，采用特征质量表示灵敏度。其定义为产生 0.0044 吸光度所对应的被测元素的质量（g 或 μg）。计算公式：

$$S_m=\frac{0.0044\times m_{\mathrm{x}}}{A}=\frac{0.0044\times c_{\mathrm{x}}V}{A} \tag{13-13}$$

式中，m_x 为被测元素 x 的质量，A 为多次测得吸光度的平均值，c_x 为被测元素在试液中的浓度（g/mL），V 为试液进样的体积（mL）。

显然特征浓度或特征质量越小，测定的灵敏度越高。

（二）检出限

检出限是在给定的分析条件和某一置信度下可被检出的最小浓度或最小量。只有被测量达到或高于检出限（detection limit；D），才能可靠地将有效分析信号与噪声区分开。通常以空白溶液测量信号的标准偏差（σ）的 3 倍所对应的被测元素浓度（μg/mL，μg/g）或质量（g 或 μg）来表示。计算公式：

$$D_c = \frac{3\sigma c_x}{A} \tag{13-14}$$

或

$$D_m = \frac{3\sigma m_x}{A} = \frac{3\sigma c_x V}{A} \tag{13-15}$$

式中，c_x、m_x、V 与灵敏度中含义相同；A 为 c_x 浓度溶液的测定平均值，或含被测元素质量为 m_x 溶液的测定平均值；σ 为空白溶液进行至少 10 次连续测定，所得的吸光值（噪声或空白值），求算其标准偏差。

检出限比灵敏度具有更明确的意义，它考虑到了噪声的影响，并明确指出了测定的可靠程度。由此可见，降低噪声，是改善检出限的有效途径。因此对于一定的仪器，合理进行选择和优化分析条件，可以降低噪声水平。

四、定量分析方法

在一定浓度范围内（稀溶液），吸光度与浓度成正比是原子吸收光谱法的定量分析基础。常用的定量分析方法有标准曲线法、标准加入法、内标法和直接比较法。

（一）标准曲线法

在仪器推荐的浓度范围内，配制合适的系列标准溶液，浓度依次增加，并分别加入相应试剂，必要时加入一定的干扰抑制剂及基体改进剂，同时以相应试剂制备空白对照溶液。依次测定空白对照液和各浓度对照品溶液的吸光度 A，每个溶液至少测定 3 次，并取平均值。以测得的吸光值 A 为纵坐标，浓度 c 为横坐标，绘制 A-c 标准曲线。在相同条件下，测定被测样品的吸光度，由标准曲线可求得样品中被测元素的浓度或含量。

在实际分析中，有时出现标准曲线弯曲现象。即在待测元素浓度较高时曲线向浓度坐标弯曲。因此使用本法时要注意以下几点。①标准溶液和样品溶液的吸光值应落在标准曲线的线性范围内及控制在 0.2～0.8。②标准溶液与样品溶液都应用相同的溶剂处理。③应以空白溶液作参比。④实验条件要一样。

标准曲线法简便、快速，适用于组成简单的大批量样品分析，不适用于基体复杂样品。

（二）标准加入法

当样品组成复杂或组成不确定，且样品基体干扰较大，又没有基体空白，或测定纯物质中极微量的元素时，可采用标准加入法（standard addition method）。在实际工作中标准加入法多采用作图法，又称直线外推法。操作方法：取若干份（$n \geqslant 4$）等量待测液分别置于 n 个容量瓶或比色管中，其中一份为不加被测元素对照品溶液，其余分别精密加入不同浓度的被测元素对照品溶液，最后稀释至相同的体积，制成加入对照品溶液从零开始递增的一系列溶液：c_x+0、c_x+c_s、c_x+2c_s、…、c_x+nc_s。在相同条件下分别测得它们的吸光度为 A_0、A_1、A_2、…、A_n。将吸光度 A 与相应的被测元素加入量作图，得图 13-11 所示直线。延长此直线至与 x 轴的延长线相交，此交点与原点间的距离（可由回归方程计算）即相当于供试品溶液取样量中被测元素的含量。

使用标准加入法时应注意：①加入标准溶液量应与待测元素的含量在同一数量级，且使测定浓度应在 A-c_s 标准曲线的线性范围内；②应进行试剂空白的扣除；③该方法只是消除分析中的基体效应干扰，而不能消除其他干扰，如分子吸收、背景吸收等；④对于斜率太小的曲线（即灵敏度差），容易引起较大的误差。

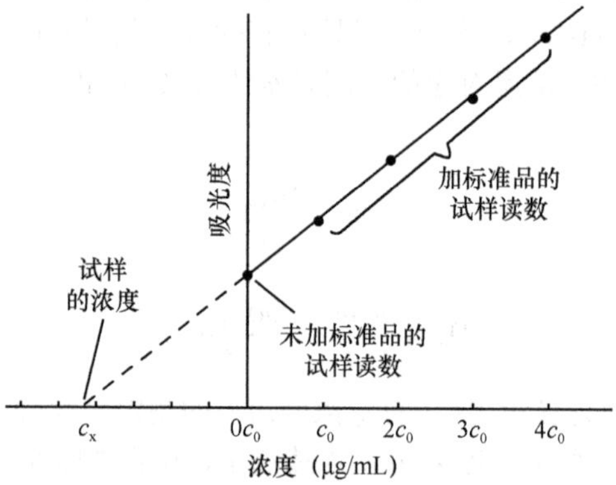

图 13-11　标准加入法图解

（三）内标法

内标法（internal standard method）是在对照品溶液和样品溶液中分别加入一定量的样品中不存在的第二种元素作内标元素（如测定 Cd 时可选内标元素 Mn），同时测定这两种溶液的吸光度比值 $A_s/A_内$，$A_x/A_内$。然后绘制 $A_s/A_内$-c 标准曲线。A_s、$A_内$分别为对照品溶液中被测元素和内标元素的吸光度，c 为对照品溶液中被测元素的浓度。再根据样品溶液的 $A_x/A_内$，从标准曲线上即可求出样品中被测元素的浓度。

内标元素应与被测元素在原子化过程中具有相似的特性。内标法可消除在原子化过程中由于实验条件（如燃气及助燃气流量、基体组成、表面张力等）变化而引起的误差。但内标法的应用需要使用双波道型原子吸收分光光度计。

（四）直接比较法

直接比较法是常用的简单方法之一，适用于样品数量少，浓度范围低的情况。为了减少测量误差，要求样品溶液的浓度 c_x 和标准溶液的浓度 c_s 相近。其计算公式如下：

$$c_x = \frac{A_x c_s}{A_s} \tag{13-16}$$

知识窗　　我国建立了重金属水污染风险管控体系，为民众健康提供保障

随着工业化的发展，各国对于重金属的使用量日益增多，随之而来的重金属环境污染也日益严重，特别是以水质重金属污染问题更甚。重金属在人体内能和蛋白质及各种酶发生强烈的相互作用，使它们失去活性，也可能在人体器官中富集，造成人体急性中毒、亚急性中毒、慢性中毒等，比较严重的事故如日本发生的水俣病（汞污染）和骨痛病（镉污染）、“砷毒”、“血铅”、“镉米”等。重金属含量的检测及其检测技术日益成为各国治理水质污染治理的重要环节，检测分析技术以原子吸收和电感耦合等离子发射光谱法应用最为广泛。近年来，国家在汲取国外污染治理经验的基础上，结合管理和技术水平、经济实力、自然地理等国情，提出重金属污染风险管控总体策略。基于此，我国已建立了重金属水污染风险管控法律体系、制度体系、标准体系和技术体系，为民众健康提供保障。

由国家市场监督管理总局和国家标准化管理委员会共同发布的《生活饮用水标准检验方法 第 6 部分：金属和类金属指标》（GB/T5750.6—2023）。对于生活饮用水及其水源水中铜、铁、锰、锌、镉和铅测定方法，规定采用火焰原子吸收光谱法。测定原理是水样中金属离子被原子化后，吸收来自同种金属元素空心阴极灯发出的共振线，其中 Cu 为 324.7 nm，Pb 为 283.3 nm，Fe 为 248.3 nm，Mn 为 279.5 nm，Zn 为 213.9 nm，Cd 为 228.8 nm。吸收共振线的量与样品中该元素的含量成正比。在其他条件不变的情况下，根据测量被吸收后的谱线强度，与标准系列比较定量。生活饮用水水源水质中金属含量分级标准如表 13-5 所示。

表 13-5　生活饮用水水源水质中金属含量分级标准

金属种类	标准限值（mg/L）	
	一级	二级
砷	≤0.05	≤0.05
硒	≤0.01	≤0.01
汞	≤0.001	≤0.001
镉	≤0.01	≤0.01
铬（六价）	≤0.05	≤0.05
铅	≤0.05	≤0.07
银	≤0.05	≤0.05
锰	≤0.1	≤0.1
铜	≤1.0	≤1.0
锌	≤1.0	≤1.0

思考题与习题

1. 原子吸收光谱分析法的定量基础是什么？实际工作中如何实现定量？

2. 何谓锐线光源？在原子吸收光谱法中为什么要使用锐线光源？

3. 为什么不同的元素具有不同的共振线？

4. 从工作原理、仪器设备上比较紫外-可见光谱法与原子吸收分光光度法的异同点。

5. 原子吸收存在哪些干扰？如何抑制或消除这些干扰？

6. 原子吸收光谱法测定镁灵敏度时，若配制浓度为 2.00 μg/mL 的水溶液，测得其透光率为 50.0%，试计算镁的灵敏度。

7. 胶囊为动物的胶原蛋白不完全酸水解、碱水解或酶降解后纯化得到的明胶制品，或为上述三种不同明胶制品的混合物。《中国药典》（2020 年版）规定空心胶囊中含铬不得过百万分之二。某实验室针对胶囊中铬含量测定，按《中国药典》方法，具体操作和实验结果如下。精密称取本品 0.452 g，置聚四氟乙烯消解罐内，加硝酸 10 mL，混匀，100℃预消解 2 h 后，盖好内盖，旋紧外套，置适宜的微波消解炉内，进行消解。消解完全后，取消解内罐置电热板上缓缓加热至红棕色蒸气挥尽并近干，用 2% 硝酸溶液转入 50 mL 聚四氟乙烯容量瓶中，并稀释至刻度，摇匀，作为供试品溶液；另取铬单元素标准溶液，用 2% 硝酸溶液稀释制成每 1 mL 中含铬 1.0 μg 的铬标准储备液，临用时，分别精密量取适量，用 2% 硝酸溶液制成每 1 mL 含铬 10 ng 的对照品溶液。取供试品溶液与对照品溶液，以石墨炉为原子化器，照原子吸收光谱法（通则 0406 第一法），在 357.9 nm 的波长处测定 3 次，得供试液和对照品溶液 3 次吸光值平均值分别为 0.052 和 0.060，求：①空心胶囊中铬含量。②根据判断本批次空心胶囊中铬含量是否超标。

8. 用原子吸收分光光度标准加入法测定自来水中镁的含量。取一系列镁对照品溶液（1.00 μg/mL）及自来水样于 50 mL 容量瓶中，分别加入 5% 锶盐溶液 2 mL 后，用蒸馏水稀释至刻度，测得吸光度如表 13-6 所示。计算自来水中镁的含量（mg/L）。

表 13-6　镁对照品溶液和样品溶液测得对应吸光度

	序号						自来水样
	1	2	3	4	5	6	
镁对照品溶液（mL）	0.00	1.00	2.00	3.00	4.00	5.00	20.00
吸光度	0.043	0.092	0.135	0.187	0.234	0.282	0.135

（黄丽英）

第十四章 核磁共振波谱法

学习目标

1. 掌握 核磁共振波谱法的基本原理；核磁共振波谱主要参数；常见的质子化学位移及一级图谱的解析。

2. 熟悉 自旋系统及其命名原则，核磁共振波谱仪，核磁共振波谱法的应用。

3. 了解 ^{1}H-NMR 的测定条件，^{13}C-NMR 及相关谱。

案例 14-1

阿魏酸，化学名称为 3-甲氧基-4-羟基肉桂酸，最初在植物的种子和叶子中发现，是一种广泛存在于植物中的酚酸，其在阿魏、当归、川芎、升麻、酸枣仁等中药材中的含量较高，是这些中药的有效成分之一，已经作为中成药的质量指标之一。在食品原料中，咖啡、谷壳、香兰豆、麦麸、米糠中阿魏酸含量也较高。近几年在药理药效方面的研究发现了许多阿魏酸及衍生物的药理作用和生物活性，且毒性较低，因而在医药、保健品、化妆品原料和食品添加剂等方面有着广泛的用途。2012 年 10 月 9 日，由我国中国科学院自主研发的地奥心血康生产线通过欧盟药品生产质量管理规范（GMP）复检并获得证书，其原料有效成分正是阿魏酸。

研究者要对天然活性物质阿魏酸进行结构鉴定研究。鉴定过程中，应用了元素分析、红外光谱、质谱、核磁和一系列的化学反应，特别是核磁共振技术在阿魏酸的结构鉴定中起到了极其重要的作用，阿魏酸结构如下。

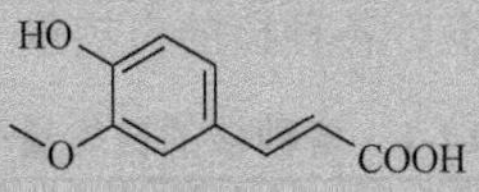

问题：

（1）核磁共振是怎样产生的？

（2）核磁共振能为结构分析提供哪些信息？

（3）为什么核磁共振能确定青蒿素 ($C_{15}H_{22}O_5$) 分子结构？

核磁共振现象的产生主要是因为磁矩不为零的原子核处于外加的强磁场中时，能够产生能级差，当有外加的射频脉冲电磁波照射原子核时，低能态的原子核能够吸收能量跃迁至高能态，此时关闭射频电磁波，高能态的原子核将向低能态弛豫，在此过程中会将之前吸收的能量以电磁波的形式释放，产生核磁共振信号。今天，核磁共振已成为鉴定有机化合物结构及研究化学动力学等的极为重要的方法。在有机化学、生物化学、药物化学、物理化学、无机化学及多种工业部门中得到广泛的应用。另外，核磁共振成像技术已经普遍应用于临床。

案例 14-1 分析

（1）核磁共振是基于核自旋的量子性质及其与外磁场相互作用的原理。通过建立静态外磁场、施加射频脉冲和感应信号的检测，可以使核自旋的能级发生变化，产生核磁共振现象，并可以进一步分析物质的结构、性质和动力学等信息。

（2）核磁共振氢谱特征峰的数目和峰型反映了有机分子中氢原子化学环境的种类；不同特征峰的强度反映了不同化学环境氢原子的数目。核磁共振碳谱可以用于分析碳链结构、取代基位置、立体构型等信息为有机化合物的结构鉴定提供重要依据。此外，核磁共振还能应用于其他元素的谱图分析，应用十分广泛。核磁共振是一种具有独特优点和广泛应用价值的光谱技术，为有机化学研究提供了有力的工具。

（3）青蒿素（$C_{15}H_{22}O_5$）是一类由C、H、O组成的小分子有机化合物，核磁共振的氢谱给出了阿魏酸分子中含有酚羟基、羧基、甲基以及不饱和烯烃上的碳氢，再结合其他结构信息（如质谱、元素分析、晶体衍射等），就能够解析其结构。

第一节　核磁共振光谱的基本原理

一、原子核的自旋

（一）自旋分类

核磁共振的研究对象为具有磁矩的原子核。原子核具有质量并带有正电荷，其自旋运动将产生磁矩，但并非所有的原子核都有自旋运动，只有存在自旋运动的原子核才具有磁矩。核自旋特征用自旋量子数（spin quantum number）*I*来描述。核自旋按*I*为零、半整数及整数分为三类。

1. 质量数与电荷数（原子序数）皆为偶数的核，*I*=0　这类核无自旋现象，磁矩为零，不会产生核磁共振信号，如$^{16}_{8}O$、$^{12}_{6}C$、$^{32}_{16}S$等。

2. 质量数为奇数的核，*I*为半整数（*I*=1/2、3/2、5/2、…）　如$^{1}_{1}H$、$^{19}_{9}F$、$^{13}_{6}C$等，核磁矩不为零，其中*I*=1/2的原子核，核电荷球形均匀分布于核表面，如1H、$^{19}_{9}F$、$^{31}_{15}P$，其核磁共振的谱线窄，最适宜检测，它是核磁共振研究的主要对象。目前研究和应用最多的是$^{1}_{1}H$、$^{13}_{6}C$核磁共振波谱。

3. 质量数为偶数，电荷数为奇数的核，*I*为整数（*I*=1、2、…）　如$^{2}_{1}H$、$^{6}_{3}Li$、$^{14}_{7}N$等。这类核有自旋现象，也是核磁共振的研究对象。但由于在外磁场中，它们的核磁矩在空间量子化比*I*=1/2的核复杂，故目前研究得较少。各种核的自旋量子数见表14-1。

表14-1　各种核的自旋量子数

质量数	电子数	自旋量子数(*I*)	核磁共振信号	原子核
偶数	偶数	0	无	$^{12}_{6}C$、$^{16}_{8}O$、$^{32}_{16}S$
奇数	奇数	1/2 3/2	有 有	$^{1}_{1}H$、$^{15}_{7}N$、$^{19}_{9}F$、$^{31}_{15}P$、 $^{11}_{5}B$、$^{79}_{35}Br$、$^{35}_{17}Cl$
奇数	偶数	1/2 3/2	有	$^{13}_{6}C$ $^{33}_{16}S$
偶数	奇数	1	有	$^{2}_{1}H$、$^{14}_{7}N$

助记口诀：全偶*I*为零，质奇*I*为半，偶奇*I*为整。

（二）核磁矩

自旋量子数不为零的核有自旋现象，具有核自旋角动量，用矢量*P*表征，根据量子力学原理，原子核的自旋角动量*P*是量子化的，*P*与核的自旋量子数*I*有下列关系：

$$P=\frac{h}{2\pi}\sqrt{I\left(I+1\right)} \tag{14-1}$$

式中，*h*为普朗克常数。

同时，自旋核产生磁场，具有核磁矩（μ）。核磁矩和核自旋角动量*P*的关系为

$$\mu=\gamma\cdot P \tag{14-2}$$

式中，γ 为磁旋比（magnetogyric ratio），不同的原子核有不同的磁旋比，它是原子核的一个特征常数，如 ^{1}H 核的 γ 为 $26.7519\times107\ T^{-1}s^{-1}$（每秒每特斯拉）；$^{13}C$ 核的 γ 为 $6.7283\times10^{7}\ T^{-1}s^{-1}$。

二、原子核的自旋能级与共振吸收

（一）核自旋能级分裂

在无外磁场时，核磁矩的取向是任意的，而磁性核在外加磁场（强度为 H_0）中，由于磁矩 μ 与磁场的相互作用，核磁矩的取向不是任意的，是量子化的，共有（$2I+1$）个取向，核磁矩的取向可用磁量子数 m（magnetic quantum）表示。$m=I$，$I-1$，$I-2$，…，$-I+2$，$-I+1$，$-I$，如图 14-1 所示（氢核磁矩的取向）。

m 只能取上述数值而不能取任意值，即核磁矩在外磁场空间的取向不是任意的，是量子化的，这种现象称为空间量子化。核的自旋角动量（P）在磁场方向 Z 轴上的投影 P_Z 也只能取不连续的数值。

$$P_Z = m\frac{h}{2\pi} \qquad (14\text{-}3)$$

与 P_Z 相应的核磁矩在 Z 轴上的投影为 μ_Z

$$\mu_Z = \gamma\cdot m\cdot\frac{h}{2\pi} \qquad (14\text{-}4)$$

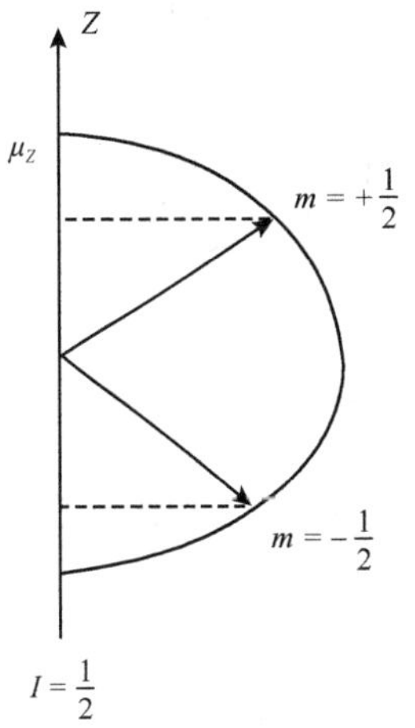

图 14-1　氢核磁矩的取向

磁矩与磁场相互作用能为 E，$E=\mu_Z H_0= -m\cdot\gamma\cdot\frac{h}{2\pi}H_0$　（14-5）

每个取向代表自旋核某种特定的能量状态（能级）。例如，^{1}H（$I=1/2$），两种取向（两个能级）：$m=+1/2$ 的磁矩顺磁场，能量低；$m=-1/2$ 的磁矩逆磁场，能量高。

由低能级（E_1）向高能级（E_2）跃迁时，所需能量 ΔE 可推导如下。

$$m=-\frac{1}{2} \qquad E_2=-\left(-\frac{1}{2}\right)\frac{\gamma\cdot h}{2\pi}H_0$$

$$m=+\frac{1}{2} \qquad E_1=-\frac{1}{2}\cdot\frac{\gamma\cdot h}{2\pi}H_0$$

所以　$\Delta E=E_2-E_1=\frac{\gamma\cdot h}{2\pi}H_0$　（14-6）

式（14-6）说明，两者的能级差随 H_0 的增大而增大，这种现象称为能级分裂（energy level spliting），见图 14-2。

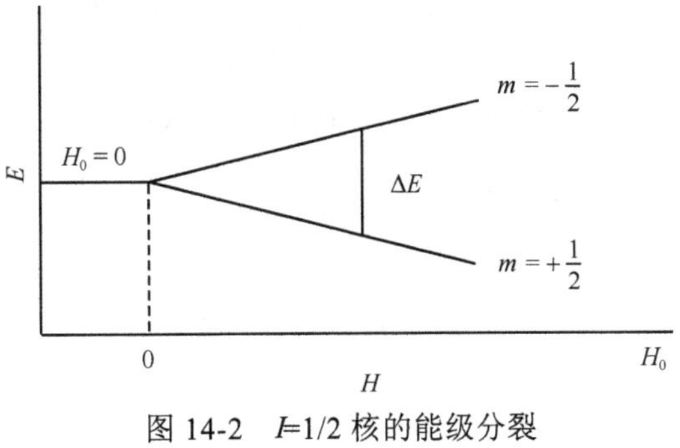

图 14-2　$I=1/2$ 核的能级分裂

（二）原子核的共振吸收

1. 原子核的进动　由上所述，磁性核在磁场中，核自旋产生的磁矩与外磁场发生相互作用，

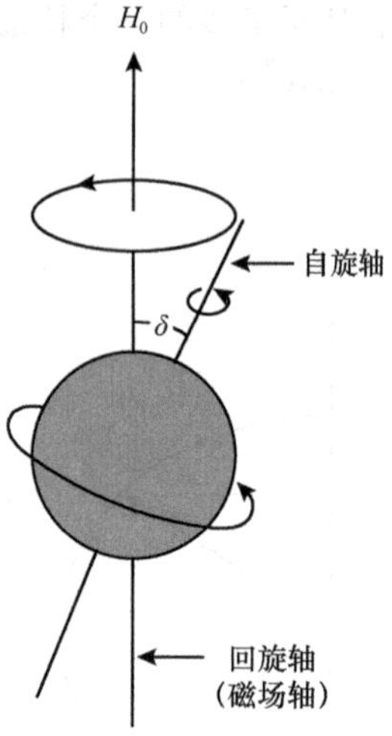

图 14-3　原子核的进动

由于这种作用不在同一个方向上，因此，磁性核在外磁场的作用下，自旋轴以一定的角度围绕外磁场方向进行拉莫尔（Larmor）进动，或称拉莫尔回旋，如图 14-3 所示。

拉莫尔进动有一定的频率。进动频率（ν）与外加磁场强度（H_0）的关系可用 Larmor 方程表示。

$$\nu = \frac{\gamma}{2\pi} H_0 \tag{14-7}$$

2. 共振吸收条件

（1）$\nu_0=\nu$ 当发生核磁共振时，自旋核的跃迁能量（ΔE）必须等于射频辐射能量（$E = h\nu_0$）。对于 I=1/2 的核，根据（14-6）式可知，自旋核的跃迁能量：

$\Delta E = \frac{\gamma \cdot h}{2\pi} H_0$，则有

$$\nu_0 = \frac{\gamma}{2\pi} H_0 \tag{14-8}$$

比较式（14-7）和式（14-8），$\nu_0=\nu$ 成立，此为磁共振的条件式。

例如，氢核在 H_0=1.4092 T 的磁场中，进动频率 ν 为 60 MHz，吸收 ν_0 为 60 MHz 的无线电波，而发生能级跃迁。跃迁后，核磁矩由顺磁场（m=1/2）跃迁至逆磁场（m=−1/2）。

（2）Δm=±1：由量子力学的选律可知，只有 Δm=±1 的跃迁才是允许的，即跃迁只能发生在相邻两个能级间。对于 I=1/2 的核有两个能级，跃迁发生在 m=1/2 与 m=−1/2 之间（图 14-2）。

对于 I=1 的核，有三个能级：m=1，0，−1。跃迁发生在 m=1 与 m=0 或 m=0 与 m=−1 之间，而不能发生在 m=1 与 m=−1 之间。

案例 14-2

计算在外加磁场 H_0=14.092 T 的超导磁体中，^{1}H 和 ^{13}C 的共振频率。

案例 14-2 分析

^{1}H 的核磁共振频率为

$$\nu = \frac{\gamma_H H_0}{2\pi} = \frac{2.675\times10^8\ \text{T}^{-1}\cdot\text{s}^{-1}\times14.092\ \text{T}}{2\times3.14}$$

$$=6.000\times10^8\text{s}^{-1}=600.0\ \text{(MHz)}$$

^{13}C 的核磁共振频率为

$$\nu = \frac{\gamma_C H_0}{2\pi} = \frac{6.728\times10^7\ \text{T}^{-1}\cdot\text{s}^{-1}\times14.092\ \text{T}}{2\times3.14}$$

$$=15.096\times10^7\ \text{s}^{-1}=150.96\ \text{(MHz)}$$

本题考查核磁共振条件式的使用，不同的原子核，γ 不同，即使外磁场相同，发生核磁共振吸收的频率也不相同。

三、自旋弛豫

（一）核自旋能级分布

^{1}H 核的 I=1/2，在没有外磁场时，^{1}H 核的两种自旋状态（m=+1/2，−1/2）分布频率是相等的。置于磁场后，处于低能态核和处于高能态核的分布，由 Boltzmann 分布定律计算。

$$\frac{n_+}{n_-}=\mathrm{e}^{\frac{\Delta E}{kT}}=\mathrm{e}^{\frac{\gamma\cdot h\cdot H_0}{2\pi kT}} \tag{14-9}$$

式中，k 为 Boltzmann 常数，其他符号含义同前。

例如，当 H_0=1.049 T，温度为 300 K 时，低能态和高能态的 ^{1}H 核分布之比则为

$$\frac{n_{(+1/2)}}{n_{(-1/2)}}=\mathrm{e}^{\frac{6.63\times10^{-34}\,\mathrm{J\cdot s}\times2.68\times108\mathrm{T^{-1}\cdot s^{-1}}\times1.409\mathrm{T}}{2\times3.14\times1.38\times10^{-23}\,\mathrm{J\cdot K^{-1}}\times300\mathrm{K}}}=1.000\ \ 01$$

也就是说，对于 ^{1}H 核，当 T=300 K 时，低能态的核数仅比高能态核数多约十万分之一。而核磁共振信号就是靠这极弱过量的低能态氢核产生的。随着核磁共振吸收过程的进行，如果高能态核不能通过有效途径释放能量回到低能态，那么低能态的核数越来越少，一定时间后，$n_{+1/2}=n_{-1/2}$，这时不会再有射频的吸收，核磁共振信号即消失，这种现象称“饱和”。那么使高能态核回到低能态的有效途径是什么呢？

（二）核自旋弛豫

实际上高能态核自发辐射回到低能态的概率近似为零。高能态核往往是通过一些非辐射途径回到低能态，这种过程称核自旋弛豫（nuclear spin relaxation）。核自旋弛豫有两种形式：

1. 自旋-晶格弛豫　处于高能态的核自旋体系将能量传递给周围环境（固体的晶格、液体中同类分子或溶剂分子）而转变为热运动，自己回到低能态的过程，称为自旋-晶格弛豫（spin-lattice relaxation），又称为纵向弛豫。体系通过自旋-晶格弛豫过程而达到自旋核在 H_0 场中自旋取向的 Boltzmann 分布所需的特征时间（半衰期）用 T_1 表示，称为自旋-晶格弛豫时间。T_1 与核的种类、样品的状态、温度等都有关系。液体样品 T_1 值较短，固体样品的 T_1 较长。

2. 自旋-自旋弛豫　处于高能态的核自旋体系将能量传递给邻近低能态同类磁性核的过程，称为自旋-自旋弛豫（spin-spin relaxation），亦称横向弛豫。自旋-自旋弛豫时间用 T_2 表示。液体样品 T_2 约为 1 s，固体和高分子样品 T_2 较小，T_2 一般为 10^{-5}～10^{-4} s。

第二节　核磁共振仪

核磁共振仪按扫描方式不同可分为两大类：连续波核磁共振仪和脉冲傅里叶变换核磁共振仪。

一、连续波核磁共振仪

为满足核磁共振条件，即（14-8）式，有两种方式：①固定磁场 H_0，改变射频产生核磁共振，称为扫频（swept frequency）法；②固定射频 v，改变磁场 H_0 产生核磁共振，称扫场（swept field）法。

连续波（continuous wave，CW）是指射频的频率或外磁场的强度是连续变化的，即进行连续扫描，一直到被观测的核依次被激发而产生核磁共振。

CW-NMR 仪器的基本结构如图 14-4 所示，它是由磁铁、探头、射频发生器、射频接收器、扫描发生器、信号放大器及记录仪组成。

磁铁：产生均匀而稳定的磁场，有永久磁铁、电磁铁和超导磁铁三种。磁铁两极的狭缝间装有探头。

探头：用来检测核磁共振信号的地方，是仪器的心脏。除样品管外还包括发射线圈（射频发射器），接收线圈（射频接收器）和预放大器等元件，待测样品放入样品管内以每秒 40～60 周的速度旋转，使样品管感受到的磁场强度平均化。

射频发生器：产生一定频率的射频辐射，通过选择合适射频功率，既保证待测核产生核磁共振，又不会出现饱和现象，通常≤0.05 mGs（毫高斯）。

射频接收器：用来探测核磁共振时的吸收信号。

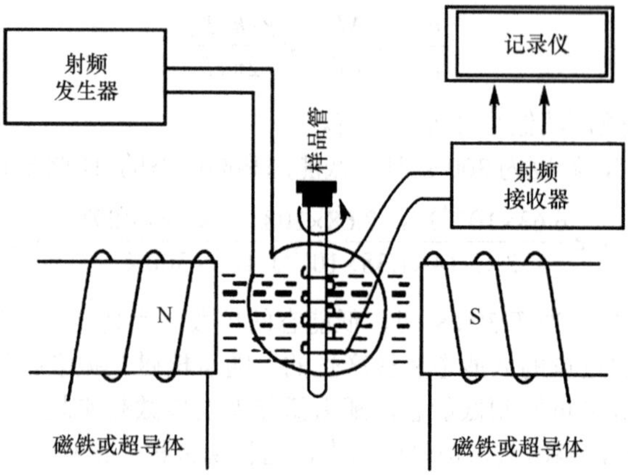

图 14-4 磁共振仪示意图

CW-NMR 采用的是单频发射和接收方式，在某一时刻内，只记录谱图中的很窄一部分信号，即单位时间内获得的信息很少，灵敏度低，需要样品量大（10～50 mg）。只能测天然丰度高的核（如 ^{1}H，^{19}F，^{31}P）。

二、脉冲傅里叶变换核磁共振仪

与 CW-NMR 谱仪不同，脉冲傅里叶变换核磁共振仪（pulse Fourier transform-NMR，PFT-NMR）增设了脉冲程序和数据采集及处理系统。PFT-NMR 波谱仪采用恒定的强磁场，用一定频率宽度的射频强脉冲辐射样品，使所有待测核同时发生共振由接收器记录自由感应衰减信号 FID，它是时间域的波（纵坐标是干涉信号强度，横坐标是时间），然后再由计算机进行 PFT，转换为频率域的波（纵坐标是核磁共振信号强度，横坐标是共振频率）全部共振信号在很短的时间内即可得到。例如，当用 300 MHz 的仪器测定 ^{1}H-NMR 时，有机化合物中 ^{1}H 的共振频率范围宽度为 3000 Hz（有机化合物的 ^{1}H 的化学位移范围宽度 $\Delta\delta \approx 10$），若 CW-NMR 谱仪扫描速度为 2 Hz/s，则需 1500 s 才能扫完全谱，而用 PFT-NMR 波谱仪仅需 1 s 甚至更短。由于 PFT 方式可利用计算机的累加功能进行多次测定（累加次数可多达万次），故 PFT 方式比 CW 方式灵敏度高（信噪比与累加次数的平方根成正比）。

三、溶剂和样品测定

在 ^{1}H-NMR 测定中，为避免溶剂分子中 ^{1}H 核对样品的干扰，常使用不含 ^{1}H 的有机溶剂（如 CCl_4、CS_2）或氘代溶剂，如 D_2O、$CDCl_3$、CD_3OD（甲醇-*d*4）、CD_3CD_2OD（乙醇-*d*6）、CD_3COCD_3（丙酮-*d*6、C_6D_6（苯-*d*6）及 CD_3SOCD_3（二甲基亚砜-*d*6；DMSO-*d*6）。

核磁共振一般要求样品纯度大于 98%，样品量一般为 10～30 mg，用 PFT-NMR 仪，样品量可大大减少，^{1}H 谱一般只需 1 mg，甚至可少到几微克；^{13}C 谱需要几到几十毫克样品。现代核磁共振技术还可以进行混合物分析。

在制备样品溶液时，常需加入标准物做参比，当以有机溶剂溶解样品时，常用四甲基硅烷 [$(CH_3)_4Si$，TMS] 做标准物；以重水（D_2O）为溶剂溶解样品时，可采用 4,4-二甲基-4-硅代戊磺酸钠 [$(CH_3)_3Si(CH_2)_3SO_3Na$，DSS] 为标准物。这两种标准物分子中的甲基屏蔽效应都很强，共振峰出现在高场。大多数化合物中的氢核共振峰都出现在它们的左侧。因而，一般规定标准物的 δ 为 0.00 pm。

最常用的标准物四甲基硅烷具有如下优点。

（1）12 个氢处于完全相同的化学环境，只产生一个尖峰。

（2）屏蔽强烈，位移最大，与有机化合物中的质子峰不重叠。

（3）化学惰性；易溶于有机溶剂；沸点低，易回收。

案例 14-3

根据 Larmor 公式的计算及共振条件，氢核在 1.4092 T 的磁场中，应只吸收 60 MHz 的电磁波，发生自旋能级的跃迁，产生核磁共振信号。但实验结果发现，不同化学环境的氢核，所吸收的辐射频率稍有不同，差异约为十万分之十。

问题：

Larmor 公式适用于裸露的氢核还是一定化学环境下的氢核？为什么各种不同化学环境的氢核，所吸收的电磁波的频率会不同？如果所有化合物中氢核在 1.4092 T 的磁场中，只吸收 60 MHz 的电磁波产生核磁共振信号的话，核磁共振能否用于结构分析？

案例 14-3 分析

Larmor 公式适用于理想化的、完全裸露的氢核，这些氢核在满足共振的条件下，将全部产生一个吸收峰。但事实并非如此。主要原因是氢核不是完全裸露的，是化学环境不同所致。氢核外的电子云及其邻近的其他原子会对其产生一定的影响。不同化学环境的氢核的屏蔽效应不同，后面会有详细的介绍。如果所有化合物中氢核在 1.4092 T 的磁场中，只吸收 60 MHz 的电磁波产生核磁共振信号的话，不利于结构分析，我们就不能得到丰富的图谱信号，帮助我们了解氢核所处的化学环境，从而进行结构分析。

第三节　化学位移

一、化学位移的产生

前面所讨论的氢核是理想化的、完全裸露的氢核，这些氢核在满足共振的条件下，将全部产生一个吸收峰。但事实并非如此。主要原因是氢核不是完全裸露的，是化学环境不同所致。所谓的化学环境主要指氢核外的电子云及其邻近的其他原子对其影响。当氢核处在外加磁场中时，其外部电子在外加磁场相垂直的平面上绕核旋转的同时，将产生一个与外加磁场方向相反的感应磁场（对抗磁场），这个感应磁场使外加磁场对核的作用减弱（图 14-5）。

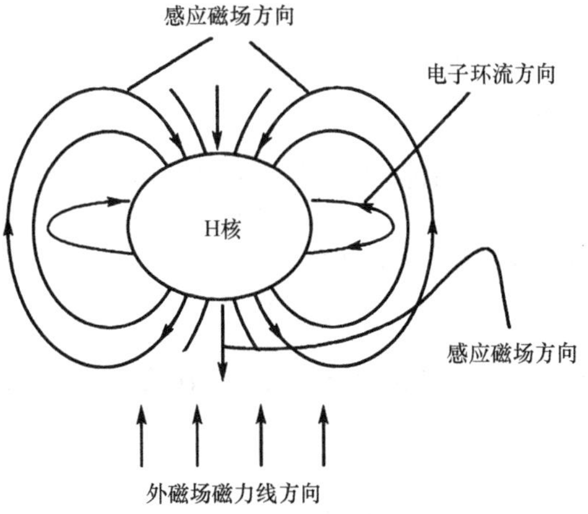

图 14-5　核外电子的抗磁屏蔽

我们把这种核外电子及其他因素对抗外加磁场的现象称为屏蔽效应（shielding）。若以 σ 为屏蔽常数（shielding constant），来表示屏蔽效应的大小，它可以是正值，也可以是负值；外加磁场强度为 H_0；则屏蔽效应的大小为 σH_0；核实受磁场强度 $H=H_0-\sigma H_0$。因此，Larmor 方程可修正为

$$\nu=\frac{\gamma}{2\pi}(1-\sigma)H_0 \tag{14-10}$$

由式（14-10）可见：①在 H_0 一定时（扫频），屏蔽常数 σ 大的氢核，进动频率 ν 小，共振峰出现在核磁共振谱的低频端（右端）；反之，出现在高频端（左端）。② ν_0 一定时（扫场），则 σ 大的氢核，需在较大的 H_0 下共振，共振峰出现在高场（右端）；反之出现在低场（左端）。因而核磁共振谱的右端相当于低频（即高场）；左端相当于高频（即低场）。

案例 14-4

化合物 $CH_3CCl_2CH_2Cl$，在 60 MHz 仪器上测得的 ^{1}H-NMR 谱上，CH_3 氢核峰与 TMS 峰相差 134 Hz，CH_2 氢核峰与 TMS 峰相差 240 Hz，而同一化合物在 100 MHz 仪器上测得的 ^{1}H-NMR 谱上，CH_3 氢核峰与 TMS 峰相差 223 Hz，CH_2 氢核峰与 TMS 峰相差 400 Hz。

问题：

（1）是不是所有的—CH_3 的化学位移都是 2.23，而—CH_2 的化学位移都是 4.00？

（2）影响化学位移的因素有哪些？

二、化学位移的表示

由于屏蔽效应的存在，在有机化合物中，不同化学环境的氢核的共振频率有差异，即引起共振吸收峰的位移，这种现象称为化学位移（chemical shift）。但由于屏蔽常数很小，不同化学环境的氢核的共振频率相差很小，要精确测量其绝对值较困难，并且屏蔽作用引起的化学位移的大小与外磁场强度成正比，在磁场强度不同的仪器中测量的数据也不同，因此，实际工作中常将某种标准物质加到样品中一起测定，将待测氢核共振峰所在的位置与某基准物质氢核共振峰所在位置进行比较，求其相对差值，以此来表示化学位移，符号为 δ，单位为 ppm。化学位移是核磁共振谱的定性参数。根据 IUPAC 的规定，通常把 TMS 的共振峰位规定为零，待测氢核的共振峰位则按“左正右负”的原则表示。

若固定磁场强度 H_0（扫频），则

$$\delta(\text{ppm})=\frac{\nu_{\text{样品}}-\nu_{\text{标准}}}{\nu_{\text{标准}}}\times10^6 \tag{14-11}$$

式中，$\nu_{\text{样品}}$、$\nu_{\text{标准}}$分别为被测样品与标准品的共振频率。

若固定照射频率 ν_0（扫场），则

$$\delta(\text{ppm})=\frac{H_{\text{标准}}-H_{\text{样品}}}{H_{\text{标准}}}\times10^6 \tag{14-12}$$

式中，$H_{\text{标准}}$、$H_{\text{样品}}$分别为标准及样品共振时的场强。

案例 14-4 分析

（1）在 60 MHz 仪器上测得的 ^{1}H-NMR 谱上，—CH_3 氢核峰与—CH_2 氢核峰的化学位移值分别为

$$\delta(CH_3)=\frac{134}{60\times10^6}\times10^6=2.23(\text{ppm})$$

$$\delta(CH_2)=\frac{240}{60\times10^6}\times10^6=4.00(\text{ppm})$$

同一化合物在 100 MHz 仪器上测得的 ^{1}H-NMR 谱上，$—CH_3$ 氢核峰与$—CH_2$ 氢核峰的化学位移值分别为

$$\delta(CH_3)=\frac{223}{100\times10^6}\times10^6=2.23(ppm)$$

$$\delta(CH_2)=\frac{400}{100\times10^6}\times10^6=4.00(ppm)$$

通过计算可知两者的化学位移值没有改变。但受到不同化学环境的影响，化学位移值不是一成不变的。

（2）影响化学位移的因素有：元素电负性、共轭效应、化学键的磁各向异性效应，以及氢键和溶剂的影响。

三、化学位移的影响因素

影响化学位移的因素有两类。一类是内部因素，即分子结构因素，包括局部屏蔽效应、磁各向异性效应和杂化效应等；另一类是外部因素，包括分子间氢键和溶剂效应等。其主要内容介绍如下。

1. 元素电负性影响　如果与氢相连的原子或原子团的电负性较强，它将会使氢核周围电子云密度降低，即产生去屏蔽效应。元素的电负性越大，或者取代基团的吸电子作用越强，去屏蔽效应就越大，氢核的化学位移 δ 增大，见表 14-2；电负性大的元素与氢核间隔的化学键越多，去屏蔽效应越小，则化学位移 δ 就越小。

表 14-2　取代烃中取代基电负性对氢核化学位移的影响

化合物	CH_3F	CH_3OH	CH_3Cl	CH_3Br	CH_3I	CH_4	$(CH_3)_4Si$
取代基	F	OH	Cl	Br	I	H	Si
电负性	4.0	3.5	3.1	2.8	2.5	2.1	1.8
δ	4.26	3.40	3.05	2.68	2.16	0.23	0

2. 共轭效应的影响　与电负性的影响一样，也会使电子云的密度发生变化。例如，在化合物乙烯醚、乙烯及 α,β-不饱和酮中，若以乙烯为标准（δ=5.28）来进行比较，则可以清楚地看到，乙烯醚上由于存在 p-π 共轭，氧原子上未共享的 p 电子对向双键方向推移，使 β-H 的电子云密度增加，造成 β-H 化学位移移至高场（δ=3.57 和 δ=3.99）。另外，在 $\alpha\beta$-不饱和酮中，由于存在 π-π 共轭，电负性强的氧原子把电子拉向自己一边，使 β-H 的电子云密度降低，因而化学位移移向低场（δ=5.50 和 δ=5.87）。

3. 化学键的磁各向异性效应　在外加磁场的作用下，分子中处于某一化学键（双键、三键和大 π 键）的不同空间位置的氢核，受到不同的屏蔽作用，这种现象称为化学键的磁各向异性效应（magnetic anisotropy effect）或称远程屏蔽效应（long range shielding effect）。原因是电子构成的化学键，在外磁场作用下对分子中所处空间位置不同的质子产生一个各向异性的磁场，使某些位置上的氢核受屏蔽，而另一些位置上的氢核去屏蔽，因而改变了某些氢核的化学位移。

（1）苯环的磁各向异性：苯环有三个双键，六个 π 电子形成大 π 键，在外磁场的诱导下，很容易形成电子环流，并通过空间影响到邻近的氢核。在电子云密度不是球形对称时，这种影响在化学键周围也是不对称的，苯环平面上下方为正屏蔽区，以“+”表示，处于正屏蔽区的质子的 δ 减小（峰右移）；平面周围为负屏蔽区（去屏蔽区），以“–”表示，如图 14-6 所示。处于负屏蔽区的质子的 δ 增大（峰左移），苯环上氢的 δ 为 7.27，就是因为这些氢处于负屏蔽区之故。

（2）双键的磁各向异性：以烯烃或醛基氢的氢核为例，在外加磁场中产生的磁各向异性效应如图 14-7 所示。即双键平面的上下方为正屏蔽区 (+)，平面周围则为去屏蔽区 (–)，乙烯氢的 δ 为 5.25，乙醛氢的 δ 为 9.69。

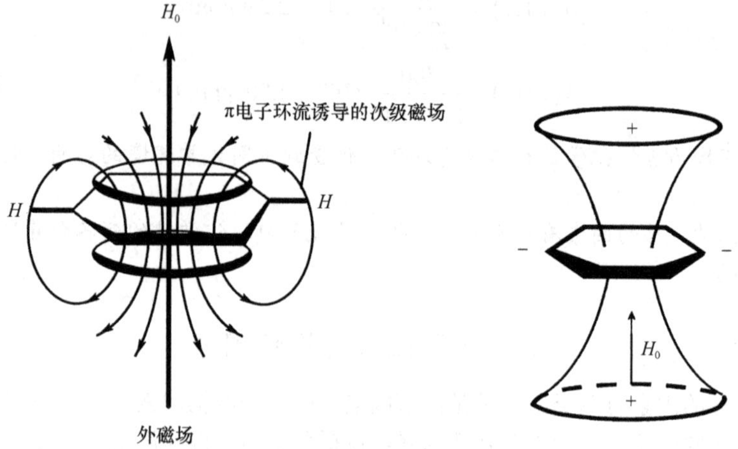

图 14-6　苯环的磁各向异性

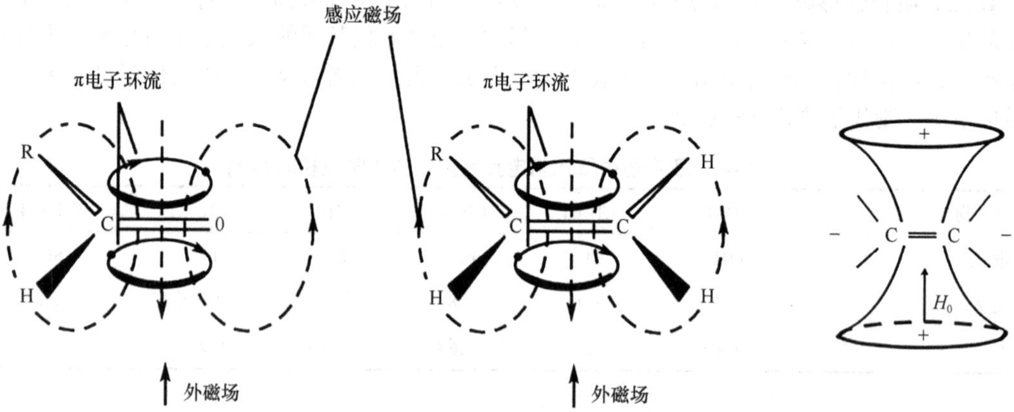

图 14-7　C═O 和 C═C 的磁各向异性

（3）三键的磁各向异性：炔烃分子为直线型，π 电子以键轴为中心呈对称分布，在外磁场诱导下，π 电子可以形成绕键轴的电子环流，从而产生感应磁场。在键轴方向为正屏蔽区；与键轴垂直方向为负屏蔽区（图 14-8）。例如，乙炔氢核位于正屏蔽区，其 δ 为 2.88。

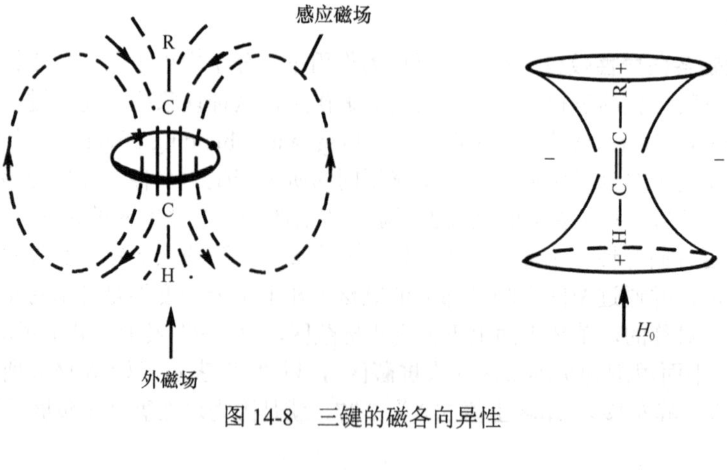

图 14-8　三键的磁各向异性

4. 氢键和溶剂的影响 当分子形成氢键时，氢键中的质子的共振信号明显地移向低场，化学位移（δ）会变大。一般认为这是由于形成氢键时，^{1}H 核周围的电子云密度降低所致。

对于分子间氢键，化学位移的改变与溶剂的性质及浓度有关。在惰性溶剂的稀溶液中，分子间氢键的影响很小，这时的各种羟基均显示他们固有的化学位移 δ 为 0.5～1.0；随着溶液浓度的增加，形成氢键的机会随之增大。例如，正丁烯-2-醇的质量分数从 1% 增至纯液体时，羟基的化学位移会从 δ1.0 增至 δ5.0。

对于分子内氢键，其化学位移的变化与溶液的浓度无关，只取决于它自身的结构。不因惰性溶剂的稀释而改变其缔合程度，据此可区分分子间氢键和分子内氢键。

四、核磁共振波谱图

以化学位移 δ 为横坐标，以核磁共振信号的强度为纵坐标绘制的曲线称为核磁共振谱，如图 14-9 所示。图谱左边为低磁场，右边为高磁场。图谱中有两条曲线，下面一条是质子共振吸收峰曲线，它描述的是质子共振吸收峰的位置、强度及峰的分裂规律等，δ=0 的吸收峰是标准物 TMS 的吸收峰。上面的阶梯式曲线称为积分曲线，它代表的是每组峰的峰面积大小，可用来判断各基团中质子数目比的情况。

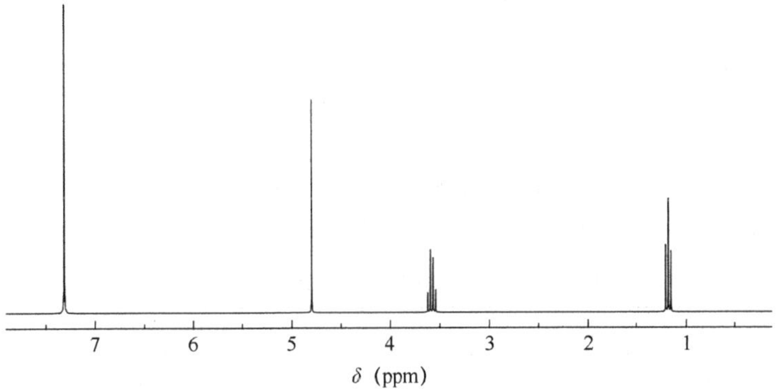

图 14-9 $C_6H_5CH_2OCH_2CH_3$（苄基乙基醚，ethoxymethylbenzene）的核磁共振谱图

从质子的共振吸收谱图上可以得到如下信息。

（1）吸收峰的组数，说明分子中化学环境不同的质子有几种。例如，图 14-9 中有 4 组峰，说明分子中有 4 种化学化境不同的质子，它们分别为一个是 CH_3，一个是 CH_2，另一个 CH_2 和一个 C_6H_5 基团上的质子。但要注意，对于高级图谱而言，因情况较为复杂，不能简单用上述方法进行判断。

（2）吸收峰的位置（即质子的化学位移值），说明分子中质子基团化学环境的情况。

（3）峰的分裂及偶合常数，说明基团间相互链接的关系。

（4）阶梯式积分曲线的高度，表明了核组中氢原子的个数。

五、几类质子的化学位移的计算

1. 甲基氢、亚甲基氢、次甲基氢化学位移的计算

$$\delta = B + \sum S_i \tag{14-13}$$

B 为基础值（标准值）。甲基氢、亚甲基氢、次甲基氢的 B 分别为 0.87、1.20 及 1.55。S_i 为取代基对化学位移的贡献，与取代基种类及位置间隔有关。同一取代基在 α 位比在 β 位影响大。取代基的影响如表 14-3 所示。

表 14-3 取代基对氢核化学位移的影响

取代基	质子类型	α位移 (S_α)	β位移 (S_β)	取代基	质子类型	α位移 (S_α)	β位移 (S_β)
—R		0	0	—OH	CH_3	2.50	0.33
—C═C—	CH_3	0.78	—		CH_2	2.30	0.13
	CH_2	0.75	0.10		CH	2.20	—
—Ar	CH	—	—	—OR（R 为饱和基）	CH_3	2.43	0.33
	CH_3	1.40	0.35		CH_2	2.35	0.15
	CH_2	1.45	0.53		CH	2.00	—
	CH	1.33	—	—OCOR	CH_3	2.88	0.38
—Cl	CH_3	2.43	0.63	（R═R，OR 或 Ar）	CH_2	2.98	0.43
	CH_2	2.30	0.53		CH	3.43（酯）	—
	CH	2.55	0.03	—COR	CH_3	1.23	0.18
—Br	CH_3	1.80	0.83	（R═R，Ar，OR'，OH，H）	CH_2	1.05	0.31
	CH_2	2.18	0.60		CH	1.05	—
	CH	2.68	0.25				
—I	CH_3	1.28	1.23	—NRR'	CH_3	1.30	0.13
	CH_2	1.95	0.58		CH_2	1.33	0.13
	CH	2.75	0.00		CH	1.33	—

R 为饱和脂肪烃基；Ar 为芳香基。

2. 烯氢化学位移的计算

$$\delta_{C=C-H}=5.28+Z_{同}+Z_{顺}+Z_{反} \tag{14-14}$$

Z 为取代常数，下标依次为同碳、顺式及反式取代基。取代基对烯氢化学位移的影响见表 14-4。

表 14-4 取代基对烯氢化学位移的影响

取代基	$Z_{同}$	$Z_{顺}$	$Z_{反}$	取代基	$Z_{同}$	$Z_{顺}$	$Z_{反}$
—H	0	0	0	—COOR（共轭）	0.78	1.01	0.46
—R	0.45	−0.22	−0.28	—CHO	1.02	0.95	1.17
—R（环）	0.69	−0.25	−0.28	—CON═	1.37	0.98	0.46
—CH_2O—、—CH_2I	0.64	−0.01	−0.02	—COCl	1.11	1.46	1.01
—CH_2S	0.71	−0.13	−0.22	—OR（R 饱和）	1.22	−1.07	−1.21
—CH_2Cl、—CH_2Br	0.70	0.11	0.04	—OR（R 共轭）	1.14	−0.65	−1.05
—CH_2N═	0.58	−0.10	−0.08	—OCOR	2.11	−0.35	−0.64
—C≡C—	0.47	0.38	0.12	—Ar	1.38	0.36	−0.07
—C≡N	0.27	0.75	0.55	—Ar（邻位取代）	1.65	0.19	0.09
—C═C	1.00	−0.09	−0.23	—Br	1.07	0.45	0.55
—C═C（共轭）	1.24	0.02	−0.05	—Cl	1.08	0.18	0.03
—C═O	1.10	1.12	0.87	—F	1.54	−0.40	−1.02
—C═O（共轭）	1.06	0.91	0.74	NR_2	0.69	−1.19	−1.31
—COOH	0.97	1.41	0.71	—NR_2（共轭）*	2.30	−0.73	−0.81
—COOH（共轭）	0.80	0.98	0.32	—SR	1.11	−0.29	−0.13
—COOR	0.80	1.18	0.55	—SO_2	1.55	1.16	0.93

* 取代基与其他基团共轭。

3. 苯环芳氢化学位移的计算

$$\delta = 7.30 + \sum S_i \qquad (14\text{-}15)$$

取代基对苯环芳氢化学位移的影响见表 14-5。

表 14-5 取代基对苯环芳氢化学位移的影响

取代基	$S_{邻}$	$S_{间}$	$S_{对}$	取代基	$S_{邻}$	$S_{间}$	$S_{对}$
—NO_2	−0.85	−0.10	−0.55	—CH_2OH	0.13	0.13	0.13
—CHO	−0.52	−0.20	−0.31	—CH_2NH_2	0.03	0.03	0.03
—COCl	−0.83	−0.16	−0.3	—CH═CHR	−0.10	0.00	−0.10
—COOH	−0.80	−0.14	−0.2	—F	0.33	0.05	0.25
—$COOCH_3$	−0.74	−0.07	−0.20	—Cl	−0.10	0.00	0.00
—$COCH_3$	−0.64	−0.09	−0.30	—Br	−0.10	0.00	0.00
—CN	−0.27	−0.11	−0.30	—I	−0.37	0.29	0.06
—Ph	−0.15	0.03	0.11	—OCH_3	0.43	0.09	0.37
—CCl_3	−0.8	−0.2	−0.2	—$OCOCH_3$	0.21	0.02	
—$CHCl_2$	−0.1	−0.06	−0.1	—OH	0.50	0.14	0.4
—CH_2Cl	0.0	−0.01	0.0	—$OsO_2PC_6H_4Me$	0.26	0.05	
—CH_3	0.17	0.09	0.18	—NH_2	0.55	0.15	0.55
—CH_2CH_3	0.15	0.06	0.18	—SCH_3	0.03	0.00	
—$CH(CH_3)_2$	0.14	0.09	0.18	—$N(CH_3)_2$	0.60	0.10	0.62
—$C(CH_3)_3$	−0.01	0.10	0.24	—$NHCOCH_3$	−0.28	−0.03	

第四节 偶合常数

一、自旋偶合和自旋分裂

（一）自旋偶合和自旋分裂

化学位移是磁性核所处化学环境的表征，但是在核磁共振谱中化学位移等同的核，其共振峰并不总表现为一个单峰。例如，碘乙烷的核磁共振氢谱图中，—CH_3 峰为三重峰；—CH_2 峰为四重峰，氢核吸收峰的分裂是由于甲基与亚甲基中氢核之间相互干扰的结果（图 14-10）。

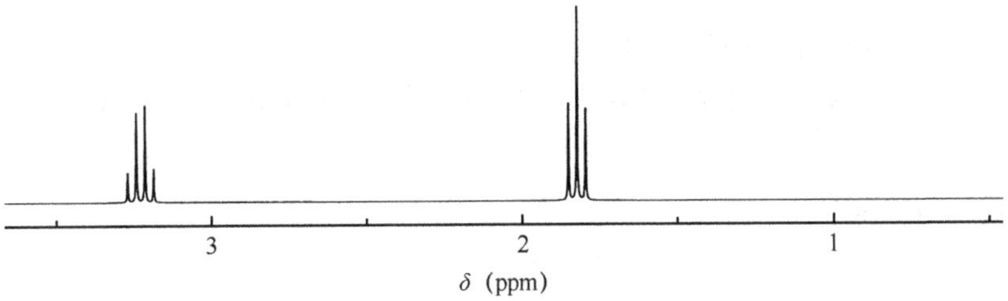

图 14-10 CH_3CH_2I 的 ^{1}H-NMR 图谱

自旋核与自旋核的相互作用称为自旋-自旋偶合（spin-spin coupling）。自旋-自旋偶合是相互的，偶合的结果会使共振峰分裂，使谱线增多，这种由自旋-自旋偶合引起共振峰分裂的现象，称为自旋-自旋分裂（spin-spin splitting），简称自旋分裂。

下面以碘乙烷和 HF 为例来说明自旋分裂的机制。

1. 碘乙烷核磁共振谱的甲基与亚甲基氢核的自旋-自旋偶合情况

（1）—CH_3 受—CH_2 中 2 个氢的干扰分裂为三重峰：—CH_2 中的每个质子在 H_0(↑) 有两种自旋取向，与 H_0(↑) 同向 (↑) 和与 H_0(↑) 反向 (↓)，一般认为两种取向的概率相等。若以 b1 和 b2 分别表示 CH_2 中 2 个质子，这两个质子有以下四种自旋取向组合：① b1 和 b2 都与外部磁场平行，即都是顺磁场 (↑↑)；② b1 顺磁场，b2 逆磁场 (↑↓)；③ b1 逆磁场，b2 顺磁场 (↑↓)；④ b1 和 b2 都是逆磁场 (↓↓)。质子 b1 和 b2 等价（所处的磁性环境相同），因此②和③无差别，总的结果只能产生 3 种局部磁场，概率为 1 ∶ 2 ∶ 1。因此，—CH_2 在 H_0 中产生的三种局部磁场使—CH_3 分裂为三重峰，峰高比为 1 ∶ 2 ∶ 1，见图 14-11（a）。

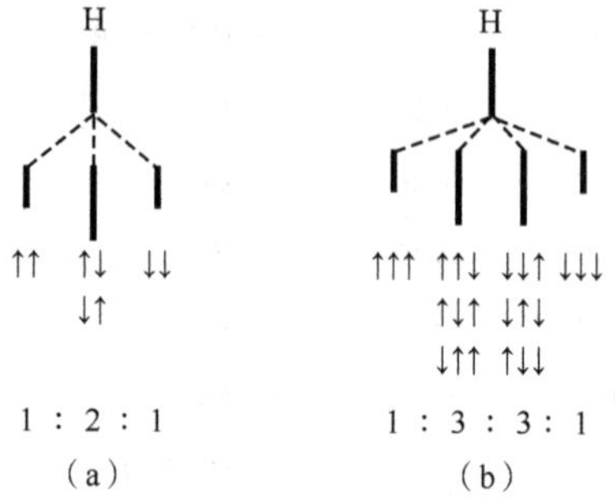

图 14-11　自旋偶合和自旋分裂示意图

（a）甲基受亚甲基 2 个磁性氢的干扰列分为三重峰；（b）亚甲基受甲基 3 个磁性氢的干扰列分为四重峰

（2）—CH_2 受—CH_3 中 3 个氢的干扰分裂为四重峰：—CH_3 中 3 个质子在 H_0 中产生的四种不同效应：① ↑↑↑；② ↑↑↓ ↑↓↑ ↓↑↑；③ ↓↓↑ ↓↑↓ ↑↓↓；④ ↓↓↓。其使—CH_2 分裂为四重峰，峰高比为 1 ∶ 3 ∶ 3 ∶ 1，见图 14-11（b）。

2. HF 中 ^1H 与 ^{19}F 的自旋分裂　氟（^{19}F）自旋量子数 I 也等于 1/2，与 ^1H 相同，在外加磁场中也应有 2 个方向相反的自旋取向。这两种不同的自旋取向将通过电子的传递作用，对 ^1H 核实受磁场强度产生一定的影响。当 ^{19}F 核的自旋取向与外加磁场方向一致（m=+1/2）时，传递到 ^1H 核时将增加外加磁场，使 ^1H 核实受磁场强度增大，所以 ^1H 核共振峰将移向低场区；反之，当 ^{19}F 核的自旋取向与外加磁场相反（m=−1/2）时，传递到 ^1H 核时将使外加磁场强度降低，使 ^1H 核实受磁场强度减弱，所以 ^1H 核共振峰将移向高场区。由于 ^{19}F 核这两种自旋取向的概率相等，所以 HF 中 ^1H 核共振峰均裂为强度或面积相等的两个小峰（二重峰，1 ∶ 1）。同理，HF 中 ^{19}F 核也会因相邻 ^1H 核的自旋干扰，偶合裂分为强度或面积相等的两个小峰（二重峰，1 ∶ 1）。但是 ^{19}F 核的磁矩与 ^1H 核不同，故在同样的电磁辐射频率照射下，在 HF 的 ^1H-NMR 中虽可看到 ^{19}F 核对 ^1H 核的偶合影响，却看不到 ^{19}F 核的共振信号，也就是说在磁共振的氢谱中只能看到 ^1H 核的二重峰。

并非所有的原子核对相邻氢核都有自旋偶合干扰作用。例如，^{35}Cl、^{79}Br、^{127}I 等原子核，虽然 $I \neq 0$，预期对相邻氢核有自旋偶合干扰作用，但因他们的电四极矩（electric quadropole moments）很大，会引起相邻氢核的自旋去偶作用（spin decoupling），因此依然看不到偶合干扰现象。

（二）自旋分裂的规律

某基团的氢，若与 n 个相邻氢偶合时将被分裂为 n+1 重峰，而与该基团本身的氢核数目无关，即遵守 n+1 律。

按照 n+1 律分裂的图谱称为一级图谱。服从 n+1 律的一级图谱多重峰峰高比为二项式展开式的各项系数之比：单峰（single，s），二重峰（doublet，d；1 ∶ 1），三重峰（triplet，t；1 ∶ 2 ∶ 1），四重峰（quartet，q；1 ∶ 3 ∶ 3 ∶ 1），五重峰（quintet；1 ∶ 4 ∶ 6 ∶ 4 ∶ 1），六重峰（sextet；1 ∶ 5 ∶ 10 ∶ 10 ∶ 5 ∶ 1），二项式 $(a+b)^n$ 展开系数比的规律，如图 14-12 所示。

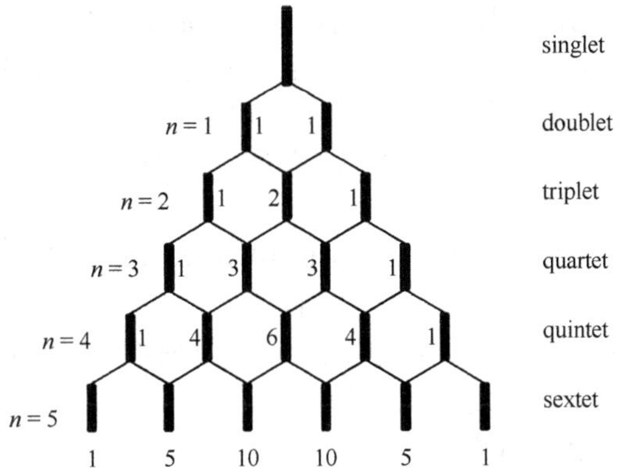

图 14-12　二项式展开 $(a+b)^n$ 系数比图

对于 $I \neq 1/2$ 的核，峰的分裂仍服从 $2nI+1$ 律。以氘核为例，其 $I=1$，如在一氘碘甲烷（H_2DCI）中，^1H 受一个氘核的干扰，分裂为三重峰。实际上 $n+1$ 律是 $2nI+1$ 规律的特殊形式。

在一级图谱中，一组氢核多重峰的位置，以化学位移值为中心左右对称，并且各裂分峰的峰间距（偶合常数 J）相等。

某基团的氢，若分别与 n 个和 n' 个环境不同的氢核相邻，发生简单偶合，有下述两种情况。

（1）若偶合常数 J 相等，则分裂峰数目仍服从 $n+1$ 律，分裂峰数为 $(n+n'+\cdots)+1$。例如，$CH_3{}^aCH^c(Br)CH_2{}^bCOOH$，因为：$J_{ac}=J_{bc}$，所以：$H_c$(—CH—) 分裂为 (3+2)+1=6 重峰，峰强度的比为 1 ∶ 5 ∶ 10 ∶ 10 ∶ 5 ∶ 1。

（2）若 J 不相等（偶合常数不等），则分裂峰数为 $(n+1)(n'+1)\cdots$ 重峰。例如，丙烯腈

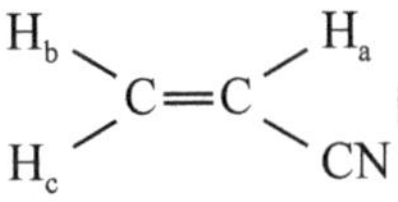

的 H_a、H_b 及 H_c 的偶合，由于 $J_{ab} \neq J_{bc} \neq J_{ac}$。在 220 MHz 的仪器上测试，每个氢都被分裂成双二重峰，峰高比为 1 ∶ 1 ∶ 1 ∶ 1，如图 14-13 所示。双二重峰不是一般的四重峰（1 ∶ 3 ∶ 3 ∶ 1），两者不要混淆，这种情况可以认为是 $n+1$ 律的广义形式。

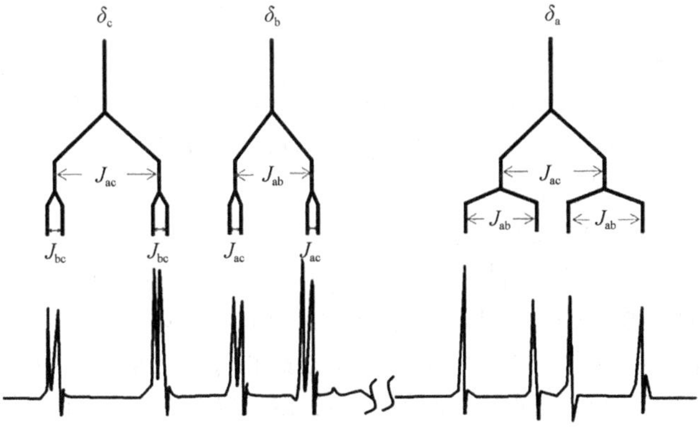

图 14-13　丙烯腈三个氢的自旋分裂图

二、偶合常数

由自旋偶合作用产生的多重峰的峰间距称为偶合常数（coupling constant），以 J 表示，单位为 Hz。J 大小表示氢核间相互偶合作用的强弱。J 的大小与外磁场强度无关，主要与原子核的磁性和分子结构及构象有关（如氢核之间的化学键数目、化学键的性质、取代基的电负性、分子立体结构等）。因此，可以根据 J 大小及其变化规律，推断分子的结构和构象。J 的影响因素主要有以下三个方面。

（1）偶合核间距离（间隔的键数）：相互偶合核间隔键数增多，偶合常数的绝对值减少。

1）偕偶（geminal coupling）：是同一碳原子上氢核间的偶合，也称同碳偶合。偶合常数用 ^2J 或 J_{gem} 表示。一般为负值，但变化范围较大，绝对值通常为 10～16 Hz，并与结构密切相关。

取代基影响 ^2J 的代数值。当取代基为吸电子基团时，^2J 往正的方向变化；当取代基为给电子基团时，^2J 往负的方向变化。如

$$CH_4(-12.4) < CH_3OH(-10.8) < CH_3F(-9.7)$$

杂原子孤对电子的超共轭作用使 ^2J 往正的方向变化。甲醛是一个突出的例子。甲醛与乙烯对比，其一侧═CH_2 被氧原子取代，氧原子是吸电子的，而它的一对孤对电子又参加超共轭，这两个作用方向一致，所以甲醛的 $^2J_{H-C-H}$ 高达+42 Hz。

2）邻偶（vicinal coupling）：是相邻碳原子上氢核间的偶合，即相隔三个键的氢核间的偶合，用 ^3J 或 J_{vic} 表示。偶合常数的符号一般为正值。在核磁共振中遇到最多的是邻偶，^3J 值的大小与许多因素有关，如键长、取代基的电负性、二面角及 C—C—H 间键角大小等。邻偶偶合常数有如下规律：$J_{烯}^{trans} > J_{烯}^{cis} \approx J_{炔} > J_{链烷}$（自由旋转）。

3）远程偶合（long range coupling）：间隔 4 个或 4 个以上化学键的氢核偶合。例如，苯环的间位氢的偶合，J_m=1～4 Hz；对位氢的偶合，J_p=0～2 Hz。饱和链烃中的远程偶合常数 $J_{远} \approx 0$，一般可以忽略不计。

（2）二面角：对偶合常数的影响很敏感。以饱和烃的邻位为例，偶合常数与双面夹角 α 有关。因为偶合核的核磁矩在相互垂直时，干扰最小，所以 $\alpha = 90°$ 时，^3J 最小；$\alpha < 90°$ 时，随 α 的减小，^3J 增大；$\alpha > 90°$ 时，随 α 的增大，^3J 增大。

（3）取代基团的电负性：因为偶合作用是靠成键电子对传递的，所以，随着取代基的电负性增加，^3J 的数值下降，烯氢的 ^3J 的数值下降较快。

三、自旋系统

分子中几个核相互发生自旋偶合作用的独立体系称为自旋系统（spin system）。了解光谱属于哪种自旋系统，研究核间偶合关系的规律，有助于正确解析光谱。自旋系统的命名与分子结构中质子的等价性质有关，下面先介绍一下化学等价和磁等价的概念。

（一）化学等价和磁等价

在核磁共振谱中，有相同化学环境的核具有相同的化学位移，具有相同化学位移的核称为化学全同（chemical equivalence）。例如，甲烷分子中，有 4 个 ^1H 核，它们的化学环境是完全相同的，化学位移相同，它们是化学等价的。

磁全同（magnetic equivalence）是指分子中的一组氢核，其化学位移相同，且对组外任何一个原子核的偶合常数也相等。通常所指的等价质子是指磁等价（磁全同）。

例如，在室温下碘乙烷（CH_3CH_2I）甲基 3 个 ^1H 具有相同化学位移（δ 1.84），亚甲基两个 ^1H 对甲基质子偶合时偶合常数相等（7.45 Hz），产生裂距相等的三重峰，甲基 3 个 ^1H 是磁等价的。同样，亚甲基的 2 个 ^1H 也具有相同的化学位移（δ 3.13）与甲基 3 个 ^1H 偶合，偶合常数相等，产生裂距相等的四重峰，亚甲基的 2 个 ^1H 也是磁等价的。

磁等价核有下列特点：①组内核化学位移相等；②与组外核偶合的偶合常数相等；③在无组外核干扰时，组内核虽有偶合，但不产生裂分。

注意：化学等价不一定磁等价，磁等价一定化学等价。

磁等价例子如下：

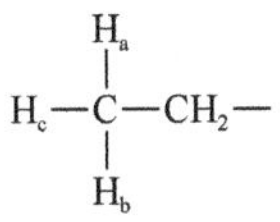

三个H核磁等价

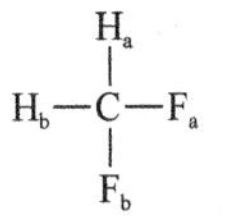

两个H核磁等价
两个F核磁等价

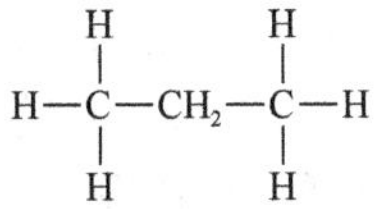

六个甲基H核磁等价

磁不等价例子如下：

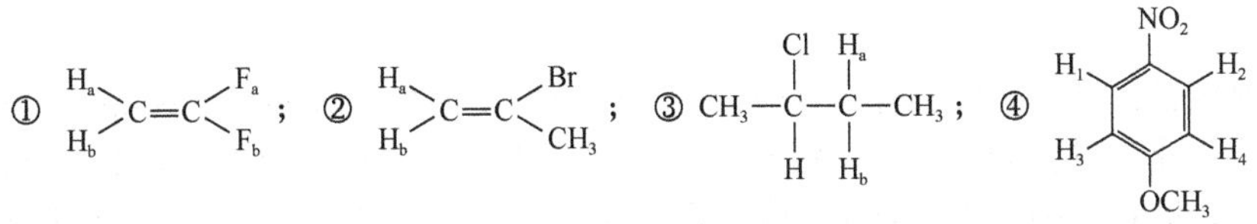

在 $CH_2{=}CF_2$ 分子中，H_a 与 H_b 和 F_a 与 F_b 分别都是化学等价的。但组内的任一核与另一核的偶合常数不同，即 $J_{H_a F_a} \neq J_{H_b F_a}$，$J_{H_a F_b} \neq J_{H_b F_b}$，所以 H_a 与 H_b 磁不等价，F_a 与 F_b 同样磁不等价。在 $CH_2{=}CBrCH_3$ 分子中，H_a 与 H_b 是化学不等价的，所以磁也不等价。

如下情况的氢核是磁不等价氢核。

（1）双键同碳上的质子具有不等价性，如磁不等价例子①和②。

（2）与手性碳原子相连的—CH_2 上的两个氢核磁不等价，如磁不等价例子③。

（3）芳环上取代基的邻位质子也可能是磁不等价的核，如磁不等价例子④。

（4）固定在六元环上的—CH_2 中的氢核磁不等价，如取代环己烷和甾体环上的—CH_2，两个质子磁不等价。

（5）单键带有双键性质时，会产生磁不等价氢核，如 R—CO—N(CH_2CH_3)$_2$，2 个 CH_2 会出现 2 组四重峰，2 个 CH_3 会出现复杂的多重峰（2 组三重峰的重叠）。

（6）单键不能自由旋转时，也会产生磁不等价氢核。例如，$BrCH_2CH(CH_3)_2$ 有三种构象，室温下 C—C 快速旋转，CH_2 上 2 个质子是等价的，但在低温下 C—C 不能快速旋转，CH_2 上 2 个质子所处的环境有差别而成为不等价质子。

（二）自旋系统的命名

1. 定义　分子中相互偶合的几个核组构成的独立体系称为自旋系统（spin system）。自旋系统是独立的，系统内部的核有偶合作用，但不与其他自旋系统的核进行偶合，系统内核组的核为化学等价核。一个分子中可以有几个自旋系统，如下面的化合物。

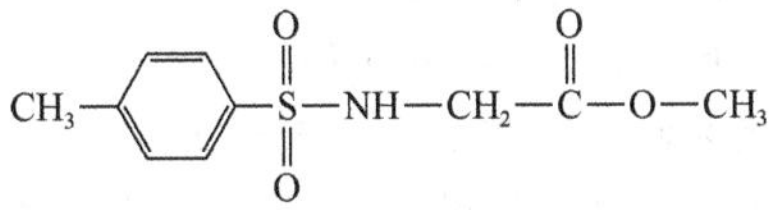

分子中，共有三个自旋系统。甲基和苯基构成一个自旋系统，—NH—和 CH_2—构成一个自旋系统，—CH_3 是一个自旋系统。如在甲基和苯基构成一个自旋系统内部，苯环上四个氢之间相互偶合；甲基的三个氢相互偶合；甲基的氢与苯环上邻碳氢的相互偶合（远程偶合），与苯环上间位的氢则无偶合作用。

2. 命名原则

（1）化学位移相同的核构成的一个核组，以一个大写英文字母表示。

（2）若组内的核为磁等价，则在大写字母右下角用阿拉伯数字注明该组核的数目。如 CH_3I、CH_3O—、CH_3CO—等的甲基为 A3 系统。

（3）几个核组之间分别用不同的字母表示。在一个自旋系统内，若包含两个核组，它们之间的化学位移相差很大（$\Delta\nu/J>10$），可用距离相差较大的 2 个英文字母来表示，即可以用 A 与 X 表示，如 CH_3 CH_2I 的乙基为 A_3X_2 系统。若一些核组间的化学位移相近（$\Delta\nu/J<10$），则这些核组分别以距离相差较小的英文字母 A、B、C、…表示。例如，1,2,4-三氯苯为 ABC 系统。

（4）若核组内的核化学等价但磁不等价，则用两个相同字母表示，并在其中一个字母的右上角加撇、双撇以示区别。例如，对氯苯胺中四个质子构成 AA′BB′ 系统。

3. 核磁图谱的分类 核磁图谱分为一级图谱和二级图谱。

（1）一级图谱：是由一级偶合产生的图谱或称一级光谱（first order spectrum）。具有如下特征：①峰的数目可用 n+1 律描述；②多重峰的峰高比为二项式的各项系数比；③从图可直接读出 δ 和 J。多重峰中间位置是该组质子的化学位移 δ；多重峰相邻两峰之间的距离（以 Hz 为单位）是偶合常数 J。

（2）二级图谱：是由高级偶合形成的图谱又称为二级光谱（second order spectrum）或高级图谱。其特征为：①峰的数目不服从 n+1 律，一般情况下，峰的数目超过由 n+1 律所计算的数目；②峰组内各峰之间相对强度关系复杂；③一般情况下，化学位移、偶合常数都不能从核磁图谱直接读出，需由计算求得。

高级偶合系统涉及许多内容，本教材在此不作讨论。需要时可参考有关资料。

第五节 核磁共振氢谱的解析

核磁共振谱由化学位移、偶合常数及峰面积积分曲线分别提供了含氢官能团、核间关系及氢分布等三方面的信息。图谱解析是利用这些信息进行定性分析及结构分析。前面已详细讨论了化学位移和偶合常数，下面先简要说明峰面积和氢分布的关系。

一、峰面积和氢核数目的关系

在 ^{1}H-NMR 谱上，各吸收峰覆盖的面积与引起该吸收的氢核数目成正比。峰面积常以积分曲线高度表示。积分曲线的画法由左至右，即由低磁场向高磁场。由每组峰的积分基线做一水平线，量取其与该组峰积分上线之间的高度（PFT-NMR 已打印出每条谱线的相对高度），计算各组峰的积分高度之简比（或峰面积之简比），即为质子数目的最简比，最低积分高度的峰至少含有一个氢（杂质峰除外）。如果积分简比数字之和与分子式中氢数目相等，则积分简比代表各组峰的质子数目之比。若分子式中氢原子数目是积分简比数字之和的 n 倍，则积分简比要同时扩大 n 倍才等于各组峰的质子数目之比。

案例 14-5

阿克他利（$C_{10}H_{11}NO_3$）为抗风湿性关节炎药物，用于慢性风湿性关节炎等。其机制可能与抑制患者关节腔滑膜细胞的 IL-1b、IL-6、TNF-α 和 MMP-1 的产生有关。对类风湿性关节炎患者的病情有改善作用，但无镇痛和抗炎作用。用直尺量 a、b、c、d、e 的积分线分别为 0.1 cm、0.1 cm、0.4 cm、0.2 cm、0.3 cm，计算各峰的氢核数目（图 14-14）。

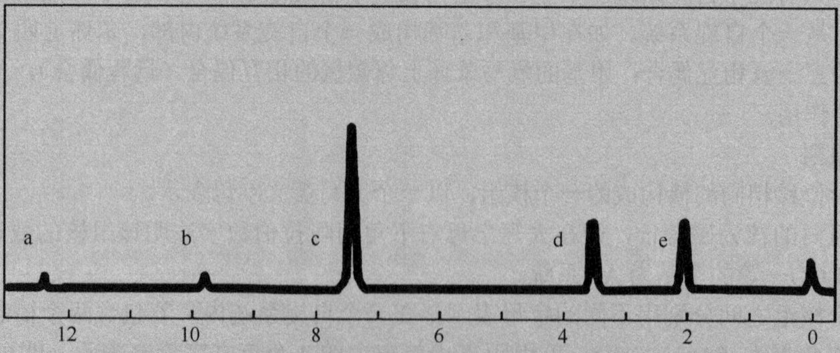

图 14-14 阿克他利（$C_{10}H_{11}NO_3$）的磁共振氢谱图

案例 14-5 分析

本案例是已知氢核总数和各峰积分值，根据积分曲线高度与引起该吸收的氢核数目成正比确定各峰的氢核数目，即氢分布。氢分布可采用下面两种方法求出。

（1）根据 a、b、c、d、e 各峰积分高度简比计算。

a、b、c、d、e 各峰积分高度简比为 0.1 ∶ 0.1 ∶ 0.4 ∶ 0.2 ∶ 0.3 即为 1 ∶ 1 ∶ 4 ∶ 2 ∶ 3 积分简比各数之和为 11，恰好等于分子式中氢核总数，所以 a、b、c、d、e 各峰分别相当于 1H，1H，4H，2H，3H。

（2）由每组积分曲线高度在总积分中所占比例求出。

$$\text{a 峰相当的氢数} = \frac{0.1}{0.1+0.1+0.4+0.2+0.3} \times 11 = 1$$

同理计算 b、c、d、e 各峰的氢数分别为 1H，4H，2H，3H。

二、核磁共振氢谱的解析方法

核磁共振波谱法主要应用于有机化合物和生化分子结构鉴定，在某些情况下，亦可用于定量测定。解析化合物结构的一般步骤如下。

（1）获取样品的各种信息和基本数据。

（2）对所得的核磁共振谱图进行初步观察，如谱图基线是否平整，TMS 峰是否正常，化学位移是否合理，是否有溶剂峰、杂质峰，峰形是否对称，积分曲线在信号处是否平坦等。

（3）根据被测物化学式计算该化合物的不饱和度。

（4）根据积分曲线高度计算出各共振峰所代表的氢核数目即氢分布。

（5）根据化学位移，先解析比较特征的强峰、单峰。例如，CH_3—O—、CH_3—N—及 CH_3—Ar 等均为单峰。

（6）解析低场共振峰：醛基氢 δ 在 10 左右，酚羟基氢 δ 为 9.5～15，羧基氢 δ 为 11～12 及烯醇氢 δ 为 14～16。

（7）计算 $\Delta\nu/J$，确定图谱中的一级与高级偶合部分。先解析图谱中的一级偶合部分，由共振峰的化学位移值、裂峰数目和 J，确定归属及偶合系统。

（8）合理组合解析所得的结构单元，推出结构式。

（9）结合紫外光谱、红外光谱、质谱等结果检查推导的结构式是否合理。

（10）查阅有关文献和标准谱图予以验证。

案例 14-6

已知条件见案例 14-5。请根据已知条件给出阿克他利的分子结构。

案例 14-6 分析

本题已知分子式，积分高度、化学位移值、各组峰的特性。解析结构依下面步骤进行。

（1）不饱和度 $U = 1+10-\frac{11-1}{2} = 6$，可能含有苯环。

（2）氢分布：计算过程见案例 14-5。

（3）由氢分布、化学位移及峰形，可以得知

a	1H	s	—CONH
b	1H	s	—OH
c	4H	s	苯环中对称的 4H
d	2H	s	—$PhCH_2COOH$
e	3H	s	$COCH_3$

（4）所以，阿克他利的结构式应为 $CH_3CONH—C_6H_4—CH_2COOH$。
核对：查对文献中标准图谱 ^{1}H-NMR 波谱，证明结论合理。

第六节　^{13}C-核磁共振波谱和相关谱简介

一、核磁共振碳谱

^{13}C-核磁共振波谱法（carbon-13 nuclear magnetic resonance spectroscopy，^{13}C-NMR），简称碳谱。

^{13}C-NMR 信号于 1957 年被 Lauterbur 发现，然而迟至 1970 年才开始应用碳谱直接研究有机物的碳骨架和含碳官能团。主要原因在于同位素 ^{13}C 的天然丰度太低，仅为 ^{12}C 的 1.108%，而且 ^{13}C 的磁旋比 γ 是 ^{1}H 的 1/4。磁共振的灵敏度与 γ^3 成正比，所以碳谱的灵敏度相当 ^{1}H 谱的 1/5800。20 世纪 70 年代脉冲 Fourier 核磁共振仪器（PFT-NMR）的出现才使 ^{13}C 的核磁共振测试变得简便易行。近年来 ^{13}C-NMR 技术及其应用有了飞速的发展。

（一）^{13}C-核磁共振波谱的主要优点

1. 化学位移范围宽　^{1}H 谱化学位移一般小于 20，^{13}C 谱的化学位移一般为 0～250。一般情况下，在结构不对称的化合物中，每种化学环境不同的碳原子都可以给出其特征谱线。摩尔质量在 500 以下的有机化合物，^{13}C 谱几乎可以分辨每一个碳原子，若去掉碳、氢原子之间的偶合，每个碳原子对应一条尖锐、分立的谱线。通过碳谱能给出分子中有多少个碳原子；它们各自属于哪些基团；伯、仲、叔、季碳原子各有多少等信息。

2. 从 ^{13}C-NMR 谱中可以给出不与氢相连的碳的共振吸收峰　如（—C═O）、氰基（—C≡N）和季碳原子均有各自的特征吸收峰。

3. 其他　碳原子的弛豫时间 T1 较长，能被准确测定，T1 可以作为构象测定的波谱参数。

（二）^{13}C-核磁共振波谱的主要缺点

^{13}C-NMR 的灵敏度低，^{13}C-NMR 中峰面积与碳数不成正比。

（三）^{13}C-核磁共振波谱参数

1. 化学位移 δ_C　^{13}C-NMR 与 ^{1}H-NMR 的基本原理相同，化学位移（δ_C）定义及表示法与 ^{1}H-NMR 一致。所以内标物也与 ^{1}H-NMR 相同，统一用 TMS 作为 ^{13}C 化学位移的零点。

2. 影响 ^{13}C 化学位移的主要因素　影响 ^{13}C-NMR 化学位移的因素很多，主要有碳的杂化轨道、碳的电子云密度、立体效应和溶剂、氢键、温度等。

在 ^{13}C-NMR 中，有机化合物分子中不同的 ^{13}C 核对应不同的化学位移范围，因此，δ_C 值是结构鉴定的主要依据。各种常见的 ^{13}C 核的 δ_C 如表 14-6 所示，可作为碳谱解析的参考。

表 14-6　^{13}C-NMR 化学位移范围

碳类型	化学位移范围（ppm）	碳类型	化学位移范围 (ppm)
RCH_3	10～40	R_3COH	40～80
RCH_2R	15～55	$R_2C{=}CR_2$	100～150
R_3 CH	20～60	R_3COR	40～80
RCH_2I	0～40	RCOOR	160～180
RCH_2Br	25～65	$RCONR_2$	165～180
RCH_2Cl	35～80	RCOOH	175～185
RC=CR	65～85	RCOH，RCOR	180～215
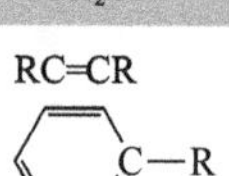	110～160		

3. 偶合常数 J　^{13}C-NMR 中一般存在三种类型偶合。

（1）^{13}C-^{13}C 偶合（$J_{C\text{-}C}$）：由于 ^{13}C 核天然丰度很低，实际上这种偶合很难观测到，只有在富集 ^{13}C 化合物中才可以观测到。

（2）^{13}C-X 偶合：X 是指除 ^{1}H 以外的其他磁性核，如 ^{31}P、^{19}F 等核的偶合。例如，^{13}C-P(Ⅴ) 的 $J_{C\text{-}P}$ 为 100～150 Hz，^{13}C-P(Ⅲ) 的 $J_{C\text{-}P}$ 约为几十赫兹，^{13}C-F 的 $J_{C\text{-}F}$ 为 150～350 Hz。

（3）^{13}C-^{1}H 偶合：^{13}C-NMR 中最重要的偶合是 ^{13}C-^{1}H 偶合。它们之间仍符合 n+1 规律。如甲基碳应有四重峰。通常 $J_{C\text{-}H}$ 为 125～250 Hz。

4. 去偶方法　^{13}C-^{1}H 的偶合使 ^{13}C-NMR 谱图很复杂不易辨认，在实验中往往采用不同的去偶（decoupling）方法，对某些或全部偶合作用加以屏蔽，使谱图简单化。目前所见到的 ^{13}C 谱一般都是质子去偶谱。去偶方法多种多样，各具特色，相互补充。

（1）质子宽带去偶（proton broad band decoupling）：质子宽带去偶也称噪声去偶（proton noise decoupling）。在测定 ^{13}C 谱时，外加一个照射射频，其功率为 2～10 W，这个射频的中心频率在 ^{1}H 共振区中间，频率宽度为 1000 Hz 的宽带射频。在它的照射下，全部 ^{1}H 核去偶，即使 ^{13}C-^{1}H 偶合信号失去，使每种磁等价碳核的共振信号都成为单峰，信号也随之加强，从而使被测有机化合物的碳骨架结构十分清晰，这一方法记为 ^{13}C{^{1}H}。

（2）偏共振去偶（off-resonance decoupling）：质子宽带完全除去 ^{13}C-^{1}H 的偶合信号，虽然 ^{13}C 谱易于识别，但是也失去了很多重要的结构信息。为了弥补这一不足，提出了偏共振去偶技术。偏共振技术与质子宽带去偶方法相似，在测定 ^{13}C 谱时，也是外加一个照射射频，只是这个照射射频的中心频率不在 ^{1}H 的共振区中间，而是移到比 TMS 的 ^{1}H 共振频率高 100～500 Hz 的共振区中，使与 ^{13}C 核直接相连的 ^{1}H 核的偶合作用保留，而使 ^{13}C 核与邻近 ^{1}H 核的偶合作用除去，即消除了弱的 ^{13}C-^{1}H 偶合。这种方法称偏共振去偶法。它可以得到甲基四重峰、亚甲基三重峰、次甲基双峰、季碳单峰的谱图。这样既可使碳骨架结构十分清晰，部分 ^{13}C-^{1}H 偶合信息重现，又不使图谱过于复杂。

（3）DEPT 谱：又称无畸变极化转移技术（distortionless enhancement by polarization transfer），是用两脉冲系列分别作用于 ^{1}H 和 ^{13}C 核，将灵敏度高的 ^{1}H 核磁化转移至灵敏度低的 ^{13}C 核上，从而大大地提高了 ^{13}C 的灵敏度。此外，还能有效地利用异核间的偶合对 ^{13}C 信号进行调制来确定碳原子的类型。实验中可通过改变照射 ^{1}H 核的第三脉冲宽度（θy），使之分别为 45°、90°、135°，不同的脉冲宽度 CH、CH_2 和 CH_3 基团显示不同的信号强度和符号。季碳原子在 DEPT 谱中不出峰。以乙基苯为例，其 DEPT 谱如图 14-15。θy 为 45° 时，CH、CH_2 和 CH_3 均出正峰（图 14-15a），峰 A 为 CH_3 的峰，即乙基中的 CH_3 的碳峰；峰 B 为 CH_2 的峰，即乙基中的 CH_2 的碳峰；峰 C、D、E 为苯环中 CH 的峰，其中，C 为 C_4 的峰，D 为 C_2 及 C_6 的峰，E 为 C_3 及 C_5 的峰；θy 为 90° 时，只有 CH 显示正峰（图 14-15b）；θy 为 135° 时，CH 和 CH_3 显示正峰，CH_2 显示负峰，如图 14-15（c）所示。

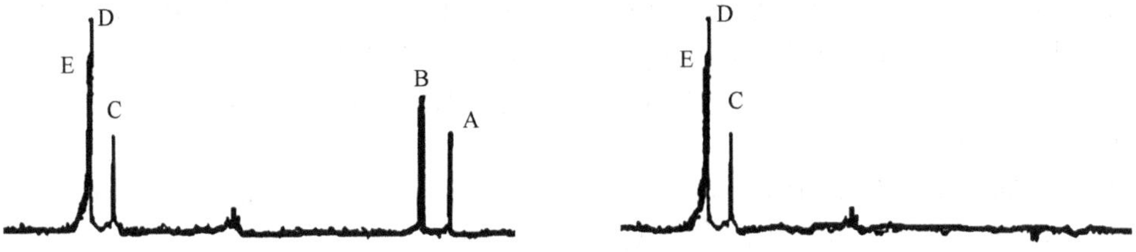

(a)　　(b)

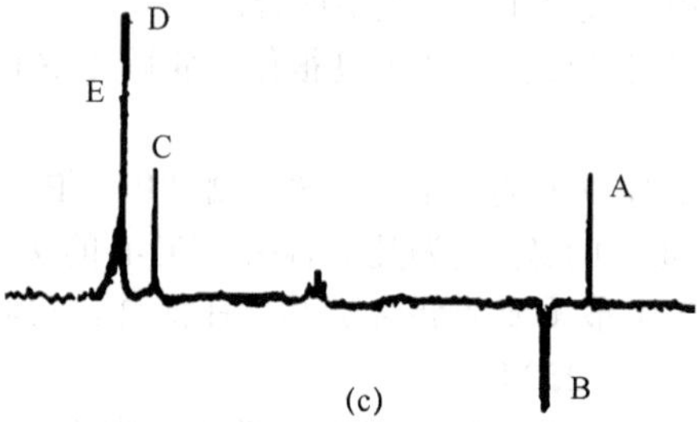

(c)

图 14-15　乙基苯的 DEPT 谱

（四）^{13}C-核磁共振谱图解析

^{13}C-NMR 谱图解析首先推断碳原子数及确定裂分峰数，再利用化学位移范围找出各共振信号归属，一般步骤如下。

1. 确定裂分峰数　由偏共振去偶谱图找出与各碳原子相连的质子数。

2. 推断碳原子数　质子去偶 ^{13}C-NMR 谱图中峰强度与碳原子数不成正比，因而推算不出碳原子数目。使用门控去偶法测定的 ^{13}C-NMR 谱图中峰强度之比就可以认为是碳原子数之比。再结合峰裂分数的信息确定与碳原子相连的氢原子数。

3. 根据化学位移范围进行解析　化学位移是 ^{13}C-NMR 的主要波谱参数，根据 δ_C 范围来确定各共振信号的归属。

二、相　关　谱

在前述 ^{1}H-NMR 及 ^{13}C-NMR 谱中，均以横坐标代表频率（ν_H 或 ν_C），纵坐标代表信号强度，这些只使用一种频率表示的图谱，称为一维谱（one dimentional NMR，1D-NMR）。二维核磁共振谱（2D-NMR）是将化学位移-化学位移或化学位移-偶合常数对信号作二维展开而成的图谱。它包括 J 分解谱（J resolved spectroscopy）、化学位移相关谱（chemical shift corelation spectroscopy，COSY 谱）和多量子谱（multiple quantum spectroscopy）等多种新技术。本章只介绍 ^{1}H-^{1}H 和 ^{13}C-^{1}H 相关谱。

1. 氢-氢位移相关谱（COSY 谱）　是 ^{1}H 和 ^{1}H 核之间的位移相关谱，两轴均为 ^{1}H 核的化学位移。一般的 COSY 谱是 90° 谱。从对角线两侧成对称分布的任一相关峰出发，向两轴作 90° 垂线，在轴上相交的两个信号即为相互偶合的两个 ^{1}H 核。

在只有单重偶合存在时，一个 ^{1}H 核信号在图上只有一个相关峰，但当有多重偶合影响时，则可能不止一个。以化合物 $CH_3CH_2CH_2Br$ 为例，在其 ^{1}H-^{1}H COSY 谱（图 14-16）上，CH_3 只有一个相关峰，显示与 H-b（与甲基直接相连的—CH_2—）相连，所以 δ=1.05 ppm（甲基氢的化学位移值）处是三重峰（2+1=3）；H-c 也有一个相关峰，显示与 H-b 相连，δ=3.40 ppm（与溴原子相连的亚甲基上氢的化学位移值），该处也为三重峰（2+1=3）；H-b 有两个相关峰，显示除与 H-a（CH_3）相连外，还与 H-c（CH_2Br）相连，δ=1.88 ppm，为六重峰（3+2+1=6）。再结合化学位移及氢的数目，可以很容易地确定整个分子的结构。所得结果要比 1D-^{1}H-NMR 直接、可靠得多。在信号重叠严重时，其效果尤为突出。

2. 碳-氢位移相关谱（^{13}C-^{1}H COSY 谱）　是两轴分别为 ^{13}C 及 ^{1}H 核的化学位移的二维谱。可以判断 ^{13}C-^{1}H 之间的偶合相关，代替 1D-NMR 中的选择性质子去偶谱。

^{13}C 与 ^{1}H 的偶合除 $^1J_{CH}$ 外，还有 $^2J_{CH}$、$^3J_{CH}$ 等远程偶合。但在通常的 ^{13}C-^{1}H COSY 谱中，预先作特殊设定，以观察 $^1J_{CH}$ 范围内的偶合影响，相关峰只出现在 ^{13}C 信号化学位移及与之直接连接的 ^{1}H 信号化学位移的交叉处。图谱的解析方法仍以化合物 $CH_3CH_2CH_2Br$ 为例（图 14-17）。从横轴（^{1}H 轴）的 H-a 信号处作垂直延伸，可与相关峰相交。再由该相关峰向右水平延伸，达 ^{13}C 轴

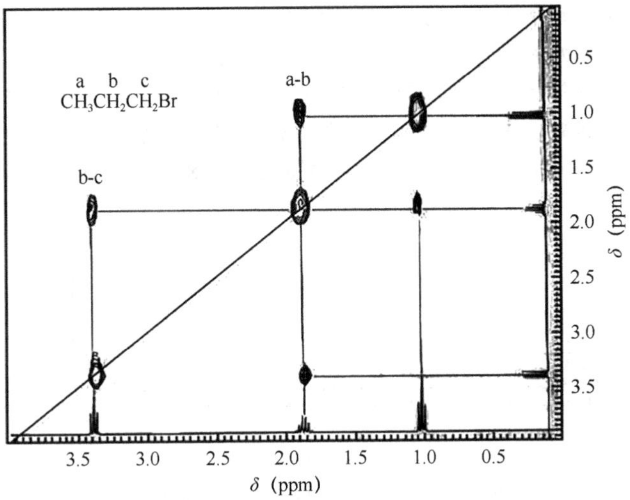

图 14-16　$CH_3CH_2CH_2Br$ 的 ^1H-^1H COSY 谱

上 δ=13.0 ppm 处，表示两者偶合相关，故 13.0 ppm 处的 ^{13}C 信号应为 C-a。如此类推，在知道 ^1H（或 ^{13}C）的信号归属时，通过相关峰追踪，应能确定其对应 ^{13}C（或 ^1H）核的信号归属。

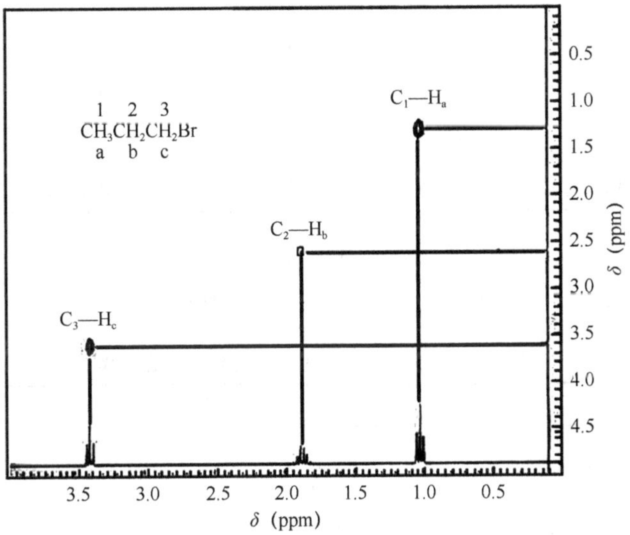

图 14-17　$CH_3CH_2CH_2Br$ 的 ^{13}C-^1H COSY 谱

对一般有机化合物来说，多采用 ^1H-^1H COSY 谱搞清 ^1H 信号归属基础上，再通过测定 ^{13}C-^1H COSY 谱以解决 ^{13}C 的信号归属。当然，对复杂化合物来说，宜在测定之前，先用 DEPT 法确定各个 ^{13}C 的峰级数。

并非所有的 ^{13}C 或 ^1H 信号在 ^{13}C-^1H COSY 谱上都会出现相关峰。例如，季碳和碳基碳信号因不直接连氢，故不出现相关峰。同理，羟基上的氢信号也不会出现相关峰。

在化学位移相关谱中，还有侧重表现远程偶合相关的远程氢-氢相关谱（long range ^1H-^1H COSY 谱）及远程碳-氢相关谱（long range ^{13}C-^1H COSY 谱）。可用于判断同核（^1H-^1H）及异核（^{13}C-^1H）之间的远程相关。

思考题与习题

1. 简要论述化学位移的定义，其主要影响因素及各因素如何影响化学位移。
2. 试述产生核磁共振的条件。

3. 用哪些参数可以确定分子中基团的连接情况?

4. 何谓一级图谱? 一级图谱的自旋偶合裂分有哪些规律?

5. 某化合物中相互偶合的质子，在 200 MHz 的核磁共振仪上测得化学位移差为 1.0 ppm，J 为 4.6 Hz，在 600 MHz 的核磁共振仪上化学位移差和偶合常数应为多少?

6. 化合物 A 分子式为 $C_5H_{10}O$，其 ^{1}H-NMR 谱如图 14-18 所示，试推测其结构。

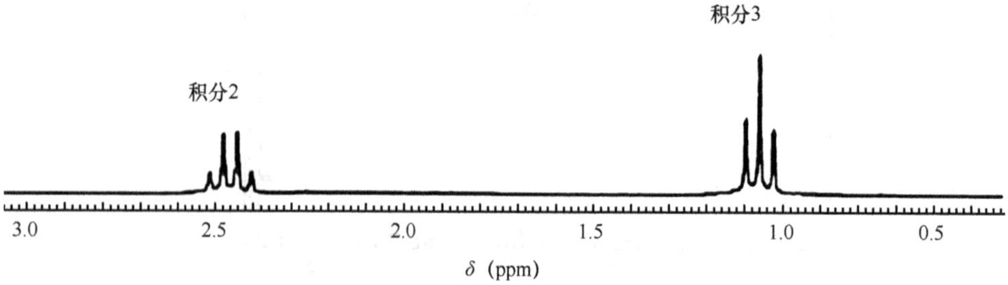

图 14-18 化合物 $C_5H_{10}O$ 的 ^{1}H-NMR 谱

7. 某未知化合物 $C_6H_{10}O_3$ 的 ^{1}H-NMR 谱，如图 14-19 及表 14-7 所示，出峰列表见表 14-7，推测其结构。

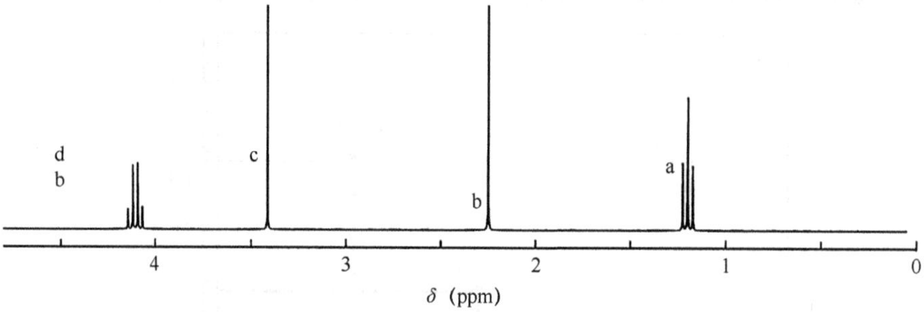

图 14-19 化合物 $C_6H_{10}O_3$ 的 ^{1}H-NMR 谱

表 14-7 化合物 $C_6H_{10}O_3$ 核磁氢谱出峰列表

	核磁共振峰			
	a	b	c	d
化学位移	~1.2	~2.2	~3.6	~4.2
质子积分数	3	3	2	2
峰形	t	s	s	q

8. 试指出下面化合物中，各种亚甲基的 δ 值的大小顺序。

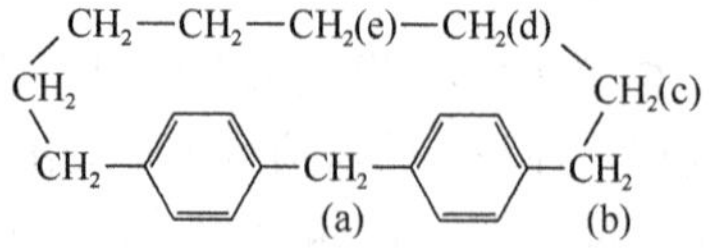

9. 磁等价与化学等价有什么区别? 说明下述化合物中哪些氢是磁等价或化学等价及其峰形（单峰、二重峰…）。计算化学位移。

① Cl—CH=CH—Cl ② 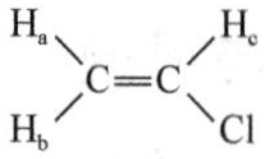

③ 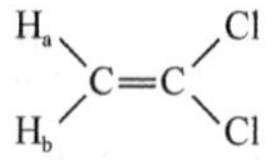

④ $CH_3CH{=}CCl_2$

10. 对氯苯乙醚的 ^{1}H-NMR 谱图如图 14-20 所示，试说明各峰的归属，并解释原因。

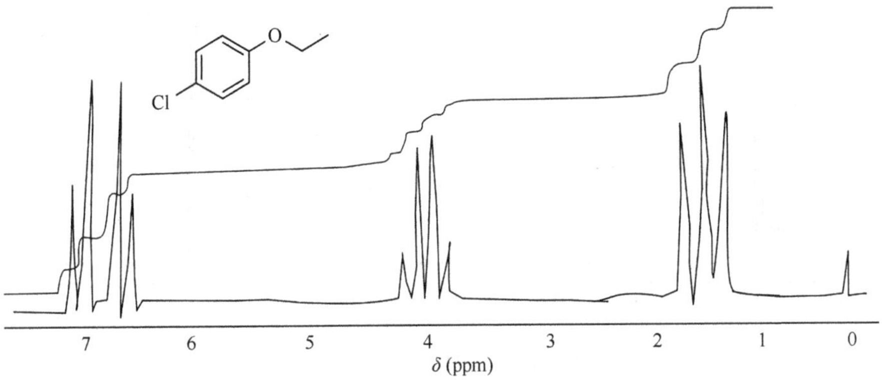

图 14-20　对氯苯乙醚的 ^{1}H-NMR 谱图

11. 下述 ^{1}H-NMR 谱图为溴苯、二氯甲烷、碘代乙烷的混合物，请根据图 14-21 中数据计算各组分的质量分数。

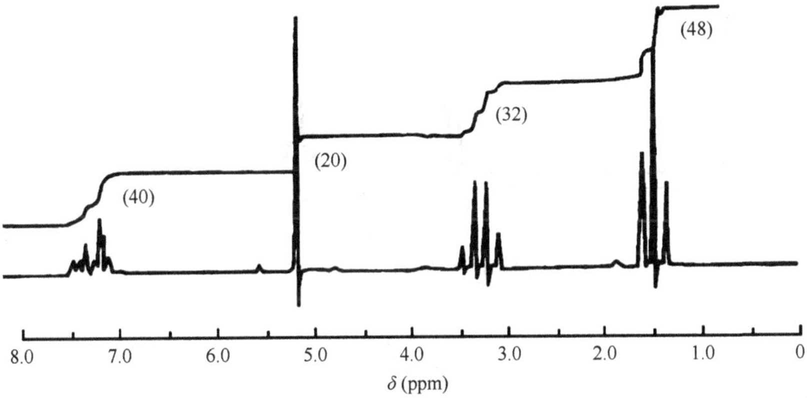

图 14-21　习题 11 的 ^{1}H-NMR 谱图

12. 在 500 MHz 的核磁共振仪器上，获得的 NMR 谱图如图 14-22 所示。请通过波谱解析，给出未知物的分子 C_9H_{12} 的结构及自旋系统。

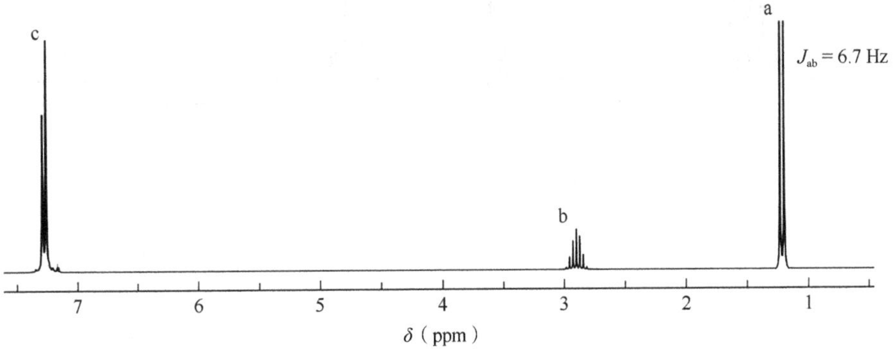

图 14-22　C_9H_{12} 的核磁共振谱图

13. 一个分子式为 $C_{12}H_{16}O_2$ 的化合物，其 ^{1}H-NMR 谱图如图 14-23 所示，试推测其结构式。

14. 某未知化合物分子式为 $C_9H_{10}O_2$，红外光谱图中在 1735 cm^{-1} 左右有一强吸收。试根据 ^{1}H-NMR 谱图（图 14-24）推测其结构式。

15. 某未知化合物分子式为 $C_9H_{10}O_3$，红外光谱图中在 3000～2500 cm^{-1} 有较宽的吸收带，1710 cm^{-1} 左右有一强吸收。试根据其核磁共振谱（图 14-25）推测该化合物的分子结构。

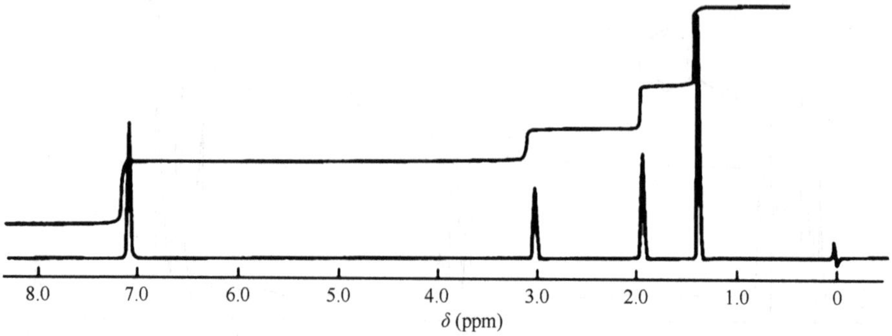

图 14-23　$C_{12}H_{16}O_2$ 核磁共振谱

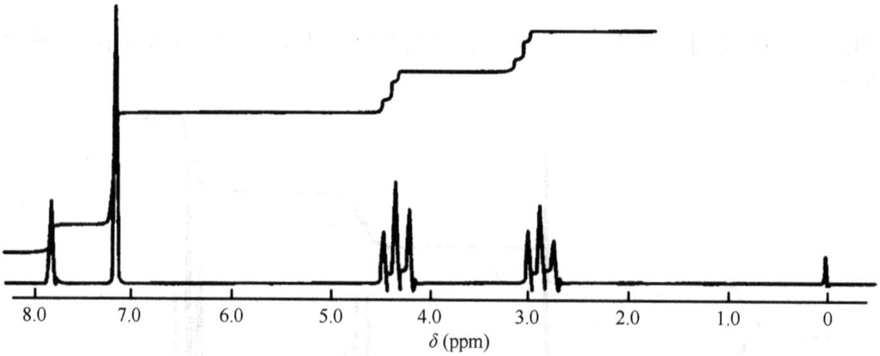

图 14-24　$C_9H_{10}O_2$ 的核磁共振谱

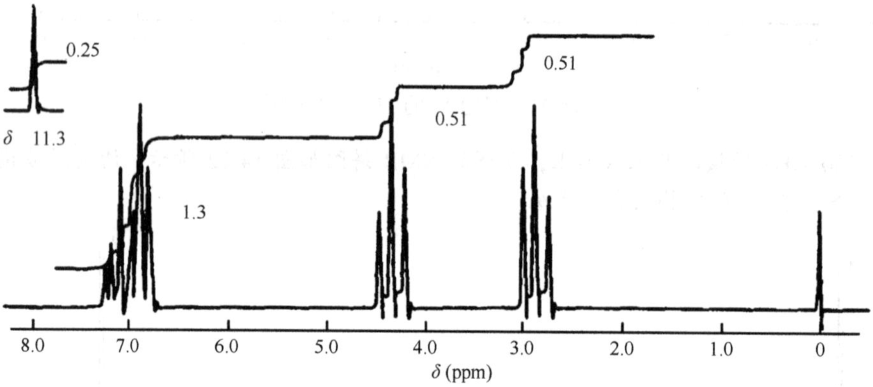

图 14-25　$C_9H_{10}O_3$ 的核磁共振谱

（王玉记）

第十五章 质 谱 法

学习目标

1. 掌握 质谱法的基本原理及特点；分子离子峰判定的依据；常见阳离子的裂解类型及其在质谱解析中的应用。

2. 熟悉 质谱仪主要部件的工作原理：包括几种常用离子源和质量分析器的原理与特点；简单有机化合物的质谱解析及结构推导。

3. 了解 综合光谱解析的步骤；质谱技术的最新进展。

案例 15-1

质谱技术因解决各种科学研究的前沿难题而屡次获诺贝尔奖，因发展质谱技术和方法而获诺贝尔奖的科学家主要如下：汤普森（Thompson，1906 年诺贝尔物理学奖，发明质谱技术并用于研究气体的电导）；阿斯顿（Aston，1922 年诺贝尔化学奖，用质谱仪发现非放射性元素的同位素）；保罗（Paul，1980 年诺贝尔物理学奖，发明离子阱质谱原理与技术）；柯尔（Curl）、斯莫利（Smalley）和克罗托（Kroto）（1996 年诺贝尔化学奖，用质谱仪观察到激光轰击下产生的碳 60）；田中耕一（Tanak）和芬恩（Fenn，2002 年诺贝尔化学奖，发明生物大分子质谱技术）。

问题：

（1）质谱法的基本原理和技术特点是什么？

（2）质谱法在科学研究前沿取得突破性的进展，它是如何发挥重要作用的？

（3）你了解质谱法目前在医药领域中的研究热点吗？

质谱法（mass spectrometry，MS）是利用各种离子化技术将化合物转化为离子，按其质荷比（*m/z*）的差异进行分离测定，从而进行物质结构和成分分析的方法。

质谱法具有以下特点：①应用范围广泛，可进行无机成分分析、有机结构分析和同位素测定；被测物可以是气体、液体或固体；②灵敏度高，样品用量少，目前有机质谱仪绝对灵敏度是 10^{-11} g，无机质谱仪绝对灵敏度甚至可达 10^{-14} g；③分析速度快，完成一次全谱扫描仅需数秒，易于实现色谱-质谱的在线联用；④信息量大，能得到化合物大量的结构信息和样品分子的分子量；⑤重现性好，主要源于质谱法所具有的独特的电离过程及分离方式，可为化合物结构解析提供可靠的方法保证。

质谱是唯一可以给出化合物分子量，确定化合物分子式的谱学方法，而分子式的确定对化合物的结构鉴定至关重要。但质谱法与电磁波无关，因此不属于波谱法的范围。

在药学研究中主要应用的是有机质谱，其主要用途：①测定化合物分子量，由高分辨质谱获得分子离子峰的质量数，从而测出精确的分子量；②鉴别化合物，与标准品质谱或谱库中的质谱比较，可快速鉴别未知物；③推测未知化合物的结构，从分子离子和碎片离子峰获得的信息可推测其分子结构；④推算分子中 Cl、Br、S 等元素的种类及其原子个数，运用同位素峰强比及其分布特征推算出这些原子的数目；⑤质谱与色谱联用，可用于复杂样品（天然产物、生化物质、药物等）的分离、鉴别和定量测定；⑥串联质谱技术可以为有机离子的性质与反应机制提供信息，从而为结构分析提供准确的依据。本章主要介绍有机质谱法。

案例 15-1 分析

（1）基本原理：质谱法利用各种离子化技术使化合物分子转化为离子，并按照离子质荷比（*m/z*）大小差异进行测定，从而对化合物进行结构和成分分析的仪器分析此方法。

技术特点：①应用范围广泛，可进行无机成分分析、有机结构分析和同位素测定；被测物可以是气体、液体或固体；②灵敏度高，试样用量少；③分析速度快，完成一次全谱扫描仅需数秒，易于实现色谱-质谱的在线联用；④化合物化学结构信息量大，能得到化合物大量的结构信息和样品分子的分子量；⑤重现性好，主要源于质谱法所具有的独特的电离过程及分离方式，可为化合物结构解析提供可靠的方法保证。

（2）质谱法在科学研究中的作用主要表现在以下方面：①测定化合物相对分子质量，由高分辨质谱获取化合物分子离子峰的质量数，从而测定精确的分子量；②鉴别化合物，通过与质谱数据库或标准质谱进行比较，快速鉴别化合物种类；③推测未知化合物结构，根据质谱图中分子离子和碎片离子的质荷比信息推测化合物化学结构；④推测化合物元素组成及分子式，通过质谱图中同位素峰的丰度比，推测化合物中各元素的组成种类及其原子个数，进而推测化合物的分子式；⑤运用串联质谱技术有机化学反应中有机离子的性质及反应机制信息，进而为结构分析提供准确的理论依据；⑥运用生物质谱技术实现对生物大分子的分析，从而使质谱技术在生命科学领域获得广泛应用，实现质谱技术在生物体内的组分序列分析、结构分析、分子量测定和各组分含量测定等检验医学领域中的广泛应用。

（3）质谱法在医药领域的研究热点主要包括：①有机化合物的分子量测定与化学结构鉴定；②中药化学成分的分离、鉴别与定量测定；③体内药物分析；④检验医学中生物体内的组分序列分析、结构分析、分子量测定和各组分含量测定等领域。

第一节 质谱法的基本原理和质谱仪

一、质谱法的基本原理

质谱法利用各种离子化技术（如电子流轰击、化学电离等）使分子失去一个价电子形成带一个正电荷的分子离子（molecular ion，$M^{+\bullet}$），若在离子化过程中分子获得的能量超过其离子化所需能量时，分子离子中某些化学键继续发生断裂形成许多不同质量的碎片离子、中性分子或自由基，这些碎片有的带正电荷，有的显中性，某些情况下也能产生带负电荷的碎片。一般选择带正电荷的离子进入质谱仪的质量分析器，在其相应的质荷比（*m/z*）值处出现峰，并按照质荷比（*m/z*）大小排列得到质谱图。

质谱图一般都采用经计算机处理的棒图（bar graph），图 15-1 是多巴胺的质谱图。图中横坐标表示质荷比（*m/z*）；纵坐标表示峰的相对强度或相对丰度（relative abundance），是以质谱图中最强峰（基峰，base peak）的峰高定位 100%，而以相对于它的百分比来表示其他离子峰的强度。

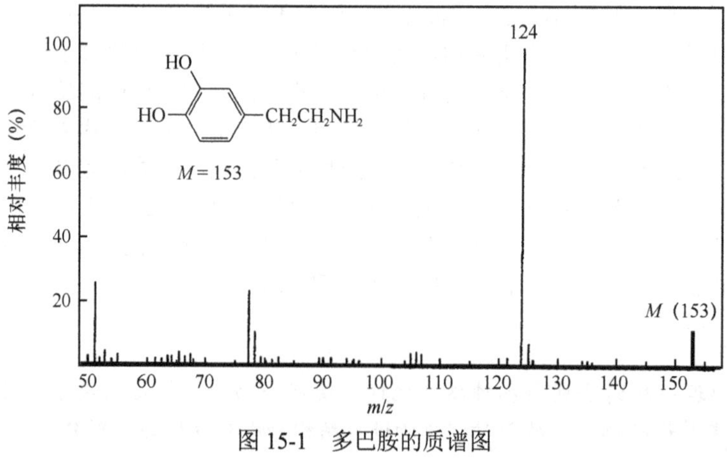

图 15-1 多巴胺的质谱图

峰越高，表示该质荷比的离子越多。根据峰位（棒位）可进行定性鉴别，在二级质谱中根据相对丰度可进行定量测定。

二、质　谱　仪

典型的质谱仪如图 15-2 所示，一般由样品导入系统、离子源、质量分析器和检测器组成，此外还含有真空系统和控制及数据处理系统等辅助设备。

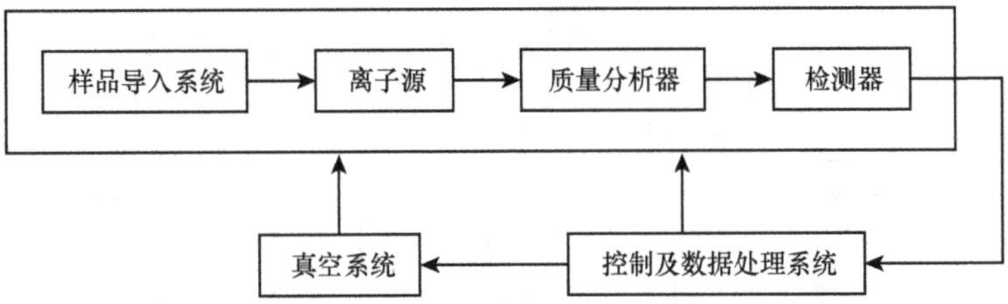

图 15-2　质谱仪的方块示意图

知识窗　**以质朴赤子心　造高精质谱仪**

自 1919 年英国科学家阿斯顿发明第一台质谱仪后，质谱仪迅速成为医药卫生、食品化学、石油化工等各领域不可替代的先进技术。21 世纪之前，我国在高端质谱仪器领域几乎完全依赖于进口，成为高科技研究领域"卡脖子"的一环。全国劳动模范和先进工作者周振 2004 年回国创立广州禾信仪器股份有限公司从事质谱仪器的研发生产，致力于"做中国人的质谱仪器"，17 年来，带领团队攻克质谱技术高地，突破业内多个"零纪录"，填补我国在高精尖科技产业的巨大空白，打破质谱仪长期依赖进口的局面，实现了质谱仪器自主研发，先后推出在线单颗粒质谱检测系统、在线 VOC 及恶臭气体质谱监测系统、在线环境污染源在线溯源等质谱仪器，并成功将国产高端质谱仪器出口到美国、德国、俄罗斯等国，成为"中国制造"的骄傲。因此我们广大分析工作者不仅要学会使用仪器作为科研和生产的"眼睛"，还要发扬大国工匠精神，弘扬民族精神，研发高端仪器，推动中国尖端科学仪器行业的跨越式发展，助力国家在高精尖领域的自主可控，加速中国的振兴崛起和中华民族伟大复兴！

（一）样品导入系统

现代商用质谱仪一般配备以下进样系统，供测定不同样品时选用。

1. 直接进样（direct probe inlet，DPI）

（1）探头进样：单组分、挥发性较低的液体或固体样品，可在高真空条件下，用进样杆把样品通过真空闭锁装置送入离子源中被加热气化并离子化。

（2）储罐进样：低沸点的样品，可将其气化并导入抽真空的加热气罐中，以恒定的流速由储罐通过一个小孔（分子漏孔）导入离子源。

2. 色谱联用进样　对于复杂多组分的样品，采用质谱仪与色谱仪联用的方式，色谱先将多组分分离成单一组分，再通过"接口"（interface）导入质谱仪进行分析。

（二）离子源

离子源（ion source）的作用是使样品被电离成离子。质谱仪的离子源种类很多，不同性质的样品需用不同的电离方式。质谱法的迅速发展与质谱仪性能的改进和新的离子化技术的出现密切相关。

1. 电子轰击源（electron impact source，EI）

图 15-3 是 EI 离子源的结构示意图，气化的样品分子（或原子）受到阴极灯丝产生的具有一定能量的电子束的轰击，若轰击电子的能量高于分子的电离能，可使分子 M 失去电子发生电离，

通常失去一个电子而形成分子离子$M^{\dot{+}}$（也称自由基阳离子）：

$$M+e(\text{高速}) \rightarrow M^{\dot{+}} + 2e(\text{低速})$$

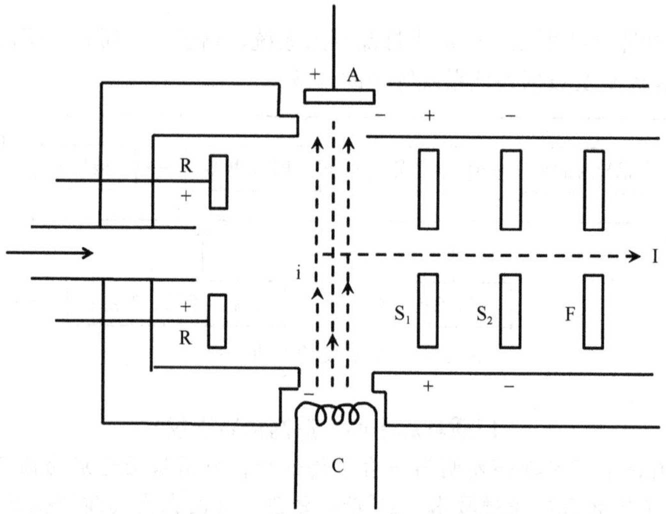

图 15-3 电子轰击源的结构示意图

A. 阳极；C. 阴极（灯丝）；i. 电子流；R. 推斥极；S_1，S_2. 加速极；F. 聚焦极；I. 离子流

若再提高电子能量，电离发生后还可能进一步碎裂，产生各种碎片，如阳离子、离子-分子复合物、阴离子和中性裂片等。在推斥极作用下阳离子进入加速区，被加速和聚集成离子束而引入质量分析器，阴离子和中性碎片则被真空抽走。

质谱仪谱库中的标准质谱图通常用 70 eV 的电子轰击能量，在该条件下得到的离子流较稳定，碎片离子较丰富，能获得较多的分子结构信息。目前，已建立了数万种有机化合物的标准质谱图库可供检索。

EI 源的优点：①重现性好，离子流稳定，质谱图再现性好，有利于与标准图谱对照检索；②灵敏度高，所得碎片离子多，质谱图复杂，提供化合物的结构信息多。EI 源的缺点：① EI 源的能量较高，对分子量较大或稳定性差的物质，常常得不到分子离子，因而不利于确定其分子量；②样品需加热气化后进行离子化，故不适用于难挥发、热不稳定化合物的分析。

2. 其他离子源 随着离子化技术的发展，出现了一些较温和的电离方式—软电离技术，这些软电离技术既可使样品分子电离，又能得到相对丰度较大的分子离子峰（M^+）或拟分子离子（quasi molecular ions）峰，也称准分子离子峰，$(M-1)^+$、$(M+1)^+$或$(M+x)^+$，有利于分子量的确定。

（1）化学电离源（chemical ionization source，CI）：是 1966 年发展起来的一种新型电离源。它不是采用高能电子直接轰击样品分子，而是通过“离子-分子反应”来实现对样品分子的电离，其核心是质子的转移。化学电离是在离子源中送入低压的样品气和高压的反应气（如 CH_4，26.7～267 Pa，也可用异丁烷、H_2、N_2、He、H_2O、NH_3 等），因反应气浓度远大于样品的浓度，轰击电子使反应气体电离成离子，反应气体离子和样品分子碰撞发生离子-分子反应，产生样品离子。化学电离源常用的反应气体有 CH_4、N_2、He、NH_3 等。化学电离源的离子化过程：在高能电子流的轰击下，反应气（如 CH_4）首先被电离成分子离子 $CH_4^{\dot{+}}$（一级离子），$CH_4^{\dot{+}}$再与反应气 CH_4 作用，生成高度活性的反应离子 CH_5^+（二级离子），反应离子 CH_5^+ 再与样品分子M进行离子-分子反应，使样品分子离子化，生成准分子离子（MH^+，M+1）。

化学电离源的优点：对于化学性质不稳定的有机化合物，也可以得到较强的准分子离子峰

$(M\pm1)$，有利于确定被测物的分子量。缺点是其他碎片离子少，可提供的结构信息少；重现性较差，一般不能制作标准图谱；样品需加热气化后再进行离子化，故不适合分析难挥发，热不稳定物质。

化学电离源在结构上与 EI 源相似，商品质谱仪一般采用组合 EI/CI 离子源，配合使用，可相互取长补短。图 15-4 分别为二氢可的松的 EI 和 CI 质谱图。

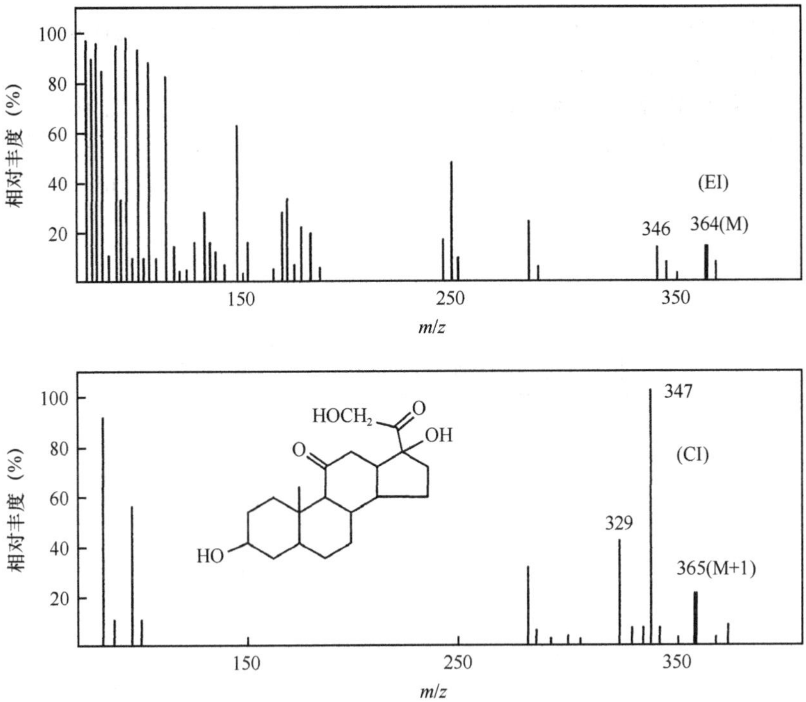

图 15-4 二氢可的松的 EI 和 CI 质谱图比较

（2）快原子轰击离子源（fast atom bombardment ion source，FAB）：快原子轰击离子源中，轰击样品分子的原子通常为惰性稀有气体氙或氩。先将氙或氩电离，然后由电场使氙（或氩）离子加速产生快速离子，这些快速离子再与静止的中性氙（或氩）原子碰撞并发生电荷交换得到快速原子流，产生的快原子流轰击溶于液体黏稠基质上的样品，从而溅射出样品离子，样品离子最后被送入分析系统进行测量。FAB 的优点：①与 EI 相比，较易得到较强的分子离子或准分子离子；②与 CI 相比，有较多的碎片离子信息；③离子化过程无须加热气化，适用于挥发性低，极性强的有机化合物、离子型化合物、遇热不稳定的分子量较大的极性化合物的分析，如氨基酸、多肽、糖、低聚糖、金属络合物等。

（3）基质辅助激光解吸电离（matrix-assisted laser desorption ionization，MALDI）：是 20 世纪 80～90 年代发展起来的一种新型软电离技术。将样品分散在液体或固体基质（matrix）中，用强脉冲、短周期的激光轰击样品，使样品离子化。基质的主要作用是把能量从激光束传递给样品的中间体，并使样品分散，减少样品分子间的相互作用。MALDI 法能够对极性大、热不稳定的蛋白质、多肽、核酸和多糖等生物大分子进行测定，最大分子量可达到 500 000。

（4）电喷雾电离（electrospray ionization，ESI）：是近年来新发展起来的一种可产生气相离子的软电离技术。ESI 的工作原理是样品溶液通过雾化器进入雾化室形成带电的微小液滴，在加热辅助气作用下，带电小液滴体积随着溶剂的蒸发而逐渐缩小，同时液滴表面的静电荷密度不断增大，当电荷间的库仑排斥力不足以抵消液滴表面张力时，液滴发生爆炸形成更细小的带电雾滴。此过程不断重复直至液滴变得足够小、液滴表面的电场足够强（达 10^8 V/cm^3）时，裸离子从液滴表面发射出来成为气体样品离子。ESI 不仅具有分子量检测范围宽，既可检测分子量小于 1000 的化合物，也可检测分子量大于 20 000 的生物大分子的优点，还具有可进行正离子和负离子模式检测、其电离过程在大气压下进行，仪器维护较方便，易与液相色谱联用的优点。

（三）质量分析器

质量分析器（mass analyzer）的作用是将离子源中形成的离子按质荷比的差异进行分离。目前用于有机质谱仪的质量分析器主要有磁偏转式分析器和四极杆式分析器，磁偏转式分析器又可分为单聚焦和双聚焦两种质量分析器。此外，还有离子阱质量分析器，飞行时间质量分析器和傅里叶变换离子回旋共振质量分析器等。

1. 单聚焦质量分析器（single focusing mass analyzer） 是只依靠磁场的质量色散作用和方向聚焦作用进行质量分离的分析器，实际上是一个处于扇形磁场中的真空容器，如图 15-5 所示。一个电荷为 z，质量为 m 的离子经电压 V 加速后，势能 zV 转化为动能，以速度 v 进入质量分析器

$$\frac{1}{2}mv^2 = zV \tag{15-1}$$

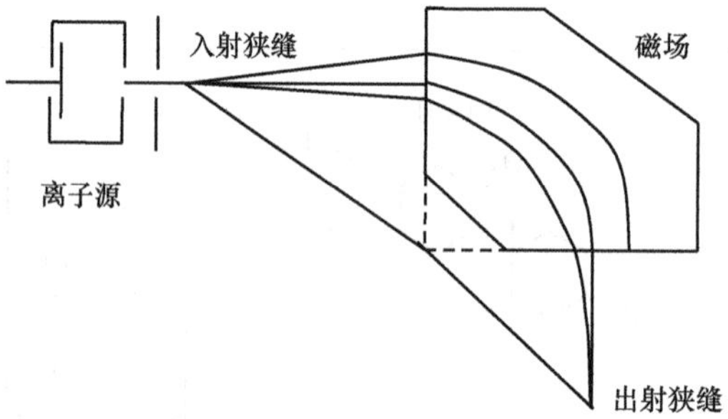

图 15-5 单聚焦分析器原理示意图

在质量分析器中，离子受到磁场力（即 Lorentz 力）作用，在与磁场垂直的平面做匀速圆周运动，圆周运动的向心力等于磁场力

$$m\frac{v^2}{R} = Hz \tag{15-2}$$

式（15-2）中，R 为离子的运动半径（偏转半径）；H 为磁场强度。

式（15-2）代入式（15-1）经整理后得磁偏转式质量分析器的质谱方程式：

$$m/z = \frac{H^2R^2}{2V} \text{ 或 } R = \sqrt{\frac{2V}{H^2}\frac{m}{z}} \tag{15-3}$$

由式（15-3）可见，V、H 和 m/z 三者决定了离子在磁场中的运动半径 R。当 V 和 H 均固定时，不同 m/z 的离子有不同的运动半径，即磁场对不同质量的离子有“质量色散”作用，犹如光栅对不同波长的光有色散作用一样。在质谱仪中 R 是固定的，如果使 H 固定，连续地改变 V，可以使不同 m/z 的离子先后通过狭缝到达检测器（称为电压扫描）；若使 V 保持不变，连续地改变 H，也可使不同 m/z 的离子被检测（称为磁场扫描）。另外，对具有相同质量、不同方向（角度）的离子，以一定速度进入磁场，经质量色散后均具有相同的运动半径 R，最终都能被集中成一个离子束通过狭缝到达检测器，这种会聚作用称为方向聚焦作用。

由式（15-2）可知，当 H 不变时，不同 v 的 m/z 离子具有不同的 R，称为磁场的能量色散作用。该作用使 m/z 相同，但运动速度 v 有微小差异的离子在通过磁场时发散，导致仪器的分辨率低。

单聚焦质量分析器具有质量色散作用和方向聚焦作用，但缺点是不能把具有相同 m/z 与不同能量（速度）的离子束聚焦，即能量聚焦，因而分辨率较低。

2. 双聚焦质量分析器（double focusing mass analyzer） 是能同时对进入质量分析器的离子束实现质量色散、能量聚焦和方向聚焦的质量分析器，该分析器通常在扇形磁场前加一个具有能量

色散作用的扇形电场。其原理如图 15-6 所示：由离子源 S_1 出来的离子，经加速正电场加速进入扇形电场 E，在电场力的作用下，不同能量的离子按照能量大小顺序聚焦于 B_1、B_2，通过调整在此聚焦面上的 β 狭缝，使所接收离子的能量范围不同。离子由电场 E 进入磁场 B，在磁场进行质量分离。由于在电场和磁场中离子的能量色散数值相等而方向相反，因而使质量相同而能量不同的离子经磁场能聚集在一点，避免了不同 v 的 m/z 离子通过磁场后发生发散作用，从而大大提高了仪器的分辨率。双聚焦质量分析器是目前高分辨质谱仪中最常用的分析器。

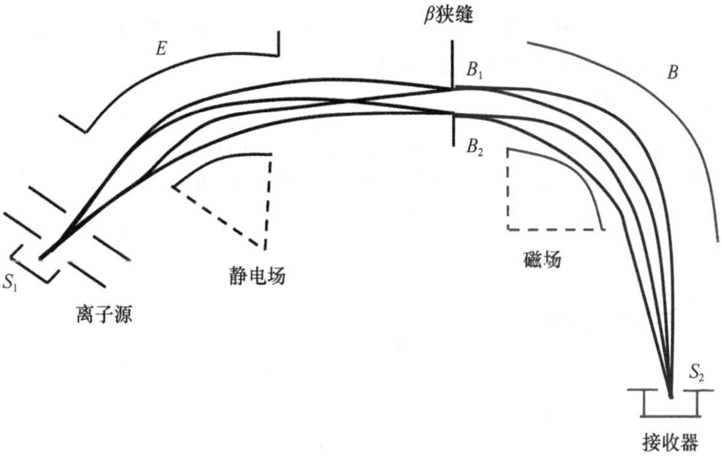

图 15-6 双聚焦分析器原理示意图

3. 四极杆质量分析器（quadrupole mass analyzer） 原理如图 15-7 所示：两组平行的双曲面状电极，分别在 x、y 方向上施加±（$U+V\cos\omega t$）的高频电压，其中 U 是电压的直流分量，V 是电压的交流幅值，ω 为圆频率，t 是时间。一束离子沿 z 方向进入四极电场中，将在极性相反的相邻两极间产生振荡。当工作参数固定时，只有一种 m/z 的离子能够通过电场区到达接收器被检出，其他 m/z 的离子因振幅过大，碰到电极杆上而被真空泵抽出系统。保持其他参数不变，维持 U/V 为一定比值，通过改变直流电压 U 和交流电压幅值 V，可使不同 m/z 的离子依次通过四极电场到达检测器。该质量分析器的优点：①结构简单，价格便宜；②扫描速度快。缺点：①分辨率不如双聚焦分析器；②不能提供亚稳离子信息。

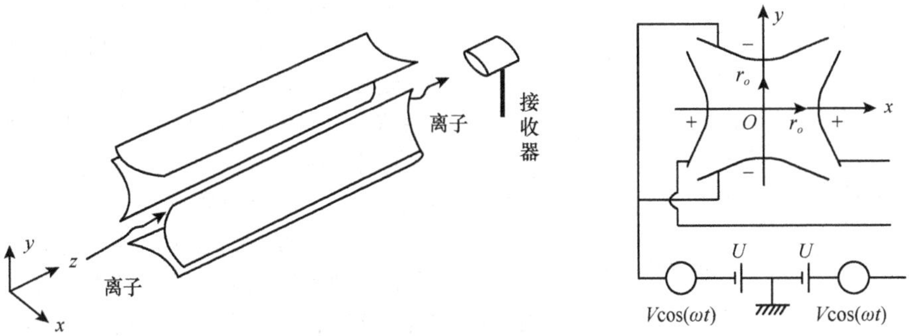

图 15-7 四极杆质量分析器原理示意图

（四）离子检测器

离子源产生的离子经质量分析器按质荷比分离后，形成强度不同的离子流（为 10^{-10}～10^{-9}A），离子检测器（ion detector）的作用就是将这些离子流信号进行接收并放大，然后送到计算机数据处理系统及显示单元，得到所要分析的质谱图及质谱数据。

常用的离子检测器有电子倍增器和微通道板等。电子倍增器的原理与光电倍增管很相似，一定能量的离子束撞击阴极表面，使其发射出二次离子，再用二次离子依次轰击一系列电极，最后由阳极接收电子流，使离子流电信号得到放大。微通道板检测器的工作原理与电子倍增器的工作原理类似，但可获得更多的增益及较低的噪声。

知识窗 **有机质谱的进展**

1906 年，被誉为现代质谱学之父的英国学者汤普森（Thompson）发明了质谱。到 20 世纪 20 年代，质谱逐渐被化学家用作一种分析手段。质谱仪的早期工作主要是测定原子质量，同时用于发现稳定的同位素。20 世纪 50 年代以来，质谱发展成为鉴定有机化合物的重要手段。20 世纪 80 年代开始，质谱分析技术获得迅速发展，开创了有机质谱分析研究生物大分子的新领域，进入了生命科学研究的范畴。质谱在医药方面的应用也成为研究热点，用选择离子技术（selected ion monitoring）分析超微量体液中的“标记化合物”，用作癌症早期的诊断手段；色谱与质谱联用作为药代动力学分析和代谢组学研究的常用方法。20 世纪 90 年代后，质谱技术用于生物分子间非共价键相互作用的研究，为药物-受体作用提供直接的证明，在高通道筛选（high throughput screening）有效药物的新药研究中发挥重要作用。

（五）质谱仪的主要性能指标

1. 质量范围（mass range） 是指质谱仪所能测量的离子的质荷比范围，通常采用原子质量单位（amu）来度量。目前四极杆质谱仪质量范围一般为 50～2000 amu；质量范围最大的质谱仪是基质辅助激光解吸电离飞行时间质谱仪（MALDI-TOF-MS），该仪器测定的分子质量可高达 1 000 000amu 以上。

2. 分辨率（resolution; *R*） 指仪器对质量非常接近的两种相邻离子的分离能力。若将强度近似相等，质量分别为 M、$M+\Delta M$ 的两个相邻峰正好分开，则质谱仪的分辨率定义为

$$R=\frac{M}{\Delta M} \tag{15-4}$$

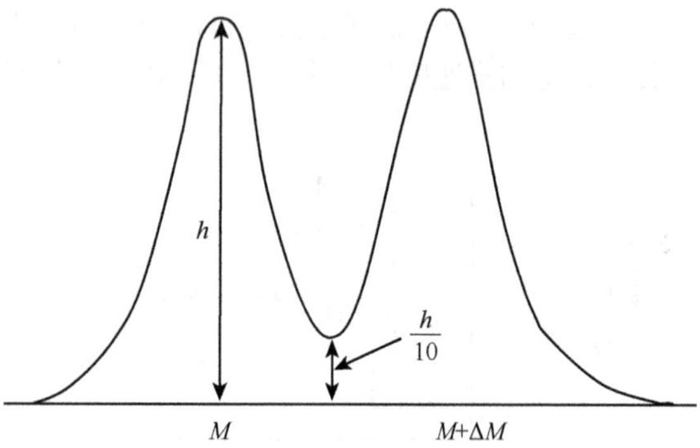

图 15-8 10% 谷表示的分辨率示意图

相邻峰正好分开的定义，国际上有 10% 谷和 50% 谷两种规定，即相邻两峰间谷高小于峰高的 10% 或 50% 作为基本分开的标志。目前一般对磁偏转质谱仪采用 10% 谷定义，如图 15-8 所示，四极杆质谱仪采用 50% 谷定义。

一般 R 在 1000 以下称为低分辨质谱仪，如单聚焦质谱仪、四极杆质谱仪和飞行时间质谱仪；R 大于 10 000 的称为高分辨质谱仪，如双聚焦扇形磁质谱仪和傅里叶变换离子回旋共振质谱仪等。低分辨质谱仪一般只能给出整数位的离子质量数，高分辨质谱仪能精确测定离子质量数到小数点后 5 位。精密质量数的测定对化合物结构分析十分有利，如 CO、N_2、CH_2N 和 C_2H_4 这四种物质有相同的质荷比 28，需要用高分辨率的质谱仪区别他们，其精确质量数分别为

CO 27.9949　N 28.0062　CH_2N 28.0187　C_2H_4 28.0313

3. 灵敏度（sensitivity） 表示仪器产生的信号强度与所用样品量之间的关系。有机质谱仪常用绝对灵敏度，它表示在一定分辨率下，对于某样品产生具有一定信噪比的分子离子峰所需要的样品量。目前常用硬脂酸甲酯来测定灵敏度。

除了上述 3 个主要性能指标外，还应考察质谱仪的硬件和软件。硬件主要指离子源的种类、真空系统的类型与效率及计算机的性能等。软件主要是分析软件、数据处理和谱库种类与数量等。

第二节 质谱中的主要离子及其裂解类型

一、质谱中的主要离子

在有机质谱中主要出现四种离子，即分子离子、碎片离子、同位素离子和亚稳离子。这些离子形成的质谱峰在质谱解析中各有用途。

1. 分子离子（molecular ion） 分子在离子源中失去一个电子形成的带正电荷的自由基称为分子离子，用 $M^{\overset{+}{\bullet}}$ 或 $M^{+\bullet}$ 表示。

$$M \xrightarrow{-e} M^{\overset{+}{\bullet}}$$

有机化合物分子离子含奇数个电子，分子离子峰一般位于质谱图中质荷比最高位置的那一端，分子离子峰的质荷比是确定化合物分子量和分子式的重要依据。由 CI、FAB 等软电离方式获得的准分子离子，其作用等同于分子离子。

2. 碎片离子（fragment ion） 当电离能量超过分子本身电离能量时，分子离子中某些化学键进一步发生裂解产生碎片离子。由于各种化合物的分子结构不同，化学键断裂的位置不同，产生的碎片离子也不同。因此，碎片离子的峰位（m/z）及其相对丰度可提供化合物的结构信息。

3. 同位素离子（isotopic ion） 大多数元素是由具有一定自然丰度的同位素组成，含有同位素的离子称为同位素离子。质谱图中往往会出现含有这些同位素的离子峰。组成有机化合物的常见元素，如 C、H、O、N、S 及卤素等的同位素丰度比如表 15-1 所示，表 15-1 中的丰度比是相对丰度最大的轻质同位素为 100% 计算而得。

表 15-1 同位素的丰度比

同位素	$^{13}C/^{12}C$	$^{2}H/^{1}H$	$^{17}O/^{16}O$	$^{18}O/^{16}O$	$^{15}N/^{14}N$	$^{33}S/^{32}S$	$^{34}S/^{32}S$	$^{37}Cl/^{35}Cl$	$^{81}Br_2/^{79}Br_2$
丰度比（%）	1.08	0.015	0.04	0.20	0.37	0.78	4.40	32.5	98

重质同位素峰与丰度最大的轻质同位素峰的峰强比，用 $\frac{M+1}{M}$、$\frac{M+2}{M}$、…表示，其数值由同位素丰度比及原子数目决定。

^{13}C 的丰度比较低，为 1.08%，但有机化合物一般含碳原子数较多，质谱中 ^{13}C 产生的同位素峰经常出现，用 M+1 表示。

^{2}H 和 ^{17}O 的丰度比太小，同位素峰极弱而看不到。^{34}S、^{37}Cl 和 ^{81}Br 的丰度比很大，同位素峰很强，可利用其峰强比推断分子中是否含有 S、Cl、Br 及其原子数目。图 15-9 说明，分子中含 1 个氯原子，同位素峰的峰强比 M ：$(M+2)=100$ ：$31.98 \approx 3$ ：1；分子中含 1 个溴原子，M ：$(M+2)=100$ ：$97.3 \approx 1$ ：1。

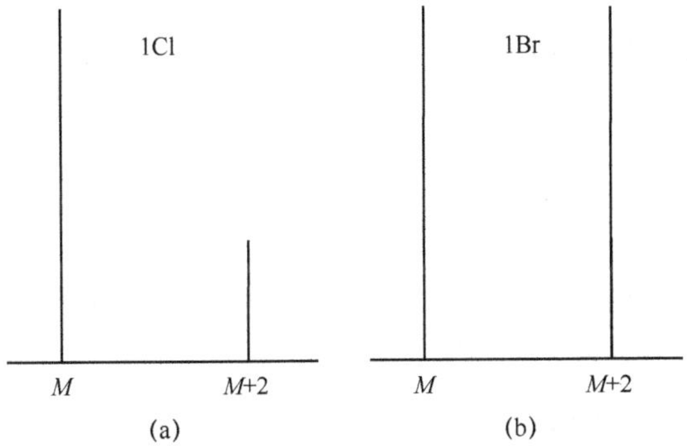

图 15-9 氯化物（a）与溴化物（b）的同位素峰强

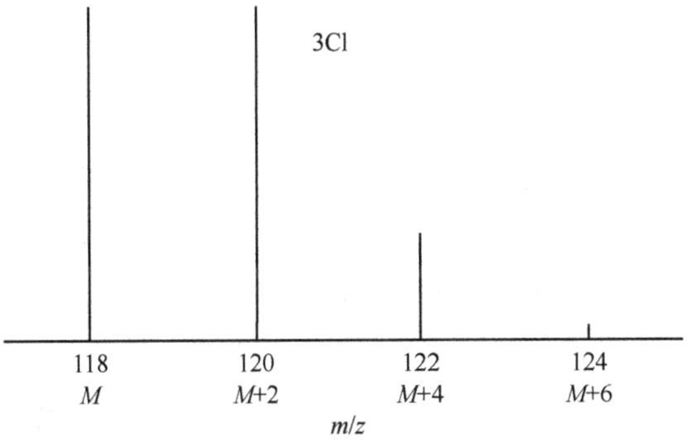

图 15-10 三氯甲烷的同位素峰强比

如果一种元素含有两种同位素，同位素的峰强比可用二项式 $(a+b)^n$ 求出，其中 a 和 b 分别为该元素轻质同位素与重质同位素的相对丰度比，n 为分子中该元素原子的数目。如图 15-10 中所示，$CHCl_3$ 分子中含 3 个氯原子（$n=3$，$a=3$，$b=1$），质谱中出现的分子离子峰 M (m/z = 118) 及附近的同位素峰 $M+2$、$M+4$、$M+6$ 峰的峰强比计算为

$$(a+b)^3=a^3+3a^2b+3ab^2+b^3$$
$$=27+27+9+1$$

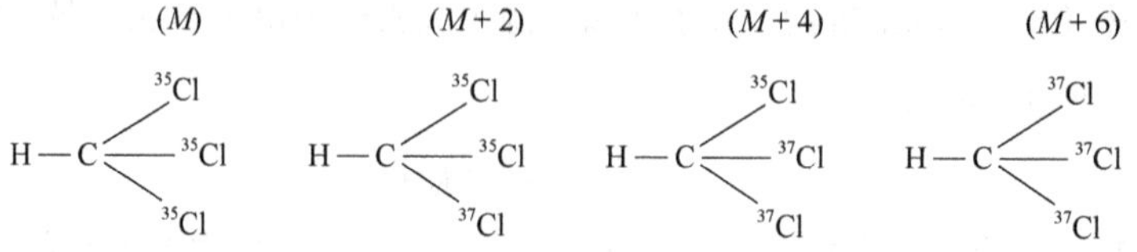

	(M)	(M+2)	(M+4)	(M+6)
m/z	118	120	122	124
峰强比（%）	27	27	9	1

4. 亚稳离子（metastable ion） 在离子源生成的 M_1^+，离开离子源后并在到达质量分析器前，由于其内能较高或相互碰撞等原因，在飞行过程中裂解成低质量的 M_2^+ 和中性碎片。由于中性碎片带走部分动能，生成的 M_2^+ 的动能比在离子源中正常生成的 M_2^+ 小得多，质谱仪的检测器测量到的质荷比也就小于正常的 M_2^+，这种由于离子不稳定在飞行途中裂解释放能量所生成的离子称为亚稳离子，以 m^* 来表示。

亚稳离子的特点：峰弱、峰钝（跨 2～5 个质量单位），在小于 M_2^+ 质荷比的位置出现，质荷比一般不是整数。m^*、m_1^+ 和 m_2^+ 的质荷比值有如下关系：

$$M_{m^*}=\frac{M^2{}_{m_2}}{M_{m_1}} \tag{15-5}$$

亚稳离子峰可帮助判断离子在裂解过程中的相互关系，有助于解释谱图。例如，对氨基茴香醚的质谱图在 m/z 94.8 及 59.2 处，出现 2 个亚稳离子峰，如图 15-11 所示。

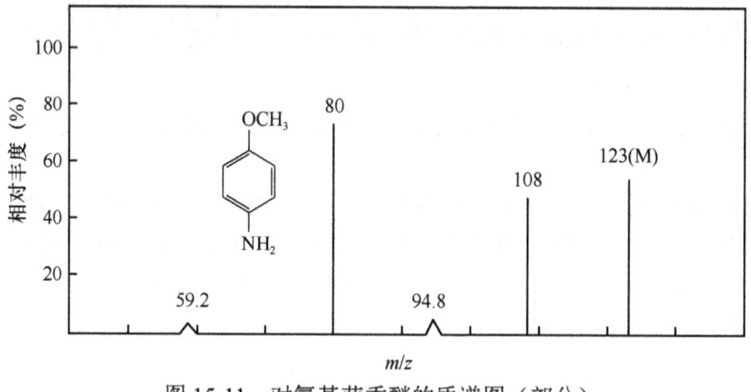

图 15-11　对氨基茴香醚的质谱图（部分）

根据式（15-5）计算：

$$\frac{108^2}{123}=94.8\quad \frac{80^2}{108}=59.2$$

可证明对氨基茴香醚的裂解过程：$m/z123\xrightarrow{m^*(94.8)}108\xrightarrow{m^*(59.2)}80$，即由亚稳离子峰 m/z 94.8 及 59.2 的存在，证实 m/z 80 离子是由分子离子经两步裂解产生。

二、阳离子的裂解类型

有机质谱中大多数离子峰的形成，一般符合有机物的裂解规律。了解其裂解类型及规律，对

解析质谱及推断有机物结构十分有利。

有机质谱中，大多数离子的裂解类型可以分为四种：单纯裂解、重排裂解、复杂裂解和双重重排。本书只介绍单纯裂解与重排裂解这两种在质谱中最为常见的裂解类型。

表示裂解过程和结果的符号为：鱼钩"⌒"表示单电子转移，箭头"⌒"表示两个电子转移；含单数个电子的离子（odd electron，OE）用"$\overset{+}{\bullet}$"表示；含偶数个电子的离子（even electron，EE）以"+"表示。正电荷符号一般标在杂原子或π键上；电荷位置不清楚时，可用"$\urcorner^{+}_{\bullet}$"及"$\urcorner^{+}$"表示。

（一）单纯裂解

一个化学键发生断裂的裂解称为单纯裂解（cleavage only）。常见的化学键断裂方式有均裂、异裂和半均裂三种。

1. 均裂（homolytic cleavage） σ键发生断裂，两碎片各占一个电子。

$$x—y \longrightarrow x\cdot + y\cdot$$

例如，脂肪酮，若 $R_1 > R_2$

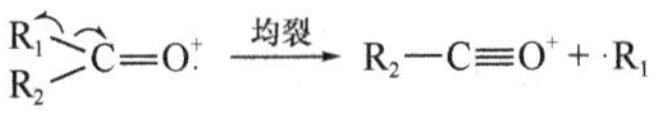

2. 异裂（heterolytic cleavage） σ键发生断裂，两电子留在同一个碎片上。

$$x—y \longrightarrow x^{+} + y^{-}$$

例如，上述脂肪酮也可以发生异裂

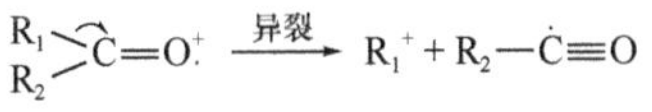

3. 半均裂（hemi-homolysis cleavage） 指已经离子化的σ键的开裂过程。

$$x \overset{+}{\cdot} y \longrightarrow x^{+} + y^{\cdot}$$

例如，下面是失去一个电子的支链烷烃离子发生的半均裂

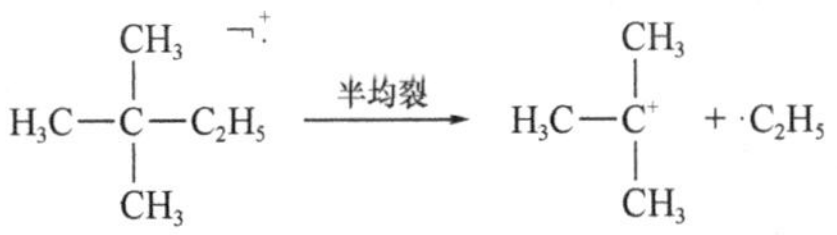

分子中最易失去的电子是杂原子上的 n 电子，依次为π电子和σ电子。同是σ电子，C—C 上的又较 C—H 上的容易失去。

（二）重排裂解

有些离子是通过断裂两个或两个以上的键并重新排列形成，这种裂解称为重排裂解（rearrangement cleavage）。重排裂解得到的离子称为重排离子。重排方式中最常见的是麦氏重排（McLafferty 重排）和反 Diels-Alder 裂解。

1. 麦氏重排 当化合物含有不饱和中心 C═X（X 为 O、N、S、C）和γ-氢原子基团时，在裂解过程中，该氢原子通过六元环过渡，转移到 X 原子上，同时β键断裂，脱掉一个中性分子。该断裂过程是 McLafferty 在 1959 年首次发现的，因此称麦氏重排。这种重排规律性很强，在醛、酮、酸、酯、酰胺、羰基衍生物、烯、炔及烷基苯等化合物的质谱中均可看到这种重排离子峰。

通式：

例如，戊酮的麦氏重排：

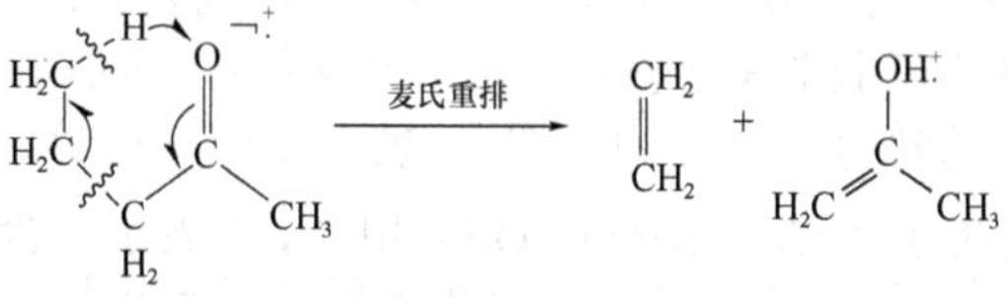

2. 反 Diels-Alder 裂解 反 Diels-Alder 裂解（retro Diels-Alder，RDA）是以六元环内双键为起点的重排，在脂环化合物、生物碱、萜类、甾体和黄酮等化合物的质谱中，经常出现由这种重排产生的碎片离子峰，如萜二烯-1，8（柠檬烯）：

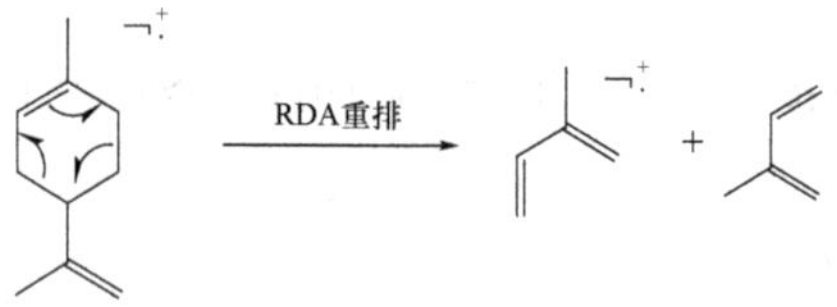

第三节 质谱分析法

一、分子式的测定

目前，有机质谱主要用于测定有机化合物分子量、分子式和结合综合光谱解析确定分子结构。对于一些简单化合物，单用质谱也可确定分子结构。

（一）分子离子峰的确认

分子离子峰通常位于质谱图中最右侧的位置，但有时最高质荷比峰不一定是分子离子峰。原因：①同位素峰（$M+n$ 峰，$n=1, 2, \cdots$）的存在，同位素峰可能出现在质荷比最高处，但由于同位素峰与分子离子峰的峰强比有一定的关系，因而不难辨认；②有些化合物的分子离子不稳定，分子离子峰很弱，甚至不出现。

在识别分子离子峰时，应考虑以下几点。

1. 分子离子稳定性的一般规律 其稳定性顺序如下：芳香族化合物＞共轭链烯＞脂环化合物＞直链烷烃＞硫醇＞酮＞胺＞脂＞醚＞羧酸＞分支烷烃＞醇。

2. 分子离子的质量数服从氮律 只含 C、H、O 的化合物，分子离子峰的质量数是偶数。由 C、H、O、N 组成的化合物，含奇数个 N，分子离子峰的质量数是奇数；含偶数个 N，分子离子峰的质量数是偶数。

3. 分析丢失碎片的质量数是否合理 分子离子峰与相邻质谱峰的质量数之差 m 应是合理丢失碎片的质量。例如，m=1，15 或 18，可认为是合理的，因为从含有 C、H、O 的分子离子丢失 H、CH_3 或 H_2O 是相当普遍的，若 m=14 则丢失一个 N（断裂三根键）或一个亚甲基（CH_2，断裂二根键），从能量上看，显然不合理。质谱中常见中性碎片和碎片离子见附录十二。

4. 注意准分子离子峰 因采用不同的离子源，在质谱图上会出现（M+1）、（M−1）或（M+Na）等准分子离子峰。

（二）分子量的测定

一般，单电荷分子离子峰的质荷比 m/z(z=1) 即为该化合物的分子量，但实际是有差别的。例如，辛酮-4（$C_8H_{16}O$）分子离子峰的精密质荷比为 128.1202，但分子量等于 128.2161。这是因为质荷比是由丰度最大的同位素的质量计算而得，而分子量则由同位素质量加权均值作为原子量计算而得。

（三）分子式的确定

过去常用同位素峰强比法［贝农（Beynon）表法］确定分子式，随着高分辨质谱仪器的发展，目前主要用高分辨质谱法确定分子式。高分辨质谱仪可测得小数点后4～6位数字，实验误差约为 ±0.006。Beynon 将 C、H、O、N 的各种组合按分子式的精确质量数编排成“质谱用质量与丰度表”，将实测精确的分子离子质量数与该表核对，符合这一精确质量值的可能分子式数目大大减少，再结合其他信息，便可确定化合物的分子式。利用高分辨质谱仪附属的计算机数据库处理系统可以直接得到分子离子峰可能的分子式结构及可信率。

案例 15-2

用高分辨质谱测得某化合物分子离子峰的质量数为 150.1045，该化合物的红外光谱出现羰基吸收峰（1730 cm^{-1}），试确定该化合物的分子式。

案例 15-2 分析

若实验误差=±0.006，则分子离子质量的波动范围是 150.0985～150.1105，查“质谱用质量与丰度表”，质量数在此范围内的分子式有以下 4 个：

分子式	精确质量
$C_3H_{12}N_5O_2$	150.099 093
$C_5H_{14}N_2O_3$	150.100 435
$C_8H_{12}N_3$	150.103 117
$C_{10}H_{14}O$	150.104 459

其中，第 1 和第 3 式含奇数个 N 原子，但其分子离子的质量数为偶数，违反氮律可排除。该化合物红外光谱中在 1730 cm^{-1} 有羰基吸收峰，但第 2 式的不饱和度为零，不可能含羰基，与其红外光谱数据不相符，也应排除。因此所求化合物的分子式只能是第 4 式即 $C_{10}H_{14}O$。

二、有机化合物的结构鉴定

了解已知典型化合物的质谱特征，有助于解析未知化合物的结构。以下为几类有机化合物的质谱特征。

1. 烃类

（1）饱和烷烃：①分子离子峰较弱，其强度随碳链增长而降低甚至消失。②直链烃各个键的裂解机会相等，因而具有一系列 m/z 相差 14 的 C_nH_{2n+1} 碎片离子峰（m/z=29、43、57…），因丙基离子和丁基离子很稳定，基峰常为 $C_3H^+_7$（m/z 43）或 $C_4H^+_9$（m/z 57）离子。③在 C_nH_{2n+1} 峰的两侧，出现质量数大 1 个单位的同位素峰和质量数小 1～2 单位的 C_nH_{2n} 或 C_nH_{2n-1} 等小峰，组成各峰群。因长链烃不易失去甲基，(M-15）峰一般不出现。④支链烷烃在分支处优先裂解，优先失去的是最大的烷基，形成稳定的仲碳或叔碳阳离子。分子离子峰比相同碳数的直链烷烃小，其他特征与直链烷烃类似。

（2）链烯：①烯烃容易失去一个π电子，有较强的分子离子峰，且强度随分子量的增大而减弱。②烯烃易发生 β 裂解（β-cleavage，β 键断裂），形成稳定的烯丙基碳正离子，m/z 41 常是基峰。

$$RCH_2CH{=}CH_2^{\urcorner +\cdot} \xrightarrow{\beta\text{裂解}} \underset{m/z\ 41}{CH_2{=}CH\overset{+}{C}H_2} + R\cdot$$

由于烯丙基型裂解，有一系列 C_nH_{2n-1} 的碎片离子，通常为 41+14n，n=0,1,2…。③当双键所连的烃基碳原子有 γ-H 时，可以发生麦氏重排，产生 $C_nH_{2n}^+$ 的离子。

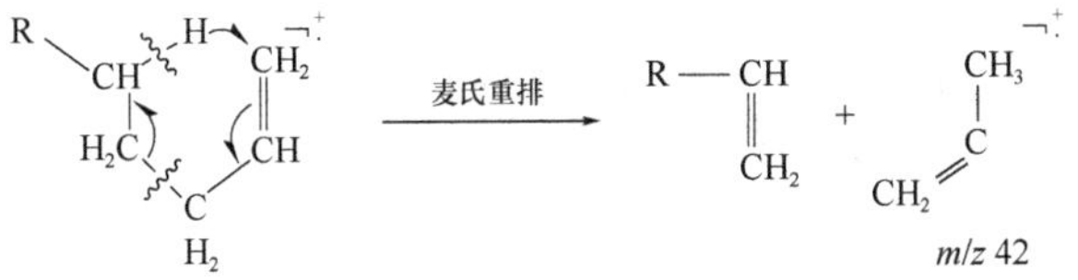

（3）芳烃：①分子离子稳定，峰较强。②烷基取代苯易发生 β 裂解，产生稳定的 m/z 91 的䓬鎓离子（tropylium ion），该离子峰是许多取代苯如甲苯、二甲苯、乙苯、正丙苯等的基峰，如图 15-12 所示。③䓬鎓离子还可进一步裂解生成 m/z 65 的环戊二烯离子及 m/z 39 的环丙烯离子。④取代苯也能发生 α 裂解（α-cleavage，α 键断裂）产生 m/z 77 的苯离子，并进一步裂解生成 m/z 39 的环丙烯离子及 m/z 51 的环丁二烯离子。⑤具有 γ-H 的烷基取代苯，能发生麦氏重排裂解，产生 m/z 92 的重排离子。

综上所述，烷基取代苯的特征离子为䓬鎓离子 $C_7H_7^+$（m/z 91）、$C_6H_5^+$（m/z 77）、$C_5H_5^+$（m/z 65）、$C_4H_3^+$（m/z 51）和 $C_3H_3^+$（m/z 39）。

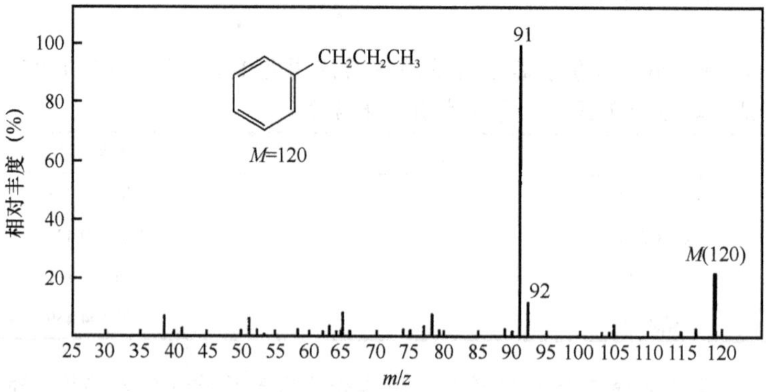

图 15-12 正丙苯的质谱图

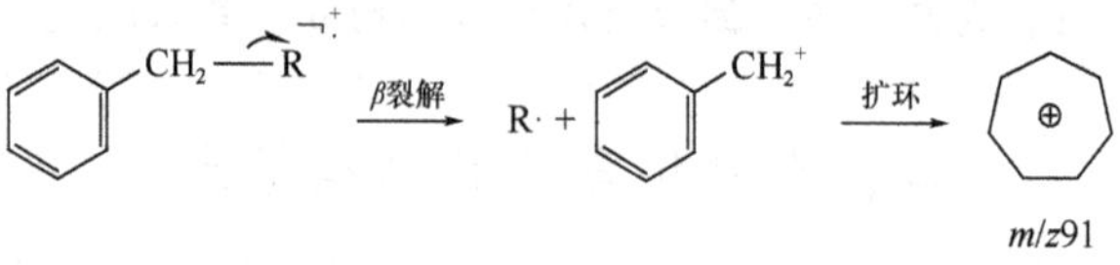

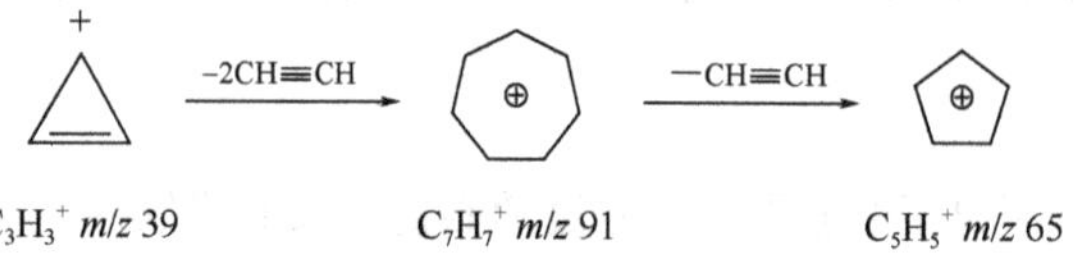

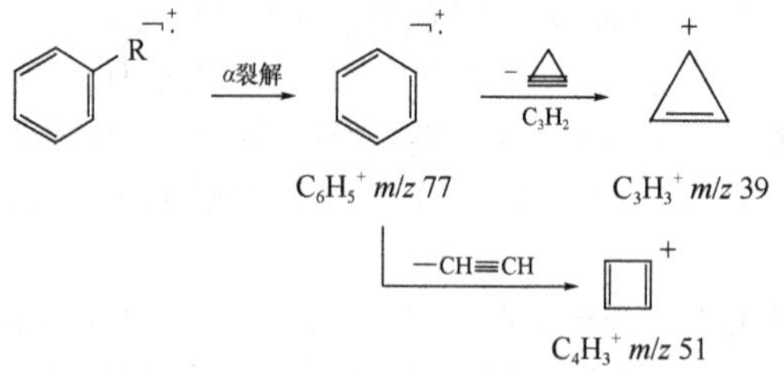

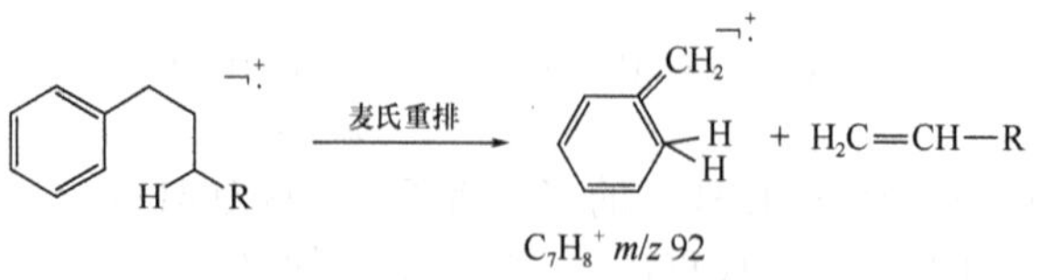

2. 饱和脂肪醇

（1）分子离子峰很弱，且随碳链的增长而减弱，甚至消失（约大于 5 个碳时）。例如，对于正构醇的分子离子峰的相对强度，正丙醇为 6%，正丁醇为 1%，而正戊醇为 0% 或 0.08%，如图 15-13 所示。

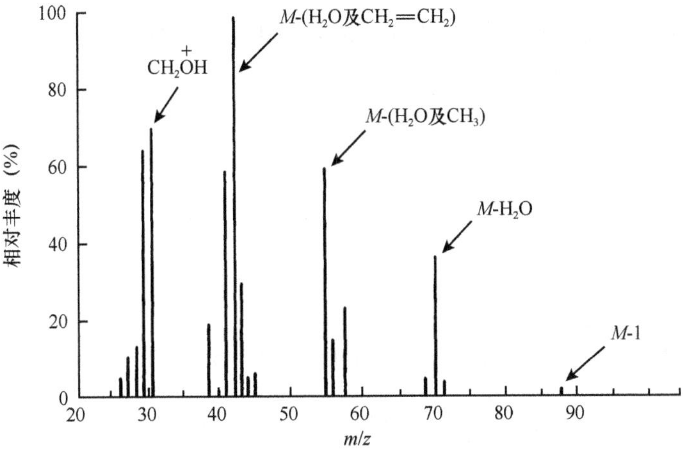

图 15-13 正戊醇的质谱图

（2）易发生 α 裂解。

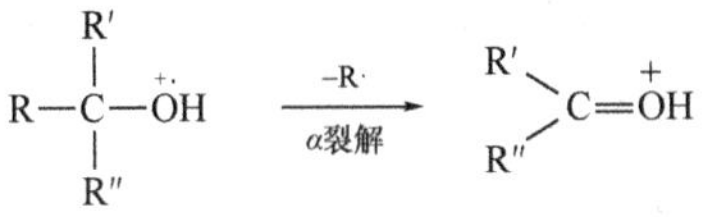

m/z=31+14n，n=0,1,2,3,…

（3）含碳数大于 4 的开链伯醇可发生麦氏重排，同时脱水脱烯，如

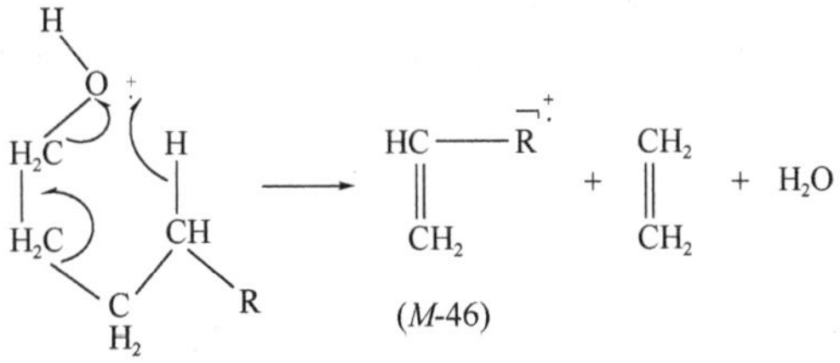

仲醇和叔醇一般不发生该种麦氏重排裂解。

（4）易发生脱水重排反应，产生 M 18 离子。

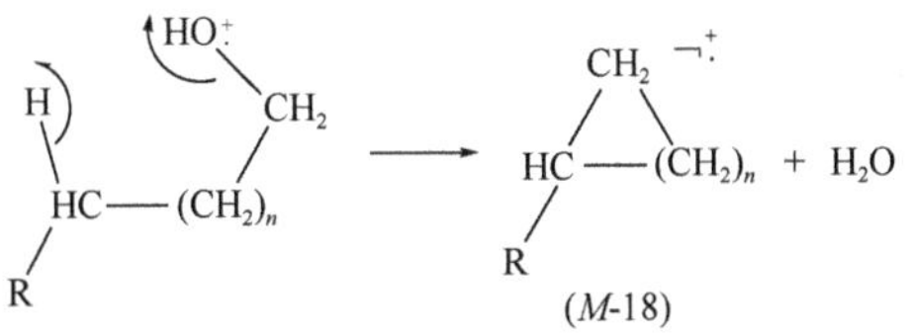

3. 醛与酮类 羰基化合物氧原子上的非键电子容易失去一个电子，所以醛和酮的分子离子峰（M 峰）比较明显，脂肪族醛和酮的 M 峰不及芳香族的强。

（1）醛

1）α 裂解产生 R^+（Ar^+）、m/z 29 及 M-1 峰。M-1 峰很明显，是醛的特征峰，如甲醛的 M -1 峰的相对强度为 90%。

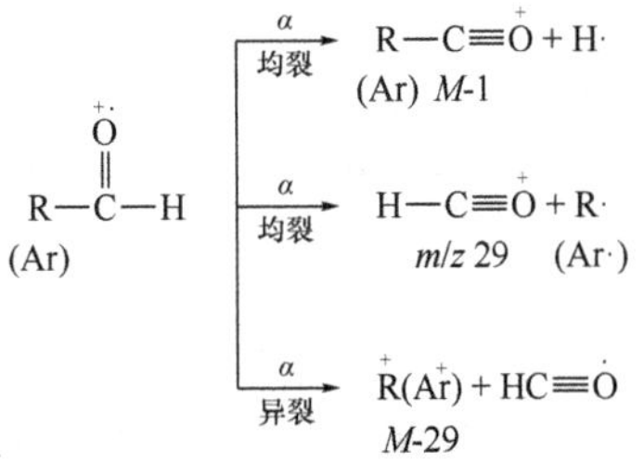

2）含有γ-H的醛，能发生麦氏重排，产生m/z 44的$CH_2=CH-\overset{+\bullet}{O}H$离子。若α位有取代基，则出现m/z为44+14×n的麦氏重排离子。

例如，丁醛的麦氏重排：

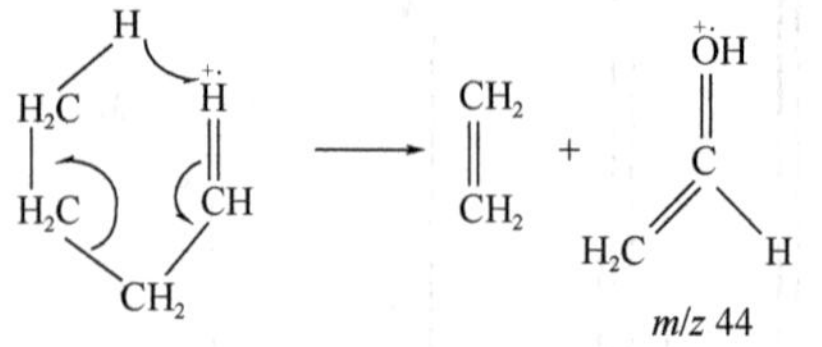

③醛也可以发生β裂解，生成无氧碎片离子峰m/z 29、43、57。

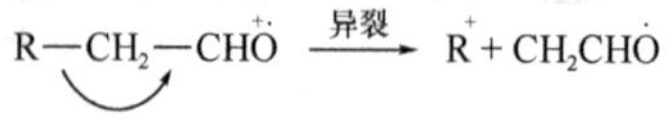

（2）酮

1）易发生α裂解，通常发生均裂失去较大的烷基，产生$C_nH_{2n+1}CO^+$(m/z 43、57、71…)的碎片离子，也可经异裂生成m/z 15、29、43、57、71…无氧碎片离子。

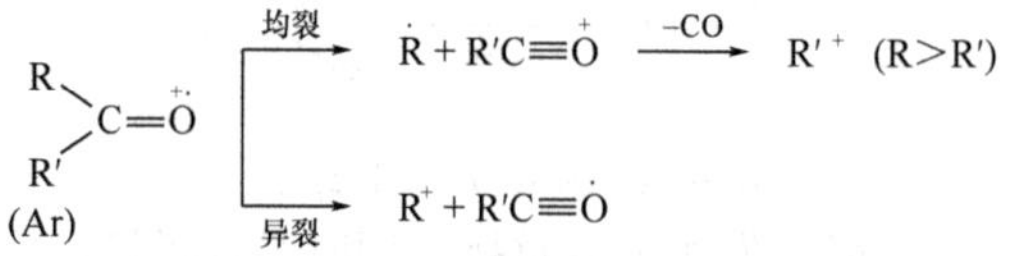

2）含γ-H的酮，可发生麦氏重排，重排过程与醛相同。

4. 酸与酯 一元饱和羧酸及其酯的分子离子峰一般较弱，芳酸与其酯的分子离子峰较强。

（1）容易发生α裂解。

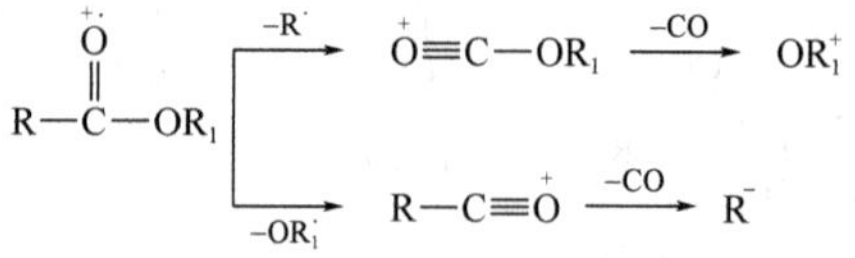

以上碎片离子在质谱上都存在，酸的R_1为H。

（2）含有γ-H的羧酸与酯易发生麦氏重排。例如，一元羧酸若α碳上无取代基时，可经重排生成m/z 60的强特征峰，并表现为基峰，如图15-14所示。

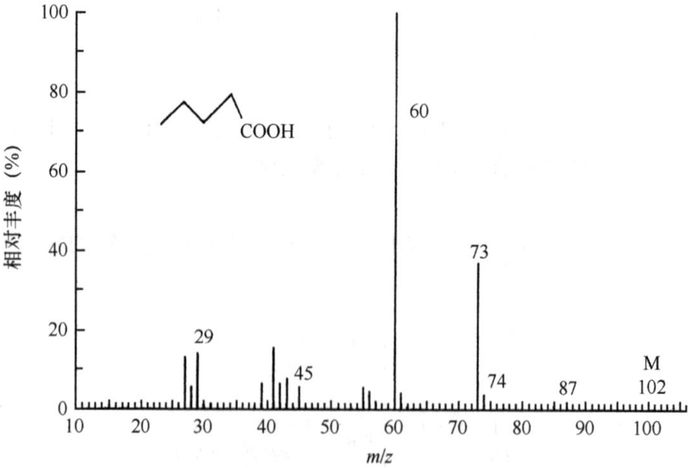

图15-14 戊酸质谱图

高级脂肪酸挥发性小，加热易分解，常衍生化制成甲酯再进行质谱分析。若α碳上无取代基，

由麦氏重排生成 m/z 74 的强特征峰；若 α 碳上有烷基取代基，则出现（74+14n）峰。

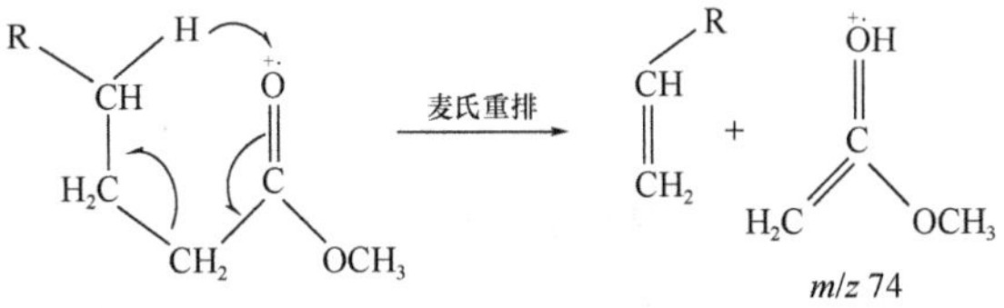

三、有机化合物的质谱解析

目前，有机质谱主要用于测定分子量、分子式和作为其他光谱解析结论的佐证。在测定质谱前，要确认被测未知化合物是纯化合物，同时要尽可能获得与化合物分子结构相关的其他资料（样品来源、理化常数、离子化方法、光谱及波谱数据等）。

（一）解析顺序

（1）分析质谱图的高质量端，确认分子离子峰，确定分子量，初步判断化合物的类型及是否含有 Cl、Br、S 等元素。

（2）用高分辨质谱法或根据同位素峰强度的数据确定分子式。

（3）由分子式计算不饱和度，确定化合物中双键和芳环的数目等。

（4）分析碎片离子，解析某些主要质谱峰的归属及峰间关系。

（5）确定可能结构。

（6）核对结构，查对标准图谱或参考其他图谱及物理常数综合解析。

（二）解析示例

案例 15-3

某只含 C、H、O 的有机化合物，其 IR 在 3100～3700 cm^{-1} 显示无吸收，其质谱如图 15-15 所示，已知 $(M+1)/M$=9.0%，且质谱图中在 33.8 和 56.5 有亚稳离子存在。试推导其化学结构式。

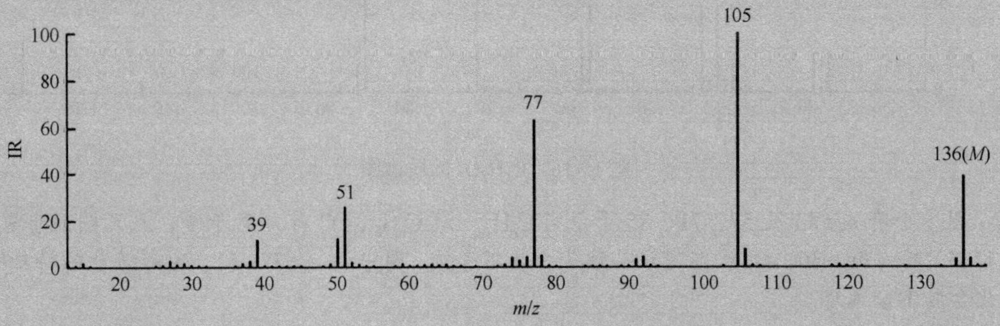

图 15-15 某有机化合物的质谱图

案例 15-3 分析

由质谱图可知该化合物分子离子峰较强，分子离子峰 m/z 为 136，结合碎片离子峰 m/z 39、51、77，可推测出该化合物含有芳环。

由题意可知，$(M+1)/M = 9.0\%$，可知化合物中碳原子数为 9.0/1.1 ≈ 8 个，加上含氧元素，可能的分子式为 $C_8H_8O_2$，$U=\frac{2+2\times8-8}{2}=5$，进一步说明化合物可能含有苯环。

由质谱图中两个亚稳离子 33.8 和 56.5 的存在，772/105 ≈ 56.47 和 512/77 ≈ 33.78 证实可能的裂解过程是：

$$m/z=105 \longrightarrow m/z=77 \longrightarrow m/z=51$$

基峰 m/z=105 推测为苯甲酰离子 $C_6H_5CO^+$。m/z=77 为 $C_6H_5^+$，所以裂解过程为

$$\underset{m/z=105}{C_6H_5CO^+} \xrightarrow{-CO} \underset{m/z=77}{C_6H_5^+} \xrightarrow{-C_2H_2} \underset{m/z=51}{C_4H_3^+}$$

由 $C_8H_8O_2$ 减去苯甲酰基，剩下的基团为 OCH_3 或 CH_2OH。因此该化合物可能的结构式有两种：$C_6H_5COOCH_3$ 或 $C_6H_5COCH_2OH$。

根据 IR 数据 3100～3700 cm^{-1} 无吸收，所以化合物不可能含有 OH。最终确定样品的结构式为 $C_6H_5COOCH_3$。

案例 15-4

某未知化合物的质谱如图 15-16 所示，试推测其化学结构，并推导 m/z 为 100、86、58 的裂解过程。

案例 15-4 分析

分子离子峰的判断。已知质谱图最右侧的离子峰 m/z 为 128 为 M 峰，且与相邻碎片离子峰的 m/z 差分别为 15（128–113）和 28（128–100）之间关系合理，所以初步可以确认最右侧的离子峰为分子离子峰，质荷比为偶数表明分子中不含氮或是含偶数氮。

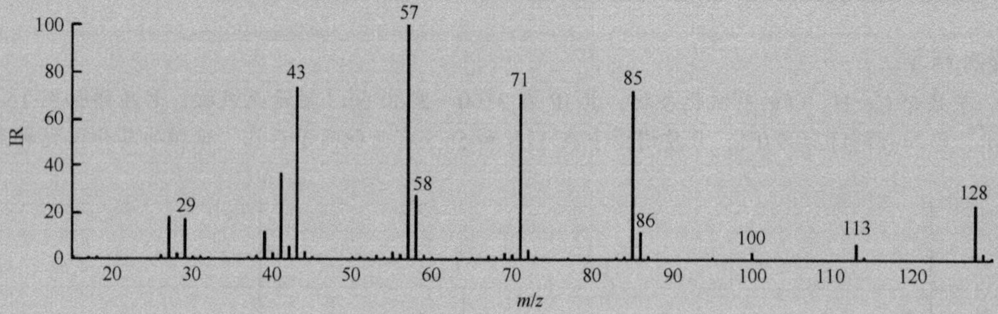

图 15-16　$C_8H_8O_2$ 的质谱图

图中含有 m/z 43 及 57、71、85 等系列 C_nH_{2n+1} 或 $C_nH_{2n+1}CO$ 碎片离子峰，且无明显含氮的特征碎片峰（m/z=30、44 等），可认为该化合物不含氮，图中无 m/z 77、51、39 等苯基的特征峰，故化合物不含苯环。

图中产生等与分子离子峰质核比相差为偶数的 m/z 58、86、100 的离子峰，故化合物裂解时存在重排裂解过程，且应为 γ-H 的麦氏重排离子峰，表明化合物含有 C═O，结合无明显 M-1、M – 45、COOH、M – OR 的离子峰，排除醛、酸、酯类化合物的可能性，可确定该化合物为酮类化合物。

由 m/z 100 的 M-28（CH_2═CH_2）及 m/z 86 的 M-42（C_3H_6）麦氏重排离子峰可知分子中可能含以下基团：$CH_3CH_2CH_2CO$—，$CH_3CH_2CH_2CH_2CO$— 或 $(CH_3)_2CHCH_2CO$—。

由分子离子峰 m/z 128 及化合物中可能含有的基团 $CH_3CH_2CH_2CO$—，$CH_3CH_2CH_2CH_2CO$— 或 $(CH_3)_2CHCH_2CO$— 可以推导化合物的分子式为 $C_8H_{16}O$，U = 1。

其结构可能为（a）$CH_3CH_2CH_2COCH_2CH_2CH_2CH_3$ 或（b）$CH_3CH_2CH_2COCH_2CH(CH_3)_2$。

由 m/z=113(M-15) 峰可判断，化合物的结构为（b）更合理。该化合物质谱图中 m/z 为 100、86、58 的裂解过程如下。

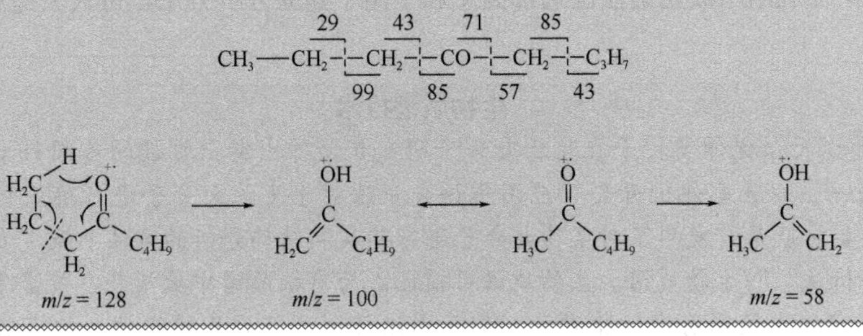

四、串联质谱法简介

串联质谱法（tandem mass spectrometry，MS/MS，MS^n）是 20 世纪 70 年代开始出现的一种新的质谱分析法。该法分为空间串联（tandem in space）和时间串联（trandam in time）两种模式，空间串联模式是用两台或两台以上质谱仪前后串联；时间串联模式是用同一台质谱仪，按时间顺序进行 MS^n 分析。傅里叶变换离子回旋共振质谱（Fourier transfer ion cyclotron resonance mass spectry，FTICR-MS）和离子阱质谱仪（ion trap mass spectrometer，IT-MS）串联组成的多级质谱被称为“时间串联”质谱；而磁质谱、四极杆质谱和飞行时间质谱（time of flight mass spectrometer，TOF-MS）串联组成的则是“空间串联”质谱。

1. 空间串联 空间串联的连接模式一般有以下几种。

（1）磁式质谱串联：EB，BE，BEB，BEBE（E—静电场，B—磁场）。

（2）三级四极杆质谱串联：QQQ（Q—四极杆质谱）

（3）混合型质谱串联：EBE-TOF，Q-TOF，BEQ。

空间串联质谱用第一级质谱选出待研究的离子，使其进入碰撞区与惰性气体碰撞，碰撞产物由第二级质谱进行分析，如图 15-17 所示。

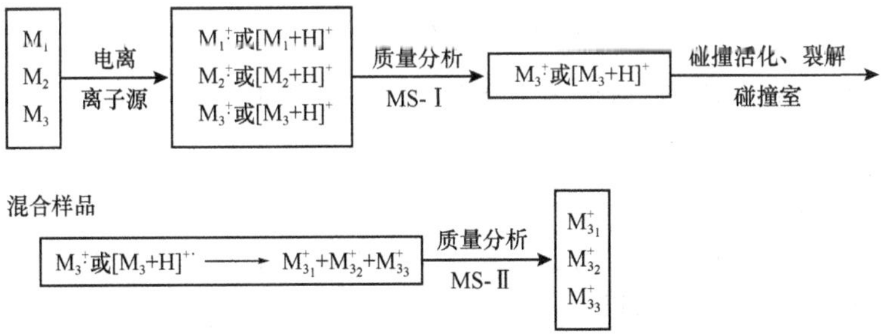

图 15-17 空间串联质谱的流程示意图

碰撞技术分为碰撞诱导解析（collision-induced dissociation，CID）和表面诱导解析（surface-induced dissociation，SID）。CID 是指具有一定动能的离子在碰撞区与中性原子或分子发生碰撞，碰撞气通常是 Ne 气、Ar 气、N_2 气及 CO_2 气等惰性气体。在碰撞过程中，离子部分动能转化为自身内能，导致离子分解。CID 过程也称碰撞活化分解。SID 是用固体表面作为碰撞靶，它传递给离子的能量分布较窄，易于控制转化的内能，适合于研究离子的表面化学反应及碎裂机制，SID 与 CID 互补。

2. 时间串联 由 IT-MS 或 FTICR-MS 质谱可实现时间串联技术，用 MS^n 表示。离子阱和离子回旋共振质谱可以先选择性地储存某一 m/z 的离子，再直接观察其反应。由于选择离子和观察其反应这两个过程先后发生，因此称为“时间串联质谱”。

串联质谱法可以获得子离子谱、母离子谱、恒定中性丢失谱及多反应监测（multiple reaction monitoring，MRM）等，可提供离子碎裂过程中彼此间的亲缘关系，为解析化合物的结构特征提供重要的信息。而利用串联质谱法筛选母离子和子离子建立分析方法，可大大提高测定的灵敏度和选择性。

知识窗 **生物质谱技术**

2002年度诺贝尔化学奖授予在生物大分子研究领域作出突出贡献的美国科学家芬恩和日本科学家田中耕一，以表彰他们开创了应用质谱分析法对于生物大分子进行确认和结构分析的方法。他们的主要贡献是"发明了对生物大分子进行确认和结构分析的方法"及"发明了对生物大分子的质谱分析法"即生物质谱。生物质谱目前已成为有机质谱中最活跃、最富生命力的前沿研究领域之一。它的发展强有力地推动了人类基因组计划及其后基因组计划的提前完成和有力实施。生物质谱主要用于解决两个分析问题：精确测量生物大分子，如蛋白质、核苷酸和糖类等的分子量，并提供分子结构信息；对存在于生命复杂体系中的微量或痕量小分子生物活性物质进行定性或定量分析。生物质谱已经成为生命科学特别是蛋白质组学鉴定的最核心技术平台和关键支撑技术，使质谱更适合用于分析生物大分子聚合物（如蛋白质、酶、核酸和糖类），开创出质谱分析研究生物大分子的新领域。近年来生物质谱技术广泛用于精确测量生物大分子，如蛋白质、核苷酸和糖类等的分子量，并提供其分子结构信息。同时生物质谱已经广泛用于中药研究领域，为中药研究尤其是大分子药物的研究提供大量的结构信息，推动了中药现代化及中药作用机制等更深层次的研究。

第四节 综合解析

前几章分别介绍了紫外光谱（UV）、红外光谱（IR）、核磁共振（NMR）及质谱（MS）的基本原理及其在有机化合物结构分析中的应用。然而大多数药物及天然产物往往具有复杂的化学结构及立体构型，仅凭某一种谱图往往难以确定其准确化学结构，需要采用波谱综合解析，互相补充、互相印证，得出正确的结论。

一、解析程序

综合运用多种谱图数据进行化合物结构解析时，并没有固定的步骤和方法，要灵活应用各谱图提供的信息。下面介绍综合解析的一般程序。

（一）确定分子式

分子式是结构鉴定的基础。当分子式确定后，后续的结构推断均围绕确定的分子式展开和进行，目前确定分子式的方法主要有以下三种。

1. 质谱法 根据高分辨质谱给出的分子离子的精确质量数，确定分子式。也可以根据低分辨质谱中的分子离子峰和M+1、M +2同位素峰的相对丰度比，查Beynon表推算分子式。

2. 元素分析法 采用元素分析仪测出分子中的C、H、N、S、X（卤素）等元素及其含量，据此计算出各元素的原子比，并结合质谱给出的相对分子质量确定分子式。

3. 核磁共振波谱法 由核磁共振 ^{13}C-NMR及其宽带去耦谱确定碳原子数。由 ^{1}H-NMR的积分曲线高度比确定氢原子数。

可利用下式计算分子中的C原子数

$$\text{C原子数}=\frac{\text{分子量}-\text{分子中氢的质量}-\text{其他原子质量}}{12}$$

（二）确定结构单元

1. 计算化合物不饱和度 如不饱和度在1～3之间，分子中可能含有C═C、C═O或环。如不饱和度大于或等于4，分子中可能含有苯环或大的共轭结构。

2. 利用各谱图信息初步推断结构单元 紫外光谱（UV）可以确定化合物中是否含有共轭体系，且能从B带精细结构确认是否有苯环存在。红外光谱（IR）可以确认官能团的存在。核磁共振（NMR）中各类质子和碳原子的化学位移通常可以用来鉴定质子和碳原子的种类，根据^{1}H-NMR积分曲线中各类质子的积分比可以推断质子数，^{1}H-NMR的偶合裂分则可以提供化合物中各基团的相互关系等重要信息。若在NMR分析中向体系添加D_2O，则能判断化合物中活泼氢是否存在。质谱能够提供化合物的分子量或分子式和许多特征的碎片离子，根据裂解规律得到各基团的连接关系、取代基位置等。

3. 推断可能的结构式 比较分子式和已确定的结构单元，推出分子的剩余部分，从各结构单元的可能结合方式推导出化合物可能的结构式，对于结构比较复杂的物质，还需要测定2D-NMR共振谱。

4. 确定化合物结构 核对各谱数据和推导出的化合物可能结构式，排除有矛盾者。如果某一结构式与各谱图的指认均吻合，即可确定该结构式为未知物的结构。最后核对标准光谱或文献光谱加以确证。

二、解析示例

案例 15-5

试从质谱和^{1}H-NMR谱（图15-18）推测未知物的化学结构，其红外光谱中在1730cm^{-1}处有强吸收。

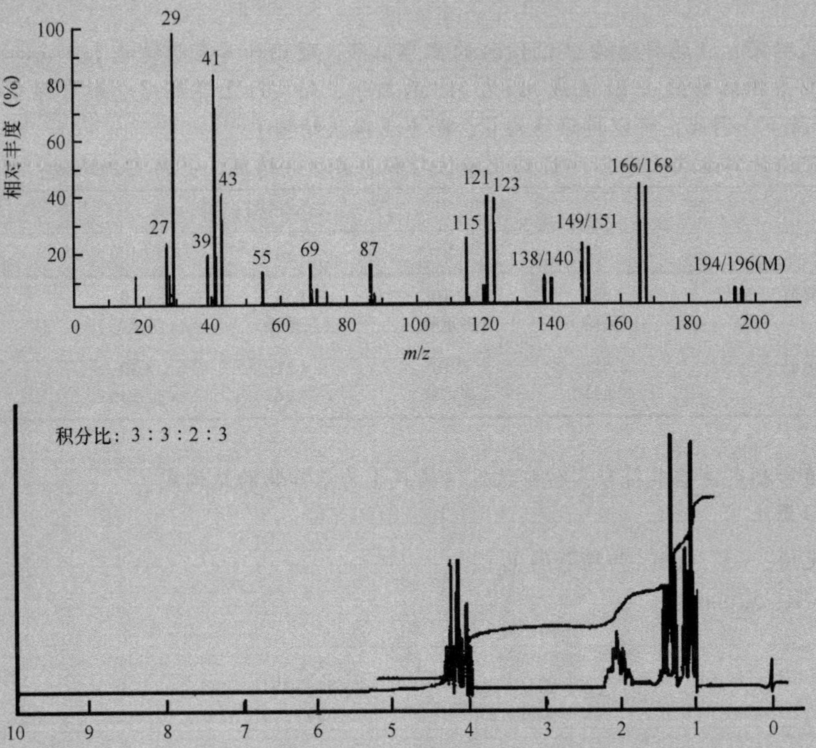

图15-18 未知物的质谱和^{1}H-NMR谱图

案例 15-5 分析

分子式的推导。质谱：分子离子峰为 m/z 194，由于 m/z194，m/z196 的相对丰度几乎相等，说明分子中含一个 Br 原子。

红外光谱：1730 cm^{-1} 强吸收峰可知分子中含羰基，即含氧原子。

^{1}H-NMR：从低场到高场积分曲线高度比为 3 ∶ 3 ∶ 2 ∶ 3，H 原子数目为 11 或其整数倍。

C 原子数目 = (194–11–16–79)/12=7 余 4，因不能整除，需用试探法调整。分析上述计算结果，余数 4 加 12 等于 16，因此分子中可能含两个氧原子。重新检查各谱，发现 ^{1}H-NMR 中，处于低场 4 附近的一簇峰裂分且峰形复杂，估计含有两种或更多 H 原子，而 Br 原子存在不能造成两种 H 的化学位移在低场，羰基也不能使邻近的 H 化学位移到 4，因此存在另一个氧原子的判断是合理的。重新计算 C 原子数目：C 原子数目 = (194–11–16×2–79)/12=6，故分子式为 $C_6H_{11}BrO_2$。

计算不饱和度 $U=\dfrac{2+2\times6-12}{2}=1$。

结构式推导：由以上分析可知分子中含 Br、C=O、—O—。

在 ^{1}H-NMR 中：分别有 CH_3（三重峰）、CH_3（三重峰）、CH_2（多重峰）（δppm ∶ 2），在化学位移 4.0 附近的多重峰分别由一个偏低场的四重峰和一个偏高场的三重峰重叠而成，共 3 个 H，其分别为与 O 相连—CH_2—（四重峰）（δppm ∶ 4.3），—CH（三重峰）（δppm ∶ 4.2）。

推测分子中应有的结构单元为：CH_3CH_2—、CH_3CH_2CH—及 3 个官能团 Br、C=O、—O—，可列出以下两种可能的结构：

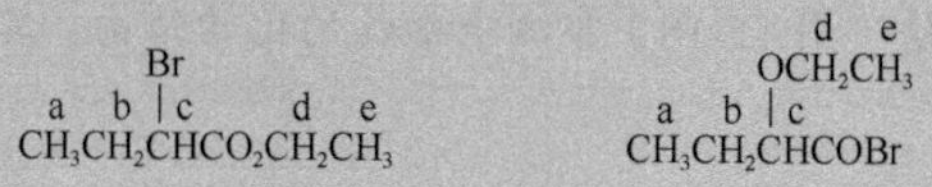

I　　　　II

结构式确定：在两种结构中 CH_2(d) 的化学位移，理论计算表明结构Ⅰ中 δ_d=4.10，结构Ⅱ中羰基 α-断裂很容易失去 Br 生成 m/z 为 115 的离子，而实际上在高质量端有许多丰度较高的含 Br 碎片离子。因此，可以排除结构Ⅱ，而重点确认结构Ⅰ。

根据理论计算结构Ⅰ中各种 H 的化学位移和自旋裂分情况，并与实例比较：

	化合物Ⅰ				
	a	b	c	d	e
计算值	0.98（三重峰）	2.10（多重峰）	4.58（三重峰）	4.10（四重峰）	1.30（三重峰）
测定值	1.01（三重峰）	2.10（多重峰）	4.21（三重峰）	4.30（四重峰）	1.37（三重峰）

计算值和测定值基本符合，初步认定结构式Ⅰ为未知物的结构式。

各峰归属：

红外光谱：～1730cm^{-1} 为羰基的 $\nu_{C=O}$。

^{1}H-NMR：δ_H(ppm)

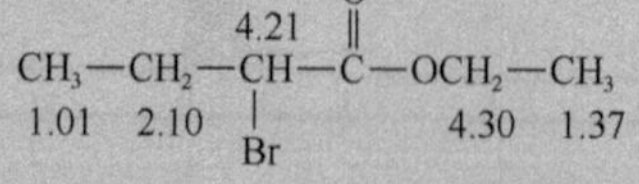

质谱：

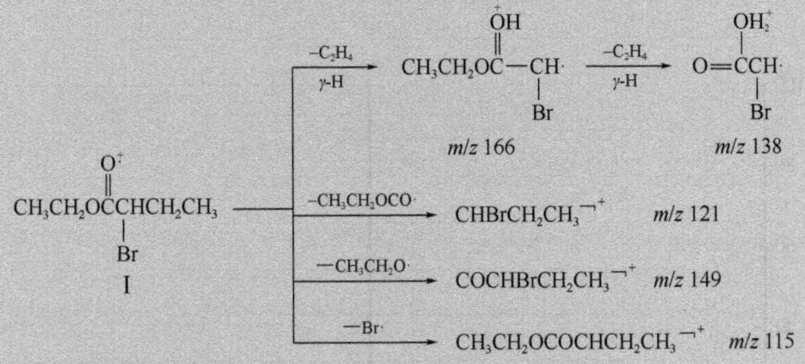

由此可以认为结构Ⅰ，即 α-溴代丁酸乙酯是未知物的结构。

知识窗　　电感耦合等离子体质谱技术及其在食品分析中的应用

电感耦合等离子体质谱技术（ICP-MS）是近十几年来国际上发展起来的一种用于痕量同位素和元素测定的高新技术。从1983年第一台商品化仪器诞生以来，ICP-MS技术得到了快速发展，广泛应用于环境、高纯材料、生命科学、医药卫生、冶金、食品、农业生产等领域，ICP-MS具有灵敏度高、谱线相对简单、干扰少、动态线性范围宽、分析速度快并可提供同位素信息等分析特性，是分析化学领域最强有力的元素分析技术。

民以食为天，食品中含有丰富的微量元素，是人体微量元素的主要来源，不同微量元素在人体的生命活动中发挥的作用不同，所表现的生物学效应也存在较大差异，食品在生产、加工、运输、储存、销售等环节中所引入的微量重金属元素污染对人类身心健康所构成的潜在威胁也已成为一个严重的食品安全问题，因此，食品中微量元素的检验是食品质量控制过程中的一个重要环节，建立食品中微量元素的相应分析测试技术，准确分析食品中微量元素的含量及其分布具有十分重要的意义。ICP-MS法具有良好的检出限、较宽的线性范围和较高的灵敏度，是目前无机微量多元素分析中应用最广泛的分析方法，也是同位素信息准确分析最有效的方法之一，在食品分析与检验中应用十分广泛。

思考题与习题

1. 画出质谱仪的方框示意图，简述各部件的作用。

2. 欲分辨下列各离子对，质谱仪的分辨率需要多大？

（1）质量为75.03和75.05的两个离子。

（2）质量分别为164.0712和164.0950的两个离子。

3. 有一分子离子峰的 m/z 为120，其碎片离子的 m/z 为105，问其亚稳离子的 m/z 是多少？

4. 某化合物分子式为 $C_4H_8O_2$，M=88，质谱图上出现 m/z 60的基峰，则该化合物最大可能为？

5. 某未知化合物 C_4H_8O 的质谱图如图15-19所示，试导出主要碎片离子的裂解过程，并推测其结构。

6. 某未知化合物 C_8H_8O 的质谱图如图15-20所示，试推断其结构并导出主要碎片离子的裂解过程。

7. 已知某未知化合物的分子式为 C_4H_4O，试根据图15-21中各图谱推断其结构。

8. 某化合物的分子式为 $C_{14}H_{10}O_2$，红外光谱数据显示该化合物在1710 cm^{-1} 处有强吸收，在1600 cm^{-1} 及1508 cm^{-1} 处有吸收，其质谱如图15-22所示，试推断其化学结构，并说明主要离子的产生过程。

9. 某液体化合物的分子式为 $C_4H_8O_2$，红外光谱中在 1710cm^{-1} 处有强吸收，在 3700～3200 cm^{-1} 无强吸收，其质谱如图 15-23 所示，试推断其化学结构，并说明主要离子的产生过程。

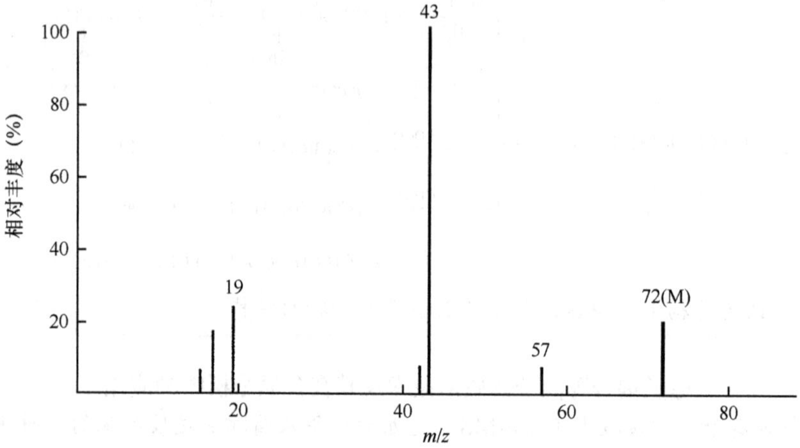

图 15-19　未知物 C_4H_8O 质谱

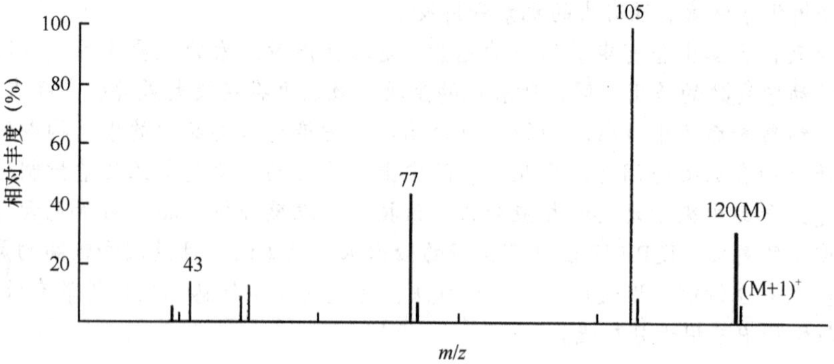

图 15-20　未知物 C_8H_8O 质谱

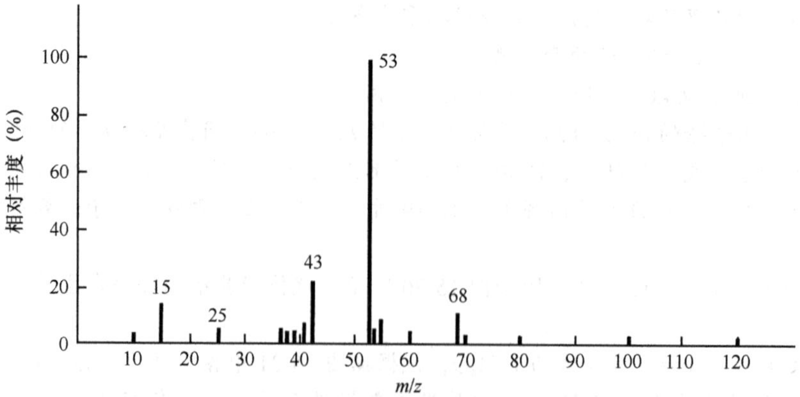

A 质谱图

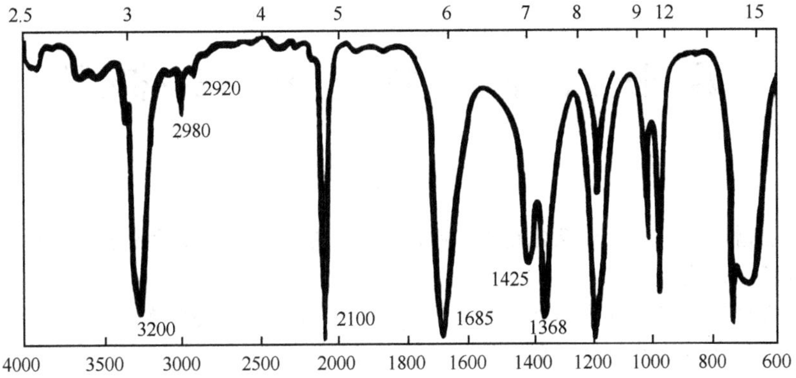

B 红外光谱图

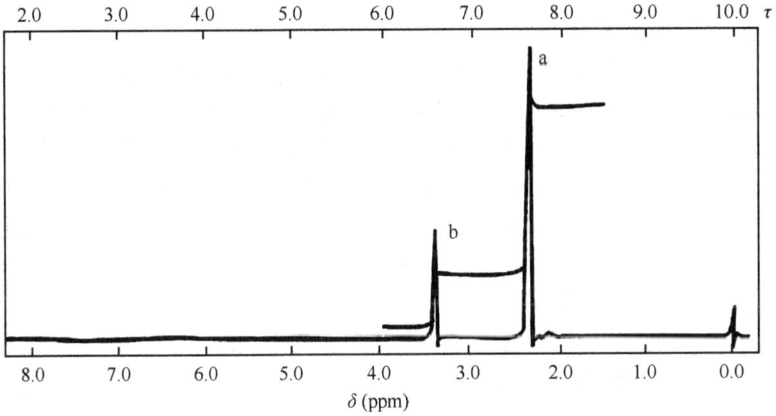

C ¹H-NMR图

图 15-21 化合物 C_4H_4O 的图谱

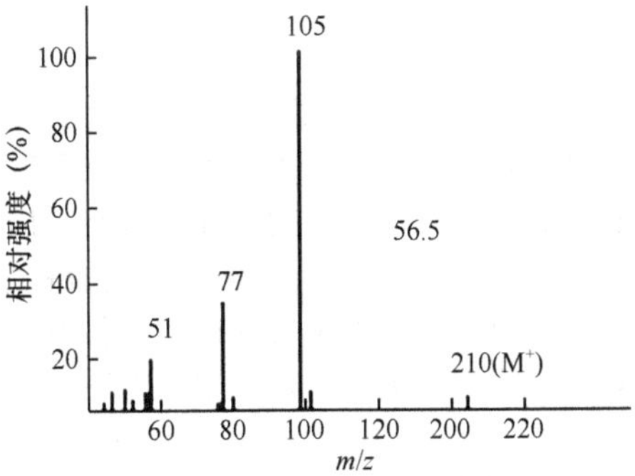

图 15-22 化合物 $C_{14}H_{10}O_2$ 的质谱图

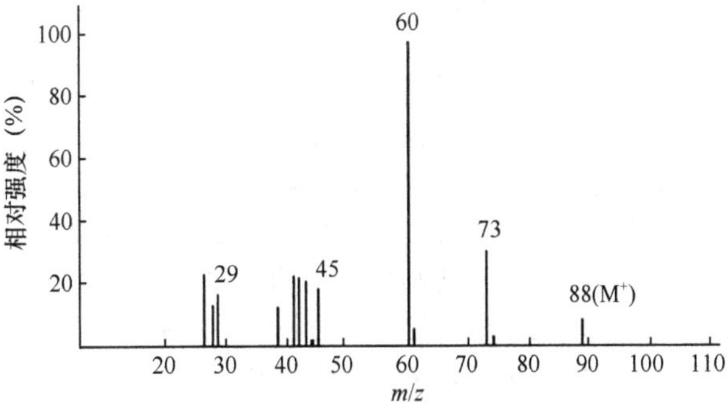

图 15-23 化合物 $C_4H_8O_2$ 的质谱图

（韦国兵）

第十六章　色谱分析法概论

学习目标

1. 掌握　色谱法的基本原理及色谱图、色谱参数、分配系数、容量因子、分离度和塔板数（高度）的概念和有关公式。

2. 熟悉　色谱法过程、不同的色谱分类方法和影响柱效的主要因素。

3. 了解　四种色谱法的分离机制。

案例 16-1

1903 年俄国植物学家茨维特（Tswett）将碳酸钙放在竖立的玻璃管中，从顶端注入含有植物色素的提取液，然后用石油醚由玻璃管顶而下淋洗，如图 16-1 所示。色素在玻璃管的不同部位形成不同颜色的色带，1906 年茨维特发表的论文中将其命名为色谱。管内填充物碳酸钙称为固定相（stationary phase），冲洗剂石油醚称为流动相（mobile phase）。其后，色谱法不仅用于有色物质的分离，而且更多用于无色物质的分离，但色谱法名称沿用至今。

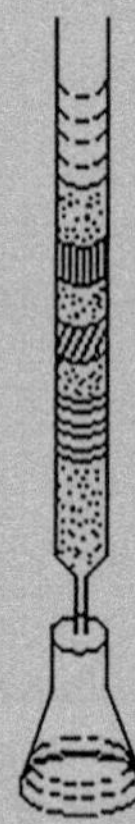

图 16-1　色谱法示意图

问题：

什么是色谱法？色谱主要由什么构成？

案例 16-1 分析

色谱法是一种物理化学分析方法，它利用不同溶质与固定相和流动相之间的作用力（分配、吸附、离子交换等）的差别，当两相相对移动时，各溶质在两相间进行多次平衡，使各溶质分离。其中，互不相溶的固定相和流动相则是构成色谱的最基本部分。

色谱分析法简称色谱法（chromatography），是根据被分析样品的物理或物理化学性质而进行的分离分析方法。色谱法对科学的进步和生产的发展都有着重要的作用，历史上曾有两次诺贝尔奖是直接与色谱研究相关的，1949 年瑞典科学家 Tiselins 因电泳和吸附分析的研究而获奖，1952 年英国的马丁（Martin）和辛格（Synge）因发展了分配色谱而获奖。目前，色谱法是生命科学、材料科学、环境科学等科学领域的重要分析手段，在药物分析中有着极为重要的地位，各国药典都收载了许多药物的色谱分析方法。《中国药典》（2020 年版）收载了上千个药品用色谱法进行纯度检查、定性鉴别或含量测定的案例。

色谱法是先将混合物中各组分分离，而后逐个分析，因此是分离分析复杂混合物有力手段，具有高灵敏度、高选择性、高效能、速度快、应用范围广等优点。

第一节　色谱法的分类

在色谱柱中固定不动的物质是固定相（stationary phase），携带样品向前流动的是流动相（mobile phase），色谱法的类型较多，从不同的角度可以有不同的分类方法。

1. 按流动相和固定相所处状态分类　流动相为气体的称为气相色谱法（gas chromatography，GC），流动相为液体的称为液相色谱法（liquid chromatography，LC）。固定相为固体的可分为气固色谱（GSC）或液固色谱（LSC），固定相为液体的有气液色谱（GLC）或液液色谱（LLC）。以固定相是以化学键结合在载体上进行的色谱法称为键合相色谱法（bonded phase chromatography，BPC）。

2. 按固定相的形态分类　可分为柱色谱法（column chromatography）、平面色谱法（plane chromatography），如纸色谱法（paper chromatography）、薄层色谱法（thin layer chromatography，TLC）等。

3. 按分离过程的机制分类　可分为分配色谱法（partition chromatography）、吸附色谱法（adsorption chromatography）、离子交换色谱法（ion exchange chromatography，IEC）和空间排阻色谱法（steric exclusion chromatography，SEC）等类型，后两者只存在于液相色谱中。另外，还有其他分离机制的色谱方法，如毛细管电泳法，是根据组分的电泳速度差异而实现分离。毛细管电色谱法（capillary electro-chromatography，CEC）兼有普通液相色谱和毛细管电泳的分离机制。

将色谱法简单分类总结如表 16-1。

表 16-1　色谱法分类

流动相	液体				气体	
固定相	固体			液体	固体	液体
名称	液固色谱 LSC			液液色谱 LLC	气固色谱 GSC	气液色谱 GLC
按色谱分析原理分类	吸附色谱	离子交换色谱	凝胶色谱	分配色谱	吸附色谱	分配色谱
按色谱柱类型分类	平面色谱 柱色谱				填充柱 毛细管柱（包括空心柱和填充柱）	

第二节　色谱过程和基本原理

一、色谱过程

固定相与流动相的相对运动即色谱过程，在此过程中混合物样品中的组分，随流动相经过固定相时，与固定相发生相互作用。各组分由于结构和性质的不同，与固定相作用的类型、强度也不同，在固定相上滞留时间的长短不同，因此被流动相携带的速度不等，产生差速迁移而被分离。

色谱过程是组分分子在流动相和固定相间多次“分配”的过程。图 16-2 表示 A、B 两组分在色谱柱中的分离过程。

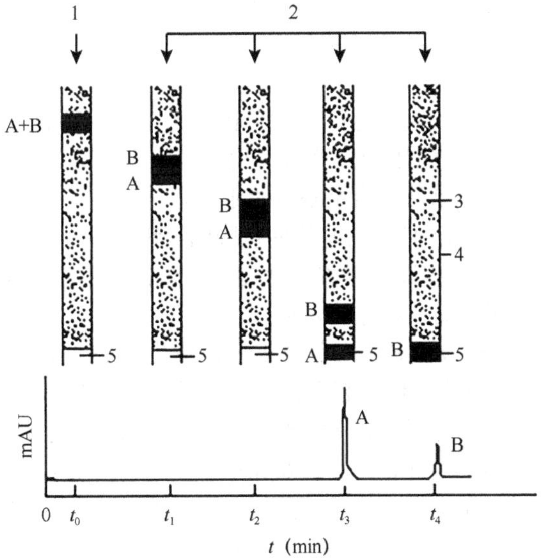

图 16-2　色谱过程示意图

1. 样品；2. 流动相；3. 固定相；4. 色谱柱；5. 检测器

把含有 A、B 两组分的混合样品注入色谱柱后，A、B 均被保留到固定相上，然后用合适的流动相洗脱（elution）。刚进柱时，组分 A 和 B 是一条混合谱带。由于样品分子与固定相和流动相的相互作用，A、B 两种组分既可进入固定相，也可返回流动相中并随着流动相一起向前移动，这个过程称分配。不断加入新的流动相，A、B 在色谱柱上发生多次的分配过程。若两种组分的性质（如沸点、溶解度、分子结构及极性等）存在着差异，则与固定相的相互作用大小也存在差异，经过反复多次分配，A、B 两种组分微小的差异可被放大，与固定相作用力较弱的 A 将随流动相先从色谱柱中流出，而作用力较强的 B 则后流出色谱柱，从而分离 A、B 两组分。

二、色谱流出曲线和有关概念

（一）色谱流出曲线和色谱峰

1. 色谱流出曲线 样品各组分经色谱柱分离后，从柱后流出进入检测器，检测器将各组分的浓度（或质量）的变化转换为电压（或电流）信号，再由记录仪记录下来。所得的电信号强度随时间变化的曲线，称为流出曲线，也称色谱图（图 16-3）。

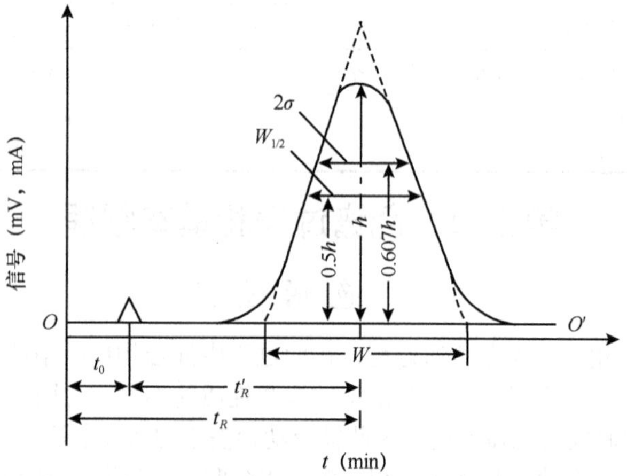

图 16-3 色谱流出曲线（色谱图）和区域宽度

2. 基线 在操作条件下，没有组分流出、仅有流动相通过检测器系统时所形成的流出曲线。稳定的基线应是一条平行于横轴的直线，如图 16-3 中的 OO′ 所示。基线反映仪器（主要是检测器）的噪声随时间的变化。

3. 色谱峰 是流出曲线上的突起部分。正常色谱峰为正态分布曲线，曲线有最高点，以此点的横坐标为中心，曲线对称地向两侧快速、单调下降。

峰高（peak height，h）是色谱峰顶点至基线的距离。

峰面积（peak area，A）是色谱曲线与基线间包围的面积。

4. 色谱峰区域宽度 区域宽度即色谱峰的宽度，是色谱峰的重要参数之一，用于衡量柱效，区域宽度越小柱效越高。可用下面三种方法表示。

标准差（standard deviation，σ）是正态色谱流出曲线上两拐点间距离之半。σ 的大小表示组分被带出色谱柱的分散程度。σ 越小，组分越分散；反之越集中。在 $t_R+\sigma$ 与 $t_R-\sigma$ 间的面积为峰面积的 68.3%，即流出组分量为该组分总量的 68.3%。对于正常峰，σ 为 0.607 倍峰高处的峰宽之半。由于 $0.607h$ 不好测量，故区域宽度还常用半峰宽和峰宽描述（图 16-2）。

半峰宽（peak width at half height，$W_{1/2}$）是峰高一半处的峰宽。半峰宽与标准差的关系为

$$W_{1/2}=2.355\sigma \tag{16-1}$$

峰宽（peak width，W）是通过色谱峰两拐点作切线在基线上所截得的距离。峰宽和标准差或半峰宽的关系为

$$W=4\sigma \text{ 或 } W=1.699W_{1/2} \tag{16-2}$$

5. 对称因子　正常色谱峰为正态分布曲线，不正常色谱峰是不对称的。分为两种情形：拖尾峰和前伸峰。拖尾峰（tailing peak）前沿陡峭，后沿平缓；前伸峰（leading peak）前沿平缓，后沿陡峭。色谱峰的对称与否可用对称因素 [symmetry factor，f_s，或称拖尾因子（tailing factor）] 来表征。对称因子在 0.95～1.05 之间的色谱峰为对称峰；小于 0.95 者为前伸峰；大于 1.05 者为拖尾峰。用下式计算对称因子：

$$f_s = \frac{W_{0.05h}}{2A} = \frac{(A+B)}{2A} \tag{16-3}$$

式中，$W_{0.05h}$ 为 0.05 倍色谱峰高 h 处的色谱峰宽（从基线算起）；A、B 分别为在该处的色谱峰前沿与后沿（从色谱峰顶点至基线的垂线算起）的距离（图 16-4）。

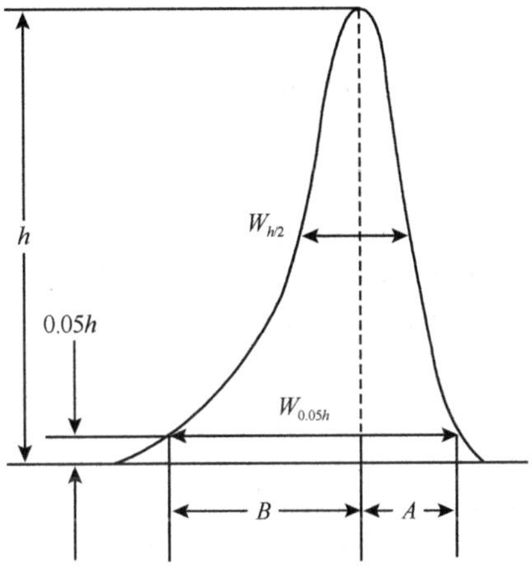

图 16-4　对称因子计算示意图

一个组分的色谱峰可用峰高或峰面积（用于定量）、峰位（用保留值表示，用于定性）及峰宽（用于衡量柱效）说明（图 16-3）。

（二）保留值

保留值是样品中各组分在色谱柱中滞留的数值，通常用时间或用将组分带出色谱柱所需要的流动相体积来表示。

1. 保留时间（retention time，t_R）　色谱图横轴上从进样开始到某个组分的色谱峰顶点的时间间隔称为该组分的保留时间。保留时间是色谱法的基本定性参数。

2. 死时间（dead time，t_0）　是不被固定相保留的组分，从进样到出现峰极大值时的时间间隔。死时间实际上就是流动相流经色谱柱所需要的时间，或者组分在流动相中的时间。因此，也称流动相保留时间。对于同一样品所有组分死时间都相同。

3. 调整保留时间（adjusted retention time，t'_R）　组分被固定相滞留的时间，即为组分的保留时间与死时间的差值：

$$t'_R = t_R - t_0 \tag{16-4}$$

组分通过色谱柱所消耗的时间 t_R，实际上由两部分组成：组分在流动相中的时间和在固定相中滞留的时间，t'_R 是溶解（或被吸附）于固定相的组分，比不溶解（或不被吸附）的组分在柱中多停留的时间，反映了组分与固定相之间的作用差异。

在实验条件（温度、固定相等）一定时，调整保留时间仅决定于组分的性质，因此调整保留时间是定性的基本参数。同一组分的保留时间受流动相流速的影响，因此又常用保留体积来表示保留值。

4. 保留体积（retention volume，V_R）　是从进样开始到某个组分在柱后出现浓度极大时，所需通过色谱柱的流动相体积，单位为 mL。保留体积与保留时间和流动相流速（F_c，mL/min）有如下关系：

$$V_R = t_R \cdot F_c \tag{16-5}$$

流动相流速大，保留时间短，但两者的乘积不变，因此 V_R 与流动相流速无关。

5. 死体积（dead volume，V_0） 是不被固定相保留的组分通过色谱柱所消耗的流动相的体积。在实际测量时，它包括了从进样器至色谱柱间导管的容积、未被固定相占据的空隙体积、柱出口导管及检测器内腔容积的总和。当柱外死体积很小时，可忽略不计。死体积即为柱中固定相颗粒间隙的体积，即流动相的体积，死时间为流动相流满柱内空隙体积时所耗费的时间，死体积与死时间和流动相流速的如下关系：

$$V_0 = t_0 \cdot F_c \tag{16-6}$$

6. 调整保留体积（adjusted retention volume，V'_R） 是由保留体积减去死体积后的体积。

$$V'_R = V_R - V_0 = t'_R \cdot F_c \tag{16-7}$$

V'_R 与流动相流速无关，是常用的色谱定性参数之一。

7. 相对保留值（relative retention，r） 是两组分的调整保留值之比，也是色谱系统的选择性指标。组分 2 与组分 1 的相对保留值用下式表示：

$$r_{2,1} = \frac{t'_{R_2}}{t'_{R_1}} = \frac{V'_{R_2}}{V'_{R_1}} \tag{16-8}$$

8. 保留指数（retention index，I） 在气相色谱中，把组分的保留行为换算成相当于正构烷烃的保留行为，也就是以正构烷烃系列作为标准，用两个保留时间紧邻待测组分的正构烷烃来标定该组分，这个相对值称为保留指数，又称 Kovats 指数，定义式如下：

$$I_x = 100[z + n\frac{\lg t'_{R(x)} - \lg t'_{R(z)}}{\lg t'_{R(z+n)} - \lg t'_{R(z)}}] \tag{16-9}$$

式中，I_x 为待测组分的保留指数，z 与 $z+n$ 为正构烷烃的碳原子数。n 可为 1、2、3、…，通常为 1。人为规定正己烷、正庚烷及正辛烷等的保留指数分别为 600、700 及 800，其余类推。且多数同系物每增加一个 CH_2，保留指数约增加 100，较少例外。

例 16-1

将苯与正己烷与正庚烷混合，注入某气相色谱柱进行分析，结果如图 16-5 所示，其调整保留时间分别为 80 s，123.9 s，140.1 s。计算苯的保留指数。

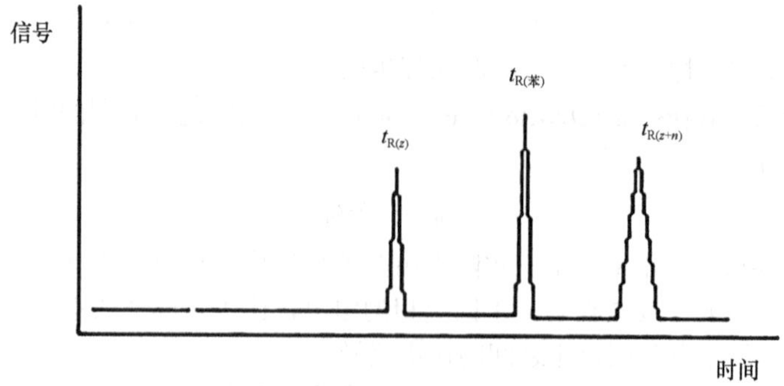

图 16-5 苯、正己烷、正庚烷的色谱图

解：$Z=6$，　$n=1$，　$t'_{R(苯)} = 123.9$，　$t'_{R(z)} = 80$，　$t'_{R(z+n)} = 140.1$

$$I_x = 100[z + n\frac{\lg t'_{R(苯)} - \lg t'_{R(z)}}{\lg t'_{R(z+n)} - \lg t'_{R(z)}}] = 678$$

（三）分离度

分离度（resolution，*R*），又称分辨率或分辨度，它是色谱图中相邻两峰分离程度的量度。其定义为相邻两组分色谱峰保留时间之差与两色谱峰峰宽均值之比（图 16-6）

$$R = \frac{t_{R_2} - t_{R_1}}{(W_1 + W_2)/2} = \frac{2(t_{R_2} - t_{R_1})}{W_1 + W_2} \tag{16-10}$$

式中，t_{R_1}、t_{R_2} 分别为组分 1、2 的保留时间；W_1、W_2 分别为组分 1、2 色谱峰的峰宽。

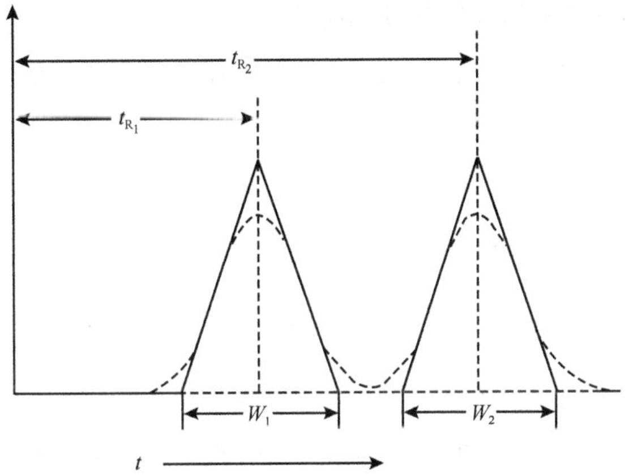

图 16-6　分离度计算示意图

在计算分离度时，组分的保留时间和峰宽要采用相同的计量单位，因此分离度没有单位。从式（16-10）可知，两峰保留时间相差越大，峰越窄，分离度越大。*R* 值越大，表明相邻两组分分离越好。一般说，当 $R<1$ 时，两峰有部分重叠；当 $R=1$ 时，分离程度可达 98%；当 $R=1.5$ 时，分离程度可达 99.7%。在进行定量分析时，为了能获得较好的精密度与准确度，应使 $R\geqslant 1.5$［《中国药典》（2020 年版）规定］。

三、分配系数和色谱分离

在色谱分离中，样品组分在固定相和流动相之间进行反复多次的分配，不论色谱机制属于哪一种，分配过程都存在。可用分配系数和容量因子来描述分配过程。

（一）分配系数和容量因子

1. 分配系数（distribution coefficient，*K*） 是在一定温度和压力下，达到分配平衡时，组分在固定相（s）与流动相（m）中的浓度（*c*）之比。其表达式为

$$K = \frac{c_s}{c_m} \tag{16-11}$$

分配系数仅与组分、固定相和流动的性质及温度有关。在一定条件（固定相、流动相、温度）下，分配系数是组分的特征常数。

2. 容量因子（capacity factor，*k*） 是在一定温度和压力下，达到分配平衡时，组分在固定相和流动相中的质量（*m*）之比。其表达式为

$$k = \frac{m_s}{m_m} \tag{16-12}$$

容量因子又称为质量分配系数、分配比或保留因子（retention factor）。容量因子不仅与温度和压力有关，而且还与固定相和流动相的体积有关：

$$k=\frac{m_s}{m_m}=\frac{c_s V_s}{c_m V_m} \tag{16-13}$$

式中，V_m 为色谱柱中流动相的体积，近似等于死体积 V_0；V_s 为柱中固定相的体积，在不同类型的色谱法中有不同的含义。

3. 分配系数和容量因子的关系 由式（16-5）和式（16-11）可得：

$$k=K\frac{V_s}{V_m} \tag{16-14}$$

（二）分配系数和容量因子与保留时间的关系

设流动相在色谱柱内的线速度为 u，由于固定相对组分有保留作用，所以组分在色谱柱内的线速度 v 将小于 u，将二者之比称为保留比：

$$R'=\frac{u}{v}$$

在柱色谱中，设柱长为 L，$v=L/t_R$，$u=L/t_0$，因此：

$$R'=\frac{t_0}{t_R} \tag{16-15}$$

死时间 t_0 近似于组分在流动相中的时间 t_m。而组分只有出现在流动相中时才能随流动相前移，若某组分 $R'=1/2$，表明该组分在柱内的移动速度只有流动相速度的 1/2，即该组分有一半时间在流动相，另一半时间滞留在固定相，显然保留比是溶质分子在流动相中的分数：

$$R'=\frac{t_m}{t_m+t_s}=\frac{N_m}{N_m+N_s}=\frac{c_m V_m}{c_m V_m+c_s V_s}$$

所以：

$$R'=\frac{1}{1+k} \text{ 或 } \frac{1}{R'}=1+k \tag{16-16}$$

由式（16-13）和式（16-14）得：

$$t_R=t_0(1+k) \tag{16-17}$$

或

$$t_R=t_0(1+K\frac{V_s}{V_m}) \tag{16-18}$$

式（16-18）称色谱过程方程，是色谱法的最基本公式之一，表示保留时间与分配系数的关系。由此式可见，在色谱柱（或薄层板）一定时，即 V_s 与 V_m 一定时，如果流速、温度也一定，则 t_0 一定，这样 t_R 仅取决于分配系数 K，K 大的组分保留时间长。

由式（16-17）得

$$k=\frac{t_R-t_0}{t_0}=\frac{t'_R}{t_0} \tag{16-19}$$

由此可见，容量因子 k 可通过实验测得，故比分配系数 K 更实用。

容量因子表示由于组分与固定相的作用，组分在色谱柱中多停留的时间与死时间的比值，k 大则保留时间长。

（三）色谱分离前提

设组分 A 与 B 的混合物通过色谱柱，若两者能被分离，则它们的迁移速度必须不同，即保留时间不等。根据式（16-18）有

$$t_{R_A} = t_0\left(1 + K_A \frac{V_s}{V_m}\right)$$

$$t_{R_B} = t_0(1 + K_B \frac{V_s}{V_m})$$

两式相减得：$\Delta t_R = t_{R_A} - t_{R_B} = t_0(K_A - K_B)\frac{V_s}{V_m}$

由上式可见，若使$\Delta t_R \neq 0$，必须使$K_A \neq K_{B'}$即分配系数不等是分离的前提。用容量因子表示则更方便，即容量因子不等是色谱分离的前提，由式（16-15）得

$$\Delta t_R = t_0(k_A - k_B)$$

案例 16-2

说明容量因子的物理含义及与分配系数的关系。为什么容量因子（或分配系数或保留时间或调整保留时间）不等是分离的前提?

案例 16-2 分析

容量因子k是在一定温度和压力下，达到分配平衡时，组分在固定相和流动相中的质量之比，又称为质量分配系数。分配系数K是组分在固定相和流动相中的浓度之比，二者的关系是$k = K\frac{V_s}{V_m}$，可见容量因子除与固定相、流动相、组分三者的性质有关外，还与固定相和流动相的体积有关。容量因子越大的组分在色谱柱中的保留越强，$t_R = t_0(1+k)$或$t'_R = kt_0$，由于在一定色谱条件下t_0为定值，如果两组分的k相等，则它们的t'_R一定相等，t_R也相等，即不能分离。要使两组分分离，即t_R或t'_R不等，则它们的k（或K）必须不等，即容量因子（或分配系数或保留时间或调整保留时间）不等是分离的前提。

案例 16-3

在 1m 长的色谱柱上，某镇静药 A 及其异构体 B 的保留时间分别为 5.80 min 和 6.60 min，峰底宽度分别为 0.78 min 和 0.82 min，空气通过色谱柱需 1.10 min。计算：

（1）载气的平均线速度。

（2）组分 B 的容量因子。

（3）A 和 B 的分离度。

案例 16-3 分析

t_{R_A}=5.8 min　　t_{R_B}=6.60 min　　t_0=1.10 min

W_A=0.78 min　　W_B=0.82 min

（1）$u=L/t_0$=0.909 m/min

（2）$k_B= t_{R'_B}/t_0$=5

（3）$R=2\times(t_{R'_B} - t_{R'_A})/(W_A+W_B)$=1.0

第三节　色谱基本类型及其分离机制

根据分离过程的机制不同，色谱法有四种基本类型，即分配色谱法、吸附色谱法、离子交换色谱法和空间排阻色谱法。

一、分配色谱法

分配色谱法的固定相是涂渍在惰性载体颗粒上的一薄层液体，因此又称固定液。气液分配色谱法的流动相是气体，常为氢气或氮气。液－液分配色谱法的流动相是与固定液不相溶的液体。分配色谱法是利用被分离组分在固定相或流动相中的溶解度差别而实现分离。其固定相为液体，包括气液分配色谱法和液液分配色谱法。

分配色谱法的分离原理示意图如图16-7所示。图中X代表样品中某组分（溶质）分子溶解度，下标m与s分别为流动相与固定相。溶于流动相与固定相的溶质分子处于动态平衡，平衡时浓度之比（严格应为活度比）为狭义分配系数（partition coefficient）：

$$K=\frac{c_s}{c_m}=\frac{X_s/V_s}{X_m/V_m} \tag{16-20}$$

溶质分子在固定相中溶解度越大，或在流动相中溶解度越小，则K越大。在液液色谱中K主要与流动相的性质（种类与极性）有关；在气液色谱中K与固定相极性和柱温有关。

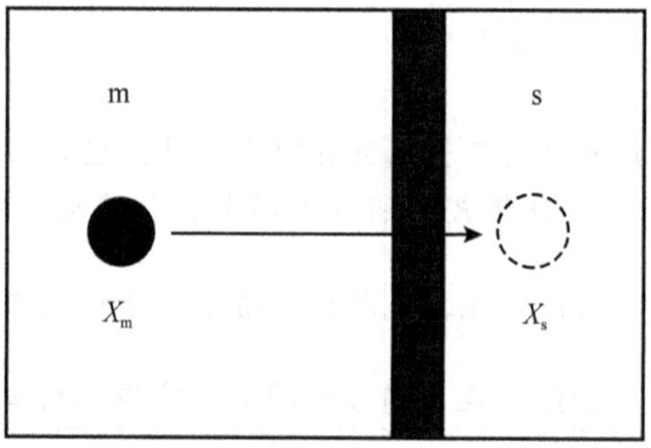

图16-7 分配色谱示意图

m. 流动相；s. 固定相；X_m. 流动相中的组分分子；X_s. 进入固定相内部的组分分子

根据固定相和流动相的极性相对强度，可分为正相分配色谱和反相分配色谱。流动相的极性弱于固定相的极性，称为正相分配色谱。反之，则称为反相分配色谱法。

分配色谱中被分离组分的洗脱顺序是由组分在固定相与流动相中溶解度的相对大小来决定的。易溶于固定相的组分保留时间较长，后流出色谱柱。

二、吸附色谱法

吸附色谱法的分离原理是利用固定相表面活性吸附中心对被分离组分吸附能力的差别而实现分离。固定相为固体吸附剂，包括气－固吸附色谱法和液－固吸附色谱法。

吸附过程是样品中组分的分子（X）与流动相分子（Y）争夺固定相表面吸附中心的过程，即竞争吸附过程（图16-8）。吸附平衡可用下式表示：

$$X_m+nY_a \rightleftharpoons X_a+nY_m$$

当流动相通过吸附剂（固定相）时流动相分子被吸附剂表面的活性中心所吸附。当组分分子被流动相带过固定相时，它们与活性中心发生作用，流动相中组分的分子X_m就与吸附在吸附剂表面的n个流动相分子Y_a相置换，组分分子被吸附，以X_a表示。流动相分子回至流动相内部，以Y_m表示。

吸附平衡常数称为吸附系数（K_a），可近似用下式表示：

$$K_a=\frac{[X_a][Y_m]^n}{[X_m][Y_a]^n} \tag{16-21}$$

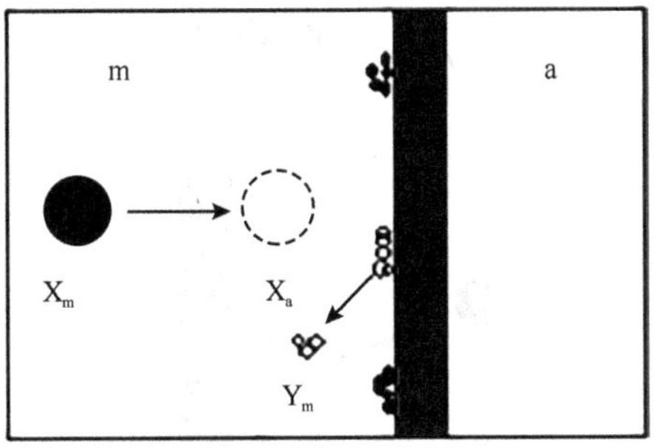

图 16-8　吸附色谱示意图

m. 流动相；a. 吸附剂；X_m. 流动相中的组分分子；Y_m. 流动相分子；X_a. 被吸附的组分分子

因为流动相的量很大，$[Y_m]^n/[Y_a]^n$ 近似于常数，而且吸附只发生于吸附剂表面，所以，吸附系数可写为：

$$K_a = \frac{[X_a]}{[X_m]} = \frac{X_a/S_a}{X_m/V_m} \tag{16-22}$$

式中，S_a 为吸附剂的表面积，V_m 为流动相（展开剂）的体积。吸附系数与吸附剂的活性、组分的性质和流动相的性质有关。

在柱色谱中，保留时间与吸附系数和色谱柱中吸附剂的表面积的关系为

$$t_R = t_0\left(1 + K\frac{S_a}{V_m}\right) \tag{16-23}$$

吸附色谱法的固定相多为吸附剂，如硅胶，其表面的硅醇基为吸附中心，吸附中心的多少及其吸附能力的强弱直接影响吸附剂的性能。

流动相的洗脱能力主要由其极性决定，强极性流动相占据吸附中心的能力强，其洗脱能力强，使组分的 K 值小，保留时间短。以硅胶为例，极性强的组分吸附力强，一般规律如下。①饱和碳氢化合物为非极性化合物，一般不被吸附。不饱和化合物中双键数越多，则吸附力越强。②基本母核相同的化合物，分子中引入的取代基的极性越强，则整个分子的极性越强，吸附能力越强。③分子中取代基的空间排列对吸附性也有影响，例如羟基处于能形成分子内氢键的位置时，其吸附能力降低。常见化合物的吸附能力有下列顺序：

烷烃＜烯烃＜卤代烃＜醚＜硝基化合物＜叔胺＜酯＜酮＜醛＜酰胺＜醇＜酚＜伯胺＜羧酸。

可见硅胶有利于不同族化合物的分离，但分离同系物的选择性较差。此外，它对不同异构体的吸附作用具有显著差别，对异构体的分离选择性远比其他色谱方法好。

三、离子交换色谱法

离子交换柱色谱法的固定相是离子交换剂（ion exchanger），常用的有离子交换树脂和硅胶化学键合离子交换剂。离子交换色谱法的流动相大都是一定 pH 和离子强度的缓冲溶液，有时也加入少量有机溶剂，如乙醇、四氢呋喃、乙腈等，以提高选择性。

离子交换色谱法的分离原理是利用被分离组分离子交换能力的差别而实现分离。其固定相为离子交换剂，按可交换离子的电荷符号又可分为阳离子交换色谱法和阴离子交换色谱法。

以阳离子交换色谱为例说明分离机制。图 16-9 中 E 为树脂骨架，如 $R—HSO_3^-$，树脂表面的负离子（如$—SO_3^-$）为不可交换离子；其正离子为可交换离子（H^+）当流动相携带组分的正离子如（Na^+）时，与树脂表面 H^+ 发生交换反应。

离子交换过程可用通式表示：$R\text{-}B + A \rightleftharpoons R\text{-}A + B$

交换反应达到平衡时，以浓度表示的平衡常数为：

$$K_{A/B}=\frac{[R\text{-}A][B]}{[R\text{-}B][A]} \quad (16\text{-}24)$$

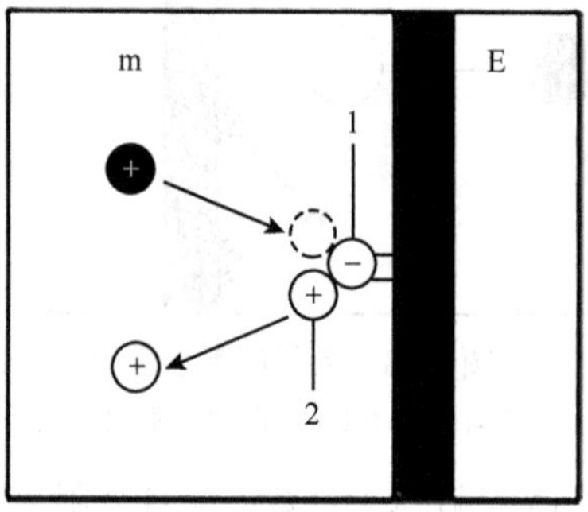

图 16-9 阳离子交换色谱示意图

m. 流动相；E. 离子交换剂；1. 固定离子；2. 可交换离子

$K_{A/B}$ 也称为离子交换反应的选择性系数。[R-A] 和 [R-B] 分别为 A、B 在树脂相中的浓度，[A]、[B] 为它们在流动相中的浓度。选择性系数与分配系数的关系为：

$$K_{A/B}=\frac{[R\text{-}A]/[B]}{[R\text{-}B]/[A]}=\frac{K_A}{K_B} \quad (16\text{-}25)$$

选择性系数 $K_{A/B}$ 是衡量离子树脂亲和能力相对大小的度量，$K_{A/B}$ 越大，说明 A 的交换能力大，越易保留。

当树脂上所有交换的 H^+ 均被交换后，树脂失去活性。此时，若用稀酸溶液对树脂进行处理，Na^+ 就被高浓度的 H^+ 置换（洗脱）下来，树脂的交换能力又被恢复，这一过程称为树脂的再生。交换与再生过程可用下式表示：

$$RSO_3^-H^+ + Na^+ \underset{再生}{\overset{交换}{\rightleftharpoons}} RSO_3^-Na^+ + H^+$$

同样，阴离子交换反应为

$$RNR_3^+OH^- + Cl^- \underset{再生}{\overset{交换}{\rightleftharpoons}} RNR_3^+Cl^- + OH^-$$

离子交换色谱的保留行为和选择性受被分离离子、离子交换剂、流动相的性质等的影响。

（1）溶质离子的电荷和水合半径：在一般情况下，价态高的离子选择性系数大。同价阳离子在酸性阳离子交换剂上选择性系数随其水合离子半径的增大而变小。综合结果，在常温下稀溶液中阳离子在强酸性阳离子交换树脂上的交换顺序：

$Li^+ < H^+ < Na^+ < NH_4^+ < K^+ < Rb^+ < Cs^+ < Ag^+ < Mg^{2+} < Zn^{2+} < Co^{2+} < Cu^{2+} < Cd^{2+} < Ni^{2+} < Ca^{2+} < Pd^{2+} < Ba^{2+}$

弱酸性阳离子交换树脂的基团（如—COOH）离解受溶液中 H^+ 的抑制，所以 H^+ 的交换能力很强，甚至大于二价、三价阳离子。

常见阴离子在强碱性阴离子交换树脂上的交换顺序通常为

$F^- < OH^- < Ac^- < Cl^- < SCN^- < Br^- < CrO_4^- < NO_3^- < I^- < C_2O_4^{2-} < SO_4^{2-} < C_6H_5O_7^{3-}$（$C_2O_4^{2-}$ 为草酸根，$C_6H_5O_7^{3-}$ 为柠檬酸根）

（2）离子交换剂的交联度和交换容量：在一定的范围内树脂的交联度越大，交换容量越大，组分的保留时间越长。

（3）流动相的组成 pH：交换能力强的离子组成的流动相有较强的洗脱能力。例如，在阴离子交换色谱中，用柠檬酸根离子洗脱比用 F^- 快。增加流动相的离子强度，能增加洗脱能力，使组分的保留值降低。强离子交换树脂的交换容量在很宽的范围内不随流动相的 pH 变化，因此，调节

pH 的作用主要体现在对弱电解质离解的控制，溶质的离解受到抑制则保留时间变短。弱离子交换树脂的交换容量在某一 pH 有极大值。

四、空间排阻色谱法

空间排阻色谱法也称为分子排阻色谱法，根据被分离组分分子的线团尺寸而进行分离。其固定相是多孔性凝胶，故此法又称为凝胶色谱法（gel chromatogramphy）。该色谱法可分为两类：以有机溶剂为流动相的称为凝胶渗透色谱法（gel permeation chromatogramphy，GPC）；以水溶液为流动相的称为凝胶过滤色谱法（gel filtration chromatogramphy，GFC）。

凝胶色谱法的分离机制与前三种色谱法完全不同，它只取决于凝胶的孔径大小与被分离组分线团尺寸之间的关系，与流动相的性质无关。如图 16-10 所示，其分离类似于分子筛（反筛子）的作用。

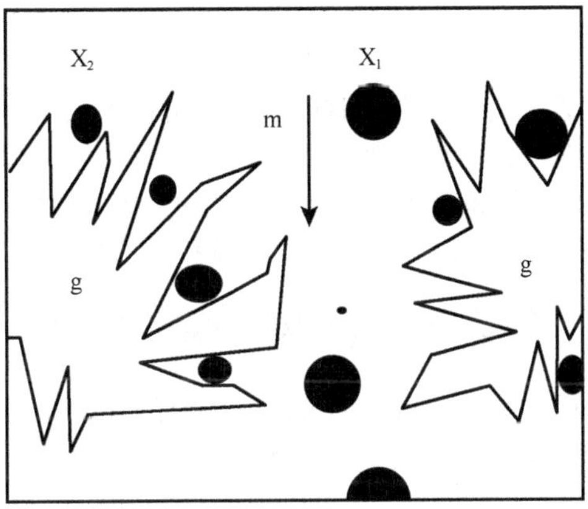

图 16-10　空间排阻色谱法

m. 流动相；g. 凝胶；X_1、X_2. 大小不同的分子

根据空间排阻理论，孔内外同等大小的溶质分离处于扩散平衡状态：

$$X_m \rightleftharpoons X_s$$

X_m 与 X_s 分别代表在孔外流动相中与凝胶孔隙中同等大小的溶质分子。平衡时，两者浓度之比为渗透系数（permeation coefficient，K_p）：

$$K_p = [X_s]/[X_m] \tag{16-26}$$

渗透系数的大小只由溶质分子的线团尺寸和凝胶孔隙的大小所决定。在凝胶孔径一定时，分子线团尺寸大到不能进入凝胶的任何孔隙时，$[X_s]=0$，则 $K_p=0$；小到能进入到所有孔隙时，$[X_s]=[X_m]$，$K_p=1$；分子尺寸在上述两种分子之间时，能进入部分孔隙，$0<K_p<1$。在高分子溶液中，相同成分的分子的线团尺寸与其分子量成比例。因此，在一定分子线团尺寸范围内，K_p 与分子量相关，即组分按分子量的大小分离。

空间排阻色谱法的固定相为多孔凝胶，一般分为软质、半软质和硬质凝胶。凝胶的主要性能参数包括平均孔径、排斥极限和分子量范围。某高分子化合物达到某分子量后就不能渗透进入凝胶的任何孔隙，这一分子量称为该凝胶的排斥极限（$K_p=0$）。排斥极限与全渗透点（$K_p=1$）之间的分子量范围称为凝胶的分子量范围。选择凝胶时应使样品的分子量落入此范围。

空间排阻色谱的流动相必须是能够溶解样品的溶剂，同时还必须能润湿凝胶。另外溶剂的黏度要低，否则，会限制分子扩散而影响分离效果。水溶性样品选择水溶液为流动相，非水溶性样品选择四氢呋喃、三氯甲烷、甲苯和二甲基酰胺等有机溶剂为流动相。

凝胶色谱的保留值常用保留体积（淋洗体积）表示。当组分的分子量在凝胶的分子量范围内时，其保留体积与渗透系数有如下关系：

$$V_R = V_m\left(1 + K_p \frac{V_s}{V_m}\right) \tag{16-27}$$

式中，V_m 为色谱柱内凝胶的粒间体积，V_s 为凝胶孔隙的总体积。V_m 近似于死体积 V_0，因此：

$$V_R = V_0 + K_p V_s \tag{16-28}$$

上式表明，分子线团尺寸（分子量）大的组分，其渗透系数小，保留体积也小，因而先被洗脱出柱。

t_R 与分配系数的关系可用色谱过程方程式（式 16-18）表示，即

$$t_R = t_0\left(1 + K \frac{V_s}{V_m}\right)$$

或用保留体积表示为

$$V_R=V_0+KV_s \tag{16-29}$$

以上两式表明，分配系数大的组分保留时间长（保留体积大），晚流出色谱柱。但 K 和 V_s 在各种色谱法中的含义不同。在分配色谱、吸附色谱、离子交换色谱和凝胶色谱中，K 分别为狭义分配系数 K、吸附系数 K_a、选择性系数 $K_{A/B}$ 和渗透系数 K_p，V_s 分别为色谱柱（或薄层板）内固定液体积、吸附剂表面积、离子交换剂总交换容量和凝胶孔内总容积。

第四节　色谱法基本理论

色谱分析法关键在于对样品中待测组分的分离，组分的分离是否满足分析要求，可用分离度来衡量。根据分离度的定义式（16-10）可知，色谱峰的分离度与色谱峰区域宽度（如峰宽）和保留时间有关。

为改善色谱分离度，首先是使它们的保留时间有足够的差值，而保留时间与分配系数有关，即与色谱热力学过程有关。此外还要使色谱峰宽足够小，而峰的展宽与色谱的动力学过程有关。因此，色谱理论的研究包括热力学和动力学两方面。热力学理论是从相平衡观点来研究分配过程，以塔板理论（plate theory）为代表。动力学理论是从动力学观点来研究各种动力学因素对峰展宽的影响，以速率理论（rate theory）为代表。

一、塔板理论

色谱分离的塔板理论始于马丁（Martin）和辛格（Synge）提出的塔板模型。塔板理论是将色谱柱比作一个分离塔，把一个连续的色谱柱设想成由许多小段分馏组成，色谱行为即为一段一段的分馏过程。在每一小段内，一部分空间为固定相占据，另一部分空间充满流动相。组分随流动相进入色谱柱后，就在固定相和流动相之间进行分配，并有如下假设。①在色谱柱内一小段长度 H 内，组分可以在两相中瞬间达到分配平衡。H 称为理论塔板高度（height equivalent to a theoretical or plate height）。②流动相进入色谱柱不是连续的，而是间歇式的，每次进入一个塔板体积。③样品和新鲜流动相都加在第 0 号塔板上，且样品的纵向扩散可以忽略。④分配系数在各塔板上是常数。

（一）质量分配和转移

塔板理论的假设实际上是把组分在两相间的连续转移过程，分解为间歇式的在单个塔板中的分配平衡过程。

首先以单一组分 B（k_B=0.5）来说明分配转移过程。设色谱柱的塔板数为 5（n=5），以 r 表示塔板编号，即 r=0、1、2、3、4（即 n–1）。单位质量（m=1）的 B 的质量分配与转移过程如图 16-11 所示。

单位质量 B 加到第 0 号塔板上，组分在固定相和流动相间进行分配。由于 k_B=0.5，即在 0 号塔板内 m_s/m_m=0.333/0.667（即 $s+m_m$=1，m_s/m_m=0.5），当一个塔板体积的新鲜流动相进入第 0 号塔板时，就将原 0 号塔板内的 m_m（0.667）带入第 1 号塔板，而原 0 号塔板内的 m_s（0.333）仍留在第 0 号塔板内，组分在第 0 号塔板内和第 1 号塔板内重新分配。

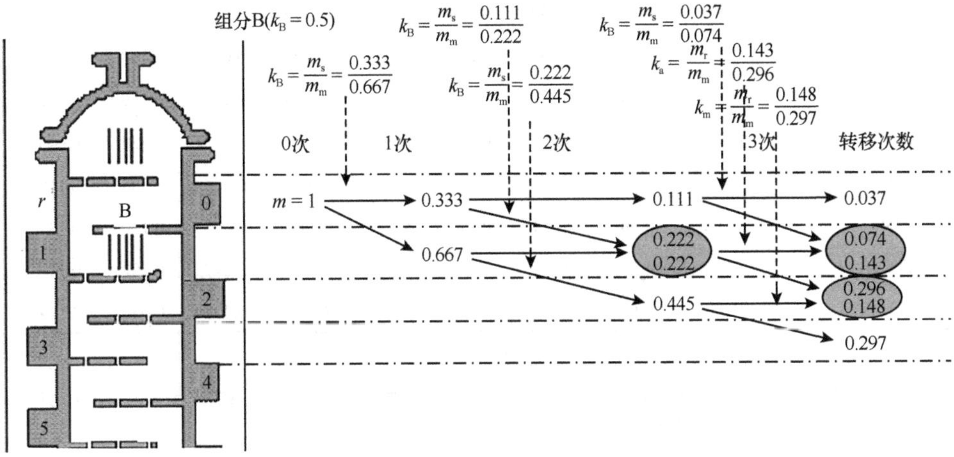

图 16-11　单位质量的组分 B（k_B=0.5）的质量分配与转移过程

经过 N 次转移后，在各塔板内组分的质量分布则符合二项式 $(m_s+m_m)^N$ 的展开式。如 N=3，k=0.5 时，m_s=0.333，m_m=0.667，展开式为

$$(0.333+0.667)^3=0.037+0.222+0.444+0.296$$

所计算的四项数分别是第 0、1、2 及 3 号塔板中的溶质分数。转移 N 次后第 r 号塔板中的质量 ${}^Nm_r$ 可由下述通式求出：

$$^{N}m_r = \frac{N!}{r!(N-r)!} \cdot m_s^{N-r} \cdot m_m^r \qquad (16\text{-}30)$$

例如，N=3，r=3 时，即转移 3 次后，在第 3 号塔板内的溶质分数为

$$^{3}m_3 = \frac{3!}{3!(3-3)!} \times 0.333^{(3-3)} \times 0.667^3 = 0.296$$

按上述分配过程，随着进入柱中流动相体积的增加（N 增加），组分分布在各塔板内的质量见表 16-2。由表中数据可见，对于五个塔板组成的色谱柱，在五个塔板体积的流动相进入后，组分就开始流出色谱柱，进入检测器产生信号。而且，当 N=6 和 7 时，柱出口产生 B 的浓度最大点，即组分的保留体积为 6～7 个塔板体积。

如果加到第 0 号塔板上的是单位质量的 B 和单位质量的 A 的混合物，考察两者的分离情况。设 k_A=1（即 $s+m_m$=1，m_s/m_m=1）按上述方法处理，所得 A 的质量分布也列于表 16-2 中。由表中数据可见，A 在 N=8 和 9 时，柱出口处达到浓度最大点，即其保留体积为 8～9 个塔板体积。由此可见，仅经过五个塔板数，两组分便开始分离，k 小的组分 B 先出现浓度极大值。

表 16-2　两组分 A（k_A=1）、B（k_B=0.5）在 n=5 的色谱柱内的分布

N	0		1		2		3		4		柱出口	
	A	B	A	B	A	B	A	B	A	B	A	B
0	1	1	0	0	0	0	0	0	0	0	0	0
1	0.5	0.333	0.5	0.667	0	0	0	0	0	0	0	0

续表

N	0		1		2		3		4		柱出口	
	A	B	A	B	A	B	A	B	A	B	A	B
2	0.25	0.111	0.5	0.444	0.25	0.445	0	0	0	0	0	0
3	0.125	0.037	0.375	0.222	0.375	0.444	0.125	0.296	0	0	0	0
4	0.063	0.012	0.250	0.099	0.375	0.269	0.250	0.395	0.063	0.198	0	0
5	0.032	0.004	0.157	0.041	0.313	0.164	0.313	0.329	0.157	0.329	0.032	0.132
6	0.016	0.001	0.095	0.016	0.235	0.082	0.313	0.219	0.235	0.329	0.079	0.219
7	0.008	0	0.056	0.006	0.165	0.038	0.274	0.128	0.274	0.256	0.118	0.219
8	0.004	0	0.032	0.002	0.111	0.017	0.220	0.068	0.274	0.170	0.137	0.170
9	0.002	0	0.018	0	0.072	0.007	0.166	0.033	0.247	0.102	0.137	0.114
10	0.001	0	0.010	0	0.045	0.002	0.094	0.016	0.207	0.056	0.124	0.068

上述仅仅分析了 5 块塔板的分离结果。事实上，一根色谱柱的塔板数为 10^3～10^6 以上，因此组分有微小的分配系数差别，即能获得良好的分离效果。

（二）流出曲线方程

根据表 16-2 的数据，以组分 A 在柱出口处的质量分数对 N 作图，得如图 16-12 所示的流出曲线，该曲线呈不对称的峰形，符合二项式分布曲线。

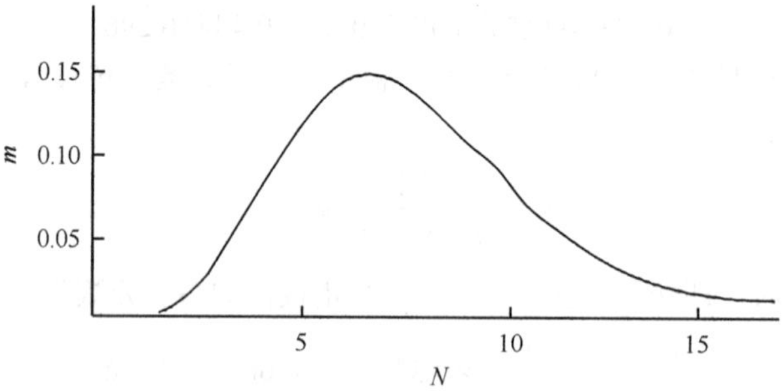

图 16-12　k=1 的组分从 n=5 柱中的流出曲线

当塔板数很大时，二项分布流出曲线趋于正态分布曲线，因此可用正态分布方程式来讨论组分流出色谱柱的浓度变化：

$$c = \frac{c_0}{\sigma\sqrt{2\pi}} e^{-\frac{(t-t_R)^2}{2\sigma^2}} \tag{16-31}$$

式（16-31）称为色谱流出曲线方程式，式中，σ 为标准差，t_R 为保留时间，c 为任意时间 t 时的浓度，c_0 为峰面积 A，即相当于某组分的总量。上式中的 t 也可用体积 V 代替，此时保留时间 t_R 变为保留体积 V_R，标准差 σ 也由时间为单位变为以体积为单位。从式（16-30）可见，t=t_R 时，e 的指数为零，c 有极大值，用 c_{max} 表示：

$$c_{max} = \frac{c_0}{\sigma\sqrt{2\pi}} \tag{16-32}$$

c_{max} 即流出曲线的峰高，也可用 h 表示。将 h 及 $W_{1/2}$=2.355σ 代入式（16-32），得峰面积 c_0 或 A：

$$A = 1.065 \times W_{1/2} \times h \tag{16-33}$$

峰面积和峰高是色谱定量分析参数。

将式（16-31）代入式（16-32）得

$$c = c_{\max} e^{-\frac{(t-t_R)^2}{2\sigma^2}} \tag{16-34}$$

式（16-34）为流出曲线方程式的常用形式。由此式可知，不论 $t>t_R$ 或 $t<t_R$ 时，浓度 c 恒小于 $c_{\max}$。c 随时间 t 向峰两侧对称下降，下降速率取决于 s，s 越小，峰越窄。

（三）理论塔板高度和理论塔板数

1. 理论塔板高度 *H*　为使组分在柱内两相间达到一次分配平衡所需要的柱长。

2. 理论塔板数 *n*　组分流过色谱柱时，在两相间进行平衡的总次数。

当色谱柱长为 L 时，则 H 与 n 之间的关系为：

$$H = \frac{L}{n} \text{或} n = \frac{L}{H} \tag{16-35}$$

根据流出曲线方程，也可导出理论塔板数与标准差（峰宽或半峰宽）和保留时间的关系：

$$n = \left(\frac{t_R}{\sigma}\right)^2 \tag{16-36}$$

$$n = 16\left(\frac{t_R}{W}\right)^2 \text{或} n = 5.54\left(\frac{t_R}{W_{1/2}}\right)^2 \tag{16-37}$$

在实际应用中，常常出现计算出的 n 值虽然较大，但色谱柱的分离效率却不高的现象。这是由于未将不参与柱中分配的死时间 t_0 扣除之故，即理论塔板数未能真实地反映色谱柱的分离效能。因此常用 t_R' 替 t_R 计算塔板数，称为有效理论塔板数（effective number of plates，n_{eff}），求得的塔板高度为有效理论塔板高度（effective plate height，H_{eff}）或称有效板高。

$$n_{eff} = \left(\frac{t_R'}{\sigma}\right)^2 = 5.54\left(\frac{t_R'}{W_{1/2}}\right)^2 = 16\left(\frac{t_R'}{W}\right)^2 \tag{16-38}$$

$$H_{eff} = \frac{L}{n_{eff}} \tag{16-39}$$

由上述各式可见，色谱峰区域宽度反映柱效的高低。可以通过实验测定柱效。

（四）塔板理论的特点与局限

（1）塔板理论可解释流出曲线的形状和位置。

（2）由塔板理论可知，当色谱柱长度一定时，塔板数 n 越大（塔板高度 H 越小），被测组分在柱内被分配的次数越多，柱效则越高，所得色谱峰越窄。

（3）柱效不能表示被分离组分的实际分离效果。当两组分的分配系数 K 相同时，无论该色谱柱的塔板数多大，都无法分离。

（4）塔板理论没有考虑各种动力学因素对色谱柱内传质过程的影响。因此塔板理论无法解释同一色谱柱在不同的流动相流速下柱效不同的实验结果，也无法指出影响柱效的因素及提高柱效的途径。

二、速率理论

塔板理论是一种半经验性的平衡理论。它用热力学的观点定量阐明了溶质在色谱柱中移动的速率，解释了流出曲线的形状、浓度极大的位置，提出了计算评价柱效高低的理论塔板数的公式。但是，色谱过程不仅受热力学因素的影响，而且还与分子的扩散、传质等动力学因素有关。因此塔板理论只能定性地给出了板高的概念，却不能解释影响塔板高度的原因，也不能说明为什么在不同流速下，可以测得不同的理论塔板数，当然更无法提出降低塔板高度的途径。鉴于此，荷兰学者范第姆特（van Deemter）提出了色谱过程动力学理论—速率理论（rate theory），充分考虑组分在两相间的扩散和传质过程，以动力学理论研究了使色谱峰展宽从而影响塔板高度的因素，提出了 van Deemter 方程（简称范氏方程）：

$$H = A + B/u + Cu \tag{16-40}$$

H 为塔板高度（cm），A、B 及 C 为三个常数，分别代表涡流扩散系数、纵向扩散系数和传质阻抗系数，其单位分别为 cm、cm^2/s 及 s。u 为流动相的线速度（cm/s）。$u \approx L/t_0$，L 为柱长（cm），t_0 为死时间（s）。

（一）影响柱效的动力学因素

1. 涡流扩散（eddy diffusion） 也称多径扩散。涡流扩散的程度可由下式表示：

$$A = 2\lambda d_p \tag{16-41}$$

式中 λ 为填充不规则因子，简称填料因子（packing factor），其大小与填充物颗粒大小及其分布和填充均匀性有关。d_p 为填充物颗粒的平均直径。

案例 16-4

改变色谱柱填充颗粒的大小和均一度会影响最终的分离效果，改变色谱峰的峰宽。那么涡流扩散是如何影响柱效的？

案例 16-4 分析

在填充柱色谱柱中，由于填充物颗粒大小不等，填充不均匀，使同一个组分的分子通过填充柱时，有许多长短不等的实际路径，其中一些分子运行的路径较短，通过色谱柱的时间较短，另一些分子运行路径较长，通过色谱的时间也相应变长，结果使色谱峰展宽，如图 16-13 所示。

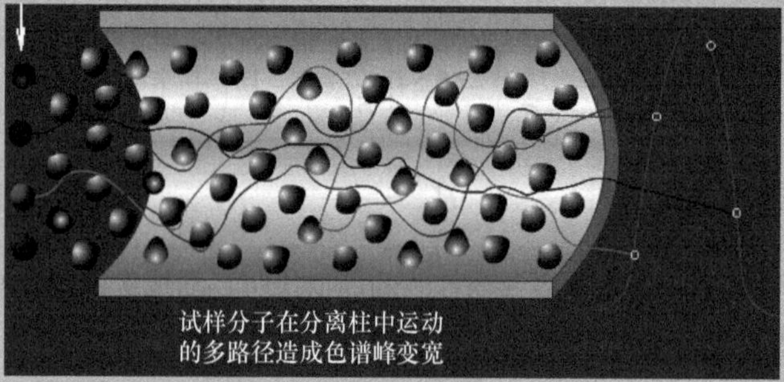

图 16-13　涡流扩散产生的峰展宽

2. 纵向扩散（longitudinal diffusion） 也称为分子扩散（molecular diffusion）。纵向扩散的程度可用下式表示：

$$B = 2\gamma D_m \tag{16-42}$$

式中，γ 为弯曲因子，与填充物有关，反映了由于填充柱中固定相颗粒的存在，使分子自由扩散受到阻碍，扩散程度降低，故也称为扩散障碍因子（obstruction factor）。D_m 为组分在流动相中的扩散系数，与流动相和组分的性质有关。D_m 在气相色谱中也用 D_g 表示。

案例 16-5

纵向扩散是如何影响柱效的？

案例 16-5 分析

组分进入色谱柱时，以“塞子”的形式存在于柱的很小一段空间中，从而在色谱柱的轴向上造成浓度梯度。由于浓度梯度的存在，一定时间内组分将向“塞子”前、后方向扩散，结果使色谱峰展宽。如图 16-14 所示。

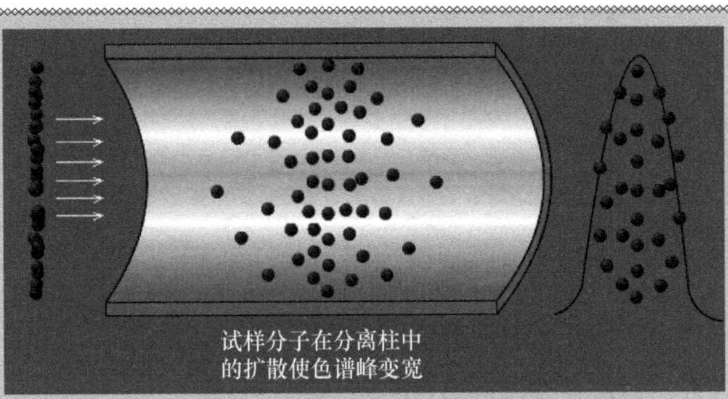

图 16-14 纵向扩散产生的峰展宽

3. 传质阻抗（mass transfer resistance） 组分被流动相带入色谱柱后，在两相界面进入固定相，并扩散至固定相深部，进而达到动态分配“平衡”。当纯的或含有低于“平衡”浓度的流动相到来时，固定相中该组分的分子将回到两相界面，逸出，而被流动相带走（转移）。这种溶解、扩散、转移的过程称为传质过程。影响此过程进行的阻力称为传质阻抗，用传质阻抗系数描述。传质阻抗系数 C 包括固定相传质阻抗系数 C_s 和流动相传质阻抗 C_m。

案例 16-6

塔板理论假设待分离组分可在两相间迅速达到分配平衡，这与色谱柱的实际分离过程并不相符。在分配过程中存在传质阻抗，它是如何影响柱效的？

案例 16-6 分析

由于传质阻抗的存在，组分不能在固定相和流动相间瞬间达到平衡，即色谱柱总是在非平衡状态下工作，结果使有些分子随流动相较快（比平衡状态下的分子）向前移动，而另一些分子则滞后，从而引起峰展宽，如图 16-15 所示。

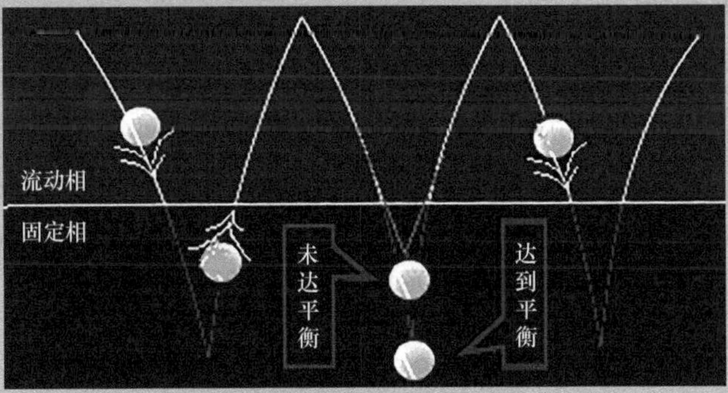

图 16-15 传质阻抗引起峰展宽

（二）流动相线速度对柱效的影响

以塔板高度对流动相线速度作图所得的双曲线，即为范氏方程曲线，或称 H-u 曲线，如图 16-16 所示。图中的 5、6 分别为液相色谱（LC）和气相色谱（GC）的 H-u 曲线。

从图 16-16 中看出，气相色谱的 H-u 曲线与液相色谱的 H-u 曲线明显不同。对于气相色谱曲线，对应某一流速，塔板高度有一极小值（H_{min}），这一流速称为最佳流速（u_{opt}）。在气相色谱中，当 $u<u_{opt}$ 时，由于载气流速很低，H 值主要由分子扩散项所控制，流速的影响特别大。由图可见，H 随 u 增大而急剧下降，达到一个最低点。当流速再增加时，即 $u>u_{opt}$ 时，由于载气流速高，分子扩散项基本上不起作用了，而传质阻抗项 C 是关键因素，H 随 u 增大而加大。

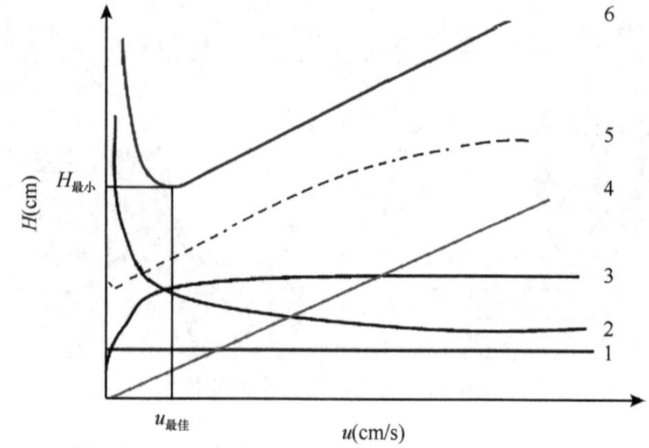

图 16-16　流速、涡流扩散、纵向扩散项和传质阻抗与柱效的关系

1. 涡流扩散项（A）；2. 纵向扩散项（B/u）；3. 流动相传质阻抗（C_mu）；4. 固定相传质阻抗（C_su）；5. LC 的 H-u 关系曲线；6. GC 的 H-u 关系曲线

对于液相色谱，曲线上基本没有最低点，或极不明显。分子扩散项 B 对 H 的贡献很小，板高 H 基本上随着 u 的增大而增大。而且，当流速太大时，其 H 值的升高不如气相色谱那样快，即加大流速不至于使柱效损失太大，有利于实现快速分离。从图中还可见，液相色谱的最佳流速很小，通常比气相色谱低 3～4 数量级。如液相色谱使用最佳流速分离，则分析时间太长。因此实际使用的流速比最佳流速高得多。

第五节　色谱法的发展历程

将一滴溶解各种色素的液滴滴在滤纸上，随着溶液展开扩散，可以看到一个个同心色环，这是最早的层析分离技术。1903 年，俄国植物学家茨维特（Tswett）发表了题为《一种新的吸附现象及其在生物化学分析中的应用》（“On a new category of adsorption phenomena and their application to biochemical analysis”）的文章，1907 年茨维特公开展示了采用色谱法提纯的植物色素溶液及其色谱图。茨维特开创的方法称作液-固色谱法，这是最初的液相色谱，又称经典柱色谱。

1914 年第一次世界大战爆发，色谱法问世后二十余年间没有得到学术界重视。1931 年德国库恩（Richard Kuhn）等根据茨维特的实验方法，以氧化铝和碳酸钙为固定相应用于叶红素和叶黄素的研究，分离了 60 多种这类色素，明确了维生素 A 的结构。1938 年库恩被授予诺贝尔化学奖，从此色谱法为科学界所接受。以氧化铝为固定相的色谱法在有色物质的分离中广泛应用，这就是吸附色谱。1940 年英国的马丁（Martin）和辛格（Synge）用一根装满硅胶的色谱柱，以吸附在硅胶上的水为固定相，氯仿为流动相，成功分离乙酰化氨基酸，建立了液-液分配色谱法，该方法被广泛应用于有机物的分离。1941 年他们又提出了柱效能模型，即模拟分馏理论，以理论塔板数表示色谱柱的分离效能，同时还预言了气相色谱法的产生。1944 年康斯坦因和马丁建立了纸色谱法，1949 年马丁建立色谱保留值与热力学函数的基本关系，1952 年马丁和詹姆斯（James）正式提出气相色谱法，并阐述了气相色谱的理论及实践方法，被授予诺贝尔化学奖。气相色谱的出现使色谱技术从最初的定性分离手段进一步发展为既具有分离功能又能定量测定，极大促进了色谱技术和理论的发展。这一时期 Van Deemter 发表了色谱速率理论，1954 年 Ray 把热导池检测器用于气相色谱仪、1958 年产生毛细管气相色谱法、1959 年 Martin 建立了裂解气相色谱法。到 20 世纪 60 年代推出了气相色谱-质谱联用技术，弥补了气相色谱定性特征差的缺点，气相色谱进入鼎盛时期。高效液相色谱在 20 世纪 60 年代中后期发展，它的基础是经典液相柱色谱和气相色谱。随着液相色谱技术和理论上的进展，分析时间不断缩短，分离度不断提高，填料越来越细，柱效显著改善，为热不稳定、难挥发以及高分子样品分析提供了有力的工具，这种方法称为高效液相色谱法（high performance liquid chromatography，HPLC）。

色谱法几乎能分析所有有机、高分子和生物样品，成为常用的分离和检测手段。20 世纪 80 年代是高效液相色谱蓬勃发展时期，高效液相色谱在有机化学、生物化学、医学、药物开发与检测、化工、食品科学、环境监测、商检和法检等方面都有广泛的应用，如运动员兴奋剂检测、药物代谢研究、中药复方制剂分析、蔬菜水果等农产品等农药残留、工业废水的排放等。如果没有色谱分离分析技术是不可想象的。气相和高效液相色谱还促进了固定相材料、检测技术、数据处理技术及色谱理论的发展，包括液相色谱各种联用技术相继出现。超临界流体色谱兼有气相色谱与高效液相色谱的某些优点。20 世纪 90 年代毛细管电泳法得到广泛的发展与应用。细管电色谱兼有毛细管电泳和高效液相色谱优点，在基因组学、蛋白质组学、代谢组学等各种组学研究中得到广泛应用，现代色谱科学正在向高效、高通量、高灵敏和多维分离分析方面蓬勃发展。

知识窗　**色谱学之父——茨维特（Tswett，1872～1919 年）**

1891 年，19 岁的茨维特考入瑞士日内瓦大学物理系，随后在植物实验室攻读博士学位。他主要研究叶绿体内染色的机制，但从细胞生理学的角度开展研究，始终一无所获。直到 1896 年，他开始尝试将物理化学手段运用到叶绿体中的绿色色素的研究中。很快，他发现这种能呈现绿色的色素不是一种单一的物质。在进行了一系列的模拟实验，他提出“有可能建立一种以吸附为基础的分离物质的新方法，使色素能从溶液中分离出来而不变性”。

1903 年，他从植物的绿叶中成功分离出胡萝卜素、叶绿素和叶黄素。他将碳酸钙放在竖立的玻璃管中，从顶端注入含有植物色素的提取液，然后用石油醚由上而下淋洗，使色素在玻璃柱上展开形成分离的谱带。1903 年 3 月 21 日，在华沙自然科学家协会生物学家分会举行的会议上，茨维特作了“一种新型吸附现象及其在生物化学分析中的应用”的演讲，公布了他对 100 多种无机和有机吸附剂的研究结果。这是世界上首次有关色谱法的演讲报告。然而，这次演讲并没有引起科学界的重视。

1906 年，茨维特在德国《植物学杂志》上连续发表了《叶绿素的物理化学研究》和《吸附分析与色谱法》两篇论文，详细讲述了他创立的方法和叶绿素在化学上的应用，并将此方法正式命名为“色谱法”。尽管茨维特所创立的方法是当时世界上最简便最有效率效果最好的分离方法，可是由于所谓权威人士的偏见和抵制，这种方法却一直沉寂在科学的角落，没有受到它应有的关注和推广。直到 20 多年后 Karrer 和 Ruzicka 等科学家掌握这项技术并在研究中取得极大成果，分别获得 1937 和 1939 的诺贝尔化学奖。

科学家们感谢茨维特所创立的色谱技术对于对有机化学发展的巨大影响，极大拓宽了有机化学的研究领域。虽然他本人未能亲眼见证色谱法的蓬勃发展，一生默默无闻，却给世界带来了一个更为美好的明天。

思考题与习题

1. 一个组分的色谱峰可用哪些参数描述？这些参数各有何意义？
2. 简述四种基本类型色谱的分离机制。
3. 什么是分离度？要提高分离度应从哪两方面考虑？
4. 如何用理论塔板来评价柱效的高低？塔板理论存在哪些不足？
5. 在色谱过程中，组分随流动相移动的时间近似为（　）。

A. t_0　　B. t_R　　C. t'_R　　D. k

6. 关于色谱分离机制，下列说法不正确的是（　）。

A. 分配色谱是利用溶解度的差异进行分离

B. 吸附色谱是利用物理吸附性能的差异进行分离

C. 离子交换色谱是利用离子交换能力差异进行分离

D. 空间排阻色谱是利用质荷比差异进行分离

7. 分离结构异构体，最适当的选择是（　）。

A. 吸附色谱　　B. 反相离子对色谱

C. 亲和色谱　　D. 空间排阻色谱

8. 在分配色谱法中，固定相极性大于流动相者（　）。

A. 称为正相色谱，该色谱法在分离组分时，极性大的组分先洗脱

B. 称为正相色谱，该色谱法在分离组分时，极性小的组分先洗脱

C. 称为反相色谱，该色谱法在分离组分时，极性大的组分先洗脱

D. 称为反相色谱，该色谱法在分离组分时，极性小的组分先洗脱

9. 下列哪种色谱方法的流动相对色谱的选择性无影响（　）。

A. 液-固吸附色谱　B. 液-液分配色谱

C. 空间排阻色谱　D. 离子交换色谱

10. 用 15 cm 长的 C_{18} 柱分离两个组分。测得 t_0=1.51 min；组分的 t_{R_1}=5.30 min；t_{R_2}=5.65 min。柱效 $n=3.52\times10^3\ m^{-1}$。①求 k_1、k_2、a、R 值。②若欲使两组分的分离度 R 达到 1.5，需将柱长增加到多长？

11. 已知在一色谱图中，组分 A 的峰底宽为 40 s，保留时间为 400 s，组分 B 峰底宽为 30 s，保留时间为 600 s，计算此色谱柱的理论塔板数。

（马云苏）

第十七章 平面色谱法

学习目标

1. 掌握 薄层色谱和纸色谱的基本原理：定性参数、相平衡参数的计算；薄层色谱法的定性、定量方法。

2. 熟悉 平面色谱法的操作方法、纸色谱的定性、定量方法。

3. 了解 平面色谱的分类及其应用。

4. 素养 坚定学生的爱国主义情怀；培养学生吃苦耐劳的道德品质；培养学生严谨求实、不断创新的科研作风。

平面色谱（plane chromatography）是在固定相构成的平面内进行分离的一种色谱方法。该方法分析速度快，结果直观，能同时分析多个样品，对样品预处理的要求不高，具有较强的分离能力。

案例 17-1

《中国药典》（2020 年版）二部规定采用薄层色谱法来鉴别头孢唑肟钠。具体方法如下：取本品适量，加磷酸盐缓冲溶液（pH 7.0）5 mL 振摇使溶解，用 75% 乙醇溶液稀释制成每 1 mL 中约含 5 mg 的溶，作为供试品溶液。取头孢唑肟对照品适量，加磷酸盐缓冲溶液（pH 7.0）5 mL，振摇使溶解，用 75% 乙醇溶液稀释制成每 1 mL 中约含 5 mg 的溶液，作为对照品溶液。取头孢唑肟对照品与头孢拉定对照品适量，加磷酸盐缓冲溶液（pH 7.0）使溶解，用 75% 乙醇溶液稀释制成每 1 mL 中各约含 5 mg 的溶液，作为系统适用性溶液。照薄层色谱法试验，吸取上述三种溶液各 2 μL，分别点于同一硅胶 GF_{254} 薄层板上，以乙酸乙酯-乙醚-二氯甲烷-甲酸（5 ∶ 4 ∶ 5 ∶ 6）为展开剂，展开，取出，晾干，置紫外线灯（254 nm）下检视或置碘蒸气中显色。要求系统适用性溶液应显两个清晰分离的斑点。供试品溶液所显主斑点的位置和颜色应与对照品溶液主斑点的位置和颜色相同。

问题：

（1）什么是薄层色谱法？

（2）如何选择薄层色谱的固定相和展开剂？

（3）薄层色谱有哪些显色方法？它们的应用范围如何？

（4）如何利用薄层色谱对物质进行定性及定量分析？

案例 17-1 分析

（1）薄层色谱法是将固定相均匀地涂铺在光洁的玻璃板、塑料板或金属板上形成薄层，并在此薄层上对物质进行分离并分析的色谱方法。

（2）常根据被分离组分的极性选择合适的固定相和展开剂。如吸附色谱法的固定相为吸附剂。展开剂可先用单一溶剂展开，再根据分离效果考虑是否需要改变展开剂的极性或改用混合展开剂。

（3）显色方法分为物理检出法和化学检出法。物理检出法不破坏物质的斑点，通常是在紫外灯下观察薄层板上有无荧光斑点或暗斑。化学检出法利用化学试剂与被测物质反应，使斑点显色的定位方法称化学检出法。

（4）定性分析方法采用将试样与对照品在同一薄层板上展开，通过比较试样和对照品的 R_f 或 R_r 进行定性鉴别。薄层色谱的定量方法有目视法、洗脱法和薄层色谱扫描法。

第一节　平面色谱法的分类和原理

一、平面色谱法的分类

平面色谱法可分为薄层色谱法（thin layer chromatography，TLC）、纸色谱法（paper chromatography，PC）及薄层电泳法（thin layer electrophoresis，TLE）等。

（一）薄层色谱法

薄层色谱法是将固定相（如吸附剂）均匀地涂铺在光洁的玻璃板、塑料板或金属板上形成薄层，并在此薄层上进行分离，所得色谱图与适宜的标准物质按同法所得的色谱图对比，亦可用薄层色谱扫描仪进行扫描，用于鉴别、检查或含量测定。构成薄层的固定相不同，其分离的原理各异，据此可进一步将薄层色谱法分为吸附薄层色谱法、分配薄层色谱法、分子排阻薄层色谱法等。

（二）纸色谱法

纸色谱法是以纸为载体的平面色谱法，以纸上所含水分或其他物质为固定相，用展开剂进行展开的分配色谱法。纸色谱的固定相一般为纸纤维及其吸着的水，流动相（展开剂）常为一些有机溶剂。

（三）薄层电泳法

薄层电泳法是指带电荷的被测组分（如蛋白质、核苷酸、多肽、糖类等）在由纸、聚丙烯酰胺凝胶等构成的平面上，向与其电荷相反的电极方向迁移（泳动）而进行分离分析的方法。

在平面色谱法中以薄层色谱和纸色谱应用最为广泛，本章将就此作介绍。

二、平面色谱法参数

（一）比移值与相对比移值

1. 比移值（retardation factor，R_f） 平面色谱法中被测组分的分离情况常用它的比移值来表示。比移值是指在一定条件下，被测组分的迁移距离与流动相迁移距离之比，即

$$R_f = \frac{L}{L_0} \tag{17-1}$$

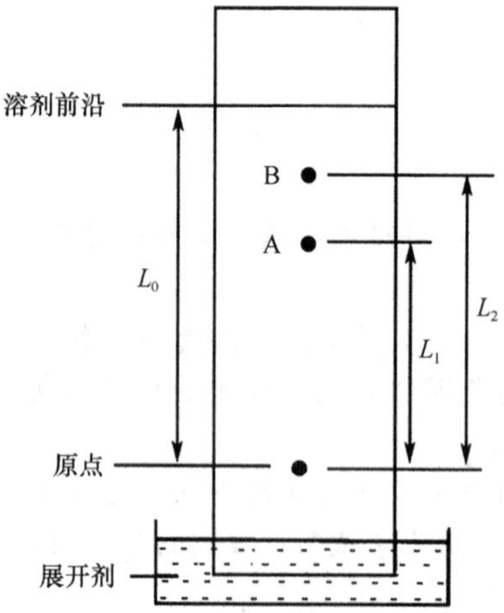

图 17-1　R_f 的测量示意图

式中，L 为原点到斑点中心的距离，L_0 为原点到溶剂前沿的距离。例如，图 17-1 中 A 组分的比移值为 $R_{f,A} = \frac{L_1}{L_0}$；B 组分的比移值为 $R_{f,B} = \frac{L_2}{L_0}$。若组分未被展开，则 L=L_0、R_f=0；若组分在展开剂中的溶解度很大，则组分将随展开剂移至溶剂前沿，L=L_0、R_f=0。在一定色谱条件下，组分的 R_f 为一常数，其值在 0～1 内，可用范围为 0.2～0.8，最佳范围为 0.3～0.5。不同物质因结构和极性不相同，其 R_f 也不同。影响 R_f 的因素很多，主要有固定相和展开剂的种类及性质，展开剂的饱和度、温度及薄层板的性质等。在完全相同的条件下组分的 R_f 为定值，可以利用 R_f 对物质进行定性鉴定。

2. 相对比移值（relative retardation factor，R_r） R_f 受诸多因素影响，重现性较差，因此常采用相对比移值替代比移值，以消除实验条件的影响，减小实

验误差，使定性结果更为可靠。相对比移值是指在一定条件下，被测组分的比移值与参考物质比移值之比，即

$$R_f = \frac{R_{f(i)}}{R_{f(s)}} = \frac{L_i}{L_s} \tag{17-2}$$

式中，L_i 为原点到 i 组分斑点中心的距离，L_s 为原点到参考物斑点中心的距离。参考物质既可以是加入样品中的纯物质，也可以是样品中的某一已知组分。R_r 既可以大于 1，也可以小于 1。

案例 17-2

《中国药典》(2020 年版）四部薄层色谱法（0502）中鉴别的方法如下。鉴别按各品种项下规定的方法，制备供试品溶液和对照标准溶液，在同一薄层板上点样、展开与检视，供试品色谱图中所显斑点的位置和颜色（或荧光）应与标准物质色谱图的斑点一致。必要时化学药品可采用供试品溶液与标准溶液混合点样、展开，与标准物质相应斑点应为单一、紧密斑点。

问题：

（1）薄层色谱法的定性鉴别参数是什么？

（2）为什么在薄层色谱法中不能仅靠 R_f 相同就判断是同一种化合物？

案例 17-2 分析

在一定的色谱条件下，特定化合物的 R_f 是不变的，因此有可能根据化合物的 R_f 鉴定化合物。但是，不同的化合物在某些条件下，会有相同的 R_f。所以，要鉴定一种化合物需要有标准品进行 R_f 的比对，还需要选择不同的展开剂或不同的吸附剂进行薄层分离，如果用不同的展开剂和吸附剂都有相同的 R_f，才可以可靠地确定是同一种化合物。

（二）分配系数与容量因子

1. 分配系数（*K*）和容量因子（*k*） 平面色谱法中的相平衡参数也可用分配系数和容量因子来描述（见第十六章第二节）。

2. *K*、*k* 与 R_f 之间的关系 设 R' 为组分分子在展开剂中出现的概率，对大量分子而言，可以理解为组分有 R' 的分子在展开剂中、$(1-R')$ 的分子在固定相中，则有 $\frac{1-R'}{R'} = \frac{c_s V_s}{c_m V_m} = K\frac{V_s}{V_m}$。$R'$ 可以理解为组分分子在薄层上的迁移速度（u）与展开剂迁移速度（u_0）的比值，即 $R = u/u_0$，而 $R_f = \frac{L}{L_0} = \frac{ut}{u_0 t} = \frac{u}{u_0}$，所以 $R' = R_f$，则 $\frac{1-R_f}{R_f} = K\frac{V_s}{V_m}$，即

$$R_f = \frac{1}{1 + K\frac{V_s}{V_m}} \tag{17-3}$$

式中，V_s、V_m 分别为固定相与流动相的体积。若实验条件固定，则 V_s、V_m 为定值，组分的 R_f 取决于 K，分配系数越小，组分的迁移速度越快，比移值越大；反之亦然。由此可见，混合物中各组分的分配系数差异越大，越容易分离，分配系数不等是组分分离的前提。

（三）分离度与分离数

1. 分离度（resolution，*R*） 分离度是两相邻斑点中心距离（d）与该两斑点平均宽度的比值，即

$$R = \frac{d}{(W_1 + W_2)/2} = \frac{L_2 - L_1}{(W_1 + W_2)/2} \tag{17-4}$$

式中，W_1、W_2 分别为两相邻斑点的宽度。在薄层扫描图谱中，d 为两相邻色谱峰顶间距离，W_1、W_2 分别为两色谱峰宽（图 17-2）。

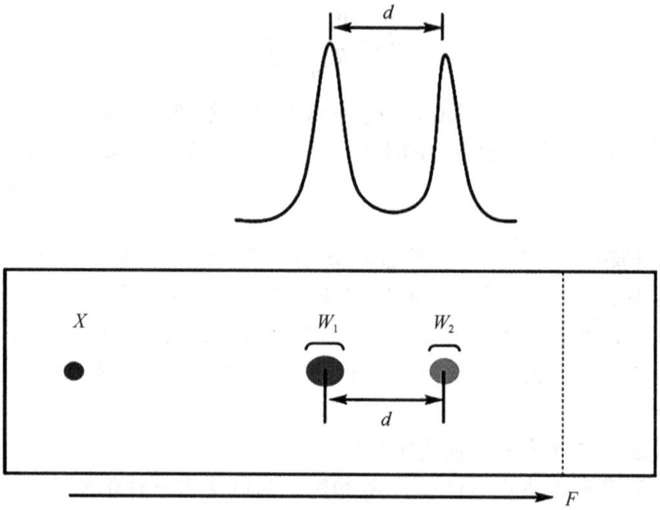

图 17-2　分离度示意图

两斑点间距越大，斑点越集中，分离度越大，分离效能越好。分离度是平面色谱法的重要分离参数，在平面色谱中一般 $R>1$ 较适宜。

2. 分离数（separation number，SN） 分离数是当两相邻斑点的分离度为 1.177 时，在 $R_f=0$ 和 $R_f=1$ 的两组分斑点之间所能容纳的色谱斑点数。即

$$SN=\frac{L_0}{W_{0,1/2}+W_{1,1/2}}-1 \qquad (17\text{-}5)$$

式中，$W_{0,1/2}$、$W_{1,1/2}$ 分别为 $R_f=0$ 和 $R_f=1$ 时组分的半峰宽。斑点越集中，相同展距时能分离的斑点数越多。

分离数也是平面色谱法的重要参数，也是板效的评价参数，SN 越大，板效越高，薄层板的容量越大。一般普通薄层板的 SN 为 10 左右，高效薄层板可高达 20。

（四）理论塔板数与理论塔板高度

1. 理论塔板数（number of theoretical plate，n） 理论塔板数是色谱分离效能的指标，反映了组分在固定相与流动相中的动力学特性，在薄层色谱中理论塔板数主要取决于固定相的粒度、均匀度、活度及展开剂的展开方式、流速等。

$$n=16\left(\frac{L}{W}\right)^2 \qquad (17\text{-}6)$$

式中，L 为原点到斑点中心的距离，W 为组分斑点的纵向宽度。相同展距时，斑点越集中，n 越大，平面色谱的分离效果越好。

2. 理论塔板高度（height of theoretical plate，H） 理论塔板高度为单位理论塔板的长度，是衡量平面色谱板效的又一指标，可表示为

$$H=\frac{L_0}{n} \qquad (17\text{-}7)$$

式中，L_0 为原点到溶剂前沿的距离，n 为平面色谱的理论塔板数。H 越小，平面色谱的分离效果越好。

第二节　薄层色谱法

薄层色谱法是平面色谱法中应用最广泛的方法之一。它具有以下特点：①灵敏度高，通常只需几微克至几十微克的物质就能检出；②分离能力强，能分离结构相似的同系物、异构体；③分析速度快，展开一次通常只需几至几十分钟；④样品预处理简单，对被分离的组分性质没有限制；⑤仪器简单、操作简便。

虽然在仪器自动化、分辨率和重现性等方面不及气相色谱法和高效液相色谱法，但是薄层色谱法仍然是实际工作中不可或缺的分离分析方法，广泛应用于医药学各研究领域，各国药典均有收载。

一、薄层色谱法的主要类型

根据薄层色谱的分离机制及其固定相的性质，薄层色谱法可分为吸附薄层色谱法、分配薄层色谱法、离子交换薄层色谱法、分子排阻薄层色谱法和胶束薄层色谱法等，其中以吸附薄层色谱法应用最为广泛，本章仅以此作介绍。若按分离效能的高低分类，薄层色谱法又可分为经典薄层色谱法和高效薄层色谱法。

吸附薄层色谱法的固定相是吸附剂，其分离机制简述如下：将含有 A、B 两组分的混合样品溶液点在薄层板的一端（该点称原点），两组分首先被吸附剂吸附，当采用适当的溶剂（称为展开剂）在密闭的容器中进行展开时，A、B 两组分溶解于展开剂中而被解吸附，借助于薄层板上吸附剂的毛细管作用，展开剂携带着 A、B 两组分前移，遇到新的吸附剂时 A、B 两组分再次被吸附，然后又溶解于迁移到此的展开剂中而被解吸附，如此反复无数次地被吸附、解吸附，再吸附、再解吸附……。由于吸附剂对组分的吸附力和组分在展开剂中的溶解度不同，使两者在薄层板上的吸附系数不同，吸附系数大的组分在薄层板上的迁移速度慢，而吸附系数小的组分在薄层板上的迁移速度快，一段时间后，A、B 两组分的迁移距离逐渐拉大，完全被分离，在薄层板上形成两个斑点。

二、吸附薄层色谱的吸附剂和展开剂

（一）吸附剂

吸附薄层色谱的固定相是吸附剂。吸附剂是一些多孔性微粒物质，具有较大的比表面积和吸附中心，其吸附性能取决于吸附中心的多少及其吸附能力的大小。常用的吸附剂有硅胶、氧化铝、聚酰胺等。

1. 硅胶　硅胶（$SiO_2 \cdot x\,H_2O$）具有多孔性硅氧交联结构，其骨架表（—Si —OH）面的硅醇基能与极性化合物或不饱和化合物形成氢键，表现出吸附性能。硅胶表面的硅醇基与水结合，失去活性和吸附能力，此过程称为脱活化；将硅胶于 105～110℃加热，能可逆除去这些水，使之重新具有吸附活性，这一过程称为活化。通过活化与脱活化可控制吸附剂的活性。硅胶的活性与含水量的关系如表 17-1 所示。

表 17-1　硅胶和氧化铝的活性与含水量的关系

硅胶的含水量 (%)	氧化铝的含水量 (%)	活性级数	活性
0	0	Ⅰ	
5	3	Ⅱ	高
15	6	Ⅲ	↓
25	10	Ⅳ	低
38	15	Ⅴ	

由表可知，吸附剂含水量越多，活性级数越大，吸附活性越低，吸附能力越弱。硅胶于105～110℃加热30 min，因失水而吸附能力增强；若加热至500 ℃，硅胶中硅醇基发生不可逆失水变为硅氧烷结构，吸附能力显著下降。因此，在进行硅胶活化时，一定要控制好活化温度。

硅胶的粒度、孔径及比表面积等是影响硅胶分离效率的因素。粒度越小、越均匀，硅胶的分离效率越高，经典薄层色谱常用硅胶的粒度为10～40 μm；比表面积越大，吸附能力越强。

硅胶呈微酸性，主要用于分离酸性和中性物质，如有机酸、氨基酸、甾体、萜类等。碱性物质因与硅胶作用，展开时会出现拖尾甚至滞留于原点的现象。薄层色谱法常用的硅胶有硅胶H、硅胶G及硅胶GF_{254}等。硅胶H为不含黏合剂的硅胶；硅胶G由硅胶和煅石膏混合而成；硅胶GF_{254}既含煅石膏，又含有锰激活的硅酸锌，在254 nm紫外光照射下呈现强烈的黄绿色荧光背景。此外还有HF_{254}、$HF_{254+365}$等。

2. 氧化铝 氧化铝由氢氧化铝在40～50℃灼烧而成，可分为中性（pH 7.5）、酸性（pH 4～5）和碱性（pH 9～10）氧化铝三种。

中性氧化铝用于分离酸性或对碱不稳定的化合物，如生物碱、挥发油、甾体、萜类、酯类、苷类等。

酸性氧化铝用于分离酸性化合物，如氨基酸、酸性色素等。

碱性氧化铝用于分离碱性和中性化合物，如生物碱、脂溶性维生素等。

氧化铝的吸附活性与其含水量密切相关，如表17-1，含水量越大，吸附活性越弱，吸附能力越低。

3. 聚酰胺 聚酰胺是一类由酰胺聚合而成的高分子化合物，主要通过分子中的酰氨基与化合物中质子给予体形成氢键而对该物质产生吸附，因形成氢键的能力不同，吸附能力也不同，从而使各化合物得以分离。常用的是聚己内酰胺。

聚酰胺主要用于酚类、酸类、醌类、硝基化合物等的分离，目前广泛应用于天然药物有效成分的分离。

（二）展开剂

展开剂（developing solvent）是薄层色谱的流动相，是影响薄层色谱分离效果的又一重要因素。可利用Stahl设计的图形来选择吸附薄层色谱的色谱条件，如图17-3所示，若被分离的物质为极性物质（图中A角指向极性物质），则应选择吸附活性小的吸附剂（图中B角指向活性小的吸附剂）、极性展开剂（图中C角指向极性展开剂），反之亦然。

图17-3 薄层色谱条件的选择示意图

薄层色谱中常用的溶剂按极性由强到弱的顺序为

水＞酸＞吡啶＞甲醇＞乙醇＞正丙醇＞丙酮＞乙酸乙酯＞乙醚＞氯仿＞二氯甲烷＞甲苯＞苯＞三氯乙烷＞四氯化碳＞环己烷＞石油醚。

在薄层色谱中，常根据被分离组分的极性，先用单一溶剂展开，再根据分离效果考虑是否需要改变展开剂的极性或改用混合展开剂。例如，物质 A 用甲苯展开时，若 R_f 太小，则可在甲苯中加入适量极性较大的溶剂（如乙醇），不断地调整甲苯和乙醇的比例，直至获得满意的 R_f 为止；若 R_f 太大，则可在甲苯中加入适量极性较小的溶剂（如石油醚）以降低展开剂的极性，使 R_f 符合要求。往往需要多次实验才能找到合适的展开剂，有时需要两种或两种以上溶剂组成的混合溶剂作为展开剂。一般在混合展开剂中占比例较大的溶剂起着溶解物质和分离的作用；而占比例较小的溶剂则起着调整溶剂极性、改善 R_f 的作用。

案例 17-3

人参为五加科植物人参 *Panax ginseng* C. A. Mey 的干燥根和根茎，具有大补元气，复脉固脱，补脾益肺，生津养血，安神益智的功效。人参中含有多种的人参皂苷及其苷元类、多糖类化学成分等，如①人参皂苷单糖苷；②齐墩果烷三糖苷；③原人参二醇；④多糖；⑤乌苏烷五糖苷。

问题：

用硅胶 G 薄层色谱分离下列化合物，以三氯甲烷-乙酸乙酯-甲醇-水多元溶剂系统作为展开剂，按照 R_f 值从大到小给 5 个化合物排序。

案例 17-3 分析

正相薄层色谱法固定相的极性大于流动性的极性，极性小的化合物 R_f 值大，极性大的化合物 R_f 值小。五种化合物的极性大小顺序为④＞⑤＞②＞①＞③，所以五种化合物的 R_f 值从大到小的顺序为③原人参二醇＞①人参皂苷单糖苷＞②齐墩果烷三糖苷＞⑤乌苏烷五糖苷＞④多糖。如果在反相薄层色谱法中，如使用 ODS 薄层板，情况正好相反。反相薄层色谱法流动相的极性大于固定相的极性，极性大的化合物 R_f 值大，极性小的化合物 R_f 值小。

三、薄层色谱法的操作方法

薄层色谱法的操作程序分为制板、点样、展开、斑点定位等。

（一）薄层板的制备

薄层板的厚度及其均匀性，对样品分离和 R_f 的重现性影响很大，若条件允许，可根据需要购买商品薄层板。一般薄层板的厚度为 250 μm，若要分离制备少量纯物质，则薄层板的厚度可稍大些，甚至达到 1～2 mm。

薄层板分为硬板和软板。软板不含黏合剂，表面松散，固定相易散落，现已不常用；硬板含黏合剂，机械强度较好。下面仅介绍硬板的制备方法。

1. 载板的选择　一般采用玻璃板、塑料板或铝箔作载板，要求其表面光滑、平整、洁净、厚度均匀等。载板的大小可根据实验需要选择。

2. 薄层板的涂铺　将固定相、黏合剂和溶剂按一定比例混合，于研钵中沿一个方向研磨成不含气泡的匀浆，将之均匀地涂铺在准备好的载板上。薄层板的涂铺方法有倾注法、平铺法、机械涂铺法等。

（1）倾注法：将固定相匀浆倒在载板上，用玻璃棒均匀摊开，轻轻振动，使整块薄层板均匀、表面光滑平坦，置于水平台上晾干。本法是最简单的手工铺板方法，所制得的薄层板一致性较差。

（2）平铺法：将一块适当的玻璃平板放在水平台面，在此板上放置准备好的玻片，然后在玻璃平板两侧加上玻璃条做成厚度高出玻片 0.25～1 mm 的边框，将固定相匀浆倒在玻片一端，再用一块边缘平整的玻片或塑料板由此端向另一端均匀地将固定相匀浆刮平，晾干。本法简单易行，一次可涂铺多块薄层板。

（3）机械涂铺法：直接采用涂铺器制板，操作简单，制成的薄层板厚度均匀，重现性好，分离效果好，适于定量分析，是目前广为应用的方法。涂铺器的种类较多，使用时按说明书操作即可。

3. 薄层板的活化 涂铺好的薄层板自然晾干后，在 105～110 ℃活化 0.5～1 h，于干燥器中存放备用。用聚酰胺吸附剂铺成的薄层板则需保存在有一定湿度的空气中。

常用的黏合剂有羧甲基纤维素钠（CMC-Na）和煅石膏（$CaSO_4 \cdot 1/2H_2O$）。以 CMC-Na 为黏合剂制成的硅胶薄层板称为硅胶-CMC 板，这种板机械强度好，但在使用强腐蚀性显色剂时，应注意把握好显色温度和时间，以免 CMC-Na 炭化而影响检测。以煅石膏为黏合剂制成的硅胶薄层板称为硅胶 G 板，这种板机械强度较差，易脱落。

（二）点样

点样（sample application）是薄层色谱关键的实验步骤，溶解样品所用的溶剂、点样量及点样的方法等均会影响薄层色谱的分离效果。

溶解样品所用的溶剂最好与展开剂的极性相似，且具有良好的挥发性（如乙醇、丙酮、三氯甲烷等），以使点样后溶剂能迅速挥发、减少斑点的扩散。尽量避免用水作溶剂，对于水溶性样品，可先用少量水溶解后，再用甲醇或乙醇稀释定容。

可用点样毛细管、微量注射器或自动点样仪进行点样，点样量一般为几到几十微克，若进行薄层定量分析或薄层制备，可多至几百微克，甚至 1 mg 以上。点样的原点一般距薄层板底端 1.5～2 cm 处，原点直径控制在 2～4 mm 为宜。若采用分量多次点样，为防止斑点扩散，每次点样需自然晾干或用电吹风吹干后，方可进行二次点样。

（三）展开

点好样的薄层板与展开剂接触，展开剂带动样品组分迁移的过程称为展开（development）。

展开应在密闭的色谱缸中进行，常用的展开方式有上行展开、近水平展开、多次展开、双向展开等。

1. 上行展开 上行展开是薄层色谱中最常用的展开方式，黏合薄层板常用此法展开，主要借助毛细管作用自下而上进行。将点好样的黏合薄板直立于盛有展开剂的色谱缸中，展开剂浸没薄层板下端高度应小于 0.5 cm，原点不能浸入展开剂中。待展开剂前沿达到一定距离（如 10～20 cm）时，将薄层板取出，标记展开剂前沿，待展开剂挥干后，即可定位。

2. 近水平展开 近水平展开将点好样的薄层板下端浸入展开剂约 0.5 cm 处，原点不能浸入展开剂中，把薄层板上端垫高，使之与水平夹角为 15°～30°。展开剂借助毛细管作用自下而上进行展开。该方式展开速度快，适于软板的展开。

3. 多次展开 多次展开第一次展开后，待薄层板上展开剂完全挥去，再用同种或另一种展开剂以相同的方法进行第二次、第三次……展开，以获得良好的分离效果。

4. 双向展开 双向展开将样品点在薄层板的一角，第一次展开后，取出挥去薄层板上的展开剂，将其旋转 90°，改用另一种展开剂进行展开。

展开操作中应注意：①展开前，薄层板应置于盛有展开剂的色谱缸内饱和 15～30 min，且不能与展开剂直接接触，待色谱缸中展开剂蒸气达饱和状态时，方可将薄层板下端浸入展开剂。如此操作可以防止边缘效应。所谓边缘效应是指同一组分在同一薄层板上处于边缘的斑点的比移值比位于中心的比移值大的现象。它主要是由于展开剂的挥发速度由薄层板中央到边缘逐渐增大，致使在相同条件下，同一组分在边缘处的迁移距离大于中心处的迁移距离。②展开过程中要恒温恒湿。温度和湿度的改变会影响组分的比移值和分离效果，降低重现性。

（四）斑点的定位

对于有色物质的分离，展开后，可直接在日光下观察斑点，测算 R_f；而对于无色物质的分离，则可采用物理检出法和化学检出法进行斑点的定位。

1. 物理检出法　物理检出法不破坏物质的斑点，通常是在紫外灯（254 nm 或 365 nm）下观察薄层板上有无荧光斑点或暗斑，并标示斑点位置、记录其颜色和强弱。适于能发出荧光或有紫外吸收的物质斑点的定位。

2. 化学检出法　化学检出法利用化学试剂与被测物质反应，使斑点显色的定位方法称化学检出法。这种能与被测物反应，使斑点显色的试剂称显色剂，显色剂可分为通用型和专用型两类。

（1）通用型显色剂有碘、硫酸溶液、荧光黄溶液等。碘蒸气对许多有机物可显色，如生物碱、氨基酸及其衍生物、肽类等，该显色反应为可逆反应，在空气中随着碘的升华挥去，组分斑点恢复原样。10% 硫酸乙醇溶液可使大多数有机化合物产生色斑，甚至产生荧光。0.05% 荧光黄甲醇溶液是芳香族与杂环化合物的通用显色剂。

（2）专用型显色剂只对某一类或某一个化合物显色，如茚三酮是氨基酸和脂肪族伯胺的专用显色剂，而三氯化铁的高氯酸溶液则对吲哚类生物碱显色。

案例 17-4

《中国药典》（2020 年版）一部规定采用薄层色谱法来鉴别青蒿。具体方法如下：取青蒿粉末 3 g，加石油醚（60～90 ℃）50 mL，加热回流 1 h，滤过，滤液蒸干，残渣加正己烷 30 mL 使溶解，用 20% 乙腈溶液振摇提取 3 次，每次 10 mL，合并乙腈液，蒸干，残渣加乙醇 0.5 mL 使溶解，作为供试品溶液。另取青蒿素对照品，加乙醇制成每 1 mL 含 1 mg 的溶液，作为对照品溶液。照薄层色谱法（通则 0502）试验，吸取上述两种溶液各 5 μL 分别点于同一硅胶 G 薄层板上，以石油醚（60～90℃）- 乙醚（4 ∶ 5）为展开剂，展开，取出，晾干，喷以 2% 香草醛的 10% 硫酸乙醇溶液，在 105 ℃加热至斑点显色清晰，置紫外线灯（365 nm）下检视。供试品色谱中，在与对照品色谱相应的位置上，显相同颜色的荧光斑点。

问题：

为什么做青蒿素的薄层色谱时，用 2% 香草醛的 10% 硫酸乙醇溶液，本来应该显蓝色，显色后却没颜色？

案例 17-4 分析

一般在用到硫酸的显色剂时，都需要加热才能显色，在加热的条件下，被检物被硫酸氧化而显不同颜色，加热温度最好为 100～110℃。如果用吹风机加热，当显色明显后就要停止加热，否则有可能使背景变成黑色。

题中喷完显色剂没有显色的可能原因：①没有加热，可以先加热；②显色剂配制时间过长，可以重新配制显色剂；③加热时间过长，薄层板变黑，看不出来蓝色。

四、薄层色谱法的系统适用性试验

按各品种项下要求对实验条件进行系统适用性试验，即用供试品和标准物质对实验条件进行试验和调整，应符合规定的要求。

（一）比移值

除另有规定外，杂质检查时，各杂质斑点的 R_f 以 0.2～0.8 为宜。

（二）检出限

检出限系指限量检查或杂质检查时，供试品溶液中被测物质能被检出的最低浓度或量。一般采用已知浓度的供试品溶液或对照标准溶液，与稀释若干倍的自身对照标准溶液在规定的色谱条件下，在同一薄层板上点样、展开、检视，后者显清晰可辨斑点的浓度或量作为检出限。

（三）分离度（或称分离效能）

鉴别时，供试品与标准物质色谱中的斑点均应清晰分离。当薄层色谱扫描法用于限量检查和含量测定时，要求定量峰与相邻峰之间有较好的分离度除另有规定外，分离度应大于 1.0。在化学药品杂质检查的方法选择时，可将杂质对照品用供试品自身稀释的对照溶液溶解制成混合对照溶液，也可将杂质对照品用待测组分的对照品溶液溶解制成混合对照标准溶液，还可采用供试品以适当的降解方法获得的溶液，上述溶液点样展开后的色谱图中，应显示清晰分离的斑点。

（四）相对标准偏差

薄层扫描含量测定时，同一供试品溶液在同一薄层板上平行点样的待测成分的峰面积测量值的相对标准偏差应不大于 5.0%；需显色后测定的或者异板的相对标准偏差应不大于 10.0%。

五、定性和定量分析

（一）定性分析

在一定色谱条件下，组分的 R_f 或 R_r 为一个定值，因此在斑点定位后，可利用 R_f 或 R_r 进行定性。

1. 利用 R_f 定性 将样品与对照品在同一薄层板上展开，通过比较样品和对照品的 R_f 及其斑点颜色进行定性。必要时可通过多个展开系统进一步比较，以确定样品与对照品是否为同种物质。

2. 利用 R_r 定性 可与文献收载的 R_r 比较进行定性，亦可与对照品的 R_r 比较进行定性。由于 R_r 的测定可消除实验条件的影响，减小了实验误差，因此利用 R_r 定性可使定性结果更为可靠。

上述定性方法适于已知范围未知物的定性分析，而对于完全未知化合物的定性分析，应将分离后的组分斑点取下，洗脱后借助于其他方法（如红外光谱法、核磁共振波谱法、质谱法等）作进一步的定性分析。

（二）定量分析

薄层色谱的定量方法有目视法、洗脱法和薄层色谱扫描法。

1. 目视法 将一系列已知浓度的对照品溶液与样品溶液点在同一薄层板上，展开、显色后，用眼睛直接比较样品斑点与对照品斑点的颜色深浅或面积大小，然后估算出被测组分的近似含量。目视法是一种半定量分析方法，精密度为±10%。

2. 洗脱法 将组分斑点全部取下，用适当的溶剂洗脱被测组分，再选用适当的方法（如紫外分光光度法等）进行定量分析。

3. 薄层色谱扫描法 用薄层色谱扫描仪对组分斑点进行扫描，直接测定斑点的含量。本法准确度较高，精密度可达±5%，是薄层色谱法主要的定量方法。

影响薄层色谱定量分析准确度的因素较多，如点样量的精确度、斑点面积的规则程度、测量方法的精确度等，因此在进行薄层色谱定量分析时应尽量做到：组分斑点集中、无拖尾；选用对组分溶解度大的溶剂作为洗脱剂并进行多次洗脱；对难洗脱的组分，可采用离心分离或滤过等方法进行定量分析。

六、高效薄层色谱法

高效薄层色谱法（high performance thin layer chromatography，HPTLC）是在经典薄层色谱法的基础上发展起来的一种新型薄层色谱技术。高效薄层板一般为商品预制板，由颗粒直径比经典薄层板更细小、更均匀的化学键合相、硅胶、氧化铝、纤维素等为固定相，采用喷雾技术制成。高效薄层色谱与经典薄层色谱相比，具有分离效率高、分析速度快、检测灵敏度高等特点（表 17-2），一般采用薄层扫描仪进行定量分析。

表 17-2　经典薄层板与高效薄层板的比较

参数	经典薄层板	高效薄层板
板尺寸（cm）	20×20	10×10
固定相平均粒度（μm）	10～40	5，10
粒度分布	宽	窄
薄层厚度（μm）	250～300	200
点样量（μl）	1～5	0.1～0.2
原点直径（mm）	3～6	1～1.5
斑点直径（mm）	6～15	2～5
点样数	10	18～36
展开距离（cm）	10～15	3～6
展开时间（min）	30～200	3～20
检测限：吸收（ng）	1～5	0.1～0.5
荧光（ng）	0.05～0. 1	0.005～0.01
有效塔板数	＞600	＞5000
分离数	7～10	10～20

七、薄层色谱扫描法

薄层色谱扫描法是将一定波长的光照射到展开后薄层板的被测组分斑点上，通过测定该斑点对光的吸收或所产生的荧光强度，进行定量分析的方法。薄层扫描仪是一种专门对组分斑点进行扫描的分光光度计，仪器种类较多，常用的是双波长薄层扫描仪。

（一）基本原理

双波长薄层色谱扫描仪的光学系统及其原理与双光束双波长的分光光度计相似，图 17-4 为双波长双光束薄层色谱扫描仪的基本光路图。

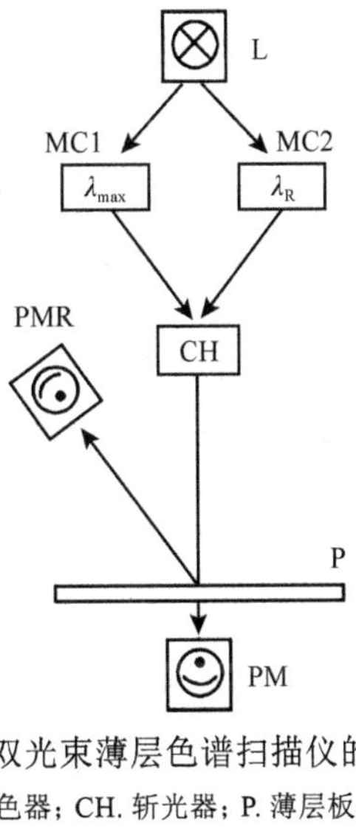

图 17-4　双波长双光束薄层色谱扫描仪的基本光路示意图

L. 光源；MC1、MC2. 单色器；CH. 斩光器；P. 薄层板；PMR、PM. 光电检测器

光源 L 发射的光通过单色器 MC1、MC2 分成两束不同波长的光 λ_{max}、λ_R 通过斩光器 CH 进

行切换，使它们交替照射到被测组分的斑点上，当测定波长（λ_{max}）光照射到被测组分斑点时，组分和背景（吸附剂）对它均有吸收，而当参比波长（λ_R）光照射到该斑点时，背景有吸收、组分几乎无吸收，从而可扣除背景吸收，因此薄层扫描法测定的是 λ_{max}、λ_R 处的信号强度差。若采用反射法测定，则反射光由光电倍增管 PMR 接收；若采用透射法测定，则透射光由光电倍增管 PM 接收。光电倍增管可将光能转变为电信号输出，再由对数放大器转换为吸光度信号、记录仪记录，即可得到曲线轮廓或峰面积。

通常选择被测组分的吸收峰波长为测定波长、该组分吸收光谱的基线部分（即组分无吸收的波长）作参比波长，选择的方法与双波长分光光度法的波长选择方法相同。双波长扫描的测定值是 λ_{max}、λ_R 处的吸光度之差，因此薄层背景引入的测定误差得以修正，测定的精度得到改善。

（二）扫描方式

根据扫描光束的运动轨迹，扫描方式可分为线形扫描及曲折形扫描，如图 17-5 所示。

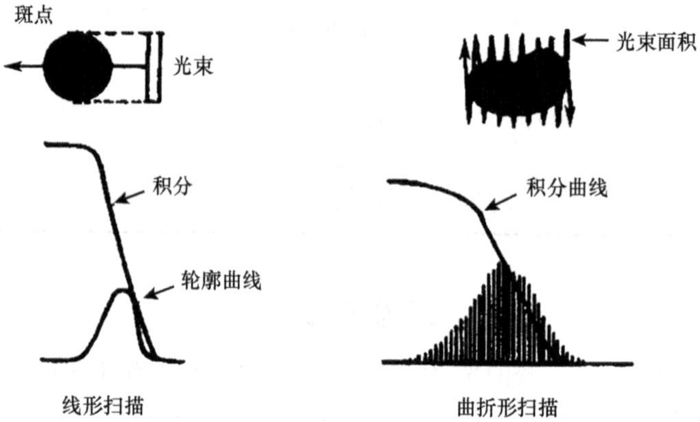

图 17-5　线形扫描与曲折形扫描示意图

1. 线形扫描法　光束以直线轨迹通过组分斑点。扫描时光束应照射到整个组分斑点，测得的是斑点各个部分对光束的吸光度之和。该法适用于形状规则的斑点，若从不同方向扫描斑点，测得的吸光度也会不同。

2. 曲折形扫描法　光束呈锯齿状轨迹移动，对组分斑点进行扫描。该法特别适用于形状不规则的斑点或大斑点，即使从不同方向扫描，亦能获得基本一致的积分值。

（三）测定方法

1. 反射法　将一定波长的光束照射到组分斑点上，一部分光被吸收，而另一部分光被反射并由光电倍增管检出。本法受薄层表面均匀度影响较大，但对薄层厚度的均匀性要求不高，适于不透明的薄层板，是目前常用的测定方法。

2. 透射法　将一定波长的光束照射到组分斑点上，一部分光被吸收，另一部分光透过薄层由光电倍增管检出。本法适用于透明薄层板，在应用上受到一定的限制。

3. 荧光测定法　以汞灯或氙灯发射的光作为激发光照射到组分斑点上，采用反射法或透射法测定斑点受激后所产生的荧光强度。本法灵敏度高，适于微量物质的含量测定。

（四）定量方法

薄层色谱扫描法主要采用外标法进行定量分析。先用对照品作标准曲线，求得线性范围，当标准曲线为过原点的直线时，可用外标一点法定量；若标准曲线不过原点，则必须用外标两点法进行定量。

1. 外标一点法　只需要一种已知准确浓度的对照品溶液，将它与样品溶液分别在薄层板上各点 3～4 个点，展开后测定各斑点的峰面积，以平均值代入下式计算

$$\frac{m_i}{m_s}=\frac{A_i}{A_s} \tag{17-8}$$

式中，m_i、m_s 分别为样品及对照品的质量，A_i、A_s 分别为样品及对照品的峰面积。

2. 外标两点法 以两种浓度的对照品溶液或一种浓度两种点样量与样品溶液比较定量的方法，称外标两点法。以下列公式计算。

$$m_i = a + bA_i \tag{17-9}$$

$$b=\frac{m_{s,1}-m_{s,2}}{A_{s,1}-A_{s,2}} \quad a = m_{s,1}-bA_{s,1}$$

式中，各种物质的峰面积分别为多点的平均峰面积。

八、薄层色谱的应用及实例

薄层色谱法广泛应用于物质的分离与鉴定，亦可用于小量物质的提纯与精制。在药学领域中，可用于药品的纯度控制及杂质检查；监控药品合成反应历程；天然药物的有效成分分离与测定；中药的定性鉴定、杂质检查及含量测定等。

例如，《中国药典》（2020 年版）二部采用薄层色谱法检查异卡波肼的有关物质。具体方法如下：取本品，加甲醇溶解并稀释制成每 1 mL 中含 50 mg 的溶液，作为供试品溶液。取杂质Ⅰ对照品 12.5 mg，置 50 mL 容量瓶中，加甲醇溶解并稀释至刻度，摇匀，作为对照品溶液 1。取杂质Ⅱ对照品 12.5 mg，加甲醇 50 mL 使溶解，加 Na_2CO_3 1 g，振摇 2 min，滤过，取滤液，作为对照品溶液 2。照薄层色谱法试验，吸取上述三种溶液各 20 μL，分别点于同一硅胶 GF_{254} 薄层板上，以乙酸乙酯-正庚烷（3 ∶ 2）为展开剂，展开，取出，晾干，置紫外线灯（254 nm）下检视后，再喷以新鲜制备的三氯化铁-铁氰化钾溶液（取 10% 三氯化铁溶液 20mL 与 20% 铁氰化钾溶液 20 mL 混合）显色。结果判断：在紫外线灯（254 nm）下检视时，供试品溶液如显与对照品溶液 1 相应的杂质斑点，其荧光猝灭强度与对照品溶液 1 的主斑点比较，不得更强（0.5%）；显色后，供试品溶液如显与对照品溶液 2 相应的杂质斑点，其颜色与对照品溶液 2 的主斑点比较，不得更深（0.5%）。

又如，《中国药典》（2020 年版）一部中大山楂丸的含量测定采用薄层色谱扫描法。具体方法如下：取重量差异项下的本品，剪碎，混匀，取约 3 g，精密称定，加水 30 mL，60℃水浴温热使充分溶散，加硅藻土 2 g，搅匀，滤过，残渣用水 30 mL 洗涤，100 ℃烘干，连同滤纸一并置索氏提取器中，加乙醚适量，加热回流提取 4 h，提取液回收溶剂至干，残渣用石油醚（30～60 ℃）浸泡 2 次（每次约 2 min），每次 5 mL，倾去石油醚液，残渣加无水乙醇-三氯甲烷（3 ∶ 2）的混合溶液适量，微热使溶解，转移至 5 mL 容量瓶中，用上述混合溶液稀释至刻度，摇匀，作为供试品溶液。另取熊果酸对照品适量，精密称定，加无水乙醇制成每 1 mL 含 0.5 mg 的溶液，作为对照品溶液。照薄层色谱法（通则 0502）试验，分别精密吸取供试品溶液 5 μL、对照品溶液 4 μL 与 8 μL，分别交叉点于同一硅胶 G 薄层板上，以环己烷-三氯甲烷-乙酸乙酯-甲酸（20 ∶ 5 ∶ 8 ∶ 0.1）为展开剂，展开，取出，晾干，喷以 10% 硫酸乙醇溶液，在 110 ℃加热至斑点显色清晰，在薄层板上覆盖同样大小的玻璃板，周围用胶布固定，照薄层色谱法（通则 0502 薄层色谱扫描法）进行扫描，波长：λ_S=535 nm，λ_R=650 nm，测量供试品吸光度积分值与对照品吸光度积分值，计算，即得。本品每丸含山楂以熊果酸（$C_{30}H_{48}O_3$）计，不得少于 7.0 mg。

第三节 纸色谱法

一、纸色谱法的分离原理

纸色谱法是以纸为载体的平面色谱法，固定相通常是纸纤维及其吸着的水，展开剂常为一些含水的有机溶剂。

纸色谱的分离原理属于分配色谱范畴，其色谱过程可以看成是溶质在固定相与展开剂之间连续萃取的过程，依据被测组分在两相间分配系数的差异而分离。纸色谱中，化合物的分配系数取决于化合物的分子结构、展开剂的种类及极性。纸色谱通常为正相色谱，化合物的极性越大、亲水性越强，被测组分在水中的分配量越大，则分配系数越大，R_f小；反之亦然。当化合物一定时，展开剂的极性越大，被测组分在展开剂的分配量越大，分配系数越小，R_f越大；反之亦然。

二、纸色谱法的实验条件

（一）色谱纸的选择

用于纸色谱的滤纸有如下要求。①纯净且无明显荧光斑点。②质地均匀，无痕，有一定的机械强度。③松紧适宜。纸纤维疏松易使斑点扩散，过于紧密则会降低展开速度。④根据分离对象和目的来选择滤纸的型号。对R_f相近的化合物，宜选用慢速滤纸；反之，则可选快速滤纸。定性分析宜选用较薄的滤纸；而定量或制备分析时则应采用厚的滤纸。

（二）点样

与薄层色谱法相似，可根据滤纸的厚度及显色剂的灵敏度确定点样量，一般为几至几十微克。

（三）展开

展开剂的选择主要取决于欲分离物质在两相中的溶解度和展开剂的极性。在展开剂中溶解度较大的物质迁移速度较快，R_f较大；对极性物质，增大展开剂的极性，R_f增大。可通过调节混合展开剂中各溶剂的比例，以改变展开剂的极性。

纸色谱法常用上行展开方式展开，借助于纸纤维的毛细管效应使展开剂向上扩散。亦可采用下行展开、多次展开、径向展开等，但是，即使是同一物质，若展开方式不同，其R_f也会不相同。

纸色谱法最常用的展开剂是含水的有机溶剂，如水饱和的正丁醇、正戊醇、酚等。此外，有时为了防止弱酸、弱碱的离解，可加入少量的酸或碱。

（四）斑点的定位

与薄层色谱法基本相同，但应注意：腐蚀性的显色剂不能用于纸色谱，以免滤纸被腐蚀；也不能在高温下显色。

三、定性和定量分析

纸色谱的定性分析方法与薄层色谱法相似，也是根据R_f或R_r来鉴别物质；而定量分析方法则采用剪洗法，即将斑点剪下，经溶剂浸泡、洗脱后，用比色法或分光光度法测定；亦可用目视比色法作半定量分析。目前，已很少用纸色谱法进行定量分析。

案例 17-5

试推测下列三种糖，在相同条件下进行纸色谱分析时，比移值R_f的顺序，并说明理由。

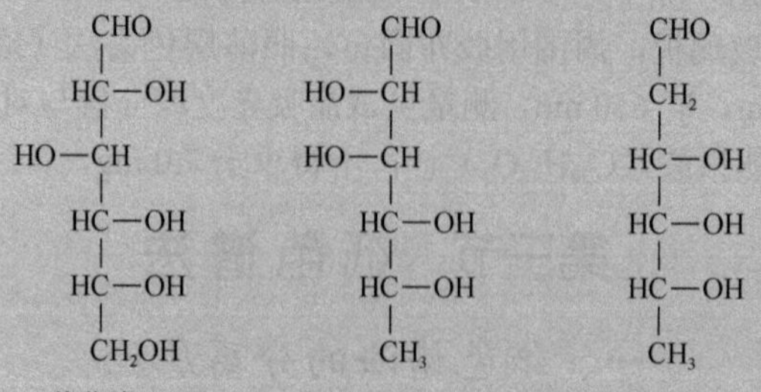

葡萄糖　　鼠李糖　　洋地黄毒糖

案例 17-5 分析

同类化合物中极性基团多的化合物通常极性较强。这三种化合物均属于六碳糖，它们的极性次序为：洋地黄毒糖＜鼠李糖＜葡萄糖。由于纸色谱属于分配色谱，其固定相为滤纸上吸着的水，组分的极性越大，越容易被保留，R_f 越小。所以在薄层板上 R_f 的次序正好同上相反，即洋地黄毒糖＞鼠李糖＞葡萄糖。

知识窗

高鸿（1918～2013 年），陕西泾阳人，我国近代仪器分析学科奠基人之一，分析化学家、教育家，中国科学院院士。1943 年毕业，1945 年 2 月赴美国伊利诺大学专攻分析化学，1947 年 9 月获化学博士学位并留校工作，1948 年 2 月回国。历任南京大学副教授、教授、终身教授，并被确定为全国首批博士生指导教师。1980 年 11 月当选中科院学部委员，擅长仪器分析，特别致力于电化学分析的研究。他在近代极谱分析基础理论和新技术、新方法的研究方面成绩卓著。高鸿院士具有老一辈科学家共有的品质。

（1）报国热忱：1948 年他放弃美国伊利诺大学的优厚条件，毅然回国，在写给未婚妻的信上说："我知道国内硝烟弥漫，生活艰苦，工作条件差，但我宁愿回国后英雄无用武之地，也不愿有国不能回。"他说："梁园虽好，并非久留之地……""我应该为我的祖国和同胞服务，我的事业在祖国。"回国后他编写了中国第一部《仪器分析》教科书（1956 年），开创了我国仪器分析的先河。他一生为中国的科学事业而奋斗，汇编出版了《分析化学前沿》。

（2）严谨求实：在编写《仪器分析》时，书中收录的每一个实验，他都亲自动手做过，即使条件非常艰苦，他也要经过实践验证才编入教材。

（3）开拓创新：极谱分析研究理论一直被看作是"高深莫测"的，如"球形电极扩散电流公式"，极谱学权威学者曾断言这个公式是无法验证的。高鸿经过系列深入的研究，创造性地提出了 19 个电化学理论公式，圆满通过实验验证了"球形电极扩散电流公式"的理论，首创了电滴定分析领域新技术——示波滴定分析。

思考题与习题

1. 硅胶的活性和含水量有什么关系，对物质的吸附能力有什么影响？

2. 如何选择硅胶薄层色谱的展开剂？若某样品以三氯甲烷为展开剂时其 R_f 为 0.05，下一步实验该如何考虑？

3. 何为高效薄层色谱？高效薄层色谱有何特点？

4. 薄层色谱法的测定方法有哪几种？适用范围有什么不同？

5. 薄层色谱扫描法的测定方法有哪几种？适用范围有什么不同？

6. 已知 A 与 B 两物质的 R_r 为 1.50。当 B 物质在某薄层板上展开后，色斑距原点 7.50 cm，溶剂前沿到原点的距离为 15.0 cm，问若 A 在此板上同时展开，则 A 物质的展距为多少 ?A 物质的 R_f 为多少？

7. 薄层色谱分离 A、B 两组分，A 斑点距原点 3.50 cm 时，B 的 R_f 大于 A 的，B 斑点距 A 斑点 2.50 cm，展开剂前沿距 B 斑点 6.00 cm。计算：①两组分各自的 R_f 及 B 对 A 的 R_r；②当展开剂前沿距原点 18.00 cm 时，A、B 两斑点之间的距离。

8. 用薄层扫描法在一氧化铝薄层板上测得如下数据：L_0=10.80 cm，R_f=0 的物质半峰宽为 3.60 mm；R_f=1 的物质半峰宽为 9.40 mm，计算该薄层板的分离数。

9. 已知某组分 A 在纸色谱上的分配系数为 0.5，流动相与固定相的体积比为 V_m ：V_s=0.33 ：0.1，试计算该组分的 R_f。

10. 下面的类固醇被标记在硅胶薄层色谱板上。该薄层板在二氯甲烷-乙醚-甲醇-水（77 ：

15 ：8 ：1.2）中显色，在紫外光下距离原点依次为①②③④。根据你对有机分子极性的了解，将甾体 ABCD 与薄层色谱板上的斑点进行匹配。

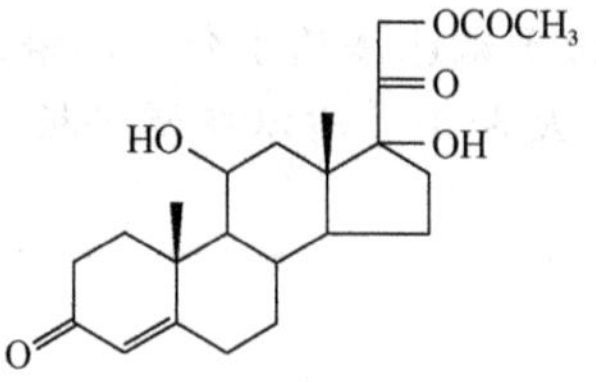

hydrocortisone acetate
化合物A

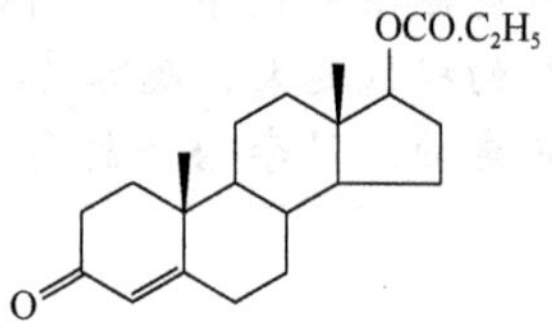

testosterone propionate
化合物B

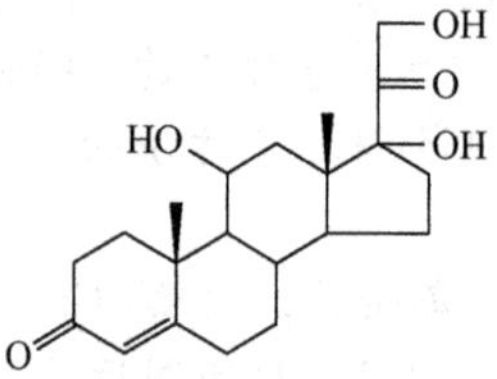

hydrocortisone
化合物C

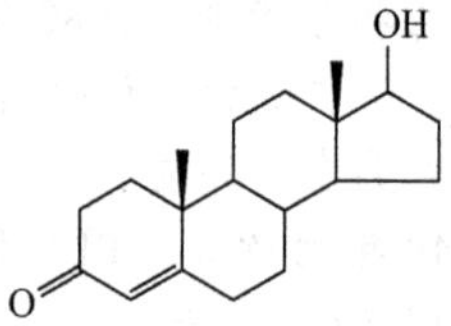

testosterone
化合物D

（杨春娟）

第十八章　气相色谱法

学习目标

1. 掌握　气相色谱仪的主要部件；固定液的分类及选择；几种常用定量方法的计算。

2. 熟悉　气相色谱常用检测器的分类及选用，分离条件的选择，速率理论在气相色谱法中的具体应用，毛细管气相色谱系统的特点。

3. 了解　气相色谱法的发展、分类及特点，毛细管色谱速率理论和实验条件的选择。

案例 18-1

张某驾车超速行驶被交警拦下，经酒精检测仪检测其为酒后驾驶，张某不服，被交警带回后抽取血液经气相色谱法检测，确定其 100 mL 血液中乙醇含量高于 80 mg，为醉酒驾驶。酒后驾车现象的频繁出现和因酒后驾车造成交通事故的不断增加，需要快速，准确，稳定地分析出酒后驾车司机血液中的乙醇含量，目前世界各国公认比较权威的方法是顶空进样气相色谱法。

问题：

（1）哪些物质适合用气相色谱法进行分析？

（2）查阅文献，气相色谱法测定乙醇含量的具体实验条件是什么？

案例 18-1 分析

气相色谱法广泛应用于气体和易挥发或可转化为易挥发的液体与固体样品的分析。国家标准《血液、尿液中乙醇、甲醇、正丙醇、丙酮、异丙醇和正丁醇检验》（GB/T 42430——2023）规定：血液和尿液中乙醇的检测方法分为两种，分别是气相色谱法和电化学传感器法。其中，气相色谱法根据乙醇等 6 种化合物易挥发的特性，经与平行操作的标准物质比较，采用顶空气相色谱检测，依据两种不同性质色谱柱的保留时间进行定性，以峰面积为依据，内标法或外标法定量。或采用顶空气相色谱-质谱检测，依据保留时间、质谱特征碎片离子进行定性。

气相色谱法（gas chromatography，GC）是以气体为流动相的色谱方法，适用于易挥发、热稳定的物质。

1941 年，英国的马丁（Martin）和辛格（Synge）联名发表论文，首次预言色谱流动相可以是气体，从而预测气相色谱法的可行性。1952 年，马丁与詹姆斯（James）报道了以氮气作为流动相和硅藻土负载硅油/硬脂酸作为固定相，用自动滴定仪作检测器分离测定挥发性脂肪酸混合物，创立了气-液色谱法。1954 年，瑞依（Ray）将热导检测器应用于气相色谱仪，从而扩大了气相色谱法的应用范围。1956 年，荷兰学者范第姆特（Van Deemter）等总结了前人的研究成果，提出了气相色谱的速率理论，为气相色谱法奠定了理论基础。1958 年，美国的戈雷（Golay）首先提出了分离效能极高的毛细管柱气相色谱法，从此气相色谱法迅速发展起来。目前，气相色谱法已成为分析化学中极为重要的分离分析方法，在化工、医药、环境监测等领域得到了广泛的应用。在药物分析中，该法是原料药与制剂杂质检查和含量测定的首选方法之一。

第一节　气相色谱法的分类和一般流程

一、气相色谱法的分类和特点

（一）分类

1. 按固定相状态分类

（1）气-固色谱法：固定相在使用温度下为固体称为气-固色谱法。

（2）气-液色谱法：固定相在使用温度下为液体称为气-液色谱法。

2. 按柱径粗细分类

（1）填充柱气相色谱法：该法使用吸附剂、多孔小球或涂渍固定液的载体等固定相，将其填充在内径 2～4 mm 的金属管或玻璃管内制成色谱柱。

（2）毛细管柱气相色谱法：该法使用内径为 0.1～0.5 mm 的玻璃管或石英管。若将固定相涂敷在毛细管内壁上，管中心是空的，称为开管毛细管柱；若将固定相装在玻璃管或石英管内，再拉成毛细管，为填充毛细管柱。

3. 按分离机制分类

（1）吸附色谱法：利用吸附剂对不同组分的吸附性能的差异进行分离。

（2）分配色谱法：利用不同组分在两相中分配系数的差异而进行分离。

（二）特点

1. 分离效能高 气相色谱法中一般填充柱的理论塔板数可达上千，毛细管色谱柱的理论塔板数可达到 10^6 以上，从而使其具有非常高的分离效能。用毛细管柱一次可分析轻油中的150个组分。若选用高选择性的固定液，还可以对烃类异构体进行分离分析。

2. 灵敏度高 由于使用了高灵敏度的检测器，气相色谱分析法广泛应用于痕量杂质的分析和超纯物质的制备等。例如，在大气污染物的分析中，可检测出 10^{-12} g 的微量组分；在农药残留量的分析中，可检测出 10^{-9} g 的残留物。

3. 样品用量少 一般进样量在 0.1～10 μL 就能满足分析要求。

4. 分析速度快 一般气相色谱分析时间周期在几分钟至几十分钟完成。某些快速分析甚至可在几秒钟内完成。

5. 应用范围广 气相色谱法广泛应用于气体和易挥发或可转化为易挥发的液体和固体样品的定性、定量分析。一般沸点在 500℃以下，分子量 400 以下，热稳定性好的有机化合物均可以通过气相色谱法进行分析。低挥发性或热不稳定的有机化合物，则可以通过衍生化制成高挥发性和热稳定性好的化合物实现气相色谱分析。

二、气相色谱法的一般流程

气相色谱仪一般由 5 部分组成：载气系统、进样系统、色谱柱系统、检测系统和记录系统，一般流程如图 18-1 所示。

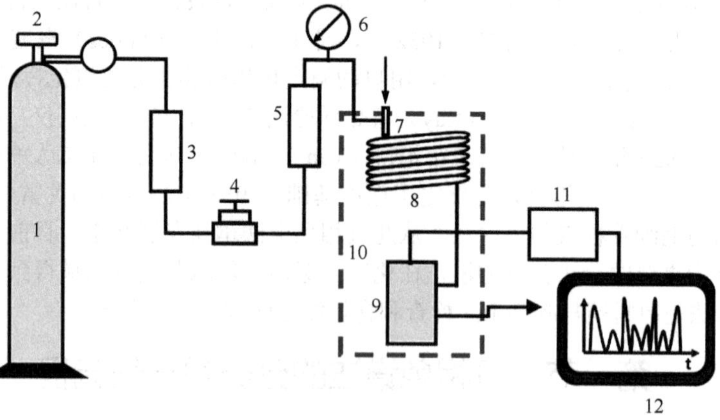

图 18-1 气相色谱仪示意图

1. 载气钢瓶；2. 减压阀；3. 净化器；4. 针形阀；5. 流量计；6. 压力表；7. 气化室；8. 色谱柱；9. 检测器；10. 柱温箱；11. 放大器；12. 数据处理系统

载气由载气钢瓶提供，经过减压阀调节到适当压力，再经净化器除去杂质后，由流量调节器调节适当流量进入柱温箱与色谱柱中，再经过检测器流出色谱仪。待流量、温度及基线稳定后，用微量进样器吸取微量样品溶液，通过气化室将样品注入色谱仪中，样品气化后被载气带入色谱柱中进行分离。被分离后的各组分被载气带入检测器中，检测器将各组分的浓度或质量的变化转变成电信号的变化并放大，数据处理后得色谱图。气相色谱仪的参数调节、控制系统、计算及谱图绘制均可由相应软件完成。

第二节　气相色谱固定相和流动相

一、气-液色谱固定相

气-液色谱的固定相由固定液和载体组成。载体是一种惰性固体微粒，也称为担体。固定液可在其表面上形成一层薄而均匀的液膜，以加大与流动相接触的表面积。固定液是涂渍在载体表面的高沸点物质。

（一）固定液

1. 对固定液的要求　①在操作温度下应呈液态，且蒸气压很低，否则易造成固定液流失，使色谱柱寿命下降，检测器本底增高。最高使用温度是固定液的一个重要指标，超过此温度，固定液的蒸气压会急剧上升，造成固定液加快流失。②对各组分应有较高的选择性，即各组分的分配系数有较大的差异，从而获得良好的分离效果。③对分析样品中的各组分有良好的溶解能力。④稳定性好，在高温下不分解，与载体不发生化学反应。⑤对载体具有良好的润湿性，能在载体表面形成均匀的薄膜。

2. 固定液的分类　固定液有数百种，合理分类有利于选择。

（1）按固定液化学类型分类：①烃类，包括烷烃和芳烃，是极性最弱的一类固定液。②聚硅氧烷类，包括甲基聚硅氧烷、苯基甲基聚硅氧烷和氟烷基甲基聚硅氧烷等。这类固定液是目前使用最为广泛的色谱固定液。③醇类，包括长链脂肪醇和多元醇。④酯类，包括酯与聚酯。

（2）按固定液相对极性分类

1）罗尔施奈德常数（Rohrschneider constant，简称罗氏常数）分类方法。规定非极性固定液角鲨烷的相对极性为0，强极性固定液β,β'-氧二丙腈相对极性为100。选取苯与环己烷（或正丁烷与丁二烯）为分离物质对，分别测定它们在对照柱β,β'-氧二丙腈及角鲨烷柱上的相对保留值的对数q_1及q_2和被测固定液上的相对保留值的对数q_x。

$$q=\lg\frac{t'_{R(苯)}}{t'_{R(环己烷)}} \tag{18-1}$$

再将其代入下式计算相对极性P_x

$$P_x=100\times\left(1-\frac{q_1-q_x}{q_1-q_2}\right) \tag{18-2}$$

按上述计算方法得到的P为0～100，根据数值不同将固定液的相对极性分为五级。P=0～20相对极性等级为“+1”；P=21～40相对极性等级为“+2”；P=41～60相对极性等级为“+3”；P=61～80相对极性等级为“+4”；P=81～100相对极性等级为“+5”。

2）麦克雷诺兹常数（McReynolds constant，简称麦氏常数）分类方法。实践经验表明，固定液极性的大小不仅取决于固定液本身，也取决于组分的性质。为了提高保留指数的准确性及更为全面表述固定液的极性，麦克雷诺兹（McReynolds）于1970年对罗氏固定液特征常数进行了改进，提出以苯、丁醇、2-戊酮、硝基丙烷、吡啶五种化合物代表不同类型相互作用力，并以五种化合物在被测固定液与在角鲨烷固定液柱上保留指数的差值作为固定液极性的标度的分类方法。五种化合物的对应值用x'、y'、z'、u'和s'五个常数表示，以五个常数数值之和表述固定液的总极性，五个常数数值之和越大，其极性就越强（表 18-1，表 18-2）。

表 18-1 麦氏常数对固定液的表征

常数	代表性化合物结构特征	代表性化合物
x'	易极化，电子给予体化合物	芳烃、烯烃
y'	含羟基、质子给予体，形成氢键化合物	醇、腈、酸、氯化物、氟化物
z'	含羰基、定向偶极力，接受氢键化合物	酮、醚、醛、酯、环氧化合物
u'	含强极性基团的电子接受体化合物	硝基化合物、腈类衍生物
s'	质子接受体化合物	含喹啉、吡啶、氧、氮杂化化合物

表 18-2 常用固体液的相对极性

名称	相对极性	麦氏常数总和
角鲨烷	0	0
液状石蜡	+1	33
甲基硅油（OV-101）	+1	229
邻苯二甲酸二壬酯（DNP）	+2	803
苯基（50%）甲基聚硅氧烷（OV-17）	+2	884
三氟丙基（50%）甲基聚硅氧烷（QF-1）	+2	1500
氰基甲基聚硅氧烷（XE-60）	+3	1785
聚乙二醇-20M（PEG-20M）	+4	2308
丁二酸二乙醇聚酯（DEGS）	+4	3430
β,β'-氧二丙腈	+5	4427

麦氏常数中的五个常数，分别反映了固定液对各种不同类型化合物的分离选择特性。某个常数值大，表明该固定液所表征的那种化合物选择性强。

3. 固定液的选择 在气相色谱分析中，分离度的改善取决于固定相及色谱柱温的选择，样品在色谱柱中两相间的分配行为（分配系数）决定于样品中各组分本身性质与固定液性质，因而固定液对于样品能否被有效分离起决定性作用。固定液选择的总原则是“相似相溶”，并根据操作者的实践经验进行选择。

（1）非极性组分：通常选用非极性固定液，P=0 或+1，如 OV-101 等。各组分按沸点顺序出峰，低沸点组分先出峰。若样品中有极性组分，相同沸点的极性组分先出峰。

（2）中等极性组分：一般选用中等极性固定液，P=+2 或+3，如 OV-17 等。这类固定液分子中含有极性和非极性基团。各组分基本按沸点顺序出峰，但对沸点相同的极性和非极性组分，非极性组分先出峰。

（3）强极性组分：选用强极性固定液，如 P=+4 或+5，如 DEGS 等。这类固定液分子中含有强极性基团，样品按组分极性顺序出峰。非极性与弱极性组分先出峰，极性组分后出峰。

（4）能形成氢键的组分：可选择氢键型固定液，如 PEG-20M，各组分按与固定液形成氢键的能力大小先后出峰，形成氢键能力弱的先出峰。

在实际工作中，应根据具体情况对固定液进行选用。例如，苯与环己烷混合物的分离，两者沸点相差 0.6℃（苯为 80.1℃，环己烷为 80.7℃）。苯为弱极性化合物，环己烷为非极性化合物，两者极性差别虽然不大，但相对沸点而言差别就较大，因此极性差别就成为主要矛盾。若在非极性固定液填充柱上进行分离时就不易分开，改用中等极性固定液，如用邻苯二甲酸二辛酯，苯的保留时间是环己烷的 1.5 倍；若换用氢键型固定液，如 PEG-400，则苯的保留时间可增加为环己烷的 3.9 倍。

（二）载体

载体一般是化学惰性的多孔性微粒，它可以提供一个大的惰性固体表面，让固定液分布在其表面，形成均匀薄层液膜，使固定液具有比较大的物质交换表面，样品易于在气、液两相之间建立分配平衡。

1. 对载体的要求

（1）有足够大的表面积，具有良好的孔穴结构。

（2）具有化学情性，不与任何样品和固定液发生化学反应，无吸附性，对固定液有良好的浸润性。

（3）形状规则，大小均匀，具有一定的机械强度。

2. 载体的分类 大体分为两类，即硅藻土型载体和非硅藻土型载体。

（1）硅藻土型载体：由硅藻土煅烧而成。根据制造方法不同又分为如下几种。①红色载体：将硅藻土与黏合剂在 900 ℃煅烧后，粉碎、过筛制成。由于在制成过程中，在硅藻土中所含铁形成氧化铁，使载体呈淡红色而称为红色载体。它的机械强度高，比表面积大（约 4 m^2/g），适宜作为非极性固定液的载体，用于分析非极性化合物。②白色载体：由 20% 的碳酸钠与硅藻土混合煅烧而成。硅藻土中的氧化铁在高温下与碳酸钠作用，生成无色的铁硅酸钠络合物，而呈白色，称为白色载体。它的比表面积小（约 1 m^2/g），机械强度低，适宜作为极性固定液的载体，用于分析极性化合物。

（2）非硅藻土型载体：玻璃微球、石英微球、聚四氟乙烯等，只有少数特殊分析对象使用这类载体。

3. 载体的表面处理 理想的载体对组分应为惰性。但硅藻土型载体因表面存在硅醇基团，易于与极性组分形成氢键，从而引起色谱峰出现拖尾现象。另外，硅藻土型载体由于含有矿物杂质，可能使组分与固定液发生催化降解作用及对酸性或碱性化合物产生严重的吸附作用，因此需除去这些活性中心。常采用以下方法对硅藻土型载体进行表面处理。

（1）酸洗法：通常是将载体在 HCl 溶液（6 mol/L）中加热处理 20～30 min，然后把 HCl 除净，用水漂洗至中性，再用甲醇脱水，烘干、过筛即可使用。其主要目的是除去载体表面的铁等金属氧化物。酸洗载体用于分析酸性化合物。

（2）碱洗法：通常是将经过酸洗后的载体，放在 10% NaOH 溶液中浸泡或加热回流，进行碱洗，再水洗至中性，用甲醇脱水烘干，过筛即可使用。其主要目的是除去 Al_2O_3 等酸性物质。这样的载体适于分析碱性化合物。

（3）硅烷化法：是除去载体表面硅醇基最有效的方法之一。该法通过载体表面的硅醇基与硅烷化试剂发生反应，生成硅烷醚，从而消除了形成氢键的能力达到惰化。常用的硅烷化试剂有二甲基二氯硅烷（dimethyldichlorosilane，DMCS）、三甲基氯硅烷（trimethylchlorosilane，TMCS）、六甲基二硅氨烷（hexamethyldisilazane，HMDS）等。

二、气-固色谱固定相

气-固色谱固定相可分为吸附剂与高分子微球两类。常见的吸附剂有活性炭、硅胶、氧化铝及分子筛四种。分子筛是一种合成的硅酸铝的钠盐或钙盐，具有良好的孔穴结构及吸附性能，是极性很强的吸附剂。此类固定相多用于分离永久性气体及高沸点物质。例如，碳分子筛 TDX-01 是黑色多孔小球，有碳桥结构和非极性的惰性表面，热稳定性高，适用于分离低碳烃类、惰性气体、亦用于石油裂解气轻组分的分离，低碳烃中微量水、SO_2、CO_2 等的分析。

高分子微球又称高分子多孔小球（GDX），是一种人工合成的有机固定相。它是苯乙烯单体和二乙烯苯聚合而成的高聚物，属于非极性固定相。它具有选择性强、分离效果好、热稳定性好、比表面积大、机械强度高等特点，在药物分析中应用较广，特别适合有机物中痕量水的分析，也可用于多元醇、脂肪酸、腈类和胺类等的分析。

三、流　动　相

气相色谱分析中的流动相也称为载气，常用的载气有氦气、氢气、氮气等。其中，氦气成本较高，主要用于气相色谱-质谱联用分析。

载气种类的选择主要考虑载气对柱效的影响、检测器的要求及载气的性质。载气摩尔质量大，可抑制样品的纵向扩散，提高柱效。载气流速较大时，传质阻力项起主要作用，采用较小摩尔质量的载气（如 H_2、He），可减小传质阻力，提高柱效。检测器不同，对载气的要求也不相同，如热导检测器使用热导系数较大的氢气有利于提高检测灵敏度。在氢火焰检测器中，氮气是首选目标。载气进入气相色谱仪前一般需增加净化器，除去载气中的一些有机物、微量氧和水分等杂质，以提高载气的纯度。

第三节　检　测　器

检测器（detector）将流出色谱柱载气中被分离组分浓度（或质量）的变化转变为可测量的电信号，是气相色谱仪的重要组成部分。目前已有 30 多种气相色谱检测器，如氢火焰离子化检测器对碳氢化合物响应良好；氮磷检测器对含氮、磷元素的化合物灵敏度高；火焰光度检测器对含磷、硫元素的化合物灵敏度高；电子捕获检测器适于测定含卤素等电负性基团的化合物；质谱检测器能给出供试品中某个成分相应的结构信息，可用于结构确证等。部分常用的检测器见表 18-3。

表 18-3　常用检测器的性能

名称	噪声	检测限	线性范围	适用范围
热导检测器	0.005～0.01 mV	10^{-6}～10^{-10} g/mL	10^4～10^5	通用
氢火焰离子化检测器	10^{-14}～5×10^{-14} A	$<2\times10^{-12}$ g/s	10^6～10^7	含 C、H 化合物
电子捕获检测器	10^{-11}～10^{-12} A	10^{-14} g/mL	10^2～10^5	含电负性基团

依据其测定原理不同，气相色谱检测器分为质量型检测器与浓度型检测器。浓度型检测器输出信号的大小取决于载气中组分的浓度，当载气的流量不同、组分的进样量一定时，色谱峰峰高在一定范围内仅有少许变化，色谱峰面积则随载气流量增大而减小，因此用峰高定量时，宜用此类检测器。常用的浓度型检测器有热导检测器、电子捕获检测器等。质量型检测器输出信号的大小取决于组分在单位时间内进入检测器的量，而与浓度关系不大。当载气的流量不同、组分进样量一定时，所得色谱峰面积在一定范围内不变，而组分的色谱峰峰高随载气流量增大而增大，因此用峰面积定量时，宜用此类型检测器。常用的质量型检测器有氢火焰离子化检测器和火焰光度检测器。

一、检测器的性能指标

气相色谱分析要求不同类型的样品在不同浓度范围和不同操作条件下，在流出色谱柱后都能准确、快速指示并检测出来。因此要求检测器具有灵敏度高、选择性好、噪声低、线性范围宽、死体积小和响应快等特点。

1. 噪声与漂移

（1）噪声（noise）：是指无样品通过检测器时，由于仪器本身和工作条件等的偶然因素造成基线起伏的值（图 18-2）。噪声的大小用基线波动的最大宽度来衡量，常以 mV 来表示。

（2）漂移（drift，*d*）：是指无样品通过检测器时，单位时间内基线向某一方向缓慢变化的幅值。

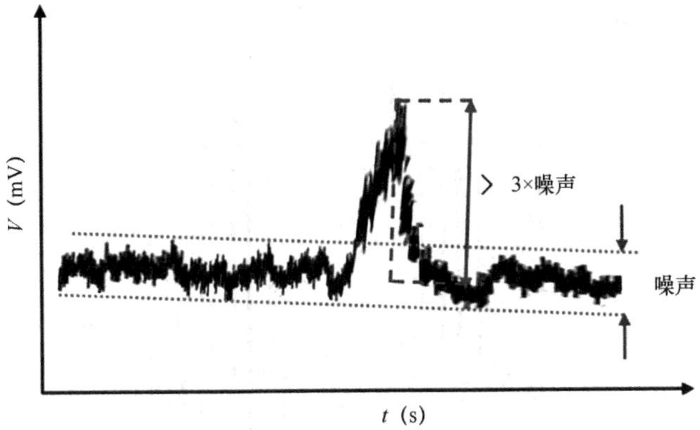

图 18-2 噪声与检测限

2. 灵敏度（sensitivity） 又称响应值或应答值，是用来评价检测器质量和与其他类型检测器相比较的重要指标。常用两种方法表示，浓度型检测器的灵敏度以 S_c 表示，它是以 1 mL 载气中含有 1 mg 的某组分通过检测器时，所产生的电信号值（mV）来表示的，单位为 mV · mL/mg。质量型检测器的灵敏度以 S_m 表示，它是指每秒中有 1 g 的某组分被载气携带通过检测器时所产生的电信号值（mV），单位为 mV · s/g。

3. 检测限（detectability，*D*） 是以检测器恰能产生 2 倍或 3 倍噪声信号时（图 18-2），单位时间内引入检测器的组分量或单位体积载气中所含的组分量来表示的。

对浓度型检测器有
$$D_c=\frac{3N}{S_c} \tag{18-3}$$

对质量型检测器有
$$D_m=\frac{3N}{S_m} \tag{18-4}$$

式中，N 的单位为 mV；D_c 的单位为 mg/mL；D_m 的单位为 g/s。

4. 线性范围（liner range） 是指检测器的响应信号强度与被测物质浓度（或质量）之间线性关系的范围，并以该范围内最大浓度与最小浓度的比值来表示。表 18-3 列出几种气相色谱常用检测器及其性能指标。

二、热导检测器

热导检测器（thermal conductivity detector，TCD）是气相色谱应用最早的检测器，它是通过被检测组分与载气之间热导率的差异来检测组分浓度的变化。它具有结构简单、线性范围宽、对有机化合物和无机化合物都有响应、不破坏样品等特点，因而至今这种检测器在气相色谱分析中还得到广泛的应用。与其他检测器相比较其最大的不足之处在于它的灵敏度较低，这使其在毛细管柱色谱法中的应用受到限制。

1. 结构与测定原理 将两个材质、电阻相同的热敏原件，装入一个双腔的池体中，构成双臂热导池（图 18-3）。一臂接在色谱柱之前，此臂只通载气，称为参考臂；另一臂连接在色谱柱之后，称为测量臂。两臂的电阻分别为 $R_{参}$ 与 $R_{测}$。$R_{参}$、$R_{测}$ 和两个阻值相同的电阻 R_1，R_2 组成惠斯通电桥（图 18-4）。

当载气以恒定的速度进入热导池时，若测量臂无样品通过时，两个热导池温度相等，$R_{参}$ 与 $R_{测}$ 相等。根据惠斯通电桥原理，当 $R_{参}/R_{测}=R_1/R_2$ 时，a、b 两点的电位差为零，此时电流计中无电流通过。当样品通过色谱柱被分离后，某组分被载气带入测量臂，若该组分与载气的热导率不相等，这时测量臂的平衡就被破坏。钨丝的温度将发生改变。当 $R_{参}/R_{测}\neq R_1/R_2$ 时，检流计指针发生偏转。当组分完全通过测量臂后，指针又恢复到零点，则可记录 *mV-t* 曲线，即色谱流出曲线。

根据其检测原理可知，载气与样品的热导系数相差越大，则热导检测器灵敏度越高。通常选

择热导系数大的 H_2 和 Ar 作载气。

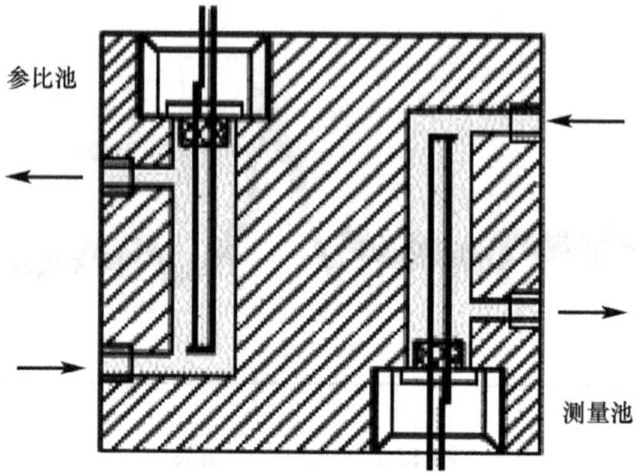

图 18-3　双臂热导池

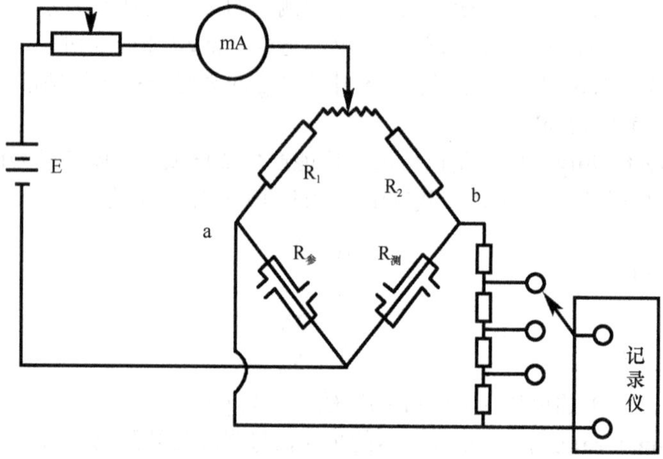

图 18-4　热导检测器中的惠斯通电桥示意图

2. 注意事项

（1）所用载气一般为氢气，因氮气与一般有机化合物的热导率相差较小，若用氮气为载气，灵敏度较低。

（2）未通载气不能加桥电流，否则热导池中的热敏组件易烧坏，且关仪器时应先切断桥电流再关载气。

（3）增加桥电流可提高灵敏度，但桥电流增加，热丝易被氧化，噪声也会变大。因此散热多（载气的热导率大、检测室温度低）可选择较大的桥电流。在灵敏度满足的前提下，应尽量采用低桥电流以保护热敏元件。

（4）热导检测器为浓度型检测器，在进样量一定时，峰面积与载气流速成反比，因此用峰面积定量时，需保持流速恒定。

三、氢火焰离子化检测器

氢火焰离子化检测器（flame ionization detectors，FID），又称火焰离子化检测器，是目前气相色谱分析中最常用的检测器。在《中国药典》中，除另有规定外，气相色谱法一般采用氢火焰离子化检测器。它具有高灵敏度、较宽的线性范围、低噪声和死体积小等特点，能有效地与毛细管柱联用。不足之处在于检测时样品被破坏，一般只能测定含碳化合物。

1. 结构与原理　氢火焰离子化检测器结构如图 18-5 所示。以氢气与空气中氧气燃烧产生火焰为能源，来自于色谱柱的样品随载气进入氢火焰，多数有机化合物在燃烧过程中被激发直接或间接产生离子。在检测器的收集极和发射极上加有数百伏的电压，离子在外电场的作用下定向移动形成微弱电流，然后经放大后成为与进入火焰的有机化合物的量成正比的电信号。因此，组分一定时，测定电流（离子流）的强度可以对物质进行定量分析。

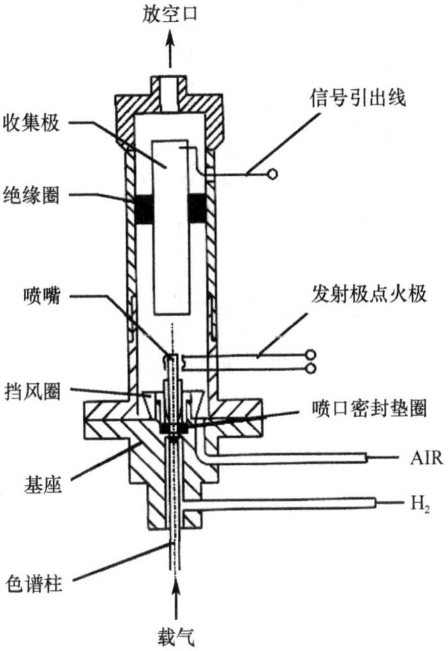

图 18-5　氢火焰离子检测器结构示意图

2. 使用注意事项

（1）使用氢火焰离子化检测器涉及三种气体：H_2、N_2 和空气。其中氮气为载气，氢气与空气分别为燃气和助燃气。通常 N_2 ∶ H_2 ∶空气=1∶（1～1.5）∶10。

（2）氢火焰离子化检测器为质量型检测器，峰面积取决于单位时间内引入检测器组分的质量。在进样量一定时，峰高与载气流速成正比。在用峰高定量时，需保持载气流速的恒定，而用峰面积定量时则与载气流速无关。因此一般采用峰面积定量。

四、电子捕获检测器

电子捕获检测器（electron-capture detectors，ECD）是一种高灵敏度、高专属性检测器。它是目前分析痕量电负性有机化合物最有效的检测器。它只对含有强电负性元素物质，如含有卤素、硫、氧、硝基、羰基、氰基等有机化合物有很高的检测响应值，元素的电负性越强，检测灵敏度越高。例如，对四氯化碳的响应值是己烷的 4×10^8 倍，可检测出 10^{-14} g/mL 的四氯化碳。

1. 结构与原理　电子捕获检测器的结构如图 18-6 所示。在检测器的池体内有两个电极和筒状的 β 放射源，如 ^3H 或 ^{63}Ni，后者更为常用。在两极间施加直流或脉冲电压，β 放射源不断放射出 β 粒子，即初级电子，当载气进入检测器时，在 β 射线的作用下产生电离，形成次级电子和正离子，即

$$N_2 \longrightarrow N_2^{+}+e$$

在电场作用下初级电子和次级电子一起向阳极移动，形成 10^{-9}～10^{-8}A 的恒定的电流（基流）。当电负性组分（AB）进入检测器后，捕获这些电子，产生带负电荷的离子并释放出能量，即

$$AB+e \longrightarrow AB^{-}+E$$

AB^- 与 N_2^+ 结合生成中性化合物，被载气带出检测室，使基流下降，在记录器上产生负信号形成倒峰，组分浓度越高，倒峰越强。

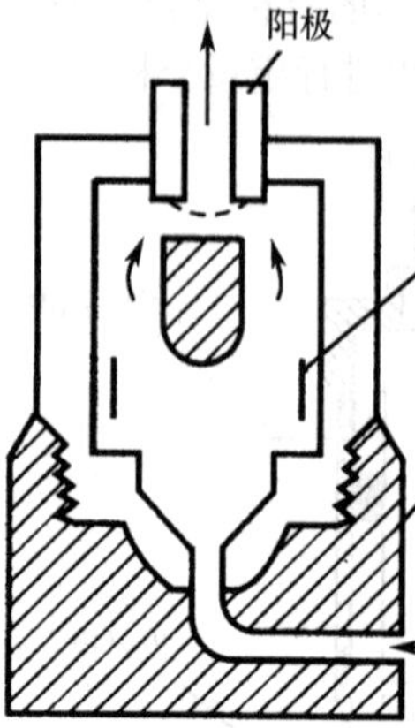

图 18-6　电子捕获检测器示意图

2. 使用注意事项

（1）应使用高纯度载气，一般采用高纯氮（纯度≥99.999%），否则载气中含有少量 O_2、H_2O 及其他电负性杂质对检测器的基流和响应值有很大的影响，造成基流下降，检测器灵敏度降低。

（2）检测器温度应高于柱温以免被高沸点组分污染，但需注意温度太高会加速放射源的放射，使其寿命缩短。

（3）检测器中含有放射源，应注意安全，不可随意拆卸。

第四节　分离条件的选择

一、气相色谱速率理论

气相色谱速率理论以范氏方程为代表，该方程将影响塔板高度的因素归纳为涡流扩散项、分子扩散项和传质阻力项三项。

1. 涡流扩散项（eddy diffusion）A　范氏方程中的涡流扩散项说明填充柱因填充不均而引起的峰展宽，用式（18-5）表示。

$$A=2\lambda d_p \tag{18-5}$$

式中，λ 为填充不规则因子，d_p 为填料颗粒的直径。

上式表明，采用均匀，颗粒较细的载体，且填充均匀可减小涡流扩散项，提高柱效。但 d_p 太小容易造成填充不均匀和柱压大，在填充气相色谱柱中，一般采用 80～100 目的填料。开管毛细管柱中无涡流扩散项，A 为零。

2. 分子扩散项（molecular diffusion）B/u　B/u 称为分子扩散项或纵向扩散项。其中 B 为分子扩散系数，u 为载气的平均线速度。

$$B=2\gamma D_g \tag{18-6}$$

式中，γ 为弯曲因子，D_g 为组分在流动相中的扩散系数。

γ 与填充物的形状、填充情况有关。因流动相在柱内运动受填料的影响，使扩散受到阻碍。填充柱的 $\gamma<1$，硅藻土载体 γ 为 0.5～0.7，开管毛细管柱扩散无阻碍，因此 $\gamma=1$。组分在流动相中的扩散系数 D_g 与载气分子量的平方根成反比，此外还与载气种类、柱温、柱压等因素有关。

在气相色谱中，一般采用较高的载气流速、分子量大的载气、较低的柱温，可以降低 D_g。但载气分子量大时，黏度大，柱压降大。因此，载气线速度较小时用氮气，较大时用氢气或氦气。

3. 传质阻力项（mass transfer resistance）Cu　传质是指样品混合物被载气带入色谱柱后，组分在气、液两相中分配，由于组分与固定相分子间的作用力，而使组分由气液界面溶入固定液，进而扩散到固定液内部，而后趋向的分配平衡。在气相色谱中，此项由两部分组成，气相传质阻力项和液相传质阻力项。

$$Cu=(C_g+C_l)u \tag{18-7}$$

式中，C 为传质阻力系数，C_g 是样品组分在气相和气-液界面之间进行质量交换时的气相传质阻力系数，C_l 为组分在气-液界面和液相间进行质量交换时的液相传质阻力系数。在填充柱气相色谱中，C_g 很小，可以忽略不计。C_l 与固定相液膜厚度的平方成正比，与固定相内溶质分子扩散系数成反比。载气流速对传质阻力项也有较大的影响，当载气流速增大时，传质阻力项就增大，柱效降低。

从气相色谱理论可以看出，分析条件的选择上，要将三者加以综合考虑，因为诸多因素是相互制约的，如提高载气流速，分子扩散项降低，但传质阻力项却增加。因此要提高柱效，除了对诸因素综合考虑外，还要通过实验来选择适宜的分析条件。

二、实验条件的选择

实验条件是否适宜，决定了分离目的能否达到。选择实验条件的主要依据是分离方程和范氏方程。在进行定量分析时，只有组分的分离度大于 1.5 时，才能获得较好的分析结果。从式（18-8）中可以看出，分离度是分配系数比（α）、容量因子（k）与色谱柱效（n）的函数。因此要提高分离度，需从固定液、柱温及载气三个方面加以考虑。

当色谱保留值比较大，相邻色谱峰底宽近似相等，分离度可表示为

$$R=\frac{\sqrt{n}}{4}\frac{\alpha-1}{\alpha}\frac{k_2}{1+k_2} \tag{18-8}$$

上式称为分离方程式。式中 $\frac{\sqrt{n}}{4}$ 为柱效项，（α−1）/α 为柱选择项，$k_2/(1+k_2)$ 为柱容量项。从式中可知，要获得满意的分离度，需提高 n、α 及 k。

图 18-7 说明了分离度受 n、α 及 k 的影响情况。

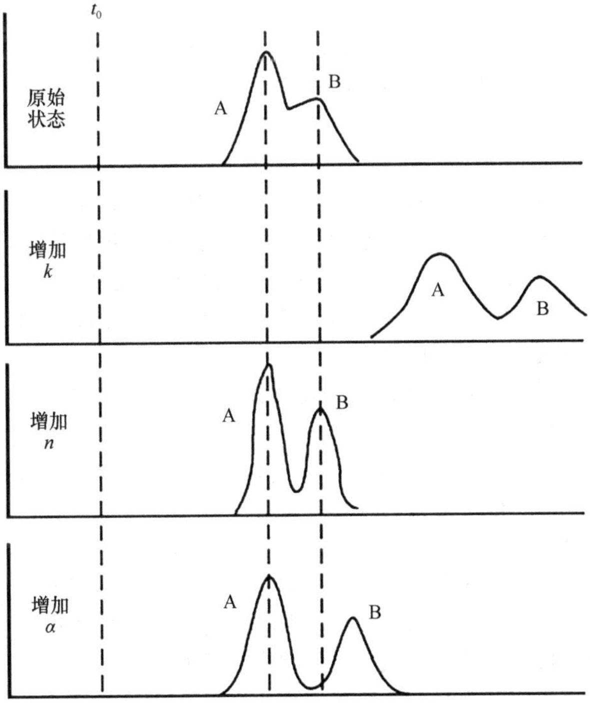

图 18-7　k、n、α 对 R 的影响

（一）α和k的影响

α和k取决于样品中各组分本身的性质及固定相和载气的种类。从式（18-8）可以看出，当α=1时，柱选择项为零，这时无论柱效有多高，柱容量有多大，分离度仍为零，即组分1、2在该条件下不能分离。从表18-4能够看出α对分离度的影响。

表18-4 α与(α−1)/α关系

	α					
	1.0	1.001	1.01	1.1	1.5	2.0
(α−1)/α	0	0.001	0.01	0.091	0.33	0.50

从表中数据可以看出，当α从1.01增加到1.1时，约增加了9%，R却增加到原来的9倍；α从1.5增加到2.0，约增加了33%，而R只增加到原来的1.5倍。这说明α在1附近略有改变对分离度的影响非常大。

在α＞1的前提下，n越大，则R越大。所以，选用粒度均匀的高效固定相，均匀地填充，降低死体积及选用较佳的载气流速，均可提高柱效项，提高分离度。

在α＞1的前提下，柱容量项越大，则分离度R越大。

表18-5反映了k与k/(1+k)的关系。从表中可以看出，当k超过20时，k再增加，k/(1+k)增加不明显，对R的改进不大，反而增加了保留时间，峰宽加大，因此k值一般不超过20。

表18-5 k与k/(1+k)关系

	k							
	0.1	1.0	3.0	8.0	10	20	30	50
k/(1+k)	0.33	0.50	0.75	0.89	0.91	0.95	0.97	0.98

（二）n的影响

1. 载气的选择 选择载气主要从峰展宽、柱压降和检测器灵敏度的影响等三个方面加以考虑。当载气流速小时，以分子扩散项为主，宜用分子量较大的载气，如氮气；当流速较大时，传质阻力项占主导地位，宜用分子量小的载气，如氢气或氦气。载气分子量小，有利于实现快速分析。

载气流速也会影响分离效率和分析时间。为获得高柱效，应选用最佳流速。但在最佳流速下，分析时间较长。为缩短分析时间，一般所选用的载气流速要高于最佳流速。

2. 柱温的选择 柱温直接影响气相色谱的分离效能和分离速度。柱温的变化对不同组分影响程度不同。柱温主要影响分配系数、容量因子、组分在流动相中的扩散系数和组分在固定相中的扩散系数。柱温的选择主要依据下列原则。

（1）柱温控制在固定液的最高使用温度（超过该温度固定液易流失）和最低使用温度（低于此温度固定液以固体形式存在）之内。

（2）柱温升高，分离度下降，色谱峰变窄，变高，被测组分挥发量增加，被测组分在气相中的浓度增加，保留时间缩短，低沸点组分峰容易重叠。

（3）柱温降低，分离度增加，分析时间延长。对于难分离物质对，降低柱温虽然可在一定程度内使分离得到改善，但是不可能使之完全分离，这是由于两组分的相对保留值增大的同时，两组分的峰宽也在增加，当后者的增加速度大于前者时，两峰的交叠更为严重。

（4）柱温一般选择在接近或略低于组分平均沸点的温度。

（5）对组分复杂，沸程宽的样品，一般采取程序升温。

图 18-8 为程序升温与恒定柱温对烃类混合物的分离效果比较。从图中可以看出，通过程序升温可明显提高分离效果。

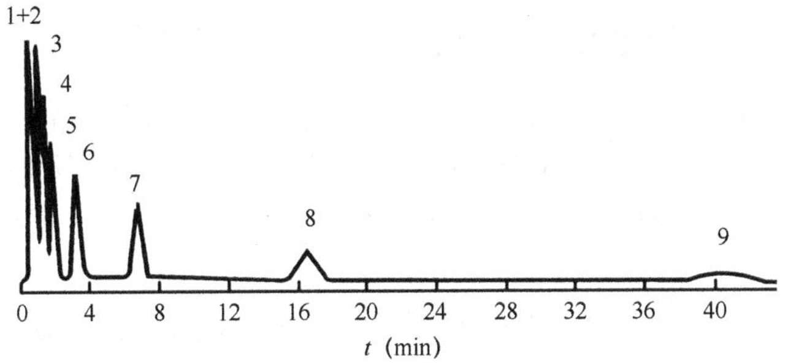

(a)

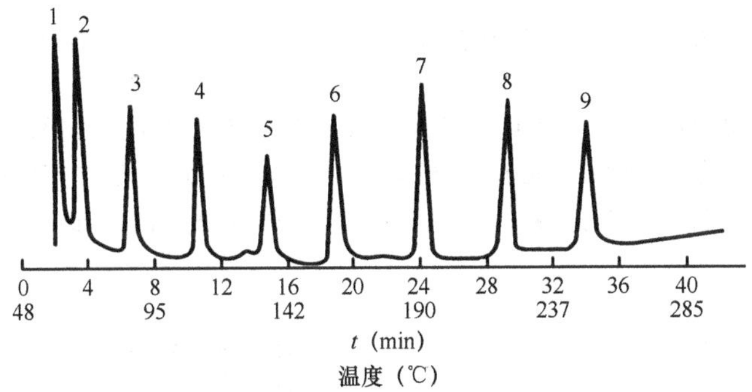

(b)

图 18-8 烃类混合物的恒温色谱与程序升温色谱分离效果的比较

1. 甲醇；2. 乙醇；3. 丙醇；4. 丁醇；5. 戊醇；6. 环己醇；7. 辛醇；8.1-癸醇；9. 十二烷醇

(a) 恒温；(b) 程序升温

3. 柱长的选择 可先选择一任意长度的色谱柱，测定两组分在该色谱柱上的分离度，然后按色谱分析分离度为 1.5 的要求，用 $(R_1/R_2)^2=L_1/L_2$ 计算出合适的色谱柱长度。需注意的是，增加柱长会延长分析时间，峰宽加大。填充柱柱长一般为 0.5～4 m，在达到分离度的前提下应尽可能采用短柱。

4. 气化室温度的选择 气化室温度取决于样品的挥发性、沸点范围及进样量等因素，一般气化室温度的确定遵循：①要求样品瞬间气化；②气化温度一般较柱温高 30～50℃；③防止气化温度过高造成样品分解。

5. 检测器温度的选择 应以保持在样品中各组分不被冷凝为前提。但检测器温度过高，会使检测器灵敏度降低。一般检测器温度需高于柱温 20～50℃。

6. 进样量和进样时间的确定 进样量的大小直接关系到谱带的初始宽度。只要检测器的灵敏度足够高，进样量越小，越有利于分离。对填充柱，气体样品一般为 0.5～3 mL，液体样品为 0.1～2 μL，最大不超过 4 μL。进样时间过长，色谱峰致宽，进样时间应控制在 1 s 以内，使样品在载气中的扩散带变窄，有利于分离。

三、样品的预处理

气相色谱法对一般易挥发的有机化合物可以直接进行分析，而对那些低挥发性和热不稳定的有机化合物，须对样品进行预处理后才能用气相色谱法进行分析。样品预处理的方法有分解法和衍生化法。分解法是将高分子化合物分解为低分子量化合物，然后通过对分解的低分子量化合物进行分离分析达到对样品进行分析。衍生化法更为常用，即对那些低挥发性和热不稳定的有机化合物，通过化学方法制备为高挥发性和热稳定性好的衍生物进行分析。常用的衍生化技术有酯化法和硅烷化法，前者常用于高级脂肪酸的分析。后者主要用于含有羟基、羧基及氨基等有机高沸点或热不稳定化合物的分析。

第五节　毛细管气相色谱法

1958年，戈雷（Golay）从理论上研究了填充色谱柱的分离过程并提出了涂壁毛细管色谱速率理论，推动了毛细管色谱的发展。1979年，熔融石英毛细管柱的出现开创了毛细管色谱的新纪元。目前毛细管色谱已成为分离复杂多组分混合物的主要手段，在各应用领域中逐渐取代填充柱气相色谱。

一、毛细管气相色谱法的特点和毛细管柱分类

（一）毛细管气相色谱法的特点

毛细管柱是内径为0.1～0.5 mm的开管柱、微型填充柱和填充毛细管柱。与普通填充柱相比，具有以下特点。

1. 分离效能高　玻璃毛细管柱可用比填充柱（一般不超过5 m）长得多的柱子（从几米到几百米），每米塔板数一般为2000～5000，总柱效可达10^4～10^6塔板数。有的样品在填充柱上分离效果不理想，而在毛细管柱上能获得满意的分离效果。图18-9为菖蒲油在普通填充柱和毛细管色谱柱分离的色谱图。

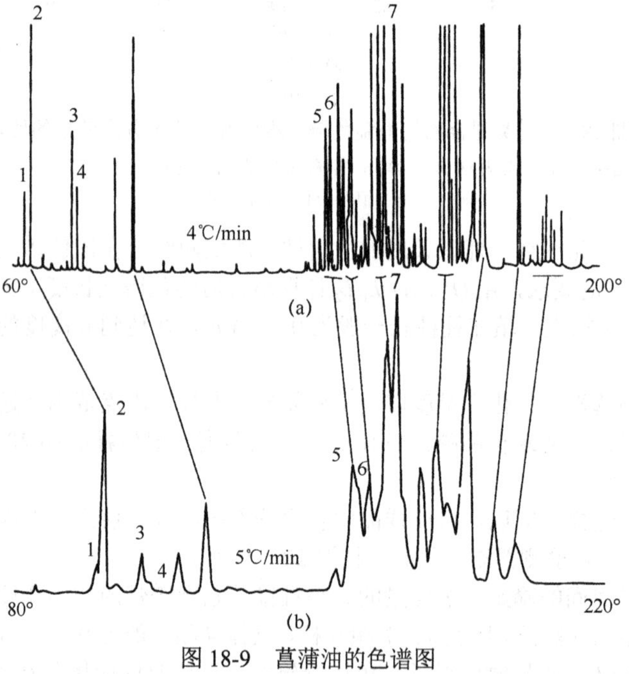

图18-9　菖蒲油的色谱图

（a）毛细管色谱柱；（b）普通填充色谱柱

2. 分析速度快　因为所使用的固定液膜薄而均匀，使传质速率加快，一个含有几种或几十种组分的样品，可在几分钟甚至几十秒内完成分析。

3. 应用范围广　由于毛细管柱色谱法具有高效、快速等特点，其应用遍及诸多学科和领域。随着科学技术的发展，要求分析更为复杂的混合物，分析量越来越小。在解决此类问题时，毛细管柱色谱法能够发挥其威力。

（二）毛细管柱的分类

目前使用的毛细管柱的内径一般都小于1 mm。根据毛细管制备的方法不同，毛细管柱分为

开管柱和填充柱两类，以开管柱更为常用。

1. 开管柱

（1）按内壁状态分：①涂壁毛细管柱（wall coated open tubular column，WCOT），是将固定液直接涂在玻璃或石英毛细管内壁而成。现在绝大部分毛细管柱为此类型。②多孔层毛细管柱（porous-layer open tubular column，PLOT），是在毛细管内壁上附着一层多孔固体（熔融二氧化硅或分子筛）而成。③涂载体开管柱（support coated open tubular column，SCOT），先在毛细管内壁上黏附一层载体，如硅藻土载体，在此载体上再涂以固定液而成。

（2）按内径分：①常规毛细管柱，毛细管柱的内径为0.1～0.3 mm，常用为0.25mm和0.32mm。②小内径毛细管柱，毛细管柱是指内径小于100 μm，一般为50 μm的弹性石英毛细管柱，此类色谱柱主要用于快速分析。③大内径毛细管柱，毛细管柱的内径一般为和0.53 mm，其固定液液膜可以不到1 μm，或高达5 μm。

2. 填充柱　填充毛细管柱是将载体、吸附剂等装入玻璃原料管内，然后拉制成毛细管，可分为填充毛细管柱和微型填充柱。填充毛细管柱和微型填充柱的柱径一般都小于1.0 mm，前者的填料粒度与柱径的比值为0.2～0.3，后者一般小于0.2。

二、毛细管色谱速率理论和实验条件的选择

（一）毛细管色谱速率理论方程

由于毛细管柱结构与普通填充柱的差异使得两者在色谱理论也存在差别。1958年，戈雷（Golay）基于范式方程提出了毛细管柱的速率方程式，称为方程。

$$H = B/u + C_g u + C_l u \qquad (18\text{-}9)$$

上式中各项的物理意义与填充柱的速率方程式相同。从方程式可以看出，等式右边由纵向扩散项、液相传质阻力项和气相传质阻力项三项组成。方程式的详细表述如下。

$$H = \frac{2D_g}{u} + \frac{r^2(1+6k+11k^2)}{24D_g(1+k)^2}u + \frac{2kd_f^2}{3(1+k)^2D_l}u \qquad (18\text{-}10)$$

式中，r为毛细管柱半径，k为容量因子，D_g为气相扩散系数；D_l为液相扩散系数；d_f为液膜厚度，u为载气线速度。可以看出：

（1）由于毛细管柱是空心的，故A=0。

（2）分子扩散项与填充柱相似，但因管中无填料，故弯曲因子γ=1。

（3）传质阻力项与填充柱相似，C_l一般比填充柱小，气相传质阻力常为色谱峰扩张的重要因素。

（二）毛细管色谱操作条件选择

1. 毛细管柱的内径　从式（18-10）可知，塔板高度与柱径成正比，柱内径越小，柱效越高。表18-6为不同柱径的石英毛细管柱的柱效和达到10万块理论塔板数所需的柱长。

表18-6　柱径与理论塔板数间的关系

柱内径（mm）	理论塔板数	达10万块理论塔板柱长（m）
0.53	2100	48
0.32	3400	29
0.25	4500	22
0.10	11 000	9

现多采用小内径、短毛细管柱进行快速分析。但内径的变细在实际应用时受到仪器和操作等诸多因素所限制。目前以柱径为100～300 μm为主。直径大于500 μm的毛细管柱，主要与一些死体积较大的检测器（如TCD、ECD等）配合使用。

2. 载气 不同载气的 Golay 方程曲线如图 18-10 所示。从曲线极小值和它的平坦程度可以看出，氢气作载气时，其最佳柱效与氮气差别不大，可其最佳载气线速度却较氮气大得多。在毛细管气相色谱中，对载气的选择主要是从分离效能和分析速度、检测器的适应性和灵敏度及载气的物理化学性质等几个方面予以考虑。考虑到操作的安全性，目前在毛细管气相色谱中多用氮气和氦气作载气。

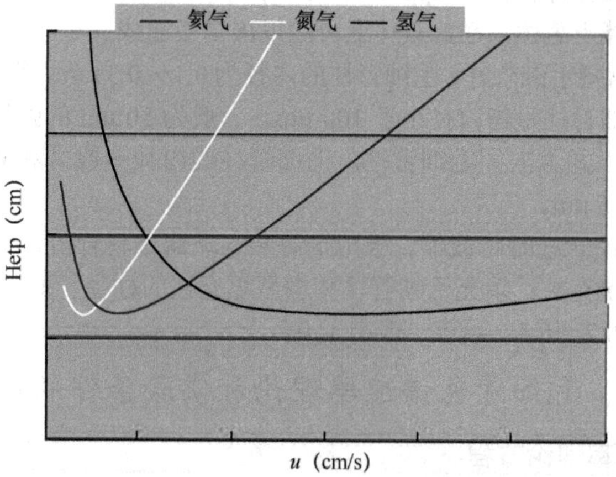

图 18-10 载气效应的 Golay 曲线

3. 液膜厚度 液膜厚度的增加会使柱效降低，但液膜厚度需按分析要求决定，分离挥发性低、热稳定性差的物质时需要薄液膜柱，这样可以降低柱温和减少柱流失，对快速分析液膜厚度可低至 0.05 μm。当分析高挥发性，保留值小的物质时要求液膜厚度大于 1 μm。液膜厚度的选择应综合考虑柱直径、柱容量和柱效。

三、毛细管气相色谱系统

毛细管气相色谱系统与普通填充柱气相色谱系统的差异在于毛细管气相色谱系统在进样系统中增加了分流装置，在色谱柱后增加了尾吹气供气装置。

（一）毛细管柱的制备

自 1979 年石英毛细管柱出现后，毛细管柱的制备技术和应用得到了迅猛的发展。毛细管的材料一般有金属（如不锈钢、镍、铝等）、尼龙、塑料、玻璃和石英等，以玻璃和石英材料最为常见。

毛细管柱的制备包括柱的拉制、表面处理和固定液的涂渍等步骤。毛细管柱的拉制是在专用的拉制机械上进行的，对不同材质的毛细管其加热温度各不相同。例如，普通玻璃毛细管在拉制时加热的温度为 600～800 ℃，石英材质的毛细管加热温度为 2000 ℃以上。

毛细管柱的表面处理包括表面粗糙化和表面钝化，其目的是使涂渍在毛细管内表面的固定液液膜均匀、稳定且不随柱温和其他操作条件的变化而遭破坏形成液滴。

在毛细管色谱柱内涂渍固定液的目的是在管内形成一层均匀一致和牢固的且不随柱温和其他操作条件变化而破坏的液膜。液膜厚为 0.1～1.5 μm，厚液膜柱有时可达 5 μm。一般涂渍方法制备的毛细管柱，使用较高的柱温时往往会产生明显的柱流失现象，同时液膜易破裂形成液滴而使柱性能恶化。因此使固定液分子之间及固定液与柱内表面进行共价键合制备的交联柱得到广泛应用，此类毛细管柱具有液膜稳定、热稳定性好、柱流失小和耐溶剂洗涤等特点。

（二）进样系统

对于填充柱色谱仪分析，常用载气流速为 20～50 mL/min，此时，柱外死体积对峰展宽的影响可以忽略。毛细管气相色谱柱柱容量小，流速一般低于 1 mL/min，柱外效应对峰展宽的影响很大，因此，进样部分有特殊的装置。毛细管柱气相色谱的进样分为分流进样和不分流进样两类。

1. 分流进样　由于毛细管柱内径较小，导致柱容量较小。因此为避免柱子超载，只能有少部分样品进入色谱柱，使样品以较窄的带宽进入色谱柱，这就是分流进样，如图 18-11 所示。进入进样口的载气分成两部分，一部分为隔垫吹扫气，另一部分进入气化室。进入气化室的载气与样品气体混合后又分为两部分，大部分经分流出口放空，小部分进入色谱柱。由于采用分流进样方式，色谱柱不会超负荷，另外由于较大量的载气被放空，进入色谱柱的只是小流量的载气，这就使得流速处在最佳状态。

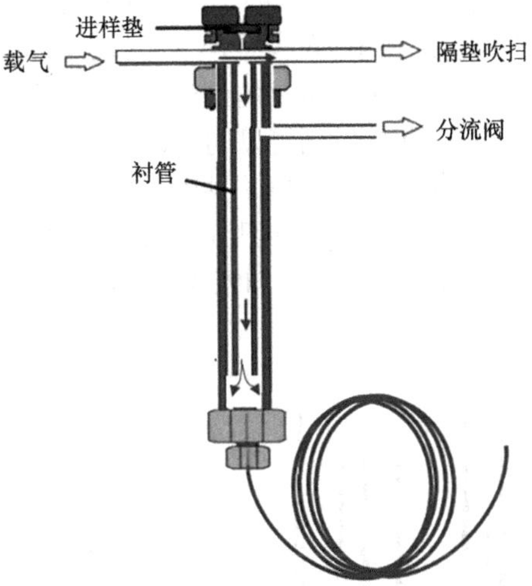

图 18-11　分流进样示意图

分流比：所进样品完全气化，并与载气充分混合的条件下，进入色谱柱的样品流量与放空的流量之比，一般在 1 ∶ 20～1 ∶ 500 内调节。分流的放空流量可通过皂膜流量计测量。

分流进样口可采用玻璃衬管，管内有玻璃珠，或者填充有石英棉，以增大与样品接触的比表面，保证样品完全气化，减小分流歧视。分流进样法操作简单、柱外效应小、柱效高，是分析工作中常使用的进样方式之一。但该法只有很少量的样品可以进入色谱柱，宽沸程样品易分析失真，热稳定性差的样品易发生热分解，也不适合痕量组分的分析。

2. 不分流进样　不分流进样是指样品进入进样器后全部进入毛细管色谱柱进行分析的方法。在进样期间，液体样品进入进样口后迅速气化，此时保持分流出口关闭，绝大部分的样品进入色谱柱，在进样后的指定时间，分流出口打开，放空衬管中剩余的蒸气。与分流进样相比，痕量组分的绝对进样量明显增加，峰形尖锐，检测灵敏度可高出 1～3 个数量级，且精确度高。因此，不分流进样在天然产物、食品、香料、生物代谢物质、药品和环境样品等高度稀释溶液的痕量与超痕量分析中得到了广泛的应用。

不分流进样时应注意：不分流进样多用于低浓度样品分析，溶剂的极性一定要与样品的极性相匹配；程序升温起始温度一般低于溶剂沸点，让样品在柱头凝集，使进样带宽变窄，如样品组分沸点高，则起始温度可高于溶剂沸点；由于溶剂量大，应尽量用耐溶剂冲洗的交联毛细管柱。

（三）尾吹气

尾吹气是从色谱柱出口直接进入检测器的一路气体，又称补充气或辅助气。填充柱不用尾吹气，毛细管柱因载气流量太低，不能满足检测器的最佳操作条件，因此需在色谱柱后增加尾吹气直接进入检测器，以保证检测器在高灵敏度状态下工作。尾吹气的另一个重要作用是消除检测器的柱外效应所引起的谱带展宽。

第六节 定性与定量分析

一、定性分析方法

色谱能对多种组分的混合物进行分离分析，但在对未知物进行定性时，需要知道纯物质的色谱性能作为参考数据。不同组分在同一固定相上色谱峰出现时间可能相同，仅凭色谱峰对未知物定性有一定困难。因此，对于一个未知样品，首先要了解它的来源、性质、分析目的，在此基础上，对样品可有初步估计，再结合已知纯物质或有关的色谱定性参考数据进行定性分析。

1. 已知物对照法 根据同一物质在相同色谱条件下保留时间相同的原理进行定性，即在相同的操作条件下，通过比较已知纯物质和未知组分的保留值定性。如待测组分的保留值与在相同色谱条件下测得的已知纯物质的保留值相同，则可以初步认为它们是属同一种物质（图 18-12）。由于两种组分在同一色谱柱上可能有相同的保留值，只用一根色谱柱定性，结果不可靠。可采用另一根极性不同的色谱柱进行双柱定性，比较未知组分和已知纯物质在两根色谱柱上的保留值，如果都具有相同的保留值，即可认为未知组分与已知纯物质为同一种物质。

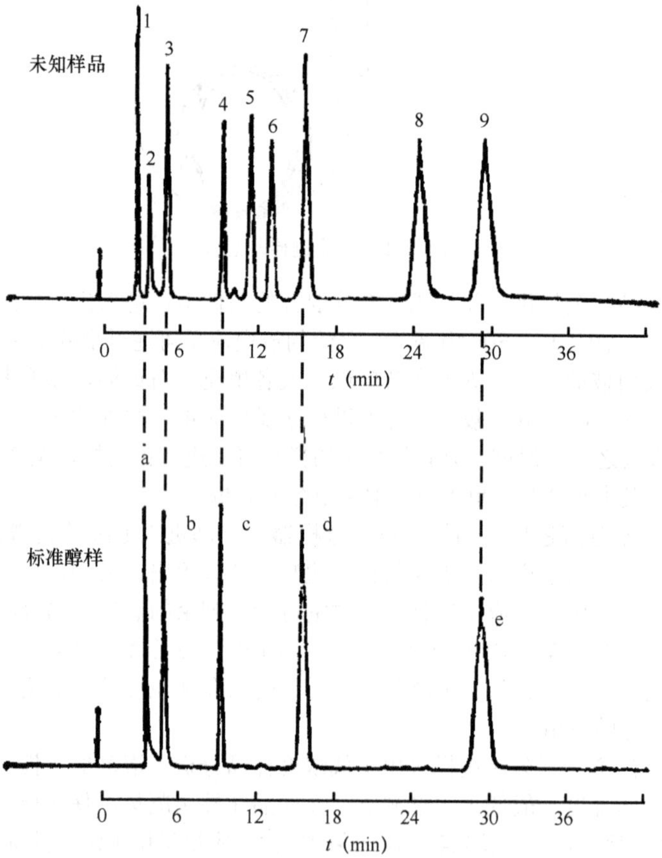

图 18-12 用已知纯物质与未知样品对照比较进行定性分析

利用纯物质对照定性，需要对样品的组分有初步了解，预先准备用于对照的已知纯物质（对照品）。该方法比较简便，是气相色谱定性中最常用的定性方法。

2. 利用加入法定性 将纯物质加入样品中，观察各组分色谱峰高的相对变化进行定性的方法。

3. 利用相对保留值定性 相对保留值 $r_{2,1}$ 仅与柱温和固定液性质有关。在色谱手册中列有各种物质在不同固定液上的保留数据，可以用来进行定性鉴定。

4. 利用保留指数定性　保留指数又称Kovats指数，许多手册上能查到各种化合物的保留指数，它是一种重现性较好的定性参数，其定性的相对误差小于1%，是一种重要的定性方法。

5. 与其他分析仪器联用定性　色谱具有分离功能强大的特点，但定性能力较弱，特别是对于新化合物，故常将色谱与其他分析仪器联合使用来获得化合物的结构信息。常用的有气相色谱-质谱联用及气相色谱-红外光谱联用。

二、定量分析方法

（一）定量校正因子

色谱法定量的依据是被测组分的量与峰面积（或峰高）成正比。但是同一种物质在不同类型检测器上往往有不同的响应值；同样，不同物质在同一检测器上的响应值也往往不同，即相同量的不同物质产生不同值的峰面积或峰高，因此，各组分峰面积或峰高的相对百分数并不等于样品中各组分的含量百分比。引入定量校正因子可以解决这个问题。

当组分的量的单位用质量、物质的量或体积表示时，测得的定量校正因子分别称为绝对质量校正因子、绝对物质的量校正因子或绝对体积校正因子。

$$m_i = f'_i A_i \tag{18-11}$$

如上式所示，m_i为物质的质量，A_i为物质的峰面积，f'_i为绝对质量校正因子。绝对质量校正因子f'_i的值很难准确测定，它随色谱实验条件而改变，使用不方便。在实际工作中，一般采用相对质量校正因子f_i。

$$f_i = \frac{f_i'}{f_s'} \tag{18-12}$$

式中，f'_i和f'_s分别为组分i与标准物质s的绝对校正因子，如采用氢火焰离子化检测器时，常以正庚烷作为标准物质。

（二）定量方法

1. 归一化法　当样品中所有组分全部出峰，组分数与色谱峰数相符时，可以采用该法，即组分i的质量分数等于其色谱法面积在总峰面积中所占的百分比。因不同物质在检测器中的响应不同，峰面积需经校正，计算式如下。

$$m_i(\%) = \frac{A_i f_i}{\sum f_i A_i} \times 100\% \tag{18-13}$$

式中，f_i为相对质量校正因子，A_i为峰面积。

归一化法方法简便、进样量的准确性和波动对测定结果影响不大。但该法仅适用于一个分析周期内所有组分都出峰，且组分数与色谱峰数相符的情况，并且必须知道所有组分的校正因子，因此应用受到很大限制。归一化法一般不用于微量杂质的含量测定。

案例 18-2

常温下不能液化的气体称为永久性气体，用TCD分析含有O_2、N_2、CO及CO_2四种永久性气体的混合物。气相色谱实验条件如下。色谱柱：长2 m，内径2 mm，不锈钢螺旋柱。固定相：TDX-01（60～80目）。柱箱温度：40 ℃。检测器温度：40 ℃。气化室温度：70 ℃。载气：H_2。流量：20 mL/min。进样量：60 μL。实验测得它们的色谱峰面积分别为5054 μV·s、9102 μV·s、4332 μV·s和7250 μV·s。由手册查得它们的相对质量校正因子f_m分别为1.02、0.86、0.86和1.18。试分别求它们的含量。针对本题，简述采用归一化定量分析方法的使用条件，使用TCD开关机时对通气与通电的顺序是什么？

案例 18-2 分析

根据式（18-3）可计算出对应的质量分数

（1）$w_{O_2}=\dfrac{5054\times1.02}{5054\times1.02+9102\times0.86+4332\times0.86+7250\times1.18}\times100\%=20.4\%$

（2）$w_{N_2}=\dfrac{9102\times0.86}{5054\times1.02+9102\times0.86+4332\times0.86+7250\times1.18}\times100\%=31.0\%$

（3）$w_{CO}=\dfrac{4332\times0.86}{5054\times1.02+9102\times0.86+4332\times0.86+7250\times1.18}\times100\%=14.7\%$

（4）$w_{CO_2}=\dfrac{7250\times1.18}{5054\times1.02+9102\times0.86+4332\times0.86+7250\times1.18}\times100\%=33.9\%$

根据题意，混合物含有四种气体，色谱图有四个峰，属于所有组分都出峰且组分数与色谱峰数相符，题目已知所有组分的校正因子，因此可用归一化法求解。

TCD 一定要先通载气，后打开热导池桥电流电源开关，以免烧坏 TCD 电阻丝；实验结束，先关闭 TCD 桥流开关，随后关闭其他电源开关，待柱温降至室温，关闭载气钢瓶。即开机时先通气后通电，关机时先断电后断气。

2. 外标法 以待测组分的纯品作标准物质，比较在相同条件下标准物质与样品中待测组分的色谱响应值进行定量的方法称为外标法。外标法分为标准曲线法或外标一点法。配制一系列不同浓度的对照溶液，定量进样并测定峰面积（或峰高），以浓度对应峰面积（或峰高）绘制标准曲线，求回归方程，在完全相同的条件下分析样品，从而推算出未知样品中被测组分的量的方法称为标准曲线法。

若标准曲线截距近似为零，可用一种浓度的对照溶液进样分析，对比测定供试液中待测组分的量，称为外标一点法。

$$(m_i)_{样品}=(m_i)_{标准}\times\frac{(A_i)_{样品}}{(A_i)_{标准}} \tag{18-14}$$

式中，m_i 为物质的质量，若对照液与供试液体积相等，则可用浓度代替，A_i 为峰面积。

外标法具有不使用校正因子，操作条件要求高，对进样量的准确性控制要求高，适用于大批量样品的快速分析等特点。外标法分析结果的准确度主要取决于进样量的准确性和操作条件的稳定性。

3. 内标法 内标法是在样品中加入一定量的纯物质作为内标物，通过比较待测组分与内标物在检测器上的响应值之比进行定量分析。气相色谱法的进样量一般仅为数微升，进样体积不易准确，尤其在采用手工进样时，留针时间和室温等对进样量也有影响，为减小进样误差，多采用内标法定量。

准确称取一定量的内标物，将称取的内标物加入准确称取的样品中，充分混合后，即可通过下式求出待测组分 m_i 的含量。

$$\frac{m_i}{m_s}=\frac{A_i f_i}{A_s f_s} \qquad m_i=\frac{A_i f_i m_s}{A_s f_s}$$

则重量为 m 的样品中待测组分的质量百分含量为

$$w_i\%=\frac{A_i f_i\ m_s}{A_s f_s\ m}\times100\% \tag{18-15}$$

式中，m_i 与 m_s 分别为待测组分与内标物的质量，A_i 与 A_s 分别为待测组分与内标物的峰面积，f_i 与 f_s 分别为待测组分与内标物的定量校正因子。

内标法是通过待测组分与内标物峰面积的相对值来进行定量的，由于操作条件变化而引起的误差，都将同时反映在待测组分与内标物的峰面积上而得到抵消，所以内标法准确性较高，操作条件和进样量的稍许变动对定量结果的影响不大，适用于气相色谱分析。

内标物的选择非常重要，气相色谱分析常以正构烷烃作为内标物。所选内标物应满足：①样品中不含有该物质；②与被测组分性质比较接近；③不与样品发生化学反应；④出峰位置应位于被测组分附近，且无组分峰影响；⑤内标物应为纯物质等条件。

在药物分析中，校正因子多为未知，内标法常采用标准曲线法与内标一点法。标准曲线法系配置一系列不同浓度的对照液，加入相同量的内标物，进样分析，测得 A_i 和 A_s，以 A_i/A_s 对对照溶液系列浓度绘制标准曲线，求回归方程。供试液中也加入同样量的内标物，同法分析，根据被测组分与内标物的峰面积比值，由标准曲线求得被测组分的含量。

若标准曲线截距近似为零，则可用内标一点法。此法是称取一定量的内标物加入标准溶液中，组成标准品溶液。然后将相同的内标物加入同体积的样品溶液中。将两种溶液分别进样，由下式计算出样品溶液中的待测组分含量。

$$w_{样品}=\frac{\left(\frac{A_i}{A_s}\right)_{样品}}{\left(\frac{A_i}{A_s}\right)_{标准}}\times(c_i\%)_{标准} \tag{18-16}$$

式中，$\left(\frac{A_i}{A_s}\right)_{样品}$、$\left(\frac{A_i}{A_s}\right)_{标准}$ 分别为样品溶液和标准溶液中被测组分 i 与内标物 s 的峰面积之比，$(c_i\%)_{标准}$为标准样中组分的质量百分含量。

三、应用及实例

气相色谱法既可以应用于分析气体样品，也可分析易挥发或可转化为易挥发的液体和固体，不仅可分析有机物，也可分析部分无机物。特别是在药物分析方面，气相色谱法已成为杂质检查、原料药与制剂含量测定的主要方法之一。

案例 18-3

气相色谱法在药用辅料中的应用：在制药行业，丙二醇（1，2-丙二醇）作为药用辅料，主要用作溶剂、增塑剂、消毒剂、保湿剂等，其质量的优劣直接影响药品的质量、安全性和有效性。2006 年我国曾出现使用二甘醇代替丙二醇用于药品生产而导致的严重医疗事故，药用辅料的质量监控日益受到人们的关注。《中国药典》（2015 年版）及《中国药典》（2020 年版）将药用辅料从二部中独立出来收载在四部，药用辅料丙二醇也增加了可供注射用丙二醇品种。

问题：

（1）查阅《中国药典》（2020 年版）中对丙二醇的含量测定方法，是否选用内标法定量？内标物是什么？选用何种固定液？

（2）还可以采用什么分析技术测定丙二醇含量？为什么气相色谱法最为常用？《中国药典》中采用了什么检测器？还可以采用什么检测器？

案例 18-3 分析

（1）含量是丙二醇质量的一个重要指标。《中国药典》（2020 年版）对丙二醇的含量测定方法是气相色谱法，用内标法计算丙二醇的含量，内标物为 1,3-丁二醇。丙二醇极性较大，能形成氢键，因此《中国药典》中色谱固定液选用聚乙二醇-20M。

（2）丙二醇的分析可采用气相色谱法、光谱法、高效液相色谱法等方法。由于丙二醇的紫外吸收波长在 210 nm 以下，属于末端吸收，不适合用高效液相色谱紫外检测器检测，用高效液相色谱法测定丙二醇多采用示差折光检测器，有一定的局限性。丙二醇挥发性好，热稳定性好，气相色谱法简单快速、选择性好、准确度高，是目前测定丙二醇最常用的方法。根据《中国药典》（2020 年版）通则 0521，除另有规定外，气相色谱法一般采用氢火焰离子化检测器。此外，热导检测器、质谱仪等都可作为检测器检测丙二醇。

案例 18-4

药品中的残留溶剂系指在原料药或辅料的生产中，以及在制剂制备过程中使用的，但在工艺过程中未能完全去除的有机溶剂。残留溶剂限度应符合规定，《中国药典》规定残留溶剂的检查方法为气相色谱法。

由于氢溴酸右美沙芬原料药在合成过程中使用了甲醇、丙酮、甲苯等有机溶剂。《中国药典》（2020 年版）氢溴酸右美沙芬项下对甲醇、丙酮与甲苯进行残留溶剂检测，采用通则 0861 残留溶剂测定法第二法进行。

色谱条件　以 6% 氰丙基苯基-94% 二甲基聚硅氧烷（或极性相近）为固定液的毛细管柱为色谱柱；起始温度为 32℃，维持 7 min，以每分钟 50℃的速率升温至 200℃，维持 3 min；进样口温度为 150℃，检测器温度为 250℃；顶空瓶平衡温度为 80℃，平衡时间为 30 min。

问题：

（1）本案例为何选用以 6% 氰丙基苯基-94% 二甲基聚硅氧烷（或极性相近）为固定液的色谱柱进行分析?

（2）查阅《中国药典》（2020 年版）通则 0861，残留溶剂测定法共有几种测定法? 结合本章“知识窗”内容，了解何为顶空进样?

案例 18-4 分析

（1）气相色谱法一般按照“相似相溶”的原则选择固定相。甲醇、丙酮、甲苯各具极性且强弱不同，而氰丙基苯基 - 二甲基聚硅氧烷是由苯基和氰丙基基团改性的二甲基聚硅氧烷衍生物，极性中等，适用于分析具有不同极性的化合物，故案例以 6% 氰丙基苯基-94% 二甲基聚硅氧烷（或极性相近）作为固定相。

（2）《中国药典》2020 版通则 0861 中，残留溶剂测定法共有 3 种测定法，包括：第一法（毛细管柱顶空进样等温法）、第二法（毛细管柱顶空进样程序升温法）和第三法（溶液直接进样法）。本案例采用第二法，当需要检查的有机溶剂数量较多，极性差异较大，或沸程较宽时，可采用程序升温法。顶空进样法是气相色谱特有的一种进样方法，该法将待测样品置入一密闭的容器中，通过加热升温使挥发性组分从样品基体中挥发出来，在气液（或气固）两相中达到平衡，直接抽取顶部气体进行色谱分析，从而检验样品中挥发性组分的成分和含量。

知识窗

科学研究既需要有脚踏实地、锲而不舍的精神，又需要具备正确认识问题、分析问题和解决问题的能力。20 世纪 50 年代，我国杰出的分析化学与色谱学家卢佩章院士率领研究团队研制出我国第一台体积色谱仪，使分析一个石油气样品由原来的 30 多小时缩短到 1 h。该方法在国内石油化工企业得到迅速的推广使用，为我国国民经济和石油发展作出了卓越贡献。正是这些开拓者们使我国色谱科学的发展从无到有，发展壮大，获得累累硕果。无论是他们专注科研的精神，还是拳拳爱国之心都值得被铭记。

色谱柱的性能直接关系到分离分析的效果。新买的气相色谱柱一般附带说明书，如果实验室备有相应的测试标样，可参照说明书测试其性能。在使用过程中色谱柱性能会变化，可用标样测试，记录结果，并与前一次的结果相比较，以严谨的科学态度对待分析工作。新买或长时间没有使用的色谱柱，在使用前都需进行老化处理，以除去色谱柱中的残留杂质。

裂解气相色谱法（pyrolysis gas chromatography，PGC）是将样品经过高温、激光、电弧等途径，裂解为较小分子后进入色谱柱的气相色谱法，多用于分子量大，难挥发物质的分析。裂解气相色谱法与质谱联用是研究高分子化合物的有力工具。

顶空气相色谱法（head space gas chromatography，HSGC）是将在密闭容器中与液体（或固体）样品处于热力学平衡状态的气相组分直接导入气相色谱仪进行分离和检测的一种方法。顶空色谱技术以其简单实用的优点在环境监测（如饮用水中挥发性卤代烃和工业污水中挥发性有机物）、药物中有机残留溶剂检测、食品、法庭科学、石油化工、包装材料，涂料及酿酒业分析等领域得到广泛的应用。

思考题与习题

1. 试描述气相色谱速率方程中 A、B、C 三项的含义及意义。

2. 要分离甲烷、乙烷、丙烷混合物，用填充柱作气-液色谱分离，应选择何类固定液最合理？如分离苯与环己烷两组分混合物该如何选择？

3. 与普通填充柱相比，毛细管柱的特点是什么？

4. 毛细管气相色谱分析时，采用“分流进样”的原因是什么？为什么要在色谱柱后增加尾吹气供气装置？

5. 简述热导池检测器、氢火焰离子化检测器、电子捕获检测器各有何特点，分别适用于哪类物质的分析。

6. 何为内标法？为什么气相色谱手动进样多以内标法定量？

7. 已知某石油裂解气，经色谱定量测出峰面积 A_i（$\times 10^4\ \mu V \cdot s$）与各组分的质量校正因子 f_i 列于下表中。假定全部组分都在色谱图上出峰，求各组分的质量分数为多少？

	出峰次序						
	空气	甲烷	二氧化碳	乙烯	乙烷	丙烯	丙烷
峰面积 A_i	34	3.14	4.6	298	87	260	48.3
校正因子 f_i	30.84	1.00	1.00	1.00	1.05	1.28	1.36

8. 为了测得混合样品中组分 i 的含量，精密称取 1.8035g 混合样品，并加入 0.4000 g 内标物 s，混合均匀后进样气相分析，从所得色谱图上测得药物和内标峰的面积分别为 2027 μV · s 与 1979 μV · s。已知 f_i=0.538，f_s=0.943。计算组分 i 的百分含量。

（童珊珊）

第十九章 高效液相色谱法

学习目标

1. 掌握 液相色谱法的基本原理；反相键合相色谱法的分离机制、保留行为的主要影响因素和分离条件选择；色谱分析方法的选择；定性、定量分析方法。

2. 熟悉 化学键合相的性质、特点和种类及使用注意事项；高效液相色谱仪的主要部件；各类检测器的检测原理和适用范围。

3. 了解 液相色谱法的分类；离子色谱法、亲和色谱法、手性色谱法、分子排阻色谱法及其常见固定相；流动相最优化方法；超高效液相色谱法。

案例 19-1

2015 年 10 月 5 日，中国中医科学院药学家屠呦呦研究员因创制了新型抗疟药青蒿素和双氢青蒿素而获得诺贝尔生理学或医学奖，成为首位也是目前为止唯一一位获科学类诺贝尔奖的中国科学家。2017 年 1 月 9 日，屠呦呦获得 2016 年度国家最高科学技术奖。目前，青蒿素系列药物已成为抗疟的最安全有效药物。与 2000 年全球疟疾发病 2.14 亿例、死亡 73.8 万人的情况相比，2015 年疟疾发病率、死亡率分别下降了 37%和 60%。青蒿虽然系世界广布品种，但青蒿素含量随产地不同差异极大，因此对药材中青蒿素进行含量测定具有重要的意义。《中国药典》(2020 年版）收录的青蒿素含量测定方法为高效液相色谱法。

问题：

（1）让传统中药、民族药走出国门，被国际认可，被更多人接受的关键是什么？

（2）研究中药、天然药物的有效成分含量的方法通常有哪些？

（3）高效液相色谱法在青蒿素诺贝尔奖成果的发现工作中起到了什么作用？

案例 19-1 分析

（1）早在两汉时期，张骞出使西域开辟了丝绸之路，隋唐时期又相继传入印度、阿拉伯、阿富汗和越南等地，唐代“汉方医药始祖”鉴真东渡日本把中药鉴别与炮制带到日本。“一带一路”使其传播到 200 多个国家和地区。医药典籍《本草纲目》和《黄帝内经》被联合国教科文组织列入世界记忆名录，中医针灸和藏医药浴法被列入人类非物质文化遗产代表作名录。中医药显著的临床疗效，是其不断走向世界的“硬实力”，让传统中药、民族药走出国门、被国际认可、被更多人接受的关键是强力推动中医药国际标准化，加强中药形制创新，加快解决中医药准入问题，大力发展外向型企业、机构和组织。

（2）中药、天然药物所含成分复杂，有效成分含量的方法通常有紫外 - 可见分光光度法、高效液相色谱法、液质联用法、红外光谱法、气相色谱法、气质联用法、薄层色谱扫描法、核磁共振波谱法等，不同含量测定方法各有其优缺点，应该根据不同检测指标选择不同的检测方法。

（3）屠呦呦教授因创制了青蒿素而获得诺贝尔生理学或医学奖，青蒿素是从中药黄花蒿中分离的化合物，在机体内吸收快、分布广、排泄快。《中国药典》(2020 年版）收录的青蒿素含量测定方法为高效液相色谱法（通则 0512），采用十八烷基硅烷键合硅胶 C18 为固定相，乙腈-水（60 ∶ 40）为流动相，检测波长 210 nm，进样体积 20 μL。

在色谱分析法中，尽管气相色谱法获得广泛应用，但是由于其不能直接分析难挥发和受热易分解的物质，在不具有足够的热稳定性和难以气化的物质检测方面受到一定的限制。依据气相色谱法的分离理论，在经典液相色谱法的基础上，于 20 世纪 70 年代发展起来的高效液相色谱法

（high performance liquid chromatography，HPLC），因采用了更高效的固定相、高压流动相、高灵敏度的在线检测器等，具有了选择性优良、分析快速、分离效率高、灵敏度高及操作自动化等优点。因此，高效液相色谱又称高压液相色谱（high pressure liquid chromatography）、高速液相色谱（high speed liquid chromatography）、高分离度液相色谱（high resolution liquid chromatography）等。正是这些优越性使其在分离分析领域占据了重要的地位。

高效液相色谱法与经典的液相色谱法相比，其固定相规则均匀且颗粒极细（< 10μm），因此传质阻抗小，分离效率高；其流动相采用高压泵输送，流速快，因此分析速度快（一般只需几分钟到几十分钟）；其检测器（紫外、荧光、电化学等）柱后检测，高度自动化，检测灵敏度高。

高效液相色谱法与气相色谱法相比，其分析样品不受沸点、分子量和热稳定性的限制；固定相颗粒更细，供选用的种类更多，分离效率更高；流动相可选用离子型、极性、弱极性和非极性溶液，具有更高的分离选择性；柱温一般在室温即可，不需要高温；流出组分易于收集，可用于制备色谱。

高效液相色谱法因具有以上的优点，更因其温和的分离分析条件和良好的生物兼容性，已成为分离纯化生物大分子最广泛的手段之一。基于高效液相色谱法发展起来的超高效液相色谱法（ultra performance liquid chromatography，UPLC）因采用更小粒度的固定相和更高压的输液泵而具有更高的分离效率，是一个全新的发展领域，将更进一步拓宽液相色谱的使用范围。如今，高效液相色谱法已在生物化学、生物工程研究、食品分析、环境分析、制药工业研究和生产等领域，尤其是药物及其制剂的分析测定中获得广泛的应用。

第一节　高效液相色谱法的主要类型和原理

一、高效液相色谱法的主要类型

高效液相色谱法同其他色谱法一样，都是溶质在固定相和流动相之间进行的一种连续多次的分配过程，是根据不同组分在两相间亲和力、吸附能力、离子交换和分子排阻作用等的差异进行分离的方法。按照分离原理不同，高效液相色谱法可分为吸附色谱法（adsorption chromatography，AC）、分配色谱法（partition chromatography，PC）、离子交换色谱法（ion exchange chromatography，IEC）、分子排阻色谱法（molecular exclusion chromatography，MEC）等四种基本类型；按实际应用情况，高效液相色谱法包括化学键合相色谱法（chemically bonded phase chromatography，CBPC）、离子抑制色谱法（ion suppression chromatography，ISC）、离子对色谱法（ion pair chromatography，IPC）、亲和色谱法（affinity chromatography，AC）、手性色谱法（chiral chromatography，CC）、胶束色谱法（micellar chromatography，MC）、电色谱法（electrochromatography，EC）和生物色谱法（biochromatography，BC）等其他类型色谱法。目前最常见的高效液相色谱法是化学键合相色谱法及其衍变和发展而来的离子抑制色谱法和离子对色谱法。本章重点讨论化学键合相色谱法的原理及其分离条件的选择。

二、化学键合相色谱法

化学键合相色谱法简称键合相色谱法（bonded phase chromatography，BPC），是采用化学键合相作固定相的液相色谱法。

化学键合相（chemically bonded phase）是利用化学反应通过共价键将有机分子键合在载体（硅胶）表面，形成均一、牢固的单分子薄层而构成的固定相。常以微粒多孔硅胶为载体，采用酯化键合（Si-O-C 型）、硅烷化键合（Si-O-Si-C 型）和硅氮键合（Si-N 型）等反应，其中硅烷化键合反应获得的这类键合相具有相当的耐热性和化学稳定性，是目前应用最为广泛的键合相，反应如下：

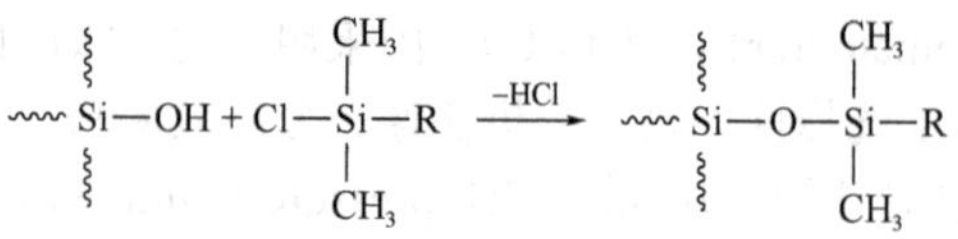

其中，$R=(CH_2)_3NH_2$（氨基柱）；$R=(CH_2)_3CN$（氰基柱）；$R=(CH_2)_2OCH_2CH(OH)CH_2OH$（二羟基柱）；$R=(CH_2)_{17}CH_3$（$C_{18}$ 柱）；$R=(CH_2)_3C_6H_5$（苯基柱）。

这类固定相的突出特点是耐溶剂冲洗，并且可以通过改变键合相有机官能团的类型来改变分离的选择性，因此键合相色谱法是应用最广的色谱法，兼有吸附和分配两种分离机制，但多数以分配机制为主。与液液分配色谱类似，根据化学键合相与流动相的极性相对强弱不同可以将键合相色谱法分为正相（normal phase，NP）和反相（reversed phase，RP）色谱法。

（一）正相键合相色谱法

采用极性键合相为固定相，非极性或弱极性溶剂作流动相的色谱法称为正相键合相色谱法（normal phase bonded-phase chromatography，NBPC）。极性键合相如氨基（$—NH_2$）、氰基（—CN）或二羟基等，流动相由烷烃（常用正己烷等）加适量极性调节剂（如醇类）组成。氰基键合相的分离选择性与硅胶相似，但其极性小于硅胶，当流动相及其他条件相同时，氰基键合相上同一组分的保留时间将小于硅胶。许多需用硅胶柱的分离可用氰基键合相柱完成。氨基键合相与硅胶的性质有较大差异，前者为碱性，后者为酸性，在作正相洗脱时，表现出不同的选择性。氨基键合相色谱柱是分析糖类最重要的色谱柱，也称为碳水化合物柱。

正相键合相色谱法主要用于分离中等极性和极性较强的可溶于有机溶剂的分子型化合物。其分离机制主要基于范德瓦耳斯作用力的定向作用力、诱导作用力或氢键作用力。例如，用氨基键合相分离极性化合物时，主要以被分离组分分子与键合相的氢键作用力的强弱差别来分离。若分离含有芳环等可诱导极化的非极性样品，则基于键合相与组分分子间的作用力，主要是诱导作用力来分离。氰基键合相对双键异构体或含双键数不等的环状化合物的分离有较好的选择性。氨基键合相具有较强的氢键结合能力，对甾体、强心苷等某些多官能团化合物有较好的分离能力，因其氨基能与糖类分子中的羟基产生选择性相互作用，而广泛用于糖类的分析，但它不能用于分离羰基化合物，如甾酮、还原糖等，因为它们之间会发生反应生成席夫（Schiff）碱。二羟基键合相适用于分离有机酸、甾体和蛋白质。

在正相键合相色谱法中，混合组分的分离选择性与键合相种类、流动相极性及样品性质有关。一般极性强的组分在固定相上保留因子 k 大，极性弱的组分保留因子 k 小，在同一流动相条件下，极性弱的先洗脱出柱，因此保留时间 t_R 短，极性强的保留时间 t_R 长。当流动相极性增强时，保留时间 t_R 减小；反之则 t_R 增大。因此可通过调节流动相极性来改善分离度。

（二）反相键合相色谱法

采用非极性键合相为固定相，极性溶剂作流动相的色谱法称为反相键合相色谱法（reversed phase bonded-phase chromatography，RBPC）。常用的非极性键合相主要有各种烷基（C_1~C_{18}）和苯基、苯甲基等硅烷键合相，以十八烷基硅烷键合相（octadecyl silane，ODS 或 C_{18}）应用最广；流动相常用甲醇-水或乙腈-水体系。非典型反相色谱系统由弱极性或中等极性键合相和极性大于固定相的流动相组成。

对于反相键合相色谱法的分离机制，目前还没有一致的看法，大致有两种观点：一种认为属于分配色谱；另一种认为属于吸附色谱。分配色谱的作用机制是假设流动相中极性弱的有机溶剂吸附于非极性烷基配合基表面，组分分子在流动相和被非极性烷基配合基所吸附的溶剂中进行分配。吸附色谱的作用机制是把非极性的烷基键合相看作是在硅胶表面上覆盖了一层键合的十八烷基的“分子毛”，这种“分子毛”有强的疏水特性，溶质在固定相上的保留是疏溶剂作用的结果（即疏溶剂理论）。当用水与有机溶剂所组成的极性溶剂为流动相来分离有机化合物时，一方面，非极性组分分子或组分分子的非极性部分，由于疏溶剂的作用，将会从水中被“挤”出来，与固定相上的疏水烷基之间产生缔合作用，这种“结合”是由于溶质和极性溶剂之间的斥力造成的，而不是非极性溶质和非极性固定相之间的微弱的非极性作用力的缘故。另一方面，被分离物的极性部分受到极性流动相的作用，使它离开固定相，减少保留值，此即解缔过程（图 19-1）。显然，这两种作用力之差，决定了分子在色谱中的保留行为。

一般固定相的烷基配合基或分离分子中非极性部分的表面积越大，或者流动相表面张力及介电常数越大，则缔合作用越强，分配比也越大，保留值越大。在反相键合相色谱中，极性大的组分先流出，极性小的组分后流出。

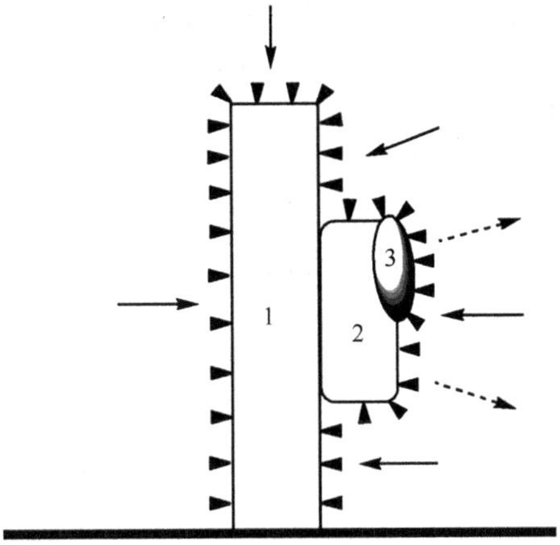

图 19-1 反相色谱法疏溶剂理论示意图

---►解缔作用；——►缔合作用；►溶剂膜

1. 键合羟基；2. 溶质的非极性部分；3. 溶质的极性部分

非极性键合相的烷基链长对样品容量、溶质的保留值和分离选择性都有影响，样品容量随烷基链长增加而增大，且长链烷基可使溶质的保留值增大，常可改善分离的选择性；而短链烷基键合相具有较高的覆盖度，分离极性化合物时可得到对称性较好的色谱峰。苯基键合相与短链烷基键合相的性质相似。另外 C_{18} 柱稳定性较高，这是由于长的烷基链保护了硅胶基质，但 C_{18} 基团空间体积较大，使有效孔径变小，分离大分子化合物时柱效较低。

分离非极性和极性较弱的化合物可选择非极性键合相。利用特殊的反相色谱技术，如反相离子抑制技术和反相离子对色谱法，非极性键合相也可用于分离离子型或可离子化的化合物。

（三）反相离子抑制色谱法

在反相键合相色谱中，流动相的 pH 发生变化时，溶质的离解程度将随着 pH 的变化而发生改变，而溶质的离解程度越高，则分配比越小，保留值越小。反相离子抑制色谱就是在流动相体系中加入少量的弱酸、弱碱或缓冲溶液，调节流动相的 pH，抑制溶质的离解，增加其与固定相之间的缔合作用，增大分配比，使保留值增大而得以分离的色谱法。一般来说，在不超过键合相允许 pH 范围的情况下，进行弱酸分析时，应降低流动相的 pH，可增大分配比与保留值；反之，进行弱碱分析时，则应升高流动相的 pH，才能增大分配比与保留值。该方法特别适用于弱酸（pK_a=3～7）和弱碱（pK_b=6～7）的分离分析。

（四）反相离子对色谱法

离子对色谱法由反相键合相色谱法衍生而来。离子抑制色谱法主要用于对弱电解质的分离分析，当溶质属于较强电解质时，单靠离子抑制其保留值并不能获得显著提高，此时就需采用反相离子对色谱法（reversed phase ion-pair chromatography，RPIC），即仍然采用非极性键合相，但在流动相中加入离子对试剂，因为加入的离子对试剂中的反离子可与被分析组分的离子在流动相中生成中性离子对，增加了溶质与固定相之间的相互作用，使分配比增加，保留值增大，分离度提高。该色谱法主要用于离子型或可离子化的化合物的分离分析。

分析碱类常用的离子对试剂为烷基磺酸盐，如正戊烷磺酸钠（$PICB_5$）、正己烷磺酸钠（$PICB_6$）、正庚烷磺酸钠（$PICB_7$）、正辛烷磺酸钠（$PICB_8$）。另外高氯酸、三氟乙酸也可与多种碱性样品形成很强的离子对。分析酸类常用四丁基季铵盐，如四丁基溴化铵、四丁基铵磷酸盐（TBA）为离子对试剂。

关于离子对色谱法的分离机制，目前主要有三种模型：离子对模型、动态离子交换模型和离子相互作用模型。动态离子交换模型认为流动相中的平衡离子被吸附或进入固定相，形成固定相离子交换剂，样品离子与其表面发生离子交换得以分离。离子相互作用模型认为样品离子与固定相之间通过吸附作用和静电作用得以分离。本节以碱类物质（B）的分析为例，用离子对模型说明其分离机制。

碱类物质（B）在一定的流动相 pH 条件下，能接受质子形成样品离子（BH^+），该离子与流动相中的离子对试剂 RX（如 RSO_3Na）离解出来的反离子即平衡离子 X^-（如 RSO_3^-）结合形成中性的离子对缔合物 BH^+X^-（$BH^+ \cdot RSO_3^-$），在固定相（s）和流动相（m）之间进行分配。

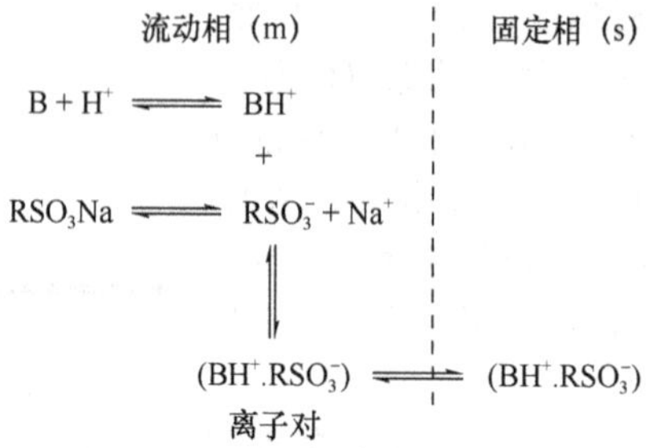

达到分配平衡时，总的平衡常数 K 可表示为

$$K = \frac{[BH^+X^-_{固定相}]}{[BH^+][X^-]}$$

而被分析物质 B 在两相间的分配系数 K_D 为

$$K_D = \frac{[BH^+X_S^-]}{[BH^+]+[BH^+X_m^-]} \approx \frac{[BH^+X_S^-]}{[BH^+]} = K \cdot [X^-] \tag{19-1}$$

由式（19-1）可知，分配系数 K_D 随总平衡常数 K 和平衡离子浓度 $[X^-]$ 的增加而增大，总平衡常数 K 的大小受被分析物质 B 和离子对试剂反离子的性质、固定相的性质及温度的影响。离子对试剂的碳链越长，溶质的分配系数 K 越大；在较低浓度时，溶质的分配系数将随离子对试剂浓度的增大而增大。流动相的 pH 对离子对的形成产生重要影响，因此调节流动相的 pH 可改善分离效果。

反相离子对色谱法常用 ODS 柱（即 C_{18} 柱），流动相为甲醇-水或乙腈-水，在流动相中加入 0.003～0.01 mol/L 的离子对试剂即可。被测组分的保留时间与离子对性质、浓度、流动相组成及其 pH、离子强度有关。

反相离子对色谱法使反相色谱法得以用于有机酸、碱、盐的分离。这种方法在药物分析中应用很广，如生物碱、有机酸、磺胺类药物、某些抗生素与维生素等；在体内药物分析如人体内碱性药物的血药浓度测定等方面也有许多应用。在许多药物分析课题上可用 RPIC 替代 IEC，但其缺点是 RPIC 试剂的价格较贵。

案例 19-2

阿司匹林又名乙酰水杨酸，为水杨酸的衍生物，对缓解轻度或中度疼痛如牙痛、头痛、神经痛、肌肉酸痛及痛经效果较好，亦用于感冒、流感等发热疾病的退热。去甲麻黄碱一般指苯丙醇胺，属于气道扩张药。在分离阿司匹林和去甲麻黄碱两种药物的混合液时选用 C_{18} 柱为固定相，流动相为甲醇：水=50 ：50 系统，加入正己烷磺酸，调节 pH 约为 3.5；4-氨基苯甲酸是优良的防晒剂，其分析测定同样采用 C_{18} 柱，但是流动相却用四丁基氢氧化铵加入甲醇：水=50 ：50 的系统，pH 约为 7.5。

问题：

（1）上述测定体系属于正相色谱还是反相色谱法？

（2）测定阿司匹林和去甲麻黄碱的分离机制是什么？

（3）采用 C_{18} 柱分析 4-氨基苯甲酸时，为何要加入四丁基氢氧化铵？

案例 19-2 分析

（1）上述测定体系均采用非极性十八烷基硅烷键合相 C_{18} 为固定相，极性溶剂（甲醇-水=50 ∶ 50）作流动相，故均属于反相色谱系统。

（2）阿司匹林的 pK_a 约为 3.5，去甲麻黄碱 pK_a 约为 9.0，因此在 pH 约 3.5 时，弱酸阿司匹林不能离解以分子状态存在，即对阿司匹林为反相离子抑制机制；而去甲麻黄碱因接受质子而成为阳离子，因此加入正己烷磺酸与去甲麻黄碱阳离子构成离子对使其在 C_{18} 柱上的保留值增加，从而得以分离，属于反相离子对色谱法。

（3）在 4-氨基苯甲酸的分析中，由于化合物中既有氨基，又有羧酸，在 pH 约 7.5 时，氨基不能结合质子，而羧酸却可以离解产生阴离子，因此加入四丁基氢氧化铵，使四丁基铵阳离子与羧基负离子形成离子对，增强其在柱上的保留。

可见，反相键合相色谱法既可以用于分离分析非极性至中等极性的各类分子型化合物，又因为键合相表面的官能团不易流失，溶剂的极性可以在很大范围内调整，由它派生的离子抑制色谱法与反相离子对色谱法，可以分离有机酸、碱、盐等离子型化合物，因此其应用范围很宽，80%左右的液相色谱课题可采用反相液相色谱法。

三、其他高效液相色谱法

高效液相色谱法中除了常见的化学键合相色谱法外，还有离子色谱法、分子排阻色谱法、亲和色谱法和手性色谱法等。

（一）离子色谱法

离子色谱法（ion chromatography，IC）在色谱领域中具有重要的地位，它是基于被测物的可离解性（离子性）进行分离分析的液相色谱方法。斯莫尔（Small）等于 1975 年提出的离子色谱是以低交换容量离子交换剂作固定相、用含有合适淋洗离子的电解质溶液作流动相使无机离子得以分离，并成功地用电导检测器连续测定流出物的电导变化。离子色谱法的发明开创了离子化合物分离分析的新局面，发展非常迅速，目前，离子色谱法已广泛用于无机阴离子、无机阳离子、有机酸、糖醇类、氨基糖类、氨基酸、蛋白质、糖蛋白、DNA、RNA 水解产物等物质的定性和定量分析。

离子色谱法的分离机制主要为离子交换，即基于离子交换树脂上可离解的离子与流动相中具有相同电荷的溶质离子之间进行的可逆交换；离子色谱的其他分离机制有离子对色谱、离子排阻色谱、离子抑制色谱和金属离子络合物色谱等。

离子色谱法分为单柱（非抑制型）离子色谱法和双柱（抑制型）离子色谱法两大类。

1. 双柱（抑制型）离子色谱法 采用两根离子交换柱串联在一起，前一根作为分离柱，填充低交换容量的离子交换树脂；后一根作为抑制柱，填充电荷与分离柱相反的高交换容量的离子交换树脂，洗脱液经分离柱进入抑制柱，除去洗脱剂离子，最后进入检测器。

阴离子分析：分离柱填充低交换容量的 OH^- 型阴离子交换树脂，抑制柱填充高交换容量 H^+ 型强酸性阳离子交换树脂，洗脱剂是 NaOH、$NaHCO_3$、Na_2CO_3 稀溶液。在分离柱中，各种被测阴离子因与阴离子交换树脂发生交换反应的选择性不同得以分离；在抑制柱中，洗脱剂中的 OH^- 转化为难离解的水，消除了洗脱剂离子对测定的干扰。随着被测离子交换出来的 H^+ 淌度是 Na^+ 的 7 倍，使检测灵敏度大幅提高。以阴离子 X^- 的分析为例，两柱上发生的反应如下。

分离柱　　交换反应：$R^+\text{-}OH^- + NaX \longrightarrow R^+\text{-}X^- + NaOH$

洗脱反应：$R^+\text{-}X^- + NaOH \longrightarrow R^+\text{-}OH^- + NaX$

抑制柱　　被测阴离子的反应：$R^-\text{-}H^+ + Na^+X^- \longrightarrow R^-\text{-}Na^+ + HX$

与洗脱剂的反应：$R^-\text{-}H^+ + Na^+OH^- \longrightarrow R^-\text{-}Na^+ + H_2O$

阳离子分析也有相似的反应。以阳离子交换树脂作分离柱，一般用无机酸为洗脱液，洗脱液进入阳离子交换分离柱洗脱分离阳离子后，进入填充有 OH^- 型高容量阴离子交换树脂的抑制柱，将酸（洗脱液）转变为水，同时将样品阳离子转变为相应的碱，抑制反应降低了洗脱液的电导值，提高了待测阳离子的检测灵敏度。

2. 单柱（非抑制型）离子色谱法　仅用一根离子交换柱，不用抑制柱，相较于抑制型离子色谱法，它减少了抑制柱带来的死体积，分离效率高，可通过普通的高效液相色谱仪改装使用。采用电导检测器，但是由于经分离柱直接进入检测器的是高电导的洗脱剂及被测组分，为了降低洗出液本底水平，常采用低浓度、低电导率的洗脱剂，由于流动相本底电导较低，样品离子被洗脱后可直接被电导检测器所检测。测定阴离子时，采用更低容量、大孔径阴离子交换树脂作固定相，用低浓度的苯甲酸盐（如 0.1～1 mmol/L）或邻苯二甲酸盐等作洗脱剂。测定阳离子时，采用低容量表面轻度磺化的聚苯乙烯作固定相，用低浓度的硝酸或乙二胺盐作洗脱剂。

案例 19-3

三聚氰胺冒充“蛋白质”事件引起国内外的高度关注，当时中国国家质检总局公布对国内的乳制品厂家生产的婴幼儿奶粉的三聚氰胺检验报告，国内多个厂家的奶粉都检出三聚氰胺。

三聚氰胺快速检测（液相色谱法）执行中华人民共和国国家标准《原料乳中三聚氰胺快速检测液相色谱法》（GB/T 22400—2008），本标准适用于原料乳，也适用于不含添加物的液态乳制品。该标准的定量检测范围为 0.30～100.0 mg/kg，方法检测限为 0.05 mg/kg。

问题：

（1）如何对原料乳中的三聚氰胺进行定性鉴别？

（2）简述原料乳中三聚氰胺快速检测方法。

（3）高效液相色谱法测定三聚氰胺的色谱条件是什么？

案例 19-3 分析

（1）依据保留时间一致性对待测组分进行定性识别。根据三聚氰胺标准物质的保留时间，确定原料乳样品中三聚氰胺的色谱峰（图 19-2）。必要时应采用其他方法进一步定性确证。

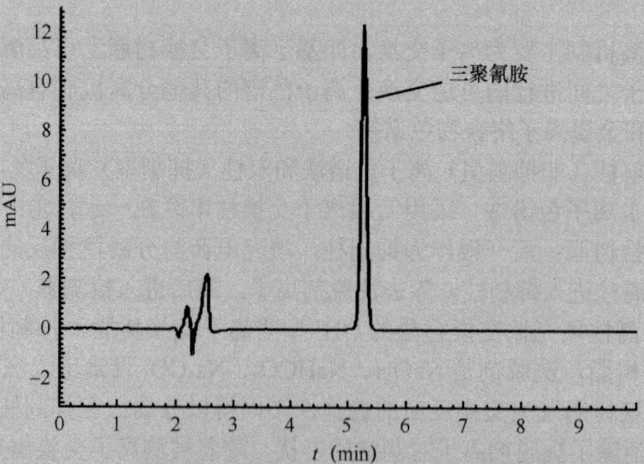

(a)

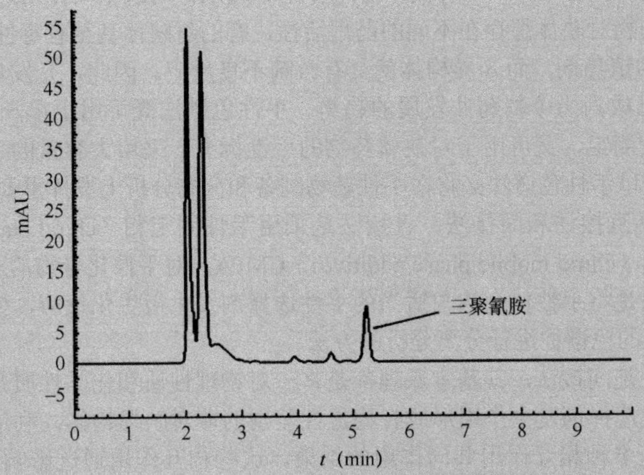

(b)

图 19-2　三聚氰胺检测色谱图

（a）标准品（5.00 mg/kg）；（b）原料乳（相当于三聚氰胺 4.00 mg/kg）

（2）称取混合均匀的 15 g 原料乳样品（准确至 0.01 g），置于 50 mL 具塞刻度试管中，加入 30 mL 乙腈，剧烈振荡 6 min，加水定容至满刻度，充分混匀后静置 3 min，用一次性注射器吸取上清液用 0.45 μm 微孔滤膜过滤后，作为高效液相色谱分析用样品。

（3）高效液相色谱测定色谱条件：强阳离子交换色谱柱，250 mm×4.6 mm，5 μm，或性能相当者。流动相：磷酸盐缓冲溶液 0.05 mol/L-乙腈（70 ∶ 30，*V/V*）。流速：1.5 mL/min。柱温：室温。检测波长：240 nm。进样量：5 μL。采用紫外/二极管阵列检测器检测，外标法定量。

（二）分子排阻色谱法

分子排阻色谱法又称尺寸排阻色谱法（size exclusion chromatography，SEC）和空间排阻色谱法（steric exclusion chromatography，SEC），分为凝胶过滤色谱法（gel filtration chromatography，GFC）和凝胶渗透色谱法（gel permeation chromatography，GPC）。它是根据分子大小进行分离的一种液相色谱技术，主要用于较大分子的分离。分子排阻色谱法的分离原理为凝胶色谱柱的分子筛机制，它不具有吸附、分配和离子交换作用。色谱柱多以亲水硅胶、凝胶或修饰凝胶如葡聚糖凝胶 Sephadex 和聚丙烯酰胺凝胶 polyacrylamide gel 等为填充剂，这些填充剂表面分布着不同尺寸的孔径，凝胶的孔径与被分离组分分子大小相对应，被测物质分子进入色谱柱后，它们中的不同组分按其分子量大小进入相应的孔径内，大于所有孔径的分子不能进入填充剂颗粒内部，在色谱过程中不被保留，最早被流动相洗脱至柱外，保留时间较短；小于所有孔径的分子能自由进入填充剂表面的所有孔径，在色谱柱中滞留时间较长，保留时间较长；其余分子则按分子大小依次洗脱。

分子排阻色谱法的流动相既要溶解样品还必须与凝胶本身有相似性，这样才能润湿、溶胀凝胶，防止吸附作用；流动相的黏度要小，以免抑制扩散作用影响分离度。一般在 GFC 中以水或缓冲溶液作流动相分离水溶性高分子；在 GPC 中以有机溶剂作流动相完成脂溶性高分子的分离。

分子排阻色谱法具有不丢失样品组分、柱寿命长、分离时间短、可连续进样、便于自动化等优点，还能进行分子量的测定等，但是对于分子量大小相近的组分，采用该法难以分离。

（三）手性色谱法

手性色谱法（chiral chromatography，CC）是对手性化合物的对映异构体进行分离分析的色谱法。要实现手性识别，手性化合物分子与手性固定相之间至少存在三种相互作用。这种相互作用包括氢键作用、偶极-偶极作用、π-π 作用、静电作用、疏水作用或空间作用。

大多数的手性药物对映体都存在不同的药理活性，有的对映体甚至有毒性。例如，沙利度胺，其 *R*-异构体是优良的镇静剂，而 *S*-异构体就具有致畸不良反应。因此，开发单一对映体药物代替外消旋体用于临床已成为当今制药业发展的趋势。手性色谱法既可用于单一对映体药物的含量、绝对构型和光学纯度测定，又可用于对映体药物的手性拆分，采用大容量的手性色谱柱即可拆分制备单一对映体。所以手性色谱法必将在手性药物制备和分离分析上发挥重要的作用。

手性色谱法包括直接法和间接法。直接法是采用手性固定相（chiral stationary phase，CSP）或手性流动相添加剂（chiral mobile phase additives，CMPA）对手性化合物的对映异构体进行分离分析的方法。间接法是将手性化合物与适当的手性选择剂发生衍生化反应，使对映体转化为非对映体，然后采用常规的色谱柱进行分离分析的方法。

无论是直接法还是间接法，其基本原理都是将一对物理性质和化学性质几乎没有差别的对映异构体，通过与手性选择剂发生作用形成有稳定性差别的非对映异构体，利用这种差别将它们分离。手性分离效果是多种相互作用共同作用的结果。这些相互作用通过影响包埋复合物的形成、特殊位点与分析物的键合等而改变手性分离效果。由于这种作用力较微弱，因此需要仔细调节、优化流动相和温度以达到最佳分离效果。

例如，环糊精色谱法（cyclodextrin chromatography）是一种常见的分离分析异构体的手性色谱法，一般以环糊精（cyclodextrin，CD）或改良环糊精为固定相，一对对映异构体中与 CD 固定相的疏水空腔的包合作用和多手性中心的作用力强的得以保留，而作用差的被优先洗脱。

（四）亲和色谱法

亲和色谱法（affinity chromatography，AC）是依据生物分子间亲和吸附与离解的原理建立起来的色谱法。在生物体内，许多大分子具有与某些专一分子可逆结合的特性，如抗原和抗体、酶和底物及辅酶、激素和受体、RNA 和其互补的 DNA 等，生物分子之间这种特异的结合能力称为亲和力。将具有特异性相互作用力的其中一种物质称为配基，另一种物质称为亲和物，也可彼此称为配基。亲和色谱法的固定相是将配基通过共价键键合到载体上形成的，当含有亲和物的流动相流经固定相时，亲和物被固定相选择性吸附，而样品中其他组分被洗脱，然后改变流动相条件以降低配基与亲和物之间的亲和力，使亲和物得以洗脱。其过程如图 19-3 所示。

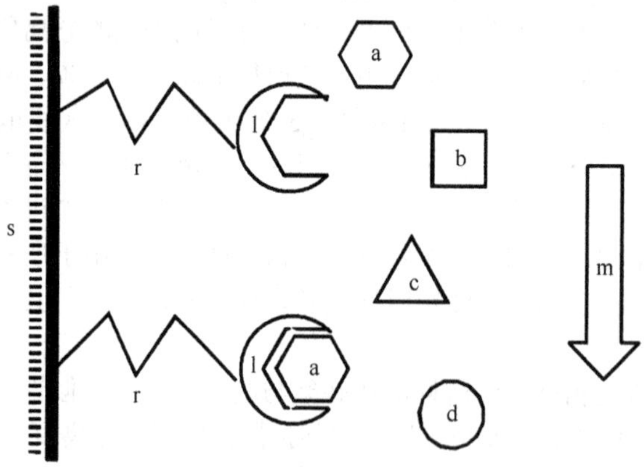

图 19-3 亲和色谱法示意图

a. 亲和物；b，c，d. 其他组分；l 配基；r. 配基间隔壁；s. 固定相；m. 流动相

亲和色谱法基于生物分子与固定相配基的生物特异性作用而实现分离分析，因此具有很高的选择性，采用该方法可使生物分子得到生物活性的高回收率和较高的纯度，特别适用于各种酶、辅酶、激素和蛋白质等生物分子的分离分析。现代亲和色谱填料将坚固的耐碱填料与增强的柱床稳定性相结合，实现将粗提样品从毫克至克级的高通量制备纯化分离。

第二节　高效液相色谱法的固定相和流动相及其选择

实现最理想的分离分析，必须选择最佳色谱操作条件，因此进行高效液相色谱法研究的关键步骤就是色谱操作条件的优化。在所有色谱条件中，影响分离度、选择性的关键因素是固定相和流动相。目前，高效液相色谱法中用得最多的是键合相色谱法，因此，本节重点讨论键合相色谱法中的固定相、流动相及分离条件的选择。

一、化学键合相色谱法的固定相

化学键合相简称键合相（bonded phase），是通过化学反应将有机官能团键合在载体表面形成的。化学键合相色谱法的固定相就是键合相。常用的化学键合相可参见附录十四。

（一）键合相的类型

根据键合反应的不同，键合相具有许多种类，如离子交换型键合相、手性固定相和亲和固定相等。在所有的键合相中，最常用的是键合相色谱法中的化学键合相。如前所述，键合相色谱法中的化学键合相是以微粒多孔硅胶为载体，根据反应后键合基团的极性强弱不同，可将键合相分为极性、弱极性和非极性三类。

1. 极性键合相　常用的极性键合相是将氨丙硅烷基［$\equiv Si(CH_2)_3NH_2$］或氰乙硅烷基［$\equiv Si(CH_2)_2CN$］键合在硅胶上制成的氨基（$—NH_2$）或氰基（—CN）键合相，一般用于正相色谱。

氨基键合相既能接受氢键，又能给予氢键，与酸性硅胶具有完全不同的性能，多官能团化合物的键合相具有很好的分离选择性。例如，氨基与糖类化合物分子中的羟基之间发生选择性作用，因此可广泛用于糖类的分离；在酸性介质中，氨基还可作为弱阴离子交换剂分离核苷酸。但是因为氨基可与醛或酮发生反应，因此当氨基键合相作固定相时，流动相中不能含有羰基化合物，更不宜用于分离羰基化合物，如甾酮、还原糖等。氨基键合相的分离选择性与硅胶相似，但其与双键化合物可发生选择性作用，因此对双键异构体或含有不同双键数目的环状化合物显示出较好的分离能力。

2. 弱极性键合相　常见的弱极性键合相有醚基和二羟基键合相，根据流动相的极性，这种键合相可作为正相或反相色谱的固定相。目前这种固定相应用较少。

3. 非极性键合相　也称反相色谱键合相，载体表面键合非极性烃基，如十八烷基硅烷（octadecylsilane，C_{18} 或 ODS）、辛烷基（C_8）、苯基、甲基（C_1）等，其中十八烷基硅烷键合硅胶 ODS 应用最广，由十八烷基硅烷试剂与硅胶表面的硅醇基键合而成，适合于分离非极性或弱极性的样品，常用于反相色谱。

非极性键合相的烃基链的长短对分离选择性和载样量产生较大影响。一般短链或苯基非极性键合相的分离速度快，但是烃基链越长，键合相的稳定性越好，并且对溶质的保留值越大，分离选择性更好，因此十八烷基（C_{18}）键合相在 HPLC 中应用最为广泛。

（二）键合相的性质

键合相的性质取决于载体本身和键合基团的性质。对硅胶载体进行改进可改良键合相的性能，如在硅胶基质内键合桥式乙烷形成 Si-C 杂化硅胶可显著提高键合相的机械强度和耐碱性能，使柱效提高。如上节所述，与硅胶表面发生反应的基团不同，则形成不同性质的键合相，如十八烷基（C_{18}）键合相是用十八烷基氯硅烷与硅胶表面的硅醇基发生反应键合而成的。

不同生产厂家所用的硅胶、硅烷化试剂和反应条件不同，因此具有相键合基团的键合相，其表面有机官能团的键合量往往差异很大，使其产品性能有很大的不同。键合相的键合量常用含碳量（C%）来表示，也可以用覆盖度来表示。覆盖度是指参与反应的硅醇基数目占硅胶表面硅醇基总数的比例。硅胶表面的硅醇基密度约为 5 个/nm^2，由于空间位阻效应和其他因素的影响，使得 40%～50% 的硅醇基未参与反应。残余的硅醇基对键合相的性能有很大影响，特别是对非极性键合相，它可以减少键合相表面的疏水性，对极性溶质（特别是碱性化合物）产生次级化学吸附，从而使保留机制复杂化。为尽量减少残余硅醇基，一般在键合反应后，要用三甲基氯硅烷（TMCS）等对键合相进行钝化处理，称为封端（或称封尾、封顶，end-capping），以提高键合相的稳定性。另外，也有些十八烷基硅烷填料是不封尾的，以使其与水系流动相有更好的“湿润”性能。

（三）键合相的特点

键合相的特点体现在以下几个方面。

（1）柱效高，分离选择性好，适用于分离几乎所有类型的化合物。一方面通过控制化学键合反应，可以把不同的有机基团键合到硅胶表面上；另一方面可以通过改变流动相的组成和种类，使分离的选择性大大提高。

（2）对不太强的酸及各种极性的溶剂都有很好的化学稳定性和热稳定性，并且适于梯度洗脱，为复杂体系的分离创造了条件。

（3）键合相表面均一性好，且使用过程中不易发生流失，稳定性好，重现性好，柱寿命长。

（4）载样量大。

但是，酸度对以硅胶为载体的键合相的稳定性有很大的影响，硅胶键合相一般应在 pH 2～8 的介质中使用，经过改良的一些硅胶载体如由 Si-C 杂化硅胶制备的键合相可使流动相介质 pH 范围得以扩展。

二、化学键合相色谱法的流动相

高效液相色谱的流动相又称为洗脱剂（eluant），是影响键合相色谱法分离效果的主要因素。键合相色谱法对流动相的要求与其他液相色谱法相似，一个理想的液相色谱流动相溶剂应具有低黏度、与检测器兼容性好、易于得到纯品和低毒性等特征。选择流动相时应考虑以下几个方面。①流动相化学稳定性好，不应与固定相发生化学反应。②流动相纯度要高，以免其中杂质在色谱柱上积累，缩短色谱柱的寿命。流动相在使用前必须过滤除去尘埃微粒以免堵柱，还应脱气除去溶解的气体，以免产生气泡影响分离和检测。③流动相黏度要低（<2 cp）。高黏度溶剂会影响溶质的扩散、传质，降低柱效，还会使分离时间延长。④流动相对样品要有适宜的溶解度。若溶解度欠佳，样品会在柱头沉淀，不但影响纯化分离，且会使柱子恶化。⑤流动相必须与检测器匹配。用紫外检测器时，所用流动相在检测波长下应无吸收，或吸收很小。当使用示差折光检测器时，应选择折光系数与样品差别较大的溶剂作流动相，以提高灵敏度。

（一）溶剂的强度

在化学键合相色谱法中，溶剂的洗脱能力即溶剂的强度与其极性直接相关。在正相色谱中，强极性的溶剂洗脱能力强，则为强溶剂；而在反相色谱中，弱极性的溶剂为强溶剂。即在正、反相色谱中，溶剂的洗脱能力正好相反。选好填料（固定相）后，强溶剂使溶质在填料表面的吸附减少，相应的容量因子 k 降低，而较弱的溶剂使溶质在填料表面吸附增加，相应的容量因子 k 升高。因此，k 是流动相组成的函数，改变流动相配比就能改变其洗脱能力，强溶剂比例增加，可使 k 变小。

（二）溶剂的极性和选择性

流动相的极性可用斯奈德（Snyder）提出的溶剂极性参数（polarity parameter of solvent）P' 来描述。P' 数值越大，则溶剂的极性越强，在正相色谱中的洗脱能力就越强。纯溶剂的选择性则取决于溶剂与溶质间的相互作用。

Snyder 用选择性参数 X_e、X_d 和 X_n 来反映溶剂与乙醇（质子给予体）、二氧六环（质子受体）和硝基甲烷（强偶极体）三种物质之间相互作用的强度，即选择性参数 X_e、X_d 和 X_n 分别表示溶剂分子接受质子的能力、给予质子的能力和偶极作用力的相对大小，数值较大者，作用力较强，三者之和为 1。常用溶剂的极性参数 P' 和选择性参数列于表 19-1 中。

表 19-1　常用溶剂的极性参数和选择性参数

溶剂	P'	X_e	X_d	X_n	溶剂	P'	X_e	X_d	X_n
正戊烷	0.0	—	—	—	乙醇	4.3	0.52	0.19	0.29
正己烷	0.1	—	—	—	乙酸乙酯	4.4	0.34	0.23	0.43
苯	2.7	0.23	0.32	0.45	丙酮	5.1	0.35	0.23	0.42
乙醚	2.8	0.53	0.13	0.34	甲醇	5.1	0.48	0.22	0.31
二氯甲烷	3.1	0.29	0.18	0.53	乙腈	5.8	0.31	0.27	0.42
正丙醇	4.0	0.53	0.21	0.26	乙酸	6.0	0.39	0.31	0.30
四氢呋喃	4.0	0.38	0.20	0.42	水	10.2	0.37	0.37	0.25
三氯甲烷	4.1	0.25	0.41	0.33					

根据选择性参数 X_e、X_d 和 X_n 的相似性，将常用溶剂分为 8 个组（表 19-2）。

表 19-2　部分溶剂的选择性分组

组别	溶剂
Ⅰ	脂肪醚、三烷基胺、四甲基胍、六甲基磷酰胺
Ⅱ	脂肪醇
Ⅲ	吡啶衍生物、四氢呋喃、酰胺（甲酰胺除外）、乙二醇醚、亚砜
Ⅳ	乙二醇、苄醇、乙酸、甲酰胺
Ⅴ	二氯甲烷、二氯乙烷
Ⅵ（a）	三甲苯基磷酸酯、脂肪族酮和酯、聚醚、二氧六环
Ⅵ（b）	砜、腈、碳酸亚丙酯
Ⅶ	芳烃、卤代芳烃、硝基化合物、芳醚
Ⅷ	三氯甲烷、氯代醇、间苯甲酚、水

按其数值点在三角坐标纸的相应位置上，将相邻溶剂圈成一组，共分为 8 组，称为溶剂选择三角形（SST），如图 19-4 所示。

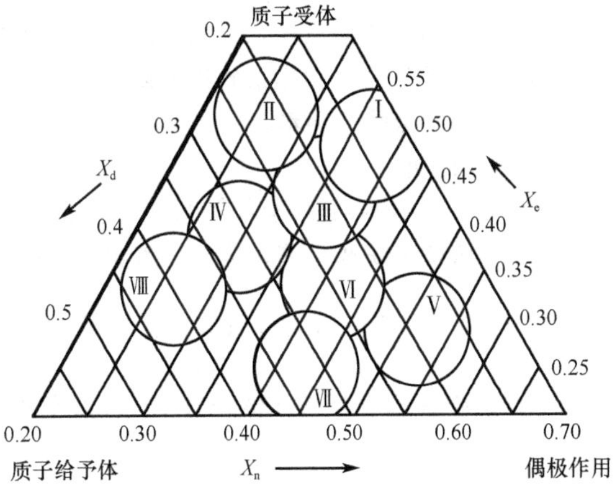

图 19-4　溶剂选择性分类三角形示意图

从图 19-4 中可以看到，Ⅰ组溶剂的 X_e 值较大，处于三角形顶部，属质子受体溶剂，以脂肪醚为代表；Ⅴ组溶剂的 X_n 较大，处于三角形的右下角，属偶极作用力溶剂，以二氯甲烷为代表；Ⅷ组溶剂的 X_d 值较大，处于三角形的左下角，属质子给予体溶剂，以三氯甲烷为代表。选择不同组别的溶剂，分子间作用力不同，容易造成组分间的分配系数的差别，以利于分离。图 19-4 说明，处于同一组中的各溶剂的作用力类型相同，在色谱分离中具有相似的选择性，而处于不同组别中的溶剂，分子间作用力不同，其组分间的分配系数因差异较大而便于分离，故采用不同组别的溶剂为流动相，能够改变色谱分离的选择性。Snyder 建立的溶剂选择性三角形至今仍对选择溶剂有一定的参考价值。

在反相色谱法中溶剂强度常用另一个强度因子 S 来表示，常用溶剂的 S 见表 19-3 中。

表 19-3 反相色谱法常用溶剂的强度因子（S）

水	甲醇	乙腈	丙酮	二噁烷	乙醇	异丙醇	四氢呋喃
0	3.0	3.2	3.4	3.5	3.6	4.2	4.5

从表 19-1 和表 19-3 的数据比较可以看到，溶剂的极性越大，在正相色谱的洗脱能力越强，属于强溶剂；但是在反相色谱中，其洗脱能力却很弱，属于弱溶剂。例如，水在正相色谱中是最强溶剂（P' 值最大，为 10.2），在反相色谱中却属于最弱溶剂（S 值最小，为 0）。由此说明，在正反相色谱中，溶剂的洗脱能力正好相反。

在实际应用中，为改善分离效果，往往采用混合溶剂作为洗脱剂。混合溶剂的极性参数（或强度因子）为各组成溶剂的极性参数（或强度因子）的加权和，即

$$P'_{混} = \sum_{i=1}^{n} P'_i \varphi_i \quad 或 \quad S_{混} = \sum_{i=1}^{n} S_i \varphi_i \tag{19-2}$$

式中，P'_i 和 φ_i 分别为纯溶剂 i 的极性参数及该溶剂在混合溶剂中的体积分数，S_i 和 φ_i 为纯溶剂 i 的强度因子及该溶剂在混合溶剂中的体积分数。

案例 19-4

青蒿素主要从黄花蒿中直接提取，或提取青蒿中含量较高的青蒿酸然后半合成获得，《中国药典》（2020 年版）收录了双氢青蒿素含量测定方法为高效液相色谱法。色谱条件与系统适用性试验：用十八烷基硅烷键合硅胶为填充剂；以乙腈-水（60 ∶ 40）为流动相；检测波长为 216 nm。取双氢青蒿素和青蒿素对照品各适量，加流动相溶解并稀释制成每 1 mL 中含双氢青蒿素和青蒿素各 1 mg 的混合溶液，量取 20 μL 注入液相色谱仪，记录色谱图，双氢青蒿素呈现两个色谱峰，各主峰之间的分离度应大于 2.0。

测定法：取本品约 25 mg，精密称定，置 25 mL 容量瓶中，加甲醇溶解并稀释至刻度，摇匀，作为供试品溶液，精密量取 20 μL 注入液相色谱仪，记录色谱图；另取青蒿素对照品适量，同法测定。按外标法以双氢青蒿素峰面积计算，即得。

问题：

（1）该高效液相色谱法测定法中的固定相属于化学键合相吗？

（2）该测定方法属于正相色谱法还是反相色谱法？

（3）计算该流动相体系的强度因子和与其具有相同洗脱强度的二元溶剂系统的组成：①甲醇和水；②四氢呋喃和水。

案例 19-4 分析

（1）该方法采用十八烷基硅烷键合硅胶为 ODS 键合相，由十八烷基 C_{18} 氯硅烷与硅胶表面硅醇基通过化学反应键合而成，属于化学键合相。

反应式：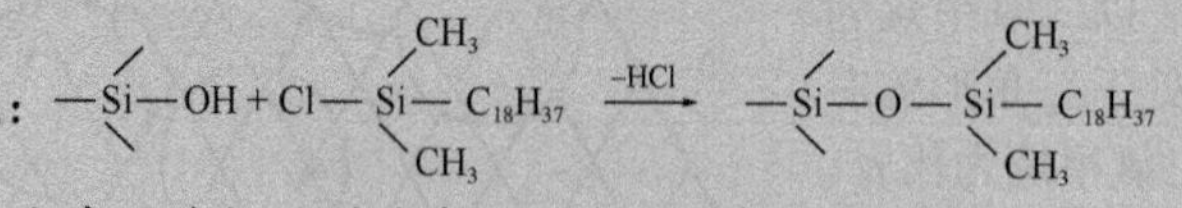

（2）本法采用非极性键合相 C_{18} 为固定相，极性溶剂乙腈-水（60∶40）为流动相，属于反相色谱法。

（3）查表 19-3 可知，$S_{甲醇}=3.0$，$S_{乙腈}=3.2$，$S_{四氢呋喃}=4.5$，$S_{水}=0$，那么

本流动相体系乙腈-水（60∶40）的强度因子为：

$$S = S_{乙腈}\varphi_{乙腈} + S_{水}\varphi_{水} = 3.2 \times 0.6 + 0 \times 0.4 = 1.92$$

①号溶剂系统的组成：甲醇-水

$$S = S_{甲醇}\varphi_{甲醇} + S_{水}\varphi_{水} = 3.0 \times \varphi_{甲醇} = 1.92$$

故 $\varphi_{甲醇} = 1.92/3.0 = 0.64$

因此，①号溶剂系统的组成：甲醇-水（64∶36）

②号溶剂系统的组成：四氢呋喃-水

$S = S_{四氢呋喃}\varphi_{四氢呋喃} + S_{水}\varphi_{水} = 4.5 \times \varphi_{四氢呋喃} = 1.92$

故 $\varphi_{四氢呋喃} = 1.92/4.5 = 0.427$

因此，②号溶剂系统的组成：四氢呋喃-水（42.7∶57.3）

（三）流动相的选择和优化简介

选择合适的流动相是高效液相色谱法实际工作中最关键的步骤。组成简单的样品，利用流动相的基本知识和实际工作经验就能找到合适的流动相。但是对于组成复杂的样品，就需要对流动相进行最优化以实现快速、全面而理想的分离。流动相优化的常用方法为三角形优化法。

三角形优化法的原理：选择三种选择性较大的纯溶剂，分别与底剂组成三个等洗脱强度的二元基本溶剂，将这三个二元基本溶剂置于正三角形的三个顶点 A、B 和 C，如图 19-5 所示。由各顶点向对边做垂线，垂线再等分，一共得到十组溶剂系统①～⑩，各点溶剂强度基本一致，但分离选择性却有很大差别。

在反相高效液相色谱法中，首选甲醇、乙腈和四氢呋喃为三种纯溶剂，以水为底剂，调节溶剂配比使样品组分容量因子 k 在 1～10 内，计算溶剂强度和其余各种溶剂的组成。

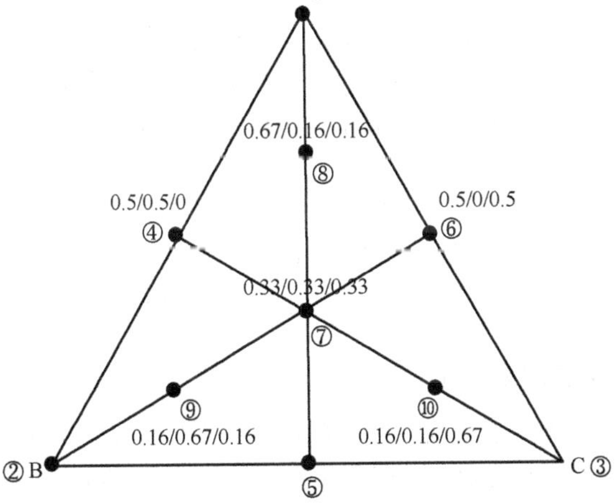

图 19-5　溶剂系统的四面体优化法

案例 19-5

色谱柱和流动相（溶剂系统）是色谱分离的两个关键。其中，溶剂系统的选择和流动相的优化组合直接关系到分离效果。流动相的选择性分类和优化方法甚多，常见的有单纯形法、窗口法、三角形法、四面体法及牛顿法等。某反相色谱法分离某样品，以等洗脱面三角形（图 19-5）上的⑧号溶剂最好，其溶剂组成：甲醇-乙腈-四氢呋喃-水（33.3∶7.8∶5.6∶53.3）。

问题：

（1）该溶剂的强度因子 S 值为多少？

（2）顶点①溶剂系统的组成是什么？

（3）顶点②溶剂系统的组成是什么？

（4）顶点③溶剂系统的组成是什么？

案例 19-5 分析

反相色谱法中，等洗脱面三角形三顶点的纯溶剂分别为甲醇、乙腈和四氢呋喃，水为底剂，配成三个等洗脱面的二元基础溶剂系统，再按照三角形配制。查表 19-3 可知，$S_{甲醇}=3.0$，$S_{乙腈}=3.2$，$S_{四氢呋喃}=4.5$，$S_{水}=0$，那么

（1）该溶剂的强度因子 S 值为

$$S=S_{甲醇}\varphi_{甲醇}+S_{乙腈}\varphi_{乙腈}+S_{四氢呋喃}\varphi_{四氢呋喃}+S_{水}\varphi_{水}$$
$$=3.0\times0.333+3.2\times0.078+4.5\times0.056+0\times0.533$$
$$=1.5$$

（2）顶点①号溶剂系统的组成：甲醇-水

$$S=S_{甲醇}\varphi_{甲醇}+S_{水}\varphi_{水}=3.0\times\varphi_{甲醇}=1.5$$

故 $\varphi_{甲醇}=1.5/3.0=0.5$

因此，①号溶剂系统的组成：甲醇-水（50 ∶ 50）

（3）顶点②号溶剂系统的组成：乙腈-水

$$S=S_{乙腈}\varphi_{乙腈}+S_{水}\varphi_{水}=3.3\times\varphi_{乙腈}=1.5$$

故 $\varphi_{乙腈}=1.5/3.2=0.469$

因此，②号溶剂系统的组成：乙腈-水（46.9 ∶ 53.1）

（4）顶点③号溶剂系统的组成：四氢呋喃-水

$$S=S_{四氢呋喃}\varphi_{四氢呋喃}+S_{水}\varphi_{水}=4.5\times\varphi_{四氢呋喃}=1.5$$

故 $\varphi_{四氢呋喃}=1.5/4.5=0.333$

因此，③号溶剂系统的组成：四氢呋喃-水（33.3 ∶ 66.7）

三角形内的任一点都可组成四元混合溶剂，其组成可以如上计算获得。一般地，用①～⑦初始溶剂作为流动相，进样，检查分离效果，从中选出最好的溶剂组成，如果分离不够理想，可再配制⑧～⑩溶剂进行试验，或在较好点的周围，再组成一个小三角形进行比较试验，直到获得最佳的分离效果。

在分离含极性差别较大的多组分样品时，为了使各组分均有合适的 k 并分离良好，需采用梯度洗脱（gradient elution）技术，提高分离效率，改善峰形，加快分析速率。

三、分离条件的选择

（一）高效液相色谱法的速率理论

速率理论是色谱动力学理论的代表。它把色谱过程看作一个动态非平衡过程，研究过程中的动力学因素对峰展宽（或柱效）的影响。在范氏方程的基础上 Giddings 和 Synder 等根据液体与气体的性质差异，提出了液相色谱速率方程式即 Giddings 方程式。

$$H=A+B/u+(C_m+C_{sm}+C_s)u \tag{19-3}$$

式中，H 为理论塔板高，A 称为涡流扩散项，B/u 称为纵向扩散项，$C_m u$ 为组分在流动相中的传质阻抗项，$C_{sm}u$ 为静态流动相传质阻抗项，$C_s u$ 为固定相传质阻抗项，u 为流动相线速度。其中，纵向扩散系数 $B=2\gamma D_m$，γ 为常数，D_m 为组分在流动相中的扩散系数，它与流动相黏度成反比，与温度成正比，由于在高效液相色谱中流动相为液体，其黏度大，柱温低，一般为室温，故 D_m 比气相的 D_g 小 4～5 个数量级，纵向扩散项 B/u 很小，可以忽略不计，于是式（19-2）可简写成为

$$H=A+(C_m+C_{sm}+C_s)u \tag{19-4}$$

故速率理论认为，影响柱效的因素包括如下几点。

1. 流动相流速 u 式（19-3）表明，流速越快，塔板高度越高，因此，高效液相色谱应尽量采用较低的流速，对于分析型的高效液相色谱，一般采用 1 mL/min 左右的流速即可。

2. 涡流扩散 A（eddy diffusion） 因为 $A=2\lambda d_p$，d_p 为颗粒平均直径；λ 为填充不规则因子，填充越不均匀 λ 越大。因此，要降低涡流扩散的影响，高效液相色谱的固定相应采用小粒度，粒度分布均匀，且常用球形固定相（一般为 3～10 μm，最好 3～5 μm，粒度分布 RSD≤5%），并采用匀浆高压填充。

3. 传质阻抗（mass transfer resistance） 组分在流动相和固定相中溶解、扩散、“平衡”和转移的过程称为传质过程。影响此过程进行速度的阻力称为传质阻抗。如果不存在传质阻抗，则不会发生峰展宽。传质阻抗在固定相和流动相中都存在，在高效液相色谱中存在三种传质阻抗：固定相传质阻抗（stationary phase mass transfer resistance）、流动相传质阻抗（mobile phase mass transfer resistance）和静态流动相传质阻抗（static mobile phase mass transfer resistance）。

C_s 为固定相传质阻抗系数，与固定液涂层厚度 d_f^2 成正比。C_s 在不同类型固定相中受到不同因素的影响，当采用单分子层的化学键合相时，厚度 d_f 很小，C_s 可以忽略。

C_m 为流动相传质阻抗系数，流动相传质阻抗的产生是由于在一个流路中靠近填充颗粒的流动相流速较慢，而中心较快，处于中心的分子还未来得及与固定相达到分配平衡就随流动相迁移，因而产生峰展宽。

C_{sm} 为静态流动相传质阻抗系数。静态流动相传质阻抗是由于溶质分子进入处于固定相孔穴内的静止流动相中，晚回到流路中而引起峰展宽。

C_m 和 C_{sm} 都与固定相的粒径平方 d_p^2 成正比，与扩散系数 D_m 成反比。因此，为减小流动相也应采用低粒度的固定相和低黏度的流动相。在整个传质过程中，C_{sm} 对峰展宽起主要影响作用。固定相的颗粒越小，微孔孔径越大，传质阻力就越小，传质速率越高。所以改进固定相结构，减小静态流动相传质阻力，是提高液相色谱柱效的关键。高柱温可以增大 D_m，但流动相为有机溶剂时易产生气泡，因此一般采用室温或适当提高柱温。

总之，要提高色谱柱的柱效，必须提高柱内填料装填的均匀性并减小粒度以加快传质速率，减小涡流扩散和流动相传质阻力；选用低黏度的流动相（如甲醇、乙腈）也有利于减小传质阻力，提高柱效；降低流动相流速可降低传质阻力项的影响，但会增加纵向扩散项并延长分析时间，所以流速不宜太低；选择适当的柱温也可减小传质阻力，提高柱效。

（二）反相键合相色谱法的分离条件

反相键合相色谱法常选用非极性键合相，最常用的是十八烷基（C_{18}）键合相。

流动相通常以水作为基础溶剂，再加入一定量的能与水互溶的极性调节剂，如甲醇、乙腈、四氢呋喃等。也可用最优化三角形法，选甲醇、乙腈、四氢呋喃三个组别不同的溶剂，分别加水调节极性，确定三个基本二元溶剂体系作为三角形的三个顶点，然后由此选择三元及四元溶剂体系的组成。进行梯度洗脱时，逐渐增大极性相对较低的甲醇或乙腈比例。

极性调节剂的性质及其所占比例对溶质的保留值和分离选择性有显著影响。一般情况下，甲醇-水体系已能满足多数样品的分离要求，且流动相黏度小、价格低，是反相色谱最常用的流动相。Snyder 则推荐采用乙腈-水体系做初始实验，因为与甲醇相比，乙腈的溶剂强度较高且黏度较小，并可满足在紫外 185～205 nm 处检测的要求。

在分离弱酸（3≤pK_a≤7）或弱碱（7≤pK_a≤8）样品时，通过调节流动相的 pH，以抑制样品组分的离解，增加组分在固定相上的保留，并改善峰形的技术称为反相离子抑制技术。对于弱酸，流动相的 pH 越小，组分的 k 越大，当 pH 远远小于弱酸的 pK_a 时，弱酸主要以分子形式存在；对弱碱，情况相反。分析弱酸样品时，通常在流动相中加入少量弱酸，常用 50 mmol/L 磷酸盐缓冲溶液和 1% 乙酸溶液；分析弱碱样品时，通常在流动相中加入少量弱碱，常用 50 mmol/L 磷酸盐缓冲溶液和 30 mmol/L 三乙胺溶液。流动相中加入有机胺可以减弱碱性溶质与残余硅醇基的强相互作用，减轻或消除峰拖尾现象。所以在这种情况下有机胺（如三乙胺）又称为减尾剂或除尾剂。

案例 19-6

非极性化学键合相色谱法一般以非极性键合相为固定相，既可分离分子型化合物，也可用于分离离子型或可离子化的化合物。C_{18} 键合相是高效液相色谱中应用最广泛的固定相，对各种类型化合物都有很强的适应能力。现有苯乙酮、硝基苯、苯和甲苯几种物质，如果用十八烷基键合硅胶（C_{18}）柱为固定相，流动相为甲醇-水=60 ∶ 40，在该色谱条件下，苯乙酮最先流出色谱柱。

问题：

（1）其他几种物质流出色谱柱的顺序是什么？

（2）如果要增加保留值，应该如何调节流动相比例？

（3）如果将色谱柱换成苯基柱，各物质的保留值如何变化？

案例 19-6 分析

（1）对于反相键合相色谱，在流动相相同的情况下，物质的极性越强越先流出色谱柱，因此流出顺序：苯乙酮、硝基苯、苯、甲苯。

（2）如果要增加保留值，应该增加流动相的极性，在各物质可以溶解的前提下，增加水的比例。

（3）如果将色谱柱换成苯基柱，固定相极性增加，各物质的保留值均有所减小，只是减小的程度不一定相同。如果将十八烷基键合硅胶（C_{18}）柱上存在未键合完的硅醇基进行封尾，固定相的极性减弱，对于苯和甲苯其保留值会有所增加，而硝基苯和苯乙酮的保留值会有所减小。

（三）正相键合相色谱法的分离条件

正相键合相色谱法一般选用极性键合相，如氰基、氨基键合相等。

正相色谱的流动相通常采用烷烃加适量极性调节剂。常用极性调节剂为乙醇、异丙醇、四氢呋喃等。流动相的组成也可采用三角形法进行优化以达到所需要的分离选择性。进行梯度洗脱时，在流动相组成中逐渐增大极性相对较高的溶剂如异丙醇或三氯甲烷的比例。

（四）反相离子对色谱法的分离条件

反相离子对色谱法常用表面覆盖度高的十八烷基键合相为固定相。

流动相是与反相键合相色谱相似的甲醇-水或乙腈-水体系，只是在流动相体系中加入了离子对试剂，因此影响组分保留值和分离选择性的因素除了流动相的基本组成与 pH 外，还包括离子对试剂的性质和浓度。

流动相的基本组成对保留值和分离选择性的影响与反相键合相色谱法相同，组成中有机溶剂含量越高，保留值就越小；流动相的 pH 对离子对的形成有重要影响，调节流动相的 pH 可使样品组分与离子对试剂全部离子化，有利于离子对的形成从而改善分离效果。

离子对试剂的性质和浓度对保留值及分离选择性也产生影响。分析碱类或带正电荷的物质时，常用的离子对试剂为烷基磺酸盐或硫酸盐；分析酸类或带负电荷的物质时，常用的离子对试剂为季铵盐。离子对试剂的碳链越长，溶质的保留值越大。在较低浓度时，溶质的分配系数将随离子对试剂浓度的增大而增大，一般在流动相中加入 0.003～0.01 mmol/L 的离子对试剂即可。

四、其他固定相

（一）离子交换色谱固定相

早期的离子交换色谱常用的固定相为离子交换树脂。常用的离子交换树脂有三种：第一种是常见的纯离子交换树脂；第二种是玻璃珠等硬芯子表面涂一层树脂薄层构成的表面层离子交换树脂；第三种为大孔径网络型树脂。它们各有特点，如第一种树脂有溶胀和收缩现象，不耐高压；

第二种树脂有很高的柱效，但柱容量不大；第三种树脂适用于非水溶液中物质的分离，因为它们的孔径和内表面积大，不需要用水溶胀，便可满意地使用，但是表面微孔结构影响传质，柱效低。

现在的离子交换色谱法基本采用离子交换键合相作为固定相。离子交换键合相是以薄壳型或全多孔微粒硅胶为载体，表面经化学反应键合上各种离子交换基团。若带上磺酸基（$—SO_3H$ 强酸性）、羧基（—COOH 弱酸性）就形成阳离交换型键合相；若带上季氨基（$—NR_3Cl$ 强碱性）或氨基（$—NH_2$ 弱碱性）就形成阴离子交换型键合相。这类固定相机械强度较高，更耐压、化学稳定性和热稳定性好、分离效率高，交换容量能达到要求，但比离子交换树脂小，且不宜在 pH＞9 的流动相中使用。

（二）分子排阻色谱固定相

分子排阻色谱法的固定相有分子筛、葡聚糖凝胶、多孔聚合物、多孔硅胶或玻璃珠等，它们都属于多孔凝胶。按凝胶强度的不同一般分为硬质凝胶、半硬质凝胶和软质凝胶三类。多孔硅胶和多孔玻璃珠属于硬质凝胶，可耐较高的流速和压强，由于它们属于无机填料，耐高温和机械性能稳定，但它们的共同缺点是其表面的吸附性。由于表面的剩余羟基产生的活性中心，对一些极性物质有吸附作用，因而扰乱了排阻色谱分离的机制，这就要求进行完全的化学硅烷化处理，以消除表面残留羟基的影响。葡聚糖凝胶和琼脂糖凝胶属于软质凝胶，只能在常压下使用，且有较大的溶胀性。交联聚苯乙烯属于半硬质凝胶，其耐压性能介于前两者之间。交联聚苯乙烯凝胶是目前使用较多的一种固定相，渗透性好，柱效高，但不宜长期在高温条件下使用。

（三）手性色谱固定相

手性固定相的种类很多，根据固定相的化学结构，可将其分为刷（brush）型或称为 pirkle 型、纤维素（cellulose）型、环糊精（cyclodextrin）型、大环素（macrocyclic antibiotics）型、蛋白质（protein）型、配位交换（ligand exchange）型、冠醚（crown ether）型等类型。

刷型手性固定相分为 π 电子接受型和 π 电子提供型两类。最常见的 π 电子接受型固定相是：由 (*R*)-*N*-3,5-二硝基苯甲酰苯基甘氨酸键合到 *γ*-氨丙基硅胶上制成。此类刷型手性色谱柱用来分离许多可提供 π 电子的芳香族化合物，或用氯化萘酚等对化合物衍生化后进行手性分离。常见的 π 电子提供型固定相是共价结合到硅胶上的萘基氨基酸衍生物，这种固定相要求被分析物具有 π 电子接受基团，如醇类、羧酸类、胺类等，可以用氯化二硝基苯甲酰、二硝基苯胺等进行衍生化后，用 π 电子提供型固定相达到手性分离。

纤维素型手性固定相的每个单元都为螺旋形，而且这种螺旋结构还存在极性作用、π-π 作用及形成包埋复合物等手性分离因素。市售的手性色谱柱为微晶三乙酸基、三安息香酸基、三苯基氨基酸盐纤维素固定相。很多化合物可通过此类型色谱柱得到分离。这种类型的手性色谱柱种类也很齐全。流动相使用低极性溶剂，典型的流动相为乙醇-己烷体系。但要特别注意，由于氯可以使纤维素从硅胶上脱落，因此要确保流动相中无含氯溶剂。在所有的纤维素衍生物中，3,5-二甲基苯基氨基甲酸酯显示出优越的手性识别能力，据报道，Okamato 等曾用 3,5-二甲基苯基氨基甲酸酯作固定相对 510 种旋光物质进行拆分，这就是说，大约有 60% 的旋光物质能在 3,5-二甲基苯基氨基甲酸酯上进行拆分。

（四）亲和色谱固定相

亲和色谱法的固定相又称为亲和吸附剂，其构成包括载体和配基。

亲和色谱的理想载体应具有下列特性：①亲水但不溶于水；②呈疏松网状结构，容许大分子自由通过，渗透性好；③有一定硬度，最好为均一的珠状；④具有大量可供反应的化学基团，能与大量配基共价连接；⑤非特异性吸附能力极低；⑥能抗微生物和酶的侵蚀；⑦有较好的化学稳定性。应用较多的是琼脂糖凝胶载体，其他常用载体还有聚丙烯酰胺凝胶、葡聚糖凝胶和多孔玻璃等。

正确地选择合适的配基和结合方式，对获得具有优良分离效果和较大容量的载体同样重要。能与被分离物质牢固、特异和可逆地结合的物质都可以作为配基。配基的选择有两个条件：第一是与生物大分子间具有适宜的亲和力，亲和力太强，洗脱条件剧烈，易造成生物大分子失活，但是亲和力太小，又容易离解，结合率不高；第二是要具有双重功能，既具有可牢固地与载体结合的基团，又不影响结合后生物大分子与配基间的亲和力。大分子配基可以与载体直接偶联，小分子配基则必须引入间隔臂以提高配基的空间利用度。

实践证明，琼脂糖凝胶和聚丙烯酰胺凝胶是亲和色谱的优良载体。琼脂糖凝胶结构开放，通过性好，酸碱处理时结构相当稳定，物理性能也好。琼脂糖凝胶上的羟基在碱性条件下极易被溴化氰活化成亚氨基碳酸盐，并能在温和的条件下与氨基等基团作用而引入配基。琼脂糖先经溴化氰活化后，再与生物大分子配基或配基间隔臂结合形成亲和色谱的填料。

第三节 高效液相色谱仪

高效液相色谱仪从仪器功能上包括输液系统、进样系统、分离系统、检测系统和数据记录处理系统。其典型结构如图 19-6 所示。

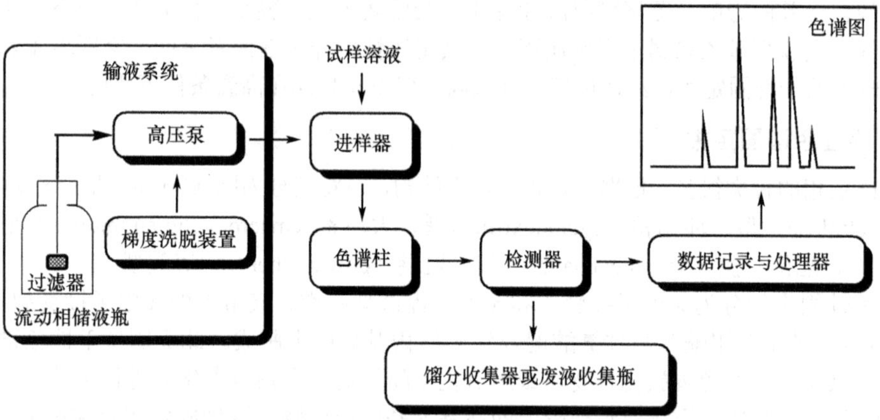

图 19-6 高效液相色谱仪的结构示意图

其中，输液系统的输液泵、分离系统的色谱柱、检测系统的检测器是构成高效液相色谱仪的关键部件。有的仪器还配置有梯度洗脱装置、在线脱气机、自动进样器、预柱或保护柱及柱温控制器等，现代高效液相色谱仪一般都配有计算机软件控制系统，进行自动化仪器控制和数据处理。制备型高效液相色谱仪还备有自动馏分收集装置。根据用途和输液泵配置的不同，常见的高效液相色谱仪可分为分析型高效液相色谱仪（HPLC）、半制备高效液相色谱仪（Semi-Prep HPLC）和制备型高效液相色谱仪（Prep-HPLC）。按照分析对象的不同，高效液相色谱仪又可分为凝胶色谱仪、离子色谱仪和氨基酸分析仪等专用型仪器。商品仪器有整机型和组合型两种。本节仅对高效液相色谱仪的主要部件进行简要介绍。

一、输液系统

（一）高压泵

高效液相色谱法中，流动相通过高压输液泵输送，因此输液泵（pump）的作用是将流动相以稳定的流速或压力输送到色谱系统。对于带有在线脱气装置的色谱仪，流动相先经过脱气装置再输送到色谱柱。输液泵的稳定性直接关系到分析结果的重复性和准确性，因此对输液泵有如下要求。①流量准确可调。对于一般的分析工作而言，流动相的流速为 0.5～2 mL/min，输液泵的最大流量一般为 5～10 mL/min。对于制备型色谱仪，输液泵的流量应能达到 100 mL/min。输液泵的流量控制精度通常要求其 RSD 小于 0.5%。②耐高压。高效液相色谱柱是将细颗粒填料（3～10 μm 粒径）在高压下填充到柱管中的，为了保证流动相以足够大的流速通过色谱柱，需要足够高的柱前压。通常要求输液泵的输出压力达到 30～60 MPa 的高压。③液流要稳定。输液泵输出的液流应无脉动，或配套脉冲抑制器。④输液泵的死体积要小。为了快速更换溶剂和适于梯度洗脱，输液泵的死体积通常要求小于 0.5 mL。⑤输液泵的结构材料应耐化学腐蚀，密封性能好，保养维修简便。

输液泵分为恒压泵和恒流泵。对于液相色谱分析而言，输液泵的流量稳定性更为重要，这是因为流速的变化会引起被分离物质保留值的变化，而保留值是色谱定性的主要依据之一。因此，恒流泵的应用更广泛。恒流泵又称机械泵，分为螺旋传动注射泵、单活塞往复泵、双活塞往复泵和往复式隔膜泵。活塞往复泵是高效液相色谱仪中使用最广泛的一种恒流泵。它的优点是流量准确且易调节、死体积小、清洗和更换流动相方便。

要保持输液泵的操作性能良好，在使用过程中，应注意其保养以维持其输液的稳定性，延长使用寿命。为此，必须维护输液系统的清洁，保证溶剂和试剂的质量，如流动相不能含有任何腐蚀性物质；对流动相进行过滤和脱气，防止任何固体微粒进入泵体；不得超过规定的最高压力以防高压密封圈变形漏液；防止溶剂瓶内流动相被用完。处于良好操作状态的输液泵，应该能使色谱图上的基线平稳；保留时间的重复性好。在等度洗脱时压力波动要求小于 2%，梯度洗脱时压力变化应缓慢和平稳。

（二）梯度洗脱装置

高效液相色谱法的洗脱方式通常有两种：一是保持流动相组成不变的等强度洗脱，简称等度洗脱（isocratic elution）；另一种是在洗脱过程中连续或阶段性地改变流动相组成的梯度洗脱（gradient elution）。等度洗脱仅适合于组分简单、性质差别不大的样品。而对于组分繁多、性质差异较大的复杂样品，必须采用梯度洗脱方式才能使所有组分在适宜条件下获得分离。要完成梯度洗脱，要求仪器必须配有梯度洗脱装置以解决溶液的混合问题。根据溶液混合的方式将梯度洗脱装置分为高压梯度（又称为内梯度）和低压梯度（又称为外梯度）两类。高压梯度一般只用于二元梯度洗脱，即用两个高压泵分别按设定的比例输送两种溶液至混合器，混合器在高压泵之后，即两种溶液是在高压状态下进行混合，混合后进入色谱柱。高压梯度系统的主要优点是只要通过梯度程序控制器控制每台高压泵的输出，就能获得任意形式的梯度曲线，而且精度高，易于实现自动化控制；其主要缺点是使用了两台高压泵，仪器价格更昂贵，故障率也相对较高，而且只能实现二元梯度操作。低压梯度只需一个高压泵，与等度洗脱的输液系统相比，就是在高压泵前安装了一个比例阀，溶液混合就在比例阀中完成，因为比例阀安装在高压泵之前，所以混合是在常压（低压）下进行，而在常压下混合往往容易形成气泡，所以低压梯度通常配置在线脱气装置，经脱气后的溶液进入比例阀，混合后从输出管进入泵体，再经泵加压输入色谱柱。

二、进样系统和分离系统

（一）进样器

高效液相色谱仪的进样器是将样品溶液准确送入色谱柱的装置。进样器要求密封性好，死体积小，重复性好，并要求进样时引起色谱系统压力和流量的波动很小。进样器分为手动和自动两种。现在的高效液相色谱仪所配置的手动进样器几乎都是耐高压、重复性好和操作方便的六通阀进样器。

六通阀进样器具有结构简单、使用方便、寿命长、日常无须维修等特点，是高效液相色谱系统中最理想的进样器。它由圆形密封垫（转子）和固定底座（定子）组成。在充样（load）位置时，使用注射器针头从进样孔充样进入定量环，多余样品从放空孔排出；然后将六通阀转子转动 60° 转至进样（inject）位置时，由高压泵输送的流动相冲洗定量环，推动样品进入色谱柱。正确的使用和维护能增加六通阀进样器的使用寿命，同时增加分析准确度。样品溶液要求均要经过 0.45 μm 的微孔滤膜过滤，以防止微粒阻塞注射器针头和进样阀从而减少对进样阀的磨损。为防止缓冲盐和其他物质残留在进样系统中，每次试验结束后应冲洗进样器，通常用不含盐的稀释剂、水或不含盐的流动相冲洗，进样阀的 load 和 inject 位置要反复冲洗，再用无纤维纸擦净注射器针头的外侧。

（二）色谱柱

高效液相色谱仪的色谱柱（column）是实现色谱分离的核心部件，要求柱效高、柱容量大和性能稳定。

1. 色谱柱的构造 色谱柱由柱管、压帽、卡套（密封环）、筛板（滤片）、接头、螺丝和固定相组成，其性能与色谱柱的结构、填料特性、填充质量和使用条件等因素有关。

柱管多为内部抛光的直形不锈钢管，也有人在不锈钢柱内壁涂敷氟塑料以提高内壁的光洁度，其效果与抛光相同，还有人使用熔融硅或玻璃衬里用于细管柱。色谱柱两端的柱接头内装有筛板，采用烧结不锈钢或钛合金材料，孔径 0.2～20 μm（5～10 μm），取决于填料粒度，目的是防止填料漏出。实验室常规高效液相色谱分析柱内径 2～5 mm，柱长 10～30 cm；凝胶色谱柱内径 3～12 mm；制备柱内径 20～40 mm。生产用制备型色谱柱内径高达几十厘米。柱内径一般是根据柱长、填料粒径和折合流速来确定，目的是避免管壁效应。

2. 色谱柱的填装 色谱柱的性能除了与固定相性能有关外，还与填充技术有关。填装色谱柱的方法有干法填充和湿法填充，一般粒度大于 20 μm 的填料采用干法填充，粒度小于 20 μm 的填料采用湿法填充，湿法填充需要专门的填充装置。填充方法一般有 4 种：①高压匀浆法，多用于分析柱和小规模制备柱；②径向加压法，属于 Waters 专利；③轴向加压法，主要用于装填大直径色谱柱；④干法。色谱柱的填充技术性很强，大多数实验室使用已填充好的商品色谱柱。

3. 色谱柱的性能评价 无论是自己装填的还是购买的色谱柱，初次使用前、使用期间或放置一段时间后都要对其性能进行考察。柱性能指标：在一定实验条件下（样品、流动相、流速、温度）的柱压、理论塔板高度和塔板数、对称因子、容量因子和选择性因子的重复性与分离度。一般地，容量因子和选择性因子的重复性在±5% 或±10% 以内。进行柱效比较时，要注意柱外效应是否有变化。一份合格的评价报告应给出色谱柱的基本参数，如柱长、内径、填料种类、粒度、柱效、不对称度和柱压等。

4. 色谱柱的使用和维护 正确使用和维护色谱柱十分重要，否则会使柱效降低、柱寿命缩短甚至损坏。因此在操作过程中应注意以下几点。

（1）在任何情况下都应避免色谱柱压力和温度的急剧变化及任何机械震动。

（2）当色谱柱和色谱仪连接时，阀件或管路一定要清洗干净。

（3）流动相溶剂的纯度要高、黏度不能过高、pH 应适宜，并且一定要过滤和脱气，一般来说，任何浓度的卤化物都会腐蚀未经钝化的不锈钢材料，所以绝不能使用盐酸溶液。

（4）流动相溶剂的组成应逐渐改变。在反相色谱中，如果采用高浓度的盐或缓冲溶液作为洗脱剂，应先使用 10% 左右的有机相洗脱剂过渡一下，否则缓冲溶液中的盐在高比例有机相中很容易析出，从而堵塞色谱柱。

（5）进样样品要提纯，对于复杂基质的样品尤其是生物样品，必须经过预处理或添加预柱作为保护柱。

（6）严格控制样品进样量。

（7）每日分析测试结束后，要反复清洗进样阀中残留的样品。

（8）每日分析测定结束后，要用适当的溶剂来清洗色谱柱，在反相色谱柱中如果使用缓冲溶液或含盐的流动相时，每日实验完成后应采用 10% 的甲醇/水冲洗色谱柱 30 min，洗掉色谱柱中的盐，再用甲醇冲洗 30 min。

（9）若分析柱长期不使用，应使用适当的有机溶剂保存并封闭。反相色谱柱可以储存于纯甲醇或乙腈中，正相色谱柱可以储存于严格脱水后的纯正己烷中，离子交换柱可以储存于水（含防腐剂叠氮化钠或柳硫汞）中，并将购买色谱柱时附送的堵头堵上。储存的温度最好是室温。

5. 色谱柱的再生　随着使用时间或进样次数增加，色谱柱会出现色谱峰高降低、峰宽增大或出现肩峰的现象，一般来说可能是柱效下降的原因，可将色谱柱按如下方法进行再生。

（1）反相色谱柱的再生：依次采用 20～30 倍色谱柱体积的甲醇-水（10 ∶ 90，*V/V*）、乙腈、异丙醇等作为流动相冲洗色谱柱，完成冲洗后再以相反顺序的流动相冲洗色谱柱。

（2）正相色谱柱的再生：依次以 20～30 倍色谱柱体积的正己烷、异丙醇、二氯甲烷、甲醇等作为流动相冲洗色谱柱，然后再以相反的顺序的流动相冲洗色谱柱。要注意上述溶剂必须严格脱水。

三、检测系统

检测器（detector）是高效液相色谱仪的三大关键部件之一，其作用是把洗脱液中组分的量转变为电信号。高效液相色谱法对检测器的要求是灵敏度（sensitivity）高、噪声（noise）低（即对温度、流量等外界变化不敏感）、线性范围（linear range）宽、重复性（repeatability）好和适用范围广。

（一）检测器的类型

按检测原理检测器可分为光学检测器（如紫外、荧光、示差折光、蒸发光散射等）、热学检测器（如吸附热）、电化学检测器（如极谱、库仑、安培）、电学检测器（电导、介电常数、压电石英频率）、放射性检测器（闪烁计数、电子捕获、氦离子化）等。按测量性质可分为通用型和专属型（又称选择性）检测器。通用型检测器测量的是一般物质均具有的性质，它对溶剂和溶质组分均有响应，如示差折光、蒸发光散射检测器等，其灵敏度一般比专属型低。专属型检测器只能检测某些组分的某一性质，如紫外、荧光检测器，它们只对具有紫外吸收或荧光发射的组分有响应。按检测方式分为浓度型和质量型检测器。浓度型检测器的响应与流动相中组分的浓度有关，质量型检测器的响应与单位时间内通过检测器的组分的量有关。检测器还可分为破坏样品和不破坏样品两种。

（二）常用检测器简介

高效液相色谱常用的检测器有紫外检测器、荧光检测器、示差折光检测器、电化学检测器、电导检测器和蒸发光散射检测器。下面对这几种检测器作简要介绍。

1. 紫外检测器（ultraviolet detector，UVD）　是应用最广泛的检测器，当检测波长范围包括可见光时，又称为紫外-可见检测器。它具有灵敏度高、噪声低、线性范围宽、对流速和温度均不敏感、使用面广、可梯度洗脱检测复杂样品及能用于制备色谱等优点。但要注意流动相中各种溶剂的紫外吸收截止波长，如果溶剂中含有吸光杂质，则背景噪声高，灵敏度降低。此外，梯度洗脱时，还会产生漂移。

紫外检测器的工作原理是 Lambert-Beer 定律，即当一束单色光透过光径长度一定的流通池时，若流动相不吸收紫外-可见光，则吸光度与被测组分的浓度成正比。紫外检测器分为固定波长检测器、可变波长检测器和光电二极管阵列检测器（photodiode array detector，PDAD）。

为了得到高的灵敏度，采用紫外检测器时常选择被测物质能产生最大吸收的波长作为检测波长。但为了选择性或其他目的也可适当牺牲灵敏度而选择吸收稍弱的波长作为检测波长，另外，应尽可能选择在检测波长处没有背景吸收的流动相。

可变波长检测器一般采用氘灯作为光源，其工作原理与相应的紫外分光光度计相似。

光电二极管阵列检测器是以光电二极管阵列（或 CCD 阵列、硅靶摄像管等）作为检测元件的紫外检测器，是 20 世纪 80 年代出现的一种光学多通道检测器，它可构成多通道并行工作，由光栅分光同时检测，再入射到阵列式接收器上的全部波长的信号。随后，对二极管阵列快速扫描采集数据，得到时间、光强度和波长的三维光谱-色谱图（图 19-7）。普通紫外检测器是先用单色器分光，只让特定波长的光进入流通池，而二极管阵列检测器是先让所有波长的光都通过流通池，然后通过一系列分光技术使所有波长的光在接收器上被检测。因此它可以对每个洗脱组分进行光谱扫描，经计算机处理后，得到光谱和色谱结合的三维图谱。其中吸收光谱用于定性，色谱用于定量。本检测器常用于复杂样品（如生物样品和中草药）的定性定量分析。

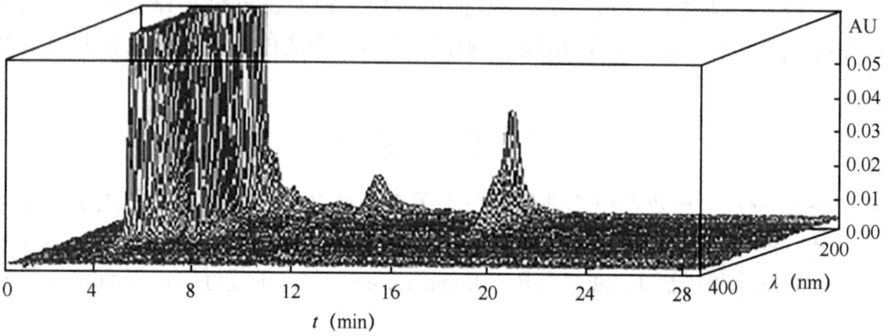

图 19-7　二极管阵列三维光谱-色谱示意图

紫外检测器的检测方法分为直接紫外检测、间接紫外检测和柱后衍生化光度检测。直接紫外检测要求所使用的流动相为检测波长处无紫外吸收的溶剂，检测器直接测定被测组分的紫外吸收强度，多数情况下采用直接紫外检测。间接紫外检测是使用具有紫外吸收的溶剂为流动相，间接检测无紫外吸收的组分，在离子色谱法中使用较多，如以具有紫外吸收的邻苯二甲酸氢钾溶液作为阴离子分离的流动相，当无紫外吸收的无机阴离子被洗脱到流动相中时，会使流动相的紫外吸收减小。柱后衍生化光度检测是指对于那些可以与显色剂反应生成有色络合物的组分（过渡金属离子和氨基酸等），组分从色谱柱中洗脱出来之后与合适的显色剂反应，在可见光区检测生成的有色络合物。

2. 荧光检测器（fluorescence detector，FD） 在一定条件下，凡具有荧光的物质，其发射光的荧光强度与物质的浓度成正比。因此，荧光检测器适用于具有荧光的有机化合物，如多环芳烃、氨基酸、胺类、维生素、甾体化合物和某些蛋白质等的直接检测。对于不产生荧光的样品，可以通过柱前或柱后与荧光试剂作用产生荧光衍生物从而得以检测。荧光检测器具有很高的灵敏度和选择性，适用于痕量分析和梯度洗脱，由于所需样品量很小，特别适合于药物和生物化学样品的分析，是体内药物分析的常用检测器。

3. 示差折光检测器（differential refractometers，RI） 也称折射指数检测器，凡具有与流动相折光率不同的样品组分，均可使用示差折光检测器来检测。其工作原理基于样品组分的折光率与流动相溶剂折光率的差异，当组分洗脱出来时，会引起流动相折光率的变化，这种变化与样品组分的浓度成正比。绝大多数物质的折光率与流动相都会有差异，所以示差折光检测器是一种通用型检测系统，适合于那些无紫外吸收的有机物（如高分子化合物、糖类、脂肪烷烃），是凝胶色谱中必备检测器，制备色谱中也经常使用。其缺点：灵敏度比其他检测方法低 1～3 个数量级，不适用于痕量分析；流动相和温度的变化都会引起折光率的变化，因此，该检测器必须控制恒温，也不适用于梯度洗脱样品的检测。

4. 电化学检测器（electrochemical detector，ECD） 一般在特殊情况下使用。它是一层薄层电解池，电极活性组分流进检测器发生电解，通过检测电解产生的电流来进行定量。该类检测器主要用来测定化学性质不稳定的离子，如容易被氧化或还原的离子，其特性是选择性非常高，只有容易氧化或还原的电活性物质才可被检测，适用于生物样品中儿茶酚胺类及其代谢物，以及其他有还原基团的有机药物的检测。

5. 电导检测器（conductivity detector，CD） 基于离子性物质的溶液具有导电性，其电导率与离子的浓度相关的性质进行检测。电导检测器对于分子不响应，主要用于离子的检测，因此它是离子色谱中必备的检测器。

6. 蒸发光散射检测器（evaporative 1ight-scattering detector，ELSD） 基于溶质对光的散射性质进行定量检测，它是 20 世纪 90 年代出现的一种新型通用型检测器，主要适用于无紫外吸收不能用紫外检测器检测的组分，如糖类、脂肪酸、三酰甘油及甾体等。

该检测器由雾化器、加热漂移管（溶剂蒸发室）、激光光源和光检测器（光电转换器）等部件构成。色谱柱流出液导入雾化器，被载气（压缩空气或氮气）雾化成微细液滴，液滴通过加热漂移管时，流动相中的溶剂被蒸发掉，只留下溶质，激光束照在溶质颗粒上产生光散射，光收集器收集散射光并通过光电倍增管转变成电信号（图 19-8）。散射光的对数响应值与组分质量的对数呈线性关系。因为散射光强只与溶质颗粒大小和数量有关，而与溶质本身的物理和化学性质无关，所以 ELSD 属于通用型和质量型检测器，适合于无紫外吸收、无电活性和不发荧光的样品的检测。其灵敏度与载气流速、气化室温度和激光光源强度等参数有关。与示差折光检测器相比，它的基线漂移不受温度影响，信噪比高，也可用于梯度洗脱。但 ELSD 对于有紫外吸收的组分检测灵敏度相对较低。此外，它只适合于流动相能完全挥发的色谱条件，若流动相含有难以挥发的缓冲剂时，就不能采用 ELSD 进行检测。

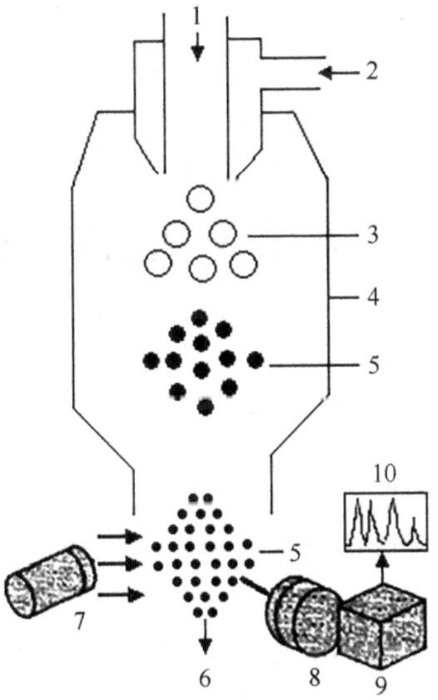

图 19-8 蒸发光散射检测器示意图

1. 样品组分的流动相；2. 附加气体（载体）；3. 雾滴；4. 气化室；5. 样品组分的气溶胶；6. 泵（抽去溶剂）；7. 光源；8. 光电二极管阵列检测器；9. 放大器；10. 数据采集处理系统

案例 19-7

高效液相色谱仪一般都配置有紫外检测器，该检测器适用于对紫外光（或可见光）有吸收性能的样品检测。现有下列三种物质：①药片中磺胺类药物；②牛奶中维生素 B_2；③复合维生素片剂中 B 族维生素。

问题：

（1）利用高效液相色谱法测定其含量时，能采用紫外检测器吗？

（2）如果不合适，应该选择哪一种检测器？

案例 19-7 分析

紫外检测器是高效液相色谱法中最常用的检测器，只要组分具有足够强的紫外吸收就可以选用该检测器进行检测。

（1）由于磺胺类药物中含有苯环，在紫外区会产生吸收，药片中磺胺含量足够高，所以可以选择紫外检测器进行检测。

（2）维生素 B_2 高度共轭的结构特征使其不仅具有较强的紫外吸收，还具有荧光特性，但是牛奶中维生素 B_2 的含量很低，所以对于牛奶中痕量维生素 B_2 的检测可以选用荧光检测器；同时因其结构中含有氮杂环也可选用电化学检测器。

（3）B 族维生素都具有紫外吸收，因此复合片剂中含量测定可以采用紫外检测器。

四、数据记录处理和计算机控制系统

早期的高效液相色谱仪配置了积分仪或记录仪以记录检测信号，然后再手工测量计算或用积分仪计算并打印出峰高、峰面积和保留时间等参数。20 世纪 80 年代后期，计算机技术的广泛应用使高效液相色谱仪操作更加快速、简便、准确、精密和自动化，现在已经可以在互联网上远程处理数据。高效液相色谱仪的数据处理系统又称色谱工作站，可对分析全过程包括分析条件、仪器状态、分析状态等进行在线显示，自动采集、处理和储存分析数据。通过色谱软件将指令传给控制单元，从而使整个分析过程全自动化。高效液相色谱仪上的计算机体现了三个方面的用途：①采集、处理和分析数据；②控制仪器；③优化色谱系统和专家系统。新开发出来的软件系统还有方法认证功能，使分析工作规范化，完全满足 GMP/GLP 法规的要求。

第四节 高效液相色谱分析方法

一、定性分析方法

高效液相色谱法的定性分析方法与气相色谱法相似，包括如下方面。①保留值定性。由于高效液相色谱法中影响保留值的因素较多，因此只能用已知纯对照品的保留时间或保留体积和相对保留值来进行定性分析。②收集流出组分用化学鉴定法进行定性。该法用于组分含有特征基团或化合物类别的判断。③采用两谱联用技术定性。将质谱、红外光谱、核磁共振等结构测定技术与高效液相色谱法离线或在线联用，尤其是在线联用（即联机）极大地提高了其定性分析功能。目前比较成熟并已商品化的联用仪器高效液相色谱-质谱联用仪（HPLC-MS），已成为最受重视的分析工具，它将高效液相色谱的高分离效能和质谱的高灵敏度、高专属性、通用性及较强的结构解析功能相结合，成为药品质量控制、体内药物分析和药物代谢研究等领域最重要的分析手段。

二、定量分析方法

高效液相色谱法的定量分析方法也与气相色谱法相似，仍然使用峰面积或峰高定量，常用方法为外标法和内标法，较少使用面积归一化法。为了保证定量分析的准确性和重现性，色谱系统应达到一定的要求。《中国药典》（2020 年版）规定色谱系统适用性内容：理论塔板数、分离度、灵敏度、拖尾因子和重复性等五项指标。药物中杂质含量的测定方法包括内标法加校正因子测定法、外标测定法、不加校正因子的主成分自身对照法、加校正因子的主成分自身对照法和面积归一化法等五种方法。其中面积归一化法适用于粗略测量供试品中杂质的含量，常用方法为主成分自身对照法。主成分自身对照法分为加校正因子和不加校正因子两种。加校正因子的主成分自身对照法进行杂质检查时，可以不用杂质对照品，但是在建立方法时，需用杂质对照品按内标法求出杂质相对于主成分的校正因子，然后测量供试品溶液色谱图中各杂质的峰面积，分别乘以相应

的校正因子后与对照溶液主成分的峰面积比较，计算杂质含量。不加校正因子的主成分自身对照法适用于没有杂质对照品的情况，其方法是将供试品溶液的稀释溶液为对照溶液，调节检测灵敏度，使对照品溶液的主成分色谱峰的峰高为满量程的10%～25%，然后供试溶液和对照品溶液分别进样，除另有规定外，供试品溶液的分析时间应为主成分色谱峰保留时间的2倍，供试品溶液中各杂质的峰面积与对照溶液主成分的峰面积比较，计算杂质含量。该方法多用在单一杂质含量较少、无法得到杂质对照品、故而无法获得校正因子，或杂质结构（吸收情况）与相应主药结构相似的情况下适用。前提是假定杂质与主成分的校正因子基本相同。一般情况下，如果杂质与主成分的分子结构相似，其校正因子差别不会太大，否则可能导致定量产生一定误差。

案例 19-8

有市售镇痛药片的包装上标明含有阿司匹林 325 mg 和咖啡因 50 mg。现取 2 片与非那西丁 0.0773 g，加入 1 mL 乙醇，振摇 1 min，然后加入 1 mL 0.5 mo1/L 的甲酸铵，最后稀释定容至 100 mL。因药片中含有不溶性辅料，故先过滤，然后经 0.45 μm 的微孔滤膜过滤，取 1 μL 滤液注入高效液相色谱仪，记录色谱图。结果见表 19-4，已知阿司匹林和咖啡因相对于非那西丁的校正因子分别为 9.014 和 4.609。

表 19-4　色谱结果记录表

编号	峰面积		
	阿司匹林	非那西丁	咖啡因
1	157 595	170 804	50 693
2	153 541	164 174	48 478

问题：

（1）该例中采用的定量方法是内标法还是外标法？

（2）药片中的阿司匹林和咖啡因的含量是多少？

（3）如果药片中阿司匹林和咖啡因的含量应为标示量的 95.0%～105.0% 和 90.0%～110.0%，那么该药片含量符合规格吗？

案例 19-8 分析

（1）上例测定中选用了非那西丁作为内标物质，并提供了校正因子，故定量方法为内标法。

（2）$$w_{阿司匹林}=\frac{m_0 A_{阿司匹林} f_{阿司匹林}}{m_{阿司匹林} A_{非那西丁}}=\frac{0.0773\times\dfrac{157\,595+153\,541}{2}\times 9.014}{0.325\times 2\times 170\,804}=0.976$$

$$w_{咖啡因}=\frac{m_0 A_{咖啡因} f_{咖啡因}}{m_{咖啡因} A_{非那西丁}}=\frac{0.0773\times\dfrac{50\,693+48\,478}{2}\times 4.609}{0.050\times 2\times 170\,804}=1.034$$

（3）上述计算结果：药片中阿司匹林的含量为标示量的 97.6%，符合 95.0%～105.0% 的要求，咖啡因的含量为标示量的 103.4% 在 90.0%～110.0% 内，说明该药片含量符合规定。

三、高效液相色谱分离方法的选择

高效液相色谱法按照分离机制不同有多种方法，每种方法都各有特点，适用范围也不尽相同。因此，应该根据分离分析的目的和被分离样品的性质包括相对分子质量、化学结构和极性大小等选择合适的分离分析方法。选择方法时可参考图 19-9。

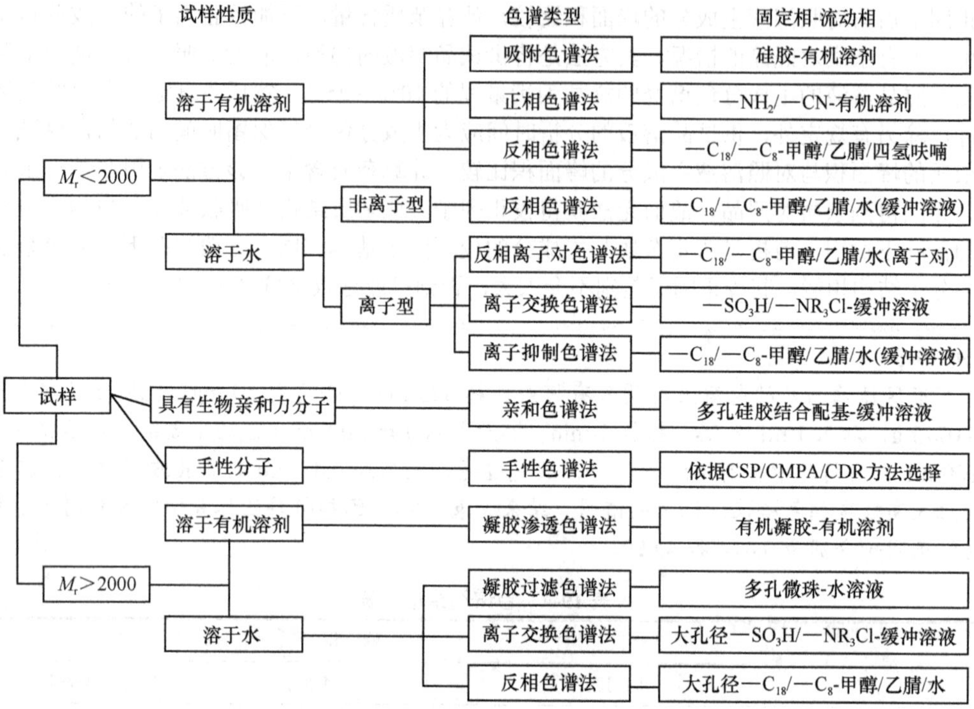

图 19-9 高效液相色谱分离方法的选择

第五节 超高效液相色谱法简介

超高效液相色谱法（ultra-high performance liquid chromatography，UPLC）是高效液相色谱法的拓展和延伸，它与高效液相色谱法有着相同的理论基础，但因超高效液相色谱法填料的颗粒更小、系统体积更低、检测更为快速等优越性，使其分析通量、灵敏度及色谱峰容量等诸多方面均获得大幅增加（图 19-10）。

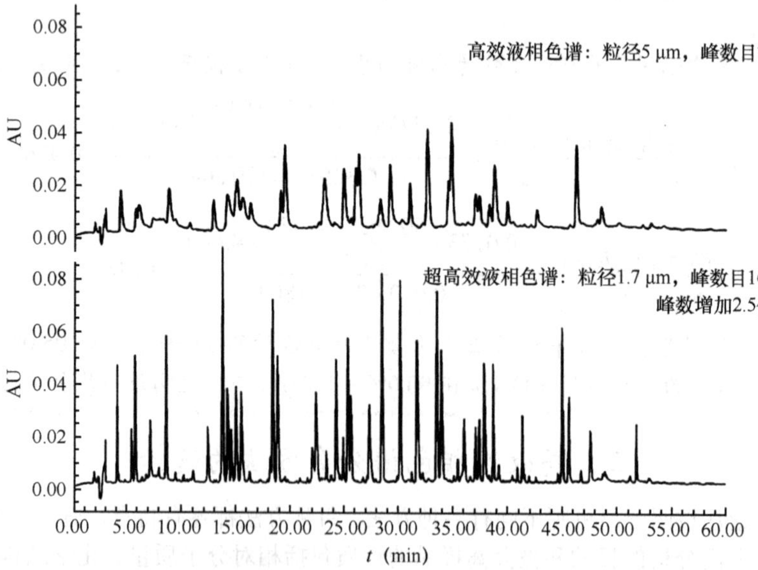

图 19-10 超高效液相色谱与高效液相色谱的分离度比较

超高效液相色谱法的原理与高效液相色谱法基本相同，其突出的改变主要体现在固定相、输液泵、进样器和检测器等几方面。

（1）小颗粒、高性能微粒的固定相。高效液相色谱法的色谱柱，如常见的十八烷基硅胶键合柱的粒径是 5 μm，而超高效液相色谱法色谱柱的固定相粒径小至 3.5 μm，甚至 1.7 μm，根据速率理论方程式，固定相粒径越小，涡流扩散越小，分离度越高。

（2）超高压的输液泵。由于色谱柱粒径减小，使用时所产生的压力成倍增大，故必须配置超高压输液系统（超过 15 000 psi，1 psi=6894.76Pa）。

（3）高速灵敏的检测器。超高效液相色谱法采样速度快，能减少谱带扩展以保持高柱效，灵敏度比高效液相色谱法提高 2～3 倍。

（4）低扩散、低交叉污染的自动进样器。进样范围 0.1～50 μL，压力辅助样品注入，采用针内针取样，减少死体积，降低谱带扩展。

（5）整体系统的优化设计。配备多种软件平台的工作站，实现超高效液相色谱分析方法与高效液相色谱分析方法的自动转换。

与传统的高效液相色谱相比，超高效液相色谱速度是高效液相色谱的 9 倍、灵敏度是高效液相色谱的 3 倍、分离度是高效液相色谱的 1.7 倍，缩短了分析时间，减少了溶剂用量，分析成本大为降低。超高效液相色谱可以更加快速和高质量地完成传统高效液相色谱的工作，其高分离度特别适用于复杂组分（如天然产物、蛋白质与代谢组学等生化领域）的分离；其高灵敏度可用于检测更痕量的目标化合物；其快速分析可实现高通量的检测。

1996 年世界第一台商品化的超高效液相色谱产品 Waters ACQUITY UPLCTM 超高效液相色谱系统问世，之后其他公司也陆续开始生产超高效色谱仪。目前，超高效液相色谱主要应用于：①药物分析，如天然产物中复杂组分检测；②生化分析，如蛋白质、多肽、代谢组学等生化样品检测；③食品分析，如食品中农残留检测；④环境分析，如水中微囊藻毒素检测；⑤其他，如化妆品中违禁品检测等。

当然，超高效液相色谱也存在一定的局限性。对色谱柱来说，要能够耐受由于粒径减小而带来的高压，小粒径填料也给色谱柱填充技术带来了挑战。实验过程中仪器内部压力过大，使输液泵的使用寿命相对缩短，仪器连接部位的老化速度加快，包括单向阀、密封圈等部位零件容易出现问题等。在定量分析中，超高效液相色谱峰面积的重复性较高效液相色谱差，特别是低浓度样品时更加明显，其峰面积重复性的 RSD 约为 高效液相色谱的 2 倍。

知识窗 **高效液相色谱仪的前世今生**

1903 年俄国植物学家 Tswett 应用吸附原理分离植物色素的方法被命名为色谱，管内填充物被称为固定相，洗脱剂被称为流动相。1952 年 Martin 和 Synge 因提出著名的色谱塔板理论而获得诺贝尔奖。1966 年耶鲁大学 Horvath 等首次提出高效液相色谱名称，并自制两台微型泵 Milton Roy 的梯度洗脱系统（用 8 μL 流动池改良的分光光度计为检测器），次年与某仪器公司合作推出了世界上第一台商用高效液相色谱仪 LCS-1000（4000 psi 高压泵、Loop 阀进样、薄层填料色谱柱、低压汞蒸气灯 254 nm 固定波长检测器）。1972～1974 年，6000 psi 高压泵、10 μm 粒径色谱柱和无隔垫进样器的引入标志着高效液相色谱从“高压”向“高效”转变。20 世纪 70 年代中期，Micromeritics 推出第一台使用旋转托盘管状小瓶的自动进样高效液相色谱。目前高效液相色谱在蛋白质组学、多肽、代谢组学、生化、食品农残、水中微囊藻毒素、化妆品和违禁品检测等领域均得到飞跃和进步。

思考题与习题

1. 比较气相色谱和高效液相色谱的流动相在色谱分离中的作用。高效液相色谱中的范氏方程与气相色谱有何区别？气相色谱和高效液相色谱在实验条件选择和进样技术方面有何区别？

2. 什么是化学键合相色谱法？常用的化学键合相有哪些类型？其中哪一类键合相在实际中使

用最广泛？

3. 反相键合相色谱法的分离机制是什么？如何选择其分离条件？

4. 反相色谱法中，常用的固定相和流动相有哪些？适合分离哪些类型的化合物？若增大甲醇在流动相中的比例，样品的 k 和 t_R 值如何改变？

5. 简述离子抑制色谱法、反相离子对色谱法与离子色谱法的原理及应用范围的区别。

6. 什么是手性色谱法？常见的分离方法包括哪些？

7. 简述分子排阻色谱法和亲和色谱法的分离机制和适用范围。

8. 高效液相色谱法对流动相的要求是什么？在正相、反相高效液相色谱中，洗脱剂的强度与保留值之间的关系有何区别？

9. 在速率理论方程式方面，高效液相色谱法与气相色谱法有何异同？试用速率方程式提高柱效所需要的高效液相色谱实验条件。

10. 指出苯、甲苯、苯酚、硝基苯和苯甲酸在反相色谱中的洗脱顺序。

11. 在 30 cm 的色谱柱上分离 A、B 混合物，A 物质的保留时间是 16.40 min，峰底宽 1.11 min，B 物质的保留时间是 17.63 min，峰底宽 1.21 min，不保留物 1.30 min 流出色谱柱，计算：① A、B 两峰的分离度；②理论塔板数和理论塔板高度；③分离度达到 1.5 所需的柱长。

12. 用长 15 cm 的 ODS 柱分离两种组分，已知实验条件下柱效 $n=2.84\times10^4\ m^{-1}$，用苯磺酸钠溶液测得死时间 $t_M=1.31$ min，二个组分的保留时间分别为 $t_{R_1}=4.10$，$t_{R_2}=4.38$ min，求：① k_1、k_2、α、R；②若增加柱长至 30 cm，分离度可否达到 1.5？

13. 在番泻苷糖浆剂中加入了苯甲酸、对羟基苯甲酸的甲基酯和丙基酯作为稳定剂和防腐剂。在下述色谱条件下［C_{18} 柱为色谱柱，甲醇-0.005 mol/L 乙酸铵水溶液（60 ∶ 40）为流动相，流速为 1.5 mL/min，检测波长 254 nm，柱温 40℃］获得的三种添加剂标准品混合物的色谱数据如下表，其中苯甲酸 0.065 96 g/L，对羟基苯甲酸甲基酯 0.058 02 g/L，对羟基苯甲酸丙基酯 0.074 70 g/L。番泻苷溶液（256.448 0 g/L）测定的色谱数据也列于表中。问：①三种物质的流出顺序是什么？②峰 1、峰 2 和峰 3 分别表示何种物质？③利用峰高计算番泻苷溶液中各种添加剂的含量。

峰编号	标准品色谱峰参数		番泻苷溶液色谱峰参数	
	峰位置（min）	峰高（mm）	峰位置（min）	峰高（mm）
1	4.35	36	4.38	14.5
2	7.65	73	7.7	45.5
3	11.3	88	11.5	10.5

（李云兰）

第二十章 毛细管电泳法

学习目标

1. 掌握 毛细管电泳的特点、基本理论和基本术语。

2. 熟悉 毛细管电泳的主要分离模式和分离过程，操作条件的选择。

3. 了解 毛细管电泳仪器的主要组成；毛细管电泳在药物分析中的应用。

案例 20-1

人类基因组计划（Human Genome Project，HGP）是一项规模宏大，跨国跨学科的科学探索工程。其宗旨在于测定组成人类染色体（指单倍体）中所包含的30亿个碱基对组成的核苷酸序列，从而绘制人类基因组图谱，并且辨识其载有的基因及其序列，达到破译人类遗传信息的最终目的。该计划由美国科学家于1985年率先提出，于1990年正式启动。美国、英国、法国、德国、日本和我国科学家共同参与了这一预算达30亿美元的人类基因组计划。截至2003年4月14日，人类基因组计划的测序工作已经完成。其中，2001年人类基因组工作草图的发表被认为是人类基因组计划成功的里程碑。

人类基因组计划提前完成的关键是DNA测序方法的改进，该计划对人类基因组DNA全序列的测定伴随着电泳从平板凝胶电泳、毛细管凝胶电泳、线性高分子溶液毛细管电泳、毛细管阵列电泳，到全基因组测序技术的发展，被公认为是分析化学家拯救了人类基因组计划。毛细管电泳就是一种符合快速、灵敏、准确、廉价和自动化等要求的方法之一。

问题：

（1）什么是毛细管电泳?

（2）毛细管电泳的应用范围?

案例 20-1 分析

（1）DNA核苷酸链的测定是人类基因组计划的核心内容。DNA测序分为三个关键步骤：DNA模板的纯化和循环测序反应、毛细管电泳分离、测序仪检测。毛细管凝胶电泳可按照DNA分子大小进行分离，毛细管凝胶电泳与激光诱导荧光检测器成为DNA快速序列分析的优选方案之一。随着技术的不断改进，线性高分子溶液毛细管电泳采用程序升温以用于DNA限制性片段快速分离。采用脉冲电场毛细管进行DNA测序，分离的DNA片段可达1000 bp；毛细管阵列电泳实现了DNA测序的自动化和高通量，曾成为人类基因组计划第二个五年计划对DNA测序的三条发展途径之一。

（2）毛细管电泳具有多种分离模式，具有多种功能，应用广泛，通常能配制成溶液或悬浮溶液的样品均能用毛细管电泳进行分离和分析。毛细管电泳可用于高速DNA测序、手性药物分析、蛋白质分析、糖分析，以及单细胞分析。随着联用技术的应用，毛细管电泳的应用范围会大大增加。

在电场存在下，电解质溶液中的带电离子在电场力的作用下，以不同的速度向其所带电荷相反的电极方向迁移的现象称为电泳（electrophoresis）。由于不同离子所带电荷及性质的不同，在电解质溶液中的迁移速率也不同。利用电泳现象进行定性、定量的分离分析方法，称为电泳法。毛细管电泳法（capillary electrophoresis，CE）又称高效毛细管电泳法（high performance capillary electrophoresis，HPCE）是指以弹性石英毛细管为分离通道，以高压直流电场为驱动力，根据供试品中各组分淌度（单位电场强度下的迁移速度）和（或）分配行为的差异而实现分离的一种分析方法。

毛细管电泳迅速发展于20世纪80年代中后期，它实际上包含电泳、色谱及其交叉内容，是分析科学中继高效液相色谱法之后又一重大进展，它使分析科学得以从微升水平进入纳升水平，并使单细胞分析，乃至单分子分析成为可能。长期困扰科学家的生物大分子如蛋白质、核酸的分离分析也因此有了新的转机。

1937年，Tiselius（瑞典）将蛋白质混合液放在两段缓冲溶液之间，两端施以电压进行自由溶液电泳，第一次将人血清提取的蛋白质混合液分离出白蛋白和a、β、γ球蛋白。

1981年，Jorgenson和Luckas用75 μm内径石英毛细管进行电泳分析，柱效高达40万/米，促使电泳技术发生了根本变革，迅速发展成为可与气相色谱、高效液相色谱相媲美的崭新的分离分析技术——毛细管电泳技术。

第一节 概　　述

一、电泳与色谱

毛细管电泳的基本原理就是电泳技术和色谱分离技术的结合。这两种原理的作用机制不同，但相容，对应的方法和技术非常相似。比较二者的相似性，有助于对毛细管电泳的理解。

1. 电泳　最初的电泳实验，是在一个U形管中进行的。管中盛有溶液，两端置有电极，加上几百伏电压后，首次实验了对毒素和抗毒素的分离。1909年，Michaelis提出"电泳"这一术语，他的实验是用于测定蛋白质的等电点。此后，许多的研究报告涉及氨基酸、肽类、蛋白质的分离。为了防止电泳完成后的溶液中，再次发生对流混合，曾使用了各种稳定介质，如琼脂、纤维粉、玻璃丝、硅胶及丙烯酸胺；为了防止热扩散而使用了一种内径小的管道，管道内径由3 mm缩小至75 μm。1981年，Jorgenson和Lukacs使用75 μm内径的熔融石英毛细管，电泳分离氨基酸和肽。至此，出现了毛细管电泳技术，毛细管电泳的发展史如图20-1所示。

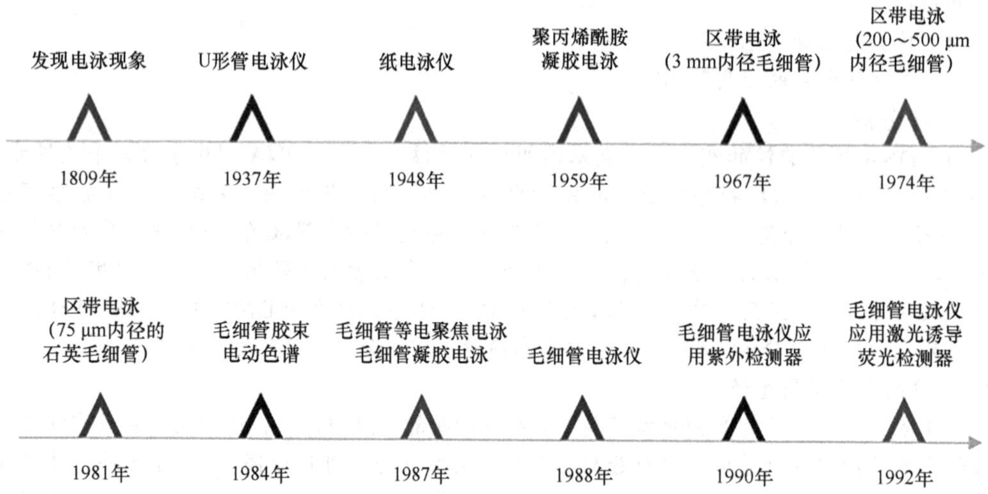

图20-1　毛细管电泳的发展史

2. 词义的双重性　电泳亦称电迁移（electromigration），其宏观表现是介质的导电。电泳一词原指带电粒子在一定的介质中因电场作用而发生定向运动的物理化学现象。后来，电迁移现象被用于物质的分离，形成了一系列电泳技术或方法，这些方法通常也被简称为电泳。

色谱一词不但指物质因在两相中分配和运动而发生分离或层析的现象，而且更经常地指运用这一现象进行物质分离分析的技术手段。

3. 分离原理　电泳指带电粒子在一定的介质中因电场作用而发生定向运动。因粒子所带的电荷数、形状、离解度等不同，有不同的迁移速度而分离。色谱是不同组分在两相中分配系数不同而分离。

4. 分离过程相似　电泳和色谱都是差速迁移，可用相同的理论来描述。

5. 仪器构成类同　包括进样、分离、检测和数据处理等部分。

6. 分离通道的形状相似　薄层、柱子、毛细管等。

正是因为如此，电泳特别是毛细管电泳通常采用色谱中的一些概念或名词，如分离效率（*N*）、理论塔板、保留时间等。

二、毛细管电泳的特点

（一）毛细管的特点

1. 内径为微米级　一般石英毛细管的内径为 25～100 μm，标准毛细管的外径为 375 μm。

2. 容积小　一根 100 cm×75 μm 管子的容积仅 4.4 μL。

3. 侧面/截面积比大　因而散热较快，沿着管的温度梯度很小。因此，可以提高加在毛细管两端的电压，所加电压可高达几十千伏。

4. 不需要阻流介质　可使用凝胶作分子筛介质。

（二）毛细管电泳的优点

1. 高效　柱效为 10^5～10^6 m^{-1}。

2. 快速　几十秒至十几分钟完成分离。

3. 微量　进样体积为纳升级，消耗体积一般在 1～50 nL。

4. 多模式　可根据需要选择不同的分离模式。

5. 分析范围广　从无机离子到整个细胞，具有“万能”分析功能。

6. 经济　运行成本低，实验消耗只需几毫升缓冲溶液。

7. 自动　是目前自动化程度最高的分离方法之一。

8. 洁净　通常使用水溶液，对人体和环境无害。

（三）毛细管电泳的缺点

（1）制备能力差。

（2）光路太短，需要高灵敏度的检测器才能测出样品峰。

（3）凝胶、色谱填充管需要专门的灌制技术。

（4）大的侧面/截面比能“放大”吸附作用，导致蛋白质等分离效率下降或无峰。

（5）吸附引起电渗变化，进而影响分离重现性等。

第二节　毛细管电泳的基本理论

一、电泳和电泳淌度

1. 电泳　是指在电场作用下带电离子在缓冲溶液中的定向移动。这种粒子在缓冲溶液中的迁移速度用 v_{ep} 表示，下标 ep 表示电泳。v_{ep} 与电泳迁移率 μ_{ep}（又称电泳淌度，electrophoresis mobility）和电场 E 成正比。

$$v_{ep}=\mu_{ep}E \tag{20-1}$$

2. 电泳淌度　是指溶质在给定缓冲溶液中和单位电场强度下单位时间内移动的距离，即单位电场下的电泳速度 v_{ep}/E。在空心毛细管中一个粒子的淌度可近似表示为

$$\mu_{ep}=\varepsilon\zeta_i/4\pi\eta \tag{20-2}$$

式中，ζ_i 为粒子的 Zeta 电势；ε 为介质的介电常数；η 为介质的黏度。

3. 有效淌度　在实际溶液中，离子活度系数、溶质分子的离解程度均对离子的淌度有影响，这时的淌度称为有效淌度，用 μ_{ef} 表示。

$$\mu_{ef} = \sum_i \alpha_i \gamma_i \mu_{ep} \tag{20-3}$$

式中，α_i 为样品分子中第 i 级离解度，γ_i 为活度系数或其他平衡离解度。

4. 绝对淌度 在无限稀释溶液中测得的淌度为绝对淌度，用 μ_{em}^0 表示。

总之，带电离子在电场中的迁移速度，除与电场强度和介质特性有关外，还与粒子的离解度，电荷数及其大小和形状有关。

二、电渗和电渗淌度

1. 双电层 当固体与液体接触时，固体表面由于某种原因带一种电荷，则因静电引力使其周围液体带有相反电荷，在液-固界面形成双电层，两者之间存在电位差。

2. 电渗（electroosmosis） 当液体两端施加电压时，就会发生液体相对于固体表面的移动，这种液体相对于固体表面移动的现象称电渗现象。

$$u_{os} = \mu_{os} E = \frac{\varepsilon \zeta_{os}}{\eta} E \tag{20-4}$$

式中，μ_{os} 为电渗率或电渗淌度，ζ_{os} 为管壁的 Zeta 电势，下标 os 为电渗，E 为电场强度，ε 为介电常数，η 为黏度。

3. 电渗流（electroosmotic flow，EOF） 是指管内溶液在外力电场作用下整体朝一个方向运动的现象。电渗流迁移的速率称为电渗速率 u_{eo}，u_{eo} 与双电层的 Zeta 电位 ζ、背景电解质的介电常数 ε 和黏度 η 有关，与电场强度 E 成正比，即

$$u_{eo} = \frac{\varepsilon \zeta}{\eta} E \tag{20-5}$$

而单位电场强度下的电渗速率，称为电渗淌度 μ_{eo}，

$$\mu_{eo} = \frac{u_{eo}}{E} = \frac{\varepsilon \zeta}{\eta} \tag{20-6}$$

Zeta 电位主要由毛细管表面电荷所决定。由于电荷量受 pH 控制，电渗流的大小也随 pH 变化。在高 pH 下，毛细管内壁硅羟基大量离解，电渗流将比低 pH 时高得多。在特定的场合，pH 从 2 到 12 变化，电渗流的大小变化可能会超过一个数量级。Zeta 电位还取决于缓冲溶液的离子强度。双电层理论表明，增加离子强度可使双电层压缩，Zeta 电位降低，从而减小电渗流。

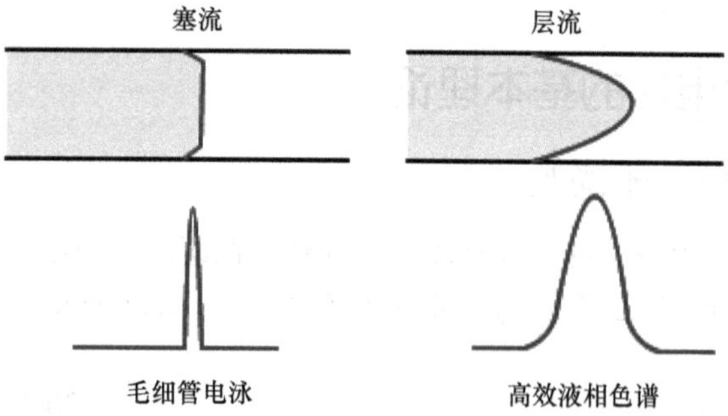

图 20-2　毛细管电泳与高效液相色谱的流型比较

4. 电渗流的特点 电荷均匀分布，整体移动，电渗流的流动为平流，塞式流动（谱带展宽很小）；液相色谱中的溶液流动为层流，抛物线流型，管壁处流速为零，管中心处的速度为平均速度的 2 倍（引起谱带展宽较大）。一般情况下，电渗流的速率是电泳速率的 5～7 倍，所以电渗流作为毛细管电泳的驱动力可以使几乎所有物质，不论其电荷性质如何，都向同一方向移动（图 20-2）。

三、表观淌度

在毛细管电泳中，同时存在着电泳流和电渗流，在不考虑相互作用的前提下，粒子在毛细管内的运动速度应当是两种速度的矢量和，即

$$u_{ap}=u_{ef}+u_{os}=\left(\mu_{ef}+\mu_{os}\right)E \tag{20-7}$$

或

$$\mu_{ap}=\mu_{ef}+\mu_{os} \tag{20-8}$$

u_{ap} 为表观迁移速度，μ_{ap} 为表观淌度（apparent mobility）。

当把样品从正极端注入毛细管内时，正负离子组分在毛细管内的运动如下。

正离子：两种效应的运动方向一致，在负极最先流出；中性粒子无电泳现象，受电渗流影响，在阳离子后流出。

负离子：两种效应的运动方向相反。$v_{电渗流}>v_{电泳}$时，阴离子在负极最后流出，在这种情况下，不但可以按类分离，除中性粒子外，同种类离子由于受到的电场力大小不一样也同时被相互分离（图 20-3）。

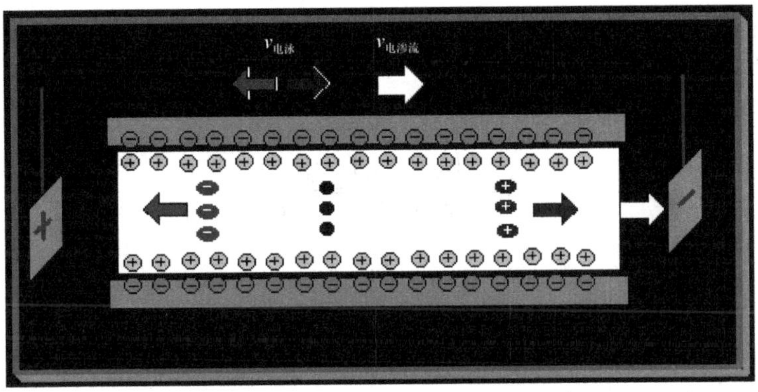

图 20-3　电渗流示意图

四、毛细管电泳的柱效和分离度

（一）理论塔板数和塔板高度

$$n=5.54\left(\frac{t_m}{W_{1/2}}\right)^2 \tag{20-9}$$

式中，t_m 为流出曲线最高点所对应的时间，称为迁移时间（migration time）。

$$H=\frac{L_d}{n} \tag{20-10}$$

式中，L_d 为进样口到检测器的距离。

柱效 n 在毛细管电泳中也可表示为

$$n=\frac{\mu_{ap}VL_{ef}}{2DL} \tag{20-11}$$

式中，D 为粒子在区带中的扩散系数。由式中可看出扩散系数小的溶质比扩散系数大的分离效率高，因此采用毛细管电泳分离蛋白质、DNA 等生物大分子，有较高的柱效。

（二）谱带展宽

影响谱带展宽的原因有两种：一是柱内溶液和溶质本身，其中特别是自热、扩散和吸附；二是来源于系统的原因，如进样和检测。

1. 纵向扩散的影响　在毛细管电泳中，纵向扩散引起的峰展宽由扩散系数和迁移时间决定。大分子的扩散系数小，可获得更高的分离效率——大分子生物样品分离的依据。

2. 进样的影响 当进样塞长度太大时，引起的峰展宽大于纵向扩散，分离效率明显下降。

3. 焦耳热与温度梯度的影响 散热过程中，在毛细管内形成温度梯度（中心温度高），破坏了塞流，导致区带展宽。

改善方法：减小毛细管内径；控制散热。

4. 溶质与管壁间的相互作用 存在吸附与疏水作用，造成谱带展宽。细内径毛细管柱，一方面有利于散热；另一方面比表面积大，又增加了溶质吸附的机会。

改善方法：加入两性离子代替强电解质，两性离子一端带正电，另一端带负电，带正电一端与管壁负电中心作用，浓度为溶质的100～1000倍时，抑制对蛋白质吸附，又不增加溶液电导，对电渗流影响不大。

5. 其他影响因素 电分散作用及"层流"现象。

（三）分离度

分离度是指将淌度相近的组分分开的能力，毛细管电泳仍沿用色谱分离度的计算公式来衡量两组分的分离程度。

分离度也可表示为柱效的函数。

$$R=\frac{2\left(t_{m_2}-t_{m_1}\right)}{W_1+W_2}=\frac{t_{m_2}-t_{m_1}}{4\sigma} \quad (20\text{-}12)$$

$$R=\frac{\sqrt{n}}{4}\times\frac{\Delta u}{\bar{u}} \quad (20\text{-}13)$$

式中，Δu 为相邻两组分的迁移速度差，$\bar{u}$ 为相邻两组分的迁移速度的平均值。用 μ_{ap} 或（$\mu_{eff}+\mu_{os}$）代替 $\bar{u}$，得到以下公式。

$$R=\frac{1}{4\sqrt{2}}\Delta\mu_{eff}\left[\frac{VL_d}{DL\left(\mu_{eff}+\mu_{os}\right)}\right]^{1/2} \quad (20\text{-}14)$$

上式表明，造成区带展宽，即影响分离度的主要因素如下。

1. 外加电压 V 增加工作电压，可使分离度增加，但若要使分离度加倍，电压要增加4倍才行，而这种增加还要受到焦耳热的限制，因此增加电压并不是择优的最佳参数。

2. 有效柱长与总长度之比（L_d/L） 毛细管有效长度增加分离度也增加，但毛细管长度增加会使分析时间延长，因此应选择长度适当的毛细管，使分析时间不长而又能得到较高分离度。

3. 电泳有效淌度差（$\Delta\mu_{eff}$） 这是使分离度增加的关键因素，而 $\Delta\mu_{eff}$ 的控制与选择通常借助于选择不同的操作模式和不同的缓冲溶液体系来实现。

4. 电渗淌度（$\Delta\mu_{os}$） 当电渗淌度与电泳淌度相同而方向相反时，R 最大。但此时的分离时间无限长。因此，要使得分析时间既不要过长，又要得到较高的分离度和较高的柱效，就需要找出最佳的 μ_{os}。

此外，柱内因素如组分的扩散、对流、焦耳热、吸附及区带与周围缓冲溶液之间电导差和pH之差，柱外因素如检测器尺寸等都会影响组分的分离效率。

第三节 毛细管电泳的主要分离模式

一、毛细管区带电泳

毛细管区带电泳（capillary zone electrophoresis，CZE）也称为毛细管自由区带电泳，是毛细管电泳中最基本也是应用最广的一种分离模式。关于毛细管理论和技术的讨论中，一般都是以毛细管区带电泳作为对象进行阐述的。其原理是通过在充满电解质溶液的毛细管中，具有不同质荷比离子在电场的作用下，由于迁移速度的不同而进行分离，各组分在毛细管内的运动如图 20-4 所示。

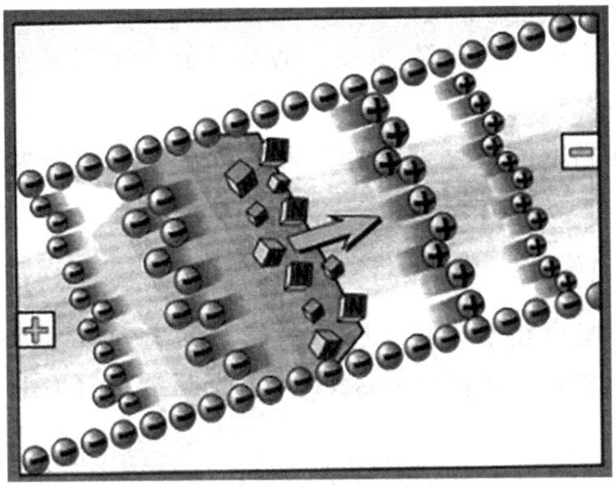

图 20-4　毛细管区带电泳示意图

具体操作：将待分析溶液引入毛细管进样一端，施加直流电压后，各组分按各自的电泳和电渗流的矢量和流向毛细管出口端，按阳离子、中性粒子和阴离子及其电荷大小的顺序通过检测器。中性组分彼此不能分离。出峰时间为迁移时间（t_m），相当于高效液相色谱和气相色谱中的保留时间。

二、胶束电动毛细管色谱

胶束电动毛细管色谱法（micellar electrokinetic capillary chromatography，MECC），又称为胶束电动色谱（micellar electrokinetic chromatography，MEKC），是将电泳技术与色谱技术相结合，集电泳、电渗和分配为一体，克服了毛细管区带电泳不能分离中性物质的弱点，扩大了电泳的应用范围。

缓冲溶液中加入离子型表面活性剂，其浓度达到临界浓度，形成具有疏水内核、外部带负电的胶束。在电场力的作用下，胶束在柱中移动。

电泳流和电渗流的方向相反，且 $v_{电渗流} > v_{电泳}$，负电胶束以较慢的速度向负极移动。中性分子在胶束相和溶液（水相）间分配，疏水性强的组分与胶束结合得较牢，流出时间长（图 20-5）。

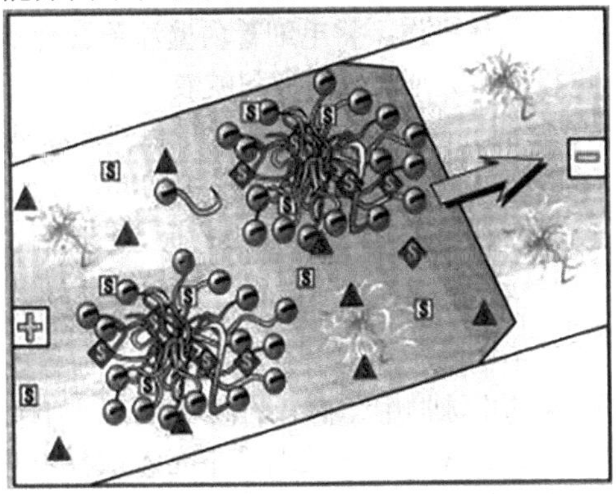

图 20-5　胶束电动毛细管色谱示意图

具体操作：将操作缓冲溶液中加入大于其临界胶束浓度的离子型表面活性剂时，表面活性剂就聚集成胶束，其亲水端朝外，疏水非极性核朝内，溶质则在水和胶束两相间分配，各溶质因分配系数存在差别而被分离。对于常用的阴离子表面活性剂十二烷基硫酸钠，进样后极强亲水性组分不能进入胶束，随着操作缓冲溶液流过检测器（容量因子 $k'=0$）；极强疏水性组分则进入胶束的核中不再回到水相，最后到达检测器（$k'=\infty$）。常用的其他胶束试剂还有阳离子表面活性剂十六烷基三甲基溴化铵、胆酸等。两亲性质的聚合物，尤其是嵌段聚合物也会在不同极性的溶剂中形成胶束结构，可以起到类似表面活性剂的作用。

三、其他分离模式

（一）毛细管凝胶电泳

毛细管凝胶电泳（capillary gel electrophoresis，CGE）是用凝胶物质作为支持物进行电泳的方式，称为凝胶电泳。其主要用于生物学上分离大分子物质，如蛋白质和核酸。

凝胶具有多孔性，类似分子筛的作用，样品分子按大小分离，能够有效减小组分扩散，所得峰形尖锐，分离效率高。常用的凝胶有聚丙烯酰胺凝胶、琼脂糖凝胶等。

蛋白质、DNA 等的电荷/质量与分子大小无关，毛细管区带电泳模式很难分离，采用 CGE 能获得良好分离，是 DNA 测序的重要手段。

毛细管抗对流性好，具有较大的比表面积，散热性好，可以施加比传统凝胶电泳高 10～100 倍的电压，分离度极高。

无胶筛分技术：采用低黏度的线性聚合物溶液的筛分作用代替高黏度交联聚丙烯酰胺进行分析，如葡聚糖等。色谱柱便宜、易制备。

（二）毛细管等电聚焦电泳

等电聚焦是一种根据等电点差别分离多肽或蛋白质的高分辨电泳技术，等电聚焦电泳在毛细管中进行，就是毛细管等电聚焦（capillary isoelectric focusing，CIEF）电泳。该方法的特点有以下几个方面。

（1）根据等电点差别分离生物大分子的高分辨率电泳技术。

（2）毛细管内充有两性电解质（合成的具有不同等电点范围的脂肪族多氨基多羧酸混合物），当施加直流电压（6～8 V）时，管内将建立一个由阳极到阴极逐步升高的 pH 梯度。

（3）氨基酸、蛋白质、多肽等所带的电荷与溶液 pH 有关，在酸性溶液中带正电荷，反之带负电荷。在其等电点时，呈电中性，淌度为零。

（4）聚焦：具有不同等电点的生物样品在电场力的作用下迁移，分别到达满足其等电点 pH 的位置时，呈电中性，停止移动，形成窄溶质带而相互分离。

（5）阳极端装稀磷酸溶液，阴极端装稀 NaOH 溶液。

（6）加压将毛细管内分离后的溶液推出经过检测器检测。

（7）电渗流在 CIEF 电泳中不利，应消除或减小。

具体操作：将毛细管内壁涂覆聚合物减小电渗流，再将供试品和两性电解质混合进样，两个电极槽中分别加入酸液和碱液，施加电压后毛细管中的操作电解质溶液逐渐形成 pH 梯度，各溶质在毛细管中迁移至各自的等电点（isoelectric point，pI）时变为中性形成聚焦的区带，而后用压力或改变检测器末端电极槽储液的 pH 的方法使溶质通过检测器，或者采用全柱成像方式进行检测。

（三）毛细管等速电泳

毛细管等速（capillary isotachophoresis，CITP）电泳是一种“移动边界”电泳技术，它采用两种不同的缓冲溶液系统，一种是前导电介质，充满整个毛细管柱，另一种称尾随电介质，置于一端的电泳槽中，前者的淌度高于任何样品组分。

具体操作：在毛细管中充入前导电解质后，进样，电极槽中换用尾随电解质进行电泳分析，带有不同电荷的被分离组分按不同的淌度夹于其中，以一个速度移动，迁移至各个狭窄的区带，然后依次通过检测器，实现分离（图 20-6）。

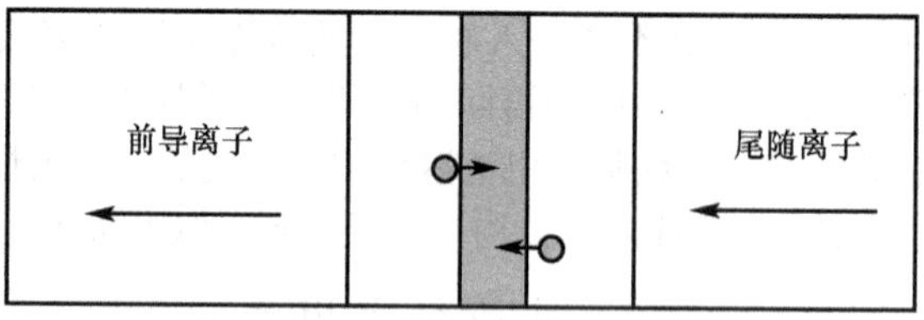

图 20-6　毛细管等速电泳示意图

（四）毛细管电渗色谱

毛细管电渗色谱（capillary electroosmosis chromatography，CEC）是将细粒径固定相填充到毛细管中或在毛细管内壁涂覆固定相，或以聚合物原位交联聚合的形式在毛细管内制备聚合物整体柱，样品组分以电渗流驱动操作缓冲溶液（有时再加辅助压力）在两相间的分配为分离机制的电动色谱过程。分析方式根据填料不同，可分为正相、反相及离子交换等模式。

（五）芯片式毛细管电泳

芯片毛细管电泳（Chip CE）技术是将常规的毛细管电泳操作转移到芯片上进行，利用玻璃、石英或各种聚合物材料加工出微米级通道，通常以高压直流电场为驱动力，对样品进行进样、分离及检测。芯片式毛细管电泳与常规毛细管电泳的分离原理相同，还具备分离时间短、分离效率高、系统体积小且易实现不同操作单元的集成等优势，在分离生物大分子样品方面具有一定的优势。

第四节　毛细管电泳仪

毛细管电泳仪的基本结构包括高压电源、进样、填灌/清洗、毛细管及其温度控制、检测、记录/数据处理等部分。

毛细管电泳仪器的基本结构如图 20-7 所示。充满缓冲溶液的毛细管，两端分别浸入盛有缓冲溶液的储瓶中，之后通以 30 kV 的电压，整个带电管路置于一个安全保护盒内以防高压危险，打开有机玻璃盒时即自动切断电源。待测组分从毛细管的一端引入，在电场作用下，由于离子迁移速度有差别，而在整个毛细管内形成不同的样品区带，在毛细管的另一端放置检测器，以便连续地检测流过的每一个组分带，分析信号通过检测器接收后经放大再输入计算机系统进行数据处理与储存。

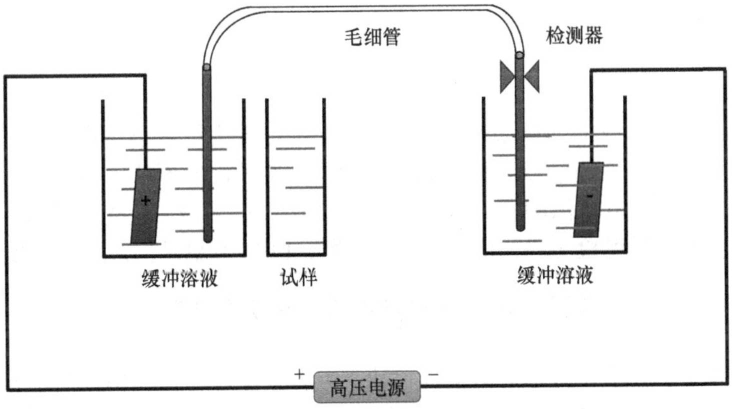

图 20-7　毛细管电泳仪的基本结构图

一、高压电源

高压电源包括电源、电极、电极槽等，高压电源一般采用 0～±30 kV 连续可调的直流高压电源。升高电压使柱效增加，分析时间缩短。但升高电压的同时，将使毛细管内的焦耳热增加，电流增大，黏度减小，毛细管内形成径向温度梯度，反而使柱效降低。

二、毛细管柱

理想的毛细管柱应是化学和电惰性，可以透过紫外光和可见光，有一定的韧性，易于弯曲，耐用而且便宜。目前最常用的毛细管内径是 25～75 μm，外径是 350～400 μm（毛细管电色谱有时用内径更大些的毛细管）。细内径分离效果好，且焦耳热小，允许施加较高电压；但若采用柱上检测，则因光程较短，其检测限比粗内径管要高。

毛细管长度称为总长度，根据分离度的要求，可选用 20～100 cm。进样端至检测器间的长度称为毛细管的有效长度。

毛细管常盘放在管架上且在一定温度下操作，以控制焦耳热。操作缓冲溶液的黏度和电导率，对测定的重复性很重要。

三、进　　样

毛细管柱内体积很小，所需样品溶液不过数纳升，所以不能采用色谱的进样方式，样品不是注射进去而是导入进去。进样系统包括动力控制、计时控制、电机槽或毛细管移位控制等。目前进样方法有三种。

（一）电动进样

当把毛细管的进样端插入样品溶液并加上电场 E 时，组分就会因电迁移和电渗作用而进入管内。电动进样对毛细管内的填充介质没有限制，可实现完全自动化操作，也是商品仪器必备的进样方式。电动进样对离子组分存在进样偏差。

（二）压力进样

压力进样又称流体流动进样，它要求毛细管中的填充介质具有流动性。将毛细管的进样端插入样品瓶中，然后使毛细管两端产生一定压力差并维持一定时间，此时样品溶液在压力差作用下进入毛细管。压力进行包括加压进样和减压进行，通过控制压力及时间控制进样量，压力进样没有组分偏向问题，进样量几乎与样品基质无关，但选择性差。

（三）扩散进样

扩散进样利用浓度差扩散原理将样品分子引入毛细管。当毛细管插入样品溶液时，组分分子因在管口界面存在浓差而向管内扩散。

四、检　　测

检测器是毛细管电泳仪器的核心部件之一。由于毛细管内径很小，进样量非常小，因此对检测器要求检测限低和对峰宽影响小。为提高检测的灵敏度，而又不使区带展宽，通常采用电泳的柱上检测。目前用于毛细管电泳的检测器有紫外-可见吸收检测器、荧光检测器、激光诱导荧光检测器、电化学检测器、质谱检测器、化学发光检测器、LED 检测器、共振瑞利散射光谱检测等。

第五节　毛细管电泳法的应用

由于毛细管电泳法具有柱效高、分离速度快、分析对象广、样品用量少、分析成本低和适用于“脏样品”等特点。而且能用于无机和有机离子、极性与非极性分子、有机小分子与大分子，以及单细胞与病毒等的分离分析，几乎能囊括所有的分析对象，因而其应用范围十分广泛，如药物分析、中药成分研究、天然产物分析、生化分析、石化分析、毒品分析、环境分析、食品分析、农药残留、临床诊断、法庭科学、刑事侦查及生命科学研究等诸多领域。

生命科学研究：探索生命起源的基因工程和蛋白质组学是当今生命科学研究领域中备受重视的课题。1995 年，Mathies 用毛细管微流控芯片实现了高速 DNA 测序。2013 年，Kennedy 研究组发展了一种用于蛋白质-蛋白质相互作用抑制剂筛选的快速毛细管电泳系统。由此可见，毛细管电泳已成为 DNA、多肽与蛋白质分析的重要手段之一。

案例 20-2

有研究者以肝癌细胞（HepG2）为研究对象，以活性基团芳香邻二醛 2，3-萘二甲醛（NDA）为标记试剂，建立了一种高灵敏度的测定细胞中谷胱甘肽（GSH）含量的毛细管电泳-激光诱导荧光检测方法（CE-LIF，见图 20-8）。

实验考察了缓冲溶液的种类、pH、添加剂等对 GSH 与 NDA 的反应速率和 NDA-GSH 检测灵敏度的影响。比较了 pH 为 7.4 和 9.2 的三羟甲基氨基甲烷（Tris）缓冲溶液、pH 为 9.2 的硼砂及 Tris 缓冲溶液中 NDA-GSH 的灵敏度和反应速率，结果显示在 pH 为 9.2 的硼砂缓冲溶液中 NDA-GSH 的灵敏度最高且反应速率最快。本研究进一步比较了 4 种添加剂对 NDA-GSH

灵敏度的影响，结果显示以β-环糊精（β-CD）作为添加剂效果最好。

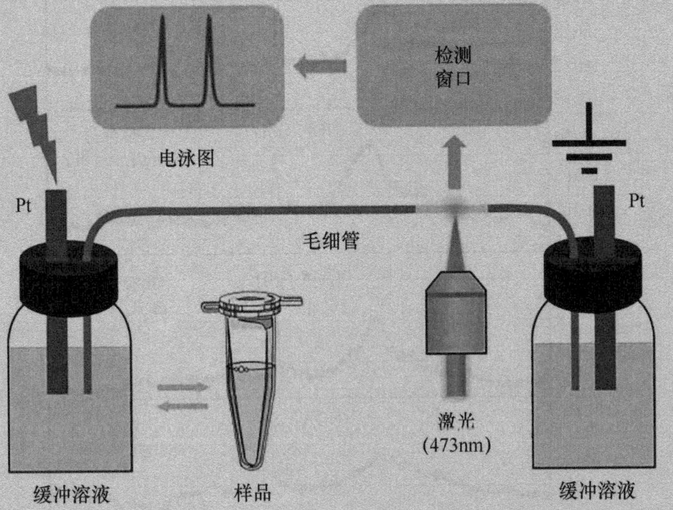

图 20-8　毛细管电泳-激光诱导荧光检测装置示意图

在最优的实验条件下，GSH 与 NDA 可以在 5 min 内达到反应平衡，3 min 内检测到 NDA-GSH 电泳信号。采用外标法对细胞中的 GSH 进行定量分析，方法线性范围为 0.01～20.00 mmol/L，GSH 的检出限和定量限分别为 0.006 μmol/L 和 0.020 μmol/L，加标回收率和标准偏差分别为 95.7%～112.6% 和 3.8%～5.0%（n=3）。通过建立的方法对 HepG2 细胞中的 GSH 进行定量分析，并研究了 As(Ⅲ)、As(Ⅴ)、Cr(Ⅲ) 和 Cr(Ⅵ) 刺激细胞后胞内 GSH 的变化情况。结果表明，在研究剂量水平下，As(Ⅲ)、As(Ⅴ) 和 Cr(Ⅲ) 不会影响 HepG2 细胞中 GSH 的含量，而高剂量 Cr(Ⅵ) 会导致 GSH 含量显著降低。结合元素毒性数据，说明 HepG2 细胞内 GSH 含量与细胞毒性相关，GSH 含量会随着细胞毒性增大而降低（图 20-9）。

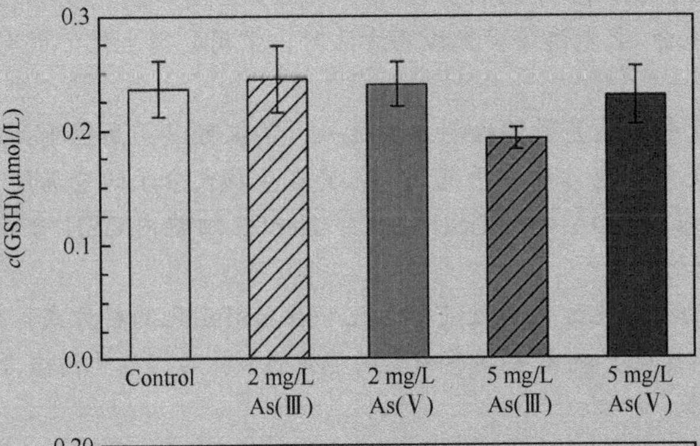

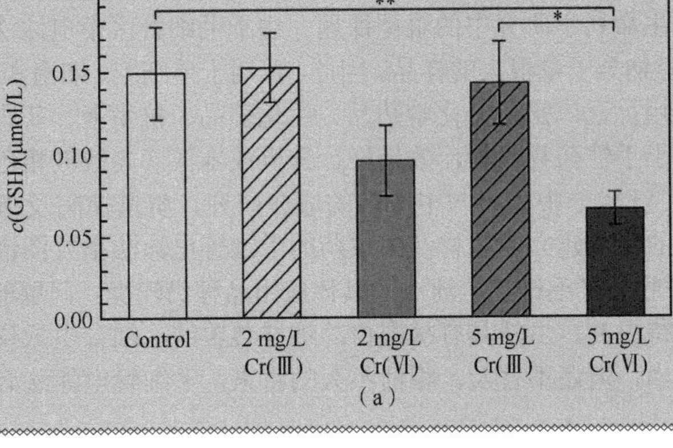

（a）

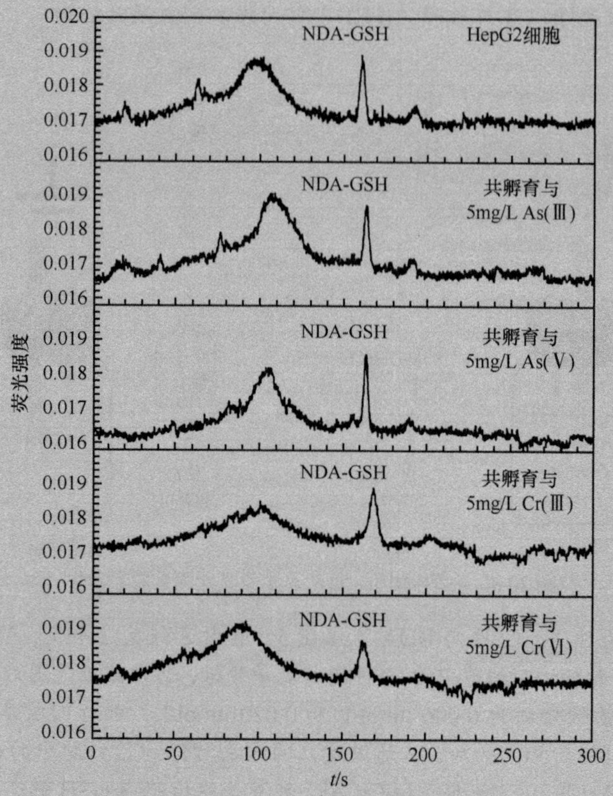

图 20-9 HepG2 细胞内的 GSH 含量的统计分析和细胞裂解液的电泳图

问题：

（1）为什么选择 CE-LIF 检测 GSH?

（2）采用毛细管电泳-激光诱导荧光检测方法时，常用的衍生化方式有哪些?

案例 20-2 分析

（1）LIF 是毛细管电泳最灵敏的检测方法之一，不仅可以提高检测灵敏度，还可以改善选择性，极大地拓展了毛细管电泳的应用范围，尤其在生物大分子的分离纯化中具有广阔的应用前景。本案例以活性基团 NDA 标记 GSH 实现了 HepG2 细胞内 GSH 含量的测定，NDA-GSH 在 300 s 内实现分离分析。

（2）分析：常用的衍生化方式有柱前衍生化和柱后衍生化两种方式。柱前衍生化的检测需要额外操作步骤，且衍生化产物需要具有一定的稳定性；柱后衍生化适合于高速在线衍生检测，是 LIF 检测的更好选择。

单个细胞分析也是生命科学研究中的艰巨课题。由于毛细管区带电泳法无固定相，直接在缓冲溶液中进行电泳，可容纳分子量很大的样品。因此，可用于单细胞、细菌和病毒颗粒的分析研究。

在药物分析中的应用：已广泛用于化学药品、生化药品、抗生素、药物代谢及滥用药物（毒品）的分析，特别是用于手性药物分析，效果好、分析成本低（高效液相色谱手型色谱柱价格昂贵）。毛细管电泳法已广泛用于中药材与中成药的成分研究、质量控制及指纹图谱研究等诸多方面。利用毛细管电泳法的优势建立中药材及中成药的毛细管电泳法指纹图谱，已有许多成功的例子。《中国药典》附录中收载了毛细管电泳法，具体应用品种仍较少。问题的症结是毛细管电泳法的准确性与精密度还有待提高。虽然具有精密自动进样装置的毛细管电泳仪的定量准确性和精密度已与高效液相色谱相当，但还不普及。相信不久的将来，毛细管电泳法必将成为药物分析广泛使用的分析方法。酸性药物、碱性药物、中性水溶性药物及各种制剂（液体制剂，如注射剂与糖浆；固体制剂，如片剂、胶囊等）的水溶性或非水溶性活性成分，都可以用毛细管区带电泳法或胶束电动毛细管色谱法（MECC）进行定量分析。

案例 20-3

佐米曲普坦 *R*-异构体的检查

照毛细管电泳法［《中国药典》（2020 年版）通则 0542］测定。

供试品溶液　取本品约 50 mg，置 100 mL 容量瓶中，加 0.1 mol/L HCl 溶液溶解并稀释至刻度，摇匀。

对照溶液　精密量取供试品溶液 1 mL，置 200 mL 容量瓶中，用 0.1 mol/L HCl 溶液稀释至刻度，摇匀。

系统适用性溶液　分别取佐米曲普坦对照品与 *R*-异构体对照品适量，加 0.1 mol/L HCl 溶液溶解并稀释成每 1 mL 中含佐米曲普坦 0.5 mg 与 *R*-异构体 2.5 μg 的混合溶液。

电泳条件　用弹性石英毛细管柱（内径 50 μm）为分离通道；以 30 mmol/L 羟丙基-β 环糊精溶液（用磷酸调节 pH 至 2.2 的 50 mmol/L 磷酸二氢钠缓冲溶液配制）为运行缓冲溶液；检测波长为 225 nm；分离电压为 20 kV，进样端为阳极；柱温 25°C；0.5 psi 压力进样 5 s，进样前需用运行缓冲溶液预清洗 10 min。

系统适用性要求系统适用性溶液电泳图中，理论塔板数按佐米曲普坦峰计算不低于 5000，佐米曲普坦峰与 *R*-异构体峰之间的分离度应符合要求。

测定法取供试品溶液与对照溶液，分别进样，记录电泳图。

限度　供试品溶液电泳图中如有与 *R*-异构体迁移时间一致的色谱峰，其峰面积不得大于对照溶液主峰面积（0.5%）。

问题：

高效毛细管电泳用于手性药物的分离纯化的优点有哪些？

案例 20-3 分析

《中国药典》（2020 年版）采用毛细管电泳法对佐米曲普坦 *R*-异构体进行检查。测定时需用佐米曲普坦对照品与 *R*-异构体对照品进行系统适用性试验，确定理论塔板数按佐米曲普坦峰计算不低于 5000，佐米曲普坦峰与 *R*-异构体峰之间的分离度应符合要求。

高效毛细管电泳在手性药物分离中发挥着重要作用，主要因为其分离效率高，对分离选择系数小的对映体可以达到很好的分离度；分离模式多且变换简单；手性选择剂的消耗量少，且运行成本低。

案例 20-4

有研究者以 H_3PO_4-NaH_2PO_4（NaH_2PO_4 浓度为 39 mmol/L，pH=4.3）为运行缓冲溶液，加入体积比为 2.0% 正丁醇和 10% 乙腈为添加剂，采用 20 kV 分离电压，25℃柱温，214 nm 检测波长，进样 5 s（3.447 kPa）的仪器条件，建立了一种毛细管区带电泳同时分离分析长春花中长春碱、长春新碱、长春质碱和文多灵 4 种生物碱新方法。

分析结果：目标物分离可在 14 min 内完成，色谱图见图 20-10，各目标分析物峰面积与其浓度之间线性关系良好。同时将方法应用于不同颜色的长春花茎叶和花瓣药材中这 4 种目标成分的分离分析，加标回收率为 93.7%～108.9%，且相对标准偏差不大于 4.1%。说明建立的新方法准确、可靠，可用于长春花药材中相关成分的质量控制。

问题：

毛细管电泳在分离分析小分子化合物方面有哪些优点？

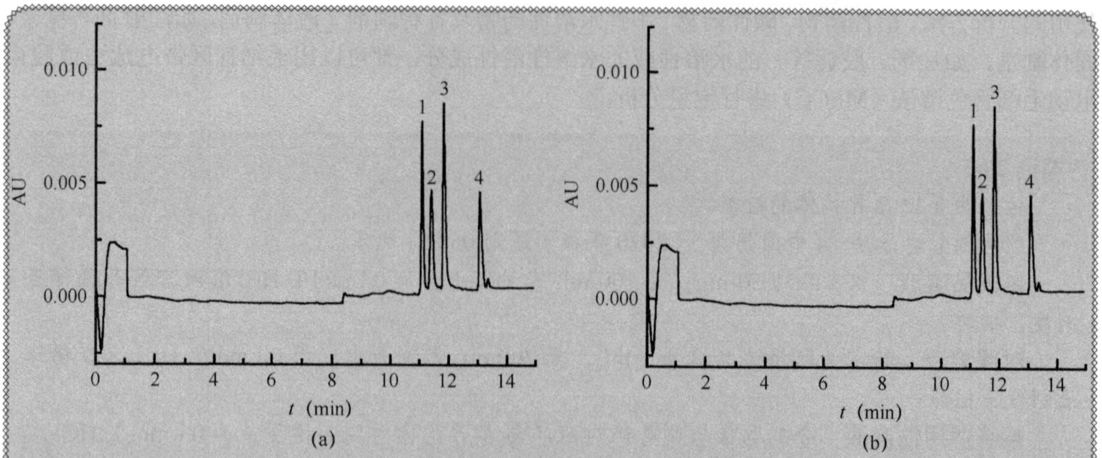

图 20-10 优化电泳条件下 4 种标准品混合溶液的电泳图和紫红色长春花茎叶样品的电泳图

（a）4 种标准品混合溶液；（b）紫红色长春花茎叶样品

案例 20-4 分析

本案例采用毛细管区带电泳法建立了一种 14 min 内同时测定长春花中长春碱、长春新碱、长春质碱和文多灵 4 种生物碱的新方法。分析过程受多种因素的影响，包括运行缓冲溶液的 pH 值、正丁醇的浓度、乙腈的浓度等。本案例说明毛细管电泳在小分子化合物的分离纯化方面也具有广阔的应用前景。

毛细管电泳分离小分子化合物的优点体现多个方面，如分析时间短，毛细管电泳的分析时间通常不超过 30 min，电泳分离的流动相是均相；理论塔板高度与溶质的扩散系数成正比，色谱峰尖锐；所需样品量少，流动相用量少。

知识窗　　著名分析化学家汪尔康：旁听生中走出的院士

汪尔康，分析化学家，中国科学院院士，他对我国电分析化学领域产生了重要且深远的影响。而这位电分析化学领域的巨人对科学的热爱和追求，是从做旁听生开始的。

1937 年，日本侵略军占领镇江，汪尔康的父亲誓言不为侵略者做事，毅然离开了电报局，全家失去了经济来源。到了入学年龄的汪尔康，因经济困顿无法到学堂读书。求知欲特强的汪尔康，时常到距家不远的“镇江立人学堂”外面，偷偷听先生讲课。汪尔康强烈的求知欲望、家境的贫寒，感动了“镇江立人学堂”的教书先生，学堂决定破例允许汪尔康入学，让他做些扫地、打水、擦桌椅等杂活，以换取旁听资格，汪尔康终于成为学堂一名学生。抗战胜利后，父亲恢复了工作，他凭着天赋和刻苦，考入镇江新苏中学初中。汪尔康未满 16 岁时，就以优异的成绩，考入上海沪江大学理学院化学系。

1952 年，年仅 19 岁的汪尔康大学毕业，来到条件艰苦的中国科学院长春应用化学研究所，从此踏上 60 多年的科研之路。20 世纪 70 年代中期，他研制成功我国第一台大型脉冲极谱仪，其分析灵敏度和稳定性均达当时国际的领先水平。80 年代后又首创多功能新极谱仪。他先后还研制成功经典极谱仪、各类示波极谱仪、方波极谱仪、示波/方波极谱仪、脉冲极谱仪、循环伏安仪、电位溶出伏安仪、四电极系统循环伏安仪、线性电流扫描伏安仪和水质检测仪等。

针对我国环境保护监测及人民健康、生命科学等诸多领域中的重大分析问题，汪尔康胸怀中国当走在世界前列的崇高理想，开展了“毛细管电泳/电化学发光检测仪”的研发。他创新性地将毛细管电泳的分离技术与电化学发光检测技术相结合，在此基础上，成功地将毛细管电泳分离和电化学发光检测各自特点集为一体，研制出国际首创、具有我国自主知识产权的“毛细管电泳/电化学发光检测仪”。

思考题与习题

1. 名词解释：电泳、毛细管电泳、淌度、CGE。

2. 简述毛细管电泳的分离机制和特点及与色谱的区别。

3. 简述影响谱带展宽的因素。

4. 当把样品（包括正离子、负离子、中性分子）从正极端注入毛细管内时，不同粒子向负极迁移的出峰次序如何？什么情况下可以分离不同的中性分子？

5. 胶束电动毛细管色谱和毛细管区带电泳的区别是什么？

6. 提高毛细管电泳柱效的措施有哪些？

7. 影响毛细管电泳分离度的因素有哪些？

8. 简述毛细管电泳的仪器结构组成。

（彭金咏）

第二十一章　其他分析技术与方法

学习目标

1. 掌握　热分析技术的分类；HPLC-MS 的主要接口和离子化方式。

2. 熟悉　差热分析的基本原理；超临界流体色谱法的色谱条件及样品制备方法；GC-MS 联用的接口技术；LC-MS 对液相流动相的要求。

3. 了解　热分析技术的原理；临界点色谱法的运用范围；色谱-质谱联用分析方法的特点；CE-MS、GC-FTIR 和 HPLC-NMR 有关联用技术。

4. 素养　培养守正创新精神。

第一节　热分析技术与方法

全国科学技术名词审定委员会公布《化学名词》一书中，对于热分析的定义：热分析是在程序控温和一定气氛下，测量样品的某种物理性质与温度或时间关系的一类技术。《中国药典》(2020 年版)，关于热分析的定义：热分析法（thermal analysis）是利用温度和（或）时间关系来准确测量物质理化性质变化的关系，研究物质在受热过程所发生的晶形转变、熔融、蒸发、脱水等物理变化或热分解、氧化等化学变化及伴随发生的温度能量或重量改变的方法。热分析法是分析化学中常用的方法之一，至今已有上百年的发展史。物质在加热或冷却过程中，当发生相变或化学反应时，一定伴随着热量的吸收或释放过程；同时根据相律，物相转化时的温度（如熔点、沸点等）保持不变。纯物质（含化学纯度或晶形纯度）具有特定的物相转换温度和相应的热焓变化值（ΔH）。这些常数可用于物质的定性或定量分析，供试品的实际测定值与这些常数的偏离及其偏离程度又可用于定量检查供试品的纯度。

在程序控温条件下，测量物质质量的变化，产生了热重分析和逸出气分析等技术；而测量样品的几何尺寸变化、磁学特性、电学特性、光学特性、热力学特性、力学特性则产生了热膨胀法、热磁学法、热电学法、热光学法、热机械分析和动态热机械法、差热分析和差示扫描量热法。热分析技术具有样品微量化、不用分离样品、不破坏样品、不用溶剂、无污染，曲线易于解析、使用范围广等优点，已广泛应用于药学、食品、生化、能源等各领域，用于物质的多晶形、物相转化、结晶水、结晶溶剂、热分解及药物的纯度、相容性与稳定性等研究中。

一、差热分析技术

差热分析（differential thermal analysis，DTA）属于热分析的一种，是在程序控温和一定气氛下，测量样品和参比物温度差与温度（扫描型）或时间（恒温型）关系的技术。在相同的温度环境中将样品和参比物按一定的速度加热或冷却，并采用特定的仪器记录样品及参比物的温度差与温度或时间关系的曲线称为差热曲线（DT 曲线）。在 DTA 实验中，样品温度的变化是由于相转变或反应的吸热或放热效应引起的。例如，相转变、熔化、结晶结构的转变、沸腾、升华、蒸发、脱氢反应、断裂或分解反应、氧化或还原反应、晶格结构的破坏和其他化学反应。一般来说，相转变、脱氢还原反应产生吸热效应；而结晶、氧化反应产生放热效应；有的分解反应产生吸热效应，有的分解反应产生放热效应。

DTA 可用于定性分析，也可用于定量分析。峰的位置和形状可以用来测定样品的组成，同时由于峰面积与反应热和存在物质的量成正比，所以可以进行定量分析。DTA 具有操作简单，免溶剂，样品用量少，分析速度快和图谱易解析等优点。

（一）基本原理及仪器

DTA 的仪器主要组成：测定温度差的电路、加热装置、温度控制装置、信号放大和记录装置、气氛控制装置（图 21-1）。

该装置中包括两个分开的加热电路：平均温度控制电路和差示温度控制电路。其中平均温度控制电路主要用于测量及平均样品和参比物的温度，自动调节平均加热器的热输出，从而使样品和参比物的温度呈线性升高。差示温度控制电路的作用在于监测样品和参比物之间的温度差，并自动调节供给样品室和参比室的功率，以保持温度相同。

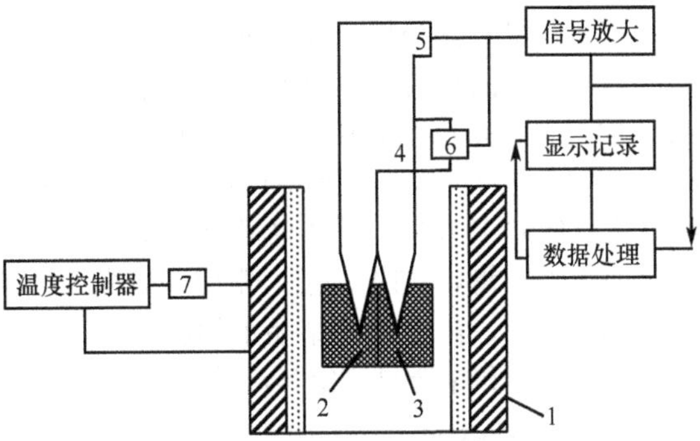

图 21-1 DTA 仪器示意图

将样品与参比物（惰性，即对热稳定的物质）一同放入可按规定的速度升温或降温的电炉中，以参比物的温度（T）、样品与参比物的温差（ΔT）对时间 t 作图，即可得到 DT 曲线图（或称差热图谱），基本原理和曲线模式图见 21-2。

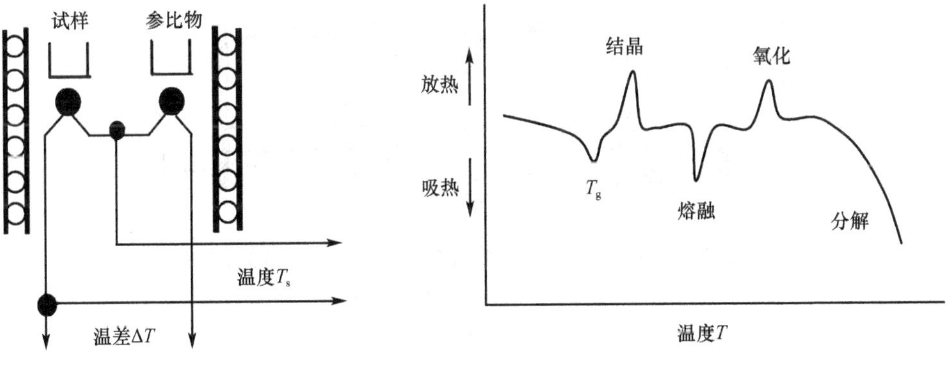

图 21-2 DTA 基本原理图及曲线模式图

当样品中发生一定的反应热的变化（如化学反应、相变、结构变化等）时，将观察到样品与惰性参比物之间的温度差。若反应为吸热反应（ΔH 是正值），则样品温度将低于参比物温度。若反应为放热反应（ΔH 是负值），样品温度将高于参比物温度。DT 曲线直接提供的信息主要有峰的位置、峰的面积、峰的形状和个数。峰的位置是由导致热效应变化的温度和热效应种类（吸热或放热）决定的，前者体现在峰的起始温度上，后者体现在峰的方向上。不同物质的热性质不同，相应差热曲线上峰的位置、峰的个数和形状就不同，此为差热分析对物质进行定性分析的依据。

DTA 是常用的热分析方法，许多国家的药典已经收载该方法，如《中国药典》、《美国药典》（USP）和《日本药局方》（JP）等。

（二）主要影响因素

影响 DT 曲线的因素有很多，主要与仪器因素和样品特性有关。仪器因素包括加热炉气氛、炉子尺寸和形状、样品支持器材料、样品支持器的几何形状、升温速率、热电偶在样品中的位置、记录仪的速率和响应等。样品特性则包括样品粒度大小、热传导率、比热容、装填密度、样品膨胀和收缩、样品量、稀释效应、结晶度等。

影响热分析曲线的因素很多，《中国药典》（2020 年版）四部 0661 热分析法中明确指出，热分析报告应附测定条件，包括仪器型号、温度 的校正值、供试品的取用量和制备方法、环境气体、温度变化的方向和速率，以及仪器的灵敏度。

二、差示扫描量热分析技术

差示扫描量热分析（differential scanning calorimetry，DSC）是在程序控温条件下，测量输给样品和参比物的热流速率或加热功率与温度或时间关系的技术。差示扫描量热仪记录到的曲线称DSC曲线，它是以样品吸热或放热的速率，即热流率 d*H*/d*t*（单位：mJ/s）为纵坐标，以温度 *T* 或时间 *t* 为横坐标。该法主要特点是使用温度范围宽（–175～725℃）、分辨率高、样品用量少、灵敏度高。DSC是在差热分析法的基础上发展起来的一种热分析技术。DSC克服了DTA计算热量变化的困难，兼具DTA功能，常用来研究聚合、固化、交联、分解等反应，可用于测定药物融化和晶形的变化、附着水和结晶水的测定、结晶多晶形的研究、挥发物的定性和定量、热稳定性、药物纯度测定和中药材鉴定等，具有良好的应用前景。

（一）基本原理

根据测量方法的不同，DSC分为功率补偿式DSC和热流型DSC两种类型，这两种DSC在仪器结构上各不相同（图21-3，图21-4）。

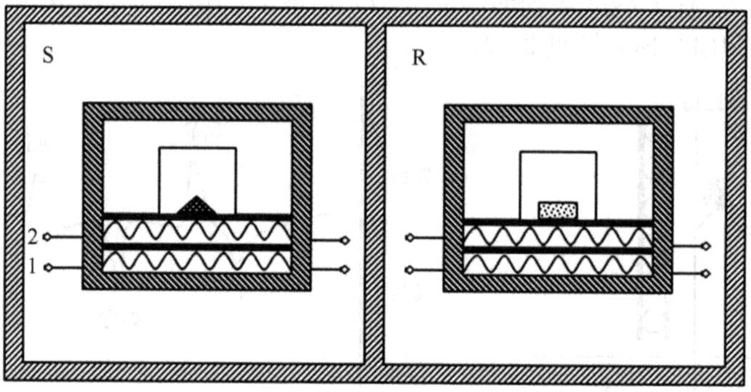

图 21-3　功率补偿式 DSC

S. 样品（sample）；R. 参比物（reference）。1. 加热器；2. 传感器

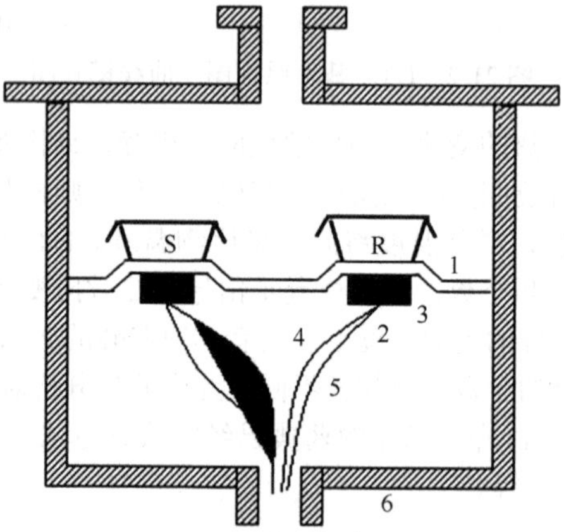

图 21-4　热流型 DSC 示意图

S. 样品（sample）；R. 参比物（reference）。1. 鏮铜盘；2. 热电偶结点；3. 镍铬；4. 镍丝；5. 镍铬丝；6. 加热块

功率补偿型DSC是在样品和参比物始终保持相同温度条件下，测定满足此条件样品和参比物两端所需的能量差，并直接作为信号 ΔQ（热量差）输出，主要特点是样品和参比物分别具有独立的加热器与传感器，整个仪器由两个控制系统监控，具有精确控温和测量优点，具有更快的响应时间和冷却速度，分辨率高。热流型DSC是在给予样品和参比物相同的功率下，测定样品和参比物两端的温差 ΔT，然后根据热流方程，将 ΔT（温差）换算成 ΔQ（热量差）作为信号输出，优点在于基线稳定、灵敏度高。

（二）主要影响因素

由于 DSC 同 DTA 原理基本相同，而且两者在仪器的结构上又有许多相同之处，因此影响差热法的因素同样会以相同或相似的规律对 DSC 产生影响，但影响的程度有所差别。DSC 主要的影响因素大致有以下几个方面：实验条件、程序升温速率、扫描速度和样品制备等。

三、热重分析技术

热重分析技术（thermogravimetric analysis，TGA）是在温度程序控制时测量物质质量与温度之间的关系的技术。许多物质在加热过程中常伴随质量的变化，这种变化过程有助于研究晶体性质的变化，如熔化、蒸发、升华和吸附等物质的物理现象，也有助于研究物质的脱水、离解、氧化、还原等物质的化学现象 TGA 技术可应用于物质的热稳定性考查、化学药物的甄别、检测药物的理化常数、测定药物纯度、判断物质成分、研究中药材的有效成分、辨别中药材的优劣真伪、考察中药制剂的质量等方面研究。

（一）基本原理

TGA 分为两种，等温（或静态）热重法和非等温（或动态）热重法。热重分析仪主要由天平、炉子、程序控温系统、记录系统等几个部分构成。

TGA 所用的仪器是热天平，得到的曲线称为热重曲线（TGA 曲线）。TGA 曲线以质量作纵坐标，从上向下表示质量减少；以温度（或时间）作横坐标，自左至右表示温度（或时间）增加。它的基本原理：样品重量变化所引起的天平位移量转化成电磁量，这个微小的电量经过放大器放大后，送入记录仪记录；而电量的大小正比于样品的重量变化量。当被测物质在加热过程中有升华、气化、分解出气体或失去结晶水时，被测的物质质量就会发生变化。这时 TGA 曲线就不是直线而是有所下降。通过分析 TGA 曲线，就可以知道被测物质在多少度时产生变化，并且根据失去的重量，可以计算失去了多少物质。

（二）主要影响因素

影响 TGA 测定结果的因素，主要包括仪器因素、实验条件和参数的选择、样品的影响等。在仪器因素中，通常选用对样品、中间产物、最终产物和气氛没有反应活性和催化活性的惰性材料作为坩埚的材质。实验条件因素包括升温速率和气氛的影响。TGA 测定过程中，样品量用量少，一般 2.0～5.0 mg。

第二节　超临界流体色谱法

案例 21-1

中草药是中药的主要载体，已广泛应用于疾病治疗和人类保健。如今，一些有效的天然成分如小檗碱、麻黄碱和青蒿素已被开发成现代药物。然而，大多数草药以多种成分形式使用，如银杏提取物、人参制剂和灵芝孢子粉。因此，对中草药中多种化学成分的分析不仅为新药的发现提供了机会，对中药制剂的质量控制也至关重要。高效的分析工具对多组分的分离和定性定量分析是必不可少的。近年来，各种新兴的分析技术为复杂成分分析提供了重要的支持，在选择性、灵敏度和快速分析方面都取得了突破。在这些技术中，超临界流体色谱法（SFC）以其高效的色谱柱效率和环保的特点备受关注。SFC 可用于分析广泛的化合物，包括非极性和极性化合物，使其成为一个突出的分析平台。

问题：

（1）什么是超临界流体？

（2）什么是 SFC？

（3）SFC 分离如何进行固定相的选择和流动相的优化？

超临界流体色谱法（supercritical fluid chromatography，SFC）是以超临界流体作为流动相的一种色谱方法。所谓超临界流体（supercritical fluid）是指高于临界温度和临界压力的流体。超临界流体处于气液不分的状态，没有明显的气液分界面，既不是液体也不是气体，而是处于临界温度和临界压力以上的单一相态的流体。在 20 世纪 80 年代由 Lee 和 Novotny 等将超临界流体和开口毛细管柱联用之后，SFC 技术得到了迅猛的发展，对其技术和理论也作了较为系统的研究。随着 SFC 理论的逐步完善，应用范围的扩大，分析仪器的相继面世，SFC 将逐步普及，也越来越引起广大分析工作者的重视。

一、超临界流体的特性

超临界流体是物质在高于临界压力和临界温度时的一种状态，它具有气体和液体的某些性质，具有气体的低黏度、液体的高密度及介于气、液之间较高的扩散系数等特征。

某些纯物质具有三相点和临界点，由纯物质的三相图（图 21-5）可以看出，物质在三相点下，气、液、固三态处于平衡状态，而在物质的超临界温度下，其气相和液相具有相同的密度，当处于临界温度以上，不管施加多大压力，气体也不会液化。在临界温度和临界压力以上，物质是以超临界流体状态存在，即在超临界状态下，随温度、压力的升降，流体的密度会变化，此时的物质既不是气体也不是液体，临界温度通常高于物质的沸点和三相点。这些物理性质对于分离极其有利。

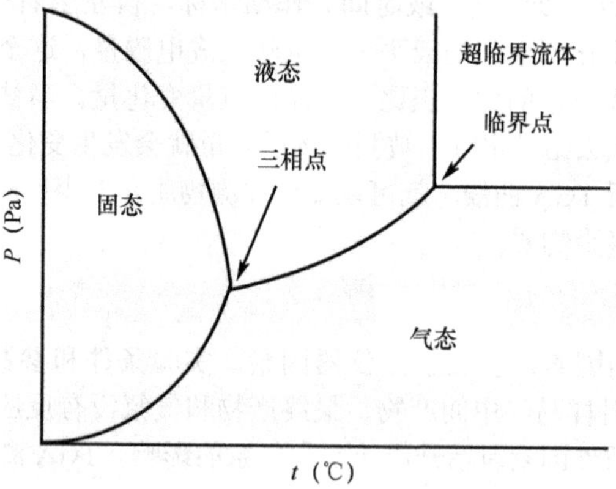

图 21-5　纯物质的三相图

超临界流体具有气体和液体的双重特点，一方面，超临界流体的扩散系数和黏度接近于气相色谱。因此，溶质的传质阻力小，有助于快速高效分离；另一方面，超临界流体具有与液体相似的密度，便于在较低温度下分离和分析热不稳定性、分子量大的物质。另外，超临界流体的物理性质和化学性质，如扩散、黏度和溶剂力等都是密度的函数。因此，只要改变流体的密度就可以改变流体的性质，从类似气体到类似液体，无须通过气液平衡曲线。

二、超临界流体色谱仪

超临界流体色谱仪的基本结构见图 21-6。

流动相可以根据不同样品的要求，选择适宜的物质。可作为 SFC 流动相的有 CO_2、乙烷、戊烷、氨、氧化亚氮、二氯二氟甲烷、二乙基醚和四氢呋喃等，最常采用的是 CO_2。它无色、无味、无毒，易获取并且价廉，对各类有机分子都是一种极好的溶剂。在色谱分离中，CO_2 流体允许对温度、压力有宽的选择范围。超临界 CO_2 仅适用于非极性化合物的分离，在流动相中加入极性改性剂（甲醇、异丙醇、环己烷等），可以改变吸附性和溶解性，从而改变分配系数 K 和改善分离状况。

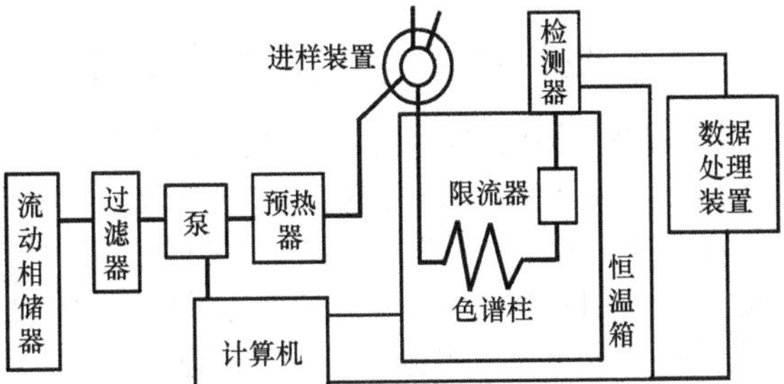

图 21-6　超临界流体色谱仪

SFC 对固定相的要求：SFC 中所用的固定相应能抗溶剂冲刷、化学稳定性和热稳定性要好。常用的 SFC 固定相有填充柱的小颗粒键合硅胶或硅胶填料及键合到毛细管壁上的高聚物等。

SFC 在不加热入极性改性剂时，主要通过改变柱操作压力来改变超临界流体的密度，调节对溶质的溶解能力和分离的选择性。这种通过程序升压实现流体密度的改变从而达到改善分离选择性的方法称为 SFC 的程序升压法。该法与气相色谱的程序升温和液相色谱的梯度洗脱类似，通过程序升压改善分离。由于以超流体作为流动相，密度随压力增加而增加，而密度的增加引起流动相溶剂效率的提高，同时可缩短淋洗时间。

在高效液相色谱中常用的检测器如紫外、荧光等都能在 SFC 中应用。此外，也可采用气相色谱中氢火焰离子化检测器（FID）作为 SFC 的检测器。FID 对一般有机物分析具有较高的灵敏度，从而提高了 SFC 对有机物测定的灵敏度。

三、超临界流体色谱的特点

与气相色谱和液相色谱不同，SFC 是气相色谱和液相色谱的补充，SFC 可以解决气液色谱分析的难题，它可以分析气相色谱难气化的不挥发性样品，同时具有比高效液相色谱更高的效率，分析时间更短。SFC 的流动相是超临界流体，具有强溶解性，适于分离难挥发和热稳定性差的物质；超临界流体的黏度与气体相近，可减少柱的过程阻力，因而可以采用细长色谱柱以增加柱效；超临界流体的扩散系数在气体和液体之间，具有较快的传递速度，使得分析速度比液相色谱加快，峰形变窄，检测灵敏度增高，可作超临界流体的物质较多，便宜易得；SFC 系统中既可使用气相色谱的检测器也可以使用液相色谱的检测器。SFC 集合了气相色谱和液相色谱的优点，避开了两者的缺点，分离效能和速度居两者中间，是难挥发、热不稳定高分子化合物、天然产物等快速而有效的分析方法，被广泛应用于药物、天然产物、高聚物、多聚物、表面活性剂、农药和火箭推进剂等物质的分离和分析。

SFC 与气相色谱、液相色谱的异同点见表 21-1。

表 21-1　SFC 与气相色谱、液相色谱的异同点

	相同	不同
SFC 与气相色谱的比较	兼具分离和分析功能，均可以在线检测	①分析对象：SFC 可分离热不稳定化合物、非挥发性的高分子、生物大分子等样品。②柱温：SFC 可以用比气相色谱更低的温度。③选择性：SFC 分离选择性更强。④溶剂能力：SFC 溶剂能力强，许多非挥发性组分在 SFC 中溶解度较大。⑤操作程序：SFC 可选用压力程序、温度程序，并可选用不同的流动相或者改性剂，因此操作条件的选择范围较气相色谱更广
SFC 与液相色谱的比较	兼具分离和分析功能，均可以在线检测	①分析对象：SFC 能够对非常复杂的混合物进行分析。②柱温：SFC 色谱柱工作温度较高，从常温到 250℃。③选择性：SFC 分离选择性更强。④分析时间：SFC 分析时间更短。⑤流动相：SFC 流动相速率为高效液相色谱的 3～5 倍，流动相的消耗量比液相色谱更低，操作更安全

四、超临界流体色谱法的应用

小分子药物超过 70% 存在构型异构现象，而其中对映异构体占比超过 50%。这些异构体在药理、毒理上与目标分子往往显现出明显的差异。因此，如何高效、快速获得这些异构体的纯品来进行相应的研究是小分子药物研究中的“难点”之一，也是药企实现“快人一步”的关键点之一。目前，越来越多的药物研发人员开始以 SFC 作为首选的纯化手段，尤其是在对映异构体纯化领域。

越来越多的药物研发人员在中草药中多组分的高效、快速分离和目标异构体纯品的高效、快速获得中，将 SFC 作为首选的分离纯化手段。SFC 在分离和纯化中，固定相和流动相的选择和优化尤为重要。

案例 21-1 分析

（1）超临界流体（supercritical fluid）是指高于临界温度和临界压力以上的流体。

（2）超临界流体色谱法（supercritical fluid chromatography，SFC）是以超临界流体作为流动相的一种色谱方法。

（3）固定相的选择：根据被分离组分的特性选择固定相。通常疏水化合物的分离，如脂类、类胡萝卜素、萜类和许多低极性物质，可以选择非极性固定相，如 C_8、C_{18} 和 C_{30} 柱，由烷基键固定相组成，没有亲水性基团。但值得注意的是，SFC 的流动相通常是低极性 CO_2 和极性修饰剂（改性剂）的混合物。在梯度洗脱过程中，改性剂的比例逐渐增加，即流动相的极性由低到高变化。

对于极性化合物如皂苷类和酚类化合物的分析，SFC 通常使用极性固定相。另外，还有针对 SFC 分离开发的适用于生物碱分离的固定相，如 BEH 2-EP；针对手性化合物开发的手性固定相，如图 21-7 显示不同的固定相对 6 种生物碱分离的影响。

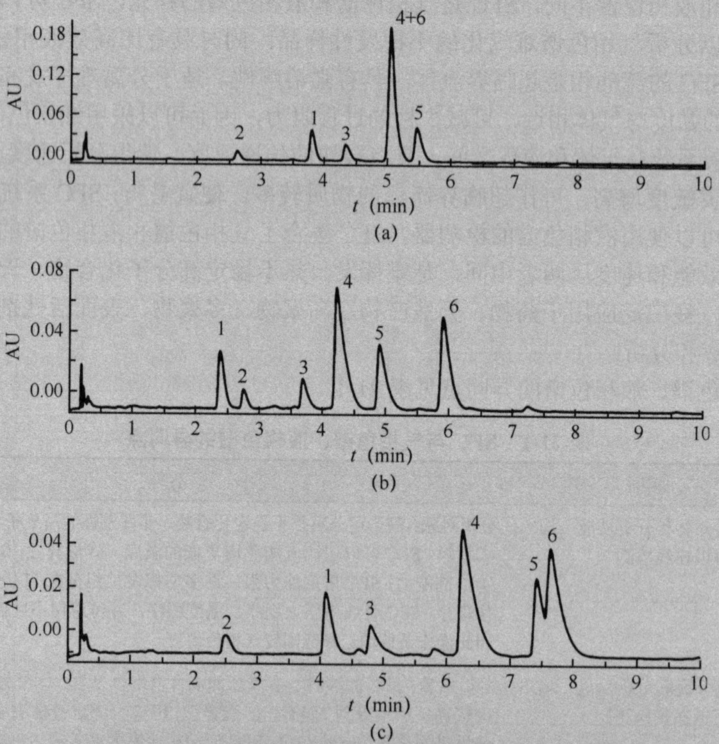

图 21-7　不同固定相下 6 种生物碱分离的 SFC 色谱图

固定性填料为（a）BEH；（b）BEH 2-EP；（c）CSH PFP 柱。

1. 生物碱 1；2. 卫矛碱；3. 雷公藤宁碱 D；4. 雷公藤碱乙；5. 雷公藤次碱；6. 海参碱 E

流动相的选择：流动相的选择包括加入改性剂和（或）添加剂。通过加入改性剂来调节流动相的溶剂强度。短链醇是SFC中常用的改性剂，如甲醇、乙醇、异丙醇等，其中甲醇是最常用的。需要注意的是，当用作改性剂时，甲醇可含有高达10%的水，而异丙醇可含有高达50%的水。改性剂通过以下几个方面影响色谱保留率：①改善流动相极性和提高流动相洗脱功率；②改变流动相密度；③修饰剂吸附在固定相表面，从而改变固定相的性质；④遮盖固定相上的活性位点。固定相表面的游离硅烷醇具有影响分析物峰形的氢键受体和氢键供体能力。醇也有氢键受体和供体性质，所以它们可以将这种效应最小化。乙腈对硅醇基团的覆盖能力较弱，可与甲醇混合作为改性剂提高分离能力。

与修饰剂不同的是，添加剂被添加到流动相中，通过与溶质竞争固定相表面的吸附位点来提高色谱性能。一般来说，酸性化合物的分析可选用酸性添加剂（甲酸、乙酸、三氟乙酸、磷酸等），碱性化合物的分析则选用碱性添加剂（异丙胺、二乙胺、氢氧化铵等）。甲酸铵和乙酸铵等盐添加剂可用于两性化合物。在使用不同的添加剂和改进剂时，应注意增加柱平衡时间。黄酮苷及其苷元是酚类化合物中一类有趣的疏水性和亲水性化合物。酸性添加剂的加入可以改善峰形。流动相中添加酸性添加剂对黄酮类化合物分离的影响如图21-8所示。

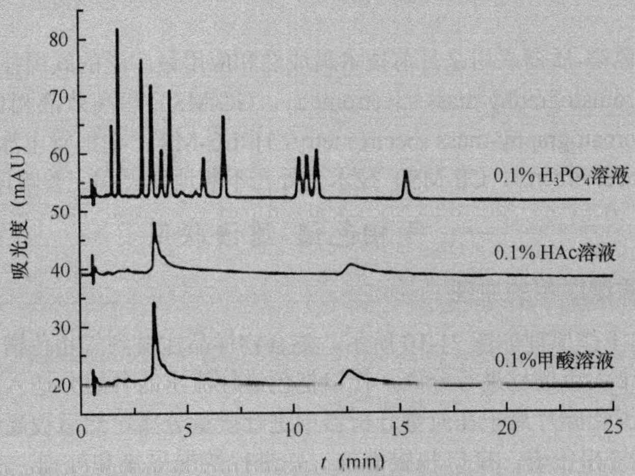

图21-8 流动相中不同酸性添加剂下黄酮类化合物的SFC色谱图

色谱柱：ZORBAX RX-SIL色谱柱（150 mm×4.6 mm，5 μm）。流动相：超临界CO_2加不同酸性添加剂

第三节 色谱联用分析法

将两种色谱法联用和色谱与质谱（或波谱）联用的方法，称为色谱联用（hyphenated chromatography）技术。色谱-色谱联用主要是为了提高分离效率，而色谱-质谱（或波谱）联用旨在提高定性鉴别的能力。本节仅讨论色谱-质谱（或波谱）联用法。

案例21-2

食品工业中常需要测定食品的蛋白质含量，常用的蛋白质测试方法“凯氏定氮法”是通过测出氮原子的含量来以6.25来间接推算蛋白质含量。而三聚氰胺的含氮量为66%左右，所以被一些造假者利用，添加在食品中以造成食品蛋白质含量虚高的假象，从而造成“宠物食品污染事件”和“毒奶粉事件”等严重的食物安全事故。三聚氰胺事件后，国内外相关部门制定了食品中三聚氰胺的检测方法。目前主要采用色谱联用技术检测食品中的三聚氰胺，它包括气相色谱-质谱联用法和高效液相色谱-质谱联用法。

问题：
（1）色谱联用技术能解决什么实际问题？
（2）气相色谱-质谱联用法、高效液相色谱-质谱联用法的基本原理和技术特点是什么？
（3）如何利用色谱-质谱联用技术检测三聚氰胺？

色谱-质谱（或波谱）联用仪器的结构示意见图 21-9。

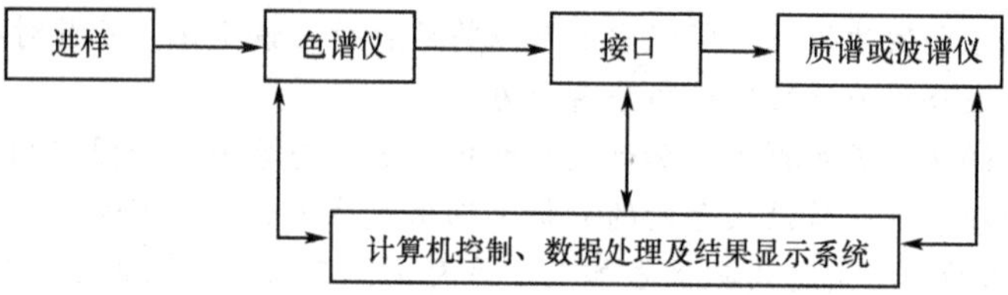

图 21-9　色谱-质谱（或波谱）联用仪结构示意

该仪器把色谱仪和质谱（或波谱）仪在线联用，色谱作为分离手段，质谱（或波谱）充当定性、确定结构信息的检测工具，相互取长补短，已成为当今解决复杂分析问题的最重要的分离分析仪器。

在色谱联用中，色谱-质谱联用是目前技术最成熟和应用最广泛的联用技术，主要包括气相色谱-质谱联用（gas chromatography-mass spectrometry，GC-MS）和高效液相色谱-质谱联用（high performance liquid chromatography-mass spectrometry，HPLC-MS）。毛细管电泳-质谱联用（capillary electrophoresis-mass spectrometry，CE-MS）技术也处在不断地发展和完善阶段。

一、气相色谱-质谱联用

（一）气相色谱-质谱联用的原理

GC-MS 联用仪的工作原理如图 21-10 所示。混合物样品注射到气相色谱气化室，气化的样品由载气（常用氦气）带入色谱柱进行分离，接口把色谱柱流出的各组分送入质谱仪的离子源。组分被电离后，分子离子和碎片离子在质量分析器中进行质量分离，然后被离子检测器检测。计算机系统交互式地控制气相色谱、接口和质谱仪，并进行数据采集和处理，从而获得色谱和质谱数据。

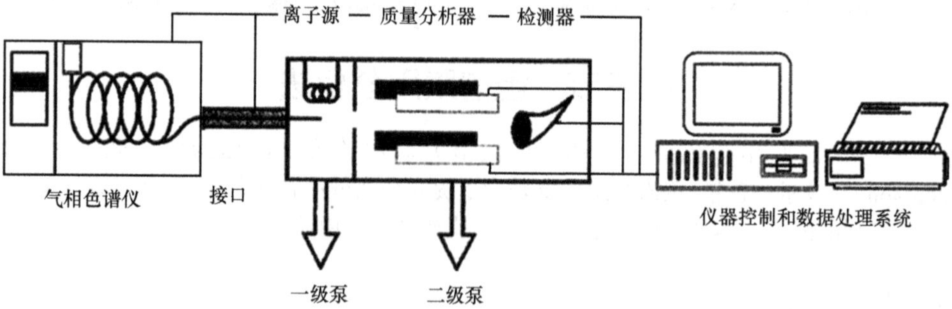

图 21-10　GC-MS 系统的基本部件示意图

（二）气相色谱-质谱联用仪器

GC-MS 联用仪的基本部件主要有气相色谱系统、接口（气相色谱和质谱之间的连接装置）、质谱系统和计算机控制及数据处理系统等四部分组成。

1. GC-MS 联用仪的接口（interface）　接口是气相色谱仪和质谱仪的联用部件，起到传输分离组分，匹配两者工作流量（即工作气压）的作用。

早期的 GC-MS 联用仪曾使用过各种接口技术，以解决气相色谱的出口为常压，而质谱在负压的高真空下工作的连接问题。目前一般商品仪器多用直接导入型接口。它将毛细管色谱柱的出口端直接插入质谱仪的离子源内，毛细管色谱柱的流出物直接进入离子源的作用场，待测组分被电离，在电场的作用下加速向质量分析器运动，而惰性气体的载气不发生电离，被维持负压的真空泵抽走。

2. 质量分析器（mass analyser） 在 GC-MS 联用技术中，需要扫描速度快的质量分析器，要求在色谱峰时间内（约 2 s）完成质谱鉴定。四极杆质量分析器扫描速度快（约 0.1 s），结构简单、价格便宜，可从正离子到负离子检测自动切换，是 GC-MS 联用仪中最常见的质量分析器。此外，离子阱（ion trap，IT）质量分析器和飞行时间（time of flight，TOF）质量分析器的应用也逐渐普及。

（1）四极杆质量分析器：原理由图 21-11 所示，两组平行的双曲面状电极，分别在 x、y 方向上施加 $\pm(U+V\cos\omega t)$ 的高频电压，其中 U 是电压的直流分量，V 是电压的交流幅值，ω 为圆频率，t 是时间。一束离子沿 z 方向进入四极电场中，将在极性相反的相邻两极间产生振荡。当工作参数固定时，只有一种 m/z 的离子能够通过电场区到达接收器被检出，其他 m/z 的离子因振幅过大，碰到电极杆上而被真空泵抽出系统。保持其他参数不变，维持 U/V 为一定比值，通过改变直流电压 U 和交流电压幅值 V，可使不同 m/z 的离子依次通过四极电场到达检测器。

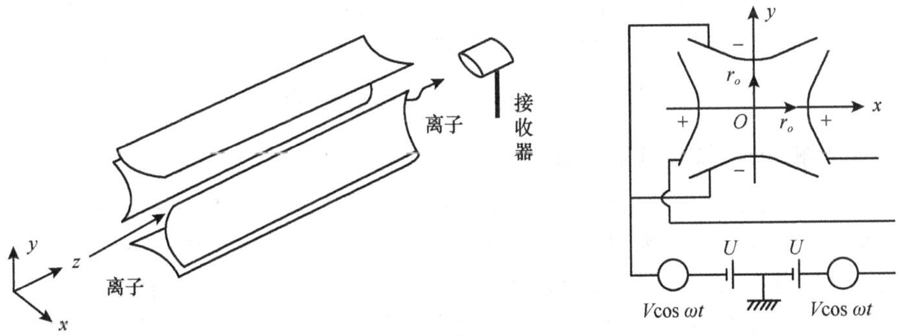

图 21-11　四极杆质量分析器原理示意图

（2）离子阱质量分析器：其结构由两个端盖电极及它们中间的环形电极构成（图 21-12），端盖电极上有小孔，以进入和排出样品离子。端盖电极施加直流电压或接地，环电极施加射频电压，形成一个离子阱。当组分离子从离子源进入离子阱时，离子在离子阱中的运动有稳定和不稳定两种情况。处于稳定区的离子，运动幅度不大，能长期储存在离子阱中；处于稳定区之外的离子，由于运动幅度过大，会与环状电极或端盖电极碰撞而消亡。通过设定实验参数（如调节射频电压），使离子按 m/z 大小从端盖电极的出口排出被检测器记录而得到质谱。离子阱质谱有全扫描和选择离子扫描功能，同时利用离子储存技术，能选择任一 m/z 离子进行碰撞离解，实现二级或多级时间串联质谱（MS^n）分析。

（3）飞行时间质量分析器：其核心部件是离子漂移管，它进行质量分析的原理：不同质量但动能相同的离子具有不同的飞行速度。离子源中的组分离子，经加速电压加速，以相同的动能进入漂移管，m/z 小的离子飞行速度快，先到达离子检测器。飞行时间质量分析器检测离子的 m/z 是没有上限的，它与基质辅助激光解吸电离（MALDI）联用，形成商品化的基质辅助激光解吸飞行时间质谱（MALDI-TOF），在肽类和蛋白质等生物大分子的质谱测定中发挥重要作用。

3. 气相色谱单元 GC-MS 的色谱条件应符合质谱仪的要求，一是固定相要选择耐高温，不易流失的固定液，以防污染离子源，造成高的质谱本底；二是载气应不干扰质谱检测，一般常用氦气。

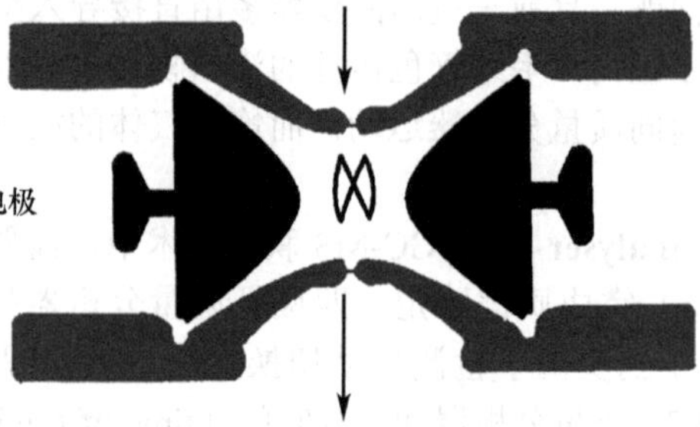

图 21-12　离子阱结构示意图

（三）气相色谱-质谱联用技术的特点及应用

GC-MS 联用技术的灵敏度高，通常适合于低分子化合物（分子量＜1000），尤其是挥发性成分的分析。在疾病控制、药物代谢、兴奋剂、毒品、食品安全（农药、兽药残留及添加剂检验）等的检验中都有许多标准方法。其主要优点：①定性能力强，用质谱鉴定组分，可靠性优于色谱的保留时间定性；②可分析色谱分离不完全的组分，用提取离子质量色谱法、选择离子监测等技术，可分析总离子流色谱图上未分开或被化学噪声掩盖的色谱峰。

二、高效液相色谱-质谱联用

（一）高效液相色谱-质谱联用的原理

高效液相色谱-质谱联用（HPLC-MS）又简称为液相色谱-质谱联用（LC-MS），是以高效液相色谱为分离手段，用质谱作为定性定量检测工具的联用仪器。其工作原理与 GC-MS 联用仪器相似，样品由液相色谱系统进样，经色谱柱分离后进入接口。在接口内，样品组分由液相中的离子或分子转变成气相离子，被聚焦于质量分析器按 m/z 之大小顺序分离。离子信号被转化为电信号，传送至计算机数据处理系统。

（二）高效液相色谱-质谱联用仪器

1. 高效液相色谱-质谱的接口和离子化方式　LC-MS 联用技术的关键是要解决高流量的液相色谱流出物和高真空的质谱仪之间的矛盾，而接口技术的发展，是解决该问题的关键。液相和质谱的接口需要重点解决 3 个关键技术：①去除大量的流动相和溶剂；②保留样品并气化；③使样品分子离子化。这 3 个关键技术的解决经历了一个漫长的研究过程。直到大气压离子化（atmospheric pressure ionization，API）和基质辅助激光解吸电离（matrix-assisted laser desorption ionization，MALDI）接口技术的问世，LC-MS 联用才得到迅猛发展，广泛应用于实验室内分析和应用领域。

大气压离子化接口技术使样品的离子化处于大气压条件下完成，它包括电喷雾电离（electrospray ionization，ESI）和大气压化学电离（atmospheric pressure chemical ionization，APCI）等。目前商品化的液质联用仪器基本都配备 ESI 和 APCI 离子源。

（1）ESI：样品溶液通过一带高压电的毛细管，并在干燥气流中形成带电雾滴，随着溶剂的蒸发，生成气态离子。气态离子沿着电压和压力梯度进入锥孔到达质量分析器（图 21-13）。电喷雾过程大致分类：①在喷雾毛细管尖端产生带电雾滴；②通过溶剂蒸发和雾滴分裂的反复进行，产生很小的带电雾滴；③由小带电雾滴中产生气相离子。

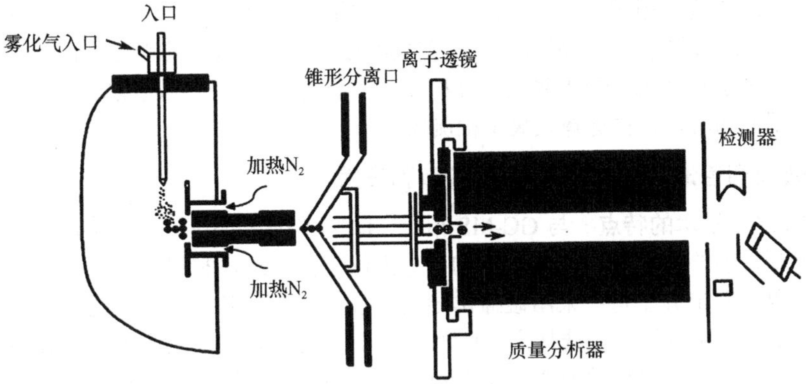

图 21-13　电喷雾电离（ESI）质谱结构示意图

（2）APCI：色谱柱后流出物由具有雾化气套管的毛细管端流出，被氮气流雾化并通过加热管被气化后，在加热管端进行电晕尖端放电，使溶剂分子被电离成溶剂离子。溶剂离了与气态的样品组分分子反应，生成组分的准分子离子（图 21-14）。在样品的离子化过程中，正离子是通过质子转移、加合物形成或电荷抽出反应而生成；负离子则通过质子抽出，阴离子附着或电子捕获而形成。

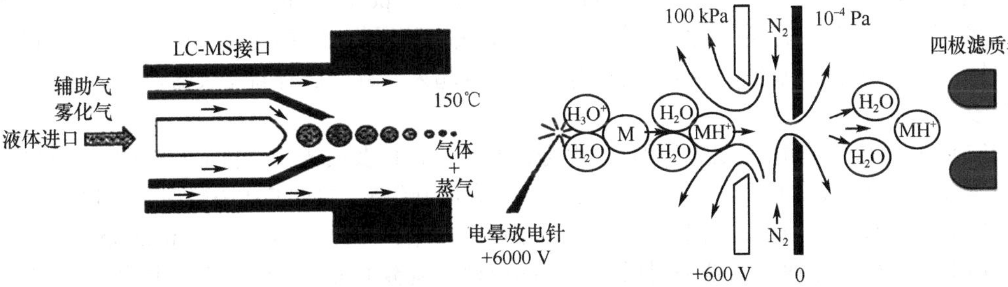

图 21-14　大气压化学电离（APCI）离子化源结构示意图

（3）ESI 与 APCI 的比较：ESI 离子化源适用于中等极性到强极性的化合物，特别是在溶液中能以离子形式存在的化合物。ESI 可用于分析大分子质量化合物（包括蛋白质、多肽、多糖和多聚物），这些化合物在 ESI MS 中生成一系列呈正态分布的多电荷离子，拓宽了质量分析器能够检测的分子量，通过计算机数据处理系统能得到其分子量。APCI 离子化源中，组分溶液借助雾化气作用喷入高温加热器被气化，因此 APCI 适用于有一定挥发性的弱极性或中等极性的小分子化合物的分析，对热不稳定或难于气化的极性化合物不合适。APCI 允许使用流速高及含水量高的流动相，与 RP-HPLC 条件匹配。与 ESI 比较，其对流动相的选择、流速及添加物的依赖性较小。

2. 质量分析器　在 LC-MS 联用仪中常见的质量分析器包括四极杆质量分析器、离子阱质量分析器和飞行时间质量分析器等。在 LC-MS 联用仪中常常使用串联四极杆质量分析器（LC-MS/MS），它是将三个四极杆质量分析器串联起来使用。其工作原理如下所述，离子源产生的离子进入第一个质量分析器，分离出一定质荷比的离子（前体离子，precursor ion），进入内充惰性气体并被一箱体包围称为碰撞池的第二个质量分析器。前体离子在此进行碰撞诱导裂解（CID），产生一系列新的产物离子（product ion），产物离子被第三个质量分析器进行扫描检测。串联质谱能够选择和测定两组直接相关的离子（前体离子和产物离子），进行选择反应监测（SRM）。由于进行了两次选择，比单个四极杆质量分析器的 SIM 方式，有更高的专属性和抗干扰能力，也有更低的检测限。

3. 液相色谱系统　LC-MS 联用技术对流动相的要求高于普通的液相色谱，要求流动相不能含有非挥发性盐类（如磷酸盐缓冲溶液和离子对试剂等），以防其析出堵塞毛细管。需要调节 pH

时，可用挥发性的乙酸、甲酸、氨水和乙酸铵等，但浓度不能太高（不超过 10 mmol/L）。流动相的 pH、流量对检测灵敏度有较大影响，要根据柱内径和不同的接口等来选择优化。碱性物质如仲胺、叔胺，可用乙酸或甲酸使样品酸化至 $pK_a=2$，一般选择正离子检测模式；酸性物质及含有较多强电负性基团的物质，往往选择负离子检测模式。

（三）高效液相色谱-质谱联用技术的特点和应用

1. LC-MS 联用技术的特点 与 GC-MS 相比，LC-MS 具有如下特点：①适用范围宽，不受样品挥发性的限制，能检测多种结构的化合物；②提供丰富信息，利用软电离技术，一级质谱中的准分子离子可用于确定分子量；采用碰撞诱导裂解技术获得的多级质谱可提供丰富的化学结构信息；③高的灵敏度和选择性，在选择离子监测（SIM），特别是选择反应监测（SRM）模式下有高的专属性，提高信噪比，降低检测限，可在色谱分离不完全的情况下对复杂基质中的痕量组分进行快速检测。

2. LC-MS 联用技术的应用 在药学、临床医学、分子生物学、食品化工等领域 中获得广泛应用，已成为药物合成中间体、体内药物代谢、代谢产物的药动研究和结构研究、生物及基因工程产品和中药成分分析等现代药学前沿领域中最强有力的分析工具之一。

三、毛细管电泳-质谱联用

毛细管电泳-质谱联用（capillary electrophoresis-mass spectrometry，CE-MS）技术是 20 世纪 90 年代末期才发展起来的联用技术，它通过一定的接口装置将 CE 高速高效的分离能力与 MS 的检测灵敏度及其所能提供的丰富结构信息有机地结合起来，目前已有商品仪器，但仍处于发展完善的阶段。

CE-MS 联用仪主要由三大部分组成，即分离装置、接口及质谱仪。目前 CE-MS 联用仪常-采用电喷雾离子化接口，由于 CE 的流速太慢（一般为纳升级），通过 ESI 喷嘴时，难以形成雾滴，使电喷雾效果不理想。目前解决此问题主要采用两种策略：一是采用补流（make up flow）的方式以适应 ESI 接口的流速；二是采用极低流速的微型电喷雾（micro ESI）或纳电喷雾（nano ESI）来适应 CE 的流速。补流方式即是在 CE 毛细管流出液与喷雾气体间，增加了夹套液（鞘液）的套管，将额外的液流补充到 CE 的流出液中，以增大流速。夹套液在此有如下作用：①提高流量，形成稳定的电喷雾；②调整电泳流出物的酸度，提高离子化效率；③建立电连接，形成电泳的电流通路。CE-MS 联用仪的另一个问题：CE 无论采用哪一种分离模式都要用缓冲溶液，而缓冲溶液中含有的硼酸盐、磷酸盐或十二烷基硫酸钠（SDS）等非挥发性物质，会对 ESI 的离子化效果造成不良影响，显著增加检测噪声，降低灵敏度，甚至堵塞系统。因此，在 CE-MS 中一般不能用非挥发性盐，应选用乙酸铵，甲酸铵等挥发性盐替代，且浓度一般低于 20 mmol/L。对于胶束电动色谱（MEKC）分离模式，以月桂酸或胆酸代替 SDS 作为胶束形成剂，可避免 SDS 污染质谱仪，并能提高检测灵敏度。CE-ESI-MS 联用技术是否能够成功应用主要取决于分析物的性质、接口的设计及缓冲体系和（或）夹套液的组成和性质。一般而言，要获得较高的质谱响应需采用较低浓度和低离子强度的挥发性缓冲溶液，但若缓冲溶液的浓度太低，CE 分离的效果会受到影响，如谱带展宽和分离度下降等。因此需要在质谱响应较低但 CE 分离良好的高浓度缓冲溶液与降低 CE 分离但具有理想质谱响应的低浓度缓冲溶液之间寻求一种平衡，应通过实验条件的优化，选择合适的缓冲溶液和（或）夹套液的组成和浓度。

与 LC-MS 联用技术相比，CE-MS 联用有其独特的优势。例如，LC 分离是基于分析物与固定相之间的疏水反应，因此 LC-MS 不能很好地分离分析极性带电化合物，而 CE 特别适合分析在溶剂中易离解的强极性化合物。此外，CE-MS 的分析范围较 LC-MS 更广，可以对小到无机离子大到有机生物大分子的物质进行分离检测，因此 CE-MS 联用技术作为 LC-MS 联用的补充，在生命科学、药物代谢、临床药学、食品检验、违禁药物分析等领域的应用有着较大的发展潜力。

案例 21-2 分析

（1）将两种色谱法联用和色谱与质谱（或波谱）联用的方法，称为色谱联用（hyphenated chromatography）技术。色谱-色谱联用技术在实际工作中可以提高分离效率，而色谱-质谱（或波谱）联用技术在实际工作中可以提高定性鉴别的能力。

（2）GC-MS 联用仪的工作原理：如图 21-10 所示。混合物样品注射到气相色谱气化室，气化的样品由载气（常用氮气）带入色谱柱进行分离，接口把色谱柱流出的各组分送入质谱仪的离子源。组分被电离后，分子离子和碎片离子在质量分析器中进行质量分离，然后被离子检测器检测。计算机系统交互式地控制气相色谱、接口和质谱仪，并进行数据采集和处理，从而获得色谱和质谱数据。

LC-MS 联用的工作原理：与 GC-MS 联用仪器相似，样品由液相色谱系统进样，经色谱柱分离后进入接口。在接口内，样品组分由液相中的离子或分子转变成气相离子，被聚焦于质量分析器按 m/z 大小顺序分离。离子信号被转化为电信号，传送至计算机数据处理系统。

GC-MS 联用技术特点：GC-MS 联用技术的灵敏度高，通常适合于低分子化合物（分子量＜1000），尤其是挥发性成分的分析。在疾病控制、药物代谢、兴奋剂、毒品、食品安全（农药、兽药残留及添加剂检验）等的检验中都有许多标准方法。其主要优点：①定性能力强，用质谱鉴定组分，可靠性优于色谱的保留时间定性；②可分析色谱分离不完全的组分，用提取离子质量色谱法、选择离子监测等技术，可分析总离子流色谱图上未分开或被化学噪声掩盖的色谱峰。

LC-MS 联用技术特点：与 GC-MS 相比，LC-MS 具有如下特点：①适用范围宽，不受样品挥发性的限制，能检测多种结构的化合物；②提供丰富信息，利用软电离技术，一级质谱中的准分子离子可用于确定分子量；采用碰撞诱导裂解技术获得的多级质谱可提供丰富的化学结构信息；③高的灵敏度和选择性，在选择离子监测（SIM），特别是选择反应监测（SRM）模式下有高的专属性，提高信噪比，降低检测限，可在色谱分离不完全的情况下对复杂基质中的痕量组分进行快速检测。

（3）LC-MS/MS 法检测原料乳与乳制品中的三聚氰胺［选自中华人民共和国国家标准《原料乳与乳制品中三聚氰胺检测方法》（GB/T 22388—2008）］。

原理：样品用三氯乙酸溶液提取，经阳离子交换固相萃取柱净化后，采用 LC-MS/MS 测定和确证，外标法定量。

仪器：LC-MS/MS 仪，配有电喷雾离子源（ESI）。

样品处理：略。

LC-MS/MS 测定

1. LC 参考条件　色谱柱：强阳离子交换与反相 C_{18} 混合填料，混合比例（1∶4），150 mm × 2.0 mm（i.d.），5 μm，或相当者。流动相：等体积的 10 mmo1/L 乙酸铵溶液和乙腈，充分混合，用乙酸调节至 pH=3.0 后备用。进样量：10 μL。柱温：40 ℃。流速：0.2 mL/min。

2. MS/MS 参考条件　电离方式：电喷雾电离，正离子。离子喷雾电压：4 kV。雾化气：氮气，40 psi。干燥气：氮气，流速 10 L/min，温度 350 ℃。碰撞气：氮气。分辨率：Q1（单位）Q3（单位）。扫描模式：多反应监测（MRM），母离子 m/z 127，定量子离子 m/z 85，定性子离子 m/z 68。停留时间：0.3 s。裂解电压：100 V。碰撞能量：m/z 127＞85 为 20V，m/z 127＞68 为 35 V。

3. 标准曲线的绘制　取空白样品按“样品处理”的方法处理。用所得的空白样品溶液将三聚氰胺标准储备液（三聚氰胺浓度为 1 mg/mL 的 50% 甲醇溶液）逐级稀释得到浓度为 0.01 μg/mL、0.05 μg/mL、0.1 μg/mL、0.2 μg/mL、0.5 μg/mL 的标准工作液，浓度由低到高进样检测，以定量子离子峰面积对浓度作图，得到标准曲线回归方程。

4. 定量测定 待测样液中三聚氰胺的响应值应在标准曲线线性范围内，超过线性范围则应稀释后再进样分析。

5. 定性判定 按照上述条件测定样品和标准工作溶液，如果样品中的色谱峰保留时间与三聚氰胺标准工作溶液一致（变化范围在±2.5%）；样品中目标化合物的两个子离子的相对丰度与浓度相当标准溶液的相对丰度一致，相对丰度偏差不超过表 21-2 的规定，则可判断样品中存在三聚氰胺（图 21-15）。

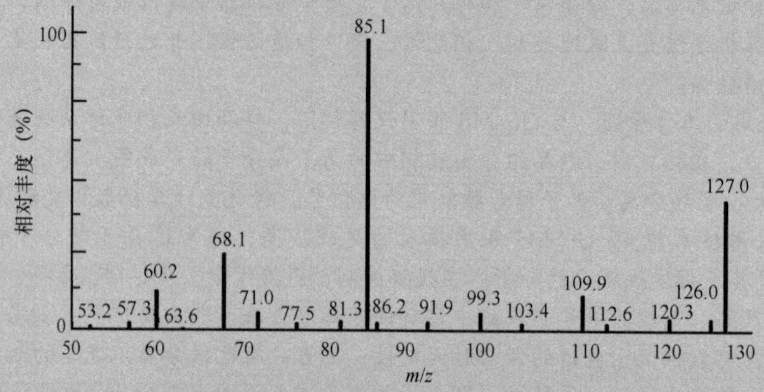

图 21-15 三聚氰胺的 MS/MS 质谱图

6. 结果计算 样品中三聚氰胺的含量由色谱数据处理软件或按式（21-1）计算获得。

$$X=\frac{A\times c\times V\times 1000}{A_s\times m\times 1000}\times f \qquad (21\text{-}1)$$

式中，X为样品中三聚氰胺的含量，单位为毫克每千克（mg/kg）；A为样液中三聚氰胺的峰面积；c为标准溶液中三聚氰胺的浓度，单位为微克每毫升（μg/mL）；V为样液最终定容体积，单位为毫升（mL）；A_s为标准溶液中三聚氰胺的峰面积；m为样品的质量，单位为克（g）；f为稀释倍数。

表 21-2 定性离子相对丰度的最大允许偏差

	相对离子丰度			
	＞50%	20%～50%	10%～20%	≤10%
允许的相对偏差	±20%	±25%	±30%	±50%

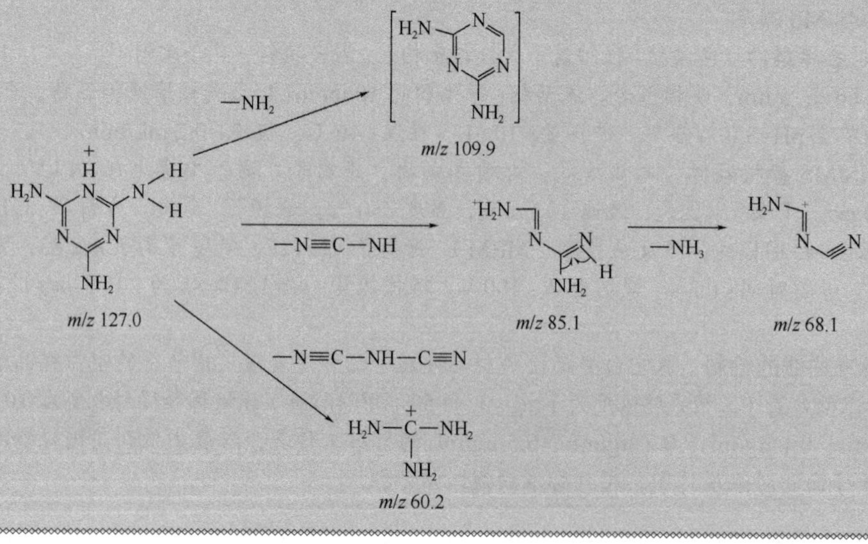

三聚氰胺的准分子离子为 m/z 127.0（$[M+H]^+$），m/z 109.9 为脱 NH_3 峰（$[M+H—NH_3]^+$）m/z 85.1 为三聚氰胺开坏分子重排失去 H_2NCN 的碎片离子峰（$[M+H—H_2NCN]^+$），m/z 68.1 为 m/z 85.1 脱去 NH_3 的碎片离子峰（$[M+H—H_2NCN—NH_3]^+$），m/z 60.2 为三聚氰胺开坏分子重排失去 HNCNCN 的碎片离子峰 $[M+H—HNCNCN]^+$。

四、其他联用技术简介

（一）气相色谱-傅里叶变换红外光谱联用技术简介

与色谱-质谱联用仪器类似，气相色谱-傅里叶变换红外光谱（gas chromatography-Fourier transform infrared spectroscopy，GC-FTIR）联用仪是由以下四个单元组成：①气相色谱单元，对样品进行色谱分离；②接口；③傅里叶变换红外光谱仪，同步光谱扫描，检测气相色谱各流出组分；④计算机系统，控制联机运行，采集、处理数据。GC-FTIR 联用仪的基本工作过程：样品经气相色谱分离后各组分按先后顺序进入接口（光管），与此同时，来自 Michelson 干涉仪的红外干涉光束，经聚焦后透过 KBr 窗片射入光管，在光管内壁镀金层之间多次反射以增加光程而提高灵敏度，最后经气态组分吸收后的干涉光由另一端 KBr 窗片射出，被汞镉碲（MCT）检测器接收，完成动态在线检测。计算机系统存储采集到的干涉图信息，经快速傅里叶变换得到组分的气相红外光谱图（图 21-16）。

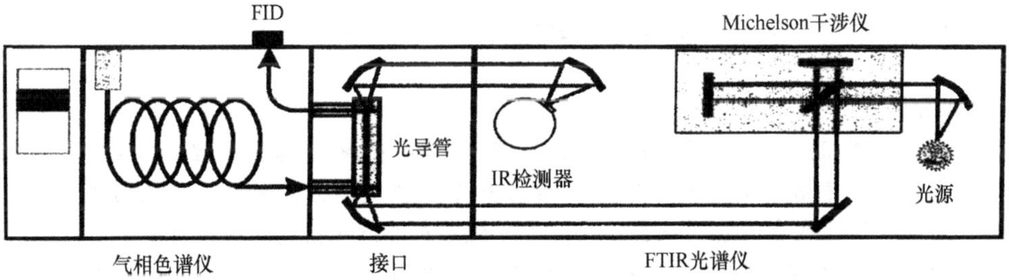

图 21-16　GC-FTIR 联用仪各单元工作原理示意图

分析过程中，GC-FTIR 联用仪采用计算机实时监测，仪器进行实时傅里叶变换，此时显示气相色谱留分的三维气态红外谱图，其中 x 轴为波数，y 轴为吸光度值，z 轴为时间。从不同时间采集的红外图形变化可以看到各色谱峰性质的差。

（二）液相色谱-核磁共振联用技术简介

近年来，LC-MS 联用技术已逐步获得普及推广，但往往质谱本身并不能提供足够的分子结构信息，需借助磁共振（NMR）的数据。而在仪器分析领域，NMR 能够提供最大量的分子结构信息，因此高效液相色谱-磁共振波谱（high performance liquid chromatography-nuclear magnetic resonance spectroscopy，HPLC-NMR）在线联用技术近年来获得迅猛发展，目前已有商品 HPLC-NMR 联用仪器。

HPLC-NMR 联用技术主要采用两种接口装置：停止流动接口（stop flew）和峰存储接口［又称回路收集（loop collection）］。这两种接口分别采用了不同的流动相操作方式，即驻流操作方式（stopped flow）和连续流动方式（continuous flow）。停止流动接口是柱后检测器检测到组分峰后计算机控制流动相停止流动，使色谱峰准确地停留在检测器后的 NMR 检测池中，使用 NMR 进行较长时间的扫描（可达数小时），并按需要可以作 COSY、TOCSY 等二维谱。直至获得满意的 NMR 谱后，再启动高效液相色谱泵，驱使流动相流动以检测下一个流出组分。峰存储接口装有存储回路，有 12 个存储峰的毛细管环，在色谱分离的过程中，将各个色谱峰的一部分转移到不同的毛细管环中，然后用 NMR 仪器的自动软件包转移至 NMR 检测液槽中进行测试。

由于HPLC-NMR在线联用技术能直接完成从样品的分离纯化到组分峰的定性和结构分析，能测定氢谱、碳谱及各种相关谱，提供大量的分子结构信息，已成为复杂样品如体内药物及其代谢产物，以及中药的活性成分等的定性分析和结构鉴定的重要手段。目前已发展到LC-NMR-MS联用技术用于代谢组学的研究。

未来，随着社会进步和社会需求，将会呈现出各种各样新的分析技术。为响应“面向世界科技前沿、面向经济主战场、面向国家重大需求、面向人民生命健康”我们应当学好分析化学，掌握分析技术，奔向世界前列。

案例 21-3

钱学森院士对新技术革命的论述中曾说，新技术革命的关键技术是信息技术，信息技术由测量技术、计算机技术、通信技术三部分组成。测量技术则是关键和基础。由此可见，作为测量技术和分析科学的分析化学的重要性。正如杨秀荣院士在中国化学会举办的化学大家谈栏目中做的题为“分析化学——物质科学的眼睛和助推器”的报告中讲道：“自然规律的新发现推动了分析化学的创新，分析化学的创新助推了材料科学、生命科学、环境科学及能源科学的发展。同时分析化学的发展受到快速扩展的实际应用领域的推动。”没有分析化学技术，就不会有基因组学、蛋白组学和代谢组学的快速发展。

问题：

（1）什么是人类基因组计划和基因组学？列举1项在人类基因组计划中最重要的分析技术。

（2）什么是蛋白质组学和代谢组学？蛋白质组学和代谢组学分析中通常用到哪些分析联用技术？

案例 21-3 分析

（1）人类基因组计划是一项规模宏大，跨国、跨学科的科学探索工程。其宗旨在于测定组成人类染色体（指单倍体）中所包含的30亿个碱基对组成的核苷酸序列，从而绘制人类基因组图谱，并且辨识其载有的基因及其序列，达到破译人类遗传信息的最终目的。

2000年，参加人类基因组工程项目包括中国在内的6国科学家共同宣布，人类基因组草图的绘制工作已经完成。2001年人类基因组工作草图的发表（由公共基金资助的国际人类基因组计划和私人企业塞雷拉基因组公司各自独立完成，并分别公开发表）被认为是人类基因组计划成功的里程碑。

然而，二十多年前完成的人类基因组计划，其实遗漏了大约8%的DNA序列。这些遗漏的部分，主要是DNA序列高度重复的染色体中间部分的着丝粒、末端的端粒（在很大程度上之前被视为垃圾）。二十多年来，研究人员认为，这些区域可能在进化和疾病中发挥关键作用。2022年*Science*以封面形式介绍了一份更完整的人类基因组，这是人类基因组计划的全新里程碑。

“人类基因组计划”在研究人类过程中建立起来的策略、思想与技术，构成了生命科学领域新的学科——基因组学，可以用于研究微生物、植物及其他动物。基因组学（genomics）是研究生物基因组和如何利用基因的一门学科。该学科提供基因组信息以及相关数据系统利用，试图解决生物、医学和工业领域的重大问题。

毛细管电泳技术特别是96道毛细管电泳技术大大加快了人类基因组计划的完成。

（2）蛋白质组学是源于蛋白质与基因组两个词的杂合，意指“一种基因组所表达的全套蛋白质”，即包括一种细胞乃至一种生物所表达的全部蛋白质的研究。相对于基因组学，蛋白质组学旨在认识细胞内全部表达蛋白，包括表达蛋白的数目、水平及其更新，它们的序列和一切转译后对序列的修饰，以及蛋白质与蛋白质、蛋白质与其他分子之间在细胞内、细胞膜和细胞外的相互作用等。

蛋白质组学分析方法包括分离和提纯蛋白质；测序部分或完整序列；识别功能及与其他分子之间的相互作用。

代谢组学（metabonomics/metabolomics）是效仿基因组学和蛋白质组学的研究思想，对生物体内所有代谢物进行定量分析，并寻找代谢物与生理病理变化的相对关系的研究方式，是系统生物学的组成部分。其研究对象大都是分子量1000以内的小分子物质。先进分析检测技术结合模式识别和专家系统等计算分析方法是代谢组学研究的基本方法。

色谱-质谱联用技术和色谱-核磁联用技术是蛋白质组学和代谢组学分析中经常用到的分析联用技术，其中以色谱-质谱联用技术最为广泛。

知识窗　热液体系中发现超临界二氧化碳

中国科学院海洋研究所阎军和孙卫东课题组合作，2020年在《科学通报》(*Science Bulletin*)发表封面文章《热液体系中发现超临界二氧化碳》，首次在热液系统观测到自然状态下超临界二氧化碳流体的喷发。利用自主研发的深海原位激光拉曼光谱探针对冲绳海槽南部深海热液喷口中气泡进行了原位探测，发现了自然环境下的超临界二氧化碳。原位数据显示热液喷口超临界态二氧化碳中的氮气拉曼光谱峰强度远高于周围海水和高温热液喷口流体中的氮气峰，表明超临界态二氧化碳可以从周围环境中富集氮气。

考虑到早期地球大气中二氧化碳的分压为10～20 MPa，富含氮气的超临界态二氧化碳态可能是地球早期水汽界面附近二氧化碳大气层的主要状态，从而促进了氨基酸和其他有机物的合成、富集和保存，对生命起源至关重要。假定超临界CO_2层的存在可能同时满足了关于有机质合成和聚集的冷源和热源理论的要求。这一层不断地溶解小的高能分子，并将它们合成成地球表面的有机沉积物。特别地，这也暗示了这种超临界CO_2大气可以溶解高含量的N_2，使大气化学反应可以合成更多的含氮分子，如氨基酸。有机沉积物构成了分隔的地球化学细胞的一部分，据推测，这些细胞促进了第一批活细胞的出现。

思考题与习题

1. 简述热分析法的分类及其原理。
2. 什么是超临界流体？
3. 什么是超临界流体色谱法？
4. 超临界流体色谱法分离如何进行固定相的选择和流动相的优化？
5. 色谱联用技术能解决什么实际问题？
6. 气相色谱-质谱联用法、高效液相色谱-质谱联用法的基本原理和技术特点是什么？

（郭春燕）

参考文献

白银娟, 张世平, 王云侠, 等, 2021. 波谱原理及解析. 4 版. 北京: 科学出版社.

柴逸峰, 邸欣, 2016. 分析化学. 8 版. 北京: 人民卫生出版社.

邓留, 黄健涵, 陈立妙, 等, 2021. 分析化学实验教学中的思政教育: 以络合滴定为例. 大学化学, 36(9): 111-117.

高金波, 吴红, 2016. 分析化学. 北京: 中国医药科技出版社.

顾国耀, 祁玉成, 2010. 分析化学. 北京: 高等教育出版社.

郭兴杰, 温金莲, 2012. 分析化学. 北京: 中国医药科技出版社.

国家药典委员会, 2010. 中华人民共和国药典: 2010 年版. 二部. 北京: 中国医药科技出版社.

国家药典委员会, 2020. 中华人民共和国药典. 北京: 中国医药科技出版社.

杭太俊, 2016. 药物分析. 8 版. 北京: 人民卫生出版社.

胡琴, 2020. 基础化学. 4 版. 北京: 高等教育出版社.

胡琴, 彭金咏, 2016. 分析化学: 案例版. 2 版. 北京: 科学出版社.

胡育筑, 2015. 分析化学. 4 版. 北京: 科学出版社.

化学名词审定委员会, 2016. 化学名词. 2 版. 北京: 科学出版社.

康维钧, 毋福海, 孙成均 , 等, 2020. 现代卫生化学. 3 版. 北京: 人民卫生出版社.

孔令仪, 2016. 波谱解析. 2 版. 北京: 人民卫生出版社.

李发美, 2011. 分析化学. 7 版. 北京: 人民卫生出版社.

李克安, 2005. 分析化学教程. 北京: 北京大学出版社.

李一良, 孙卫东, 赵玉芬, 2021. 冥古宙大气中超临界二氧化碳层的存在对于生命起源的意义. Science Bulletin, 66(12): 1157-1159.

刘勇, 刘永刚, 2011. 薄层色谱速查手册. 北京: 人民卫生出版社.

门雪, 吴成新, 陈明丽, 等, 2023. 毛细管电泳-激光诱导荧光法测定细胞中谷胱甘肽. 色谱, 41(1): 87-93.

彭师奇, 2014. 药物的波谱解析. 北京: 高等教育出版社.

斯科格, 韦斯特, 1988. 仪器分析原理. 2 版 . 金钦汉, 译. 上海: 上海科技出版社.

孙毓庆. 2002. 分析化学. 4 版. 北京: 人民卫生出版社.

王淑美, 2021. 分析化学 (下). 北京: 中国中医药出版社.

王嗣岑, 朱军筑, 2017. 分析化学. 北京: 科学出版社.

韦国兵, 董玉 ,2021. 波谱解析. 武汉: 华中科技大学出版社.

毋福海, 2015. 分析化学. 2 版. 北京: 人民卫生出版社.

武汉大学, 2016. 分析化学. 6 版. 北京: 高等教育出版社.

易婷, 杨四梅, 黎升倩, 等, 2022. 毛细管区带电泳同时分离分析长春花中的 4 种生物碱. 分析科学学报, 38(4): 525-528.

尹华, 王新宏, 2021. 仪器分析. 3 版. 北京: 人民卫生出版社.

张凌, 2021. 分析化学. 5 版. 北京: 中国中医药出版社.

张鑫, 李连福, 杜增丰, 等, 2020. 超临界态二氧化碳在深海热液区的发现. Science Bulletin, 65(11): 958-964.

Chen M, Wen S S, Wang R, et al, 2022. Advanced development of supercritical fluid chromatography in herbal medicine analysis. Molecules, 27(13): 4159.

Hage D S, Carr J D, 2012. 分析化学和定量分析 (英文版). 北京 : 机械工业出版社.

Speight J G, 2005. Lange's Handbook of Chemistry. 16th Edition. New York: The McGraw-Hill Companies, Inc.

Wang J G, Gu X G, Ma H L, et al, 2018. A facile strategy for realizing room temperature phosphorescence and single molecule white light emission. Nat Commun, 9(1): 2963.

附录一 国际原子量①

（按照原子序数排列，以 $^{12}C=12$ 为基准）

元素			原子序	原子量	元素			原子序	原子量
符号	名称	英文名			符号	名称	英文名		
H	氢	Hydrogen	1	1.007 94(7)	Ge	锗	Germanium	32	72.64(1)
He	氦	Helium	2	4.002 602(2)	As	砷	Arsenic	33	74.921 60(2)
Li	锂	Lithium	3	6.941(2)	Se	硒	Selenium	34	78.96(3)
Be	铍	Beryllium	4	9.012 182(3)	Br	溴	Bromine	35	79.904(1)
B	硼	Boron	5	10.811(7)	Kr	氪	Krypton	36	83.80(1)
C	碳	Carbon	6	12.010 7(8)	Rb	铷	Rubidium	37	85.467 8(1)
N	氮	Nitrogen	7	14.006 7(2)	Sr	锶	Strontium	38	87.62(1)
O	氧	Oxygen	8	15.999 4(3)	Y	钇	Yttrium	39	88.905 85(2)
F	氟	Fluorine	9	18.998 403 2(5)	Zr	锆	Zirconium	40	91.224(2)
Ne	氖	Neon	10	20.179 7(6)	Nb	铌	Niobium	41	92.906 38(2)
Na	钠	Sodium	11	22.989 769 28(2)	Mo	钼	Molybdenum	42	95.96(2)
Mg	镁	Magnesium	12	24.305 0(6)	Tc	锝	Technetium	43	[98]
Al	铝	Aluminum	13	26.981 538 6(8)	Ru	钌	Ruthenium	44	101.07(2)
Si	硅	Silicon	14	28.085 5(3)	Rh	铑	Rhodium	45	102.905 50(2)
P	磷	Phosphorus	15	30.973 762(2)	Pd	钯	Palladium	46	106.42(1)
S	硫	Sulphur	16	32.065(5)	Ag	银	Silver	47	107.868 2(2)
Cl	氯	Chlorine	17	35.452 7(9)	Cd	镉	Cadmium	48	112.411(8)
Ar	氩	Argon	18	39.948(1)	In	铟	Indium	49	114.818(3)
K	钾	Potassium	19	39.098 3(1)	Sn	锡	Tin	50	118.710(7)
Ca	钙	Calcium	20	40.078(4)	Sb	锑	Antimony	51	121.760(1)
Sc	钪	Scandium	21	44.955 912(6)	Te	碲	Tellurium	52	127.60(3)
Ti	钛	Titanium	22	47.867(1)	I	碘	Iodine	53	126.904 47(3)
V	钒	Vanadium	23	50.941 5(1)	Xe	氙	Xenon	54	131.293(6)
Cr	铬	Chromium	24	51.996 1(6)	Cs	铯	Caesium	55	132.905 43(5)
Mn	锰	Manganese	25	54.938 045(5)	Ba	钡	Barium	56	137.327(7)
Fe	铁	Iron	26	55.845(2)	La	镧	Lanthanum	57	138.905 47(7)
Co	钴	Cobalt	27	58.933 195(5)	Ce	铈	Cerium	58	140.116(1)
Ni	镍	Nickel	28	58.693 4(4)	Pr	镨	Praseodymium	59	140.907 65(2)
Cu	铜	Copper	29	63.546(3)	Nd	钕	Neodymium	60	144.242(3)
Zn	锌	Zinc	30	65.38(2)	Pm	钷	Promethium	61	[144.912 7]
Ga	镓	Gallium	31	69.723(1)	Sm	钐	Samarium	62	150.36(2)

续表

元素			原子序	原子量	元素			原子序	原子量
符号	名称	英文名			符号	名称	英文名		
Eu	铕	Europium	63	151.964(1)	Pa	镤	Protactinium	91	231.035 88(2)
Gd	钆	Gadolinium	64	157.25(3)	U	铀	Uranium	92	238.028 91(3)
Tb	铽	Terbium	65	158.925 35(2)	Np	镎	Neptunium	93	[237.048 2]
Dy	镝	Dysprosium	66	162.500(1)	Pu	钚	Plutonium	94	[244.064 2]
Ho	钬	Holmium	67	164.930 32(2)	Am	镅	Americium	95	[243.061 4]
Er	铒	Erbium	68	167.259(3)	Cm	锔	Curium	96	[247.070 4]
Tm	铥	Thulium	69	168.934 21(2)	Bk	锫	Berkelium	97	[247.070 3]
Yb	镱	Ytterbium	70	173.054(5)	Cf	锎	Californium	98	[251.079 6]
Lu	镥	Lutetium	71	174.967(1)	ES	锿	Einsteinium	99	[252.083 0]
Hf	铪	Hafnium	72	178.49(2)	Fm	镄	Fermium	100	[257.095 1]
Ta	钽	Tantalum	73	180.947 9(1)	Md	钔	Mendelevium	101	[258.098 4]
W	钨	Tungsten	74	183.84(1)	No	锘	Nobelium	102	[259.101 0]
Re	铼	Rhenium	75	186.207(1)	Lr	铹	Lawrencium	103	[262.109 7]
Os	锇	Osmium	76	190.23(3)	Rf		Rutherfordium	104	[261.108 8]
Ir	铱	Iridium	77	192.217(3)	Db		Dubnium	105	[262.114 1]
Pt	铂	Platinum	78	195.084(9)	Sg		Seaborgium	106	[266.121 9]
Au	金	Gold	79	196.966 569(4)	Bh		Bohrium	107	[264.12]
Hg	汞	Mercury	80	200.59(2)	Hs		Hassium	108	[277]
Tl	铊	Thallium	81	204.383 3(2)	Mt		Meitnerium	109	[268.138 8]
Pb	铅	Lead	82	207.2(1)	Ds		Darmstadtium	110	[271]
Bi	铋	Bismuth	83	208.980 40(1)	Rg		Roentgenium	111	[272.153 5]
Po	钋	Polonium	84	[209]	Uub		Ununbium	112	[285]
At	砹	Astatine	85	[209.987 1]	Uut		Ununtrium	113	[284]
Rn	氡	Radon	86	[222.017 6]	Uuq		Ununquadium	114	[289]
Fr	钫	Fracium	87	[223.019 7]	Uup		Ununpentium	115	[288]
Ra	镭	Radium	88	[226.025 4]	Uuh		Ununhexium	116	[292]
Ac	锕	Actinium	89	[227.027 7]	Uus		Ununseptium	117	[291]
Th	钍	Thorium	90	232.038 06(2)	Uuo		Ununoctium	118	[293]

①引自2007年国际原子量表（IUPAC Commission of Atomic Weights and Isotopic Abundances.Atomic Weights of the elements 2007，http://www.chem.qmul.ac.uk/iupac/At/Wt）；原子量末位准确度加注在其括号内；括号内的数值是半衰期最长的同位素质量数

附录二 常用化合物的分子量①

（根据 2007 年公布的分子量计算）

分子式	分子量	分子式	分子量
AgBr	187.78	KH_2PO_4	136.09
AgCl	143.32	$KHSO_4$	136.17
AgI	234.77	KI	166.00
$AgNO_3$	169.87	KIO_3	214.00
Al_2O_3	101.96	$KIO_3 \cdot HIO_3$	389.91
As_2O_3	197.84	$KMnO_4$	158.03
$BaCl_2 \cdot 2H_2O$	244.26	KNO_2	85.10
BaO	153.33	KOH	56.11
$Ba(OH)_2 \cdot 8H_2O$	315.46	K_2PtCl_6	486.00
$BaSO_4$	233.39	KSCN	97.18
$CaCO_3$	100.09	$MgCO_3$	84.31
CaO	56.08	$MgCl_2$	95.21
$Ca(OH)_2$	74.09	$MgSO_4 \cdot 7H_2O$	246.47
CO_2	44.01	$MgNH_4PO_4 \cdot 6H_2O$	245.41
CuO	79.54	MgO	40.30
Cu_2O	143.09	$Mg(OH)_2$	58.32
$CuSO_4 \cdot 5H_2O$	249.69	$Mg_2P_2O_7$	222.55
FeO	71.85	$Na_2B_4O_7 \cdot 10H_2O$	381.37
Fe_2O_3	159.69	NaBr	102.89
$FeSO_4 \cdot 7H_2O$	278.02	NaCl	58.44
$FeSO_4 \cdot (NH_4)_2SO_4 \cdot 6H_2O$	392.14	Na_2CO_3	105.99
H_3BO_3	61.83	$NaHCO_3$	84.01
HCl	36.46	$Na_2HPO_4 \cdot 12H_2O$	358.14
$HClO_4$	100.46	$NaNO_2$	69.00
HNO_3	63.01	Na_2O	61.98
H_2O	18.02	NaOH	40.00
H_2O_2	34.02	$Na_2S_2O_3$	158.11
H_3PO_4	98.00	$Na_2S_2O_3 \cdot 5H_2O$	248.18
H_2SO_4	98.08	NH_3	17.03
I_2	253.81	NH_4Cl	53.49
$KAl(SO_4)_2 \cdot 12H_2O$	474.39	NH_4OH	35.05
KBr	119.00	$(NH_4)_3PO_4 \cdot 12MoO_3$	1876.35

续表

分子式	分子量	分子式	分子量
$KBrO_3$	167.00	$(NH_4)_2SO_4$	132.14
KCl	74.55	$PbCrO_4$	323.19
$KClO_4$	138.55	PbO_2	239.20
K_2CO_3	138.21	$PbSO_4$	303.26
K_2CrO_4	194.19	P_2O_5	141.95
$K_2Cr_2O_7$	294.19	SiO_2	60.09
SO_2	64.06	$K(SbO)C_4H_4O_6 \cdot 1/2H_2O$（酒石酸锑钾）	33.93
SO_3	80.06	$Na_2C_2O_4$（草酸钠）	134.00
ZnO	81.38	$NaC_7H_5O_2$（苯甲酸钠）	144.11
$HC_2H_3O_2$（醋酸）	60.05	$Na_3C_6H_5O_7 \cdot 2H_2O$（枸橼酸钠）	294.10
$H_2C_2O_4 \cdot 2H_2O$	126.07	$Na_2H_2C_{10}H_{12}O_8N_2 \cdot 2H_2O$	372.24
$KHC_4H_4O_6$（酒石酸氢钾）	188.18	EDTA 二钠二水合物	
$KHC_8H_4O_4$（邻苯二甲酸氢钾）	204.22		

①小数点后保留两位有效数字

附录三　中华人民共和国法定计量单位

我国法定计量单位包括如下。

1. 国际单位制（SI）的基本单位。
2. 国际单位制的辅助单位。
3. 国际单位制中具有专门名称的导出单位。
4. 国家选定的非国际单位制单位。
5. 由以上单位构成的组合形式的单位。
6. 由词头和以上单位所构成的十进倍数和分数单位。

附表 3-1　国际单位制（SI）的基本单位

量的名称	单位名称	单位符号
长度	米	m
质量	千克（公斤）	kg
时间	秒	s
电流强度	安［培］	A
热力学温度	开［尔文］	K
发光强度	坎［德拉］	cd
物质的量	摩［尔］	mol

附表 3-2　国际单位制的辅助单位

量的名称	单位名称	单位符号
平面角	弧度	rad
立体角	球面度	sr

附表 3-3　国际单位制中具有专门名称的导出单位

量的名称	单位名称	单位符号	用其他国际单位表示的关系式	用国际制基本单位表示的关系式
频率	赫［兹］	Hz		s^{-1}
力，重力	牛［顿］	N		$m \cdot kg \cdot s^{-2}$
压力，压强，应力	帕［斯卡］	Pa	$N \cdot m^{-2}$	$m^{-1} \cdot kg \cdot s^{-2}$
能，功，热量	焦［耳］	J	$N \cdot m$	$m^{2} \cdot kg \cdot s^{-2}$
功率，辐射通量	瓦［特］	W	$J \cdot s^{-1}$	$m^{2} \cdot kg \cdot s^{-3}$
电量，电荷	库［仑］	C	—	$s \cdot A$
电位，电压，电动势	伏［特］	V	$W \cdot A^{-1}$	$m^{2} \cdot kg \cdot s^{-3} \cdot A^{-1}$
电容	法［拉］	F	$C \cdot V^{-1}$	$m^{-2} \cdot kg^{-1} \cdot s^{4} \cdot A^{2}$
电阻	欧［姆］	Ω	$V \cdot A^{-1}$	$m^{2} \cdot kg \cdot s^{-3} \cdot A^{-2}$
电导	西［门子］	S	$A \cdot V^{-1}$	$m^{-2} \cdot kg^{-1} \cdot s^{3} \cdot A^{2}$
磁通量	韦［伯］	Wb	$V \cdot s$	$m^{2} \cdot kg \cdot s^{-2} \cdot A^{-1}$
磁通量密度，磁感应强度	特［斯拉］	T	$Wb \cdot m^{-2}$	$kg \cdot s^{-2} \cdot A^{-1}$
电感	亨［利］	H	$Wb \cdot A^{-1}$	$m^{2} \cdot kg \cdot s^{-2} \cdot A^{-2}$

续表

量的名称	单位名称	单位符号	用其他国际单位表示的关系式	用国际制基本单位表示的关系式
光通量	流［明］	lm	—	cd · sr
［光］照度	勒［克斯］	lx	$lm\times m^{-1}$	$m^{-2}\cdot cd\cdot sr$
［放射性］活度	贝可［勒尔］	Bq	—	s^{-1}
吸收剂量	戈［瑞］	Gy	$J\times kg^{-1}$	$m^2\cdot s^{-2}$
剂量当量	希［沃特］	Sy	$J\times kg^{-1}$	$m^2\cdot s^{-2}$

附表 3-4　国家选定的非国际单位制单位

量的名称	单位名称	单位符号	换算关系和说明
时间	分	min	1 min=60 s
	［小］时	h	1 h=60 min=3600 s
	天（日）	d	1 d=24 h=86400 s
平面角	［角］秒	(")	1"=(π/64800) rad
	［角］分	(')	1'=60"=(π/10800) rad
	度	(°)	1°=60′=(π/180) rad
旋转速度	转/分	$r\cdot min^{-1}$	$1\ r\cdot min^{-1}=(1/60)\ s^{-1}$
长度	海里	n mile	1 n mile=1852 m（只用于航程）
速度	节	kn	$1\ kn=1n\ mile\times h^{-1}=(1852/3600)\ m\times s^{-1}$（只用于航行）
质量	吨	t	$1\ t=10^3\ kg$
	原子质量单位	u	$1\ u\approx 1.66053886(28)\times 10^{-27}\ kg$
体积	升	L	$1\ L=1dm^3=10^{-3}\ m^3$
能量	电子伏	eV	$1\ eV\approx 1.60217653(14)\times 10^{-19}\ J$
级差	分贝	dB	
线密度	特［克斯］	tex	$1\ tex=1\ g\times km^{-1}$

附表 3-5　用于构成十进倍数和分数单位的词头

因数	词头名称	词头符号	因数	词头名称	词头符号
10^{18}	艾［可萨］(exa)	E	10^{-1}	分（deci）	d
10^{15}	拍［它］(peta)	P	10^{-2}	厘（centi）	c
10^{12}	太［拉］(tera)	T	10^{-3}	毫（milli）	m
10^{9}	吉［咖］(giga)	G	10^{-6}	微（micro）	μ
10^{6}	兆（mega）	M	10^{-9}	纳［诺］(nano)	n
10^{3}	千（kilo）	K	10^{-12}	皮［可］(pico)	p
10^{2}	百（hecto）	h	10^{-15}	飞［母托］(femto)	f
10^{1}	十（deca）	da	10^{-18}	阿［托］(atto)	a

附录四 国际制（SI）单位与cgs单位换算及常用物理化学常数

附表 4-1 国际制（SI）单位与 cgs 单位换算表

物理量	cgs 单位		SI 单位		由 cgs 换算成 SI
	名称	符号	名称	符号	
长度	厘米	cm	米	m	10^{-2} m
	埃	Å			10^{-1} m
	微米	μm			10^{-6} m
	纳米	nm			10^{-9} m
质量	克	g	千克	kg	10^{-3} kg
	吨	t			10^{3} kg
	磅	Ib			0.453 592 37 kg
	原子质量单位	u			$1.660\ 540\ 2\times10^{-27}$ kg
时间	秒	s	秒	s	
电流	安培	A	安培	A	
面积	平方厘米	cm^2	平方米	m^2	10^{-4} m^2
体积	升	L	立方米	m^3	10^{-3} m^3
	立方厘米	cm^3			10^{-6} m^3
能量	尔格	erg	焦耳	J	10^{-7} J
功率	瓦特	W	瓦特	W	
密度		$g\cdot cm^{-3}$		$kg\cdot cm^{-3}$	10^{-3} $kg\cdot cm^{-3}$
浓度	摩尔浓度	$mol\cdot L^{-1}$	摩尔每立方米	$mol\cdot cm^{-3}$	10^{3} $mol\cdot cm^{-3}$

附表 4-2 常用物理和化学常数

常数名称	换算关系
电子的电荷	e=1.602 189×10^{-19}C
Plank 常数	h=6.626 018×10^{-34}J · s
光速（真空）	c=2.997 924 58×10^{8}m · s^{-1}
摩尔气体常数	R=8.314 41(26) J · mol^{-1} · K^{-1}
Avogadro 常数	N=6.022 045(31)×10^{23} mol^{-1}
Fraday 常数	F=9.648 456×10^{4}C · mol^{-1}
电子静止质量	m_e=9.109 53(5)×10^{-34} g
Bohr 半径	a_0=0.529 177 06(44)×10^{-10}m
元素的相对原子质量	u=1.660 565 5×10^{-24} g

注：常数值括号中的数字代表该数值的误差（最末 1～2 位），如 R=8.314 41(26) J·mol^{-1}·K^{-1}，即 R=(8.314 41±0.000 26) J·mol^{-1}·K^{-1}。其他类推

附录五 常用酸碱在水中的离解常数（25℃）

化合物	英文名称	化学式	分步	K_a	pK_a
无机酸					
砷酸	Arsenic acid	H_3AsO_4	1	5.8×10^{-3}	2.24
			2	1.1×10^{-7}	6.96
			3	3.2×10^{-12}	11.5
亚砷酸	Arsenious acid	H_3AsO_3		5.1×10^{-10}	9.29
硼酸	Boric acid	H_3BO_3		5.8×10^{-10}	9.24
碳酸	Carbonic acid	H_2CO_3	1	4.3×10^{-7}	6.37
			2	5.6×10^{-11}	10.25
铬酸	Chromic acid	H_2CrO_4	1	1.6	−0.2（20℃）
			2	3.1×10^{-7}	6.51
氢氟酸	Hydrofluoric acid	HF		6.8×10^{-4}	3.17
氢氰酸	Hydrocyanic acid	HCN		6.2×10^{-10}	9.21
氢硫酸	Hydrosulphuric acid	H_2S	1	9.5×10^{-8}	7.02
			2	1.3×10^{-14}	13.89
过氧化氢	Hydrogen peroxide	H_2O_2		2.2×10^{-12}	11.65
次溴酸	Hypobromous acid	HBrO		2.8×10^{-9}	8.55
次氯酸	Hypochlorous acid	HClO		4.0×10^{-8}	7.40
次碘酸	Hypoiodous acid	HIO		3.2×10^{-11}	10.49
碘酸	Iodic acid	HIO_3		0.17	0.77
亚硝酸	Nitrous	HNO_2		7.1×10^{-4}	3.15
高氯酸	Perchloric acid	$HClO_4$			- 1.6（20℃）
高碘酸	Periodic acid	HIO_4		2.3×10^{-2}	1.64
磷酸	Phosphoric acid	H_3PO_4	1	7.5×10^{-3}	2.12
			2	6.2×10^{-8}	7.21
			3	2.2×10^{-13}	12.66
亚磷酸	Phosphorous acid	H_3PO_3	1	3.0×10^{-2}	1.52
			2	1.62×10^{-7}	6.79
焦磷酸	Pyrophosphoric acid	$H_4P_2O_7$	1	0.12	0.91
			2	7.9×10^{-3}	2.10
			3	2.0×10^{-7}	6.70
			4	4.8×10^{-10}	9.23
硅酸	Silicic acid	H_4SiO_4	1	2.2×10^{-10}	9.66（30℃）
			2	2.0×10^{-12}	11.70（30℃）
			3	1.0×10^{-12}	12.00（30℃）
			4	1.02×10^{-12}	11.99（30℃）

续表

化合物	英文名称	化学式	分步	K_a	pK_a
硫酸	Sulfuric acid	H_2SO_4	1	1.0×10^{3}	-3.00
			2	1.02×10^{-2}	1.99
亚硫酸	Sulfurous acid	H_2SO_3	1	1.2×10^{-2}	1.92
			2	6.6×10^{-8}	7.18
无机碱					
氨水	Ammonia	$NH_3\cdot H_2O$		5.7×10^{-10}	9.24
氢氧化钙	Calcium hydroxide	$Ca(OH)_2$	1	2.7×10^{-12}	11.57
			2	2.5×10^{-13}	12.60
羟氨	Hydroxylamine	NH_2OH		1.1×10^{-6}	5.95
氢氧化铅	Lead hydroxide	$Pb(OH)_2$		1.1×10^{-11}	10.96
氢氧化银	Argentum hydroxide	AgOH		9.1×10^{-11}	10.04
氢氧化锌	Zinc hydroxide	$Zn(OH)_2$		1.1×10^{-11}	10.96
有机酸					
甲酸	Formic acid	HCOOH		1.8×10^{-4}	3.74
乙酸	Acetic acid	CH_3COOH		1.8×10^{-5}	4.74
丙烯酸	Acrylic acid	$CH_2{=\!=}CHCOOH$		5.5×10^{-5}	4.26
苯甲酸	Benzoic acid	C_6H_5COOH		6.3×10^{-5}	4.20
一氯乙酸	Chloroacetic acid	$CH_2ClCOOH$		1.4×10^{-3}	2.85
二氯乙酸	Dichloroacetic acid	$CHCl_2COOH$		4.5×10^{-2}	1.35
三氯乙酸	Trichloroacetic acid	CCl_3COOH		0.22	0.66
草酸	Oxalic acid	$H_2C_2O_4$	1	5.6×10^{-2}	1.25
			2	5.4×10^{-5}	4.27
己二酸	Adipic acid	$(CH_2CH_2COOH)_2$	1	3.9×10^{-5}	4.41（18℃）
			2	3.9×10^{-6}	5.41（18℃）
丙二酸	Malonic acid	$CH_2(COOH)_2$	1	1.4×10^{-3}	2.85
			2	2.0×10^{-6}	5.70
丁二酸	Succinic acid	$(CH_2COOH)_2$	1	6.2×10^{-5}	4.21
			2	2.3×10^{-6}	5.64
顺式丁烯二酸（马来酸）	Maleic acid	$C_2H_2(COOH)_2$	1	1.2×10^{-2}	1.92
			2	4.7×10^{-7}	6.33
反式丁烯二酸（富马酸）	Fumaric acid	$C_2H_2(COOH)_2$	1	9.5×10^{-4}	3.02
			2	4.2×10^{-5}	4.38
邻苯二甲酸	Phthalic acid	$C_6H_4(COOH)_2$	1	1.1×10^{-3}	2.96
			2	3.9×10^{-6}	5.41

续表

化合物	英文名称	化学式	分步	K_a	pK_a
酒石酸	Tartaric acid	$(CHOHCOOH)_2$	1	9.2×10^{-4}	3.04
			2	4.3×10^{-5}	4.37
水杨酸	Salicylic acid	$C_6H_4OHCOOH$	1	1.1×10^{-3}	2.96
			2	1.8×10^{-14}	13.74
维生素 C	*L*-Ascorbic acid	$C_6H_8O_6$	1	9.1×10^{-5}	4.04
			2	2.0×10^{-12}	11.70（16℃）
枸橼酸	Citric acid	$C_3H_4OH(COOH)_3$	1	7.4×10^{-4}	3.13
			2	1.7×10^{-5}	4.77
			3	4.0×10^{-7}	6.40
苹果酸（羟基丁二酸）	Malic acid	$HOCHCH_2(COOH)_2$	1	4.0×10^{-4}	3.40
			2	7.8×10^{-6}	5.11
苯酚	Phenol	C_6H_5OH		1.0×10^{-10}	10.00
羟基乙酸	Glycolic acid	$HOCH_2COOH$		1.5×10^{-4}	3.83
对羟基苯甲酸	*p*-Hydroxy-Benzoic acid	HOC_6H_5COOH	1	3.3×10^{-5}	4.48(18℃)
			2	4.8×10^{-10}	9.32（18℃）
甘氨酸	Glycine	H_2NCH_2COOH	1	4.5×10^{-3}	2.35（CO_2H）
			2	1.7×10^{-10}	9.78（NH_3）
丙氨酸	*L*-Alanine	H_3CCHNH_2COOH	1	4.6×10^{-3}	2.34（CO_2H）
			2	1.3×10^{-10}	9.87（NH_3）
丝氨酸	*L*-Serine	$HOCH_2CHNH_2COOH$	1	6.5×10^{-3}	2.19（CO_2H）
			2	6.2×10^{-10}	9.21（NH_3）
苏氨酸	*L*-Threonine	$H_3CCHOHCHNH_2$-$COOH$	1	8.1×10^{-3}	2.09（CO_2H）
			2	7.9×10^{-10}	9.10（NH_3）
蛋氨酸	*L*-Methionine	$H_3CSC_3H_5NH_2COOHCH_2ClCOOH$	1	7.4×10^{-3}	2.13（CO_2H）
			2	5.4×10^{-10}	9.27（NH_3）
苦味酸	Picric acid	$C_6H_2OH(NO_2)_3$		6.5×10^{-4}	3.19
氨基磺酸	Sulfamic acid	H_2NSO_3H		5.9×10^{-4}	3.23
乙二胺四乙酸	EDTA	$[CH_2N(CH_2COOH)_2]_2$	1	1.0×10^{-2}	2.00
			2	2.2×10^{-3}	2.66
			3	6.7×10^{-7}	6.16
			4	5.8×10^{-11}	10.24
有机碱					
甲胺	Methylamine	CH_3NH_2		2.0×10^{-11}	10.66
正丁胺	Butylamine	$CH_3(CH_2)_3NH_2$		2.3×10^{-11}	10.64
二乙胺	Dietylamine	$(C_2H_5)_2NH$		1.2×10^{-11}	10.92
二甲胺	Dimethyamine	$(CH_3)_2NH$		1.7×10^{-11}	10.77

续表

化合物	英文名称	化学式	分步	K_a	pK_a
乙胺	Ethylamine	$CH_3CH_2NH_2$		2.3×10^{-11}	10.64
乙二胺	Ethylenediamine	$H_2N(CH_2)_2NH_2$	1	1.4×10^{-7}	6.85
			2	1.2×10^{-10}	9.92
三乙胺	Triethylamine	$(C_2H_5)_3N$		1.9×10^{-11}	10.72
六次甲基四胺	Hexamethylene-tetramine	$(CH_2)_6N_4$		1.4×10^{-9}	8.85
乙醇胺	Ethanolamine	$H_2N(CH_2)_2OH$		3.2×10^{-10}	9.49
苯胺	Aniline	$C_6H_5NH_2$		1.3×10^{-5}	4.87
联苯胺	Benzidine	$(C_6H_4NH_2)_2$	1	2.2×10^{-5}	4.65（20℃）
			2	3.7×10^{-4}	3.43（20℃）
α-萘胺	*α*-Naphthylamine	$C_{10}H_9N$		1.2×10^{-4}	3.92
β-萘胺	*β*-Naphthylamine	$C_{10}H_9N$		6.9×10^{-5}	4.16
对甲氧基苯胺	*p*-Methoxyaniline	$CH_3OC_6H_4NH_2$		4.5×10^{-5}	4.35
尿素	Urea	$CO(NH_2)_2$		1.3×10^{-14}	13.89（21℃）
吡啶	Pyridine	C_5H_5N		5.9×10^{-6}	5.23
可待因	Codeine	$C_{18}H_{21}NO_3$		6.2×10^{-9}	8.21
马钱子碱	Brucine	$C_{23}H_{26}N_2O_4$	1	9.1×10^{-7}	6.04
			2	7.9×10^{-10}	9.10
吗啡	Morphine	$C_{17}H_{19}NO_3$	1	6.2×10^{-9}	8.21
			2	1.4×10^{-10}	9.85（20℃）
烟碱	*L*-Nicotine	$C_{10}H_{14}N_2$	1	9.5×10^{-9}	8.02
			2	7.6×10^{-4}	3.12
毛果芸香碱	Pilocarpine	$C_{11}H_{16}N_2O_2$	1	2.5×10^{-2}	1.60
			2	1.3×10^{-7}	6.90
8-羟基喹啉	8-Quinolinol	$C_9H_6N(OH)$	1	1.2×10^{-5}	4.92（NH）
			2	1.6×10^{-10}	9.80（OH）
奎宁	Quinine	$C_{20}H_{24}N_2O_2$	1	3.0×10^{-9}	8.52
			2	7.7×10^{-5}	4.13

附录六　配位滴定有关常数

附表 6-1　金属络合物的稳定常数

金属离子	$\lg\beta_1$	$\lg\beta_2$	$\lg\beta_3$	$\lg\beta_4$	$\lg\beta_5$	$\lg\beta_6$
氨络合物						
Co^{2+}	2.11	3.74	4.79	5.55	5.73	5.11
Co^{3+}	6.7	14.0	20.1	25.7	30.8	35.2
Cu^{2+}	4.31	7.98	11.02	13.32		
Hg^{2+}	8.8	17.5	18.5	19.28		
Ni^{2+}	2.80	5.04	6.77	7.96	8.71	8.74
Ag^{+}	3.24	7.05				
Zn^{2+}	2.37	4.81	7.31	9.46		
Cd^{2+}	2.65	4.75	6.19	7.12	6.80	5.14
氯络合物						
Hg^{2+}	6.74	13.22	14.07	15.07		
Ag^{+}	3.04	5.04				
氰络合物						
Cd^{2+}	5.48	10.60	15.23	18.78		
Cu^{+}		24.0	28.59	30.30		
Fe^{2+}						35
Fe^{3+}						42
Hg^{2+}				41.4		
Ni^{2+}				31.3		
Ag^{+}		21.1	21.7	20.6		
Zn^{2+}				16.7		
氟络合物						
Al^{3+}	6.10	11.15	15.00	17.75	19.37	19.84
Fe^{3+}	5.28	9.30	12.06			
Th^{4+}	7.65	13.46	17.97			
TiO^{2+}	5.4	9.8	13.7	18.0		
Zr^{4+}	8.80	16.12	21.94			
碘络合物						
Bi^{3+}	3.63			14.95	16.80	18.80
Hg^{2+}	12.87	23.82	27.60	29.83		
Cd^{2+}	2.10	3.43	4.49	5.41		
硫氰酸络合物						
Fe^{3+}	2.95	3.36				
Hg^{2+}		17.47		21.23		

续表

金属离子	$\lg\beta_1$	$\lg\beta_2$	$\lg\beta_3$	$\lg\beta_4$	$\lg\beta_5$	$\lg\beta_6$
硫代硫酸络合物						
Ag^+	8.82	13.46				
Hg^{2+}		29.44	31.90	33.24		
磺基水杨酸络合物						
Al^{3+}	13.20	22.83	28.89			
Fe^{3+}	14.64	25.18	32.12			
乙酰丙酮络合物						
Al^{3+}	8.6	15.5				
Cu^{2+}	8.27	16.34				
Fe^{3+}	11.4	22.1	26.7			
枸橼酸络合物						
Al^{3+}	20.0					
Co^{2+}	12.5					
Cd^{2+}	11.3					
Cu^{2+}	14.2					
Fe^{2+}	15.5					
Fe^{3+}	25.0					
Ni^{2+}	14.3					
Zn^{2+}	11.4					
邻二氮菲络合物						
Ag^+	5.02	12.07				
Cd^{2+}	5.93	10.53	14.31			
Co^{2+}	7.25	13.95	19.90			
Cu^{2+}	9.08	15.76	20.94			
Fe^{3+}	6.5	11.4	23.5			
Hg^{2+}		19.65	23.35			
Ni^{2+}	8.80	17.10	24.80			
Zn^{2+}	6.55	12.35	17.55			
乙二胺络合物						
Ag^+	4.70	7.70				
Cu^{2+}	10.67	20.00	21.0			
Co^{2+}	5.91	10.64	13.94			
Cd^{2+}	5.47	10.09	12.09			
Hg^{2+}	14.3	23.3				
Zn^{2+}	5.77	10.83	14.11			
Ni^{2+}	7.52	13.84	18.33			

附表 6-2　金属离子的 $\lg\alpha_{M(OH)}$

金属离子	离子强度	pH													
		1	2	3	4	5	6	7	8	9	10	11	12	13	14
Al^{3+}	2					0.4	1.3	5.3	9.3	13.3	17.3	21.3	25.3	29.3	33.3
Bi^{3+}	3	0.1	0.5	1.4	2.4	3.4	4.4	5.4							
Ca^{2+}	0.1													0.3	1.0
Cd^{2+}	3									0.1	0.5	2.0	4.5	8.1	12.0
Co^{2+}	0.1								0.1	0.4	1.1	2.2	4.2	7.2	10.2
Cu^{2+}	0.1								0.2	0.8	1.2	2.7	3.7	4.7	5.7
Fe^{2+}	1									0.1	0.6	1.5	2.5	3.5	4.5
Fe^{3+}	3			0.4	1.8	3.7	5.7	7.7	9.7	11.7	13.7	15.7	17.7	19.7	21.7
Hg^{2+}	0.1			0.5	1.9	3.9	5.9	7.9	9.9	11.9	13.9	15.9	17.9	19.9	21.9
La^{3+}	3										0.3	1.0	1.9	2.9	3.9
Mg^{2+}	0.1											0.1	0.5	1.3	2.3
Mn^{2+}	0.1										0.1	0.5	1.4	2.4	3.4
Ni^{2+}	0.1									0.1	0.7	1.6			
Pb^{2+}	0.1							0.1	0.5	1.4	2.7	4.7	7.4	10.4	13.4
Th^{4+}	1				0.2	0.8	1.7	2.7	3.7	4.7	5.7	6.7	7.7	8.7	9.7
Zn^{2+}	0.1									0.2	2.4	5.4	8.5	11.8	15.5

附表 6-3　常用金属指示剂的有关数据

1. 铬黑 T

pH	6.0	7.0	8.0	9.0	10.0	11.0	12.0	13.0	平衡常数
$\lg\alpha_{In(H)}$	6.0	4.6	3.6	2.6	1.6	0.7	0.1		pK_{a_2}=6.3；pK_{a_3}=11.6
pCat			1.8	2.8	3.8	4.7	5.3	5.4	$\lg K_{CaIn}$5.4
pM_t	1.0	2.4	3.4	4.4	5.4	6.3			$\lg K_{MgIn}$5.4
pZn_t	6.9	8.3	9.3	10.5	12.2	13.9			$\lg K_{ZnIn}$12.9；$\lg K_{ZnIn}$20.0

2. 二甲酚橙

pH	1.0	2.0	3.0	4.0	4.5	5.0	5.5	6.0	6.5	7.0
pBi_t	4.0	5.4	6.8							
pCd_t					4.0	4.5	5.0	5.5	6.3	6.8
pHg_t						7.4	8.2	9.0		
pLa_t					4.0	4.5	5.0	5.6	6.7	
pPb_t			4.2	4.8	6.2	7.0	7.6	8.2		
pTh_t	3.6	4.9	6.3							
pZn_t					4.1	4.8	5.7	6.5	7.3	8.0
pZr_t	7.5									

3. PAN

pH	4.0	5.0	6.0	7.0	8.0	9.0	10.0	11.0	平衡常数
$\lg\alpha_{In(H)}$	8.2	7.2	6.2	5.2	4.2	3.2	2.2	1.2	pK_{a_1}2.9；pK_{a_2}11.2
pCu_t（至红）	7.8	8.8	9.8	10.8	11.8	12.8	13.8	14.8	$\lg K_{CuI}$16.0

附录七　电极电位

附表 7-1　标准电极电位 $\varphi^{\ominus}$（18～25℃）

电极电位	$\varphi^{\ominus}$(V)
F_2(气)$+2H^++2e = 2HF$	3.053
$O_3+2H^++2e = O_2+H_2O$	2.076
$S_2O_8^{2-}+2e = 2SO_4^{2-}$	2.010
$H_2O_2+2H^++2e = 2H_2O$	1.776
$MnO_4^-+4H^++3e = MnO_2$(固)$+2H_2O$	1.679
PbO_2(固)$+SO_4^{2-}+4H^++2e = PbSO_4$(固)$+2H_2O$	1.6913
$HClO_2+2H^++2e = HClO+H_2O$	1.645
$HClO+H^++e = 1/2Cl_2+H_2O$	1.611
$Ce^{4+}+e = Ce^{3+}$	1.72
$H_5IO_6+H^++2e = IO_3^-+3H_2O$	1.601
$HBrO+H^++e = 1/2Br_2+H_2O$	1.596
$BrO_3^-+6H^++5e = 1/2Br_2+3H_2O$	1.482
$MnO_4^-+8H^++5e = Mn^{2+}+4H_2O$	1.507
Au(Ⅲ)$+3e = Au$	1.50
$HClO+H^++2e = Cl^-+H_2O$	1.49
$ClO_3^-+6H^++5e = 1/2Cl_2+3H_2O$	1.47
PbO_2(固)$+4H^++2e = Pb^{2+}+2H_2O$	1.455
$HIO+H^++e = 1/2I_2+H_2O$	1.45
$ClO_3^-+6H^++6e = Cl^-+3H_2O$	1.451
$BrO_3^-+6H^++6e = Br^-+3H_2O$	1.423
Au(Ⅲ)$+2e =$ Au(Ⅰ)	1.41
Cl_2(气)$+2e = 2Cl^-$	1.35827
$ClO_4^-+8H^++7e = 1/2Cl_2+4H_2O$	1.39
$Cr_2O_7^{2-}+14H^++6e = 2Cr^{3+}+7H_2O$	1.36
MnO_2(固)$+4H^++2e = Mn^{2+}+2H_2O$	1.224
O_2(气)$+4H^++4e = 2H_2O$	1.229
$IO_3^-+6H^++5e = 1/2I_2+3H_2O$	1.20
$ClO_4^-+2H^++2e = ClO_3^-+H_2O$	1.189
Br_2(水)$+2e = 2Br^-$	1.066
$NO_2+H^++e = HNO_2$	1.07
Br_2(液)$+2e = 2Br^-$	1.0873
$HNO_2+H^++e = NO$(气)$+H_2O$	0.983

续表

电极电位	$\varphi^{\ominus}$(V)
$VO_2^{+}+2H^{+}+e$══$VO_2^{+}+H_2O$	0.991
$NO_3^{-}+3H^{+}+2e$══HNO_2+H_2O	0.934
$ClO^{-}+H_2O+2e$══$Cl^{-}+2OH^{-}$	0.81
H_2O_2+2e══$2OH^{-}$	0.88
$Cu^{2+}+I^{-}+e$══CuI(固)	0.86
$Hg^{2+}+2e$══Hg	0.851
$NO_3^{-}+2H^{+}+e$══NO_2+H_2O	0.80
$Ag^{+}+e$══Ag	0.7996
$Hg_2^{2+}+2e$══2Hg	0.7973
$Fe^{3+}+e$══Fe^{2+}	0.771
$BrO^{-}+H_2O+2e$══$Br^{-}+2OH^{-}$	0.761
O_2(气)$+2H^{+}+2e$══H_2O_2	0.695
$AsO_2^{-}+2H_2O+3e$══$As+4OH^{-}$	−0.68
$2HgCl_2+2e$══Hg_2Cl_2(固)$+2Cl^{-}$	0.63
Hg_2SO_4(固)$+2e$══$2Hg+SO_4^{2-}$	0.6151
$MnO_4^{-}+2H_2O+3e$══MnO_2(固)$+4OH^{-}$	0.595
$MnO_4^{-}+e$══MnO_4^{2-}	0.558
H_3AsO_4(固)$+2H^{+}+2e$══$HAsO_2+2H_2O$	0.560
$I_3^{-}+2e$══$3I^{-}$	0.545
I_2(固)$+2e$══$2I^{-}$	0.5345
Mo(Ⅵ)+e══Mo(V)	0.53
$Cu^{+}+e$══Cu	0.521
$4SO_2$(水)$+4H^{+}+6e$══$S_4O_6^{2-}+2H_2O$	0.51
$HgCl_4^{2-}+2e$══$Hg^{2+}+4Cl^{-}$	0.48
$2SO_2$(水)$+2H^{+}+4e$══$S_2O_3^{2-}+H_2O$	0.40
$Fe(CN)_6^{3-}+e$══$Fe(CN)_6^{4-}$	0.358
$Cu^{2+}+2e$══Cu	0.3419
$VO_2^{+}+2H^{+}+e$══$V^{3+}+H_2O$	0.337
$BiO^{+}+2H^{+}+3e$══$Bi^{+}+H_2O$	0.320
Hg_2Cl_2(固)$+2e$══$2Hg^{+}+2Cl^{-}$	0.268 08
$HAsO_2+3H^{+}+3e$══$As+2H_2O$	0.248
AgCl(固)$+e$══$Ag^{+}+Cl^{-}$	0.222 33
$SbO^{+}+2H^{+}+3e$══$Sb+H_2O$	0.212
$SO_4^{2-}+4H^{+}+2e$══SO_2(水)$+H_2O$	0.172
$Cu^{2+}+e$══Cu^{+}	0.159
$Sn^{4+}+2e$══Sn^{2+}	0.151
$S+2H^{+}+2e$══H_2S(气)	0.142

续表

电极电位	$\varphi^{\ominus}$(V)
Hg_2Br_2+2e══$2Hg+2Br^-$	0.139 23
$TiO_2^++2H^++e$══$Ti^{3+}+H_2O$	0.1
$S_4O_6^{2-}+2e$══$2S_2O_3^{2-}$	0.08
AgBr(固)+e══$Ag+Br^-$	0.071 33
$2H^++2e$══H_2	0.000
O_2+2H_2O+4e══$4OH^-$	−0.076
$TiOCl^++2H^++3Cl^-+e$══$TiCl_4^-+H_2O$	−0.09
$Pb^{2+}+2e$══Pb	−0.1262
$Sn^{2+}+2e$══Sn	−0.1375
AgI(固)+e══$Ag+I^-$	−0.15224
$Ni^{2+}+2e$══Ni	−0.2457
$H_3PO_4+2H^++2e$══$H_3PO_3+H_2O$	−0.276
$Co^{2+}+2e$══Co	−0.28
Tl^++e══Tl	−0.336
$In^{3+}+3e$══In	−0.3382
$PbSO_4$(固)+2e══$Pb+SO_4^{2-}$	−0.3588
$SeO_3^{2-}+3H_2O+4e$══$Se+6OH^-$	−0.366
$As+3H^++3e$══AsH_3	−0.608
$Se+2H^++2e$══H_2Se	−0.399
$Cd^{2+}+2e$══Cd	−0.4030
$Cr^{3+}+e$══Cr^{2+}	−0.407
$Fe^{2+}+2e$══Fe	−0.447
$S+2e$══S^{2-}	−0.476 27
$2CO_2+2H^++2e$══$H_2C_2O_4$	−0.49
$H_3PO_3+2H^++2e$══$H_3PO_2+H_2O$	−0.499
$Sb+3H^++3e$══SbH_3	−0.510
$HPbO_2^-+H_2O+2e$══$Pb+3OH^-$	−0.537
$Ga^{3+}+3e$══Ga	−0.549
$TeO_3^{2-}+3H_2O+4e$══$Te+6OH^-$	−0.57
$2SO_3^{2-}+3H_2O+4e$══$S_2O_3^{2-}+6OH^-$	−0.571
$SO_3^{2-}+3H_2O+4e$══$S+6OH^-$	−0.66
Ag_2S(固)+2e══$2Ag+S^{2-}$	−0.691
$AsO_4^{3-}+2H_2O+2e$══$AsO_2^-+4OH^-$	−0.71
$Zn^{2+}+2e$══Zn	−0.7618
$2H_2O+2e$══H_2+2OH^-	−0.8277
$Cr^{2+}+2e$══Cr	−0.913
$HSnO_2^-+H_2O+2e$══$Sn+3OH^-$	−0.91

续表

电极电位	$\varphi^{\ominus}$(V)
$Se+2e=Se^{2-}$	–0.92
$Sn(OH)_6^{2-}+2e=HSnO_2^-+H_2O+3OH^-$	–0.93
$CNO^-+H_2O+2e=CN^-+2OH^-$	–0.97
$Mn^{2+}+2e=Mn$	–1.185
$ZnO_2+2H_2O+2e=Zn+4OH^-$	–1.215
$Al^{3+}+3e=Al$	–1.662
$H_2AlO_3^-+H_2O+3e=Al+4OH^-$	–2.33
$Mg^{2+}+2e=Mg$	–2.372
$Na^++e=Na$	–2.71
$Ca^{2+}+2e=Ca$	–2.868
$Sr^{2+}+2e=Sr$	–2.899
$Ba^{2+}+2e=Ba$	–2.912
$K^++e=K$	–2.931
$Li^++e=Li$	–3.040 1

附表 7-2 某些氧化还原电对的条件电位 $\varphi^{\ominus'}$（V）

电极反应	$\varphi^{\ominus'}$（V）	介质
Ag(Ⅱ)+e══Ag(Ⅰ)	1.927	$4mol \cdot L^{-1}$ HNO_3
Ce(Ⅳ)+e══Ce(Ⅲ)	1.74	$1mol \cdot L^{-1}$ $HClO_4$
	1.44	$0.5mol \cdot L^{-1}$ H_2SO_4
	1.28	$1mol \cdot L^{-1}$ HCl
$Co^{3+}+e=Co^{2+}$	1.84	$3mol \cdot L^{-1}$$HNO_3$
Co(乙二胺 $)_3^{3+}$+e══Co(乙二胺 $)_3^{2+}$	–0.2	$0.1mol \cdot L^{-1}$$KNO_3$ +$0.1mol \cdot L^{-1}$ 乙二胺
Cr(Ⅲ)+2e══Cr(Ⅱ)	–0.40	$5mol \cdot L^{-1}$HCl
$Cr_2O_7^{2-}+14H^++6e=2Cr^{3+}+7H_2O$	1.08	$3mol \cdot L^{-1}$HCl
	1.15	$4mol \cdot L^{-1}$$H_2SO_4$
	1.025	$1mol \cdot L^{-1}$$HClO_4$
$CrO_4^{2-}+2H_2O+3e=CrO_2^-+4OH^-$	–0.12	$1mol \cdot L^{-1}$NaOH
Fe(Ⅲ)+e══Fe(Ⅱ)	0.767	$1mol \cdot L^{-1}$$HClO_4$
	0.71	$0.5mol \cdot L^{-1}$HCl
	0.70	$1mol \cdot L^{-1}$ HCl
	0.68	$1mol \cdot L^{-1}$$H_2SO_4$
	0.46	$2mol \cdot L^{-1}$$H_3PO_4$
	0.51	$1mol \cdot L^{-1}$HCl～$0.25mol \cdot L^{-1}$$H_3PO_4$
$Fe(EDTA)^{3+}+e=Fe(EDTA)^{2+}$	0.12	$0.1mol \cdot L^{-1}$EDTA pH=4～6
$Fe(CN)_6^{3-}+e=Fe(CN)_6^{4-}$	0.56	$0.1mol \cdot L^{-1}$ HCl

续表

电极反应	$\varphi^{\ominus'}$（V）	介质
$FeO_4^{2-}+2H_2O+3e=FeO_2^-+4OH^-$	0.55	$10mol \cdot L^{-1}NaOH$
$I_3^-+3e=3I^-$	0.5446	$0.5mol \cdot L^{-1}H_2SO_4$
I_2(水)$+2e=2I^-$	0.6276	$0.5mol \cdot L^{-1}H_2SO_4$
$MnO_4^-+8H^++5e=Mn^{2+}+4H_2O$	1.45	$1mol \cdot L^{-1}HClO_4$
$SnCl_6^{2-}+2e=SnCl_4^{2-}+2Cl^-$	0.14	$1mol \cdot L^{-1}HCl$
Sb(V)+2e=Sb(Ⅲ)	0.75	$3.5mol \cdot L^{-1}HCl$
$Sb(OH)_6^-+2e=SbO_2^-+2OH^-+2H_2O$	−0.428	$3mol \cdot L^{-1}NaOH$
$SbO_2^-+2H_2O+3e=Sb+4OH^-$	−0.675	$10mol \cdot L^{-1}KOH$
Ti(Ⅳ)+e=Ti(Ⅲ)	−0.01	$0.2mol \cdot L^{-1}H_2SO_4$
	0.12	$2mol \cdot L^{-1}H_2SO_4$
	−0.04	$1mol \cdot L^{-1}HCl$
	−0.05	$1mol \cdot L^{-1}H_3PO_4$
Pb(Ⅱ)+2e=Pb	−0.32	$1mol \cdot L^{-1}NaAc$

附录八　难溶化合物的溶度积常数（25℃，I=0）

化合物	K_{sp}	pK_{sp}	化合物	K_{sp}	pK_{sp}
Ag_3AsO_4	1.03×10^{-22}	21.99	CaP_2O_7	1.3×10^{-8}	7.9
$AgBr$	5.35×10^{-13}	12.27	$CaSO_3$	3.1×10^{-7}	6.51
$AgBrO_3$	5.38×10^{-5}	4.27	$CaSO_4$	4.93×10^{-5}	4.31
$AgCN$	5.97×10^{-17}	16.22	$CdCO_3$	1.0×10^{-12}	12.0
Ag_2CO_3	8.46×10^{-12}	11.07	CdC_2O_4	1.42×10^{-8}	7.85
$Ag_2C_2O_4$	5.40×10^{-12}	11.27	β-$Cd(OH)_2$	4.5×10^{-15}	14.35
$AgCl$	1.77×10^{-10}	9.75	γ-$Cd(OH)_2$	7.9×10^{-15}	14.10
Ag_2CrO_4	1.12×10^{-12}	11.95	CdS	1×10^{-27}	27.0
AgI	8.52×10^{-17}	16.07	$Ce_2(C_2O_4)_3$	3×10^{-26}	25.5
$AgIO_3$	3.17×10^{-8}	7.50	$Ce(OH)_3$	6.3×10^{-24}	23.2
Ag_3PO_4	8.89×10^{-17}	16.05	$CeO_2(Ce^{4+}+4OH^-)$	1×10^{-65}	65.0
Ag_2S	8×10^{-51}	50.1	$Co(C_9H_6NO)_2$	6.3×10^{-25}	24.2
$AgSCN$	1.03×10^{-12}	11.99	$CoCO_3$	1.05×10^{-10}	9.98
Ag_2SO_3	1.50×10^{-14}	13.82	$Co(OH)_2$	5.92×10^{-15}	14.23
Ag_2SO_4	1.20×10^{-5}	4.92	α-CoS	5×10^{-22}	21.3
Ag_2Se	2×10^{-64}	63.7	β-CoS	2.5×10^{-26}	25.6
Ag_2SeO_4	1.2×10^{-9}	8.91	$Co(OH)_3$(19℃)	3.2×10^{-45}	44.5
$Al(OH)_3$（无定形）	4.6×10^{-33}	32.34	$Cr(OH)_3$	6×10^{-31}	30.2
$Au(OH)_3$	3×10^{-48}	47.5	$CuBr$	6.27×10^{-9}	8.20
$Ba(C_9H_6NO)_2$	2×10^{-8}	7.7	$CuCl$	1.72×10^{-7}	6.76
$BaCO_3$	2.58×10^{-9}	8.59	CuI	1.27×10^{-12}	11.90
BaC_2O_4	1×10^{-6}	6.0	Cu_2S	3.2×10^{-49}	48.5
$BaCrO_4$	1.17×10^{-10}	9.93	$Cu(C_9H_6NO)_2$	8×10^{-30}	29.1
BaF_2	1.84×10^{-7}	6.74	$CuCO_3$	2.3×10^{-10}	9.63
$Ba_3(PO_4)_2$	5×10^{-30}	29.30	CuC_2O_4	4.43×10^{-10}	9.35
$BaSO_4$	1.08×10^{-10}	9.97	$Cu(OH)_2$	4.8×10^{-20}	19.32
$BaSeO_4$	3.40×10^{-8}	7.47	CuS	8×10^{-37}	36.1
$Be(OH)_2$（无定形）	6.92×10^{-22}	21.16	$Fe(OH)_2$	4.87×10^{-17}	16.31
BiI_3	7.71×10^{-19}	18.11	FeS	8×10^{-19}	18.1
$BiOBr$	6.9×10^{-35}	34.16	$Fe(C_9H_6NO)_3$	3×10^{-44}	43.5
$BiOCl$	1.6×10^{-36}	35.8	$Fe(OH)_3$	2.79×10^{-39}	38.55
$BiPO_4$	1.3×10^{-23}	22.89	Hg_2Br_2	6.40×10^{-23}	22.19
Bi_2S_3	1×10^{-100}	100	$Hg_2(CN)_2$	5×10^{-40}	39.30
$Ca(C_9H_6NO)_2$	4×10^{-11}	10.4	Hg_2CO_3	3.6×10^{-17}	16.44
$CaCO_3$	3.36×10^{-9}	8.47	Hg_2Cl_2	1.43×10^{-18}	17.84

续表

化合物	K_{sp}	pK_{sp}	化合物	K_{sp}	pK_{sp}
CaC_2O_4	2.32×10^{-9}	8.63	Hg_2CrO_4	2.0×10^{-9}	8.70
CaF_2	3.45×10^{-11}	10.46	Hg_2I_2	5.2×10^{-29}	28.28
$CaMnO_4$	1×10^{-8}	8.0	$Hg_2(OH)_2$	2×10^{-24}	23.7
$Ca(OH)_2$	5.02×10^{-6}	5.30	$Hg_2(SCN)_2$	3.2×10^{-20}	19.49
$HgBr_2$	$.2\times10^{-20}$	19.21	$PbCO_3$	7.4×10^{-14}	13.13
HgI_2	2.9×10^{-29}	28.54	PbC_2O_4	3.2×10^{-11}	10.5
$HgO(Hg^{+}+2OH^{-})$	3.6×10^{-26}	25.44	$PbCl_2$	1.7×10^{-5}	4.78
HgS（黑色）	2×10^{-53}	52.7	$PbCrO_4$	1.8×10^{-14}	13.75
HgS（红色）	5×10^{-54}	53.3	PbF_2	3.6×10^{-8}	7.44
$(HgSCN)_2$	3.2×10^{-20}	19.49	$Pb_2Fe(CN)_6$	9.5×10^{-19}	18.02
$In(C_9H_6NO)_3$	4.6×10^{-32}	31.34	PbI_2	7.9×10^{-9}	8.10
$In(OH)_3$	1.3×10^{-37}	36.9	$Pb_3(PO_4)_2$	3.0×10^{-44}	43.53
In_2S_3	6.3×10^{-74}	73.2	PbS	3.2×10^{-28}	27.5
$La_2(CO_3)_3$	4×10^{-34}	33.4	$PbSO_4$	1.6×10^{-8}	7.79
$La_2(C_2O_4)_3$	1×10^{-25}	25.0	PbSe	8×10^{-43}	42.1
$La(IO_3)_3$	7.50×10^{-12}	11.12	$PbSeO_4$	1.4×10^{-7}	6.84
$La(OH)_3$	2×10^{-20}	20.7	$Pd(OH)_2$	3.2×10^{-29}	28.50
$LaPO_4$	3.7×10^{-23}	22.43	$Pr(OH)_3$	7.9×10^{-22}	21.10
$Mg(C_9H_6NO)_2$	4×10^{-16}	15.4	Sb_2S_3	1×10^{-93}	93
$MgCO_3$	6.82×10^{-6}	5.17	$Sm(OH)_3$	7.9×10^{-23}	22.10
MgF_2	5.16×10^{-11}	10.29	SnI_2	8.3×10^{-6}	5.08
$MgNH_4PO_4$	2.5×10^{-13}	12.6	SnS	1.3×10^{-26}	25.9
$Mg(OH)_2$	5.61×10^{-12}	11.25	SnS_2	2.4×10^{-27}	26.62
$Mg_3(PO_4)_2\cdot8H_2O$	6.3×10^{-26}	25.20	$Sr(C_9H_6NO)_2$	2×10^{-9}	8.7
$Mn(C_9H_6NO)_2$	2×10^{-22}	21.7	$SrCO_3$	5.60×10^{-10}	9.25
$MnCO_3$	2.24×10^{-11}	10.65	SrC_2O_4	4×10^{-7}	6.4
$Mn(OH)_2$	1.6×10^{-13}	12.8	$SrCrO_4$	2.2×10^{-5}	4.66
MnS（无定形）	3.2×10^{-11}	10.5	SrF_2	4.33×10^{-9}	8.36
MnS（晶形）	3.2×10^{-14}	13.5	$Sr_2P_2O_7$	1.2×10^{-7}	6.92
$Nd(OH)_3$	3.2×10^{-22}	21.50	$SrSO_4$	3.44×10^{-7}	6.46
$NiCO_3$	1.42×10^{-7}	6.85	$Zn(C_9H_6NO)_2$	2×10^{-24}	23.7
$Ni(OH)_2$	5.48×10^{-16}	15.26	$ZnCO_3$	1.46×10^{-10}	9.84
α-NiS	4×10^{-20}	19.40	ZnC_2O_4	1.38×10^{-9}	8.86
β-NiS	1.3×10^{-25}	24.90	$Zn(OH)_2$(无定形)	3.0×10^{-17}	16.52
γ-NiS	2.5×10^{-27}	26.6	$Zn_2Fe(CN)_6$	2.1×10^{-16}	15.68
Ni-丁二酮肟	2.2×10^{-24}	23.66	α-ZnS	2×10^{-25}	24.7
$Ni(C_9H_6NO)_2$	3×10^{-26}	25.5	β-ZnS	3.2×10^{-23}	22.5
$PbBr_2$	2.1×10^{-6}	5.68	$ZrO_2(Zr^{4+}+4OH^{-})$	8×10^{-55}	54.1

附录九 常用标准缓冲溶液的pH（0～60℃）

温度（℃）	pH					
	0.05mol · L^{-1}草酸三氢钾	25℃饱和酒石酸氢钾	0.05mol · L^{-1}邻苯二甲酸氢钾	0.025 mol · L^{-1} KH_2PO_4 + 0.025 mol · L^{-1} K_2HPO_4	0.01 mol · L^{-1}硼砂	25℃饱和氢氧化钙
0	1.668	—	4.003	6.984	9.464	13.423
5	1.668	—	3.999	6.951	9.395	13.207
10	1.670	—	3.998	6.923	9.332	13.003
15	1.672	—	3.999	6.900	9.276	12.810
20	1.675	—	4.002	6.881	9.225	12.627
25	1.679	3.557	4.008	6.865	9.180	12.454
30	1.683	3.552	4.015	6.853	9.139	12.289
35	1.688	3.549	4.024	6.844	9.102	12.133
38	1.691	3.548	4.030	6.840	9.081	12.043
40	1.694	3.547	4.035	6.838	9.068	11.984
45	1.700	3.547	4.047	6.834	9.038	11.841
50	1.707	3.549	4.060	6.833	9.011	11.705
55	1.715	3.554	4.075	6.834	8.985	11.574
60	1.723	3.560	4.091	6.836	8.962	11.449

附录十　主要基团的红外特征吸收峰

基团	振动类型	波数（cm^{-1}）	波长（μm）	强度	备注
一、烷烃类	CH 伸	3000～2850	3.33～3.51	中、强	分为反称与对称伸缩
	CH 弯（面内）	1490～1350	6.70～7.41	中、强	
	C-C 伸（骨架振动）	1300～1100	7.69～9.09	中、强	异丙基及叔丁基
1. CH_3	CH 伸（反称）	2962±10	3.38±0.01	强	
	CH 伸（对称）	2872+10	3.4±0.01	强	
	CH 弯（反称、面内）	1450±20	6.90±0.10	中	
	CH 弯（对称、面内）	1380～1365	7.25～7.33	强	
2.—CH_2—	CH 伸（反称）	2926±10	3.42±0.01	强	
	CH 伸（对称）	2853±10	3.51±0.01	强	
	CH 弯（面内）	1465±20	6.83±0.10	中	
3. 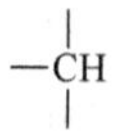	CH 伸	2890±10	3.46±0.01	弱	
	CH 弯（面内）	～1340	～7.46	弱	
4. 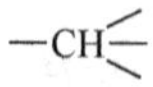	C—C 伸（面内）	1200±10	8.33±0.01	变	
二、烯烃类	CH 伸	3100～3000	3.23～3.33	中、弱	
	C═C 伸	1695～1630	5.90～6.13	变	共轭为双峰
	CH 弯（面内）	1430～1290	7.00～7.75	中	
	CH 弯（面外）	1010～650	9.90～15.4	强	中间有数段间隔
1. 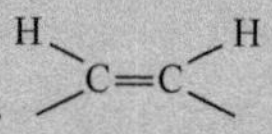	CH 伸	3050～3000	3.28～3.33	中	
	CH 弯（面内）	1310～1295	7.63～7.72	中	
	CH 弯（面外）	730～650	13.70～15.38	强	
2. 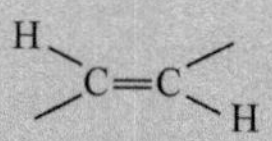	CH 伸	3050～3000	3.28～3.33	中	
	CH 弯（面外）	980～965	10.20～10.36	强	
3. 单取代	CH 伸（反称）	3092～3077	3.23～3.25	中	
—CH═CH_2	CH 伸（对称）	3025～3012	3.31～3.32	中	
	CH 弯（面外）	995～985	10.05～10.15	强	
	CH' 弯（面外）	910～905	10.99～11.05	强	
三、炔烃类	≡CH 伸	～3300	～3.03	中	
	C≡C 伸	2260～2100	4.42～4.76	中	
	≡CH 弯（面内）	1260～1245	5.94～8.03		一般无应用价值
	≡CH 弯（面外）	645～615	15.50～16.25	强	

续表

基团	振动类型	波数（cm^{-1}）	波长（μm）	强度	备注	
四、取代苯类				变	一般三、四个峰，苯环高度特征峰	
	CH 伸	3100～3000	3.23～3.33			
	泛频峰	2000～1667	5.00～6.00	弱		
	骨架振动（$\nu_{C=C}$）	1650～1430	6.06～6.99	中、强	确定苯环存在重要峰之一	
	CH 弯（面内）	1250～1000	8.00～10.00	弱		
	CH 弯（面外）	910～665	10.99～15.03	强	确定取代位置最重要峰	
	苯环的骨架振动（$\nu_{C=C}$）	1600±20	6.25±0.08			
		1500±25	6.67±0.10			
		1580±10	6.33±0.04		共轭环	
		1450±20	6.90±0.10		共轭环	
1. 单取代	CH 弯（面外）	770～730	12.99～13.70	极强	五个相邻氢	
	C═C 弯	710～695	14.08～14.39	强	环变形振动	
2. 邻-双取代	CH 弯（面外）	770～735	12.99～13.61	极强	四个相邻氢	
	C═C 弯	730～690	13.70～14.49	弱①	环变形振动	
3. 间-双取代	CH 弯（面外）	810～750	12.35～13.33	极强	三个相邻氢	
		900～860	11.12～11.63	中	一个氢（次要）	
	C═C 弯	710～690	14.08～14.49	中	环变形振动	
4. 对-双取代	CH 弯（面外）	860～800	11.63～12.50	极强	两个相邻氢	
	C═C 弯	730～690	13.70～14.49	弱①	环变形振动	
5. 1, 2, 3-三取代	CH 弯（面外）	810～750	12.35～13.33	强	与间双易混，参考 δ_{CH} 及泛频峰	
	C═C 弯	725～680	13.79～14.71	中	环变形振动	
6. 1, 3, 5-三取代	CH 弯（面外）	874～835	11. 44～11. 98	强	一个氢	
	C═C 弯	730～675	13.70～14.81	强	环变形振动	
7. 1, 2 , 4-三取代	CH 弯（面外）	885～860	11.30～11.63	中	一个氢	
		860～800	11.63～12.50	强	两个相邻氢	
	C═C 弯（面外）	750～700	13.33～14.29	很弱或无		
五、醇与酚类	OH 伸	3700～3200	2.70～3.13	变		
	OH 弯（面内）	1420～1330	7.04～7.52	弱		
	C—O 伸	1260～1000	7.94～10.00	强		
	O—H 弯（面外）	750～650	13.33～15.38	强	液态有此峰	
（1）OH 伸缩频率 游离 OH	OH 伸	3650～3590	2.74～2.79	强	锐锋	
分子间氢键	OH 伸（二聚缔合）	～3500	～2.86	强	钝峰	稀释移动
分子间氢键	OH 伸（多聚缔合）	～3320	～3.01	强	钝峰	稀释移动
分子间氢键	OH 伸（单桥）	3570～3450	2.80～2.90	强	钝峰	稀释无影响
（2）OH 弯或 C—O 伸伯醇（饱和）	OH 弯（面内）	～1400	～7.14	强		

续表

基团	振动类型	波数（cm^{-1}）	波长（μm）	强度	备注
（2）OH 弯或 C—O 伸伯醇（饱和）	C—O 伸	1085～1050	9.22～9.52	强	
仲醇（饱和）	OH 弯（面内）	～1400	～7.14	强	
	C—O 伸	1124～1087	8.90～9.20	强	
叔醇（饱和）	OH 弯（面内）	～1400	～7.14	强	
	C—O 伸	1205～1124	8.30～8.90	强	
酚类（═OH）	OH 弯（面内）	1390～1330	7.20～7.52	中	
	C—O 伸	1260～1180	7.94～8.47	强	
六、醚类	C—O—C 伸	1270～1010	7.89～9.90	强	或标 C—O 伸（下同）
1. 脂链醚					
饱和醚	C—O—C 伸	1150～1060	8.70～9.43	强	
不饱和醚	═C—O—C 伸	1225～1200	8.16～8.33	强	
2. 脂环醚					
四元环	C—O—C 伸（反称）	～1030	～9.71	强	
	C—O—C 伸（对称）	～980	～10. 20	强	
五元环	C—O—C 伸（反称）	～1050	～9.52	强	
	C—O—C 伸（对称）	～900	～11.11	强	
更大环	C—O—C 伸	～1100	～9.09	强	
3. 芳醚（氧与芳环相连）	═C—O—C 伸（反称）	1270～1230	7.87～8.13	强	氧与侧链碳相连的芳醚同脂肪醚
	═C—O—C 伸（对称）	1050～1000	9.52～10.00	中	
	CH 伸	～2825	～3.53	弱	含—CH_3 芳醚（O—CH_3）
七、醛类（—CHO）	CH 伸	2850～2710	3.51～3.69	弱	一般为 2820 cm^{-1} 及～2720 cm^{-1} 两个谱带
	C═O 伸	1755～1655	5.70～6.00	强	
	CH 弯（面外）	975～780	10.26～12.80	中	
1. 饱和脂肪醛	C═O 伸	～1725	～5.80	强	CH 伸、CH 弯同上
	C—C 伸②	1440～1325	6.95～7.55	中	
2. α, β-不饱和醛	C═O 伸	～1685	～5.93	强	CH 伸、CH 弯同上
3. 芳醛	C═O 伸	～1695	～5.90	强	CH 伸、CH 弯同上
	C—C 伸	1415～1160	7.07～7.41	中	与芳环取代基有关
八、酮类	C═O 伸	1730～1630	5.78～6.13	强	
	C—C 伸	1250～1030	8.00～9.70	弱	
	泛频	3510～3390	2.85～2.95	很弱	
1. 脂酮					
饱和链状酮	C═O 伸	1725～1705	5.80～5.86	强	
α, β-不饱和酮	C═O 伸	1685～1665	5.93～6.01	强	
β 二酮（烯醇式）	C═O 伸	1620～1600	6.17～6.25	强	共轭螯合作用的谱带

续表

基团	振动类型	波数（cm^{-1}）	波长（μm）	强度	备注
2. 芳酮类	C═O 伸	1700～1630	5.88～6.14	强	
	C—C	1325～1215	7.55～8.23	强	
Ar-CO	C═O 伸	1690～1680	5.92～5.95	强	
二芳酮	C═O 伸	1670～1660	5.99～6.02	强	
1-酮基-2-羟基（或氨基）芳酮	C═O 伸	1665～1635	6.01～6.12	强	
3. 脂环酮					
四元	C═O 伸	～1775			
五元	C═O 伸	1750～1740	5.71～5.75	强	
六元，七元环酮	C═O 伸	1745～1725	5.73～5.80	强	
九、羧酸类	OH 伸	3400～2500	2.94～4.00	中	在稀溶液中，单体酸为锐
（—COOH）	C═O 伸	1740～1650	5.75～6.06	强	峰在～3350 cm^{-1}
	OH 弯（面内）	～1430	～6.99	弱	二聚体为宽峰，以～3000cm^{-1}
	C—O 伸	～1300	～7.69	中	为中心
	OH 弯（面外）	955～915	10.47～10.93	弱	二聚体
1. 脂肪酸					
R-COOH	C═O 伸	1725～1700	5.80～5.88	强	
α-卤代脂肪酸	C═O 伸	1740～1705	5.75～5.87	强	
α, *β*-不饱和酸	C═O 伸	1705～1690	5.87～5.91	强	
2. 芳酸	C═O 伸	1700～1680	5.88～5.95	强	二聚体
	C═O 伸	1670～1650	5.99～6.06	强	分子内氢键
十、羧酸盐	C═O 伸（反称）	1610～1550	6.21～6.45	强	
	C═O 伸（对称）	1440～1360	6.94～7.35	中	
十一、酸酐					
链酸酐	C═O 伸（反称）	1850～1800	5.41～5.56	强	共轭时每个谱带降 20 cm^{-1}
	C═O 伸（对称）	1780～1740	5.62～5.75	强	
	C═O 伸	1170～1050	8.55～9.52	强	
环酸酐	C═O 伸（反称）	1870～1820	5.35～5.49	强	共轭时每个谱带降 20 cm^{-1}
（五元环）	C═O 伸（对称）	1800～1750	5.56～5.71	强	
	C—O 伸	1300～1200	7.69～8.33	强	
十二、酯类	C═O 伸（倍频）	～3450	～2.90	弱	
	C═O 伸	1770～1720	5.65～5.81	强	多数酯
—COOR	C—O—C 伸	1300～1000	7.69～10.00	强	
1. C═O 伸缩振动					
正常饱和酯类	C═O 伸	1744～1739	5.73～5.75	强	
α, *β* 不饱和酯类	C═O 伸	～1720	～5.81	强	
δ 内酯	C═O 伸	1750～1735	5.71～5.76	强	

续表

基团	振动类型	波数（cm^{-1}）	波长（μm）	强度	备注
γ-内酯（饱和）	C═O 伸	1780～1760	5.62～5.68	强	
β 内酯	C═O 伸	～1820	～5.50	强	
2. C—O—C 伸缩振动					简称 C—O 伸
甲酸酯类	C—O 伸	～1185	～8.44	强	
乙酸酯类	C—O 伸	～1256	～7.96	强	
丙酸酯类	C—O 伸	～1194	～3.75	强	
正丁酸酯类	C—O 伸	～1200	～8.33	强	
酚类乙酸酯	C—O 伸	～1250	～8.00	强	
十三、胺					
	NH 伸	3500～3300	2.86～3.03	中	伯胺强，中；仲胺极弱
	NH 弯（面内）	1650～1510	6.06～6.62		
	C—N 伸	1340～1020	7.46～9.80	中	
	NH 弯（面内）	900～650	11.1～15.4	强	
1. 伯胺类					
（$C-NH_2$ 及 $Ar-NH_2$）	NH 伸（反称）	～3500	～2.86	中	
	NH 伸（对称）	～3400	～2.94	中	
	NH 弯（面内）	1650～1590	6.06～6.29	强、中	
	C—H 伸（芳香）	1380～1250	7.25～8.00	强	
	C—N 伸（脂肪）	1250～1020	8.00～9.80	中、弱	
2. 仲胺类					
C－NH－C	NH 伸	3500～3300	2.86～3.03	中	一个峰
	NH 弯（面内）	1650～1550	6.06～6.45	极弱	
	C—N（芳香）	1350～1280	7.41～7.81	强	
	C—N 伸（脂肪）	1220～1020	8.20～9.80	中、弱	
3. 叔胺类					
	C—N 伸（芳香）	1360～1310	7.35～7.63	中	
C—H<	C—N 伸（脂肪）	1220～1020	8.20～9.80	中、弱	
十四、胺盐	胺离子 伸	3300～2200	3.03～4.55	强、宽	
	合频谱带	2800～2000	3.57～5.00	弱、中	
	胺离子 弯	1630～1500	6.14～6.67	中、强	
	C—N 伸	1400～1300	7.14～7.69	中、变	
1. 胺离子 伸					
胺	胺离 伸	3200～2800	3.13～3.57	强、宽	
仲胺盐	胺离 伸	3000～2700	3.33～3.70	强、宽	
叔胺	胺离 伸	2700～2200	3.70～4.55	强、宽	

续表

基团	振动类型	波数（cm^{-1}）	波长（μm）	强度	备注
2. 合频谱带					为判断胺盐的重要标志
伯胺	合频谱带	2800～2000	3.57～5.00	中、强	
仲胺	合频谱带	2700～2300	3.33～4.35	弱、宽	
3. 胺离子 弯					
胺	胺离子 弯（反称）	1625～1560	6.15～6.41	中、强	
仲胺	胺离子 弯（对称）	1550～1505	6.45～6.65		
	胺离子 弯	1620～1560	6.17～6.41		
4. C—N 伸					
各类胺盐	C—N 伸	1400～1300	7.14～7.69		
十五、酰胺	NII 伸	3500～3100	2.86～3.22	强	伯酰胺双峰，仲酰胺单峰
（脂肪与芳香酰胺	C═O 伸	1680～1630	5.95～6.13	强	谱带Ⅰ
数据类似）	NH 弯（面内）	1665～1510	6.01～6.62	强	谱带Ⅱ
	C—N 伸	1420～1400	7.04～7.14	中	谱带Ⅲ
1. 伯酰胺	NH 伸（反称）	～3350	～2.98	强	
	NH 伸（对称）	～3180	～3.14	强	
	C═O 伸	1680～1650	5.95～6.06	强	
	NH 弯（剪式）	1650～1625	6.06～6.15	强	
	C—N 伸	1420～1400	7.04～7.14	中	
	NH_2 面内摇	～1150	～8.70	弱	
	NH_2 面外摇	750～600	1.33～1.67	中	
2. 仲酰胺	NH 伸	～3270	～3.09	强	
	C═O 伸	1680～1630	5.95～6.13	强	
	NH 弯+C—N 伸	1570～1515	6.37～6.60	中	NH 面内弯与 C—N 重合
	C—N 伸+NH 弯	1310～1200	7.63～8.33	中	NH 面外弯与 C—N 重合
3. 叔酰胺	C═O 伸	1670～1630	5.99～6.13		
十六、不饱和含氮化合物					
脂肪族腈	C≡N 伸	2260～2240	4.34～4.46	强	—C≡N 与芳环共轭
芳香腈	C≡N 伸	2240～2220	4.46～4.51	强	
α,β 不饱和腈	C≡N 伸	2235～2215	4.47～4.52	强	
十七、杂环香族化合物					
1. 吡啶类	CH 伸	～3020	7.35～7.63	弱	
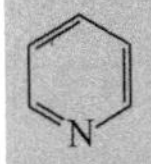	环的骨架振动	1660～1415	8.20～9.80	中	
	环上的 CH 弯	1175～1000	8.50～10.0	弱	
（喹啉同吡啶）	环上的 CH 弯	910～665	11.0～15.0	强	
2. 嘧啶类	CH 伸	3060～3010	3.27～3.32	弱	

续表

基团	振动类型	波数（cm^{-1}）	波长（μm）	强度	备注
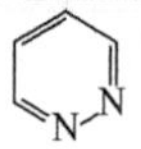	环的骨架振动	1580～1520	6.33～6.58	中	
	环上的 CH 弯	1000～960	10.00～10.42	中	
	环上的 CH 弯	825～775	12.12～12.90	中	
十八、硝基化合物					
1. 脂肪硝基化合物	NO_2 伸（反称）	1590～1545	6.29～6.47	强	
R—NO_2	NO_2 伸（对称）	1390～1360	7.19～7.35	强	
	C—N 伸	920～800	10.87～12.50	中	
2. 芳香硝基化合物	NO_2 伸（反称）	1530～1500	6.54～6.67	强	
Ar—NO_2	NO_2 伸（对称）	1370～1330	7.30～7.52	强	
	C—N 伸	860～840	11.63～11.90	强	
	不明	～750	～13.33	强	

注：①只有两个取代基不相同时才出现。

②在醛、酮中与羰基相连的碳，因受羰基影响而“活性化”，其 C—C 伸缩出现较强吸收。

③“……”线上为主要相关峰出现区间，线下为具体基团主要振动形式出现的具体区间

附录十一 质子化学位移表

各种质子	δ	各种质子	δ
t-bu—O	1.00～1.40	$H_3CC—C{=}C$	0.70～1.40
t-bu—Ar	1.20～1.60	$H_3CC—C{\equiv}C$	0.70～1.40
t-bu—CO	1.00～1.50	$H_3CC—C$	0.50～1.50
t-bu—C=C	0.90～1.50	$H_3CC—C{=}C$	1.50～2.40
t-bu—C≡C	0.90～1.50	$H_3CC{\equiv}C$	1.80～2.20
$(H_3C)_2C—O$	0.80～1.40	Et—O	(CH_3) 0.90～1.40 (CH_2) 3.10～4.70
$(H_3C)_2C—Ar$	1.10～1.40	E—Ar	(CH_3) 0.90～1.50 (CH_2) 3.10～4.70
$(H_3C)_2C—CO$	0.90～1.90	Et—CO	(CH_3) 0.80～1.50 (CH_2) 1.80～2.80
$(H_3C)_2C—C—C$	0.80～1.50	$H_3C—Ar$	2.00～2.80
$(H_3C)_2C—C{\equiv}C$	0.80～1.50	$H_3C—CH_2—O$ $H_3C—CH_2—Ar$	0.90～1.40 0.90～1.50
$(H_3C)_2C—C$	0.60～1.40	$H_3C—CH_2—CO$ $H_3C—CH_2—C{=}C$	0.80～1.50 0.80～1.50
$H_3CC—O$	0.80～1.50	$H_3C—CH_2—C{\equiv}C$	0.80～1.50
$H_3CC—Ar$	1.00～1.80	$H_3C—CH_2C$	0.50～1.40
$H_3CC—CO$ $H_3CC—CH—$	0.70～1.40 0.50～1.50	Et—C	(CH_3) 0.50～1.40 (CH_2) 1.50～2.40
$H_3C—C({=}O)—O$	1.80～2.50	*i*-Pr—O—	(CH_3) 0.90～1.40 (CH) 1.50～5.00
$H_3C—C({=}O)—Ar$	1.80～2.50	i-Pr—O—C(=O)—	(CH_3) 0.90～1.50 (CH) 4.60～7.00
$H_3C—C({=}O)—C({=}O)—$	1.80～2.50	*i*-Pr—Ar	(CH_3) 0.80～1.50 (CH) 1.50～5.00

续表

各种质子	δ	各种质子	δ
H_3C—C═C	1.80～2.50	i-Pr—C(═O)—	(CH_3) 0.80～1.50 (CH) 1.50～5.00
H_3C—C≡C	1.80～2.50	i-Pr—C═C	(CH_3) 0.80～1.50 (CH) 1.50～5.00
H_3C—C	1.80～2.50	i-Pr—C≡C	(CH_3) 0.80～1.50 (CH) 1.50～5.00
H_3C—O—O	3.10～3.50	i-Pr—C	(CH_3) 0.50～1.40 (CH) 1.50～5.00
H_3C—O—Ar	3.50～4.10	H_3CCH—O	(CH_3) 0.50～1.50 (CH) 1.50～5.00
H_3C—O—C(═O)—	3.66～4.10	H_3CCH—O—C(═O)—	(CH_3) 0.50～1.50 (CH) 4.60～7.80
H_3C—O—C═C	3.50～4.10	H_3CCH—Ar	(CH_3) 0.50～1.50 (CH) 1.50～5.00
H_3C—O—C	2.80～3.50	H_3CCH—C(═C)—	(CH_3) 0.50～1.50 (CH) 1.50～5.00
H_3CCH—C═C	(CH_3) 0.50～1.50 (CH) 1.50～5.00	$ArCH_2$—Ar	3.20～4.20
H_3CCH—C≡C	(CH_3) 0.50～1.50 (CH) 1.50～5.00	$ArCH_2$—C(═O)—	3.20～4.10
H_3CCH—C	(CH_3) 0.50～1.50 (CH) 1.50～5.00	$ArCH_2$—C═C	3.20～4.10
Et—C═C	(CH_3) 0.80～1.50 (CH_2) 1.70～2.70	CH	0.00～5.00
Et—C≡C	(CH_3) 0.80～1.50 (CH_2) 1.90～3.00	CH—O—C(═O)	4.60～7.00
CH(O—C(═O)—$)_2$	6.50～7.80	—C≡C—CH_2—C≡C	3.20～4.40
CH(O—C(═O)—$)_3$	6.50～8.00	Ar—H	6.60～6.90
CCH_2—O—	3.10～4.70	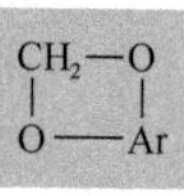	5.50～6.30
CCH_2—Ar	2.40～3.70	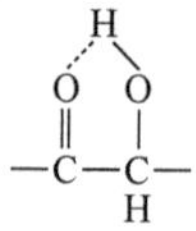	6.50～8.00
CCH_2—CO	1.80～2.80	CH_2═	4.40～6.60
CCH_2—C═C	1.70～2.70	CH	3.80～8.00
CCH_2—C≡C	1.90～3.00	HC≡C	2.00～3.20
CCH_2—C	0.00～2.40	ArCHO	9.00～10.20

续表

各种质子	δ	各种质子	δ
OCH_2—O—	4.20～5.00	CH—CHO	9.00～10.00
OCH_2—Ar	4.20～5.00	CH_2—CHO	9.00～10.00
OCH_2—C(=O)—	4.00～5.60	O—COOH	10.00～13.20
OCH—C═C	4.00～5.30	Ar—COOH	10.00～13.20
—C(=O)—CHO	9.00～10.20	—C(=O)—COOH	10.00～13.20
C═C—CHO	9.00～10.20	C═C—COOH	10.00～13.20
C≡C—CHO	9.00～10.20	C≡C—COOH	10.00～13.20
C—CHO	9.00～10.00	C—COOH	10.00～13.20
$ArCH_2$—C≡C	3.20～4.20	O—O—CHO	7.80～8.60
—C(=O)—CH_2—C(=O)—	2.70～4.00	ArO—CHO	7.80～8.60
—C(=O)—CH_2—C═C	2.50～4.00	—C(=O)—O—CHO	7.80～8.60
C(=O)—CH_2—C≡C	2.50～3.60	C═C—O—CHO	7.80～8.60
C═C—CH_2—C═C	3.20～4.40	C≡C—O—CHO	7.80～8.60
—C═C—CH_2—C≡C	3.20～4.40	C—O—CHO	7.80～8.60

附录十二　质谱中常见的中性碎片与碎片离子

附表 12-1　常见的由分子离子脱掉的碎片

离子	碎片	离子	碎片
M—1	H	M—48	CH_3SH，SO
M—15	CH_3	M—55	C_4H_7
M—16	O，NH_2	M—56	C_4H_8，2CO
M—17	OH，NH_3	M—57	C_4H_9，C_2H_5CO
M—18	H_2O	M—58	C_4H_{10}
M—19	F	M—60	C_3H_7OH，CH_3COOH
M—20	HF	M—61	CH_3CH_2S
M—26	C_2H_2，$C\equiv N$	M—63	CH_2CH_2Cl
M—27	HCN，$CH_2{=}CH$	M—64	C_5H_4，S_2，SO_2
M—28	CO，HCN+H，C_2H_4	M—68	$CH_2(CH_3)CHCH_2$
M—29	CHO，C_2H_5	M—69	CF_3，C_5H_9
M—30	NH_2CH_2，CH_2O，NO	M—71	C_5H_{11}
M—31	OCH_3，CH_2OH，CH_3NH_2	M—73	CH_3CH_2OCO
M—32	CH_3OH，S	M—74	C_4H_9OH
M—33	HS，CH_3+H_2O	M—75	C_6H_3
M—34	H_2S	M—76	C_6H_4，CS_2
M—35	Cl	M—77	C_6H_5，CS_2H
M—36	HC，$2H_2O$	M—78	C_6H_6，CS_2H_2，C_5H_4N
M—38	C_3H_2，C_2N	M—79	Br，C_5H_5N
M—40	$CH_3C\equiv CH$	M—80	HBr
M—41	C_3H_5	M—85	$CClF_2$
M—42	CH_2CO，CH_2CHCH_3	M—100	$CF_2{=}CF_2$
M—43	C_3H_7，CH_3CO	M—119	$CF_3{-}CF_2$
M—44	CO_2，CH_2CHOH，C_3H_8	M—122	C_6H_5COOH
M—45	COOH，OC_2H_5，CH_3CHOH	M—127	I
M—46	C_2H_5OH，NO_2	M—128	HI

附表 12-2　常见的碎片离子

m/z	组成或结构	*m/z*	组成或结构
15	$CH_3^{+\cdot}$	28	$CO^{+\cdot}$，$C_2H_4^{+\cdot}$，$N_2^{+\cdot}$
18	$H_2O^{+\cdot}$	29	CHO^+，$C_2H_5^+$
26	$C_2H_2^{+\cdot}$	30	$CH_2{=}{}^+NH_2$
27	$C_2H_3^+$	31	$CH_2^+{=}O$，CH_3O^+

续表

m/z	组成或结构	*m/z*	组成或结构
36/38（3 ∶ 1）	$HCl^{+\cdot}$	74	$CH_2 \equiv C(OH)OCH_3^{+\cdot}$
39	$C_3H_3^+$	75	$C_2H_5C^+(OH)_2$
40	$C_3H_4^{+\cdot}$	77	$C_6H_5^+$
41	$C_3H_5^+$	78	$C_6H_6^{+\cdot}$
42	$C_2H_2O^{+\cdot}$，$C_3H_6^{+\cdot}$	79	$C_6H_7^+$
43	CH_3CO^+，$C_3H_7^+$	79/81（1 ∶ 1）	Br^+
44	$C_2H_6N^+$，$CH_2{=}(CH)(OH)^{+\cdot}$，$CO_2^{+\cdot}$，$C_3H_8^{+\cdot}$	80/82（1 ∶ 1）	$HBr^{+\cdot}$
45	$CH_2{=}OCH_3$，$CH_3CH{=}OH$	80	$C_5H_6N^+$
47	$CH_2{=}S^+H$	81	$C_5H_5O^+$
49/51（3 ∶ 1）	CH_2Cl^+	85	$C_4H_9CO^+$，$C_6H_{13}^+$，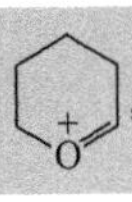，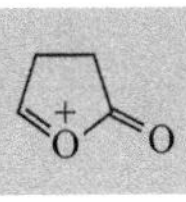
50	$C_4H_2^{+\cdot}$	86	$C_4H_9CH{=}N^+H_2$
51	$C_4H_3^+$	91	$C_7H_7^+$
55	$C_4H_7^+$	92	$C_7H_8^{+\cdot}$，$C_6H_6N^+$
56	$C_4H_8^{+\cdot}$	91/93(3 ∶ 1)	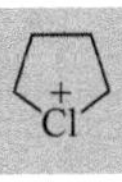
57	$C_4H_9^+$，$C_2H_5CO^+$	93/93（1 ∶ 1）	CH_2Br^+
58	$C_3H_8N^+$，$CH_2{=}C(OH)CH_3^{+\cdot}$	94	$C_6H_6O^+$，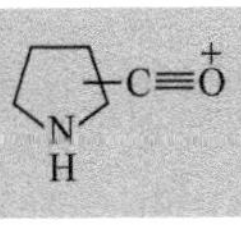
59	$COOCH_3^+$，$CH_2{=}C(OH)NH_2^+$ $C_2H_5CH{=}O^+H$，$CH_2{=}O^+C_2H_5$	97	$C_5H_5S^+$，$C_7H_{13}^+$
60	$CH_2{=}C(OH)OH^{+\cdot}$	105	$C_6H_5CO^+$，$C_8H_9^+$
61	$CH_3C(OH){=}OH^+$，$CH_2CH_2SH^+$	106	$C_7H_8N^+$
65	$C_5H_5^+$	107	$C_7H_7O^+$
66	$H_2S_2^{+\cdot}$	107/109(1 ∶ 1)	$C_2H_4Br^+$
68	$CH_2CH_2CH_2CN^+$	111	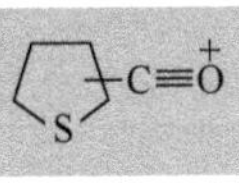
69	CF_3^+，$C_5H_9^+$	121	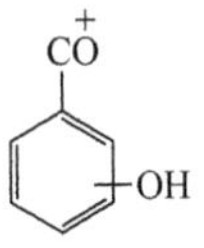，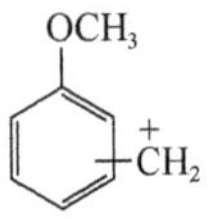
70	$C_5H_{10}^{+\cdot}$	122	C_6H_5COOH
71	$C_5H_{11}^+$，$C_3H_7CO^+$	123	$C_6H_5COOH_2^+$
72	$CH_2{=}C(OH)C_2H_5^{+\cdot}$，$C_3H_7CH{=}N^+H_2$ 及异构体	127	I^+
73	$C_3H_9O^+$，$COOC_2H_5^+$，$(CH_3)_3Si^+$	128	$HI^{+\cdot}$

续表

m/z	组成或结构	*m/z*	组成或结构
130	$C_9H_8^+N^+$	149	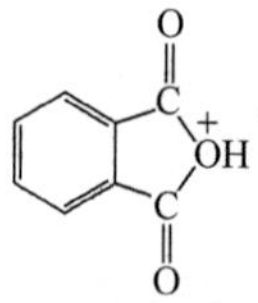
135/137（1：1）	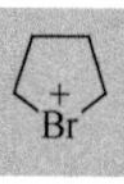	160	$C_{10}H_{10}NO^+$
141	CH_2I^+	190	$C_{11}H_{12}NO_2^+$
147	$(CH_3)_2{=}O^+{=}Si(CH_3)_3$		

附录十三 气相色谱法用表

附表 13-1 气相色谱法重要固定液

固定液	说明	使用温度（℃）	麦克雷诺常数					CP[①]
			x′	y′	z′	u′	s′	
Squalane	角鲨烷	0/150	0	0	0	0	0	0
Nujol	液状石蜡	0/100	9	5	2	6	11	1
Apiezon M	饱和烃润滑脂	50/300	31	22	15	30	40	3
SF-96	100% 甲基硅氧烷	0/250	12	53	42	61	37	5
SE-30	100% 甲基硅氧烷	50/350	15	53	44	64	41	5
OV-1	100% 甲基硅氧烷	100/350	16	55	44	65	42	5
OV-101	100% 甲基硅氧烷	0/350	17	57	45	67	43	5
SP-2100	100% 甲基硅氧烷	0/350	17	57	45	67	43	5
CP tm Sil 5	100% 甲基硅氧烷	50/350	15	53	44	64	41	5
DC-410	100% 甲基硅氧烷	0/200	18	57	47	68	44	6
DC-11	100% 甲基硅氧烷	0/300	17	86	48	69	56	7
SE-52	5% 苯基，95% 甲基硅氧烷	50/300	32	72	65	98	67	8
SE-54	1% 乙烯基，5% 苯基，94% 甲氧基硅烷	50/300	33	72	66	99	67	8
DC-560	11% 氯苯基，89% 甲基硅氧烷	0/200	32	72	70	100	68	8
OV-73	5.5% 苯基，94. 5% 甲基硅氧烷	50/350	40	86	76	114	85	10
OV-3	10% 苯基，90% 甲基硅氧烷	0/350	44	86	81	124	88	10
OV-105	5% 氰乙基，95% 甲基硅氧烷	20/275	36	108	93	139	86	11
Dexsil 300	25 % 聚甲基碳硼，75% 甲基硅氧烷	50/400	47	80	103	148	96	11
OV-7	20 % 苯基，80% 甲基硅氧烷	0/350	69	113	111	171	128	14
DC-550	25% 苯基，75% 甲基硅氧烷	0/200	74	116	117	178	135	15
Dioctyl sebacate	癸二酸二辛酯	0/125	72	168	108	180	123	15
Diisodecyl phthalate	苯二甲酸二壬酯	0/150	83	183	147	231	159	19
DC-710	50% 苯基，50% 甲基硅氧烷	5/250	107	149	153	228	190	19
OV-17	50% 苯基，50% 甲基硅氧烷	0/350	119	158	162	243	202	21
SP-2250	50% 苯基，50% 甲基硅氧烷	0/350	119	158	162	243	202	21
Versamid 930	聚酰胺树脂	115/150	109	313	144	211	209	23
Span 80	山梨糖醇单油酸酯	25/150	97	226	170	216	268	24
OV-22	65% 苯基，35% 甲基硅氧烷	0/350	160	188	191	283	253	25
Amin 220	1-乙醇-2(十七烷基)-2-异咪唑	0/180	117	380	181	293	133	26
Ucon LB-1715	聚乙二醇-聚丙二醇	0/200	132	297	180	275	235	27
Citroflex A-4	乙酰基柠檬酸三正丁酯	0/180	135	268	202	314	233	27

续表

固定液	说明	使用温度（℃）	麦克雷诺常数					CP①
			x'	y'	z'	u'	s'	
Didecyl phthalate	苯二甲酸二癸酯	50/150	136	255	213	320	235	27
OV-25	75% 苯基，25% 甲基硅氧烷	0/350	178	204	208	305	280	28
OS-124	五环聚对苯基醚	0/200	176	227	224	306	283	29
OS-138	六环聚对苯基醚	0/200	182	233	228	313	293	30
NPGS	新戊二醇丁二酸酯	50/225	172	327	225	344	326	33
QF-1	50% 三氟丙基，50% 甲基硅氧烷	0/250	144	233	355	463	305	36
OV-210	50% 三氟丙基，50% 甲基硅氧烷	0/275	146	238	358	468	310	36
SP-2410	50% 三氟丙基，50% 甲基硅氧烷	0/275	146	238	358	468	310	36
OV-202	50% 三氟丙基，50% 甲基硅氧烷	0/275	146	238	358	468	310	36
Ucon 50-HB-2000	40% 聚乙二醇-60% 聚丙二醇	0/200	202	394	253	392	341	37
OV-215	50% 三氟丙基，50% 甲基硅氧烷	0/275	149	240	363	478	315	37
Ucon 50-HB-5100	50 % 聚乙二醇-50% 聚丙二醇	0/200	214	418	278	421	375	40
OV-330	苯基硅氧烷-聚乙二醇共聚物	0/250	222	391	273	417	368	40
XE-60	25% 氰乙基，75% 甲基硅氧烷	0/250	204	381	340	493	367	42
OV-225	25% 苯基，25% 氰乙基，50% 甲基硅氧烷	0/275	228	369	338	492	386	43
NPGA	新戊二醇己二酸酯	50/225	232	421	311	461	424	44
NPGS	新戊二醇丁二酸酯	50/225	272	467	365	539	472	50
Carbowax 20M-TPA	聚乙二醇 20000 对苯二酸酯	60/250	321	537	367	573	520	54
Carbowax 20M	聚乙二醇，M=2 万	60/250	322	536	368	572	510	55
Carbowax-6000	聚乙二醇，M=6 万～7.5 万	60/200	322	540	369	577	512	55
Carbowax-3000	聚乙二醇，M=3 万～3.7 万	60/200	325	551	375	582	520	56
OV-351	聚乙二醇 20000-硝基对苯二酸反应物	60/275	335	552	382	583	540	57
FFAP	聚乙二醇 20 000-硝基对苯二酸反应物	60/275	340	580	397	602	627	60
EGA	乙二醇己二酸酯	100/200	372	576	453	655	617	63
DEGA	二乙二醇己二酸酯	20/190	378	603	460	665	658	66
SP-2310	45% 苯基，55% 氰丙基硅氧烷	25/275	440	637	605	840	670	76
SP-2330	32 % 苯基，68% 氰丙基硅氧烷	25/275	490	725	630	913	778	84
THEED	N,N,N',N'-四 (2-羟乙基) 乙二胺	0/150	463	924	626	801	893	88
OV-275	100% 二氰丙烯基硅氧烷	100/275	629	872	763	1106	849	100

①$CP=\dfrac{\sum_{i}^{5}\Delta I_{\text{固定液}}}{\sum_{i}^{5}\Delta I_{\text{OV-275}}}\times 100=\dfrac{\sum_{i}^{5}\Delta I_{\text{固定液}}}{629+872+763+1106+849}\times 100$

附表 13-2　相对质量校正因子（f）

物质名称	热导检测器①	氢火焰离子化检测器②
一、正构烷		
甲烷	0.58	1.03
乙烷	0.75	1.03
丙烷	0.86	1.02
丁烷	0.87	0.91
戊烷	0.88	0.96
己烷	0.89	0.97
庚烷*	0.89	1.00*
辛烷	0.92	1.03
壬烷	0.93	1.02
二、异构烷		
异丁烷	0.91	
异戊烷	0.91	0.95
2,2-二甲基丁烷	0.95	0.96
2,3-二甲基丁烷	0.95	0.97
2-甲基戊烷	0.92	0.95
3-甲基戊烷	0.93	0.96
2-甲基己烷	0.94	0.98
3-甲基己烷	0.96	0.98
三、环烷		
环戊烷	0.92	0.96
甲基环戊烷	0.93	0.99
环己烷	0.94	0.99
甲基环己烷	1.05	0.99
1,1-甲基环己烷	1.02	0.97
乙基环己烷	0.99	0.99
环庚烷		0.99
四、不饱和烃		
乙烯	0.75	0.98
丙烯	0.83	
异丁烯	0.88	
正丁烯-1	0.88	
戊烯-1	0.91	
己烯-1		1.01
乙炔		0.94
五、芳香烃		
苯*	1.00*	0.89
甲苯	1.02	0.94

续表

物质名称	热导检测器①	氢火焰离子化检测器②
乙苯	1.05	0.97
间二甲苯	1.04	0.96
对二甲苯	1.04	1.00
邻二甲苯	1.08	0.93
异丙苯	1.09	1.03
正丙苯	1.05	0.99
联苯	1.16	
萘	1.19	
四氢萘	1.16	
六、醇		
甲醇	0.75	4.35
乙醇	0.82	2.18
正丙醇	0.92	1.67
异丙醇	0.91	1.89
正丁醇	1.00	1.52
异丁醇	0.98	1.47
叔丁醇	0.98	1.35
正戊醇		1.39
戊醇-2	1.02	
正己醇	1.11	1.35
正庚醇	1.16	
正辛醇		1.17
正癸醇		1.19
环己醇	1.14	
七、醛		
乙醛	0.87	
丁醛		1.61
庚醛		1.30
辛醛		1.28
癸醛		1.25
八、酮		
丙酮	0.87	2.04
甲乙酮	0.95	1.64
二乙基酮	1.00	
3-己酮	1.04	
2-己酮	0.98	
甲基正戊酮	1.10	

续表

物质名称	热导检测器[①]	氢火焰离子化检测器[②]
环戊酮	1.01	
环己酮	1.01	
九、酸		
乙酸		4.17
丙酸		2.5
丁酸		2.09
己酸		1.58
庚酸		1.64
辛酸		1.54
十、酯		
乙酸甲酯		5.0
乙酸乙酯	1.01	2.64
乙酸异丙酯	1.08	2.04
乙酸正丁酯	1.10	1.81
乙酸异丁酯		1.85
乙酸异戊酯	1.10	1.61
乙酸正戊酯	1.14	
乙酸正庚酯	1.19	
十一、醚		
乙醚	0.86	
异丙醚	1.01	
正丙醚	1.00	
乙基正丁基醚	1.01	
正丁醚	1.04	
正戊醚	1.10	
十二、胺与腈		
正丁胺	0.82	
正戊胺	0.73	
正己胺	1.25	
二乙胺		1.64
乙腈	0.68	
丙腈	0.83	
正丁腈	0.84	
苯胺	1.05	1.03
十三、卤素化合物		
二氯甲烷	1.14	
三氯甲烷	1.41	

续表

物质名称	热导检测器[①]	氢火焰离子化检测器[②]
四氯化碳	1.64	
三氯乙烯	1.45	
1-氯丁烷	1.10	
氯苯	1.25	
邻氯甲苯	1.27	
氯代环己烷	1.27	
溴乙烷	1.43	
碘甲烷	1.89	
碘乙烷	1.89	
十四、杂环化合物		
四氢呋喃	1.11	
吡咯	1.00	
吡啶	1.01	
四氢吡咯	1.00	
喹啉	0.86	
哌啶	1.06	1.75
十五、其他		
水	0.70	无信号
硫化氢	1.14	无信号
氨	0.54	无信号
二氧化碳	1.18	无信号
一氧化碳	0.86	无信号
氩	0.22	无信号
氮	0.86	无信号
氧	1.02	无信号

* 基准

①换成苯的 f 为 1 而得，载气为氦气；

②以正庚烷为基准，其 f=1

附录十四 高效液相色谱常用固定相

附表 14-1 高效液相色谱常用的化学键合相

种类与型号	键合基团	形状	粒度（μm）	说明
1. 极性键合相				
WYG-CN	氰基	无定形	10	
MicroPak CN	氰基	无定形	5，10	用于非水系统
μBondapak CN	氰基	无定形	10	6% C，封端
μBondapak NH_2	氨基	无定形	10	3.5% C，不封端
YWG-NH_2	氨基	无定形	10	
LiChrosorb NH_2	氨基	无定形	5，10	3.5% C，不封端
LiChrosorb DIOL	二醇基	无定形	5，10	7.1% C，不封端
Hypersil-BDS CN	氰基	球形	3，5，8	碱性去活，4% C，封端
Hypersil-BDS C_6H_5	苯基	球形	3，5，8	碱性去活，5% C，封端
Inertsil PH-3	苯基	球形	3，5，8	9.5% C，不封端
Inertsil CN-3	氰基	球形	5	14% C，不封端
Hypersil CN	氰基	球形	5，10	4.0% C，封端
Hypersil NH_2	氨基	球形	5，10	1.9% C，封端
Eclipse XDB CN	氰基	球形	5	封端
2. 非极性键合相				
YWG-$C_{18}H_{37}$	十八烷基	无定形	10	
MicroPak MCH	十八烷基	无定形	5，10	不封端
μBondapak C_{18}	十八烷基	无定形	10	10% C，封端
Zorbax ODS	十八烷基	球形	3，5，7	16%C
Waters Spherisorb ODS1	十八烷基	球形	3，5，10	6.2% C，不封端
Supelcosil LC-18	十八烷基	球形	3，5	11% C，封端
Nucleosil C_{18}	十八烷基	球形	3，5，10	4% C，封端
Nucleosil C_8	辛基	球形	3，5，10	9% C，不封端
LiChrosorb RP-18	十八烷基	无定形	5，10	16.2% C，不封端
LiChrosorb RP-8	辛基	无定形	5，10	9.5% C，不封端
LiChrospher RP-18	十八烷基	球形	5，10	21.0% C，不封端
LiChrospher RP-8	辛基	球形	5，10	12.5% C，不封端
Nova-Pak C_{18}	十八烷基	球形	4	7% C，封端
Ultrasphere-ODS	十八烷基	球形	3，5	封端
Hypersil ODS	十八烷基	球形	3，5，10	10% C，封端
Hypersil BDS C_{18}	十八烷基	球形	3，5	碱性去活，11% C，封端

续表

种类与型号	键合基团	形状	粒度（μm）	说明
Hypersil BDS C_8	辛基	球形	3，5，8	碱性去活，7% C，封端
Partisil ODS	十八烷基	无定形	10	5% C，不封端
Resolve C_{18}	十八烷基	球形	5，10	10% C，不封端
Symmetry C_{18}	十八烷基	球形	3，5，10	19% C，封端
Kromasil100 C_{18}	十八烷基	球形	5，10	19% C，封端
YWG-C_6H_5	苯基	无定形	10	7% C
μBondapak Phenyl	苯基	无定形	10	8% C，封端
Inertsil ODS3	十八烷基	球形	3，5，8	15% C，封端
Eclipse XDB C_8	辛基	球形	5	封端
Eclipse XDB Phenyl	苯基	球形	5	封端
Gemini C_{18}	十八烷基	球形	5	封端
XTerra MSC_{18}	十八烷基	球形	3.5，5	封端
XTerra MSC_8	辛基	球形	3.5，5	封端
XTerra RP18	十八烷基	球形	2.5，3.5，5，10	封端
XTerra RP8	辛基	球形	2.5，3.5，5，10	封端
XTerra Phenyl	苯基	球形	4.6，5，2.1	封端
SunFire™ C_{18}	十八烷基	球形	3，5	封端
Atlantic™ HILIC ACQUITY	十八烷基	球形	1.7，3，5	封端
UPLC™ BEH C_{18}	十八烷基	球形	1.7	封端
3. 离子交换键合相				
Hypersil SCX	-$(CH_2)_2$-C_6H_4-SO_3H	球形	5，10	2.5% C，封端
Hypersil SAX	-$N^+R_3Cl^-$	球形	5，10	7.0% C，封端

附表 14-2　高效液相色谱常用的全多孔微粒硅胶

形状	商品名称	粒度（μm）	比表面积（$m^2 \cdot g^{-1}$）	孔径（nm）
1. 无定形	YWG	5，10，20	300	6～8
	LiChrosorb Si-60	5，10	500	6
	Partisil	5，10	350	8.5
2. 球形	YQG	5	4～500	8～10
	μPorasil	10	330	12.5
	LiChrospher Si-100	5，10	300	6
	Nucleosil 50	5，10	600	5
	Hypersil	3，5，10	170	12
	Zorbax SIL	3，5，7	350	7～8
	Nova-Pak silica	4	120	6
	Resolve Si	5，10	200	9